Paris

1867

Beron, Pierre

*Panépistème, ou ensemble des sciences physiques et naturelles et des sciences métaphysiques et morales, devenu possible*

Tome 6

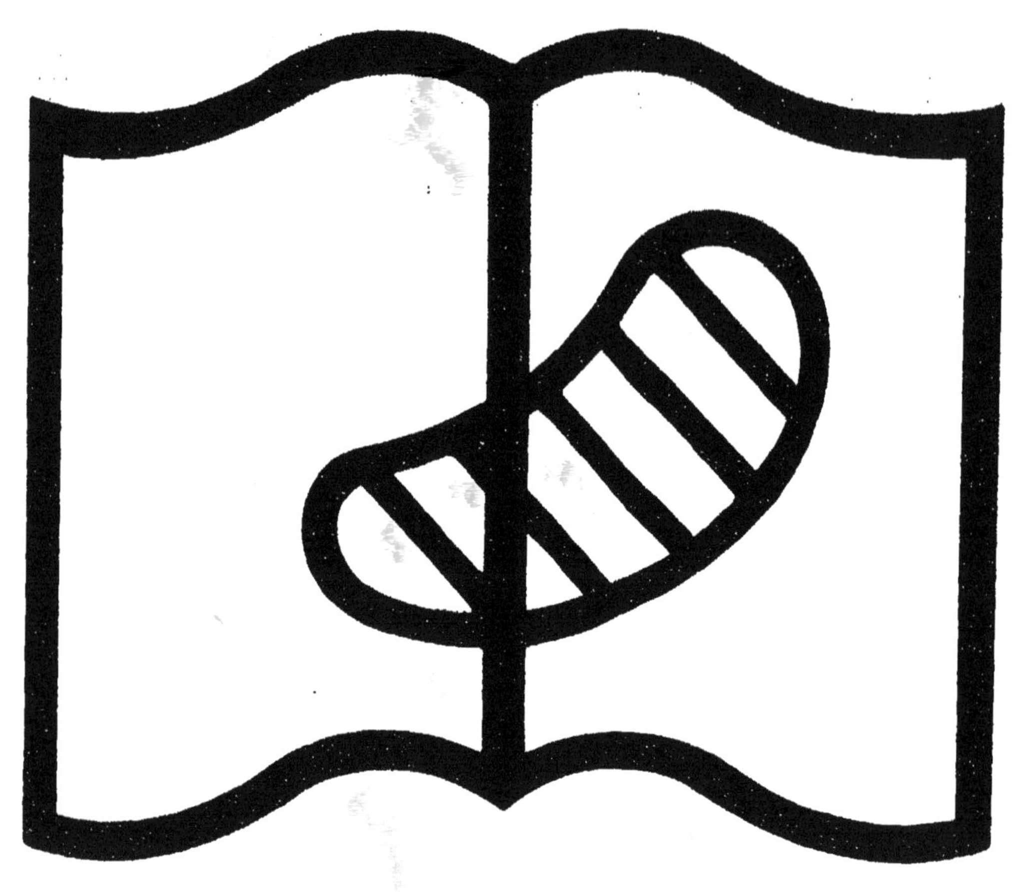

Symbole applicable
pour tout, ou partie
des documents microfilmés

Original illisible

**NF Z 43**-120-10

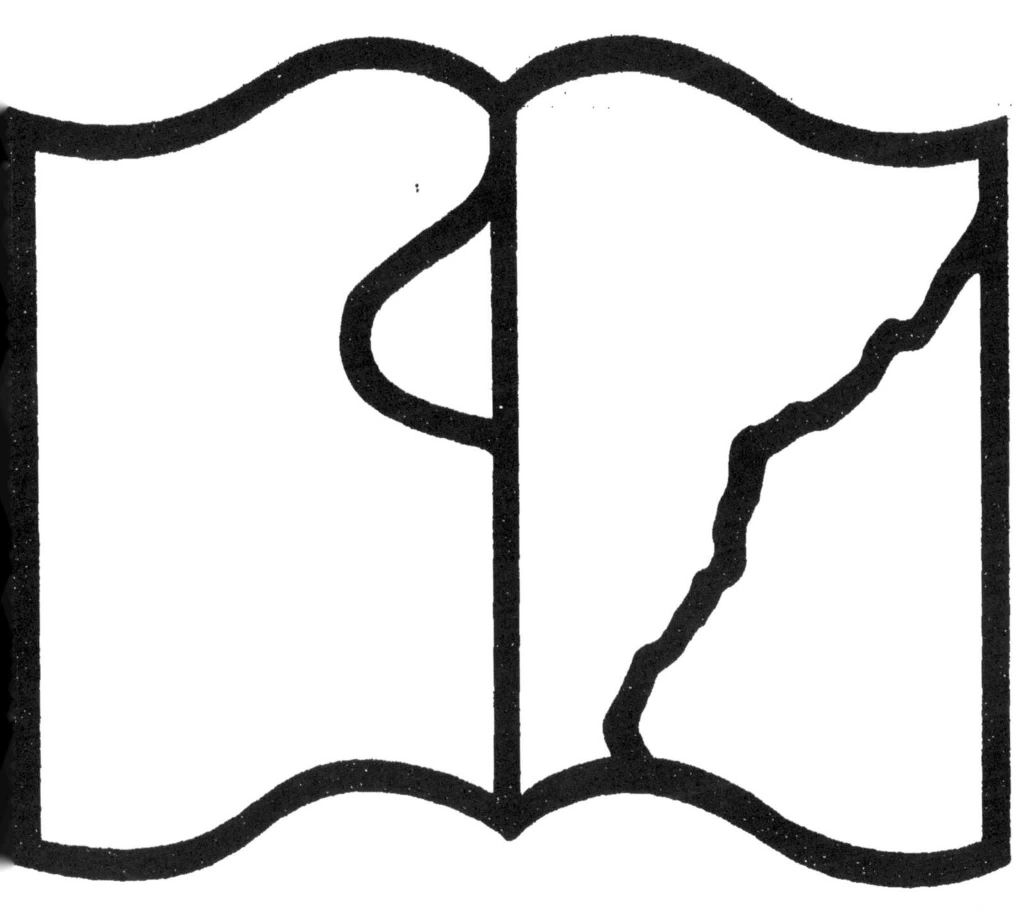

Symbole applicable
pour tout, ou partie
des documents microfilmés

Texte détérioré — reliure défectueuse

**NF Z 43-120-11**

# PHYSIQUE CÉLESTE

## TOME II

CONTENANT

# LE SYSTÈME PLANÉTAIRE

EXPOSÉ DANS L'ORDRE CHRONOLOGIQUE

DANS SES ÉTATS SUCCESSIFS PRÉCÉDENTS :

1° Comme étoile temporaire;

2° Comme nébuleuse planétaire;

3° Comme étoile visible à l'œil nu;

DANS SON ÉTAT COMPOSÉ ACTUEL :

1° Des planètes avec leurs météores, leurs satellites, leurs comètes et leurs aérolithes;

2° Des couples des deux classes de microplanètes;

PAR

PIERRE BÉRON

Avec des figures dans le texte.

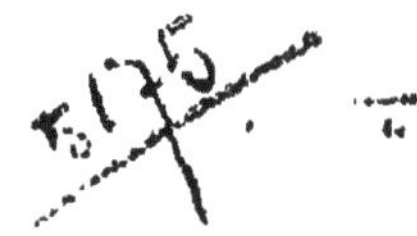

PARIS

GAUTHIER-VILLARS, IMPRIMEUR-LIBRAIRE

DU BUREAU DES LONGITUDES, DE L'ÉCOLE IMPÉRIALE POLYTECHNIQUE

SUCCESSEUR DE MALLET-BACHELIER

Quai des Augustins, 55.

1867

# ÉTAT DU MONDE

PRÉÉTABLI

## PAR L'ÊTRE SUPRÊME.

§ 1. Dans le principe, il n'existait que des molécules homoïdes composant le fluide *chaos*, lesquelles molécules se trouvaient équilibrées dans l'espace indéfini. De cet équilibre ou *isortropie* résultait l'état de repos, de mort ; symbole de la *perpétuité*, ἀϊδιότης. Pour que la vie apparût, il fallait un mouvement que possédait seul l'Être suprême en quantité infinie, ἄπειρος.

L'Être suprême communiqua une faible partie de son mouvement aux molécules du fluide chaos en les divisant en deux masses inégales M+M et M, lesquelles ont dû parcourir l'espace indéfini pour arriver à occuper deux volumes égaux, et avoir par conséquent deux densités inégales; ainsi le fluide équilibré en engendra deux autres appelés *pycnoélectre* et *aréoélectre*.

C'est par cette inégalité de densités que se manifeste l'origine de la création des fluides impondérables qui s'opéra dans l'*espace central* Z (fig. 1) du milieu des deux électrosphères P, A composées de molécules homonymes du chaos, se trouvant en densité supérieure $\delta + \delta'$ dans la *pycnoélectrosphère* P et en densité inférieure $\delta$ dans l'*aréoélectrosphère* A.

Fig. 1.

A ——— H ——— Z ——— P

Entre les deux électrosphères P et A, il ne peut exister

qu'un seul espace Π dans lequel les ondes O, *o* des deux électrosphères amènent les molécules homonymes en égale densité $\delta + \frac{1}{2}\delta'$ : car les densités des molécules dans les ondes O,*o* sont en raison inverse des carrés des distances

$$\overline{\Pi A}^2 : \overline{\Pi P}^2 = \delta : \delta + \delta'.$$

La rencontre primitive des ondes *a* et *p* des deux électrosphères a dû s'opérer dans l'espace central Z à cause de l'égale vitesse des ondes. Les sept couples d'éléments primitifs des fluides impondérables ont été produits par le mélange des molécules denses $\mu$ avec les molécules $\mu'$ moins denses amenées par les ondes *a*, *p* d'égal rayon.

La quantité de ces fluides s'est trouvée dans l'espace Z en équilibre rompu car les molécules denses $\mu$ ont exercé une poussée P + P' supérieure à celle P'' qu'exerçaient les molécules $\mu'$ les moins denses. Il en est résulté une exode qui a commencé avec un maximum de vitesse, laquelle diminue indéfiniment et rend cet exode d'être, d'une durée indéfinie. La masse de fluides produits ne pouvait ni reculer ni surpasser l'espace Π nommé *espace énastre*, dans lequel les ondes O, *o* amènent les molécules homonymes $\mu''$ $\mu''$ en égale densité $\delta + \frac{1}{2}\delta'$. Ces molécules exercent une poussée égale sur les fluides impondérables.

Dans les fluides impondérables, les molécules $\mu$, $\mu'$ en densités $\delta + \delta'$ et $\delta$ entrèrent dans l'espace central Z ; ces densités diffèrent de celle $\delta + \frac{1}{2}\delta'$ des molécules homonymes $\mu''$ amenées par les ondes O, *o* dans l'espace énastre Π. C'est donc 1° du mélange des molécules $\mu''$ ou $\beta$, qui sont nommées *barogène* avec les molécules $\mu'$ les moins denses qu'est résulté le combiné $\mu'\mu''$ ou $\mu''\beta$ qui est l'*hydrogène*, et 2° du mélange des mêmes molécules $\mu''$ ou $\beta$ avec les molécules $\mu$ les plus denses qu'est résulté le combiné $\mu\beta^8$ qui est l'*oxygène*.

Pour indiquer l'origine du rapport 1 : 8 entre le barogène $\beta$ de l'hydrogène et celui $8\beta$ de l'oxygène, on a admis, 1° que les molécules $\mu'$ sont un atome de chaleur $\gamma = \text{ÈE}^4$, et 2° que les molécules $\mu$ sont un mélange composé d'un atome de lumière $\varphi = \ddot{E}^2\ddot{E}$ et de sept atomes de chaleur.

**Hydrogène** $= \theta\beta = \bar{H}$. Il est électropositif; parce que le barogène $\beta$ est plus dense que les molécules des éléments de la chaleur.

**Oxygène** $= \varphi\beta\theta\beta^8 = \bar{O}$. Il est électronégatif par rapport à l'hydrogène parce que le barogène $\beta$ entre comme élément électronégatif ou comme élément de densité inférieure.

## I. ARCHÉGÈTE OU CORPS CENTRAL.

§ 2. De même qu'a fini l'action de l'Être suprême, de même a fini la création, 1° des fluides impondérables dans l'espace central, et 2° des corps pondérables dans l'espace énastré. Par rapport aux deux électrosphères, il n'existe nulle autre part d'espace où leurs ondes se remontrent en amenant les molécules homonymes en égale densité pour qu'une poussée égale soit exercée sur les combinés produits.

La quantité Q d'atomes de chaleur $\Theta$ et celle d'atomes $\Phi\Theta^7$ du mélange de la chaleur et de la lumière a déterminé: 1° la quantité Q d'atomes d'hydrogène contenant la quantité **b** de barogène, et 2° la quantité égale d'atomes d'oxygène contenant la quantité **8b** de barogène.

La somme $\mathbf{b} + 8\mathbf{b} = 9\mathbf{b}$ de barogène contenue dans les éléments d'eau a fait écran à une égale quantité de molécules $\mu''$ de barogène B amené par les ondes O, $o$ à l'espace énastre et n'a livré passage qu'à la différence $B - 9\mathbf{b} = B'$ de molécules $\mu''$, qui de l'espace énastre sont amenées par les ondes en directions divergentes vers les limites de l'espace céleste indéfiniment éloignées.

Ainsi il ne s'opère plus dans l'espace central Z une remontre d'ondes pareille à la précédente, et c'est en cela que consiste l'interception de nouvelle production de fluides impondérables; De sorte que l'Archégète s'est trouvé composé de l'ensemble de la masse de combinés pondérables et de la masse des combinés impondérables. Cet ensemble est indiqué par les mots *masse empyrée* (ἐν, en dedans: πῦρ, feu).

I. Les combinés pondérables sont les deux éléments de l'eau.

II. Les combinés impondérables sont les deux éléments de l'électricité neutre; dans ces éléments n'entre pas le *barogène*, parcequ'ils ont été produits dans l'espace central par les molécules $\mu$ denses amenées des ondes $p$ et par celles $\mu'$ amenées par les ondes $a$.

Il y a sept couples d'éléments primitifs; parmi les couples $a\alpha$, $b\beta$, $c\gamma$, $d\delta$, $e\varepsilon$, $f\zeta$, $g\eta$ se trouvent les deux éléments *isomegètres* et *anisopycnes*, où chaque couple a deux composants d'égal volume dont l'un contient une plus grande quantité de molécules et par cette raison est plus dense que l'autre.

**Électricité neutre.** Les sept espèces de combinés produits dans l'espace central par la rencontre des surfaces sphériques des ondes $p$ et $a$ se sont trouvées dans sept périphéries inégales. Ils ne diffèrent entre eux que par les rayons $r'$ $r''$ $r'''$... de ces périphéries.

C'est l'ensemble des facteurs $a + b + c + d + e + f + g$ et l'ensemble des facteurs $\alpha + \beta + \gamma + \delta + \varepsilon + \zeta + \eta$ qui compose l'électricité neutre. On a nommé cette électricité *iridoélectre* ou *fluide iridoélectrique*, ce qu'on a indiqué par le signe ËË.

**Électricité positive.** L'ensemble des sept facteurs $a + b + c + d + e + f + g$ composés des molécules $\mu$ denses et différant de grandeur entre eux, forme un fluide nommé *électricité positive* ou *pycnoélectricité*, ce qu'on indique par le signe Ë. Ce même signe indique aussi les équivalents qui composent ce fluide, alors il s'appelle *équivalent électrique positif* ou *équivalent pycnoélectrique*.

**Électricité négative.** L'ensemble des sept autres facteurs $\alpha + \beta + \gamma + \delta + \varepsilon + \zeta + \eta$ anisomegèthes composés de molécules $\mu'$ moins denses forme le fluide électricité négative, ou *aréoélectricité*; elle est composée des équivalents indiqués par le signe $\bar{E}$. On les nomme *équivalents électriques négatifs* ou *équivalents aréoélectrique*.

**Chaleur lumineuse.** L'électricité neutre et la chaleur lumineuse sont composées des mêmes éléments; la différence ne consiste que dans l'arrangement des éléments équivalents: électricité neutre $3q\overset{+}{E}\bar{E} = q\overset{+}{E}^2\bar{E} = q\overset{+}{E}\bar{E}^2$ chaleur lumineuse.

**Lumière.** Ce fluide est composé des atomes $\overset{+}{E}^2\bar{E}$ produits par un équivalent négatif combiné avec deux équivalents positifs.

**Chaleur.** Ce fluide est composé des atomes $\overset{+}{E}\bar{E}^2$ produits par un équivalent positif combiné avec deux équivalents négatifs.

**Masse empyrée.** Elle est toujours composée: 1° des éléments de l'eau de quantité invariable indiquée par 9**b**, et 2° des équivalents de l'électricité neutre de quantité également invariable, mais de densité décroissante à cause de son expansion qui se manifeste sous forme d'ondes de chaleur lumineuse. Il n'y a donc aucune perte de ce qui a été produit; il n'y a de différence que dans l'espace dans lequel quelques-uns des équivalents électriques se trouvent à des époques différentes, de même que l'espace dans lequel quelques-uns des éléments pondérables se trouvent à des époques différentes, à cause de l'expulsion des jets de masse empyrée par l'Archégète, par les soleils et par les planètes.

## II. ASTROGONIE PRÉÉTABLIE DANS L'ÉTAT DES ÉLÉMENTS.

§ 3. Pour être convertie en soleils, la masse empyrée de gros jets expulsés de l'Archégète a dû subir préalablement des divisions et des subdivisions; ces actions préétablies sont nommées *Astrogonie de soleils* ou *Héliogonie*, car la masse empyrée ne reste conservée dans aucun des grosjets. Ce fait est établi: 1° par le grand nombre d'étoiles qui circulent dans les quatre espaces annulaires inférieurs, et 2° par le grand nombre de nébuleuses qui circulent dans les cinq espaces annulaires supérieurs; car le *système stellaire* est composé de l'ensemble de ces corps et de l'Archégète, tandis que l'*Univers* est composé de ce système et des deux électrosphères P et A (fig. 1) :

1° Par les mouvements orbiculaires des étoiles dans le même sens, et 2° par les anneaux concentriques occupés par les nébuleuses, on peut voir, d'après la loi de la perspective, que la ligne qui vient au Soleil du milieu *m* de la branche boréale de la Voie lactée étant prolongée, doit passer par le centre de l'Archégète, lequel fait écran à une partie de la périphérie de la Voie lactée diamétralement opposée au susdit milieu *m* de la branche boréale. (Voir la carte céleste, t. I.)

En partant de ce milieu *m* à l'est et à l'ouest, on trouve la Galaxie composée de nébuleuses de chaque dimension irrégulièrement disposées et de teinte blanchâtre jusqu'aux deux extrémités de l'Archégète séparée entre elles par un arc supérieur à 12° qui indique l'étendue occupée par ce corps central. Il y a dans toute cette étendue : 1° uniformité d'éclat ; 2° continuité des bords ; 3° différence perceptible de la teinte, et 4° forme d'une ellipse allongée.

C'est donc dans cet espace II que s'est opérée la combinaison de la quantité 9**b** de barogène avec la chaleur Θ et avec le mélange ΦΘ: pour qu'il en résultât le total des corps qui ne sont qu'hydrogène et oxygène et servent, en quelque sorte, de support à toute la quantité d'électricité neutre. Le volume des corps s'est trouvé déterminé : 1° par l'équilibre établi entre l'expansion régulière de l'électricité, et 2° par la poussée compressive, non par rapport à la différence B' de barogène qui traverse, mais à cause du barogène 9**b** qui reste accumulé autour des deux hémisphères de l'Archégète en éprouvant des poussées convergentes de la part des deux électrosphères P et A.

§ 4. **Rapport entre la pesanteur et le degré de congélation.** J'ai fait voir dans la *Physique* (t. III, p. 223) que la congélation de l'eau s'opère lorsque l'expansion des atomes de chaleur commence à exercer aux atomes de l'eau une poussée répulsive *r* inférieure à la poussée compressive *p* qu'exerce constamment sur eux le barogène *b* des deux électrosphères, qui reste empêché par le barogène *b* de la Terre, pour s'accumuler autour de ces deux hémisphères.

I. Autour de chaque point de la surface de la Terre, la quantité *b* de barogène interceptée par une égale quantité de barogène *b* contenue dans chacun des diamètres terrestres reste constante ; c'est pourquoi la température 0° de la congélation de l'eau est constante.

II. Au soleil, dans chacun de ses diamètres, il se trouve 28 fois plus de molécules de barogène *b* qu'il n'y en a dans chaque diamètre terrestre. On trouve donc la quantité 28*b* de barogène accumulée sur l'extrémité de chaque diamètre solaire, lequel exerce une poussée **p**, 28 fois plus grande que celle *p* qu'exerce le barogène *b* sur chaque extrémité des diamètres terrestres. Pour obtenir un équilibre avec cette poussée **p** = 28*p* compressive, il faut donc une expansion d'électricité ou de chaleur lumineuse qui exerce une répulsion **r** = 28*r* ; cette répulsion exige une température **t** exerçant une répulsion de 28 atmosphères. C'est donc à cette température **t** = 250° que la congélation de l'eau commence sur la surface du Soleil.

III. Dans chaque diamètre de l'Archégète se trouve la quantité 9**b**' de barogène qui intercepte le passage d'une égale quantité de barogène affluant, lequel s'est accumulé autour de chaque extrémité des diamètres de ce corps et exerce une poussée P des millions de fois supérieure à celle **p** exercée sur le Soleil. Pour obtenir un équilibre avec cette poussée compressive P, il faudrait donc une expansion d'électricité neutre ou de chaleur lumineuse qui exerçât une répulsion 9**b** fois supérieure à celle de 284. Une telle répulsion exige une température exerçant une répulsion d'un grand nombre de millions d'atmosphères.

C'est donc à cette température T, que la couche superficielle de la masse empyrée se convertit en couche solide transparente qui sépare le froid de l'espace de la masse empyrée qui y est enfermée. De cette masse, la couche superficielle A s'est trouvée d'un côté en contact avec l'enveloppe solide, et de l'autre avec la masse empyrée des couches inférieures.

§ 5. **Différence entre les états préétablis de la masse empyrée de chaque jet.** Les neuf jets expulsés de l'Archegète se sont trouvés dans l'espace composés de la même masse empyrée d'égale densité, mais à des distances formant une progression géométrique :

$$∺ 2^9\Delta : 2^8\Delta : 2^7\Delta : 2^6\Delta : 2^5\Delta : 2^4\Delta : 2^3\Delta ; 2^2\Delta ; 2\Delta.$$

La masse de chacun des jets s'est trouvée en équilibre rompu : 1° par rapport à la poussée compressive **p** de la part du barogène **b** intercepté dans sa marche par les extrémités des diamètres de chaque jet, et 2° par rapport à la poussée $\mathbf{p}-(2\alpha)^2$, $\mathbf{p}-(2^2\alpha)^2$, $\mathbf{p}-(2^3\alpha)^2 \ldots \mathbf{p}-(2^9\alpha)^2$ venant de la part de l'Archégète à des distances $2^9\Delta$, $2^8\Delta \ldots 2\Delta$.

Cette différence ne détruit pas l'ordre de la succession de faits préétablis, car elle est limitée aux degrés des poussées compressives du côté de l'Archégète : 1° pour le jet $B^{IX}$ de distance $2^9\Delta$, la poussée compressive de la part de l'Archégète est $\mathbf{p}-(2\alpha)^2$ ; 2° pour le jet $B'$ de la distance $2\Delta$, la poussée est $P-(2^9\alpha)^2$. Les molécules de la masse empyrée éprouvent du côté de l'Archégète une poussée qui diminue en raison directe des carrés des distances et qui fait augmenter, en raison inverse, les degrés de rupture d'équilibre ou des intensités des transformations, comme le disait Herschel, qui reconnut l'existence d'une inégale intensité des transformations sans en connaître l'origine.

Les mêmes séries de faits préétablis ont dû : 1° se terminer depuis longtemps dans la masse du jet B' de distance 2Δ, et 2° elles doivent se trouver, dans le principe, dans la masse du jet B''. Nous connaissons aussi la série des états dans lesquels, à des époques différentes, s'est trouvée la masse du jet B' le moins éloigné de l'Archégète. Pour se faire une idée plus exacte de ce que j'avance, le lecteur n'a qu'à se rappeler l'exemple des familles de plantes légumineuses où l'on voit le fruit sec à l'extrémité inférieure de la tige et les boutons à son extrémité supérieure. Il ne faut donc qu'observer tous les états intermédiaires pour mettre dans un ordre chronologique l'ensemble des états préétablis dans les boutons.

### A. Actions astrogoniques préétablies.

§ 6. De chacun des neuf jets, la masse empyrée a éprouvé un égal degré de poussée centrifuge ou répulsive exercée par l'expansion de l'électricité contenue dans cette masse. La poussée compressive exercée de la part du barogène **b** accumulé ne diffère pas dans les jets ; ce n'est que du côté de l'Archégète que la poussée compressive est en raison directe des carrés de distances et elle est cause que les degrés des intensités des transformations sont en raison inverse des carrés des distances. Dans le sens des orbites, 1° la poussée **p**' est du côté postérieur et 2° la poussée $\mathbf{p}-a$ du côté antérieur.

**Allongements verticaux.** A cause de la poussée compressive $\mathbf{p}-a^2$ inférieure à celle **p**, la répulsion expansive *r* fait allonger la masse vers le côté dont elle éprouve la moindre compression $\mathbf{p}-a^2$. Cet allongement se termine par la division de la masse du jet en deux portions, ayant chacune un bras ou un appendice vertical et circulant l'une sur un orbite de rayon $\rho$ et l'autre sur un orbite de rayon $\rho-\alpha$.

**Allongements longitudinaux.** Le jet B' a produit les deux portions *a' b'* qui éprouvaient une poussée compressive $\mathbf{p}-a$ du côté et dans le sens du mouvement orbiculaire, poussée qui est ici inférieure à celle $\mathbf{p}-a^2$ du côté de l'Archégète, à cause de l'appendice vertical. C'est ainsi qu'est provoqué l'allongement longitudinal qui se termine par la division des portions $a'$, $b'$ en d'autres portions $c\,c'$ et $\partial\,\partial'$, lesquels circulent sur des orbites du même plan avec différents rayons $\rho$ et $\rho-\alpha$ et se trouvent à différentes longitudes $\lambda$ et $\lambda+\lambda'$.

**Allongements transversaux.** Chacune des quatre portions s'est trouvée avoir un appendice vertical et un appendice longitudinal qui ont exercé des poussées compressives supérieures à celles qu'éprouvait la masse de la part de la poussée latérale de direction verticale sur le plan orbiculaire. Ainsi chacune des quatre portions a éprouvé un allongement égal en s'éloignant du plan primitif de l'orbite du gros jet, plan qui est le prolongement du plan équatorial de l'Archégète et qu'il faut indiquer par les mots *plans de la Galaxie*. Les portions produites par un jet pendant une période astrogonique sont au nombre de huit.

§ 7. **Périodes astrogoniques.** Pendant la durée d'une période astrogonique la masse empyrée des jets ou de chacune de leurs portions se subdivise en huit portions inférieures disposées symétriquement par rapport au plan de la Galaxie. Le nombre $n$ des périodes astrogoniques est déterminé par le nombre N des portions (qui deviennent autant de soleils) au moyen de l'équation

$$8^n = N,\quad n\log 8 = \log N,\quad n = \frac{\log N}{\log 8}.$$

§ 8. **Fin des périodes astrogoniques.** La répulsion $r$ expansive de la masse empyrée est proportionnelle aux cubes de ses diamètres $d$, tandis que la poussée $\mathbf{p}$, convergente de la pesanteur, est proportionnelles aux surfaces et par suite aux carrés des diamètres, ainsi on a un équilibre lorsqu'on a

$$r : \mathbf{p} = d^3 : d^2.$$

Dans le principe, le diamètre de la masse des jets est grand, alors la répulsion expansive $r$ est supérieure à la poussée **p** centripète, et la subdivision de la masse par le moyen des prolongements dans les trois dimensions indiquées est inévitable. Les diamètres doivent nécessairement diminuer suffisamment pour que la répulsion $r$ devienne égale à la poussée centripète $p$, et c'est cet état d'équilibre qui correspond aux portions dont le diamètre doit être considéré comme unité.

Les portions finales de masse empyrée ne pouvaient donc pas trop différer entre elles; elles sont comparables à celle dont est composé notre Soleil, de sorte que la grandeur préétablie de tous les autres soleils n'en diffère pas. Herschel a reconnu l'égalité des étoiles, mais il l'a attribuée aussi aux étoiles claires, lesquelles ont été admises à des distances des centaines de fois inférieures. Les astronomes modernes ont démontré que la grandeur des étoiles claires ne correspond pas à leurs distances; Sirius et Procyon sont à une égale distance : α du Centaure en est 4 fois moins éloignée, et cependant il résulte de l'Astrogonie qu'il n'y a nulle part au monde, d'étoile composée d'une masse empyrée très-différente de celle de notre Soleil.

On a pu connaître par ce moyen : 1° que la clarté des étoiles ne correspond aux distances que pour les soleils lipoplanètes qui sont tous télescopiques; 2° que la masse empyrée ne correspond pas aux grandeurs des étoiles claires. La clarté de ces étoiles est un effet physiologique qui résulte des vitesses des mouvements orbiculaires des planètes lesquelles composent ces étoiles. C'est par oubli que ce fait physiologique a échappé à Herschel.

## II. DURÉE DES PÉRIODES ASTROGONIQUES.

§ 9. Ainsi que cela a lieu pour l'ordre de succession chronologique des faits astrogoniques, l'ordre de durée de ce fait est préétabli pour la masse empyrée de chacun des neuf jets expulsés, et cela, 1° à cause des poussées centripètes inférieures $\mathbf{p} - a^2$ de la part du barogène du côté de l'Archégète, et 2° à cause des poussées centripètes également inférieures $\mathbf{p} - a$ de la part de l'hémisphère antérieur, lesquelles précèdent dans le mouvement orbiculaire.

La poussée de l'espace exercé par le barogène **b** étant $\mathbf{p}$, $\mathbf{p} - \frac{1}{d^2}$ est la poussée exercée sur la masse empyrée du côté de l'Archégète en indiquant par $d$ la distance ou le rayon de l'orbite. Si la distance $d$ est petite la poussée centiprète du côté de l'Archégète est aussi petite, et le degré de rupture d'équilibre nommé *anisorrhopie* est grand.

La poussée exercée sur la masse empyrée pour la contenir dans son mouvement orbiculaire est $\mathbf{p} + \frac{1}{d}$, par suite, du côté antérieur la poussée est de $\mathbf{p}$, car c'est la poussée $\mathbf{p} + \frac{1}{d}$ du côté de l'hémisphère postérieur qui ne resta pas normale.

Cette différence de poussée n'existe pas des côtés latéraux perpendiculaires au plan des orbites ; ainsi 1° la division des portions en direction verticale s'opère par une rupture d'équilibre ou par une intensité $\mathbf{p} - \frac{1}{d^2}$ ; 2° la division longitudinale s'opère par une rupture d'équilibre $\mathbf{p} - \frac{1}{d}$ ; 3° la division transversale s'opère par une rupture d'équilibre qui résulte des deux appendices qui sont restés dans chaque portion après les deux divisions précédentes. Ces appendices font augmenter la poussée, qui devient $p + \frac{1}{d^2}$ du côté vertical et $p + \frac{1}{d}$ du côté transversal.

La rapidité des transformations étant, 1° en raison inverse des carrés $d^2$ des distances, et 2° en raison inverse de ces distances $d$. Les durées de ces transformations sont en même temps, 1° en raison directe des carrés des distances, et 2° en raison directe de ces distances. Par le mot *transformation* Herschel entendait un changement d'état, bien qu'il ignorât en quoi ce changement consistait. On voit ici que c'est la masse empyree qui se subdivise en portions inférieures jusqu'au degré de production d'un équilibre entre la répulsion $r$ expansive et la poussée $p$ centripète. Herschel et les autres astronomes, en admettant la matière primitive répandue dans l'espace, ne sont arrivés, par les observations, qu'à des faits contradictoires. Tout autre aurait pu comme moi arranger ces faits pour les mettre en concordance si l'on eut voulu admettre la matière primitive accumulée pour former un seul corps, l'Archégète.

Notre Soleil circule avec 16 millions d'autres autour de l'Archégète dans le 4e espace annulaire; d'où l'on voit qu'il a terminé depuis longtemps la division et la subdivision inférieures de la masse empyrée des trois jets $B'$, $B''$, $B'''$ et qu'elles se trouvent vers leur fin dans la masse du 4e jet $B^{iv}$ dont notre Soleil avec quelques autres s'est d'abord séparé. Ensuite s'est opérée la séparation successive des soleils qui, aux étoiles claires, se trouvent entourés de planètes lumineuses. C'est à une époque moins reculée que s'est opérée la séparation des portions de masse empyrée qui a produit les 16 millions de soleils lipoplanètes télescopiques.

Les orbites de ces soleils sont à une distance médiocre $\gamma + \gamma'$ des deux côtés du plan de la Galaxie; les orbites des soleils formés précédemment sont à des distances très-petites $\gamma$ ou très-grandes $\gamma + \gamma' + \Gamma$ du plan de la Galaxie. Tous ces soleils sont entourés de planètes : celles-ci sont encore lumineuses aux systèmes produits à des époques moins reculées. Si elles sont éteintes comme dans notre système, c'est parce que les planètes pareilles ont été produites à une époque plus reculée.

### III. MOUVEMENT APPARENT DES SOLEILS INDIGÈNES ET MOUVEMENT RÉEL DES PLANÈTES ET DES SATELLITES.

§ 10. Notre Soleil et tous les soleils indigènes circulent autour de l'Archégète sur des orbites de rayons $\rho \pm \alpha$ (en indiquant par $\rho$ le rayon de l'orbite de notre Soleil) qui se trouvent à une distance $\gamma$ et $\gamma + \gamma' + \Gamma$ du plan de la Galaxie; ils terminent leur révolution en une durée $T \mp \tau$ (en indiquant par T la durée de la révolution de notre Soleil qui est de 324000 siècles). Pour que la petite différence $\tau$ entre les durées de $T \pm \tau$ devînt perceptible, il faudrait des milliers de siècles. Il n'en est pas de même pour les mouvements apparents qui résultent des grandes distances entre l'orbite de notre Soleil et ceux de quelques autres soleils. Ces distances donnent lieu à des mouvements apparents qui sont propres à chaque soleil et ne peuvent servir qu'à indiquer une distance du plan de son orbite, sans aucun rapport avec la durée $T \pm \tau$ de leur révolution autour de l'Archégète.

D'après la loi de l'Astrogonie, les portions qui circulent sur des orbites très-rapprochés ou sur des orbites très-éloignés du plan de la Galaxie se sont séparées dès le principe de la masse empyrée. Les soleils qui en sont résultés ont produit des planètes qui sont encore lumineuses, et il y en a qui sont déjà éteintes, comme celles de notre système. Il est donc préétabli qu'ils ont un mouvement apparent, ceux des soleils qui étant produits, dès l'origine, comme le nôtre circulent sur des orbites éloignés de celui de notre Soleil. Parmi ces soleils, ceux qui sont entourés de planètes éteintes paraissent télescopiques; ils se distinguent des soleils lipo-planètes par leur mouvement apparent d'une très-grande vitesse.

Le nombre des soleils produits d'abord étant $2n$, le nombre de ceux qui circulent sur des orbites peu éloignés est

$n$; et $n$ le nombre de ceux qui circulent sur des orbites très-éloignés. En indiquant par le même nombre $2n$ les soleils entourés des planètes lumineuses qui se montrent comme des étoiles claires visibles à l'œil nu, il faut que la moitié $n$ de ces étoiles se présente comme des mobiles et l'autre moitié $n$ comme des étoiles immobiles. On a trouvé par les observations tous ces résultats obtenus ici par l'état préétabli. Il était impossible de connaître l'état préétabli au moyen des observations; cependant les astronomes l'ont attribué au manque d'un nombre suffisant des faits. C'est pourquoi tous les jours les moyens d'observations se sont multipliés.

## IV. CONNEXION DES ÉTOILES DOUBLES AVEC L'ASTROGONIE.

§ 11. Dès neuf jets expulsés de l'Archégète, la masse empyrée s'est divisée et subdivisée jusqu'au point qu'il en est résulté des portions peu différentes de celle qui est contenue dans notre Soleil. Ces portions sont arrivées à circuler sur des orbites composant des couples symétriquement disposés des deux côtés du plan de la Galaxie aux distances $\gamma$, pour y occuper l'espace de nombre $2^7$ compris entre les orbites de distance $\gamma$ et $\Gamma + \gamma$.

Les orbites qui se trouvent dans cet espace composent des couples symétriquement disposés des deux côtés du plan de distance $\Gamma \pm \gamma$ de la Galaxie. Les orbites qui se trouvent dans chacun de ces espaces composent également des couples symétriquement disposés des deux côtés des plans pour produire des distances $\Gamma' \pm \gamma'$ des portions circulant sur des orbites $\Gamma \pm \gamma \pm \gamma'$...

Les soleils qui ont été engendrés par des portions de masse empyrée ainsi séparée ont conservé leurs orbites et se sont trouvés entre eux en trois classes des distances L, l, $l$ correspondant aux intervalles dans lesquels étaient les portions finales de masse empyrée.

I. Soient les intervalles $2\alpha$ qui se sont formés pendant les 8 périodes astronomiques entre les portions séparées par les allongements verticaux.

II. Les intervalles $2^2\alpha$ qui se sont formés pendant les 8 périodes astrogoniques entre les portions séparées par les allongements longitudinaux sont d'un nombre double.

III. Les intervalles $2^3\alpha$ qui se sont formés entre les portions séparées par les allongements transversaux sont d'un nombre quadruple de celui $2\alpha$.

1° Les grands intervalles L verticaux étant vus obliquement ou de profil sont imperceptibles ou se présentent comme les plus courts *l* de nombre *n*.

2° Les intervalles en réalité inférieurs des longitudes aux précédents se voient de face et se présentent à une distance L de nombre $2n$.

3° Les intervalles transversaux se voient à leurs distances réelles **l** de nombre $4n$.

Un des 16 millions de soleils expulse 9 jets à des époques séparées par des intervalles séculaires pour donner naissance à huit planètes. Ce mode d'astrogonie, nommé *planétogonie*, diffère du précédent; la distribution de leurs intervalles diffère aussi. Il y a donc deux espèces d'étoiles voisines : 1° l'une est appelée *couples planétaires* ou *planétozygues*, et 2° l'autre *couples solaires* ou *héliozygues*.

### A. Couples planétaires ou planétozygues.

§ 12. Les étoiles visibles à l'œil nu sont au nombre d'environ 5000, dont une moitié est mobile et l'autre immobile, parce que le soleil de chacun de ces systèmes planétaires étant sur un orbite éloigné de celui de notre Soleil se présente mobile, tandis que ceux qui sont sur un orbite voisin de notre Soleil paraissent immobiles. Les soleils lipoplanètes circulent sur des orbites compris entre ceux des étoiles claires composées d'un soleil et des huit planètes dont quelques-unes ne sont pas encore visibles.

Dans ce nombre de systèmes planétaires, il n'y en a de résolubles qu'une vingtaine dans lesquels on a pu même observer la durée de révolution de la planète extérieure. Toutes ces étoiles sont claires, visibles à l'œil nu, et la seule de 1re grandeur est α du Centaure, moins éloignée que toutes les autres. Le nombre des planétozygues ne peut augmenter que, 1° par quelques perfectionnements des instruments, et 2° par l'observation des mouvements des étoiles de 1re et 2e grandeur, car elles circulent autour de leur soleil invisible. Ces étoiles sont composées de systèmes de satellites qui sont amenés par leur planète invisible circulant autour de leur soleil aussi invisible.

### B. Couples solaires ou héliozygues.

§ 13. Quand on eut découvert l'existence des planétozygues qui se manifeste, 1° par une proximité des couples, et 2° par un mouvement de l'étoile périphérique, Herschel et les autres astronomes n'hésitèrent pas à considérer comme élément des couples analogues toutes les étoiles qui se montrent séparées par de petits intervalles. Pour savoir quelle peut être la limite des intervalles des couples réels, Herschel a discuté les nombres des intervalles trouvés par l'observation, et il a découvert qu'il y a une progression géométrique de 4″, 8″, 16″, 32″. D'après le tableau suivant, les nombres 227, 854, 477 ne correspondent pas aux intervalles de 0″ à 4″, de 4″ à 8″ et de 8″ à 16″, ni les nombres 15, 38, 35 aux intervalles de 5′, 10′, 15′. C'est ainsi que se présentent les périodes des intervalles ; il y a un maximum de 4″ à 8″, un autre maximum de 5′ à 10′. On ne manquera pas de combiner les intervalles des étoiles contenues dans les catalogues pour découvrir d'autres maxima d'intervalles correspondant à une autre période astrogonique précédente.

| INTERVALLES. | | ÉTOILES CLAIRES. | | ÉTOILES FAIBLES. | | SOMMES. |
|---|---|---|---|---|---|---|
| *Étoiles de la 8ᵉ période astrogonique.* | | | | | | |
| De 0″ à | 1″ | 62 | 178 | 29 | 227 | 405 |
| | 2″ | 110 | | 198 | | |
| De 0″ à | 4″ | 133 | 203 | 402 | 854 | 1117 |
| | 8″ | 130 | | 452 | | |
| De 0″ à | 12″ | 64 | 106 | 288 | 477 | 583 |
| | 16″ | 52 | | 170 | | |
| De 0″ à | 24″ | 54 | 106 | | 420 | 585 |
| | 32″ | 52 | | | | |
| *Étoiles de la 7ᵉ période astrogonique.* | | | | | | |
| De 0″ à | 1′ | 15 | | » | | 15 |
| | 2′ | 15 | | » | | 15 |
| | 5′ | 17 | | » | | 17 |
| | 10′ | 38 | | » | | 38 |
| | 15′ | 25 | | » | | 25 |

**Les nombres du tableau et l'Astrogonie.** 1° Par l'allongement vertical, on trouve un couple de portions par la division de la masse empyrée d'un jet ou d'une portion; le grand intervalle L étant vu de face ou obliquement, se présente comme une distance médiocre *d* de ces intervalles; le nombre de ces couples est indiqué par $2\alpha$. 2° Des deux portions ainsi produites proviennent deux couples par l'allongement longitudinal; les intervalles des longitudes qui les séparent se voient de face à leur grande distance D réelle; le nombre des couples de ces intervalles est indiqué par $2^2\alpha$. 3° Des allongements transversaux résultent les intervalles qui séparent les portions. Ces intervalles se voient de face à leur distance réelle **d**; le nombre des couples de ces intervalles est indiqué par $2^3\alpha$.

Les intervalles 854 de 4″ à 8″ et ceux 37 de 5′ à 10′ sont transversaux, comme on peut s'en assurer par leur rapport 1° avec les nombres 477 ou 25 qui indiquent les intervalles des allongements longitudinaux, et 2° avec les nombres 227 ou 17 qui indiquent les intervalles des allongements verticaux.

Les intervalles entre les éléments des couples résultent, dans les allongements verticaux : 1° de la différence $a$ entre les rayons $\rho$ et $\rho-a$, et 2° de la différence $\lambda'$ entre les longitudes $\lambda+\lambda'$ et $\lambda$ ; parce que la portion principale circulant sur un orbite de rayon $\rho$ conserve cet orbite pour une moitié, tandis que l'autre, après s'être abaissée de la distance $a$, se trouve sur un orbite de rayon $\rho-a$, ayant une vitesse orbiculaire $\mathbf{v}$ qui est avec la vitesse $v$ de l'autre portion, 1° en raison inverse des distances $\rho$ et $\rho-a$ et en raison directe avec les longitudes $\lambda+\lambda'$ et $\lambda$.

$$v:\mathbf{v}=\rho-a:\rho=\lambda:\lambda'+\lambda.$$

Pendant les allongements longitudinaux des deux portions, se forment deux couples qui restent sur le même plan orbiculaire et les longitudes seules augmentent. 1° Les éléments du couple de distance $\rho-a$ ont les longitudes $\lambda+\lambda'$ et $\lambda+\lambda'+\lambda''$, et 2° les éléments du couple de distance $\rho$ ont pour longitudes $\lambda$ et $\lambda+\lambda''-\lambda'''$. C'est ainsi que se produisent les grands intervalles de $(\lambda+\lambda'+\lambda'')-(\lambda+\lambda''-\lambda''')=\lambda'+\lambda'''$ et de $(\lambda+\lambda'+\lambda'')-\lambda=\lambda'+\lambda''$.

Pendant les allongements transversaux, les rayons $\rho$ et $\rho-a$ des orbites ne changent pas, mais les éléments des quatre couples se trouvent circuler sur deux orbites également éloignés des deux côté de l'orbite sur lequel circulait la portion principale.

**Différence entre les planétozygues et les héliozygues.** 1° Les planètes périphériques sont toutes moins lumineuses que l'ensemble des planètes qui paraissent comme étoiles centrales ; cette règle est en défaut pour les héliozygues. 2° Les durées des périodes des planètes n'atteignent pas le triple de la durée de la période de Neptune. 3° Parmi les héliozygues, il s'en trouve 653 claires et 1987 télescopiques. Chaque proportion y manque, et cela parce qu'il y a peu d'étoiles télescopiques qui indiquent un mouvement perceptible, tandis que parmi les étoiles claires la moitié sont mobiles.

### V. DISTANCES DES SOLEILS INDIGÈNES

§ 14. D'après l'Astrogonie, la masse d'un jet engendrerait pendant la 1re période 8 portions formant les sommets d'un parallélipipède et se trouvant, 1° aux deux bases perpendiculaires sur le rayon vecteur, 2° aux deux faces dont l'une antérieure et l'autre postérieure, et 3° aux deux faces latérales.

Chacune de ces huit portions en produisit huit autres pendant la 2e période astrogonique, de sorte que chacune des trois faces précédentes en a formé trois autres et que chacune des huit portions en a formé huit autres. Au lieu de prendre dans son calcul le nombre $8 = 2^3$, Struve a pris le nombre $9 = 3^2$ multiplié par 18 qui lui a paru donner des produits croissant d'après une progression géométrique correspondant aux *nombres des étoiles de clarté décroissante.*

Comme les soleils lipoplanètes, par rapport à leur clarté réelle, diffèrent peu du nôtre, il n'y a que les distances qui sont en raison inverse des clartés. Il en résulte que les rapports des distances sont déterminés par les clartés ; une de ces distances étant connue, on en déduit aisément les autres. Des étoiles télescopiques, qui sont des soleils lipoplanètes, les plus claires de 7e grandeur sont les moins éloignées. Struve a cependant trouvé que le nombre des étoiles de 7e grandeur était de 14000, tandis qu'il ne devait être que de $4374 = 3^5 \times 18$ d'après la progression suivie des étoiles claires qu'on a trouvée :

$$∺ 18 : 3 \times 18 : 3^2 \times 18 : 3^3 \times 18 : 3^4 \times 18 : 3^5 \times 18.$$

| Grandeur des étoiles. | 1re-2e, | 3e, | 4e. | 5e. | 6e, | 7e. |
|---|---|---|---|---|---|---|

Parmi les étoiles planétaires 4374 très-éloignées, il se trouve donc un nombre d'environ 9626 soleils lipoplanètes beaucoup moins éloignés; de sorte que ces étoiles, de clartés et de distances différentes, se présentent avec une égale grandeur. Les soleils sont immobiles et incolores, tandis que parmi les étoiles planétaires une grande quantité sont mobiles et incolores, ou colorées et immobiles, ou immobiles et incolores.

Sauf $\alpha$ du Centaure qui est à une distance $\delta$ parcourue par la lumière en cinq ans, les autres étoiles se présentent à des distances non inférieures à $4\delta$, de sorte qu'on ne doit admettre pour les soleils que des distances supérieures à $4\delta$. A une distance de $6\delta$, tous les soleils sont de 7ᵉ grandeur; entre cette limite de $6\delta$ et celle de $18\delta$, se trouvent les espaces contenant les soleils jusqu'à la 13ᵉ grandeur; il faut donc qu'ils soient, 1° à des distances croissantes, 2° en nombres croissant, et 3° d'un éclat décroissant, a peu près comme dans l'exemple suivant;

1° Distances. . . . : $6\delta . 8\delta . 10\delta . 12\delta . 14\delta . 16\delta . 18\delta$.
2° Nombres . . . . ∺ $3n : 3^2n : 3^3n : 3^4n : 3^5n : 3^6n : 3^7n$.
3° Grandeur. . . . : 7 . 8 . 9 . 10 . 11 . 12 . 13.

§ 15. **Distances des étoiles.** Les étoiles indigènes, soleils avec des planètes lumineuses ou soleils lipoplanètes, circulent dans le 4ᵉ espace annulaire $A^{IV}$ de rayon $2^4\Delta = 4 \times 27\delta$ et de diamètre $8 \times 27\delta$. Pour qu'une étoile soit aperçue au maximum des distances $= 2^5\Delta = 236\delta$ comme les étoiles de 13ᵉ grandeur, il faut qu'elle soit à une distance de $4\delta$ comparables à Sirius. Les planètes lumineuses de 7ᵉ grandeur se présentent à une distance de $21\delta$, de même que les soleils lipoplanètes se présentent avec une égale clarté quand ils sont à une distance de $6\delta$.

Si les soleils lipoplanètes se trouvent à la distance de $3 \times 6\delta = 18\delta$ pour apparaître de 13ᵉ grandeur, les étoiles planetaires doivent se trouver à une distance de $3 \times 21\delta = 63\delta$ pour apparaître de cette même 13ᵉ grandeur.

## VI. DE L'EXISTENCE PHYSIQUE DES CORPS CÉLESTES ET DE LEURS FORMES.

§ 16. Nous ne recevons des corps célestes que des ondes de lumière propagées avec une vitesse invariable en directions centrifuges rectilignes. Ces ondes pénètrent le nerf parcouru par l'électricité; il s'y engendre un combiné $\epsilon\varphi$ ayant pour facteurs : 1° une portion $\varphi$ de l'onde, et 2° une portion $\epsilon$ d'électricité du nerf. Le facteur $\varphi$ de l'onde produit avec l'électricité $\epsilon$ un double combiné correspondant : 1° à la direction de la propagation des ondes, 2° aux longueurs $\lambda$ des ondes, qui sont des intervalles qui séparent une onde précédente de celle qui la suit. Ces intervalles diffèrent; ils sont $\lambda'$, $\lambda''$, $\lambda'''$... $\lambda^{vii}$ pour les sept espèces de lumière du spectre solaire, et leur ensemble produit la longueur moyenne $\lambda$ qui est la lumière blanche, et 3° le combiné correspond à l'intensité des atomes de lumière composant les ondes.

Les ondes de la lumière incolore sont imperceptibles; telle est la lumière de la combustion de l'hydrogène, laquelle est convertie en lumière blanche d'un éclat éblouissant lorsqu'elle éprouve une diffusion par une projection sur la chaux. *J'ai démontré dans la Physique* (t. IV, p. 289) que de même qu'à l'aide de la lumière incolore on obtient les sept espèces de lumières colorées dont l'ensemble est la lumière blanche, de même par la chaleur on obtient les sept sons de la gamme, dont l'ensemble est le *bruit*.

Sauf la direction des ondes et leur longueur, les sensations ont aussi un rapport avec leur intensité qui peut être de degrés différents pour chaque espèce de lumière. Pour évaluer ces intensités, nous possédons : 1° les durées d'exposition des plaques photographiques pour en obtenir des images complètes, et 2° les comparaisons obtenues par les sensations des objets différents de couleur homonyme.

C'est au moyen de ces trois propriétés de la lumière que

nous parvenons à connaître les propriétés des corps célestes qui correspondent aux sensations produites.

### A. USAGE ASTRONOMIQUE DES SENSATIONS DES DIRECTIONS RECTILIGNES DES ONDES DE LUMIÈRE.

§ 17. Les distances des corps étant connues, nous déterminons leurs dimensions par les angles formés au nerf par les rayons visuels venant de leur extrémité. 1° Les dimensions ainsi obtenues ne varient pas pour les corps dont la position ne change pas, comme cela a lieu pour la Lune, dont le diamètre présente toujours la même longueur, car l'angle visuel ne varie que d'après les distances. Ces dimensions ne varient pas non plus pour les corps sphériques comme le Soleil, si ces corps tournent autour de leur axe. 2° Les dimensions observées varient pour les corps de forme ovalaire, 1° lorsqu'ils circulent autour de leur corps central, et 2° lorsqu'ils tournent autour de l'un de leurs diamètres. Ces corps sont les planètes, les planétoïdes et les satellites.

Si les dimensions des corps célestes sont connues, nous déterminons leur distance par l'angle $\gamma$ qu'ils sous-tendent; les soleils télescopiques ont un diamètre $d$ qui ne diffère pas de celui de notre Soleil; ceux de septième grandeur sont à une distance $6\delta$ parcourue par la lumière en 30 ans. La distance de notre Soleil est parcourue en 8′ 18″ ou en 500″, durée 3 millions de fois inférieure à celle de 30 ans. Le diamètre de notre Soleil sous-tend un arc de 32′ = 1920″; dans la distance de 3 millions de fois supérieure, le diamètre du Soleil paraîtrait sous un angle inférieur à 1 millième de seconde.

Quand un corps est immobile, on le voit constamment dans la même direction si l'on tient compte du mouvement de la Terre; les corps mobiles se voient sous des directions variables dont l'angle correspond à l'arc parcouru par le corps. La longueur réelle de cet arc est déterminée quand on connaît la distance du corps.

### B. Usage astronomique des sensations des longueurs et des directions des ondes de lumière.

§ 18. La masse empyrée étant le seul composant de tous les corps lumineux, on n'y trouve aucune différence de lumière comparable à celle des couleurs des corps terrestres. Les corps *célestes* ne diffèrent que par les formes, qui sont sphériques dans les soleils et ovalaires dans les planètes et les satellites.

1° Les rayons de la masse empyrée émergent verticalement de la surface sphérique de notre Soleil et de celle de tous les autres; ainsi ils n'en éprouvent aucune réfraction, ils arrivent sans être colorés et sans être polarisés.

2° Les rayons de la masse empyrée émergent obliquement des enveloppes de forme ovalaire; aussi en éprouvent-ils des réfractions dans le sens du sommet. C'est ainsi que sont produits des spectres de forme annulaire où les sept couleurs occupent des espaces annulaires; les couleurs sombres sont placées du côté du sommet et les couleurs claires du côté de la base de l'ovalaire.

Les planètes restent lumineuses jusqu'à ce qu'elles expulsent des jets pour parvenir au mouvement rotatoire. A cause de leur forme ovalaire, il n'en est donc aucune sans spectres. Dans les régions des prolongements du grand diamètre, les couleurs du spectre se mêlent, et il en résulte la couleur blanche; c'est pourquoi les étoiles claires sont nécessairement colorées ou blanches.

Les ondes lumineuses arrivent des planètes lumineuses en passant par des spectres : ainsi elles ont toujours en longueur des ondes de blanc mêlées avec des ondes de lumière colorée. Nous ne sentons cette lumière que lorsqu'elle est en quantité considérable. Dans les cas où elle est en petite quantité, il faut, pour découvrir son existence, la concentrer pour en former un spectre. Par la présence de quelques traits clairs ou sombres qu'on y observe, et par l'absence des autres, on peut découvrir l'existence des différences réelles entre la lumière qui vient des différentes étoiles. Jusqu'à présent on en ignorait la cause, de même qu'on ne connaissait pas la forme ovalaire de l'enveloppe solide de glace qui contient la masse empyrée.

§ 19. Pour changer la couleur d'une étoile, 1° il suffit que la Terre passe de l'espace occupé par les ondes d'une couleur du spectre dans l'espace parcouru par les ondes venant de la même étoile, et qui passent par un compartiment du spectre qui est occupé par une autre couleur ; 2° la couleur change aussi par le nombre d'accroissement ou par le nombre décroissant des planètes ou des satellites qui composent l'étoile. Dans ce dernier cas, on observe un changement d'éclat, lequel croît avec le nombre des éléments composants, ou décroît lorsque quelques-uns des composants s'éteignent. La couleur rouge de Sirius n'existe plus ; on la sentait tant que la Terre se trouvait dans le compartiment du rouge de son spectre. C'est depuis que la Terre en est sortie que la couleur rouge a disparu. Si la Terre suivait une direction opposée, elle se serait trouvée dans le compartiment de l'orangé. Il paraît que le rouge de Syrius provenait d'un satellite qui s'est éteint.

Les vésicules d'enveloppe liquide, comme celles de la vapeur, ou d'enveloppe gelée, pour devenir des ballons semblables à ceux qui composent les flocons de neige, ces vésicules, dis-je, en réfléchissant la lumière incolore de la masse empyrée, la convertissent en lumière blanche, de même que la lumière de l'hydrogène se multiplie par la réflexion opérée par de la chaux. Les dimensions de la masse empyrée sont imperceptibles ; mais des molécules de cette masse se forment de vésicules gelées ou des amas de ballons pour occuper un espace des millions de fois supérieur.

Étant donc éclairés par la masse empyrée, ces amas de ballons réfléchissent la lumière et rendent ainsi visible l'espace qu'ils occupent.

### C. Usage astronomique des sensations de l'intensité des ondes lumineuses.

§ 20. Les molécules du fluide primitif comprimé indéfiniment composent les équivalents des atomes de lumière; ceux-ci ne se déplacent pas comme des projectiles admis dans le système de l'émission pour disparaître entièrement de la masse empyrée; mais c'est par une expansion indéfinie des molécules que se produit une *photosphère* de rayon croissant de 75,000 lieues par seconde. Pour évaluer la longueur des rayons des photosphères de soleils, il faut remonter à l'époque de l'expulsion des neuf jets de l'Archégète qui a eu lieu il y a des milliers de siècles.

L'expansion est soutenue par la rupture d'équilibre du côté de la masse empyrée où la densité des molécules est supérieure. Cette rupture d'équilibre se fait sentir dans toute la longueur de chaque rayon, et c'est elle qui soutient l'avancement centrifuge des ondes, car le mouvement est contenu dans les molécules mêmes qui composent les ondes de la lumière; c'est pourquoi la vitesse est invariable.

Dans le cas où un corps lumineux se trouve éclipsé, c'est la rupture d'équilibre qui en est interceptée, et avec elle l'avancement des ondes est intercepté sans que pour cela ces molécules s'anéantissent ou que leur expansion s'arrête. L'expansion s'opère alors dans chaque direction, c'est pourquoi le corps reste imperceptible. Réduites à l'état stationnaire, les molécules ne produisent plus de sensations, car celles-ci ne résultent pas du contact simple des atomes de lumière avec le nerf, mais de la pénétration de leurs ondes à travers la couche d'électricité soutenue par le nerf.

L'intensité des ondes lumineuses croît du côté des corps de trois manières différentes : 1° par la multiplication réelle de la masse empyrée ; 2° par les positions des versants observés, et 3° par les déplacements des corps lumineux.

*1° Accroissement réel de l'intensité des ondes lumineuses.*

§ 21. Le diamètre qui passe par le centre du disque solaire traverse le maximum de l'épaisseur de la masse empyrée ; en s'éloignant du centre du disque, l'épaisseur de cette masse diminue et son minimum est à son bord. Les observations faites jadis par Bouguer, puis par Secchi et par plusieurs autres ont prouvé qu'en effet l'intensité diminue du centre vers le bord. Bouguer a trouvé au centre une intensité de 48, et à une distance de 3/4 du rayon du disque, elle n'est que de 35.

Ce résultat devait renverser l'hypothèse de l'existence d'une photosphère, car en pareil cas, le maximum de clarté serait au bord et son minimum au centre. Arago lui-même, qui soutenait l'hypothèse d'une photosphère par des preuves basées sur le manque de polarisation, n'a pu nier la supériorité de l'intensité de lumière au centre du Soleil ; l'image photographiée du Soleil l'en a convaincu.

*2° Intensité correspondante à la position des versants.*

§ 22. C'est au moyen des intensités de la lumière des différentes parties de la surface de la Lune, du Soleil, des planètes que nous déterminons la disposition des versants indiquant les inégalités de leur surface. Au Soleil, les versants sont éclairés par la masse empyrée ; ceux de la Lune et des planètes sont éclairés par le Soleil. Les rayons visuels peuvent former avec les surfaces des versants tous les angles $\gamma$ entre 0° et 90°. De l'angle $\gamma$ dépend l'intensité de lumière des versants, laquelle a pour valeur la surface $\sin^2\gamma$. Si le rayon visuel est vertical sur le versant, c'est $\gamma = 90°$ et $\sin^2 = 1$, qui indique le maximum de l'intensité. En indiquant par $\gamma'$ l'angle que forme le versant avec le plan horizontal du globe observé, c'est $\cos^2\gamma$ qui est la valeur de l'intensité de la lumière.

Au Soleil on voit les versants, 1° de face lorsqu'ils sont à son bord, et 2° de profil lorsqu'ils sont au milieu entre le bord du lever et le bord du coucher. On ne trouve pas dans la Lune ce déplacement des versants, car elle ne tourne pas pour faire apparaître son hémisphère postérieur; mais c'est la lumière qui, éclaircissant les versants, arrive de face, de profil ou sous chaque obliquité, ainsi que cela a lieu pour les planètes.

Pour les versants de la Lune, l'intensité dépend de l'angle $\gamma''$ qu'ils forment avec les rayons solaires. Pour les versants des planètes, l'intensité dépend de l'angle $\Gamma$ formé sur les versants du rayon visuel et du rayon solaire. Le degré de cette intensité a pour valeur $\cos^2\Gamma$.

Au Soleil, 1° les *facules* résultent des versants de grande hauteur et des pentes rapides; 2° les *rides* résultent des versants moins élevés et des pentes douces; 3° les points sombres résultent des versants qui regardent vers les pôles. Sur le Soleil, de même que sur la Lune, les inégalités de la surface sont des amas périphériques de fragments de glace, sous forme de remparts. Ce sont donc ces remparts qui causent l'inégalité des intensités de lumière, de sorte qu'au lieu d'une clarté uniforme la surface du Soleil présente partout un état granulé comparable à celui de la peau d'orange. On ne voit les facules que sur la zone royale. L'image du Soleil vue projetée sur un écran avec un fort grossissement a de telles irrégularités dans l'intensité de la lumière, qu'on ne se serait jamais attendu à la trouver ainsi d'après l'hypothèse de l'existence d'une photosphère gazeuse.

Les intensités des phases consécutives de la Lune réunies pendant chaque lunaison conduisent à connaître qu'elle n'est pas de forme sphérique comme le Soleil, mais qu'elle est de forme ovalaire ayant son hémisphère soulevé tourné vers la Terre. L'éclat du centre de son disque est inférieur à celui du bord, précisément le contraire de ce qui a lieu pour le Soleil. 1° D'après l'hypothèse d'une forme sphérique, il fallait que dans la Lune le milieu du disque fût plus clair que son bord. 2° D'après l'hypothèse d'une photosphère autour du Soleil, il fallait que l'éclat de son bord fût supérieur à celui du centre de son disque.

Pour soutenir ces hypothèses et celle de l'existence d'un anneau opaque dans le plan équatorial de Saturne, il faudrait déclarer faux tous les résultats des observations qui prouvent, conformément à la loi de la photométrie, 1° que la forme de la Lune est ovalaire, 2° que la masse empyrée du Soleil est renfermée dans une enveloppe de glace, et 3° que Saturne a un sillon large de faible profondeur. Par le fond de ce sillon passe le plan équatorial qui le divise en deux moitiés.

Si les astronomes s'obstinent à nier les résultats des observations, on ne saurait comprendre le but de leurs observations, puisqu'ils persistent à conserver certaines hypothèses admises à une époque où le nombre des faits célestes connus était très-borné.

### 3° *Intensités correspondantes aux vitesses des corps lumineux.*

§ 23. Les mouvements de chaque corps peuvent se réduire en deux directions: 1° celle des rayons des ondes, et 2° celle d'un mouvement périphérique sans changements sensibles des distances. Il y aurait dans un cas accroissement ou décroissement d'éclat, et dans l'autre il resterait une intensité constante. Nous ne jugeons des degrés des clartés que d'après les sensations produites par les ondes lumineuses; mais il faut une durée de 0",82 ou d'environ 1" pour que la combinaison de la lumière $\varphi$ de l'onde avec l'électricité $\varepsilon$ du nerf se produise: d'où résulte le sentiment qui est le combiné $\varepsilon\varphi$.

#### *a. Clarté physiologique des mouvements transversaux.*

§ 24. Si pendant la durée de 0",82 le corps lumineux fait

un tour, de quelque rayon qu'il soit, l'œil ne cessera pas de produire des sentiments par une quantité $\varphi$ de lumière venant toujours de la même direction, précisément comme cela aurait eu lieu si le corps lumineux fût resté immobile. De même que le point $p$ observé de la périphérie, l'ensemble de tous les points $np$ composant la périphérie qui s'offre à l'œil comme un anneau lumineux se présenterait, parce que pendant la production de la sensation du point $p$, celles de $n$ autres points de directions différentes peuvent s'opérer.

Dans le cas où le corps lumineux ne parcourrait pendant 0s,82 qu'un arc $a$ de la périphérie, nous verrions cet arc comme une bande lumineuse. Dans le système de planètes lumineuses, les quatre planètes intérieures se présentent comme une étoile de 4e ou de 5 grandeur. Dans les cas où toutes les planètes du système sont formées, si on les voit irrésolubles, nous voyons une étoile de 3e grandeur.

Parmi les soleils télescopiques, il n'y en a que deux dont le mouvement ait un maximum de vitesse; quelques-uns des soleils télescopiques restants ont des mouvements à peine perceptibles, tandis qu'une moitié de ceux qui sont entourés de planètes lumineuses est mobile et l'autre moitié immobile. Il en résulte que la clarté des planètes est due à leur mouvement orbiculaire et que les mouvements des soleils ne sont qu'apparents; ils sont l'effet de la position de leur plan orbiculaire, car la vitesse de leur mouvement orbiculaire autour de l'Archégète diffère trop peu de celle de notre Soleil pour être aperçue.

Si les planètes et leurs satellites étaient en repos, sans mouvement orbiculaire il n'y aurait aucune étoile fixe visible à l'œil nu; il n'y aurait au ciel d'autres étoiles visibles que les 7 planètes. Si tous les soleils étaient à la distance de 6ò, ils seraient tous de la 7e grandeur.

### 4. Réfraction produite par les mouvements des corps lumineux.

§ 25. L'observation des réfractions nous fait connaître

une différence qui nous fait voir que la réfraction des rayons des étoiles qui s'avancent vers nous est inférieure. Ce résultat nous conduit à la preuve d'un changement dans la distance qui nous sépare de l'étoile mobile ; il y a donc un mouvement dans la direction de la propagation des ondes et non un mouvement de direction transversale ou orbiculaire, car il n'y a pas de différence sensible entre les vitesses orbiculaires.

Le Soleil et l'étoile mobile, en s'avançant vers leur nœud, font diminuer la distance $a$ qui les sépare ; la vitesse est proportionnelle à l'angle $i$ d'inclinaison des orbites. La distance de 7″ parcourue en un an n'exerce aucun effet physiologique perceptible comme l'est celui des planètes lumineuses.

Lorsqu'on ignorait l'existence du mouvement indéfini emmagasiné dans les molécules composant les atomes de lumière, on ne pouvait arriver à l'explication des faits sans commettre au moins deux erreurs, dont l'une consistait dans le mode de production des ondes lumineuses qui devaient se propager dans une *éthérosphère* de même que les ondes sonores se produisent et se propagent dans l'atmosphère. Pour que les ondes fussent produites, il ne fallait que des vibrations des corps lumineux et des corps sonores.

Les vibrations dans les corps lumineux furent attribuées aux actions chimiques, soutenues par le contact des deux éléments hétéroélectriques qui se combinent pour produire un combiné neutre permanent. Cependant Herschel admettait l'existence d'une matière lumineuse correspondant à la masse empyrée ; c'est de cette matière que devait être composée la *photosphère* admise par Wilson pour expliquer les taches solaires. Rien n'était plus obscur pour les astronomes que la lumière par rapport au mode de sa production.

§ 26. **Rapport entre les réfractions et l'avancement des corps lumineux.** Dans leur propagation, les ondes des atomes de lumière éprouvent 1° la poussée $p$ de la part de leurs homonymes contenus dans le corps lumineux, et 2° la résistance de la part de leurs homonymes qui les précèdent; elles s'avancent par l'anisorrhopie $p-r$, qui est la poussée $p'$ centrifuge.

Dans le cas où le corps lumineux a un mouvement rectiligne, il en résulte un accroissement de poussée du côté où il s'avance et un décroissement du côté opposé. C'est donc la différence $2\pi$ entre les poussées $p+\pi$ et $p-\pi$ qui rend inférieure la réfraction du côté antérieur, et supérieure du côté postérieur par rapport à l'avancement des corps lumineux.

Les résultats obtenus par Klingerfues sur la connexion entre les vitesses apparentes des étoiles fixes et les réfractions de leurs rayons obtenues par un prisme de 30° de déviation pour que les couleurs soient insensibles sont d'une très-haute importance. En observant l'excédant $\varepsilon$ des déviations produites vers l'ouest sur celles produites vers l'est, cet astronome a été conduit aux résultats suivants pour la vitesse des 5 étoiles fixes et pour Uranus :

| ÉTOILES. | MOUVEMENT annuel ou grand cercle. | EXCÉDANT $\varepsilon$ entre l'est et l'ouest. | ERREUR probable. | MOUVEMENT dans le rayon visuel par 1''. | LE MÊME mouvement en lieues. |
|---|---|---|---|---|---|
| α de Persée. . . . . . | 0'',071 | 0'',058 | ± 0,039 | + 0,051 | 3,3 |
| 0² d'Eridan. . . . . . | 4 ,091 | 0 ,216 | ± 0,048 | + 0,330 | 22,1 |
| Uranus. . . . . . . . | . . . . | 0 ,008 | ± 0,100 | + 0,010 | 0,7 |
| γ de Cassiopée. . . . | 1 ,222 | 0 ,074 | ± 0,053 | − 0,401 | 33,0 |
| μ de Cassiopée. . . . | 3,820 | 0 ,372 | ± 0,035 | − 0,293 | 19,0 |
| 1830 Groombr. . . . | 7,027 | 0 ,312 | ± 0,180 | + 0,434 | 20,0 |

En expliquant l'Astrogonie (t. I, § 422), j'ai montré le mode de production des mouvements apparents des étoiles par l'inclinaison de leur orbite sur celui de notre Soleil. 1° Dans le cas où le Soleil et l'étoile avancent vers le nœud, il y a rapprochement et par suite accroissement de poussée de la masse empyrée. 2° Dans le cas où le Soleil et l'étoile s'éloignent de leur nœud, il y a décroissement de poussée de la part de la masse empyrée.

Le résultat de ces poussées se manifeste dans l'excédant $\iota$ de réfraction ou dans son déficit $\iota'$ par rapport à celle observée sur des rayons du Soleil qui reste à une égale distance de la Terre.

La très-faible vitesse d'Uranus indique le sinus verse de l'arc que cette planète parcourt par seconde; aussi peut-on la considérer plutôt comme trop grande que comme trop petite. Elle varie cependant d'après les positions de la Terre dans son orbite. Cette propriété de la lumière acquerra un grand développement et elle se perfectionnera dans les réfractions des rayons des planètes qui s'approchent ou s'éloignent de la Terre.

Il y a dans le tableau une très-grande différence entre les vitesses, surtout si l'on considère l'éloignement des deux étoiles de Cassiopée. Ce cas n'a pu, jusqu'à présent, être démontré par les observations; si je le rapporte ici, c'est comme exemple, et non comme preuve de l'origine des mouvements des étoiles fixes. De même, l'accroissement ou le décroissement de la poussée des ondes lumineuses par le rapprochement ou l'éloignement des étoiles viennent ici comme exemples du mode de leur propagation établie et démontrée dans la *Phsique simplifiée*, tome II.

### VII. CONNEXION ENTRE L'ESPACE ET LE TEMPS.

§ 27. On connaît l'étendue indéfinie de l'espace céleste χῶρος; l'expansion observée dans les ondes lumineuses provient de l'anisorrhopie, qui a pour cause la poussée exercée par des molécules denses contenues dans la masse empyrée, anisorrhopie dont la durée χρόνος est indéfinie, et par suite la durée de leur expansion est aussi indéfinie. Celle-ci n'est que la manifestation spontanée d'un mouvement des molécules en sens divergent, car ces molécules ont parcouru d'abord l'espace indéfini en sens convergent.

L'Être suprême seul possède en soi une infinité de mouvements, il en a communiqué une minime partie aux molécules du fluide chaos. Ces molécules ne sont pas l'Être suprême, mais elles contiennent une particule de son mouvement, et ce mouvement est la source de la vie préétablie du Monde, des animaux et de l'homme.

§ 28. C'est au moyen de la création de la parole que l'homme parvient à produire des faits qui n'ont pas été préétablis. L'ensemble des représentants logiques des actions individuelles est l'intelligence, ou l'âme de l'homme. C'est au moyen de la parole créée par l'homme que l'homme se crée une âme avec des molécules de chaos dans lesquelles est emmagasiné le mouvement indéfini de l'Être suprême. Ainsi l'âme a un commencement et elle n'a pas de fin; la vie de l'âme consiste en expansion de molécules dont ses idées sont composées. L'expansion des molécules s'opère de la même manière après la cessation de la vie que pendant sa durée; ces molécules composent les sentiments logiques ou les idées créées au moyen des organes de sensation, 1° des molécules parcourant les nerfs sous forme d'électricité, et 2° de celles qui y sont amenées par les ondes des objets.

Il n'y a qu'un seul Monde dans lequel les âmes restent en expansion de leurs molécules. La destruction du corps, ou ce qu'on appelle *mort*, n'est que l'interruption de production de nouvelles idées, et non l'anéantissement de celles déjà existantes. Par la mort, les idées cessent de se multiplier, et si l'homme désire vivre plus longtemps, ce n'est que dans le but de se créer une âme composée d'un plus grand nombre d'idées ayant une expansion plus abondante. Les animaux ont peur des douleurs et non de la mort qu'ils ignorent.

# DEUXIÈME PARTIE.

## DU SOLEIL ET DES CORPS DU SYSTÈME PLANÉTAIRE.

§ 29. Le Soleil est le corps central de notre système planétaire, de même que l'Archégète est le corps central du système stellaire qui est aussi le système du Monde. Les neuf jets de masse empyrée expulsés du Soleil ont produit les huit planètes et les planétoïdes, tandis que les neuf très-gros jets de masse empyrée expulsés de l'Archégète ont dû se diviser et se subdiviser pour donner naissance chacun à des portions de masse empyrée peu différentes entre elles. De chacune de ces portions s'est formé un soleil comme le nôtre, mais à des époques différentes, parce que la division de la masse empyrée de chaque jet s'est opérée et s'opère avec des intensités qui sont en raison inverse des carrés des distances de l'Archégète.

C'est pour cette raison que la masse empyrée des quatre jets inférieurs se trouve déjà subdivisée, et elle est encore en état de subdivision dans les cinq autres les plus éloignés de l'Archégète. Notre Soleil, avec 16 millions d'autres, contient des portions de masse empyrée qui faisait partie du 4e jet, circulant dans un orbite de rayon $2^4\Delta$. Les 16 millions de soleils circulent comme le nôtre sur des orbites symétriquement disposés autour de l'orbite de ce jet.

La subdivision de la masse empyrée a produit d'abord les portions des orbites extrêmes qui sont les plus rapprochés ou les plus éloignés du plan de la Galaxie, qui sont : 1° celui des orbites des neuf gros jets, et 2° celui du prolongement du plan de l'équateur de l'Archégète. Notre Soleil circule sur un orbite peu éloigné de la Galaxie, ce qui prouve que sa masse empyrée est une des portions qui se sont séparées avant les 16 millions d'autres, qui ont continué à circuler sur des orbites ni très-rapprochés ni très-éloignés du plan de la Galaxie.

Les distances entre les orbites de ces soleils sont minimes, et celles entre les orbites des soleils composés des portions de masse empyrée séparées les premières sont grandes. Sachant que notre Soleil se trouve à une très-grande distance de tous les autres, on voit qu'il est composé d'une portion de masse empyrée qui s'est séparée avant les autres de l'extrémité de la masse du gros jet.

Les orbites des soleils sont symétriquement disposés par rapport à la Galaxie et par rapport à l'orbite de notre Soleil, qui en est éloigné de 3° ½. Parmi les étoiles claires, une moitié, savoir 2215, est mobile, et l'autre moitié ne l'est pas. Les étoiles qui paraissent mobiles circulent sur des orbites éloignés de celui de notre Soleil, tandis que les étoiles claires et immobiles circulent sur des orbites peu éloignés. On voit ainsi que les soleils des étoiles claires sont composés de portions de masse empyrée qui ont été séparées pas très-longtemps après celle dont notre Soleil est composé.

Parmi les étoiles claires, il y en a une vingtaine de doubles, dont on voit l'une circuler comme une planète autour de l'autre, en terminant sa révolution dans un espace de temps qui varie entre 36 ans et cinq siècles. La durée de cette révolution nous fait voir que ces étoiles périphériques sont des planètes Chronos, Ouranos ou Poséidon, correspondant à Saturne, Uranus et Neptune de notre système planétaire, qui, à une époque antérieure, ont été lumineuses comme le sont maintenant celles qui circulent autour de soleils, enveloppés de météores. Ces soleils sont composés de masse empyrée des portions séparées plus tard que celle du nôtre.

§ 30. De même que dans certaines familles de plantes

légumineuses, on voit sur la même tige : 1° le fruit sec à une extrémité, et 2° les boutons à l'autre, de même :

I. Dans le système stellaire, on voit : 1° les soleils arriver à la vieillesse du côté des 1$^{\text{er}}$, 2$^{\text{e}}$, 3$^{\text{e}}$ espaces annulaires, qui sont les moins éloignés de l'Archégète, et 2° la masse empyrée, encore à l'état de nébuleuses, circuler sur des orbites éloignés des 5$^{\text{e}}$, 6$^{\text{e}}$, 7$^{\text{e}}$, 8$^{\text{e}}$, 9$^{\text{e}}$ espaces annulaires.

II. Dans le quatrième espace annulaire, on voit : 1° des soleils comme le nôtre qui sont entourés de planètes éteintes, et 2° des nébuleuses solifères composées de masse empyrée non encore subdivisée en portions suffisamment petites pour produire un équilibre indispensable dans l'apparition d'un soleil.

III. Dans notre système planétaire, Mercure a parcouru depuis longtemps toutes ses périodes *cométagoniques*, tandis que Neptune n'a pas encore commencé les siennes.

Dans la composition de la biographie des fruits, les naturalistes se sont bornés à la description de tous les états par lesquels passe le fruit jusqu'à l'éclosion des boutons; s'ils en ont agi ainsi, c'est parce qu'ils ne connaissent pas l'état préétabli dans les boutons.

Dans la composition de la biographie, 1° du système du Monde, 2° des soleils, et 3° des planètes, l'astronome opère comme le naturaliste :

I. Il fait la description des soleils qui circulent dans les quatre espaces annulaires inférieurs, puis celle des nébuleuses qui circulent dans les cinq espaces annulaires supérieurs.

II. Dans la biographie des soleils, il expose : 1° l'état de notre Soleil ; 2° l'état des soleils entourés de planètes lumineuses ; 3° les nébuleuses planétaires ; 4° les étoiles nouvelles ; 5° les soleils télescopiques, et 6° les nébuleuses solifères.

III. Dans la biographie des planètes, l'astronome commence, 1° par exposer l'état de Mercure, de Vénus, de la Terre jusqu'à celui de Neptune ; 2° puis il expose les planètes lumineuses, les nébuleuses planétaires, et termine par les étoiles nouvelles.

L'observation conduit à la connaissance de tous ces états, c'est pourquoi leur description est incontestable; mais il n'en est pas de même de l'arrangement indiqué des faits observés dont la succession s'opère trop lentement pour qu'on puisse l'apercevoir dans des dizaines de siècles. Aucun naturaliste assurément n'admettrait que le fruit précédât les boutons, tandis que les astronomes n'ont aucun indice qui les mette sur la voie de la succession des états observés; il en est même quelques-uns qui nient l'existence de chaque changement physique en admettant des changements déjà terminés, d'où résulte une périodicité d'états perpétuelle qui doit avoir lieu même pour l'apparition des taches solaires qui sont périodiques.

§ 31. Au moyen de l'observation de faits, on ne peut arriver à des résultats plus probants que ceux où de nombreuses et exactes observations ont conduit les astronomes. Ils n'ont pu, par cette même voie, découvrir l'origine du mouvement spontané des fluides impondérables, pas plus que l'origine de la pesanteur. J'indiquerai par quel moyen l'homme peut parvenir à bien connaître cette origine.

L'éloignement des ondes de lumière de la masse empyrée s'opère par une poussée exercée par des atomes de lumière accumulés dans cette masse; la circulation des planètes lumineuses autour d'un corps prouve que leur masse empyrée faisait anciennement partie de la masse empyrée de leur soleil, lequel a dû obtenir un mouvement rotatoire et communiquer ainsi un choc tangentiel à la masse des jets expulsés pour en faire résulter leur mouvement orbiculaire.

Comme la lumière, la masse empyrée se trouva donc dans le principe composer le seul corps central, l'Archégète, qui possédait nécessairement un mouvement linéaire, car il est indispensable pour la production de son mouvement rotatoire, lorsqu'il expulsa les neuf gros jets de la masse empyrée, laquelle éprouva un choc tangentiel produit par la rotation du corps central, lequel devint une cause physique du mouvement orbiculaire.

La masse empyrée de chaque jet se subdivisa et il en résulta des portions composant les soleils. Un grand nombre de ceux-ci expulsèrent des jets de masse empyrée; ils en obtinrent un mouvement rotatoire et communiquèrent aux jets des chocs tangentiels qui leur donnèrent leur mouvement orbiculaire. Ces jets ne se subdivisèrent pas de la même manière que les gros jets de l'Archégète.

Cette différence a pour cause le manque de rupture d'équilibre provenant de la très-grande densité de la masse empyrée dans l'Archégète et dans ses jets. Pour que les portions composant les soleils fussent produites, il fallut diminuer la densité de tel degré par rapport à la poussée convergente du barogène, pour en pouvoir résulter un équilibre et surgir alors une enveloppe de glace. La masse empyrée des jets expulsés des soleils est d'une densité qui s'est déjà trouvée dans l'espace en équilibre avec la poussée convergente du barogène.

Pour la même raison, les jets de masse empyrée des planètes n'éprouvent aucune subdivision; chacun d'eux engendre un satellite qui circule autour de sa planète, laquelle obtint une rotation par l'expulsion des jets. C'est ainsi qu'un choc tangentiel a été communiqué à la masse empyrée de chaque jet pour produire le mouvement orbiculaire.

### I. BIOGRAPHIE DU MONDE, COMPOSÉE D'UN NOMBRE DE PÉRIODES HÉLIOGONIQUES.

§ 32. L'Univers est composé de deux électrosphères P et A (fig. 1) contenant les molécules homonymes du fluide chaos en densités inégales, $\delta + \delta'$ et $\delta$. C'est dans l'unique espace énastre Π inégalement éloigné des deux électrosphères que les molécules amenées des ondes O, *o* ont une égale densité. Les molécules de cette densité $\delta + \frac{1}{2}\delta'$ s'appellent *barogène*, car elles exercent une égale poussée convergente sur les molécules du barogène contenues dans les corps. Les corps composant la masse primitive ne sont que de l'*hydrogène* et de l'*oxygène*. L'unique corps central, l'*Archégète*, s'est trouvé composé de l'ensemble de ces deux corps et de l'ensemble des équivalents électriques positifs $\overset{+}{E}$ et négatifs $\overset{-}{E}$.

Le commencement de l'Univers date de l'époque où l'Être suprême a réduit les masses inégales $M + M'$ et $M$ de molécules du fluide chaos en deux volumes égaux, car au moment où l'action de *compression* s'est terminée, l'*expansion* est apparue. La quantité des molécules restant la même, l'espace seul qu'elles occupent croît. Cette expansion, à des époques différentes, a produit les faits suivants :

I. Il s'est écoulé une durée T avant que la moitié de l'espace AZ et PZ eût été parcourue par les ondes *p* et *a* des deux électrosphères. Lorsque ces ondes vinrent à se rencontrer elles produisirent sept espèces de couples dont, 1° les sept éléments denses sont les équivalents positifs $\overset{+}{E}$, et 2° les sept éléments moins denses sont les équivalents négatifs $\overset{-}{E}$ ; de ces deux espèces d'équivalents est composée l'*électricité neutre* $\overset{+}{E}\overset{-}{E}$.

II. Il s'est écoulé une durée T′ pendant l'exode de cette masse d'électricité neutre pour arriver à l'espace énastre II où s'est opérée la combinaison du barogène avec les éléments de l'électricité neutre, et il en résulta la masse pondérable composée d'hydrogène et d'oxygène.

III. Il s'est écoulé une durée T″ pendant 1° le croissement de la solidité de l'enveloppe de la masse empyrée et 2° l'accumulation de la quantité Q d'électricité dans la couche superficielle A de masse empyrée pour arriver au point d'expulser neuf gros jets de masse empyrée.

IV. Il s'est écoulé une durée T‴ depuis l'expulsion des

neuf jets jusqu'à l'époque où la portion **p** de masse empyrée de notre Soleil se trouva séparée de la masse du 4ᵉ jet B''. C'est cette séparation qui lui donna naissance, naissance qui s'est opérée simultanément avec une autre du même côté de la Galaxie et avec deux autres de l'autre côté du plan de cette Galaxie ; car d'après la loi de l'Astrogonie, deux couples de portion doivent être produits ensemble, le premier d'un côté du plan de la Galaxie et le second de l'autre côté ; les orbites de ces deux couples ont égal rayon $\rho$, leurs plans coïncident avec ceux des orbites de rayon $r \pm a$ des deux autres couples.

V. Il s'est écoulé une durée T'' depuis la susdite naissance de notre Soleil jusqu'à présent ; pendant cette durée, de la subdivision du reste de la masse empyrée du 4ᵉ résulte le nombre de 16 millions de portions qui ont engendré autant de soleils. Il y a maintenant un millier de grosses portions de masse empyrée qui se trouvent encore en subdivision ; ces portions présentent l'état dans lequel s'est trouvée la portion **p** de masse empyrée de notre Soleil avant qu'elle fût séparée et isolée.

La masse étant à l'état d'équilibre rompu, produit une enveloppe très-volumineuse composée des amas des vésicules gelées visibles sous forme de nuées ou de nébuleuses avec les formes déterminées de celle de la masse empyrée. Les milliers de nébuleuses sont donc solifères ; elles disparaîtront quand l'équilibre sera établi entre les portions de masse empyrée qui en proviendront par leur subdivision pour devenir des soleils télescopiques, comme les 16 millions déjà produits le sont devenus.

§ 33. Comme les nébuleuses indigènes solifères, les nébuleuses des cinq anneaux que l'on voit comme Galaxie, disparaîtront successivement dans l'avenir ; il n'y aura plus alors de nébuleuse dans les cinq espaces annulaires, mais ces espaces seront occupés par les orbites des soleils comme le sont les quatre espaces annulaires inférieurs.

Dès l'origine, le Monde a été destiné à être composé d'un corps central, l'Archégète, autour duquel doivent circuler des centaines de millions de soleils dans huit espaces annulaires, ayant chacun son cortége composé de huit planètes avec des centaines de planétoïdes et une trentaine de satellites. Le tout formera quelques centaines de milliards de corps, non compris les météores dont le nombre est des millions de fois supérieur à celui des corps massifs. Ce sont ces météores qui composent les nébuleuses pendant la durée de l'équilibre rompu dans leur masse empyrée. Cette masse produit les soleils et les planètes. Les météores restent, ils ne s'anéantissent pas, ils conservent leur mouvement orbiculaire et continuent à circuler dans l'espace, en produisant sur les comètes des effets qu'on a attribués à un fluide inconnu. Ils apparaissent comme des bolides, comme des étoiles filantes ou comme des pluies d'étoiles. Les *comètes* manquent parmi ces corps, car elles ont leur origine dans les planètes; elles sont produites pendant la vie géologique des planètes, elles ne sont pas des *parvenues*, mais filles des quatre planètes inférieures.

Pour composer la biographie du Monde, il suffit de faire celle d'un seul soleil, car il n'y a pas que des soleils qui circulent autour de l'Archégète; il s'en trouve maintenant déjà une partie qui sont en possession de leur cortége, d'autres qui sont à l'état préétabli pour parvenir à un état pareil dans l'avenir à des époques différentes. Les époques pendant lesquelles tous les soleils seront produits et entourés de planètes éteintes, ainsi que notre Soleil, sont donc préétablies.

En exposant la biographie de notre Soleil depuis sa naissance jusqu'à son état actuel, nous comprenons donc la biographie de l'ensemble des soleils du Monde qui existent déjà et de ceux qui n'existent pas encore; mais l'état qu'ils obtiendront dans l'avenir à des époques différentes est préétabli. Il n'y aura plus alors ni nébuleuses solifères, ni soleils lipoplanètes, ni nébuleuses planétaires, ni étoiles claires *composées* de planètes lumineuses.

Tous les soleils seront entourés de planètes éteintes dans un état pareil à celui de Mercure et de Vénus où il ne s'opère plus aucun changement. Ces deux planètes sont réduites à l'état invariable auquel arrivera la Terre dans des milliers de siècles, puis les autres planètes arriveront successivement à un état pareil. L'état futur des planètes supérieures et celui de la Terre sont donc préétablis. Quelques astronomes ont admis la série renversée de la succession des états, c'est-à-dire que la Terre deviendrait comme Mars et Vénus comme la Terre.

L'uniformité parmi les soleils n'existe pas maintenant; elle est préétablie, c'est pourquoi elle est inévitable. Cela résulte de ce que les changements opérés dans les planètes sont limités : dès que leur série se termine, il s'ensuit un état d'équilibre dans les éléments pondérables, un état de *caput mortuum*, auquel s'arrête chaque changement ultérieur des planètes. De même, il n'existe aucun changement physique dans les satellites.

Les changements dans les planètes lumineuses ont pour cause la rupture d'équilibre des équivalents électriques, d'où résulte une expansion qui persiste jusqu'à l'époque de la pénétration du froid de l'espace dans les éléments de l'eau contenus dans la masse empyrée qui devient un globe de glace.

Les changements dans les globes de glace des planètes ont pour cause la rupture d'équilibre des équivalents électriques qui arrivent du soleil et se combinent avec les éléments de l'eau pour en faire résulter : 1° l'air, 2° les substances végétales, et 3° par une combustion et une fermentation, ces substances produisent les minerais comme *caput mortuum*.

Les mêmes séries de changements auront lieu dans les molécules de masse empyrée des soleils; par l'expansion la densité de leurs équivalents électriques diminuera, le froid de l'espace pénétrera dans les éléments de l'eau contenus actuellement dans leur masse empyrée. Après une centaine de périodes planétogoniques, chaque soleil deviendra un globe de glace.

Pendant ces changements, qui s'opéreront à chacune de ces périodes dans les soleils, la masse empyrée du 5e gros jet qui, ayant rebroussé chemin, se trouva déposée comme une ceinture autour de l'Archégète, sera réduite en équilibre; c'est pourquoi l'Archégète est entouré actuellement de météores et se voit comme la nébuleuse de la Galaxie. A cette époque reculée, l'Archégète se trouvera dans un état comparable à l'état actuel de notre Soleil; ses rayons ne seront plus dispersés par des météores, il éclaircira les soleils éteints et y produira par ses équivalents électriques des ruptures d'équilibre et des combinés analogues à ceux que les rayons solaires produisent dans les planètes.

A une époque plus éloignée encore, l'Archégète deviendra en état d'expulser neuf autres gros jets de masse empyrée, et cette époque sera la fin de la première période du Monde et le commencement de la deuxième, et ainsi de suite, sans cependant que le nombre des périodes soit infini.

## II. BIOGRAPHIE DES SOLEILS ET DE LEURS SYSTÈMES PLANÉTAIRES.

§ 34. La masse empyrée expulsée de l'Archégète est restée dans l'espace; elle circule autour de lui à des distances formant une progression géométrique. La masse de chacun des jets s'est trouvée pour cette raison dans un état analogue préétabli, sans autre différence que celle qui résulte de l'affaiblissement des poussées du barogène venant à l'état raréfié du côté de l'Archégète, affaiblissement qui fait que la pesanteur est en raison inverse des carrés des distances.

Cette cause physique empêche les changements de la

masse de chaque jet de s'opérer avec une égale intensité et dans un même espace de temps. La subdivision de la masse de chaque jet a commencé à la même époque pendant la 1re période astrogonique. Chaque jet engendre huit portions, mais $(2^3 \tau)^9$ étant la durée de la période astrogonique de la masse du jet $B^{IX}$ le plus éloigné, la durée de la période astrogonique de la masse du jet $B^{I}$ le moins éloigné, n'est que de $(2\tau)^2$. Telles différences entre les durées s'effectuent pour les durées des subdivisions de la masse empyrée des sept autres jets, lesquelles se sont terminées pour les quatre jets les moins éloignés, et elles n'ont pas encore pris fin pour les cinq autres les plus éloignés.

De même que, dans certaines familles de plantes, est préétablie aux boutons toute la série de changements en ordre chronologique visible à l'état de fleurs et de fruits de chaque degré de maturité, de même on voit au système stellaire, dans les quatre espaces annulaires et inférieurs, les différents états d'ordre chronologique dans lesquels se trouveront les nébuleuses de cinq autres espaces supérieurs, ainsi que je l'ai déjà démontré. Si j'en fais de nouveau mention ici, c'est pour donner un nouvel exemple de l'état préétabli des changements opérés dans la masse empyrée de chacun des jets dont le 4e $B^{IV}$ est remis en discussion, parce que la portion de masse empyrée de notre Soleil s'est séparée de ce jet.

§ 35. Les deux couples de portions qui se trouvaient dans la couche superficielle de la masse du jet se sont séparés d'abord de la masse empyrée du jet $B^{IV}$. Notre Soleil a été formé d'une de ces portions; c'est pourquoi il s'est trouvé à une très-grande distance de ceux qui ont été produits par des portions séparées plus tard de couches inférieures de la masse empyrée. C'est ainsi que l'on voit que notre Soleil s'est trouvé, à des époques différentes, dans les états observés maintenant chez les corps qui circulent avec lui dans le 4e espace annulaire.

La vieillesse de notre Soleil et son isolement des autres provenant de l'éloignement de son orbite, sont deux faits de nature différente, dus cependant à la même cause. Cette cause consiste en ce que la portion de masse empyrée a dû, pour se séparer de la première, faire partie de la couche superficielle du jet $B^{IV}$. L'apparition du mouvement des soleils circulant sur des orbites les plus éloignés a été occasionnée par cet éloignement de l'orbite de notre Soleil; mais ces éloignements des orbites prouvent que des soleils pareils ont été formés par des portions de masse empyrée séparées de celle du jet $B^{IV}$, qui s'est trouvé à une plus grande distance par rapport à la position de la portion de notre Soleil contenue dans la couche superficielle de la masse de ce jet $B^{IV}$.

Ainsi donc que notre Soleil et ceux qui en sont le moins éloignés, les soleils des orbites les plus éloignés ont été formés par des portions de masse empyrée qui se sont séparées de la masse du jet $B^{IV}$ avant les portions qui s'en sont séparées plus tard, et il en est résulté des soleils nombreux circulant sur des orbites moins éloignés de l'orbite de notre Soleil et apparaissant par conséquent sans mouvement. C'est donc dans ces soleils *immobiles, au nombre de 10 millions*, qu'il faut reconnaître l'état antérieur du nôtre, car c'est ce même état qu'on observe dans les soleils que l'on voit 1° dans les nébuleuses cométaires et 2° dans celles ayant un ou deux couples de soleils voisins symétriquement disposés (t. I, p. 549).

Ces couples de soleils indiquent l'existence d'une quantité de masse empyrée encore à l'état d'équilibre rompu qui se subdivisera dans l'avenir pour produire des portions pareilles à celle dont est composé notre Soleil. Tous ces soleils, comparés par rapport à leur proximité aux étoiles doubles, sont complétement immobiles. Les nébuleuses solifères sont aussi immobiles, à cause de leur orbite qui n'est pas très-éloigné de celui de notre Soleil, tandis qu'il y a des nébuleuses planétaires qui offrent un mouvement bien reconnaissable.

Dès qu'il est démontré que les mouvements apparents indiquent la vieillesse des soleils des orbites éloignés, c'est l'état apparent de ces soleils qui sert à connaître les soleils correspondants; car tous les soleils forment des couples astrogoniques. L'un des éléments de chacun de ces couples est sur un orbite de rayon $r$ à la distance $\gamma$ de la Galaxie, et l'autre est sur un orbite d'égal rayon à la distance $\gamma+r$.

1° Notre Soleil est l'un des éléments, et 2° l'étoile 1831 du Catalogue de Groombridge est l'autre. Ces éléments forment le couple le plus ancien parmi ceux du 4° espace annulaire. On parvient à cette connaissance : 1° par la très-grande vitesse de cette étoile (1831), et 2° par sa faible clarté, qui ne diffère pas de celle des soleils télescopiques. La vieillesse de l'étoile (1831), reconnue par son mouvement, a servi à prouver que sa faible clarté est l'effet de ses planètes éteintes comme le sont celles de notre système.

Les étoiles claires, au nombre de $2n$, sont des éléments de $n$ couples dont les $n$ étoiles se trouvent du côté de l'orbite de notre Soleil et paraissent immobiles, et les autres, d'égale quantité $n$, s'en trouvent très-éloignées; ce sont celles-là qui paraissent mobiles. Par cette raison, le nombre des étoiles claires mobiles est de 2215; le nombre des étoiles claires immobiles est égal. De pareils faits et la réfraction faible des rayons (1831) ne sont pas accidentels; ils se sont trouvés préétablis dans l'Astrogonie.

Cette preuve ne permet pas de douter, 1° que toutes les étoiles claires, à des époques antérieures, ne différaient pas des étoiles télescopiques immobiles, et 2° qu'à l'avenir elles redeviendront télescopiques comme les deux (celle 1831 et une autre) qui ont une grande vitesse. Ce sont les éléments des deux couples. Des éléments correspondants, l'un est notre Soleil et l'autre est un soleil télescopique d'un orbite peu éloigné; c'est pourquoi il apparaît immobile comme les autres, si bien qu'il est impossible de le reconnaître; la 2e étoile télescopique mobile est (21,185 Labaude).

§ 30. Les corps composant notre système planétaire sont:

I. Le Soleil, qui, à différentes époques, s'est trouvé composé de la même masse empyrée dont les molécules n'étaient pas en équilibre; ensuite elles se sont trouvées en équilibre établi, et ont acquis une enveloppe solide. Cette enveloppe a produit une autre rupture d'équilibre qui a été en croissant jusqu'au point de produire l'expulsion de neuf jets et de procurer au Soleil un mouvement rotatoire et aux jets un mouvement orbiculaire.

II. Au moyen des jets expulsés, les molécules se sont trouvées en équilibre rompu; il s'est écoulé une durée T avant que l'équilibre s'établît; c'est alors que chaque portion de masse empyrée acquit une enveloppe solide: celle-ci occasionna une nouvelle rupture d'équilibre croissante pour arriver à l'expulsion d'un nombre de jets et procurer aux planètes un mouvement rotatoire et aux jets un mouvement orbiculaire.

III. La masse empyrée de chaque jet s'est trouvée en équilibre rompu; pour l'établissement d'un équilibre, il a dû s'écouler une durée T; l'équilibre ne s'est opéré que lorsque la masse a eu acquis la forme ovalaire. Chacune des portions de masse empyrée eut une enveloppe de glace, laquelle amena une autre rupture d'équilibre croissante sans cependant arriver au degré nécessaire à lui faire produire une expulsion des jets de masse empyrée, parce que le froid de l'espace, en se propageant par l'enveloppe de glace, envahit toute la masse empyrée et la transforme en glace, quand s'opère en même temps l'éloignement de la chaleur. Ainsi la subdivision des jets expulsés des soleils s'arrête aux satellites.

IV. Pendant les trois époques où la masse empyrée de chaque portion se trouve en équilibre rompu, il se produit une quantité de météores correspondant aux durées de chacune des périodes de l'état d'équilibre rompu. Ces masses de météores ne disparaissent pas; elles restent et circulent à jamais dans le voisinage du corps qui les a produit; elles l'accompagnent dans son mouvement orbiculaire.

V. Chacune des planètes parcourt environ 40 périodes cométogoniques, dont chacune se termine par la séparation des deux aérocômes, qui deviennent une couple de comètes. Ces comètes restent et circulent autour du Soleil sur des orbites dont le périhélie se trouve dans le voisinage de l'orbite de la planète à son côté intérieur le moins éloigné du Soleil, pour que la planète mère se trouve en dehors du périhélie des comètes ses filles jumelles.

Après avoir exposé que, de toute la masse empyrée circulant autour de l'Archégète, une partie s'est transformée en soleils et qu'une autre partie éprouvera la même transformation dans les siècles futurs, il suffit de connaître la biographie d'un seul soleil et celle de ses planètes, de ses doryphores, des météores et des comètes de son système pour savoir la biographie de tous les corps qui circulent autour de l'Archégète.

Pour composer la biographie du Soleil et des planètes de notre système, je n'ai fait que classer dans un ordre chronologique les différents états des autres soleils et de leurs planètes, sans me préoccuper des hypothèses ni des théories auxquelles ont eu provisoirement recours les auteurs pour fixer leurs idées, en attendant la découverte de la loi physique exposée ici.

. . . . . . . . . . . . . . . . . . . . . . . . . . . . . . . . . . . . . . . . . . . .

# PREMIÈRE SECTION.

## DES CHANGEMENTS OPÉRÉS DANS NOTRE SOLEIL DEPUIS SA NAISSANCE.

§ 37. La masse empyrée de notre Soleil, comme celle de tous les autres et des nébuleuses qui circulent ensemble autour de l'Archégète, se trouvait dans le principe renfermée dans l'enveloppe solide de ce corps central. Pour arriver à la disposition actuelle, tous les corps périphériques ont donc dû être expulsés de ce corps unique.

*La naissance de notre Soleil a consisté en une séparation* d'une portion de masse **m** empyrée de la couche superficielle de la masse $B^{IV}$ du 4ᵉ gros jet expulsé de l'Archégète. Ce cas singulier s'est révélé par l'isolement de notre Soleil d'avec le gros jet $B^{IV}$ et par l'éloignement de son orbite, sur lequel a circulé la masse **m** dès l'époque de sa séparation.

Pendant la durée de l'allongement transversal de la séparation de la masse **m** du côté de la Galaxie, s'est opéré l'allongement correspondant du côté diamétralement opposé de la séparation de la portion **m**′ égale dont se composa un soleil (1831) formant avec le nôtre le couple extrême. Ces couples sont nommés *hélioseugmes* (ἥλιος, soleil; ζεῦγμα, couple); leurs éléments sont nommés *héliozygues* ou *héliosyzygues* (σύζυγος, élément d'un couple). C'est l'étoile 1831 du Catalogue de Groombridge qui est la syzygue de notre Soleil, car parmi toutes les étoiles, c'est elle qui possède le maximum de vitesse et qui est en même temps télescopique.

La séparation simultanée des masses **m** et **m**′ s'est opérée par l'allongement transversal de la masse de couche superficielle qui a produit deux filets dont chacun avait une longueur égale à la distance δ parcourue par la lumière en cinq ans, distance qui sépare de nous l'étoile la moins éloignée. C'est l'état pâteux et visqueux de la masse empyrée qui empêche la rupture des filets, et c'est la grande densité de cette masse qui a produit l'allongement extraordinaire des filets indiqués par l'éloignement des portions **m**, **m**' séparées les premières. On observe, comme exemples, des filets analogues moins longs dans plusieurs des portions de masse empyrée dont la séparation s'opère maintenant. (T. I, p. 551.)

Les deux longs filets, graduellement écartés, devaient se rompre, et c'est de cette époque *e* que date la naissance du couple *héliosyzygue* primitif. 1° C'est du côté de la Galaxie que la masse **m** de notre Soleil est restée composée d'une portion extrême et d'un appendice d'une longueur parcourue par la lumière en deux ans et demi. 2° C'est du côté éloigné de la Galaxie qu'est restée la masse **m**' qui est l'autre élément du couple. La masse du jet $B^{IV}$ s'est trouvée entre les orbites des masses **m**, **m**' : cette masse s'est divisée graduellement en des millions de portions qui engendrèrent autant de soleils que l'on voit comme des étoiles indigènes télescopiques immobiles.

La vie astronomique de chaque soleil se compose d'un nombre de périodes planétogoniques comparable à celui des périodes cométogoniques de la vie géologique des planètes. Notre soleil, en parcourant sa vie astronomique, a terminé sa première période planétogonique et parcourt actuellement la deuxième, laquelle finira par l'expulsion des neuf autres jets de masse empyrée.

La première période se distingue des suivantes en ce que l'appendice de la moitié du filet n'existe qu'après sa naissance. On peut comparer cet appendice à une espèce de cordon ombilical. A la place d'un cordon en forme d'appendice, on trouve le Soleil au commencement de sa deuxième période entouré d'une bande composée de la masse empyrée du 5e jet qui s'est déposé comme une ceinture autour de la région équatoriale du Soleil.

Pendant chaque période, les soleils se trouvent d'abord à l'état stellaire; les périodes planétogoniques se terminent par l'expulsion de neuf jets de masse empyrée dont huit restent dans l'espace pour produire autant de planètes et le 5e rebrousse chemin pour se placer comme une ceinture autour de son soleil.

La fin de chaque période planétogonique et le commencement d'une nouvelle période pareille se manifestent par l'apparition subite d'une clarté semblable à celle de Sirius, de Jupiter et presque comme la grande clarté de Vénus. Cette lumière provient des longues traînées des neuf jets de masse empyrée pâteuse expulsés d'un soleil qui termine sa 1re période planétogonique et commence la 2e.

Parmi les soleils indigènes, le nombre de ceux qui ont terminé leur 1re période planétogonique est minime; il y en a 16 millions qui parcourent leur 1re période et que, pour cette raison, on nomme *lipoplanètes* (λείπω, manquer, mot composé d'après celui λιπόκορμος). C'est parmi les soleils exotiques que l'on trouve : 1° dans le 3e espace annulaire A‴ des soleils à leurs 4e et 5e périodes; 2° dans le 2e espace annulaire A″, il y a des soleils qui parcourent leur 6e ou leur 8e période; 3° les soleils les plus avancés en âge se trouvent dans le 1er espace annulaire A′.

## I. ÉTAT NÉBULEUX DES SOLEILS DE CHACUNE DE LEURS PÉRIODES.

§ 38. Cet état résulte toujours des molécules de masse empyrée en équilibre rompu ; nous voyons en état de séparation la masse empyrée comme deux nébuleuses unies par un filet. Après la séparation opérée par la coupe du filet qui est le moment de la naissance d'un couple de soleils, les portions **m**, **m'** de masse empyrée à l'état d'équilibre rompu restent isolées. C'est dans cette rupture d'équilibre que se trouve la masse empyrée du 5ᵉ jet placée comme une ceinture autour de la région équatoriale de son soleil. C'est dans ces diverses positions de la masse empyrée que consiste la différence entre l'état nébuleux de la 1ʳᵉ période et celui des autres périodes postérieures.

A. ÉTAT NÉBULEUX DES SOLEILS, DE LEUR PREMIÈRE PÉRIODE PLANÉTOGONIQUE.

§ 39. Après la séparation de la masse d'une portion, il reste un appendice semblable à un long bras, sans cependant que les deux précédents soient encore parfaitement disparus. Ces molécules produisent des vésicules pendant toute la durée de leur déplacement; les amas de ballons produits par la congélation des vésicules dispersent les ondes lumineuses et ils découvrent l'espace qu'ils occupent comme une nuée. Cet état persiste tant qu'il y a des molécules en équilibre rompu; pour que l'équilibre s'établisse, il faut que toutes les molécules des appendices aient été amenées ensemble par la pesanteur pour engendrer un globe d'une forme ovalaire peu allongée, ayant presque la forme sphérique.

C'est dans cet état que les rayons sont réfléchis par les amas ambiants de météores qui donnent une apparence arrondie à l'espace qu'ils occupent. C'est au milieu de l'espace qu'on aperçoit un noyau lumineux correspondant à l'espace occupé par la couche inférieure des météores; car ceux qui ont été produits par une partie des molécules du filet et des appendices restent invisibles à cause du manque de masse empyrée pour les éclairer.

Lorsque l'équilibre est parfaitement établi, le déplacement des molécules cesse, leur transformation en vésicules contenant l'excédant de chaleur à l'état latent cesse aussi, comme cela a lieu pour la vapeur de l'eau bouillante qui reste à 100° pendant l'éloignement de la vapeur.

B. ÉTAT NÉBULEUX DES SOLEILS, DE LEUR DEUXIÈME PÉRIODE PLANÉTOGONIQUE.

§ 40. Notre Soleil a terminé depuis longtemps l'état nébuleux de sa 2e période planétogonique. Les soleils qui parcourent cet état sont invisibles ; c'est cependant au moyen de leurs corps périphériques lumineux que Bessel a découvert leur existence. On sait maintenant que les soleils de Sirius, Procyon et de l'Épi sont invisibles. Ces étoiles de 1re grandeur sont composées de systèmes de satellites lumineux amenés de leur planète invisible autour de leur soleil également invisible, et cela à cause des météores qui les entourent.

Comme exemple de cet état terminé chez notre Soleil et imperceptible chez les autres, je citerai l'etat actuel de l'Archégète qui, après avoir terminé sa première période *héliogonique*, se trouve maintenant à l'état nébuleux de sa 2e période, ce qui n'est que le commencement des centaines et des milliers de périodes qu'il lui reste à parcourir encore. La dimension apparente des 15 degrés de l'Archégète se compose de météores lumineux dont la production n'est pas encore terminée à cause du manque d'équilibre parmi les molécules de la masse empyrée. Dans un temps fort éloigné, cette dimension apparente de l'Archégète envahira les espaces circulaires A', A'' avant que l'équilibre dans sa masse empyrée se soit parfaitement établi.

Quand enfin l'équilibre sera établi, cette masse de l'Archégète se trouvera renfermée dans une enveloppe solide. Alors la couche inférieure des météores produits disparaîtra, car ils ne seront plus soutenus par la production des nouvelles masses de vapeur ; il ne restera que la partie la plus éloignée composée de millions de météores conservant leur mouvement actuel, lequel correspond au mouvement rotatoire de l'Archégète et s'opère sur des orbites dans l'environ du prolongement de son plan équatorial.

Parmi les amas de météores de l'état nébuleux de notre Soleil, 1° les moins éloignés ont été repoussés sur le Soleil par leur pesanteur après que leur production a été interceptée; 2° les plus éloignés ont continué à circuler comme précédemment dans un espace annulaire d'un rayon supérieur à celui de l'orbite de Vénus. Cet anneau de météores se trouve sur le plan équatorial du Soleil; les météores deviennent visibles le soir ou le matin de même que la planète Vénus dans ses élongations extrêmes. Lorsqu'on ne connaissait pas l'origine des météores, on appelait leur apparition *lumière zodiacale.*

## II. ÉTAT STELLAIRE DE CHACUNE DES PÉRIODES DES SOLEILS.

§ 41. L'élément qui forme un couple avec notre Soleil est l'étoile 1831 du Catalogue de Groombridge; l'éclat de cette étoile ne diffère pas de celui des soleils lipoplanètes. Le habitants de la Gée de son système planétaire voient notre Soleil d'une grandeur égale à celle dont nous voyons la susdite étoile, laquelle est aussi vieille que notre Soleil, et cependant dans l'espace de tant de millions de siècles l'intensité de ses atomes de lumière n'a pas diminué sensiblement.

Pour étudier l'état stellaire de la 1re et de la 2e période planétogonique de la vie astronomique des soleils, il fallait que nous connussions celui de notre Soleil, qui est dans sa 2e période, tandis qu'on peut connaître l'état de la 1re période par celui des soleils télescopiques.

### A. ÉTAT STELLAIRE DES SOLEILS PENDANT LEUR PREMIÈRE PÉRIODE PLANÉTOGONIQUE.

§ 42. La portion de masse empyrée séparée de celle du jet devient un soleil lorsque l'équilibre s'établit parmi ses molécules pour donner accès au froid dans la couche superficielle qui la transforme en enveloppe solide transparente. De la chaleur Θ arrivant des couches inférieures Θ — θ se disperse en traversant l'enveloppe, et l'excédant θ se consomme dans la production de vésicules de vapeur comme dans de l'eau bouillante. Après la formation d'une enveloppe solide, la production de vapeur est interceptée ; ainsi il reste l'excédant θ de chaleur accumulé dans la couche superficielle A de masse empyrée. Il en résulte un accroissement de poussée répulsive comparable, 1° à celle formée dans une chaudière fortement chauffée et dont la soupape est fermée, et 2° à celle produite dans le foyer d'un volcan bouché.

Les effets produits par la poussée répulsive sur l'enveloppe solide ne diffèrent pas pendant la 2e période de ceux qui se produisent pendant la 1re. L'intensité d'expansion répulsive croît avec la durée pendant que la solidité de l'enveloppe conserve le même état. C'est ainsi que sa brisure au point le plus faible est préétablie ; une chaudière fortement chauffée dont on aurait fermé la soupape se trouverait dans cet état préétabli.

§ 43. **Détails observés dans le Soleil pendant les brisures de son enveloppe.** Dans des régions du Soleil où apparaissent quelques points sombres, Wollaston a vu fortuitement des fragments de l'enveloppe glisser dans différentes directions comme le feraient des plaques de glace lancées sur un étang gelé. La masse empyrée éprouvant la poussée expansive de l'électricité ou de la chaleur se soulève par le cratère ouvert, et ses molécules se trouvent réduites à un équilibre rompu par rapport à la poussée centripète exercée sur elles par le barogène affluant.

C'est à cause de leur déplacement qu'une partie des molécules se transforme en vésicules avec lesquelles disparaît l'excédant θ de chaleur à l'état latent. La couche de vésicules disperse les ondes lumineuses, et c'est ainsi que diminue la quantité des ondes venant de cette région qui apparait sombre par rapport aux parties ambiantes. Cette couche de vapeur persiste autant que la rupture d'équilibre qui soutient la production des vésicules dans lesquelles l'excédant $\theta$ de chaleur reste à l'état latent.

Dès que les molécules cessent de se déplacer, il n'y a plus production de vapeur; celle qui était produite n'éprouvant plus de répulsion se précipite sur l'enveloppe nouvelle qui couvre le cratère; car la couche superficielle de la masse empyrée gèle et commence à livrer passage aux ondes lumineuses qui rendent cette partie aussi claire qu'elle l'était avant son obscurcissement.

§ 44. **Mode de solidification de l'enveloppe.** Les fragments éloignés de la surface du cratère restent accumulés autour de lui sous forme de rempart composé de grosses plaques de glace superposées; à la place de ces plaques, se produit une nouvelle enveloppe d'égale étendue qui n'existait pas avant le soulèvement de la masse empyrée.

L'accroissement de solidité de l'enveloppe est l'état préétabli de chaque corps composé de masse empyrée, de sorte qu'aussi bien qu'il a lieu pour le Soleil, il ne manque ni aux autres soleils, ni aux planètes lumineuses, ni aux satellites lumineux, ni à l'Archégète.

Tant que les molécules se trouvent soulevées de masse empyrée et en équilibre rompu, une partie s'en consume pour la production des vésicules; lorsque ces molécules sont en équilibre, elles acquièrent une enveloppe solide qui devient la cause d'une nouvelle série de ruptures d'équilibre. Il y a accroissement de la poussée répulsive de l'expansion des équivalents électriques composant l'électricité neutre et les atomes de chaleur et de lumière.

Les fragments de l'enveloppe solide s'accumulent sous forme de remparts, et ils sont remplacés par une égale quantité de masse empyrée qui se convertit en plaque glaciale par la pénétration du froid dans cette masse et la séparation de sa chaleur lumineuse.

De cette manière, la solidité de l'enveloppe croît aux dépens de la masse empyrée et finit par atteindre un degré correspondant à une poussée répulsive exercée par une quantité Q d'électricité dont l'expansion suffit pour détacher et séparer un nombre de jets de la masse empyrée de la couche superficielle A et les forcer à s'éloigner en parcourant des distances analogues à celles qui séparent les planètes du Soleil.

Si les neuf jets expulsés continuaient à circuler dans l'espace autour du Soleil, l'équilibre serait établi aux molécules de la surface du cratère et il aurait nécessairement acquis une enveloppe solide comme cela a lieu après chaque apparition d'une tache. Mais la masse empyrée du 5e jet se sépare du corps central sans avoir acquis les deux éléments composant le mouvement orbiculaire; c'est pourquoi elle rebrousse chemin et se dépose sous la forme d'une longue ceinture autour de la région équatoriale du corps dont elle a été expulsée.

### B. État actuel du Soleil ou état stellaire de sa deuxième période planétogonique.

§ 45. Les faits observés sur les soleils sont de deux genres, *mécaniques* et *physiques*.

I. Le mouvement rotatoire se répète périodiquement sans éprouver ni retard ni accélération; pour rester dans cet état, il faut que le Soleil soit soumis perpétuellement aux deux poussées opposées isodynames exercées par le barogène. Pour se trouver en cet état, le Soleil doit avoir été réduit en équilibre rompu par une poussée inégale qui lui a permis de tourner entre les deux poussées isodynames qui ne manquaient pas avant l'apparition de la poussé temporaire.

II. La poussée répulsive a sa source dans l'expansion

des équivalents électriques; ses effets se manifestent par l'éloignement des ondes suivies par d'autres. Les ondes, une fois séparées, ne reculent plus dans la masse empyrée. La diminution de la chaleur se manifeste par la transformation continuelle d'une partie de masse empyrée en glace qui se dépose sur l'enveloppe déjà existante et fait ainsi accroître sa solidité, car l'épaisseur de l'enveloppe ne diminue pas au fur et à mesure par la fusion de sa partie en contact avec la couche superficielle A de masse empyrée.

III. Ces dépôts de fragments de glace forment des remparts dont on voit lumineux les versants au bord du Soleil à l'orient et à l'occident; ils sont lumineux, car on les y voit de face. Ils sont moins lumineux lorsqu'ils sont vus obliquement, et deviennent presque imperceptibles quand ils viennent au milieu du disque où on les voit de profil.

IV. Après avoir atteint un maximum de taches dans l'espace de trois à quatre ans, leur nombre décroît et atteint un minimum dans une période de temps d'environ sept à huit ans : c'est alors que la poussée répulsive s'accroît. Pendant ce calme extérieur l'expansion arrive à un degré suffisant pour causer la rupture des parties de l'enveloppe les plus faibles. Ainsi, en trois ou quatre ans le nombre des taches atteint de nouveau un maximum qui diminue lentement pour arriver à son minimum; les taches très-grandes ne se montrent que pendant l'accroissement du nombre de taches de chaque période.

V. La chaleur, devenue latente dans la production de la vapeur, est perdue dans les ondes qui en arrivent à la Terre, de sorte qu'en l'absence de taches, la Terre reçoit du Soleil une quantité de chaleur superieure à celle qui lui est communiquée quand il y a une grande quantité de taches ayant beaucoup d'étendue.

---

# CHAPITRE PREMIER.

## DES FAITS PRODUITS PAR L'EXPULSION DES NEUF JETS DE L'INTÉRIEUR DE LA MASSE EMPYRÉE DU SOLEIL.

§ 46. L'expulsion des neuf jets de masse empyrée a eu lieu au moment où cette masse a éprouvé une poussée répulsive R de la part de l'expansion de la quantité $q$ d'équivalents électriques ĒĒ supérieure à la résistance R' exercée par l'enveloppe $\iota$ élément, solidifiée pour pouvoir résister à la répulsion expansive jusqu'à un degré très-élevé. Je montrerai ci-dessous que la solidité de l'enveloppe de cette époque s'est conservée dans les deux calots polaires du globe solaire séparés par la zone royale dont l'enveloppe est postérieure; aussi n'est-elle pas encore devenue aussi solide que les calots; car, à l'époque encore éloignée où elle acquerra une solidité pareille, il y aura une 2ᵉ expulsion de neuf jets. Il y aura alors autour du Soleil deux systèmes planétaires.

Les faits produits par l'expulsion des neuf jets n'ont changé ni le mouvement orbiculaire du Soleil ni la position du plan de son orbite. Ces faits se sont bornés au Soleil et aux jets, car ils ont été produits par une poussée répulsive Q exercée en directions divergentes, 1° contre les équivalents de la masse empyrée M du Soleil en direction centripète, et 2° contre les équivalents de la masse empyrée **m** de la couche superficielle A en direction centrifuge. C'est cette poussée régulière provenant du mouvement emmagasiné dans les molécules du fluide primitif composant les équivalents électriques, qu'on doit entendre par le mot *force*.

C'est au moment où l'enveloppe s'est brisée à la partie la moins solide qu'a commencé l'expansion des équivalents électriques chassant en directions divergentes qui partaient du cratère : 1° la masse M vers le centre par une moitié $\frac{1}{2}$ Q d'expansion, et 2° la masse *m*[s] en direction centrifuge par l'autre moitié $\frac{1}{2}$ Q d'expansion. C'est cette expansion d'équivalents électriques qu'on doit entendre par le mot *action*. Les faits qui en sont résultés ont été conservés, 1° les uns aux soleils, 2° les autres aux planètes, et 3° d'autres espèces de faits sont restés conservés dans le prolongement du plan équatorial du Soleil.

I. La masse M du Soleil avait un mouvement orbiculaire quand la poussée centripète s'est exercée sur elle pour lui faire acquérir un mouvement diagonal et se trouver exposée aux deux poussées opposées et isodynames exercées sur elle par le barogène B amené par les ondes O, *o* venant des deux électrosphères. Ce mouvement diagonal est resté conservé par l'écoulement de ce barogène B amené par les ondes O, *o*; de sorte que le mouvement rotatoire du Soleil est un monument cosmogonique indiquant l'apparition d'une expansion répulsive momentanée qui a produit un mouvement diagonal avec celui qui existait déjà, et il en est résulté un mouvement rotatoire soutenu par le barogène amené continuellement par les ondes O, *o*.

II. Le mouvement orbiculaire des planètes est en connexion physique avec le mouvement rotatoire du Soleil. Le mouvement orbiculaire des planètes a été produit également par un mouvement diagonal issu de deux poussées d'intensités inégales : 1° l'une centrifuge, produite par l'expansion des équivalents électriques, et 2° l'autre tangentielle, que le bord postérieur du cratère a exercée sur elle comme un choc. De même donc que pour la rotation du Soleil, le mouvement orbiculaire des planètes et des planétoïdes ne permet pas de douter qu'ils n'aient dans leur production une poussée expansive commune dont les effets se sont conservés, tandis que la courte durée de l'action est terminée depuis longtemps.

On peut comparer l'expulsion des jets de masse empyrée à une éruption volcanique et à une explosion de poudre à canon arrivée subitement à son maximum d'éclat, éclat qui s'affaiblit ensuite rapidement jusqu'à sa disparition complète. Nous possédons heureusement les descriptions des deux expulsions de jets de masse empyrée qui ont eu lieu, l'une en 1572 et l'autre en 1604. Les détails exposés par Tycho ne diffèrent pas de ceux donnés par Képler, de sorte qu'il en résulte que les deux étoiles nouvelles étaient de même nature et ne différaient que par leur position topographique. Elles ne diffèrent pas par rapport à leur âge.

Il ne reste plus de traces des états dans lesquels s'est trouvé notre Soleil à des époques différentes. On ne peut connaître ces états qu'à l'aide de la série des états préétablis, laquelle série doit parcourir chaque soleil à des époques différentes. Sans ce secours on ne peut arriver à aucune connaissance certaine des objets célestes; ces objets isolés ne font pas voir le mode de leur production. Si je suivais la voie des observateurs qui m'ont précédé, je n'arriverais qu'aux résultats déjà connus; si les astronomes eussent suivi la même voie que moi, ils auraient été conduits aux résultats que j'ai obtenus.

Après avoir découvert l'état préétabli des faits, on est arrivé à connaître l'ordre de leur succession. Pour obtenir des résultats positifs et exacts des faits célestes, il faut des milliers d'observateurs et un grand nombre de siècles, tandis qu'il ne faut qu'un court espace de temps pour connaître la description très-claire des faits observés. Leur arrangement se présente spontanément, et il ne permet pas à l'auteur de ne suivre que la seule voie indiquée par la série des faits préétablis.

J'ai indiqué le mode d'expulsion des jets de masse empyrée du Soleil; l'expansion des équivalents électriques a dû commencer à se manifester dès le moment où l'obstacle a été vaincu. Si la masse empyrée manquait, il y aurait manifestation d'un mouvement qui se trouvait emmagasiné dans le fluide qui compose les équivalents électriques, sans que cette expansion soit communiquée à aucune masse pour devenir sensible dans sa translation.

La présence de la masse empyrée a donné naissance à une série de faits qui ont pour cause commune la rupture d'équilibre ou *anisorrhopie* par rapport à la pesanteur, anisorrhopie qui manquait dans la masse solaire M avant l'expulsion des jets. Ainsi cette expulsion est devenue la cause commune de deux séries de faits de nature différente. 1° Une série contient les faits dynamiques conservés dans les mouvements. 2° L'autre série contient les faits physiques disparus du Soleil et des planètes, et ces faits existent dans les systèmes des planètes produites à des époques différentes moins reculées que celle à laquelle notre Soleil a expulsé les neuf jets de masse empyrée. La même expulsion des jets fait passer les soleils lipoplanètes télescopiques à l'état de nébuleuses planétaires en forme de meule, puis à l'état d'étoiles claires, visibles à l'œil nu.

Pour arriver à l'état actuel, notre système planétaire a dû passer par une série d'états physiques dont chacun est l'effet de celui qui l'a précédé et la cause de celui qui le suit. C'est pourquoi chacun de ces états a un commencement, une durée et une fin. Les durées les moins longues des états différents sont les expulsions de masse empyrée, 1° des soleils lipoplanètes pour produire des systèmes planétaires, et 2° de notre Soleil pour produire de taches solaires.

Dans le chapitre suivant, je donnerai les détails des expulsions de masse empyrée de notre Soleil ; je ne donne ici que ceux produits sur le Soleil et les planètes par l'expulsion de neuf jets de masse empyrée. J'ai prouvé que ces expulsions se manifestent comme l'apparition subite d'un éclat à un point du ciel où l'on ne voyait rien d'abord. Au bout d'un mois, cet éclat commence à s'affaiblir pour devenir invisible au bout de 16 autres mois et pour que le point occupé pendant 17 mois par un corps, qui existait d'abord comme un point télescopique, reste de nouveau invisible. Il a gagné cet éclat par l'expulsion de neuf jets de masse empyrée, puis l'espace est devenu invisible pendant des dizaines de siècles, pour qu'une nébuleuse annulaire télescopique y apparaisse ensuite.

Nous ne possédons pas d'exemples d'apparition des nébuleuses annulaires aux points où sont apparues les étoiles nouvelles. La cause en est : 1° dans le manque de connaissance des points auxquels sont apparues les étoiles nouvelles les plus anciennes, et 2° dans le long temps qui doit s'écouler depuis l'époque de l'expulsion des jets jusqu'à la production des amas de météores occupant des espaces très-volumineux qui puissent être aperçus avec les plus puissants télescopes.

### I. FAITS MÉCANIQUES DE L'EXPULSION CONSERVÉS DANS LE SOLEIL ET DANS LES PLANÈTES.

§ 47. Il ne s'agit que de résoudre un problème de la Mécanique dont on connaît les mouvements conservés dans le Soleil et dans les planètes, et l'on demande la cause qui a produit ces mouvements. Au cas où l'on connaît en même temps cette cause, il ne reste qu'à en contrôler les effets pour en connaître l'intensité, et tout cela sans s'éloigner du principe de la Mécanique qui consiste dans l'impossibilité absolue de la permanence d'un mouvement qui n'est pas soutenu par un autre également permanent.

Lorsqu'on ignorait que les ondes O, *o* amènent le barogène dans l'espace énastre et que ce barogène fait partie des corps, non-seulement la résolution, mais encore la proposition même de ce problème de la Mécanique était absolument impossible. En admettant que Newton fût parvenu à savoir que le choc tangentiel se communique aux jets quand ils ont été expulsés du Soleil qui a acquis un mouvement rotatoire, cet astronome, au moyen de cette voie d'observation, eût pu se dispenser d'invoquer l'Être suprême pour qu'il donnât le choc capable de faire apparaître le mouvement orbiculaire au moment de l'apparition de la masse des planètes dans l'espace. Cependant il ne serait pas parvenu à connaître le mouvement perpétuel qui soutient les corps célestes dans un mouvement perpétuel orbiculaire seul ou orbiculaire et rotatoire à la fois.

Un problème bien exposé, disait Arago, est déjà à moitié résolu : c'est pourquoi je persiste à montrer au lecteur son ignorance et à le mettre en état de dire : *ἓν οἶδα ὅτι μηδὲν οἶδα*, *ce que je sais le mieux, c'est que je ne sais rien* par rapport aux faits physiques. On peut traiter ceux qui savent qu'ils ont une mauvaise santé ; l'art du médecin est impuissant contre ceux qui dépérissent tout en se croyant pleins de santé et hors de tout danger.

§ 48. **Problème.** Quand le Soleil était lipoplanète, il circulait comme à présent autour de l'Archégète et il ne tournait pas autour d'un de ses diamètres. Quelle a été la poussée qui a fait se séparer du Soleil neuf jets de masse empyrée pour qu'il en résultât un mouvement orbiculaire des jets expulsés et un mouvement rotatoire du Soleil ?

**Résolution du problème.** Le Soleil est composé d'une masse empyrée pâteuse et visqueuse d'un poids spécifique de 1,2 ; ses éléments matériels ne diffèrent pas de ceux de l'eau. L'état empyré résulte d'une grande densité d'électricité neutre soutenue par les éléments matériels. De cette électricité neutre qËË, une partie s'éloigne de la couche superficielle A de la masse empyrée à l'état de chaleur lumineuse et elle est remplacée par une autre supérieure provenant des couches inférieures B, C, D..., de sorte qu'il en reste un excédant 6 de chaleur.

Dans les cas où la masse empyrée est en contact avec l'espace, cet excédant θ de chaleur se consomme pour transformer une partie des molécules matérielles en vésicules. Cette chaleur θ devient latente dans ces vésicules qui, en se multipliant, s'éloignent de la masse empyrée jusqu'à perdre leur chaleur et geler pour devenir des ballons dont les amas forment des *météores*.

Dans les cas où la masse empyrée est renfermée dans une enveloppe solide, il n'y a pas production de vapeur ; l'excédant θ de chaleur ne se consomme pas pour devenir latente dans la vapeur. Il en résulte une accumulation dans la couche superficielle A, et, par suite, un accroissement d'anisorrhopie ou rupture d'équilibre qui a pour cause le mouvement emmagasiné dans les molécules qui produisent les équivalents d'électricité neutre ou de la chaleur lumineuse.

Tant que l'expansion de cette électricité est interceptée par la solidité de l'enveloppe, il y a accroissement de poussée répulsive. Il en résulte un état préétabli de la brisure de l'enveloppe, car sa solidité reste invariable; la partie brisée est la plus faible de toutes les parties de l'enveloppe.

La brisure ne dépend que du degré d'expansion des molécules, des équivalents électriques et de celui de la solidité de l'enveloppe.

1° Dans les cas où la solidité est faible, l'enveloppe se brise par une poussée répulsive de faible degré, les fragments de l'enveloppe sont rejetés en directions divergentes par le soulèvement d'une partie de masse empyrée. Les fragments accumulés produisent une espèce de rempart, et la masse empyrée soulevée engendre une couche de vapeur qui disperse les rayons et fait apparaître l'espace obscur; alors nous disons qu'il paraît *une tache* au Soleil.

2° Dans les cas où après des millions de brisures des parties faibles et la production des remparts, l'enveloppe parvient à se couvrir entièrement de ces remparts, elle acquiert un très-haut degré de solidité ; il y a alors interruption de brisures pendant plusieurs siècles, durant lesquels la poussée répulsive croît jusqu'à un point suffisant pour vaincre le degré de la solidité. C'est à ce moment que s'effectue la rupture violente de la partie de l'enveloppe la plus faible qui s'ouvre pour livrer passage aux neuf jets de masse empyrée. Au point où était précédemment un soleil lipoplanète télescopique, s'offre un éclat subit dans son maximum. C'est une *étoile nouvelle*, ont dit les astronomes.

Les jets de masse empyrée se couvrent de couches de vapeurs qui dispersent les rayons et rendent invisible l'espace qu'elles occupent. On a dit alors qu'il y avait eu une *étoile temporaire*. Les astronomes n'étaient, sous le rapport des faits observés, supérieurs à nul autre ; ils n'en savaient ni plus ni moins que ce que le premier venu peut apprendre à l'aide de son organe visuel.

Nous exposons ici d'après les lois de la mécanique les faits observés dans le Soleil et ceux observés dans les planètes. Ces faits se correspondent de manière à rendre évidente la poussée répulsive exercée en directions divergentes dans la masse empyrée pour procurer, 1° au Soleil un mouvement rotatoire, et 2° aux planètes un mouvement orbiculaire dans le même sens.

### A. Faits de mouvements conservés au Soleil par l'expulsion des neuf jets.

§ 49. C'est dans les satellites qu'on voit qu'au cas où il y manque des corps périphériques il ne peut exister qu'un mouvement orbiculaire. Tant que les planètes lumineuses sont lipodoryphores, elles circulent autour de leur soleil sans un mouvement rotatoire ; de même les soleils lipoplanètes ne tournent pas parce que les gros jets expulsés de l'Archégète ne tournaient pas non plus. Ainsi il est établi que notre Soleil n'avait qu'un mouvement orbiculaire à une époque où il n'était pas entouré de corps périphériques ;

il se trouvait alors dans un état comparable à celui que présente maintenant la Lune.

Le mouvement rotatoire du Soleil est résulté, 1° du mouvement orbiculaire déjà existant, et 2° d'une poussée exercée sur sa masse par un cratère en direction centripète. Pour qu'une semblable poussée centripète fût produite, il a fallu qu'il fût en même temps produit une poussée isodyname contre une masse qui a pris la direction centrifuge.

1° Connaissant le sens du mouvement orbiculaire, on est conduit à connaître le sens du mouvement rotatoire. 2° Connaissant le plan de ce mouvement rotatoire, on est conduit à connaître la position de la périphérie du cercle décrit par le rayon qui passait par le cratère.

1° Dans le plan équatorial du Soleil, celui du cercle décrit par le rayon passant par le cratère est resté conservé, et 2° dans le sens de son mouvement, le maximum possible de rapprochement du mouvement orbiculaire qui s'exécute sur un plan éloigné de 79° de celui de l'équateur est aussi resté conservé.

Connaissant la périphérie sur laquelle s'est trouvé le cratère, on détermine le plan dans lequel doivent circuler les jets de masse empyrée qui s'échappèrent du cratère, 1° en éprouvant une poussée centrifuge pendant que la masse totale M a éprouvé la poussée centripète, et 2° en éprouvant un choc tangentiel de la part du bord postérieur du cratère au moment où ils s'échappent.

**Permanence du mouvement rotatoire du Soleil.** La poussée centripète a été répétée au moment de la séparation de chacun des neuf jets, expulsés à des degrés décroissant suivant les termes de la progression géométrique.

$$\div\div \frac{1}{2}Q : \frac{1}{2^2}Q : \frac{1}{2^3}Q : \frac{1}{2^4}Q : \frac{1}{2^5}Q : \frac{1}{2^6}Q : \frac{1}{2^7}Q : \frac{1}{2^8}Q : \frac{1}{2^9}Q.$$

L'expansion du total de l'électricité neutre $q\bar{E}\bar{E}$ accumulé étant Q, il s'en communique une moitié au 1$^{er}$ jet $b^{II}$ et l'autre moitié à la masse M qui est restée. Il ne pourrait résulter de cette expansion $\frac{1}{2}$ Q et du mouvement orbiculaire d'une poussée P qu'un mouvement diagonal dans un espace où manque toute autre poussée; mais si cet espace se trouve parcouru par des ondes opposées amenant un fluide propre à soutenir ce mouvement diagonal, il restera conservé pour toujours. La vitesse de ce mouvement correspondra à la quantité $\frac{1}{2}$ Q d'expansion centripète, parce que la poussée P soutenant le mouvement orbiculaire reste invariable.

L'expulsion du 2e jet $b^{\text{VIII}}$ de masse empyrée s'opère par la subdivision de l'électricité $\frac{1}{2}\,q\,\overset{+}{E}\overset{-}{E}$ et de celle de l'expansion $\frac{1}{2}$ Q pour que la quantité $\frac{1}{4}\,q\,\overset{+}{E}\overset{-}{E}$ aille chasser le jet $b^{\text{VIII}}$ et lui faire parcourir la distance $2^8\Delta$, tandis que l'autre quantité égale $\frac{1}{4}\,q\,\overset{+}{E}\overset{-}{E}$ d'électricité exerce une expansion centripète $\frac{1}{4}$ Q. La vitesse $\frac{1}{2}\,v$ du mouvement rotatoire croît pour devenir $(\frac{1}{2}+\frac{1}{4})\,v = \frac{3}{4}\,v$.

On voit ainsi que par le décroissement de la quantité $q\,\overset{+}{E}\overset{-}{E}$ d'électricité neutre, 1° il y a décroissement de l'expansion divergente centrifuge faisant diminuer les distances parcourues pour devenir $2^8\Delta$, $2^7\Delta$, $2^6\Delta$... $2\Delta$, et 2° il y a accroissement de la vitesse de rotation d'après la progression

$$\frac{1}{2}Q : \frac{2^2-1}{2^2}Q : \frac{2^3-1}{2^3}Q : \frac{2^4-1}{2^4}Q : \frac{2^5-1}{2^5}Q : \frac{2^6-1}{2^6}Q : \frac{2^7-1}{2^7}Q : \frac{2^8-1}{2^8}Q : \frac{2^9-1}{2^9}Q.$$

La vitesse de la rotation du Soleil a pour facteurs: 1° celle de son mouvement orbiculaire, et 2° la poussée centripète est indiquée par la poussée presque double de celle $\frac{1}{2}$ Q produite par l'expansion de $\frac{1}{2}\,q\,\overset{+}{E}\overset{-}{E}$, électricité suffisante pour faire parcourir au jet $b^{\text{IX}}$ la distance $2^9\Delta$. Pendant la fuite de chaque jet, il y avait décroissement de poussée centrifuge et accroissement de poussée tangentielle; par suite, il y a eu un jet qui a acquis les deux poussées à un égal degré.

B. FAITS DE MOUVEMENTS CONSERVÉS AUX PLANÈTES.

§ 50. I. La poussée répulsive communique à chaque jet une quantité $a\bar{E}\bar{E}$ d'électricité neutre dont l'expansion décroît selon l'accroissement du volume V de l'espace parcouru qui a pour mesure $H \times S$, en indiquant par H la hauteur ou la distance parcourue et par S la masse et la surface du jet. 1° La densité $\delta$ des équivalents électriques et de leur poussée étant en raison inverse avec le volume $V = H \times S$, elle a pour valeur $\delta = \frac{1}{H \times S}$. 2° La pesanteur P, qui exerce une résistance sur la masses de jets expulsés, diminue en raison inverse des carrés des distances; sa valeur est $P = \frac{1}{H^2}$.

Pour qu'un jet soit arrêté dans son mouvement centrifuge, il doit être :

$$\frac{1}{H \times S} = \frac{1}{H^2} \quad \text{ou} \quad \frac{1}{S} = \frac{1}{H} \quad \text{ou} \quad H = S = m.$$

S étant la masse $m$ du jet, $S \times H$ est la quantité de son mouvement indiqué par le volume V occupé par la quantité $a$ des équivalents $\bar{E}\bar{E}$ d'électricité neutre. Il résulte de cette équation que la masse $m$ des jets expulsés contient une quantité de barogène égale à celle contenue dans une colonne qui a l'unité pour base et H pour hauteur.

II. La poussée du choc tangentiel communique aussi à chaque jet un quantité $a'$ $\bar{E}\bar{E}$ d'électricité neutre dont la densité $\delta'$ est en raison inverse du volume $V' = H' \times S$ de l'espace parcouru.

III. Il résulte de ces deux poussées inégales un mouvement de direction de la branche d'une hyperbole dont le prolongement persiste jusqu'au point de son contact avec l'asymptote; le jet s'y arrête et l'éloignement centrifuge se trouve remplacé par un mouvement centripète, le mouvement tangentiel restant néanmoins conservé.

1° Pendant son éloignement, chaque jet décrit une branche d'hyperbole qui a pour équation $b^2x^2 - a^2y^2 = a^2b^2$; $-y$ indique un mouvement d'éloignement. 2° Au moment de l'arrêt, il est $y = o$ et reste $x = \pm a$, qui est une ligne droite. 3° Après la disparition de la poussée centrifuge, il devient $+y$, car la poussée centripète a commencé; le jet a commencé à décrire une ellipse ayant pour équation

$$b^2x^2 + a^2y^2 = a^2b^2 \quad \text{ou} \quad b^2(x+e)^2 + a^2y^2 = a^2b^2.$$

**Détails de l'expulsion du 1^er jet de masse empyrée.** Au moment de la rupture de l'enveloppe, l'expulsion de la moitié $\mu$ qui avait précédé le 1^er jet $B^{\text{II}}$ commença. Cette moitié devait parcourir la distance $2^9\Delta$ au moyen de la poussée exercée par la moitié $\frac{1}{2}$ Q d'expansion opérée dans la moitié $\frac{1}{2}$ $q$ d'électricité neutre $\overset{+}{E}\overset{-}{E}$. La moitié $\mu$ qui a précédé le jet $B^{\text{II}}$ a traversé le cratère pendant un intervalle quand la rotation du Soleil n'était pas encore établie, de sorte que cette moitié qui a precédé le jet n'a pas reçu un choc tangentiel, et c'est ainsi que lui manqua l'élément du mouvement orbiculaire. Par suite, cette moitié n'a pu rester à la distance $2^9\Delta$.

La rotation commença au Soleil quand la 2^e moitié du 1^er jet $b^{\text{II}}$ passa par le cratère et elle acquit un choc tangentiel à son bord postérieur; ce choc dut servir en quelque sorte d'élément à son mouvement orbiculaire, lequel mouvement dut s'opérer à une distance $2^9\Delta - d$ et non $2^9\Delta$ du Soleil. Le 1^er jet $b^{\text{II}}$, en forme de bande d'une longueur d'environ $2^8\Delta$, était composé d'une moitié $\mu$ sans mouvement orbiculaire et d'une autre moitié $b^{\text{II}} - \mu$ avec un mouvement orbiculaire.

La moitié $\mu$, cédant à la pesanteur, rebroussa chemin en formant un grand arc avec la moitié inférieure du même jet, sans pouvoir s'en détacher à cause de l'état visqueux de la masse empyrée. Cette moitié $\mu$ du 1^er jet s'offre aux nébuleuses planétaires comme appendice. Nous avons donné à cet appendice le nom de *bras poséidonien* (t. I, § 218). Plus loin, nous allons montrer que par cette cause physique la distance de Neptune est 30 au lieu d'être 40 d'après la loi de Bode, loi que ce cas singulier a fait révoquer en doute.

**Détails de l'expulsion du 5ᵉ jet.** Les poussées centrifuges de chaque jet consécutif décroissent, tandis que leurs poussées tangentielles croissent d'après une progression différente. Il est donc impossible que les deux poussées ne soient pas un moment égales entre elles. L'effet de cette égalité des deux poussées est la production d'un mouvement rectiligne suivant la direction du prolongement du rayon qui passe par le cratère.

Après avoir parcouru la distance $2^5\Delta$, le jet $b^v$ a été arrêté par le barogène amené vers le Soleil en densité B supérieur à celui **B — b** amené du côté du Soleil, car celui-ci fait écran à une quantité **b**. Au moment de s'arrêter, le jet $b^v$ se trouva dépourvu de tout mouvement, et il fut forcé d'obéir à la poussée centripète du barogène, de rebrousser chemin et de se déposer comme une ceinture autour de la région équatoriale du Soleil en y faisant plusieurs tours à cause de sa longueur qui était comparable au rayon de l'orbite de Mars.

§ 51. **Permanence du mouvement orbiculaire des planètes.** Au moment de s'arrêter, à cause de la pesanteur, chacun des huits jets, en décrivant une branche d'hyperbole, a conservé un mouvement rectiligne provenant du choc tangentiel. De ce mouvement, dont Newton ignorait l'origine, et de la pesanteur, est resulté un mouvement diagonal permanent qui est resté conservé pour toujours.

Donc, ainsi que la rotation du Soleil, le mouvement orbiculaire des planètes est soutenu, d'après la loi barostatique, par le barogène amené de deux électrosphères et par les ondes O, *o*. 1° Le Soleil tourne en éprouvant une poussée égale des deux côtés et en restant ainsi dans la même rupture d'équilibre où il s'est trouvé au moment de l'expulsion de tous les neuf jets. 2° Les planètes circulent autour du Soleil, car elles éprouvent de sa part une poussée B — **b** inférieure à celle B de la part de l'espace; mais elles ne peuvent se précipiter sur le Soleil à cause de leur mouvement oblique dû au choc tangentiel.

Les mouvements des corps célestes correspondent, d'après la loi de la Mécanique, au mouvement du barogène amené des ondes O, *o* des deux électrosphères dans l'espace énastre dans une égale densité. C'est cette affluence de barogène qu'on doit considérer comme la cause physique de la pesanteur.

## II. FAITS PHYSIQUES DE L'EXPULSION CONSERVÉS AU SOLEIL ET AUX PLANÈTES.

§ 52. La masse empyrée pâteuse et visqueuse **m**, éprouvant la séparation de la masse totale M du Soleil, a dû obéir à la poussée répulsive pendant sa durée, et non pas à la pesanteur, laquelle exerçait une poussée des milliers de fois inférieure. La durée de l'expulsion est courte, car elle correspond à celle de la persistance des étoiles temporaires; elle est produite par l'expansion de la quantité $q\bar{E}\bar{E}$ d'électricité neutre accumulée pendant des siècles dans la masse empyrée de la couche A qui a été expulsée.

A la fin de l'expulsion, l'expansion de l'électricité neutre $q\bar{E}\bar{E}$ accumulée s'est trouvée terminée, et la masse empyrée d'abord, équilibrée dans l'intérieur de l'enveloppe du Soleil, s'est trouvée en état d'équilibre détruit par rapport à la pesanteur.

1. Dans le Soleil, la masse M s'est trouvée renfermée dans l'enveloppe en rupture d'équilibre avec la masse du 5ᵉ jet $b^v$ placée comme une ceinture autour de la région équatoriale.

II. Dans les huit jets, la masse empyrée s'est trouvée sous forme de bandes d'une longueur comparable à la moitié du rayon de leur orbite.

Les molécules de la masse empyrée, obéissant à la pesanteur, ont dû éprouver des déplacements très-lents, mais préétablis, pour ne s'arrêter qu'à l'époque où l'équilibre serait établi entre toutes les molécules par rapport à la pesanteur.

Les déplacements des molécules s'opérèrent dans le Soleil sans que son mouvement rotatoire fût modifié, et ils s'opérèrent aussi dans les huit jets sans que leur mouvement orbiculaire fût modifié.

Il y a eu un déplacement convergent des sept jets de masse inférieure vers le 6ᵉ jet $b^{vi}$, composé de la plus grande masse dont a été formée la planète Jupiter. Ainsi cette seule planète conserva sa distance normale $2^u\Delta$ du Soleil, tandis que des sept autres, trois, en s'approchant de Jupiter, s'approchèrent du Soleil, et les quatre inférieures, en s'approchant de Jupiter, s'éloignèrent du Soleil.

Ces déplacements des sept jets se maintinrent, ainsi que les formes des planètes sous lesquelles l'équilibre a été établi; l'état seul des déplacements des molécules cessa dès que l'équilibre fût établi.

Pour nous rendre compte de cet état, nous savons qu'une partie de chaleur devient latente en transformant les molécules superficielles en vésicules de vapeur. Cette production de vésicules ne peut s'intercepter tant qu'il y a déplacement des molécules, et tant que l'établissement d'équilibre entre elles n'est pas encore terminé.

La nouvelle couche de vapeur repousse celles qui l'ont précédée, et c'est ainsi que croît sans cesse l'espace occupé par la vapeur et parcouru par les rayons de la masse empyrée qui éprouvent des milliers de réflexions dans les enveloppes des vésicules. Ces rayons font apparaître blanc l'espace occupé par les vésicules, ainsi que cela s'observe dans les nuées de l'atmosphère.

Dans l'espace du système stellaire, existent des nuées ayant la forme de meule, dont le diamètre correspond à celui de l'orbite de Neptune ; ce sont donc ces nuées qui indiquent l'état dans lequel ont dû se trouver les bandes des huit jets de notre système planétaire pendant le temps que leur équilibre a mis à s'établir.

### A. Faits physiques conservés au Soleil.

§ 53. La quantité de masse empyrée $b^{v}$ composant le 5$^{e}$ jet devait être presque une moyenne entre celle de Jupiter et celle de Mars ; elle avait, comme tous les autres jets, la forme d'une très-longue bande. En se déposant sur l'enveloppe solaire, elle forma une hélice ayant une de ses extrémités sur la moitié d'un hémisphère et l'autre extrémité sur la moitié de l'autre hémisphère.

L'enveloppe solide se trouvant au-dessous de la masse empyrée, a été fondue et réduite en masse empyrée comme elle l'était précédemment. C'est ainsi que s'est opérée la communication entre la masse empyrée M du Soleil et celle $b^{v}$ du 5$^{e}$ jet. Les molécules de ces masses se sont trouvées en équilibre rompu : elles ont dû éprouver des déplacements et être en partie transformées en vésicules qui ont conservé le mouvement rotatoire de la masse M. Ce mouvement s'est communiqué à la masse $b^{v}$ du 5$^{e}$ jet, dont une partie des molécules s'est transformée en vésicules de vapeur. Ces vésicules ont repoussé les précédentes en les forçant à s'éloigner de l'axe solaire en conservant leur plan orbiculaire parallèle au prolongement du plan équatorial du Soleil.

Pour que le niveau s'établisse dans la partie équatoriale où s'est déposée la masse du 5$^{e}$ jet, il a fallu que les pôles s'écartassent un peu l'un de l'autre pour faire suffisamment accroître l'axe pour qu'il ne fût pas inférieur au diamètre de l'équateur.

Les deux extrémités amincies de la bande du 5$^{e}$ jet se

sont trouvées gelées lorsqu'elles se sont déposées sur les moitiés des deux hémisphères de l'enveloppe : c'est pourquoi ces extrémités y sont restées conservées comme des protubérances de glace en dehors de la surface sphérique de l'enveloppe.

Quand, dans les éclipses totales de Soleil, il arrive que le bord de la Lune se trouve projeté au pied de quelqu'une des protubérances, celles-ci restent en dehors du bord et livrent passage à la lumière affaiblie dans leur épaisseur. Cette lumière n'émerge pas verticalement comme celle de l'enveloppe sphérique; c'est pourquoi elle éprouve une réfraction, en sorte qu'il n'arrive à nous que les rayons extérieurs isolés des autres, qui font paraître rouges les protubérances. Il y a des éclipses pendant lesquelles on n'aperçoit aucune proéminence, d'autres où l'on voit une chaîne qui se présente dans un seul hémisphère; d'autres enfin pendant lesquelles on voit les chaînes des proéminences aux deux hémisphères; les protubérances sont une ou deux isolées.

Pendant toute la durée de l'équilibre rompu, il y a parmi les molécules production de vapeur et dispersion des ondes lumineuses. C'est dans cet état que se trouvent maintenant les soleils invisibles autour desquels circulent leurs planètes invisibles amenant leur système de satellites lumineux : tels systèmes de satellites sont Sirius, Procyon, l'Épi. Algol est un seul satellite.

Pour que le Soleil arrive à son état actuel, il a fallu que l'équilibre des molécules composant sa masse empyrée s'établît et qu'il devînt ainsi possible au froid de pénétrer dans la zone de cette masse qui séparait les deux calots conservés de l'enveloppe primitive, pour qu'il en résultât une zone de nouvelle enveloppe.

§ 54. **Zone royale.** Les taches solaires n'apparaissent jamais aux régions polaires; elles dépassent rarement les latitudes de 25°. Les astronomes ont nommé *zone royale* la superficie du Soleil dans laquelle les taches apparaissent.

On voit ici qu'entre l'enveloppe de cette zone et celle des deux calots polaires, il n'existe de différence que dans la solidité. C'est ce manque de solidité qui occasionne l'apparition des taches, lesquelles ne sont que des couches de vapeur produites par les molécules de masse empyrée expulsée par des cratères ouverts aux parties les moins solides de la zone royale. Cette vapeur se produit pendant les déplacements des molécules pour établir l'équilibre. Sa production s'interrompt quand il n'y a plus des déplacements de molécules; alors le froid pénètre dans leur couche superficielle qui se solidifie, et la vapeur produite se dépose sur la surface de cette couche de glace qui livre passage aux rayons émanés de la masse empyrée.

L'état physique du Soleil n'est pas permanent; ses changements consistent 1° en ce que les fragments de glace éloignés des nouveaux cratères restent accumulés comme des espèces de remparts pour solidifier l'enveloppe, et 2° en ce que d'autres enveloppes de glace se forment de la masse empyrée. Ainsi il y a accroissement de solidité de l'enveloppe pour pouvoir arriver au degré suffisant pour produire une nouvelle expulsion de neuf jets de masse empyrée.

#### 1° *Distribution de la chaleur sur le Soleil et sur ses taches.*

§ 55. Les équivalents électriques de l'électricité neutre $\breve{E}\bar{E}$ de la masse empyrée sont les sources de chaleur, car c'est de ces équivalents en expansion que sont produits les atomes de chaleur $\breve{E}\bar{E}^2$ et ceux de lumière $\breve{E}^2\bar{E}$. Les atomes de lumière n'éprouvent aucune résistance dans la glace, tandis qu'une partie de chaleur proportionelle à l'épaisseur de la glace en est interceptée et reste accumulée dans la couche superficielle A de masse empyrée.

Par les observations thermométriques, Secchi a trouvé dans le centre du disque solaire une quantité supérieure de chaleur lumineuse, de même qu'on y a trouvé une quantité supérieure de lumière.

**Chaleur de la zone royale.** En s'éloignant du centre du disque solaire vers l'est ou vers l'ouest, on trouve une diminution de lumière et une diminution de chaleur.

**Chaleur des régions polaires.** En s'éloignant du centre du disque solaire vers les pôles, on trouve une diminution de lumière qui ne diffère pas de celle de l'est et de l'ouest; au contraire, aux régions polaires, la diminution de chaleur est supérieure à celle de l'est et de l'ouest, parce que l'épaisseur de l'enveloppe y est aussi supérieure.

**Chaleur des taches.** La couche de vapeur disperse les ondes de la chaleur lumineuse et n'en laisse arriver à la Terre qu'une minime quantité; aussi l'espace qu'elle occupe se trouve-t-il moins chaud que les autres parties ambiantes. Quand il y a des taches, il arrive du Soleil à la Terre une quantité de chaleur inférieure à celle qui en arrive lorsque les taches manquent.

Le nombre des taches s'accroît et diminue périodiquement tous les onze ans, ou neuf fois par siècle, sur la Terre. Il n'y a pas de périodes semblables dans la température; on sait au contraire que, dans les mêmes années, ni les hivers ni les étés ne sont égaux dans tous les pays. On a déduit de là que les taches solaires ne peuvent avoir aucune influence sur les saisons des différents pays; il arrive ordinairement que lorsque la température s'élève trop haut dans un pays, elle est plus basse dans les autres.

§ 56. **Rapport entre les taches solaires et les déclinaisons magnétiques.** C'est Lamont qui a trouvé la correspondance entre les périodes des nombres des taches solaires et les variations diurnes moyennes annuelles de la déclinaison de l'aiguille. Les maxima des nombres de taches correspondent aux maxima des déclinaisons et aux minima de la température.

En comparant entre elles les déclinaisons obtenues à Munich et celles obtenues à Naples ou en Amérique, on trouve une différence pareille à celle qui s'observe entre les saisons des pays éloignés. Cette observation sert à démontrer que les taches n'exercent réellement aucune influence physique sur l'état physique de la Terre.

Chaque fait physique est préétabli et inévitable. L'homme n'acquiert la conviction de cette vérité que lorsqu'il parvient à connaître les faits dans leur état préétabli. La quantité de chaleur solaire diurne et annuelle ne diffère pas dans les pays des deux hémisphères dont la latitude est la même et cependant les saisons y sont très-différentes. En attribuant ces différences aux *climats*, il fallait dire d'abord ce qu'on doit entendre par le mot *climat*, puis ensuite exposer les faits physiques qui en résultent. (Voir *Phys.*, t. I.)

Si l'on compare le prix du froment d'un pays à celui des autres pays, on trouve de notables différences dans les récoltes, et les prix sont subordonnés aux moyens de transport. Ces différences se font également sentir dans les déclinaisons de l'aiguille, mais elles ne dépendent ni du manque de pluie dans les pays chauds ni de sa trop grande abondance dans les pays tempérés, comme cela a lieu pour le prix du froment.

Dans le volume suivant, nous exposerons l'état préétabli de magnétisme de chaque pays, comme nous l'avons fait dans le texte de l'*Atlas météorologique*. Nous avons démontré : 1° comment la Terre est ecmagnétisée (transformée en magnète) par le Soleil, et 2° comment le fer est ecmagnétisé par la Terre. La direction de l'aiguille n'indique que la direction moyenne d'un assemblage de courants électriques terrestres correspondant aux deux hélices que décrit le Soleil en passant d'un solstice à l'autre ; l'hélice d'hiver et de printemps est froide, tandis que celle d'été et d'automne est chaude ; ces hélices sont la cause des courants thermoélectriques analogues, qui sont le magnétisme terrestre.

*2° Distribution de la lumière sur le disque solaire.*

§ 57. Tous les points de l'équateur passent par le bord

et le centre du disque solaire. De même qu'on trouve au centre une quantité de chaleur supérieure à celle du bord de l'est et de l'ouest, il existe aussi au centre du disque solaire une quantité de lumière supérieure. On voit ainsi que ni la chaleur ni la lumière ne correspondent aux degrés de l'équateur, mais qu'elles sont en rapport direct avec le diamètre de la masse empyrée renfermée dans l'enveloppe de glace dont la solidité est égale dans toute l'étendue de la zone royale.

Les rayons provenant du rayon R de la masse empyrée du Soleil nous viennent toujours à travers le point de son équateur qui occupe le centre du disque ; quand ce même point se trouve au bord, c'est à travers ce point que nous recevons les rayons provenant d'une profondeur de masse empyrée correspondant au sinus de l'arc. La décroissance de la lumière obtenue par l'observation est indiquée par 48 au centre du disque et par 35 au point situé aux trois quarts du rayon. Si ces nombres ne correspondent pas exactement aux longueurs du rayon R et du sinus $R\sqrt{1-\frac{9}{16}} = \frac{1}{4}R\sqrt{7}$, c'est que l'intensité de lumière au centre est inférieure à celle qui devait provenir de toute la profondeur R de masse empyrée ; cependant la différence n'est pas très-grande.

Si la lumière n'avait pas sa source dans la masse renfermée, mais bien dans l'enveloppe, 1° les points de l'équateur qui sont au centre enverraient vers la Terre une quantité de lumière correspondant à l'épaisseur $e$ de l'enveloppe ; 2° ces mêmes points qui sont au bord n'auraient pas manqué de nous envoyer une quantité de lumière correspondant à l'épaisseur $e + e'$ de l'enveloppe. C'est ainsi que l'on parvient à se convaincre une fois de plus que c'est la masse empyrée renfermée dans l'enveloppe qui répand les ondes de chaleur et de lumière et non une enveloppe lumineuse.

Aucun fait physique observé sur le Soleil ne trouve une application dans l'hypothèse d'une photosphère ; au contraire, tous les faits bien établis trouvent leur explication physique dans la masse empyrée renfermée dans une enveloppe de glace transparente.

B. FAITS PHYSIQUES CONSERVÉS AUX PLANÈTES.

§ 58. Les huit jets de masse empyrée ont dû passer par plusieurs états avant d'arriver à un état semblable à celui où se trouve actuellement Neptune; ensuite chacune des planètes inférieures est arrivée successivement à l'état où chacune des planètes supérieures se trouve maintenant. A différentes époques, la Terre a été dans un état semblable à l'état actuel de chacune des planètes supérieures; dans l'avenir, elle se trouvera dans l'état où sont actuellement les planètes inférieures. Quelques-uns, sans être guidés par une loi physique, ont admis un ordre inverse.

Avant de s'éteindre, les satellites lumineux circulaient autour de leur planète entourée de météores. Les planètes qui sont dans cet état circulaient autour de leur soleil entouré de météores; tels sont actuellement les soleils invisibles autour desquels circulent les planètes qui amènent leurs satellites lumineux Sirius, Procyon, l'Epi. Algol est un seul satellite, amené aussi par sa planète autour de son soleil qui est invisible.

Avant que les jets qui ont formé les satellites aient été expulsés des planètes, celles-ci étaient toutes lumineuses. C'est dans cet état que se trouvent les étoiles claires entre la 3ᵉ et la 7ᵉ grandeur, de même que $\alpha$ du Centaure la moins éloignée de toutes les autres. Cette étoile paraît double parce que c'est Chronos que nous pouvons apercevoir séparément des cinq autres planètes que nous voyons comme une seule étoile.

Zeus devrait être visible entre Chronos et les endoplanètes, mais parmi celles-ci deux ou trois sont déjà passées à leur 2ᵉ état nébuleux; ainsi l'étoile centrale est Zeus et une ou deux des endoplanètes. Ces deux ou trois planètes se montrent sous l'apparence d'une étoile irrésoluble.

**Vie astronomique des planètes.** I. La naissance de notre système planétaire s'est effectuée par l'expulsion des neuf jets de masse empyrée, expulsion qui s'opère à des intervalles séculaires des soleils lipoplanètes pour faire subitement place à une clarté qui diminue graduellement et disparaît en 17 mois.

II. Les bandes très-longues des jets expulsés de notre Soleil se sont couvertes de météores et sont devenues invisibles aux observateurs éloignés, de même que les bandes expulsées des soleils lipoplanètes deviennent invisibles après avoir été vues comme étoiles temporaires.

III. Quand les météores se multiplient au point que chaque bande acquière une épaisseur correspondante au rayon orbiculaire de Mercure, l'espace commence à apparaître comme une nébuleuse planétaire annulaire ayant un bras poséidonien et cinq anneaux.

IV. Quand les météores se multiplient davantage, les intervalles entre les bandes disparaissent. C'est ainsi que les nébuleuses annulaires s'unissent et paraissent semblables à des meules d'un diamètre égal à celui de l'orbite de Neptune ou d'une longueur supérieure qui ne dépasse cependant jamais le triple de ce diamètre, en y comptant même la longueur du bras poséidonien.

V. L'équilibre des molécules de masse empyrée s'établit d'abord dans le jet le moins éloigné et il en résulta la planète lumineuse Mercure, de même que nous voyons plusieurs planètes Hermès terminer leur révolution autour de leur soleil invisible en une durée $T + T'$ supérieure à celle $T$ pendant laquelle Mercure termine la sienne. Nous connaissons les durées des révolutions par celles des périodes de leur état lumineux. Nous en avons déjà parlé (t. I, p. 337).

VI. L'équilibre s'établit successivement dans les molécules des jets les plus éloignés et les planètes lumineuses de chaque système apparaissent comme cela a eu lieu dans notre système.

VII. Chacune des planètes a expulsé un nombre de jets qui sont restés à circuler autour d'elles, et par cette expulsion chacune des planètes a acquis un mouvement rotatoire. Si les planètes Mercure et Mars tournent autour de leur axe sans avoir de satellites qui circulent autour d'elles, c'est parce que les gros jets se sont échappés avant le commencement de la rotation et que n'ayant pas reçu le choc tangentiel, ils ont dû rebrousser chemin. Dès que la rotation a commencé, les derniers petits jets se sont échappés et sont devenus des satellites imperceptibles. Nous reviendrons plus loin sur ce sujet.

VIII. Il s'est écoulé une longue période de temps pendant laquelle le froid a pénétré d'abord dans la masse des satellites, lesquels ont dû s'éteindre ; de même le froid a pénétré dans les masses des planètes qui sont devenues des globes de glace de forme ovalaire, et cependant le Soleil était encore entouré de météores.

IX. L'équilibre s'établit plus tard dans les molécules de la masse empyrée du Soleil; le froid pénétra dans sa couche superficielle, cette couche fut solidifiée, et c'est ainsi que surgit l'enveloppe de la *zone royale*.

X. Les météores produits autour du Soleil pendant cette longue durée n'ont pas péri, ils ont continué à circuler sur des orbites parallèles au prolongement du plan équatorial du Soleil. La lumière réfléchie de ces météores est connue sous le nom de *lumière zodiacale*.

§ 59. **Vie géologique des planètes.** De même que la vie astronomique a commencé à la même époque et s'est terminée à des époques différentes à cause de la différente intensité des transformations, intensité correspondant à la pesanteur, de même la vie géologique a commencé à l'époque où s'est établi l'équilibre des molécules de la masse empyrée du Soleil, quand ses rayons ont commencé à éclaircir toutes les huit planètes à la fois. Cependant les quantités de rayons arrivés à chaque planète sont en raison inverse des carrés des distances et produisent des effets dont l'intensité correspond aux quantités de rayons arrivés à chacune des planètes.

Pendant la vie astronomique, les molécules de la masse brûlante se sont accumulées par la pesanteur pour acquérir la forme ovalaire. Cette forme se conserve même après la fin de la vie astronomique, lorsque la masse empyrée est réduite à un globe de glace.

Pendant la vie géologique, les molécules de la glace se combinent avec les équivalents électriques amenés des rayons solaires et produisent les éléments de l'air et ceux des plantes. Pendant toute la durée d'une période cométogonique, il y a production des éléments dits de la glace et des rayons qui engendrent : 1° deux aérocônes, et 2° deux phytostromes (couches de restes de plantes). La fin de chacune de ces périodes est amenée par la séparation des deux aérocônes qui deviennent deux comètes. Les deux phytostromes se couvrent de l'eau du déluge maintenue à un niveau élevé dans la zone torride par les aérocônes. Quand les aérocônes se sont éloignés, les masses d'eau soulevée se déchaînent, et il en résulte deux torrents cataclistiques divergents qui se précipitent vers les pôles et submergent les deux phytostromes qui se transforment en fond de la mer en se déposant sur le globe de glace, lequel ne forme le fond de la mer que pendant la première période cométogonique, comme nous le montrerons plus bas d'un manière plus détaillée.

### C. Faits physiques conservés dans l'anneau zodiacal.

§ 60. Les météores produits par les molécules de la masse empyrée du Soleil ont continué à circuler autour du Soleil en formant dans leur ensemble un large anneau, dont l'épaisseur est divisée en deux moitiés par le prolongement du plan équatorial du Soleil qui forme avec l'écliptique un angle de 8° dont les deux nœuds, dans les ascensions, sont de 75° et 75° + 180°.

La Terre se trouve sur ces nœuds deux semaines avant les solstices d'été et d'hiver; elle en est éloignée de 90° deux semaines avant les équinoxes de printemps et d'automne pour que le printemps se trouve au sud de l'anneau et l'automme au nord. A ces deux époques arrive à la Terre la plus grande quantité de lumière réfléchie des météores composant l'anneau. Pendant le printemps, cet anneau est visible le soir quand l'éclat du crépuscule est affaibli; pendant l'automne, il est visible le matin avant l'apparition du crépuscule.

Fig. 2.

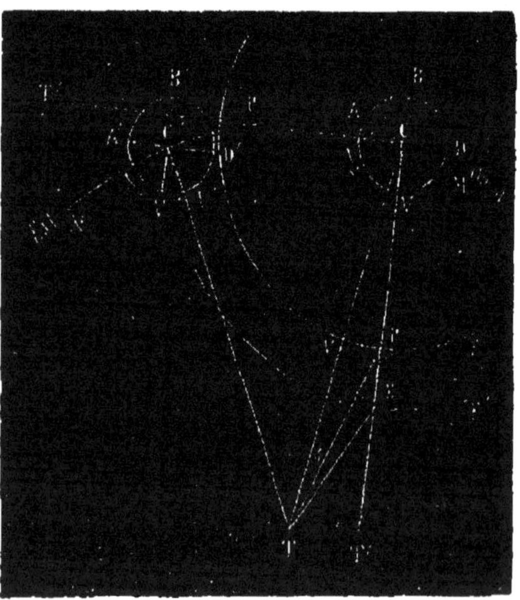

Soit T (fig. 2) la Terre et C le Soleil qui tourne autour de son axe de l'ouest D à B pour qu'une tache B observée devienne invisible et arrive à l'est A où cette tache apparait et s'avance vers V pour occuper le centre du disque. Ainsi ABDV est le plan de l'équateur du Soleil et dans son prolongement se trouve l'anneau zodiacal D'PF qui n'est pas sur le plan de l'écliptique, mais qui le coupe en formant un angle de 8°. En supposant le rayon CP de l'anneau zodiacal égal à sa distance PT de la Terre, il paraîtrait sous un angle de 8°; mais le rayon CE de l'anneau zodiacal est plus grand que sa distance TE de la Terre, et cela fait paraître sa périphérie E sous un angle $\gamma$ de 60° et même davantage pour certaines météores dont les rayons des orbites s'approchent de celui de l'écliptique.

Pendant les solstices, la Terre T′ se trouve dans les nœuds; nous voyons alors l'épaisseur P de l'anneau qui ne diffère pas de la largeur de la zone royale et, à cause de la distance T′P, on ne le voit que sous un angle de 30′; c'est à cause de son très-faible éclat que l'anneau reste imperceptible dans ces positions.

Tous ces détails sont bien connus par les observations directes des astronomes, et cependant on ne peut se rendre compte de la nature des corps dont est composé cet énorme anneau : 1° il n'exerce aucun effet de pesanteur ; 2° il n'intercepte pas les rayons des étoiles les plus faibles ; 3° il ne produit aucune réfraction de ces rayons, et pourtant 4° il réfléchit une partie de lumière solaire suffisante pour devenir visible. Les faits restés problématiques jusqu'à présent trouvent ici spontanément une solution qui rend manifeste tout ce qui a été dit sur les soleils invisibles de Sirius, de Procyon et de l'Épi et sur l'Archégète, qui, projeté sur la périphérie de la Voie lactée, se voit comme une nébuleuse qui occupe une étendue de plus de 15°.

En comparant, d'une part, ce diamètre apparent de l'Archégète et l'espace de temps écoulé depuis l'expulsion de ses neuf gros jets; en comparant également, d'autre part, la longueur apparente du diamètre de l'anneau zodiacal observé de la planète Mars qui se réduit à 60°, j'ai été conduit à reconnaître que les aires apparentes des anneaux sont en rapport direct avec les durées $t$, T qui doivent s'écouler, 1° pendant la production de l'équilibre entre les molécules des jets expulsés, et 2° pendant la production de l'équilibre entre les molécules de la masse empyrée du corps central et celles du 5e jet qui a rebroussé chemin et s'est déposé autour de ce corps colossal.

En supposant T la durée écoulée depuis l'expulsion de neuf grands jets de l'Archégète, durée, 1° pendant laquelle l'équilibre s'établit dans les molécules des quatre jets inférieurs, et 2° pendant laquelle se sont produits quantité des météores autour de l'Archégète pour donner naissance à un anneau de diamètre angulaire d'environ 15°, il en résulte qu'il faudrait une durée 16 fois plus grande pour qu'il se produisît autant de météores qu'il en faudrait pour occuper un anneau dont le diamètre angulaire serait de 60°.

Ce résultat, dû à l'observation, ne diffère pas beaucoup de celui obtenu par le calcul basé sur l'intensité des transformations, intensité qui est en rapport direct avec la pesanteur de chaque jet ou en raison inverse des carrés des distances entre les jets et l'Archégète.

L'Archégète nous offre en même temps un exemple correspondant : 1° à l'état des soleils invisibles tels que ceux de Sirius, de Procyon, de l'Épi et celui d'Algol ; 2° à l'état de la production des météores composant l'anneau zodiacal.

I. **Absence de poids sensible de l'anneau zodiacal.** L'anneau zodiacal, de même que les planétoïdes, les comètes et les pluies d'étoiles, réfléchit la lumière parce qu'il est composé des amas de ballons produits par la congélation des enveloppes des vésicules dont le poids spécifique est inférieur à celui de l'air. Ainsi tous ces corps, d'une nature semblable à celle des nébuleuses, ne produisent aucune trace de pondérabilité.

II. **Absence d'éclipses des étoiles dans l'anneau zodiacal.** Pour devenir visibles, les corps qui réfléchissent la lumière devaient faire écran aux étoiles placées derrière eux ; cependant l'observation fait voir qu'il en est tout autrement pour les corps dont se compose l'anneau zodiacal.

Avant que l'on connût la nature de ces corps, les astronomes durent se borner à décrire exactement les faits découverts à l'aide de l'observation; maintenant que l'on connaît la nature des corps composant le susdit anneau, les faits observés n'ont plus d'autre utilité que de servir d'exemple et de faciliter leur explication.

Les volumes des météores sous-tendent des angles qui ne surpassent pas quelques secondes ; il y a certains arcs de leurs orbites qui sont parcourus des milliers de fois en une seconde. Si donc, pendant cette courte durée, il y eu des dizaines d'éclipses d'étoiles claires ou d'étoiles télescopiques de diamètre inférieur à une seconde, toutes ces éclipses restent imperceptibles ; c'est pourquoi nous disons qu'il n'y a pas d'éclipses, même des étoiles télescopiques plus faibles. Ce n'est que par oubli que les astronomes n'ont pas pris en considération le mouvement des météores pour expliquer le manque d'éclipses des étoiles.

Ce cas est tout à fait identique à celui de la *scintillation* des étoiles fixes et même des planètes, surtout des plus éloignées. La scintillation consiste seulement : 1° dans la décroissance de l'éclat à tous les degrés pour des durées extrêmement courtes ; 2° dans la production de toutes les couleurs pour des durées à peine perceptibles. Ce sont les météores invisibles de l'espace, 1° qui produisent ces traits de scintillation, et 2° qui opposent une résistance à l'avancement des comètes.

III. **Absence de réfractions des rayons dans l'anneau zodiacal.** Cassini, Herschel, Laplace ont admis que l'anneau zodiacal est composé de la même matière que les nébuleuses ; ils ont supposé cette matière à l'état gazeux des différents degrés de dilatation. Quand plus tard il a été prouvé que les rayons des étoiles n'avaient aucune réfraction, on a reconnu qu'il n'y avait pas d'état gazeux. Alors quelques astronomes ont dit que cela était dû à la très-grande dilatation de la matière. D'un autre côté cependant, on dut attribuer à cette même matière un degré de densité suffisant pour la mettre en état de réfléchir assez de lumière pour la rendre visible et même pour en obtenir une teinte rougeâtre perceptible.

Ce fait a conduit les observateurs actuels à connaître la composition de l'anneau zodiacal de même que les comètes des corps séparés l'un de l'autre et non d'une matière gazeuse d'une égale densité.

Si les planétoïdes étaient en assez grand nombre pour réfléchir une suffisante quantité de lumière, l'espace annulaire de leur orbite serait visible, et l'on y trouverait les même détails que ceux observés dans l'anneau zodiacal : 1° il n'y aurait pas d'éclipses des étoiles ; 2° il n'y aurait pas non plus réfraction de leurs rayons ; 3° il y aurait intermittences brusques et rapides d'intensité ; 4° il y aurait des ondulations pareilles à celles qu'on observe dans la lumière zodiacale dans les régions intertropicales.

La lumière crépusculaire suffit pour faire disparaître la lueur zodiacale de même que celle des étoiles de 5e et de 6e grandeur. Pendant les éclipses totales du Soleil, l'intensité de la lumière crépusculaire suffit pour faire disparaître les étoiles de 3e grandeur ; à plus forte raison fait-elle disparaître la lueur zodiacale. Il serait donc absurde de compter qu'on l'apercevra, même quand les éclipses totales du Soleil arrivent pendant les équinoxes.

Il faut prendre néanmoins en considération l'épaisseur de l'*atmoaérosphère* et les courtes durées du crépuscule au Chili, à Cumana, au Sennaar, car dans ces pays on pourrait peut-être bien apercevoir la lumière zodiacale pendant une éclipse totale du Soleil qui arriverait vers l'un des équinoxes (t. I, p. 793).

§ 61. **Résumé.** L'anneau zodiacal, composé de petits météores comparables aux planétoïdes imperceptibles, est un produit physique d'un état antérieur du Soleil, état qui n'existe plus ; c'est pourquoi la liaison entre le Soleil et la production des météores composant l'anneau zodiacal est interceptée. Sans l'existence d'une telle liaison, il est tout à fait impossible de parvenir à sa découverte au moyen des observations qui n'indiquent que l'état actuel du Soleil.

Cet exemple sert à prouver d'une manière incontestable que tant qu'on ne connaissait pas l'état préétabli du Monde, il était absolument impossible d'arriver à l'explication des faits au moyen des résultats des observations.

Les philosophes ont essayé de découvrir la loi physique en coordonnant les résultats obtenus par les observations. 1° Les anciens n'ont pu y parvenir à cause du trop petit nombre de faits; 2° les modernes, au contraire, ont échoué parce que le nombre des faits enregistrés était trop grand pour qu'ils pussent les coordonner.

Les astronomes, les physiciens, les naturalistes, s'occupant exclusivement de quelques genres de faits physiques, ne purent jamais parvenir au but que les philosophes se proposaient. Parmi ces derniers, ceux qui étaient en même temps naturalistes, Kant, Scheling, Ocken, Buffon..., ont tracé la voie qui pouvait conduire à la découverte de l'état préétabli du Monde, car c'est en cet état que se présentent les séries des faits dans un ordre chronologique. Comme la durée de production des faits est très-courte, elle reste souvent inaperçue. Ainsi les observateurs rencontrent des lacunes qu'ils complètent par des hypothèses logiques dénuées de toute réalité physique. Par suite, ces hypothèses ne sont jamais en rapport direct avec les actions qui ont eu une courte durée et dont les effets seuls sont restés, effets qui, à leur tour, ont éprouvé des changements avant d'arriver à leur état actuel, dans lequel ne manque pas d'apparaître une série d'actions.

Les détails des taches, des facules et des rides du Soleil servent à montrer : 1° les actes qui s'opèrent actuellement dans le Soleil; 2° la production des noyaux, des pénombres et des remparts; 3° celle des facules et des rides ou *lucules*.

# CHAPITRE II.

## DE LA PRODUCTION DES TACHES SOLAIRES ET DE LEUR ASPECT.

§ 62. Comme le Soleil est le représentant de toutes les étoiles télescopiques, j'ai exposé jusqu'ici les séries de faits communs préétablis dont depuis longtemps une partie s'est réalisée pour notre Soleil, et dont les mêmes faits se réalisent actuellement pour les autres soleils. 1° L'état actuel de notre Soleil est l'effet de ses états antérieurs, et 2° il est la cause des faits physiques que les astronomes ont découverts au Soleil. Ce qu'Herschell a fait pour les nébuleuses, Secchi l'a fait pour les taches solaires; cet astronome a découvert les détails qui rendent évident l'état physique des taches solaires.

§ 63. **Zone royale.** L'apparition des taches dans une partie limitée aux latitudes inférieures a trouvé sa cause dans la solidité inférieure de cette partie de l'enveloppe glaciale renfermant la masse empyrée. C'est au moyen de l'état préétabli qu'on a découvert que des neuf jets expulsés du Soleil, c'est au 5° qu'il a dû manquer l'un des deux éléments du mouvement orbiculaire (t. I, p. 186). Cette cause physique produisit trois faits paraissant de nature différente.

1° Le manque d'une grosse planète entre Mars et Jupiter;

2° L'anneau zodiacal composé de météores circulant sur le prolongement du plan équatorial du Soleil et ayant une épaisseur correspondant à la largeur de la zone royale;

3° La production des taches solaires aux latitudes inférieures dans lesquelles s'est déposée la longue bande de masse empyrée du 5ᵉ jet, qui a rebroussé chemin et a fondu en cet endroit l'enveloppe glaciale qui est redevenue masse empyrée, tandis que dans les deux calots polaires l'enveloppe primitive est restée conservée. Quand, après des milliers de siècles, l'équilibre s'est établi entre les molécules de masse empyrée du Soleil et celle du 5ᵉ jet, le froid a pénétré dans la couche superficielle, laquelle a gelé et formé une enveloppe de solidité $\sigma$ inférieure à celle de $\Sigma$ de l'ancienne enveloppe des deux calots polaires.

### 1. DE LA SUCCESSION DES FAITS CORRESPONDANT A CELLE DES RUPTURES D'ÉQUILIBRE.

§ 64. Avec le secours seul des observations, nous n'arrivons à connaître que l'existence des faits; pour connaître le mode de leur production, la connaissance de l'état préétabli qui les rend inévitables est nécessaire. Chaque production de faits s'opère d'après une règle générale qui est l'état préétabli. Les physiciens disaient que, dans la production des faits, la *force* et l'*action* doivent toujours marcher en avant. Pour me conformer à cette règle, je n'ai fait que restituer à deux mots abstraits deux significations physiques.

**La force** n'est qu'un fluide quelconque en équilibre rompu.

L'**action** n'est que l'écoulement d'un fluide provoqué par son équilibre rompu.

**Le fait** n'est que l'état des corps à la fin de la rupture d'équilibre du fluide et de son expansion.

Dans la production des taches solaires, les faits qui résultent d'une rupture d'équilibre ne sont pas un état permanent provenant de ce que l'équilibre s'établit, mais ils sont cause d'une rupture secondaire d'équilibre d'où résultent des actions ou des écoulements secondaires des fluides.

Je ne donne ici que l'arrangement des forces et des actions ou des ruptures d'équilibre et des écoulements des fluides : *c'est dans cet arrangement que consiste l'explication des* taches solaires. Tous les détails découlant des observations n'ont d'autre but que de servir d'exemples ; il n'en est aucun qui ne s'arrange spontanément dans la série indiquée des forces et des actions ou des anisorrhopies et des écoulements.

Il ne faut pas confondre les déplacements des molécules matérielles et les expansions des molécules impondérables du fluide chaos dans lesquelles l'Être suprême a emmagasiné une minime partie de son mouvement infini en faisant parcourir à ces molécules tout l'espace céleste pour se trouver accumulées en deux volumes égaux de densités inégales. Il n'existe dans l'univers d'autre mouvement que celui de l'Être suprême ; les déplacements célestes ou terrestres des corps ne sont qu'un effet de l'expansion spontanée des molécules du fluide primitif. Ces molécules se trouvant dans tout l'espace céleste ont été séparées en deux parties inégales et *ont été comprimées pour occuper deux volumes* égaux.

§ 65. Dans la production des taches solaires, les anisorrhopies (équilibre rompu) suivantes se succèdent.

I. L'anisorrhopie primitive a pour cause un excédant de chaleur $\theta$ qui s'accumule dans la couche superficielle A de masse empyrée. Quand cette accumulation de chaleur est devenue $q\theta$, sa poussée répulsive parvient à vaincre la solidité $\sigma$ de la partie la plus faible de l'enveloppe, y cause des ruptures, et pendant son expansion la chaleur $q\theta$ entraîne une partie de la masse empyrée et la fait se soulever par un ou plusieurs cratères dont l'enveloppe étant réduite en fragments, la masse empyrée les rejette en directions divergentes. C'est de leur accumulation, ou par la débâcle, *que résulte une espèce de rempart ayant son versant extérieur* perpendiculaire et son versant intérieur oblique.

De semblables remparts, vus de profil des régions polaires, se présentent comme N (fig. 3); RQ R'Q' est le versant extérieur *vertical*, et RN R'N est le versant intérieur *oblique*.

Fig. 3.

Ces mêmes remparts, observés de la Terre, présentent: 1° à l'orient P du disque solaire, leur versant vertical R'Q' de la partie antérieure et le versant oblique RN de la partie postérieure; 2° à l'occident P' du disque solaire, leur versant vertical RQ de la partie postérieure et leur versant oblique R'N de la partie antérieure; 3° au milieu du disque solaire, on voit de profil le versant extérieur RQ, R'Q', et obliquement le versant intérieur RN, R'N.

II. Le déplacement de la masse empyrée soulevée du cratère produit une inégalité de niveau qui est une rupture d'équilibre par rapport à la pesanteur. De même que la lave des volcans, la masse empyrée soulevée est sollicitée à se répandre en directions divergentes en dépassant les limites du rempart. La sortie des bras de lave s'opère par les parties les moins élevées du rempart, qui se trouvent entre les plus élevées ; celles-ci se présentent comme des espèces de *bastions* du rempart. Je conserve ici cette appellation pour indiquer les parties élevées des remparts tant qu'elles persistent, parce qu'elles s'affaissent lentement et s'écroulent en dehors des remparts. C'est ainsi que ceux-ci perdent leur hauteur ; leur versant extérieur devient alors oblique comme leur versant intérieur. Des bras nombreux de lave passent entre les bastions pour s'allonger au delà du rempart sous forme de courants de lave.

III. L'excédant $\theta$ de chaleur qui arrive comme précédemment à la couche superficielle A de masse empyrée expulsée ne reste plus pour s'y accumuler ; car les molécules matérielles, en se combinant avec les équivalents qui composent les atomes de chaleur $\bar{\bar{E}}\bar{E}^2$, deviennent des vésicules de vapeur ayant les deux équivalents négatifs $2\bar{E}$ à leur surface et l'équivalent positif $\bar{\bar{E}}$ à leur intérieur pour que les deux électricités s'y trouvent à l'état latent. C'est cet état qu'on doit entendre par les mots *chaleur latente* (*Physique*, t. III, p. 314).

IV. Les nouvelles couches de vapeur acquièrent, par l'excédant $\theta$ de chaleur, une poussée expansive suffisante pour vaincre la minime résistance exercée par les couches de vésicules produites précédemment. C'est ainsi que le volume et l'espace occupés par les vésicules s'accroissent sans cesse. Pour que cet accroissement de l'épaisseur de la couche de vapeur cesse, il faut que leur production s'interrompe, ce qui n'arrive que lorsque l'équilibre des molécules de la masse empyrée s'est établi ; car cet état est indispensable pour la solidification de la couche superficielle de la masse empyrée.

Après la formation d'une enveloppe de glace, la vapeur n'étant plus en contact avec la masse empyrée, se trouve forcée d'obéir à la pesanteur qui la fait se précipiter sur la surface de l'enveloppe nouvelle.

V. On reconnaît qu'il existe des amas de vapeur dans un espace de l'atmosphère, quand les rayons se dispersent et qu'il y a un obscurcissement ; cet obscurcissement a lieu sur la surface solaire et indique la production et l'existence de vapeurs pendant quelques semaines ou quelques mois. La disparition de l'espace obscurci ne s'effectue que quand la production de vapeur est interceptée, car cette production doit cesser pour que la précipitation de la vapeur existante soit possible.

Connaissant cette série de changements physiques opérés dans le Soleil, j'ai pris pour exemples un nombre de faits bien connus des astronomes. Ces faits se sont trouvés spontanément arrangés d'une manière si naturelle que chacun de mes lecteurs peut, en les consultant, acquérir une connaissance exacte de l'état physique du Soleil.

## II. FACULES ET LEUR DÉPLACEMENT APPARENT.

§ 66. Connaissant, d'une part, le mode de production des remparts sur la zone royale et leurs deux versants, 1° le versant extérieur RQ, R'Q' (fig. 3) vertical, et 2° le versant intérieur RN, R'N oblique ; connaissant aussi, d'autre part, la loi photométrique des corps vus de face, de profil ou obliquement, nous contrôlons les positions des remparts pour en connaître la dimension et la hauteur.

Les remparts sont produits par l'accumulation des fragments de l'enveloppe brisée ; dans leur intérieur, la masse empyrée, couverte d'abord d'une couche de vapeur de faible épaisseur, reste soulevée. Cette épaisseur s'accroît pendant tout le temps que la tache existe. En dehors des remparts, un nombre de bras de lave se prolonge ; ces bras deviennent visibles au moyen de l'obscurcissement produit par la dispersion des rayons par la vapeur engendrée par la masse empyrée de ces bras.

A l'aide de ces détails, connaissant, d'une part, l'état physique des grandes taches, sachant, d'autre part, que la durée de l'existence de la vapeur n'est que de quelques mois, nous parvenons à distinguer les remparts : 1° en remparts qui se trouvent entre le noyau et la pénombre des taches; 2° en remparts qui sont restés pendant quelques mois sans noyau et sans pénombre; 3° en remparts qui ont acquis plus tard un noyau et n'ont plus eu de pénombre.

Les montagnes de la Lune ne diffèrent que par les dimensions des remparts du Soleil, lorsqu'ils ne font pas partie d'une tache. Quand ils sont dans cet état, nous leur donnons ici le nom de *remparts clairs*, pour les distinguer de ceux des taches; ils sont alors accompagnés d'une pénombre et d'un noyau ou d'un noyau seulement sans pénombre.

Les montagnes de la Lune sont éclairées obliquement pendant toute la durée de la lunaison; néanmoins, le jour de la pleine Lune, elles se trouvent éclairées de face. Les remparts solaires passent tous successivement par le méridien central solaire pour apparaître chacun de face, et pendant l'espace de deux semaines, la moitié du tour du Soleil, ces remparts se présentent obliquement du côté oriental ou du côté occidental dont elles sont composées.

Je donnerai ici comme exemples : 1° l'apparition illusoire de déplacement des versants des remparts clairs à l'orient et à l'occident, et 2° l'apparition de déplacement des remparts et des taches provenant de la réfraction des rayons par la vapeur dont elles sont composées.

### A. Déplacement illusoire des facules.

§ 67. I. C'est le versant extérieur précédent R'Q' (fig. 3) du rempart qui se présente de face à l'orient et qui produit l'aspect brillant attribué aux *facules*. Après ce versant vient l'enveloppe N du cratère fermé; puis on voit le versant oblique RN ayant un éclat supérieur à celui du cratère N et inférieur à celui de la facule qui est le versant vertical R'Q'.

II. En s'éloignant du bord du disque, on voit diminuer rapidement l'éclat des facules avec l'angle $\gamma$ formé par le rayon visuel sur le versant vertical R'Q' précédent. A l'orient, il est $\gamma = 90°$, et en une semaine il devient nul, parce que ce versant est vu de profil au milieu du disque. Le rayon visuel forme l'angle $\gamma'$ avec le versant oblique RN à l'orient; lorsque ce versant arrive au milieu du disque, il forme avec le rayon vertical l'angle $180° - \gamma'$. A une distance $\delta$ du bord oriental, il devient $\gamma' = 90°$, et le rayon visuel est alors perpendiculaire sur le versant RN intérieur qui apparaît comme facule. Arrivé au milieu du disque, le rempart présente l'aspect d'une *cicatrice* ayant son milieu (l'enveloppe du cratère) plus clair que le versant intérieur RN, R'N vu obliquement. Le versant extérieur est invisible, ou il est moins clair que le versant intérieur RN R'N.

III. Lors de l'avancement du milieu du disque vers l'occident, la même série de positions se présente aux deux autres versants R'N, RQ qui viennent d'être exposés pour les deux autres versants R'Q' et RN. A une distance $\delta$ du bord occidental, R'N se présente oblique comme facule, et quand il est arrivé à l'occident, on le voit au bord sous forme de partie luisante irrégulière; vient ensuite l'enveloppe N du cratère qui est sombre, et c'est après que le versant postérieur RQ se présente comme facule.

§ 68. **Origine des déplacements illusoires.** Les astronomes, à l'exemple d'Herschel, ont admis que les facules ne sont que des ondes élevées au-dessus du niveau de la photosphère. Vu que chacun des quatre versants des remparts ne se présente que séparément et sur des points différents sous forme de facules, 1° au bord oriental; 2° à une distance $\delta$ de ce bord; 3° à une distance $\delta$ du bord occidental, et 4° au bord occidental, les astronomes, en admettant la même facule à ces quatre places, ont été conduits à admettre une espèce d'oscillation des ondes. Il y a cependant dans les déplacements une régularité qui a du rapport, non avec la partie du Soleil occupée par les facules, mais seulement avec le bord oriental et le bord occidental.

Les 180 degrés de l'équateur et de ses parallèles de l'hémisphère visible du Soleil sont parcourus en une durée T égale par le versant vertical R'Q' antérieur et par le versant vertical postérieur RQ. Mais le versant antérieur R'Q' paraît à l'orient comme facule, et c'est le versant RQ qui apparaît à l'occident également comme facule. Il ne s'est rencontré jusqu'à présent aucun astronome qui n'ait trouvé une durée $T + \alpha$ plus longue pour l'arrivée de la facule de l'orient à l'occident, et une durée $T - \alpha$ moins longue pendant laquelle les facules restent invisibles.

Spoerer, voulant donner une explication de ce fait, fut forcé de commettre une première erreur (par l'hypothèse d'une facule à la place des quatre facules réelles), puis une seconde, en attribuant une déviation des rayons au bord du Soleil. En effet, il obtint un résultat qui, en apparence, ne permettait pas de douter que le raccourcissement $T - \alpha$ de la durée dans les cas indiqués ne correspondît à l'existence d'une pareille déviation des rayons au bord solaire.

Cependant il est très-rare que des faits postérieurs ne décèlent pas les erreurs restées d'abord inaperçues. C'est ce qui a lieu dans ce cas. Les remparts n'ont pas tous la même longueur $l$; les uns ont une longueur $l + \alpha'$, les autres une longueur $l - \alpha'$. Faisant pour les différents remparts la comparaison entre les durées $T + \alpha$ et $T - \alpha$, on n'a pas trouvé l'accord qui devait se rencontrer. Naturellement la valeur $T + \alpha$ de durée correspondant à un rempart de longueur $l + \alpha'$ était trop courte pour un rempart de longueur $l - \alpha'$; cependant cela ne parut pas suffisant à Spoerer pour lui faire révoquer son hypothèse d'illusion optique attribuée à l'explication des résultats très-réels des observations de Secchi; celui-ci proposa l'existence d'une atmosphère autour du Soleil.

B. FORME ALLONGÉE DES FACULES ET LEUR POSITION.

§ 69. En discutant le mode de production des facules, Herschel a dû s'arrêter à leur description en disant qu'elles sont longues ou allongées, sans faire mention du sens de ces allongements qui ne se présentent jamais en direction parallèle à l'équateur, mais toujours dans des directions capables de faire avec l'équateur ou avec ses parallèles des angles de 90° — $\gamma$; $\gamma$ étant moins grand que 45°.

**Allongement des facules.** Les dimensions des remparts ne suivent aucune règle; c'est uniquement pour fixer les idées que j'admets la direction des longitudes solaires comme longueur des remparts, et leur largeur est considérée dans la direction des méridiens. C'est donc, 1° la largeur des remparts qui correspond à la longueur des facules, et 2° leur longueur qui se présente en même temps d'après la direction des méridiens.

Les limites de 25° de latitude de la zone royale ne permettent pas aux versants des remparts d'apparaître sous une inclinaison presque verticale au rayon visuel. Lorsqu'ils passent par le méridien central il n'y a que le versant intérieur qui tourne vers la Terre; c'est pourquoi il paraît plus lumineux que le reste. Cela n'a lieu que pour les remparts qui sont aux limites de la zone royale ou même en dehors des limites indiquées; ces cas sont donc exceptionnels et très-rares.

Habituellement on voit les remparts au milieu du disque sous forme de cicatrice, et les facules longues ou allongées d'après les méridiens paraissent dans leur plus grand éclat au bord du Soleil, et dans les distances médiocres $\delta$.

De plus de $2n$ facules qui apparaissent à l'orient, une moitié $n$ environ est suivie de taches et l'autre moitié ne l'est pas. On sait qu'à l'orient c'est le versant vertical précédent R'Q' (fig. 3) des remparts qui apparaît comme facule; on sait aussi que l'enveloppe produite dans le cratère pendant la disparition de la tache est faible. Il s'ensuit que cette enveloppe doit se briser pendant la durée $\frac{1}{2}$ T où le cratère est visible, ou pendant la durée où il est invisible. Dans le premier cas on voit la facule non suivie de taches; c'est dans le dernier cas qu'elle en est suivie.

### C. DE LA TRANSFORMATION DES FACULES EN RIDES OU LUCULES.

§ 70. A l'aide des observations, Herschel et les autres astronomes ont découvert que les rides sont des parties saillantes tout aussi bien que les facules. On n'ignorait pas que les facules sont dans la zone royale et qu'elles manquent aux deux calots, tandis que les rides existent aussi bien dans ces calots que dans la zone royale; on n'ignorait pas non plus que les facules ne restent pas pour toujours dans la zone royale, mais au bout d'une dizaine d'années tout au plus, elles deviennent imperceptibles, et apparaissent sous une autre forme aux points où l'on ne voyait rien précédemment.

Guidé par ces faits, il serait facile de se convaincre que la différence entre les facules et les rides ne consistant que dans leur partie saillante, la diminution de la hauteur des facules suffit pour leur rendre une hauteur inférieure analogue à celle des rides, de sorte qu'au lieu d'un anéantissement des facules il en résulterait une transformation. Cependant on n'avait pas reconnu la persistance des parties saillantes; les astronomes, au contraire, cherchaient toujours des faits qui s'accordassent avec leur hypothèse que les facules et les rides n'ont rien de constant, comme cela a lieu pour les ondes de la mer. Quand ils eurent commis cette erreur, les astronomes furent entraînés à en commettre une seconde que j'exposerai ici.

Les rides étant produites par l'affaissement des remparts, pour qu'elles existassent aux deux calots, il avait dû y avoir existé des facules et des remparts. Les facules et les remparts qui se produisent actuellement dans la zone royale pour devenir ensuite des rides, doivent avoir été produits à une époque antérieure aussi aux deux calots. Pour que cela ait pu avoir eu lieu à cette époque reculée, il ne devait pas y avoir la différence actuelle $\Sigma$ entre la solidité $\Sigma + \sigma$ de l'enveloppe des deux calots, et celle $\sigma$ de l'enveloppe de la zone royale. Cette différence ne s'est opérée que depuis la déposition de la longue bande du 5ᵉ jet de masse empyrée, comme cela a été prouvé par les effets qui en sont résultés et par la cause physique qui a rendu inévitable la chute du 5ᵉ jet dans chaque système planétaire et même dans le système stellaire.

§ 71. **Mode de disparition des facules.** Lorsqu'on ignorait que les montagnes de la Lune et les remparts solaires ou les facules ne sont que des amas de fragments de plaques épaisses de glaces formant l'enveloppe, les astronomes ne pouvaient faire plus que ce que Secchi était parvenu à faire; cet astronome avait découvert la ressemblance qui existe entre la structure de la superficie de la Lune et celle de la superficie du Soleil. Ce résultat servit en quelque sorte de point d'appui à la manifestation de l'existence de cette même forme dans les aspérités de la Lune et du Soleil.

Pour arriver à la disparition des facules, il faut remonter à l'époque de leur apparition, qui est le soulèvement de la masse empyrée et l'apparition d'une vaste tache en un point où il n'y en avait pas précédemment. C'est au bout de quatre ou cinq mois que la tache disparaît et qu'il reste le rempart clair qui fait que chacun de ses quatre versants se présente sous forme de facule sur quatre points différents du disque solaire.

C'est à cause de la faible solidité de la nouvelle enveloppe du cratère précédent que la rupture se fait de nouveau, et ce sont ses fragments que la masse empyrée soulevée rejette vers le versant intérieur du rempart précédent.

Par la répétition de la formation de nouvelles enveloppes sur le cratère et par la répétition de leurs brisures les débâcles recommencent et font accroître l'accumulation des fragments de plaque de glace. Le versant intérieur s'avance continuellement vers le centre de l'enclos du rempart ; il en résulte un changement correspondant de structure. L'intérieur de l'enclos du rempart présente un vaste bassin en pente douce du côté intérieur et en pente extérieure, non plus verticale, mais moins douce que la pente intérieure. Cette structure se manifeste dans toutes les montagnes de la Lune.

Ainsi le même espace de la surface solaire est occupé successivement : 1° par une partie claire comme le reste ayant l'aspect granulé ; 2° par une tache composée de noyaux de pénombre séparés entre eux par des bastions ; 3° par quatre versants qu'on voit aux quatre points différents comme une facule, ce qui a fait croire aux astronomes qu'il n'y a qu'une seule partie saillante produisant cet effet ; 4° par une tache sans pénombre précédée à l'orient par une facule et suivie à l'occident par une autre facule ; 5° par un rempart moins lumineux que le précédent ; 6° par une tache sans pénombre moins grande que les précédentes.

Après quelques répétitions pareilles de taches de dimensions et de durées décroissantes alternativement avec apparition d'éclat décroissant du rempart ou des facules, il arrive une époque où les taches ne sont plus produites et où l'aspect du rempart prend l'aspect des rides.

**Aspect des rides et des facules au centre du disque.** Les versants des remparts étant vus de profil, paraissent moins clairs que l'enclos composé de l'enveloppe qui a formé le cratère et qu'on voit de face.

Au contraire, les rides étant composées, 1° d'un versant intérieur de pente douce formant un vaste bassin, et 2° d'un versant extérieur ayant une pente plus rapide, présentent un aspect d'un contour sombre autour d'un enclos moins sombre. Avec un grossissement supérieur, les versants extérieurs des remparts paraissent noirs et les versants intérieurs paraissent clairs.

**Aspect général du Soleil.** Du moment où les astronomes ont commencé à projeter sur un écran l'image du Soleil avec de très-forts grossissements, on s'aperçut de l'inégale distribution de clarté, distribution qu'ils ne s'attendaient pas à trouver d'après l'hypothèse admise par tous que le Soleil est un corps obscur entouré d'une photosphère de nature inconnue.

C'est pour la première fois qu'on verra ici que l'enveloppe du Soleil est couverte d'aspérités ayant des formes analogues à celles de la surface de la Lune. La seule différence consiste en ce que la masse empyrée est renfermée dans l'enveloppe du Soleil, tandis que la partie matérielle de cette masse est restée conservée dans la Lune et qu'il ne manque que la partie impondérable, la chaleur lumineuse. Celle-ci existe encore dans la masse du Soleil ; c'est pourquoi elle y est empyrée et il n'y a qu'un globe de glace dans la Lune.

## III. DÉPLACEMENTS APPARENTS DES TACHES.

§ 72. Les réfractions des rayons de lumière opérées dans l'atmosphère ne diffèrent en rien de celle produite par la vapeur qui compose les taches. Avant que les astronomes connussent cette composition des taches, ils ont dû en attribuer le déplacement apparent aux réfractions des rayons opérées dans une atmosphère. Toutefois cette hypothèse n'a pas trouvé une application générale pour les taches et pour les facules; on a attribué le déplacement apparent de celles-ci aux déviations des rayons opérées au bord du Soleil, déviations elles-mêmes attribuées simplement à une photosphère de nature inconnue.

On voit ici que les taches sont composées d'amas de vapeur ayant la forme de troncs de pyramides renversées; ce ne sont que des *atmopyramides*. La direction des rayons réfractés à la surface de ces atmopyramides n'est pas convergente vers le centre du disque solaire, mais vers leur axe. Dans une atmosphère sphérique, les rayons provenant verticalement n'éprouvent aucune réfraction, mais ceux qui en proviennent obliquement éprouvent une réfraction convergente vers le centre du disque. Les déplacements observés s'accordent tous avec des déviations divergentes de degré différent pour chaque tache, et de degré différent pour la même tache tous les jours et dans chacune des périodes, parce que les atmopyramides n'ont jamais ni forme ni dimensions constantes.

§ 73. **Atmopyramides.** Le cratère forme la petite base de l'atmopyramide; cette base se maintient très-peu dans son étendue primitive, parce que la congélation de la masse empyrée expulsée commence par le bord et avance vers le centre. Ainsi, il y a un rétrécissement de la petite base sans qu'en même temps il y en ait un de la grande; il en résulte un accroissement d'obliquité des côtés du tronc de l'atmopyramide qui unissent ces bases. La hauteur de ce tronc s'accroît parce que la production de nouvelles couches de vapeur se soutient aussi longtemps qu'il y a rupture d'équilibre parmi les molécules de la masse empyrée soulevée.

Dans les atmopyramides des taches, il n'y a de constant que la forme; dans les déplacements apparents de ces taches, il n'y a également de constant que le sens convergent par rapport à l'axe de l'atmopyramide.

Dans les atmopyramides, la hauteur et les dimensions des deux bases changent continuellement; dans les déplacements, les distances et leurs directions divergentes changent également par rapport du centre du disque.

Pour fixer les idées relativement aux effets qui résultent des réfractions des rayons des atmopyramides, je donnerai trois exemples indiquant : 1° les changements de distances entre deux taches; 2° les changements apparents des dimensions et de la forme d'une seule et même tache pendant qu'elle avance de l'orient vers l'occident; 3° ces mêmes changements opérés dans les taches pendant 27$^j$,5, lorsque chaque autre point du disque solaire se présente dans la même position par rapport au centre du disque.

### A. Du mode de changement des distances entre les taches.

§ 74. Les rayons provenant des taches sont d'une quantité inférieure à ceux provenant à travers l'enveloppe glaciale émise par la masse empyrée. Les atmopyramides en forme de champignons produisent des réfractions en sens convergents par rapport à leur tige. Le degré de convergence correspond à l'obliquité des atmopyramides par rapport à la surface de l'horizon qui passe par le point qu'occupe l'axe de chacune d'elles. Ainsi deux taches qui sont à l'orient ou à l'occident ne restent pas à une égale distance D entre elles; mais cette distance devient supérieure quand ces deux taches qui sont à l'orient se trouvent, l'une encore à l'orient tandis que l'autre passe à l'occident pour que leurs rayons réfractés arrivent à la Terre réfractés dans le même sens dans un cas, et réfractés dans le sens convergent dans l'autre cas.

I. Le 24 mai, Laugier a observé deux taches A, B (fig. 4) à l'orient du méridien central MM du disque solaire; ces taches étaient séparées par la distance angulaire AB = 78° 30′ = $\gamma$. Trois jours après, le 22 mai, pendant la rotation du Soleil, le méridien arriva à 45° vers l'orient en M′M′; entre les deux taches. Cela n'eut d'autre résultat que de changer le sens de la réfraction des rayons de la tache B, par rapport du centre, car précédemment la lumière arrivait du côté occidental $b$, puis de son côté oriental $a$, ces taches étant indiquées par le signe $\Delta$; l'angle $o$T$b$ devient $o$T$a$.

Soient *eo*, *ab* les deux atmopyramides observées le 24 mai à l'orient du méridien MM qui passait par le centre du disque solaire et par celui de la Terre. Le 27 mai, pendant la rotation du Soleil de l'occident vers l'orient, ainsi que nous l'avons montré dans la figure 2, le méridien M'M' arriva au centre du disque solaire. Les rayons provenant de *b* et *o* au lieu d'être dirigés, les deux, comme le 24 mai, vers le méridien, se trouvèrent le 27 mai convergeant *o* comme précédemment, venant de l'orient, l'autre *a* venant, non plus de l'orient, mais de l'occident.

Fig. 4.

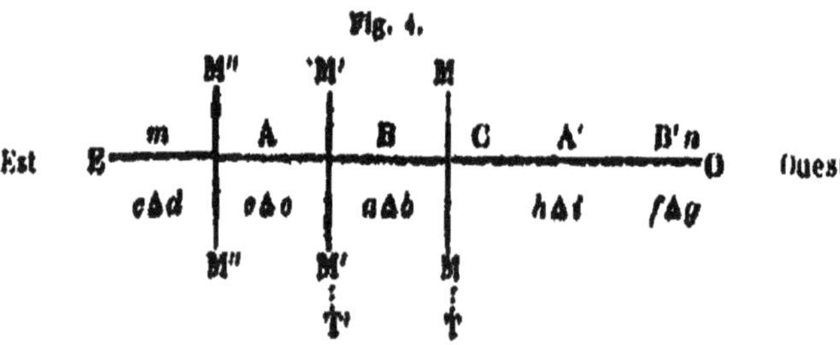


Sans que la distance réelle AB changeât, l'observateur trouva une diminution de 8°10' de distance angulaire reconnue comme provenant de la tache B. Laugier annonça avoir observé un déplacement de la tache B qui parcourt 111 lieues par seconde. Si cet astronome avait fait une observation trois ou quatre jours après que le méridien M''M'' était à l'orient des deux taches, il aurait trouvé une distance angulaire peu différente de la précédente $\gamma$ : résultat bien constaté par les observations postérieures très-nombreuses et très-exactes. Ces anomalies apparentes se coordonnent ici spontanément d'après la loi connue de la réfraction, tandis qu'elles semblent en contradiction avec toutes les hypothèses touchant l'existence d'une atmosphère, ainsi que les déplacements apparents des facules.

En cherchant à déterminer la durée T de la rotation du Soleil C (fig. 5) par celle T' des taches V dirigées vers le centre C du Soleil, Laugier a reconnu que les taches éprouvent des déplacements particuliers : 1° en outre du mouvement général qui les entraîne autour du Soleil, et 2° en outre du déplacement V′V″ provenant de celui de la Terre pendant 27 jours. Il devait résulter de là que les durées de la rotation réelle déterminées par l'observation des diverses taches sont nécessairement dissemblables. La moindre valeur obtenue des 29 taches observées est de 24j,28; le maximum s'est élevé à 26j,23; c'est ainsi qu'il fut tout à fait impossible de connaître la durée véritable de la rotation du Soleil.

Fig. 5.

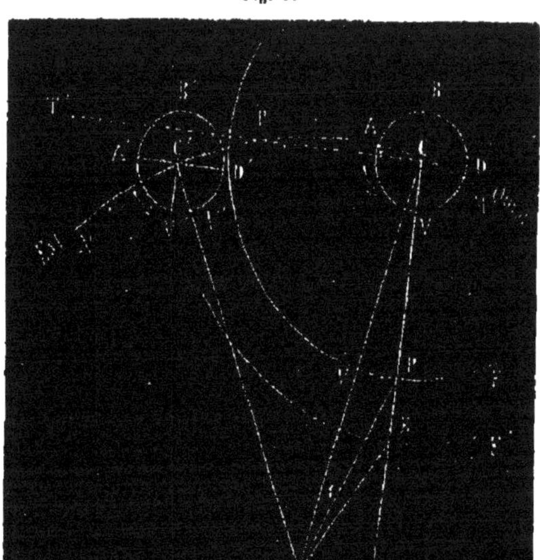

II. Secchi a observé les anomalies suivantes dans une tache du 17 au 20 juillet 1865 au bord occidental :

| | Observations du soir. | Observations du matin. |
|---|---|---|
| De 17 à 18 rotations de la tache. . . | 14° 4′ | 14° 11′,2 |
| 18 à 19. . . . . . . . . . . . . . . . | 13° 54′,9 | 13° 54′,8 |
| 19 à 27. . . . . . . . . . . . . . . . | 13° 41′,9 | |

Pour arriver à un pareil résultat, il n'est pas possible de croire que la rotation diurne du Soleil se ralentissait pour décrire des arcs décroissants pendant les trois jours du

17 au 20; on ne doit pas non plus attribuer cette anomalie à l'inexactitude des observations, car les résultats sont d'accord avec ceux de Laugier, de Spoerer et de tous les autres astronomes.

Si l'on admettait une atmosphère, cette atmosphère produirait des réfractions qui feraient augmenter l'arc parcouru au fur et à mesure que la tache s'approche du limbe du Soleil. Que si, au contraire, on prêtait aux taches la forme des pyramides renversées *eo*, *ab* (fig. 4), cela rendrait évident le sens de réfraction des rayons qui mettraient dans tout leur jour les résultats obtenus par Secchi aussi bien que par Laugier.

Les rayons provenant de *h* le 17 juillet dévièrent moins vers le méridien MM que ceux provenant de *f* quand, le 20 juillet, on observa la tache de B'. Il est facile de déterminer les changements nécessaires d'inclinaisons des axes des pyrmides pour engendrer les réfractions, produisant les décroissements de 14° 4' à 13° 42'.

III. Au commencement d'avril 1865, Spoerer remarqua : 1° qu'une tache *m* près du bord oriental paraissait avoir un mouvement vers le centre du disque, et 2° qu'une autre *n* près du bord occidental paraissait aussi avoir un mouvement dirigé vers le centre. Ce résultat très-exact est dans un parfait accord avec les deux précédents.

Soient *cd*, *fg* (fig. 4) les deux taches à l'orient et à l'occident le jour où le méridien MM passait par la Terre; les rayons provenant de *d* et de *f* pour arriver à la Terre T dans le prolongement du méridien MM éprouvent des réfractions convergentes vers le prolongement du méridien MM, d'où résulte une diminution de la distance *dTf* angulaire entre les taches, diminution qui concorde parfaitement avec celle observée par Laugier entre les taches A, B quand le méridien central M'M' passait entre les deux taches.

Lorsque l'axe d'une atmopyramide B se trouve sur le méridien central du Soleil, les rayons de leurs deux extrémités $ab$ éprouvent des réfractions convergentes et font diminuer l'angle $aTb$ indiquant la dimension de la base de la tache. De même, lorsque deux taches $m, n$ se trouvent aux extrémités de l'équateur solaire EO, les rayons provenant de $d$ et $f$ éprouvent par rapport du méridien MM des réfractions d'où résulte à l'œil un angle $dTf = \Gamma$ inférieur à celui $\Gamma + \gamma$ qu'on obtient par les bords clairs du disque.

Deux taches A, A′ d'égale distance entre le bord et le centre donnent pour la distance angulaire ATA′ un angle de $16' - \gamma$ et la somme des deux distances ATE + A′TO est de $16' + \gamma$.

Deux taches A′, B′, près du bord occidental, paraissent s'approcher, parce que la première B′ parcourt un arc de 13° 42′ et la seconde un arc de 13° 55′ ou de 14° 4′.

Les résultats obtenus à une certaine date par l'observation des taches $m, n$ à l'orient et à l'occident ou ceux des taches A, B du même côté du méridien, diffèrent beaucoup des résultats qu'on obtient des mêmes taches après 27j,15 qu'on aurait dû voir aux mêmes points que ceux qu'elles occupaient avant les 27 jours.

### B. Changement de la forme apparente des taches par la réfraction.

§ 75. La tache $a'm'$ (fig. 6 A, 6B, 6C) a été observée et dessinée les 27 septembre, 2 octobre et 6 octobre 1826 par Pastorff, à Francfort-sur-l'Oder, et par Capocci à Naples.

Fig. 6.

Le 27 septembre, la tache était à l'orient du méridien central MM (fig. 4) ; le 2 octobre, elle était dans les environs du méridien, et le 6 octobre, elle était à l'occident vers A'. Cette tache présenta, pendant les trois jours cités, l'aspect que représentent les dessins faits par les observateurs susnommés à une époque où l'on ne connaissait pas encore la communication télégraphique. La réalité des changements de forme de la manière exposée dans les dessins est donc incontestable.

Avant de contrôler les formes observées avec les effets provenant des réfractions de l'atmopyramide dans les trois positions susindiquées, il faut se rappeler les changements dus au rétrécissement de la base et l'accroissement de la hauteur de l'atmopyramide.

I. A l'orient en A (fig. 4), les rayons *e* et *o* réfractés, ont produit à l'œil l'angle $eTo = \Gamma$, ce qui a servi à déterminer la dimension *a'm'* de la tache A (fig. 6). Les deux isthmes *v*, *s* ayant une hauteur égale à l'épaisseur de la couche de vapeur, furent visibles.

II. Aux environs du méridien MM convergent les rayons *a*, *b*, vers l'axe de la tache, produisent sur le nerf un angle *aTb* qui est le plus petit possible. Cette diminution de l'angle a fait disparaître l'isthme *v*, et il n'est resté que celui qui séparait la partie du noyau d'étendue inférieure.

III. A l'occident du méridien en A', la réfraction des rayons est différente ; le rayon *h*, provenant du côté de l'orient, s'approche davantage de l'axe de l'atmopyramide que celui *i* du versant provenant du versant occidental. C'est ainsi que s'opère un décroissement apparent vers le méridien MM, tandis que le déplacement de la même tache étant en A s'effectue également vers le même méridien pour la raison indiquée.

En considérant le versant *ap* (fig. 6 B) dans le méridien central, on voit le même versant dévier vers l'orient le 27 septembre et vers l'occident le 6 octobre. Les bras *a'*, *b'*, *c'*, *d'*, *e'*, visibles le 27 septembre en 6A, se montrèrent, le 6 octobre, unis en 6C ; *a'* diverge en A et C à l'est et à l'ouest.

C. Changement de formes et de places des taches après un tour du Soleil.

§ 76. Les deux observateurs susnommés de Naples et de Francfort ont observé dans le Soleil, le 24 mai, à $10^h,5$ cinq grandes taches désignées par les lettres A, B, C, D, E, ayant les dimensions :

| | | |
|---|---|---|
| A. . . . . . . . . | de 100″ de long et | de 60″ de large. |
| B. . . . . . . . . . . | 60. . . . . . . . . . | 10 |
| C. . . . . . . . . . . | 38. . . . . . . . . . | 20 |
| D. . . . . . . . . . . | 66. . . . . . . . . . | 26 |
| E. . . . . . . . . . . | 46. . . . . . . . . . | 42 |

Au bout de 27 jours, le 21 juin, à $9^h,5$, on vit dans le Soleil les mêmes taches toutes déplacées et dont la forme était changée.

§ 77. **Changement de la forme.** Pendant les 27 jours, il se produisit dans chacune des cinq taches de nouvelles couches de vapeur qui amenèrent un accroissement de hauteur des atmopyramides. En même temps l'équilibre des molécules de masse empyrée s'établit autour du bord du cratère, et il s'y forma une enveloppe solide qui fit 1° diminuer la petite base de chaque atmopyramide, et 2° augmenter la grande tournée vers la Terre; de sorte que pendant les 27 jours l'obliquité des côtés des atmopyramides ou leur inclinaison sur la surface sphérique du Soleil augmenta. La forme de la base de chacune des cinq taches étant différente, leurs changements furent aussi différents.

§ 78. **Déplacement des taches.** La seule régularité des changements de forme consiste dans l'accroissement de la grande base qui amène un accroissement de l'inclinaison des côtés des atmopyramides; le résultat direct de cet accroissement d'inclinaison vers la surface solaire n'est que l'accroissement des réfractions, et par suite l'apparition d'un éloignement divergent entre les autres taches, d'où il résulte ordinairement un accroissement de l'aire comprise dans le polygone qui unit les taches observées.

Les irrégularités du contour des cratères se communiquent aux deux bases des atmopyramides, et de là aux directions des rayons réfractés. A la fin d'un tour du Soleil les centres des cratères n'occupent plus les mêmes points qu'ils occupaient à son commencement; cependant leur déplacement n'est pas si grand, tandis que les dimensions des atmopyramides éprouvent des changements, 1° dans l'accroissement de leur hauteur et de celui de l'inclinaison de leurs côtés; 2° dans la diminution de leur base occupant l'étendue du cratère qui se rétrécit.

D'une part, à l'aide de l'observation, nous trouvons les déplacements indiqués; d'autre part, avec la loi physique, nous arrivons à connaître le mode de réfraction des rayons provenant des amas de vapeur. Il ne reste plus qu'à combiner les déplacements observés des taches avec les réfractions qui se sont effectuées des côtés correspondants des atmopyramides pour trouver les modifications opérées pendant 27 jours dans chacune des taches.

§ 79. **Résumé.** Les taches solaires résultent de la dispersion des rayons par les vésicules de vapeur produites par les molécules de masse empyrée. Les amas de vésicules se montrent sous la forme de troncs de pyramides avec leur grande base vers la Terre pour avoir de la ressemblance avec la forme d'un champignon Δ (fig. 4).

Les rayons provenant des côtés *bh* des atmopyramides qui regardent vers le centre C du disque éprouvent vers l'axe des atmopyramides une réfraction égale à celle qu'éprouvent les rayons des côtés qui regardent le bord et supérieure à celle qu'éprouvent les rayons provenant de la grande base de l'atmopyramide. En prenant la moyenne entre ces deux directions de réfraction, on trouve toujours une direction qui est entre celle de l'axe de l'atmopyramide et le centre du disque solaire. Cette cause physique a conduit à l'observation des faits suivants, savoir :

1° Par Laugier, un déplacement apparent de la tache B (fig. 4) vers le méridien M'M' ;

2° Par Pastorff, des changements de la forme de la tache A (fig. 5) qui l'ont fait apparaître : 1° moins grande B au milieu du disque, et 2° en direction divergente C à l'occident, ou qui, au bout de 27 jours, ont fait paraître déplacées les taches pendant que le Soleil termine un tour ;

3° Par Secchi, un avancement apparent de la tache vers l'occident avec une vitesse décroissante ;

4° Par Spoerer, un mouvement apparent des taches du bord de l'orient et de celles du bord de l'occident vers le centre du disque.

### V. DES OPINIONS DES ASTRONOMES SUR LA NATURE DES TACHES SOLAIRES.

§ 80. Tout en discutant les différentes opinions, je dois répéter les séries de faits observés sur lesquels on a basé les différentes hypothèses. Ces faits étant tous réels et les hypothèses toutes logiques et non physiques, il en résulte que chacune d'elles a dû être accompagnée d'une ou de plusieurs erreurs pour en faire découler une explication logique. Je me bornerai donc ici à signaler d'abord l'erreur commise sur l'état physique du Soleil, puis les erreurs secondaires et logiques dont on a usé pour arriver à l'explication des faits.

#### A. Opinion des astronomes sur l'état physique du Soleil.

§ 81. Il est admis que le Soleil S (fig. 3), comme la Terre, est un corps obscur ; autour de ce corps solide d'une densité 1 $\frac{1}{4}$ à 1 $\frac{1}{3}$, il se trouverait une atmosphère réfléchissante *r*, *c*, *e'*, et autour de cette atmosphère, on admet qu'il se trouve une photosphère *a'*, *b'*, qui néanmoins ne se mêle pas avec l'atmosphère. Lorsque, en 1774, Wilson, de Glasgow, proposa cette structure du Soleil, il n'avait d'autre preuve que les faits observés dans les taches; c'était à Arago qu'il était réservé de donner une preuve physique en parfaite concordance avec l'existence d'une photosphère autour du Soleil.

En chauffant au rouge le fer, le platine, Arago a trouvé la lumière dispersée toujours polarisée, tandis que celle des flammes de gaz, de lampes, de bougies ne l'est pas. Il en est de même de la lumière du Soleil; or cette lumière n'émane pas d'un corps solide, mais d'un gaz enflammé qui ne se consume jamais, ou d'une photosphère de nature inconnue.

Les astronomes moins physiciens qu'Arago considèrent le manque de polarisation de la lumière solaire comme une preuve incontestable de l'état physique admis par Wilson dans l'explication des taches. Personne n'a pensé que c'était par oubli qu'Arago avait omis de mentionner le manque de polarisation aux rayons provenant verticalement d'un corps solide lumineux ou transparent.

La flamme des gaz répand une lumière dont la nature reste la même lorsqu'elle est au centre d'un ballon transparent de forme sphérique; or le Soleil est de forme sphérique, composé d'une enveloppe solide transparente traversée verticalement par les rayons qui n'en éprouvent aucune polarisation. Il est fâcheux que la mort ait enlevé le célèbre astronome et physicien dont nous venons de parler et qu'il ne soit plus à même d'avouer son oubli; car il suffirait de connaître l'état physique du Soleil en se rappelant, ce qu'admettait Laplace, que la couche superficielle de la matière empyrée se solidifie par le froid qui la pénètre. Herschel, de son côté, a reconnu aussi la matière primitive à l'état empyré; le manque de polarisation n'exclut pas l'existence d'une enveloppe solide autour d'une matière empyrée; de même que Buffon l'admit pour les planètes.

Tout en restant d'accord, 1° avec Arago relativement au manque de polarisation ; 2° avec Laplace par rapport à la solidification de la couche superficielle de la masse empyrée, et 3° avec Herschel par rapport à l'état empyré de la matière primitive, je démontrerai que le Soleil est composé de la masse empyrée renfermée dans une enveloppe solide transparente composée, comme l'a reconnu Laplace, des mêmes molécules matérielles qui n'ont perdu que leur chaleur, et qui perdent sans cesse celle qu'elles doivent à la couche superficielle A de masse empyrée.

Après avoir ainsi établi l'état physique du Soleil sans le secours d'aucune hypothèse, il ne me reste plus que, 1° à exposer les erreurs secondaires logiques dont les astronomes se sont servis pour expliquer le mode de production des taches, des rides et des facules, et 2° à coordonner les faits observés de manière à les lier entre eux par la loi physique comme cause et effet.

Je le redis encore une fois, le manque de polarisation de la lumière solaire n'est pas un argument sans réplique prouvant exclusivement l'existence d'une photosphère, ainsi qu'Arago l'a avancé par un oubli et que les astronomes peu physiciens l'ont répété après lui sans examen. Du reste, on considérait la nature de la polarisation comme découverte par Fresnel ; mais ce savant a reconnu son erreur quand il en a vu la rectification dans la *Physique simplifiée* (t. II, p. 289).

### B. Opinion des astronomes sur les taches, les facules et les rides.

§ 82. I. L'exposition de Wilson est une espèce de description des détails des taches et non une explication pareille à celle qu'Herschel a admise quand il s'est vu forcé de renoncer à l'exposition des taches de Wilson. Pour cet astronome, 1° le *noyau* d'une tache était la partie *bc* (fig. 3) obscure du Soleil, devenue visible par l'écartement de la partie *be* de l'atmosphère, et 2° la *pénombre* devait se présenter dans les cas où l'écartement *mn* de la photosphère est supérieur à *be* pour qu'une partie en restât découverte, partie qui devait réfléchir une portion de la lumière de la photosphère pour apparaître plus lumineuse que le noyau et moins lumineuse que la photosphère, cette partie est *bm* et *bn*.

En donnant cette explication, Wilson a oublié que si la surface du Soleil devait être noire même comme de l'encre et couverte d'aspérités pour absorber la lumière, elle n'empêcherait pas la lumière intense de la photosphère, si peu éloignée, de se répandre au devant du noyau.

II. Herschel n'a pu considérer comme une explication physique l'arrangement des faits exposés par Wilson, car il ne s'agit pas simplement de les présenter tels qu'ils apparaissent, il faut encore établir le mode de leur production d'après la loi physique. Avant l'apparition d'aucun fait, l'astronome susnommé savait qu'il fallait qu'une force et une action précédassent, mais ni lui ni aucun autre physicien ne connaissait les forces et les actions, si ce n'est de nom. A l'époque où vivait cet astronome, le nombre des détails des taches était encore bien minime; on ne connaissait ni leur déplacement apparent ni le retard de leur mouvement au bord occidental. En mentionnant l'opinion d'Herschel, je saisis l'occasion d'exposer plus clairement les détails des objets connus alors et de faire toucher du doigt les erreurs.

Herschel a exposé d'une part la surface granuleuse ou pointillée du Soleil, et de l'autre le mode de production des points sombres des taches et la production des facules. On a attribué l'origine de ces faits à un fluide élastique formé à la surface du Soleil. Ce fluide est d'un poids spécifique inférieur à celui de l'atmosphère et de la photosphère ; il devait s'élever en masses différentes, et c'est des quantités du fluide que résultent tous les faits observés.

« **Apparence pointillée du Soleil.** Les nuages lumineux de la photosphère ne se touchant pas parfaitement, les interstices qu'ils laissent entre eux permettraient de voir les nuages intérieurs à l'aide de la réflexion qui s'opère à leur surface. Cette réflexion de la lumière étant comparativement faible, le Soleil doit paraître peu lumineux dans la région où elle a lieu. Le mélange, 1° de cette faible lumière réfléchie, et 2° de la vive lumière émanée des parties élevées des rides, donne au Soleil une apparence pointillée tant qu'on n'emploie pas un très-fort grossissement, car avec un fort grossissement les rides paraissent lumineuses et les autres parties obscures.

« **Pores.** Quand le gaz est peu abondant, il doit engendrer de petites ouvertures dans la couche supérieure des nuages lumineux, ce qui y fait apparaître des points sombres nommés *pores.*

« **Rides.** En arrivant dans la région des nuages lumineux, le gaz devait brûler en se combinant avec un autre gaz qui y flotte ; la lumière résultant de cette action chimique n'étant pas également vive partout, produit les *rides.*

« **Facules.** Un courant ascendant plus fort que les courants générateurs des pores doit donner naissance à de larges ouvertures. Si les nuages lumineux ne cèdent pas immédiatement à l'impulsion de la force qui tend à les séparer, ils doivent s'accumuler près de l'ouverture, d'où résultent des *facules longues ou allongées.*

« **Noyaux et pénombres.** Les courants ascendants les plus intenses doivent diviser sur une grande étendue l'enveloppe continue que forment les nuages inférieurs ; ils doivent diverger en continuant à s'élever entre les deux couches et opérer dans l'atmosphère lumineuse des éclaircies plus étendues encore. Dans le voisinage de ces éclaircies, certaines parties du courant ascendant vont fournir un nouvel aliment à la combustion. Tout cela devait nécessairement produire les *noyaux,* les *pénombres* et les *facules.* »

III. Arago admettant comme fait établi l'existence d'une photosphère au-dessus d'une atmosphère, attribuait aux ondes de la photosphère des facules supérieures à celles qui font apparaître les rides. Les parties sombres sont des versants des ondes vus obliquement, tandis que les versants vus de face se montrent lumineux et saillants par rapport aux vallées qui les séparent. Les taches devaient se produire d'après l'exposition de Wilson; Arago ne s'est pas souvenu que l'apparition d'un noyau noir au milieu d'une photosphère était impossible.

IV. Spoerer, de même que Laugier, a reconnu l'existence des déplacements, non-seulement pour les taches, mais aussi pour les facules; cependant ces déplacements ne sont pas du même ordre, quoiqu'ils soient nombreux dans les deux cas. Les taches, d'après Kerckhoff et Spoerer, sont des nuages d'une atmosphère autour de la photosphère; elles dispersent les rayons, ainsi que le font les nuages de notre atmosphère, qui font apparaître l'espace qu'ils occupent. C'est la comparaison entre l'apparition et la disparition des nuages et des taches que ces astronomes donnent comme explication.

V. Derham et Wollaston ont attribué l'obscurcissement des taches aux éruptions dues à la rupture de l'enveloppe, dont Wollaston a aperçu les fragments glissant sur la surface ambiante, de la même manière que glissent les plaques de glace lancées sur un étang gelé.

VI. De même que Wollaston vit glisser les plaques, de même, en 1865, Secchi observa dans deux taches des corps blancs entre des filets sombres; dans un cas il compare ces corps blancs à des feuilles de saule; dans l'autre, à des filets de coton. Il a vu ces corps blancs entraînés comme des torrents divergents d'une surface centrale, qui a formé le noyau; on voyait les corps blancs autour du noyau, de grandes taches dans le dessin; on voit les bras nombreux tels que *a*, *b*, *c*... (fig. 4 A, C).

VII. Faye soumit au calcul les résultats obtenus par les déplacements apparents des taches et parvint à savoir qu'elles doivent être dans un niveau inférieur à celui des facules. La distance devait être de $\frac{5}{1000}$ à $\frac{9}{1000}$ du diamètre du soleil, ou de 700 à 1,200 lieues. Par l'observation, Secchi trouva la hauteur des facules de 40 à 80 lieues.

§ 83. **Résumé.** Sans connaître le mode de l'apparition et de la disposition des nuages dans notre atmosphère, Spoerer les supposa dans une atmosphère du Soleil autour de la photosphère et au-dessus des facules, bien que des observations nombreuses prouvent qu'en certains cas les taches et les isthmes sont au même niveau et que les facules s'élèvent à une hauteur supérieure. Cet astronome serait d'accord avec les résultats trouvés par Secchi, le 6 août 1865, dans une tache observée au bord solaire, s'il admettait que les nuages sont à une hauteur inférieure, comme une espèce de brouillard sur la surface du Soleil au-dessous des sommets des facules. C'est à ce résultat qu'a été conduit Faye par le calcul exact et Secchi par l'observation.

Ainsi, il serait inutile de dire qu'il y a eu des illusions d'optique dans les observations de Secchi, et au lieu de chercher la production de vapeurs en le comparant avec celles de notre atmosphère, Spoerer verrait les faits se coordonner sans être nullement en contradiction entre eux, et sans être lui-même d'accord avec Wilson.

Sans dévier des faits, je consigne ici l'erreur de chacune des différentes opinions, et je n'en substitue pas une nouvelle à leur place ; car c'est dans leur arrangement que les faits trouvent leur explication. Cet arrangement suffira pour faire ressortir les erreurs inévitables dans les explications tant que les astronomes ne connaissaient pas l'état physique du Soleil.

### V. DU MODE DE PRODUCTION DES TACHES DES FACULES ET DES RIDES.

§ 84. De tous les astronomes, Herschel est le seul qui a songé à exposer le mode de production des faits célestes en général et celle des faits observés pendant les courtes durées au Soleil. Ne connaissant ni la nature du fluide ni la cause qui le réduit en équilibre rompu, cause de son écoulement, les physiciens se sont bornés à attribuer la production des faits aux actions et la production des actions aux forces, hors d'état qu'ils étaient de comprendre que le mot *force* indique la rupture d'équilibre d'un fluide existant et le mot *action* l'écoulement de ce fluide ; de sorte que l'état des faits observés se trouvait déjà préétabli dans la rupture d'équilibre du fluide, produite de la manière suivante.

La partie $\Phi\Theta - \theta$, s'éloigne dans le même espace de temps de la quantité $\Phi\Theta$ de chaleur lumineuse qui arrive à la couche superficielle A de la masse empyrée de ces couches inférieures B, C, D..., et la portion $\theta$ reste comme excédant. L'accumulation de cette portion produit un accroissement de poussée répulsive exercée aussi bien vers la masse empyrée des couches B, C, D... que vers son enveloppe. C'est donc dans cette accumulation $q\theta$ de chaleur $\theta$ de poussée R que consiste la *force* ou l'*anisorrhopie*, laquelle en croissant parvient à vaincre l'obstacle qui empêche son expansion. C'est ainsi qu'apparaît l'expansion des molécules de chaleur qui exercent la répulsion R et qui entraînent la masse empyrée ; d'où l'on voit surgir en même temps l'action et le fait qui s'y trouve déjà préétabli.

La poussée répulsive R de la quantité $q$ de chaleur ne peut parvenir à vaincre que la faible solidité $\sigma$ de l'enveloppe ; celle-ci se brise, et les fragments qui en résultent sont repoussés par le soulèvement de la masse empyrée comme une lave qui se soulève d'un volcan, projetant dans des directions divergentes les masses solides. Vollaston a vu les plaques de glace glisser sur la surface solide de l'enveloppe ; Secchi a vu les fragments accumulés ou les débâcles, dont les parties inférieures étaient débordées par un grand nombre de bras $s$, et les parties supérieures étaient visibles comme corps blancs. Il compare une fois leur forme avec celle des feuilles de saule et une autre fois avec celle des filets de coton étiré.

A. Des taches avec pénombres.

§ 85. Les molécules de masse empyrée soulevée se trouvent de nouveau réduites à une rupture d'équilibre par rapport à la pesanteur qui les sollicite à se trouver à un niveau semblable à celui de l'eau de la mer.

**Ordre chronologique de la production des taches.** L'excédant $\theta$ de chaleur est l'origine de toutes les séries de faits opérés, 1° par l'anissorrhopie dans l'intérieur de l'enveloppe, ou 2° par celle opérée dans sa surface. Sur cette surface, l'excédant de chaleur se combine avec les molécules superficielles de la masse empyrée pour les transformer en vésicules, et c'est sous forme de vapeur que l'excédant $\theta$ s'éloigne comme *chaleur latente*.

La vapeur forme une couche d'épaisseur croissante autour de la surface de la masse empyrée ; ses vésicules dispersent les rayons et en font diminuer la quantité qui arrive à l'œil. Pour que la vapeur apparaisse à la surface solaire, il faut d'abord que la rupture de l'enveloppe s'effectue, puis le soulèvement de la masse empyrée. La place occupée par celle-ci devient visible au moyen de la vapeur produite. Il apparaît d'abord un point sombre ou un *pore*, comme disait Herschel, qui reconnut que ces pores sont à la surface lumineuse et qu'ils ne sont, 1° ni au fond *be* (fig. 3) des excavations opérées dans l'épaisseur de la photosphère et de l'atmosphère réfléchissante comme l'admettait Wilson ; 2° ni à une hauteur au-dessus de la photosphère flottant comme des nuages dans une autre atmosphère, ainsi que l'admettait Kerckhoff et Spoerer.

Le gaz qu'Herschel supposait provenir de la surface du Soleil n'est que la vapeur produite de la masse empyrée soulevée à la surface d'un vaste cratère habituellement subdivisé par des isthmes ou ponts en plusieurs compartiments. Comme après la rupture de l'enveloppe le soulèvement de la masse s'opère sur une très-grande étendue, il ne faut que quelques heures pour qu'il se forme une couche de vapeur dans toute l'étendue de la surface de la masse soulevée qui devient visible à l'observateur dans un espace où d'abord on ne distinguait rien de particulier. La vitesse extraordinaire avec laquelle l'obscurité se disperse correspond à celle de l'apparition de l'obscurité sur l'étendue occupée par la masse soulevée presque simultanément.

Le 29 juillet 1866, Secchi remarqua deux points sombres à peine perceptibles dont le lendemain l'un resta dans le même état, tandis que dans l'autre on vit une tache ronde de 76″ de diamètre de 150 lieues chaque seconde. Cette étendue resta et forma le noyau d'une tache dont la pénombre n'apparut que le 1er août. L'allongement de la tache s'opéra de 34″ ou de 5,000 lieues vers l'occident et d'autant vers l'orient, car la largeur resta la même.

Cet ordre conduit à voir que les soulèvements s'opèrent presque simultanément dans le cratère qui reste limité dans l'enceinte du rempart produit par la débâcle. Pour déborder au delà de l'enceinte, il faut que la masse se répande avec une vitesse de 50 à 100 lieues par heure en formant des bras de lave qui se couvrent également de vapeur pour produire la pénombre.

Les parties élevées du rempart sont restées visibles comme des espèces de bastions entre le noyau et la pénombre. Aucune des hypothèses exposées ne conduit à se rendre compte, 1° de la composition de la pénombre d'un nombre de bras, et 2° de l'arrangement des corps blancs entre le noyau et la pénombre. Jusqu'à ce jour tous les observateurs n'y ont vu qu'une enceinte moins sombre entre le noyau et la pénombre; c'est Secchi qui le premier a trouvé que cette enceinte se résolvait en corps blancs séparés par des filets sombres divergents d'une étendue qui surpasse la limite de cette enceinte.

Spoerer a prouvé scrupuleusement que c'est une vapeur qui produit l'obscurcissement dans les taches; il a prouvé qu'il était impossible que le fond d'une excavation opérée dans la photosphère restât noir et obscur, mais il n'a pas réussi à montrer le mode de production de cette vapeur. Pour la supposer au-dessus des facules, il dut admettre de nouvelles hypothèses, des illusions d'optique, afin d'expliquer la série de faits découverts par Secchi le 6 août, alors que la tache du 30 juillet était au limbe du Soleil. Spoerer a pu encore moins se rendre compte de l'enceinte composée des corps blancs séparant la pénombre du noyau.

§ 86. **Détails du rempart au bord du disque.** Le 6 août, à 9 heures, la tache se trouva au limbe solaire par son extrémité antérieure *n* (fig. 4), de sorte qu'on put voir : 1° le versant intérieur R'N (fig. 3) comme une partie luisante, faisant écran au bord P' par son sommet irrégulier; 2° le noyau *aist* (fig. 6) comme un trait noir; 3° le versant postérieur RQ (fig. 3) comme une ligne très-brillante, ayant ses deux extrémités *an* (fig. 6) comme deux proéminences; 4° à gauche de la proéminence *h*, comme une dépression, la partie *ab* de la pénombre, et à droite de la proéminence *m*, comme une dépression, la partie *np* de la pénombre. Jamais Secchi ne put évaluer l'importance de la découverte des faits indiqués.

1° En considérant la partie P' (fig. 3) ou *m* (fig. 6 C) de la pénombre au limbe, c'est le versant oblique RN qui lui faisait écran; le sommet de ce versant s'élevait pour continuer en ondulations jusqu'à la limite *an* (fig. 6 C) du noyau de la tache, au delà duquel le limbe solaire reprenait sa régularité. Les irrégularités observées au bord solaire étaient entre $\frac{1}{2}$ et $\frac{1}{4}$ de seconde, ou entre 80 et 40 lieues. Tel était l'aspect du versant à 9 heures, à 10h,32; la partie unie disparut du versant et les sommets des bastions les plus élevés restèrent visibles comme une ligne déliée. Dans cette ligne, Secchi reconnut la ressemblance entre les remparts du Soleil et les montagnes de la Lune que l'on voit quand elle est presque pleine.

2° L'étendue de la tache ou ses extrémités ne s'élevant pas pour faire écran au bord uni du Soleil, il n'y avait pas non plus de dépression là où la partie luisante se terminait; *le niveau de la couche de vapeur n'était pas au-dessus de la partie luisante.*

3° Secchi a reconnu que le filet lumineux était une facule; l'éclat supérieur de ce filet, comparé à celui de la partie luisante, est un effet de la position des deux versants, dont l'intérieur R'N (fig. 3) est oblique tandis que l'extérieur RN est vertical.

4° La partie postérieure QP de la pénombre était visible, fait tout à fait en contradiction avec l'hypothèse de Wilson, hypothèse que Secchi n'avait pas abandonnée quand il exposa fidèlement les résultats de son observation. Ce grand observateur ne pouvant se décider à abandonner une hypothèse qui a ses défauts pour en embrasser une autre qui a aussi les siens, mit beaucoup de réserve dans son opinion, et attribua le retard apparent de la rotation solaire à l'existence d'une atmosphère.

Toutefois Secchi crut avoir vérifié cette hypothèse dans l'apparition de la pénombre comme de pression par rapport aux deux extrémités de la facule qui sont montrées sous l'apparence de deux protubérances. Si la tache *a'm'* (fig. 6) eût été une excavation dans la photosphère après la disparition de la partie antérieure de la pénombre, il aurait fallu suivre immédiatement le trait noir du noyau. Cependant Sacchi a vu la partie luisante qui, étant irrégulière, faisait écran au limbe et s'étendait précisément autant que la tache; sa hauteur était de $\frac{1}{3}$ à $\frac{1}{4}$ de seconde. L'apparition de cette partie luisante suffit à renverser l'hypothèse de Wilson en même temps que celle de Kerckhoff.

Ce fait ainsi constaté montre l'identité des formes des remparts du Soleil et des montagnes de la Lune. Si celle-ci était lumineuse et si elle tournait autour d'un de ses diamètres, on verrait les montagnes à l'occident, précisément comme Secchi y vit la partie luisante et la facule.

I. La photométrie fait voir, 1° que le versant RN vu comme partie luisante était oblique, et 2° que le versant RQ vu comme facule était vertical.

II. L'observation directe des montagnes de la Lune ne manque pas de faire voir également que dans toutes les montagnes de la Lune, sans aucune exception, l'obliquité du versant intérieur est douce et celle du versant extérieur rapide.

Secchi a reconnu cette ressemblance, et quand il lira ces lignes, il verra que les faits observés ne prouvent rien de plus ni rien de moins que l'identité des formes des remparts solaires et des montagnes de la Lune. En prêtant aux cratères des montagnes de la Lune une lave débordant par plusieurs bras au delà de l'enceinte par ses parties inférieures, et supposant cette lave couverte de vapeur pour produire une espèce d'*atmopyramide*, Secchi trouverait dans la Lune ce qu'il a trouvé dans le Soleil.

De plus, 1° par réfraction des rayons provenant de la hauteur, et 2° de la réfraction des rayons provenant de la base de l'atmopyramide, Secchi verra que les angles diminuent précisément comme il les a observés, ayant l'apparence d'un retard de la rotation du Soleil. Ces mots émanés de lui : *Ce point douteux est tranché pour toujours* acquièrent une signification réelle, en les prononçant ; Secchi ne pouvait lui-même en évaluer toute la portée. Pendant chaque période de onze ans, il y a apparition de grandes taches; c'est après 11 ans que la découverte de Secchi ne passera pas inaperçue par les autres astronomes.

Dans l'observation de la tache du 30 juillet 1865, l'astronome de Rome découvrit tous les détails des taches solaires; ce que Secchi y a vu n'est que ce qui était nécessaire pour se faire une idée exacte de la structure véritable des parties solides qui constituent la tache observée. Comme supplément à la connaissance des modifications postérieures, il est indispensable de joindre celle de l'état physique du Soleil; car au bout de 27 jours la tache se présente sous des apparences qui la font paraître déplacée et déformée.

Loin de produire une confusion, ces nouvelles apparences conduisent à connaître les changements qu'ont éprouvés pendant 27 jours : 1° le contour du cratère qui se rétrécit; 2° l'inclinaison de tous les côtés de l'atmopyramide qui augmente; 3° sa hauteur qui augmente aussi; 4° enfin sa base supérieure qui s'élargit.

La structure du rempart ne persiste même pas, car c'est le versant vertical qui s'affaisse et devient oblique, comme on le voit par l'affaiblissement graduel de l'éclat des facules quand, au bout de chaque tour, elles se présentent aux mêmes points du disque.

Les changements postérieurs opérés dans les nouvelles enveloppes des cratères serviront à montrer le mode de production d'une période des nombres des taches solaires.

### B. Des taches sans pénombres.

§ 87. Les observations nous ont appris : 1° qu'il n'y a jamais de pénombre dans les taches de faible dimension, et 2° que la durée de ces taches n'arrive jamais à quatre mois, tandis que celle des taches à pénombre va jusqu'à cinq. Quant aux dimensions, on sait qu'il se présente souvent de grandes taches sans pénombre, de sorte qu'il n'existe pas de limite entre la dimension du noyau ayant des taches avec pénombre et ceux des taches sans noyau.

En exposant l'état préétabli de la production des taches, on a compris la cause physique des taches avec pénombre et la cause de leur durée ; nous donnons ici l'état préétabli des taches sans pénombre et de leur durée : 1° Les taches avec pénombre se manifestent sur des espaces nouveaux où il n'y a jamais eu de tache ni grande ni petite. 2° Les taches sans pénombre ne se voient jamais aux points où n'existait pas précédemment une tache, si l'on prend en considération les déplacements apparents.

De nouveaux remparts sont produits par les débâcles et les accumulations des fragments de l'enveloppe épaisse d'une région où il n'y a pas eu primitivement de taches, parce que s'il y avait des taches, il ne manquerait pas d'y avoir un rempart. C'est particulièrement dans les nouveaux remparts qu'il y a dans le bas des intervalles ou des portes qui séparent les bastions et qui livrent passage à des bras de lave, lesquels vont se répandre en dehors de l'enceinte du rempart.

Les molécules de masse empyrée expulsée se transforment en vapeur pendant tout le temps qu'elles sont en équilibre rompu par rapport à la pesanteur ; dès que l'équilibre s'établit, la communication entre la vapeur et la masse empyrée s'interrompt. Cette interruption est due à la formation d'une nouvelle enveloppe $e'$ d'une force $\sigma-\alpha$ inférieure à celle $\sigma$ qui vient d'être brisée, et qui a fourni les fragments nécessaires à la construction du rempart qui reste, et qui présente aux différents points du disque, chacun de ses quatre versants sous forme de facule.

Il ne faut pas longtemps pour qu'il se forme dans la couche superficielle A de masse empyrée une poussée répulsive suffisante pour vaincre la faible solidité $\sigma-\alpha$ de l'enveloppe $e'$, qui se brise pour permettre à une partie de masse empyrée de se soulever afin de repousser les fragments de l'enveloppe pour les faire s'accumuler sur le versant intérieur du rempart. Ainsi la superficie du versant s'accroît, la pente devient moins rapide, et la surface du nouveau cratère moins étendue que la précédente. Lalande a fidèlement exposé cette série de faits préétablis quand il a dit : *On voit quelquefois une tache se transformer en facule et redevenir tache ensuite.*

Cependant Secchi a vu, le 6 avril 1865, la facule existante dans la limite entre le trait noir qui était le noyau et la partie postérieure de la pénombre. Le noyau N (fig. 3) qui avançait de la facule RQ était entre celle-ci et la partie luisante R'N qui faisait écran au bord P' du Soleil.

C'est après que l'équilibre se fut établi aux molécules de la masse empyrée qu'une nouvelle enveloppe se forma sur laquelle la vapeur se précipita, et la dispersion des rayons cessa. C'est ainsi que la partie N s'éclaircit, c'est cet éclaircissement qu'on doit entendre par ces mots de Lalande : *transformation d'une tache en facule;* car cet astronome ignorait que la facule existe déjà dans les taches.

La facule ne reste pas longtemps visible à l'orient, où elle est produite par la partie extérieure R'Q' du rempart que l'on voit sous forme de partie luisante R'N au bord occidental. Dans le cas où la tache avec pénombre disparaît et où la nouvelle enveloppe N se brise, quand le rempart parcourt l'hémisphère invisible du Soleil, on observe à l'orient après une facule qui correspond à la partie luisante R'N observée à l'occident, et non pas à la facule RQ qu'on croit disparue. Ainsi, à la place N voisine de la facule disparue RQ on voit une tache. Tel est le fait qu'on doit entendre par les mots *les facules redevenues des taches.*

Si je n'avais pas connu les résultats de Secchi, je n'aurais pas pu citer un exemple pour mettre le lecteur en état de juger de l'exactitude des observations de Lalande. Cet astronome dit encore qu'il y a des taches considérables qui reparaissent aux mêmes points physiques du disque, tandis que d'autres, tout aussi remarquables, paraissent en des points différents.

Cette remarque de Lalande a été vérifiée par les observations postérieures ; j'expose ici l'état préétabli. Au point où il y a eu des taches remarquables, il se produit une enveloppe nouvelle faible ayant la force $\sigma - \alpha$. Cette enveloppe se brise quand la poussée répulsive R n'est pas encore arrivée à un degré suffisant pour briser les autres parties ayant une force supérieure $\sigma$. Pour que les taches cessent d'apparaître au même point, il faut nécessairement que la force $\sigma + \sigma'$ de l'enveloppe où il y a eu des taches soit arrivée au degré supérieur à celui des forces $\sigma$ et $\sigma - \alpha$.

Cette solidification s'opère par la production successive des nouvelles enveloppes des cratères dont les fragments restent accumulés dans le versant intérieur des remparts. Ce versant s'avance graduellement vers le centre N de l'enceinte après chaque nouvelle apparition de taches, et cela s'effectue par l'accumulation des fragments sur le versant intérieur.

Quand après un certain nombre de taches successives apparues au même point, le versant intérieur parvient à atteindre le centre de l'enceinte, la force y acquiert un degré $\sigma + \sigma'$ suffisant pour résister aux poussées répulsives $R + r$ supérieures à celles R suffisantes pour vaincre la force $\sigma$ des parties qui n'ont pas encore été solidifiées de cette manière.

Il faut donc diviser, d'après la superficie de la zone royale, la force des parties en trois degrés : 1° la force générale $\sigma$; 2° la force $\sigma - \alpha$ des enveloppes nouvelles; 3° la force $\sigma + \sigma'$ produite par l'accumulation des fragments des nouvelles enveloppes.

Ainsi des taches considérables apparaissent aux mêmes points physiques du disque où il y en a d'autres aussi considérables à cause de la faible et nouvelle enveloppe. Après un certain nombre de réapparitions des taches, les cratères deviennent des bassins ayant la force $\sigma + \sigma'$. C'est alors que les taches cessent d'y réapparaître et qu'il en paraît de nouvelles remarquables dans les points de force $\sigma$, où il n'y en avait pas eu précédemment.

§ 88. **Origine des différentes formes des taches.** Quand arrive la rupture d'une partie de l'enveloppe de force $\sigma$, la poussée répulsive est arrivée au degré R, sans néanmoins que l'étendue de la partie de force $\sigma$ soit en même temps déterminée. Il en résulte que l'étendue de la partie brisée en un point de l'enveloppe n'est nullement en rapport avec l'étendue de la rupture opérée en un autre point éloigné.

Si le cratère est rond, il y manque les *isthmes* ou les *ponts*, et, dans ce cas, les versants des remparts sont très-élevés et ont l'apparence de facules très-lumineuses. Chaque rempart vide de vapeur offre quatre facules dans quatre points différents ayant leurs deux couples disposés aux deux bords : 1° l'un R'Q' (fig. 3) de l'orient et l'autre RQ de l'occident, et 2° les deux autres RN et R'N à la distance $\delta$ du bord à l'orient et à l'occident.

Habituellement les cratères ne sont pas ronds, mais de toute autre forme ; dans ces cas il ne se produit pas une débâcle universelle pour former une seule enceinte, mais les débâcles voisines viennent se rencontrer, et c'est ainsi qu'il en résulte des isthmes dont les deux versants sont obliques, et non pas l'un oblique et l'autre vertical. Ils divisent le cratère en plusieurs compartiments, de façon qu'on en voit : 1° deux dans la tache $a', n'$ (fig. 6 A) ; 2° un seul dans la même tache (fig. 6 B) arrivée au milieu du disque, et 3° quatre lorsque la tache est peu éloignée du bord occidental.

La forme apparente du rempart change, mais le noyau persiste à se séparer de la pénombre. De là résulte que le sommet des isthmes ne diffère pas beaucoup du niveau de la couche de vapeur, tandis que l'enceinte du rempart s'élève au-dessus du niveau de la couche de vapeur. C'est toujours un isthme qui sépare deux taches voisines. Galilée y a déjà remarqué l'égalité du niveau quand il a observé l'isthme à l'orient au milieu et à l'occident du disque solaire. Si l'isthme était d'une hauteur supérieure, il ferait écran à l'orient à l'une des taches et à l'occident à l'autre; si au contraire le sommet de l'isthme était inférieur au niveau de la vapeur, il ne serait visible qu'au centre du disque. Cependant dans la tache figure 6 on voit qu'entre les hauteurs des isthmes et le niveau de vapeur il n'y a pas une égalité semblable à celle observée par Galilée.

**Résumé.** Les taches solaires sont composées de vapeur produite par la masse empyrée, expulsée du Soleil par un cratère. Dans les grandes taches, quand elles commencent à apparaître, la production de vapeur s'opère rapidement, puis la rapidité diminue, ainsi le volume du tronc de l'atmopyramide continue à croître jusqu'au moment de la formation d'une enveloppe sur le cratère. A compter de ce moment, la précipitation de la vapeur s'opère rapidement et la tache disparaît.

Pour que le cratère se ferme, il faut d'abord que l'équilibre s'établisse ainsi que le niveau de la masse expulsée qui s'opère dans le cratère plus rapidement que dans les bras de lave. C'est pour cette raison que dans les grandes taches le noyau disparaît habituellement avant la pénombre.

# CHAPITRE III.

## DE L'ÉTAT PRÉÉTABLI DE LA PÉRIODICITÉ DES TACHES.

§ 89. Les astronomes ont exposé des faits dus à des observations qui ne diffèrent pas entre elles; mais pour en donner l'explication, chacun s'est permis de coordonner les faits conformément à une loi physique connue, et aucun d'eux n'est parvenu à les arranger de manière qu'ils soient tous, sans exception, produits d'après les règles d'une loi physique toujours la même.

Après avoir découvert cette loi cherchée par les philosophes de tous les temps, je suis devenu capable d'exposer les faits dans leur état préétabli et de donner ensuite comme exemples les résultats obtenus par les observations, résultats tous réels parce qu'ils ne sont que la manifestation des écoulements des fluides réduits en équilibre rompu. On ne voit des manifestations des courtes durées qu'aux taches solaires. C'est pour cette raison que je choisis cet objet exceptionnel pour montrer l'état préétabli de tous les résultats obtenus au Soleil par les observations nombreuses; cependant c'est précisément pour cela que l'arrangement de ces résultats présentait des anomalies dont le nombre s'est accru avec celui des découvertes de faits nouveaux. Avant d'exposer les résultats indiquant l'existence d'une périodicité des taches, je montrerai l'état préétabli de cette périodicité, puis je démontrerai ensuite que les faits préétablis doivent se réaliser dans chaque soleil pendant sa vie astronomique.

Pour pouvoir me suivre, le lecteur doit considérer le

Soleil comme une immense chaudière transparente contenant la masse empyrée composée des deux électricités et des deux éléments de l'eau d'une densité de 1,2. Un grand nombre de soupapes s'ouvrent lorsque la couche superficielle A de la masse empyrée acquiert une température supérieure. Après le soulèvement de la masse en forme de lave par les cratères, la température de la couche A baisse à cause de la production de vapeur paraissant comme une tache ; le niveau de la lave s'établit et sa surface se solidifie pour que la chaudière se ferme et que les taches disparaissent pour une durée T pendant laquelle la température s'élève de nouveau dans la couche A de masse empyrée.

### I. DES DEUX FORCES ALTERNATIVES PRODUISANT L'APPARITION ET LA DISPARITION DES TACHES.

§ 90. J'ai dit que le mot *force* ne signifie que rupture d'équilibre d'un fluide. Si cette rupture d'équilibre s'exerce alternativement sur la même masse par deux fluides, il y aura deux forces produisant des faits périodiques sur cette masse entraînée alternativement par l'un ou par l'autre fluide.

La production des taches a pour cause les forces, mais elle ne se manifeste que dans les écoulements des fluides. Ces écoulements sont des *actions ;* il y a donc : 1° une action dans la production des taches, et 2° une autre action dans la disparition des taches.

Le Soleil est composé d'une matière dans laquelle entrent : 1° les molécules pondérables qui sont les deux éléments de l'eau, et 2° les molécules impondérables qui sont les deux éléments de l'électricité neutre. Les physiciens ignoraient que ces deux éléments d'électricité neutre indiqués par les signes $\overset{+}{E}$ et $\overset{-}{E}$ sont en même temps les éléments des atomes de chaleur et des atomes de lumière.

électricité neutre $3q\overset{+}{E}\overset{-}{E} = q\overset{+}{E}\overset{-}{E}^2 + q\overset{+}{E}^2\overset{-}{E} =$ chaleur lumineuse.

Les physiciens savaient qu'il entre dans un atome d'hydrogène un élément β de barogène et que dans un atome d'oxygène il entre huit éléments, 8β de barogène, mais ils ignoraient que les ondes O, *o* amènent le barogène des deux électrosphères inégalement éloignés A, P (fig. 7) dans l'espace énastre II pour que le fluide y soit amené en densité égale, 1° des ondes O qui partent de l'électrosphère P de densité supérieure $\delta + \delta'$ et des ondes *o* qui partent de l'électrosphère A de densité inférieure $\delta$.

Fig. 7.

Donc la masse empyrée du Soleil soutenue renfermée dans une enveloppe solide est composée d'électricité neutre, soutenue elle-même par les deux éléments matériels, car les deux électricités y éprouvent le minimum de résistance. L'enveloppe solide est composée de ces éléments matériels séparés de l'électricité neutre.

L'enveloppe n'étant composée que d'éléments matériels, n'obéit qu'aux poussées exercées, 1° par le barogène amené par les ondes O, *o*, ou 2° par le barogène amené par de la masse empyrée entraînée par l'électricité neutre ou par l'excédant $q\theta$ de chaleur.

Cette masse empyrée étant composée d'éléments matériels soutenant les deux éléments de l'électricité neutre, est forcée d'obéir à la fois, 1° à cause de son barogène, aux poussées exercées par le barogène, et 2° à cause de son électricité, aux poussées exercées par les éléments d'électricité neutre. C'est donc :

I. Cette masse empyrée qui est réduite alternativement en équilibre rompu par rapport à la poussée répulsive exercée par les éléments d'électricité neutre dans lesquels est contenu emmagasiné le mouvement dont l'expansion est interceptée par la force F de l'enveloppe;

II. La même masse qui est réduite en équilibre rompu

par rapport à la poussée compressive exercée par du barogène amené par les ondes O, *o* vers l'espace énastre II.

Dans la couche superficielle A de chaque masse brûlante, il s'opère un refroidissement dont la cause physique consiste en ce qu'il y a de chaleur en densité supérieure que dans l'espace ambiant. Cet état est soutenu par un excédant $\theta$ de chaleur entre celle $\Theta - \theta$ qui s'éloigne, et celle $\Theta$ qui arrive à la couche superficielle A des couches inférieures B, C, D...

Dans les cas où la masse empyrée n'est pas renfermée dans une enveloppe, l'excédant $\theta$ de chaleur passe à l'état de chaleur latente et s'éloigne sous forme de vésicules de vapeur dont les couches nouvelles exercent une poussée répulsive sur les couches précédentes. C'est ainsi que l'espace occupé par la vapeur s'accroît continuellement et devient perceptible par la diminution de la densité des rayons qui en arrivent à la Terre, de sorte qu'on voit cet espace comme celui des nuages, sombre ou noir par rapport au reste du Soleil, et Secchi l'a trouvé moins chaud.

I. Il n'y a pas production de vapeur dans les cas où la masse empyrée est renfermée dans une enveloppe; alors l'excédant $\theta$ de chaleur s'accumule, la poussée expansive R s'accroît proportionnellement avec la quantité $q$ de l'excédant $\theta$ de chaleur, jusqu'à obtenir un degré R de répulsion suffisant pour vaincre la force $\sigma$ de l'enveloppe, pour la briser et pour faire apparaître l'expansion des atomes de chaleur $q\theta$ et le soulèvement de la masse empyrée. C'est l'*action* qui est l'issue de la *force* ou du mouvement emmagasiné dans les molécules du fluide primitif du chaos.

II. La masse empyrée soulevée au-dessus du cratère n'est pas en équilibre par rapport à la pesanteur; celle-ci la force à rebrousser chemin pour aller reprendre sa première place. Il y a ainsi des va-et-vient périodiques préétablis pour la masse empyrée du Soleil.

### A. PÉRIODES DES FAITS DU COUPLE DES FORCES.

§ 91. **Comparaison des forces et des actions.** I. L'accumulation graduelle de l'excédant $\theta$ de chaleur se termine au moment où elle produit la quantité $q$ exerçant une poussée répulsive R de degré $d$ suffisant pour briser l'enveloppe de force $\sigma$. 1° La durée T indique celle de l'accroissement de la rupture d'équilibre ou l'accroissement de la force. 2° La courte durée $\tau$ est celle de l'expansion de la quantité $q$ d'excédant $\theta$ de chaleur et celle du soulèvement d'une partie de masse empyrée jusqu'à la hauteur H au moment de la fin de l'action.

II. Les molécules soulevées à la hauteur H se trouvent au plus haut degré $\Delta$ de rupture d'équilibre ou de force de gravitation ; ce degré de rupture d'équilibre a été obtenu pendant une durée égale $\tau$ à celle du soulèvement de la masse empyrée par le cratère. Ici l'action est *la restitution de l'équilibre de la masse déplacée.* La durée de cette action est longue ; nous la désignerons par T'.

**Composition des périodes par le couple de forces et le couple d'actions.** Tant que la quantité $q\theta$ d'excédant de chaleur s'accroît, il n'apparaît rien à la surface du Soleil. Il y a, au contraire, une série de faits opérés sur la surface du Soleil qui correspondent : 1° à la durée $\tau$ de l'action ainsi qu'à celle de la nouvelle rupture d'équilibre, et 2° à la durée T' de l'action qui se termine avec l'établissement de l'équilibre et la restitution du niveau. Parmi les faits observés pendant les durées $\tau$ et T', les uns restent pour toujours et les autres ne durent que pendant la restitution de l'équilibre, puis ils disparaissent. Des quatre éléments de deux couples nous en connaissons trois par l'observation. Ainsi, trois des quatre facteurs étant connus, on peut déterminer le quatrième à l'aide de la loi physique, sans l'intervention d'hypothèses ni de théories.

I. L'état préétabli de la périodicité consiste dans le couple composé de l'*élément intérieur* qui est : 1° la rupture d'équilibre provenant de l'accumulation de l'excédant $\theta$ de chaleur, et 2° l'expansion de la quantité $q\theta$ de chaleur accumulée.

II. Les deux couples ont trois *éléments extérieurs :* 1° la rupture d'équilibre qui résulte du soulèvement de la masse empyrée, 2° ce soulèvement et 3° le rétablissement du niveau de la masse empyrée soulevée dans le cratère.

Les faits matériels connus des quatre éléments des couples sont : 1° la rupture de l'enveloppe, la répulsion des fragments en directions divergentes et leur accumulation pour produire un rempart et 2° un soulèvement de la masse empyrée jusqu'à une hauteur **h** inférieure à celle H des sommets élevés du rempart nommés *bastions* et supérieure à la hauteur *h* des saillies ou des intervalles entre les bastions nommés *portes.*

Les faits matériels propres à l'élément extérieur seul sont : 1° l'abaissement lent du niveau de la masse empyrée pâteuse et visqueuse ; 2° la combinaison de l'excédant $\theta$ de chaleur avec les molécules de cette masse qui deviennent des vésicules de vapeur contenant cette chaleur $\theta$ à l'état latent, comme cela a lieu pour l'eau bouillante ; 3° la dispersion des rayons par les vésicules de vapeur d'où résulte un obscurcissement de l'espace qu'elle occupe ; 4° la réfraction des rayons à leur sortie des amas de vapeur, nommés *atmopyramides* ; 5° l'établissement de l'équilibre de la masse empyrée d'où résulte l'interception des déplacements des molécules ; 6° la pénétration du froid dans la couche superficielle de masse empyrée qui se solidifie en perdant sa chaleur ; 7° l'interception de la production de vapeur ; 8° enfin, la précipitation de la vapeur existante à la surface de la nouvelle enveloppe, de sorte que les rayons en provenant commencent à arriver à la Terre sans être dispersés par la vapeur. C'est ainsi que disparaît l'espace obscurcie, nommé *tache solaire*.

§ 92. **État de la nouvelle enveloppe et des fragments de l'ancienne.** Après une période de force et d'action du couple, les fragments de l'ancienne enveloppe se trouvèrent accumulés et formèrent une espèce de rempart; cette ancienne enveloppe du cratère de surface **s** est remplacée par une nouvelle d'égale surface, mais de force $\sigma - \alpha$ inférieure à celle de l'ancienne enveloppe. C'est dans cet état que se trouve la partie du Soleil à la fin de la première période du couple solidifiant composé de deux forces et de deux actions.

**Changements physiques opérés pendant la décroissance des périodes solidifiantes.** L'excédant $\theta$ de chaleur n'éprouve aucun changement sensible; il est donc permanent. Pour vaincre la force $\sigma - \alpha$ de la couche nouvelle, il faut une poussée répulsive $R - r$ inférieure à la précédente $R$ qui a vaincu la force $\sigma$; on l'obtient par une quantité de chaleur inférieure $(q - \alpha)\theta$ qui s'accumule dans un espace de temps $T - \alpha$. Il y a donc raccourcissement de durée entre la première période solidifiante et les suivantes.

De même la durée $\tau - \alpha$ de l'action et de la rupture d'équilibre des périodes postérieures est inférieure à celle $\tau$ de la première période. Les fragments de la nouvelle enveloppe se déposent sur le versant intérieur du rempart en couvrant la superficie $s$ de celle **s** de l'enveloppe précédente; ainsi la surface du cratère de la 2$^e$ période devient $\mathbf{s} - s$.

1° Le versant intérieur du rempart a perdu de sa rapidité par l'accumulation de nouveaux fragments. 2° A cause de la faible poussée répulsive $R - r$, la masse empyrée a éprouvé un soulèvement jusqu'à la hauteur $\mathbf{h} - h$. 3° Le temps que le niveau met à s'établir se réduit de $T'$ à $T' - \alpha$. 4° L'épaisseur de la couche de vapeur étant $E$, celle de la 1$^{re}$ période est réduite à $E - e'$ correspondant à la durée $T' - \alpha'$. 5° Lorsque la hauteur $\mathbf{h}$ du niveau de la masse soulevée est grande, il s'en répand plusieurs bras par les portes des remparts en dehors de son enceinte, d'où il en résulte une pénombre. Si la hauteur diminue pour devenir $\mathbf{h}-h$, le niveau n'étant plus supérieur au seuil des portes, des bras de lave ne peuvent plus sortir en dehors de l'enceinte, et c'est ainsi que la production d'une pénombre aux taches postérieures produites au même point que les précédentes devient impossible. 6° La disparition de l'obscurcissement s'opère dans chacune des périodes postérieures comme celle de la première par l'établissement de l'équilibre, par la formation d'une nouvelle enveloppe de surface $\mathbf{s}-\mathbf{s}'$ et par la précipitation de la vapeur produite à la surface de la nouvelle enveloppe.

B. FIN DES PÉRIODES DES FAITS PRODUITS PAR LE COUPLE DES FORCES.

§ 93. Les fragments de l'enveloppe primitive de force $\sigma$ et de superficie $\mathbf{s}$ restent accumulés sous la forme d'un rempart composé d'un grand nombre de bastions séparés par des portes d'où sortent des bras de lave ; ces bras donnent naissance à la pénombre qui reste en dehors du rempart, séparée du noyau de la tache qui est en dedans de l'enceinte.

L'enveloppe postérieure de chacune des périodes a la force $\sigma-\alpha$ et une superficie décroissante ; de sorte que les fragments de chaque enveloppe, en se déposant au versant intérieur du rempart, font envahir par ce versant tout l'espace compris dans l'enceinte pour se transformer en un bassin d'une force $\sigma+\sigma$ suffisante à résister à la poussée répulsive la plus forte $R+R'$.

Le nombre $n$ des périodes qui doivent s'écouler pour que l'espace d'un cratère soit converti en un bassin de force $\sigma+\sigma'$, est inégal de même que les superficies des cratères nouveaux ouverts sur des parties de l'enveloppe de force $\sigma$. Les durées de la solidification d'un bassin, sans être égales, ne s'éloignent pas beaucoup de 11 ans.

### C. Nombre des cratères en activité et leur superficie.

§ 94. Pour que la force $\sigma$ de l'enveloppe solaire soit vaincue, il faut qu'il n'y ait plus d'enveloppe nouvelle de force $\sigma - \alpha$. L'excédant $\theta$ de chaleur ne produit aucune accumulation dans les cratères ouverts, car cette chaleur se consume dans la production de vésicules de vapeur avec lesquelles elle se dissipe à l'état latent. C'est dans les parties éloignées des cratères que l'accumulation de l'excédant $\theta$ de chaleur s'opère, tandis que l'excédant $\theta$ de chaleur des parties ambiantes s'évapore par les cratères ouverts.

La quantité totale d'excédant $\theta$ de chaleur est $q + \alpha$ par une durée T nécessaire pour obtenir une poussée répulsive R suffisante à briser les parties de l'enveloppe de force $\sigma$. Dès que la rupture de l'enveloppe s'opère en $n$ parties éloignées les unes des autres, la répulsion R diminue et la rupture des autres parties est interceptée. Cette interception se prolonge autant qu'il est nécessaire pour que les cratères ouverts se solidifient et se convertissent en bassin de force $\sigma + \sigma'$ résitant aux plus fortes répulsions R.

L'excédant constant de chaleur $\theta$ ne laisse pas les ruptures des parties de faible force $\sigma - \alpha$ s'intercepter; cet excédant n'arrive que lorsqu'en l'absence de ces parties une superficie $s$ des parties de l'enveloppe de force $\sigma$ doit se briser. La superficie $s$ peut se subdiviser en différents nombres $n$ ou $n + n'$ de cratères; l'excédant total de chaleur Q y éprouvera une diminution, et pendant une durée T il n'y aura pas dans le voisinage de ruptures de parties de force $\sigma$; car c'est pendant cette durée que s'opèrent les ruptures des enveloppes nouvelles de force inférieure $\sigma - \alpha$.

Pendant cet espace de temps T, la surface $s$ de $n$ cratères diminue; ces cratères se rétrécissent jusqu'au point d'être entièrement bouchés et convertis en bassins de force $\sigma + \sigma'$. C'est de la quantité $Q\theta$ de chaleur que résulte un excédant $q'\theta$ qui s'accumule pendant le rétrécissement de $n$ cratères; de sorte que lorsque ce nombre atteint un minimum de $n - n'$ et que leur surface devient $s - s'$, l'excédant de chaleur se trouve augmenté et redevient $Q\theta$ pour être en état de briser les nouvelles parties de la zone royale de force $\sigma$.

C'est ainsi que s'établit une périodicité générale de la surface $s$ de $n$ ou $n + n'$ cratères. Cette surface $s$ décroît jusqu'au point de devenir $s - s'$ lorsque l'excédant total de chaleur croît jusqu'au degré $Q\theta$, suffisant pour briser les autres parties de force $\sigma$ de surface $s$. Ces parties se convertissent pendant un espace de temps T en bassins de force $\sigma + \sigma'$, que ne peut vaincre la poussée répulsive R de l'excédant $Q\theta$ de chaleur, car cette poussée R ne fait rompre que les parties de force $\sigma$.

## II. DES FAITS INDIQUANT L'EXISTENCE D'UNE PÉRIODICITÉ DES TACHES SOLAIRES.

§ 95. C'est depuis Galilée seulement que les astronomes se sont attachés à observer les taches dont le nombre se multiplie par intervalles, mais n'est jamais arrivé à cent, puis diminue pour s'annihiler pendant un certain nombre de jours ou de mois. Lorsqu'il y a des taches de très-grande étendue, leur nombre ne devient pas très-grand. Habituellement la longueur L du noyau des taches ne diffère pas beaucoup de leur largeur $l$; cela résulte de ce qu'il se forme des isthmes transversaux qui divisent les noyaux très-allongés en plusieurs compartiments. Ce n'est que par leur pénombre commune que l'on voit : 1° que le nouveau cratère a été ouvert dans un point de force $\sigma$, et 2° qu'il est divisé par des isthmes.

Dans les taches produites ensuite par la rupture de la nouvelle enveloppe de force inférieure $\sigma - \alpha$, il y a absence de pénombre, et c'est ainsi que chaque noyau des compartiments d'une grande tache se montre comme une tache isolée, ou que tous les noyaux ensemble se montrent comme un groupe de taches non comprises dans l'enceinte d'une pénombre.

Pour faire connaître la différence qui existe entre les descriptions des siècles passés et celles de nos jours, je donne ci-dessous les descriptions conservées dans les *Mémoires de l'Académie des sciences* de Paris afin qu'on puisse les comparer avec celles faites par Schwabe, (de Dessau), de 1826 à 1857.

On trouve dans les susdits mémoires les renseignements suivants :

De 1695 à 1700, on n'a vu aucune tache.

De 1700 à 1710, il y en a eu beaucoup.

En 1710, on n'en a vu qu'une.

En 1711 et 1712, on n'en a pas vu.

En 1713, il en a paru une seule.

Dans l'année 1716, on a aperçu 21 groupes de taches.

Du 30 août au 3 septembre, il y eut 21 groupes de taches.

De 1717 à 1720, il y eut plus de taches qu'en 1716.

Le 15 mars 1758, il y eut une tache de 90″ de diamètre.

En octobre 1759, Messier compta 25 taches entourées de pénombre.

En 1779, une grande tache visible à l'œil nu fut divisée en deux par un isthme ; la partie la plus grande était de 68″.

Dans son ouvrage publié en 1785, Schroeter parle d'une tache de 4′ 35″ de longueur ; il a observé simultanément 68 et une autre fois 81 taches.

Le 20 avril 1801, Herschel vit plus de 50 taches.

Le 23. . . . . . . . . . . . . près de 50

Le 24. . . . . . . . . . . . . . . 50

Le 27. . . . . . . . . . . . . . . 39

Le 29. . . . . . . . . . . . . . . 24

Le 9 novembre 1802, au moment du passage de Mercure par le Soleil, Herschel aperçut jusqu'à 40 taches.

§ 96. **Résultats des observations de Schwabe.** Dans les résultats contenus dans le tableau suivant, chaque groupe de tache n'est compté qu'une seule fois dans une même rotation du Soleil. Donc dans le cas où l'étendue d'une tache est très-grande, comme cela arrive pour les taches avec pénombre de nouveau cratère, chacune de ces taches ne peut être comptée plus de cinq fois, tandis que les taches postérieures, produites dans des cratères anciens renfermés dans de nouvelles enveloppes de force $\sigma - \alpha$, ne sont comptées que deux fois ou une seule fois. Le nombre **n** indique les rotations que termine le Soleil pendant la durée T depuis l'ouverture d'un nouveau cratère jusqu'à sa fermeture opérée par sa conversion en un bassin de grande force $\sigma + \sigma'$.

En supposant onze ans la durée T nécessaire pour qu'un nouveau cratère soit réduit en un bassin solidifié, le Soleil achève dans le même espace de temps 160 rotations. Si donc les $n$ cratères persistaient à être continuellement ouverts et visibles comme taches, il faudrait que le nombre total N de taches observées pendant onze ans fût $160n$.

Ce nombre N se réduit à moitié ou $80n$ quand on reconnaît qu'il faut : 1° une durée T pour l'accumulation de l'excédant $q\theta$ de chaleur suffisante pour briser l'enveloppe nouvelle de force $\sigma - \alpha$, et 2° une égale durée T' pour que le niveau de la masse empyrée soulevée sur le milieu du cratère s'établisse.

Wolff, de Zurich, en combinant les résultats du tableau avec ceux des époques précédentes, a été conduit à reconnaître $11\frac{1}{9}$ comme durée d'une période, ou neuf périodes semblables par siècle. En 1855, pendant 265 jours sereins, il constata l'absence de taches pour 148 jours et l'existence de 27 taches pour 117 jours. De plus, il a été prouvé qu'aux époques où les groupes sont en plus grand nombre, les surfaces ont aussi des étendues supérieures et les noyaux une plus grande longueur de diamètre.

Ni Schwabe ni Wolff n'ont séparé les taches avec pénombre de celles sans pénombre.

| ANNÉES des observations. | JOURS d'observation dans l'année. | NOMBRE de groupes de taches de l'année. | ÉPOQUES DE | | JOURS sans taches. |
|---|---|---|---|---|---|
| | | | maxima. | minima. | |
| 1826 | 277 | 118 | » | » | 22 |
| 1827 | 273 | 161 | » | » | 2 |
| 1828 | 282 | 225 | 225 | » | — |
| 1829 | 244 | 199 | » | » | — |
| 1830 | 217 | 190 | » | » | 1 |
| 1831 | 239 | 149 | » | » | 3 |
| 1832 | 270 | 84 | » | » | 49 |
| 1833 | 267 | 33 | » | 33 | 139 |
| 1834 | 273 | 51 | » | » | 120 |
| 1835 | 244 | 173 | » | » | 18 |
| 1836 | 200 | 272 | » | » | — |
| 1837 | 168 | 333 | 333 | » | — |
| 1838 | 202 | 282 | » | » | — |
| 1839 | 205 | 162 | » | » | — |
| 1840 | 263 | 152 | » | » | 3 |
| 1841 | 283 | 102 | » | » | 15 |
| 1842 | 307 | 68 | » | » | 64 |
| 1843 | 324 | 34 | » | 34 | 149 |
| 1844 | 320 | 52 | » | » | 111 |
| 1845 | 332 | 114 | » | » | 29 |
| 1846 | 314 | 157 | » | » | 1 (janv.) |
| 1847 | 276 | 257 | » | » | — |
| 1848 | 278 | 330 | 330 | » | — |
| 1849 | 285 | 238 | » | » | — |
| 1850 | 308 | 186 | » | » | 2 |
| 1851 | 308 | 151 | » | » | — |
| 1852 | 337 | 125 | » | » | 2 |
| 1853 | 299 | 91 | » | » | 4 |
| 1854 | 334 | 67 | » | » | 65 |
| 1855 | 313 | 98 | » | » | 146 |
| 1856 | 321 | 34 | » | 34 | 193 |
| 1857 | 324 | 98 | » | » | 52 |

De 1832 à 1834, il y a eu absence complète de ces taches dont l'étendue était supérieure à la surface de la Terre, tandis qu'avant ou après cette durée il y en a eu assez fréquemment. En 1833, il s'est montré quelques taches petites et isolées qui n'ont eu qu'une courte durée. Le même fait a persisté jusque vers la fin de l'année suivante : c'est au mois de décembre où les taches se sont multipliées.

A l'aide de ces détails, le lecteur peut reconnaître la durée de l'élévation de température de la masse de la couche superficielle A qui acquiert une poussée répulsive R suffisante pour briser l'enveloppe en plusieurs parties qui donnent ouverture à autant de cratères par lesquels se soulève la masse empyrée sous forme de lave. Cette lave se manifeste par la vapeur qu'elle produit, vapeur qui disperse les rayons et fait paraître obscur l'espace qu'elle occupe.

§ 97. Jusqu'à ce jour les faits exposés sont restés enregistrés sans qu'il soit possible de les coordonner, car on ne connaissait pas leur état préétabli dans l'état physique du Soleil. On ne pouvait aucunement acquérir cette connaissance au moyen des observations, leur multiplicité n'ayant servi qu'à rendre plus manifeste l'erreur dans laquelle on était. En effet, le seul fruit qu'on tira des observations se réduisit à trouver en défaut chaque hypothèse et chaque théorie combinée de manière à correspondre aux faits connus, quand on parvint à découvrir des faits nouveaux.

C'est toujours au moyen des faits observés qu'on a découvert la loi d'après laquelle ils se produisent; ces faits ont même aidé à découvrir leur état préétabli, mais pour arriver à ce résultat il a fallu connaître l'*origine du mouvement* et la *nature de l'affinité*. C'est avec la production des taches solaires et avec leur disparition qu'on arrive à établir une concordance, 1° entre l'état préétabli de la périodicité des taches, et 2° entre les résultats obtenus par les observations.

### A. PARALLÉLISME ENTRE LA PÉRIODICITÉ DES TACHES PRÉÉTABLIES ET CELLE DES OBSERVATIONS.

§ 98. Les nombres de la 3e colonne du tableau n'ont aucun rapport avec ceux de la 2e colonne. Il y a trois époques où les minima sont égaux; ils se trouvent dans les différents nombres de jours clairs 267, 324 et 321.

Les deux maxima de 333 et de 330 taches ont été obtenus, l'un en 168 jours clairs, l'autre en 278, nombre presque double. Tous les astronomes ont trouvé dans ces nombres une preuve directe de l'existence d'une périodicité des taches.

I. **Minima des taches avec un accroissement d'excédant de chaleur.** En examinant l'état préétabli de cette périodicité, j'ai trouvé un accroissement d'excédant de chaleur jusqu'à la quantité $Q\vartheta$ qui exerce une poussée répulsive R suffisante pour briser les parties de force $\sigma$ dans la zone royale. D'après cet état préétabli, nous trouvons : 1° les minima des taches indiquant les époques pendant lesquelles les $n$ cratères se sont trouvés réduits en bassins de force $\sigma + \sigma'$, tandis que la chaleur $\vartheta$ excédante est encore en quantité $(Q - q')\vartheta$ insuffisante pour produire une poussée répulsive suffisante pour briser l'enveloppe de force $\sigma$. Cet état persiste environ trois années, qui se distinguent par la minime somme de taches observées pendant les trois époques de minima indiquées dans le tableau. C'est ainsi qu'on arrive à connaître l'état d'accroissement de la répulsion par l'absence de manifestation des actions qui ne sont que l'expansion des atomes de chaleur, expansion qui reste interceptée tant que la poussée répulsive $R - r$ n'est pas suffisante pour vaincre la force $\sigma$ de l'ancienne enveloppe de la zone royale.

II. **Accroissement du nombre et de la surface des taches et décroissement de l'excédant de chaleur.** En partant de la fin de chaque époque $e$ de minima, on atteint l'époque $e$ du maximum en une durée T inférieure à celle $T + T'$ nécessaire pour arriver de l'époque $e$ du maximum à celle $e'$ du minimum. Par ce rapport constant, on obtient le rapport numérique $T : T + T'$, parce qu'au moyen de l'état préétabli on sait qu'il y a une époque $e'$ de minima et une autre $e$ de maxima, sans cependant qu'on puisse voir : 1° que chaque minimum persiste pendant trois années; 2° que chaque accroissement s'opère également en trois années, et 3° que la durée du décroissement est de cinq années.

**III. Décroissement du nombre et de la surface des taches et accroissement de l'excédant de chaleur.** Dès qu'une superficie S de l'enveloppe de la zone royale est brisée, superficie composée de $n$ taches ayant une force $\sigma$, la plus grande partie de la quantité $Q\theta$ d'excédant de chaleur se consume. Le reste $(Q-q')\theta$ avec l'excédant $\theta$ qui continue d'arriver, se consume graduellement pour briser les nouvelles enveloppes de $n$ cratères de force inférieure $\sigma-\alpha$.

Le nombre $n$ des cratères nouveaux ne commence à diminuer que quand le minimum lui-même commence à paraître. Le décroissement des taches est dû au rétrécissement de la superficie des cratères, lequel ne devient sensible qu'après que la rupture de la nouvelle enveloppe a été répétée trois ou quatre fois. Plusieurs grandes taches en forment par les isthmes deux ou trois autres moins grandes. En général, le nombre $n$ des nouveaux cratères visibles ne dépasse pas 25 taches, quantité observée en octobre 1759 par Messier, qui les a trouvées toutes entourées de pénombre; car la pénombre est le seul indice direct des taches produites dans de nouveaux cratères. En admettant un nombre égal de ces taches dans l'hémisphère invisible, le nombre total des nouveaux cratères s'élève à 50.

Chacune de ces taches ayant une pénombre doit être comptée au moins pendant quatre rotations du Soleil, d'où résultent 200 taches par an. Vu que quatre rotations sont achevées en moins de quatre mois, il ne reste à paraître par an que 130 taches pour que le nombre 330 soit atteint.

On observe les taches pendant neuf autres rotations du Soleil, quand un certain nombre d'enveloppes nouvelles se brisent pour qu'il apparaisse des taches 130 sans pénombre.

On n'a pas indiqué séparément dans le tableau le nombre des taches ayant une pénombre et celui des taches sans pénombre. Nous allons néanmoins faire voir que c'est au commencement des périodes qu'on voit le plus souvent les taches avec pénombre, bien qu'il ne manque pas de s'en présenter quelques-unes aux points éloignés même après que le maximum a été atteint.

**Accroissement et décroissement du nombre des jours sans taches solaires.** Ces nombres se trouvent en rapport inverse avec ceux indiquant le nombre des taches. 1° Les époques $e'$ des minima des taches correspondent à celles des maxima des jours sans taches. 2° L'accroissement rapide du nombre des taches correspond au décroissement rapide des jours sans taches. 3° Le décroissement lent du nombre des taches correspond au décroissement lent du nombre de jours sans taches.

Ces rapports n'ont d'autre utilité que de servir à contrôler l'exactitude des observations dont les résultats sont contenus dans le tableau. Ils ne donnent pas le rapport de l'accroissement de la poussée répulsive R ou la quantité $Q\theta$ de la somme de l'excédant $\theta$ de chaleur qui correspond à l'accroissement lent des jours sans taches. Le décroissement rapide de la poussée R correspond au décroissement rapide des jours sans taches.

### B. Des changements physiques opérés dans le Soleil par l'excédant $\theta$ de chaleur.

§ 99. Tout se réduit à une solidification des cratères dans lesquels se présentent les taches pendant un certain espace de temps pour qu'il n'en apparaisse plus d'autres de grandes dimensions et avec pénombre. Si l'on n'a pas encore tout à fait obtenu ce résultat par les observations répétées, c'est parce que la réfraction des rayons fait apparaître les taches déplacées et elle fait changer la distance qui les sépare.

Dans les nouveaux cratères, de nouveaux remparts se produisent toujours; dans chaque rempart il se présente deux couples de facules, l'un à l'orient, l'autre à l'occident, non pas simultanément sur deux points différents, mais l'une n'apparaît qu'après la disparition de l'autre.

Dans les cratères bouchés convertis en bassins solidifiés, les facules disparaissent, et ces facules se présentent sous forme de *rides*. L'enveloppe primitive de force $\sigma$ se brise donc, et ses gros fragments accumulés autour des cratères forment les remparts dont on voit les deux couples de versants, 1° antérieurs R'Q', R'N, et 2° postérieurs RN, RQ (fig. 3) sous forme de facules pendant tout le temps que les cratères sont en activité. Quand ceux-ci se convertissent en bassins solidifiés, les versants des remparts ne sont plus rapides; ils restent cependant saillants et ont leur versant extérieur plus rapide, tandis que leur versant intérieur a une pente douce.

L'ensemble des rides donne au Soleil l'aspect granuleux que l'on voit aussi bien dans la zone royale que dans les deux calots. L'existence de ces rides fait connaître qu'à une certaine époque il y a eu aux deux calots des remparts ayant l'apparence de facules, tout comme ceux qui sont produits actuellement dans la zone royale par les versants des amas des fragments résultant de la fracture des parties de force $\sigma$. Ces parties acquièrent ensuite la force $\sigma+\sigma'$ inférieure à celle $\Sigma$ des deux calots, et c'est ainsi qu'est interceptée pour longtemps la fracture de ces parties.

### III. DURÉE DE LA SOLIDIFICATION DE LA ZONE ROYALE.

§ 100. Après avoir établi que les rides sont les parties de force $\sigma+\sigma'$ obtenus par le comblement des cratères ou des enceintes des remparts pour devenir des bassins, on peut résoudre le problème suivant :

**Problème.** 1° On obtient par l'observation le nombre $n$ des cratères en activité; 2° on obtient également par l'observation la durée $T=11$ ans $\frac{1}{9}$ depuis l'ouverture d'un cratère jusqu'à son comblement opéré par les fragments des enveloppes nouvelles qui y sont produites ; 3° on connaît aussi par l'observation l'étendue $s$ des noyaux $n$ des taches entourées de pénombre ; 4° enfin on connaît la largeur 50° et la longueur 360° de la zone royale, qui donnent

$$S = 50° \times 360° = 50 \times 360 \times 60'.$$

Il faut, à l'aide de ces données, déterminer la durée T nécessaire à la solidification de la superficie S au moyen des cratères dont on ne peut voir simultanément en activité qu'un nombre $n$ déterminé par l'observation d'Herschel du 20 ou 29 avril 1801. C'est cet astronome qui a trouvé ces grands nombres indiqués ci-dessus

$$50 + \alpha, \quad 50, \quad 39, \quad 24$$

pour l'hémisphère visible. Il faut admettre un nombre égal pour l'autre hémisphère. D'après l'observation de Messier, le nombre $n$ des cratères n'est que de 50.

**Solution du problème.** Si la valeur de la durée T ne peut être obtenue par des observations d'égale durée, mais par le nombre N des siècles dont chacun contient neuf périodes composées chacune de $n$ cratères ayant chacun la superficie $s$ et tous ensemble la superficie s, il faut tâcher d'éviter chaque valeur qui ferait trop augmenter la valeur de la durée T. Nous arrivons ainsi à connaître un terme qui nous fait voir que la durée T ne peut lui être inférieure, sans cependant que la durée réelle qui se détermine approximativement du côté de la limite inférieure soit pour cela indéfiniment trop éloignée de la véritable.

En me bornant au nombre de taches trouvées par Herschel, il serait impossible d'admettre plus de 90 cratères simultanément en activité. En octobre 1759, Messier a compté 25 taches entourées de pénombre ; il peut s'en trouver un nombre égal dans l'autre hémisphère, ce qui en porte le chiffre à 50 ; il faut compter 40 cratères renfermés dans une enveloppe nouvelle ayant la force minime $\sigma - \alpha$. On arrive donc également par ces deux voies au nombre 90 comme valeur de $n$.

La superficie de grandes taches varie beaucoup : une seule fois Schroeder a observé une tache de longueur 4′36″ en y comprenant la pénombre, de sorte que dans ce cas extraordinaire le cratère ou le noyau a pu être d'une minute carrée. Habituellement l'étendue des grandes taches, y compris la pénombre, est en moyenne d'une minute carrée ; on ne peut donc compter pour le noyau plus du cinquième d'une minute carrée. C'est ainsi qu'on trouve que la superficie $s$ des 90 cratères en activité est de 18 minutes carrées.

$$s = 18 \text{ minutes carrées} ; \qquad 9s = 162 \text{ minutes carrées.}$$

Telle est la superficie $9s$ de la partie de la zone royale qui acquiert une grande force $\sigma + \sigma'$ pendant un siècle ; force qui empêche la partie d'éprouver aucune rupture, comme cela a lieu pour les deux calots de force $\Sigma$.

Pour que toute l'étendue de la zone royale soit solidifiée, on obtient la durée T en siècles par le quotient

$$\frac{S}{s} = \frac{80 \times 60 \times 330 \times 60}{18 \times 9} = 400{,}000 \text{ siècles} = T.$$

Cette durée date de l'époque de la formation de l'enveloppe de la zone royale entre les deux calots ayant une force $\Sigma$, tandis que celle de la nouvelle enveloppe ne l'égalait pas, mais lui était inférieure $\sigma$ et cette force $\sigma$ est devenue $\sigma + \sigma'$ en 400,000 siècles.

En admettant qu'il se soit écoulé la moitié de la durée T, il faudrait que la moitié de la surface S de la zone royale fût déjà réduite à une force de $\sigma + \sigma'$ inférieure à celle $\Sigma$ des deux calots ; il en faudrait donc encore autant pour que l'autre moitié fût solidifiée au degré de $\sigma + \sigma'$.

## IV. FIN DE LA PÉRIODE PLANÉTOGONIQUE ACTUELLE ET COMMENCEMENT D'UNE AUTRE.

§ 101. Lorsque la durée T nécessaire pour que toute la superficie de la zone royale soit solidifiée se sera écoulée, la force $\sigma + \sigma'$ pourra se trouver inférieure à celle $\Sigma$ des deux calots. Dans ce cas, quand l'accumulation de l'excédant $\theta$ de chaleur se sera suffisamment accrue pour devenir $(Q+q)\,\theta$, il en résultera une poussée répulsive $R + R'$ suffisante pour vaincre la force $\sigma+\sigma'$, mais non celle $\Sigma$ des deux calots.

Une nouvelle solidification commencera ainsi par la production d'une nouvelle couche de remparts formés par les fragments de la couche des remparts qui se forme actuellement. Le comblement des nouveaux cratères par les gros fragments engendrera des bassins d'une force $\sigma + \sigma' + \sigma''$ supérieure à celle $\sigma+\sigma'$.

Pour que toute la superficie S de la zone royale acquière une force $\sigma+\sigma'+\sigma''$, il faudra qu'il s'écoule une durée T' sinon supérieure, au moins égale à la précédente de 400,000 siècles. Au cas où la force $\sigma + \sigma' + \sigma''$ ne sera pas encore égale à celle $\Sigma$ des deux calots, il y aura une troisième répétition de production de nouveaux remparts par les gros fragments de l'enveloppe précédente de la zone royale ; de sorte qu'il ne peut manquer d'arriver une époque $e$ où l'enveloppe de la zone royale acquerra une force $\sigma+\sigma'+\sigma''+\sigma'''+\ldots$ qui ne sera plus inférieure à celle $\Sigma$ des deux calots.

Cette force universelle $\Sigma$ de l'enveloppe solaire résistera plusieurs siècles à la poussée répulsive R exercée par l'accumulation continuelle de l'excédant $\theta$ de chaleur, excédant qui en se multipliant, fait inévitablement apparaître un degré $R+R'$ de poussée répulsive suffisant pour vaincre la force $\Sigma$ de l'enveloppe et en occasionner la rupture au point le moins solide, pour s'ouvrir un cratère qui livrera passage aux neuf jets de masse empyrée dont la somme ne sera plus que le $\frac{1}{700}$ de celle contenue maintenant dans l'enveloppe solaire.

§ 102. **Différence entre le système planétaire actuel et les systèmes postériures.** Il n'y a qu'une différence insensible entre la masse empyrée actuelle M du Soleil et celle $M+\frac{1}{700}M$ qui existait avant l'expulsion des neuf jets qui ont produit les planètes et leurs satellites ; il n'y aura donc pas une différence sensible entre la grosseur des planètes actuelles et celle des planètes postérieures de centaines d'autres systèmes que le Soleil engendrera par la suite.

Dans le principe, le Soleil n'avait pas de mouvement rotatoire ; ce mouvement ne s'est effectué qu'à la suite de l'expulsion des neuf jets de masse empyrée qui ont produit les huit planètes.

Quand les neuf jets de masse empyrée seront expulsés dans la deuxième fois, le Soleil se trouvera avoir un mouvement rotatoire qui ne modifiera cependant en rien les jets expulsés parce qu'ils seront composés de cette même masse qui est en rotation. Il y aura donc un nouvel accroissement de vitesse de rotation, et c'est cet accroissement de vitesse qui produira les chocs tangentiels exercés sur les *neuf jets expulsés.*

Les distances $2^9d$, $2^8d$... $2d$ entre les planètes et le Soleil ne subiront pas de grandes modifications, et il y aura seulement accroissement de vitesse de rotation pour le Soleil et accroissement de vitesse orbiculaire pour les planètes de la deuxième période. Cette vitesse accroîtra l'éclat des planètes pendant tout le temps qu'elles seront lumineuses.

Parmi les soleils indigènes, il n'en existe aucun doué de deux systèmes planétaires ; au contraire, tous les soleils exotiques sont déjà entourés de plusieurs systèmes planétaires. La vitesse des soleils et des planètes du 3ᵉ espace annulaire A''' étant $v$, elle est **v** aux soleils et aux planètes de l'espace annulaire A″, et la plus grande vitesse V se trouve aux soleils, aux planètes et aux satellites du 1er espace annulaire A′.

C'est donc cette grande vitesse orbiculaire des planètes lumineuses et celle plus grande encore de leurs satellites lumineux qui fait augmenter leur éclat physiologique à un degré suffisant pour qu'ils soient visibles à l'œil nu ; telles sont les étoiles composant les Pléiades, les Hyades et toutes celles qui circulent autour de l'Archégète dans les trois espaces annulaires A′, A″, A‴.

## V. DURÉE DE LA VIE ASTROGONIQUE DU SOLEIL.

§ 103. **État nébuleux.** La naissance du Soleil date du moment *e* de la séparation de la portion de sa masse empyrée M de celle du gros jet BIV. Depuis cette époque *e* il s'est écoulé un laps de temps T′ pendant lequel l'équilibre s'est établi dans les molécules matérielles par rapport à la pesanteur ; ces molécules ont dû se coordonner de manière à produire une forme ovalaire presque sphérique à cause de son très-petit allongement. Pendant toute cette durée T′, il y a eu déplacement des molécules et production de vapeur qui rendit le Soleil invisible dans son 1er état nébuleux.

Après que l'équilibre eut été restitué, le déplacement des molécules s'arrêta, le froid pénétra dans la couche superficielle de la masse empyrée qui fut convertie en enveloppe solide. La production de vapeur fut interceptée ; une grande partie de la vapeur déjà produite et surtout la moins éloignée se précipita sur la couche solide dont l'épaisseur et la solidité augmentèrent. Cette enveloppe livra passage aux rayons, et c'est à cette époque *e′* que le 1er état nébuleux du Soleil termina sa première période planétogonique et que son état stellaire commença avec la deuxième période.

**État stellaire.** Dans la couche superficielle A de masse

empyrée, il reste toujours un excédant de chaleur θ qui produit de continuelles ruptures d'équilibre qui aboutissent à produire un accroissement de force de l'enveloppe allant jusqu'au degré Σ et à exercer une résistance qui ne peut être vaincue que par une poussée répulsive très-violente R + R'.

§ 104. **Fin de la première période planétogonique.** La poussée répulsive R + R' a brisé l'enveloppe très-solide en ouvrant un cratère d'où neuf jets sont expulsés. Cette expulsion des jets apparaît dans l'espace céleste comme l'éclat subit que l'on nomme *étoiles nouvelles.* Dans l'espace de 20 siècles il apparut 15 étoiles nouvelles. Pour ne pas tomber dans une erreur d'exagération de durée, j'admettrais une étoile nouvelle par siècle.

Connaissant, d'une part, au moyen de l'observation et de l'Astrogonie, le nombre de 16 millions de soleils, et d'autre part l'expulsion séculaire des neuf jets qui se convertissent en étoiles nouvelles, nous sommes conduits à évaluer à 16 millions de siècles la durée T' nécessaire à la solidification de l'enveloppe pour qu'elle soit en état d'exercer une résistance qui puisse être vaincue par une répulsion R + R' capable d'expulser neuf jets de masse brûlante.

La deuxième période planétogonique et les suivantes commencent au moment où la bande du 5e jet de masse empyrée se dépose.

La durée totale d'une période se compose, 1° de celle du 1er état nébuleux, et 2° de celle de l'état stellaire du Soleil. Pendant la durée de l'état T stellaire l'enveloppe de la zone royale se solidifie parce que la force des deux calots n'a éprouvé aucun affaiblissement.

En considérant l'étendue de la zone royale comme le tiers de la surface totale de l'enveloppe, dont la force Σ des deux calots a été acquise en 16 millions de siècles, il en résulterait qu'il a fallu 5 millions de siècles pour que la zone se solidifiât. On peut en conclure que la durée de

400,000 siècles trouvée par le calcul indiqué ci-dessus est de 12 fois inférieure à celle nécessaire pour que l'enveloppe de la zone royale acquière une force Σ égale à celle des deux calots. On voit par là que la production des remparts se répétera douze fois sur la zone royale.

La durée de l'état stellaire des soleils étant de 16 millions de siècles et celle de leur état nébuleux de la première période planétogonique étant à peu près la même, la durée de chacune des cent périodes planétogoniques de chaque soleil serait de 10 millions de siècles environ.

Ainsi, à la fin de sa vie astronomique, la masse de chaque soleil ne se trouvera diminuée que d'environ $\frac{1}{7}$ de ce qu'elle était primitivement; chaque soleil sera entouré de cent systèmes planétaires composés tous de la même masse contenue primitivement dans l'enveloppe de leur soleil. La vitesse de rotation du Soleil sera alors des milliers de fois supérieure à sa vitesse actuelle.

Le Soleil n'aura donc perdu que la masse impondérable qui est l'électricité neutre dont la disparition s'effectue sous forme de chaleur lumineuse et sous forme d'excédant θ de chaleur. En ne comptant plus que cent périodes planétogoniques pour la durée de la vie astronomique de chaque soleil, on arrive à en obtenir une durée d'un milliard de siècles. Cette durée est nécessaire pour que la quantité Q d'électricité neutre disparaisse, car c'est à cette disparition ou à cette expansion et à cette diminution de la densité d'électricité neutre de la masse empyrée qu'est due la vie astronomique de chacun des soleils indigène ou exotique.

Pendant toute cette durée d'un milliard de siècles les ondes lumineuses s'éloignent en parcourant 77,000 lieues par seconde en directions divergentes sans s'approcher encore des limites de l'espace céleste dans lequel les molécules du fluide primitif chaos se trouvaient équilibrées.

§ 105. **Périodes ultérieures planétogoniques des soleils exotiques.** Je viens de faire voir que des planètes de la 1re période planétogonique d'un soleil ne diffèrent pas de celles des 2e, 3e, 4e... périodes ni par le nombre ni par les volumes, mais seulement par la vitesse orbiculaire, laquelle étant $2v$ dans la 1re période est $(2v)^2$ dans la 2e, $(2v)^3$ dans la 3e, $(2v)^4$ dans la 4e, et ainsi de suite.

J'ai montré aussi que dans le système stellaire de l'Archégète la subdivision astrogonique du 1er jet B′ s'est opérée et que des soleils ont été engendrés avant que cette subdivision se fût effectuée aux jets supérieurs. Les soleils et leurs systèmes planétaires étaient donc déjà très-vieux à l'époque ou après la durée de 2T, lorsque la subdivision de la masse empyrée du 2e jet B″ s'acheva. Quand les durées de $(2)^2$, $(2T)^3$ se furent écoulées, la même subdivision de la masse empyrée du 3e jet B‴ et du 4e B'''' s'acheva. Ce dernier jet a produit les soleils indigènes.

Une fois démontré que parmi les soleils indigènes les uns sont lipoplanètes, les autres entourés de planètes lumineuses, d'autres enfin de planètes éteintes, il est facile de voir que dans le 3e espace annulaire A‴ des soleils quelques soleils sont entourés d'un seul système de planètes éteintes comme l'est notre Soleil, et un grand nombre parmi les plus vieux sont entourés des planètes lumineuses de la 2e période planétogonique. Ces planètes circulent autour de leur soleil avec une vitesse $(2v)^2$ orbiculaire produisant une clarté double de celle des systèmes planétaires indigènes.

Dans le 2e espace annulaire A″, les soleils parcourent déjà leur 4e période planétogonique, les planètes lumineuses circulent autour de leur soleil avec une vitesse $(2v)^3$ et produisent une clarté 4 fois supérieure à celle des planètes lumineuses indigènes.

Dans le 1er espace annulaire A′, les soleils sont plus avancés en âge, ils parcourent déjà leur 8e période planétogonique. Les planètes lumineuses y circulent avec une vitesse de $(2v)^4$ autour de leur soleil et produisent une clarté 8 fois supérieure à celle des planètes lumineuses indigènes.

Des densités des étoiles observées dans les trois espaces annulaires A‴, A″, A′, il résulte que ces étoiles qui sont à une distance 8Δ, 12Δ, 15Δ de la Terre, ont des clartés qui ne diffèrent pas de celles des étoiles indigènes. Tant qu'on ne connut pas l'Astrogonie on admit des soleils de chaque volume ; on ne peut maintenant se livrer à de telles hypothèses.

Grâce à la découverte, 1° de la clarté physiologique, et 2° de l'accroissement de vitesse orbiculaire des planètes lumineuses de 2°, de 4° et de 8° période planétogonique, ces faits tout nouveaux se sont trouvés spontanément coordonnés comme cause et effet liés par deux lois : 1° la loi physique produisant l'accroissement des vitesses orbiculaires des planètes lumineuses, et 2° la loi physiologique produisant des sensations de clartés croissantes avec les vitesses orbiculaires des corps lumineux célestes ou terrestres.

## VI. DURÉE DE LA VIE ASTRONOMIQUE DE L'ARCHÉGÈTE.

§ 106. Nous avons parlé des changements qui s'opèrent successivement dans notre Soleil. De pareils changements s'effectuent dans chacun de ceux qui existent, et s'effectueront dans chacun de ceux qui ne sont pas encore nés dans des portions qui seront séparées de la masse empyrée des jets des cinq espaces annulaires les plus éloignés de l'Archégète.

Lors donc que les soleils se trouveront à la fin de leur vie astronomique, l'équilibre des molécules de la masse empyrée se trouvera rétabli dans l'Archégète. Il y aura une enveloppe solide dans la zone que l'on peut nommer *impériale* qui unit les deux calots déjà existants. La production de vapeur serait interceptée; une grande partie de la vapeur existante sera précipitée sur l'enveloppe, et cette nouvelle enveloppe livrera passage aux ondes de chaleur lumimineuse.

Un excédant Θ de chaleur accroîtra la force de la zone

impériale, de même que l'excédant θ de chaleur accroît la force de l'enveloppe de la zone royale. S'il faut 5 millions de siècles pour que la zone royale acquière une force comparable à celle des deux calots, il en faudrait au moins 5 milliards pour que la zone impériale acquière une force égale à celle des deux calots polaires de l'Archégète qui existent actuellement.

C'est donc à cette époque reculée que l'Archégète sera à la fin de sa période *héliogogique*; il est préétabli qu'il expulsera neuf gros jets de masse empyrée pareils à ceux qu'il a déjà expulsés. Chacun de ces jets sera divisé en 16 millions de portions qui donneront naissance à autant de soleils, dont chacun parcourra sa vie astronomique pendant une durée d'un milliard de siècles.

La durée de chaque période héliogonique serait de centaines de milliards de siècles.

Le nombre de périodes planétaires étant de cent pour chaque soleil, celui des périodes héliogoniques de l'Archégète serait de centaines de mille ou d'un million. La durée et le nombre de chacune de ces périodes sont préétablis.

L'expansion des atomes de lumière ou des ondes de chaleur lumineuses est aussi préétablie, et ces ondes parcourent, pendant toute cette longue durée, 77,000 lieues par seconde pour atteindre la limite extrême d'espace qu'occupaient des molécules du chaos à l'époque où l'Être suprême, en les comprimant, les fit parcourir tout cet espace pour acquérir le mouvement qui maintenant se manifeste spontanément, et qui ne cessera pas de se manifester pendant les millions de périodes héliogoniques de l'Archégète.

En admettant un siècle pour toute la durée de l'Archégète, il faut considérer que, depuis le commencement du Monde, il ne s'est écoulé que la minime partie de la première seconde de ce siècle.

# DEUXIÈME SECTION.

## DE LA TRANSFORMATION DES ÉLÉMENTS D'EAU DES PLANÈTES EN AIR ET EN SUBSTANCES VÉGÉTALES ET MINÉRALES.

§ 107. Il n'y a au ciel que des étoiles claires visibles à l'œil nu et des étoiles télescopiques ; une moitié des étoiles claires, *savoir* 2,215, *sont mobiles* ; *l'autre moitié est immobile*. Parmi les étoiles claires ou télescopiques, les unes sont indigènes et les autres exotiques.

Toutes les étoiles ont leur origine dans la masse empyrée des gros jets expulsés de l'Archégète. La masse de chacun des quatre jets inférieurs s'est subdivisée en 16 millions de portions ; le moment de la séparation de chaque couple de portion est celui de la naissance d'un couple de soleils.

Ainsi les soleils sont composés de portions de masse empyrée non différentes entre elles ; ils ne sont pas composés des jets entiers expulsés de l'Archégète *comme* cela arrive pour des planètes composées chacune d'un jet entier expulsé du Soleil. Si la masse de chaque planète est très-différente, la masse de chaque jet expulsé de l'Archégète ne l'est pas moins. Mais la subdivision de plus gros jets produit un plus grand nombre de portions, et non pas un égal nombre de plus grosses portions, de sorte que sans que les portions soient parfaitement égales, elles ne sont que deux ou trois fois plus grandes que celle de notre Soleil. C'est par l'Astrogonie qu'on déduit ce mode de subdivisions.

Ainsi la masse *m* dont se compose notre Soleil diffère peu de celles dont se composent les soleils indigènes qui sont télescopiques, et il n'y a que leur distance qui diffère et qui fait apparaître des diminutions d'éclat correspondant aux accroissements des distances. Les soleils composés d'une masse empyrée $m + m'$ sont provenus des portions qui se sont trouvées à des distances $\Delta + \Delta'$ différentes de celle $\Delta$ à laquelle se sont trouvées les portions qui ont produit des planètes égales à celles de notre système. On obtient ces distances $\Delta + \Delta'$ par l'observation, et les noms des planètes sont déterminés par les durées de leur révolution.

Les soleils exotiques sont très-vieux ; parmi les soleils indigènes, le nôtre avec son syzygue (1831) et un autre couple dont l'élément mobile est (21,185, Lalande) sont les plus anciens, car ils sont entourés de planètes déjà éteintes. Si plusieurs soleils exotiques sont entourés de planètes lumineuses qui les rendent visibles, cela ne prouve pas qu'ils sont moins vieux que notre système planétaire, mais bien que leur soleil a déjà parcouru ses 2e, 3e... périodes planétagoniques.

§ 108. **Erreurs des astronomes rectifiées.** Plusieurs espèces d'erreurs se sont élevées en quelque sorte comme des barrières pour arrêter les progrès de la science astronomique. Je citerai les erreurs suivantes provenant, non des faits tirés des observations, mais des hypothèses logiques admises pour obtenir l'explication de ces mêmes faits. C'est Herschel qui a commis les plus graves erreurs.

I. Cet astronome a cherché la matière empyrée dispersée dans l'espace d'où elle a dû *s'accumuler par l'attraction* pour produire des amas destinés à se condenser pour engendrer les corps massifs indépendants les uns des autres et d'inégales densités.

Ici, au contraire, je fais voir que la masse empyrée ne s'est trouvée d'abord que dans le seul corps central, l'Archégète, d'où neuf gros jets ont été expulsés. La masse empyrée de chacun s'est trouvée dans sa rupture d'équilibre en rapport inverse des carrés des distances de l'Archégète. Herschel a nommé ces effets de la pesanteur *différente intensité des transformations*.

II. On a considéré les nébuleuses comme un amas de matière empyrée, dont des milliers réunis devaient produire un seul corps, bien qu'on pût comparer la dimension de chacun de ces amas à celle de l'orbite des planétoïdes.

Selon moi, ces corps ne sont que les vésicules produites par les molécules de la surface de la masse empyrée; la durée de cette production est aussi longue que celle de la rupture d'équilibre dans cette masse empyrée très-visqueuse. Ce sont les amas des vésicules gelés qui se montrent sous forme de points lumineux, points qu'Herschel a considérés comme autant d'étoiles.

III. Cet astronome a attribué la direction de l'ensemble des mouvements des étoiles mobiles au mouvement du Soleil, tandis qu'elle ne correspond qu'à la position du plan de son orbite. Toutefois il n'est pas tombé dans l'erreur commise par Argelander, qui a cherché le corps central dans l'astérisme de Persée.

IV. Ni Herschel ni aucun autre astronome n'a soupçonné l'accroissement physiologique des éclats correspondant aux vitesses orbiculaires des corps lumineux. Pour Vega et Arcturus, Herschel a trouvé les diamètres 0″,36 et 0″,2; Engelemann a trouvé dans plusieurs étoiles des dimensions inférieures à 1″, car celles qui offrent une dimensien supérieure sont résolubles. Au lieu de rectifier cette erreur, Arago a cherché à la réfuter en prouvant que des corps massifs de dimensions pareilles ne manqueraient pas d'exercer des perturbations sur notre Soleil.

V. Herschel supposait la masse égale dans chaque étoile, et il attribuait la diminution de leur éclat aux distances supérieures. Toutefois, depuis la découverte des parallaxes de plusieurs étoiles claires, on a pu s'assurer qu'il y a des différences réelles entre les éclats; à la distance 3, α du Centaure a un éclat inférieur à celui de Sirius à la distance 45.

VI. Ni Herschel ni Struve n'ont reconnu : 1° les étoiles doubles composant les systèmes planétaires, et 2° celles qui sont des couples de soleils produits d'après l'Astrogonie. Ici, ce sont les couples planétaires qui servent à faire connaître les différents états dans lesquels s'est trouvé notre système planétaire à diverses époques.

VII. Voulant conserver aux corps célestes une forme aplatie que n'a pas même la Terre, et qui n'est qu'un résultat d'optique dans les trois planètes, les astronomes se sont mis hors d'état de pouvoir jamais connaître le mode de production des couleurs par la forme ovalaire des planètes et des satellites lumineux.

VIII. L'éclat périodique d'une centaine d'étoiles et l'éclat variable d'un grand nombre d'étoiles claires résultent de la forme ovalaire des étoiles, de même qu'en résultent les couleurs. Les hypothèses logiques que les astronomes ont admises pour arriver à l'explication de ce phénomène n'ont aucune valeur physique.

IX. C'est au moyen des durées des périodes des éclats que j'ai classé ces étoiles, 1° en planètes Hermès, hermaphrodites ou polyplanètes, et 2° en satellites qui se présentent comme étoiles monodoryphores, didoryphores, tridoryphores et polydoryphores.

X. En général, les étoiles de 1re et de 2e grandeur sont du système doryphorique et celles de 3e, 4e, 5e et 6e grandeur sont du système planétaire.

XI. Il y a autant de couples de la 7e grandeur qu'il y a d'étoiles mobiles, savoir 921. Ce nombre diffère peu de celui des étoiles mobiles de 6e grandeur, qui est de 994; la différence 0",40 entre leur vitesse 9",05 et 8",61 est également minime.

XII. Dans les étoiles de 1re et de 2e grandeur composées de systèmes doryphoriques, la vitesse supérieure correspond à leur grande vieillesse ; cette vieillesse sert à faire voir que les plans des orbites des soleils de ces système planétaires ne doivent pas être très-éloignés de celui de la syzygue (1831) de notre Soleil. Ainsi donc, de même que la vitesse 701″ de cette syzygue est grande, de même celle des soleils dont les orbites n'en sont pas trop éloignés est grande aussi.

XIII. Pendant leur décroissement, les étoiles de 1re et de 2e grandeur s'affaiblissent *sans cesser* de conserver la même vitesse. C'est pourquoi parmi les 23 étoiles qui ont une vitesse séculaire au-dessus de 100″, il y en a :

3 de 1re et de 2e grandeur; 2 de la 3e; 4 de la 4e; 7 de la 5e ; 5 de la 6e; 2 des étoiles télescopiques.

Cette mention des erreurs des astronomes et leur rectification facilite l'explication de la production des faits physiques opérés dans les systèmes planétaires tant qu'ils persistent à être lumineux, parce que quand les planètes s'éteignent, leur soleil qui est télescopique devient visible. Avant d'exposer les séries des changements préétablis de chaque système planétaire, je citerai comme exemples des faits qui serviront à faire voir que les mouvements des étoiles indiquent si elles s'approchent ou si elles s'éloignent de nous.

### I. DE LA DIRECTION DU MOUVEMENT DES ÉTOILES FIXES.

§ 109. La distance ne change ni entre la Terre et la Lune ni entre la Terre et le Soleil, de sorte que leur mouvement n'est qu'angulaire; mais il n'en est pas de même des distances entre la Terre et les planètes ou entre la Terre et les étoiles fixes : ces distances changent pendant le mouvement orbiculaire des étoiles. Pour la Lune et le Soleil, il n'y a que des changements de distance angulaire, tandis que pour les étoiles, il y a tout à la fois des changements de distance angulaire et de distance linéaire.

Dans les cas où un corps lumineux ou éclairé s'approche de nous, il y a accroissement de la poussée $p$ exercée par les molécules de lumière en expansion, de sorte que la poussée devient $p+p'$, poussée dans laquelle $p'$ correspond, non au degré de raccourcissement de la distance D, mais à la distance $\delta$ parcourue en 1''. Au cas où le corps s'éloigne, la poussée $p$ diminue pour devenir $p-p'$.

Pour que le mouvement angulaire disparaisse, il faut : 1° que les corps s'approchent ou s'éloignent suivant le rayon visuel, ou 2° qu'ils circulent autour de l'Archégète avec une vitesse $v'$ dont la différence avec celle $v$ de notre Soleil est imperceptible. Toutes les étoiles télescopiques paraissent immobiles, parce que la différence $v-v'$ est trop faible pour qu'on l'aperçoive.

Les changements des distances angulaires entre quelques étoiles ont fait connaître l'existence d'un déplacement qui ne devait pas différer de celui observé dans les planètes. Herschel a trouvé une direction constante de l'ensemble des mouvements, et il a attribué cet effet à un mouvement du Soleil. Il s'est passé près d'un siècle sans qu'aucun fait nouveau soit venu contredire de tous points cette hypothèse; aussi les astronomes de nos jours l'ont-ils adoptée.

C'est Klinkerfuss qui a réussi à prouver que chacune des étoiles mobiles a un mouvement propre entièrement indépendant du mouvement de notre Soleil. Cette découverte, faite en 1865, a été annoncée dans le journal astronomique d'Altona et dans plusieurs autres, sans que personne, jusqu'à présent, ait pu en évaluer la portée.

§ 110. Lorsqu'en réfutant l'hypothèse d'Herschel sur la cause des mouvements d'un nombre d'étoiles (t. I, p. 685), j'ai montré le mode de production de ces mouvements, je ne connaissais pas la découverte de Klinkerfuss. Cet astronome a trouvé le résultat de l'observation d'accord avec le système des ondulations, sans pouvoir néanmoins savoir en quoi consiste le mouvement des étoiles claires ni celui des deux étoiles télescopiques.

Nous savons maintenant, de façon à n'en pas douter, que chacune des étoiles ayant un déplacement angulaire s'approche en même temps ou s'éloigne de notre Soleil avec une vitesse qui diffère chez chacune des étoiles mobiles. Si, comme le prétend Herschel, le déplacement de notre Soleil était la cause commune du rapprochement et de l'éloignement entre lui et les étoiles, il n'y aurait pas eu de différence entre les vitesses des déplacements linéaires.

Les changements angulaires et les résultats du rapprochement ou de l'éloignement des étoiles nous font voir que les étoiles mobiles s'approchent ou s'éloignent de nous par un mouvement oblique. En faisant passer un grand cercle par l'étoile mobile à une époque E et après la durée T un autre cercle qui passe par la même étoile, il en résulte un triangle rectangle ayant pour hypoténuse l'arc $a$ parcouru qui apparaît égal à cos $\gamma$, $\gamma$ étant l'angle formé par l'orbite de l'étoile avec celui du Soleil; le rapprochement ou l'éloignement de l'étoile est le sin $\gamma$.

Ainsi les distances linéaires trouvées par l'observation ne sont ni les distances réelles $a$ parcourues par les étoiles ni les distances apparentes cos $\gamma$ angulaires, mais elles sont indiquées par sin $\gamma$. C'est donc de l'angle $\gamma$ que dépend la vitesse du rapprochement ou de l'éloignement de l'étoile et non pas de la longueur de l'arc $a$ parcouru, longueur qui diffère trop peu pour chaque étoile indigène pour qu'on puisse l'apercevoir. Le déplacement angulaire cos $\gamma$ n'est qu'apparent, car il a sa cause dans l'inclinaison $\gamma$ de l'orbite de l'étoile sur l'orbite de notre Soleil.

Soient $ss'$ (fig. 8) l'orbite du Soleil, $ee'$ l'orbite d'un autre soleil incliné pour former l'angle $\gamma$; le Soleil et l'étoile circulent autour de l'Archégète dans le même sens en s'approchant ou en s'éloignant de leur nœud ☊ avec une égale vitesse. Dans le cas où le nœud se trouve entre le

Soleil et l'étoile, l'un de ces corps s'en approche et l'autre s'en éloigne, sans néanmoins que la vitesse soit modifiée. Il faut donc distinguer deux cas : 1° lorsque le Soleil et l'étoile sont du même côté par rapport au nœud en s'avançant vers lui ou en s'en éloignant, et 2° lorsque le Soleil s'approche ou s'éloigne du nœud, tandis que l'étoile s'en éloigne ou s'en approche.

Fig. 8.

§ 144. I. **Le Soleil** *s* **et l'étoile** *e* **du même côté par rapport au nœud.** Admettons que les deux corps s'éloignent du nœud ☊ en parcourant un arc égal $ss' = ee'$ pendant la durée T = un siècle. Lorsque le Soleil est en $s'$, l'étoile se voit en $e'$; mais nous nous portons vers le Soleil, et pour cette raison nous croyons toujours rester en place près de $s$ où l'on voyait l'étoile dans la direction $se$. Au bout de la durée T, la direction $s'b'$ ne conduit pas à l'étoile $e'$, mais à un point $b'$. L'étoile paraît avoir éprouvé un déplacement en parcourant l'arc $a'e'$ pour s'approcher du nœud ☊.

Si le Soleil $s'$ et l'étoile $e'$ s'avancent vers le nœud ☊, après la durée T le soleil sera en $s$ et l'étoile en $e$. En comparant la direction $se$ obtenue par l'observation de l'étoile et celle $sb$ parallèle à $s'e'$ dans laquelle se trouvait l'étoile avant la durée T, nous trouvons un déplacement opéré par l'étoile de $b$ à $e''$ pour que le nœud s'éloigne. Si l'on admet que la direction qui conduit vers le nœud soit positive, celle qui se présente comme éloignement du nœud serait négative.

II. **Le nœud entre le Soleil et l'étoile.** Lorsque le Soleil S s'éloigne du nœud ☊, l'étoile $e'$ s'en approche avec une vitesse égale $e'e = SS'$. La direction S'B parallèle à S$e'$ indique la place où devrait se trouver l'étoile si elle était immobile. L'angle BS'$e$ indique un déplacement qui est dans un sens presque perpendiculaire aux deux déplacements précédents.

Au cas où le Soleil S' s'avance vers le nœud quand l'étoile $e$ s'en éloigne, après une durée T le Soleil sera en S et l'étoile en $e'$. La direction SB' parallèle à S'$e$ et celle S$e'$ forme l'angle $e$SB', qui indique le déplacement de l'étoile, laquelle parcourt l'angle B'S$e$ en sens inverse par rapport à celui B$e$.

§ 112. **Rapprochement ou éloignement des étoiles.** Dans le cas où le Soleil $s'$ et l'étoile $e's''$ avancent vers le nœud ☊ avec une égal evitesse, en une durée T les deux corps se trouveront en $s$ et en $e$. Ils étaient d'abord séparés par la distance $s'e'$; après la durée T, la distance entre les deux corps est devenue $se$, l'étoile a parcouru la distance $e'e'$ en s'approchant du Soleil; cette distance n'est jamais égale à la longueur $ee'$ de l'arc parcouru par l'étoile, car dans ce cas il fallait que l'inclinaison $s$☊$e$ fût $\gamma = 60°$.

Au cas où le soleil $s$ et l'étoile $e$ s'éloignent du nœud ☊, après la durée T, le Soleil se trouvera en $s'$ et l'étoile en $e'$; la distance $se$ entre ces corps se trouvera augmentée par la partie $e'c$, laquelle serait parcourue par l'étoile se trouvant en $c$ en une durée T.

Si le nœud ☊ est entre les deux corps pendant que le soleil S s'en éloigne pour arriver à S' pendant la durée T, l'étoile $e'$s'avance vers lui pour arriver à $e$. La distance $e$S' étant plus grande que celle S$e$, il en résulte que la différence S$e'$—S'$e$ est toujours inférieure à la distance $ee'$ parcourue par l'étoile.

§ 113. **Rectification de l'erreur de Klinkerfuss.** Dans les résultats obtenus au tableau, § 26, il n'y a que la distance parcourue par Uranus vers la Terre qu'on ait pu contrôler; à cette distance, l'erreur probable 0,100 surpasse de beaucoup la valeur 0,008 trouvée pour le déplacement de la susdite planète.

Il est incontestable qu'il existe un rapport entre les modifications des réfractions des rayons et les vitesses des rapprochements ou les éloignements des étoiles, mais Klinkerfuss s'est trop hâté en donnant à l'excédant ε une valeur environ cinq à huit fois trop grande. Cet excédant de l'erreur est beaucoup trop grand pour qu'on puisse le comprendre entre les limites indiquées.

Cette rectification de l'hypothèse de Klinkerfuss est basée sur la vitesse du mouvement orbiculaire (t. I, § 455), laquelle diffère peu pour le Soleil et les étoiles indigènes. Comme valeur moyenne, on trouve pour le Soleil une vitesse de 7 à 10 lieues par seconde. Nous avons montré ci-dessus le mode de production du mouvement des étoiles claires et en même temps leur rapprochement ou leur éloignement qui ne peut jamais être d'une vitesse égale à celle du mouvement orbiculaire du Soleil ou des étoiles indigènes dont la vitesse orbiculaire diffère peu de celle du Soleil. Pour cette raison la valeur de ε ne doit donner par seconde qu'un nombre de lieues inférieur à 7.

## II. DE LA VIE ASTRONOMIQUE DES SYSTÈMES PLANÉTAIRES.

§ 114. La naissance de chaque système planétaire date de l'expulsion des neuf jets de masse empyrée d'un soleil jusqu'alors lipoplanète.

Chacun des neuf jets forme en ce moment une bande dont la longueur peut se comparer à la moitié de sa distance du Soleil. Les molécules de ces bandes se trouvent en équilibre rompu par rapport à la pesanteur; ce qui les force à se déplacer pendant une longue durée T, durée nécessaire pour que toutes se trouvent arrangées de façon à être équilibrées. Un pareil arrangement des molécules n'est possible que sous la forme ovalaire, et cela à cause de la poussée inférieure exercée par le barogène raréfié venant du côté du soleil du système. Cette forme reste ensuite conservée lorsque la surface de la masse empyrée se refroidit, et sa couche superficielle devient une enveloppe solide séparant le froid de l'espace de la couche superficielle A de masse empyrée.

Il s'écoule un espace de temps T' depuis la formation d'une enveloppe jusqu'à l'époque où la force de cette enveloppe est suffisante pour résister à une très-grande poussée répulsive exercée par la chaleur accumulée Q9 dans la couche superficielle A de masse empyrée; elle parvient enfin à briser la partie la moins solide de l'enveloppe et à faire échapper par le cratère ouvert un certain nombre de jets de masse empyrée.

Au moyen de cette expulsion, les planètes acquièrent un mouvement de rotation et elles communiquent le mouvement orbiculaire aux jets expulsés. Un de ces jets rebrousse chemin et se dépose sur la planète sous forme de ceinture autour de sa région équatoriale.

A compter du moment où la bande de masse empyrée

s'est déposée, la masse empyrée de la planète est réduite en équilibre rompu, et il s'écoule une longue durée T″ pendant laquelle l'enveloppe équatoriale se fond, puis il s'y forme un sillon oblique, que nous nommerons ici *sillon royal*.

C'est dans cet état que les molécules, en obéissant à la pesanteur, se déplacent pour s'arranger de manière à y correspondre. Pendant cette longue durée T″, le froid de l'espace pénètre dans les couches inférieures de la masse empyrée qui se solidifie en perdant sa chaleur lumineuse jusqu'au point de devenir un globe de glace de forme ovalaire tournant autour d'un de ses diamètres. En cet état, la masse de chaque planète, étant réduite, se trouve à la fin de sa vie astronomique.

On sait que les séries des faits dans l'ordre chronologique des plantes et des animaux sont préétablies; il en est de même des séries de faits qui se succèdent dans l'ordre chronologique depuis la naissance de chaque système planétaire jusqu'à ce que s'établissent à des époques différentes : 1° d'une part l'équilibre des molécules matérielles par rapport au barogène, et 2° d'autre part l'équilibre entre la température de la masse empyrée et celle de l'espace ambiant.

Ainsi la vie astronomique des systèmes planétaires ne consiste qu'en restitution d'équilibre rompu de la masse empyrée dont, 1° les molécules matérielles se déplacent en obéissant aux poussées opposées isodynames du barogène amené par les ondes O, *o* des deux électrosphères, et 2° les molécules électriques ayant une très-grande densité et n'éprouvant du dehors aucune résistance, se trouvent en équilibre rompu. Pour que cet équilibre soit restitué, il faut que, par une expansion de millions de siècles, la densité des molécules du fluide primitif diminue jusqu'à se trouver en équilibre avec leurs homonymes qui sont dans l'espace ambiant; car cet espace est également parcouru par de semblables molécules provenant de l'ensemble des portions de masse empyrée produites par la subdivision des gros jets expulsées de l'Archégète. L'expansion de la majeure partie de la masse empyrée de ce corps a commencé la première; elle ne se terminera qu'après un temps dont le terme est indéfini.

### III. VIE GÉOLOGIQUE DES SYSTÈMES PLANÉTAIRES.

§ 115. Parmi les changements des planètes éteintes, on ne peut observer que ceux qui s'opèrent sur la surface des planètes de notre système planétaire, car les systèmes éloignés sont invisibles. Parmi les changements qui s'opèrent sur la surface des planètes en trop petites dimensions pour être aperçues, ou bien qui ont eu lieu pendant les siècles passés et dont les restes se trouvent au delà de la surface des planètes, parmi ces changements, dis-je, nous ne connaissons que ceux de la Terre.

Pour connaître les détails des changements des molécules matérielles opérés dans la surface des planètes éteintes et dans leur intérieur, non-seulement des planètes de notre système, mais encore de tous les autres systèmes, il suffit donc de connaître les changements opérés d'après l'état préétabli dans la Terre. Cet état préétabli est ce qu'on doit entendre par le mot *vie*, ζωή, car elle contient les séries prédéterminées des changements, aussi bien celles des plantes et des animaux que celles des planètes de notre système et de tous les autres. C'est pourquoi nous nommons ici *vie géologique des planètes* des séries des changements opérés dans les planètes pendant qu'elles sont éteintes. Cette vie commence quand cesse la vie astronomique de toutes ces mêmes planètes.

Au commencement de sa vie géologique, chaque planète n'est composée que d'un globe de glace de forme ovalaire tournant autour d'un de ses diamètres; à la fin de sa vie géologique, chaque planète conserve son mouvement orbiculaire; elle a perdu plus de la moitié de la vitesse de son mouvement de rotation; ce mouvement de rotation a servi à mettre en mouvement environ 40 couples de poussées dont se sont séparés autant de couples de colonnes d'air, lesquelles restent dans l'espace en continuant de circuler autour du Soleil sur de nouveaux orbites. Ces corps aériens sont les *comètes*. Ces dernières ne sont donc pas des *parvenues*, comme les astronomes les ont appelées jusqu'à présent, mais bien des *filles jumelles* de la Terre et des planètes de notre système.

Les séries de changements qui s'opèrent pendant la longue durée de la vie géologique ne sont produits que par les éléments électriques amenés par les rayons solaires, lesquels se combinent avec les éléments de l'eau, et par suite un ou trois atomes d'oxygène se séparent de 4 atomes d'eau. De là résultent deux restes qui sont deux nouveaux corps, lesquels, bien que n'étant pas simples, sont indécomposables. Tant que les chimistes n'ont pas connu ce mode de production de corps indécomposables, plusieurs d'entre eux ont admis qu'il existe autant de corps simples qu'il y a de corps indécomposables.

§ 116. Les astronomes de tous les temps et ceux de notre siècle n'ont admis qu'une matière primitive; cependant ils n'ont pas pu s'accorder avec les chimistes. Ici je rétablis l'accord, car je démontre chimiquement aux chimistes le mode de production des corps indécomposables par la séparation de quelques éléments. En voilà un exemple :

1 atome double d'azote $= O^4H^4 - O = O^3H^4$; le poids $= 28 = Az^2$.
1 atome double de carbone $= O^4H^4 - O^3 = OH^4$; le poids $= 12 = C^2$.
1 atome double de thallium $= 2O^4H^4PbS^7 - 2SO^4 = 2H^4PbS^4$; le poids $= 107 = Th^2$.

Les deux éléments matériels de l'eau et les deux éléments électriques des rayons solaires produisent les atomes doubles végétaux $C^{24}H^{24}O^{24}$. De l'éloignement des différentes quantités d'oxygène et d'hydrogène résultent des restes *indécomposables* que nous trouvons à l'état de minerais. Si les chimistes ne savent pas pourquoi ils n'ont pas les moyens de décomposer ces corps, il ne s'ensuit pas que les astronomes ne doivent pas persister à considérer comme identique la matière première de tous les corps célestes. Je démontre ici que cette matière n'est composée que des deux éléments de l'eau, et dans la *Physicochimie* je ferai voir que le mode de production des corps indécomposables qui sont tous des résidus de la séparation des éléments de l'eau des atomes doubles végétaux $C^{24}H^{24}O^{24}$.

### IV. ORIGINE DOUBLE DES PERTURBATIONS.

§ 117. Lorsqu'on ignorait que les ondes O, *o* des deux électrosphères amènent leurs molécules homonymes à une égale densité dans l'espace énastre, et que par cette raison on les a nommés *barogène*, au lieu d'attribuer la pesanteur à la poussée exercée par ce barogène sur celui contenu dans les corps, les astronomes admirent une force de nature inconnue qui fait approcher les corps les uns des autres avec une intensité correspondant à leur masse.

§ 118. **Perturbation entre les planètes.** Les faits observés sont produits, non par l'attraction, mais par des écrans que le barogène de chaque corps fait aux corps ambiants en interceptant une égale quantité de barogène amené par les ondes pour l'empêcher d'arriver aux corps ambiants. On a considéré cette diminution de poussée comme la manifestation d'une force, 1° qui attire les corps ambiants vers leur gros corps central, et 2° qui attire aussi les corps les uns vers les autres.

Un corps C faisant écran aux autres par son barogène, met tous les corps ambiants en équilibre rompu par rapport à la poussée normale P qu'ils éprouvent de la part du barogène B amené des ondes O, *o*; car le corps C fait éprouver à ces mêmes corps des poussées moindres que celles que leur cause le barogène B; ce corps est un corps central comme le Soleil. Chacun de ces diamètres ayant **b** molécules de barogène fait écran à autant d'autres molécules qui y affluent, et celles-ci ne livrent passage qu'à la différence B—**b** de molécules de barogène, lesquelles exercent sur les corps périphériques une poussée P—*p* inférieure à celle P exercée par le barogène B.

*s* étant la surface du Soleil, D est la densité des extrémités de ses diamètres $2n$; à une distance $nn$, les diamètres prolongés occuperont par leurs extrémités une surface $ns$; la densité D deviendrait alors $n^2$ fois inférieure. Par suite, si $P^2$ est la densité de rupture d'équilibre sur la surface $s$, ce degré se réduit à $p$ à la distance $n$ sur la surface $n^2s$.

Les degrés de rupture d'équilibre sont en raison inverse des carrés des distances et sont le résultat direct des écrans, tandis que les astronomes l'ont considéré comme une loi physique (t. I, p. 37). Au lieu de dire que les écrans sont en raison inverse des carrés des distances, les astronomes ont soutenu que l'attraction est en raison inverse des carrés des distances; c'est pourquoi les résultats des calculs ne diffèrent pas de ceux des observations quand il s'agit des ruptures d'équilibre produites par la masse M d'un corps sur les masses M', M'', M'''... des autres corps dont les distances sont connues. Mais au lieu de considérer la forme des corps célestes comme ovalaire, les astronomes l'ont supposée aplatie; au lieu de reconnaître deux hémisphères inégaux séparés par l'équateur qui ne passe jamais par le sommet ni par le milieu de la base, les astronomes ont supposé les deux hémisphères égaux.

§ 119. **Perturbation de la Terre.** Les déplacements des corps correspondent aux inégalités des masses des deux hémisphères, mais les astronomes n'ont pas reconnu ces inégalités. Ne sachant à quoi attribuer les anomalies apparentes des mouvements observés, ils les ont nommées *perturbations* sans les distinguer en deux classes conformément à leurs deux origines. Je me bornerai à indiquer ici les perturbations qui n'ont pour cause que l'inégalité de masse et de forme des deux hémisphères de la Terre, dont la forme ovalaire a son sommet en Lybie et en Nubie et sa base dans l'archipel Pomotu de l'océan Pacifique. L'équateur qui passe au sud du sommet et au nord de la base de l'ovalaire divise la Terre en deux parties inégales pour la forme et le poids.

1° L'inégalité de forme est obtenue des nombreuses mesures de longueur des degrés des méridiens, lesquelles ne se ressemblent nulle part aux latitudes égales des deux hémisphères, pas même aux mêmes parallèles.

2° L'inégalité des poids des deux hémisphères se manifeste : 1° dans le mouvement inégal de la Terre dans chacune des deux moitiés de l'écliptique en partant des équinoxes, et 2° dans la circulation de la Lune autour de la Terre.

I. Au lieu que la position de l'axe de la Terre reste constante, celle-ci achève chaque année une oscillation sur le plan de l'écliptique : 1° A l'époque du solstice du Cancer, l'axe de la Terre se trouve incliné de 0″, 55 sur l'écliptique dans un sens. 2° A l'époque du solstice du Capricorne, le même axe se trouve incliné de 0″, 55 en sens inverse. C'est au ciel, dans le prolongement de l'axe terrestre, que Bradly a découvert cette oscillation dont l'amplitude annuelle est de 0″, 55 ; on la connaît sous le nom de *nutation*. C'est ici que les astronomes verront la cause physique de ce fait qui n'indique aucune perturbation, mais simplement l'existence d'une inégalité de masse dans les deux hémisphères de la Terre, lesquels étaient admis égaux dans le calcul.

Ainsi, en multipliant les mesures des degrés des méridiens et celles des degrés des parallèles, on a pu facilement se convaincre que la forme de la Terre n'est pas aplatie ; les astronomes actuels l'ont déclarée *irrégulière*. En observant les mouvements du prolongement de l'axe terrestre ou celui du plan équatorial, ils les considèrent comme un état de *perturbation* par rapport du résultat au calcul.

En coordonnant géométriquement les longueurs des degrés obtenues à l'aide de mesures géodésiques, j'ai trouvé que la forme de la Terre est ovalaire et a son sommet en Lybie et en Nubie, 23° ½ au nord de l'équateur, et sa base dans l'archipel de Pomotu de l'océan Pacifique diamétralement opposé.

En attribuant à l'hémisphère boréal de la Terre un poids $P+p$ où se trouve le sommet de l'ovalaire et à l'hémisphère austral un poids P inférieur à cause de la base de l'ovalaire, j'ai trouvé que l'amplitude 0",55 de l'oscillation annuelle de l'axe terrestre correspond exactement à la différence $p$ du poids entre les deux hémisphères.

1° Au lieu donc de dire que la forme de la Terre est irrégulière, j'ai trouvé qu'elle est ovalaire. 2° Au lieu de dire qu'il y a des perturbations ou des anomalies dans les mouvements de la Terre, j'ai fait voir que ces mouvements peuvent déterminer la différence $p$ entre les poids des deux hémisphères terrestres.

II. Le produit de la chute de l'excédant $p$ du poids de l'hémisphère boréal n'est pas anéanti. C'est ce mouvement qui fait que la Terre, en partant au printemps du nœud ☊, opère sa révolution autour du Soleil. Le prolongement du plan de son équateur arrive alors à l'écliptique pour le couper à un point qui précède de 50" ¼ le point de l'année précédente. Sans connaître la cause de ces déplacements du nœud découvert par Hipparque, les astronomes contemporains se sont bornés à l'appeler *précession*. Ici, au contraire, la précession n'est qu'un effet provenant de la même cause que la *nutation*. Si l'excédant $p$ de poids manquait dans l'hémisphère boréal, sa chute serait égale à celle de l'hémisphère sud, et le même point du prolongement du plan de l'équateur terrestre serait arrivé au nœud de l'année précedente. C'est donc l'accélération de la chute qui est cause physique de la *précession*..

III. La précession est le résultat de la périphérie de l'équateur terrestre, tandis que l'excédant de vitesse de la chute dont le maximum arrive peu après celui de l'année précédente se manifeste par rapport au sommet de l'écliptique. Ce progrès annuel du périhélie ou du sommet de l'écliptique est de 11″,8.

Les *nutations*, la *précession* et *l'avancement du périhélie* sont trois faits qui s'opèrent : 1° sur les positions de l'axe terrestre, 2° sur la périphérie de l'équateur terrestre, et 3° sur l'écliptique d'après la loi connue de la pesanteur. Ces trois faits conduisent tous à connaître l'inégalité du poids entre les deux hémisphères de la Terre.

§ 120. **Perturbation du mouvement de la Lune par la Terre.** La chute accélérée de la Lune vers l'hémisphère boréal de la Terre produit un déplacement correspondant à cet hémisphère vers la Lune. Ainsi une durée égale de 18 ans 218 jours et 21 heures compose : 1° une période de précessions des nœuds de l'orbite de la Lune par rapport au prolongement du plan équatorial terrestre, et 2° une période de la courbe décrite dans la voûte céleste par le prolongement de l'axe terrestre.

La marche antécédante du périgée s'effectue de la même manière que celle du périhélie, de sorte qu'il y a une concordance parfaite entre les perturbations du mouvement de la Lune et celles du mouvement de la Terre. Il y a donc là une espèce de contrôle qui ne permet en aucune façon d'attribuer les séries des faits à deux causes différentes.

Quand les perturbations eurent cessé, il eût été superflu de se livrer à des calculs qui n'auraient servi qu'à trouver des valeurs approximatives. Après avoir exposé ici la cause physique des mouvements observés qui en résultent, je crois devoir m'abstenir de faire des hypothèses et d'aborder des calculs souvent très-compliqués. Des calculs très-simples, dont les résultats correspondent exactement à ceux des observations peuvent suffire ici. Ainsi il est possible de déterminer avec la plus grande exactitude les éclipses de Lune et de Soleil pour des siècles entiers, et non pas seulement pour une dizaine d'années comme on l'a fait jusqu'à présent (1).

## V. TRANSFORMATION DES CALCULS ASTRONOMIQUES EN REMPLAÇANT LES QUANTITÉS LINÉAIRES PAR LES QUANTITÉS DE VOLUMES.

§ 121. Au moyen des observations, nous obtenons en distances angulaires les mouvements des corps célestes; par la distance R des corps, nous obtenons la longueur réelle de l'arc parcouru $a$; c'est par la connaissance de la masse $m$ d'un corps que nous arrivons à déterminer la quantité de mouvement

$$(\alpha \qquad e \times m; \quad e = a = \frac{\pi R}{r}.$$

Dans le t. I, p. 208, j'ai exposé le mode de production des orbites elliptiques par deux inégales poussées exercées verticalement sur les masses. Ces poussées ne sont que des volumes des équivalents électriques en expansion, qui réduisent les corps en équilibre rompu par rapport au barogène B

(1) Dans le *Journal astronomique d'Altone*, n° 1508, Delaunay annonça l'existence d'une nouvelle cause ayant une influence sensible sur la valeur de l'équation séculaire de la Lune.

Dans sa *Mécanique céleste*, livre V, Laplace dit que l'état de fluidité de la mer n'altère pas l'uniformité du mouvement de rotation du globe.

Delaunay dit que les marées déterminent un ralentissement progressif du mouvement de la rotation de la Terre; ralentissement qu'on ne peut attribuer au mouvement de la Lune comme l'a fait Laplace.

Dans le volume suivant, je démontrerai physiquement : 1° que Delaunay a eu raison en disant que le mouvement de rotation de la Terre s'était accéléré, et 2° que Laplace a eu également raison en affirmant que la fluidité de la mer n'altère pas l'uniformité du mouvement de rotation du globe.

amené par les ondes O, *o* et aussi par rapport au barogène B — **b** venant du côté du corps central.

§ 122. **Égalité des aires parcourues par le rayon vecteur.** Le jet A (fig. 9) expulsé du Soleil S arrive à la distance A en parcourant la branche d'une hyperbole $a^2y^2 - b^2\chi^2 = a^2b^2$. Au moment de l'arrêt produit sur le jet par la résistance du barogène affluent, il devient $\chi = 0$ et $y \pm a$. Le jet commence immédiatement à obéir à la poussée $a'a$ centripète qui est $B - (B - \mathbf{b}) = \mathbf{b}$, sans cesser d'obéir à la poussée précédente $a'b = aB$.

Fig. 9.

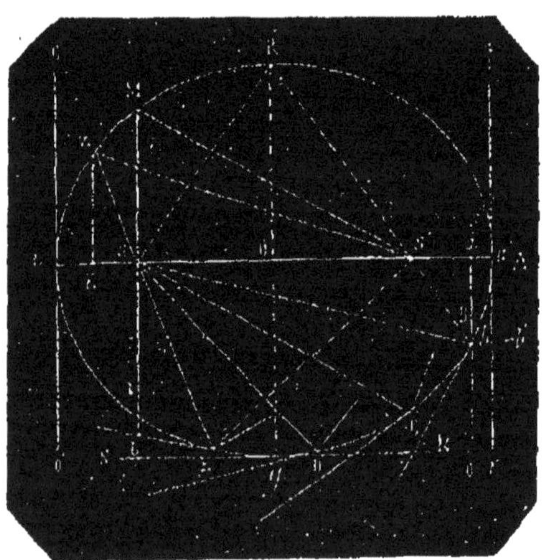

$r$ étant le rayon vecteur, $Sa'$ est la poussée centripète $\mathbf{p} = a'a = \frac{1}{r^3}$, tandis que la poussée tangentielle est $p = a'b = aB = \frac{1}{r}$. L'espace parcouru par le corps est la diagonale $a'B$ indiquée par $\lambda$; ainsi l'on a :

$$(\beta) \quad \lambda^2 = \overline{a'a}^2 + \overline{a'b}^2 = \frac{1}{r^6} + \frac{1}{r^2}; \lambda^2 r^6 = 1 + r^4; \ r^6\lambda^2 = 1, \quad r^3\lambda = 1.$$

Pour que le produit $r \times r\lambda$ soit constant, il faut négliger la longueur $r^2$ dans l'équation $\lambda^2 r^4 = 1 + r^2$; ainsi il faut prendre pour l'arc $a'B$ une valeur inférieure à la valeur véritable. Cela n'empêche pas cependant de tenir pour constant le produit $r \times r\lambda$ qui exprime un volume et non pas une surface. La quantité de mouvement $e \times m$ est également un volume, car il est :

$$(\gamma) \qquad e = \tfrac{1}{2} T^2 g \quad \text{ou} \quad e' \times 1^2 = r^2 \lambda = 1^3,$$

ainsi que je l'ai prouvé t. I, p. 41, de sorte que la formule de $\frac{1}{2} T^2 g$ indiquant la chute ne diffère pas de celle $r^2\lambda$, indiquant le mouvement orbiculaire; mais ce sont les valeurs qui diffèrent. Cependant, au moyen de la machine d'Atwood (*Phys.*, t. IV, p. 28), on parvient à obtenir des chutes sans accélération où la valeur de l'espace $e$ est constante comme celle de l'espace $e' \times 1$ ($\gamma$).

L'accroissement de l'espace $e$ de la chute a pour cause un accroissement correspondant de quantité de barogène réduit en équilibre rompu (t. I, p. 40). Ainsi, dans toutes les espèces de mouvement, la valeur de l'espace parcouru est un volume indiquant la quantité de barogène déplacé. Dans les cas où le corps central, le Soleil, et un seul corps périphériques resteraient isolés dans l'espace, il ne s'opère aucun changement dans la quantité ou dans le volume $v$ de barogène déplacé, de même qu'il ne s'en opère pas non plus dans l'appareil d'Atwood.

Cependant cela n'arrive ni dans le système planétaire où circulent huit grosses planètes autour du Soleil, ni dans les chutes libres des corps ; dans ces deux cas les espaces parcourus $e$, $e'$ ne restent pas constants.

I. L'espace $e$ de la chute croît proportionnellement aux quantités de mouvement qui sont les volumes

$$v, \quad 3v, \quad 5v, \quad 7v\ldots \quad (2n \pm 1)v$$

de barogène réduit en équilibre rompu.

II. L'espace orbiculaire $\lambda^2 = \frac{1}{r^2} + \frac{1}{r^3}$ acquiert une valeur différente dans les cas où l'écran produisant la diminution $B - \mathbf{b}$ de barogène change pour la faire devenir $B - \mathbf{b} \pm \beta$. On indique par **b** la diminution de la poussée à cause de l'écran que fait la *masse* M ou le barogène du Soleil; on indique également par $\beta$ une diminution de poussée à cause d'un écran que fait l'ensemble des masses de sept autres planètes sur la planète observée.

Connaissant donc les masses $m'$, $m''$, $m'''$... de chacune des planètes, connaissant aussi : 1° les distances $\Delta'$, $\Delta''$, $\Delta'''$... linéaires, et 2° les distances angulaires $\gamma'$, $\gamma''$, $\gamma$... ou $-\gamma'$, $-\gamma''$, $-\gamma$... par rapport au Soleil, on détermine la valeur de $\beta$.

Il faut d'abord restituer $r$ dans la valeur de $\lambda^2 = \frac{1}{r^2} + \frac{1}{r^3}$ par les distances $\Delta'$, $\Delta''$, $\Delta'''$... pour trouver $\lambda'$, $\lambda''$, $\lambda'''$...; ensuite il faut combiner les directions $\gamma'$, $\gamma''$, $\gamma'''$... ou $-\gamma'$, $-\gamma''$, $-\gamma'''$... pour en obtenir un écran commun

$$(8) \qquad B - \mathbf{b} \mp \beta; \quad S = M \pm \mu.$$

Ainsi l'on est conduit à un résultat qui ne diffère pas de celui que produirait une augmentation ou une diminution de la masse M du Soleil pour devenir $M \pm \mu$.

Dans le cas où les grosses planètes sont à une distance $180° - \gamma$ du Soleil par rapport à la planète $p$ observée, $\mu$ est positive et $\beta$ est négative. Dans le cas où la distance est $\gamma = 180°$, l'écran produit par la masse $\mu$ coïncide avec celui produit par la masse M du Soleil, et la valeur de l'écran est $B - \mathbf{b} - \beta$. 2° Si, au contraire, la distance est $\gamma = 0°$, l'écran produit par la masse $\mu$ devient une partie de l'écran de la masse M, de sorte que la valeur de l'écran total est $B - \mathbf{b} + \beta$.

Dans le cas où la distance est $\gamma = 90°$, la grosse planète étant regardée par la planète $p$ observée se trouve à une distance 90° du Soleil ou en quadrature, sans faire augmenter ni diminuer l'écran ; il est alors $\mu = 0$ et $\beta = 0$. La valeur de l'écran $\beta$ produit par la grosse planète sur la planète $p$ observée est :

$$(\iota) \qquad \beta = \mu \cos(180° - \gamma); \quad \gamma = 180° \text{ donne } \beta = \mu;$$
$$\gamma = 0 \text{ donne } \beta = -\mu.$$

Les masses $\mu'$, $\mu''$, $\mu'''$... des planètes produisent des écrans $\beta'$, $\beta''$, $\beta'''$... sur celle $\mu$ de la planète $p$ observée ; ces écrans sont en raison inverse des carrés des distances $\Delta'$, $\Delta''$, $\Delta$... entre la planète observée $p$ et les autres. $\Delta$ étant la distance d'une grosse planète de la planète $p$ observée, son écran est $\frac{1}{\Delta^2} = b$. Ainsi, la valeur de l'écran total déterminé, 1° par l'élongation $\gamma$ d'une grosse planète, et 2° par sa distance $\Delta$, est :

$$(\zeta) \qquad \beta \times b = \mu (\cos (180° - \gamma) \times \frac{1}{\Delta^2}.$$

§ 123. **Restitution des calculs des perturbations par les calculs des écrans de barogène.** Tout ce que j'expose ici est connu des astronomes. Au moyen de ces calculs, ils arrivent à des résultats qui ne diffèrent pas de ceux obtenus par les observations. Au moyen des déplacements observés dans quelques-unes des planètes, ils ont découvert l'existence et la place d'une planète invisible.

J'emploie ici ces mêmes formules mathématiques pour prouver : 1° l'existence d'un fluide barogène amené dans l'espace énastre par les ondes O, $o$, et 2° l'existence de ce même fluide dans les corps ; car c'est ainsi que le barogène **b** du Soleil et le barogène $\beta$ d'une planète empêchent d'égales quantités **b**, $\beta$ de barogène, d'arriver aux corps ambiants de la part du Soleil ou de la part de la grosse planète. Cette diminution de poussée n'étant pas connue, les astronomes ont attribué la cause de la pesanteur à une attraction mutuelle des molécules matérielles, sans qu'on puisse en déduire l'intensité qui est en raison inverse des distances. Jamais les astronomes n'ont pris en considération l'exposition des valeurs des inconnues, 1° sous forme de lignes par un seul facteur $a$; 2° sous forme de surface par deux facteurs $a \times b$; 3° sous forme de volumes par trois facteurs $a \times b \times c$. Les aires égales n'ont pas de valeur sous la forme d'une surface $\lambda \times r$ mais sous la forme d'un volume $\lambda \times r \times r$.

Tant que la masse du Soleil M n'éprouve aucun changement, il n'y a pas de variation dans l'écran B — **b** produit sur une planète $p$ observée, dont l'orbite a une excentricité $e$ qui est en raison inverse avec la poussée tangentielle $\frac{1}{r}$ et avec toutes celles qui sont occasionnées par le voisinage de grosses planètes. La planète $p$, qui s'est trouvée d'abord à la plus grande distance $r$, a parcouru pendant la durée $\tau$ l'arc $\lambda$ par l'écoulement du volume $\lambda r^2$ de barogène.

Pour terminer une révolution, il ne faut que $n$ fois la durée $\tau$ ou $n\tau = T = n\lambda r^2$. En admettant que la masse $\mu$ de la planète ait l'épaisseur $= 1$ et la surface $\lambda \times r$, $n$ fois, ces portions sont l'orbite $nr\lambda$ d'une hauteur $r$, c'est un cylindre à bases elliptiques. Le volume de ce cylindre est $V = n \times \lambda \times r \times r = n\lambda^2$. $r$ restant invariable, le volume V peut changer avec l'arc $\lambda$ pour devenir $V \pm v = nr^2 (\lambda \pm \alpha)$.

# CHAPITRE PREMIER.

## DE LA VIE ASTRONOMIQUE DES SYSTÈMES PLANÉTAIRES.

§ 124. J'ai montré dans l'*Astrogonie* que la naissance de chaque soleil date du moment de la séparation de la portion de la masse empyrée de celle du gros jet; deux couples de ces séparations s'opèrent à une distance $\rho$ de l'Archégète et deux autres à une distance $\rho - \alpha$.

Depuis la naissance d'un soleil il doit s'écouler 20 millions de siècles jusqu'à l'époque où il devient en état d'expulser neuf jets de masse empyrée. Alors une étoile nouvelle apparaît au ciel pendant 17 mois, puis elle disparaît pour une durée d'un nombre $n$ de siècles et l'ensemble des huit jets se présente : 1° sous forme de nébuleuse à cinq anneaux autour d'un cercle nébuleux; 2° ce cercle croît pour s'unir avec l'anneau voisin et il n'en reste que quatre; 3° le nombre des anneaux diminue par cet accroissement du cercle central pour se réduire à 3, 2, 1, et enfin ils disparaissent pour faire place à une nébuleuse uniforme semblable à une meule dont le diamètre peut se comparer à celui de l'orbite de Neptune ou 2 ou 3 fois supérieur.

Cet état nébuleux des systèmes planétaires a une durée T' qui est nécessaire pour que l'équilibre s'établisse dans les molécules de masse empyrée des huit bandes expulsées de leur soleil. C'est alors que la production des vésicules de vapeur est interceptée. La couche inférieure de celles qui ont été produites se précipite sur la surface de masse empyrée dans laquelle pénètre le froid et la convertit en une enveloppe solide de glace qui livre passage aux ondes de lumière.

§ 125. **Ordre de l'apparition des planètes.** 1° C'est à cause de la pesanteur que l'équilibre s'établit d'abord dans la masse $m'$ du jet le moins éloigné de son soleil qui engendre la planète *Hermès.* 2° Puis l'équilibre s'établit dans la masse $m''$ du jet suivant et il en résulte la planète *Aphrodite;* celle-ci, ainsi que la précédente, apparaît comme une étoile *hermaphrodite.* 3° Enfin l'équilibre s'établit successivement dans les jets successifs et il en résulte des planètes *Gée, Arès, Zeus, Chronos, Ouranos* et *Poséidon.*

Pendant leur vie astronomique, chacune des planètes ne parcourt qu'une seule période *doryphorogonique;* toutes, en commençant par Hermès, parcourent une durée T″ en restant à l'état *lipodoryphore,* de même que les soleils restent à l'état *lipoplanète* pendant une durée T′.

§ 126. **Mouvement rotatoire des planètes.** C'est Hermès qui expulse d'abord un nombre de jets de masse empyrée ; ces jets acquièrent une poussée centrifuge et un choc tangentiel qui les font rester à circuler autour de lui. Plus tard, Aphrodite expulse aussi un nombre de jets de masse empyrée qui restent à circuler autour d'elle. Puis ensuite et successivement les planètes Gée, Arès, Zeus, etc., expulsent des jets de masse empyrée qui deviennent des *doryphores* lumineux et restent à circuler autour de leur planète.

Les planètes lumineuses à l'état lipodoryphore ont leur grand diamètre dirigé vers leur soleil sans tourner autour d'un de leurs diamètres, ainsi que cela a lieu pour tous les satellites éteints ou lumineux.

§ 127. **Deuxième état nébuleux.** Depuis l'expulsion des jets de masse empyrée, les planètes passent pour la deuxième fois à l'état nébuleux. Cet état dure si longtemps que l'équilibre thermostatique s'établit entre l'espace et la masse des planètes ; cette masse cesse d'être empyrée, sans néanmoins rien perdre de son poids et de son mouvement. La vie astronomique est arrivée à sa fin quand les systèmes planétaires s'éteignent en parvenant à se trouver en équilibre thermostatique avec l'espace.

§ 128. **Fin de la vie astronomique.** *Ainsi éteintes*, les planètes continuent de circuler autour de leur soleil, lequel termine son deuxième état nébuleux par l'établissement de l'équilibre de la masse empyrée du 5ᵉ jet qui a rebroussé chemin. La zone équatoriale du soleil acquiert une enveloppe solide qui livre passage aux rayons provenant de la masse empyrée, ainsi que cela a lieu maintenant pour notre Soleil, qui a acquis une nouvelle enveloppe dans sa zone royale.

Il faut distinguer dans chaque système planétaire les états successifs depuis leur naissance jusqu'à leur extinction qui est la durée de leur vie astronomique.

§ 129. **Étoiles nouvelles.** J'ai mentionné avec détails (t. I, p. 216) la naissance d'un système planétaire ou l'apparition d'une étoile nouvelle. Connaissant, d'une part le nombre de 16 millions de soleils lipoplanètes et de l'autre les intervalles séculaires de l'apparition d'un couple d'étoiles nouvelles, on peut fixer à 20 millions de siècles la durée de l'état lipoplanète de chaque soleil.

Connaissant au moyen de l'Astrogonie le mode de la naissance des couples des soleils et l'intervalle écoulé depuis l'apparition du dernier couple d'étoiles nouvelles, il en résulte qu'avant la fin de notre siècle il apparaîtra un couple d'étoiles nouvelles à une grande distance angulaire l'une de l'autre. Comme on connaît la place des soleils les moins éloignés, si l'un d'eux expulsait ses neuf jets de masse empyrée, on verrait que ce soleil deviendrait invisible ; car la nébuleuse n'apparaît en cet espace qu'après un grand nombre de siècles.

Cependant il faut remarquer que les soleils lipoplanètes les moins éloignés qui se montrent jusqu'à la 9e grandeur ne sont qu'un centième de la quantité totale des soleils lipoplanètes, de sorte qu'il est très-probable qu'il s'élèvera une controverse parmi les astronomes, dont les uns diront qu'il y avait un soleil lipoplanète tandis que les autres affirmeront le contraire.

On observera dans le couple des étoiles nouvelles tous les détails qu'ont observés Tycho et Képler, avec cette différence qu'au lieu de 17 mois d'observation à l'œil nu, on sera en état d'observer leur état nébuleux pendant un espace de temps supérieur. Enfin la disparition totale s'effectuera. De même qu'on n'aperçoit rien aux points des étoiles nouvelles de 1572 et de 1604, de même on n'apercevra rien aux points où apparaîtront les deux étoiles nouvelles. Cette disparition est un état préétabli; car la dispersion des rayons s'opère dans l'espace occupé par les vésicules, et ces vésicules sont encore trop faibles pour que leur très-grand volume les rende visibles.

Pendant l'expulsion de leur soleil, les jets acquièrent la forme de bandes de masse empyrée d'une longueur égale à la moitié de leur distance du Soleil. Ces bandes, dans leur mouvement centrifuge rapide, paraissent comme une étoile comparable à Vénus. On pourrait apercevoir les bandes séparément à l'aide des télescopes, de même qu'on les aperçoit sous forme de nébuleuses annulaires.

Les bandes expulsées restent invisibles aussi longtemps qu'il doit se produire autour de chaque bande des vésicules de vapeur assez épaisses pour occuper environ la moitié de la distance qui sépare les orbites planétaires. Ces orbites sont occupés par des traînées de masse empyrée entourées de vésicules de vapeur et d'amas de ballons ou de météores très-volumineux. Si, depuis trois siècles, on ne voit rien aux points où ont apparu les étoiles nouvelles de 1572 et de 1604, cela prouve que la durée en est plus longue que celle nécessaire à la production des couches de vapeur d'une si grande épaisseur.

Pour distinguer l'état des bandes invisibles de masse empyrée de l'état où elles se trouvent quand elles sont visibles, je l'appellerai *état d'incubation* de durée $x$ inconnue; c'est pour cette raison que le nombre $y$ de systèmes planétaires invisibles est aussi inconnu.

Nous perdons de vue les systèmes planétaires après leur naissance, et nous ne commençons à les apercevoir que comme des nébuleuses composées d'un cercle qui est la nébuleuse de leur soleil, entourée de cinq anneaux. Ces anneaux sont des nébuleuses composées : 1° des 4 bandes intérieures qui apparaissent comme un anneau, et 2° de 4 bandes extérieures qui apparaissent chacune séparément comme un anneau.

### I. DES SYSTÈMES PLANÉTAIRES A L'ÉTAT NÉBULEUX.

§ 130. Nous apercevons d'abord les systèmes planétaires après leur incubation comme nébuleuses à cinq anneaux. John Herschel n'en a trouvé que deux. Parmi les 2306 nébuleuses planétaires, il n'y en a qu'une seule à quatre anneaux. C'est ainsi que l'on parvint à connaître la courte durée de l'espace vide qui permet de distinguer la nébuleuse composée de l'ensemble des bandes intérieures, laquelle a la nébuleuse du Soleil à son côté central et la bande de l'orbite de Jupiter à son côté extérieur.

Au bout d'un certain nombre de siècles, ces nébuleuses à 5 et à 4 anneaux apparaîtront entourées de trois anneaux et l'on en découvrira de nouvelles à 4 et à 5 anneaux. Le nombre 10 des nébuleuses ne changera pas pour arriver à 13, car l'intervalle qui sépare la traînée de l'orbite de Jupiter de celle de l'orbite de Saturne disparaîtra pour laisser apparaître avec deux anneaux trois des nébuleuses qui ont actuellement 4 et 5 anneaux.

Le nombre des 25 nébuleuses à deux anneaux n'augmentera pas pour arriver à 28, parce qu'en même temps l'intervalle entre les traînées de Saturne et Uranus disparaîtra, et elles apparaîtront comme nébuleuses à un anneau.

Enfin le nombre des 146 nébuleuses à un anneau augmentera, d'une part pour arriver à 149, et en même temps il diminuera autant par la disparition de l'intervalle entre la traînée d'Uranus et celle de Neptune pour que le nombre de nébuleuses planétaires unies augmente de 3.

Le nombre des 2122 nébuleuses unies augmentera donc, d'une part de 3, et d'autre part il diminuera du même nombre, parce que dans trois systèmes planétaires il y aura équilibre établi dans les molécules de masse empyrée pour acquérir la forme ovalaire et une enveloppe solide qui livre passage aux ondes de chaleur lumineuses; de sorte que leur état nébuleux finira et leur état stellaire commencera.

**Rapport entre les intervalles des orbites et les nombres des nébuleuses annulaires.** La surface $S^{IX}$ de l'orbite de Neptune est de $2\pi R \times \frac{1}{2} R$ en indiquant par R sa distance du Soleil; la même distance est indiquée par $2^9\Delta$ et l'on a $S^{IX} = \pi 2^{18}\Delta^2$. La surface $S^{VIII}$ de l'orbite d'Uranus est de $\pi 2^{16}\Delta^2$; l'intervalle est donc $S^{IX} - S^{VIII} = \pi \times 2^{16}\Delta^2(2^2 - 1) = 2^{16} \times 3\pi\Delta^2$.

L'intervalle entre l'orbite d'Uranus et celui de Saturne est de $2^{14} \times 3\pi\Delta^2$.

L'intervalle entre l'orbite de Saturne et celui de Jupiter est $2^{12} \times 3\pi\Delta^2$.

En divisant par $3\pi\Delta \times 2^{12}$, on obtient les nombres 16, 4, 1, correspondant aux nébuleuses 146, 25, 10.

En prenant 8 au lieu de 10 pour le nombre des nébuleuses à trois anneaux, on obtient par le calcul 32 nébuleuses à deux anneaux et 128 nébuleuses à un anneau. Cette approximation, obtenue de la manière indiquée, suffit pour prouver la réalité de la série de faits exposés en ordre chronologique depuis la disparition des étoiles nouvelles jusqu'à leur apparition sous forme de nébuleuses annulaires.

§ 131. **Remarque.** J'ai exposé (t. I, p. 301) les détails de l'apparition des nébuleuses à un anneau vues de face ou à cinq obliquités différentes comme Bond les observa en Amérique. J'ai montré aussi que les nébuleuses planétaires unies ont la forme d'une meule. Ainsi, 1° vues de face, elles paraissent avoir une forme circulaire; 2° vues de profil, elles se montrent comme des filets à peine perceptibles; 3° vues obliquement, elles ont l'apparence d'ellipses de toutes les largeurs, mais d'une longueur peu différente; cette longueur est égale au diamètre de l'orbite de Neptune, où elle n'est que deux ou trois fois plus grande.

Les nébuleuses *poséidoniennes* prennent place dans l'ordre chronologique entre les nébuleuses annulaires ou entre celles-ci et les nébuleuses unies circulaires. Ce sont ces nébuleuses qui offrent toutes sortes de formes fantastiques selon les positions sous lesquelles leur bras se présente à l'observateur. Le nombre réel des nébuleuses planétaires est de beaucoup supérieur à celui des nébuleuses visibles de face ou peu obliquement. Il faut aussi se rappeler que parmi le nombre total N de nébuleuses circulant dans l'espace annulaire $A^{iv}$, il n'y a de visibles que celles qui occupent environ 30° de cet espace annulaire.

## II. DE L'ÉTAT STELLAIRE DES SYSTÈMES PLANÉTAIRES.

§ 132. Cet état est préétabli dès la naissance des systèmes, car les molécules de masse empyrée des bandes se trouvent en équilibre rompu par rapport à la pesanteur. C'est par le long espace de temps que cet équilibre met à s'établir qu'il est démontré une fois de plus que la masse empyrée et pâteuse est très-visqueuse. Pendant les déplacements des vésicules l'excédant $\theta$ de chaleur sert à la formation de la vapeur avec laquelle cet excédant s'évanouit à l'état de chaleur latente. Quand l'équilibre est rétabli, l'état nébuleux se termine et l'état stellaire commence.

La masse empyrée réduite à la forme ovalaire acquiert une enveloppe solide de même forme. Quand la production de vapeur est interceptée, la poussée répulsive contre la couche de vapeur produite l'est aussi, et cette vapeur se trouve sollicitée par la pesanteur à se précipiter sur la surface de la masse réduite en équilibre. Il ne reste à circuler avec la planète autour du Soleil que les amas des vésicules les plus éloignées, lesquels, en pareil cas, ne dispersent aucunement les rayons provenant de la masse empyrée à travers l'enveloppe de glace. C'est ainsi que finit l'état nébuleux des systèmes planétaires.

Avant que des étoiles nouvelles eussent commencé à paraître, il n'y avait dans le 4e espace annulaire que des soleils lipoplanètes de 8 millions de couples. Du nombre $4n$ de couples de ces soleils qui ont expulsé neuf jets de masse empyrée, la moitié environ est à l'état nébuleux, et il n'y a à l'état stellaire que les systèmes planétaires produits par les $2n$ de couples de soleils qui ont expulsé d'abord leurs neuf jets de masse empyrée.

Ces couples des soleils de système planétaire à l'état stellaire diffèrent de ceux des systèmes qui se trouvent encore à l'état nébuleux en ce qu'un élément stellaire de chaque couple a un mouvement de vitesse supérieur à la vitesse des mouvements des systèmes des planètes qui sont encore à l'état nébuleux. Comme les vitesses angulaires des étoiles observées ne correspondent pas exactement aux vitesses réelles, il serait impossible de faire une distribution chronologique entre les nébuleuses planétaires et les étoiles claires qui sont toutes des systèmes de planètes ou des satellites lumineux.

§ 133. **Rapport entre les grandeurs des étoiles et leurs vitesses.** Maedler est arrivé aux résultats suivants pour neuf ans d'observations :

| | | Par siècle. | 100″ + x par siècle. |
|---|---|---|---|
| 65 étoiles de 1re et de 2e grandeur. . . . . | | 22″,22 | 8 étoiles |
| 154 . . . . . . . | 3e. . . . . . . . . . . . . . . . . . | 16″,83 | 2 » |
| 312 . . . . . . . | 4e. . . . . . . . . . . . . . . . . . | 13″,72 | 4 » |
| 650 . . . . . . . | 5e. . . . . . . . . . . . . . . . . . | 11″,09 | 7 » |
| 955 . . . . . . . | 6e. . . . . . . . . . . . . . . . . . | 9″,05 | 5 » |
| 924 . . . . . . . | 7e. . . . . . . . . . . . . . . . . . | 8″,65 | 1 » |

Ces résultats ne permettent pas de douter qu'il y a une liaison physique entre les clartés des étoiles et les vitesses angulaires de leur mouvement. Les vitesses angulaires ne sont pas nécessairement en rapport direct avec les vitesses réelles qui dépendent des distances linéaires.

En admettant pour chaque système planétaire un accroissement de l'éclat de la 7e grandeur jusqu'à la 1re et la 2e, puis un décroissement, il devient impossible, en raison de l'égalité d'éclat et de grandeur croissante ou décroissante, de connaître l'âge des systèmes planétaires. Cependant, quand on sait que pour passer de la 7e à la 1re ou à la 2e grandeur, il faut une durée $T$ $n$ fois plus longue qu'à celle $t$ pour passer de la 1re grandeur à la 7e, on peut en conclure que les étoiles de vitesse supérieure sont plus anciennes sans qu'en même temps la clarté en devienne supérieure.

Il me reste maintenant à classer dans un ordre chronologique, 1° les changements opérés dans les systèmes planétaires pendant la longue durée $T$ nécessaire pour augmenter leur clarté de la 7e jusqu'à la 2e et la 1re grandeur, et 2° les changements opérés dans les systèmes planétaires des 1re et 2e grandeur pour arriver à l'état d'étoiles télescopiques.

### III. ARRANGEMENT DES CHANGEMENTS DES SYSTÈMES DES PLANÈTES PENDANT LEUR ÉTAT STELLAIRE.

§ 134. A diverses époques reculées, notre système planétaire s'est trouvé dans tous les états que nous observons aux étoiles claires entre la 7e et la 1re grandeur, parce que chaque couple d'étoiles est d'une ancienneté qui diffère de celle de toutes les autres. Dans aucun système planétaire il ne se trouve à la fois plus de deux ou trois planètes à l'état stellaire; car, 1° pendant qu'Hermès, Aphrodite, la Gée arrivent à l'état stellaire, les planètes supérieures Arès et les autres sont encore dans leur premier état nébuleux, ce qui fait qu'elles sont invisibles, et 2° pendant que Zeus, Chronos et Ouranos passent à leur état stellaire, les endoplanètes passent à leur deuxième état nébuleux après avoir expulsé des jets de masse empyrée.

Les intervalles entre les deux ou trois endoplanètes sous-tendent un angle inférieur à 1″; c'est pourquoi elles se présentent toujours comme une seule étoile irrésoluble; de même Arès est inséparable de Zeus à cause de sa petitesse. On ne peut établir de distinction qu'entre Zeus et Chronos, Chronos et Ouranos, Ouranos et Poséidon, de sorte qu'il n'y a que trois classes d'étoiles doubles planétaires ayant pour étoile périphérique Chronos, Ouranos ou Poséidon et respectivement pour étoile centrale Zeus, Chronos ou Ouranos.

Il y a donc des systèmes planétaires composés, 1° de deux planètes extérieures qui forment un couple ou une étoile double planétaire, ou 2° de 2 à 4 planètes intérieures qui forment une étoile d'éclat variable irrésoluble. Parmi ces étoiles planétaires entre la 3e et la 2e grandeur, les étoiles doryphoriques de 1re ou de 2e grandeur diffèrent; ces dernières sont des systèmes de satellites des planètes se trouvant au deuxième état nébuleux qui les conduisent autour de leur soleil, lequel est aussi à son deuxième état nébuleux ; c'est pourquoi il est tout aussi invisible que les planètes à leur premier ou à leur deuxième état nébuleux.

### A. Différence entre les étoiles doubles planétaires et les étoiles doubles solaires.

§ 135. J'ai fait voir (t. I, p. 448) la différence physique existant entre les étoiles voisines dont, 1° les unes sont deux planètes d'un seul et même système, et 2° les autres sont deux soleils, produits par deux portions égales de masse empyrée qui étaient les deux moitiés d'une portion supérieure. Ne connaissant pas cette différence physique, Herschel et Struve ont classé les étoiles doubles d'après les distances de 0″ à 4″, à 8″, à 16″, à 32″, à 2′, à 5, à 10′.

Après avoir découvert la circulation de l'étoile périphérique dans une vingtaine de couples, les astronomes ont pensé que cette circulation devait s'opérer aussi dans les 2540 autres couples, dont les révolutions avaient certainement une durée d'une centaine de siècles. N'ayant donc pas de preuve directe qu'il s'opérât une révolution, Maedler crut qu'il suffirait de montrer, à l'aide d'un calcul de probabilité, qu'il y a une liaison réelle parmi les étoiles séparées entre elles par les petits intervalles indiqués.

Les calculs de Maedler ont donné des résultats qui ne laissent plus aucun doute sur l'existence d'une liaison physique entre les étoiles voisines ; d'un autre côté, chacun sait que dans une vingtaine de couples une étoile circule autour de l'autre. Il ne reste plus qu'à examiner si ces deux données ne conduisent pas aussi à une autre conclusion toute différente de celle de Maedler, qui crut avoir démontré que les 2540 couples d'étoiles sont autant de systèmes planétaires. Pour mettre cet astronome à même de reconnaître l'erreur de sa conclusion, il suffit de lui faire connaître l'existence des deux classes d'étoiles doubles.

Parmi les étoiles doubles planétaires du tableau (t. I, p. 448), il y en a : 1° trois dont Poséidon est l'étoile périphérique et Ouranos l'étoile centrale; 2° cinq dont Ouranos est l'étoile périphérique et Chronos l'étoile centrale; 3° neuf dont Chronos est l'étoile périphérique et Zeus l'étoile centrale.

Connaissant, 1° la distance $D = n\delta$ entre la Terre et ces étoiles, et 2° les grandeurs apparentes des éléments de chaque couple, on peut aisément se convaincre: 1° que l'éclat réel de ces trois espèces de systèmes planétaires dont l'âge diffère est supérieur aux systèmes qui ont Chronos pour étoile périphérique et inférieur dans les systèmes où Poséidon est l'étoile périphérique. Dans le premier cas, c'est Zeus qui est l'étoile centrale; dans le second, c'est Ouranos.

Le calcul de probabilité ne s'applique pas séparément aux vingt étoiles doubles planétaires, de même que les propriétés des éléments de ces couples ne s'appliquent pas aux 2523 couples solaires.

§ 136. I. **Dimensions de la partie de l'espace annulaire occupée par les systèmes planétaires.** Nous nous trouvons dans un point du 4° espace annulaire dans lequel circulent les étoiles indigènes des distances inconnues de la Terre. Il n'y a que les systèmes planétaires dont nous connaissions les distances. Parmi ces systèmes, les uns sont, 1° dans la hauteur H de l'espace annulaire, hauteur mesurée dans la direction du rayon vecteur $\rho$ du Soleil; 2° les autres sont dans la largeur $l$ de l'espace annulaire, largeur mesurée sur la perpendiculaire du plan de la Voie lactée; 3° enfin, d'autres systèmes planétaires sont dans la longueur L de l'espace annulaire, longueur mesurée parallèlement au plan de la Voie lactée et perpendiculairement au plan qui passe par la hauteur H et par la largeur $l$.

1° La hauteur $H = (21 + 6)\delta$; $6\delta$ est la distance des Gémaux; $21\delta$ celle de $\lambda$ et $\tau$ d'Ophiuchus.

2° La largeur $l$ se mesure, 1° par les distances angulaires entre les plans orbiculaires des étoiles et le plan de notre Soleil, ou 2° par les distances angulaires entre la Voie lactée et les plans orbiculaires des étoiles, lesquels sont symétriquement distribués des deux côtés de cette Voie lactée. L'orbite du Soleil en est éloignée de 3° $\frac{1}{2}$, et l'orbite de la syzygie (1831) de notre Soleil est éloignée de la Voie lactée de 3° $\frac{1}{2}$ + Γ. La largeur totale de l'espace annulaire est 2 (3° $\frac{1}{2}$ + Γ) = $l$; cette longueur $l$ est l'épaisseur E de l'espace en forme de meule occupé par l'ensemble des corps du système de l'Archégète.

3° Les distances mesurées dans les longitudes des étoiles sont les cordes des arcs de ces longitudes; elles déterminent la longueur du 4° espace annulaire dont le maximum est son diamètre $2 \times 2^4\Delta$ *en indiquant par* $2^4\Delta$ le rayon de cet espace. 1° Dans la longueur L, $\alpha$ du Centaure se trouve à une distance $\delta$ parcourue par la lumière en cinq ans. 2° A la hauteur H, les étoiles les moins éloignées sont: 1° Sirius et Procyon du côté de l'Archégète, et 2° $p$ d'Ophiucus de l'autre côté du Soleil sur son rayon vecteur $\rho$. Ainsi $\rho - 4\delta$ est le rayon vecteur de Sirius et $\rho + 4\delta$ celui de $p$ d'Ophiuchus. 3° Dans la largeur $l$ la distance de la syzygie (1831) de notre Soleil va être évaluée par la poussée de sa lumière d'après la méthode de Klinkerfuss.

§ 137. II. **Rapports entre les clartés des éléments des couples planétaires.** L'étoile périphérique se trouve à la même distance de la Terre que l'étoile centrale; c'est pourquoi le rapport entre leur clarté est réel. C'est au moyen de la durée $\tau$ de la révolution qu'on parvient à connaître le nom de la planète, car cette durée étant supérieure à celle $\tau - \tau'$ de la planète homonyme de notre système, ne devient jamais trois fois aussi longue.

Après avoir ainsi déterminé le nom de l'étoile périphérique, il est facile de connaître celui de son étoile centrale qui est la planète immédiatement inférieure. Par exemple :

1° *$\alpha$ du Centaure* a Chronos pour étoile périphérique et

Zeus pour étoile centrale; Zeus paraît de 1re grandeur et Chronos de 4e; il en résulte que *s* étant la surface du disque de Chronos, celle de Zeus est 4*s*. Ce rapport de 1 : $\frac{1}{4}$ obtenu pour la distance $\delta$ entre la Terre et $\alpha$ du Centaure diminue pour les systèmes éloignés, parce que Zeus perd, proportionnellement à la distance de la Terre, plus de clarté que Chronos.

2° $\zeta$ *du Bouvier* a Ouranos pour étoile périphérique et Chronos pour étoile centrale; à la distance 6$\delta$ de la Terre, il fait apparaître Ouranos de 6e,6 grandeur et Chronos de 4e,7. Le seul couple de la Vierge se trouve composé des deux éléments de 3e grandeur, tous les deux à la distance 8$\delta$. Cependant la durée de la révolution de 182 ans n'est pas encore bien prouvée. L'étoile périphérique peut être Poséidon dont la clarté ne surpasse pas celle d'Ouranos qui est son étoile centrale.

3° $\sigma$ *de la couronne* est composée d'Ouranos comme étoile centrale et de Poséidon comme étoile périphérique. Le couple $\alpha$ des Gémeaux étant composé des éléments de 2e,7 et de 3e,7 grandeur, indique que sa distance n'est pas 10$\delta$ comme l'a trouvée Maedler, mais de 6$\delta$ environ.

§ 138. III. **Rapport inverse des distances** D $=n\delta$ **des couples de la Terre et des intervalles entre leurs éléments.** R étant l'intervalle entre Jupiter et le Soleil, celui entre Jupiter et Saturne est R ou 3R. 2R étant la distance entre le Soleil et Saturne, celle entre celui-ci et Uranus est 2R ou 6R. On n'applique pas ce même rapport à l'intervalle entre Uranus et Neptune, car celui-ci se trouve éloigné d'Uranus par les distances 2R et 8R. Les cas suivants viennent à l'appui de cette règle.

1° *Zeus-Chronos.* A la distance $\delta$ de la Terre, de $\alpha$ du Centaure, la distance entre Chronos et Zeus est de 16″ : cette distance a été nommée *antiparallaxe*. Cette antiparallaxe devient huit fois plus faible dans les systèmes planétaires dont la distance de la Terre est 8$\delta$, comme cela arrive pour $\zeta$

d'Hercule et γ de la Vierge, dont l'antiparallaxe est 2″. Si la distance est 4∂, l'antiparallaxe est de 4″, comme cela a lieu pour *p* d'Ophiuchus.

2° *Chronos-Ouranos.* A la distance de la Terre 8∂, l'intervalle entre Chronos et Ouranos est de 4″, ainsi qu'à γ de la Vierge; pour les distances de 16∂, comme il est l'étoile γ du Cygne, l'antiparallaxe est 2″.

3° *Ouranos-Poséidon.* A la distance de 13∂ de la Terre, de σ de la Couronne, son antiparallaxe est de 4″.

Dans leurs calculs, les astronomes ont supposé l'étoile centrale immobile, et ils ont donné aux angles des positions susceptibles de leur faire produire l'obliquité de l'orbite de l'étoile périphérique, dont le plan s'inclinait de manière à faire une ellipse d'allongement propre à correspondre aux résultats des observations. Pour arriver à ce but, il fallut nécessairement commettre au moins deux erreurs, dont la première était de considérer l'étoile centrale comme immobile, et la seconde de croire à l'inclinaison ainsi obtenue du plan orbiculaire sur le rayon visuel, inclinaison qui diffère de l'inclinaison réelle sans cependant que la longueur du grand axe change.

Pour cette raison, il ne manque pas de faits pour contredire les hypothèses : par exemple, *p* d'Ophiuchus, observée depuis 1779, terminera sa révolution en 1871. Chaque astronome s'attendait à trouver une série de points consécutifs propres à donner une ellipse d'une longueur déterminée; cependant on a trouvé ces points depuis 1779 jusqu'à 1818 et depuis 1825 jusqu'à 1847, et l'ordre en a été renversé depuis 1818 jusqu'à 1825, précisément à une époque où la planète avait terminé une moitié de la révolution observée. (Voir t. I, p. 430.) C'est vainement que, depuis 1825, tous les astronomes ont épuisé leur sagacité mathématique pour expliquer ce fait. J'en donne ici la cause physique, et je parviendrai ainsi à dissiper une infinité d'autres erreurs basées sur l'immobilité de l'étoile centrale considérée comme soleil de la planète. Les astronomes n'étant pas généralement bons physiciens, n'avaient pas la moindre connaissance de l'accroissement physiologique des clartés ; aussi ne pouvaient-ils concevoir qu'un soleil pût paraître moins lumineux qu'une planète.

B. DES SYSTÈMES PLANÉTAIRES IRRÉSOLUBLES.

§ 139. Sans être à des distances $n\delta$ de la Terre très-différentes, les étoiles claires sont de grandeurs très-différentes. 1° A une distance de la Terre de $4\delta$ à $6\delta$, les systèmes monoplanètes et les soleils se montrent comme étoiles télescopiques. 2° A une égale distance de la Terre, se trouvent les systèmes diplanètes *hermaphrodites*, *géoaphrodites* ou *géoariens*, de 6ᵉ à 5ᵉ grandeur. 3° Les systèmes monoplanètes de Zeus ou ceux composés de deux planètes extérieures sont de 4ᵉ à 3ᵉ grandeur. 4° Les systèmes doryphoriques sont de 1ʳᵉ et 2ᵉ grandeur.

A des distances de la Terre supérieures $(n+n')\,\delta$, la clarté des étoiles diminue et est en raison inverse des carrés des distances. Il est donc démontré qu'à des distances égales les clartés des étoiles sont en rapport direct avec leur âge; mais ces mêmes clartés sont aussi en rapport direct avec la vitesse des étoiles mobiles. On peut voir par là qu'il existe une liaison entre la vitesse, l'âge et la clarté des étoiles.

L'Astrogonie nous apprend que de chaque couple solaire c'est l'élément d'orbite dont le plan est éloigné de celui du Soleil qui paraît mobile; l'autre élément circule sur un orbite voisin de celui de notre Soleil et paraît immobile. Les couples composés des éléments des orbites très-éloignés entre eux ont été produits les premiers; c'est pourquoi ils sont d'un âge plus avancé. Pour qu'une étoile paraisse mobile, il faut que le plan de son orbite forme un grand angle Γ avec le plan de l'orbite de notre Soleil; or ce grand angle Γ indique, d'une part la vieillesse, et d'autre part il est cause de l'apparition d'un mouvement de vitesse proportionnel à sa grandeur.

I. Maedler a découvert le nombre 2215 d'étoiles mobiles visibles à l'œil nu en Europe, qui se trouvent jusqu'à la latitude sud 36°. Le nombre des couples solaires avancés en âge devait être 2215, indiquant le nombre 2×2215=4430 des systèmes planétaires à l'état stellaire; cependant Argelander n'en trouve que 3256.

II. C'est ainsi que l'on parvint à savoir que la différence 587=2215—1628 des couples obtenus par Maedler et Argelander provient d'un nombre égal d'étoiles dont la vitesse séculaire ne dépasse pas 1″ ou 2″.

III. Pour connaître l'aspect que présentait aux observateurs notre système planétaire pendant les différentes époques de l'état stellaire de sa vie astronomique, il faut classer dans un ordre chronologique les systèmes planétaires d'après leur âge, lequel est proportionné à leur vitesse séculaire. Notre système planétaire a été :

1° Monoplanète de 7° grandeur, comme les étoiles dont la vitesse est 8″,65 ;

2° Diplanète de 6° et de 5° grandeur, comme les étoiles dont la vitesse est 9″,05 à 11″,05 ;

3° Triplanète de 5° et de 4° grandeur, comme les étoiles dont la vitesse est 13″,72 ;

4° Monoplanète de Zeus, Chronos, Ouranos ou Poséidon, de 4° et de 3° grandeur, comme les étoiles dont la vitesse est 16″,83 ;

5° C'est vers la fin de son état stellaire que notre système planétaire, étant composé de doryphores, se montra comme étoile de 1re grandeur, semblable en cela aux étoiles dont la vitesse est 22″,22 ;

6° Enfin, pour connaître l'aspect de notre système planétaire quand il est arrivé à la dernière période de sa vie astronomique, j'ai cherché les systèmes planétaires dont la vitesse séculaire est supérieure à 100″ et dont il s'en trouve 22 ayant une grandeur indiquée ci-dessus, § 133;

7° La seule étoile (1831) dont le maximum de vitesse est 701″, a été reconnue comme un élément formant un couple avec notre système planétaire; ces deux éléments sont d'âge égal, et leur soleil nous fait le même effet. Les habitants de la Gée du système (1831) voient notre Soleil comme étoile télescopique. Nulle autre part ne se trouvent d'habitants correspondant à ceux de la Terre.

IV. Ainsi, c'est au moyen de l'âge qu'indiquent les vitesses des systèmes planétaires que l'on parvint à mettre de l'ordre dans la succession chronologique des changements opérés pendant la longue durée de l'état stellaire.

Après avoir exposé sommairement la correspondance entre les vitesses des systèmes planétaires et leur âge, je citerai comme exemple un certain nombre de faits qui mettront les lecteurs à même de comprendre tous les faits qu'on découvrira par la suite ou ceux qui, déjà connus, ne peuvent être mentionnés ici.

### C. Détails de l'état stellaire des systèmes planétaires.

§ 140. La vie astronomique des systèmes stellaires commence au moment de la naissance de chaque système par l'expulsion de ses jets de masse empyrée par leur soleil.

L'état stellaire de chaque jet ne commence pas au moment de leur naissance; mais c'est la planète Hermès, dans chaque système, qui se présente la première à l'état stellaire; puis après qu'une durée de $2\tau$ s'est écoulée, Aphrodite se montre à l'état stellaire. Pour que la Gée paraisse à l'état stellaire, il faut qu'il se soit écoulé une durée $(2\tau)^2$ depuis l'apparition d'Hermès. Une durée de $(2\tau)^3$ doit s'écouler jusqu'à l'apparition d'Arès. Pour le commencement de l'état stellaire de Zeus, il faut qu'il s'écoule une durée de $(2\tau)^5$.

Ces durées sont en raison directe des carrés des distances

et en raison inverse de la pesanteur. Herschel soutenait qu'elles dépendaient de l'intensité des transformations; mais il ne savait pas que par le mot *intensité* on entend la pesanteur, et que par le mot *transformation* on entend l'établissement de l'équilibre par les déplacements des molécules de la masse empyrée qui doivent obéir à la pesanteur jusqu'à l'apparition de la forme ovalaire pour que la couche superficielle de la masse empyrée se solidifie et qu'ainsi le 1er état nébuleux finisse et l'état stellaire commence.

Cet état stellaire a une durée presque égale $n \times \tau$ pour chaque planète, durée qui diffère peu de celle $(2\tau)^3$; de sorte qu'il y a des systèmes planétaires composés de 1, 2, 3 ou 4 endoplanètes, et qui n'arrivent jamais à un nombre supérieur, parce qu'avant l'apparition de Zeus après une durée de $(2\tau)^5 - (2\tau)^3$, il s'écoule une durée $n \times \tau$ pour Hermès, Aphrodite et la Gée qui, pendant ce temps, expulsent des jets de masse empyrée, passent à leur 2e état nébuleux et restent invisibles pour toujours.

Lors donc que Zeus apparaît dans son état stellaire, Arès seul reste dans le système. Cependant cette planète expulse des jets de masse empyrée à une époque antérieure à celle où Chronos arrive à son état stellaire, au bout d'une durée de $(2\tau)^6 - (2\tau)^5$ depuis l'apparition de Zeus. Il en résulte que le système n'est monoplanète qu'un très-court espace de temps, comme à l'époque où il était composé d'Hermès seul, dont la durée est de $2\tau$.

A cause des longues durées $(2\tau)^5$, $(2\tau)^6$, $(2\tau)^7$, $(2\tau)^8$ qui doivent s'écouler depuis l'apparition d'Hermès jusqu'à celle de Zeus, de Chronos, d'Ouranos et de Poséidon, il ne peut exister à la fois plus de deux planètes extérieures dans un système planétaire. Pour que trois planètes extérieures fussent en même temps à l'état stellaire, il faudrait que la durée $n \times \tau$ surpassât celle $(2\tau)^8 - (2\tau)^6$ ou celle $(2\tau)^7 - (2\tau)^5$. Ainsi il est évident que les planètes Poséidon et Ouranos restent longtemps seules dans leur système planétaire.

Les systèmes planétaires sont donc composés : 1° de 1, 2, 3 ou 4 endoplanètes, ou 2° de deux planètes extérieures.

Les systèmes doryphoriques sont invisibles dans les endoplanètes ; ils n'existent que dans les planètes extérieures.

1° Les systèmes planétaires dont les doryphores sont déjà à l'état stellaire sont plus âgés. 2° Les systèmes composés de deux planètes extérieures le sont moins. 3° Les moins âgés sont les systèmes planétaires composés d'endoplanètes.

Les quantités de systèmes planétaires sont en raison inverse de leur âge. $8q$ étant le nombre des systèmes composés de doryphores, le nombre des systèmes composés de planètes extérieures est $8^2q$ et le nombre des systèmes composés de planètes intérieures $8^3q$.

*1° Systèmes planétaires composés d'une ou de plusieurs endoplanètes.*

§ 141. La planète Hermès se forma de la masse $m'$ du jet le moins éloigné ; c'est cette planète qui arrive la première à l'état stellaire. Dans le cas où le rayon visuel se trouve vertical sur le plan orbiculaire de cette planète, elle se montre toujours comme une étoile télescopique invariable, ainsi que cela a lieu pour les soleils. Si la position des plans orbiculaires restant la même, les endoplanètes qui composent les étoiles sont au nombre de 2, 3 ou 4, ces étoiles se montrent de 6°, de 5°, de 4° et de 3° grandeur, et sont invariables. Une moitié de ces étoiles est mobile, l'autre immobile.

Si, au contraire, le plan orbiculaire prolongé des planètes passe par la Terre, nous recevons les rayons provenant alternativement de l'hémisphère soulevé ou déprimé de la planète. 1° Il en résulte une périodicité bien déterminée et régulière dans les cas où le système n'est composé que d'Hermès. 2° S'il y a deux planètes, chacune d'elles a ses périodes correspondant à la durée 88*a* ou 224*a* de sa révolution. Les jours de la révolution de Mercure et de Vénus sont dans le rapport de 88 : 224.

Pour exposer les détails des éclats périodiques qu'a présentés notre système planétaire à différentes époques pendant son état stellaire, il faut classer dans un ordre chronologique les aspects des systèmes à 1, 2, 3, 4 planètes intérieures observés par les points de prolongement des plans de leurs orbites.

§ 142. I. **Systèmes composés d'Hermès.** Nous ne pouvons distinguer les périodes des éclats que dans les planètes Hermès, chez lesquelles le plan de l'orbite prolongé passe dans le voisinage de la Terre. Dans le tableau du tome I (p. 347), je n'ai mentionné que 17 étoiles présentant: 1° des périodes d'éclat dont les durées varient entre 92 et 270 jours; 2° des clartés qui oscillent entre la 6° et la 7° grandeur jusqu'à disparition; 3° une couleur rouge dont les intensités correspondent aux amplitudes des périodes des éclats.

II. **Disparition subite.** On a cru d'abord que la disparition des étoiles n'était que l'effet d'une diminution graduelle de l'éclat; on a reconnu ensuite que les éclats étaient subitement interceptés, ainsi arrive le minimum d'éclat d'Algol à la 4° et ceux des Hermès à la 13°, à la 12° ou la 11° grandeur. Tant qu'on attribua les périodes d'éclat aux parties opaques des corps lumineux, on se préoccupa peu du mode de disparition. Il n'en est pas de même ici, où les faits doivent correspondre à leur cause physique. Ainsi, la disparition ne résulte pas simplement de la surface *s* du petit hémisphère qui est *a* fois inférieur à la surface S du grand hémisphère; mais c'est la *dépression* de la surface de la base qui fait dévier les rayons émergents vers l'axe du cône vide pour les empêcher de se propager au loin. Je citerai comme exemple de la dépression de la surface de la base des globes ovalaires le fait suivant, noté pour la première fois en 1848 par Bond, en Amérique. Cet astronome a remarqué que pendant le passage du 2e et du 3e satellite de Jupiter, l'hémisphère visible de ce 3e satellite était aussi noir que son ombre et celle du 2e satellite (t. I, p. 838).

§ 143. **Systèmes composés de deux planètes lumineuses.** On entend par systèmes diplanètes toutes les étoiles doubles planétaires ; cependant ces planètes étant extérieures, se trouvent séparées par des intervalles $2^7\Delta - 2^6\Delta$, $2^8\Delta - 2^7\Delta$ ou $2^9\Delta - 2^8\Delta$ assez grands pour qu'on puisse les apercevoir, tandis qu'on ne voit pas les petits intervalles $2^2\Delta - 2\Delta$, $2^3\Delta - 2^2\Delta$ ; $2^4\Delta - 2^3\Delta$ qui séparent les endoplanètes l'une de l'autre ; c'est pourquoi l'on ne peut les définir.

Dans les cas où les prolongements des plans orbiculaires des deux planètes Hermès et Aphrodite passent par la Terre, les éclats ont une double périodicité. 1° Hermès termine ses périodes dans une durée de 88*a*. 2° Aphrodite termine les siennes en une autre de 224*a*. 3° La période comprise des éclats des deux planètes a une durée de $88a \times 224a = 134^j \times 88^j$ pour *o* de la Baleine.

L'éclat de cette étoile varie depuis la disparition jusqu'à la 2e grandeur. La très-grande intensité de la couleur rouge correspond à cette très-grande amplitude, car de même que cette intensité du rouge, la grandeur de l'amplitude de disparition jusqu'à la 2e grandeur, dépend des prolongements des plans des orbites qui passent dans le voisinage de la Terre (t. I, p. 149 et 365).

**Problème.** Étant donnée la durée des périodes d'une étoile hermaphrodite, déterminer la durée de la période de son Hermès.

**Solution.** Les masses de soleils des systèmes planétaires diffèrent peu de la masse de notre Soleil ; cela est prouvé par les durées de révolutions des planètes, durées qui excèdent celles des planètes homonymes de notre système planétaire, sans cependant arriver à être trois fois aussi longues. La masse M de chaque soleil exerce une poussée répulsive sur les jets expulsés pour les faire parcourir des distances $2^9\Delta$, $2^8\Delta$...$2\Delta$ proportionnelles avec elle. C'est ce qui fait que dans les distances, la valeur de $\Delta$ varie sans cependant que les rapports de $2\Delta$, $2^2\Delta$, $2^3\Delta$... changent. Ces rapports sont connus dans les distances et les révolutions des planètes de notre système.

Par exemple, le rapport de $224^j : 88^j$ entre les durées de révolution de Vénus et d'Hermès étant connu, de même la durée de $331^j,34$ de la résolution d'Aphrodite de *o* de la Baleine étant obtenue par la durée égale des périodes des éclats, on trouve que la durée de la révolution d'Hermès de *o* de la Baleine est :

$$224 : 88 = 331,34 : \chi = 134.$$

Argelander a trouvé au moyen de ses observations que les anomalies des *éclats* de *o* de la *Baleine* se répètent pendant de longues périodes, savoir 88 fois tous les $331^j,34$. Les deux résultats identiques du rapport de $224a : 88a$ obtenus, 1° l'un 224:88 par le calcul, 2° l'autre 331,34 par les observations, ne permettent plus à personne de douter : (I) de l'identité des périodes des éclats et des révolutions des planètes; (II) de l'identité des rapports, 1° entre les durées $\tau$ de révolutions des planètes de notre système et celles T des révolutions des planètes homonymes lumineuses, et 2° entre la masse M de notre Soleil et celle M′ du Soleil des planètes lumineuses et les cubes des durées $\tau$, T. C'est ainsi qu'on a pour la masse M′ du Soleil de *o* de la Baleine :

$$M : M' = \tau^3 : T^3 = 88^3 : 134^3, \quad M' = \frac{1}{\tau^3} \times MT^3.$$

**Nombre des étoiles hermaphrodites.** Guidés par les durés des périodes des éclats et par leurs amplitudes, nous ne trouvons que 42 étoiles hermaphrodites dont le prolongement du plan orbiculaire passe dans le voisinage de la Terre. Les grandes amplitudes comme celle de *o* de la Baleine résultent du passage du prolongement du susdit plan par la Terre; ce maximum d'amplitude entre la 2ᵉ grandeur et la disparition correspond au maximum de l'intensité de la couleur rouge. Si des plans orbiculaires prolongés s'éloignent de la Terre, 1° les extrémités des périodes des éclats ne sont pas bien reconnaissables; 2° les amplitudes diminuent; 3° le rouge devient lavé.

Parmi le grand nombre N d'étoiles hermaphrodites, nous n'en connaissons que 42 par la position marquée par leur plan orbiculaire. La clarté de *o* de la Baleine n'atteint la 2ᵉ grandeur que, 1° à l'époque où Hermès et Aphrodite sont à la fois en conjonction supérieure; 2° lorsque la distance entre elles est médiocre; 3° dans les cas où les prolongements de plans orbiculaires passent par la Terre. La disparition ne dépend ni de ce que la distance de la Terre est plus grande, ni de ce que l'hémisphère visible dans les conjonctions inférieures a une trop petite surface; elle est un effet direct de la dépression du petit hémisphère.

1° Dans la distribution des nébuleuses planétaires (t. I, p. 310), j'ai fait voir que des deux maxima, 1° 141 est en $13^h$ et 2° 105 en $2^h$ d'ascension; ils correspondent aux nombres égaux des systèmes planétaires des orbites qu'on y voit de face.

2° Dans la distribution des étoiles périodiques, c'est le contraire qui a lieu; il faut que leurs orbites soient vus de profil pour que des éclats périodiques apparaissent.

En comparant les ascensions dans lesquelles se trouvent en densités supérieures, 1° les étoiles périodiques, et 2° les nébuleuses planétaires, on trouve les maxima de ces corps séparés de 90°. Ceci peut aider encore à mieux s'assurer que les nébuleuses sont des systèmes dont les planètes sont composées de masse empyrée, masse qui produit de la vapeur parce qu'elle est en équilibre rompu.

On peut apercevoir plus ou moins distinctement un système suivant, 1° son état nébuleux ou 2° son état stellaire.

I. A l'état nébuleux, le système a la forme d'une meule, et il faut l'observer de face pour gagner en quantité de rayons de l'espace ce qu'on perd de la densité.

II. A l'état stellaire, le système renvoie dans chaque direction une quantité égale $Q\varphi$ de rayons pendant la durée d'une révolution de chaque planète, sauf cette différence que cette quantité est distribuée, 1° en 360 parties égales pour les observateurs qui regardent le système de face, tandis que, 2° pour les observateurs qui regardent le système de profil la quantité $Q\varphi$ de rayons donne des portions inégales dont l'une est le maximum $(q + \alpha)\varphi$ et l'autre est le minimum $(q - \alpha)\varphi$ ; en ce cas $Q\varphi$ donne 120 portions.

Vues de face, les étoiles hermaphrodites sont de 6° grandeur à la faible distance $6\partial$ de la Terre à laquelle on voit les soleils de 7° grandeur. Quand les distances sont supérieures, c'est à la vitesse de leur mouvement qu'on peut reconnaître si l'étoile est un soleil ou une hermaphrodite.

Il y a 1915 étoiles de 6° et de 7° grandeur qui ont une vitesse séculaire de 8″ à 9″. Ce nombre fait voir qu'il y a autant de couples dont les éléments immobiles sont d'égal nombre de 1915.

§ 144. III. **Systèmes composés de trois ou quatre endoplanètes.** Notre système planétaire resta pendant un certain espace de temps composé de Mercure et de Vénus à l'état stellaire, tandis que les six autres planètes étaient à leur état nébuleux. Parmi ces dernières, c'est la Terre qui parvint la première à l'état stellaire ; il s'était écoulé une durée de $(2\tau)^2$ depuis l'apparition de Mercure et de $3\tau^2$ depuis celle de Vénus.

En admettant que les masses des planètes se sont séparées de celle du Soleil, Buffon a été conduit à reconnaître la succession des états exposés ici. Au temps où vivait ce savant, le nombre des faits célestes connus n'était pas considérable. Si Laplace eût été naturaliste comme Buffon, il n'aurait eu qu'à reconnaître dans le Soleil un état physique semblable à celui que possédèrent les masses des planètes après le refroidissement de leur couche superficielle qui devint une enveloppe solide.

Voyant donc que la séparation des masses planétaires ne pouvait pas être l'effet du passage d'une comète, mais bien un effet comparable à ceux des éruptions de volcans et à ceux des explosions de chaudières, chacun aurait pu, comme je l'ai fait, *combiner*, 1° les distances des planètes du Soleil, 2° les mouvements orbiculaires des planètes, et 3° la rotation du Soleil, et serait arrivé infailliblement au même résultat que moi.

Ce n'est pas faute de connaissances, mais bien plutôt faute de méthode, que les astronomes se sont bornés à marcher dans la voie tracée par Buffon sans essayer de faire un pas de plus. Voici comment s'exprime ce célèbre naturaliste (*Histoire naturelle*, 1786, t. XII, p. 66) :

« Toutes les planètes nouvellement consolidées à la sur-« face étaient encore liquides à l'intérieur, et lançaient au « dehors une lumière très-vive ; c'étaient autant de petits « soleils détachés du grand, qui ne lui cédaient que par le « volume, et dont la lumière et la chaleur se répandaient « de même ; ce temps d'incandescence a duré tant que la « planète n'a pas été consolidée jusqu'au centre. »

Pour arriver à cette exposition des faits avec une certitude mathématique, il fallait que Buffon connût leur état préétabli de la manière dont nous l'avons plusieurs fois indiqué. La réalisation de cet état n'a d'autre but que de montrer d'une manière plus évidente que c'est à l'aide du mouvement que l'Être suprême a communiqué que les faits cosmiques se produisent d'après leur état ainsi préétabli.

**Grandeur des étoiles composées de trois ou quatre endoplanètes.** Quand les planètes d'un système sont Hermès, Aphrodite et la Gée, il est difficile de distinguer les périodes des éclats de la Gée de celles d'Aphrodite ; de sorte qu'on se borne à nommer ces sortes d'étoiles *variables* pour les distinguer des étoiles *périodiques*.

A des distances égales de la Terre, on voit les systèmes de trois ou quatre planètes comme des étoiles de 5ᵉ, de 4ᵉ et de 3ᵉ grandeur. C'est le mouvement de ces étoiles qui fait voir qu'elles ne sont pas des soleils lipoplanètes et qu'elles sont d'un âge différent.

Les 690 étoiles mobiles de 5ᵉ grandeur forment 345 couples ; chacun de ces couples est composé des deux éléments dont l'un a une grande vitesse et l'autre la vitesse très-minime $1'' - \alpha$. Au lieu d'une vitesse moyenne de $11''$ pour toutes les 690 étoiles de 5ᵉ grandeur, on trouve en réalité 341 étoiles ayant la vitesse moyenne $1'' - \alpha$ ; les 345 autres ont la vitesse moyenne $22'' - (1'' - \alpha)$.

Les 312 étoiles de 4ᵉ grandeur sont toutes mobiles; elles forment 156 couples dont chacun est composé : 1° d'un élément de vitesse moyenne médiocre de $2'' - \beta$, et 2° d'un élément de grande vitesse moyenne $28'' - (2'' - \beta)$.

Les 154 étoiles de 3ᵉ grandeur forment 77 couples, composés de 77 éléments de vitesse moyenne médiocre $3'' - \gamma$ et d'autant d'autres de grandes vitesses moyennes $34'' - (3 - \gamma)$.

**Rapport entre les nombres des étoiles claires de chaque grandeur.** Struve a trouvé par l'observation :

| | |
|---|---|
| Étoiles. . . . . . . . . | $\div 18 \times 3 : 18 \times 3^3 : 18 \times 3^5 : 18 \times 3^7$; |
| Grandeurs. . . . . . . | 2ᵉ, 4ᵉ, 6ᵉ 8ᵉ. |

D'après l'Astrogonie, les nombres des étoiles sont indiqués par :

| | |
|---|---|
| Étoiles. . . . . . . . . . | $\div 8 : 8^2 : 8^3 : 8^4 : 8^5$; |
| Grandeurs. . . . . . . . | 1ʳᵉ, 2ᵉ, 4ᵉ, 6ᵉ, 8ᵉ. |

Les vitesses séculaires décroissent avec la clarté en progression arithmétique :

| | | | | |
|---|---|---|---|---|
| Grandeurs. . . . . . . | 3ᵉ, | 4ᵉ, | 5ᵉ, | 6ᵉ, |
| Vitesses. . . . . . . . | $18'' + 15''$, | $18'' + 9''$, | $18'' + 5''$, | 18. |

*2° Systèmes composés d'une ou de deux planètes extérieures.*

§ 145. C'est à cause de la longue durée $(2\tau)^5$ qui s'écoule entre l'apparition d'Hermès et de Zeus à l'état stellaire que les endoplanètes, après une durée de $n \times t$ de leur état stellaire, sont en état d'expulser des jets de masse empyrée dont un rebrousse chemin et fait passer sa planète à son 2ᵉ état nébuleux. On voit ainsi que dans le même système d'état stellaire on rencontre les cas suivants :

1° Une ou plusieurs endoplanètes à l'état stellaire et les planètes extérieures à leur 1ᵉʳ état nébuleux ;

2° Une ou deux planètes extérieures les plus éloignées à l'état stellaire et toutes les autres à leur 2ᵉ état nébuleux.

3° Une ou deux planètes Zeus et Chronos à l'état stellaire, les plus éloignées à leur 1ᵉʳ état nébuleux et les endoplanètes à leur 2ᵉ état nébuleux.

C'est dans les étoiles doubles composées des deux planètes que nous pouvons montrer le rapport inverse entre les grandeurs et les distances de la Terre. Il suffit pour cela de comparer deux systèmes composés chacun des deux planètes homonymes Zeus et Chronos. Par exemple :

1° *α du Centaure* à la distance $\delta$ (t. I, p. 448) est composé de Zeus de 1ʳᵉ grandeur et de Chronos de 4ᵉ grandeur.

2° *p d'Ophiuchus* à la distance $4\delta$ est composé de Zeus de 4ᵉ grandeur et de Chronos de 6ᵉ.

3° *ξ de la Grande Ourse* à la distance $6\delta$ est composée de Zeus de 4ᵉ grandeur et de Chronos de 5ᵉ.

Le manque de correspondance exacte entre les éclats des planètes et leur distance de la Terre fait voir d'une manière évidente les erreurs des calculs des astronomes qui considéraient Zeus comme une étoile immobile autour de laquelle circule Chronos.

Tout ce qui est bien prouvé, c'est : 1° la durée de révolution terminée qui fait connaître le nom de la planète,

2° la grandeur de chacun des éléments des couples. Il reste donc à déterminer les distances $n\delta$ par ces données en considérant : 1° les clartés réelles proportionnelles aux durées de révolution ; 2° en raison inverse des distances réelles $n\delta$. Ces distances pourront servir à corriger de la manière indiquée les erreurs introduites dans les calculs.

---

# CHAPITRE II.

## APERÇU GÉNÉRAL DES CHANGEMENTS INÉGAUX DANS CHACUNE DES HUIT PLANÈTES PENDANT LEUR VIE GÉOLOGIQUE.

§ 146. Le mot *vie*, ζωή, n'est plus employé pour indiquer la manifestation d'une *âme*. J'ai montré que l'homme seul est doué d'une *âme ;* mais cette âme est l'effet d'une vie capable de produire des *couples de sensations* ayant pour élément une sensation *physiologique* et une sensation *logique* qui est le représentant de la première. Les animaux n'ont pas de sensation logique, mais seulement des sensations physiologiques ; celles-ci sont toujours produites par les fluides arrivant des objets à un des organes des sens, tandis que les *sensations* logiques représentant des sensations physiologiques sont produites par la *parole*, faculté que n'ont pas les animaux.

Dans la physique, le mot *vie* n'indique qu'une continuité des ruptures d'équilibre des fluides, lesquelles occasionnent des *écoulements de ces fluides*. Ces écoulements sont des *actions* provenant des *forces ;* ces forces correspondent aux ruptures d'équilibre, lesquelles doivent toujours précéder.

I. Chez les animaux, la force vitale est l'ensemble des ruptures d'équilibre qui s'opèrent dans les deux fluides composés, 1° l'un d'électricité positive, et 2° l'autre d'électricité négative. Ces fluides se renouvellent par les aliments et la respiration, et c'est ainsi qu'est soutenue la force qui précède les actions vitales.

II. Dans les plantes, ce sont les deux mêmes fluides venant du Soleil avec ses rayons qui se trouvent, 1° en équilibre rompu, et 2° en écoulement indiquant la force et l'action; leurs éléments se combinent avec ceux de l'eau. Sur 4 atomes d'eau, il se sépare 3 atomes d'oxygène, et ce qui reste est un atome double de carbone qui, combiné avec les atomes d'eau, compose les atomes doubles de substance végétale $B^{24}H^{24}O^{24}$.

III. Dans les corps célestes composés de masse empyrée, les deux fluides électriques sont soutenus par les deux éléments de l'eau; mais par rapport à l'espace ambiant, les molécules de ces fluides se trouvent en équilibre rompu à cause du manque de résistance. L'action qui résulte de cette force est l'écoulement des deux fluides vers l'espace sous forme d'ondes de chaleur lumineuse; cet écoulement dure jusqu'à ce que l'équilibre thermométrique s'établisse entre la température de l'espace et celle de la masse refroidie des corps célestes éteints.

IV. Parmi les corps célestes massifs déjà refroidis, on trouve seulement, 1° des planètes qui tournent autour de leur axe, et 2° des satellites qui ne tournent pas autour de leur axe. Les rayons solaires arrivent aux planètes et aux satellites; ceux-ci ne se déplacent que par leur mouvement orbiculaire, tandis que les planètes tournent en même temps autour d'un de leurs diamètres. Ainsi les rayons amènent à une densité égale les éléments $\bar{E}\bar{E}$ des deux électricités aux planètes et à leurs satellites, et c'est à cause de la rotation des planètes que les éléments électriques se trouvent à un plus haut degré dans les planètes en rupture d'équilibre que dans leurs satellites. Les écoulements de ces éléments ou l'action qu'ils opèrent sur les éléments de l'eau en font se séparer un atome d'oxygène $\bar{O}\bar{E}$ de 4 atomes d'eau, d'où résulte, non pas un combiné, mais un *reste;* ce reste est l'atome double d'azote $Az^2$. Le mélange de ces deux gaz est *l'air.* J'ai déjà démontré que ces éléments électriques amenés par les rayons solaires produisent de l'eau, les atomes de la substance végétale.

§ 147. **Fin de la vie géologique.** Pour que la vie astronomique finisse, il faut que toutes les molécules ÊĒ d'électricité éprouvent une expansion d'où résulte un équilibre; de même pour que la vie géologique des planètes prenne fin, il faut : 1° qu'une partie de leur masse d'eau se transforme en air, et 2° que le reste se transforme en substances végétales, dont le résidu produit une couche nommée *phytostrome*.

A la fin de chaque période cométogonique, deux colonnes d'air se séparent des deux régions polaires pour devenir deux comètes, et les deux calottes de phytostromes sont submergées pour former un nouveau fond de la mer. Les substances végétales produisent les animaux, dont les restes se mêlent avec ceux des plantes.

Le carbone des phytostromes se combine avec les éléments de l'eau pour se transformer, 1° en acide carbonique, et 2° en gaz des marais. C'est alors que la chaleur latente de l'eau devient libre et produit une élévation de température autour de la surface des deux phytostromes. Cette origine de la chaleur terrestre devient la cause d'une série de faits qui composent les périodes oryctogoniques; de sorte que la fin de chaque période cométogonique devient le commencement d'une période oryctogonique.

### I. ÉGALITÉ DE L'ÉTAT PHYSIQUE DES PLANÈTES DANS LE COMMENCEMENT DE LEUR VIE ASTRONOMIQUE ET DANS CELUI DE LEUR VIE GÉOLOGIQUE.

§ 148. La vie astronomique des planètes commence au moment où les huit jets de masse empyrée sont expulsés de l'intérieur de leur soleil, lequel passe aussitôt à son 2° état nébuleux dont la durée T est plus longue que celle T — τ de la vie astronomique de son système planétaire. A la fin de cette vie astronomique toutes les planètes et leurs satellites sont composés d'un globe de glace de forme ovalaire circulant autour de leur soleil, lequel est encore entouré d'une couche de vésicules de vapeur et de météores dont l'épaisseur surpasse le rayon de l'orbite de Vénus.

Des rayons ou des ondes de chaleur lumineuse provenant de la masse empyrée du Soleil, il n'arrive aux planètes que les atomes de lumière, parce que les météores empêchent la propagation simultanée de la lumière et de la chaleur. Celle-ci, séparée de la lumière, reste dans la couche des météores, tandis que l'expansion de la lumière se propage dans l'espace sans opérer aucun changement physique dans les planètes.

Cet état nébuleux du Soleil est causé par la rupture d'équilibre produite par la masse empyrée du 5ᵉ jet qui a rebroussé chemin pour se porter sous forme de ceinture en spirale autour de la région équatoriale du Soleil. En obéissant aux lois de la pesanteur, les molécules de la masse pâteuse et visqueuse se déplacent lentement en laissant une partie de chaleur avec une quantité de molécules de la masse s'éloigner sous forme de vésicules de vapeur. La lumière seule parvient à se propager en directions divergentes.

Quand l'équilibre de la masse empyrée s'est établi, 1° le déplacement des molécules s'arrête; 2° la couche superficielle de la masse gèle; 3° la production de vapeur est interceptée; 4° celle qui a été produite se précipite sur l'enveloppe de glace; 5° celle-ci livre passage aux ondes de chaleur lumineuse provenant de la masse empyrée.

§ 149. **Commencement de la vie géologique des planètes.** A l'époque où finit le deuxième état nébuleux du Soleil, les ondes lumineuses commencent à se répandre vers l'espace; chacune des planètes en reçoit des quantités qui sont en raison inverse des carrés des distances. 1000 étant la distance entre la Terre et le Soleil, les quantités des rayons ou de chaleur lumineuse, amenées à chaque planète, ont pour valeur :

$$\left(\frac{1}{387}\right)^2,\ \left(\frac{1}{723}\right)^2,\ \left(\frac{1}{1000}\right)^2,\ \left(\frac{1}{1524}\right)^2,\ \left(\frac{1}{5303}\right)^2,\ \left(\frac{1}{9530}\right)^2,$$

$$\left(\frac{1}{19183}\right)^2,\ \left(\frac{1}{30034}\right)^2.$$

Les intensités des transformations des éléments de l'eau en air et en planètes étant dans chaque planète en raison directe avec les quantités des éléments électriques qui y sont arrivées du Soleil par ses rayons, les durées de la vie géologique de ces planètes sont en raison directe avec ces quantités des éléments électriques, et par suite ces mêmes durées sont en rapport direct avec les carrés des distances entre le Soleil et chacune des planètes.

§ 150. **État physique des planètes.** Connaissant, au moyen de la loi physique déjà démontrée, les intensités de transformations des éléments de l'eau en air et en plantes, j'ai cherché dans les deux planètes inférieures s'il s'y produisait encore de l'air et des plantes, comme cela a lieu dans la Terre, et je me suis convaincu qu'il ne s'y opère aucun changement physique. Il s'en effectue, au contraire, dans les planètes Mars, Jupiter et Saturne. Dans les deux autres planètes, les changements sont encore trop peu avancés pour qu'on puisse les apercevoir.

Ainsi je suis parvenu à m'assurer que T étant la durée écoulée depuis le commencement simultané de la vie géologique des huit planètes, 1° il s'écoula une durée $(387\tau)$ depuis l'époque *e* du commencement de la vie géologique jusqu'à la fin de la vie géologique de Mercure; 2° il s'est écoulé une durée $(723\tau)^2$ à compter de la même époque *e* jusqu'à la fin de la vie géologique de Vénus. Mais la durée T étant inférieure à $(1000\tau)^2$, il a dû s'écouler encore la différence $\mathbf{T}$ pour que la Terre arrive à la fin de sa vie géologique; il sera alors $T + \mathbf{T} = (1000\tau)^2$.

## II. INÉGALITÉS ENTRE LES FORMES DES PLANÈTES AU COMMENCEMENT DE LEUR VIE GÉOLOGIQUE.

§ 151. **La forme ovalaire de la masse empyrée de chaque jet a pour cause** : 1° la poussée P exercée sur elle de la part du barogène B amené par les ondes O, *o* de la part des deux électrosphères P, A (fig. 10) sur l'espace énustre Π, et 2° la poussée inférieure $P-\left(\frac{P}{387}\right)^2$, $P-\left(\frac{P}{723}\right)^2$, $P-\left(\frac{P}{1000}\right)^2$.... exercée sur la même masse de la part du Soleil, car il fait écran par son barogène **b** à une quantité de barogène égale amené par les ondes O, *o*.

Fig. 10.

L'effet de cet écran est en raison inverse des carrés des distances; c'est pourquoi la masse *m'* dont Mercure a été formé a éprouvé le plus grand allongement, d'où il est résulté un globe ovalaire ayant ses deux diamètres dans le rapport, 1° $D:(387d)^2$ pour Mercure, 2° $D:(723d)^2$ pour Vénus, 3° $D:(1000d)^2$ pour la Terre, et ainsi de suite pour toutes les cinq autres planètes.

Ces rapports entre les diamètres des ovalaires ont diminué quand l'eau s'est transformée en substances végétales et que cette substance s'est changée en substance minérale. Ce changement s'est déjà opéré dans les quatre planètes intérieures, tandis que dans les planètes extérieures les rapports primitifs entre les deux diamètres restent encore conservés.

§ 152. **Aplatissement optique des planètes.** Dans toutes les planètes qui sont de forme ovalaire, le grand diamètre se trouve dans le plan de leur orbite et leur petit diamètre est perpendiculaire. Le diamètre de la rotation ou l'axe ne coïncide avec aucun des deux diamètres de l'ovalaire ; il fait avec le grand diamètre les angles $90°-\gamma$.

Les satellites qui ne tournent pas ne produisent aucune illusion optique; on les voit dans leur grandeur et dans leur forme naturelles, tantôt plus grandes, tantôt plus petites. Dans les planètes, l'axe se présente sous une longueur constante, tandis que le diamètre de l'équateur a tantôt la longueur du grand diamètre, tantôt celle du petit. Quand, par erreur, les astronomes prêtaient aux planètes une forme aplatie, ils étaient conduits à en commettre une seconde impardonnable; ils disaient : « Nous trouvons pour l'équa« teur des planètes des longueurs dont les diamètres varient « entre $l$ et $l+\alpha$, mais nous admettons un cercle pour l'é« quateur; par suite, il faut en conclure que nous péchons « dans nos observations. »

Je soutiens le contraire, et je prouve que ni moi ni aucun astronome ne commettons de si grossières erreurs dans nos observations. Ces observations nous conduisent : 1° à reconnaître pour l'équateur deux diamètres $l+\alpha$ et $l$ et à lui attribuer la forme obtenue par les observations, et 2° à faire renoncer tous les astronomes à une hypothèse qui peut bien être logique, mais que ne sauraient réaliser les résultats obtenus par les observations, résultats dont la réalité est incontestable.

Dans les planètes dont le plan équatorial est éloigné du plan orbiculaire, la longueur apparente de l'équateur diminue et il en résulte une diminution apparente de l'aplatissement. Cependant, pendant la vie géologique, la différence entre les deux diamètres de l'équateur diminue également. Cette différence $\alpha$ est très-petite pour les deux diamètres $l+\alpha$ et $l$ de l'équateur terrestre, tandis qu'elle est grande dans les planètes Mercure et Saturne.

Cette ressemblance est due à ce que dans le principe, pour Mercure, la différence $\alpha$ entre les deux diamètres D et $D+\alpha$ avait une très-grande valeur; malgré sa diminution considérable, elle est actuellement $\alpha$ comparable à la différence $\alpha$ entre les longueurs des diamètres $l$ et $l+l'$

de Saturne, lesquels n'ont encore subi aucun changement.

### III. APPARITION DU SILLON ROYAL DANS LES PLANÈTES ET SON EXISTENCE DANS LA TERRE.

§ 153. Jusqu'ici le lecteur a pu croire qu'à l'exemple de mes devanciers, j'émettais des hypothèses logiques pour expliquer les faits physiques, et il a attribué l'absence complète de contradiction à une meilleure coordination des faits. Pour faire tomber cette opinion, je montrerai les traces qu'a laissées sur la surface des continents de la Terre la bande de masse empyrée qui s'est déposée dans la direction déterminée, 1° par la rotation de la Terre, et 2° par le plan orbiculaire de la Lune.

§ 154. **Traces du sillon royal sur la Terre.** J'ai démontré que la *zone royale* du Soleil est résultée de la bande du 5ᵉ jet qui a rebroussé chemin et que la pesanteur a fait naître l'équilibre entre la masse empyrée M du Soleil et celle $m^{v}$ de la bande du 5ᵉ jet. De même une des bandes des jets de masse empyrée expulsées de la Terre a rebroussé chemin et s'est déposée à sa surface.

Avant que l'équilibre s'établît entre la masse $m'''$ de la Terre et celle $\mu$ de la bande qui a rebroussé chemin, comme cela a eu lieu pour le Soleil, les masses $m'''$ et $\mu$ se sont refroidies. Il n'est resté que le sillon produit sur les parties élevées du globe de forme ovalaire, à cause de la fusion d'une partie de l'enveloppe dans ces régions. Au lieu donc d'une enveloppe semblable à celle de la zone royale, il resterait les échancrures sur le globe terrestre produites par un vaste sillon nommé *royal*, pour correspondre à la zone royale du Soleil.

Vu que le fond des mers est la partie du globe ovalaire la moins éloignée du centre de gravité, et que les continents en sont les parties les plus éloignées, les échancrures de la bande de masse empyrée ont été conservées dans ces parties élevées de la Terre. C'est la masse empyrée qui a mis en fusion l'enveloppe glaciale de la masse $m'''$ empyrée, et la pesanteur a fait s'en éloigner les masses réduites à l'état liquide, et c'est ainsi que l'espace y est resté vide et n'a pas été détruit par les changements opérés pendant la vie géologique. Cet espace vide se voit comme *échancrure*.

Les parties de la surface ovalaire de la Terre les moins éloignées de son centre de gravité forment : 1° à la base, le fond de l'*océan Pacifique ;* 2° entre la périphérie de la base et le sommet de l'ovalaire, se trouve la zone occupée par le fond de l'*océan Indien*, de l'*océan Atlantique* et du *bassin caspien.*

Les parties de la même surface ovalaire de la Terre les plus éloignées de son centre de gravité forment les continents. 1° A la périphérie de la base de l'ovalaire, sont l'*Amérique du Sud*, l'*Amérique du Nord*, l'*Asie* et l'*Australie.* 2° Au sommet, sont l'*Afrique* et l'*Europe.*

Au milieu de l'Afrique, à l'équateur, se trouve le grand lac Ukevewée. 1° A l'est de ce lac et au sud de l'équateur, l'Afrique se termine au golfe de Zendjibar, et cette direction passe au nord de l'Australie séparée de l'Asie. 2° A l'ouest du lac susdit et au nord de l'équateur, l'Afrique se termine au golfe de Guinée, et cette direction prolongée passe au nord de l'Amérique du Sud, séparée de l'Amérique du Nord par l'Amérique centrale.

Une courbe partant de l'extrémité nord de l'Australie qui passe par le lac équatorial du milieu de l'Afrique et par l'extrémité nord de l'Amérique du Sud, indique la région dans laquelle s'est effectué le dépôt de la bande à la surface de la Terre. Les traces des extrémités de cette bande se perdent dans l'océan Pacifique; l'une de ces extrémités est au sud et l'autre au nord de l'équateur. Les distances du sud et du nord de l'équateur de l'Australie et de l'Amérique du Sud sont égales entre elles et avec la distance de l'orbite de la Lune du plan de l'équateur de la Terre.

Il est facile de voir que c'est au sud de l'équateur qu'arriva la première extrémité de la bande, car si elle s'est déposée à l'étendue indiquée, c'est à cause de la rotation de celle-ci de l'ouest à l'est; de sorte que, pour que la chute fût complète, il a fallu tout le temps que met la Terre pour tourner autour de son axe.

Ce dépôt de la bande ne se fait pas sur le plan de l'équateur; il s'en éloigne autant que s'en éloigne l'orbite de la Lune, de même que l'écliptique s'éloigne du plan équatorial du Soleil. Cela prouve que le choc tangentiel exercé sur chaque jet par le bord postérieur du cratère s'opère dans une direction qui ne coïncide pas avec la direction finale qui est celle de la rotation ou de l'équateur.

Depuis quatre siècles on connaît la distribution des mers et des continents de la Terre; cependant personne n'a songé à en rechercher la cause physique. Cela tient, non à ce qu'on ignorait que cette cause existât, mais à ce qu'on manquait des connaissances nécessaires pour se guider dans cette recherche. Sachant que tous les faits consignés dans les observations sont réels, c'est donc à ces faits qu'on aurait dû s'en rapporter pour éviter de se tromper.

On savait également que la production des faits est régie par une loi générale, que *rien n'est produit sans déplacement des molécules, sans action provenant d'une force*. Tout se réduisait à connaître cette origine qui montre que le mouvement se trouve emmagasiné dans les molécules du fluide primitif chaos. 1° La rupture d'équilibre de ces molécules est ce qu'on doit entendre par le mot *force*, et 2° l'expansion de ces molécules comprimées et infiniment élastiques est ce qu'on doit entendre par le mot *action*.

Au sillon royal de la Terre correspond : 1° la zone royale du Soleil, et 2° la nébuleuse unique immense autour de l'Archégète, laquelle projetée sur la Voie lactée s'étend de 15° de longueur et la moitié environ de largeur. De même que la masse empyrée M du Soleil est restée entourée de météores pendant toute la durée τ de la vie astronomique de toutes les planètes, de même la masse empyrée M de l'Archégète restera entourée de météores pendant toute la durée T de la vie astronomique de tous les soleils qui existent et de tous ceux qui seront produits par les portions presque égales de masse empyrée qui se sépareront dans l'avenir des cinq jets qui circulent actuellement dans les cinq espaces annulaires supérieurs.

Dans chacune des planètes, les traces du sillon royal servent à déterminer la durée de leur révolution autour d'un de leurs diamètres; ces sillons n'existent pas dans les satellites qui ne tournent sur aucun de leurs diamètres, mais circulent autour de leur planète.

## IV. FAITS PRODUITS SUR LES PLANÈTES PAR LEUR SILLON ROYAL.

§ 155. Il existe un paradoxe très-répandu. Beaucoup d'astronomes racontent naïvement qu'à une certaine époque ils ont vu sur un point d'une planète une tache bien déterminée, puis ils ajoutent qu'avec les mêmes instruments et dans les mêmes conditions atmosphériques ils ne voient plus cette tache; cependant il arrive souvent que d'autres astronomes la voient.

Les anciens, aussi bien que les modernes, ont pour idée fixe que les corps célestes ont, 1° une forme sphérique comme la Lune et le Soleil ou 2° une forme aplatie. En dépit de mille faits qui ne trouvent aucune explication dans cette hypothèse, personne n'a pu se décider à essayer de chercher leur explication dans une autre forme; cependant si on l'eût fait, on n'aurait pas manqué de découvrir la forme ovalaire commune à tous les corps célestes.

Toutefois cette découverte même serait insuffisante pour l'explication des séries de faits qui paraissent des paradoxes à cause de la position du sillon royal qui coupe obliquement l'équateur de la planète en un seul point, de même que chacun de ses méridiens.

D'après la loi de la photométrie, il est facile de déterminer : 1° l'éclat des versants du sillon lorsqu'ils sont entre le Soleil et la Terre, et 2° le cas où la Terre est entre le Soleil et les versants du sillon. Dans ce dernier cas, le versant est bien exposé au Soleil, et nous en recevons une grande quantité de lumière, non de toute son étendue, comme cela arriverait si le versant était parallèle à l'équateur, mais seulement d'une petite partie de ce versant à cause de son obliquité par rapport à l'équateur.

Les inégalités des étendues et des hauteurs de différentes parties des versants proviennent des inégalités des deux hémisphères de chaque planète, car leur équateur ne passe jamais par le sommet du globe ovalaire, mais toujours loin de ce sommet, lequel reste dans l'un des hémisphères, tandis que la base reste dans l'autre. La profondeur des échancrures est grande dans la périphérie de la base et elle est minime dans celle du voisinage du sommet du globe de forme ovalaire.

Si l'on observait de la planète Mars, on verrait sur la surface de la Terre les versants de l'Amérique séparés par l'Amérique centrale comme des points lumineux dont un seul est visible lorsque le Soleil est au sud de l'équateur, si Mars est en même temps de ce côté; si, au contraire, à cette époque, cette planète est au nord du prolongement de l'équateur terrestre, c'est le versant de l'Amérique du Sud descendant dans l'Amérique centrale qui paraîtra comme une tache noire. Chaque déplacement de Mars ou de la Terre ou des deux planètes dans leurs orbites fera apparaître une autre partie de ce versant, et l'on croira ou que le point est déplacé, ou qu'il est devenu invisible. Si l'on admet que le point observé persiste à être le même, c'est la durée de la rotation de la Terre qui paraîtra différente.

Quelquefois la vallée composée de l'Amérique centrale

et celle qui sépare l'Australie de l'Asie paraissent être une seule et même vallée; il ne s'écoule que la moitié de la durée de la rotation depuis l'éloignement du versant d'Amérique, et le versant se présente de l'Asie ou de l'Australie. L'observateur croit ainsi que pendant cet intervalle la Terre a terminé une révolution.

A une autre époque, le même observateur ou tout autre aperçoit l'un des versants qui descendent dans le lac équatorial du milieu de l'Afrique. Ce point ne revient exactement qu'après un tour de la Terre dont la durée est trouvée de 24 heures. Malgré les observations exactes des deux astronomes placés dans la planète Mars, les résultats paraîtront très-différents sans qu'on puisse se rendre compte de la cause physique de résultats discordants.

Cet exemple montrera la justesse de la cause physique des différents résultats qu'ont obtenus plusieurs astronomes qui ont observé la même planète à des époques différentes; car on est arrivé maintenant à communiquer aux autres astronomes les points observés par un d'entre eux afin qu'ils puissent les contrôler.

**Résumé.** Du sillon royal il ne reste à chaque planète que trois *échancrures* : 1° deux de longueur minime et de grande profondeur dans la périphérie de la base du corps ovalaire; 2° une de grande longueur et de faible profondeur dans le voisinage du sommet sur l'équateur.

# CHAPITRE III.

## APERÇU GÉNÉRAL DES CHANGEMENTS OPÉRÉS DANS LES PLANÈTES PENDANT TOUTE LA DURÉE DE LEUR VIE GÉOLOGIQUE.

§ 156. Les durées de la vie géologique sont en raison inverse des densités des rayons solaires ou en raison directe des carrés des distances entre le Soleil et les planètes. Dans les planètes, il n'y a pas de différence : 1° entre les éléments pondérables, car ils sont les mêmes que ceux de l'eau, et 2° entre les éléments impondérables qui sont ceux $\bar{E}, \bar{E}$ de l'électricité neutre ou de la chaleur lumineuse conduite dans les planètes par les rayons solaires en densités connues.

Lors donc qu'il n'y a pas de différence entre les éléments, il ne peut y en avoir entre leurs combinés ; ce qui diffère, ce sont les durées de la production de même quantité de combinés qui correspondent aux densités des rayons solaires ou aux quantités des éléments électriques conduites par ces rayons dans chaque planète.

Ces quantités sont :

$$(\alpha) \quad \left(\frac{q\bar{E}\bar{E}}{387}\right)^2, \left(\frac{q\bar{E}\bar{E}}{723}\right)^2, \left(\frac{q\bar{E}\bar{E}}{1000}\right)^2, \left(\frac{q\bar{E}\bar{E}}{1524}\right)^2, \left(\frac{q\bar{E}\bar{E}}{5203}\right)^2,$$
$$\left(\frac{q\bar{E}\bar{E}}{9539}\right)^2, \left(\frac{q\bar{E}\bar{E}}{19183}\right)^2, \left(\frac{q\bar{E}\bar{E}}{30034}\right)^2.$$

Les intensités de transformation des éléments de l'eau de chaque planète étant en raison directe des quantités des éléments électriques $\bar{E}\bar{E}$ amenés du Soleil par ses rayons, les durées de la transformation des éléments de l'eau en *air* et en *chlorophylle* sont en raison directe des carrés des distances entre les planètes et le Soleil.

On admet ici que la distance entre la Terre et le Soleil est, non pas 1, mais $1000\lambda$, il est $\lambda = 38000$ lieues à 4000 mètres; la durée nécessaire pour que la quantité des éléments d'eau composant la Terre soit transformée en *air* et en *chlorophylle* est exprimé par la quantité des équivalents électriques $\left(\frac{q\ddot{E}\ddot{E}}{1000\lambda}\right)^2$. Cette durée est supérieure aux deux précédentes ($\alpha$) et inférieures aux cinq suivantes.

T étant la durée écoulée depuis le commencement de la vie géologique du système planétaire, les rayons solaires ont amené dans chaque planète des quantités d'éléments électriques représentés par celles ($\alpha$). Q étant la quantité d'équivalents électriques $\ddot{E}, \ddot{E}$ suffisante pour transformer les éléments d'eau d'une planète en air et en chlorophylle, cette quantité est supérieure à $\left(\frac{q\ddot{E}\ddot{E}}{1000}\right)^2$, quantité nécessaire pour que l'eau de la Terre soit transformée en chlorophylle et en air; mais cette quantité est inférieure à celles $\left(\frac{q\ddot{E}\ddot{E}}{723}\right)^2, \left(\frac{q\ddot{E}\ddot{E}}{387}\right)^2$, parce qu'il y a encore un reste d'eau dans la Terre, tandis qu'il n'y en a plus dans les planètes Vénus et Mercure, et cela, depuis les époques *e* et *e'*. Il s'est écoulé depuis l'époque *e* la durée $T-(387\tau)$ et la durée $T-(723\tau)^2$ depuis l'époque *e'*.

Une fois démontrée la liaison qui existe entre le progrès de la diminution de l'eau et les quantités des éléments électriques amenés par les rayons solaires dans chaque planète, on voit facilement : 1° que la Terre deviendra ce que sont actuellement les deux planètes inférieures, et 2° qu'elle a été à des époques différentes ce que sont actuellement les planètes supérieures. C'est pendant la durée T que dans les deux planètes Neptune et Uranus la transformation d'une petite quantité d'eau en air s'est opérée; cette quantité est déjà perceptible dans la planète Saturne. Les astronomes ont prétendu que l'état actuel de cette planète correspond à celui dans lequel les cinq planètes inférieures sont trouvées à des époques différentes; mais ils ont admis l'existence d'un anneau matériel dans le plan équatorial de Saturne, tandis qu'ici je démontre le contraire. C'est un *sillon équatorial* creusé dans le globe glacial qui fait apparaître des anneaux d'après la loi connue de la Perspective.

Le *sillon royal*, dont j'ai démontré la présence dans la Terre, ne manque d'aucune des planètes; ainsi, il y a deux sillons dans la planète Saturne : 1° le sillon *équatorial*, d'une grande largeur et d'une médiocre profondeur, et 2° le sillon *royal*, d'une médiocre largeur et d'une grande profondeur. Le grand nombre de faits inexplicables observés dans la planète Saturne prouvent évidemment l'existence des deux sillons et leur position indiquée.

### I ÉTAT DE SATURNE REPRÉSENTANT LES CHANGEMENTS OPÉRÉS AU COMMENCEMENT DE LA VIE GÉOLOGIQUE DES PLANÈTES.

§ 157. Dans chaque planète, les rayons solaires arrivent au maximum de densité au point *f* de la surface par lequel passe la ligne qui unit le centre du Soleil avec celui de la planète. Ce point *f* nommé *foyer* ne se promène que sur la zone torride en passant par tous les points pour y décrire chaque année deux hélices en sens inverse.

Les éléments électriques $\bar{E}\bar{E}$ éprouvent au point *f* une expansion d'une plus grande intensité qu'aux points ambiants. La transformation de l'eau en air s'opère par la séparation d'un atome d'oxygène des quatre atomes d'eau, d'où résulte un reste qui est un atome double d'azote. Cet azote, sans être un corps simple comme l'hydrogène et l'oxygène, est *indécomposable* parce qu'il est un *reste* et non pas un *combiné* (1).

---

(1) Dans la *Chimie*, qui paraîtra après cet ouvrage, je démontre que tous les corps indécomposables sont des restes et non pas des combinés; ainsi ces restes, étant indécomposables, ne sont pas pour cela des corps simples.

Le mélange de l'atome d'oxygène avec l'atome double d'azote est l'*air* composé du même poids 363 que les quatre atomes d'eau, mais occupant un volume 800 fois plus grand, sans pour cela perdre la vitesse de son mouvement rotatoire opéré autour de l'axe de la planète dans une périphérie de rayon $r$ équatorial.

De 800 molécules d'air, il n'en reste qu'une seule dans la zone torride pour y occuper l'espace de 4 atomes d'eau; les autres sont repoussés dans les latitudes supérieures, parce que les molécules d'air doivent obéir, 1° à la poussée $p$ divergente équatoriale, et 2° à la pesanteur P centripète en conservant leur rotation autour des prolongements des deux extrémités de l'axe de la planète.

Pendant toute la durée T, la transformation en air des éléments de l'eau de la zone torride de Saturne s'est opérée; c'est ainsi que dans cette zone torride il s'est produit un sillon d'une largeur inégale à celle de la zone et d'une profondeur aussi inégale proportionnelle à la densité $\left(\frac{q\bar{E}\bar{E}}{9539}\right)$ des éléments électriques répandus sur la surface ovalaire.

Le volume de la glace de la zone torride de Saturne transformée en air étant $v$, l'espace vide du sillon équatorial est $v$, et le volume d'air dont une moitié occupe le prolongement d'une extrémité de l'axe et l'autre moitié de prolongement de son autre extrémité est 800 $v$. Il résulte deux aérocylindres creux de hauteur H = 400 rayons de Saturne, parce que la largeur de la zone torride étant de 57° le sin 29° est $\frac{1}{2}$ $r$.

Les astronomes ont prétendu que l'air produisait la réfraction et la réflexion de la lumière. J'ai montré (t. I, p. 795) que c'est le mélange d'air et de vapeur qui produit ces deux effets; mais l'air pur, aussi bien que la vapeur pure, ne produit que la seule réfraction des rayons et aucune réflexion. On voit ainsi pourquoi les aérocylindres de Saturne sont invisibles. Je parlerai plus longuement dans les chapitres suivants de cet objet et des effets des deux sillons de Saturne, et je me bornerai ici à indiquer le mode de disparition de l'eau de chaque planète lorsqu'elle est à la fin de sa vie géologique.

### A. ÉLÉVATION DE TEMPÉRATURE DANS LES LATITUDES SUPÉRIEURES.

§ 158. Les rayons solaires ou leurs ondes amènent l'électricité neutre $3q\ddot{E}\bar{E}$ de la masse empyrée du Soleil d'où résultent les ondes de chaleur lumineuse composée d'atomes $\theta = \ddot{E}\bar{E}^2$ de chaleur et d'atomes $\varphi = \ddot{E}^2\bar{E}$ de lumière. Ainsi l'on a :

$$3q\ddot{E}\bar{E} = q\ddot{E}^2\,\bar{E} + q\ddot{E}\bar{E}^2 = q\varphi\theta = \text{chaleur lumineuse.}$$

Arrivée à la surface de la planète, cette chaleur lumineuse se décompose : 1° en atomes de lumière qui éprouvent une expansion vers l'espace ; 2° en atome $\theta$ de chaleur qui éprouvent une petite résistance dans la glace et dans tous les corps. L'expansion des atomes de chaleur éprouve une résistance dans l'air qui est la cause de la propagation centrifuge rampante, tandis que l'affluence de la chaleur lumineuse est rayonnante.

La chaleur rampante $\Theta$ s'éloigne facilement de la zone torride, puisqu'elle n'a à traverser qu'une couche d'air d'une médiocre épaisseur $h$, tandis que la chaleur médiocre $\theta$ amenée par les rayons solaires aux latitudes supérieures s'en éloigne lentement parce qu'elle éprouve une résistance de toutes les ondes qui occupent la hauteur H des aérocylindres. Ainsi, la médiocre quantité $\theta$ de chaleur obscure occasionne une accumulation de chaleur dans les latitudes supérieures et produit une élévation de température supérieure à celle de la zone torride.

Telle est la cause de la fusion de la glace dans les latitudes supérieures et de sa persistance dans la zone torride où l'on voit le sillon à versants de glace. L'eau des latitudes supérieures produite par la fusion de la glace afflue pour former un niveau à égale distance *d* du centre de gravité. Le fond de cette mer n'est, 1° que la base du globe ovalaire, et 2° la zone qui sépare le sommet de la périphérie de cette base.

B. PRODUCTION DES PLANTES AQUATIQUES.

§ 159. La chaleur lumineuse ne s'arrête pas à la surface de la mer, mais elle pénètre une partie de la couche d'eau, et après avoir été séparée de la lumière, son expansion commence en directions divergentes vers le fond glacial de la mer et vers sa surface. Cette expansion des éléments $\ddot{E}\bar{E}^2$ de chaleur a une intensité supérieure sur la surface de la mer; l'excédant $\bar{E}$ d'électricité négative, en se propageant vers le fond froid, provoque la décomposition des atomes $\ddot{E}^2\bar{E}$ de lumière dont se sépare l'excédant $\ddot{E}$ d'électricité positive, et il en résulte un courant thermoélectrique ascendant, lequel sépare 3 atomes d'oxygène de 4 atomes d'eau, dont le résidu est un *reste* qui est un atome *double de carbone*. Cet atome, mêlé avec deux atomes d'eau, est la *chlorophylle ;* l'oxygène $O^3$, séparé des 4 atomes d'eau, pénètre dans l'air, qui n'est plus composé de *q* atomes d'oxygène et 2*q* atomes d'azote, mais où il entre encore 3*α* atomes d'oxygène comme excédant. C'est pourquoi au lieu de 20 parties d'oxygène et 80 d'azote, l'air contient 21 parties d'oxygène et 79 d'azote.

Les éléments de la chlorophylle, au moyen du courant thermoélectrique de la mer, se combinent de façon à en exercer le minimum de résistance. La formation des plantes primitives, dont la génération est spontanée, est due à cette combinaison. Les organes de reproduction sont également formés par le même courant électrique pour amener la partie qui exerce la plus grande résistance à se séparer de la plante.

Les restes des plantes de chaque récolte engendrent une couche de substance végétale qui ne peut dépasser 1 centimètre. Il se formerait donc ainsi à la surface de la Terre, pendant les cent récoltes d'un siècle, une couche de restes de plantes ou de *phytostrome* de 1 mètre d'épaisseur. Il arrive à la planète Saturne une quantité d'éléments électriques cent fois moindre que celle qui arrive à la Terre; c'est pourquoi il faut cent siècles pour qu'il se forme un phytostrome de 1 mètre d'épaisseur.

De la quantité Q totale d'eau, il n'est resté dans la Terre que la quantité *q* qui est environ le $\frac{1}{1000}$ de Q; à la planète Saturne, au contraire, il y a à peine $\frac{1}{1000}$ de l'eau transformée en air et en substances végétales dont on voit les flores sous la forme des bandes parallèles à l'équateur. Le nombre de ces bandes change avec les flores des saisons de la planète, lesquelles flores se répètent tous les 29 ans. Les limites équatoriales des bandes bien tranchées indiquent la région jusqu'à laquelle la température s'élève au-dessus de zéro; du côté polaire, les flores s'étendent jusqu'aux bords de la mer, car les parties qui sont autour du sommet et celles de la périphérie de la base du globe ovalaire forment des espèces de continents en restant au-dessus du niveau de la mer.

Des bandes parallèles à l'équateur, la partie éloignée des deux bords du disque est seule visible, parce que la lumière réfléchie du milieu du globe est plus dense que celle qui nous arrive de ses extrémités très-inclinées.

Se fiant sur cette apparence, Herschel crut que les bandes sont des nuages. Parmi les astronomes de nos jours, quelques-uns ont reconnu dans les changements subits des bandes l'indice des flores qui sont admises sur les continents. On considère donc comme mers les parties dénuées de bandes.

### C. Fin future de la première période cosmogonique de Saturne.

§ 160. Maintenant, dans la planète Saturne, la glace de la zone torride continue à se transformer en air, et l'eau des latitudes supérieures à se transformer en matières végétales. Les restes de cette substance font accroître l'épaisseur du phytostrome, et les masses d'air aggloméré sur la zone torride repoussent leurs devancières et les forcent à vaincre la pression centripète de la pesanteur et à s'éloigner du centre de la planète en continuant de tourner autour des deux prolongements de l'axe en décrivant des périphéries égales à celle de l'équateur de la planète.

La poussée centrifuge $p$ a sa cause, 1° dans les éléments électriques $\ddot{E}$ positifs soutenus par les atomes d'oxygène, et 2° dans les éléments électriques $\bar{E}^2$ négatifs soutenus par les atomes doubles d'azote. Il y a donc, d'une part, accroissement continuel de la poussée centrifuge, tandis que, d'autre part, le degré de la pesanteur reste le même. L'état de la séparation des deux aérocylindres qui existent aux deux prolongements de l'axe de la planète est donc préétabli.

Cette position des aérocylindres exerce une pression sur les mers polaires et y fait baisser leur niveau jusqu'aux latitudes inférieures, où la température est au-dessus de zéro. Cette inégalité du niveau de la mer augmente au fur et à mesure, 1° avec la hauteur H des deux aérocylindres, et 2° avec la poussée répulsive exercée par la quantité croissante $q+q'$ des équivalents électriques $\ddot{E}$ et $\bar{E}^2$. Cette poussée s'exerce, 1° contre les molécules tournantes de la surface de la zone torride, et 2° contre les molécules d'air des deux colonnes, lesquelles sont pressées par le barogène affluant vers la planète.

Le moment où la poussée expansive sera produite par une quantité Q d'éléments électriques suffisante pour vaincre la pression P de la pesanteur arrivera donc inévitablement. C'est à ce moment que la quantité Q d'électricité se divisera en deux moitiés pour tout entraîner par son expansion en directions divergentes. 1° Elle fera diminuer la vitesse de rotation de la planète, et 2° elle exercera une poussée centrifuge sur les deux aérocylindres creux.

La masse de la planète étant M et celle des deux aérocylindres $2\mu$, les deux quantités de mouvements auront pour valeur $v \times M$ et $2\mu \times D$. V. étant la vitesse de la rotation actuelle de Saturne, une partie $v$ en sera supprimée, et après la séparation des deux aérocylindres il ne restera que $V - v$. L'égalité $v \times M = 2\mu \times D$ des deux quantités de mouvement prouve donc que la distance D est très-grande.

D. Apparition du premier déluge de Saturne.

§ 161. La séparation des deux aérocylindres s'effectuera dans les deux régions polaires ; l'air $a$ des deux hémisphères sera refoulé vers la zone torride pour exercer un choc contre la rotation, puis l'air $a$ éprouvera une contre-répulsion par l'air $a'$ de la zone torride pour qu'il en résulte un équilibre aérostatique.

En ce moment la masse d'eau soutenue maintenant à un niveau élevé des deux mers par la pression exercée sur leur région polaire par les deux aérocylindres se trouvera en équilibre rompu. Cette masse d'eau forme deux *anneaux aquatiques* au bord équatorial des deux phytostromes. Il y aura donc deux torrents cataclystiques divergents qui submergeront les deux phytostromes et les forceront à se déposer sur le fond glacial de la mer.

La hauteur de l'atmosphère autour de toute la planète sera égale à celle $h$ de la zone torride. Cette hauteur n'est pas suffisante pour maintenir la température au-dessus de zéro ; la surface de la mer sera couverte d'une épaisse couche de glace. Ainsi, 1° par rapport à sa surface, Saturne se trouvera à la fin de sa première période cométogonique couverte de glace comme elle l'était au commencement de cette période ; 2° par rapport à son corps, il contiendra deux phytostromes couverts d'une couche d'eau qui ne s'y trouvait pas d'abord. Ces phytostromes produiront des pyramidostromes pendant la seconde période cométogénique qui va commencer ; cette seconde période correspondra à la première *période oryctogonique*, laquelle commence à la fin de la première période cométogénique, sans cependant finir en même temps que la seconde période cométogonique pour devenir le commencement d'une seconde période oryctogonique. Je donnerai plus loin la preuve de tous ces faits, que j'exposerai dans tous leurs détails, me bornant ici à l'énoncer succinctement.

### II. ORIGINE DES COMÈTES.

§ 102. Les deux aérocylindres qui croissent actuellement dans les deux prolongements de l'axe de Saturne deviendront, après leur séparation, un couple de comètes dont le mouvement orbiculaire aura : 1° pour élément précédemment centrifuge, la poussée exercée par la moitié $\frac{1}{2}$ Q de l'expansion des équivalents électriques, et 2° le mouvement actuel orbiculaire qu'ils possèdent leur servira de choc tangentiel.

En s'éloignant de Saturne en même temps que du Soleil, les deux aérocylindres parcourront la branche d'une hyperbole indiquée par l'équation

$$(\alpha) \qquad -b^2\chi^2+a^2y^2=a^2b^2.$$

L'expansion de l'électricité diminue en raison inverse du volume $\mu\times\Delta$ de l'espace parcouru jusqu'à devenir égale à la poussée centripète de la pesanteur dont la valeur est $\frac{1}{D^2}$, D étant la distance entre l'aérocylindre $\mu$ et le Soleil. C'est donc à cette distance D que l'éloignement s'intercepte et devient dans l'équation de l'hyperbole ($\alpha$):

$$(\beta) \qquad \chi=0 \quad \text{et} \quad y=\pm a.$$

Au moment de l'arrêt à la distance $a$ du centre de l'orbite, la masse $\mu$ ne possède que le mouvement tangentiel perpendiculaire à l'axe $a$. A ce moment la masse $\mu$ commence à éprouver la poussée centripète de la pesanteur ; la valeur de la poussée centrifuge devient centripète, et la masse $\mu$ commence à parcourir la courbe d'une ellipse d'équation.

$$(\gamma) \qquad b^2 x^2 + a^2 y^2 = a^2 b^2.$$

### A. RAPPORT ENTRE LES ORBITES DES COMÈTES ET CELLE DE LEUR PLANÈTE.

§ 163. La séparation des deux aérocylindres de Saturne aura lieu au moment où la poussée répulsive sera le plus augmentée par la vitesse du mouvement orbiculaire de la planète, vitesse qui se présente à son périhélie. Cette cause physique fait que le périhélie de deux aérocylindres se trouve au même point où s'est trouvé le périhélie de la planète quand ils s'en sont séparés.

Les éléments du mouvement orbiculaire des deux aérocylindres étant égaux, ne peuvent manquer, après une révolution, de se rencontrer à leur point de départ ; mais ils n'y retrouveront pas leur planète. La raison en est : 1° que la durée de la révolution du mouvement orbiculaire autour du Soleil diffère ; 2° que son périhélie n'est plus au point où il se trouvait quand les deux aérocylindres se sont séparés.

Les révolutions des planètes et la longueur de leur grand axe restent invariables. Il n'en est pas de même pour les aérocylindres, et cela non à cause des plus grandes perturbations qui s'opèrent dans les comètes que dans les satellites, mais à cause des chocs continuels qui ont lieu entre les aérocylindres et les essaims de météores qui circulent à des distances différentes, 1° avec les satellites autour de leur planète, 2° avec les planètes autour du Soleil, et 3° avec les météores de l'anneau zodiacal qui circulent dans un plan qui est le prolongement de l'équateur du Soleil.

§ 164. **Comètes synadelphes.** Chaque planète engendre une quarantaine de couples de comètes ; les éléments de chaque couple sont des *sœurs jumelles*, et les éléments de tous les couples produits par la même planète sont appelées *comètes synadelphes*. Le périhélie de chaque couple des planètes synadelphes se trouve au point où était le périhélie de sa planète au moment de leur séparation. A cause du déplacement du périhélie de la planète, toutes les comètes synadelphes ont leur périhélie dans l'intérieur de l'orbite de leur planète et à de faibles distances.

**Sens des mouvements orbiculaires des comètes.** Le point de périhélie de la planète et celui du couple primitif des comètes peut se trouver dans le paramètre dans la direction de l'aphélie ou dans chacun autre point au moment de la séparation des couples postérieurs. Le sens du mouvement orbiculaire des comètes n'est donc pas le même, comme cela a lieu, 1° pour les soleils circulant autour de l'Archégète; 2° pour les planètes circulant autour de leur soleil, et 3° pour les satellites circulant autour de leur planète. Je donnerai dans la section suivante tous les détails relatifs aux comètes; il suffira, pour le moment, de connaître leur origine.

### B. État physique des comètes.

§ 165. Après la séparation des aérocylindres, leur pesanteur vers leur planète s'évanouit et il ne reste que celle qu'elles possédaient vers le Soleil, pesanteur des millions de fois inférieure à la précédente, tandis que la poussée expansive des éléments électriques, 1° $\bar{E}$ de l'oxygène, et 2° $\bar{E}^2$ de l'atome double d'azote, reste la même. C'est donc cette poussée qui fait acquérir aux aérocylindres un volume des millions de fois supérieur à celui qu'ils avaient autour de la planète.

C'est à cause de la grande excentricité des orbites que la pesanteur des comètes vers le Soleil est mille fois plus grande dans leur périhélie que dans leur aphélie. Ainsi leur volume devient mille fois moindre lorsqu'elles passent par le périhélie.

§ 166. **Identité des éléments composant l'atmosphère et les comètes.** L'eau, les vésicules de sa vapeur et l'air sont composés des mêmes éléments matériels et électriques. L'eau se trouve à ces trois états dans les comètes; il n'y a de changement que dans le volume de l'air dans lequel flottent les vésicules de vapeur.

1° **Atome d'eau.** Il entre dans chaque atome d'eau : 1° un atome d'oxygène $\overset{-}{O}$ négatif; 2° un atome d'hydrogène $\overset{+}{H}$ positif; 3° un atome de chaleur $\overset{+}{E}\bar{E}^2$ composé d'un équivalent $\overset{+}{E}$ positif et de deux équivalents $\bar{E}^2$ négatifs.

2° **Vésicule de vapeur.** L'atome de chaleur de l'eau se décomposant en ses éléments, devient insensible comme chaleur, car les deux électricités qui en résultent sont soutenues à l'état latent par l'enveloppe de la vésicule. L'électricité positive $\overset{+}{E}$ occupe la surface intérieure et l'électricité négative $\bar{E}^2$ la surface extérieure.

3° **Air.** Sur 4 atomes d'eau $H^4O^4\theta^4$ un atome de chaleur $\overset{+}{E}\bar{E}^2$ se décompose; son équivalent positif $\overset{+}{E}$ se combine avec un atome d'oxygène et le fait se séparer; le reste $H^3O^3\theta^3H\bar{E}^2$ est l'atome double d'azote $= Az^2$.

**Éléments visibles dans les comètes.** L'air est celui des éléments où les comètes ne manquent jamais; mais comme il est parfaitement transparent, il est invisible, et en raison de sa très-grande dilatation, il ne produit pas de réfractions sensibles.

Les vésicules de vapeur flottent dans l'air; leur enveloppe passe à l'état liquide à une température très-peu supérieure à celle de l'espace, et c'est le mélange de l'air et des vésicules qui produit la réflexion de la lumière solaire, comme le fait l'atmosphère en produisant le crépuscule (t. I, p. 795).

L'eau se soutient à l'état liquide à une température peu supérieure à celle de l'espace (*Physique*, t. III, p. 314).

Comme dans cet état elle est transparente, elle livre passage aux rayons des étoiles. Le reste des détails concernant les comètes sera donné plus loin.

### III. PÉRIODES ORYCTOGONIQUES DES PLANÈTES.

§ 167. *Dans le volume suivant, je donnerai les détails des périodes oryctogoniques dont le nombre est égal à celui des périodes comélogoniques. Je n'en fais mention ici que pour mettre le lecteur à même de connaître le mode d'accroissement du poids spécifique des planètes pendant leur vie géologique.*

J'ai montré le mode de production de la chlorophylle et de la substance végétale dont l'atome double est $C^{24}H^{24}O^{24}$; dans le volume suivant, je ferai voir le mode de production des animaux 1° par la substance végétale, et 2° les courants thermoélectriques. Par la chimie, il sera démontré que tous les corps, *dont jusqu'à présent le nombre est de 60*, étant indécomposables, ils ne sont ni simples ni le produit d'aucune combinaison. Ce sont des *restes* de l'éloignement de quelques éléments ; aussi est-il absurde de vouloir décomposer ces restes avant de les avoir d'abord complétés. Pour fixer les idées, je donnerai les exemples suivants :

1 *atome double d'azote* = $H^4O^3 - O = H^4O^2$; poids, 28.
1 *atome double de carbone* = $H^4O^4 - O^3 = H^4O$; poids, 12.
1 **atome double de thallium** = $2H^4O^4PbS^7 - S^2O^8 = 2H^4PbS^6$; poids, 407.
1 *atome double de substance végétale* = $2C^{12}H^{12}O^{12}$.

Les corps indécomposables résultent de la séparation des différents éléments pondérables et impondérables de l'atome double végétal. Il y a plusieurs ordres de corps indécomposables :

1° L'*azote* et le *carbone* sont de 1er ordre, parce qu'ils résultent de l'eau.

2° Les *minerais* sont de 2° ordre, parce qu'ils résultent du carbone de l'atome végétal.

3° Le *thallium* est de 3° ordre, parce qu'il est produit par les *minerais*.

Ce sont les animaux qui sont cause que quelques éléments se séparent des substances végétales pour laisser des restes indécomposables. Il y a aussi des fermentations qui ne consistent que dans la séparation de quelques éléments et donnent naissance à des restes qui sont des corps indécomposables. Tout cela sert à faire connaître l'origine des minerais dont l'argile entre dans la composition des *terrains ignés*.

A. ORIGINE DES TERRAINS IGNÉS.

§ 168. J'ai fait voir (*Physique*, t. I, p. 690) le mode de formation de l'argile par les atomes de la substance végétale :

$$4C^{24}H^{24}O^{24} - 12C^{2}O^{4} - 8HO = 9Al^{2}O^{3}Si^{2}O^{4}.$$

Je me bornerai ici à exposer succinctement les faits volcano-plutoniens que n'ont pas expliqués les géologues ; cela peut se faire spontanément en suivant l'ordre chronologique de la production des faits.

**Origine de la chaleur terrestre.** Les deux phytostromes qui se forment à la surface des mers au moyen des restes des plantes vont faire partie du fond des mers. Chaque atome double végétal $C^{24}H^{24}O^{24}\theta^{24}$ produit. 1° l'acide carbonique, 2° le gaz des marais et la chaleur

$$C^{24}H^{24}O^{24}\theta^{24} = C^{12}O^{24} + C^{12}H^{24} + \theta^{24}.$$

L'expansion des équivalents électriques $24\overset{+}{E}$ et $24\bar{E}^{2}$ provoque l'affluence de $24\overset{+}{E}$ équivalents positifs qui se séparent des atomes de lumière qui se trouvent à l'état stationnaire. C'est dans cette affluence des équivalents positifs vers le phytostrome que consiste le courant thermoélectrique, lequel amène l'argile dissoute dans l'eau de la mer, et il la fait se déposer à l'état cristallin galvanoplastique sur la surface chaude des phytostromes. Cette couche a été nommée *cristallostrome;* elle sépare l'eau du phytostrome et exerce une résistance contre la propagation de la chaleur rampante venant du phytostrome.

La décomposition du phytostrome et la production de nouvelles quantités de gaz et de chaleur ne dépendent pas de l'épaisseur du cristallostrome; mais la poussée répulsive des gaz croît avec l'élévation de la température à la surface du phytostrome, qui devient un *foyer volcanique.* Enfin cette poussée brise le cristallostrome dont, en s'échappant, les gaz renversent les fragments pour s'ouvrir des millions de cratères par lesquels l'eau de la mer pénètre dans le foyer. C'est ainsi que les faits plutoniens deviennent plus forts.

Les nouveaux courants thermoélectriques amènent l'argile, et ils le déposent d'abord dans les cratères, puis parmi les fragments renversés pour engendrer un cristallostrome d'une épaisseur $2e$ double de la première $e$.

Cette épaisseur $2e$ du cristallostrome exerce une résistance double sur la poussée répulsive des gaz du foyer et en même temps sur la propagation de la chaleur, d'où résultent une élévation de température et un accroissement de la poussée $p$ capable de vaincre la résistance du cristallostrome pour le briser. Alors les gaz, en s'échappant, renversent les fragments en directions divergentes et s'ouvrent ainsi des millions de cratères par lesquels pénètre l'eau de la mer dans le foyer, pour que la même série de faits recommence, mais toujours à un degré croissant d'après une progression géométrique de l'épaisseur du cristallostrome et de la température :

Épaisseur. . . . . . . . $:: e : 2e : 2^2e : 2^3e : 2^4e \; ..... \; 2^ne$

Température. . . . . . $:: \tau : 2\tau : 2^2\tau : 2^3\tau : 2^4\tau \; ..... \; 3^n\tau$

§ 169. **Basalte, granite, porphyre.** Lorsque l'épaisseur croissante du cristallostrome parvient à un degré de plusieurs lieues $2^n c$, la température $2^n \tau$ du foyer s'élève aux centaines de degré suffisant pour réduire, 1° à l'état liquide la couche intérieure, 2° à l'état demi-liquide la couche du milieu, 3° à l'état incandescent la couche extérieure du cristallostrome. C'est donc de la même masse cristalline que résulte : 1° une partie liquide nommée *basalte;* 2° une partie demi-liquide nommée *granite;* 3° une partie incandescente nommée *porphyre.*

Le tissu cristallin des terrains ignés indique l'existence d'un état aquatique ou *plutonien;* l'aspect de ces terrains ne permet pas de méconnaître l'effet d'une température de centaines de degrés, effet *volcanique.* Les géologues n'ont jamais pu s'accorder ; 1° ni avec les astronomes, qui ont reconnu l'existence d'une seule matière primitive ; 2° ni avec les chimistes, qui ignoraient que parmi les corps, 1° sont décomposables ceux qui ont été produits par une combinaison, et 2° sont indécomposables ceux qui n'ont pas été produits par une combinaison, mais qui sont des restes provenant de la séparation de quelques éléments d'un autre corps décomposable.

### B. Production des lithopyramides ou soulèvement des montagnes.

§ 170. Quand le cristallostrome a acquis une épaisseur de plusieurs lieues et la température du foyer volcanique de plusieurs centaines de degrés, la poussée répulsive $p$ des gaz arrive à un état comparable à celui des milliers d'atmosphères. La résistance s'affaiblit par la fusion de la couche intérieure du cristallostrome, la couche solide extérieure se brise ; la masse demi-liquide pénètre dans les crevasses et renverse en directions divergentes les fragments de porphyre.

La surface du granite se refroidit de l'eau et se solidifie, mais elle se brise facilement pour livrer passage au basalte repoussé par les gaz. Pendant ce soulèvement ; l'espace du foyer s'élargit, le volume des gaz s'augmente, et ainsi la poussée répulsive $p$ diminue. D'autre part, la température baisse, 1° par la dilatation des gaz, et 2° par l'accroissement de la surface de la *lithopyramide*. C'est ainsi que le soulèvement s'arrête pendant un certain espace de temps quoique le foyer reste renfermé.

La production continuelle de gaz et de chaleur dans le foyer occasionnée par la couche des restes de substances végétales fait croître la poussée répulsive $p$ jusqu'à briser le sommet de la lithopyramide. En s'échappant, les gaz repoussent les fragments en directions divergentes, et l'eau de la mer pénètre dans le foyer, puis une nouvelle lithopyramide recommence à se former. Il se produit d'abord un épais crystallostrome, lequel se soulève, repoussé qu'il est par les gaz, pour s'associer à la surface intérieure de la lithopyramide primitive.

La pyramide intérieure nommée *endopyramide*, éprouve une poussée répulsive croissante et se brise forcément au sommet pour livrer passage aux gaz très-denses et brûlants. L'eau de la mer pénètre par le cratère ainsi ouvert, et cette eau amène l'argile destinée à la formation d'une troisième lithopyramide accolée par sa surface à la surface intérieure de l'endopyramide.

Ce mode de production des endopyramides continue à se répéter dans le foyer dont l'espace diminue quand les endopyramides se forment, et s'accroît quand la substance végétale du phytostrome se consume.

### C. Mode du remplacement de la glace centrale des planètes par des couples de phytostromes et de lithopyramides.

§ 171. Je viens de montrer le mode de formation d'une couche de lithopyramides de plusieurs lieues de hauteur à partir de la surface des phytostromes, dont l'épaisseur, d'abord de 30 lieues environ, se réduit presque à 1/10° de lieue ou à 3 lieues, 1° à cause de la combustion mentionnée, et 2° à cause de la compression exercée par des gaz chauffés à une température de plusieurs centaines de degrés. Le poids spécifique s'accroît donc proportionnellement avec la poussée $p$ exercée par les gaz brûlants.

Avant que la combustion des deux phytostromes de la première période cométogonique soit terminée, la seconde période finit et les deux phytostromes semblables à ceux de la première période sont submergés de la même manière que ceux de la première période et se déposent sur les sommets des lithopyramides pour former un nouveau fond de la mer. La fin de la seconde période cométogonique n'amène pas la fin de la première période oryctagonique, parce que le reste de la substance végétale continue à se décomposer.

Pendant la troisième période cométogonique, il se produit deux phytostromes à la surface de la planète et deux pyramidostromes au fond de la mer, autour des deux phytostromes de la seconde période cométogonique, sans néanmoins que la combustion du reste des deux phytostromes de la première période cométogonique soit interrompue.

Les gaz du foyer $f'$ de ces premiers phytostromes éprouvent une grande résistance dans les phytostromes de la seconde période; pour parvenir à déchirer ces phytostromes, il faut une poussée répulsive par la température du gaz, laquelle suffit pour réduire le basalte en vapeur et amener le granite à l'état liquide.

La température peut s'élever à des milliers de degrés dans le foyer $f'$, et toujours les gaz parviennent à déchirer les phytostromes et à briser les lithopyramides pour s'échapper du foyer dans lequel l'eau pénètre en y introduisant de nouvelles masses d'argile qui servent à la formation d'*endopyramides* dont l'espace du foyer $f'$ reste libre après que les gaz se sont échappés.

La diminution de l'épaisseur des deux premiers phytostromes, d'une part, et de l'autre le très-haut degré de température, font pénétrer la chaleur jusqu'au globe glacial dont la couche superficielle commence à se fondre. L'eau produite éprouvant alors la poussée de phytostromes, est forcée de s'élever au-dessus de leurs bords, et parvient ainsi en forme de sources aux bords des deux phytostromes superficiels qui se forment pendant les périodes cométogoniques postérieures.

D. NOMBRE ÉGAL DES COUPLES DES COMÈTES SYNADELPHES ET DES PÉRIODES ORYCTOGONIQUES.

§ 172. Pendant chaque période cométogonique, il se produit, 1° à la surface des planètes deux phytostromes; 2° au fond de la mer, deux pyramidostromes. Deux *pagostromes* du globe glacial se fondent, et leur eau s'élève pour arroser les plantes des phytostromes. Chaque période cométogonique se termine, 1° par la séparation d'un couple d'aérocylindres, et 2° par la submersion d'un couple de phytostromes qui produisent un couple des pyromidostromes pendant la durée de la période cométogonique suivante. La période oryctogonique vient à la suite de cette production des pyramidostromes.

**Nombre des couples des comètes synadelphes.** Au moyen des observations, on est arrivé à savoir que chacune des quatre planètes inférieures possède environ 30 couples de comètes synadelphes ayant leur périhélie du côté intérieur dans le voisinage de l'orbite des quatre endoplanètes. Il y a six couples qui ont leur périhélie des côtés intérieurs dans le voisinage de Jupiter. Le nombre de couples des comètes trouvé par le calcul ne s'applique pas à toutes les comètes, car il y en a beaucoup dont le calcul n'a pas encore été fait, et il y en a d'autres parmi lesquelles il s'en trouve deux ou plusieurs qui sont restées unies après être arrivées simultanément à leur périhélie. Si l'on attribue à chacune des quatre endoplanètes environ quarante périodes comélogoniques, on arrive à un nombre de comètes qui correspond à celui des comètes réelles.

**Nombre de couples de pyramidostromes.** Connaissant la longueur du rayon terrestre qui est de 6400 kilomètres ou 1600 lieues, connaissant, d'autre part, le nombre des couples des comètes synadelphes qui jusqu'à présent est de 30, on voit aisément que l'épaisseur de chaque couple de phytostromes et de pyramidostromes doit être de 50 lieues. Cette épaisseur est un maximum qui diminuera par l'accroissement du nombre des couples des comètes synadelphes que l'on découvrira ; le calcul même donne une épaisseur inférieure pour les mêmes phytostromes qui se trouvent à la surface de la mer, *puis au fond descendant* de la mer.

### F. Accroissement du poids spécifique des planètes pendant leur vie géologique.

§ 173. La masse de toutes les planètes s'est séparée de celle du Soleil ; pendant leur vie astronomique, les planètes se sont refroidies sans qu'il s'opère aucun changement dans leurs molécules matérielles. Au commencement de leur vie géologique, les planètes n'étaient que des globes de glace d'un poids spécifique égal. Ce poids est encore le même pour les trois planètes les plus éloignées du Soleil dont aucune période cométogonique n'est encore terminée. On en trouve la preuve dans l'absence de comètes ayant leur périhélie dans le voisinage de leur orbite.

Le poids spécifique de Saturne n'est pas inférieur à celui de l'eau parce que son volume réel est inférieur à celui qu'on trouve en lui attribuant une forme aplatie au lieu de sa forme réelle qui est ovalaire.

Jupiter a acquis un poids spécifique de 0,227 plus élevé que celui de l'eau qui est $\frac{1}{5,5} = 0,18$, car on prend le poids spécifique de la Terre pour unité. Cet accroissement du poids spécifique, d'une part, et le nombre 6 des couples de comètes du périhélie dans le voisinage de son orbite, d'autre part, font voir la liaison qui exise entre la production des pyramidostromes et l'accroissement du poids spécifique.

Dans les quatre endoplanètes, le poids spécifique est en rapport direct avec le nombre des couples de comètes qui ont leur périhélie dans le voisinage de l'orbite de chacune des planètes. Le manque d'eau dans la planète Vénus se manifeste par l'absence d'aucun changement analogue à ceux qui s'opèrent dans les planètes Mars, Jupiter et Saturne, changements perceptibles même à des distances dix fois plus grandes que celle de Vénus.

Le volume de Vénus est inférieur à celui qu'on trouve en supposant sa forme sphérique; il en résulte que son poids spécifique est supérieur à celui de la Terre, et peu inférieur au poids spécifique de Mercure, parce que ces deux planètes ont déjà terminé leur vie géologique, tandis que la Terre ne terminera la sienne que dans des milliers de siècles, quand il n'y aura plus ni eau ni production de plantes ni atmosphère.

#### F. Densité dans la direction de l'axe de la Terre supérieure à celle dans les directions des diamètres de l'Équateur.

§ 174. Au moyen, 1° des courtes durées du pendule dans les régions polaires de la Terre, et 2° de ses longues durées dans les régions équatoriales, on peut voir qu'il y a dans le voisinage de l'axe terrestre à chaque diamètre une plus grande quantité de molécules matérielles que dans les diamètres de l'équateur. Ces résultats incontestables sont consignés ici comme exemple du mode indiqué d'accroissement de la densité des planètes.

#### G. Décroissement de la vitesse de rotation des planètes.

§ 175. J'ai montré que les aérocylindres se séparent de

leur planète au moyen d'une poussée expansive exercée parmi les molécules de l'air, lesquelles éprouvent : 1° une poussée centrifuge de la part des molécules qui viennent d'être produites, et 2° une poussée centripète de la part de la pesanteur. Cette poussée expansive continue à s'accroître pendant toute la durée de la production de l'air, sans qu'en même temps la pesanteur éprouve aucun changement.

Ainsi, la séparation des aérocylindres est préétablie au moment où la poussée centripète de la pesanteur est vaincue par la poussée $p$ répulsive. Cette séparation s'effectue à l'aide d'une division de la quantité Q d'équivalents électriques pour que leur expansion s'opère en deux directions divergentes. J'ai fait voir la répulsion exercée sur les aérocylindres ainsi que la répulsion divergente exercée contre la rotation de la planète.

En admettant que les quatre endoplanètes soient en vitesse de rotation analogues à celles des quatre planètes extérieures, on a l'égalité de mouvement $2\mu \times D = v \times m$ en indiquant par $v$ la perte de vitesse de rotation à la fin de chaque période cométogonique. Dans les comètes périodiques, on connaît 1° la distance D; 2° la planète qui produit la comète est déterminée par leur périhélie ; 3° la masse $m$ de cette planète est connue. En donnant à $\mu$ des valeurs correspondantes au poids d'un aérocylindre, on détermine la valeur de $v$, laquelle doit être répétée autant de fois $n$ qu'il est nécessaire de produire un retard de la vitesse primitive de 10 heures pour qu'elle arrive à 24 heures. Le nombre $n$ est celui des périodes cométogoniques. Je donnerai plus bas l'explication du retard actuel de 6″ par siècle de la rotation de la Terre.

# CHAPITRE IV.

## DE L'ÉTAT PHYSIQUE ACTUEL DES PLANÈTES.

§ 176. Les huit planètes avaient toutes perdu leur chaleur et étaient composées de globes de glace quand le Soleil arriva à la fin de son second état nébuleux. Cet état avait pour cause la rupture d'équilibre de la masse empyrée M du Soleil et celle $m^v$ du 5ᵉ jet. Les déplacements des molécules sollicités par la pesanteur occasionnaient une production de vapeur qui dispersait les rayons de la lumière et en séparait la chaleur consumée dans cette production de vapeur.

C'est après que cet équilibre se fut rétabli que la couche superficielle de la masse empyrée gela et devint une enveloppe glaciale de la zone royale, laquelle se souda aux deux calottes polaires qui restèrent conservées après la destruction de l'enveloppe primitive. C'est ainsi qu'a été interceptée la production de la vapeur, la couche inférieure qui n'était pas gelée s'est précipitée sur le Soleil, et il n'en est resté que la partie d'enveloppe gelée formant un anneau de rayon intérieur 1 et de rayon extérieur L. Cet anneau de vésicules d'enveloppe gelée est l'*anneau zodiacal*.

Après que la grande masse de vapeurs eut disparu, la chaleur n'en fut plus interceptée; mêlée avec la lumière, elle fut amenée par les ondes aux planètes en quantités qui sont en raison inverse des carrés des distances entre le Soleil et chacune des planètes. Arrivées aux planètes, les ondes se décomposent à cause de l'inégale résistance exercée par les corps; les atomes de lumière acquièrent une expansion qui a son origine à la surface des planètes, tandis que les atomes de chaleur pénètrent dans leur couche superficielle.

L'expansion de la chaleur obscure dans les corps à l'état solide, liquide ou gazeux n'est pas rayonnante, mais elle est rampante à cause de la résistance qu'éprouvent ses ondes dans celle que présente chaque molécule des corps. De cette manière il s'opère un déplacement des molécules par les ondes de leur chaleur, lesquelles finissent par être entraînées par les ondes de la chaleur amenée avec les rayons du Soleil.

C'est dans ces déplacements des molécules ou des deux éléments de l'eau que consistent les *transformations* qui s'opèrent dans chaque planète. Les intensités de ces transformations correspondent aux quantités d'atomes de chaleur amenées à chaque planète. Q étant la quantité totale de chaleur nécessaire pour transformer la masse de glace *m* en air et en chlorophylle, cette quantité arrive à chaque planète dans des espaces de temps qui sont entre eux en raison directe avec les carrés des distances qui séparent les planètes du Soleil. Ces espaces de temps ont pour mesures : $(387_T)^2$, $(723_T)^2$, $(1000_T)^2$, $(1524_T)^2$, $(5203_T)^2$, $(9539_T)^2$, $(19183_T)^2$, $(30034_T)^2$.

Les observations nous révélant dans les planètes Mars, Jupiter et Saturne des changements physiques correspondant aux saisons de ces planètes, et ces changements étant pareils à ceux des flores de la Terre, nous pouvons en tirer la conséquence 1° qu'il y a de l'eau dans les trois planètes plus éloignées du Soleil et de la Terre, et 2° que l'eau manque dans les deux planètes inférieures Vénus et Mercure, sur lesquelles il n'apparaît aucun changement analogue à ceux des planètes supérieures.

C'est ainsi qu'on acquiert la certitude qu'il n'y a pas d'eau dans les deux planètes inférieures, et l'on voit en même temps que ces planètes ont terminé leur vie géologique. T étant la durée écoulée depuis l'époque *e* où les rayons solaires ont commencé à communiquer la chaleur aux planètes, à une époque *e'*, il est arrivé la quantité Q de chaleur à la planète Mercure. Depuis cette époque *e'* jusqu'à présent, il s'est écoulé la durée $T-(387_{\tau})^2$.

A une époque postérieure *e''*, la quantité Q de chaleur conduite par les rayons à la planète Vénus s'est complétée. Depuis cette époque *e''*, il s'est écoulé la durée inférieure qui est la différence $T-(723_{\tau})^2$.

L'existence de l'eau dans la Terre nous fait voir que la quantité Q de chaleur n'y est pas encore complète, car pour que cela arrive, il faut une durée $(1000_{\tau})^2$, laquelle est supérieure à celle T écoulée depuis l'époque *e'*. Pour que l'eau qui est maintenant sur la Terre disparaisse, il faut donc qu'il s'écoule encore un espace de temps T'. La somme sera alors $T+T'=(1000_{\tau})^2$.

Pour que l'eau disparaisse de la planète Mars, il faut qu'il s'écoule le temps T'' depuis l'époque *e'''* où l'eau aura disparu de la Terre pour que la somme devienne $T+T'+T''=(1524_{\tau})^2$, et ainsi de suite jusqu'à ce que l'eau disparaisse de la planète Neptune, ce qui aura lieu à une époque $e^{\text{vii}}$ où cette planète aura reçu du Soleil la quantité Q de chaleur. Cette époque $e^{\text{vii}}$ est encore très-éloignée, car pour que Neptune acquière la quantité Q de chaleur, il faut un espace de temps $(30033_{\tau})^2$ 900 fois plus grand que celui nécessaire pour que la quantité Q de chaleur arrive à la Terre.

§ 177. **Époque où finira la vie géologique de la Terre.** Pour déterminer la valeur de la durée T' qui doit s'écouler jusqu'à ce que l'eau disparaisse entièrement de la Terre, il faut trouver au moyen de l'observation la vitesse séculaire de l'élévation du niveau de l'alluvion, aussi bien sur les continents qu'à la surface du fond de la mer; car les fleuves y amènent l'eau trouble, tandis que l'eau que les pluies amènent aux continents est pure. Le sable déposé produit une élévation du niveau du fond de la mer, dont la surface restant au même niveau invariable fait diminuer la profondeur des mers.

Sur les continents, le niveau de l'alluvion s'élève avec des vitesses qui sont en rapport direct avec les récoltes de chaque pays; comme terme moyen, les fondements des monuments anciens, temples, palais, forteresses, etc., construits depuis vingt siècles, se trouvent, en Europe, de 2 mètres au-dessous du niveau actuel de l'alluvion. En Égypte, les fondements se trouvent de plus de 5 mètres au-dessous du niveau actuel du sol; en Mésopotamie, les fondements des monuments se trouvent de 10 mètres au-dessous du niveau actuel du sol. Dans les régions intertropicales de l'Amérique au Mexique et au Pérou, les fondements des monuments sont également à plusieurs mètres au-dessous du niveau actuel du sol.

Le fond des mers s'élevant avec une vitesse supérieure aux embouchures des fleuves, il s'est uni avec les continents, et c'est ainsi que les villes jadis maritimes se trouvent actuellement dans l'intérieur des continents. Il n'en est pas de même pour les rives du Bosphore, car ce n'est qu'un canal conduisant l'excédant de l'eau de la mer Noire dans la Méditerranée.

On ne s'éloigne pas trop de la vérité en admettant pour toutes les mers une profondeur de 500 mètres. L'eau convertie en chlorophylle d'abord, puis en carbone et en argile, acquiert un poids spécifique de 2,5 comme celui de l'alluvion. La couche d'eau de 500 mètres donnera donc une couche d'alluvion de 200 mètres d'épaisseur. On trouve par l'observation qu'il faut dix siècles pour qu'une couche d'alluvion de 1 mètre soit produite; il faudra donc deux mille siècles pour qu'il se produise une couche d'alluvion de 200 mètres d'épaisseur. La valeur de T' est donc = 2000 siècles.

C'est ainsi qu'au moyen de l'observation, d'une part, et de la loi physique, de l'autre, on a trouvé la mesure des durées de la vie géologique des planètes et de plus les durées correspondantes des périodes cométogoniques de chacune des planètes. C'est la loi physique qui nous apprend que les quantités de chaleur conduites par les rayons aux planètes sont en rapport inverse des carrés des distances entre les planètes et le Soleil, et ces distances sont dues à l'observation. Nous sommes ainsi parvenus :

1° A savoir que pour que l'eau de chaque planète soit transformée en minerais, il faut une quantité Q de chaleur, laquelle est conduite par les rayons à la planète Mercure en un espace de temps $(387\tau)^2$ et à la planète Neptune en un espace de temps $(30033\tau)^2$ ;

2° A connaître la quantité d'eau et celle de masse minérale à l'aide du poids spécifique de chaque planète, poids qu'on obtient par le degré de la pesanteur et le volume de chaque planète ;

3° A connaître le nombre $n$ de périodes cométogoniques parcourues par chaque planète à l'aide du nombre $2n$ des périhélies des orbites des comètes qui se trouvent du côté intérieur à une petite distance de l'orbite de la planète qui les a engendrés.

§ 178. **Mode d'exposition de l'état actuel des planètes.** Par les observations très-exactes, on a déterminé :

1° Les distances entre les planètes et le Soleil (1) ;

2° Les durées de leur révolution réelle ou de leur révolution apparente ;

3° Les périhélies des orbites des planètes et leur marche ;

4° La position des nœuds qui sont la rencontre perspec-

---

(1) Comme unité des distances planétaires, les astronomes emploient celle entre la Terre et le Soleil en introduisant six décimales. Dans cet ouvrage, je ne me suis pas basé sur l'exactitude numérique, car ce n'est pas à l'aide des calculs que j'ai obtenu mes résultats, mais à l'aide des lois physiques. La distance entre la Terre et le Soleil est donc 1000λ, λ étant égal à 38 000 lieues.

tive de l'écliptique avec les orbites des planètes et les précessions annuelles de ces nœuds;

5° L'inclinaison du plan de chaque orbite sur celui de l'écliptique et les changements annuels de ces inclinaisons;

6° L'excentricité;

7° La longueur moyenne parcourue sur l'orbite en vingt-quatre heures;

8° La durée de la rotation autour de l'axe;

9° Le diamètre en lieues de 4000 mètres;

10° Le volume, 1 étant celui de la Terre;

11° La masse, 1 étant celle de la Terre;

12° Le poids spécifique, 1 étant celui de la Terre;

13° La densité, ou la quantité de chaleur lumineuse;

14° L'espace parcouru par les corps en chute la première seconde;

15° La pesanteur sur la surface de chaque planète;

16° Le degré de température de l'ébullition de l'eau et de la fusion de la glace sur la surface de chaque planète. Cette liaison entre les trois états de l'eau et la pesanteur s'obtient à l'aide de la loi physique (*Physique simplifiée*, t. IV, p. 129). Les faits observés sont combinés de manière à rendre évidente la liaison susdite entre la pesanteur et les trois états de l'eau;

17° Le nombre de périodes cométogoniques parcourues par chacune des quatre endoplanètes et par Jupiter.

§ 179. **Remarques sur les changements des périhélies, des inclinaisons et des précessions.** J'ai démontré (t. I, p. 61) que ces trois faits ont leur cause physique dans l'inégalité de forme et de volume entre les deux hémisphères de la Terre, inégalité correspondant à l'inclinaison *i* de l'orbite de chaque planète sur le plan de son équateur. Cette liaison n'a pas été remarquée par les astronomes, qui connaissaient : 1° les inclinaisons des orbites des planètes sur leur équateur; 2° les précessions; 3° la marche des périhélies; 4° les changements de l'inclinaison.

On connaît les inclinaisons $i$ des orbites des planètes sur l'écliptique, de même que les inclinaisons des plans de leur équateur, d'où résulte l'inclinaison $i'$ du plan orbiculaire des planètes sur leur équateur.

| PLANÈTES. | INCLINAISONS. | PRÉCESSION. | MARCHE du périhélie. | CHANGEMENT de l'inclinaison. |
|---|---|---|---|---|
| 1° Mercure. . . . . . . | 70° | −10″,07 | + 5″,81 | +0″,18 |
| 2° Vénus. . . . . . . . | 73° | −20″,50 | − 3″,24 | +0″,07 |
| 3° La Terre. . . . . . | 23° 30′ | . . . . . | +11″,24 | |
| 4° Mars. . . . . . . . | 29° | −25″,22 | +15″,40 | −0″,01 |
| 5° Jupiter. . . . . . . | 20° | −15″,90 | + 0″,05 | −0″,23 |
| 6° Saturne. . . . . . . | 28° | −10″,54 | +19″,31 | −0″,03 |

La précession de la Terre est de 50″,25 par an ; la précession indiquée des autres planètes n'est que l'excédant de celle de la Terre. La vitesse de la précession de celle-ci est la plus faible.

C'est la grande inclinaison de 73° de Vénus qui fait apparaître en sens inverse la marche de son périhélie ; la vitesse de marche des autres planètes correspond : 1° à l'inégalité des deux hémisphères ; et 2° aux distances du Soleil.

Les inclinaisons dépendent des longitudes des périhélies ; c'est pourquoi elles sont positives d'un côté du périhélie de la Terre et négatives de l'autre.

§ 180. **Origine des perturbations.** Depuis la découverte de la loi de la gravitation par Newton, on a trouvé que les mouvements des planètes correspondaient aux résultats obtenus par les calculs basés sur la loi de Képler. Les observations postérieures des durées plus longues ont donné des résultats dont : 1° les uns ne sont pas parfaitement d'accord avec la loi de Képler, et 2° les autres sont d'une nature différente. On les nomme *précession*, *avancement du périhélie* et *nutation* ou changement de l'inclinaison de l'orbite de la planète sur le plan de son équateur.

Les deux origines de désaccord entre les résultats des

calculs et ceux des observations sont restées inconnues. Pour dissimuler leur ignorance, les astronomes des siècles passés et du commencement du nôtre ont attribué ce désaccord, non aux bases du calcul, mais à un manque de stabilité des lois physiques. C'est donc ce manque hypothétique de stabilité que les anciens astronomes ont nommé *perturbation*.

De nos jours les astronomes sont arrivés à reconnaître leur ignorance par rapport aux perturbations, car ils y ont découvert des périodicités constantes sans en connaître l'origine, sur laquelle ils auraient pu baser leurs calculs et en obtenir directement des résultats conformes à ceux obtenus par les observations.

A défaut de ces connaissances physiques sur l'origine des lois de Képler et sur l'inégalité des deux hémisphères des planètes, les astronomes ont donc soumis aux calculs les résultats obtenus par les observations, espérant y trouver les durées des périodicités des faits observés. Quand, à l'aide de ce moyen d'investigation très-pénible, ils sont parvenus à obtenir certains résultats, sinon exacts, du moins se rapprochant beaucoup des résultats observés, ils ont prétendu avoir découvert la cause physique des faits observés.

De pareilles assertions pouvaient avoir quelque valeur quand on ignorait en quoi consiste l'état physique de chacun des corps célestes, quelle différence il y a entre eux, et en quoi la Terre diffère de chacune des sept autres planètes.

En montrant (t. I, p. 195) : 1° sur quel point les lois de Képler sont en défaut ; 2° les effets physiques qui résultent de l'inégalité des deux hémisphères de la Terre (t. I, p. 61) ; 3° les effets analogues qui résultent des inégalités des hémisphères de sept autres planètes, suis je parvenu à des résultats exacts en employant des calculs très-simples. Maintenant les astronomes sont convaincus que nulle part dans la nature il n'existe des *perturbations* ; c'est pourquoi il n'en sera plus jamais fait mention dans les ouvrages futurs des astronomes. La *Mécanique céleste* sera remplacée par la *Physique céleste*, basée sur la loi physique facile à connaître, et devenue plus facile au moyen des exemples qui, grâce aux grands travaux des observateurs, sont devenus assez nombreux pour ne rien laisser à désirer.

§ 181. **Signes indiquant les planètes.** Les anciens Indous ont donné des noms de divinités aux sept corps du système planétaire ; ces noms ont été adoptés par les Daces, les Italiens, les Espagnols et les Français composant la nation latine pour indiquer les sept jours de la semaine (1). Les signes symboliques employés pour indiquer les planètes ont servi plus tard à indiquer aussi les métaux.

| | | | | | | | |
|---|---|---|---|---|---|---|---|
| *Signes*. . . . . | ☉ | ☽ | ♂ | ☿ | ♃ | ♀ | ♄ |
| *Métaux*. . . . | or, | argent, | fer, | mercure, | étain, | cuivre, | plomb. |
| *Corps*. . . . . | Soleil, | Lune, | Mars, | Mercure, | Jupiter, | Vénus, | Saturne. |
| *Jours*. . . . . | dimanche, | lundi, | mardi, | mercredi, | jeudi, | vendredi, | samedi (2). |

I. MERCURE

§ 182. La masse $m'$ de la planète Mercure a été expulsée la dernière de celles des huit jets précédents, quand la répulsion expansive eut été affaiblie et que celle du choc tangentiel eut atteint son plus haut degré.

Mercure a expulsé un certain nombre de jets de sa

(1) Les noms des jours de la semaine indiquent qu'à leur origine les *Daces*, les *Italiens*, les *Espagnols* et les *Français* composaient l'unique race *Latine*. Le mot *Gaulois* est une épithète qui, en langue thrace, signifie *homme nu*, de même que le mot *Mongol*. Les historiens Latins, qui ignoraient la langue thrace, ne savaient pas que les *Gaules* étaient des Français sans habillement, et appelés *Gaules* = *nus* par les Thraces étant encore en Asie.

(2) Les Helléno-Slaves, d'après les Hébreux, considérèrent le *samedi* comme le dernier jour de la semaine. Devenus chrétiens, les Hellènes donnèrent le nom de κυριακή, *dimanche*, au premier jour de la semaine. Les Thraces le nommèrent *nedielia* (abstinence de travail). Les cinq autres jours n'indiquent que l'ordre de leur succession : δευτέρα, τρίτη, τετράδη, πέμπτη, παρασκευή. Chez les Thraces, c'est lundi qui est le premier jour de la semaine.

masse; un de ces jets a rebroussé chemin et s'est déposé obliquement sur sa zone torride, sur laquelle se produisirent trois longues échancrures que l'on voit en forme de bande, même après la transformation de la glace en substance minérale.

Après l'expulsion des jets de masse empyrée et quand l'un d'eux se fut déposé sur la surface glaciale de la planète, il s'opéra une rupture d'équilibre dans les molécules de leur masse empyrée, rupture qui occasionna une production de vapeur. Cette vapeur entourant la planète de la même manière qu'elle se trouvait autour du Soleil, empêchait la chaleur de se propager et dispersait la lumière comme le font les nuages de notre atmosphère, et comme le font les météores composant les nébuleuses.

En perdant sa chaleur lumineuse sans en recevoir du Soleil, la masse de la planète Mercure acquit la température de l'espace ambiant; elle devint un globe de glace sur lequel se précipita la vapeur produite. C'est dans cet état que s'est trouvé Mercure lorsque Vénus, la Terre et Mars étaient dans un état lumineux et les planètes extérieures dans leur premier état nébuleux. Plusieurs systèmes planétaires que l'on voit comme étoiles de 6ᵉ ou de 5ᵉ grandeur se trouvent maintenant dans un état pareil.

La planète Mercure refroidie parvint à un état stationnaire qui est celui qui a eu la plus longue durée parmi les planètes. Celles-ci ne sont arrivées à cet état qu'à des époques postérieures, espacées par des durées proportionnelles aux carrés de distances qui les séparent du Soleil; car l'équilibre des molécules des bandes de masse empyrée dépend de la pesanteur de chaque jet vers le Soleil.

Toutes les planètes n'étaient que des globes de glace, de même que leurs satellites, quand le Soleil se trouva entouré d'une enveloppe de glace qui livre passage aux ondes lumineuses; celles-ci arrivent aux planètes en densités qui sont en raison inverse des carrés des distances.

La quantité Q de chaleur lumineuse nécessaire à chaque planète pour terminer sa vie géologique arriva à la planète Mercure dans un espace de temps proportionnel au carré de sa distance du Soleil. Cette durée a pour mesure $(387\tau)^2$; elle est écoulée depuis longtemps, parce que la durée T est plus longue depuis l'époque $e'$, 1° de la dispersion des ondes de la chaleur lumineuse du Soleil, et 2° du commencement de la vie géologique de notre système planétaire.

§ 183. **État actuel de Mercure.** 1° La chaleur lumineuse de la masse empyrée $m'$, pendant sa vie astronomique, a été, au moyen de l'expansion, réduite en équilibre avec celle de l'espace ambiant, et il n'est resté que ses molécules matérielles l'oxygène et l'hydrogène. 2° Pendant sa vie géologique, ces éléments d'eau se sont combinés avec les éléments $\ddot{E}$ et $\bar{E}$ de l'électricité neutre amenés du Soleil par ses rayons et ont produit un nombre de couples de comètes dont les périhélies sont entre le Soleil et l'orbite de Mercure. L'ensemble des éléments de l'eau se trouve actuellement réduit à un état invariable de substances minérales. A cause du manque d'eau, il ne s'opère plus aucun changement physique dans la planète Mercure.

Par les observations on trouve, 1° la distance qui sépare Mercure du Soleil; 2° la durée de sa révolution; 3° le périhélie; 4° la position des nœuds; 5° l'inclinaison et tous les autres éléments indiqués ci-dessus. Pour éviter de revenir sur ces éléments dans la description de l'état de chacune des planètes, je les ai tous décrits séparément. Je me bornerai donc à rectifier les erreurs inévitables que les astronomes ont commises après avoir prêté aux planètes la forme aplatie ou la forme sphérique, et non la forme ovalaire, qui est la seule réelle, puisqu'elle a les deux diamètres **d**, *d* dans de rapports différents 1° à la fin de la vie astronomique et 2° à la fin de la vie géologique.

**Indice de la forme ovalaire de Mercure.** Les deux cornes des phases de la planète ne sont pas toujours également aiguës, mais il se présente parfois une *troncature* de la corne méridionale; car le sommet de l'ovalaire se trouve dans l'hémisphère boréal de la planète.

En 1677, Gallet d'Avignon vit la planète de forme ovale dans son passage sur le disque du Soleil; son plus grand axe était parallèle au plan de l'équateur du Soleil, ainsi il dévie peu de l'écliptique. En 1775, Lalande vit pendant le passage un aplatissement sensible dans la tache noire qui dessinait Mercure sur le corps du Soleil, sans que la position du grand diamètre fût indiquée; cependant il devait être parallèle au plan de l'équateur du Soleil.

Herschel et d'autres astronomes ont vu Mercure projeté sur le disque solaire comme une tache ronde.

Tous ces résultats, trouvés par les observateurs à des époques différentes et à l'aide d'instruments différents, montrent d'une manière évidente que Mercure a la forme ovalaire. En tournant autour de son axe dans le même sens et avec la même vitesse que la Terre, le contour de la tache projetée sur le Soleil, est : 1° *rond* lorsque le grand diamètre de la planète AD (fig. 11) prolongé passe dans le voisinage de la Terre; 2° la tache est *ovale* lorsque le prolongement d'un des diamètres inférieurs HS passe dans le voisinage de la Terre T'; 3° la tache se présente *aplatie* lorsque le grand diamètre AD est vu obliquement sous le prolongement des diamètres SN, PP'.

Fig. 11.

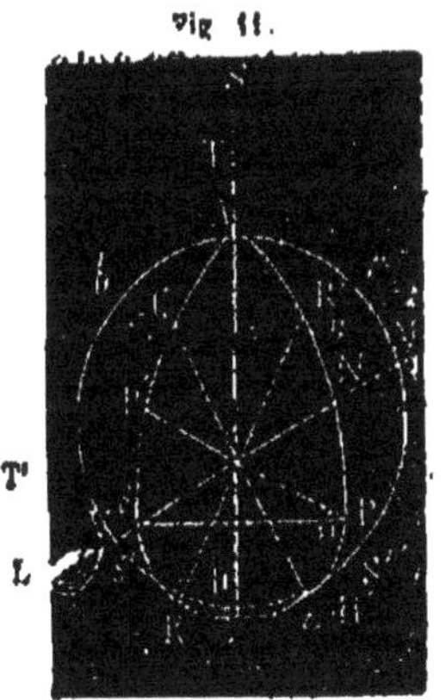


Pour que le grand diamètre AD de la tache ovale parût parallèle à l'équateur du Soleil, il fallait que le corps ovalaire ASD fût vu de face de la Terre T.

§ 184. **Mode de production de la troncature de la corne méridionale.** Si la forme de Mercure était sphérique, les deux cornes du croissant seraient égales. Après avoir commis l'erreur d'admettre que Mercure avait la forme sphérique au lieu de la forme ovalaire, les astronomes ont été poussés à en commettre une seconde. Pour expliquer la troncature de la corne méridionale, il a fallu admettre des vallées et des montagnes de dimensions excessives. Cependant, les points lumineux n'apparaissant pas avant la pointe de la corne, on ne peut s'empêcher de reconnaître l'absence de masse du côté de l'hémisphère méridional; de sorte que l'équateur divise la planète en deux hémisphères inégaux d'après leur forme et d'après leur volume, parce qu'il passe par PP′ et non par le sommet A.

**Effets mécaniques de l'inégalité des deux hémisphères.** Schroeder et Harding ont trouvé que l'équateur de Mercure fait avec le plan de son orbite un angle de 70° avec la troncature de la corne méridionale, il résulte que le sommet du corps ovalaire est dans l'hémisphère boréal et sa base dans l'hémisphère austral.

Cette inégalité des hémisphères produit trois effets correspondants : 1° la précession ; 2° la marche en avant du périhélie, et 3° le changement de l'inclinaison. Les deux hémisphères inégaux de la Terre produisent le même résultat.

§ 185. **Échancrures et leur apparition.** Pour déterminer la durée de la rotation de Mercure autour de son axe Schroeter et Harding ont observé : 1° l'espace de temps qui s'écoule entre les apparitions de la troncature de la corne ; 2° puis ils ont remarqué sur une bande quelques points qui ont donné la même durée de $24^h\ 5^m$ pour les périodes de la rotation de la planète.

De la position de la bande pour former un angle médiocre avec le plan de l'équateur il résulte qu'elle n'est qu'un effet optique des versants des échancrures. L'égalité des durées de la répartition, 1° de la troncature de la corne, et 2° des points de la bande, fait voir que ces deux faits ont leur cause dans le corps même de la planète. Je donne ici ces faits comme exemples, 1° de la forme ovalaire de la planète; et 2° de l'existence de traces des échancrures, traces analogues à celles qui sont restées conservées à la surface des continents de la Terre.

§ 186. **Faits optiques produits par la forme ovalaire.** Béer et Maedler avaient calculé l'étendue de la phase de Mercure pour le 29 septembre 1832; l'observation a démontré une étendue inférieure. Dans leur calcul, les susdits astronomes ont admis pour la planète la forme sphérique; le résultat de l'observation indiquait la forme ovalaire. C'est par oubli que malgré l'évidence de son existence, la forme ovalaire a échappé à plusieurs astronomes, puisque d'autres l'ont remarquée dans les petites étendues des croissants observés pendant quelques éclipses du Soleil.

Messier, Méchain et Schroeter, pendant le passage de Mercure sur le Soleil, ont vu un anneau très-mince et faiblement lumineux autour du disque noir. Herschel n'a rien vu de pareil. Les trois astronomes que je viens de citer ne se sont pas bornés à la description du fait observé, ils ont voulu en donner l'explication. Ils ont dit que si l'anneau était faiblement lumineux, ce n'était pas à cause de la position particulière du corps ovalaire, mais que cet effet était dû à l'existence d'une atmosphère.

Bien qu'Herschell n'eût rien remarqué autour de la planète Mercure pendant son passage sur le Soleil en 1802, il n'aurait pas contesté l'exactitude des observations de ses devanciers s'ils avaient indiqué la véritable cause de l'anneau, lequel est l'effet de l'hémisphère soulevé, presque conique, dont les rayons rasent une partie de la surface au delà de la limite éclairée.

Herschel a prouvé que Mercure n'avait pas d'atmosphère, et il en a conclu que les observations des trois astronomes précités n'étaient pas exactes. Je démontre ici que cette opinion est erronée. Si l'on tient compte du véritable mérite de ces astronomes, on doit, au contraire, apprécier la sincérité avec laquelle ils ont exposé les faits observés.

Si Mercure était entouré d'une atmosphère, les rayons lumineux éprouveraient une déviation en la traversant ; cette déviation ne manquerait pas de se manifester par une déformation du limbe du Soleil au moment où le prolongement de la ligne menée de l'œil de l'observateur au bord de la planète serait tangent au contour du Soleil. Or aucune déformation de ce genre ne s'est fait remarquer à l'instant où le bord de la planète s'est séparé de celui du Soleil.

Schroeter, Herschel et les autres astronomes ignoraient que l'étendue de la phase observée est inférieure à celle obtenue par le calcul ; l'existence d'une atmosphère ferait augmenter encore cette différence. Cependant comme on voulait conserver à tout prix la forme sphérique, on ne pouvait manquer de commettre de nouvelles erreurs en admettant de fausses hypothèses pour expliquer chaque fait nouveau.

Après avoir commis une première erreur, en admettant l'existence d'une atmosphère, on devait inévitablement en commettre une seconde en voulant expliquer la diminution de l'étendue de la phase, et l'on est tombé dans cette erreur prêtant au défaut de diaphanéité une influence plus grande que celle que produirait la réfraction des rayons provenant de cette atmosphère.

Tous les faits observés étant réels, ils se coordonnent ici de manière à ne présenter nulle contradiction entre eux, si l'on fait abstraction de l'erreur fondamentale qui consiste dans l'hypothèse d'une forme sphérique, tandis que la forme réelle est ovalaire.

§ 187. **Existence d'un satellite de Mercure.** Pendant le passage de 1799, Schroeter, Harding et Koehler virent sur le disque obscur de la planète un petit point lumineux L. Le déplacement de ce point, relativement au bord apparent de Mercure, servit à faire constater l'existence d'un mouvement qui n'était pas celui de la rotation.

Les astronomes précités ne se sont pas bornés à la description du fait observé dont la réalité est incontestable. Bien qu'ils eussent remarqué que la vitesse du point lumineux ne correspond pas à celle de la rotation de la planète, ils attribuèrent ce point à un volcan en ignition, sans songer qu'il était impossible qu'on aperçût un objet d'une pareille dimension.

C'est par oubli que les astronomes dont j'ai parlé ne se sont pas souvenus que le point lumineux était le satellite de Mercure dont le mouvement est dans le même sens que la rotation de la planète, mais dont la vitesse diffère ; elle lui est inférieure et se manifeste dans un plan très-peu éloigné de celui de l'équateur de la planète. Ce plan *bcc'* fait un angle de 70° avec le plan de l'orbite de Mercure.

§ 188. **Rapport entre le poids spécifique et le nombre des comètes synadelphes de Mercure.** Le poids spécifique de Mercure est 1,225. 1 étant celui de la Terre, quand celle-ci aura terminé sa vie géologique, son poids spécifique ne sera plus différent de celui de Mercure, car la fin de la vie géologique arrive quand la température de l'espace et celle des planètes se trouvent en équilibre. En cet état, les planètes ne sont composées que de substances minérales.

En 1853, les comètes *synadelphes* de Mercure étaient au nombre de 37 ; maintenant leur nombre dépasse 40. Parmi ces comètes, se trouve celle d'Encke. Les découvertes fréquentes de nouvelles comètes ou des comètes non calculées servent à montrer qu'on ne connaît pas encore le nombre total des comètes qui ont leur périhélie entre le Soleil et l'orbite de Mercure. Le nombre des couples des comètes correspond à celui des périodes oryctogoniques, lesquelles ont fait augmenter le poids spécifique des 4 planètes intérieures. Il en résulte ainsi un rapport direct : 1° entre le nombre des couples des comètes de périhélie voisins de chaque planète, et 2° entre le poids spécifique de ces planètes.

§ 189. **Rapport inverse entre les nombres des comètes synadelphes et la vitesse de rotation.** Dans le principe, la différence entre les vitesses de rotation des 8 planètes était minime, ainsi qu'on le voit dans les planètes extérieures. C'est dans la séparation de chaque couple de comètes ou des aérocylindres de leur planète que celle-ci perd de la vitesse de son mouvement de rotation une quantité de mouvement $v \times m$ égale à celle $D \times \mu$ du mouvement qu'obtient la masse $\mu$ de la comète en parcourant la distance D qui est égale à la distance de l'aphélie de son orbite.

La quantité $v$ de vitesse perdue à chaque séparation d'un couple d'aérocylindres devait se répéter autant de fois qu'il y a de couples pareils séparés. La vitesse primitive étant $V = 9^h$ de durée d'une rotation, après avoir perdu la vitesse $n \times v$ en $n$ couples d'aérocylindres séparés, il reste la différence $V - n \times v = 24^h$. Dans cette équation, les quantités $n$ et $v$ se présentent en rapport inverse. C'est au moyen de l'observation qu'on peut trouver approximativement le nombre $n$ des couples des aérocylindres séparés ; ce nombre $n$ est celui des couples de comètes du périhélie voisin.

Après avoir trouvé la valeur du mouvement $v$ par celle du nombre $n$, on la restitue dans l'équation $v \times m = D \times \mu$, pour déterminer la masse $\mu$, des comètes si le grand axe $2a = D$ de leur orbite est connu.

Plus bas, je montre encore une autre cause qui produit un retard réel dans la rotation actuelle de la Terre. Ce retard diffère de celui dû aux séparations des aérocylindres, lesquels, en devenant des comètes, conservent la quantité de mouvement $v$ perdue par la planète qui produisit ces comètes synadelphes.

## II. VÉNUS.

§ 190. Cette planète arrive à une plus faible distance de la Terre que toute autre, et cependant on observe plus de détails dans la planète Mars bien qu'elle soit plus éloignée que Vénus et quoiqu'elle soit moins grande. Dans la planète Mars, il s'opère plusieurs changements physiques, qui n'ont pas lieu pour Vénus; dans les deux planètes, il y a des taches qui présentent des durées variables pour les périodes de la rotation. Dans les planètes Jupiter et Saturne ces différences s'effectuent avec des taches analogues, sans que personne en connaisse la cause.

Les astronomes savaient que ce sont les taches adhérentes à la surface de la planète qui donnent exactement la durée de la rotation; ils n'ont jamais cru que ces taches pussent résulter des parties adhérentes sans être pour cela au niveau de la surface ambiante, de même que le Mexique et le Pérou ne sont pas au niveau de l'Amérique centrale, et que les extrémités de l'Australie et de l'Asie ne sont pas au niveau de la mer qui les sépare.

L'existence réelle de pareilles inégalités voisines de l'équateur ne manque d'aucune planète, car leur mouvement de rotation fait voir : 1° qu'elles ont expulsé des jets de masse empyrée, et 2° qu'un de ces jets a dû rebrousser chemin et se déposer sous forme de ceinture autour de la planète en coupant son équateur pour faire un petit angle entre 0° et 8°, comme on le voit pour la Terre.

Les taches brillantes qui apparaissent parfois dans les planètes leur sont adhérentes, et cependant elles paraissent mobiles parce qu'elles ne résultent pas de surfaces planes, mais des parties des versants des vallées, réfléchissant une quantité de rayons supérieure vers la Terre. Pendant que la Terre et la planète se déplacent, les versants ne se déplacent pas; c'est la quantité supérieure des rayons qui n'arrive plus de la même partie de chaque versant, mais de la partie la mieux placée pour réfléchir les rayons du Soleil vers la Terre. Dès que cette double exposition est interceptée, la tache devient imperceptible.

Dans toutes les planètes, les taches brillantes donnent

des valeurs variables pour la durée des périodes de la rotation. Les astronomes, ignorant que ces différentes valeurs indiquent les distances entre les parties des versants exposées au Soleil et à la Terre les ont attribuées aux *déplacements des nuages*.

Cette erreur a été suivie de plusieurs autres. On a cru notamment : 1° à l'existence d'une atmosphère ; 2° à la production des crépuscules ; 3° à l'apparition et à la disparition de nuages dans les planètes, sans que personne connût leur modo de production ni comment les nuages se forment dans notre atmosphère.

**Phases de Vénus.** Béer et Maedler ont fait divers dessins des phases de Vénus sans jamais obtenir un contour correspondant à celui qui proviendrait d'un corps de forme sphérique ou de forme aplatie. A, B, C, D, E (fig. 12) sont quelques-uns des contours : cependant ces résultats constants n'ont pas suffi pour mettre ces astronomes à même de chercher la cause de ces contours dans un corps de forme propre à donner de pareils résultats.

Fig. 12.

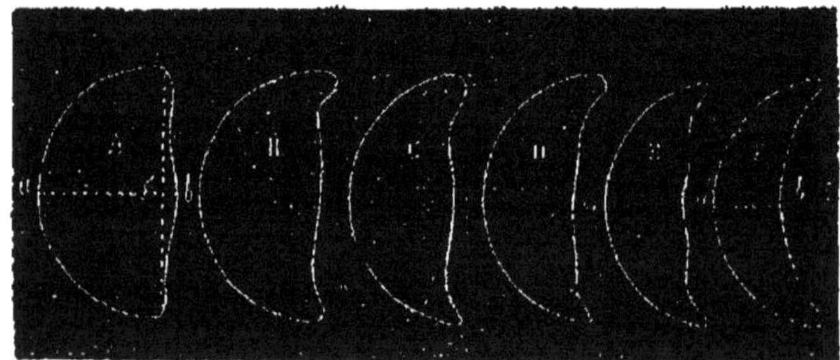

D'après le calcul basé sur la forme de sphère d'un diamètre égal au grand diamètre du corps ovalaire, les astronomes trouvent toujours pour les phases une étendue plus grande que celle trouvée par l'observation. Ce résultat très-exact conduit à savoir que la phase d'étendue inférieure se voit sur un corps dont la longueur seulement est égale au diamètre de la sphère admise par le calcul. Pour pouvoir en déduire l'étendue de la phase observée il suffit donc de reconnaître l'absence du corps sphérique, qui n'est que celui de forme ovalaire.

Fig. 13.

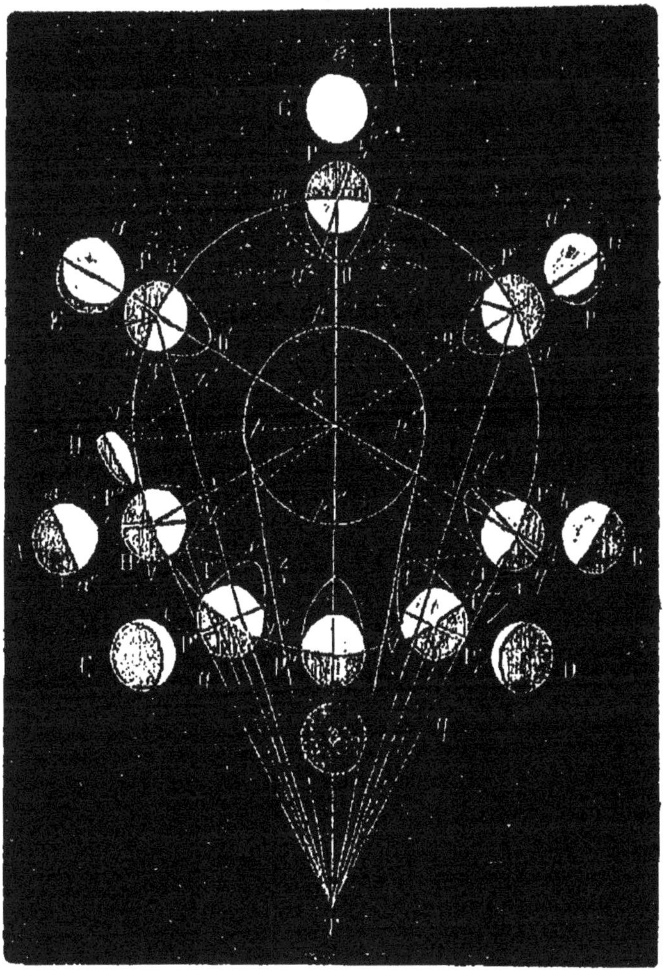

Autour du Soleil S (fig. 13), Vénus circule sur l'orbite $P$, $P'$, $P''$ . . . et Mercure circule sur l'orbite intérieur $p$, $p'$, $p''$.

En $P$, la planète est en *conjonction supérieure.*

En $P^{iv}$, elle est en *conjonction inférieure.*

A midi, le Soleil et la planète passent dans ces deux positions par le méridien de l'observateur.

En P″, la planète est en *digression orientale*.

En P‴, elle est en *digression occidentale*.

A. DURÉES DIFFÉRENTES DE ROTATION OBTENUES PAR LES CORNES ET PAR LES POINTS LUMINEUX.

§ 191. Les troncatures des cornes réapparaissent régulièrement; c'est ainsi qu'elles ont servi à déterminer la durée de la période de rotation. Les taches lumineuses, rarement perceptibles, ont été également employées pour connaître la durée de la période de rotation; cependant les résultats qu'on en a obtenus ne sont pas d'accord avec ceux trouvés par les taches obscures et par les troncatures (fig. 12).

**Durée de rotation obtenue par la forme des cornes.** Si la forme de la planète était sphérique, les cornes de la phase de Vénus se présenteraient régulières comme celles de la Lune, dont l'effet des montagnes y reste imperceptible. Cela n'a pas lieu pour un corps ovalaire éclairé par le Soleil. Il y manque des portions qui devaient compléter les cornes. Schroeter se servit de ces manques dans les cornes pour obtenir la durée réelle des périodes de la rotation de Vénus; il trouva qu'elle était de $23^h\ 21^m$.

**Durée de la rotation obtenue par les points brillants.** On aperçoit de temps en temps sur le croissant de Vénus des taches brillantes; elles proviennent d'une quantité de lumière supérieure, réfléchie des parties des versants bien exposées à la fois au Soleil et à la Terre.

Le 14 octobre 1666, Cassini découvrit une tache lumineuse, et le 28 avril 1667 il en découvrit une autre où il s'opéra un déplacement sensible pendant l'observation; on revit le lendemain la même tache brillante à la même place, à fort peu près, où on l'avait observée le 28. Si la planète tourne autour d'un de ces diamètres, la durée de sa révolution doit donc être de 24 heures environ. Ses observations, faites en mai et en juin, donnèrent le même résultat. De même que sur la Terre les deux échancrures sont aux antipodes, l'une dans l'Amérique centrale et l'autre entre l'Asie et l'Australie, de même les échancrures AB, CD (fig. 14) sont aux antipodes de Vénus. L'échancrure équatoriale COG' est distante de 90° des deux précédentes.

En admettant que les déplacements des taches qui paraissaient s'opérer du midi au nord sont l'effet d'une rotation de la planète, Cassini a trouvé qu'en 23 heures ces taches revenaient occuper les mêmes points du disque.

J. Cassini, en discutant les observations de son père, a trouvé que la durée de la période de rotation est de $23^h$ $15^m$. On avait cru d'abord que cette période était la durée véritable de la rotation ; on se rangea plus tard à l'avis de Schroeter lorsqu'il trouva la durée de $23^h\ 21^m$. En admettant cette durée comme la véritable, celle de $23^h$ trouvée par Cassini le père, celle de $23^h\ 15^m$ trouvée par son fils, ont dû être déclarées inexactes. Personne n'a soupçonné que la cause de ces désaccords réside dans les changements de parties des versants bien exposées à la fois au Soleil et à la Terre pour apparaître comme taches brillantes.

Fig. 14.

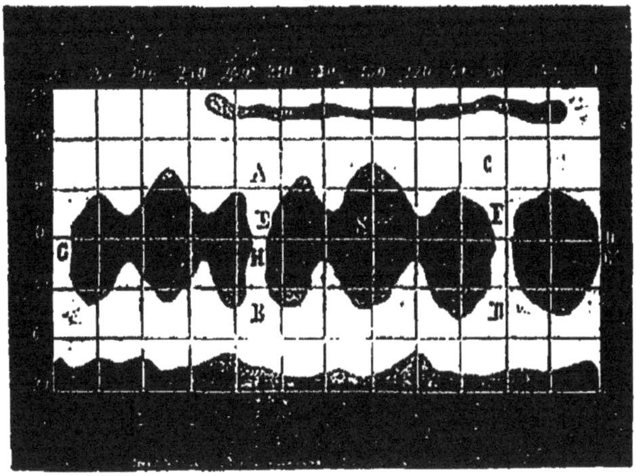

§ 192. **Durée de la rotation déterminée par les taches sombres.** Dans ses observations de 1726 et 1727, à Rome, Bianchini aperçut le planisphère de Vénus ayant la forme de sept taches GG (fig. 14) séparées en AB, CD et

66 par trois intervalles. Les déplacements opérés dans les taches de la planète pendant la durée de sa révolution apparente de 584 jours firent trouver à Bianchini 24 périodes égales, qu'il considéra comme autant de périodes de rotation, chacune de 24 jours 8 heures.

Les grandes étendues des taches l'empêchèrent de s'apercevoir *que chacune de ces périodes est composée* de 25 autres; cependant il a bien pu voir que pendant une révolution synodique de 584 jours il y a eu 24 périodes complètes. S'il eût connu ce mode de calcul, Schroeter aurait contrôlé la durée de $23^h\ 21^m$ qu'il obtint avec celle de Bianchini.

$$\frac{584}{24} = 24^j\ 8^h = 25 \times (23^h\ 21^m\ 36^s).$$

On ne peut maintenant savoir si la faible différence de 36″ provient d'une erreur de Schroeter ou d'une erreur de Bianchini; *toutefois il est* prouvé *une fois de plus* que ce sont les taches claires provenant des versants qui donnent les valeurs inférieures de $23^h$ ou de $24^h\ 15^m$, tandis que ce sont les taches sombres provenant des plaines qui donnent des valeurs exactes de $23^h\ 21^m\ 36^s$.

Lorsqu'à la fin de la vie géologique de la Terre l'eau disparaîtra, les mers se trouveront à moitié comblées et leur fond sera à un niveau inférieur à celui des continents. De pareilles étendues, pour un observateur placé près de la planète Mars, seraient distribuées d'une manière comparable à la distribution indiquée dans le planisphère de Vénus, si l'équateur terrestre faisait un angle de 75° avec l'écliptique.

Ce grand angle arrive à 90° + 15° de l'autre côté de l'équateur, de sorte que l'avancement du périhélie étant compté dans cet angle de 90° + 15°, n'est pas positif comme celui de toutes les autres planètes, mais il se présente comme négatif, cet avancement du périhélie étant toujours en sens inverse de la précession. Tant que la cause commune de ces deux faits n'était pas connue, il était indifférent aux astronomes de compter le déplacement du périhélie de Vénus dans l'un ou dans l'autre sens par rapport à son équateur.

### B. Distribution de la lumière sur la forme ovalaire de Vénus.

§ 193. Au moyen des quantités de lumière qui nous arrivent des différentes parties de la planète Vénus, nous pouvons connaître si la surface est sphérique ou si elle a une autre forme. En introduisant dans le calcul la forme sphérique, on obtient des résultats qui ne sont pas d'accord avec ceux qui sont dus aux observations. Je démontre ici que ces résultats sont d'accord avec ceux du calcul basé sur la forme ovalaire.

Soit AD (fig. 11) la planète, le plan *Ab*VN de son orbite faisant avec l'équateur SN les angles AKN = 75° et AKS = 90° + 15°. Dans la conjonction supérieure l'hémisphère SAN est tourné vers le Soleil et vers la Terre ; dans la conjonction inférieure, c'est le même hémisphère qui reste tourné vers le Soleil. Alors l'autre hémisphère SDN de la base est tourné vers la Terre.

Les trois échancrures se trouvant tout près de l'équateur sont les deux *c'*, R de la périphérie de la base, et G est l'échancrure équatoriale. Lors donc qu'une de ces échancrures se trouve à une des deux cornes du croissant, il y apparaît parfois un point lumineux au delà de la troncature. Ce point est le sommet du versant de l'échancrure. Habituellement on voit des troncatures dans les cornes des croissants A, B, C... (fig. 12) sans y apercevoir un point lumineux.

Les phases *a*, *b*, *c*, *c'*, *b'*, *a'* (fig. 13) obtenues par le calcul basé sur la forme sphérique diffèrent des phases observées A, B, C (fig. 12), car elles résultent de la forme ovalaire ASDN (fig. 11).

§ 194. **Étendue de la largeur des croissants.** Lorsqu'on fait le calcul sur une forme sphérique *AbDc* (fig. 11), ou *ma''On* (fig. 13), on obtient pour le croissant une largeur correspondante à la distance RPN' *AbS''* (fig. 11); mais *dans le corps ovalaire SAN il y a une grande partie S''bAcN'* de la sphère qui manque; c'est donc cette partie qui manque également de la largeur du croissant observé.

**Lumière pâle au delà de la limite éclairée.** Dans le voisinage de la conjonction inférieure, lorsque la base SS''' (fig. 11) de l'ovalaire est tournée vers la Terre, le milieu du croissant passe par sa partie la plus large. Ce méridien se trouve dans la périphérie SS''' de la base de l'ovalaire. Des deux cornes, 1° l'une se termine en H et rase la partie Hc'; 2° l'autre se termine en S et rase la partie SR. Le même effet est produit quand le milieu du croissant à l'autre partie de la base est en R. C'est donc dans ces deux positions de la planète par rapport au Soleil que Schroeter apercevait le contour, 1° SS'' S'''H un peu au delà des cornes brillantes directement éclairées par le Soleil; 2° un peu au delà du disque HDS''' qui seul eût été visible à l'aide d'une lumière ordinaire. Cette lumière problématique a été comparée à la lueur cendrée par rapport à la lumière éclatante du reste de la Lune.

I. Le 12 août 1790, le diamètre total de Vénus soustendait un angle de 60''; les cordes des deux arcs HS''' SS'' qu'une très-faible lumière éclairait par delà des cornes brillantes S et H du disque étaient l'une et l'autre de 8''. On en avait conclu que la lumière secondaire s'étendait sur la planète plus loin que la limite éclairée directement, lorsqu'on faisait le calcul sur la forme d'un corps sphérique; car ni Schroeter ni aucun autre astronome ne connaissait l'existence de forme ovalaire dans les corps célestes.

II. La ligne passant par les deux cornes H S doit, d'après le calcul basé sur la forme sphérique, passer de 3" au delà du diamètre de la sphère ; cependant on voit le disque beaucoup plus au delà de la limite déterminée par le calcul à l'aide d'une lumière très-pâle. Cette lumière, comme la précédente des cornes, ne pouvant être d'accord avec la forme sphérique, qui n'existe pas, a été attribuée par Schroeter à une atmosphère qui n'existe pas non plus.

Pour donner l'explication d'un fait réel, il faut que cette explication soit véritable; sinon, on commet nécessairement au moins deux erreurs : 1° l'une en admettant la forme sphérique à la place de la forme ovalaire ; 2° l'autre, celle qu'a commise Schroeter lorsque, voulant donner une explication logique des faits réels, il admit l'existence d'une atmosphère. Herschel, après lui, est tombé dans cette même erreur.

Cet astronome, plus physicien que Schroeter, hésita longtemps avant de reconnaître l'existence d'une atmosphère dans la planète Vénus ; cependant les faits de Schroeter étaient incontestables, et si l'on n'admettait pas une atmosphère, on ne pouvait en donner aucune explication.

§ 195. **Absence d'atmosphère et de montagnes visibles dans la planète Vénus.** Après avoir dissipé la première erreur basée sur la forme sphérique, la deuxième, basée sur l'existence d'une atmosphère, s'évanouit d'elle-même ; car la non-existence de cette atmosphère est prouvée :

1° Par l'absence des couleurs qui seraient le résultat de la réfraction de la lumière à laquelle Schroeter a attribué une production de crépuscules. Dans le spectre de la lumière de Vénus, on trouve les mêmes traits que dans le spectre solaire ; c'est une preuve incontestable de l'absence de couleurs dans la lumière de Vénus, tandis que des traits différents existent dans les spectres de la lumière de toutes les planètes supérieures.

2° La réfraction dans une atmosphère produirait un croissant d'une étendue supérieure à celle trouvée par le calcul basé sur la forme sphérique; or les résultats de l'observation donnent des étendues inférieures à celles trouvées par le calcul. Ne sachant à quoi attribuer ce désaccord, Schroeter dut prêter à l'atmosphère imaginaire de Vénus les propriétés dont il avait besoin pour expliquer les faits observés; il prétendit qu'il y avait dans l'atmosphère de Vénus des corps hétérogènes qui causent des obscurcissements dans les bords du croissant, et font ainsi diminuer son étendue éclairée.

3° Les déplacements des points lumineux ont été attribués par Herschel aux nuages de l'atmosphère.

4° Les observations d'Herschel sur le passage de Mercure en 1802 prouvent incontestablement l'absence d'atmosphère; on obtiendra le même résultat lors du passage prochain de Vénus.

### C. De la densité inégale de lumière sur le croissant de Vénus.

§ 196. Une sphère éclairée, vue de face du côté du corps lumineux, présente le maximum d'éclat au centre du disque et le minimum à son bord. Si l'observateur s'éloigne de 90° pour voir la moitié du globe éclairé, il aura la partie maximum de l'éclat au milieu de la périphérie de l'hémidisque, et son minimum se trouvera sur le diamètre $m''n''$ (fig. 13) qui sépare la partie claire $c$ de la partie obscure A.

Pour passer du maximum d'éclat $c$ au minimum du diamètre $m'''n'''$, le décroissement est plus rapide dans la direction du diamètre $c$A et il est moins rapide le long de la périphérie $cm'''$, $cn'''$. Cette régularité, basée sur la forme sphérique, ne disparaît pas, mais elle se modifie dans les corps de forme ovalaire.

Le maximum de l'éclat de Vénus obtenu par l'observation se présente 1° quand l'étendue éclairée se réduit à $c$ ou $c'$, le quart de son disque, et 2° quand le diamètre de son disque sous-tend un arc de 40″. Cela a lieu quand Vénus est à D ou G; car lorsqu'elle est à P elle sous-tend l'angle de 11″,17 et étant à P‴ elle sous-tend un arc de 62″.

Pour trouver le rapport entre les densités de lumière des cornes et du milieu de l'hémipériphérie du croissant, Arago fit empiéter la faible lumière du bord elliptique intérieur sur la lumière du bord du milieu de l'hémipériphérie, et c'est à peine s'il put apercevoir une augmentation d'intensité. Il a vu ainsi que la clarté du bord périphérique est 30 fois environ plus grande que celle du bord elliptique.

On connaissait bien cette différence entre les éclats des deux bords; mais il s'agissait du décroissement de l'éclat d'un bord à l'autre. Schroeter, en partant du milieu de l'hémipériphérie où est le maximum d'éclat *a* ou *a′* (fig. 12), trouva que cet éclat décroissait graduellement vers tous les points du bord elliptique *b* ou *b′*. Si Herschel n'a pas trouvé cette régularité de décroissement, c'est qu'il partait de chaque point de l'hémipériphérie, et non de son milieu *a* ou *a′*.

### D. Du satellite de Vénus et pourquoi il est invisible.

§ 197. Plusieurs des astronomes actuels, se basant sur les perfectionnements apportés dans leurs instruments, ont cru devoir ne pas adopter entièrement tout ce que leurs devanciers avaient aperçu dans les corps célestes. En rejetant la période de 24ʲ 8ʰ de la rotation de Vénus trouvée par Bianchini, Maedler trouva en même temps absurde une direction du plan équatorial allant du sud au nord, car il voulait sauver l'hypothèse de Kant ou de Laplace sur l'origine du système planétaire.

Les astronomes actuels ne peuvent se rendre compte : 1° de la disparition du satellite de Vénus depuis un siècle, et 2° de la disparition de la lueur cendrée de la partie obscure du croissant de Vénus aperçu pour la dernière fois le 8 juin 1825 par Gruithuisen à Munich. Cette lueur cendrée est cependant en rapport direct, non avec des nuages qui n'y ont jamais existé, mais avec le satellite de la planète, de sorte qu'il est impossible d'attribuer aux anciens astronomes de pareilles erreurs. Il ne s'agit que de la cause physique qui rendit invisibles le satellite et la lueur sur la partie obscure du croissant de Vénus, laquelle indiquait l'arrivée d'une quantité étrangère de lumière sur la planète.

Je donnerai d'abord l'historique des observations, puis je montrerai la position du satellite de forme ovalaire circulant avec la planète dans l'espace annulaire dans lequel circulent les météores qui réfléchissent la lumière zodiacale. Je ferai voir que cette lumière arrive simultanément avec celle du satellite qui devient alors plus faible et par conséquent insensible. Pour être sensible, le satellite doit donc se trouver dans un espace parcouru par des météores de faible densité En pareil cas, il nous arrive du satellite une quantité de lumière supérieure à celle qui vient des météores; la lumière zodiacale devient imperceptible comme elle l'était avant 1687, lorsque Cassini, et plus tard Mairan, l'aperçurent. Mais c'est le 25 janvier 1672 que Cassini aperçut le satellite.

Pendant un siècle, l'éclat de la lumière zodiacale augmenta et l'apparition du satellite de Vénus se raréfia. Depuis un siècle la lumière zodiacale est d'un éclat supérieur, et le satellite de Vénus est devenu imperceptible; ce n'est que depuis quarante ans que la lumière réfléchie sur Vénus est devenue imperceptible. C'est ainsi qu'on parvint à connaître l'accroissement graduel de l'intensité de la lumière zodiacale. A Athènes, Schmidt ne pouvait s'expliquer comment les anciens astronomes n'avaient jamais fait mention d'un fait si éclatant dans le ciel actuel d'Athènes.

§ 198. **Observation du satellite de Vénus.** I. Le 28 août 1656, à $4^h\ 15^m$ du matin, D. Cassini vit près de Vénus, à trois cinquièmes de son diamètre vers l'orient, une lumière faible et informe ayant une phase semblable à celle de la planète. Le diamètre du satellite égalait le quart de celui de Vénus. L'observateur la vit pendant un quart d'heure, mais la lumière du jour la fit disparaître.

Le même astronome avait fait une observation analogue le 25 janvier 1672, de $6^h 52^m$ à $7^h 2^m$ du matin : le satellite allait en croissant comme Vénus et s'éloignait de la corne australe d'une quantité égale au diamètre de Vénus. Le 3 septembre, on ne le voyait plus.

II. En Angleterre, le 28 octobre 1740, Short vit une petite étoile près de la planète; au moyen d'un instrument grossissant de 50 à 60 fois, il vit la même étoile. Un grossissement de 240 fois appliqué à cet instrument lui montra que la petite étoile avait une phase comparable à celle de Vénus. On apercevait cette phase même avec un grossissement de 140 fois. Le diamètre du satellite paraissait être le tiers de celui de Vénus; sa lumière n'était pas aussi vive que celle de la planète, mais l'image paraissait parfaitement tranchée. La distance du satellite à la planète était de 10′2″. L'observation dura une heure; la lumière du Soleil fit disparaître le satellite à $8^h 15^m$. Le même jour, Short vit deux taches noirâtres sur le disque de Vénus, ce qui prouve que ses instruments étaient en très-bon état.

III. Du 3 au 11 mars 1761, Montaigne, astronome de Limoges, vit quatre fois le satellite de Vénus. Avec un grossissement de 40 à 50 fois, le satellite présentait la même phase que la planète; sa lumière était faible, et son diamètre paraissait être le quart de celui de la planète.

IV. A Copenhague, les 3 et 4 mars 1764, Roedkier vit la même chose.

V. Les 10 et 11 du même mois, Horrebow et plusieurs curieux firent dans la même ville des observations analogues; ils dirent que le satellite ne pouvait être une illusion d'optique.

VI. Les 15, 28 et 29 mars 1764, à Auxerre, Montbarron

aperçut aussi le satellite dans des positions notablement différentes. A compter de cette époque, le satellite de Vénus est devenu imperceptible par la cause que j'ai indiquée.

**Prétendue illusion d'optique.** Il y a déjà un siècle que le satellite de Vénus est devenu invisible ; mais avant qu'il se fût écoulé une si longue durée, Hell, astronome de Vienne, avait nié qu'il existât réellement un satellite de Vénus, disant que ce qui avait fait croire à son apparition, c'était une double réflexion de la lumière qui se serait opérée d'abord sur la cornée de l'œil, ensuite sur la surface de la lentille oculaire dont la concavité faisait face à l'observateur, c'est-à-dire sur la surface de la lentille convexe la plus voisine de l'objectif. A l'appui de cette explication, il rendait compte des mouvements que les déplacements de l'œil devaient produire et avaient produits, en effet, dans une fausse image observée par lui.

Quelques astronomes de nos jours partagent cette opinion de Hell; Maedler prétend que, même dans les instruments achromatiques, il se présente de pareilles images à lumière mate, mais qu'il suffit de déplacer un peu l'oculaire pour se convaincre que l'image est fausse. L'astronome précité ne nie pas l'existence des corps qui ne réfléchissent la lumière que dans des positions toutes particulières lorsqu'ils deviennent visibles; mais même en faisant cette concession, Maedler ne peut pas comprendre comment il se fait que le satellite de Vénus n'a jamais été au-devant de son disque, et qu'on n'a pas vu son ombre sur le croissant lumineux de la planète. Un satellite de Vénus devant en être moins éloigné que la Lune de la Terre, aurait une révolution dont la durée serait beaucoup plus courte que celle de la Lune, et par suite devrait pouvoir être observé dans des positions différentes.

§ 199. **Existence réelle d'un satellite de Vénus.** Lambert a prouvé que les anciens astronomes savaient très-bien se mettre en garde contre toutes les illusions d'optique que Hell leur a si facilement attribuées. Après avoir combiné les positions observées au satellite à différentes époques, Lambert a trouvé :

1° Que le mouvement s'exécutait dans un plan NS (fig. 11) faisant avec le plan AD de l'écliptique un angle de 63° ;

2° Que l'orbite du satellite V avait une excentricité de 0,2 ;

3° Que le temps de la révolution autour de la planète était de 11$^j$,2 ;

4° Que le grand axe de l'orbite vu perpendiculairement à la Terre en 1761 aurait sous-tendu un angle de 51′.

Les diverses observations pouvaient se coordonner avec ces éléments dans les limites que comportait un calcul fondé sur des données obtenues seulement au moyen d'une estimation approximative.

Lambert ne manqua pas de prouver que l'orbite du satellite étant éloigné de 63° de l'écliptique, ce corps s'est trouvé en dehors du disque du Soleil quand le passage de la planète s'est effectué. Il est vrai que Vénus se trouvant tout près du bord du Soleil, son satellite pouvait atteindre le disque du Soleil ; mais pour qu'on pût le remarquer, il fallait que le satellite fût du côté du Soleil, et les astronomes devaient être préparés à l'avance à une observation pareille ; telle est la position des orbites des satellites d'Uranus.

Les objections faites par Maedler sur l'absence d'observations indiquant la projection du satellite sur la planète se trouvent réfutées par la position de l'orbite du satellite que l'on voit circuler sur un plan presque perpendiculaire à celui de l'orbite de Vénus.

§ 200. **Rapport entre le plan équatorial de Vénus et le plan de l'orbite de son satellite.** Les observations nous apprennent que le plan équatorial du Soleil prolongé, sans coïncider avec les plans orbiculaires des planètes, en est peu éloigné ; de même le plan équatorial prolongé de chaque planète forme de petits angles avec les plans orbiculaires de ses satellites. Il faut donc que le prolongement du plan équatorial de Vénus soit dans le voisinage du plan orbiculaire de son satellite. Il est incontestable que ce rapport existe entre l'orbite du satellite trouvé par Lambert et l'équateur de Vénus trouvé par Schroeter.

En discutant les résultats de Bianchini, Maedler attribue les taches apparentes à l'inconstance des obscurcissements atmosphériques, et selon lui, on devrait attribuer la durée de 24$^j$ 8$^h$ plutôt aux parties de la révolution annuelle qu'à une révolution diurne. Cet astronome pense qu'en 1830, où la position de Vénus était très-favorable, comme Lamont, à Munich, possédait l'instrument le plus parfait, il n'aurait pas manqué d'apercevoir les taches observées par Bianchini.

Maedler a usé de tous ces arguments après qu'on eut trouvé, à Rome, que la durée de la rotation de Vénus était de 23$^h$ 21$^m$ 21$^s$,93.

Quand Maedler verra : 1° que Bianchini a trouvé la durée de 24$^j$ 8$^h$ exactement 24 fois dans la durée de 584 jours qui est la révolution apparente de Vénus autour du Soleil, et 2° que la durée de 24$^j$ 8$^h$ donne exactement 25 périodes diurnes de 23$^h$ 21$^m$ 30$^s$; quand, dis-je, Maedler verra ce résultat, il changera nécessairement d'avis et éprouvera quelque hésitation à attribuer à tel ou tel astronome la faible erreur de 14 secondes.

La réalité des observations de Bianchini une fois reconnue, le planisphère qu'il a dressé ne sera plus contesté par personne. On cessera sans doute de prêter de si grossières erreurs aux astronomes du siècle précédent; ceux de notre époque mettront peut-être tout amour-propre de côté et deviendront assez sages pour reconnaître leur ignorance : 1° par rapport à l'état physique des corps célestes, et 2° par rapport aux myriades d'essaims de météores circulant dans l'espace, météores dont on a attribué les effets à un fluide de nature inconnue répandu dans l'espace. Dans le planisphère indiqué fig. 14, je montre fidèlement la position des échancrures qui viennent encore à l'appui de la position de l'équateur de la planète et de celle de l'orbite de son satellite.

## E. Des météores de l'espace et de leurs effets optiques et dynamiques.

§ 201. Plus loin, je parlerai sur ce sujet avec de grands détails; je n'en fais mention ici que pour préparer le lecteur à connaître l'influence des météores sur l'apparition de la lumière zodiacale et la disparition du satellite de Vénus et de la lumière cendrée du disque de la planète qui lui arrive de son satellite.

Il n'y a que deux siècles que la lumière zodiacale a commencé à devenir sensible, et c'est à compter de cette époque qu'on a dû remarquer l'affaiblissement de l'éclat du satellite de Vénus. Si l'éclat de la lumière zodiacale était resté au même degré qu'il y a deux siècles, on aurait vu dans quelques cas, depuis un siècle, le satellite de Vénus : de même, depuis un demi-siècle, la lueur cendrée aurait certainement apparu sur la partie obscure du disque de la planète.

Ces faits optiques montrent clairement que les essaims de météores réfléchissant la lumière zodiacale du plan de l'orbite de Vénus ne circulaient pas dans la même région quand leur lumière réfléchie ne passait pas par la Terre; c'est pourquoi l'on pouvait apercevoir : 1° la faible lumière venant directement du satellite, et 2° la lumière réfléchie en plus grande quantité vers Vénus que vers la Terre.

C'est depuis un siècle que la densité du météore a le plus augmenté et qu'il s'en est réfléchi une quantité de lumière suffisante pour rendre imperceptible, d'abord le satellite de Vénus, puis la lueur cendrée. On ne connaît pas l'époque où, les météores s'éloignant, leur éloignement amènera le décroissement, puis la disparition de la lumière zodiacale, ce qui tout d'abord rendra perceptible la lueur cendrée sur le disque de Vénus, puis le satellite.

Les comètes composées des mêmes éléments que l'atmosphère perdent, en se rencontrant avec les essaims de météores, une partie de leur mouvement orbiculaire, d'où résulte une diminution proportionnelle de la durée de leur révolution et en même temps un décroissement du grand axe de leur orbite, faits constatés dans la comète d'Encke.

Si l'on compare les périodicités des éclats de quelques étoiles remarquées depuis plus de trois siècles, il serait absurde de supposer que les observateurs n'ont pas eu assez de persévérance pour remarquer l'apparition si éclatante de la lumière zodiacale. C'est à titre d'objet céleste nouveau que, dans l'*Histoire naturelle d'Angleterre*, publiée en 1665, on attribue à Childrey la découverte de la lumière zodiacale, qu'on a aperçue pendant plusieurs années consécutives dans le mois de février, quand le crépuscule a quitté l'horizon. Il était facile de remarquer le chemin que faisait la lumière zodiacale, qui du crépuscule darde tout droit vers les Pléiades et qui semble les toucher.

Telles sont les données qui conduisent à connaître en même temps l'existence des météores et les positions différentes des plans de leurs orbites.

### F. Du rapport entre la quantité de lumière réfléchie et la position du grand diamètre du corps ovalaire.

§ 202. J'ai fait voir qu'il y avait décroissement dans l'éclat du centre du disque d'une sphère éclairée vers son bord. Ce décroissement ne s'opère pas strictement dans les corps ovalaires, car il faut pour s'orienter se guider sur la position de l'hémisphère soulevé et de l'angle $2\gamma$ formé au sommet A (fig. 11) par les lignes SHA, H'RA venant de la périphérie SS‴ de la base. C'est cos $\gamma$ qui indique le rapport **d** : *d* entre les deux diamètres AD : SH des corps ovalaires.

**Éclats de Vénus.** Pour que le maximum soit de lumière réfléchi par les rayons solaires, il faut que ceux-ci arrivent perpendiculairement sur le versant ASAH autour du sommet. En indiquant cette direction par *u*S (fig. 13), le maximum de lumière solaire réfléchie vers la Terre arrive lorsque la Terre T est dans une direction T*u* pour former avec la normale *us*″ un angle égal à S*us*″ qui est l'angle d'incidence et T*us*″ l'angle de réflexion.

On voit ainsi comment le maximum d'éclat de la planète se présente dans les positions P″ ou P‴ dans lesquelles il n'y a d'éclairé qu'un quart de son disque, et non dans les positions P′, P⁗, où le disque est éclairé aux trois quarts; car la distance TP′ supérieure à TP″ n'occasionne pas une diminution d'éclat si considérable. La lumière solaire arrive en O′ autour du sommet, et elle se disperse dans toutes les directions; aussi n'en arrive-t-il qu'une petite quantité à la Terre. Telle est la cause physique du manque complet d'accord entre les résultats photométriques obtenus par le calcul et ceux obtenus par les observations.

**Éclat du satellite de Vénus.** Dans tous les cas, le satellite apparaît avec une lumière cendrée faible à peine perceptible, quoiqu'il soit à la même distance du Soleil que la planète, et que sa surface ne soit pas très-petite. Ceux qui ont soutenu l'existence réelle d'un satellite n'ont pu trouver aucune explication plausible de ce fait, tandis qu'ici c'est précisément ce fait qui sert à prouver cette existence.

Le grand diamètre du satellite II de Vénus est dirigé vers le centre de la planète, comme celui de la Lune est dirigé vers la Terre. Par rapport à la Terre T, la position la plus favorable du satellite est en H; cependant V′Z′ étant la perpendiculaire sur sa surface éclairée, SV′Z′ est l'angle d'incidence, et l'angle Z'VT' de réflexion amène la lumière en direction VT' *divergente par rapport à la Terre T.*

Si le satellite tournait autour d'un de ces diamètres comme Vénus, sa surface se trouverait dans des positions différentes par rapport à la Terre et au Soleil, et quelques-unes de ces positions auraient favorisé son apparition. De même, si Vénus n'avait pas son équateur de 75° loin de son orbite, le satellite ne pouvait pas circuler sur un orbite dont le plan est presque perpendiculaire à celui de l'orbite de Vénus, position qui empêche la réflexion des rayons solaires vers la Terre. Ces rayons se dirigent vers Mercure, de même que les rayons des satellites des planètes extérieures sont réfléchis vers la Terre.

**Lueur cendrée du disque de Vénus.** Le satellite H *se trouvant en H' réfléchit la lumière solaire vers sa planète,* et c'est ainsi que la partie du disque qui n'est pas éclairée par le Soleil devient visible. De pareilles positions du satellite sont donc rares par rapport, 1° à sa planète, 2° au Soleil et à la Terre.

**Passage de Vénus.** Lorsque l'orbite se projette sur le Soleil avec la planète, l'orbite de son satellite est en dehors du disque solaire, car son plan fait un angle de 75° avec celui de l'orbite de la planète, et le rayon de son orbite est de 51'. Ainsi, 1° c'est un cas exceptionnel que d'attendre le passage de la planète en même temps que celui de son satellite ; de même, 2° le passage simultané du satellite et de la planète serait aussi un cas exceptionnel.

**Absence de projections du satellite sur la planète.** L'orbite de Vénus est peu éloigné de celui de la Terre ; l'orbite du satellite, étant éloigné de 75° de l'écliptique il n'arrive jamais une projection de l'ombre du satellite sur sa planète. Ainsi l'objection de Maedler contre l'existence d'un satellite indiquée ci-dessus n'est d'aucune valeur.

## III. LA TERRE.

§ 203. La Terre diffère des deux planètes inférieures par la quantité de l'eau et par son atmosphère qui manquent aux planètes Vénus et Mercure.

La Terre diffère des planètes supérieures en ce qu'elle a terminé toutes ses périodes cométogoniques et qu'elle parcourt en ce moment sa dernière période oryctogonique.

Le poids spécifique de la Terre diffère peu de celui de Vénus, dont la masse n'est pas encore parfaitement refroidie ; c'est la masse de la planète Mercure qui a déjà acquis la température de l'espace, ce qui lui a fait atteindre le maximum du poids spécifique. Le poids spécifique de Mars est inférieur à celui de la Terre, ce qui fait voir qu'il n'a encore terminé ni ses périodes cométogoniques ni ses périodes oryctogoniques.

Dans les deux planètes inférieures, il existe des traces des échancrures dans leur région équatoriale, de même que ces traces existent sur la Terre ; on les trouve également à la surface de Mars, de Jupiter et de Saturne. Quant aux planètes Uranus et Neptune, bien que ces traces y existent, elles y sont imperceptibles.

Les rayons des planètes inférieures nous arrivent directement de leur surface, et ne pénètrent que notre atmosphère. C'est pourquoi leur lumière est entièrement incolore et donne des spectres qui ne diffèrent pas de celui du Soleil.

Les rayons partant de la surface des planètes supérieures doivent pénétrer leur atmosphère, et quand ils sortent de cette atmosphère, ils éprouvent une réfraction et produisent des rayons de diverses couleurs dont ceux rouges ou jaunes sont les seuls qui arrivent séparément à la Terre, car les rayons de ces couleurs éprouvent la réfraction inférieure. Il ne manque pas une atmosphère aux deux planètes les plus éloignées, ce que nous montre l'existence de rayons colorés dans la lumière que nous en recevons.

§ 204. **Rapport entre les périodes cométogoniques et les périodes oryctogoniques.** Les comètes de périhélies voisins de l'orbite de chaque planète sont *synadelphes*. Elles sont divisées en cinq familles, savoir : les *hermocomètes*, les *aphroditocomètes*, les *géocomètes*, les *aréocomètes* et les *diocomètes*.

La fin de chaque période cométogonique est le commencement d'une nouvelle période oryctogonique, sans être en même temps la fin des périodes oryctogoniques précédentes. L'existence de ces périodes oryctogonique s'observe directement dans la Terre. On distingue ces périodes des autres planètes par leur poids spécifique, lequel est supérieur à celui de l'eau dans les cinq planètes qui ont engendré des comètes. Jupiter en a produit un moins grand nombre, il a parcouru un petit nombre de périodes oryctogoniques; c'est pourquoi son poids spécifique est encore faible. C'est vers la fin de sa vie géologique que son poids spécifique deviendra semblable à celui de la Terre, lorsque son volume diminuera proportionnellement pour devenir, non pas cinq fois inférieur, mais davantage à cause des couples des comètes qu'il aura engendrées.

### A. Différence entre les faits atmosphériques de la Terre et ceux des planètes.

Les éléments électriques amenés par les rayons solaires aux éléments de l'eau des planètes se combinent avec eux et en font résulter les deux gaz composant l'air.

§ 205. **Mode de production des pluies.** Les masses d'air ombragées par les montagnes restent froides pendant le jour, où elles sont en contact avec les masses d'air échauffé, non par la chaleur lumineuse qui arrive, mais par la chaleur obscure et rampante qui s'élève du sol et des versants exposés au Soleil. Des courants thermoélectriques ainsi engendrés, 1° le courant positif $q\overset{+}{E}$ amène les atomes d'oxigène $\bar{O}\overset{+}{E}$ de l'air froid, et 2° le courant négatif $q\bar{E}$ amène les atomes doubles d'azote $Az^2 = \overline{HO\vartheta^3}\overset{+}{H}\bar{E}^2$ et les font se combiner pour produire des vésicules dont l'enveloppe soutient à l'état latent : 1° l'électricité positive $\overset{+}{E}$ à sa surface intérieure, et 2° l'électricité négative $\bar{E}^2$ à sa surface extérieure.

L'espace occupé par l'air se raréfie et l'affluence de nouvelles masses d'air chaud et d'air froid y est provoquée. Cette rencontre occasionne de nouvelles combinaisons d'air, de nouvelles productions de vésicules de vapeur et de nouveaux espaces raréfiés ; de sorte que les enveloppes des vésicules multipliées et pressées par l'air affluent se déchirent, et quand des centaines de ces vésicules sont unies ensemble, elles se transforment en gouttelettes qui se précipitent en forme de pluie.

Lorsque relativement à la Terre le niveau de la mer était plus élevé qu'il ne l'est maintenant, les sommets des montagnes étaient au niveau où ils sont aujourd'hui. C'est pour cette raison que la distance entre le niveau de la mer et celui des montagnes était inférieure à celle qui résulta ensuite de l'abaissement du niveau de la mer.

Quand la distance entre les sommets des montagnes et la surface de la mer était minime, la masse d'air ombragé était faible et ne suffisait pas pour produire de grandes masses de vésicules capables d'occasionner des pluies. C'est en cet état que se trouve Mars maintenant.

I. Dans les deux planètes inférieures, il y a des montagnes dont on peut comparer la hauteur à celle des montagnes de la Terre ; elles y ont occasionné la combinaison des éléments de l'air ; mais une partie de l'eau produite s'est transformée en chlorophylle, et le reste rassemblé dans les mers s'est combiné avec les équivalents électriques des rayons solaires pour produire une quantité inférieure d'air

$q - \alpha$. C'est ainsi que la quantité d'air a diminué jusqu'au point, 1° qu'elle n'a été suffisante pour se transformer en eau, et 2° que l'effet produit sur elle par la réfraction des rayons n'a plus été perceptible, parce que dans les planètes inférieures l'atmosphère est mince et de forme sphérique ; c'est pourquoi je dis qu'elle manque entièrement.

II. Dans les planètes supérieures, il y a production d'air comme dans la Terre, mais il n'y a pas encore de montagnes dont la hauteur soit suffisante pour ombrager des grandes masses d'air, lesquelles se trouvant pendant le jour en contact avec l'air chaud, se combineraient de façon à en faire résulter des pluies. C'est donc à cause de ce manque de combinaison d'air dans les planètes supérieures qu'il y en a une quantité telle que la poussée répulsive entre les molécules d'air et la rotation de la planète vient à bout de vaincre la résistance de la pesanteur de l'air vers la planète. *Ainsi, comme je viens de le démontrer, l'air, produit* par une couche d'eau de plusieurs centaines de mètres d'épaisseur, s'éloigne des planètes.

Les atmosphères denses produisent la réfraction des rayons d'où résultent les couleurs des planètes supérieures. L'existence d'une minime quantité de vapeur dans les atmosphères se manifeste par la diminution de l'éclat au bord de la planète dans les régions polaires où sont les aérocylindres. L'éclat du bord équatorial dépend de l'inclinaison du plan de l'équateur sur celui de l'orbite, comme je le démontrerai plus loin.

### B ÉLÉVATION DE TEMPÉRATURE ET DEGRÉS DE FUSION DE LA GLACE.

§ 206. La chaleur lumineuse parcourt l'air sec et se sépare de la lumière à la surface de la Terre pour pénétrer dans les corps solides ou liquides, tandis que les atomes de lumière repoussés par leurs homonymes qui restent arrêtés à la surface des corps acquièrent une expansion en directions divergentes comme ceux qui proviennent d'un corps lumineux. Ainsi la chaleur arrivée lumineuse à l'état rayonnant devient obscure dans les corps où elle se propage à l'état rampant. Ce n'est que dans le vide qu'elle se propage à l'état rayonnant.

Qu'elle provienne du sol ou de la surface de la mer, la chaleur passe dans la couche ambiante d'air à l'état rampant avec une vitesse qui est en raison inverse de la densité de l'air. Autour de le Terre, la densité de l'air est inférieure aux sommets des hautes montagnes. Il arrive aux plateaux une aussi grande quantité de chaleur lumineuse qu'aux plaines basses ; mais devenue obscure, cette chaleur éprouve dans les plateaux du Mexique et du Pérou une résistance moindre qu'à Panama.

Dans les planètes supérieures, l'épaisseur de la couche d'air aux régions polaires est plus grande que dans les régions équatoriales ; il y a donc une résistance qui cause une accumulation de chaleur d'où résulte une température plus élevée que dans les régions équatoriales. La glace commence à se fondre aux grandes latitudes où se produisent les plantes, tandis que dans la zone torride la mince couche d'air n'offre qu'une faible résistance à la propagation rampante de la chaleur obscure.

Au Soleil, la fusion de la glace s'opère à une température 28 fois plus élevée que celle où elle s'opère sur la Terre ; car elle est le résultat, 1° de la poussée de la posanteur, et 2° de la répulsion expansive de la chaleur (*Physique*, t. III, p. 590 et t. IV, p. 10). Sur la surface du Soleil, le poids des corps est 28,36 fois plus grand que sur la Terre ; cette même cause fait s'y opérer l'ébullition de l'eau en une température de 2836 degrés et sa congelation en une température de 2736 degrés.

Dans le volume suivant, j'exposerai avec détails les faits de l'oryctogonie pendant toutes les périodes et l'origine terrestre des aérolithes.

## IV. MARS.

§ 207. La quantité $q\theta\varphi$ de chaleur lumineuse qui arrive du Soleil à la planète Mars est moitié de celle $2q\theta$ qui arrive à la Terre; elle est 12 fois plus grande que celle $\frac{1}{12} q\theta\varphi$ qui arrive à la planète Jupiter. C'est cette grande différence entre les quantités de chaleur lumineuse amenée du Soleil qui est cause de la grande différence entre l'âge des planètes intérieures et celui des planètes extérieures. Ces différences se résument ainsi :

I. Poids spécifique des planètes extérieures presque 5 fois inférieur à celui des planètes intérieures;

II. Vitesse de rotation, 8 à $9^h$ pour les planètes extérieures et $24^h$ pour les planètes intérieures ;

III. Grand nombre de comètes des planètes intérieures et petit nombre des planètes de Jupiter.

Mars se distingue des sept autres planètes par son satellite qu'on n'a jamais aperçu, quoique cependant il existe ; car Mars a expulsé des jets de masse brûlante comme cela résulte : 1° de son mouvement rotatoire, et 2° de l'existence des échancrures que l'on voit sous forme de taches mobiles. On voit par là d'une manière incontestable que ces taches sont l'effet des lumières réfléchies en quantités différentes par les versants des échancrures, lesquels se trouvent toujours différemment exposés au Soleil et à la Terre.

Les deux hémisphères de Mars (fig. 15), comme Beer et Maedler ont pu le déduire d'un grand nombre d'observations faites de 1830 à 1832, sans être permanents, n'en sont pas moins réels. Les taches noires dessinées sur l'hémisphère sud ont plus particulièrement l'aspect qu'elles offraient en 1830 et en 1832. Il en est de même pour les taches de l'hémisphère nord, à l'exception de la tache noire qui enveloppe le pôle, laquelle tache est dessinée d'après l'observation de 1837; car elle ne se voyait pas lorsque différait la position entre la Terre, le Soleil et la planète.

Planisphère de Mars (fig. 15).

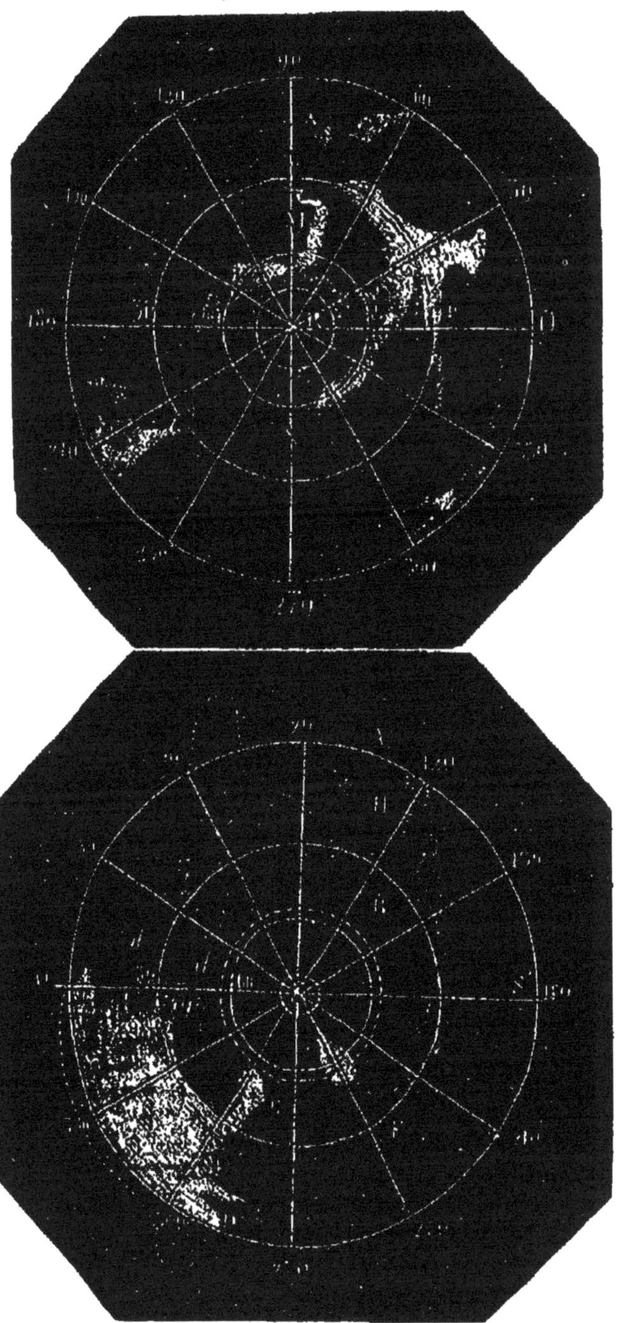

AB, CD sont les deux échancrures diamétralement opposées comme le sont celles de Vénus (fig. 14) et celui de la Terre. Og' est l'échancrure équatoriale en égale distance des deux précédentes.

Il y a trois causes différentes qui font changer l'aspect de la planète.

I. L'air n'a pas la forme sphérique comme pour la Terre, mais la forme des deux aérocylindres creux, d'où résultent la couleur rouge et l'absence de cette couleur aux régions polaires lorsqu'elles sont tournées vers la Terre.

II. Les flores qui changent avec les saisons de la planète.

III. Les versants des échancrures dont les parties bien exposées au Soleil et à la Terre changent avec les déplacements de la Terre, du Soleil et de Mars.

On ne doit donc pas comparer à une mappemonde terrestre l'aspect que présente le planisphère de Mars. Il faut admettre qu'un observateur placé près de la planète Mars dessine la Terre pendant une de ses saisons où elle n'est pas entourée d'air d'une forme sphérique et où elle expose au Soleil et à la planète Mars les versants qui composent ses trois échancrures.

En supposant mille observateurs pareils placés près de la planète Mars à des époques différentes, chacun d'eux ferait le dessin réel de la Terre sans cependant qu'aucun de ces dessins eût une ressemblance exacte avec les autres. Pour trouver les causes de cette divergence, il faut : 1° combiner un grand nombre de dessins pareils, ou 2° être conduit à cette cause par la loi physique indiquant le mode de production des corps célestes.

I. Les divers aspects qu'offre la planète Mars sont classés d'après leur cause, savoir : 1° les deux aérocylindres, 2° les flores, ou 3° les versants des échancrures.

Les flores limitées où les versants des échancrures ont servi à déterminer la durée de la rotation.

II. Le rapport entre les deux diamètres du corps ovulaire de Mars est considéré comme un aplatissement. En réalité, ce rapport **d** : *d* n'éprouve aucun changement; on le trouverait directement, 1° si la planète tournait lentement, ou 2° si le plan de son équateur n'était pas éloigné de son orbite. A cause de sa grande inclinaison sur l'orbite, quelques astronomes trouvent qu'il n'y a pas d'aplatissement, d'autres en trouvent jusqu'à $\frac{1}{16}$.

Sans prétendre donc contredire les observateurs, mais en même temps sans leur permettre de rejeter les résultats discordants trouvés par d'autres que par eux, je donnerai comme exemples des séries de faits qui montreront d'une manière évidente la vraie cause qui fait paraître discordants les résultats réels trouvés dans la même planète à des époques différentes.

### A. Durée des périodes de la rotation de la planète Mars.

§ 208. En 1644, Bartoli, de Naples, vit deux taches noires vers l'équateur de Mars ; ces taches n'ayant pas été retrouvées, on soupçonna qu'il existait un mouvement rotatoire. En 1666, Cassini trouva $24^h\ 40^m$ pour la durée des périodes de rotation.

A Rome, les observateurs prétendirent que cette durée n'était que de 13 heures. On a oublié ce résultat, car on a dit que ces observateurs avaient tort sans daigner même examiner d'où pouvait résulter une si grande erreur. Quant à moi, j'attache ici à ce cas une grande importance.

A Naples, on a distingué les deux échancrures de la base, tandis qu'à Rome on n'en a compté qu'une. Par les déplacements apparents, la durée a augmenté et est devenue de $13^h$ au lieu de $12^h\ 20^m$.

Ainsi l'erreur n'était pas due aux observations attribuées aux astronomes de Rome, mais bien au calcul basé sur les deux taches considérées comme une seule. Si les adversaires des observateurs de Rome eussent rectifié leur calcul sur ce point, le déplacement des taches serait devenu évident. Maintenant on évite d'observer des déplacements pareils, car les taches sont attribuées aux nuages et leurs déplacements sont considérés comme accidentels et pareils aux nuages de notre atmosphère. Une erreur en amène toujours une autre.

De même que les fragments des pierres précieuses ont une valeur proportionnelle à celle de la pièce principale, de même, dans les observations astronomiques, on ne doit pas rejeter les résultats qui sont en désaccord avec ceux reconnus véritables.

C'est dans les recherches des durées des périodes de rotations qu'on emploie des taches claires ou des taches sombres qui conduisent aux résultats discordants, et cela parce que les taches sont des parties de versants qui réfléchissent des quantités $\varphi \pm \varphi'$ de lumière d'après la position de ces parties par rapport au Soleil. C'est à cause des changements de cette position que changent les positions des parties des versants réfléchissant des quantités différentes $\varphi \pm \varphi'$ de lumière.

En 1666, Cassini a trouvé $24^h\,40^m$ pour la durée des périodes.

En 1670, Maraldi a trouvé $24^h\,39^m$, puis $24^h\,40^m$.

De 1777 à 1781, Herschel a trouvé $24^h\,39^m\,4^s$.

Huth, de Manheim, a trouvé $24^h\,43^m$.

De 1821 à 1822, Kunowsky a trouvé $24^h\,36^m\,40^s$.

En 1828, 1835, 1839, Beer et Maedler ont trouvé des durées différentes.

En 1830, du 14 septembre au 20 octobre, ils ont trouvé $24^h\,37^m\,10^s$.

En combinant ces résultats avec ceux de 1832, $24^h\,37^m\,23^s,7$.

En combinant ce résultat avec celui de 1837, $24^h\,37^m\,20^s,4$.

Il en résulte qu'en un an de la planète Mars, d'après cette durée, il entre exactement un jour de plus que dans un an déterminé par la durée trouvée par Herschel. Cette erreur de calcul admise par Herschel correspond à celle de Bianchini sur *la durée des périodes de la rotation de Vénus.* Le manque d'accord entre les durées des périodes trouvées souvent par les mêmes observateurs provient donc :

1° D'une erreur pareille de calcul ;

2° Des parties observées des versants, lesquelles se déplacent ;

3° De l'observation des versants des deux échancrures qu'on croit n'en être qu'une seule.

A l'avenir, les astronomes parviendront à déterminer les étendues des versants des échancrures, versants qui correspondent à ceux qui descendent dans l'Amérique centrale et dans la mer qui sépare l'Asie de l'Australie.

### B. De la figure de Mars et de ses apparitions.

§ 209. Si Mars était un corps sphérique ou un corps régulièrement aplati, les dimensions trouvées par chaque observateur seraient d'accord. Maintenant, ces dimensions sont trouvées en désaccord non-seulement par les différents observateurs, mais le même observateur n'arrive jamais à des résultats concordants dans les mêmes conditions et aux mêmes positions de la planète, ainsi qu'on le voit par les résultats suivants :

En 1784, Herschel a trouvé dans la planète Mars un aplatissement de 1/16°.

De 1811 à 1847, Arago en a trouvé plusieurs dont la moyenne est 1/30 .

Main a trouvé 1/62°.

Schroeter a trouvé 1/81°.

Bessel n'a trouvé aucun aplatissement.

Winnecke a trouvé aussi le disque circulaire.

Si l'on compare les résultats d'Herschel et ceux de Bessel, il est impossible d'attribuer à l'un ou à l'autre d'aussi grands manques d'exactitude. On voit le diamètre de la planète jusqu'à la grandeur de 23″,5. Pour qu'Herschel ait trouvé un aplatissement de 1/16ᵉ et Bessel une forme circulaire, il faut supposer des erreurs qui s'élèvent jusqu'à 1″,5. En pareil cas, les observations astronomiques perdraient toute leur valeur; car il n'y a pas de désaccord par rapport à la longueur de l'axe.

Pour rendre justice aux astronomes en tant qu'observateurs, je ferai voir que tous les résultats de leurs observations sont exacts, et que les désaccords ne proviennent que du peu de connaissance de la Physique céleste jusqu'à présent.

§ 210. **Ce qui a donné lieu aux désaccords mentionnés.** Si Mars était de forme sphérique, Herschel aurait trouvé son disque circulaire; si Mars était de forme aplatie, Bessel aurait trouvé un diamètre de $\frac{15}{16}$ et un autre de 1. La forme de Mars n'étant ni sphérique ni aplatie, mais ovalaire à l'époque *e* où observa Herschel, elle avait son grand diamètre $\mathbf{d} = \frac{17}{16}$ observé de la Terre. Telle est la moyenne $\frac{1}{2}\left(\frac{15}{16} + \frac{17}{16}\right) = \frac{1}{2}(PP' + AD')$ (fig. 11) de l'aplatissement apparent fidèlement exposé par l'astronome précité.

A une autre époque *e′*, Bessel a observé Mars quand il se trouvait dans son solstice avec le diamètre NS observé de la Terre, diamètre égal à l'axe PP′. Les mesures les plus exactes ne pouvaient donner que la forme circulaire pour la planète. Bessel aurait donc eu tort d'attribuer à Herschel une erreur si grossière, si le résultat de Schroeter ne venait justifier le sien.

Il est également surprenant qu'Arago ne soit pas parvenu à découvrir la forme véritable de la planète Mars, puisqu'il a remarqué que lorsqu'elle commence à se dégager de sa conjonction avec le Soleil, son disque paraît parfaitement rond. C'est donc une preuve qu'Arago a trouvé dans quelques positions de la planète la même forme que Schroeter et Bessel, et qu'à d'autres époques il a trouvé la même forme qu'Herschel.

### C. Quantités inégales de lumière réfléchie des différentes parties de la planète Mars.

§ 211. J'ai montré le mode de production des taches mobiles par les versants des échancrures, par la position particulière de la planète et de la Terre en rapport avec le Soleil. Si Mars était de forme sphérique ou de forme aplatie, le milieu de son disque, dans l'opposition, serait plus lumineux que son bord. C'est le contraire que nous y observons. La prédominance de l'éclat 1° du bord oriental et 2° du bord occidental a paru si prononcée à quelques observateurs, qu'ils ont comparé ces deux bords à deux ménisques étroits et resplendissants entre lesquels serait renfermé le reste du disque comparativement obscur.

Ce fait seul suffirait pour faire connaître la forme ovalaire de la planète. $Cc'$ (fig. 11) étant l'équateur, les extrémités des parties CKA et $c'$KR se trouvent au bord oriental et au bord occidental lorsque le corps est vu de face; ces parties sont invisibles lorsque le prolongement du grand diamètre passe par la Terre. Les cordes des arcs AC, D$c'$ apparaissent comme ménisques par rapport à la quantité supérieure de lumière $\varphi + \varphi'$ qui en est réfléchie. Cette quantité est aussi supérieure à celle $\varphi$ réfléchie du milieu du corps ovalaire, lequel apparaît obscur.

D'après le calcul, Mars devait être trois fois plus lumineux que Jupiter et soixante fois plus lumineux que Saturne; les observations prouvent le contraire.

§ 212. **Phases de Mars.** Dans sa conjonction, la distance D de Mars est la somme $R + r$ des rayons de l'orbite de Mars et de l'écliptique. Dans son opposition, la distance de Mars est $d = R - r$; dans ses deux quadratures, elle est à la distance $\mathbf{d} = \sqrt{R^2 + r^2}$. A cette distance, le disque visible ressemble à celui de la Lune trois jours avant qu'elle soit dans son plein. La partie circulaire de la phase étant tournée du côté du Soleil qui est du côté de sa conjonction, la partie elliptique se trouve du côté de l'opposition.

L'accroissement de l'éclat avant et après l'opposition s'opère avec une rapidité supérieure à celle que donne le calcul basé sur le décroissement de la distance pour passer de $\sqrt{R^2+r^2}$ à $R-r$. Quelques jours avant et quelques jours après l'opposition, on trouve un maximum de clarté qui s'explique par la forme ovalaire de la planète.

### D Atmosphère de Mars, sa forme et mode de production des couleurs.

§ 213. J'ai déjà fait voir le mode d'accumulation de l'air pour engendrer deux aérocylindres creux ayant pour axe les prolongements de l'axe de la planète. Dans les planètes, la production de l'air des aérocylindres s'opère au moyen de l'eau et de la chaleur lumineuse; tandis que dans la Terre une égale quantité d'air se transforme en eau qui se dirige vers la mer. C'est ainsi que la circulation de l'eau se soutient dans la Terre et telle circulation manque aux planètes.

Dans les planètes, l'eau ne se transforme pas en air, parce qu'elles n'ont ni nuages ni pluies. Les masses d'air repoussent les précédentes, et les forcent de s'éloigner de l'équateur en directions divergentes sans rien perdre de la vitesse de leur mouvement rotatoire. Ainsi, dans chaque planète supérieure il existe deux aérocylindres creux.

Les astronomes, guidés par les couleurs des planètes, connaissaient l'existence de l'air, mais ils ignoraient comment les couleurs résultent des masses d'air; ils savaient encore moins que les taches obscures et les taches brillantes mobiles sont des versants des échancrures et non pas des nuages.

Il y a dans les aérocylindres accroissement de rupture d'équilibre provenant, 1° des équivalents positifs électriques $\bar{E}$ combinés avec l'élément négatif $\bar{O}$ de l'eau qui se trouvent dans les atomes d'oxygène $\bar{O}\bar{\bar{E}}$, et 2° des équivalents négatifs $\bar{\bar{E}}^2$ combinés avec l'élément double négatif d'azote qui est le reste de la séparation d'un atome d'oxygène de 4 atomes d'eau. Ainsi l'on trouve dans l'atome double d'azote $H^3O^3\theta^3H\bar{\bar{E}}^2$.

Il y a de la part de la zone torride une poussée centrifuge croissant avec la masse d'air forcé de s'éloigner du centre de la planète contre la pression centripète P exercée par la pesanteur, laquelle persiste à un état invariable. Connaissant le mode de production des deux aérocylindres creux et le mode de production des couleurs, on peut *à priori* déterminer dans quelle région se trouvent les rayons colorés et en quelle région ils manquent.

### 1° *Distribution des rayons colorés et des rayons incolores ou blancs sur la planète Mars.*

§ 214. La couleur rouge actuelle de la planète remonte à une époque qui dépasse trente siècles. On en trouve la preuve dans l'épithète πυρόεις (semblable au feu) que lui donnèrent les Grecs, et dans les noms *lohitânga* et *angaraka* que lui donnèrent les Indiens, et d'après Bopp ceux de *angaraka* (de *angara*, charbon ardent) et *lohitanga* (de *lohita*. rouge, et *anga*, corps) (1).

Quelques astronomes ont prêté à la planète Mars des terrains rouges ocreux ; Lambert supposait que tous les produits de la végétation sont rouges. Ceux qui voulaient déduire cette couleur de l'atmosphère de Mars se bornaient à dire qu'au Soleil levant et au Soleil couchant les objets terrestres sont rougeâtres. La forme cylindrique de la couche d'air étant inconnue, il était impossible de prouver le mode

(1) En langue thrace, langue maternelle de l'auteur, le mot *lohitanga* renversé, *agnatihol*. est composé de *agna tihol*, qui signifie *feu calme*.

Le mot *agnoraka* est composé de *raka agna* ; le mot *raka* ou *kora* signifie *il amène*, *agna* = *feu*. (Voir Jupiter.)

de production d'une couleur rouge et non d'une autre.

1° Dans le cas où le plan équatorial de Mars passe par la Terre, toute l'étendue du disque est rouge. 2° Dans le cas où le plan équatorial est éloigné de la Terre pour que la région polaire soit visible, il y manque la couleur rouge; les rayons qui en arrivent sont blancs, incolores, à leur état naturel.

Notre atmosphère ne fait pas apparaître les objets rougeâtres à midi lorsque les rayons n'éprouvent aucune réfraction, mais seulement lorsque le Soleil est à l'horizon et au-dessous de l'horizon, car alors nous recevons séparément les rayons rouges qui éprouvent une réfraction inférieure à celle des rayons des autres couleurs.

§ 215. **Mode de réfraction des rayons et production de la couleur rouge.** Dans une couche sphérique d'air, les rayons solaires arrivant à l'hémisphère éclairé n'éprouvent pas une réfraction sensible comme les rayons

Fig. 16.

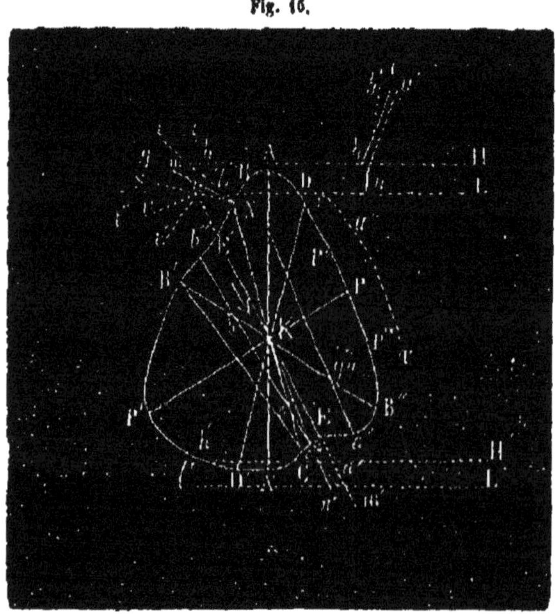

qui en émergent. Dans les planètes supérieures, la couche d'air est de forme cylindrique HL, H'L' (fig. 16). Les rayons parallèles incidents à l'hémicylindre éclairé n'éprouvent aucune réfraction, tandis que parmi les rayons émergents de l'aérocylindre, ceux qui se trouvent dans le méridien dont le prolongement passe par la Terre sont les seuls qui n'éprouvent aucune réfraction. Tous les autres éprouvent des réfractions convergentes vers le plan de ce méridien.

Les rayons du rouge restent séparés des deux côtés et sont mêlés avec les blancs qui nous font paraître de cette couleur les parties de disque dont ils nous arrivent. Ces parties varient peu dans la planète Jupiter dont l'équateur est incliné de 3° sur l'orbite; elles varient beaucoup dans les planètes Mars et Saturne, dont l'équateur est incliné de 30° sur l'orbite.

§ 216. **Absence de production de la couleur rouge dans les régions polaires.** C'est aux époques des deux solstices que les rayons des régions polaires DPB″, B′P′D′ arrivent à la Terre après avoir traversé l'épaisseur AHDL de l'aérocylindre en y éprouvant deux réfractions égales et en sens inverse pour dissimuler la séparation des rayons rouges. Le rayon P″*a*′ dévie en *a* vers *b*′, et en *b* vers *i*; le rayon émergent *bi* est parallèle à P″*a*′, qui est le rayon incident.

A cause de la forme ovalaire de la planète, l'étendue DPB″ de la région polaire boréale est plus grande que la région australe B′P′D′. Ainsi les étendues polaires de surface incolore ne sont pas égales; elle s'étend jusqu'à 32° du côté boréal RM, et de 15° seulement du côté du sud SO (fig. 15).

*2° Faits attribués par les astronomes à l'atmosphère de Mars.*

§ 217. Pour expliquer l'existence de la neige dans les régions polaires, il a fallu renoncer à la production de la couleur rouge par l'atmosphère, production à laquelle on a attribué les taches mobiles obscures et brillantes.

Herschel a été assez logique quand il a attribué aux couches de neige polaire les rayons blancs qui en arrivaient.

Beer et Maedler ont voulu, par l'arrangement de faits observés, démontrer l'existence réelle des saisons dans la planète Mars ; cependant il paraît qu'ils ont rejeté plusieurs faits qui ne conduisaient pas au but qu'ils voulaient atteindre. Par exemple :

I. Dans son mémoire de 1720, Maraldi s'exprime ainsi : « La partie du bord où existait la tache blanche paraissait « excéder du disque de la planète et former en cet endroit « une espèce de tubérosité. Mars, vu avec la lunette, res- « semblait à la Lune observée à la vue simple aux époques « où seulement une petite partie de son disque est éclairée « du Soleil, tandis que le reste ne devient apparent que par « une lueur cendrée. »

II. Dans leurs observations, Beer et Maedler ont indiqué dans la planisphère de Mars (fig. 15) l'aspect que les taches sud montraient en 1830 et en 1832. Il en est de même pour les taches de l'hémisphère nord, à l'exception de la tache noire qui enveloppe le pôle : celle-ci est dessinée d'après les observations de 1837.

III. Pour sa part, Herschel a trouvé que le centre des calottes de couches de neige n'est pas placé exactement aux pôles de rotation. Du contour des calottes de neige admises, on ne voit éloignée du pôle que la partie qui est autour du méridien de la planète dont le prolongement passe par la Terre.

§ 218. **Remarques sur l'hypothèse de l'existence de la neige.** Pour éviter tout malentendu en paraissant croire à l'existence des saisons, je ferai voir que nous recevons des régions polaires des rayons incolores à cause des deux réfractions inverses qu'ils éprouvent. Les saisons ne se manifestent que par les flores que l'on voit sous forme de bandes obscures durant la saison ; elles disparaissent pendant la saison suivante.

Quand on ne connaissait pas le mode de production de la couleur rouge, Herschel a attribué la couleur blanche à la neige, en prenant sur lui de négliger plusieurs faits paraissant accidentels, comme le firent Beer et Maedler. Maintenant, après avoir montré le mode d'apparition des régions incolores polaires, j'ai examiné : 1° l'origine de l'erreur qu'a commise Herschel dans l'arrangement de faits observés de 1781 à 1783 sur l'hémisphère austral, et 2° l'origine de la même erreur commise par Beer et Maedler dans l'arrangement des faits observés de 1837 à 1839 sur l'hémisphère boréal de Mars.

Les astronomes précités n'ayant, par oubli, porté leur attention que sur la position de la planète par rapport à l'intervalle des deux années terrestres, ne prirent nullement en considération le changement que cet intervalle opéra dans la position entre Mars et la Terre. 22 mois terrestres font un an de Mars.

**Erreur d'Herschel.** En 1781, quand la Terre et Mars se trouvaient dans leur solstice d'été, Herschel vit la grande étendue de la région polaire incolore ou blanche distincte de la partie rouge du disque. Deux ans après, en 1783, lorsque la planète était à son solstice, la Terre devait arriver au sien deux mois après. Quand celle-ci se trouva à son solstice, Mars s'était éloigné du sien. La Terre était au commencement de son été, tandis que Mars était au milieu du sien ; elle avançait vers son équinoxe d'automne.

A cette époque, l'étendue incolore de la région polaire paraissait petite. Herschel, qui ignorait l'origine des rayons blancs, attribua ce rétrécissement de l'étendue incolore à la fonte de la neige opérée pendant les deux mois terrestres ou un mois de Mars.

**Erreur de Beer et Maedler.** En marchant sur les traces d'Herschei, ces deux astronomes devaient nécessairement tomber, pour l'hémisphère boréal, dans la même erreur où était tombé leur prédécesseur pour l'hémisphère austral.

Pour qu'en 1837 la région polaire boréale apparût bien à la planète Mars, il fallait que la Terre et la planète se trouvassent vers leur solstice et eussent le Soleil entre elles pour que la Terre fût dans son solstice d'hiver et Mars dans son solstice d'été, précisément à une époque de la flore. Cette flore s'est montrée sous la forme d'une tache polaire obscure CB (fig. 15), tache qui n'existait pas pendant les fréquentes observations faites depuis 1828.

En 1839, quand la Terre étant à son solstice était au commencement de l'hiver, dans l'hémisphère boréal, Mars était à peu près au milieu de son été; le plan équatorial de Mars s'approchait de la Terre et une partie de la région polaire disparaissait. Pour que cette région paraisse blanche, il faut l'observer à l'époque où la Terre et la planète sont 1° dans leur solstice *homonyme* si la Terre est au milieu, ou 2° dans leur solstice *hétéronyme* si le Soleil est au milieu.

Quand, en 1839, la couleur blanche de la région polaire se fut rétrécie, Beer et Maedler annoncèrent avoir vu l'hémisphère boréal de Mars délivré de la neige fondue pendant son été commencé depuis deux mois terrestres, lesquels deux mois ne correspondent qu'à un mois de Mars. En annonçant cette découverte, ces astronomes étaient déjà assurés qu'ils n'avaient à craindre aucune objection en raison de leur accord parfait avec l'explication déjà donnée par Herschel.

Si cet ouvrage eût paru avant 1835, Beer et Maedler auraient renoncé à donner une pareille explication. La tache polaire obscure de 1837 devait en effet être un indice de l'existence d'une température élevée dans cette région, et si cette tache n'existait pas pendant les observations précédentes, son absence doit être attribuée, non pas à ce que les flores correspondant aux saisons n'apparaissaient pas régulièrement, mais à ce que les positions de la Terre et de Mars par rapport au Soleil ne concordaient pas entre elles.

§ 219. **Rectification des explications de faits ob-**

servés. Les astronomes savaient bien que les explications basées sur les raisonnements logiques n'offrent pas la même certitude que celles qui s'appuient sur les résultats de l'observation; ils savaient cependant aussi qu'il ne suffit pas simplement d'accumuler un grand nombre de faits observés pour faire progresser la science. Tout se réduisait à chercher à connaître l'état physique de chaque corps céleste; car cette connaissance conduit à voir qu'il y a un accord parfait entre cet état et tous les faits observés.

Par exemple, l'air de Mars sous forme des deux cylindres et les positions connues du Soleil, de la Terre et de la planète d'après la loi de la Perspective, peuvent conduire tout lecteur à expliquer : 1° le mode des déplacements des limites des taches polaires; 2° la cause optique de la non-coïncidence des centres des calottes hypothétiques avec les pôles; 3° l'étendue apparente des taches en dehors des limites du disque; 4° leur disparition cessant d'atteindre le bord du disque.

L'existence des deux aérocylindres déduite de la loi physique se trouve d'accord avec tous les faits observés, car ils sont produits d'après la même loi; ces mêmes aérocylindres sont d'accord avec les comètes. A une époque antérieure chaque couple de comètes formait deux aérocylindres de la planète dont l'orbite est dans le voisinage du périhélie des comètes nommées *synadelphes*.

Les deux aérocylindres qui ne manquent d'aucune des cinq planètes supérieures deviendront, à une époque postérieure, des couples de comètes qui auront leur périhélie dans le voisinage de l'orbite de la planète qui les a produits.

Quand un jour les deux aérocylindres de Mars seront séparés, les astronomes auront un exemple de ce genre de faits du système planétaire. Cette séparation des aérocylindres n'a pas eu lieu depuis les temps historiques; les durées des périodes cométogoniques de Mars ne sont pas très-longues, d'où il suit qu'il y aura des habitants de la Terre qui verront ce grand événement. Mars deviendra incolore comme l'est Vénus; l'aspect de la première changera parce qu'elle sera couverte de glace; il n'y aura pas de flores pendant tout le temps nécessaire à la production des deux aérocylindres; le nombre $2n$ des aréocomètes deviendra $2n+2$.

### D. Clarté de Mars et intensité de sa lumière.

§ 220. La clarté est mesurée d'après les sensations que nous font éprouver les corps célestes; sa valeur est toujours comparative, et non pas absolue.

Les observations photométriques sur les corps terrestres immobiles nous font voir que les clartés des corps éclairés de la même source sont entre elles en raison inverse des carrés des distances.

On trouve les intensités des ondes lumineuses en exposant des plaques photographiques à la lumière des corps différents pour obtenir une image complète; les durées des explosions sont en raison inverse des intensités.

C'est au moyen de la réfraction qu'on arrive aussi à une intensité qui montre que les poussées des ondes lumineuses sont en raison inverse des angles de réfraction.

Il en résulte que parmi les rayons de sept couleurs du spectre, la poussée est faible aux ondes des couleurs sombres et forte aux ondes des couleurs claires.

Les observations photométriques faites sur les corps terrestres en repos donnent des résultats qui ne sont pas d'accord avec ceux obtenus par le calcul sur les planètes, car celles-ci sont en mouvement.

J'ai montré que 1° les étoiles télescopiques sont des Soleils comme le nôtre circulant avec une égale vitesse $v$ autour de l'Archégète. 2° Les étoiles de 6° à 3° grandeur sont des planètes circulant avec une vitesse $v$ autour de leurs soleils, et 3° les étoiles de 1re et de 2° grandeur sont des satellites circulant avec la vitesse V autour de leur planète.

Parmi les planètes supérieures, Jupiter a le plus grand diamètre et termine la révolution autour de son axe en une durée moins courte que les autres planètes. La Lune est le corps qui termine sa révolution en 29 jours; Mars termine sa période de rotation en $24^h\ 37^m\ 23^s$. Les intensités suivantes obtenues par les observations se trouvent donc analogues à ces vitesses de rotation.

Les intensités ou les poussées des ondes lumineuses étant en raison inverse des durées de l'exposition des plaques, on trouve au moyen de l'observation :

| Corps. | Vitesse de rotation. | Durée d'exposition. | Intensité. |
|---|---|---|---|
| Lune. . . . . . . . . . . . . | $27^h,00^m$ | $\frac{1}{17}T$ | 17 |
| Mars. . . . . . . . . . . . . | $24^h,37^m$ | $\frac{1}{27}T$ | 27 |
| Saturne. . . . . . . . . . . | $10^h,40^m$ | $\frac{1}{50}T$ | 50 |
| Jupiter. . . . . . . . . . . . | $9^h,55^m$ | $\frac{1}{62}T$ | 62 |
| Uranus. . . . . . . . . . . . | $7^h,36^m$ | $\frac{1}{64}T$ | 64 |

§ 221. **Rapport entre les intensités et les vitesses.** 1° On connaît peu la vitesse de rotation d'Uranus. 2° La vitesse de rotation de Jupiter est moins grande, et c'est à cause de son grand diamètre qu'elle devient un peu plus grande. 3° La vitesse de rotation de Mars est faible, elle le devient davantage à cause de son petit diamètre. 4° Entre les vitesses de Mars et de Jupiter, est celle de Saturne: de même son diamètre se rapproche assez de celui de Jupiter. 1 étant le diamètre de Mars, 20 est celui de Jupiter et 17 celui de Saturne. 5° La Lune termine sa révolution autour de la Terre en 27 jours.

Ces résultats montrent clairement que les intensités ne sont pas en rapport avec les distances qui nous séparent des corps susnommés, mais c'est leur vitesse qui détermine le degré de la poussée qui produit les faits chimiques.

**Rapport entre les clartés et les vitesses.** Si Mars, Jupiter et les autres planètes circulaient autour du Soleil sans tourner autour d'un de ses diamètres, l'éclat de Mars serait 4 fois plus grand que celui de Jupiter et 60 fois plus que celui de Saturne. L'affaiblissement énorme de la clarté de Mars n'est pas dû à l'absorption de la lumière qui lui soit propre. Dans la section suivante, j'exposerai en détail le mode de production de la clarté des satellites par la vitesse de leur circulation en même temps que par leur position. Dans le volume suivant, les détails des ondes de lumière colorée sont longuement exposés.

### V. JUPITER (1).

§ 222. Les quantités de chaleur lumineuse amenées par les rayons solaires à chaque planète nous font connaître la marche proportionnelle de leur âge. Les éléments électriques Ē et Ē des rayons solaires se combinent avec l'eau pour produire de l'air et de la chlorophylle.

I. L'air accumulé sous la forme de deux aérocylindres se sépare à la fin de chaque période cométogonique pour devenir un couple de comètes jumelles, dont le périhélie reste pour toujours au point où a été le périhélie de la planète à l'époque de leur séparation.

II. La chlorophylle sert à la formation des plantes ; les restes accumulés de chaque récolte laissent une couche dont l'ensemble est nommée *phytostrome*. Le déluge qui arrive à la fin de chaque période cométogonique submerge les deux phytostromes, desquels surviennent deux oryctostromes d'un poids spécifique 6 fois supérieur à celui de l'eau à cause de leur compression.

**Age des planètes.** Les quantités de lumière qui arri-

(1) Chez les Indiens, cette planète est appelée *Vrihaspati*, qui, d'après Bopp, signifie *seignor de croissance*; *pati* = *signor*. En langue thrace, ce mot est composé de *urih as pati* = *sommet* (coryphée), moi (je), seignor. Chez les Thraces actuels, le mot *pati* est le titre attribué aux frères plus âgés par les frères et les sœurs moins âgés.

Zev renversé, veζ = veσδ, signifie *partout*; le *zeta* est considéré dans la grammaire comme composé de ς et δ.

vent du Soleil à la Terre, aux planètes Mars et Jupiter, sont dans le rapport de 27, 15, 1. L'âge de la Terre étant 27, celui de Mars est 15 et celui de Jupiter 1. Les nombres 60 des géocomètes, 40 des aréocomètes et 12 des diocomètes sont proportionnels à ces degrés de vieillesse. 2° Les poids spécifiques 1 de la Terre, 0,542 de Mars et 0,227 de Jupiter, sont aussi proportionnels à ces mêmes degrés.

**Clartés des planètes.** Les calculs basés sur la forme sphérique de Mars et de Jupiter donnent pour Mars une clarté supérieure à celle de Jupiter, car le disque visuel de cette planète est quatre fois plus grand que celui de Mars; mais cette planète reçoit du Soleil une quantité de lumière quinze fois plus grande que celle de Jupiter. Cependant nous recevons de Jupiter une plus grande quantité de lumière que de Mars. Ce désaccord entre les résultats ne provient ni d'une absorption de lumière par la planète Mars ni d'une production de lumière par la planète Jupiter, mais des différentes quantités de lumière réfléchie de ces planètes qui sont de forme ovalaire, et de vitesse de rotation différentes, tandis que les calculs ont été faits sur des formes sphériques, sans avoir égard ni aux vitesses ni aux formes. Ainsi le désaccord a sa cause dans l'hypothèse, 1° de la forme sphérique, et 2° de la vitesse égale. Pour trouver par le calcul un résultat identique à celui de l'observation, il faut donc remplacer la forme sphérique par la forme ovalaire et introduire en même temps dans les calculs les vitesses de rotation déjà indiquées (§ 219).

§ 223. **Sillon royal.** Les deux échancrures de la périphérie de la base du corps ovalaire produites par le sillon royal reflechissent par leurs versants la lumière en quantités supérieures, quantités dépendant de la position des différents points des versants par rapport à la Terre et au Soleil. Pour qu'un point *p* des versants apparaisse brillant à la Terre, il faut, en y élevant une normale, diviser en deux parties égales l'angle S*p*T qui a son sommet au point

$p$ auquel aboutissent les rayons du Soleil S pour être réfléchis vers la Terre T. Les déplacements de la planète et de la Terre, font changer la position du point $p$ ; il y a un autre point $p'$ dont la normale divise en deux moitiés l'angle S$p'$T.

§ 224. **Atmosphère.** Les éléments de l'eau combinés avec les éléments électriques des rayons se transforment en deux gaz qui composent l'air; l'eau est reproduite dans notre atmosphère par ces gaz tandis que dans ces planètes ils ne se combinent pas, mais se multiplient pendant toute la longue durée de la période cométogonique. J'ai montré comment les molécules d'air sont repoussées en directions divergentes de l'équateur de la planète pour s'accumuler sous forme de deux aérocylindres creux où la poussé centrifuge s'accroît continuellement.

La couleur jaune est produite par la réfraction des rayons émergents de la surface de la planète. A cause du petit angle 3° 6′ que fait l'équateur avec le plan de l'orbite, les rayons des pôles arrivent après avoir éprouvé une seule réfraction en émergeant de la surface cylindrique d'air. Il y en a une petite quantité qui éprouvent deux réfractions et font apparaître grise la région polaire.

Après avoir fait voir que l'état actuel de Mars ne diffère de celui de Jupiter que par l'âge de la planète et par la vitesse de sa rotation, je citerai à l'appui les résultats obtenus par les observations ; car ces résultats sont tous réels et leur explication seule étai entachée d'erreur.

### A. Clarté, phase et aplatissement de Jupiter.

§ 225. Ces faits, de nature différente en apparence, ont leur cause dans la forme ovalaire de Jupiter, laquelle est identique dans toutes les planètes, de même que le sillon royal ; il n'y a de différence que dans les inclinaisons de l'équateur sur l'orbite et dans la vitesse de sa rotation.

**Clarté de Jupiter.** Le petit angle de 3° de l'inclinaison de l'équateur de Jupiter sur son orbite SD (fig. 11) fait que son hémisphère soulevé CAH' et son hémisphère déprimé CDH' apparaissent exposés à la fois au Soleil et à la Terre. La quantité $\varphi$ de minimum de lumière arrive à la Terre à l'époque de la conjonction de la planète quand le sommet A de l'ovalaire est dirigé vers la Terre et vers le centre du Soleil. Dans toutes les autres positions, la lumière du Soleil est en grande quantité $\varphi + \varphi'$ réfléchie vers la Terre par la périphérie ovale de l'équateur et multipliée par la grande vitesse de rotation.

En partant de cette périphérie vers le nord et vers le sud de l'équateur, la quantité de lumière réfléchie vers la Terre diminue, de sorte qu'au bord elle atteint son minimum, ainsi que cela a lieu pour chaque sphère éclairée du dehors et observée du côté du corps lumineux. Au contraire, l'éclat s'accroît aux bords de l'est et de l'ouest, où est le maximum de vitesse, tandis que la vitesse est nulle aux pôles.

Si l'inclinaison de l'équateur de Jupiter était de 30° comme celle de Mars et celle de Saturne, et si la vitesse de sa rotation était comme celle de Mars, une grande quantité de lumière serait réfléchie des deux extrémités du grand diamètre et une petite quantité des versants du sommet. Ainsi le bord de la planète Mars paraît lumineux à l'orient et à l'occident, par où passent les extrémités du grand diamètre de l'ovalaire, et le milieu de son disque présente une lumière cendrée, à cause de la faible vitesse de rotation de ces parties et à cause de l'obliquité de la surface.

La clarté de Jupiter serait inférieure à celle de Mars, 1° si l'inclinaison de son équateur était de 30°, et 2° si la durée de sa rotation était de $24^h\ 40^m$ comme l'est celle de Mars. Le désaccord entre le résultat du calcul et celui de l'observation s'évanouit si l'on considère les positions des surfaces réfléchissantes des corps ovalaires et leurs vitesses.

§ 226. **Disparition des phases de Jupiter.** D'après

le calcul, la grandeur de la phase doit être perceptible, et cependant les observations prouvent le contraire. Il n'en est pas de même de Mars, car sa phase apparente correspond à la grandeur de la phase calculée. Au cas où la forme de Jupiter serait sphérique et l'inclinaison de son équateur assez grande, la phase serait perceptible; elle n'est imperceptible qu'à cause de la petite inclinaison de son équateur et de sa grande vitesse rotatoire qui font diminuer l'éclat des bords des régions polaires et augmenter celui des bords vers l'orient et vers l'occident dans lesquels devait apparaître la phase.

§ 227. **Aplatissement.** D'après les observations d'Herschel la planète Mars aurait un aplatissement de 1/30, tandis que Bessel n'en a trouvé aucun. On ne rencontre pas un si grand désaccord dans les résultats obtenus par les observations de Jupiter :

| | | |
|---|---|---|
| En 1691, Cassini trouva. | | 1/15 |
| En 1719, Pound trouva. | | 1/13 |
| En 1777, Rochon trouva. | | 1/16 |
| En 1785, Schroeter trouva. | | 1/12 |
| Chort trouva. | | 1/14 |
| De 1812 à 1814, Arago trouva. | | 1/17 |
| Struve trouva. | | 1/14 |
| Beer et Maedler ont trouvé : | 1° par l'observation. | 1/20 |
| | 2° par le calcul. | 9,45/10,45 |

Schroeter rapporte que lui et ses collaborateurs, armés d'instruments différents, virent dans certains jours, vers la fin du dernier siècle, un aplatissement local au pôle austral de Jupiter. Ils ajoutent qu'ayant calculé d'après la durée de la rotation le temps où le phénomène devait se reproduire, ils ne parvinrent pas à l'apercevoir de nouveau. En admettant une forme aplatie régulière, Arago trouva dans ce résultat la preuve qu'il y eut des illusions d'optique, dont les plus habiles observateurs ne parviennent pas toujours à se garantir.

Si Schroeter eût vécu quand Arago admit ces illusions, il

lui aurait fait remarquer qu'on ne possède plus aucun moyen de se préserver des illusions d'optique, d'où il s'ensuivrait que les faits astronomiques seraient des fables.

§ 228. **La forme ovalaire origine des désaccords des résultats des observations.** Au lieu d'attribuer aux astronomes des erreurs grossières, au lieu de fausser les résultats réels par des illusions d'optique, il est maintenant possible de démontrer, à l'honneur de ces observateurs sincères, la parfaite exactitude de tous les résultats, et de mettre en même temps dans tout son jour l'erreur grossière sur la forme aplatie admise par les astronomes des siècles passés et adoptée par ceux de notre époque. Pour faire voir que l'origine de l'erreur est dans les calculs et non dans les observations, je donne ici les résultats obtenus par les observations de l'aplatissement de Mars et de Jupiter.

Pour Mars, Herschel a trouvé un aplatissement de 1/16e; Winnecke et Bessel n'en ont pas trouvé.

Pour Jupiter, Schroeter a trouvé 1/12e, Beer et Maedler 1/10e, et tous les autres astronomes ont trouvé des valeurs intermédiaires entre 1/14e et 1/16e.

Au lieu de traiter les astronomes de mauvais observateurs, en me basant sur les désaccords des résultats obtenus par leurs observations, je ferai remarquer au lecteur que si les désaccords sont grands par rapport à l'aplatissement de Mars, ils sont minimes par rapport à l'aplatissement de Jupiter.

Je lui ferai aussi remarquer que l'inclinaison de l'équateur de Mars sur son orbite est de 30°, et que celle de l'équateur de Jupiter est de 3°.

Cette différence entre les inclinaisons ne produirait pas des résultats discordants si la forme des deux planètes était aplatie, et si, au contraire, la forme réelle était ovalaire. 1° Les résultats d'observation varient beaucoup quand l'inclinaison est de 30° à 50°. 2° Ils varient peu quand l'inclinaison est minime, ou quand elle est très-grande.

1° Dans la planète Vénus, l'inclinaison de 75° donne constamment absence d'aplatissement.

2° Dans la planète Jupiter, l'inclinaison de 3° donne un aplatissement grand et constant.

3° Dans la planète Mars, l'inclinaison de 30° donne parfois un grand aplatissement, et parfois il n'y en a pas du tout.

L'observation d'un aplatissement local au pôle austral de Jupiter, loin d'être une illusion d'optique, prouve que le sommet de l'ovalaire se trouve dans l'hémisphère boréal de la planète, et que sa base est dans son hémisphère austral, ainsi que cela a lieu pour la Terre.

### B. Durée des périodes de rotation de Jupiter.

§ 229. Il y a sur la surface de Jupiter des bandes sombres parallèles à l'équateur; sur la surface brillante équatoriale, il y a des taches brillantes qui ont servi à déterminer la durée des périodes de rotation. Mais toutes les taches ne conduisent pas au même résultat; ces taches ne naissent pas au milieu d'une atmosphère; elles ne sont pas non plus produites par des objets mobiles, comme les astronomes l'ont supposé.

Nous voyons une tache dans la direction d'où nous recevons une quantité de rayons différente de celle des parties ambiantes. Dans les cas où ce sont des versants qui réfléchissent d'un point $p$ la lumière $\varphi \pm \alpha$ différente de la lumière $\varphi$ des parties ambiantes, nous apercevons une tache en $p$. Une normale élevée à ce point divise en deux moitiés l'angle S$p$T formé par les rayons S$p$ incidents et par les rayons $p$T réfléchis.

Par le déplacement de la Terre et de la planète, les rayons $\varphi \pm \alpha$ sont réfléchis d'un autre point $p'$ du versant. Lors donc que nous recevons ces rayons, nous ne les attribuons pas à un autre point $p'$, mais nous croyons : 1° ou que la tache s'est déplacée pour parcourir la distance PP', 2° ou qu'elle a disparu dans le point $p$ et qu'une autre est née dans le point $p''$. Les astronomes des siècles passés ne connaissaient pas ce mode des déplacements apparents des taches; aussi ne pouvaient-ils pas se rendre compte des résultats discordants.

En 1665, Cassini observa une tache qui semblait adhérente à la bande méridionale éloignée du centre du disque de 1/3 de son rayon ; la valeur qu'il en obtint est de $9^h 56^m$. En 1672, en observant la même tache, il obtint $9^h 55^m 51^s$.

En 1690, le même astronome observa une tache de la bande méridionale fort voisine du centre ; il en obtint $9^h 51^m$. En 1691, il obtient le même résultat par deux taches brillantes placées sur la bande observée la plus voisine du centre vers le nord. En 1692, il y a eu des taches brillantes qui ont donné $9^h 50^m$.

En 1778, Herschel, à l'aide d'une seule et même tache noire, obtint des valeurs qui varient depuis $9^h 55^m 40^s$ jusqu'à $9^h 55^m 53^s$. En 1779, une tache également équatoriale, mais claire, donna pour le temps de rotation tantôt $9^h 51^m 45^s$, et tantôt $9^h 50^m 48^s$.

De novembre 1834 jusqu'au mois d'avril 1835, Beer et Maedler observèrent deux taches à 5° de latitude nord ; ils ont obtenu $9^h 55^m 26^s$. Ce résultat est la moyenne ; car les durées obtenues par l'observation des deux taches simultanées ne sont pas égales. Pendant les deux mois, l'intervalle entre les deux taches s'est accrue de 300 lieues environ.

**Origine des désaccords indiqués.** Cassini et Herschel obtinrent des résultats peu différents de ceux de Beer et de Maedler, au moyen des taches obscures. Ce furent les taches claires qui donnèrent des durées courtes. Pour expliquer ces résultats, les astronomes supposaient aux taches de courte durée un mouvement dans le sens de la rotation. Si on leur eût demandé la cause de cette différence, ils n'auraient pas manqué de trouver dans leur tête quelques hypothèses logiques de nuages lumineux qui n'existent que lorsqu'on les aperçoit.

Je n'userai pas de cette licence. L'auteur de la *Physique céleste* ne peut mentionner que ce qui existe dans les corps célestes dont l'apparence est déterminée par la lumière du Soleil réfléchie de ces corps. Un espace ne peut apparaître plus lumineux qu'au moyen d'une quantité supérieure de lumière, et il n'y a que les versants qui font parvenir à la Terre d'inégales quantités $\varphi \pm \alpha$ de lumière, lorsque les parties unies en réfléchissent la quantité $\varphi$.

$p$ étant le point du versant qui réfléchit la quantité $\varphi + \alpha$ de lumière, il donnerait pour la rotation une durée invariable si la Terre, la planète et le Soleil étaient immobiles. C'est à cause des déplacements des planètes que les points des versants changent et qu'il nous en arrive des quantités différentes de rayons. La Terre et Jupiter se déplacent dans le même sens quand elles sont du même côté que le Soleil. Les déplacements sont en sens inverse quand le Soleil va se trouver entre les deux planètes.

Habituellement les astronomes choisissent, pour faire leurs observations, les positions les plus favorables, lorsque la Terre et la planète sont du même côté que le Soleil. Au lieu d'avoir les deux planètes dans un mouvement orbiculaire, on peut admettre que Jupiter tourne sans changer de place, et que la Terre seule avance sur son orbite. En tenant compte du déplacement de la Terre, on trouverait pour la rotation de Jupiter une durée invariable : 1° si la tache est produite par un espace déprimé de surface dispersant la lumière dont nous arrive la quantité $\varphi - \alpha$ ; 2° si la tache est produite par la lumière $\varphi + \alpha$ réfléchie du point $p$ d'un versant, par la marche de la Terre contre le sens de la rotation apparente de Jupiter, elle recevra alors la lumière $\varphi + \alpha$ par le point $p'$ du même versant où le point $p$ est à la distance $d$, qui est parcourue par la rotation en 5$^m$. Cette distance $d$ est de 3° de la périphérie de Jupiter. Maedler a trouvé que la distance entre les deux taches sombres subissant un déplacement de 1° en deux mois, il en résulte une inégalité de la convexité de la surface soulevée ou du versant de l'échancrure.

Pendant la durée de l'observation, l'aspect des bandes devint pâle, sans que celui des taches changeât; la bande boréale du côté des taches disparut presque et laissa les deux taches isolées à l'époque de la conjonction où le Soleil se trouva entre la Terre et Jupiter. Après cette époque, la direction des rayons réfléchis des taches ne changea pas, mais la Terre s'en éloigna; de sorte que les taches devinrent invisibles; la bande l'était déjà, tandis que la bande méridionale apparut comme elle l'était ou même mieux.

Le 9 février 1786, Schroeter observa une petite tache très-noire qui, d'après la période de Cassini, devait se retrouver à la même place le 11, vers $7^h 25^m$; cependant elle n'apparut pas, mais il apparut une tache plus étendue qui donna une durée plus courte de la période. On n'a pu observer son mouvement que pendant $55^m$. Cette tache devait apparaître le 13 au soir, et pourtant cette apparition n'a pas eu lieu, mais à la place de cette grande tache il en a paru une petite comparable à celle observée le 9 du mois, et qu'on a vue alors de $5^h 58^m$ à $7^h 50^m$, et dont la position a pu être déterminée dix fois. Il résulte du calcul de Maedler que la durée des périodes de Jupiter serait de $7^h 29^m$; cette vitesse supérieure correspond mieux à la clarté de la planète, mais alors Saturne devait aussi avoir une vitesse bien supérieure à celle qu'on lui attribue.

En admettant que la tache du 9 février avait parcouru 14 périodes jusqu'au 13, Schroeter lui trouva une durée de $6^h 56^m 56^s$. Il ne s'agit ici que du mode d'apparition des taches par les points des versants dont nous arrivent les quantités $\varphi \pm \alpha$ de lumière, quantités qui restent plus ou moins variables lorsque le versant restant le même, cette quantité $\varphi \pm \alpha$ de lumière nous arrive d'un autre point $p'$.

D'après le calcul de Maedler, du 4 novembre à la fin de l'année, les deux taches avançaient de l'est à l'ouest et faisaient 30 lieues par jour. Quand Jupiter s'approcha de sa conjonction, il y a eu rapprochement entre les deux taches. Maedler ne put nullement se rendre compte de l'origine des déplacements des taches, il put encore moins comprendre pourquoi Cassini et Herschel trouvaient les déplacements des taches claires dans le sens de la rotation, et il trouva les deux taches s'avançant à une époque en sens contraire de la rotation, tandis qu'à une autre époque il s'opéra une diminution de distance entre les taches.

### C. Atmosphère, couleur de Jupiter et sa végétation.

§ 230. **Production des couleurs.** L'atmosphère de Jupiter, comme celle de Mars, consiste en deux aérocylindres creux qui deviendront deux comètes. Les rayons de la surface de la planète éprouvent à la surface des aérocylindres des réfractions convergentes vers le méridien dont le plan prolongé passe par la Terre, et il en résulte des couleurs claires isolées en dehors; les couleurs sombres se mêlent entre elles et avec la lumière blanche de la région du plan dit méridional. Vers les pôles les couleurs claires disparaissent; il y reste un gris mat qui diffère peu de celui observé sur les régions polaires de Mars aux époques où la Terre passe par un des solstices de cette planète. Il n'y a pas de taches polaires à la planète Jupiter, parce que son plan équatorial ne s'éloigne de celui de son orbite que de 3 degrés.

### D. Couleur et bandes de Jupiter produites par la forme cylindrique de son atmosphère.

§ 231. J'ai montré l'origine de la forme cylindrique de l'atmosphère de toutes les planètes supérieures; c'est donc cette forme, 1° qui fait naître les couleurs par la réfraction des rayons qui émergent des aérocylindres; 2° qui fait que la température s'élève davantage aux latitudes supérieures qu'à l'équateur; 3° qui fait prospérer la végétation dans ces latitudes; 4° enfin qui fait disparaître les taches et les bandes du bord oriental et du bord occidental de la planète.

*1° Mode de production des couleurs.*

§ 232. Les rayons solaires éprouvent une expansion à la surface des corps éclairés terrestres ou célestes. Si les corps étaient, comme l'atmosphère terrestre, entourés d'une couche sphérique d'air, les rayons n'éprouveraient aucune réfraction. La forme cylindrique ne produit pas une réfraction sur les rayons parallèles incidents, mais en émergeant de l'aérocylindre, ces rayons éprouvent une réfraction convergente vers le méridien dont le plan prolongé passe par la Terre.

Les couleurs sombres d'une réfraction supérieure se mêlent et les couleurs claires restent isolées; on sent ces dernières séparément, et c'est ainsi que les planètes supérieures nous paraissent de couleur claire jaune ou rouge.

*2° Régions de la température élevée et flores.*

§ 233. Dans la zone torride il arrive une quantité de chaleur lumineuse supérieure à celle qui arrive aux latitudes supérieures. La lumière éprouve une expansion à la surface des corps, dans lesquels pénètre la chaleur obscure. Celle-ci éprouve aussi une expansion, mais ses ondes rencontrent dans leurs homonymes des résistances provenant des molécules d'air. Ces résistances se multiplient avec l'épaisseur de la couche d'air, et c'est ainsi qu'il se produit une diminution de l'éloignement de la chaleur et par suite une élévation de température $\theta + \alpha$ dans les latitudes supérieures, où la chaleur lumineuse $(q - \alpha)\delta\varphi$ arrive en quantité inférieure à celle $\theta + \alpha$ de la zone torride où la chaleur lumineuse $(q + \alpha)9\varphi$ arrive en quantité supérieure.

Dans la zone torride de 6° 12' de largeur, de la chaleur lumineuse $(q + \alpha)9\varphi$ les éléments se combinent avec ceux de l'eau pour se transformer en deux gaz composant l'air; ces gaz repoussent les précédents vers les prolongements des deux extrémités de l'axe, et c'est ainsi que se forment les deux aérocylindres.

Ces aérocylindres produisent les effets suivants : 1° par leur pression ils font baisser le niveau de la mer dans les latitudes supérieures, et 2° ils y font s'élever la température. Pour la végétation des plantes, il faut 1° une température élevée ainsi obtenue et 2° un arrosement continuel, qui s'opère du côté de la zone torride où le niveau de la mer est élevé à cause de la petite pression d'air.

*3° Bandes parallèles à l'équateur.*

§ 234. Dans le disque jaune et clair de la planète, on voit des bandes grises parallèles à l'équateur. Ordinairement on voit deux bandes séparées par la zone torride, laquelle paraît dans une lumière claire. Les bandes s'étendent tout autour de la périphérie de la planète. Il y en a quelquefois d'autres dans les latitudes supérieures, mais elles sont mates, moins larges, et ne s'étendent pas tout autour de la périphérie. J'ai déjà dit que vers les pôles on voit un fond gris; dans ce fond se produisent quelquefois des bandes.

**Rapport entre la forme ovalaire de la planète et la forme des bandes des flores.** Les bords des deux bandes paraissent quelquefois bien terminés, et d'autres fois ils sont inégaux. J'ai montré que le sommet de l'ovaire est dans l'hémisphère boréal; il en résulte que la bande sud est souvent bien terminée vers l'équateur, tandis que la bande boréale a son bord équatorial inégal : dans quelques parties il y a des bras prolongés vers l'équateur, dans d'autres il y en a de reculés sous des nuances différentes.

Les bandes sombres sont des flores; leurs bords vers l'équateur ont une forme qui dépend de celle de l'ovaire. Les taches font également partie de l'ovalaire, dont nous recevons des quantités de lumière $\varphi \pm \alpha$ différentes de celle $\varphi$ que nous recevons des parties ambiantes. Les parties de la périphérie de la base de l'ovalaire paraissent plus élevées; elles dispersent la lumière en quantité supérieure et s'élèvent au-dessus du niveau de l'eau qui arrose les plantes. C'est à telle élévation que se trouve aussi le sommet de l'ovaire; ces parties glaciales sont les continents. La mer est produite par l'eau de la masse de glace fondue.

Les deux taches observées par Maedler étaient des versants des deux échancures faisant partie de la périphérie de la base de l'ovalaire; la troisième, la plus faible et à une égale distance de chacune des deux précédentes, se trouvait dans la région du sommet. Quand avec la saison la flore changea, la bande devint à peine perceptible, tandis que les taches n'éprouvèrent aucun changement.

Le déplacement des bandes résulta de celui de la Terre et de la planète par rapport au Soleil. La flore de la bande sud acquit en même temps une étendue supérieure; sa division en deux s'opéra par la masse d'eau qui s'élève dans la zone torride et se répand vers les bords voisins pour en arroser les plantes, dont les flores ont l'apparence de deux bandes.

Il ne s'opère pas de déplacements aux extrémités des bandes quand elles ne sont pas étendues sur toute la périphérie. En observant cette extrémité des bandes, Schroeter trouva pour la durée des périodes de rotation $9^h\ 55^m\ 33^s$.

Dans l'une des taches observées par Maedler, Schwabe a remarqué qu'il apparaissait plusieurs points indiquant des inégalités de la surface des parties soulevées. On ne trouve pas de telles parties dans la périphérie de la base de l'ovalaire.

### 4° *Photométrie appliquée à la disparition des taches et des bandes au bord du disque.*

§ 235. Au bord du disque, les bandes paraissent mates et faibles, tandis que les taches disparaissent aux distances 55° à 57° du centre à l'est et à l'ouest, sans néanmoins que cela ait lieu pour les deux régions polaires où l'on aperçoit la couleur grise jusqu'au bord. Ces résultats montrent d'une manière évidente que les bandes et les taches font partie intégrante de la surface de la planète, de sorte que l'hypothèse de l'existence des nuages se trouve victorieusement et pour toujours réfutée.

Les sphères en repos éclairées réfléchissent le maximum de lumière par le point $f$ de leur surface par lequel passe la ligne qui unit le centre du Soleil avec celui de la planète; le minimum de lumière est réfléchi du bord de la sphère. Au corps ovalaire, cette règle ne trouve pas exactement son application. Il s'agit de prouver : 1° que les taches ne résultent pas des nuages ni des surfaces unies pareilles à celles des bandes, mais de surfaces soulevées ou des versants, et 2° qu'aux régions équatoriales c'est la rotation qui produit la disparition des taches; disparition qui manque aux régions polaires, où la rotation est presque nulle.

Les nuages comme les satellites étant séparés de la surface de la planète, ont leur point lumineux $f'$ sur leur surface dont est réfléchie la quantité $\varphi + \alpha'$ de lumière. De même donc que persiste dans la planète le point $f$ nommé *foyer*, de même persiste le foyer $f'$ 1° dans les satellites et 2° dans les nuages sans avoir aucune liaison avec le foyer $f$ de la planète.

La disparition des taches aux distances 55° du centre et l'affaiblissement graduel de l'éclat des bandes jusqu'au bord du disque sont deux indices correspondant aux deux objets qui ne diffèrent entre eux que par leur surface soulevée ou unie. Quant aux bandes de surface unies, on se rend compte de l'affaiblissement de leur clarté vers le bord; il ne s'agit que de la disparition des taches noires et des taches brillantes.

On a dit que Cassini et Herschel, au moyen des taches obscures, avaient trouvé pour durée des périodes $9^h 55^m 40^s$, et au moyen des taches brillantes les durées $9^h 51^m 45^s$ et $9^h 50^m 48^s$. Du 4 novembre 1834 au 22 janvier 1835, Maedler a vu les deux taches se déplacer de l'est à l'ouest; les déplacements des taches se sont effectués avec une vitesse inégale, parce que la distance entre les taches a augmenté de 1 degré pendant deux mois.

§ 236. **Origine des taches obscures et cause de leur déplacement.** C'est la quantité $\varphi - \alpha$ de lumière inférieure à celle $\varphi$ des parties ambiantes qui donne à la surface d'où sort cette lumière $\varphi - \alpha$ l'apparence d'une tache obscure. La lumière du Soleil arrive partout à une égale densité; la différence de la lumière réfléchie peut se produire de deux manières différentes: 1° sur une surface unie il peut y avoir des parties claires et des parties moins claires; 2° une surface plane réfléchit la lumière en égal nombre de fois, mais la quantité des directions est minime, tandis qu'une surface soulevée recevant la même quantité de lumière la réfléchit dans une grande quantité de directions dont les portions sont *médiocres*, et l'objet apparaît sombre.

Dans ces deux cas, il y a apparition de taches obscures au milieu des parties moins obscures. Les astronomes supposaient aux taches des parties moins obscures analogues à celles que l'on voit sur la Terre et dans l'atmosphère. C'est à cause des déplacements apparents qu'ils croient que les taches sombres sont des nuages flottant dans l'atmosphère. J'ai fait voir que si les taches n'étaient pas adhérentes à la surface de la planète, elles ne devaientpas disparaître avant d'arriver au bord; les astronomes pensaient que si les taches étaient adhérentes, elles seraient immobiles.

C'est par oubli que les astronomes n'ont pas considéré les taches *comme* provenant des parties soulevées, car alors leur déplacement devient un résultat physique du mouvement orbiculaire de la Terre et de la planète.

§ 237. **Origine des taches brillantes et cause de leur déplacement rapide.** Si l'on ne connaît pas l'existence du sillon royal, il est impossible de se rendre compte de l'origine différente des taches brillantes qui se trouvent dans le voisinage de l'équateur et de celle des taches obscures que l'on voit dans des latitudes différentes.

Pour qu'une partie de la planète paraisse plus claire, il faut qu'il nous en arrive une quantité $\varphi + \alpha$ de lumière supérieure à celle $\varphi$ qui nous arrive des parties ambiantes; cela n'est possible que lorsqu'un versant réfléchit vers la Terre une quantité de lumière $\varphi + \alpha$ supérieure à celle $\varphi$ que nous recevons des plaines ambiantes.

Ces versants de grandes étendues se trouvent dans les trois échancrures composant les plus grandes profondeurs du sillon devenu imperceptible dans ses autres parties. Des trois échancrures, deux sont à la périphérie de la base et la troisième sous le voisinage du sommet. Il s'agit de déduire les déplacements des différentes formes de la surface d'où résultent les taches obscures et les taches brillantes.

Schroeter est le seul qui, en observant l'extrémité d'une bande dans laquelle il ne s'opérait aucun déplacement, trouva une durée de $9^h\ 55^m\ 34^s$. Les durées obtenues par les taches obscures diffèrent entre elles : les unes, comme celle de $9^h\ 55^m\ 40^s$ trouvée par Herschel, sont supérieures ; les autres, comme celle de $9^h\ 55^m\ 26^s$ trouvée par Beer et Maedler, sont inférieures. Quatre mois après la conjonction, ces derniers astronomes ont trouvé une durée de $9^h\ 55^m\ 30^s$. Il s'opérait un déplacement de $2^s,5$ de l'est à l'ouest pendant chaque période.

Avec les points saillants, Herschel et Cassini trouvèrent une durée inférieure de $5^m$ à celle trouvée au moyen des taches sombres; il en résulte que les déplacements s'opèrent de l'ouest à l'est et avec une vitesse suffisante pour parcourir 3 degrés à chaque durée de période. Les points des versants des échancrures qui réfléchissent la lumière $\varphi + a$ se déplacent donc de 3 degrés dans le sens de la marche de la Terre. Cette vitesse étant 75 fois plus grande que celle du déplacement des taches obscures, on voit que les arcs des versants des échancrures ont un rayon 75 fois plus petit que les arcs des surfaces soulevées qui produisent les taches sombres.

Le sens des déplacements des taches étant de l'est à l'ouest pendant la marche vers la conjonction, il est de l'ouest à l'est pendant la marche vers l'opposition.

## VI. SATURNE.

§ 238. Les quantités de chaleur lumineuse de chaque planète étant en raison inverse des carrés des distances du Soleil, au moyen de ces distances j'ai trouvé l'âge de chaque planète, car leur vieillesse est due à la quantité de chaleur lumineuse amenée du Soleil par ces rayons à chaque planète.

Sans s'appuyer sur aucun principe, les astronomes ont envisagé les anneaux de Saturne comme l'indice d'une moins grande vieillesse comparativement aux cinq autres planètes. Si, à part cette idée qui est juste, les astronomes n'en savaient pas plus sur tout le reste que les autres hommes, je me serais appliqué à exposer le mode de production des détails provenant, 1° de la forme de la planète; 2° de la distribution de la masse d'air, et 3° de la distribution de la température dans la surface de la planète.

Ensuite, connaissant les détails de la forme et de la surface de la planète, j'aurais exposé les faits observés en les coordonnant de manière à faire bien voir au lecteur qu'on ne trouve nulle autre part autant d'anomalies et de contradictions qu'on en rencontre dans les explications données par les astronomes.

Cet ouvrage a pour but, non-seulement de faire connaître le mode réel dont se sont produits les faits, mais encore de mettre en relief : 1° les erreurs commises par ceux qui ont découvert les objets célestes sous l'empire d'illusions d'optique; 2° celles propagées par les astronomes qui ignoraient la loi physique.

Les lecteurs sont habitués à trouver dans les ouvrages la description des faits tels qu'ils se présentent sous le télescope; cette description est accompagnée d'une hypothèse logique propre à relier ces faits entre eux, car chaque auteur n'ignore pas que, sans rien changer aux faits observés, tout autre pourrait en donner une explication toute différente qui ne serait pas moins logique.

Dans cet ouvrage, on trouve les règles exposées aussi clairement que le font les mathématiciens, puis on y rencontre un grand nombre de faits observés, non comme preuves, mais seulement à titre d'exemples. Après moi, chaque auteur ne manquera pas de donner les mêmes règles, quitte à citer comme exemples des faits qui lui paraîtront plus probants. Tel a été le sort des hypothèses qui ont disparu pour toujours des ouvrages des physiciens, des naturalistes, des astronomes et des chimistes.

Les changements opérés dans chaque planète consistent dans la combinaison des éléments matériels de sa masse d'eau avec les éléments $\overset{+}{E}\overset{-}{E}^2$ des deux électricités composant la chaleur lumineuse amenée du Soleil; à la place de l'eau, les planètes acquièrent l'air et la chlorophylle. La vie géologique finit quand l'eau de chaque planète est consommée.

I. La masse d'air produite par une quarantaine de périodes cométogoniques reste sous forme d'autant de couples de comètes synadelphes qui ont leur périhélie à une petite distance dans l'intérieur de l'orbite de la planète mère.

II. La masse végétale se transforme en minerais très-comprimés pendant un nombre égal de périodes oryctogoniques, d'où résulte un poids spécifique six fois plus fort que celui de l'eau.

III. Pour produire la quantité de mouvements des comètes synadelphes, c'est la planète mère qui doit perdre une quantité égale de son *mouvement de rotation.*

§ 239. Au lieu d'exposer chaque fait observé et de chercher des hypothèses logiques pour les expliquer, j'ai montré d'abord que dans la zone torride les éléments $\bar{E}\bar{E}^3$ des deux électricités se combinent avec les éléments matériels de la glace pour engendrer les deux gaz composant l'air dont le volume étant 800 fois plus grand est contraint de *s'éloigner de l'équateur, puisqu'il ne peut s'éloigner du* centre de la planète, 1° à cause de la résistance de la pesanteur, et 2° à cause du manque de vitesse supérieure de rotation.

Depuis le commencement de la vie géologique, la Terre a parcouru une quarantaine de périodes cométogoniques en recevant la quantité $1000 q\theta_\varphi$ de chaleur lumineuse. Saturne n'en reçoit que $10 q\theta_\varphi$; c'est *pourquoi* la quantité d'air accumulé pendant la durée T étant 100 fois moindre, n'est pas encore suffisante pour produire deux comètes. Cette masse d'air forme actuellement deux aérocylindres, et la masse de glace, dont la place évacuée reste sous la forme d'un sillon divisé en deux moitiés par le plan équatorial, a été enlevée de la zone torride.

L'épaisseur HLH'L' (fig. 15) de la paroi de l'aérocylindre est égale à celle de la couche de glace enlevée à la zone torride B'B'CC'. Si la forme de la planète était sphérique ou aplatie, la forme de l'espace creusé dans la glace serait circulaire et régulière; mais à cause de la forme ovalaire AP'B'' qui est divisée en deux hémisphères inégaux EPAE' et EP'B'E' par l'équateur EE', la forme de l'espace creusé correspond tout à la fois 1° à la forme ovalaire et 2° à la distribution égale des rayons amenant la chaleur lumineuse.

La quantité $g$ de glace enlevée de chaque point de la périphérie est égale; mais à cause de la forme ovalaire, cette glace $g$ a été enlevée, 1° de la largeur BB′ du côté du sommet, et 2° de la largeur CC′ du côté de la base. Pour qu'une égale quantité $g$ de glace soit donc enlevée partout, il faut que $h(l+l')=l(h+h')$, en indiquant, 1° par $l+l'$ la largeur BB′ et par $h$ la profondeur du sillon BE′B′, et 2° par $l$ la largeur CC′, et par $h+h$ la profondeur de la partie CEC′ du sillon.

Il arrive à la zone torride la chaleur lumineuse $(q+q)\vartheta$♀ et aux latitudes supérieures une quantité inférieure $q\vartheta$♀. La lumière se sépare à la surface de la planète; elle acquiert une expansion pareille à celle qu'elle avait en partant du Soleil; la chaleur devenue obscure acquiert aussi une expansion qui ne diffère pas de celle de l'air ambiant. Il y a un retard dans les rencontres des ondes de chaleur; c'est pourquoi l'on dit que la chaleur n'est pas rayonnante comme elle l'était à l'état lumineux, mais elle est devenue *rampante*.

Ce retard dans l'éloignement de la chaleur est proportionnel à l'épaisseur $e$ ou $e+e'$ de la couche d'air. 1° Dans la zone torride, où l'épaisseur de la couche d'air $Zh$ est $e$, l'expansion de la chaleur est rapide. 2° Dans les latitudes supérieures où l'épaisseur P″$b$ de la couche d'air est grande, cet air exerce une grande résistance sur les ondes de la chaleur et en empêche l'éloignement.

La température de la zone torride résulte de la différence $(q+q')\vartheta-q\vartheta-\alpha\vartheta=(q'-\alpha)\vartheta$, et la température des latitudes supérieures résulte de la différence $q\vartheta-\alpha\vartheta$.

Ainsi, dans la zone torride, la chaleur $(q'-\alpha)\vartheta$ produit une température au-dessous de zéro, tandis que dans les latitudes supérieures la chaleur $(q-\alpha)\vartheta$ produit une température au-dessus de zéro.

Il y a fusion de glace et production des mers dans les

latitudes supérieures : les plantes aquatiques croissent à la surface de la mer. Les restes accumulés de ces plantes produisent sur chaque hémisphère une couche solide de substances végétales ; ces couches sont appelées *phytostromes.*

§ 240. La production continuelle d'air fait accroître la hauteur AH des aérocylindres ; cette hauteur, à son tour, fait accroître la pression à la surface des mers polaires, dont le niveau baisse, et leur niveau s'élève aux deux régions tropicales où se trouvent les bords des deux phytostromes qui ont forme de calottes.

C'est ainsi que surgissent des espèces de sources d'eau dans les régions tropicales qui arrosent les plantes dont les flores se présentent sous l'aspect de bandes sombres parallèles à l'équateur. L'apparition de ces flores est en rapport direct avec les saisons ; elles persistent pendant un certain espace de temps et disparaissent dans l'hémisphère qui entre en hiver.

Les trois échancrures se trouvent dans le sillon équatorial ; l'une coupe obliquement l'équateur comme celle de la Terre, et les deux autres se trouvent dans la périphérie de la base de l'ovalaire.

En lisant cette exposition si détaillée de l'état actuel de Saturne, on sera surpris de voir si bien concorder une si longue série de faits qui ne sont pas dus à l'imagination de l'auteur, ainsi qu'on peut s'en assurer par les faits que je donne comme exemples. Ces faits sont réels parce qu'ils sont tirés de la loi physique, de même que tous les détails que je viens d'exposer. C'est donc à cette origine qu'est dû l'accord, 1° entre l'état de la planète exposé, et 2° entre les faits qui y sont observés aux époques corrrespondant à leur apparition.

### A. Historique des découvertes faites par les observateurs de Saturne.

§ 241. En rapportant dans un ordre historique les découvertes faites par les observateurs, j'ai moins pour but de rendre hommage à ces astronomes que de bien faire saisir au lecteur toute la série des faits réels, afin qu'il puisse comprendre ensuite leur mode de production d'après la loi de la perspective basée sur la photométrie; car c'est dans l'accord parfait entre les faits observés et les détails de la planète exposés que se trouve la vérité géométrique.

Cet exposé historique des découvertes montrera sous trois faces l'opinion des astronomes. 1° Le petit nombre des découvertes ne pourrait pas donner une idée exacte de l'état physique de Saturne pendant la première moitié du XVIIe siècle. 2° En 1659, Huygens publia un ouvrage où il prouvait que Saturne est entouré d'un corps plat opaque de forme annulaire. 3° Depuis le commencement de notre siècle, de nombreuses observations ont fait surgir des découvertes qui ne permettent plus de considérer l'existence de l'anneau comme un fait incontestable.

Si les astronomes de nos jours admettent l'hypothèse d'Huygens, c'est parce que, s'ils l'eussent rejetée, ils n'auraient su par quoi la remplacer tant qu'ils ignoraient les détails mentionnés de l'état physique de Saturne. Après avoir exposé les faits découverts dans la planète Saturne, je montre leur mode de production pour que l'on voie l'origine commune des faits observés et de l'état physique de la planète.

L'historique de Saturne se réduit à trois époques : 1° celle de Galilée, 2° celle d'Huygens, 3° celle de l'auteur, ainsi qu'on le voit dans l'exposé de l'état physique de la planète.

### 1° *Époque de Galilée.*

§ 242. Depuis la découverte des lunettes, Saturne attira l'attention des astronomes. Galilée le premier vit Saturne qui lui semblait *tricorps*. En 1610, l'étoile centrale était plus grande; les deux autres, dont l'une était à l'orient et l'autre à l'occident, semblent la toucher.

En 1612, Saturne apparut comme une étoile simple ainsi

que les autres planètes. Ce changement fut cause que Galilée attribua la précédente apparition à une illusion produite par une réflexion opérée dans les lentilles de son télescope : ressource dont usent toujours les astronomes. Il s'ensuit que Maedler n'avait aucune raison d'adopter l'objection faite par Hell contre l'existence du satellite de Vénus.

Après de longues observations commencées en 1646, Hevelino, de Dantzig, s'arrêta à la pensée que Saturne était triple, que la partie centrale avait une forme elliptique, et que les deux portions latérales n'étaient pas des globes sphériques, mais bien des lunules ou des espèces de croissants de courbe hyperbolique attachés par deux pointes au corps du milieu. Lorsqu'une lunule venait au-devant et en arrière de la planète, il se présentait une phase ronde.

*2° Époque d'Huygens.*

§ 243. En 1659, Huygens coordonna les faits apparents et il en déduisit les résultats suivants :

1° Dans le prolongement du plan équatorial EE' (fig. 16) de Saturne en *m* et *m'* se trouve un corps opaque composé de plusieurs anneaux concentriques séparés entre eux par des espaces circulaires vides. Les largeurs des anneaux et des espaces vides sont inégales.

2° Les anneaux différents ne sont pas exactement sur un seul et même plan, mais leurs plans sont faiblement inclinés entre eux et sur le plan équatorial de la planète. Les anneaux ne sont pas des corps mathématiquement réguliers, mais il y a des inégalités de courbures sur leur surface.

3° Le centre commun des anneaux ne coïncide pas avec le centre de la planète.

Cette exposition concordante entre l'existence d'un anneau et les apparences obtint l'approbation des astronomes de cette époque ; il n'y eut que Gallet, d'Avignon, grand observateur et plus naturaliste qu'Huygens, qui voulut trouver dans la planète Saturne le même état physique que celui des autres planètes; il attribua aux surfaces convexes de la planète des réflexions de lumière d'où résultent les apparences observées, de sorte qu'il n'y a rien de réel.

Cette objection, facilement rétorquée, servit à donner plus d'autorité à l'hypothèse d'Huygens, laquelle fut maintenue. C'est que pour combattre cette hypothèse, il ne suffit pas d'exposer les faits avec lesquels elle est en contradiction, mais il faut encore démontrer le mode de production de ces faits d'après la loi physique par la forme singulière de la surface de la planète inconnue à Gallet.

On savait cependant qu'une seule hypothèse ne peut jamais embrasser l'explication de tous les cas qui se présentent, et que l'explication de ces cas exige des hypothèses particulières indiquées par les faits. On est alors forcé d'admettre des hypothèses qui sont en désaccord même avec la loi physique, avec la loi de la perspective et avec celle de la photométrie, inconnues à l'époque d'Huygens.

### 3° *Époques des découvertes optiques en opposition avec l'hypothèse d'Huygens.*

§ 244. En admettant un anneau opaque, on arrive aisément à expliquer l'apparition et la disparition des anses *e*, *e'* (fig. 17), et la projection sur la planète de la surface éclairée de l'anneau ou de son ombre; cependant plusieurs faits également optiques découverts par les observateurs postérieurs sont restés enregistrés sans trouver d'explication. J'en vais citer quelques-uns pour faire mieux apercevoir l'absence d'un anneau réel, conformément à l'opinion de Gallet.

Fig. 17.

Le 29 juin 1866, Hooke annonça que l'anneau en masse était plus lumineux que la planète.

En 1675, Cassini remarqua que la partie intérieure des anses était fort claire et la partie extérieure un peu obscure, la différence de teint étant comme celle de l'argent mat com-comparé à l'argent bruni.

Herschel remarqua que la partie intérieure des anses n'est pas également intense dans toute sa largeur : à partir du milieu, elle change de couleur et d'intensité ; de sorte que, par un affaiblissement graduel, elle ne conserve plus guère, vers sa limite intérieure dans les anses, que l'intensité et la teinte des bandes obscures du disque.

On a toujours observé, à l'époque des disparitions, qu'une anse s'évanouit plus tôt que l'anse opposée ; que cette dernière reste visible plusieurs jours après la disparition de l'autre. Le même phénomène se présente à l'époque de la réapparition ; c'est qu'une anse apparaît seule plusieurs jours avant l'apparition de l'autre.

En 1714, ces disparitions alternatives des anses restèrent visibles toutes les deux, mais elles ont été moitié plus courtes qu'à l'ordinaire.

Dans la *Vie de Clarke*, Whiston dit que celui-ci vit une fois une étoile dans l'intervalle noir compris entre le bord intérieur de l'anse et le bord le plus voisin de la planète.

Cassini et surtout Maraldi ont trouvé que la bande noire existe sur les deux faces des anses à la même distance du bord extérieur. Herschel a remarqué qu'elle conserve constamment la même largeur, que son contour est parfaitement tranché, qu'elle est tout aussi noire que l'espace obscur compris entre les anses et la planète ; cependant il n'arrive jamais aucun rayon des étoiles à travers cet espace vide.

En 1790, un an après l'époque de la disparition et de la réapparition des anses, depuis le 19 jusqu'au 26 juin, Herschel observa un léger trait noir tout près du bord intérieur de l'anse occidentale, sans que rien de semblable parût du côté de l'anse orientale; le petit trait avait totalement disparu le 29 juin.

Le 17 décembre 1825 et le 10 janvier 1826, Kater aperçut de nombreux traits noirs et très-rapprochés. Il ne parut rien de pareil sur la partie intérieure des anses : à cette époque, Saturne s'approchait de son solstice; les traits noirs n'étaient pas constamment visibles.

Le 25 avril et le 28 mai 1837, Encke vit la partie extérieure des anses divisée par une bande noire en deux parties de largeur inégale.

| | |
|---|---|
| Diamètre extérieur de la partie extérieure des anses. . . . . . . | 40″,44 |
| Diamètre de la nouvelle division. . . . . . . . . . . . . . . . . . . . . . | 37″,47 |
| Diamètre intérieur de la partie extérieure de l'anse. . . . . . | 36″,04 |

Le 29 mai 1838, Vico aperçut à Rome non-seulement la bande d'Encke, mais encore deux bandes noires pareilles sur la partie intérieure des anses.

*4° Dimensions apparentes des anses.*

§ 245. A la même distance entre la Terre et Saturne, mais à des époques différentes, la planète s'est montrée aux astronomes sous des formes très-différentes. En 1789, à l'époque de l'équinoxe de Saturne, et en 1805, un an après l'époque de l'équinoxe suivant, Herschel a trouvé les dimensions suivantes de Saturne :

| | | | |
|---|---|---|---|
| 1789, septembre | | Diamètre équatorial. . . . . . . . . . . . . . . | 22″,8 |
| | | Diamètre polaire. . . . . . . . . . . . . . . . . | 20″,6 |
| 1805 | 26 mai. | Hémidiamètre KE′ de l'équateur. . . . . . . . | 11″,27 |
| | | Hémidiamètre KD de latitude 43°. . . . . . . . | 11″,98 |
| | 27 mai. | Hémidiamètre KE′ de l'équateur. . . . . . . . | 11″,44 |
| | | Hémidiamètre KD de latitude 43°. . . . . . . . | 11″,88 |

Bessel n'a trouvé aucune différence entre le diamètre équatorial 20,3 et le diamètre polaire, bien que la distance de la Terre fût la même.

Comme on ne pouvait pas attribuer des erreurs si grossières à l'un ou à l'autre de ces astronomes, les résultats indiqués conduisirent à augmenter encore la méfiance qu'on avait de l'hypothèse d'Huygens sur l'existence des anneaux réels, car on ne voit que deux anses ou une seule, et cependant on parle des anneaux.

Si la planète ne tournait pas, elle paraîtrait dans ses dimensions réelles. Nous savons qu'elle tourne, et nous la voyons sous la forme $ee'$ (fig. 17) lorsque le plan de son équateur prolongé ne passe pas par le Soleil; $ee'$ est considéré comme le diamètre de l'anneau circulaire, lequel, vu obliquement, se présente sous la forme d'une ellipse dont le grand axe est $ee' = 2a$. 1° $m$ étant la distance entre Saturne et le nœud ☊, où l'ellipse coupe le plan du prolongement de l'anneau hypothétique, et 2° $n$ l'inclinaison de ce plan sur l'écliptique, le petit axe de l'ellipse apparente est

$$b = a \times \sin m \sin n; \quad 2b = sn.$$

En 1684, Gallet remarqua que le centre $s$ de la planète est plus près du bord oriental $e$ de l'anse que son bord occidental $e'$. Struve trouva qu'à la distance moyenne de Saturne à la Terre l'espace oriental est plus grand que l'espace occidental de 0″,24. John Herschel ayant trouvé cet espace inférieur, ne dit pas qu'il change, mais il considère l'observation de Struve comme peu exacte.

*5° Rectification des erreurs provenant de l'existence réelle des anneaux.*

§ 246. Quand le nombre des faits observés était peu considérable, Huygens crut avoir trouvé l'explication de ces faits dans l'existence réelle d'un anneau opaque placé dans le prolongement du plan équatorial de la planète. Gallet, au lieu de chercher l'explication des anneaux dans des hypothèses, aurait dû se borner à remarquer que l'anneau opaque étant éclairé obliquement et la planète verticalement, il réfléchirait de cette dernière vers la Terre une quantité $\varphi + \varphi'$ de lumière supérieure à celle de $\varphi$ réfléchie de l'anneau. Il était impossible de faire plus que n'avait fait Huygens avant que deux siècles se fussent écoulés. Depuis cette époque les découvertes se sont multipliées, et l'on a pu *reconnaître les détails particuliers de la forme de la planète.*

C'est en exposant le mode de production de chaque série de faits par des détails correspondants de la planète que je prétends rectifier les erreurs sur l'état physique de Saturne. Ces détails sont :

1° La production optique des deux anses par des versants du sillon équatorial ; c'est par un abus impardonnable que les astronomes, ne voyant que des anses, ont dit avoir vu des anneaux ;

2° La production 1° d'une ligne, 2° d'une ou 3° des deux anses par des versants de l'échancrure équatoriale ;

3° Les différentes durées des périodes de rotation obtenues 1° par la lumière des versants des échancrures ou 2° par quelque partie des bandes des flores ;

4° Les différents aspects de la planète et sa couleur produits par ses deux aérocylindres.

### D. Production optique des deux anses d'éclat double par les versants inégaux du sillon.

§ 247. J'ai montré que le sillon équatorial est résulté de l'enlèvement des éléments de la glace par les éléments électriques des rayons solaires pour prendre la forme des deux gaz composant l'air. Cette grande découverte de l'*exaérose* de l'eau, connue par les anciens, sera exposée dans la *Chimie*, que je publierai après l'ouvrage actuel.

C'est à cause de la forme ovalaire de la planète que la largeur BB' (fig. 16) de la zone torride est plus grande du côté du sommet que celle CC' du côté de la base. Mais l'égale quantité de chaleur lumineuse arrivant sur chaque point rend égale la masse de glace $m$ enlevée de chaque partie de la zone torride. L'espace $e$ contenant la masse $m$ a pour mesure $(l+l)h$ dans la partie BB″ et $(h+h')l$ dans la partie CC′; $e=(l+l')h=(h+h')l$.

Cette inégalité entre les largeurs $l$ et $l+l$ du sillon et entre $h$ et $h+h$ et sa profondeur produit les effets qui se manifestent, 1° comme anses, 2° comme clartés inégales, 3° comme lignes noires ou espaces vides. Des effets produits, il n'y a de constants que ceux qui correspondent aux dimensions du sillon; ceux correspondant aux quantités des rayons réfléchis des versants pour passer aux régions parcourues par la Terre à cette époque sont variables.

*1° Mode de l'apparition des anses par les versants du sillon.*

§ 248. Pour pouvoir démontrer le mode de production optique des deux anses $e$, $e$ (fig, 17) au moyen d'un globe AB (fig. 18) ayant un sillon AB, j'ai fait construire un globe de même forme, lequel tournait rapidement autour de l'axe $sn$. Les versants du sillon étaient polis et la surface des deux calottes $bnb'$, $ese'$ ne l'étaient pas. L'expérience se fit de manière qu'on pût produire tous les effets optiques correspondant à ceux qu'on observe dans la planète Saturne dans les positions suivantes du Soleil et de la Terre :

Fig. 18.

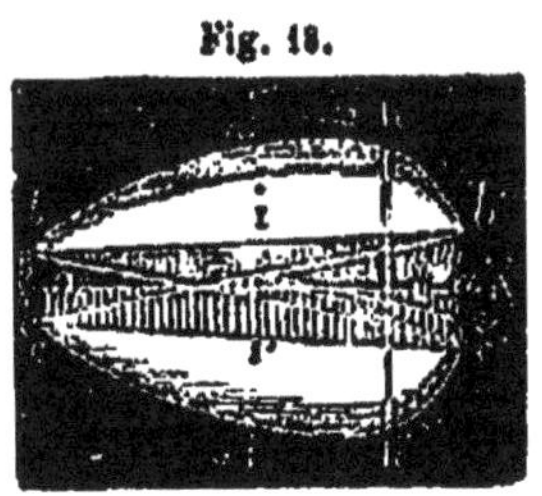

I. **Le Soleil sur le plan équatorial de la planète**; la Terre, 1° sur ce plan, 2° au nord, 3° au sud.

II. **Le Soleil au nord du plan équatorial**; la Terre; 1° sur ce plan, 2° au nord, 3° au sud.

III. **Le Soleil au sud du plan équatorial**; la Terre, 1° sur ce plan, 2 au nord, 3° au sud.

La succession des faits correspond aux cas : 1° où la Terre et le Soleil s'éloignent de l'équateur de la planète ; 2° où l'un des corps s'éloigne et où l'autre s'approche ; 3° au cas plus rare où la planète et la Terre se trouvent à la fois dans leur solstice *homonyme* ou *hétéronyme*.

§ 249. I. **Distance invariable entre les extrémités des deux anses.** Les longueurs des versants du sillon sont invariables, car leur accroissement est trop lent pour être aperçu. Huygens a attribué l'apparition des anses *e*, *e'* (fig. 17) à un anneau d'un diamètre *ee'* et d'une largeur *e*A ; on a supposé que cet anneau se soutenait à une distance *bb'*CC' de la planète. Après avoir coordonné les découvertes postérieures inconnues à Huygens, j'ai trouvé que, sauf la distance *ee'* entre les anses, tous les faits optiques se trouvent en contradiction avec l'existence réelle d'un corps de forme annulaire qu'on ne rencontre jamais, et aucun fait observé n'a encore prouvé cette existence.

II. **Mode de production des anses de dimension invariable par les versants du sillon.** 1° Les parties *b'e*, *be'* qui paraissent en dehors des deux calottes *b*S'*b'* et *snc'* se trouvent sur le versant sud du sillon sur lequel se projette le bord *cii* de la calotte boréale quand la Terre est au nord du prolongement du plan équatorial de la planète.

2° La partie *ii'* se trouve sur le même versant *eie'* qui se termine à *bb'*.

3° Cette limite *bcb'* sépare l'extrémité supérieure du versant austral du bord de la calotte *b*S'*b* de la surface de la planète.

Si ce mode d'apparition des anses paraît inintelligible à quelque lecteur, il n'a qu'à creuser sur une poire un sillon dont le milieu soit éloigné de 30° du sommet où se trouve la queue ; en regardant obliquement le corps, il verra que la distance *ee'* correspond aux extrémités du versant visible. Pour mieux saisir les détails, il pourra faire le sillon de la largeur BB' (fig. 16) du côté du sommet et de la profondeur $h$ ; du côté de la base, au contraire, il faut que la largeur CC′ soit inférieure et la profondeur $h+h$ supérieure.

Après avoir ainsi trouvé le mode de production des anses par les deux extrémités du versant $ec'e'$ incliné vers l'équateur EE′ du côté de la base E plus rapidement que du côté E′ du sommet, il résulte :

I. Que la lumière $\varphi+\varphi'$ réfléchie de la partie rapide CE, C′E est supérieure à celle $\varphi$ réfléchie de la partie E′B, E′B′ la moins rapide de ce même versant ; elle est supérieure à la lumière $\varphi-\varphi''$ réfléchie des deux calottes éclairées par le Soleil toujours plus obliquement que le versant opposé et moins obliquement que le versant du sillon du côté du Soleil ;

II. Que dans la rotation d'après la flèche de l'ouest à l'est, on voit dans les anses : 1° l'espace vide entre le bord de la calotte $cc'$ et la partie voisine AA′ du commencement du versant ; 2° cette partie appartient à celle du sillon étroit du côté de la base ; 3° la partie extérieure $Ae$ $A'e'$ des anses appartient à celle du sillon large du côté du sommet ;

III. Que si dans sa rotation la planète a sa surface de la figure tournée vers le ciel, nous voyons son autre surface. Ainsi, 1° du côté de l'est nous voyons le rayon KE le moins long remplacé par le rayon KE′ le plus long. 2° Au contraire, du côté de l'ouest, c'est le rayon le plus long qui est remplacé par le plus court. La sensation persistante est produite du côté oriental par le rayon KE′ le plus long et celle du côté occidental par le rayon KE le plus court. C'est ainsi que l'on trouve une distance $R+\alpha$ supérieure entre le centre de la planète et l'extrémité de l'anse orientale et une distance R inférieure du côté occidental. La différence $\alpha$ n'est pas constante, car elle dépend de la distance entre la Terre et le prolongement du plan équatorial de Saturne ;

IV. Que l'intervalle entre les largeurs BE′B′ et CEC′ des

deux parties du sillon produit une *bande noire*, découverte par Cassini, laquelle ne diffère pas de l'espace entre la planète et le bord voisin de l'anneau. On dit que Clarke a vu une seule fois une étoile dans cet espace, mais on n'a jamais rien aperçu dans l'espace noir entre les deux parties des anses.

Cette bande de Cassini ainsi produite se voit toujours à une égale distance du centre dans les deux anses ; il se produit de la même manière des bandes noires dans l'une ou l'autre anse par les passages des parties les moins larges du sillon par le milieu des parties les plus larges. Leur apparition dans l'une des deux anses a une cause correspondante à celle qui fait que l'on voit le centre de la planète plus éloignée de l'extrémité orientale que de l'extrémité occidentale des anses.

Huygens, de même que plusieurs autres astronomes, n'a vu que deux anses, et cependant ils ont décrit un anneau composé de deux ou de plusieurs autres concentriques, mais placés sur des plans différents sans que le centre des anneaux coïncidât avec celui de la planète.

Je ne parle pas ici des anneaux hypothétiques, mais des anses divisées chacune en deux parties inégales par un espace noir nommé *bande de Cassini*, laquelle bande correspond à la différence des angles $BE'B' - CEI' = 2\gamma$ ; $\Gamma + \gamma$ étant l'inclinaison du versant B'E' sur le plan équatorial, celle du versant CE est $\Gamma$ ; $\gamma$ est donc la différence de l'inégale inclinaison des plans des anneaux sur celui de l'équateur.

Il en résulte que le manque de coïncidence entre le centre K de la planète et le centre des versants du sillon prolongé les empêche de se rencontrer dans la profondeur $h$ du côté B'B et dans la profondeur $h + h'$ du côté opposé CC'.

**Rapport entre l'étendue oblique des versants et des longueurs des anses.** 1° La partie extérieure la moins lumineuse des anses résulte d'une partie égale de largeur de l'extrémité $B'b'''$ (fig. 16) oblique du versant $E'B'$ ou de la partie NB du versant $BE'$. 2° La partie intérieure la plus claire des anses résulte de l'extrémité $Cc'''$ du versant CE. Les versants étant de hauteur ou de largeur invariables, les longueurs de la partie claire et de la partie moins claire des anses sont aussi invariables. Pour éviter tout malentendu, je substitue le mot *anse* au mot *anneau*, qui ne se trouve nulle part.

| | |
|---|---|
| 1° Distance entre les extrémités extérieures de l'espace peu clair des anses. . . . . . . . . . . . . . . . . . . . . . . . . . | 40",00 |
| 2° Distance entre les extrémités intérieures de l'espace moins clair des anses. . . . . . . . . . . . . . . . . . . . . . . . | 35",24 |
| 3° Distance entre les extrémités extérieures de l'espace clair des anses. . . . . . . . . . . . . . . . . . . . . . . . . . . | 34",47 |
| 4° Distance entre les extrémités intérieures de cet espace. . . . | 26",67 |
| 5° Largeur NB de l'espace moins clair des anses. . . . . . . . . | 2",40 |
| 6° Largeur noire dans les anses ou différences des angles $BE'n - n'EC$. . . . . . . . . . . . . . . . . . . . . . . . . . | 0",41 |
| 7° Largeur Cc de l'espace clair intérieur des anses. . . . . . | 3",90 |
| 8° Distance vide $cEn' - Ccn'$ entre la planète et le bord de l'espace clair. . . . . . . . . . . . . . . . . . . . . . . . | 3",34 |
| 9° Diamètre de la planète qui est $\frac{1}{2}(AA' + PP')$. . . . . . . . . | 17",60 |

C. PRODUCTION DES ANSES SIMPLES PAR LES VERSANTS DE L'ÉCHANCRURE OBLIQUE ÉQUATORIALE.

§ 250. Le sillon équatorial d'inégale largeur et d'inégale profondeur a produit les deux anses optiques de dimension invariable par rapport au centre de la planète. L'échancrure équatoriale est aussi un sillon, mais ce sillon coupe obliquement l'équateur de la planète pour former un petit angle correspondant à ceux de l'inclinaison des orbites des satellites sur ce plan équatorial prolongé.

Connaissant cette position de l'échancrure et le mode indiqué de la production optique des deux anses, on trouve le mode de production d'une seule anse à cause de l'obliquité de l'échancrure précisément à l'époque de la disparition des anses habituelles, 1° quand le plan équatorial prolongé de la planète passe par la Terre et par le Soleil, ou 2° quand ce plan passe par le Soleil tandis que la Terre se trouve à l'est ou à l'ouest avant la disparition des deux anses, disparition qui n'a que la durée de quelques semaines; puis, au lieu des deux anses, il n'en apparaît qu'une pendant quelques jours. Il en apparut deux en 1714, mais elles étaient moitié plus courtes que d'ordinaire, parce qu'elles avaient été produites par une partie du versant de l'échancrure équatoriale.

§ 251. **Mode de production d'une seule anse ou d'une ligne.** A l'époque où le Soleil est dans le plan équatorial prolongé, les deux versants du sillon en reçoivent également la lumière, tandis qu'un seul versant de l'échancrure est éclairé comme cela a lieu pour les versants du sillon quand le Soleil n'est pas dans le prolongement du plan équatorial de la planète. C'est donc du côté de l'équateur où l'on voit le versant éclairé de l'échancrure que nous apercevons une anse.

Quand la planète est dans son équinoxe l'anse disparaît, parce qu'à cette époque les deux versants de l'échancrure sont également éclairés. Peu après réapparaît une anse produite par l'autre versant de l'échancrure qui est éclairée par le Soleil.

Il faut qu'il y ait un plus grand éloignement entre le Soleil et l'équateur de la planète pour que les deux anses apparaissent dans leur longueur habituelle, sans que cependant leur présence empêche pour toujours l'apparition de quelques traces de l'anse produite par le versant de l'échancrure comme dans le cas suivant.

§ 252. **Apparition des lignes lumineuses ou des points.** Bessel a discuté les cas observés depuis 1700 jusqu'à 1830 dans le passage de la Terre et du Soleil par le plan prolongé de l'équateur de Saturne; il en est résulté qu'une ou deux anses ont apparu à des époques où, d'après le calcul, elles ne devaient pas être visibles. Cet astronome a trouvé de plus que la disparition et la réapparition des anses ne correspondent jamais à l'existence d'un corps opaque de forme annulaire.

D'une autre part, Swabe et d'autres observateurs ont vu la ligne *mince* à laquelle sont réduites les deux anses avant leur disparition, se décomposer en points lumineux tout à fait différents par leur nombre et leur disposition dans l'espace occupé précédemment par les anses.

D'autres observateurs ont vu la ligne disparaître d'un côté, tandis qu'elle persistait encore de l'autre. En 1789, Herschel observa une ligne pareille qu'il déclara avoir été la périphérie du bord du corps annulaire. Les autres astronomes voulant à tout prix avoir une preuve de l'existence réelle d'un corps, ne cessent de s'appuyer sur cette explication erronée d'Herschel; mais s'il existait un corps, son bord devait apparaître sous une clarté bien inférieure à celle de la surface de la planète, tandis qu'Herschel dit avoir vu une ligne lumineuse.

Le 11 novembre 1850, en Amérique, Bond vit une lumière dans les anses; elle en était séparée par la limite intérieure de l'espace lumineux et on l'a même aperçue quelquefois séparée de la planète. Bessel l'aperçut comme un voile lumineux qui occupait sur les deux anses la moitié de l'intervalle compris entre la planète et l'espace lumineux.

Cette lumière disparut au bout de deux mois, car elle s'est produite dans le versant de l'échancrure équatoriale à une époque où le Soleil se trouvait peu éloigné du plan équatorial de la planète : alors la Terre passa pendant ces deux mois par l'espace parcouru par les rayons réfléchis du versant de l'échancrure équatoriale.

### D. Durée des périodes de la rotation.

§ 253. Pour déterminer la rotation de Jupiter, on a employé : 1° les taches obscures ; 2° les taches brillantes et l'extrémité d'une bande. Les résultats discordants ont fait connaître que les rayons qui arrivent des taches changent la direction. Les astronomes ne savaient pas : 1° que les rayons sont réfléchis des parties des versants bien exposées au Soleil, et 2° que la Terre devait se trouver dans les régions par lesquelles passent les rayons réfléchis. On admit que les taches obscures et les taches brillantes sont des objets mobiles, et comme ces déplacements rapides ne peuvent avoir lieu à la surface des planètes, on supposa qu'ils s'effectuaient dans l'atmosphère.

J'ai fait voir ici le mode de production des taches apparentes par les rayons réfléchis des parties des versants des échancrures ou de la surface convexe du sommet de l'ovalaire et de la périphérie de sa base. Les parties des versants qui réfléchissent des quantités supérieures de lumière qui nous font voir des taches brillantes, changent donc sans qu'il s'opère aucun changement réel ; mais si les surfaces réfléchissantes sont convexes, elles dispersent les rayons, et nous en recevons des qualités inférieures qui nous font voir des taches obscures.

En 1794, Herschel observa quelques irrégularités dans les bandes de Saturne, d'où il conclut que la durée des périodes de rotation est $10^h\ 16^m$. On trouva ensuite les durées de $10^h\ 24^m$ et de $10^h\ 29^m\ 17^s$.

En 1790, un an après l'apparition des anses, à une époque où le Soleil était peu éloigné de l'équateur de Saturne, Herschel aperçut dans les anses cinq taches brillantes produites 1° par les quatre versants des deux échancrures de la périphérie de la base de l'ovalaire et 2° d'un des versants de l'échancrure équatoriale voisine du sommet de l'ovalaire.

Ces taches donnèrent la durée des périodes de rotation $10^h$ $32^m$ $15^s$.

Comme les cinq taches brillantes ont été observées dans les anses, Herschel croyant à l'existence réelle d'un corps de forme annulaire, déclara que sa rotation avait une vitesse inférieure à celle de la planète.

Quand l'existence d'un corps annulaire paraissait incontestable, les astronomes n'attribuèrent pas aux nuages les taches brillantes observées par Herschel pour en déduire une égalité dans les durées et les vitesses de rotation. Guidés par des principes de cosmogonie propres ou analogues aux hypothèses de Laplace, quelques astronomes modernes, entre autres Beer et Maedler, prétendirent que la durée de la rotation est égale à celle de la planète et de l'anneau et est de $10^h$ $30^m$ environ.

Laissant de côté les conjectures, je montre ici que tous les résultats des observations sont réels et que les désaccords ont leur cause dans l'hypothèse que les taches indiquent l'existence des objets réels, lesquels objets ont été placés dans une atmosphère pour que leur apparition et leur disparition puissent être expliquées.

Au moyen des taches brillantes, Cassini et Herschel ont trouvé que la rotation de Jupiter avait une accélération et une durée inférieures de $5^m$ à celle trouvée au moyen des taches obscures.

Herschel trouva pour Saturne la durée $10^h$ $16^m$ au moyen des taches sur les bandes et de $10^h$ $32^m$ $15^s$ au moyen des taches brillantes; les autres astronomes trouvèrent les durées $10^h$ $24^m$ ou $10^h$ $29^m$ $17^s$ au moyen des taches obscures.

Beer et Maedler trouvèrent par deux taches obscures de Jupiter un changement de distance entre elles. Après la conjonction de la planète, les taches, observées précédemment pendant six mois devinrent invisibles. L'effet de la conjonction n'est dû qu'au changement de direction de l'éclairage de la planète. C'est donc dans ce changement qu'il faut chercher la disparition des taches, disparition provenant de l'exposition différente des versants par rapport au Soleil et à la Terre.

E. DIMENSIONS DE SATURNE.

§ 254. De même que dans la planète Mars, 1° quelques astronomes ont trouvé qu'il existait une différence entre les longueurs du diamètre équatorial et de celui qui passe par les pôles, et 2° d'autres n'en ont trouvé aucune; de même dans la planète Saturne Herschel et Bessel ont trouvé un aplatissement de 1/10°, tandis que les autres astronomes trouvent cette planète parfaitement ronde.

En 1789, à l'époque de la disparition des anses, Herschel trouva (fig. 16) :

Le grand diamètre équatorial BC de. . . . . 22″,8
Et le diamètre polaire PP′. . . . . . . . . . . . 20″,3

Quand la planète était à une distance supérieure, Bessel trouva :

Diamètre équatorial. . . . . . . . . . . . . . . 17″,05
Diamètre polaire. . . . . . . . . . . . . . . . 15″,38
Dans l'opposition, diamètre équatorial. . . . 20″,3

En 1805, un an après la réapparition des anses, aux mois d'avril, mai et juin, Herschel trouva le diamètre équatorial plus grand que le diamètre polaire et moins grand que le diamètre de la latitude 43° comme je l'ai démontré ci-dessus. Herschel attribua cette forme irrégulière à l'attraction que l'anneau avait exercée sur la masse de la planète non solidifiée encore; mais Bessel a prouvé que l'attraction de l'anneau n'a jamais pu occasionner cette forme singulière.

En contestant avec raison l'explication donnée par Herschel, on voulut en même temps faire planer des doutes sur les résultats de l'observation qui prêtait à la planète une forme exceptionnelle. Après qu'on eut démontré qu'il n'y avait pas de corps annulaire, on s'assura que ce n'est pas l'attraction qui a produit la forme irrégulière de Saturne exposée par Herschel. Cet astronome ne tenait pas beaucoup à ses propres hypothèses, il ne se préoccupait pas trop non plus des préjugés d'une Cosmogonie déterminée, comme le font les astronomes partisans de Laplace.

Ce grand mathématicien, mais naturaliste médiocre, exposa en formules mathématiques les faits obtenus par les observations pour leur donner dans l'univers un caractère de permanence; de sorte que les faits observés doivent se renouveler à certaines périodes dont on ne connaît pas la durée, sans qu'il se produise de nouveaux faits différents de ceux dont l'existence a été constatée.

Tous ces astronomes, qu'ont précédés John Herschel et Lamont, en voulant s'instruire au moyen des observations, essayent de coordonner les résultats réels d'une manière conforme à l'idée déjà fixée, idée diamétralement contraire à l'exposition des actions et des productions de faits nouveaux, sans néanmoins répéter aucun des faits déjà produits.

Les résultats des observations séculaires sont restés enregistrés; les astronomes, persistant dans leurs préjugés, n'ont pu connaître qu'en ces préjugés consiste la cause de l'état stationnaire de la science, mais ils ont attribué l'absence de progrès au nombre trop minime des résultats d'observations.

Cependant ces résultats ne concordent pas entre eux : les dimensions de Jupiter donnent un aplatissement de 1/15e environ, tandis que les dimensions trouvées à différentes époques pour Mars et Saturne varient entre 1/10e et rien. 22",8 étant la diamètre équatorial de Saturne, d'après Herschel et Bessel, les autres astronomes le trouvent égal au diamètre polaire de 20",3 et y reconnaissent l'absence d'aplatissement.

Il n'est personne qui attribue de si grossières erreurs aux observateurs, et il n'y a pas eu non plus d'astronome capable d'attribuer ces différences à la forme ovalaire des corps dont les dimensions apparentes à des distances égales dépendent de la position de leur plan équatorial par rapport à la Terre. Les erreurs des astronomes ne résultent que de leurs raisonnements ; ils trouvent à chaque observation une longueur différente du diamètre de l'équateur des planètes. Ceux qui ne sont pas astronomes pensent que ces longueurs différentes ont été coordonnées de manière à trouver la forme véritable de la coupe équatoriale de la planète.

Les astronomes, au contraire, disent que c'est par d'autres voies que celles de l'observation et par des moyens différents de ceux exposés dans cet ouvrage, qu'ils sont arrivés à s'assurer que les planètes ont une forme *aplatie*, et que tout résultat d'observation contraire à cette assertion doit être considéré comme erroné. C'est pourquoi ils ne donnent, dans leurs calculs, que les moyennes des résultats des observations. Je proteste tout le premier contre cette hypothèse des astronomes, et je prouverai qu'on ne peut découvrir la forme véritable des corps célestes par nul autre moyen que par les résultats des observations, lesquelles nous apprennent que les planètes, de même que la Terre et les satellites, sont de forme ovalaire et que la forme aplatie n'existe dans aucun corps. La Terre elle-même est ovalaire.

### F. Des changements d'éclat des parties de Saturne provenant de ses positions par rapport au Soleil et à la Terre.

§ 235. Nous ne recevons des corps célestes que des ondes de lumière.

I. Ces ondes nous procurent des sensations propres, 1° à nous faire comparer les parties qui réfléchissent les quantités différentes de lumière $\varphi$, $\varphi+\varphi'$, $\varphi-\varphi'$, ou 2° à nous faire connaître si les ondes consistent en lumière blanche ou en lumière colorée.

II. C'est au moyen de la distribution des traits clairs et des traits sombres des spectres qu'on découvre l'existence des ondes colorées quand elles sont imperceptibles.

III. La force photographique de la lumière est déterminée par la durée de l'exposition des plaques photographiques. Cette force consiste en degrés de poussées exercées par le corps éclairé ayant une faible vitesse de rotation comme celle des quatre planètes intérieures, ou une grande vitesse comme celle de Jupiter et de Saturne. La diminution de la réfraction découverte par Klinkerfuss est conforme à ces poussées.

Dans les planètes Mars, Jupiter et Saturne, on aperçoit des bandes sombres, des taches noires, brillantes ou blanches; Saturne se distingue par la clarté supérieure qui occupe sa partie équatoriale et ses deux anses. Les éclats des taches et des bandes varient d'intensité, ceux des anses conservent leurs degrés d'intensité et ne varient qu'en raison de leur étendue; celle-ci est à son maximum aux deux époques du solstice, et les éclats disparaissent aux époques des équinoxes.

Chaque état différent indique l'existence d'une cause physique correspondante; ainsi nous parvenons à connaître les détails réels de la planète au moyen de la loi de la perspective et au moyen des règles de la photométrie. Ces règles ont servi à montrer que les deux anses, composées de deux clartés différentes, ne sont pas l'effet d'un corps de forme annulaire, mais, d'après la loi de la perspective, elles sont un effet optique du versant du sillon vu de face de la Terre. Ce versant a une clarté $\varphi + \varphi'$ supérieure à celle de la surface des calottes quand il est éclairé de face par le Soleil; sa clarté $\varphi - \varphi'$, au contraire, est inférieure à celle $\varphi$ des calottes quand il est éclairé obliquement par le Soleil.

Le Soleil peut être dans le plan prolongé de l'équateur ou éloigné de ce plan selon que la Terre est, 1° dans ce plan, 2° du côté où est le Soleil, ou 3° de l'autre côté. Sachant dans quelle position se trouve la planète, on détermine aisément l'étendue des anses et leur clarté.

*1° Le Soleil dans le plan prolongé de l'équateur de Saturne.*

§ 256. Le déplacement angulaire de Saturne dans son orbite est 30 fois moins rapide que celui de la Terre. Il arrive que le Soleil se trouve dans le plan équatorial de Saturne, 1° venant du même hémisphère tous les deux, ou 2° de s'y rencontrer venant, un corps d'un hémisphère, un autre corps d'un autre hémisphère.

§ 257. **La Terre et le Soleil arrivent du même hémisphère au plan équatorial.** Il y a disparition des anses et de la bande lumineuse sur la planète. De chaque versant la lumière est réfléchie vers l'hémisphère opposé; la Terre n'était pas dans le plan équatorial de Saturne le 1er mai 1862, quand Chacarnac, à Paris, a trouvé les bords de la planète plus lumineux que la région centrale du disque.

La même année, les 18 mai et 20 août, les anses disparurent quand Zoelliner et Foerster, à Berlin, ont trouvé les bords de Saturne moins clairs que le milieu de son disque.

Les gens peu versés dans la science de la perspective, sachant qu'il existait un corps annulaire, ne purent s'expliquer comment il se trouvait de tels désaccords entre les résultats des observations; on en vint jusqu'à perdre toute confiance dans ces résultats, surtout en apprenant que les 18 mai et 20 août, à Paris, Chacarnac n'avait pas trouvé des résultats semblables à ceux trouvés le 1er mai.

Personne ne s'attendait à trouver la preuve du véritable état physique de la planète précisément dans ce désaccord des résultats des observations faites à Paris et à Berlin en 1862, dans des mois ou même dans des jours différents.

La Terre étant peu éloignée du plan équatorial, reçoit la quantité $\varphi - \varphi'$ de lumière du milieu du versant opposé du sillon et la quantité supérieure $\varphi$ des bords; le résultat de l'observation faite à Paris est donc véritable.

Le Soleil ou la Terre étant dans le plan équatorial de Saturne, la Terre recevait une quantité supérieure de lumière de la périphérie du versant et une moins grande quantité du milieu de la planète; de sorte que c'est précisément ce désaccord qui prouve l'exactitude des résultats des observations faites à Berlin le 18 mai et le 20 août.

Quand, six mois après (20 août), la Terre revint dans le plan équatorial de Saturne, on vit le versant du sillon exposé au Soleil dans les anses et dans le disque de la planète. La Terre s'éloigna ensuite du plan équatorial pour recevoir la lumière inférieure $\varphi - \varphi'$ du versant éclairé obliquement par le Soleil.

**La Terre et le Soleil arrivant en rencontre dans le plan équatorial de Saturne.** Dans ce cas, on voit pendant quelque temps les anses entre la Terre et le plan équatorial, puis elles disparaissent avant que le Soleil soit entièrement arrivé dans ce plan. La Terre s'éloigne ensuite de l'équateur, les anses réapparaissent; après le nouveau retour de la Terre dans le plan équatorial, le Soleil n'en est pas encore très-éloigné et les anses disparaissent de nouveau. Plus tard la Terre et le Soleil s'éloignent dans le même sens du plan équatorial, les anses deviennent visibles; elles envoient la lumière $\varphi + \varphi'$ du côté du versant opposé au Soleil, et la lumière $\varphi - \varphi'$ du côté du versant éclairé obliquement par le Soleil. (Voir la 3ᵉ section.)

2° *Le Soleil à des distances différentes du plan équatorial de Saturne.*

§ 258. Le versant opposé du sillon d'où arrive à la Terre la lumière $\varphi + \varphi'$ est bien éclairé, et celui qui se trouve du côté du Soleil l'est faiblement; il y a une continuelle apparition des anses.

1° La Terre étant du côté du Soleil, nous voyons les anses et le versant opposé avec la lumière $\varphi + \varphi'$.

2° La Terre étant du côté opposé au Soleil, nous recevons la lumière $\varphi - \varphi'$ du versant éclairé obliquement par le Soleil ; les anses et le versant sont moins clairs que les deux calottes dont nous recevons la lumière $\varphi$.

Il y a quatre degrés de lumière : 1° la plus faible $\varphi - \varphi'$, qui arrive des anses et du versant éclairés obliquement ; 2° la lumière supérieure $\varphi$, qui arrive des deux calottes ; 3° la lumière $\varphi + \varphi' - \alpha$, qui arrive de la partie extérieure des anses ; 4° la lumière $\varphi + \varphi' + \alpha$, qui arrive de leur partie intérieure, quand le versant est opposé au Soleil et à la Terre.

§ 259. **Preuve directe de l'absence d'un corps annulaire.** En admettant un corps $mm'$ (fig. 16) dans le prolongement du plan équatorial EE' de la planète quand le Soleil $s$ et la Terre $t'$ se trouvent du même côté, les rayons arrivent à la Terre dans la direction $t'n$ ou $t'$N, $n$ étant sur l'anneau et N sur le versant éclairé de la face par le Soleil, tandis que $n$, admis sur un anneau, en est éclairé obliquement.

Nous ne possédons que la quantité $\varphi + \varphi' + \alpha$ et $\varphi + \varphi' - \alpha$, qui nous arrive de la direction $nt'$ ou N$t'$, et la quantité $\varphi$ qui nous arrive du corps de la planète. D'après la loi de la photométrie, il est absolument impossible que la réflexion des rayons $sn$ s'opère vers la Terre $t'$, car ces rayons prennent la direction $n$E'. Si donc nous recevons une quantité de lumière $\varphi + \varphi' \pm \alpha$ sous la direction $nt'$, elle doit être réfléchie par une surface BE', qui réfléchit les rayons incidents du Soleil $s$ vers la Terre $t'$ ou $t$, et non d'une surface $mn$.

**Distribution des clartés.** 1° La Terre étant dans le plan prolongé E'$m$ de l'équateur, nous voyons le versant BN avec la lumière $\varphi + \varphi' - \alpha$, le versant C'E avec la lumière $\varphi + \varphi + \alpha$, et les calottes avec la lumière $\varphi$.

2° La Terre étant en $t''$, nous voyons le versant B'E' avec la lumière $\varphi + \alpha$, et les calottes avec la lumière $\varphi$.

3° La Terre étant en $t'''$, nous voyons une petite partie de la calotte AP'A' ; c'est alors que l'étendue du versant

BE' C'E paraît très-grande. 1° Le versant rapide $c'$E réfléchit la lumière $\varphi + \varphi' + \alpha$; 2° sa partie la moins rapide BE' réfléchit la lumière $\varphi + \varphi' - \alpha$; 3° les parties des calottes composées de phytostromes réfléchissent la lumière $\varphi$; 4° enfin les bandes des flores réfléchissent la lumière $\varphi - \alpha$, pendant la durée de leur existence.

Nous voyons une petite partie $c'$BE'E du versant B'E'$c'$E séparer une calotte de l'autre; les deux extrémités $n'$BN, $n'c'$E se présentent comme deux anses. C'est la partie intérieure des anses que l'on voit par la lumière $\varphi + \varphi' + \alpha$ du versant $c'$E, et sa partie extérieure par la lumière $\varphi + \varphi' - \alpha$ du versant E'B.

### G. Atmosphère, couleur, température et bandes de Saturne.

§ 260. L'air produit par la glace de la zone torride en est repoussé en directions divergentes pour s'accumuler dans les deux prolongements de l'axe de la planète. Les molécules matérielles, en conservant leur mouvement rotatoire, s'avancent de manière à former deux aérocylindres ayant pour paroi une couche d'air dont l'épaisseur est égale à celle de la glace enlevée à la zone torride.

§ 261. **Faits optiques produits par les aérocylindres.** La lumière des versants qui provient de la surface cylindrique d'air éprouve des réfractions convergentes vers le plan du méridien dont le prolongement passe par la Terre, et c'est ainsi que naissent les rayons de couleur rouge séparés de la planète. Cette couleur ne diffère pas de celle de Mars produite de la même manière par ses deux aérocylindres; c'est une réfraction inférieure produite dans la périphérie supérieure de l'aérocylindre de Jupiter qui engendre sa couleur jaune. Vénus et Mercure sont blanches, parce qu'elles n'ont pas d'aérocylindres; si même il y a un reste de leur masse d'air, ce reste se répand en forme sphérique comme l'air de l'atmosphère terrestre.

En 1842, un soir que Saturne et la Terre étaient dans leur solstice homonyme, à Rome, la lunette de l'observatoire était braquée sur Saturne. Les anses apparentes produites par le versant opposé de son sillon se montrèrent à Vico dans leur plus éclatante splendeur, pendant que la calotte, avec sa région polaire, exposée comme celle de Mars se trouvant dans la même position, avait non-seulement perdu de sa lumière habituelle, mais s'était revêtue d'une couleur cendrée si foncée qu'elle parut à l'observateur avoir quelque chose de sinistre. Le ciel était très-pur, et le phénomène dura tout le temps que Saturne resta au-dessus de l'horizon.

A partir de ce solstice, la Terre se rapprocha de son équinoxe et en même temps du plan équatorial de Saturne; la région polaire de Saturne devint graduellement invisible aux astronomes romains. Ils purent constater que l'éclat et la couleur du corps de la planète sont très-variables relativement à l'éclat lumineux du versant du sillon exposé au Soleil, que l'on voit sous l'apparence de deux anses unies par une bande d'égale clarté, sans que personne ait vu ce fabuleux anneau imaginé par Huygens. On voit la coïncidence des solstices hétéronymes de la Terre et de Saturne par rapport à la région polaire de Saturne dans la même position, mais elle est éclairée obliquement; la lumière n'arrive pas même au pôle. C'est le versant éclairé obliquement que l'on voit sous la forme de deux anses unies par une bande plus claire que la surface de la calotte. On a attribué ce versant à la surface d'un corps annulaire opaque, en disant que son ombre est moins obscure que celle de la planète, sans qu'on en sache la cause.

La Terre termine sa révolution autour du Soleil en $365^j\ 6^h\ 9^m$; Saturne termine la sienne en $10759^j\ 5^h\ 16^m$; il n'est donc pas possible de confronter les résultats des deux observations faites à des époques différentes. Il faudra des millions de siècles pour que la Terre et Saturne reviennent dans la position où elles se sont trouvées le soir où Vigo a fait son observation. Les astronomes ont attribué les différences provenant de ces inégalités des positions des planètes aux différents états de l'atmosphère.

§ 262. **Couleur cendrée de la région polaire de Saturne.** Sans le résultat que je viens de citer, je n'aurais pas d'exemples pour montrer que la couleur cendrée de la région polaire de Saturne provient, comme la couleur blanche, des régions polaires de Mars par les aérocylindres de ces planètes aux époques des solstices coïncidant avec leur homonyme de la Terre.

Puisque, comme je viens de le démontrer, la couleur rouge est produite par les aérocylindres au moyen d'une seule réfraction, il s'ensuit que l'absence de couleur doit avoir sa cause dans le manque de réfraction ou dans une réfraction double égale et en sens inverse.

Soit HL*hl*, H'L'*h'l'* (fig. 16) la coupe de l'aérocylindre creux boréal; l'air en forme de calotte enveloppe la calotte APA' de la planète ; de sorte que dans le voisinage du plan équatorial prolongé EE' la Terre ne reçoit que les rayons qui émergent de la surface cylindrique d'air en y éprouvant une seule réfraction convergente vers le plan du méridien, lequel, prolongé, passe par la Terre.

La Terre étant dans la direction du solstice P''*aa'* de Saturne, les rayons de la région polaire P'' passent verticalement par la calotte d'air *a''* sans éprouver aucune réfraction ; ils éprouvent deux réfractions en sens inverse en *a* et *b* de la paroi de l'aérocylindre creux et se propagent dans la direction *ba'* vers la Terre à l'état incolore, comme les a vus Vico à la planète Saturne, et comme on les voit fréquemment à la planète Mars, qui termine sa révolution autour du Soleil en 22 mois. Il y a donc à la planète Mars tous les $66 = 6 \times 11$ ans répétition des faits apparents.

Les aérocylindres creux des planètes conservent leur forme après s'être séparés des planètes, parce que les molécules matérielles ne perdent pas leur mouvement rotatoire. C'est pourquoi, dans la *Cométologie*, je répète ces faits consignés ici. (Voir 4ᵉ section.)

§ 263. **Température dépendant de l'épaisseur de l'atmosphère.** J'ai montré que la propagation rampante de la chaleur obscure éprouve une résistance dans l'air, car sa chaleur se propage également dans chaque direction. Dans les latitudes supérieures, la chaleur de la planète éprouve une résistance considérable dans la couche $P''a''$ d'air et dans celle *ab* de la paroi de l'aérocylindre creux. C'est à cause de ce faible éloignement de la chaleur que la température des latitudes supérieures est plus élevée que celle de la zone torride, où l'épaisseur de la couche d'air est faible. Il y arrive une quantité supérieure de chaleur, mais elle n'éprouve pas une grande résistance dans son éloignement.

A la planète Saturne, le sillon équatorial à versants glaciaux persiste parce que la température y est au-dessous de zéro; dans les latitudes supérieures, la glace se fond à une température au-dessus de zéro. Il y a des mers et des plantes aquatiques. Les restes accumulés des récoltes de ces plantes ont formé deux couches en forme de calottes, nommées *phytostromes*. On y voit les flores sous forme de bandes obscures.

§ 264. **Bandes de Saturne.** Il y a à chacune des trois planètes supérieures des flores et des récoltes correspondant à leur saison et limitées aux régions arrosées par des espèces de sources équatoriales. Ces sources sont produites par l'accroissement de la pression exercée par les aérocylindres dont la hauteur croît par l'addition de nouvelles masses d'air produites dans la zone torride. Pendant les périodes oryctogoniques, ces sources équatoriales d'eau sont alimentées par la fusion de la glace centrale.

Il n'y a donc des flores et des récoltes qu'aux régions arrosées par les sources équatoriales; le nombre des bandes dépend de la saison. En 1793, il y eut trois bandes, et en 1834 il n'y en eut qu'une seule; car, 1° en 1793 il s'était écoulé quatre années terrestres depuis l'équinoxe qui eut lieu en 1789, et 2° en 1834 il ne s'était écoulé qu'une seule année depuis l'équinoxe.

En 1793, un hémisphère avait le milieu du printemps, et l'autre avait le milieu de l'automne. A cette époque, Herschel observa trois bandes qui, vues obliquement, paraissaient courbes, de même que le plan équatorial paraîtrait également courbe dans cette position. De ces trois bandes, deux étaient dans l'hémisphère du milieu d'automne, et une dans l'autre hémisphère qui était milieu du printemps.

En 1834, un hémisphère avait la fin de l'hiver et le commencement du printemps, tandis que l'autre avait la fin de l'été et le commencement de l'automne. C'est donc dans cet hémisphère qu'existait une seule bande produite par la flore de la récolte, tandis que dans l'autre hémisphère la végétation se trouvait encore trop peu avancée pour devenir visible comme bande obscure.

En 1776, un an après l'équinoxe, Messier vit Saturne avec une bande; Beer et Maedler le virent de même en 1834. En 1762, la planète se trouvait dans la même saison quand Messier observa également une seule bande, laquelle devait être dans un autre hémisphère que celle de 1776; elle était aussi apparente que les bandes de Jupiter. Les saisons de cette planète varient beaucoup moins que celles de Mars et de Saturne. Je ne rapporte pas les faits trouvés par les observations pour démontrer l'état physique des planètes, car cet état est dû aux changements provenant des éléments de l'eau et de ceux $\ddot{E}\ddot{E}$ des deux électricités amenées du Soleil; je ne mentionne ces faits qu'à titre d'exemples pour rendre plus évidente l'explication des faits qui se produisent d'après la loi physique qui régit les changements opérés dans un ordre invariable dans chaque système planétaire.

## VII. URANUS.

§ 205. La découverte d'Uranus a eu lieu le 13 mars 1781, pendant que Herschel examinait les petites étoiles voisines de l'étoile H des Gémeaux. Une de ces étoiles lui parut avoir un diamètre inusité, et il crut que c'était une comète ; ce diamètre paraissait augmenter proportionnellement avec le grossissement jusqu'à certaine limite ; au delà de cette limite, l'étoile devenait faible et mal déterminée, tandis que les images des étoiles fixes conservaient leur lustre et leur netteté.

Le déplacement de l'étoile a été facilement découvert. Sarou a prouvé que si l'étoile était une comète, sa distance du Soleil serait 14, tandis qu'on savait que les périhélies des comètes ne se trouvent pas à une distance du Soleil plus grande que 4,2, prenant 1 comme distance entre la Terre et le Soleil.

Quand on sut que l'étoile était une planète de 6ᵉ grandeur, visible à l'œil nu, Boda reconnut que Mayer avait observé en 1756, dans la constellation des Poissons, une étoile de 6ᵉ grandeur dont on n'avait retrouvé aucun vestige en 1781. D'après l'orbite circulaire d'un rayon de 19, cette place était celle que la nouvelle étoile avait dû occuper au moment de l'observation de Mayer.

### A. État physique d'Uranus.

§ 206. Les changements opérés dans la masse glaciale d'Uranus correspondent à la quantité de chaleur lumineuse $q9\varphi$ qui y arrive du Soleil, quantité 4 fois moindre que celle $4q9\varphi$ qui arrive à Saturne, et 300 fois moindre que celle qui arrive à la Terre.

J'ai montré ci-dessus qu'au moyen des durées de l'exposition des plaques photographiques il a été prouvé que la poussée exercée par Uranus sur les ondes lumineuses surpasse celle de Mars, de Saturne et de Jupiter, lesquelles correspondent aux vitesses de leur rotation, vitesse obtenue par les observations directes.

Comme on ne voit dans Uranus ni taches, ni bandes, ni phases, il est impossible de déterminer par des observations la durée des périodes de sa rotation. D'après la remarque de Bessel, la vitesse de la circulation de la masse totale des planètes Jupiter et Saturne diffère peu de celle des molécules de la périphérie de l'équateur tournant autour de l'axe.

En admettant ce même rapport pour Uranus, la durée des périodes de sa rotation serait de $7^h\ 36^m\ 29^s$, durée qui correspond : 1° au maximum de poussée exercée par les ondes lumineuses sur les plaques photographiques observé par Bond, et 2° à la diminution de la réfraction observée par Klinkerfuss.

**Comparaison entre Uranus et Saturne.** T étant la durée écoulée depuis le commencement de la vie géologique de notre système planétaire, c'est avant les $\frac{3}{4}$ T que Saturne avait acquis la quantité $q\theta\varphi$ de chaleur lumineuse; c'est donc à cette époque que l'on peut comparer l'état de Saturne à celui où Uranus se trouve maintenant.

Une faible partie de glace de la zone torride a été combinée avec les éléments électriques des rayons solaires pour se transformer en air; cet air est repoussé vers les deux prolongements de l'axe de rotation.

L'inclinaison de l'équateur sur l'orbite est de 30° à la planète Saturne, d'où il résulte que la largeur de la zone torride est de 60°. L'inclinaison de l'orbite du satellite d'Uranus sur l'écliptique étant de 100° ou de 80°, l'inclinaison de l'équateur de cette planète sur son orbite doit en être peu différente; la largeur de la zone torride est donc de 160°. Cette largeur est près de trois fois plus grande que celle 60° de Saturne.

Il en résulte que 9e étant l'épaisseur de la couche de glace enlevée à la zone torride de Saturne, l'épaisseur de la couche de glace enlevée à la grande étendue de la zone torride d'Uranus n'est que *e*. Au lieu d'un sillon comme celui de Saturne, il y a dans la planète Uranus, aux extrémités de la zone torride, deux versants de faible étendue éloignés chacun de 10° du pôle.

**Anneaux d'Uranus.** Les deux versants réfléchissaient des quantités de lumière supérieures à celles que réfléchissaient, 1° les autres parties des deux petites calottes, et 2° la largeur de la zone torride. En 1787, Herschel crut voir dans la planète Uranus deux couples d'anses pareilles à celles de Saturne, anses qu'on attribuait à un corps de forme annulaire. Ainsi, au lieu de se borner à ce qu'il voyait, Herschel admit, sur une simple apparence, deux corps annulaires perpendiculaires l'un à l'autre. En 1789, Herschel a également vu les deux couples d'anses et non deux anneaux, comme on l'a prétendu.

Le 26 février 1792, Herschel a vu un couple d'anses durant $3^h \frac{1}{2}$ sans changer d'aspect et persistant dans la même position relativement au tuyau du télescope. Cet astronome, en admettant l'existence d'un corps annulaire dont le plan prolongé n'est pas loin de la Terre, a trouvé que dans ce long intervalle il eût dû s'effectuer un changement considérable par l'effet du mouvement diurne du Ciel.

Ce raisonnement logique du grand observateur ne l'autorisait pas à décider contrairement à ce que son télescope lui avait fait voir à tant d'époques différentes et avec un grossissement de 157, de 300, de 480 et de 589, et aussi quand il faisait tourner sur leur axe soit le miroir, soit l'oculaire.

Pour qu'Uranus se trouve dans la position où il était en 1790, il faut qu'il s'écoule encore huit ans. En 1872, pendant sa révolution, la Terre se trouvera sans doute dans la même position où elle s'est trouvée en 1787, 1789, 1792 ; il se trouvera bien alors quelque astronome qui apercevra les anses à Uranus, surtout s'il a quelque notion de l'état physique de la planète exposé ici.

**Échancrures d'Uranus et leur position.** L'inclinaison 80° ou 100° de l'équateur d'Uranus sur son orbite fait que l'axe de rotation se trouve éloigné de 10° de cet orbite. Les versants des *trois échancrures sont* donc invisibles de la Terre ; c'est pourquoi l'on ne trouve pas dans la planète Uranus les taches brillantes observées dans les planètes Saturne, Jupiter et Mars.

### B. Dimension et forme d'Uranus.

§ 267. Le prolongement de l'axe d'Uranus décrit autour du Soleil une périphérie de 10° de rayons. La Terre passe à des distances très-variables par rapport à ce prolongement de l'axe. Quand elle s'y trouve, nous voyons le grand diamètre AA′ (fig. 16) du corps ovalaire de la planète ; quand, au contraire, elle en est très-éloignée, nous voyons un diamètre qui est la moyenne $\frac{1}{2}$ (AA′ + PP′) du grand et du petit diamètre. Les résultats suivants des observations pourront servir d'exemples de la forme réelle de la planète. Le diamètre observé était :

I. En 1781, le 17 mars, de 2″,9 ; le 2 avril, de 4″,4 ; le 15 avril, de 5″,3.

II. En 1782, le 9 septembre, de 4″,2 ; le 4 octobre, de 3″,7 ; le 12 id., de 4″,2 ; le 15 id. de 3″,8 ; le 26 id., de 3″,5 ; le 4 novembre, de 4″,3.

Tous ces résultats, parfaitement exacts, font voir que le diamètre **d** est à peu près double du petit *d* ; la seule dimension 4″ a été prise pour moyenne et considérée comme le diamètre réel d'un corps aplati de 1/10°, comme l'a trouvé Maedler :

| | |
|---|---|
| I. En 1842, du 16 au 21 septembre........ | Grand axe = 4″,249<br>Petit axe = 3″,850 |
| II. En 1843, du 2 août au 24 octobre........ | Grand axe = 4″,304<br>Petit axe = 3″,870 |

L'astronome susnommé évita de se servir des mots *diamètre équatorial* et *diamètre polaire*, parce que le diamètre polaire passe par la Terre et qu'on a compté à sa place un des diamètres de l'équateur. Ainsi, avec les résultats indiqués ci-dessus, et trouvés par Herschel, sont mêlés ceux trouvés par Maedler. C'est à tort que cet astronome a donné le nom d'*aplatissement* aux rapports qui existent entre les deux diamètres de l'équateur.

A une autre époque, quand la Terre était plus éloignée du prolongement de l'axe polaire, Otto Struve a trouvé le disque d'Uranus parfaitement circulaire.

## VIII. NEPTUNE.

§ 268. L'existence d'une planète au delà d'Uranus a été connue en 1821, quand Alexis Bouvard a démontré qu'il y a dans les déplacements d'Uranus des perturbations qui sont produites par un corps invisible.

En 1840, Maedler, se basant sur la loi de Bode et sur les aphélies des comètes, présuma l'existence d'une ou de plusieurs planètes aux distances 38,8, 77,3... du Soleil, et terminant leur révolution en 243 ans et en sept siècles.

A la même époque, Arago disait que dans le mouvement d'Uranus il se trouvait une erreur d'*une minute*, et que cette erreur croît de 7 à 8 secondes par an. La découverte seule d'une planète pourrait faire disparaître ces anomalies.

En 1845, lorsque Arago conseillait à Leverrier de s'en occuper, Adams, à Londres, travaillait déjà à la solution du problème; il communiqua le fruit de son travail à Airy et à Chalis, astronomes de Greenwich et de Cambridge, lesquels, sans se donner la peine d'approfondir le résultat trouvé par le calculateur, lui dirent qu'il leur fallait des preuves plus convaincantes.

Dans le compte rendu du 31 août 1846, Leverrier annonça les éléments de la planète inconnue, éléments que je donne ici conjointement avec ceux trouvés directement par Kovalsky pour le 1er janvier 1860.

| | Éléments trouvés, à l'aide du calcul, par Leverrier pour 1847. | Éléments trouvés par l'observation, pour 1860. |
|---|---|---|
| Demi grand axe.. . . . . . . . . . . . | 36,154 | 30,0339 |
| Durée de la révolution. . . . . . . . . | 217[ans] 387[jours] | 107[ans] 35[jours] |
| Longitude moyenne. . . . . . . . . . . | 318°47′ | 334°36′29″ |
| Longitude du périhélie. . . . . . . . | 284°45′ | 50°16′39″ |
| Excentricité. . . . . . . . . . . . . . | 0,10761 | 0,009174 |
| Masse. . . . . . . . . . . . . . . . . . | $\frac{1}{9300}$ | $\frac{1}{14491}$ |

Le 23 septembre 1846, Galle reçut à Berlin une lettre de Leverrier qui l'invitait à chercher la planète indiquée par ces éléments. Le soir même Galle découvrit le corps cherché à une distance de 55 minutes du point indiqué.

Cet accord entre le résultat du calcul basé sur les déplacements observés sur la planète Uranus et le résultat de l'observation de la nouvelle planète, démontra d'une manière incontestable la parfaite exactitude des observations astronomiques, 1° par rapport aux distances angulaires entre les étoiles, et 2° par rapport à leur pesanteur évaluée également en distances angulaires, quand on admet une distance réelle.

Dans les éléments trouvés par le calcul, l'erreur est de 55′ par rapport à la distance angulaire, distance indiquée par les observations des déplacements d'Uranus; la longitude seule en a été indiquée. Leverrier, Adams et plusieurs autres astronomes n'ont pu trouver que la longitude de la planète invisible à l'œil nu. En suivant la loi de Bode, Herschel trouverait Uranus au moyen du calcul basé sur les perturbations de Saturne, et serait en cela plus heureux que

Maedler, Leverrier et Adams, qui croyaient trouver la nouvelle planète à une distance correspondant à une loi de Bode suivie pour les sept planètes connues.

Il y a déjà vingt ans qu'on a découvert Neptune. Aucun astronome n'a pu comprendre l'origine de l'énorme diminution de distance entre Neptune et le Soleil, encore moins y découvrir l'indice d'une limite des planètes; car les aphélies des comètes étant à des distances supérieures, leur périhélie ne dépasse pas la distance de Jupiter.

Pour être conséquents à l'avenir, les astronomes cesseront de suivre les errements de leurs devanciers relativement aux résultats obtenus sur les longueurs des diamètres des planètes; ils ne diront pas que le diamètre d'Uranus est de 4", mais ils confronteront tous les diamètres depuis 2",9 jusqu'à 5", 6", 7" et même 10", pour en faire découler la forme véritable du corps. Herschel a trouvé les longueurs 2",9 et 5",3 comme dimensions d'Uranus. La différence 2",4 n'est pas une erreur, mais un résultat réel correspondant à la dimension du corps de forme ovalaire et non de forme aplatie.

### A. État physique de Neptune.

§ 269. D'après la loi de Bode, Neptune serait à la distance de 38 ou 36, et on l'a trouvée de 30. $q\vartheta_{\varphi}$ étant la quantité de chaleur lumineuse arrivant du Soleil à Uranus, celle qui arrive à Neptune est $\frac{1}{2}\, q\vartheta_{\varphi}$, de sorte que l'âge d'Uranus est aussi avancé par rapport à celui de Neptune que l'est celui de la Terre par rapport à celui de Mars.

En admettant que la vitesse de son mouvement orbiculaire et celle de la périphérie de son équateur tournant autour de l'axe soient égales, on trouve une durée de $8^h\ 52^m\ 26^s$ pour les périodes de sa rotation; d'où il résulte que l'intensité de la poussée de ses ondes lumineuses produirait sur les plaques photographiques un effet inférieur à celui produit par les ondes lumineuses d'Uranus.

L'inclinaison 34° de l'orbite du satellite de Neptune sur l'écliptique a conduit à trouver une inclinaison pareille de l'équateur de cette planète sur son orbite ; il en résulte une zone torride de 68° de largeur. Une couche de glace de cette zone a été enlevée par sa transformation en air, et il s'est formé un sillon de 68° de largeur et d'une très-faible profondeur ayant deux versants qui descendent vers l'équateur par une pente très-douce, car elle est quatorze fois moins inclinée que celle de Saturne qui est de 1° environ.

Lassel a découvert un satellite de Neptune, et il a aperçu en même temps les anses de cette planète qu'il a attribuées à un anneau. Herschel a observé deux couples d'anses sur la planète Uranus : on les a attribuées à deux anneaux. Avant que l'on connût le mode de production optique des anses de Saturne, on ne pouvait s'expliquer comment Herschel avait vu deux anneaux perpendiculaires sur la planète Uranus et Lassel un seul anneau sur la planète Neptune. Ces résultats d'observation se trouvent ici réalisés.

A l'avenir, les astronomes verront aisément les couples des anses aux époques rapprochées des solstices homonymes d'Uranus et de Neptune avec ceux de la Terre, lesquels solstices correspondront à celui de 1842 de Saturne et de la Terre lorsque Vico observa la planète.

### B. Dimension et forme de Neptune.

§ 270. Les dimensions de Neptune ont présenté, dans l'espace de vingt ans, des variations moins grandes que celles d'Uranus. Cette planète est sur le point de terminer une révolution entière depuis sa découverte, tandis que Neptune n'a encore parcouru qu'une dizaine de degrés de son orbite depuis sa découverte.

Lassel a trouvé les dimensions 2″,324 et 3″035 ; Maedler a trouvé un résultat très-différent, et cependant la différence deviendra plus grande encore, parce que le grand diamètre **d** du corps ovalaire est au moins double du petit *d*.

On pourra bien apercevoir plus tard les versants des trois échancrures comme des points brillants analogues à ceux qu'Herschel a vus sur la planète Saturne.

La densité de Neptune étant égale à celle de Saturne et d'Uranus, elle sert à déterminer le volume du corps ovalaire au moyen de sa masse qu'Auguste Struve a trouvée de $\frac{1}{14191}$, et que Bond, en Amérique, a trouvée de $\frac{1}{14400}$ par rapport à la masse du Soleil.

### IX. PREUVES PHYSIQUES DE LA NON-EXISTENCE D'AUTRES GROSSES PLANÈTES.

§ 271. Après la découverte des deux grosses planètes en un demi-siècle environ, les astronomes croient toujours être à la veille d'entendre annoncer qu'une nouvelle planète a été découverte ; quelques-uns même avaient déjà avancé qu'il existait plusieurs autres grosses planètes avant la découverte de Neptune. Si la découverte d'une nouvelle planète éprouve des retards, cela paraissait provenir, 1° de la très-grande distance de la planète ultraneptunienne, et 2° de la très-petite distance du Soleil de la planète ultramercurienne.

Le 26 mars 1859, Lescarbault annonça le passage lent d'un point noir devant le disque solaire. Leverrier et d'autres astronomes ont trouvé au moyen du calcul que le passage aurait duré quatre heures et demie si la tache noire, considérée comme une planète, eût traversé le centre du disque solaire. Un point noir passa une seconde fois, mais la durée de son passage a été quatre fois moindre que celle trouvée pour la *pseudoplanète* Vulcain entre le Soleil et Mercure.

Le 8 mars, un amateur d'astronomie, Coumbary annonça, de Constantinople, avoir vu un point noir bien dessiné traverser le disque du Soleil, sur lequel il avait justement dirigé sa lunette. Ce point noir s'est détaché d'un groupe de taches voisines du bord, et il a mis 48 minutes à atteindre le bord opposé. D'après cette durée observée et le dessin de Coumbary, un passage central aurait duré un peu plus d'une heure.

Avant la découverte des télescopes, il y a eu des passages de taches noires devant le disque solaire qui en a même été obscurci ; de sorte qu'il est bien établi qu'il existe dans l'espace des corps ayant des volumes de dimensions différentes et qui passent devant le Soleil avec des vitesses inégales quand leur existence devient sensible, car leur masse ne produit aucun effet sensible sur Mercure.

J'ai cherché la preuve de la non-existence ou de l'existence d'autres planètes dans les systèmes planétaires qui parcourent maintenant leur vie astronomique, état dans lequel s'est trouvé notre système à une époque *e* avant l'espace de temps T. A une époque postérieure *e'*, après un espace de temps T, ces systèmes planétaires se trouveront dans un état comparable à celui de notre système actuel.

### A. Absence de planètes entre Mercure et le Soleil.

§ 272. J'ai trouvé que les durées des périodes des éclats de plusieurs étoiles correspondent exactement aux durées de leur révolution orbiculaire. Dans les cas où les périodes sont simples, de durée égale et régulière, j'ai reconnu qu'il y avait une étoile simple. Une telle étoile ne pouvant être qu'une planète Hermès ou un satellite, le premier et le moins éloigné de sa planète, il m'a été facile de distinguer, par les durées des périodes, les monoplanètes des monodoryphores.

Parmi les étoiles dont l'éclat a des périodes simples, il n'existe : 1° que des satellites dont les périodes ont des durées inférieures à 4 jours, et 2° que des Hermès dont les périodes ont des durées supérieures à 92 jours. S'il y avait d'autres planètes entre Hermès et son soleil, les périodes d'Hermès seraient composées : 1° de celle de 92 jours et davantage sans arriver à 3×88 jours, et 2° de celles des planètes les moins éloignées de leur soleil, s'il en existait. Telle est la preuve directe de l'absence de planète entre Mercure et le Soleil.

Jamais les périodes des aphrodites dont les durées dépassent 224 jours de Vénus et sont inférieures à 3×224 jours ne sont simples ; une planète Aphrodite ne peut être seule à son état lumineux, car, 1° cet état commence avant qu'Hermès passe à son deuxième état nébuleux, et 2° cet état ne cesse pas avant que l'état lumineux de la Gée commence.

Après l'expulsion de la masse empyrée $m'$ dont Hermès est formé à la distance $2\Delta$ de son soleil, il ne manqua pas d'expulsions d'autres jets $\mu'\mu''$... ; cependant leur éloignement étant inférieur à $2\Delta$, la pesanteur y étant supérieure à celle de la distance $2\Delta$, ces jets ont été forcés de rebrousser chemin, parce que la poussée centripète est supérieure à la poussée tangentielle, comme je le démontrerai encore une fois dans le chapitre suivant.

### B. Absence de planètes au delà de Neptune.

§ 273. Lorsque, sans s'être entendus, les astronomes ont trouvé que Neptune était beaucoup moins éloigné du Soleil qu'il ne devrait l'être d'après la loi de Bode, ils ont été induits à penser qu'on ne manquerait pas de découvrir une autre planète à une distance inférieure à celle annoncée. Personne, jusqu'à présent, n'avait pu comprendre que cette diminution de distance serait précisément l'indice direct de l'absence de planètes au delà de Neptune.

Je démontre dans cet ouvrage, d'après la loi de la balistique, que la poussée expansive exercée par les éléments $\dot{E}\dot{E}^2$ des deux électricités de la masse empyrée se communique, 1° en direction centrifuge au jet $\mu$ de masse empyrée expulsée, et 2° en direction centripète à la masse M du Soleil. 1° La masse $\mu$ a dû s'éloigner par la poussée $\frac{1}{2}Q$ jusqu'à une distance $2^9\Delta$, et 2° la masse M ayant le mouvement orbiculaire a dû acquérir un mouvement rotatoire en éprouvant la poussée centripète $\frac{1}{2}$ Q. C'est donc après que ce mouvement rotatoire du Soleil se fut établi que la partie postérieure $m^{\text{IX}}$ du premier jet commença à passer par le cratère; la masse de ce jet a dû recevoir un choc tangentiel $\sigma$ de la part du bord occidental du cratère. La poussée répulsive de la précédente masse $\mu$ était $\frac{1}{2}Q$. Cette poussée s'était un peu affaiblie; elle était $\frac{1}{2}Q-q$ quand la partie $m^{\text{IX}}$ de la masse du premier jet s'échappa. Cette masse a dû parcourir la distance $2^9\Delta-\Delta'$.

D'après la loi de Bode, la distance $2^9\Delta$ est indiquée comme étant en rapport avec les distances $2^8\Delta, 2^7\Delta, 2^6\Delta,\ldots$ La réduction de la distance $2^9\Delta$ à la distance $2^9\Delta-\Delta'$, prouve donc à la fois l'absence d'une planète au delà de Neptune et le mode de production 1° du mouvement rotatoire du Soleil et 2° du mouvement orbiculaire des planètes.

La partie $\mu$ du premier jet de masse empyrée ne s'est pas séparée de la partie $m^{\text{IX}}$ qui a éprouvé le choc tangentiel, et en même temps un mouvement que n'a pas éprouvé la partie précédente $\mu$. Nous trouvons la masse de Neptune 24,6, qui est plus grande que celle 14,5 d'Uranus, parce qu'il y entre la partie $m^{\text{IX}}$ qui est bien inférieure à 14,5, et la partie $\mu$ qui est supérieure à ce chiffre.

Les masses $\mu+m^{\text{IX}}$, $m^{\text{VIII}}$, $m^{\text{VII}}$, $m^{\text{VI}}$ vont en croissant de la manière suivante : 19+5,6; 14,5; 101,6; 339,2. On voit ainsi que dans la masse 24,6 de Neptune il se trouve un excédant $\mu=19$.

Parmi les nébuleuses planétaires (t. I, p. 290), il y en a plusieurs dans lesquelles on voit la partie $\mu$ du premier jet; elle proémine en dehors comme un bras dans quelques-unes des nébuleuses; dans les autres on voit cette partie déjà pliée comme pour former un arc. Dans les autres nébuleuses, les deux parties $\mu$ et $m^{ix}$ n'en formant qu'une à cause de la pesanteur, on ne voit rien en dehors du contour qui occupe un espace en forme de meule dont le diamètre peut se comparer à celui de l'orbite de Neptune d'après les distances qui nous séparent de ces systèmes planétaires parcourant leur premier état nébuleux avant d'apparaître successivement comme étoiles de 7e à 3e grandeur.

### C. Existence de plusieurs satellites terrestres.

En prouvant qu'il n'existe pas d'autres grosses planètes j'ai voulu faire comprendre aux astronomes qu'il était inutile de perdre leur temps à chercher des trésors dans une mine déjà épuisée. A la place de cette mine, j'en ai découvert une autre moins éloignée et non moins riche que la précédente. En comparant la distance égale qui sépare la Lune et la Terre et celle qui sépare Saturne de son quatrième satellite, j'ai trouvé que le *point Coumbary* correspond, d'après la vitesse de sa révolution, à un satellite entre la Lune et la Terre.

## X. Parallélisme de l'âge des planètes, de leur vie astronomique et de leur vie géologique.

§ 274. Je tâche d'exposer les séries des changements successifs qui s'opèrent dans les corps célestes sous plusieurs faces pour mieux faire comprendre leur liaison avec les ruptures d'équilibre qui ont leur origine : 1° dans la pesanteur, 2° dans la chaleur de la masse empyrée pendant la durée de la vie astronomique, quand le Soleil est entouré d'amas de vésicules de vapeur qui interceptent la pénétration de la chaleur pour arriver aux planètes.

La vie géologique ne commence qu'à l'époque, 1° où toutes les planètes et leurs satellites en conservant leurs mouvements se trouvent en équilibre thermostatique avec la température de l'espace de — 160° tout en conservant leur forme ovalaire, et 2° où l'équilibre s'établit au Soleil entre les molécules de sa masse empyrée et celles de la *masse m' du 5e jet qui a rebroussé chemin.*

C'est alors, 1° que la zone royale se recouvre d'une enveloppe de glace, 2° que la production de vapeur est interceptée; celle qui existe n'éprouvant plus aucune résistance par la production d'autre vapeur se précipite sur l'enveloppe glaciale du Soleil; cette enveloppe livre passage aux ondes de chaleur lumineuse pour arriver aux planètes à des densités qui sont en raison inverse des carrés des distances comme l'est la pesanteur.

C'est donc cette égalité entre les densités des rayons et les intensités de la pesanteur qui engendre des séries de faits différents, mais produit avec promptitude en raison inverse des carrés des distances entre les planètes et le Soleil.

I. Dans le principe de la vie astronomique, les huit jets de masse empyrée n'étaient que des bandes d'une longueur comparable à la moitié du rayon de l'orbite. On voit cette forme dans les nébuleuses annulaires composées de traînées de masse empyrée entourées d'amas de vésicules dont l'épaisseur atteint des millions de lieues, car les dimensions doivent être telles pour que les anneaux des nébuleuses soient visibles.

II. Dans le principe de la vie géologique, toutes les planètes et leurs satellites sont des globes ovalaires de glace qui commencent à recevoir simultanément les ondes de chaleur lumineuse à des densités qui sont en raison inverse des carrés des distances.

Ce sont donc les mêmes jets sous forme de longues bandes dont les molécules de masse empyrée, obéissant à la pesanteur, acquièrent une forme ovalaire; la couche superficielle de ces globes se congèle pour devenir une enveloppe solide, et cette couche livre passage aux ondes de chaleur lumineuse provenant de la masse empyrée renfermée dans cette enveloppe.

§ 275. I. C'est dans cet état que brille d'abord la planète Hermès à chaque système planétaire. Pour qu'Aphrodite arrive à un pareil état, il faut qu'il se soit écoulé une durée 2T; il en faut une $2^2$T pour la Gée, un $2^3$T, pour Arès, et ainsi de suite.

Mais quand Hermès a brillé pendant une durée $2^2$T, il expulse un nombre de jets de masse empyrée dont un rebrousse chemin, et c'est ainsi que commence le second état nébuleux d'Hermès et successivement celui des autres planètes Aphrodite, Gée, Arès.

La durée de l'état nébuleux étant longue, il s'établit un équilibre entre la température de la masse de chaque planète et le froid de l'espace ambiant. Quand la vapeur a cessé de se produire, celle qui a été produite se précipite sur la planète, de même la température de la masse des satellites baisse jusqu'au degré de celle de l'espace ambiant.

Dans chaque système planétaire il s'opère les mêmes séries de changements et dans le même ordre; tous les trois siècles il naît deux systèmes planétaires sous forme d'étoiles nouvelles. Les deux mille couples de systèmes qui sont à l'état de nébuleuses planétaires ont été produits en six mille siècles; avant ce temps, et pendant six mille autres siècles, ont été produits les deux mille couples de systèmes planétaires que l'on voit sous forme d'étoiles mobiles entre la 1re et la 7e grandeur. La durée de la vie astronomique de chaque système planétaire ne peut donc être inférieure à douze mille siècles.

Parmi les étoiles visibles à l'œil nu, de même que parmi les 16 millions de soleils télescopiques, il n'y a que les éléments du même couple qui soient du même âge. C'est donc pour faciliter leur étude que les 4000 systèmes planétaires sont compris dans sept classes et non dans 2000. John Herschel a trouvé (t. I, p. 487) 40 étoiles différentes de 2e à 2e,5 grandeur, environ 100 clartés différentes dans chacune des cinq classes de la 2e à la 7e.

Ce résultat d'observation suffit pour faire voir qu'en effet les 2000 couples étant entre eux d'âge différent ont nécessairement un éclat différent. Si au lieu de 2000 couples de clartés différentes on n'en aperçoit que 400, cela prouve que John Herschel ne pouvait pas distinguer les systèmes dont l'âge diffère de moins de 15 siècles.

§ 276. II. Les densités des rayons solaires déterminent les intensités des transformations de l'eau de chaque planète en air et en chrorophylle. Ces transformations sont terminées depuis longtemps pour les deux planètes inférieures; la Terre se trouve à sa dernière période oryctogonique, car elle a déjà terminé ses périodes cométogoniques en produisant 30 à 40 couples de comètes synadelphes ayant leur périhélie tout près du dedans de l'écliptique.

Mars touche à la fin de ses périodes cométogoniques, tandis que Jupiter n'en a encore parcouru que six.

Les trois autres planètes les plus éloignées n'ont encore produit aucun couple de comètes. S'il a fallu à la Terre la durée T pour terminer ses 40 périodes cométogoniques, il faudra à Neptune un espace de temps 900 fois plus grand pour terminer les siennes, qui ne seront pas moins nombreuses.

La durée de chaque période cométogonique n'est pas inférieure à celle des temps historiques, durant lesquels ne se produisit aucune comète dans la planète Mars, ce dont sa couleur rouge est la preuve; car cette couleur disparaîtrait si cette planète avait repoussé ses aérocylindres.

La durée d'une période cométogonique étant 2T pour Mercure, elle est $2^2T$ pour la Terre. Une telle durée ne peut être inférieure à 5000 ans. Il a fallu au moins 1500 siècles pour qu'il se produisît 30 couples de comètes; il faudra donc au moins 900 × 1500 siècles dans l'avenir pour que Neptune termine sa vie géologique.

Dans les neuf périodes séculaires du nombre de taches solaires, on a trouvé le mode d'accroissement de l'épaisseur et de la force de l'enveloppe glaciale du Soleil. A une époque reculée, avant ou après la fin de la vie géologique de Neptune, il arrivera que la zone royale du Soleil aura assez de force pour résister à la très-vigoureuse poussée exercée par la répulsion de la chaleur Q$\vartheta$ accumulée au-dessous de l'enveloppe. Enfin la résistance de celle-ci sera vaincue, et il y aura une seconde expulsion de jets de masse empyrée.

Après avoir terminé sa première période planétogonique, le Soleil en commencera une seconde. D'après la masse m expulsée de celle M qui lui est 700 fois supérieure, il est à présumer que le Soleil parcourra au moins cent périodes cométogoniques, et cela pendant un espace de temps qui ne peut être inférieur au nombre de siècles $1000 \times 1500 \times 100$ nécessaires pour que sa masse se refroidisse et pour qu'il acquière la température de l'espace.

Ces connaissances aideront à dissiper l'erreur des astronomes qui croient que, dans l'espace de quelques siècles, on pourra découvrir quelque changement de température dans le Soleil, erreur qu'a commise Newton, et qu'après lui plusieurs autres astronomes ont partagée. Il y en a même eu quelques-uns qui ont noté un affaiblissement de clarté du Soleil.

# CHAPITRE V.

## DE TROIS COUPLES D'ÉLÉMENTS ASTRONOMIQUES CORRESPONDANT AUX TROIS ORDRES DE CORPS DU SYSTÈME PLANÉTAIRE.

§ 277. Dans le principe, toute la masse composant les comètes, les satellites et les planètes faisait partie de la masse M du Soleil.

I. La naissance des planètes s'est opérée par l'expulsion d'un nombre de neuf jets séparés de la masse empyrée M du Soleil.

II. La naissance des satellites s'est opérée par l'expulsion d'un nombre de jets de la masse empyrée *m* de chaque planète.

III. La naissance des comètes s'est opérée par la séparation d'un nombre de couples d'aérocylindres à la fin d'un nombre égal de périodes cométogoniques parcourues par les planètes intérieures.

La séparation de toutes les masses a été produite par l'expansion des éléments $\overset{+}{E}$, $\overline{E}$ des deux électricités et par les éléments aussi électriques $\overset{+}{E}$, $\overline{E}^2$ des atomes $\overset{+}{E}\overline{E}^2$ de chaleur. J'ai démontré dans la *Physique* (t. I, p. 599, et t. III, p. 696) : 1° que les substances chimiques explosives soutiennent les éléments $\overset{+}{E}$, $\overline{E}$ des deux électricités à l'état latent, et 2° que les vésicules de vapeur soutiennent également à l'état latent les éléments $\overset{+}{E}$, $\overline{E}^2$ des atomes de chaleur.

Dans un cas, l'expansion des éléments électriques éclate quand il se produit une rupture d'équilibre opérée dans la substance par la chaleur ou par le frottement; dans l'autre cas, l'explosion ou l'expansion des éléments électriques éclate par la rupture de l'enveloppe solide qui renferme la masse empyrée à l'état de vapeur très-dense.

Pour rendre plus sensible l'origine des éléments astronomiques des corps du système planétaire séparés par leur corps central, j'y ai appliqué le calcul de la balistique et les expériences sur les substances explosives. Pour montrer la division de la quantité Q de poussée produite par l'expansion des éléments électriques de la poudre; on charge également deux canons de même calibre, on les suspend et on les décharge simultanément, après les avoir attachés l'un à l'autre par leur queue.

Il arrive que les balles parcourent en directions divergentes la même distance que si les canons étaient séparés; il n'y a que le recul qui s'annihile mutuellement. En faisant jouer en sens divers deux pistons égaux dans le même cylindre, si l'on introduit la vapeur au milieu du cylindre, on en obtient deux poussées divergentes égales et par suite un effet double.

La force motrice qui a séparé les jets de masse empyrée de la masse M du Soleil est de même nature que celle qui produit les explosions des chaudières à soupape fermée et que celle qui produit les éruptions des volcans à cratère bouché.

**Mode d'éloignement des jets.** La quantité Q d'éléments électriques se divise, au moment de l'explosion, en deux moitiés pour passer, l'une dans la masse expulsée $m$, et l'autre dans la masse M du Soleil. Dans la balistique, le canon correspond au Soleil et la balle à la masse $m$ des planètes expulsées. A cause de la division des éléments électriques Q, il en résulte une égale quantité de mouvement indiquée dans le jet $m$ par $D \times m$, et dans le Soleil par $\delta \times M$, comme cela a lieu pour la balle et le canon qui ont des quantités égales de mouvement $D \times m = \delta \times M$.

L'éloignement du jet s'opère par l'expansion de la quantité $\frac{1}{2}$ Q d'éléments électriques ; cette expansion se répète en se subdivisant pour devenir $\frac{1}{4}$Q, $\frac{1}{8}$Q, $\frac{1}{16}$Q..., de sorte qu'il n'y a pas de différence entre la manière dont la balle sort de la bouche du canon et celle dont le volant s'enlève de la raquette. Ces éloignements se terminent au moment où la poussée expansive de la quantité $\frac{1}{2^n}$Q d'éléments électriques s'affaiblit au point de devenir égale à la poussée centripète $p$ de la pesanteur.

La subdivision de la quantité $\frac{1}{2}$Q d'éléments électriques s'opère de même dans la masse M du corps central ; ces éléments trouvent le minimum de résistance dans le cratère, vers lequel, pendant leur expansion, ils entraînent chaque fois de nouvelles portions $m^{viii}$, $m^{vii}$... $m'$ de masse empyrée. Chacune de ces portions a reçu une quantité décroissante $\frac{1}{4}$ Q, $\frac{1}{8}$ Q, $\frac{1}{16}$Q d'éléments électriques, et chacune d'elles s'est arrêtée aux distances décroissantes $2^9\Delta$, $2^8\Delta$... $2\Delta$.

278. **Classification des éléments astronomiques des planètes.** 1° La masse entière des huit planètes a été expulsée de celle M du Soleil. 2° La masse des satellites des huit planètes a été expulsée de la masse de chacune d'elles. Il n'y a entre les planètes, sous ces deux rapports, d'autre différence que celle qui les sépare du Soleil, différence dont on connaît l'origine.

La différence des distances entre les planètes et le Soleil occasionne l'inégalité des quantités de chaleur lumineuse amenée par les rayons solaires à chacune des huit planètes. C'est donc de cette inégalité de chaleur qu'est résultée l'inégalité d'âges des planètes parcourant leur vie géologique. Les quatre planètes intérieures possèdent toutes un grand nombre de couples de comètes synadelphes, tandis que parmi les quatre planètes extérieures, il n'y a, jusqu'à présent, que Jupiter qui en possède six couples.

Les effets produits dans les quatre planètes pendant leurs périodes cométogoniques ne se trouvent donc pas dans les quatre autres, de sorte qu'il y a dans les planètes intérieures des éléments astronomiques qui manquent dans les planètes extérieures.

On est ainsi conduit à distinguer les éléments astronomiques des planètes :

1° En couples d'éléments *planétogéniques* dont l'un est au Soleil et l'autre aux planètes;

2° En couples d'éléments *doryphorogoniques* dont l'un est aux planètes et l'autre aux satellites ;

3° En couples d'éléments *cométogoniques* dont l'un est aux planètes et l'autre aux comètes synadelphes.

Cette classification des éléments astronomiques des planètes ne pouvait résulter de l'observation qui fait connaître l'existence de ces éléments. Quant à moi, je ne serais jamais parvenu à trouver cette classification si je ne m'étais appuyé sur la seule loi physique qui régit tout dans le monde.

## I. COUPLES D'ÉLÉMENTS PLANÉTOGONIQUES.

§ 279. Dans le principe, la masse empyrée M se trouvait renfermée dans une enveloppe de glace composant le Soleil qui n'avait que son mouvement orbiculaire autour de l'Archégète. Dans cet état, le Soleil pouvait se comparer à une chaudière à soupape fermée et à un volcan à cratère bouché, dont l'explosion est imminente.

Après une telle explosion, la masse M du Soleil s'est trouvée avoir conservé son mouvement orbiculaire et de plus avoir acquis un mouvement de rotation. De leur côté, les jets expulsés se trouvèrent à des distances symétriques possédant le mouvement orbiculaire opéré, 1° dans le même sens que la rotation du Soleil, et 2° sur des plans peu éloignés de celui de l'équateur du Soleil.

D'après la loi de la balistique, j'ai trouvé :

I. Que la rotation de la masse M a été produite, 1° par

son mouvement orbiculaire, et 2° par un mouvement centripète ∂ produit par une poussée exercée sur la masse M de la part d'un cratère d'où se sont échappés des jets de cette même masse;

II. Que le mouvement orbiculaire des jets expulsés a été produit, 1° par la poussée centrifuge $\frac{1}{2}$Q correspondant à la poussée centripète et opérées toutes les deux au moment de leur séparation dans le cratère, et 2° par la poussée tangentielle exercée par le bord occidental du cratère sur chacun des jets au moment où ils se sont échappés du cratère.

Je suis allé plus loin, et j'ai dit qu'il fallait qu'il s'échappât une portion $\mu$ de masse empyrée avant que la rotation de la masse M commence. Cette portion $\mu$, n'ayant pas reçu une poussée tangentielle, ne pouvait avoir un mouvement orbiculaire. Ainsi, dans le 1er jet, on doit trouver : 1° la portion $\mu$ qui s'est échappée avant le commencement de la rotation, et 2° la portion $m^{IX}$ qui, sans se séparer de la précédente, s'est échappée vers le commencement de la rotation. Ayant donc reçu un choc tangentiel, la portion postérieure $m^{IX}$ a acquis un mouvement orbiculaire et est restée attachée à la masse de la portion $\mu$. Au lieu donc que le 1er jet se trouve à une distance $2^9\Delta$ correspondante à l'accroissement des distances des autres planètes, d'après la loi de Bode, il a dû se trouver à une distance inférieure $2^9\Delta - \Delta'$.

Les jets suivants se trouvent arrêtés aux distances décroissantes $2^8\Delta$, $2^7\Delta$... $2\Delta$ correspondantes aux subdivisions $\frac{1}{4}$Q, $\frac{1}{8}$ Q, $\frac{1}{16}$ Q... de la quantité Q d'éléments électriques. Tous ces jets ayant été expulsés pendant l'accroissement de vitesse de la rotation du Soleil, ont acquis un choc tangentiel croissant.

§ 280. **Comment le mouvement centrifuge se change en mouvement orbiculaire.** Les jets sont partis du cratère après leur séparation de la masse solaire M et ont obéi : 1° à la poussée répulsive centrifuge $p'$ et à la poussée tangentielle $\sigma$ en décrivant chacun la branche d'une hyperbole ayant pour équation $b^2x^2 - a^2y^2 = a^2b^2$. C'est à cause de la subdivision de la quantité $\frac{1}{2}$ Q que diminue la poussée $p'$ soutenant l'éloignement des jets que la valeur $1 + (1 + \alpha)^2$, du carré de l'arc $\lambda$ parcouru jusqu'à devenir cette valeur $1 + (1 - \alpha)^2$ laquelle correspond à une courbe elliptique ayant pour équation $a^2y^2 + b^2x^2 = a^2b^2$, en indiquant par $2a$ son grand axe et par $2b$ son petit axe.

Pour que la valeur $\lambda^2 = 1 + (1 + \alpha)^2$ arrive à celle $\lambda^2 = 1 + (1 - \alpha)^2$, il faut qu'elle passe par celle $\lambda^2 = 2$ qui, correspond à une courbe de parabole ayant pour équation $y = n\sqrt{x}$. Ce mouvement n'est que d'une minime durée parce que la valeur $\lambda^2 = 2$ ne peut pas rester invariable; ne pouvant plus croître, cette valeur diminue, et c'est ainsi que les jets, après avoir décrit une grande partie de courbes d'hyperbole et une faible partie de courbes de parabole, parviennent aux courbes d'ellipses où leur mouvement orbiculaire reste conservé pour toujours, parce qu'il ne peut jamais devenir $\lambda^2 = 1$ ou $\lambda^2 < 1$.

Toutefois, il ne manque pas de cas où ces deux valeurs ont une courte existence, de même que les valeurs $\lambda^2 = 2$ et $\lambda^2 = 1 + (r + \alpha)^2$. Ce sont les jets postérieurs qui acquièrent des poussées centrifuges médiocres pour parcourir les distances $\Delta$, $\frac{1}{2}\Delta$, $\frac{1}{4}\Delta$...

Par la pesanteur, les masses y éprouvent les poussées $\Delta$, $2^2\Delta$, $2^3\Delta$... Ainsi, dans la valeur $\lambda^2 = 1 + (1 - \alpha)^2$, 1° pour la distance $\Delta$ c'est $\alpha = 1$ et $\lambda^2 = 1$, et 2° pour la distance $2^2\Delta$ c'est $\alpha = 4$ et $\lambda^2 = 1 + (1 - 4)^2$. Pour arriver de la valeur $\lambda^2 = 1$ à celle $\lambda^2 = 1 + (1 - 4)^2$, la valeur de $\lambda^2$ ne devient pas nulle; seulement la direction devient négative et la valeur de $\lambda^2$ croît tant que les distances $\frac{1}{2}\Delta$, $\frac{1}{4}\Delta$ parcourues diminuent.

J'ai montré cette concordance entre les cinq coupes coniques et les voies courbes ou rectilignes des jets pour me mettre d'accord avec les astronomes qui ont prétendu qu'il existe des corps célestes parcourant des courbes d'hyperboles, de paraboles et de cercles.

Sans s'appuyer sur aucun principe, mais par le seul tâtonnement, les astronomes sont parvenus à trouver les cinq résultats indiquant les cinq coupes de section conique. En prenant $g^2$ comme vitesse correspondant à la distance $\lambda^2$ parcourue par une planète et $g$ comme distance entre la planète et le Soleil, on a trouvé empiriquement pour le produit $g^2g$ les cinq valeurs ci-dessous de $\lambda^2$ :

$$(\alpha) \qquad g^2g \begin{cases} = 2 + \alpha & \text{indique une hyperbole.} \\ = 2 & \text{indique une parabole.} \\ = 1 - \alpha & \text{indique une ellipse.} \\ = 1 & \text{indique une périphérie.} \\ = 1 + (1 - h)^2 & \text{indique une chute.} \end{cases}$$

La valeur de la longueur $\lambda^2$ parcourue par une planète sur son orbite est toujours la somme des carrés, 1° de la poussée centripète de la pesanteur $p$, et 2° de la poussée tangentielle $\sigma$. Ces deux poussées sont verticales dans l'aphélie et dans le périhélie; dans tous les autres points elles forment un angle de $90° \pm \gamma$. En s'avançant de l'aphélie vers le périhélie, l'angle $90° - \gamma$ diminue pour atteindre un minimum au milieu sans que jamais $\gamma$ augmente jusqu'à 45°; ensuite l'angle $\gamma$ décroît pour devenir 0° au périhélie.

Soit $\lambda = a'b$ (fig. 19) la longueur qu'a dû parcourir la masse du jet arrêté par la pesanteur à une distance $r$ indiquant par $\frac{1}{r^2}$ la poussée centripète $p$ égale à la poussée tangentielle indiquée par $\frac{1}{r}$. Pour en tirer $\lambda^2 = 2$ il faut donc avoir $\frac{1}{r^2} + \frac{1}{r^2} = 2$, valeur qui indique l'arc parabolique parcouru par le jet au moment de son passage de la courbe d'une hyperbole à celle d'une ellipse dans laquelle doit croître la poussée $p$ de la pesanteur par le décroissement de la distance $r = a + e$, $a$ étant le demi grand axe $Oa'$ et $e = OS$ qui est l'excentricité. Le minimum de la valeur est $r = a - e$, qui est la distance SL entre le Soleil et le périhélie.

Fig. 19.

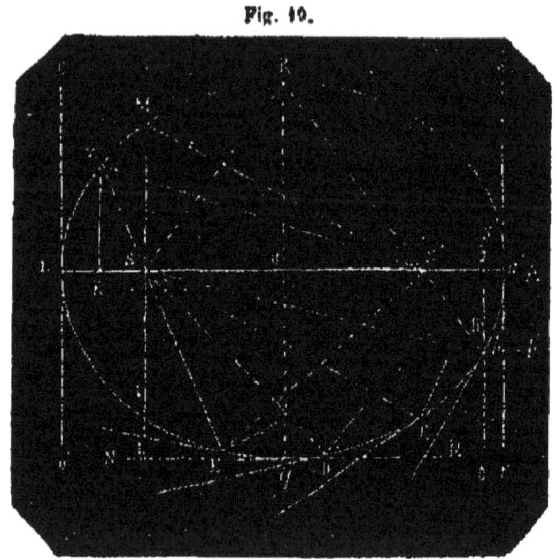

Pour arriver de $r = a + e$ à $r = a - e$ dans la formule $\lambda^2 = 1 + (1 - \alpha)^2$ ou $\lambda^2 = \frac{1}{(2a-\alpha)^2} + \frac{1}{(2a-\alpha)^4}$, $\alpha$ ne devient pas plus grand que $a$; de sorte que la longueur $\alpha$ varie entre zéro et $a$; dans la valeur suivante $2a - \alpha$ est remplacé par $r$.

$$(\beta) \qquad \lambda^2 = \frac{1}{r^2} + \frac{1}{r^4}, \quad \lambda r^2 = \sqrt{r^2 + 1}.$$

Si l'on compare les facteurs des formules ($\alpha$) et ($\beta$) de $g^2 q$ et $r^2\lambda$, on parvient à se convaincre que les produits de ces facteurs ne diffèrent pas; $r^2$ étant le rayon vecteur, $g^2$ l'est aussi, et $q$ est la distance parcourue ou la vitesse. Les calculateurs ont trouvé la valeur réelle du carré de la vitesse au moyen d'une formule assez compliquée.

Soient T la durée de la révolution de la planète dont le carré est proportionnel à $r^3$ qui est le rayon vecteur; $k$ une constante dépendant, 1° de la masse M du corps central qui est le Soleil dans le système planétaire, ou 2° de la masse $m$ de la planète qui est le corps central de son système de satellites. 1° La valeur de cette constante dans le système planétaire est trouvée par le calcul basé sur l'observation $k = 3^{\text{lieues}},407$. 2° La valeur de la longueur $\lambda$ parcourue par une planète est :

$$(\gamma) \qquad \lambda^2 = \frac{4k^2a^2}{T^2}\left(\frac{2}{r} - \frac{1}{a}\right), \quad \lambda = \frac{2ka}{T}\sqrt{\frac{2a-r}{r}},$$

§ 281. **Variations du petit axe et de l'excentricité.** La valeur **du demi grand axe est invariable et l**'on a toujours :

$$(\delta) \qquad a^2 = b^2 + e^2.$$

**Les aires A parcourues par le rayon vecteur** sont en rapport direct **avec le petit axe et en rapport** inverse avec l'excentricité; **elles sont aussi en rapport inverse** avec la longueur $\lambda$ dont la valeur est aussi en rapport direct avec la longueur $\alpha$ ou en rapport inverse avec la différence $2a - \alpha$ qui est égale à la longueur du rayon vecteur du point occupé par la planète.

La durée T de la révolution est constante parce qu'elle est proportionnelle à $2\sqrt{a^3}$; il en est de même de la longueur $2a$ du grand axe, parce que le petit axe et l'excentricité peuvent seuls changer dans l'équation ($\delta$). Le nombre $n$ des aires A parcourues par le rayon vecteur pendant une révolution reste invariable; leur étendue ne varie que par le rapprochement ou par l'éloignement des autres planètes. Ces sortes d'effets sont appelés *anomalies*, et l'on considère comme constant le volume $r^2\lambda$ indiquant un prisme de base carrée conservant le même volume $v$ pendant les variations des deux facteurs $r\lambda\lambda$; et $r = 2a - \alpha$.

**Mesure de la quantité de barogène en équilibre rompu de chaque planète.** Le mouvement des planètes n'est que l'effet du barogène $\beta$ en équilibre rompu et en rapport constant avec la masse composant les planètes. Pour chaque portion $m$ de masse en mouvement, 1° c'est une portion β de barogène en équilibre rompu qui est la *force*; 2° c'est l'écoulement de ce barogène qui se manifeste comme *action* ou mouvement sans parvenir à un équilibre; mais cette action est cause qu'une quantité égale d'une autre masse de barogène β est réduite en équilibre rompu.

Les molécules du barogène sont composées du même fluide nommé *électre* que les molécules des éléments des deux électricités; elles ne diffèrent que par la densité. Ainsi c'est leur expansion qui produit la poussée aux masses en mouvement; l'intensité des expansions est en raison directe de la pesanteur $p$ et en raison inverse des carrés des distances des planètes. La densité de barogène en écoulement est en rapport direct avec l'intensité et en rapport inverse, 1° avec son volume $v = \lambda r^2$, ou 2° avec les carrés des distances indiquées par le rayon vecteur $r$.

Le rapport $m : \beta = k$ est donc la quantité constante exprimée en lieues parcourues en une seconde l'unité des distances étant celle entre la Terre et le Soleil. Le volume $v$ de la masse $m$ ne différait pas dans le principe, de même que la densité des trois planètes les plus éloignées ne diffère pas actuellement; mais le volume réel $v = \lambda r^2$ est en rapport direct avec les carrés des distances, de sorte que la quantité β de barogène déplacé pour repousser la masse $m$ est constante, et il n'y a que son volume qui croît ou décroît.

Dans les formules (β) et (γ), la vitesse λ ou la longueur parcourue par une planète est exposée de deux manières différentes; cette différence de formules disparaît en restituant $T^2$, qui est le carré de la durée de révolution, par $r^3$, qui est le cube du rayon vecteur.

$$\lambda^2 = \frac{4a^2k^2}{r^3} \times \frac{2a - r}{ar};\ \lambda^2 r^4 = \frac{4a^3k^2(2a - r)}{a};\ 2a - r = a,$$

donne :

$$(1)\quad \lambda^2 r^4 = 4a^2k^2 = r^2 + 1;\ k^2 = \frac{r^2 + 1}{4a^2} = \frac{a^2 + 1}{4a^2} = \frac{1}{4} + \frac{1}{4a^2}.$$

Pour obtenir en lieues la valeur de la constante $k$, on

introduit dans la formule ($\gamma$) pour le rayon vecteur $r$ la distance moyenne entre la Terre et le Soleil, où se trouve $r=a$.

§ 282. **Couples d'éléments trouvés, l'un aux planètes et l'autre au Soleil.** 1° Les éléments astronomiques des planètes se forment en couples avec les éléments correspondants du Soleil, suivant la loi de la balistique. 2° Les éléments astronomiques actuels des planètes se coordonnent suivant la loi de la pesanteur. Il est donc facile d'exposer les éléments planétogoniques d'après ces deux lois, dont les actions s'opèrent l'une après l'autre ; l'action correspondant à la loi de la balistique était la précédente.

I. La non-rotation du Soleil correspond à l'absence d'une planète à la distance $2^9\Delta$, car Neptune est à la distance $2^9\Delta - \Delta'$.

II. La rotation qui s'établit au Soleil après l'expulsion de la portion $\mu$ du premier jet correspond : 1° aux distances $2^9\Delta - \Delta'$, $2^8\Delta$, $2^7\Delta$, $2^6\Delta$..., $2\Delta$ primitives des planètes ; 2° à leur mouvement orbiculaire.

III. La diminution des distances $2^8\Delta$, $2^7\Delta$, $2^6\Delta$ et l'accroissement des masses $m^{\text{VIII}}$, $m^{\text{VII}}$, $m^{\text{VI}}$, correspondent : 1° au décroissement $\frac{1}{4}Q$, $\frac{1}{8}Q$, $\frac{1}{16}Q$ de la quantité des éléments électriques, et 2° à l'allongement du bord occidental du cratère au Soleil dont elles ont été expulsées.

IV. L'absence d'une planète entre Mars et Jupiter correspond, 1° à la zone royale du Soleil, et 2° à l'anneau zodiacal.

V. La diminution de la masse $m^{\text{IV}}$, $m^{\text{III}}$, $m^{\text{II}}$, $m^{\text{I}}$ des quatre planètes intérieures correspond au très-grand allongement du cratère dont les masses soulevées n'ayant pas éprouvé de choc tangentiel, ont rebroussé chemin, et dont les quatre minimes portions qui ont donné naissance aux quatre planètes intérieures ont seules continué à circuler dans l'espace.

VI. Il n'est pas resté de jets de masse empyrée entre Mercure et le Soleil, à cause de la très-grande pesanteur qui a forcé ces jets à rebrousser chemin.

Les déplacements convergents de sept jets de masse inférieure vers le gros jet $m^{vi}$ de masse excédante se sont opérés par leur pesanteur, indépendamment de l'affluence du Soleil et après l'expulsion des jets.

A. *Tableau des déplacements des planètes vers Jupiter et distances actuelles produites par les distances primitives entre elles et le Soleil, 1000λ étant la distance de la Terre et λ = 38000 lieues.*

| PLANÈTES. | DISTANCES primitives. | Distances actuelles des aphélies. | DÉPLACEMENTS vers Jupiter. | Excentricité. | DENSITÉS des rayons solaires. |
|---|---|---|---|---|---|
| Mercure. . . . . | $2\Delta = 170$ | 407 | 297 | 200 | $\left(\frac{1}{407}\right)^2$ |
| Vénus. . . . . . | $2^2\Delta = 341$ | 728 | 387 | 7 | $\left(\frac{1}{728}\right)^2$ |
| La Terre. . . . . | $2^3\Delta = 682$ | 1017 | 335 | 17 | $\left(\frac{1}{1017}\right)^2$ |
| Mars. . . . . . . | $2^4\Delta = 1364$ | 1600 | 302 | 93 | $\left(\frac{1}{1600}\right)^2$ |
| Jupiter. . . . . . | $2^6\Delta = 5454$ | 5454 | 0 | 18 | $\left(\frac{1}{5454}\right)^2$ |
| Saturne . . . . . | $2^7\Delta = 10908$ | 10073 | — 835 | 56 | $\left(\frac{1}{10073}\right)^2$ |
| Uranus. . . . . . | $2^8\Delta = 21816$ | 20076 | — (835 + 805) | 17 | $\left(\frac{1}{20076}\right)^2$ |
| Neptune. . . . . | $2^9\Delta = 43632$ | 30319 | — (835 + 805 + 11573) | 9 | $\left(\frac{1}{30319}\right)^2$ |

B. *Tableau des éléments des planètes ayant pour origine l'expulsion de leur masse par celle du Soleil.*

| CORPS. | MASSES ; celle de la Terre = 1. | DISTANCES DU SOLEIL ; celle de la Terre = 1000λ ; λ = 38000 lieues. | | | DURÉES DES RÉVOLUTIONS | | |
|---|---|---|---|---|---|---|---|
| | | Aphélie. | Moyenne. | Périhélie. | réelle. | tropique. | synodique. |
| Mercure. . | 1 : 13,7 | 407λ | 387λ | 308λ | 87j 23h 15m 46s | 87j 23h 14m 35s | 115j 21h |
| Vénus. . . | 1 : 1,13 | 728λ | 723λ | 718λ | 224 16 49 7 | 224 16 41 25 | 583 22 |
| La Terre. | | 1017λ | 1000λ | 983λ | 365 6 9 11 | 365 5 48 48 | » » |
| Mars. . . | 1 : 7,54 | 1666λ | 1524λ | 1381λ | 686 23 30 25 | 686 22 18 18 | 780 00 |
| Jupiter. . | 339,2 : 1 | 5454λ | 5203λ | 4952λ | 4332 14 2 7 | 4330 14 14 16 | 398 22 |
| Saturne. . | 101,6 : 1 | 10073λ | 9539λ | 9004λ | 10759 5 16 23 | 10746 22 30 16 | 378 2 |
| Uranus. . | 14,5 : 1 | 20076λ | 19182λ | 18288λ | 30686 19 41 36 | 30586 21 48 5 | 369 16 |
| Neptune . | 24,6 : 1 | 30319λ | 30034λ | 29758λ | 60117 9 36 00 | 50736 6 28 00 | 367 13 |
| Le Soleil. | 355499 : 1 | | | | | | |

### II. ÉLÉMENTS ASTRONOMIQUES DES PLANÈTES AYANT POUR CAUSE LA NAISSANCE DES SATELLITES DUE A LEUR PLANÈTE.

§ 283. Tous les détails exposés à l'occasion de la naissance des planètes, due au Soleil, se sont répétés pour chacune des planètes de degré inférieur proportionnellement à leur masse $m^{\text{I}}$, $m^{\text{II}}$, $m^{\text{III}}$..., par rapport à celle M du Soleil.

Chacune des planètes a acquis des éléments astronomiques correspondant à ceux du Soleil; tels sont : 1° le mouvement rotatoire dans un plan qui ne coïncide jamais avec le plan orbiculaire ; 2° la triple anomalie *précession*, *nutation*, *avancement du périhélie* ; 3° trois échancrures de chaque planète correspondant à la zone royale du Soleil ; 4° le prolongement du plan équatorial de chaque planète faisant de très-petits angles avec les plans orbiculaires de ses satellites, de même que le prolongement du plan équatorial du Soleil fait de petits angles avec les orbites des planètes; 5° des météores de faible dimension, analogues à ceux de l'anneau zodiacal, existant autour de chaque planète. Ces météores, passant à une petite distance de la Terre, se présentent sous forme de *pluies d'étoiles*, les mêmes météores à l'état de sporade; se voient comme *étoiles filantes*.

Les éléments astronomiques homonymes existant au Soleil et aux planètes correspondent géométriquement à leur cause physique, qui a produit des actions d'une courte durée et dont les effets seuls sont restés. De ces effets, les uns ont subi des modifications dues aux actions postérieures opérées dans les planètes intérieures, tandis que les effets primitifs se sont conservés dans les planètes extérieures. Ces changements postérieurs se manifestent : 1° dans l'existence des comètes synadelphes des planètes intérieures ; 2° dans la densité supérieure de ces planètes; 3° dans leur faible vitesse de rotation.

Toutes les actions qui ont produit ces effets, étant des

actions postérieures par rapport à la naissance des satellites, ne sont pas *prises* ici en considération. Ainsi je me borne à exposer le mode de production de la *précession*, de la *nutation* et de la *marche du périhélie*.

*Tableau des éléments astronomiques planétaires de 1840 ayant pour cause l'inégalité des deux hémisphères des planètes.*

| PLANÈTES. | Inclinaison de l'équateur sur l'orbite. | TRIPLE ANOMALIE RÉSULTANT DE L'INÉGALITÉ DES DEUX HÉMISPHÈRES. | | | | | |
|---|---|---|---|---|---|---|---|
| | | Inclinaison vers l'écliptique | | Longitude du nœud | | Longitude du périhélie | |
| | | pour 1840. | Variations annuelles. | pour 1840. | Variations annuelles. | pour 1840. | Variations annuelles. |
| Mercure. . | 75° | 7° 0′ 13″,3 | + 0″,18 | 46° 23′ 55″,0 | — 10″,07 | 74° 57′ 27″,0 | 5″,81 |
| Venus. . . | 78 | 8 28 31 ,4 | + 0 ,07 | 75 11 29 ,8 | — 20 ,60 | 124 44 25 ,6 | 3 ,24 |
| La Terre. . | 23 1/2 | | | | | 100 11 27 | 11 ,24 |
| Mars. . . . | 27 10′ | 1 51 5 ,7 | — 0 ,01 | 48 16 18 ,0 | — 25 ,22 | 333 0 38 ,4 | 15 ,40 |
| Jupiter. . . | 3 6 | 1 18 42 ,4 | — 0 ,23 | 98 48 37 ,8 | — 15 ,90 | 11 48 37 ,8 | 0 ,65 |
| Saturne. . | 29 | 2 29 29 ,9 | — 0 ,15 | 112 16 34 ,2 | — 19 ,54 | 89 51 41 ,2 | 19 ,31 |
| Uranus. . . | 79 | 0 46 29 ,2 | — 0 ,03 | 73 8 47 ,8 | — 36 ,05 | 168 5 24 | 2 ,28 |
| Neptune. . | 33 | 1 47 0 ,9 | | 129 59 23 ,1 | | 50 8 16 ,0 | |

§ 284. **Résultats ayant pour cause l'inégalité des deux hémisphères.** Avant la naissance des satellites, les planètes n'avaient que des mouvements orbiculaires; le grand diamètre des globes ovalaires était dans le plan de l'orbite, de même que celui de la Lune est dans le plan de son orbite qui passe par le centre de la Terre. De l'inclinaison du plan équatorial sur celui de l'orbite, il résulte que toutes les planètes se trouvent divisées par leur équateur en deux hémisphères inégaux; car l'un d'eux $h$ contient le sommet de l'ovalaire de poids $p + \alpha$, et l'autre $h'$ la base de poids $p - \alpha$. Si l'équateur coïncidait avec l'orbite, il devrait passer par le sommet et diviser la planète en deux hémisphères égaux ayant chacun le poids $p$. Cette position de l'équateur ne se rencontre ni dans les planètes ni dans le Soleil, ce qui prouve que le cratère n'est jamais au sommet, parce que la force de résistance de l'enveloppe y est supérieure.

Dans son mouvement orbiculaire, chaque planète a un hémisphère $h$ du côté du Soleil pendant sa demi-révolution, et elle a l'autre hémisphère $h'$ du côté du Soleil pendant son autre demi-révolution. Il en résulte que pendant la durée 2T de la révolution, l'hémisphère $h$ avec l'axe s'approche d'un côté du Soleil pendant tout le temps T, puis quand il se trouve de l'autre côté du Soleil, le même hémisphère s'approche du Soleil, mais en sens inverse. Dans cette oscillation de l'équateur, il y a une perte de mouvement, et il s'écoule la durée T avant que le maximum de vitesse de la chute arrive, à cause de la perte susdite du mouvement dans les oscillations de l'équateur avec les deux hémisphères.

S'il était loisible aux astronomes de pouvoir attribuer aux planètes la forme ovalaire, ils auraient infailliblement été conduits au même résultat que moi, car c'est cette forme exclusivement qui produit la précession, la nutation et la marche du périhélie.

**Précession découverte par Hipparque.** Pour avoir un point fixe dans le globe céleste, 1° les anciens ont adopté le point de rencontre de la périphérie de l'équateur terrestre avec l'écliptique, comme on le voit dans la *Carte céleste* (t. I); on l'appelle *point de l'équinoxe du printemps* ou *nœud ascendant;* 2° ils ont adopté pour seconde direction les distances entre les parallèles et l'équateur, comme font les géographes.

Lorsque Hipparque compara les positions des étoiles observées avec celles de Timocharis, qui vivait 150 ans avant, il trouva que les latitudes des étoiles étaient les mêmes, tandis que *toutes* les longitudes se trouvaient augmentées de deux degrés.

Cette marche uniforme de toutes les longitudes a conduit à connaître que c'est le nœud ascendant ☊, point de départ, qui recule. Il s'est écoulé deux mille ans depuis la découverte de ce fait astronomique, sans que personne ait soupçonné sa liaison avec la marche du périhélie et avec la nutation découverte par Bradley; on a été encore bien plus loin de penser que l'ensemble de ces trois faits a pour origine la forme ovalaire des planètes divisées par leur équateur en deux hémisphères inégaux. Cette triple anomalie existe au Soleil par rapport à l'Archégète, de même que par rapport aux planètes, mais jusqu'à présent elle est restée inconnue aux astronomes.

Aucun astronome n'a cherché la cause de la précession dans l'inégalité des diamètres **d**, *d* équatorial et polaire de la forme aplatie divisée par l'équateur en deux hémisphères égaux; heureusement qu'il s'en est rencontré d'autres qui ont reconnu que l'égalité des hémisphères ne peut jamais engendrer ni précession, ni nutation, ni progrès des périhélies.

Au contraire, parmi tous ceux qui liront cet ouvrage, il ne s'en trouvera pas un seul qui ne comprenne le mode de production de trois faits différents de l'inégalité des deux hémisphères, inégalité qui ne manque d'aucune planète, pas même du Soleil, la preuve en est mathématique.

Connaissant l'origine commune, il devient facile d'exposer en formules mathématiques les rapports de la précession avec la nutation et la marche du périhélie. La valeur de l'une des ces trois anomalies fait trouver la valeur des deux autres; et c'est par la combinaison de ces valeurs qu'on détermine la différence $2\alpha$ du poids entre les deux hémisphères et son rapport avec l'inclinaison $i$ de l'équateur de chaque planète sur son orbite.

De même donc que ces inclinaisons diffèrent pour chaque planète, de même y diffère le poids $2\alpha$ entre les deux hémisphères. Les inclinaisons diffèrent dans chaque planète, parce qu'elles ne dépendent que de la position du cratère par lequel ont été expulsés les jets de masse empyrée des satellites, ainsi qu'on le voit par la position presque coïncidente du plan équatorial de chaque planète et des plans orbiculaires de ses satellites, sauf celui de la Lune et du 8e satellite de Saturne.

### III. ÉLÉMENTS ASTRONOMIQUES DES PLANÈTES AYANT POUR CAUSE LA NAISSANCE DES COMÈTES SYNADELPHES DUE A LEURS PLANÈTES.

§ 285. Dans le principe de la vie géologique de notre système planétaire, les satellites et la Lune étaient dans le même état qu'aujourd'hui. Les planètes intérieures ne différaient des planètes extérieures, 1° ni par la vitesse de leur rotation, 2° ni par leur densité. Ainsi le volume des planètes intérieures était environ huit fois plus grand, et leur diamètre était double du diamètre actuel.

J'ai exposé les changements produits dans chaque planète avec une intensité en raison inverse des carrés des distances du Soleil; les durées des changements sont en raison directe des carrés de ces distances. Les intensités des changements correspondant aux densités des rayons solaires qui sont en raison inverse des carrés des distances sont connues.

Les densités, les retards des rotations et les nombres des comètes synadelphes sont analogues aux densités des rayons.

Les conséquences de ces changements sont : 1° le poids à la surface de chaque planète, 2° les diamètres, 3° les volumes, 4° la température de l'ébullition de l'eau de la surface de chaque planète et la force photographique de la lumière des planètes.

L'arrivée des rayons à chaque planète est permanente et sans diminution perceptible; mais les changements ne persistent qu'autant qu'il y a de l'eau dans chaque planète; elles restent à l'état stationnaire dès que de toute la masse d'eau, 1° une partie s'est transformée en couples d'aérocylindres qui, séparés, ont été transformés en comètes synadelphes, et 2° une autre partie de l'eau s'est transformée d'abord en substance végétale, puis en substance minérale.

L'inégalité entre les planètes inférieures et les planètes supérieures reste à l'état stationnaire dans les deux planètes inférieures, état qui ne se rencontre pas dans les autres planètes. Les retards des rotations et l'existence des comètes synadelphes sont deux résultats qui, d'après la loi de la mécanique, correspondent à une poussée divergente comparable à celle opérée dans le cratère de chaque planète lors de l'expulsion des jets de masse empyrée.

A. RAPPORT ENTRE LE RETARD DE LA ROTATION DES PLANÈTES MÈRES ET L'EXCENTRICITÉ DES ORBITES DES COMÈTES SYNADELPHES.

§ 286. La masse d'air conservant son mouvement rotatoire de périphéries égales à celle de l'équateur, forme dans les prolongements de l'axe deux aérocylindres creux, dont la longueur croît par la poussée exercée par la nouvelle masse d'air produite sur la zone torride.

C'est donc cette poussée qui s'exerce en direction divergente, 1° en avant vers les deux aérocylindres, et 2° en arrière vers la surface de la zone torride contre son mouvement rotatoire. Ce sont les éléments électriques $\bar{\bar{E}}\bar{E}^{3}$ des atomes de chaleur de l'oxygène et de l'azote qui exercent cette répulsion croissante avec la quantité d'air dont la production n'éprouve aucune interruption. Donc, sans que l'air soit renfermé dans une enveloppe comme la masse empyrée, c'est au moyen de sa rotation qu'il persiste sous forme d'aérocylindre dont la densité croît, 1° par la production de nouvelles masses, et 2° par la résistance exercée par la pesanteur.

Quand la poussée répulsive 2Q atteint un degré très-élevé, c'est au moment où la planète passe par son périhélie à la distance $a-e$ du Soleil que sa masse et celle de ses deux aérocylindres acquièrent le maximum de vitesse pour s'éloigner du Soleil ; c'est à un de ces moments que s'opère la séparation des aérocylindres. L'expansion de Q éléments électriques s'opère contre la surface de la zone torride, et l'expansion de l'autre partie Q se subdivise aux deux aérocylindres pour les faire s'éloigner dans une direction parallèle à la tangente de l'équateur.

En conservant leur mouvement orbiculaire, 1° la planète mère perd une quantité $q$ de son mouvement rotatoire, qui a pour valeur $\delta \times M$; 2° les deux aérocylindres gagnent une égale quantité de mouvements $2D \times \mu$ dans une direction entre la parallèle du plan orbiculaire et l'inclinaison de l'équateur de la planète sur son orbite.

La poussée $p$ de la pesanteur vers le Soleil étant $n$ fois inférieure à celle $\frac{1}{2}Q$ dans la direction perpendiculaire, chacun des deux aérocylindres devait parcourir la distance D pour que la poussée $p$ y devienne supérieure à la poussée centrifuge diminuée $\frac{1}{2^n}$ Q, car cette condition est nécessaire, 1° pour que les aérocylindres s'arrêtent, et 2° pour obtenir ensuite le mouvement elliptique.

### B. Rapport entre l'accroissement de la densité, le retard de la rotation et la multiplication des comètes synadelphes.

§ 287. Pendant que l'air des deux aérocylindres se produit, il se forme deux calottes de phytostromes des restes de chaque récolte; 1 décimètre étant l'épaisseur de ces restes pour chaque révolution de la planète, il faudrait 40000 révolutions pour qu'il se produisît une couche d'une lieue d'épaisseur. C'est après des centaines de mille de pareilles révolutions que l'épaisseur des phytostromes devient de quelques lieues.

A la fin de la période cométogonique, les calottes de phytostromes sont submergées; elles se transforment en calottes de lithopyramides pendant la durée de la période cométogonique suivante. La Terre a terminé ses périodes cométogoniques et se trouve maintenant à sa dernière période oryctogonique. Le poids spécifique de la Terre augmentera encore un peu, mais ses comètes synadelphes resteront en même nombre; de même la vitesse de son mouvement rotatoire n'éprouvera plus aucune diminution.

**État primitif des planètes; de leur vie géologique.** Au Soleil, la densité de la masse empyrée est 0,250 ; la masse des jets expulsés avait cette densité. En trouvant dans la planète Saturne une densité de 0,131, j'ai reconnu qu'il y avait eu un accroissement de volume pendant la durée de la vie astronomique. Cet accroissement ne pouvant être différent dans les deux autres planètes, il sert à faire connaître que leur volume doit être supérieur à celui qu'on leur attribue en obtenant une densité supérieure pour Uranus et surtout pour Neptune.

III. *Tableau des changements produits par les densités des rayons solaires aux éléments d'eau des planètes.*

| CORPS. | Densité des rayons solaires; celle de la Terre = 1. | Poids spécifique; celui de la Terre = 1. | VITESSE de rotation. | Nombre des couples de comètes synadelphes. | ÉTATS DÉRIVÉS DE LA DENSITÉ. Poids sur la surface; celui de la Terre = 1. | Température de l'ébullition de l'eau. | Température de la congélation de l'eau. | Diamètre en lieues de 4000 mètres. | État dérivé de la vitesse. Force photographique. |
|---|---|---|---|---|---|---|---|---|---|
| | | | | | | degrés. | degrés. | | |
| Mercure. . . . | 7,500 | 1,225 | 24h 5m 0s | 20 | 0,48 | 48 | —52 | 1243 | » |
| Vénus. . . . . | 1,930 | 0,508? | 23 21 21 | 30 | 0,90 | 90 | —10 | 3140 | » |
| La Terre. . . | 1,000 | 1 | 23 56 4 | 30 | 1,00 | 100 | 0 | 3200 | » |
| Mars. . . . . . | 0,440 | 0,942 | 24 37 22 | 25 | 0,51 | 51 | —49 | 1000 | 0,2472 |
| Jupiter. . . . . | 0,037 | 0,227 | 9 55 26 | 6 | 2,45 | 245 | +145 | 35702 | 0,0238 |
| Saturne. . . | 0,011 | 0,131 | 10 29 17 | 0 | 1,09 | 109 | + 9 | 28710 | 0,4981 |
| Uranus. . . . | 0,003 | 0,131 | 7 36 | 0 | 0,70 | 70 | —24 | 18000 | 0,0406 |
| Neptune. . . . | 0,0015 | 1,131 | 8 52 | 0 | 1,35 | 135 | +35 | 17000 | 0,4048 |
| Le Soleil. . . | » | 0,250 | » | » | 28,30 | 2830 | +2730 | 358532 | » |
| La Lune. . . . | 1 | 0,1 | 27j | » | » | » | » | » | 0,1730 |

# TROISIÈME SECTION.

## DES SATELLITES.

§ 288. Les satellites ont été formés par des jets expulsés des planètes, de même que les planètes ont été formées par des jets expulsés du Soleil, tandis que les soleils *synadelphes* circulant dans un seul et même espace annulaire sont composés de portions peu différentes de masse empyrée séparées de la masse de chacun des neuf gros jets expulsés de l'Archégète.

L'allongement du cratère vers l'ouest dans le Soleil est donc la cause des grandes inégalités des masses des planètes, de même que l'allongement du cratère dans les planètes est la cause des grandes inégalités des masses des satellites. Cet allongement du cratère de l'Archégète n'a pas manqué de s'effectuer, et il en est résulté des jets de masses très-inégales; mais cette inégalité n'existe pas parmi les masses des soleils, car elles ne sont pas les masses de jets elles-mêmes, mais bien des portions de ces masses produites d'après la loi de l'Astrogonie dont j'ai exposé les détails t. I, p. 518.

Telle est donc la cause du nombre égal de planètes et du nombre inégal de satellites dans tous les systèmes planétaires. La masse empyrée des quatre planètes inférieures étant très-minime, a expulsé des jets de masse proportionnels à la masse de la planète mère et très-inégaux entre eux. La masse copieuse de Jupiter et des trois autres planètes extérieures a expulsé des jets plus gros.

Le nombre des satellites diffère dans chaque système de même que leur masse. Chacune des quatre planètes intérieures a plusieurs satellites dont on ne peut distinguer la dimension ; la seule planète Mars n'en a offert aucun. En admettant entre les gros et les petits satellites des différences analogues à celles que l'on trouve entre la masse 339 de Jupiter et la masse 1/14 de Mercure ou 1/8 de Mars, il est facile de concevoir que de pareils corps ne sont pas visibles. Une lune d'une semblable dimension, qui se trouverait même à une distance moitié moindre, serait invisible, sauf quand elle passerait devant le Soleil. On a, en effet, observé de ces points noirs passant sur le disque du Soleil, mais les astronomes ont voulu en déduire l'existence d'une planète Vulcain entre Mercure et le Soleil.

Les masses des planètes d'un système diffèrent peu de celles des planètes homonymes d'un autre système, et cela à cause de la faible différence qu'il y a entre les masses des soleils. Par la même raison, les masses des satellites d'une planète diffèrent peu de celles des satellites de la planète homonyme d'un autre système.

Dans notre système planétaire on distingue : 1° le système de satellites de Jupiter par la dimension des satellites, et 2° le système de Saturne par le grand nombre de satellites. De même, dans les systèmes planétaires éloignés, il n'y a de visibles que les satellites de Zeus et de Chronos, et cela, non à cause de leur dimension extraordinaire, mais à cause de leur grande vitesse orbiculaire.

C'est au moyen des durées des périodes d'éclat d'*Algol* que l'on voit qu'il est un *monodoryphore* ou un seul satellite, le premier de Jupiter ; il n'existe aucune étoile périodique correspondant au premier satellite de Saturne.

η de l'*Aigle* est un *didoryphore* de Zeus ; la période de ces éclats est composée de celle du premier, dont la durée est T, et de celle du second, dont la durée est 2T. Ainsi, ce rapport entre les durées des révolutions nous fait voir que le mode de production des satellites de Zeus ne diffère pas de celui des satellites de Jupiter.

β de la *Lyre* est un *tridoryphore.* C'est par la durée de treize jours de la période du troisième satellite que l'on voit que cette étoile est un doryphore ; cette période étant composée des deux autres, dont l'une a une durée 2T et l'autre une durée T, on voit également qu'avec le troisième satellite, dont la révolution a une durée de $\tau 4$, les deux périodes inférieures ne manquent pas, tandis que bien que le quatrième existe, il est encore entouré de vésicules de vapeur qui le rendent invisible. Ce n'est qu'avec le temps que ce satellite deviendra visible. J'ai donné dans le premier volume tous les détails entre les durées des périodes des éclats et celles des révolutions des satellites.

La supériorité des durées de révolution des satellites lumineux par rapport à celles de leurs homonymes de notre système, correspond exactement à la supériorité des durées de révolution des planètes lumineuses par rapport à leurs homonymes de notre système.

En trouvant que les planètes lumineuses ont des durées qui ne dépassent jamais le triple des durées des planètes homonymes de notre système, j'ai vu que les distances ne dépassent pas le double de celles de notre système. Par suite, les masses des autres soleils étant deux ou trois fois plus grandes que celle de notre Soleil, ne produisent aucun effet d'éclat perceptible.

§ 289. **Vie astronomique des satellites.** L'éclat des satellites a sa cause : 1° dans leur grande vitesse orbiculaire, vitesse qu'on ne rencontre pas dans les planètes, et 2° dans le nombre composant un système de Zeus ou de Chronos, dans lesquels peuvent coexister 4 ou 8 satellites, tandis que dans les systèmes planétaires, 1° des planètes intérieures, il n'en coexiste pas plus de trois à l'état lumineux, et 2° des planètes extérieures, il n'en coexiste pas plus de deux à l'état lumineux.

De leur état lumineux, les planètes passent subitement à leur second état nébuleux au moment de l'expulsion des jets des satellites. Il n'en est pas de même des satellites, qui n'expulsent pas de jets de masse empyrée, et qui pour cette raison ne passent pas au second état nébuleux.

**Accroissement de l'éclat.** Laissant de côté les satellites des autres systèmes qui ne sont pas visibles, je ne m'occupe que des systèmes des Zeus et des Chronos. 1° D'abord, le premier satellite seul se présente à l'état lumineux : c'est un *monodoryphore*, comme l'est Algol. 2° Ensuite le second satellite se dégage de sa vapeur et devient lumineux : alors le système ou l'étoile est *didoryphore*, comme l'est γ de l'Aigle. 3° Plus tard, le troisième satellite devient lumineux, et l'étoile devient *tridoryphore*, comme l'est β de la Lyre. 4° Quand le quatrième satellite passe à son état lumineux, les trois satellites inférieurs brillent encore, et c'est ainsi que le système de Zeus atteint le maximum de son éclat ; il se présente comme étoile de 2e grandeur.

Les systèmes des Chronos continuent à croître en éclat à mesure qu'un plus grand nombre de satellites passent à l'état lumineux jusqu'à ce que tous les huit apparaissent. C'est donc l'ensemble des satellites lumineux de ce système qui se transforme en étoile de 1re grandeur pour atteindre à son maximum l'éclat de Syrius à la distance 4∂. Quand les huit satellites de Chronos de α du Centaure deviendront lumineux, il y aura donc une étoile seize fois plus lumineuse que Sirius, car sa distance est quatre fois moindre.

**Décroissement de l'éclat des étoiles.** Dans chaque système, les planètes passent subitement à leur second état vaporeux, et les satellites des Zeus et des Chronos restent seuls visibles ; mais les satellites inférieurs qui sont passés les premiers à l'état lumineux commencent à s'éteindre à mesure que leur chaleur lumineuse se consume. Le froid de l'espace pénètre dans la masse des satellites ; cette masse, en perdant sa chaleur lumineuse, cesse d'être empyrée et pâteuse et se transforme en une masse de glace opaque.

L'éclat des étoiles polydoryphores décroît en raison de l'obscurcissement des satellites: de la 1re grandeur, elles passent à la 2e. La même étoile avait déjà eu cette grandeur à une époque précédente; elle ne diffère pas de celles qui sont en voie d'accroissement. Quant à nous, il nous est impossible de distinguer parmi les étoiles de 2e grandeur celles qui croissent et celles qui décroissent, parce que les changements sont trop lents pour qu'on puisse les apercevoir pendant la durée de quelques siècles.

Il n'y a que la vitesse des mouvements qui fait voir approximativement que les étoiles de vitesse supérieure sont en voie de décroissement et celles de vitesse inférieure en voie d'accroissement.

### I. DE LA VIE ASTRONOMIQUE DES SATELLITES ET DE L'ABSENCE DE VIE GÉOLOGIQUE.

§ 290. Dans le principe, chaque soleil est lipoplanète, et c'est par l'expulsion des neuf jets de sa masse empyrée M qu'il acquiert un mouvement rotatoire et que les jets expulsés acquièrent un mouvement orbiculaire. La coïncidence qui existe entre ces deux mouvements fait voir, d'après la loi de la balistique, les détails des actions qui ont précédé pour engendrer les systèmes planétaires. Je fais voir ci-dessous comment les astronomes ont été conduits à considérer comme une rotation le mouvement orbiculaire de la Lune et de ses satellites, bien qu'ils ne possèdent que le seul mouvement orbiculaire.

Après l'expulsion des neuf jets de masse empyrée, il y en a un qui rebrousse chemin pour retomber sur l'enveloppe de son soleil; dès ce moment ce soleil passe à son second état nébuleux, tandis que les jets commencent en même temps leur premier état nébuleux.

Les durées de cet état sont inégales, parce qu'elles s'engendrent de la pesanteur; c'est pourquoi elles sont en raison directe des carrés des distances :

$$2^{2}T,\ 2^{4}T,\ 2^{6}T,\ 2^{8}T,\ 0^{00}0,\ 2^{12}T,\ 2^{14}T,\ 2^{16}T,\ 2^{18}T.$$

Dans chaque système planétaire, c'est Hermès qui termine la première son état nébuleux et passe à son état lumineux. A la place du Soleil devenu nébuleux, Hermès se présente d'abord seul, et est une étoile *monoplanète;* puis Aphrodite devient lumineuse, et l'étoile croît en devenant *diplanète.* Plus tard, la Gée passe à son état lumineux, et l'étoile devient *triplanète.*

A cette époque, il s'est écoulé la durée ou le temps $2^{6}T - 2^{2}T = 60T$ depuis le commencement de l'état lumineux d'Hermès. Avant donc qu'Arès passe à son état lumineux, Hermès est devenu en état d'expulser un certain nombre de jets dont quelques-uns rebroussent chemin et d'autres continuent à circuler à l'état nébuleux. De son côté, Hermès passe à son second état nébuleux, et le système redevient *diplanète;* il reste en cet état jusqu'à l'époque où Arès passe à son état lumineux, quand l'étoile devient de nouveau une *triplanète.*

Avant que Zeus apparaisse à l'état lumineux, Aphrodite et Gée expulsent des jets de leur masse empyrée et acquièrent, comme Hermès, le mouvement rotatoire. On voit ainsi qu'à chaque système planétaire il n'y a que trois des planètes intérieures et une ou deux des planètes extérieures qui brillent à la fois; car les satellites des planètes intérieures ne sont pas visibles à leur état lumineux, et cela, 1° à cause de leur faible nombre, et 2° plus encore à cause de la faible vitesse de leur mouvement orbiculaire.

Zeus reste longtemps seul à l'état lumineux dans le système avant que Chronos parvienne à son état lumineux; car c'est alors que le système redevient étoile *diplanète.* C'est à cause de la distance $(2^{7} \pm 2^{6})\Delta$ entre ces deux planètes qu'il est possible de les voir séparées comme *étoile double*. Les astronomes les ont admises comme systèmes planétaires ; on a considéré Zeus comme un Soleil et Chronos comme une planète.

Plus tard, Zeus a expulsé des jets de sa grosse masse empyrée et est passé à son second état lumineux ; les jets passent aussi à leur état nébuleux, et persistent dans cet état lorsque Chronos expulse aussi des jets et passe à son état nébuleux pendant qu'Ouranos passe à son état lumineux. Pendant tout le temps que Chronos et Ouranos sont à l'état lumineux, on voit une étoile double ; on admet Chronos comme corps central et Ouranos comme corps périphérique.

Enfin Poséidon passe à son état lumineux avant qu'Ouranos expulse des jets de sa faible masse brûlante ; il y a dans ce système une étoile double diplanète, dont la plus grosse paraît circuler autour de la moins grosse.

Lorsque Ouranos et Poséidon ont expulsé des jets de leur faible masse empyrée pour passer à leur second état nébuleux, le système planétaire devient parfaitement invisible pendant un court espace de temps ; c'est le premier satellite de Zeus qui passe à son état lumineux. C'est par sa grosseur et plus encore par sa grande vitesse orbiculaire que ce satellite devient visible comme étoile de 2e,5 à 4e grandeur au cas, 1° où sa distance n'est pas très-grande, et 2° où le plan orbiculaire prolongé ne passe pas loin de la Terre, mais dans son voisinage, comme le fait l'orbite d'Algol.

Quand le plan orbiculaire des doryphores passe loin de la Terre, nous voyons une étoile de 3e, 4e, 5e grandeur sans savoir si elle est une planète, ou un doryphore de Zeus, ou un doryphore de Chronos. On ne peut distinguer les doryphores que par les durées de leur période d'éclat, périodes simples ou composées de deux et même de trois, selon que l'étoile est un *monodoryphore*, un *didoryphore*, ou un *tridoryphore*.

Dans les systèmes des Zeus, les doryphores inférieurs persistent à l'état lumineux jusqu'à l'époque où apparaît le quatrième, lorsque l'éclat atteint un maximum pour apparaître aux distances moyennes comme étoiles de 2e grandeur.

De même, dans les systèmes des Chronos les doryphores inférieurs persistent dans leur état lumineux jusqu'à l'époque où apparaît le huitième, d'où résultent des étoiles au maximum d'éclat. Toutes les étoiles de 1re grandeur sont polydoryphores de Chronos; chacune d'elles est composée des doryphores qui diffèrent par leur ordre et leur nombre.

J'ai démontré que Sirius, Procion et l'Épi sont des polydoryphores de Chronos; la disparition de la couleur rouge de Sirius fait voir que le doryphore qui avait produit jadis cette couleur s'est éteint dans l'espace de vingt siècles. Que ce doryphore soit le premier et que les sept autres soient restés, ou que le premier ait disparu d'abord, et que dans les vingt derniers siècles le second ait disparu et que les six autres composant Sirius soient restés, peu importe; cependant l'éclat exceptionnel de l'étoile conduit à reconnaître qu'elle est composée d'un grand nombre des satellites.

## II. FIN DE LA VIE ASTRONOMIQUE DES DORYPHORES ET APPARITION D'UN ÉTAT INVARIABLE.

§ 291. Après l'expulsion de la masse empyrée des planètes, les jets des satellites ont la forme de bandes très-longues, dans lesquelles se trouvent les molécules à l'état d'équilibre rompu par rapport à la pesanteur vers la planète mère. En obéissant à cette poussée centripète, les molécules se déplacent et s'arrangent de manière à établir un équilibre.

C'est pendant ce déplacement des molécules qu'il se produit des vésicules dont l'accumulation est la cause de l'état nébuleux par la dispersion des ondes de lumière, parce que la chaleur s'en sépare en se consumant dans la production des vésicules de vapeur, ainsi que cela arrive dans l'ébullition de l'eau. Les couches de vapeur produites d'abord sont repoussées et forcées de s'éloigner pour céder la place à la nouvelle couche de vapeur qui se forme : c'est ainsi que croît la masse nébuleuse.

Tant qu'il y a production de vapeur, la pesanteur ne peut donc vaincre la poussée centrifuge pour faire précipiter la vapeur sur le doryphore ; car pour cela il faut que l'équilibre des molécules de la masse pâteuse empyrée commence par s'établir et que leur déplacement s'arrête. C'est alors que gèle la couche superficielle de cette masse réduite à l'état stationnaire ; la vapeur cesse de se produire, celle qui a été produite n'éprouvant plus aucune poussée centrifuge, obéit à la pesanteur et se précipite sur l'enveloppe glaciale ; cette enveloppe livre passage aux ondes de chaleur lumineuse, ainsi que cela a lieu maintenant dans l'enveloppe glaciale de notre Soleil.

J'ai montré avec détails comment se produisent les taches du Soleil par les ruptures des parties les plus faibles de son enveloppe ; ces ruptures de l'enveloppe s'opèrent dans les doryphores pendant la durée de leur état lumineux. Les fragments de l'enveloppe composés des plaques de glace étant repoussés par le soulèvement de la masse empyrée, vont s'accumuler en directions divergentes pour former une espèce de rempart autour du cratère occupé par la masse empyrée réduite à l'état d'équilibre rompu par l'expansion des éléments électriques $\bar{E}$, $\bar{E}^2$ de la chaleur.

Après cette expansion, les molécules de la masse soulevée, obéissant à la pesanteur, s'arrangent de manière à établir un équilibre. Dès que le déplacement des molécules s'intercepte, la vapeur produite se précipite et la couche superficielle de la masse empyrée gèle pour former une couche de glace qui renferme le cratère. C'est ainsi qu'il reste un rempart circulaire composé des grosses plaques de glace irrégulièrement superposées.

§ 292. Il n'y a d'autres changements dans la masse empyrée des doryphores que l'éloignement de la chaleur lumineuse. C'est donc l'abaissement de sa température qui occasionne l'affaiblissement de la poussée répulsive et des soulèvements de masse empyrée par de nouveaux cratères, ou par la rupture de la faible enveloppe produite dans les cratères précédents.

Au fur et à mesure que la température de la masse empyrée baisse, les étendues des ruptures de l'enveloppe glaciale se rétrécissent, les fragments de glace diminuent et les remparts qui en résultent sont à une hauteur inférieure et renferment une enceinte médiocre.

Tous ces détails étant déduits d'après la loi physique, les effets provenant de la chaleur et de la masse empyrée sont conformes : 1° aux détails des effets, des actions qui se produisent actuellement dans le Soleil, et 2° aux détails des faits produits dans la Lune par des actions analogues qui y ont eu lieu à une époque précédente.

La vie astronomique des doryphores se termine quand l'équilibre s'établit entre la température de l'espace et celle de leur masse empyrée. Il y a donc affaiblissement graduel de chaleur lumineuse des doryphores dont sont composées toutes les étoiles de 1re et de 2e grandeur qui ont atteint leur maximum d'éclat. Ce maximum d'éclat se manifeste à l'époque où apparaissent les doryphores supérieurs, avant que le premier commence à disparaître. A compter du moment où l'éclat des premiers doryphores commence à s'affaiblir sensiblement, l'éclat perdu est en partie restitué par celui des doryphores supérieurs qui parviennent à leur état lumineux ; mais c'est à cause de leur vitesse orbiculaire inférieure que leur éclat est plus faible que celui des doryphores inférieurs.

Sachant : 1° que les planètes lumineuses sont des étoiles de faible clarté entre la 3e et la 7e grandeur, et 2° qu'elles disparaissent subitement pour que leur doryphore apparaisse plus tard, on voit facilement que ce sont les étoiles polydoryphores qui s'affaiblissent, leur chaleur lumineuse se consommant et finissant par disparaître.

La chaleur lumineuse se consomme également dans les planètes pendant leur état nébuleux, lequel est soutenu par les déplacements des molécules de masse empyrée $m$ de la planète et celle de la masse $\mu$ des jets qui rebroussent chemin. Cette rupture d'équilibre des molécules s'effectue à un si haut degré, et il est si difficile de parvenir à établir l'équilibre par l'arrangement nécessaire des molécules que la température de leur masse empyrée parvient d'abord à se mettre en équilibre avec celle de l'espace. Ainsi la masse $m + \mu$ passe à un état solide, et les déplacements des molécules s'arrêtent par l'équilibre *thermostatique* avant que l'équilibre *barostatique* s'établisse.

La vapeur cesse d'être produite; celle qui existe n'éprouvant plus de répulsion de la part d'une nouvelle vapeur, est forcée d'obéir à la poussée de la pesanteur qui l'entraîne sur la surface glaciale de la planète.

A cette époque, les planètes et leurs doryphores ne sont composés que de globes de glace de forme ovalaire; les planètes amenant leurs doryphores circulent autour de leur Soleil, lequel est encore à son second état nébuleux; cet état commença à l'époque de l'expulsion des neuf jets séparés de sa masse empyrée M; un de ses jets, le cinquième, a rebroussé chemin et s'est déposé sous forme de ceinture autour de son soleil.

Tant que la rupture d'équilibre persiste parmi les molécules de la masse $\mu$ et de la masse $m$, elles sont soutenues dans leurs déplacements par la pesanteur; leur chaleur se consomme dans la production de vapeur et la lumière sans chaleur ne produit aucun changement dans les planètes et dans les doryphores, de sorte que dans cet état tout changement dans les corps périphériques composant le système planétaire se trouve intercepté. Ce sont les planètes de ces corps qui restent en attendant l'époque où l'équilibre s'établira parmi les molécules de leur soleil pour commencer à en recevoir la chaleur lumineuse.

Cette époque fut longtemps attendue par les planètes ; en attendant, elles terminèrent leur vie astronomique. Le moment étant enfin arrivé, la masse empyrée du Soleil du système étant réduite en équilibre acquit une enveloppe solide par la congélation de sa couche superficielle. La vapeur cessa de se produire, et de celle déjà produite, 1° la moins éloignée ayant des enveloppes à l'état liquide, fut entraînée par la pesanteur sur l'enveloppe glaciale ; 2° la vapeur la plus éloignée ayant ses enveloppes gelées continua à circuler et composa un anneau *zodiacal.* La nouvelle enveloppe glaciale, moins solide que les deux calottes conservées de l'enveloppe précédente, est *la zone royale.*

§ 293. **Commencement du deuxième état lumineux du Soleil.** Quand le Soleil était à l'état nébuleux, les corps du système planétaire n'en recevaient que des ondes de lumière comparables à celles qui nous arrivent de la Lune ; c'est depuis que son état nébuleux a cessé que les ondes de chaleur lumineuse ont commencé à arriver aux planètes et aux satellites en densités qui sont en raison inverse des carrés des distances.

Depuis cette époque, les planètes sont entrées dans leur vie géologique, qui consiste dans la combinaison des éléments des atomes de chaleur avec les éléments des atomes de l'eau. Il n'y a pas de semblables combinaisons dans les satellites, de sorte que pendant que les planètes parcourent leur vie géologique avec une intensité de transformation correspondant à la densité des ondes lumineuses arrivant à chaque planète, leurs satellites en recevant une égale quantité de chaleur lumineuse n'en éprouvent aucun changement. L'état où se trouvent tous les satellites à la fin de leur vie astronomique reste conservé pour toujours, tandis que dans les planètes cet état change pendant leur vie géologique à cause de la disparition de la glace.

C'est dans les planètes supérieures que la glace n'est pas encore consommée, comme cela se voit dans les sillons qui par leurs versants glaciaux font arriver une couple d'anses à Saturne et à Neptune et deux couples d'anses pareilles à Uranus. Il n'y a plus de glace sur la surface de Jupiter, car jusqu'à une profondeur de quelques centaines de lieues entre les tropiques et les pôles, il y a deux calottes composées de phytostromes et des oryctostromes ; entre leurs bords est une mer d'inégale profondeur dont le fond est de glace ; cette glace du fond de la mer est la surface du globe glacial formant le noyau de la planète. 1° C'est donc ce noyau qui rend le poids spécifique de Jupiter inférieur à celui des quatre planètes intérieures, et 2° ce sont les deux calottes composées d'oryctostromes qui rendent le poids spécifique de la susdite planète supérieur à celui des trois planètes les plus éloignées auxquelles manquent encore les oryctrostomes.

§ 294. **Cause de l'absence de vie géologique des satellites**. Après m'être convaincu de l'état permanent de la Lune et de tous les autres satellites, état qu'il était impossible de déduire directement d'après la loi physique par les intensités des ondes lumineuses, j'ai reconnu facilement que c'était l'absence du mouvement de rotation des satellites qui était la cause physique de l'absence de vie géologique chez ces satellites.

1° Avant que l'on connût la différence qu'il y a entre les effets chimiques obtenus par la lumière de la Lune et par celle des planètes dans les tables photographiques ; 2° quand on ignorait aussi la différence qu'il y a entre les effets des réfractions des rayons découverts par Klinkerfuss, je n'aurais pas pu donner d'exemples pour prouver l'accroissement de l'intensité de l'effet des rayons au moyen du mouvement des corps lumineux ou des corps éclairés.

La Lune reçoit les ondes de chaleur lumineuse du Soleil

à la même densité que la Terre et à une densité mille fois plus grande que celle que reçoivent les planètes extérieures. Cependant il n'y a pas combinaison des éléments matériels de la Lune avec les éléments électriques des atomes de chaleur d'où résultent l'air et le chlorophylle. Ce qui le prouve, c'est l'absence d'une atmosphère de la Lune et celle de toute végétation et des flores, tandis que ni atmosphère ni végétation ne manquent à la Terre et à toutes les planètes supérieures.

Connaissant : 1° la non-rotation des satellites, état qui n'existe dans aucune planète ; 2° la non-production d'air et de chlorophylle aux satellites, qui ne manque pas des planètes ; 3° l'accroissement des effets chimiques proportionnellement à la vitesse des corps éclairés, j'ai trouvé que c'était la rotation des planètes qui faisait augmenter la poussée entre les éléments électriques, et que cette poussée exercée sur les éléments matériels de l'eau les déplaçait. Pour qu'un atome d'oxygène $\bar{O}$ reste combiné avec un élément positif $\ddot{E}$ séparé de l'atome de chaleur $\ddot{E}\bar{E}^2$, il faut que ce combiné $\ddot{O}\bar{E}$ se sépare sous forme de gaz de quatre atomes d'eau $H^4O^4$ et que cet atome d'oxygène $\ddot{O}$ soit remplacé, non par un seul élément $\bar{E}$ électrique négatif, mais par deux $\bar{E}^2$. Il en résulte ainsi $H^8O^7H^7\bar{E}^8$ ; c'est un atome double d'azote obtenu, non comme un combiné direct, mais comme un reste de la séparation de l'atome d'oxygène. C'est ainsi que la non-rotation des satellites est cause de l'absence de la vie géologique (1).

## III. DE L'EXISTENCE DE PLUSIEURS LUNES.

§ 295. Depuis la découverte d'Uranus, l'attention des astronomes s'est dirigée sur la recherche des autres pla-

---

(1) Je montrerai ci-dessous l'erreur qui a conduit les astronomes à croire : 1° que la Lune, de même que les planètes, possède à la fois un mouvement orbiculaire et un mouvement rotatoire, et 2° qu'elle est entourée d'une atmosphère.

nètes; cette attention a redoublé depuis la découverte de Neptune. Quelques astronomes avaient déjà indiqué la place de Neptune et celle d'une autre planète ultérieure; d'autres cherchent de nouvelles planètes entre Mercure et le Soleil. J'ai prouvé que leur espoir ne sera jamais réalisé; il n'y a pas plus de huit planètes, non-seulement dans notre système, mais aussi dans aucun de ceux qui, sous forme d'étoiles, sont visibles à l'œil nu.

Après avoir prouvé que la découverte des planètes est une mine déjà parfaitement exploitée, j'ai tourné mon attention vers la Lune. En examinant son origine, je n'ai rien trouvé qui pût me porter à croire qu'il manquât d'autres lunes, 1° soit entre la grosse Lune et la Terre, 2° soit au delà de la Lune; car en comparant la masse de Jupiter et celle de Mars, j'ai trouvé dans les échancrures de la Terre l'indice d'un jet qui a rebroussé chemin, d'où il est résulté qu'il ne peut y avoir de lunes intérieures correspondant aux planètes intérieures et aux planètes qui sont au delà de Jupiter.

Je ne peux que répéter ici ce que j'ai déjà dit sur la cause de l'inégalité des masses des planètes, inégalité qui a été occasionnée par l'allongement du cratère de l'enveloppe glaciale du Soleil; cet allongement du cratère ne pouvait manquer dans la Terre, de même que dans les sept autres planètes.

Avant le commencement de la rotation du Soleil, on a trouvé la portion $\mu$ antérieure au *premier jet*; cependant il n'existe aucun moyen de s'assurer si en effet l'expulsion a commencé par la portion $\mu$ ou s'il y a eu d'abord d'autres jets qui, n'ayant pas acquis un choc tangentiel, ont dû rebrousser chemin et se déposer sur l'enveloppe glaciale, ainsi que cela a eu lieu pour la masse empyrée du cinquième jet.

S'il y avait, comme à la planète Jupiter, un satellite au delà de la Lune à la distance de $2^6d$, il serait à la distance $2^7d$; la masse du cinquième jet devait occuper la distance

$2^5d$. S'il existe deux petits satellites entre la Lune et la Terre, le second ne peut être à une distance supérieure à $2^5d$. La Lune étant éloignée de la Terre de 60 rayons terrestres R, le premier satellite ne peut être à une distance supérieure à 15 rayons terrestres R. La vitesse de son mouvement orbiculaire doit être quatre fois plus grande que celle de la Lune; le second satellite étant à la distance 30R, doit avoir une vitesse orbiculaire double de celle de la Lune.

*Un corps ovalaire très-allongé ayant toujours son grand* diamètre dirigé vers le centre de la Terre resterait invisible aux faibles distances à cause de la très-petite quantité de lumière qu'il réfléchit vers la Terre. Si ce corps n'est pas visible au moyen des télescopes employés à examiner l'espace céleste, c'est parce que jamais ces télescopes ne sont montés pour des distances de 15 rayons terrestres. Il ne reste donc qu'à rechercher si ce corps n'a pas été remarqué par quelqu'un quand par hasard il passe devant le Soleil.

Un pareil passage d'un satellite terrestre correspondrait à une éclipse partielle du Soleil produite par le passage de la Lune, dont la durée ne dépasse pas quatre ou cinq heures au plus; au cas donc où il y a un satellite à la distance 15R, la durée du passage de ce satellite voisin de la Terre par le centre solaire serait environ le quart de celle de l'éclipse partielle de Soleil.

Le 26 mars 1859, Lescarbault, d'Orgères, a vu un point noir passer lentement devant le disque solaire. Leverrier, guidé par le calcul, avait présumé qu'il existait une planète entre Mercure et le Soleil; le passage de cette planète aurait duré quatre heures et demie, si en effet c'eût été elle qui fût apparue sous la forme d'un point noir sur le disque du Soleil.

Le 8 mars 1865, Coumbary, de Constantinople, astronome amateur, a vu, de son côté, un point noir bien dessiné traverser le disque du Soleil, sur lequel il avait justement dirigé sa lunette. Ce point noir se détacha d'un groupe de taches voisines du bord, et mit 48 minutes pour atteindre le bord opposé. D'après cette évaluation et le dessin de Coumbary, un passage central aurait duré un peu plus d'une heure, c'est-à-dire quatre fois moins de temps que celui trouvé par le calcul pour une planète *intramercurielle*.

Depuis que les observateurs se sont multipliés, ils n'ont pas manqué de mentionner de nombreux passages de pareils points. Le point observé par Coumbary ne pouvait, à cause de la courte durée de son passage, être une planète, mais c'était un satellite à distance d'environ 15 rayons terrestres. En réunissant les diverses époques où des points noirs ont apparu devant le Soleil, il serait possible de fixer l'orbite des deux nouveaux satellites, qui ne sont pas loin du prolongement du plan équatorial de la Terre.

Tant qu'on ignora qu'il existe quatre ou huit satellites autour de chaque planète, de même qu'autour de la Terre, il y eut désaccord entre les résultats des durées des passages trouvés par le calcul et ceux dus à l'observation. Ce désaccord fut cause que quelques astronomes révoquèrent en doute l'existence réelle des points noirs passant devant le Soleil.

Lorsque, par la suite, les astronomes feront leurs calculs sur des satellites terrestres et cesseront de les faire sur des planètes intramercurielles, ils parviendront à trouver des résultats conformes à ceux obtenus par les observations. Le point noir observé par Coumbary est en effet un nouveau satellite le moins éloigné de la Terre; le second en diffère par la durée de son passage, qui est de deux heures environ.

Il n'existe pas de quatrième satellite à la distance 120R, correspondant au quatrième satellite de Jupiter. Ce qui le prouve, c'est que tous les autres satellites circulent sur des orbites peu éloignées du prolongement du plan équatorial de leur planète; il n'y a que la Lune et le 8e satellite de Saturne qui circulent sur des orbites voisins du plan de l'orbite de la planète et non de son plan équatorial.

### IV. DU RAPPORT ENTRE LA LUMIÈRE DE CHAQUE CORPS CÉLESTE ET CELLE DU SOLEIL.

§ 296. On admet dans les calculs de la photométrie que l'intensité ou la densité des rayons solaires est en raison inverse des carrés des distances. Les résultats obtenus par les observations photométriques de la Lune et des planètes ne sont pas d'accord avec ceux obtenus par le calcul dans lequel les corps célestes sont considérés comme étant de forme aplatie, et l'on n'avait aucun égard à la vitesse des mouvements des corps. Quand on n'avait pas d'exemples des faits produits par le mouvement des planètes éclairées et par le mouvement des étoiles lumineuses, les résultats de la photométrie restaient inexplicables sans en être moins exacts pour cela. Toutefois, pour être convaincu de cette exactitude, il faut connaître les rapports qui existent : 1° entre la lumière réfléchie et la forme ovalaire, et 2° entre cette lumière et le mouvement du corps observé.

Ayant trouvé une grande exactitude dans les résultats photométriques trouvés par Zoellner, je cite ici ces résultats, où les nombres indiquent combien de fois la clarté de chaque corps est plus faible comparativement à celle qui nous arrive du Soleil.

| | | |
|---|---|---|
| La Lune. . . . . . . . | = 1 : | 618 000<br>619 600 |
| Mars. . . . . . . . . . | = 1 : | 6 934 000 000 |
| Jupiter. . . . . . . . . | = 1 : | 5 472 000 000 |
| Saturne. . . . . . . . . | = 1 : | 130 980 000 000 |
| Uranus. . . . . . . . . | = 1 : | 8 486 000 000 000 |
| Neptune. . . . . . . . | = 1 : | 79 620 000 000 000 |
| La Chèvre. . . . . . . . | = 1 : | 55 760 000 000 |

Ces résultats d'observation ne concordent pas avec ceux trouvés par le calcul ; il y a désaccord aussi bien pour les corps du système planétaire éclairés par le Soleil que pour les étoiles lumineuses. Ici ce désaccord sert à rectifier les calculs en les appliquant à des corps de forme ovalaire et en ayant égard à l'accroissement de l'éclat proportionnellement à la vitesse des corps lumineux et des corps éclairés.

### A. Désaccord entre les clartés de Saturne avec des anses et sans anses.

§ 297. La clarté de Saturne, dont j'ai parlé ci-dessus, a été trouvée en 1862, aux mois de mai et août, quand les anses étaient invisibles. 1° Le 18 mai, le prolongement du plan de l'équateur de Saturne passait par le Soleil, et 2° le 20 août, ce plan passait par la Terre. A ces deux époques, l'éclat n'était pas parfaitement égal, ainsi que cela résulte des observations photométriques de Seidel ; car le minimum réel de clarté $\varphi$ de Saturne ne coïncide pas avec les deux disparitions consécutives des anses en mai, et trois mois après en août, mais il correspond à l'unique époque du passage du plan équatorial de Saturne par le Soleil.

On trouve le maximum d'éclat de Saturne environ 2,3 fois supérieur; toutefois, cet éclat dépend non-seulement du solstice de Saturne, mais aussi de l'époque du solstice homonyme de la Terre. Le désaccord entre les minima d'éclat obtenus par la photométrie de Saturne sans anses sert donc à mieux prouver l'exactitude des observations, ainsi que cela a lieu pour le désaccord entre les maxima d'éclat obtenus dans les différentes révolutions, car il n'arrive jamais que la Terre, Saturne et le Soleil se trouvent dans les mêmes positions.

Il ne s'agit pas ici de ces désaccords qui sont minimes, mais de la cause qui fait que l'éclat se multiplie pour devenir plus que double. D'après le principe de Lambert, basé sur la propriété réelle de la réflexion, le cos $\gamma$ est la valeur de la lumière réfléchie, en désignant par $\gamma$ l'angle d'incidence égale à l'angle $\gamma'$ de réflexion ; car les rayons incidents et les rayons réfléchis font un angle égal avec la normale elevée au point d'incidence sur la surface.

*Il suffit de suivre cette loi, bien établie par toutes les* expériences photométriques, pour se rendre compte : 1° de l'absurdité qu'il y aurait à croire à l'existence d'un corps opaque dans le prolongement du plan équatorial de Saturne, et 2° de la variation des éclats obtenus par les observations.

En admettant que l'angle $\Gamma$ entre le plan équatorial et les versants du sillon ait 89°, il en résulte qu'à l'époque de la disparition des anses à cause du passage du plan équatorial de la planète par le Soleil, il nous arrive le minimum de lumière, parce qu'elle est en grande quantité réfléchie vers le fond du sillon.

Il suffit que le plan équatorial s'éloigne de plus d'un degré du Soleil pour que les rayons commencent à être réfléchis vers le côté où l'angle de réflexion $\gamma'$ est égal à l'angle d'incidence $\gamma$. Dans le solstice l'angle d'incidence devient $\gamma = 30° - 1° = 29°$, et c'est alors la somme $\varphi + \varphi'$ de lumière qui arrive de la planète : 1° $\varphi$ est la quantité toujours réfléchie de la surface du globe, et 2° $\varphi'$ est la quantité réfléchie par le corps qui varie entre zéro et $\cos 29° = \varphi' = 2,3 \times \varphi = \frac{23}{10} \times \frac{1}{1309800000000}$.

En comparant la clarté de Saturne et celle de l'Épi, John Herschel a trouvé, le 30 mars, Saturne 2,13 fois plus clair que l'Épi ; huit jours après, le 7 avril, le même observateur a trouvé Saturne 1,19 fois plus clair que l'Épi.

Ni Herschel ni Zoelliner ne purent se rendre compte de ce changement rapide de l'éclat de Saturne. Au lieu d'attribuer à Herschel des erreurs si grossières, j'en conclus que dans un laps de temps de huit jours, la Terre est passée d'une région de l'espace parcouru par la quantité 2,13 de rayons réfléchis de Saturne à une autre région qui, à cette époque, était parcourue par la quantité inférieure 1,19 de rayons réfléchis de Saturne et des versants de son sillon.

Ces rapides changements d'éclats, combinés avec les positions des versants du sillon équatorial, serviront à l'avenir à mieux faire comprendre l'état réel de la surface de Saturne, état auquel j'ai été conduit par les changements que doit subir chaque planète pendant la première période cométogonique de sa vie géologique.

Les cinq planètes entre Saturne et le Soleil ont terminé depuis longtemps leur première période cométogonique : elles n'auront plus des anses ; Uranus, au contraire, en a deux couples et Neptune une seule, comme Saturne. Avec le temps, les anses de Saturne disparaîtront, et celles des deux autres planètes deviendront plus visibles.

### B. DÉSACCORD ENTRE LA CLARTÉ DE LA CHÈVRE ET SA DISTANCE.

§ 298. Dans la *Physique*, j'ai suffisamment démontré l'accroissement de la clarté proportionnellement avec la vitesse des corps lumineux. Jusqu'à présent, soit par oubli, soit par toute autre cause, les astronomes n'ont pas fait mention de cet accroissemet de clarté des corps célestes ; on n'en a même donné aucun exemple, tant que la photométrie comparative a été à un état très-imparfait.

En admettant pour la Chèvre un Soleil comme le nôtre circulant avec une vitesse égale autour de l'Archégète, on trouve que pour nous envoyer une quantité de lumière $\varphi$ 55760000000 fois plus faible que celle du Soleil, ce soleil doit se trouver à la distance exprimée en rayons R de l'écliptique $D=R\sqrt{55760000000}$ parcourue en 3,72 ans par la lumière, distance qui donnerait une parallaxe de 0",874, tandis que Peters, par les positions de la Chèvre, a trouvé une parallaxe de 0",046$\pm$0",200. Ainsi la distance D trouvée par le calcul serait égale à celle $\delta$ de $\alpha$ du Centaure qui est une *diplanète* composée de Zeus et de Chronos. D'après la parallaxe 0",046, la Chèvre se trouve à une distance D' équivalant à 20 fois celle $\delta$ de $\alpha$ du Centaure. On serait ainsi conduit à admettre pour la Chèvre un soleil 400 fois plus lumineux que notre soleil.

Quant à moi, j'ai prouvé : 1° qu'il n'y a des soleils que deux ou trois fois plus gros que le nôtre, et 2° que la clarté des planètes Zeus et Chronos de α du Centaure est égale à celle de notre Soleil. Pour que la Chèvre soit 400 fois plus lumineuse, il faut donc qu'elle soit composée des corps qui terminent leur révolution dans un espace de temps 400 fois au moins plus court que le laps de 77 ans que met Chronos de α du Centaure pour terminer sa révolution, et Zeus met 31 ans pour terminer la sienne.

C'est donc des satellites de Chronos qu'est composée la Chèvre; cette déduction se tire naturellement de ce qu'à une distance de 4∂ égale à celle de Sirius l'éclat de la Chèvre serait comparable ou même supérieur à celui de Sirius. A la distance ∂ de α du Centaure, il y aura par la suite une étoile composée des satellites de Chronos, lesquels ne sont pas encore produits; l'éclat de cette étoile sera 16 fois plus grand que celui de Sirius.

Le nombre des étoiles de première grandeur augmentera pendant des millions de siècles; après avoir atteint un maximum N, ce nombre diminuera jusqu'au faible minimum N—N', puis il recommencera à croître, parce que chacun des 16 millions de soleils parcourra des centaines de périodes planétogoniques, la durée de chacune de ces périodes est des millions de siècles.

# CHAPITRE PREMIER.

## DE L'ÉTAT PHYSIQUE DE LA LUNE ET DES EFFETS DE SA FORME OVALAIRE.

§ 299. En décrivant la vie astronomique des satellites, j'ai montré que les changements observés actuellement au Soleil se sont opérés à une époque reculée dans la Lune à un degré inférieur. Ces changements ont eu pour cause la chaleur de la masse empyrée, car avant son refroidissement elle ne différait pas de la masse actuelle du Soleil, de même que lorsque, dans la suite des temps, la masse actuelle du Soleil sera refroidie, elle ne sera pas différente de la masse actuelle de la Lune.

Dans le principe, la Terre était composée de la masse empyrée de même que celle du Soleil; une partie de cette masse ayant été expulsée, forma la Lune. A la fin de sa vie astronomique, la Terre était une masse de glace comme l'était alors et comme l'est encore maintenant la masse de la Lune. Ce sont donc les changements opérés dans la Terre pendant sa vie géologique qui ont produit les différences qu'il y a aujourd'hui entre la Terre et la Lune, différences qui n'existaient pas durant l'état nébuleux du Soleil, quand la Terre était un globe de glace.

Nous étudions dans le Soleil la série des changements opérés sur son enveloppe de glace. La Lune nous représente l'état dans lequel se trouvèrent les planètes à la fin de leur vie astronomique, car elle n'a plus éprouvé aucun changement après la fin de l'état nébuleux du Soleil, tandis que la masse de la Terre, en se combinant avec les éléments $\bar{E}$, $E^2$

de la chaleur amenée avec les rayons du Soleil, s'est transformée, 1° en air, pour se changer en comètes synadelphes, et 2° en chlorophylle, pour se changer en plantes et en minerais.

Les aspérités dans la surface de l'enveloppe solide du Soleil et celles dans la surface de la Lune ne sont que des amas de plaques de glace ; leur forme annulaire correspond à leur mode d'accumulation opérée par la rupture de l'enveloppe glaciale et le soulèvement de la masse empyrée qui a chassé les fragments en directions divergentes. De la manière dont Secchi les voyait le 30 juillet 1865, il les assimilait à des feuilles de saule, tandis que Wollaston les comparait à des plaques de glace lancées sur un étang gelé. Le premier de ces observateurs ne manquait pas de reconnaître la ressemblance entre la forme des montagnes de la Lune et celle des amas de débâcles opérés dans le Soleil.

Les faits trouvés par ces observations me paraissent vrais de tous points, parce qu'ils sont produits d'après la loi que je suis. C'est grâce à cette loi que je coordonne ces faits dans un ordre chronologique, en évitant toutefois de tomber dans les mêmes erreurs que les astronomes qui, voulant aussi coordonner les faits malgré leur ignorance de la loi physique, ont employé des lois logiques en renversant l'ordre et ont souvent attribué les causes aux effets. C'est pour leur instruction et afin de leur épargner toute espèce d'objection que je leur démontre l'origine de toutes les erreurs.

Le plus souvent on décrit différemment les faits observés en les décorant de nouvelles dénominations, telles que *forces*, *actions*, *affinités*, *intensités*, *attractions*, *aplatissements*... Ces termes éblouissent les lecteurs, mais ne leur fournissent aucun éclaircissement. Ici j'emploie le mot *force* pour indiquer la rupture de l'équilibre d'un fluide comprimé qui reste en repos tant que son expansion est interceptée par un obstacle. Dès que cet obstacle est vaincu, l'expansion du fluide commence ; c'est donc l'*action*.

Les effets des actions sont doubles d'après la rupture de l'équilibre.

1° Au cas où les éléments denses électriques $\ddot{E}$ viennent en contact avec les éléments $\bar{E}$ les moins denses, l'action consiste en une expansion supérieure des éléments denses, en se propageant dans l'espace occupé par les éléments les moins denses ; il en résulte un état d'équilibre qui se manifeste comme *fait chimique* ayant pour cause l'*affinité*.

2° Au cas où un jet de masse empyrée se sépare d'une autre masse copieuse en éprouvant deux poussées verticales et d'inégale intensité l'une sur l'autre, ce jet acquiert un mouvement orbiculaire qui dure toujours. Ici l'*action* primitive n'a pas, comme dans le cas précédent, l'*affinité* pour cause, mais c'est, 1° l'expansion de la quantité $-\frac{1}{2}Q$ d'éléments $\ddot{E}$, $\bar{E}^2$ de chaleur en direction centrifuge, et 2° l'expansion de la quantité $\sigma$ d'éléments électriques en direction tangentielle, qui tous deux ensemble font que le jet se trouve en équilibre rompu perpétuel par rapport au barogène amené dans l'espace énastre par les ondes O, *o* venant des deux électrosphères.

De même donc que les formes des remparts sont pour toujours restées conservées à la surface de la Lune, de même sont restés conservés les mouvements orbiculaires des satellites, des planètes et des soleils produits par des jets de masse empyrée. Les comètes n'ont pas leur origine dans de pareils jets de masse empyrée; leur mouvement orbiculaire est composé, 1° du mouvement orbiculaire de leur planète mère, et 2° d'une portion du mouvement rotatoire de cette planète.

En remontant à la forme annulaire des montagnes de la Lune, tous les astronomes reconnaissent qu'à une certaine époque ces montagnes n'existaient pas; les cratères n'existaient pas non plus : alors l'enveloppe solide contenant une masse empyrée renfermée dans son intérieur était unie. C'est la chaleur de cette masse, de même que celle de la masse renfermée dans le Soleil dans une enveloppe solide, qui a produit les amas des fragments accumulés sous forme annulaire par des soulèvements fréquents de masse empyrée.

Malheureusement, depuis un siècle Wilson a donné des taches solaires une explication tout à fait en désaccord avec la loi physique; ce n'est que faute d'une hypothèse plus plausible à lui substituer que les astronomes s'y sont rattachés. Au lieu donc d'attribuer la forme annulaire des remparts de la Lune aux éruptions analogues à celles que Secchi a vues se produire au Soleil, les astronomes cherchent une comparaison entre les produits des volcans terrestres et ceux de la Lune. Cependant il n'a pas été difficile de se convaincre de l'inexactitude de cette comparaison.

On reconnaît qu'il n'y a aucun aplatissement dans la forme de la Lune; on reconnaît aussi qu'il y a plus de masse dans son hémisphère *h* visible de la Terre que dans l'autre *h'* qui est invisible; on est même allé jusqu'à trouver un allongement de l'hémisphère *h* vers la Terre, sans que cependant cet allongement ait été évalué, allongement qui est ici démontré de plusieurs manières. On voit donc qu'au fond les grandes erreurs par rapport à l'état physique de la Lune n'ont pas leur origine dans les faits dus aux observations, mais bien plutôt dans l'arrangement défectueux de ces faits faute d'un guide indiquant l'ordre chronologique de leur production.

Des astronomes français et allemands qui ont adopté l'hypothèse de Laplace sur la cosmogonie basée sur l'attraction d'après Herschel, ne sont arrivés à aucun résultat, malgré le grand nombre des faits trouvés par les observations. Il y en a quelques-uns qui considèrent ces matériaux bruts comme des progrès; c'est ainsi qu'on finit même par ne plus savoir à quel but on tendait d'arriver au moyen des faits découverts.

On ne doit donc pas être surpris si, ne connaissant ni l'origine du mouvement ni la nature de l'affinité des forces et des actions, les physiciens et les astronomes n'ont pu donner l'explication physique d'aucun des objets célestes. Pour l'instruction de ceux qui ne sont pas astronomes, je ne ferai qu'exposer le mode de production des faits observés par des actions qui ont eu lieu à des époques différentes. Il n'en est pas de même par rapport aux astronomes, car à ceux-ci il faut faire comprendre comment ils sont tombés dans l'erreur par des raisonnements qui, bien que logiques, ne correspondent cependant pas aux faits physiques observés et produits d'après une loi qui leur était inconnue, et qu'il leur faut apprendre.

1° Les astronomes prétendent que la Lune tourne; je leur démontrerai qu'elle ne tourne pas. 2° Ils croient que la Lune est de forme sphérique; ils reconnaîtront qu'elle est de forme ovalaire. 3° Ils reconnaîtront aussi que la hauteur réelle des montagnes de la Lune diffère beaucoup des résultats géométriques trouvés par le calcul. En ce qui concerne les éclipses, tout le monde sait comment elles se produisent; la seule chose qu'on ignore, c'est la série des faits qui résultent de l'état physique du Soleil et de l'état physique de la Lune. Des effets produits par la forme ovalaire de la Lune, 1° les uns ont été attribués aux trois librations, 2° les autres à une atmosphère; 3° les faits les mieux connus composent la série des faits réputés inexplicables.

### I. DES FAITS PRODUITS PAR LA FORME OVALAIRE DE LA LUNE ET NON PAR UNE ATMOSPHÈRE.

§ 300. Tous les faits attribués par les astronomes à une atmosphère de la Lune ont trouvé leur explication dans sa forme ovalaire inconnue jusqu'à présent et par conséquent non utilisée dans l'explication des faits qui en résultent d'après la loi de la perspective. L'absence d'une atmosphère de la Lune est prouvée par les durées des occultations de planètes et des étoiles, durées qui seraient toutes moins longues que celles trouvées par les observations.

Toutefois, je démontrerai ci-dessous qu'aux éclipses totales et aux éclipses annulaires il y a en effet une diminution de durée de l'occultation du Soleil, laquelle, observée pour la première fois par Euler, a été attribué à une atmosphère, et non à une *forme* ovalaire de la Lune.

Il paraît d'abord inconcevable qu'il se présente pour le Soleil une occultation influencée par la forme ovalaire de la Lune, et que cette occultation ne se présente pas pour les étoiles; cependant on trouve facilement l'origine de cette différence lorsqu'on tire de la Terre : 1° des tangentes T (fig. 10) de forme sphérique sur la Lune $AbDc$, et 2° des tangentes ACDR sur la Lune de forme ovalaire, en admettant dans les deux cas le même diamètre VP pour le disque de la Lune.

Le soleil en occultation étant à une faible distance derrière la Lune doit rester invisible plus longtemps si la forme de la Lune est sphérique, et moins longtemps si la forme est ovalaire. Cette différence devient imperceptible pour les étoiles et pour les planètes éloignées, mais il n'en est pas de même pour Vénus. En faisant le calcul, 1° de la durée $T+\alpha$ de son occultation derrière une lune de forme sphérique, et 2° de la durée T observée, on parviendra à se convaincre de la forme ovalaire réelle de la Lune. Lagrange a déjà découvert cette forme de la Lune, et cependant il n'a pas pu exposer un nombre de faits suffisants pour exclure la forme sphérique. De plus, Lagrange ignorait ou il a oublié de montrer l'apparition de librations par *la forme* ovalaire de la Lune, ainsi que je le démontrerai ci-dessous.

Dans les calculs des durées des occultations, les astronomes ont admis des tangentes passant de la Terre au bord visible du disque de la Lune sans avoir nullement égard à la forme sphérique qui, si elle existait, réduirait le disque à un diamètre $d-a$ inférieur au diamètre réel $d$, la valeur de la différence étant D sin 15′; D étant la distance de la lune.

A. FAITS PRODUITS PAR LA FORME OVALAIRE DE LA LUNE ET ATTRIBUÉS A UNE ATMOSPHÈRE.

§ 301. Schroeter a remarqué que la clarté des sommets des montagnes de la Lune qui se présentent comme des points détachés est d'autant moins vive qu'ils se trouvent à une plus grande distance de la ligne de séparation d'ombre et de lumière, ou, ce qui revient au même, suivant que les rayons éclairants ont rasé le corps de la Lune dans une plus grande étendue. Pendant qu'il observait au milieu de la lumière crépusculaire terrestre le croissant très-délié de la Lune deux jours et demi après sa conjonction, Schroeter s'avisa une fois de rechercher si le contour obscur, celui qui ne pouvait recevoir que la lueur cendrée, se montrait tout d'un coup ou seulement en partie devant l'affaiblissement de notre crépuscule. Or il arriva que le limbe obscur se montra d'abord dans le prolongement de chacune des deux cornes du croissant sur une longueur de 1′ 20″ avec une largeur de 2″, avec une teinte grisâtre très-faible, qui perdait de son intensité et de sa largeur en avançant vers l'est. Au même moment les autres parties du limbe obscur étaient totalement obscures, et cependant comme elles étaient plus éloignées de la portion éblouissante du disque directement éclairée par le Soleil, on aurait dû les voir les premières, en faisant le calcul dans la supposition d'une forme sphérique de la Lune. Ce ne fut que 8 minutes après l'apparition des arcs placés sur les prolongements des cornes que le reste du limbe cendré put être observé.

On ne saurait cependant supposer que les portions des bords attenantes aux cornes recevraient de la Terre plus de lumière que les autres parties de la Lune, supposée de forme sphérique; c'est donc ailleurs qu'il faut chercher la cause du maximum d'intensité que l'observation a indiqué.

Si Schroeter ne se fût pas trop préoccupé de la forme sphérique de la Lune, et si au lieu d'une atmosphère il avait cherché la cause physique des faits observés, il eût été infailliblement conduit à reconnaître que les faits observés résultent tous directement d'une forme ovalaire dont le grand diamètre reste dirigé vers la Terre. Ne connaissant pas la forme réelle de la Lune, Schroeter a dû commettre deux erreurs au moins pour arriver à une explication du fait : 1° il supposa que la Lune avait une forme sphérique au lieu d'une forme ovalaire, et 2° il admit une atmosphère autour de la Lune, tandis que tous les autres faits en démontrent la non-existence.

La lueur observée dans les prolongements des deux cornes du croissant où ne se trouvaient pas les autres parties du limbe obscur, a été attribuée à une atmosphère de la Lune dans laquelle les rayons éprouvent une réfraction pour être rejetés sur la portion de la surface que les rayons solaires n'atteignaient pas encore directement. Schroeter n'a trouvé aucune différence entre la lueur observée dans les prolongements des cornes et la lueur crépusculaire.

Par l'étendue de la lueur dans les prolongements des courses 1′ 20″, Schroeter a trouvé, par le calcul, que l'arc crépusculaire de la Lune mesuré dans la direction des rayons solaires tangents est de 2° 34′, et que les couches atmosphériques éclairant l'extrémité de cet arc sont à 452 mètres de hauteur perpendiculaire.

§ 302. **Observation sur l'explication donnée.** L'atmosphère produisant une égale déviation des rayons dans la périphérie de l'horizon qui sépare l'hémisphère éclairé et l'hémisphère non éclairé produirait un crépuscule d'égale longueur dans toute son étendue, et non pas seulement dans les deux prolongements des cornes, si la forme de la Lune était sphérique.

Au contraire, la forme étant ovalaire, la lumière cendrée venant de la Terre se disperse moins au bord qu'au milieu du disque ; d'un autre côté les rayons tangents prolongés de la périphérie de l'horizon sont moins éloignés, à cause de la forme ovalaire dans des cornes du croissant que des autres parties de l'hémisphère non éclairé. Donc une propagation des rayons se présentera comme lueur aux prolongements des cornes et manquera aux autres parties de la surface ovalaire.

### B. Du manque d'air et de l'existence d'une couche mince de vapeur autour de la Lune produisant ses couleurs.

§ 303. D'après les observations des physiciens, il y a toujours une couche mince de vapeur dans le vide autour de la glace même aux plus basses températures. Or la Lune est un globe de glace se trouvant dans le vide et dont la température est de —160°; or ce globe est entouré d'une couche de vapeur d'autant plus mince que la masse de glace est plus grosse et la température de l'espace plus basse. Les séries de faits trouvés par les observations sont coordonnées de façon qu'on puisse en trouver à la fois l'explication, 1° dans l'existence d'une couche mince de vapeur, et 2° dans la forme ovalaire de la Lune.

**Surface glaciale de la Lune.** Au moyen d'un miroir d'un très-grand diamètre, l'astronome Alexandre a vu, en Amérique, que la Lune est composée d'une masse de glace et que les taches du Soleil sont des masses de vapeur. Secchi a été conduit au même résultat pour l'état physique de la Lune. L'absence d'une atmosphère épaisse et d'aucun changement sur la surface de la Lune a conduit à une température égale à celle de l'espace.

Pour faire concorder la basse température actuelle de la Lune avec la température de sa masse à l'état empyré quand les soulèvements de cette masse et les accumulations annulaires des fragments de glace se sont opérés, Schopenhaus ne manqua pas de démontrer la contraction inévitable de la masse et la production des crevasses que l'on voit sous l'apparence des lignes étroites dont la longueur varie entre

4 et 50 lieues. Je parlerai plus bas (*Comptes rendus*, 28 avril 1858) de ces lignes nommées *rainures*.

*1° Mode de production des couleurs des satellites par leur couche de vapeur.*

§ 304. Herschel a attribué aux neiges les taches incolores de Mars; Lambert a attribué sa couleur rouge à une végétation de couleur semblable. La couleur de Mars et des autres planètes supérieures est attribuée maintenant à leur atmosphère, sans qu'on indique comment s'opère la réfraction des rayons d'où résultent les couleurs différentes des planètes.

A la place d'une atmosphère, je démontre ici qu'il y a autour de la Lune et autour de tous les satellites une couche mince de vapeur, laquelle étant de forme ovalaire produit sur les rayons des réfractions d'où résultent les couleurs, ainsi que cela a lieu pour une couche composée d'une égale quantité d'air d'épaisseur quelconque, mais de forme ovalaire ou cylindrique.

Nous recevons les rayons du Soleil composés de chaleur lumineuse, et les rayons de la pleine Lune amènent une lumière 618000 fois plus faible et colorée. Cette couleur prouve que les rayons solaires, après une réflexion sur la surface solide de la Lune, ont éprouvé une réfraction dans la couche de vapeur. Si la forme de la Lune était sphérique, celle de sa couche de vapeur ne pourrait en différer, et ainsi les rayons en émergeant verticalement n'éprouveraient aucune réfraction, par suite il n'en résulterait aucune production de couleur. La forme ovalaire de la Lune reçoit les rayons solaires qui passent par la couche mince de vapeur; les atomes de lumière acquièrent une expansion à la surface de la Lune comme s'ils provenaient de son intérieur.

En émergeant de la couche ovalaire de vapeur, les rayons éprouvent une réfraction convergente vers le prolongement du grand diamètre de la Lune qui passe par le centre de la Terre. 1° A la distance $D+d'$ du centre de la Lune sur ce diamètre arrivent les rayons de couleur violette; 2° à la distance $D+d'+d''$ arrivent les rayons de couleur indigo, et ainsi à la distance $\Delta=D+d'+d''+d'''+d^{\text{IV}}+d^{\text{V}}$ qui est celle entre la Lune et la Terre arrivent les rayons de couleur jaune.

A la surface de la Lune, 1° il y a des parties unies; 2° il y a des plateaux, des remparts; 3° il y a des versants verticaux de ces remparts. Les rayons qui viennent des parties plates et unies nommées *mers* éprouvent la plus faible réfraction; les rayons qui viennent des versants verticaux des remparts éprouvent la plus forte réfraction. Or à la distance $\Delta$ de la Lune, 1° des mers de la Lune arrivent les rayons de couleur verte; 2° des plateaux arrivent les rayons de couleur jaune; 3° des versants verticaux des remparts arrivent les rayons de couleur rouge. Je rapporterai les faits suivants comme exemples à l'appui de cette règle.

Hook a remarqué certaines parties de la Lune qui restent toujours ternes, quelles que soient la position du Soleil et la direction de la lumière qui les éclaire, tandis que les versants des montagnes ambiantes brillent d'une vive clarté.

De leur côté, Beer et Maedler ont remarqué :

1° Que *mare Crisium*, *mare Serenetatis* et *mare Humorum* sont vertes;

2° Que le *Lichtenberg* est rouge.

Sans connaître l'origine de la couleur jaune de la Lune, Arago a cherché l'explication de la couleur verte des mers et de la couleur rouge du versant de Lichtenberg dans les contrastes du jaune faible et du jaune intense. Quant aux parties ternes, il n'en parle pas.

En admettant sur toute la surface de la Lune des plateaux dont nous arrive la couleur jaune, en admettant en même temps comme constant le petit diamètre SH (fig. 11), 1° l'inclinaison $\gamma$ des versants vers le sommet A diminue quand la longueur DA du grand diamètre augmente, de sorte que les rayons de couleur *verte* arriveraient à la distance Δ de la Terre ; 2° l'inclinaison γ croît si la longueur DA du grand diamètre diminue. Dans ce cas, les rayons de couleur *rouge* arriveraient à la distance Δ de la Terre.

Sur la surface de la Lune, il y a des remparts des versants de chaque inclinaison ; les parties ternes observées par Hook étant inclinées vers le nord et vers le sud dont elles réfléchissent la lumière solaire en très-grande partie vers les pôles et en petite quantité vers la Terre qui les fait apparaître ternes.

§ 305. **Rapport entre les distances de Mars et sa couleur rouge ou jaune rouge.** La distance Δ de la Lune étant constante, ce sont les rayons de la même couleur qui passent par la Terre. Cela n'a pas lieu pour les planètes supérieures dont la distance étant $D + \Delta'$ dans les conjonctions, est $D - \Delta'$ dans les oppositions. C'est pour Mars que la distance Δ' est très-considérable par rapport à la distance D.

Mars étant à la distance $D - \Delta'$ dans son opposition, la Terre passe par la région où les rayons rouges sont mêlés avec une grande quantité de rayons jaunes, de sorte qu'il se présente de couleur jaune rougeâtre ou jaune orangé dans le télescope. Dans sa conjonction à la distance $D + \Delta'$, la planète est invisible ; mais quand elle est entre la conjonction et les quadratures en distance $\sqrt{D^2 + \Delta^2}$, la teinte du rouge prédomine même dans le télescope.

*2° De la lumière cendrée et de ses teintes.*

§ 306. Une partie du disque de la Lune, la *phase*, est éclairée par le Soleil, et le reste est éclairé par la lumière réfléchie de la Terre appelée *lumière cendrée*. A chaque nouvelle Lune, il arrive du Soleil une quantité de lumière qui éclaircit une petite partie du disque ; à cette époque, il arrive au disque de la Lune une grande quantité de lumière réfléchie presque entièrement de l'hémisphère total de la Terre. Les quadratures de la Terre correspondent aux quadratures de la Lune, et le jour de la pleine Lune, la Terre, vue de ce corps, serait *néogée* sans être tout à fait obscure.

L'étendue de la surface de la Terre supposée sphérique est treize fois celle de la Lune, supposée également de forme sphérique. La quantité de lumière arrivée du Soleil au disque de la Lune est indiquée par la surface du grand cercle $\pi r^2$ ; le rayon $4r$ de la Terre étant quatre fois plus grand, la surface de son grand cercle ou de son disque est $16\pi r^2$. Si donc la Terre recevait la lumière $\varphi$ de la pleine Lune (supposée sphérique), la nouvelle Lune recevrait de la pleine Terre la lumière $16\varphi$. C'est par la disparition totale de la Lune dans les éclipses totales du Soleil que l'on voit que la lumière cendrée lui arrive de la Terre, et qu'elle n'est pas une lumière propre à la Lune.

Posidonius, Vitellion et Renhold, en admettant pour la Lune un corps peu transparent laissant pénétrer une petite partie de lumière solaire, comme cela doit avoir lieu pour un globe ovalaire de glace, ont attribué la lumière cendrée à la petite quantité de lumière qui serait à son maximum dans la nouvelle Lune et dans les éclipses totales du Soleil.

Le crépuscule, qui fait paraître Vénus, Jupiter et les étoiles de 1re grandeur, intercepte l'apparition de la lumière cendrée, apparition pour laquelle il faut une distance angulaire du Soleil égale à celle du crépuscule. Or, dans les éclipses totales du Soleil, il ne règne pas une obscurité égale à celle de la fin du crépuscule ; l'absence de la lumière cendrée n'est donc pas une preuve de sa non-existence ; l'hypothèse d'une transparence de la Lune n'est pas réfutée au moyen de cette observation.

**Comparaison entre la lumière incidente et la lumière réfléchie.** En comparant la lumière du Soleil et celle de la pleine Lune,

| | |
|---|---|
| Bougner a trouvé le rapport de. . . . . . . . . . . . . . . . | 300000 : 1 ; |
| Wollaston a trouvé. . . . . . . . . . . . . . . . . . . . . . | 800000 : 1 ; |
| Enfin Zoellner a trouvé avec deux appareils différents. . . | 618000 : 1 ;<br>619600 : 1 ; |

Le rapport entre la lumière incidente φ du Soleil à la Terre et la lumière φ réfléchie étant 16 fois plus grand que celui de la lumière qui arrive de la Lune à la Terre, cette lumière est 619600 : 16. La lumière cendrée de la Lune arrivant à la Terre est :

$$619600 \times 619600 : 16 = 24000000000 : 1.$$

Cette lumière cendrée de la Lune est environ quatre fois plus faible que celle de Jupiter qui est :

$$5472000000000 : 1.$$

Or une lumière pareille est insensible dans le crépuscule ; elle est également insensible dans les quadratures quand elle est réduite à la moitié, et moins encore entre les quadratures et la pleine Lune.

§ 307. **Inégalité de lumière incidente de la Terre à la Lune avant et après la conjonction.** Galilée le premier, puis les autres astronomes après lui, ont remarqué que la lumière cendrée trois jours avant la néoménie est d'une intensité plus grande que trois jours après. Schroeter a expliqué ce fait en disant qu'une plus grande quantité de lumière était réfléchie des continents d'Afrique, d'Europe et d'une partie de l'Asie pendant le déclin de la Lune, tandis qu'après la nouvelle Lune la portion de la Terre tournée vers son satellite se compose principalement de l'océan Atlantique et de l'océan Pacifique, réfléchissant moins que la partie solide du globe.

**Couleur verte de la lumière cendrée.** Le 14 février 1774, Lambert a vu que la lumière de la Lune, bien loin d'être cendrée, était couleur d'olive. La Lune était alors éloignée de 55° du Soleil avec une déclinaison boréale de 7° 1/2.

Le 20 novembre 1811, à 7h 30m du soir, avec une lunette non achromatique, Arago a vu la lumière cendrée, forte, brillante, mais d'une couleur vert pâle très-prononcée; cette couleur persistait quand l'oculaire était enfoncé ou retiré. Cette même couleur, un peu affaiblie il est vrai, se manifesta encore avec la lunette la plus achromatique.

Le lendemain 21 novembre, à 7h 15m, la lumière cendrée ayant diminué d'intensité, sa couleur verdâtre était moins sensible, quoiqu'elle fût très-apparente avec la lunette non achromatique; cette couleur fut tout à fait imperceptible dans la lunette tout à fait achromatique.

De même que Schroeter expliqua la différence des intensités de la lumière cendrée par la réflexion différente des continents et des océans, de même Lambert chercha la couleur verte de la Lune dans l'Amérique méridionale. Mais Arago ne trouvant aucun rapport pareil à l'époque où il vit cette couleur, au lieu de se borner à réfuter complétement l'explication de Lambert, en donna une autre qui n'a pas plus de valeur. Il attribua la teinte verdâtre à un effet de contraste, conséquence de la couleur rouge ou orangé qu'on voit sur la portion éclairée du disque du Soleil et sur le bord des taches obscures. Il s'agit donc de montrer pourquoi cette cause persistante ne produit pas toujours l'apparence du vert.

D'après l'exposition du mode de production des couleurs verte et rouge indiquée ci-dessus, on voit aisément que, pour que la Lune paraisse verte, il faut que la Terre passe par la région du spectre dans laquelle se trouvent les rayons verts produits par la réfraction de la lumière provenant de la couche de vapeur de forme ovalaire. Les couleurs du spectre sont dans le prolongement du grand diamètre de la Lune. La Terre passe par la distance Δ, où prédominent les rayons de couleur jaune ou jaune rouge. Pour que la Lune paraisse verte, il faut que la Terre passe par une région parcourue par des rayons de couleur verte.

*3° Réflexion de la lumière de la Lune, sa polarisation; absence d'atmosphère et effet de la forme ovalaire.*

§ 308. J'ai exposé tous les détails de la nature de la lumière polarisée dans le tome II de la *Physique;* non-seulement la lumière et la chaleur, mais encore les ondes sonores et les ondes d'air même réfractées obliquement ou réfléchies deviennent polarisées. Il s'agit de prouver, 1° d'une part, l'existence d'une réfraction et d'une réflexion verticale, et 2° d'autre part, l'existence d'une polarisation correspondant à la réfraction et l'absence d'une polarisation correspondant à la réflexion verticale.

§ 309. **Polarisation de la lumière réfléchie obliquement.** Les physiciens savent que la lumière naturelle se polarise : 1° en traversant les cristaux, 2° en éprouvant une réflexion oblique, ou 3° une réfraction. Il en résulte qu'il faut : 1° qu'il n'y ait pas de polarisation dans la lumière de la pleine Lune qui est réfléchie verticalement vers la Terre; 2° que la lumière réfléchie obliquement dans les quadratures soit polarisée. Je citerai comme exemples de ces effets les résultats obtenus par les observations d'Arago, qui trouva : 1° l'existence de lumière polarisée pendant les quadratures de la Lune, et 2° l'absence de lumière polarisée dans la pleine Lune.

Arago a trouvé cette même absence dans la lumière du Soleil; au lieu donc d'y reconnaître le résultat de l'absence d'une réfraction de la lumière provenant verticalement de l'enveloppe glaciale du Soleil, c'est par erreur qu'il y a trouvé un indice de l'existence d'une photosphère admise par Wilson à une époque où la nature de la lumière était si peu connue.

J'ai prouvé dans la *Physique* (t. II, p. 232) que les *points neutres* entre le Soleil et le zénith, où la lumière polarisée manque tout à fait, sont dans une progression géométrique dont le premier terme est le diamètre angulaire du Soleil

$$\div 32' : 1^\circ 4' : 2^\circ 8' : 4^\circ 16' : 8^\circ 32' : 17^\circ 4' : 34^\circ 0'.$$

Au moyen de l'observation, 1° Brewster a trouvé le point 8° 30′ correspondant au terme 8° 32′; 2° Babinet a trouvé le point 17° correspondant au terme 17° 4′; 3° Arago a trouvé le point 146°=180°—34° correspondant au point 34° 8′.

Le diamètre angulaire n'étant pas toujours de 32′, j'ai trouvé que les points neutres obtenus par les observations et ceux obtenus par le calcul correspondent aux décroissements de l'angle $\gamma$ que sous-tend le diamètre du Soleil.

### C. Forme ovalaire de la Lune déterminée par la distribution de la clarté sur son disque.

§ 340. Comme il manquait d'appareils photométriques perfectionnés indiquant exactement les rapports entre les intensités des parties différentes du disque de la Lune, Lambert, en supposant la Lune de forme sphérique, trouva au moyen de la formule

$$(a) \qquad \frac{q}{q'} = \frac{\sin v - v \cos v}{\sin v' - v' \cos v'},$$

les rapports entre les quantités $q$, $q'$ de lumière à des phases différentes de la Lune, en indiquant par $v$, $v'$ les élongations correspondant aux phases.

En comparant ces résultats du calcul et ceux qu'obtint Zoellner par l'observation, cet observateur trouva que le rapport $q$,$q'$ entre les clartés des phases est mieux déterminé si l'on diminue les angles $v, v'$ de 52° pour les réduire à

$$(\beta) \quad \frac{q}{q'} = \frac{\sin(v-52^\circ) - (v-52^\circ)\cos(v-52^\circ)}{\sin(v'-52^\circ) - (v'-52^\circ)\cos(v'-52^\circ)}.$$

Cette diminution de 52° des angles $v, v'$ fait diminuer les résultats du calcul pour les faire concorder avec les résultats des observations. C'est donc dans cette concordance des résultats réels des observations que l'on trouve le moyen de découvrir pour la Lune une forme qui n'est pas celle de la sphère *AbDc* (fig. 20). Ainsi, pour arriver à *la forme* réelle de la Lune donnant les clartés observées, il faut déduire l'angle 52° de 90°, et l'on trouve de cette manière l'angle 38° = CAD ou 76° = CAR qui est l'angle réel $\partial$ du sommet de la forme ovalaire de la Lune.

Robert Schmith, en admettant que la totalité de la lumière incidente est réfléchie par une surface sphérique, a trouvé par le calcul que la lumière solaire étant 90000, la lumière de la Lune serait 1; Zoelliner, au contraire, a trouvé par l'observation le rapport 619000 : 1. Il en résulte qu'à cause de sa forme ovalaire la Lune réfléchit vers la Terre une quantité $\varphi$ de lumière sept fois moindre que celle $\Phi$ qui se serait réfléchie si la forme de la Lune était sphérique.

§ 311. **Décroissement de la clarté du bord de la Lune vers son milieu**. Quand une surface circulaire plane S est éclairée verticalement du côté de l'observateur, celui-ci en reçoit le maximum $\Phi$ de lumière. Si, tout restant dans le même état, on remplace la *surface* plane S par un cône d'égale base ou par un entonnoir de forme conique de hauteur $h$, la lumière $\varphi$ réfléchie vers l'observateur diminuera ; elle est en rapport inverse de la hauteur $h$ du cône.

Si au lieu d'un cône on couvre la même surface circulaire S avec un hémisphère, on en recevra une quantité de lumière $\Phi - \varphi$ inférieure ; cependant la pente est moins sensible au centre qu'au bord. C'est le contraire qui arriverait si l'on couvrait la surface S par un hémisphère soulevé de forme ovalaire SAP; dans ce cas on doit recevoir du bord une plus grande quantité de lumière $\varphi + \varphi'$ et du milieu une quantité $\varphi$ inférieure. Comme exemples à l'appui de la forme ovalaire de la Lune, j'ai exposé (t. I, p. 835) les résultats photométriques de la Lune obtenus au moyen d'appareils entièrement différents. 1° Les uns, indiqués par une ligne pleine, sont ceux de John Herschel, et 2° les autres, indiqués par une ligne ponctuée, sont ceux de Zoelliner.

En plaçant, 1° la ligne ponctuée BF (fig. 21) du côté gauche sur la surface ovalaire PNA (fig. 20) du côté droit, et 2° la ligne EB (fig. 21) du côté droit sur la surface ovalaire SCA (fig. 20) du côté gauche, on parvient tout à la fois à se convaincre de l'exactitude des résultats des observations et à acquérir la certitude que la Lune a la forme ovalaire.

Fig. 20.

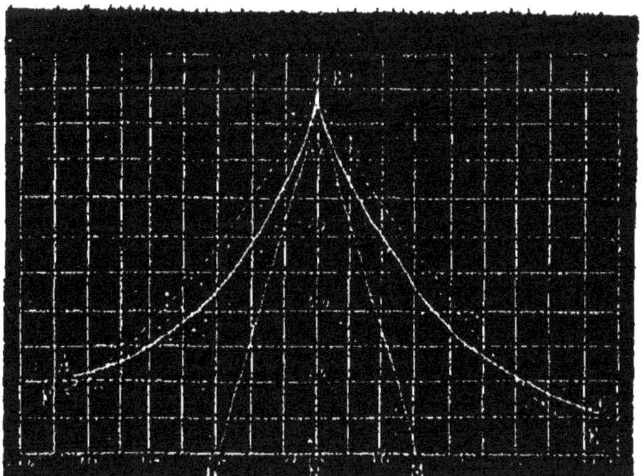

Rien n'est plus évident que la concordance entre les résultats des observations photométriques et la forme ovalaire de la Lune; toutefois, ni Herschel, ni Zoelliner ne sont parvenus à la saisir. Les hypothèses logiques des observateurs pour donner une explication ont été une seconde erreur après en avoir commis une première en prêtant à la Lune la forme sphérique.

Aussitôt après la découverte des lunettes, Galilée et tous les astronomes ont vu le bord de la Lune uni, car on y voit les montagnes d'une hauteur à peine perceptible; telles montagnes peu élevées occupent les régions polaires; les régions éloignées des pôles, au contraire, sont occupées par des montagnes d'une élévation excessive. Zoelliner voulut *à tout prix* donner l'explication de ses résultats photométriques si exacts; il admit des chaînes de montagnes d'une hauteur décroissante du bord vers le milieu du disque!

**Observation de John Herschel confirmant la théorie d'Arago.** En discutant l'énorme étendue de quelques nébuleuses, Arago a été conduit par le calcul à reconnaître qu'il entre dans le champ de la lunette une égale quantité de rayons quand les distances sont $2\Delta$, $2^2\Delta$... $2^n\Delta$ tant que l'étendue des nébuleuses excède celle du champ de la lunette.

John Herschel s'exprime ainsi : « Étant au cap de Bonne-Espérance, j'ai souvent comparé la face verticale de la montagne de la *Table* éclairée par le Soleil couchant à la pleine Lune qui se cachait derrière, et telle était l'identité d'éclat de l'astre et de la roche (sandstone), que je ne pouvais pas les distinguer l'un de l'autre : et pour qu'on ne prétende pas tirer une objection de la circonstance que la roche était observée de très-près et la Lune de très-loin, je rappellerai que, d'après les principes les plus incontestables d'optique, la roche aurait conservé le même éclat à toute distance. »

### II. ORIGINE DES MONTAGNES DE LA LUNE, LEUR HAUTEUR RÉELLE CORRESPONDANT À LA FORME OVALAIRE.

§ 312. En discutant le mode de production des taches solaires, j'ai prouvé que les parties faibles de l'enveloppe glaciale ne pouvant résister à la répulsion expansive de la masse empyrée, se brisent, et que les fragments qui en résultent, repoussés en directions divergentes par la masse empyrée soulevée en forme de lave visqueuse, s'accumulent comme dans une débâcle pour former une espèce de rempart, lequel reste conservé, lorsque ensuite après le refroidissement, la couche superficielle de la masse expulsée gèle pour renfermer le cratère.

Par les observations depuis la découverte des lunettes, on a pu s'assurer qu'il ne s'opère aucun changement dans la Lune ; tout y est dans un équilibre thermostatique parfait, il n'y a aucune différence de température entre celle de la masse de la Lune et celle de l'espace. La quantité de chaleur lumineuse arrivant du Soleil à la Lune ne diffère pas de celle qui arrive à la Terre, mais elle s'en éloigne immédiatement à cause du manque d'atmosphère.

Les montagnes annulaires de la Lune sont de la même forme que les remparts qui se produisent actuellement au Soleil ; quand chez lui la masse empyrée sera refroidie, sa surface restera couverte par des remparts comme l'est maintenant la surface de la Lune. A une époque antérieure, la masse de la Lune n'était pas refroidie, elle était empyrée comme l'est actuellement la masse solaire.

Les remparts actuels de la Lune sont restés conservés, comme le resteront ceux qui se produisent actuellement au Soleil après le refroidissement de sa masse empyrée. Par leur forme annulaire, les remparts de la Lune font voir qu'ils ont été produits par des matériaux éloignés de leur cratère sans que le volume change. En effet, Schroeter a trouvé la hauteur $h$ des remparts du côté extérieur et la hauteur $h + h'$ du côté de l'enceinte intérieure. Ensuite il a comparé le volume de la cavité qu'on appelle *cratère*, avec le volume du rempart qui l'entoure implanté sur la surface générale du niveau de la Lune, et il a trouvé les résultats suivants :

| | | |
|---|---|---|
| Cratère de Reinhold. . . . . . | Volume du cratère. . . . | 74 |
| | Volume du rempart. . . . | 56 1/4 |
| Cratère de Theaetetus. . . . . | Volume du cratère. . . . | 12 3/4 |
| | Volume du rempart. . . . | 10 1/4 |
| Cratère Manilius. . . . . . . . | Volume du cratère. . . . | 15 |
| | Volume du rempart. . . . | 14 1/2 |
| Petit cratère à l'est de Thabit et de Purbach.. . . . . . . . | Volume du cratère. . . . | 15 |
| | Volume du rempart . . . | 14 3/4 |

Ainsi, on a trouvé que la masse composant les remparts a été enlevée par l'espace vide dans les cratères; résultat tout à fait différent de celui où l'on a comparé les volcans terrestres et les remparts lunaires.

§ 313. **Dépôts successifs superposés formant les remparts.** Le 16 août 1725, Bianchini a vu le fond du cratère de *Platon* noir, garanti qu'il était des rayons du Soleil par le creux qui forme son bord. Un point de ce fond situé près des limites du contour, du côté d'où venaient les rayons du Soleil, était éclairé fortement, et il en partait une lumière diffuse, une lumière plus faible qui s'étendait jusqu'au bord opposé. Ainsi est prouvée l'existence d'une brèche, espèce de fenêtre large.

Schroeter a vu dans les grands creux, comme Clavius, Scheiner, Avrachel, Agrippa, surtout dans Copernic, des traces de plusieurs couches horizontales superposées.

John Herschel a aperçu aussi des divisions semblables à celles qui, sur la Terre, marquent les dépôts successifs et superposés des matières volcaniques.

**Cratère de Tycho.** Des raies brillantes partent des bords de ce cirque comme d'un centre commun, et se propagent en directions divergentes à des distances plus ou moins considérables. Ces raies brillent du même éclat que les bords et le centre du cratère.

**Ressemblance entre les remparts de la Lune et ceux du Soleil.** J'ai prouvé que les facules allongées sont des remparts annulaires composés de fragments de glace qui formaient l'enveloppe glaciale du cratère, et étaient repoussés par le soulèvement de la masse empyrée. C'est à cette origine que remontent spontanément tous les détails observés dans les cratères et dans les remparts de la Lune.

I. **Rapport entre les volumes des cratères et ceux des remparts.** La masse empyrée se soulève, repoussée qu'elle est par la chaleur; celle-ci s'échappe en rejetant les fragments de l'enveloppe glaciale du cratère, et la masse empyrée rebrousse chemin pour revenir à son niveau précédent. Il y a donc une différence réelle entre la matière volcanique formant dans la Terre les montagnes coniques et les fragments de glace occupant d'abord la surface du cratère et servant ensuite à la formation du rempart.

II. **Brèches dans les fondements des remparts.** Les débâcles de glaçons se heurtent pour se soulever et laisser des ouvertures triangulaires ayant leur sommet en haut, et formant une espèce de voûte assez forte pour supporter la masse superposée. C'est un fait qui s'accorde parfaitement avec le précédent. L'excédant de volume des remparts sur celui des cratères trouvera son explication dans la hauteur exagérée des montagnes.

Les espèces de strates ne sont que des couches des débâcles de glaces, et non des épaisseurs des glaçons; car, pour qu'on les vit, il fallait que cette épaisseur fût supérieure à 100 mètres. Les observations mentionnées de Schroeter ont été faites sur des remparts de faible hauteur, sur les dimensions desquels on n'a pas commis une très-grande erreur, comme je le prouverai plus bas.

III. **Raies rayonnantes autour du rempart de Tycho.** Pour que les raies apparaissent brillantes comme le rempart, il faut qu'une quantité supérieure de rayons en soit réfléchie, fait qui ne permet pas de douter qu'il y a des bras nombreux composés de glace provenant de la masse empyrée qui s'est répandue en dehors du rempart par les intervalles inférieurs, ainsi que cela est arrivé pour les bras dans les taches du Soleil, dont l'ensemble fait apparaître la pénombre $a' b' c' \ldots q' r'$ (fig. 22).

Ce rempart unique de la Lune, comparable à ceux du Soleil, a été produit par la dernière éruption seule qui a été très-violente, quand l'enveloppe ayant acquis sa plus grande solidité a été brisée par la masse empyrée soulevée par une poussée dont la force était insuffisante pour produire des jets et un mouvement rotatoire, comme cela a eu lieu pour le Soleil et pour les planètes.

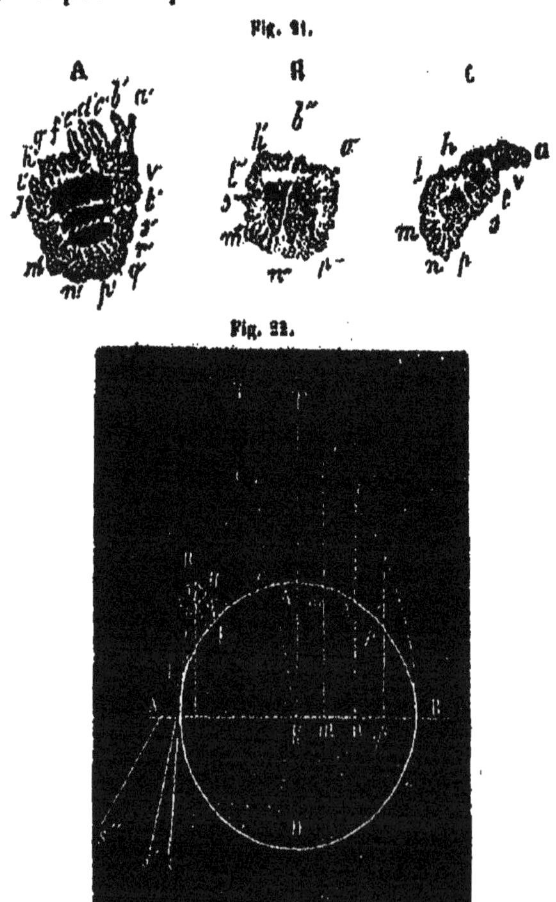


Fig. 21.

Fig. 22.

A. Erreur dans la mesure de la hauteur des montagnes de la Lune.

§ 314. En regardant avec une lunette la partie LHT (fig. 23), située dans l'ombre, on aperçoit des points brillants R *isolés*. Ces points sont des sommets de montagnes qui sont éclairées. A l'aide d'un micromètre on peut déterminer la hauteur de ces montagnes en supposant connue la distance KF entre le pied de la montagne et le centre de la Lune. Cette distance est considérée comme égale au rayon $r = KF$ du disque de la Lune, et non comme égale à KH qui est la distance véritable entre le pied de la montagne et le centre K. Je donne ici tous les détails du calcul pour remonter à l'origine de l'erreur, laquelle n'est pas dans le calcul même, mais dans l'hypothèse de la forme sphérique de la Lune, tandis que sa forme réelle est ovalaire.

§ 315. **Détermination de la hauteur des montagnes de la Lune par les astronomes.** Soit ABC (fig 24) une partie du croissant et $s''$ le point lumineux observé dans

Fig. 23.

la partie ombragée du disque. La ligne AL unit les cornes : on abaisse une normale $s''d'$, les distances $s''a''$, $s''b''$, $s''b'''$ sont déterminées par le micromètre, et l'on a :

$$d'b'' = \frac{s''b'' + s''b'''}{2};$$

$$d'a'' = d's'' + s'a'' = d'b'' - s''b'' + s''a'' =$$

$$\frac{s''b'' + s''b'''}{2} - s''b'' + s''a'' = \frac{s''b''' - sb''}{2} + s''a''.$$

Au lieu de voir le point lumineux $s''$ de profil, il faut le regarder de face pour qu'apparaisse la hauteur $ns'$ de la montagne.

Dans ce cas la ligne $b''b'''$ que l'on voit en $bb'$ reste en place, et il s'agit de déterminer la distance $ds'$ après avoir tiré par $a''$ une tangente sur la surface de la Lune, supposée sphérique, pour passer par le sommet $s'$ qui est le point brillant.

1° Dans le triangle rectangle $daa'$ on connaît $da = d'a'' = \frac{s''b''' - s''b''}{2} + s''a''$ et $da' = db$ (en admettant la forme sphérique); on peut donc déterminer l'angle $ada'$.

2° Dans le triangle rectangle $a'ks'$ on connaît l'angle $ks'a' = ada'$ et la distance $ka' = sa$, qui a été mesurée en $s''a''$; on peut donc déterminer $s'a'$.

3° Enfin dans le triangle rectangle $da's'$ on connaît $da' = db$ et $s'a'$, et l'on détermine $ds'$.

Considérons maintenant le grand cercle de la Lune LA'RD (fig. 23) qui passe par le sommet éclairé R ou $s'$ (fig. 24) de la montagne; c'est la ligne K$e'$ (fig. 23) correspondant à $ds$ (fig. 24) qui a été déterminée.

Ainsi nous connaissons dans le triangle rectangle $e'$F'K (fig. 23), l'angle $e'$F'K et $e'$F' $= db$ (fig. 24) et KF $= r$ qui est le rayon du disque de la Lune, et l'on trouve la distance $e'$K.

Enfin, dans le triangle rectangle $e'$RK (fig. 23), connaissant K$e'$ et $e'$R, on trouve KR qui est composé du rayon du disque $r =$ KF et de la hauteur $h =$ KR $- r$.

En opérant de cette manière sur tous les sommets apparents dans l'ombre comme points brillants, on obtient les hauteurs des montagnes de la surface de la Lune indiquées dans le tableau suivant.

Si la forme réelle de la Lune n'est pas sphérique, mais ovalaire, cela se verra par la disparition de la trop grande inégalité des hauteurs des montagnes, hauteurs faibles au bord du disque et dans les régions polaires, et très-grandes dans les parties du disque des latitudes inférieures.

Le disque AB (fig. 23) de la Lune n'est pas la base d'un hémisphère sphérique AA'B, mais il est la base d'un hémisphère ovalaire soulevé ATB. En tirant des rayons KH, KL, KT, on trouve un accroissement des distances entre les deux hémisphères. C'est au sommet T qu'est atteint le maximum A'T de la différence A'T=KT—KA'; cette différence est nulle au bord du disque AB.

Cette différence R—*r* étant la cause des erreurs qui consistent en excédants H—*h* de hauteurs H fausses et de hauteurs *h* réelles, j'ai pu facilement déterminer les régions de la Lune où les astronomes, en opérant de la manière indiquée, devaient rencontrer des hauteurs excessives et les régions où il n'y a pas d'erreurs et où les hauteurs obtenues par les mesures sont des hauteurs réelles. Après avoir exposé les hauteurs des montagnes supérieures, je donne les rapports entre les volumes des cratères et ceux de leurs remparts.

*Tableau des hauteurs et des positions des montagnes de la Lune.*

| NOMS DES MONTAGNES. | Latitudes lunaires. | Longitudes lunaires. | Hauteurs en mètres. | NOMS DES MONTAGNES. | Latitudes lunaires. | Longitudes lunaires. | Hauteurs en mètres. |
|---|---|---|---|---|---|---|---|
| Newton. . . . . . . . . | 77 S. | 16 E. | 7264 | Stœfler. . . . . . . . . . | 42 S. | 5 O. | 3732 |
| Casatus. . . . . . . . . | 74 | 35 E. | 6956 | Maurolycus. . . . . . . . | 41 | 14 O. | 1350 |
| Boussingault. . . . . . | 68 | 55 O. | » | Métius. . . . . . . . . . | 40 | 42 O. | 4019 |
| Curtius. . . . . . . . . | 67 | 3 O. | 6700 | Piazzi. . . . . . . . . . | 35 | 65 E. | 1550 |
| Scheiner. . . . . . . . | 60 | 26 O. | 5488 | Capuanus (Sinope). . . | 34 | 20 E. | 2018 |
| Zach. . . . . . . . . . | 59 | 4 O. | 1949 | Lagrange. . . . . . . . . | 33 | 71 E. | 1940 |
| Elvius. . . . . . . . . | 58 | 15 E. | 7091 | Reichenbache. . . . . . | 30 | 40 O. | 3073 |
| Biela. . . . . . . . . . | 54 | 50 O. | 2758 | Posson. . . . . . . . . . | 30 | 9 O. | 2237 |
| Bayer. . . . . . . . . . | 52 | 34 E. | 2460 | Fourier. . . . . . . . . . | 30 | 52 E. | 3078 |
| Phocylides. . . . . . . | 52 | 55 E. | 2080 | Piccolomini. . . . . . . | 29 | 31 O. | 4734 |
| Bacon. . . . . . . . . . | 51 | 19 E. | 4192 | Viete. . . . . . . . . . . | 29 | 50 E. | 4457 |
| Cuvier. . . . . . . . . | 50 | 9 O. | 5017 | Purbach. . . . . . . . . . | 26 | 2 O. | 2304 |
| Wargentin. . . . . . . | 49 | 60 E. | 452 | Petavius (P. Petau). . | 25 | 60 O. | 3300 |
| Clairaut. . . . . . . . | 47 | 14 O. | » | Polybius. . . . . . . . . | 22 | 25 O. | 195 |
| Schikard. . . . . . . . | 44 | 55 E. | 3222 | Thebit. . . . . . . . . . | 22 | 5 E. | 3118 |
| Tycho. . . . . . . . . . | 43 | 12 E. | 5210 | Mersenius (Mont-Sacer). | 21 | 47 E. | 2959 |
| Fabricius. . . . . . . . | 42 | 41 O. | 2542 | Elie de Beaumont. . . | 18 | 28 O. | 1877 |

*Tableau des hauteurs et des positions des montagnes de la Lune (suite).*

| NOMS DES MONTAGNES. | Latitudes lunaires. | Longitudes lunaires. | Hauteurs en mètres. | NOMS DES MONTAGNES. | Latitudes lunaires. | Longitudes lunaires. | Hauteurs en mètres. |
|---|---|---|---|---|---|---|---|
| Arrachel. | 18S. | 2E. | 4142 | Conon. | 21N. | 2O. | 1052 |
| Sainte-Catherine. | 17 | 23O. | 5707 | Pytheas. | 21 | 21E. | 1550 |
| Gassendi. | 17 | 40E. | 2014 | Séleucus. | 21 | 66E. | 3118 |
| Tacite. | 16 | 18O. | 3508 | Euler. | 23 | 29E. | 1815 |
| Aboul-Wefa. | 14 | 14O. | 3050 | Aristarque. | 23 | 47E. | 1337 |
| Descartes. | 12 | 15O. | 1169 | Hérodote. | 23 | 49E. | 780 |
| Theophilus. | 11 | 26O. | 6559 | Rœmer. | 25 | 36O. | 3528 |
| Ptolémée. | 9 | 3E. | 2043 | Lambert. | 26 | 21E. | 1816 |
| Langrenus. | 8 | 60O. | 2020 | Briggs. | 26 | 68E. | 2924 |
| Hipparque. | 6 | 5O. | 3050 | Cleomède. | 27 | 55O. | 4175 |
| Maestlin. | 6 | 1E. | 2201 | Diophante. | 27 | 34E. | 778 |
| Herschel. | 6 | 2E. | 2873 | Liuné. | 28 | 12O. | » |
| Flamsteed. | 5 | 44E. | 1910 | Archimède. | 30 | 4E. | 2247 |
| Lalande. | 4 | 9E. | 1754 | Delisle. | 30 | 35E. | 1815 |
| Delambre. | 2 | 17O. | 4503 | Wollaston. | 30 | 47E. | 813 |
| Riccoli. | 2 | 75E. | » | Posidonius. | 31 | 29O. | 1787 |
| Helvetius. | 2N. | 67E. | 1754 | Lichtemberg. | 31 | 66E. | » |
| Maskelyne. | 3 | 30O. | 1302 | Theætetus. | 36 | 6O. | 2216 |
| Reinhold. | 3 | 23E. | 2146 | Gauss. | 37 | 75O. | » |
| Agrippa. | 4 | 21O. | 2087 | Berzélius. | 37 | 50O. | 390 |
| Apollonius. | 5 | 60O. | 1657 | Lavoisier. | 38 | 81E. | » |
| Taruntius. | 6 | 46O. | 1002 | Calippus. | 39 | 10O. | 1349 |
| Arago. | 6 | 21O | 1631 | Cassini. | 40 | 4O. | 1331 |
| Bode. | 7 | 3E. | » | Hélicon. | 40 | 23E. | 505 |
| Reiner. | 7 | 55E. | 228 | Struve. | 43 | 63O. | » |
| Hyginus. | 8 | 6O. | » | Harding. | 43 | 70E. | 390 |
| Képler. | 8 | 38E. | 3054 | Eudoxe. | 44 | 11O. | 4541 |
| César. | 9 | 15O. | 1051 | Sharp. | 45 | 40E. | 2933 |
| Copernic. | 9 | 20E. | 3438 | Atlas. | 46 | 43O. | 3838 |
| Stadius. | 10 | 13E. | 214 | Hercule. | 46 | 38O. | 3319 |
| Galilée. | 10 | 62E. | 58 | Laplace. | 46 | 20E. | 3228 |
| Auzout. | 11 | 68O. | 1781 | Bianchini. | 49 | 34E. | 2519 |
| Marius. | 12 | 51E. | 1388 | Aristote. | 50 | 12O. | 2259 |
| Timocharis. | 13 | 27E. | 2160 | Platon. | 51 | 9E. | 2201 |
| Picard. | 14 | 54O. | 5175 | La Condamine. | 53 | 28E. | 1208 |
| Gay-Lussac. | 14 | 21O. | 7930 | Bouguer. | 53 | 36E. | » |
| Manilius. | 14 | 9O. | 2347 | Harpalus. | 53 | 44E. | 4832 |
| Eratosthène. | 14 | 11E. | 4818 | Fontenelle. | 61 | 17E. | 2010 |
| Pline. | 15 | 24O. | 1918 | Thales. | 62 | 49O. | 1078 |
| Mayer. | 16 | 29E. | 2964 | Pythagore. | 63 | 66E. | 5108 |
| Marco-Polo. | 16 | 3E. | 1088 | Anaxagore. | 74 | 12E. | 2000 |
| Huygens. | 20 | 2E. | 5500 | Scoresby. | 76 | 12O. | 8372 |
| Macrobius. | 21 | 45O. | 4430 | | | | |

§ 316. Un des caractères particuliers des montagnes lunaires, c'est de présenter des circonvallations immenses dont le centre est quelquefois occupé par des dômes, des pitons qui prouvent que leur origine est différente de celle des volcans terrestres. Voici les dimensions très-considérables des principales circonvallations de la Lune.

*Tableau des circonvallations.*

| NOMS DES MONTAGNES. | DIAMÈTRES des circonvallations. | NOMS DES MONTAGNES. | DIAMÈTRES des circonvallations. |
|---|---|---|---|
| | mètres. | | mètres. |
| Clavius. . . . . . . . . | 227129 | Flamsteed. . . . . . . | 96304 |
| Ptolémée. . . . . . . . | 184459 | Piccolomini. . . . . . | 93304 |
| Gauss. . . . . . . . . | 177792 | Fabricius . . . . . . . | 89192 |
| Riccioli. . . . . . . . | 170384 | Atlas. . . . . . . . . . | 88302 |
| Boussingault. . . . . . | 148100 | Copernic. . . . . . . . | 80000 |
| Hipparque. . . . . . . | 140752 | Phocylides. . . . . . . | 87192 |
| Cléomède. . . . . . . . | 125930 | Wargentin. . . . . . . | 87192 |
| Hévélius. . . . . . . . | 113801 | Tycho . . . . . . . . . | 87044 |
| Scheiner. . . . . . . . | 112000 | Aristote. . . . . . . . | 80229 |
| Posidonius. . . . . . . | 99193 | Archimède. . . . . . . | » |
| Platon. . . . . . . . . | 90000 | | |

§ 317. **Observation sur les hauteurs des montagnes et les dimensions des remparts.** J'ai mentionné ci-dessus l'origine des erreurs conduisant à des résultats de calcul dont les uns diffèrent peu des hauteurs réelles des montagnes et les autres en diffèrent beaucoup. Dans le tableau, on voit que dans les régions polaires il n'y a généralement pas de hautes montagnes, parce que pour ces régions les résultats du calcul sont moins éloignés des résultats réels et qu'ils en sont plus éloignés dans les latitudes inférieures. C'est le contraire qui a lieu pour les résultats indiquant les dimensions des enceintes des remparts; ces dimensions étant calculées pour une surface sphérique, sont trop petites par rapport aux dimensions réelles qui se trouvent sur une surface ovalaire.

Dans les rapports entre le volume des cratères et le volume de leur rempart (§ 312), Schroeter a trouvé partout le volume du rempart plus grand que celui de son enceinte. Cette différence disparaîtrait dans le cas où, 1° à la place de la hauteur actuelle des remparts on substituerait leur hauteur réelle, et 2° à la place des étendues actuelles de ces enceintes on donnerait l'étendue réelle. J'ai trouvé ainsi un excédant de volume inverse; celui des enceintes dépasse le volume des remparts.

En comparant les montagnes de la Lune avec les volcans de la Terre, dit Humboldt, on trouve que le Ténériffe, le plus vaste volcan terrestre, qui a 14800 mètres de longueur et dont le pic a 150 mètres de hauteur, serait à peine visible au télescope à la distance de la Lune. La grande majorité des cirques de la Lune n'a point de montagne centrale, et là où il s'en trouve ces montagnes ont la forme d'un dôme ou d'un plateau, non point comme un cône d'éruption muni d'une ouverture.

De leur côté, Beer et Maedler n'ont pas manqué de reconnaître une succession d'éruptions dans un ordre tel que les plus vastes enceintes et leurs remparts ont d'abord été produits, et qu'ensuite il y a eu des éruptions moins violentes opérées dans l'enveloppe glaciale qui a fermé le cratère précédent, de même qu'on voit actuellement réapparaître au Soleil des taches dans les enceintes renfermées par des remparts produits par les fragments de la précédente enveloppe de cette partie.

### III. POIDS SPÉCIFIQUE DE LA MASSE DE LA LUNE ET SON VOLUME RÉEL.

§ 348. La masse du Soleil à l'état empyré est de la même densité que la masse des autres soleils.

La masse empyrée expulsée du Soleil a éprouvé une dilatation dans l'espace pendant son état nébuleux; cette masse étant, comme la densité actuelle de la masse solaire, de 0,250, elle diminua et devint égale à celle 0,131 de Saturne dont la densité de la masse d'Uranus et de Neptune ne diffère pas. Le volume réel de Neptune est presque double de celui qu'on lui attribue en trouvant un poids spécifique de 0,250, tandis que son poids spécifique réel n'est pas supérieur à celui 0,131 de Saturne.

La masse empyrée, en passant des planètes aux satellites, a dû éprouver une légère dilatation, ce qui fait que le poids spécifique de la masse de la Lune et des autres satellites est un peu inférieur à celui de Saturne. Pour réduire à un poids spécifique 0,400 le poids spécifique 0,605 de la Lune obtenu par l'hypothèse d'une forme sphérique de diamètre $r$ égal à celui de son disque, il faut remplacer le volume actuel $v$ par un autre plus grand $V = \frac{605}{100} v$, trouvé ainsi six fois plus grand, ayant pour petit diamètre $d$ le diamètre du disque de la Lune, et pour grand diamètre une longueur $d$, laquelle doit donner pour la Lune un volume V six fois plus grand que le volume $v$.

Après avoir découvert que le volume $\frac{1}{2} v$ de l'hémisphère postérieur SDH (fig. 20) de la Lune est égal à l'hémisphère de la forme sphérique, il en résulte que c'est l'hémisphère seul SAH soulevé vers la Terre qui doit être onze fois le volume $\frac{1}{2} v$. C'est ainsi qu'on détermine par le poids spécifique la *forme véritable* de la Lune; c'est donc cette forme qui servira à trouver la hauteur véritable des montagnes et les dimensions de leur enceinte. On pourra de cette manière rectifier les erreurs de Schroeter contenues dans les rapports entre les volumes des remparts et de leur enceinte.

Au lieu d'arriver à ces résultats en prenant pour base le poids spécifique réel de la Lune, on y arrive également en prenant pour base le décroissement de la clarté indiqué dans la figure 21 (§ 311), décroissement qui s'opère d'après la formule $\cos \gamma$.

**Masse de la Lune.** Le résultat des observations modernes est que la masse $m$ de la Lune est 1/80 de la masse M de la Terre. En supposant à la Lune une forme sphérique, on trouve que son volume $v$ est 1/77,48 du volume V de la Terre; c'est ainsi que le poids spécifique de la masse de la Lune est 0,60, tandis que le poids spécifique réel est 0,400.

### IV. DES RAINURES DE LA LUNE.

§ 319. On appelle *rainures* les sillons très-étroits et assez longs qui s'étendent en lignes droites entre des bords parallèles et très-roides sans qu'il y existe de protubérances. Elles traversent quelquefois les remparts et quelquefois elles se terminent à leur contour; on en voit deux dans l'intérieur des cavités circulaires de Posidonius et de Petavius; celles-ci n'atteignent pas le bord. Il n'y a que les plus hauts remparts où les rainures manquent entièrement ou bien elles y sont imperceptibles.

La plupart des rainures sont isolées, il n'y en a qu'un très-petit nombre qui s'unissent comme des veines ou se croisent; leur largeur varie: faible aux extrémités, elle s'accroît quelquefois un peu vers le milieu, où elles prennent la forme de cratères allongés. Leur longueur est comprise entre 4 et 50 lieues, leur largeur ne dépasse pas 1600 mètres; elle est habituellement beaucoup moins considérable, de sorte qu'on ne peut distinguer leurs extrémités.

Pendant la pleine Lune, les rainures se montrent en forme de lignes blanches; dans les phases, elles semblent noires, parce qu'alors un des bords fait ombre sur le fond de la cavité. En 1788, Schroter en a découvert deux. Pastorff, Gruithuisen et Maedler en firent monter le nombre presque à 100. Une d'elles traverse le rempart Hyginus et pénètre dans son cratère en brisant la paroi. On voit ainsi qu'il n'y avait pas de rainures à l'époque de la formation des remparts.

**Origine des rainures.** L'absence d'atmosphère dans la Lune a fait connaître que la température de sa surface ne diffère pas de celle de l'espace. Il n'y a pas non plus d'atmosphère autour du Soleil; cependant sa surface n'a pas une température égale à celle de l'espace, à cause de la chaleur lumineuse qui s'en écoule, chaleur qui n'est pas suffisante pour fondre l'enveloppe glaciale, car la température de l'ébullition de l'eau y est de 2836 degrés, et celle de sa congélation de 2736, comme je l'ai démontré dans la *Physique* (t. III, p. 314).

Dans la Lune, il ne se passe pas d'actions analogues à celles observées au Soleil dans la production des remparts et des taches; celles-ci disparaissent de la manière indiquée, et les remparts restent sous forme de facules allongées. Dans le principe, l'état de la Lune n'était pas ce qu'il est aujourd'hui; les séries des faits exposés ont conduit tous les astronomes à y reconnaître une série d'actions qui ont eu lieu à des époques successives.

On ignorait la nature des taches solaires; les astronomes ne manquèrent pas de reconnaître, lors de la production des remparts, une époque pendant laquelle la masse de l'intérieur de la Lune était empyrée. Pour que la Lune arrive à son état actuel, il n'a donc fallu qu'un éloignement de chaleur provoqué par le froid de l'espace, éloignement parfaitement égal à celui observé au Soleil.

L'effet immédiat des corps qui passent d'une température élevée à une température inférieure est une diminution de volume. Si les corps sont massifs, la diminution de leur volume, due au refroidissement, se manifeste par des crevasses et non par une diminution du diamètre. De quelque matière que pût être composée la Lune quand elle était à une température élevée, elle n'a éprouvé, en se refroidissant, d'autre changement qu'une diminution de volume.

Le volume $v$ perdu de celui V de la surface S de la Lune a pour valeur la surface $s$ de 100 rainures, comptée de 25 lieues de longueur sur 1000 mètres de largeur, d'où l'on trouve $s=25\times\frac{1}{4}\times 100=25^2$ lieues carrées. La surface 2S de la Lune étant de forme sphérique $9\times 640000$ lieues carrées, la surface S dans laquelle sont les 100 rainures de surface $s=25\times 25=625$ lieues carrées est $S=9\times 320000$. Le rétrécissement de la masse par le froid est donc trouvé de

$$\frac{s}{S}=\frac{625}{2880000}=\frac{1}{4600}.$$

Ce n'est pas moi qui ai le premier découvert la cause

physique des rainures ; Schopenhans, guidé par leur *forme*, leur étendue et par la température élevée antérieure de la Lune, a reconnu que c'est au refroidissement de la masse de la Lune qu'il faut attribuer les rainures. D'un autre côté, l'absence totale de chaleur dans les rayons de la Lune est aussi une preuve qu'elle n'a pas plus de chaleur superficielle que de chaleur intérieure.

### V. MESURE DE LA DISTANCE DE LA LUNE ET DE SON DIAMÈTRE.

§ 320. Pour trouver la distance de la Lune, on emploie le triangle isocèle, qui a son sommet au centre de la Lune et sa base en deux points de la Terre dont la distance est connue. Les deux autres côtés égaux du triangle qui sont la distance de la Lune sont trouvés par l'angle $\gamma$ formé par eux au centre de la Lune ; cet angle $\gamma$, nommé *parallaxe*, est déterminé de la manière suivante :

Supposons deux observateurs A, B sur le même méridien, l'un A à la latitude L, et l'autre B à la latitude $L + L'$. Quand la Lune passera par le méridien, sa distance angulaire de l'étoile polaire sera $\Gamma + \Gamma'$ pour l'observateur A, elle sera $\Gamma$ pour l'observateur B ; la différence $\Gamma + \Gamma' - \Gamma = \gamma$ sera la parallaxe.

Avec cet angle $\gamma$, la parallaxe serait toujours la même si la distance entre la Terre et la Lune était invariable. Si la parallaxe croît pour devenir $\gamma + \gamma'$, cela prouve que la Lune se trouve à une distance $D - d$ inférieure de la Terre ; si, au contraire, la parallaxe diminue pour devenir $\gamma - \gamma'$, on peut en conclure que la distance est plus grande et devient $D + d$.

En admettant que la distance L' entre les deux observateurs soit de 60°, on trouve $\Gamma' = \gamma = 57'$ ; ainsi l'on trouve à la distance D 60 fois la base $b$ du triangle isocèle qui est le rayon terrestre = 1594 lieues, et la distance de la Lune est 90000 lieues.

On arrive au même résultat par le calcul, quand les observateurs ne sont pas au même méridien et qu'ils ne voient pas tous les deux l'étoile polaire.

§ 321. **Mesure du diamètre de la Lune.** Au moyen du micromètre, on détermine la distance angulaire entre les deux extrémités opposées du disque de la Lune, et l'on obtient ainsi un triangle isocèle dont on connaît les deux côtés et l'angle compris, et l'on en trouve la base.

§ 322. **Orbite elliptique de la Lune.** Si l'orbite de la Lune était périphérique et que la Terre fût son centre, le diamètre de la Lune sous-tendrait toujours le même arc; nous trouvons que cet arc varie pour devenir $a \pm \alpha$. Par les valeurs $a + \alpha$ et $a - \alpha$, on voit que la forme de l'orbite est une ellipse dont les *absides* ou les deux sommets sont aux points dans lesquels les diamètres $d$ de la Lune sous-tendent les arcs $a + \alpha$ et $a - \alpha$.

Pour que l'arc $a + \alpha$ soit grand, il faut que la distance $D - d'$ soit petite, et ce point de l'orbite de la Lune est nommé *périgée* (περί, autour; γῆ, terre).

Pour que l'arc $a - \alpha$ soit petit, il faut que la distance $D + d$ de la Lune soit grande. Ce point doit être le plus éloigné de la Terre; on le nomme *apogée* (ἀπὸ, loin; γῆ, terre).

On voit ainsi que la Lune décrit autour de la Terre une ellipse dont la Terre occupe le foyer du côté du périgée, pour que la distance soit $D - d'$ entre la Terre et la Lune.

**Axes de l'orbite.** La ligne LA' (fig. 19) qui unit les deux apsides ou les deux sommets de l'orbite elliptique est le *grand axe* $2a = (a + \alpha) + (a - \alpha) =$ apogée + périgée.

La ligne R$g$ qui passe perpendiculairement par le milieu O du grand axe AL est *le petit axe* $2b$, et O est *le centre* de l'orbite.

L'*excentricité* est la distance entre le centre O de l'ellipse et l'un des deux foyers ; de sorte qu'on a :

$$\overline{OS}^2 = \overline{SR}^2 - \overline{OR}^2 \quad \text{ou} \quad e^2 = a^2 - b^2 = (a+b)(a-b).$$

L'équation de l'orbite est :

$$a^2y^2 + b^2x^2 = a^2b^2.$$

**Déplacement des apsides.** Le grand axe $2a$ restant le même, $LA' = 2a$, on trouve que les apsides n'occupent pas la même direction vers les étoiles, mais qu'elles se déplacent en avançant dans le sens du mouvement de la Lune ; on dit que le *périgée avance*.

**Oscillation du plan orbiculaire.** Pendant cette marche du périgée, la position du plan de l'orbite par rapport au plan de l'orbite de la Terre ne reste pas constant, mais ce plan s'incline vers un côté pour atteindre un maximum, puis commence à s'incliner vers l'autre côté pour y acquérir un maximum égal ; cette oscillation est trouvée de 8′ 35″.

**Précession.** Pendant ces oscillations du plan orbiculaire, la rencontre de la périphérie de l'orbite avec l'écliptique s'effectue à une époque *e'*, qui avance l'époque *e* de la révolution complète par rapport aux étoiles.

**Changement des aires des orbites.** La longueur du grand diamètre $2a$ et la durée T de la révolution de la Lune restant les mêmes, l'excentricité $e$ et le petit axe $b$ changent dans l'équation $e^2 = a^2 - b^2$, en raison inverse, 1° sans devenir $e = o$ et $a = b$, et 2° sans changer la valeur de $a$.

**Changements apparents des durées de la révolution de la Lune.** Pour mesurer le temps, on emploie la durée des périodes de la rotation de la Terre supposée invariable. Il y a un an, Delaunay annonça qu'il y avait un retard séculaire de 6″ dans la rotation de la Terre, retard qui devait provenir des marées, et cela bien que Laplace eût prouvé que l'effet qui en résulte est nul. Quant à moi, je suis d'avis que Laplace a raison et que Delaunay n'a pas tort.

Sans même avoir besoin de l'effet observé qui peut me servir d'exemple, il me suffit d'exposer le mode de production physique du retard de la rotation de la Terre, retard qui diffère de celui opéré par la contre-répulsion au moment de la séparation des comètes ou des aérocylindres de chaque planète.

Cet objet étant d'une très-haute importance, je le réserve pour le volume suivant, où j'exposerai l'état physique de la Terre et des changements de sa dernière période oryctogonique, changements parfaitement d'accord avec les résultats de Laplace; c'est pourquoi ce savant a attribué leur effet à une accélération des révolutions de la Lune. Ceux qui ont revisé les calculs de la Mécanique céleste ont découvert un excédant, et c'est avec raison que Delaunay a attribué cet excédant à un retard de la rotation de la Terre; mais il a attribué ce retard à une cause qui n'était pas inconnue à Laplace.

Si l'on parvenait à découvrir une accélération de la rotation de la Terre, on aurait pu avec juste raison attribuer cette accélération aux marées. Laplace comprit bien qu'il n'y a ni production ni perte de mouvement dans les répétitions des marées. Delaunay y trouve une cause de retard dont le résultat n'est pas obtenu d'une manière directe pour correspondre à l'effet observé.

Ce physicien trouvera dans cet ouvrage la vérification physique de sa découverte, vérification qui n'est pas en contradiction avec la théorie de Laplace basée sur la loi physique. Si Laplace vivait encore, il saurait bien défendre le principe de sa théorie, sans cependant exclure par cela toute autre cause amenant un retard dans la rotation de la Terre. La cause physique de ce retard est en effet dans la Terre, comme Delaunay l'a annoncé, mais elle est d'une nature qui peut bien s'évaluer séparément et qui peut servir à comprendre l'inévitable retard de la rotation et même encore sa valeur.

# CHAPITRE II.

## DU MODE DE PRODUCTION DES FAITS PHYSIQUES PENDANT LES RÉVOLUTIONS DES SATELLITES.

§ 323. Dans le système planétaire, le Soleil est le seul corps qui soit composé de masse empyrée renfermée dans une enveloppe de glace qui livre passage aux ondes de chaleur lumineuse dont la propagation dans l'espace s'opère par l'expansion indéfinie des molécules indéfiniment comprimées. Tous les autres corps du système planétaire, 1° massifs comme les planètes et les satellites, 2° composés de vésicules gelées comme les météores, ou 3° de vésicules gelées et d'air comme les comètes, sont éclairés par le Soleil, et c'est la lumière réfléchie qui les rend visibles.

Ainsi, entre chaque corps du système planétaire et le Soleil, il existe un tronc de *photocône* ayant la grande base au disque solaire et la petite aux corps éclairés. Les molécules qui composent les éléments électriques $\bar{E}^2$, $\bar{E}$ des atomes $\bar{E}^2\bar{E}$, de lumière tirent de chaque corps éclairé une expansion qui les fait se propager dans chaque direction.

Il se présente à l'œil de chaque observateur des photocônes composés des ondes de molécules en expansion se propageant du Soleil ou des corps éclairés vers le nerf pour donner naissance à une *sensation*. Ce sont donc les mêmes molécules qui se répandent de la masse empyrée du Soleil qui se combinent avec celles de l'électricité circulant dans les nerfs et qui produisent des combinés physiques, les sentiments ayant une existence réelle éternelle.

§ 324. **Modification de la lumière dans les corps éclairés.** Les corps transparents sont invisibles; les atomes de lumière, à la surface des corps opaques s'accumulent, et il en résulte une expansion en directions divergentes, sauf celle conduisant au Soleil, d'où arrivent des ondes de densité supérieure sur l'hémisphère des corps éclairés exposés à cet astre.

I. L'hémisphère éclairé de chaque satellite change périodiquement pour se mettre en rapport, 1° avec la durée de sa révolution autour de sa planète, et 2° avec la durée de la révolution de la planète autour du Soleil.

II. L'hémisphère éclairé de chaque planète change pendant sa rotation.

**Lumière réfléchie de la Lune et des satellites.** A cause de la forme ovalaire, l'hémisphère éclairé diffère toujours de forme et d'étendue. 1° Le maximum d'étendue éclairée a lieu à deux autres époques où le petit diamètre prolongé *d* passe par le Soleil, et 2° le minimum d'étendue éclairée a lieu à deux époques où le grand diamètre prolongé *d* passe par le Soleil. Ainsi, dans un cas nous recevons la lumière $\varphi + \varphi'$ du même corps, et dans l'autre la lumière $\varphi$.

Mais la quantité de lumière réfléchie d'un point $p$ d'un satellite vers la Terre dépend de l'angle $\gamma$ que forment les rayons avec la normale élevée sur la pente qui passe par ce point. Pour que ces rayons arrivent du point $p$ à la Terre, il doit en arriver d'autres à ce point du Soleil et qui forment un angle égal $\gamma$ des deux côtés de la même normale. C'est donc à cause de la forme ovalaire que l'angle $\gamma$ change pour toutes les positions pendant chaque demi-révolution. Il n'y a pas de ces changements de position dans la Lune, dont chaque phase résulte de la position du Soleil qui se répète à chaque demi-lunaison.

J'ai démontré que la forme ovalaire est due à la pesanteur; il en résulte que le soulèvement de l'hémisphère antérieur provoque une dépression de l'hémisphère postérieur pour produire une forme d'entonnoir conique. Cette forme occasionne la disparition totale des satellites dans leur conjonction, au cas où ils passent devant le centre de la planète.

En 1644, Hérigone proposa de substituer, pour la détermination des *longitudes aux éclipses des satellites*, leur passage par le centre du disque de Jupiter; Cassini prouva que ce projet est inexécutable, attendu qu'on ne voit pas les satellites quand ils se projettent sur le centre de la planète. Le 28 janvier 1848, Bond vit le troisième satellite de Jupiter aussi noir que son ombre.

On voit ainsi comment il se fait que le satellite, parfaitement visible près du bord oriental et près du bord occidental, sous forme de tache lumineuse, disparaît près du centre. Ces faits, tout à fait inexplicables pour les astronomes, serviront ici d'exemples de la forme déprimée de l'hémisphère postérieur.

**Mode de production des couleurs et de leurs variations.** Il faut que la lumière incolore du Soleil éprouve des réfractions pour produire les sept espèces de lumière colorée. Il n'y a aucune trace d'air dans les satellites, mais ils sont tous entourés d'une couche mince de vapeur, car dans le vide de toutes les températures il se produit une couche mince de vapeur autour de la glace. Cette couche de vapeur étant de même forme que les satellites, produit les réfractions de la lumière réfléchie de la glace.

Les rayons des couleurs sombres prennent leur direction vers le prolongement du grand diamètre, de même que les rayons de couleur claire; leurs rencontres s'opèrent dans des points de distances différentes, puis après leur croisement ils se propagent vers l'espace. Dans les régions par lesquelles passe la Terre, se trouvent des rayons colorés des satellites qui ne sont pas toujours de même espèce. Avant que l'on connût ce mode de production des couleurs, les astronomes admettaient comme origine des couleurs celle des corps terrestres. Ils ne pouvaient s'expliquer comment quelques satellites sont de couleur jaune et d'autres de couleur bleuâtre. Le quatrième satellite de Jupiter est bleuâtre, ce même satellite se présente jaune dans ses deux maxima d'éclat.

**Accroissement et décroissement d'éclat par l'approche ou le recul des corps.** Il y a un accroissement de densité des ondes de lumière quand le corps lumineux s'approche de nous. Si, au contraire, le corps s'éloigne de nous, la densité des ondes lumineuses diminue. Je citerai comme exemples de pareils faits produits par les mouvements en sens inverse de mêmes corps, les satellites qui s'éloignent de nous lorsqu'ils passent dans la digression occidentale venant de la conjonction, et qui, au contraire, s'en approchent quand ils viennent de la digression orientale pour arriver à leur conjonction. Pour que cette différence soit mieux prononcée, il faut que la durée de la révolution soit courte et qu'il n'y ait qu'une petite distance entre les satellites observés et la planète.

Dans les deux satellites supérieurs de Jupiter, Herschel a trouvé à chaque révolution deux maxima d'éclat : 1° ceux du troisième sont aux deux élongations, et 2° ceux du quatrième un peu avant et un peu après l'opposition.

Dans les deux premiers satellites, Herschel n'a trouvé qu'un seul maximum d'éclat pour chacun, lequel se trouve à peu près au milieu entre la plus grande digression orientale et la conjonction. On n'attribuera certainement pas ces faits à un cas fortuit, car c'est grâce à mes recherches que je les ai trouvés, guidé par l'état physique des ondes de lumière lorsqu'elles arrivent des corps qui se présentent en mouvements de sens inverse.

**Densité de la masse des satellites.** La masse empyrée des jets expulsés du Soleil avait une seule et même densité avec la masse M qui est restée et dont la densité conservée est 0,25. Il s'opéra une dilatation dans la masse des jets et il en résulta la densité 0,131 qui est restée conservée à la planète Saturne; celle des autres planètes supérieures n'en diffère pas. Une semblable dilatation s'est opérée ensuite dans la masse empyrée des jets expulsés des planètes, et il en est résulté une densité équivalant presque à la moitié de celle de l'eau, environ 0,1.

Connaissant donc, 1° cette densité, 2° le poids, et 3° la forme, on peut déterminer approximativement le rapport **d** : *d* entre le grand et le petit diamètre de la forme ovalaire. Si l'on considère la dépression de l'hémisphère postérieur, on est conduit à connaître la hauteur H de l'élévation de l'hémisphère antérieur vers la planète, et celle H′ de la Lune vers la Terre.

**Pesanteur double exercée sur les jets expulsés des planètes.** La masse des planètes pèse vers le Soleil; cette poussée de pesanteur est restée conservée aux jets de masse empyrée expulsée des planètes, quand il est arrivé une poussée de pesanteur locale dirigée vers la planète.

La rotation des planètes est résultée, 1° de leur mouvement orbiculaire, et 2° de la poussée centripète exercée dans le cratère entre la masse $\mu$ des jets expulsés et la masse $m$ qui est restée renfermée dans une enveloppe de glace. Le mouvement orbiculaire des satellites est résulté, 1° des chocs tangentiels exercés du bord postérieur du cratère, et 2° de l'ensemble des poussées $p, p'$ de pesanteur dirigée, l'une $p$ vers le Soleil et l'autre $p'$ vers la planète mère.

La position de l'orbite des satellites inférieurs a été déterminée par la pesanteur locale $p'$, tandis que la position de l'orbite des satellites les plus éloignés a été déterminée par la pesanteur $p$ invoquant une poussée dirigée vers le Soleil, poussée qui ne diffère pas de celle qu'éprouve la masse de la planète. Cette même poussée éprouvait la masse du satellite avant sa séparation, elle resta conservée après sa séparation.

### I. DE DEUX CLASSES DE POSITION DES ORBITES DES SATELLITES.

§ 325. Les jets de masse empyrée expulsée des planètes ont été arrêtés, 1° par la somme $p'+p$ des poussées quand la planète était entre le Soleil et les jets; 2° par la différence $p'-p$ de ces poussées quand les jets étaient entre le Soleil et la planète.

La poussée $p$ est en raison inverse des carrés des distances $\Delta$ entre les planètes et le Soleil, tandis que la poussée locale $p'$ est, 1° en raison inverse des distances $\delta$ entre les satellites et les planètes, et 2° en raison directe des racines cubiques des masses des planètes.

La position des plans des orbites des satellites dépend du rapport $p':p$ entre la poussée locale $p'$ et celle $p$ dirigée vers le Soleil; ce rapport diminue de deux manières : 1° dans les cas où la distance entre la planète et le Soleil est minime, comme l'est celle $2^3\Delta$ de la Terre, et 2° dans les cas où la distance entre les satellites et la planète est grande, comme l'est celle $10\delta$ entre Saturne et son huitième satellite, en indiquant par $\delta$ la distance entre la Lune et la Terre.

Les plans orbiculaires des planètes font de très-petits angles avec l'écliptique qui est presque le prolongement du plan équatorial du Soleil; de même tous les autres satellites circulent autour de leur planète sur des orbites qui font de petits angles avec le prolongement du plan équatorial de leur planète, sauf la Lune et le huitième satellite de Saturne.

§ 326. **Position du plan orbiculaire de la Lune et du huitième satellite de Saturne.** Ces deux satellites circulent comme tous les autres autour de leur planète, avec cette différence que leur orbite reste constant par rapport à l'écliptique et varie par rapport au plan équatorial de la planète. Au contraire, la position de l'orbite de tout autre satellite fait un angle constant avec le plan équatorial de sa planète et un angle variable avec le plan orbiculaire de la planète.

Soient Γ l'inclinaison de l'équateur de la planète sur son orbite et $\gamma$ l'inclinaison constante de l'orbite de la planète sur l'orbite du satellite. Il en résulte : 1° que pendant sa demi-révolution la planète se trouvera entre le plan de son équateur et le plan de l'orbite de son satellite, et que la distance entre la planète et le satellite restant $\gamma$, $\gamma + \Gamma$ est la distance angulaire entre le plan équatorial de la planète et l'orbite du satellite; 2° que pendant l'autre demi-révolution de la planète, c'est le plan de l'orbite du satellite qui se trouve entre le plan équatorial prolongé de la planète et le plan de son orbite; $\Gamma - \gamma$ est donc la distance angulaire entre le plan équatorial de la planète et le plan de l'orbite de son satellite.

Pour la Lune, la distance est. . . . . $\Gamma = 23° 27' 30''$; $\gamma = 5° 8' 49' 49''$.
Pour le 8e satellite de Saturne. . . . $\Gamma' = 27° 33' 46''$; $\gamma' = 6° 21'$.

§ 327. **Position des plans orbiculaires des autres satellites.** La position constante des orbites des satellites par rapport au plan équatorial de leur planète fait voir que le plan orbiculaire n'a éprouvé aucun déplacement. Il est donc facile de prouver qu'il n'y a pas eu de cause qui ait produit les deux déplacements exposés.

I. Au système des satellites de Jupiter, la plus grande distance, celle du quatrième satellite, n'est que 5∂ et la masse de la planète est 340, tandis que la masse de Saturne est 102.

II. Au système de Saturne, la distance du septième satellite est 4∂; ainsi la poussée $p''$ qu'éprouve ce satellite vers la planète est $\frac{100}{16}$ fois plus grande que celle $p'$ qu'éprouve le huitième satellite se trouvant dans la distance 10∂.

III. Au système d'Uranus, 1° la distance des satellites est inférieure à 2∂ ; 2° la poussée $p$ de la pesanteur vers le Soleil est quatre fois moindre que celle de Saturne et cent fois moindre que celle du système des satellites de la Terre.

IV. Au système de Neptune, la distance du seul satellite est $\delta$; la poussée $p$ vers le Soleil y est au degré le plus faible.

### II. DOUBLE ESPÈCE DE SYMÉTRIE DES DURÉES DE RÉVOLUTION DES SATELLITES INFÉRIEURS DE JUPITER ET DE SATURNE.

§ 328. Dans la position de l'orbite de la Lune et du huitième satellite de Saturne, il s'est conservé deux faits qui indiquent la cause commune qui les a produits; l'existence de cette cause ainsi établie se manifeste aussi dans les rapports entre les durées de révolution des satellites.

Aux planètes, les distances du Soleil sont en progression géométrique, progression qui correspond à la simple résistance de la pesanteur $p$ dirigée vers le Soleil. Les carrés des durées de révolution des planètes sont en raison directe des cubes des distances, tandis que dans les satellites inférieurs ce sont les durées de révolution qui sont en progression géométrique, et non les distances.

Au système de Jupiter, les durées de révolution des trois premiers satellites sont dans la progression :

(α) $$\div\div\, 2\tau : 2^2\tau : 2^3\tau.$$

Au système de Saturne, les durées de révolution des quatre premiers satellites composent deux progressions. 1° Dans l'une, entrent les durées de révolution des satellites de nombre impair, 1, 3; 2° dans l'autre, entrent les durées des satellites de nombre pair :

(β) $$\div\div\, 2\tau'' : 2^2\tau'' \quad \text{et} \quad \div\div\, 2\tau' : 2^2\tau'.$$

#### A. ORIGINE DE LA SYMÉTRIE DES DURÉES DE RÉVOLUTION DES TROIS SATELLITES DE JUPITER.

§ 329. Il est démontré par l'observation que les durées de révolution des satellites s'opèrent d'après la loi de Képler;

les carrés de ces durées sont en rapport direct avec les cubes des distances. Cette loi n'est nullement en rapport avec la coïncidence qu'ont entre elles les durées de révolution; coïncidence qui provient directement des deux poussées exercées sur les jets de masse empyrée : 1° l'une $p$ de la pesanteur dirigée vers le Soleil, et 2° l'autre $p'$ de la pesanteur dirigée vers la planète.

Pour que ces deux poussées soient exercées en même sens sur les trois jets, il ne fallait pas que ceux-ci se trouvassent entre eux à une distance angulaire supérieure à 180°; le quatrième jet étant à une distance supérieure à 180°, a dû éprouver des poussées en sens inverse. $p + p'$ étant la poussée des trois premiers jets vers Jupiter qui était entre eux et le Soleil, la poussée exercée sur le quatrième jet qui s'est trouvé entre Jupiter et le Soleil a été $p' - p$.

Au lieu donc que ce quatrième jet se trouve à une distance $d$ de Jupiter propre à donner une durée de révolution correspondant à celle $2^4\tau$, la distance est restée supérieure $d + \beta$ à cause de la poussée $p' - p$ exercée contre la poussée dirigée vers le Soleil. Les racines cubiques des distances des trois satellites sont entre elles dans le rapport :

38,7; 45,3; 52, il est $38,7 + 52 = 2 \times 45,3$.

**Absence d'éclipse des trois premiers satellites à la fois.** Ce résultat, trouvé par les observations, a été annoncé comme deux lois.

**Première loi.** Le mouvement moyen du premier satellite A, plus deux fois celui du troisième C, est égal à trois fois le mouvement moyen du second B.

*Mouvement séculaire moyen des trois satellites.*

| | |
|---|---|
| 1er satellite A. . . . . . . | 7432435° 28′ 2″,0 = $a$. |
| 2e satellite B. . . . . . . | 3702713° 13′ 53″,3 = $b$. |
| 3e satellite C. . . . . . . | 1837825° 6′ 49″,0 = $c$. |
| $a + 2c$. . . . . . . | 11108089° 41′ 40″ = $3b$. |

**Deuxième loi.** La longitude moyenne du premier satellite A, plus deux fois celle du troisième satellite C moins trois fois celle du second B, est toujours égale à très-peu près à 180°.

Cette dernière loi n'est que le résultat de la poussée $p+p'$ exercée sur les trois jets de masse empyrée occupant au delà de la planète une distance angulaire qui avait pour limite 180°. Les deux satellites se sont trouvés nécessairement séparés par cette distance 180° et le troisième étant éloigné de l'un par la distance angulaire Γ, il était éloigné de l'autre par la distance 180° — Γ.

La même somme $p'+p$ des poussées a fait acquérir aux trois jets C, B, A, des durées de rotation en progression (α); π étant une hémipériphérie, il parcourt en même temps le premier $2\pi$, le deuxième π et le troisième $\frac{1}{2}\pi$, de sorte que l'intervalle primitif de 180° ne change plus, à cause de l'égalité exposée de

$$(\gamma) \qquad a+2c=3b \quad \text{ou} \quad 2\pi+2\times\tfrac{1}{2}\pi=3\pi.$$

§ 330. **Rapport entre la masse des satellites et celle de Jupiter.** La masse des jets expulsés de celle M du Soleil en est le 1/700°, tandis que la masse des quatre satellites de Jupiter n'est que le 1/10000° environ de celle $m$ de la planète. Pour obtenir un mouvement de rotation d'une poussée exercée sur le cratère contre la masse en direction centripète, il a fallu qu'une masse bien supérieure à celle qui existe dans les quatre satellites actuels se détachât du cratère. Les gros et nombreux jets expulsés avant le commencement de la rotation ont rebroussé chemin; quand la rotation a commencé, la poussée expansive avait diminué, c'est pourquoi la masse des satellites est minime. Cette masse, par rapport à celle de la planète, est dans la même position que celle des quatre planètes intérieures par rapport à celle du Soleil.

La Lune se trouvant à la même distance de la Terre que le premier satellite, a une durée de révolution de $27^{j}\,7^{h}\,43^{m}$, tandis que la durée de révolution du satellite n'est que de $1^j\ 18^h\ 27^m$. La masse de la Terre qui a exercé le choc tangentiel étant 1, la masse de Jupiter qui a exercé le choc sur le jet de la masse du premier satellite est 340.

Les durées T, $\tau$ de révolution de la Lune et du premier satellite sont, 1° en rapport inverse des racines carrées 1, et 18,4 des masses 1 et 340; 2° en raison inverse des distances $60r$ et $68r$, $r$ étant le rayon de la Terre.

### B. ORIGINE DE LA SYMÉTRIE DES DURÉES DE RÉVOLUTION DES QUATRE SATELLITES DE SATURNE.

§ 331. C'est par le prompt accroissement de la distance du quatrième satellite de Jupiter que l'on voit qu'il s'est trouvé entre la planète et le Soleil au moment de son arrêt. Dans le système de Saturne, ce sont les rapports $2\tau' : 2^2\tau'$ et $2\tau'' : 2^2\tau''$ (β) entre les durées de révolution des quatre premiers satellites qui nous montrent que ceux des jets de nombre pair ont été arrêtés d'un côté et ceux de nombre impair de l'autre côté de Saturne par rapport au Soleil.

Les jets arrêtés entre la planète et le Soleil se font connaître par leur distance qui est excédante par rapport aux distances des jets arrrêtés de l'autre côté de la planète où la poussée est $p' + p$.

D'après cet indice, les distances $d'$, $d'''$ du premier et du troisième satellite se montrent comme ayant été produites par la poussé $p' - p$ à cause d'une supériorité de ces distances $d'$, $d'''$ par rapport à celles $d''$, $d^{\text{iv}}$ du deuxième et du quatrième satellite dont les jets ont été arrêtés par la poussée $p' + p$.

De même, les durées $2^2\tau'' - 2\tau'$ et $2^2\tau' - 2\tau''$ diffèrent peu; c'est la durée de la révolution du huitième satellite qui présente une longueur correspondant à celle de la Lune. 1° Ces durées de révolution et 2° la position exceptionnelle du plan orbiculaire de ces deux satellites font voir que l'arrêt des jets de leur masse empyrée s'est opéré par la poussée $p'-p$ quand ils se trouvaient entre leur planète et le Soleil.

### III. FAITS PRODUITS D'APRÈS LA LOI PHYSIQUE DE LA FORME OVALAIRE DES SATELLITES.

§ 332. Une fois établi que les satellites sont de forme ovalaire ayant l'hémisphère antérieur *h* suffisamment soulevé pour être plusieurs fois plus grand que leur largeur et ayant leur hémisphère postérieur *h'* déprimé, on vit disparaître toutes les irrégularités qui se présentaient aux astronomes quand ils voulaient coordonner les faits observés avec une forme sphérique ou aplatie. Tout en conservant les faits observés qui sont réels, j'ai substitué la forme ovalaire à la forme sphérique, puis j'ai relaté un certain nombre de faits trouvés par divers astronomes pour faire voir au lecteur que ces faits se coordonnent spontanément avec telle forme réelle des corps qui les produisent.

En circulant autour de la Terre, la Lune nous présente toujours son hémisphère soulevé *h*, tandis que les satellites des planètes extérieures se présentent : 1° dans leur quadrature d'une longueur qui correspoud à leur grand diamètre **d** ; 2° dans leur conjonction et leur opposition la forme du disque est circulaire et a pour diamètre *d* qui est la largeur de l'ovalaire.

Dans les oppositions derrière la planète, quand les satellites ne s'éclipsent pas, ils ont dirigé leur grand diamètre **d** vers nous, et leur hémisphère soulevé *h* est visible. De cet hémisphère, les rayons solaires sont réfléchis en directions déterminées par les versants des remparts ; ce sont donc ces versants qui font que des quantités supérieures de rayons se réfléchissent vers la Terre aussi bien de la Lune que des satellites non éclipsés par l'ombre de leur planète.

Dans leur conjonction, les satellites nous présentent leur hémisphère déprimé *h'*, qui a la forme d'un entonnoir conique. Pour que l'ombre du satellite arrive au centre de la planète, il faut que les prolongements de son grand diamètre passent d'un côté par le centre du disque de la planète, et de l'autre par la Terre et par le Soleil. Dans ces positions, les rayons de l'hémisphère déprimé se réfléchissent vers son axe et vers le sommet du cône creux. Ainsi des satellites, l'hémisphère postérieur se présentera avec des éclats décroissant du bord du disque de la planète vers le centre, où se présente une égalité entre la disparition de cet éclat et l'ombre du corps qui la produit.

A. Faits photométriques des satellites circulant en dehors du disque de Jupiter.

§ 333. Le rapport **d** : *d* est grand entre les deux diamètres dans les premiers satellites inférieurs; ce rapport diminue en raison inverse des distances entre la planète et ses satellites. L'angle $\gamma$ du sommet de chaque corps croît en raison directe avec les distances. Il en résulte que la réflexion des rayons solaires en quantité supérieure vers la Terre ne s'opère pas quand les satellites se trouvent à la même longitude par rapport à leur planète.

Soit $\gamma$ l'angle du sommet du premier satellite de Jupiter, et $\Gamma$ celui du quatrième, et cherchons d'après la loi de la Catoptrique la position de ces corps ovalaires pour que la plus grande quantité de lumière en soit réfléchie vers la Terre. Nommons S (fig. 25) la planète Jupiter autour de laquelle circulent les quatre satellites ayant chacun leur grand diamètre dirigé vers le centre S de la planète. Les rayons solaires arrivent aux satellites et en sont réfléchis vers la Terre en quantités correspondant aux angles $\gamma$ ou $\Gamma$ des sommets de ces corps ayant la forme ovalaire.

Entre l'opposition O et la quadrature suivante H, il s'opère en O une réflexion de rayons incidents qui se réfléchissent vers la Terre quand l'Angle Γ du sommet O' est grand, ainsi que cela a lieu quand le satellite est en O″ ; car la pente O'n et O″n″ étant la même, les normales élevées sur elles font un angle égal avec les rayons incidents du Soleil et avec les rayons T'T réfléchis vers la Terre T.

Fig. 25.

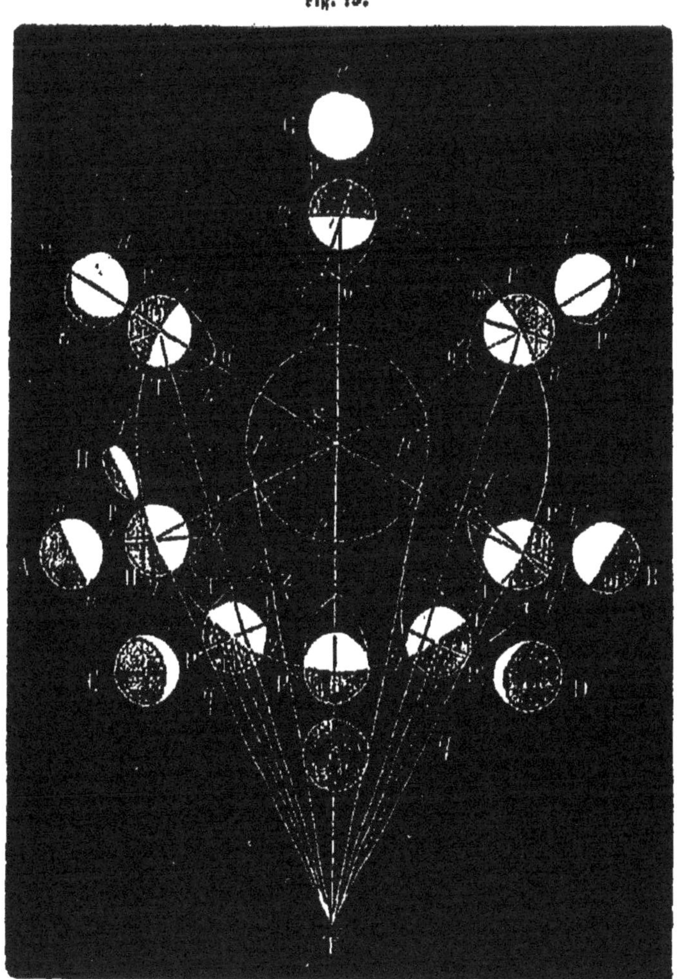

Dans le cas où le grand diamètre est très-allongé pour produire une forme pareille à H, alors la pente P″H est moins rapide et il faut que cette pente se trouve en *su* pour que la normale soit au milieu entre les rayons incidents et les rayons $uT$ réfléchis vers la Terre T. Le satellite se trouvant en $qs$ produirait une réflexion d'une quantité de rayons égale à celle qu'il réfléchit quand il se trouve en P‴.

**Comparaison entre les résultats du calcul catoptrique et les résultats d'observation.** En exposant ici les réflexions des rayons d'après la loi de la catoptrique, je n'ai eu aucun égard aux effets qui résulteraient de la vitesse du mouvement des satellites, vitesse très-grande au premier et moins grande au second. En $qs$, le satellite en s'éloignant fait diminuer la poussée des ondes de lumière; du côté oriental en P″, au contraire, le même satellite en s'avançant rapidement vers la Terre fait augmenter la poussée des ondes de la lumière réfléchie. C'est d'après ces deux causes de nature différente que sont produits les faits suivants dus aux observations.

Herschel a trouvé pour le premier satellite un seul maximum d'éclat qu'il présente quand il atteint le point T″ de l'orbite à peu près au milieu entre la plus grande digression orientale V′ et la conjonction $e'$.

De même le deuxième satellite a un seul maximum d'éclat qui se présente quand il est en T″ entre la plus grande élongation orientale V′ et la conjonction $e'$.

Le troisième satellite a deux maxima d'éclat, et ils s'observent aux deux élongations orientale et occidentale.

De même le quatrième satellite ne brille d'une vive lumière qu'un peu avant et un peu après l'opposition O.

§ 334. **Correspondance entre les résultats dus à la loi physique et les résultats observés.** Herschel et après lui Beer et Maedler ont trouvé que c'est le premier satellite qui éprouve les changements d'éclat au plus haut degré. Cassini avait déjà observé que les changements de grandeur se répètent dans les mêmes positions des satellites relativement à la planète Jupiter et au Soleil.

1. J'ai dit qu'il y a un seul maximum d'éclat pour les

deux premiers satellites, et que c'est celui du premier qui surpasse les changements des autres. La grosseur de ce satellite diffère peu de celle du deuxième, et il ne se distingue des trois autres que par sa plus grande vitesse orbiculaire. Je regarde ces résultats d'observation comme d'autant plus exacts qu'ils paraissaient d'abord plus inexplicables.

Du côté occidental en V, l'accroissement d'éclat provenant de la quantité $\varphi+\varphi'$ de lumière réfléchie s'évanouit à cause de son décroissement produit par l'éloignement rapide. En supposant égale pour les deux premiers satellites la quantité $\varphi+\varphi'$ de lumière réfléchie en T''' du côté occidental, il s'opérait un affaiblissement d'éclat $\varphi-\alpha$ inférieur par la vitesse orbiculaire $v'$ du second satellite et un affaiblissement $\varphi+\alpha$ supérieurs par la vitesse $2v$ du premier.

L'accroissement $\varphi+\varphi'$ de la lumière réfléchie en T'' du côté oriental est égal pour les deux premiers satellites, et la vitesse orbiculaire $2v$ du premier satellite est supérieure. C'est donc cette vitesse supérieure qui fait acquérir aux changements d'éclat le plus haut degré $\varphi+\alpha'$ dans ce satellite. 1° Ce degré supérieur, d'une part, et 2° l'unique maximum d'éclat aux deux premiers satellites, de l'autre part, concourent à corroborer tout ce que je dis sur l'accroissement de la clarté par le mouvement orbiculaire des planètes lumineuses et de leurs satellites.

II. Les deux satellites de vitesse orbiculaire inférieure $\frac{1}{2}v$, $\frac{1}{4}v$, ont deux maxima d'éclat des deux côtés de l'opposition en distances symétriques. Les maxima du quatrième satellite sont moins éloignés du point O de l'opposition que les maxima du troisième satellite qui sont aux deux élongations.

L'angle Γ du sommet du quatrième satellite étant plus grand que l'angle $\Gamma-\gamma$ du sommet du troisième satellite, s'accorde géométriquement, d'après la loi de la catoptrique, avec les distances angulaires $\gamma^4$ et 90°. Les rayons parallèles du Soleil arrivent à la Terre T après avoir éprouvé une réflexion sur la pente plus ou moins rapide du corps ovalaire.

L'angle Γ et l'angle Γ — γ du sommet des satellites réfléchissent la lumière incidente vers la Terre T, 1° lorsque le troisième satellite de l'angle Γ — γ est dans l'élongation orientale ou occidentale, et 2° lorsque le quatrième est peu éloigné de l'opposition du côté oriental ou du côté occidental.

**Observation de Maedler.** C'est pour faire mieux ressortir la supériorité d'exactitude des observations d'Herschel que je rapporte ici celle de Beer et de Maedler.

Le premier satellite de Jupiter se présente parfois avec un éclat qui surpasse même l'éclat de troisième, qui est le plus gros. Sa lumière jaune clair égale l'éclat des parties les plus claires du disque de la planète.

Le deuxième satellite est le plus petit; toutefois il apparaît souvent plus clair que le quatrième, et quelquefois aussi clair que le troisième.

Le troisième satellite est habituellement le plus clair (de cinquième à sixième grandeur); souvent il devient égal au premier, et il est même d'un éclat inférieur quand le premier est à son maximum d'éclat.

Le quatrième satellite se distingue des autres par sa faible clarté et par sa couleur bleuâtre, quoiqu'il soit plus gros que les deux premiers. Toutefois, dans ces deux maxima il se présente avec une clarté égale à celle des autres quand sa couleur alors n'est plus bleuâtre, mais jaune.

### B. Passage des satellites de Jupiter sur le disque de leur planète.

§ 335. Dans les *Mémoires de l'Académie des sciences* pour 1707, Maraldi annonçait que le satellite, très-visible près du bord oriental et près du bord occidental, disparaîtrait près du centre. De même Cassini disait que les satellites ne se voient pas quand ils se projettent sur le centre du disque de la planète.

En 1719, Pound disait : « J'ai vu plusieurs fois le pre-

« mier et le deuxième satellite apparaître, non comme des « taches obscures, mais comme des points brillants, tant soit « peu plus vifs que Jupiter, peu après leur entrée sur le « disque de la planète ; mais ils s'effaçaient en s'approchant « du milieu. »

Arago a observé que le satellite, très-visible vers le bord, disparaissait vers le centre, où sa lumière ajoutée à celle de la planète devait former une somme double pour produire un éclat supérieur.

Le 28 janvier 1848, en Amérique, Bond vit l'hémisphère postérieur du troisième satellite qui se trouvait entre la Terre et sa planète, aussi noir que les deux ombres dont l'une était la sienne et l'autre celle du premier satellite. Le diamètre de l'ombre n'était pas égal à celui du satellite ; l'ombre était d'une étendue supérieure à celle du satellite, presque dans le rapport de 5 : 3.

**Explication des faits par l'exposition de leur mode de production.** Il suffit de reconnaître la forme ovalaire comme la forme réelle des satellites pour se rendre compte de tous les détails obtenus par l'observation. C'est cet accord qui ne permet plus à aucun astronome de suivre les hypothèses admises provisoirement comme moyens auxiliaires jusqu'à la découverte de la cause physique de tous les détails des faits annoncés.

Parmi toutes les observations, celle de Bond est la plus remarquable en ce qu'elle signale : 1° l'étendue de l'ombre surpassant celle de l'hémisphère postérieur du satellite, et 2° l'assimilation de cet hémisphère éclairé avec son ombre. Avant Bond, personne n'avait songé à comparer l'étendue des satellites et de leur ombre ; cependant ce cas exceptionnel se rencontre rarement au degré observé par l'astronome d'Amérique. En voici la raison.

Les observations de Pound font bien connaître que les satellites disparaissent lorsque le prolongement de leur grand diamètre passe par le Soleil. On sait que ce diamètre passe toujours par le centre de la planète. Si l'hémisphère postérieur était de forme quelconque soulevée ou plane, sa disparition serait impossible ; c'est d'après la loi de la catoptrique que chacun peut comprendre comment se produit la réflexion des rayons solaires vers le grand diamètre par une surface conique creuse en forme d'entonnoir, formant l'hémisphère postérieur des satellites.

1° Pour que l'étendue de l'ombre paraisse plus grande que la périphérie qui sépare les deux hémisphères, il ne faut pas que le Soleil soit exactement dans le prolongement du grand diamètre du satellite.

2° Pour qu'il ne paraisse rien de l'hémisphère antérieur, ce prolongement du grand diamètre ne doit pas passer loin de la Terre.

Ce sont les deux premiers satellites qui ont l'angle $\gamma$, $\gamma+\gamma'$ du sommet plus petit que les deux supérieurs qui ont les angles $\Gamma-\gamma''$ et $\Gamma$ du sommet; c'est pourquoi les observations de Pound ne concordaient que pour les deux satellites inférieurs.

De son côté, Arago ne pouvait s'expliquer pourquoi un satellite disparaît précisément dans le cas où il devait présenter un éclat supérieur. Ne se fiant pas à ses propres observations, cet astronome engagea ses confrères à les répéter. Si Arago vivait encore, il ne manquerait pas d'annoncer le premier la découverte de la forme véritable des satellites, exposée ici d'après toutes les règles de la Perspective et de la Catoptrique.

### C. Mode de production des faits observés dans le système des satellites de Saturne.

§ 336. Les quatre satellites de Jupiter ont été découverts par Galilée de 1610 à 1612 ; des huit satellites de Saturne, Huygens découvrit le sixième, Titan, le 25 mars 1655. De 1671 à 1684, Cassini découvrit quatre autres satellites :

le huitième, Japhet; le cinquième, Rhéa; le quatrième, Dioné, et le troisième, Téthys. Herschel découvrit deux autres satellites : le deuxième, Encelade, le 28 août 1789, et le premier, Mimas, le 17 septembre 1789. Le septième satellite, Hyperion, a été découvert en 1848 par Bond, à Cambridge, dans les États-Unis, et par Lassel, à Liverpool.

On voit les satellites tantôt en dehors du disque de la planète, tantôt projetés sur le disque; d'autres fois ils sont éclipsés derrière la planète. Les changements d'éclat ne peuvent être bien déterminés comme ceux des satellites de Jupiter; il n'y a que le huitième, Japhet, qui disparaît presque totalement quand il décrit la partie orientale de son orbite; il est au contraire très-visible dans le reste de sa course. Cette disparition du huitième satellite résulte d'une diminution de la quantité $\varphi - \varphi'$ de lumière réfléchie vers la Terre; Herschel a pu le suivre dans presque toute sa course, car l'éclat arriva à son minimum avant d'atteindre sa conjonction; il se perdait, et c'est à peine si Herschel put le retrouver. Pour les astronomes de nos jours, il est invisible dans cette position.

§ 337. **Passage des satellites sur le disque de Saturne.** Le 2 novembrre 1789, à l'époque où les anses étaient invisibles, Herschel vit l'ombre du sixième satellite parcourir le disque brillant de la planète. Maedler observa les satellites sur la ligne équatoriale comme des grains de chapelet brillants et mobiles; il remarqua que les passages de ces satellites sont moins fréquents que ceux de Jupiter, à cause de la presque coïncidence des orbites de sept satellites inférieurs avec le plan équatorial, ainsi que cela a lieu pour les orbites de tous les quatre satellites de Jupiter. Cependant l'inclinaison de l'équateur de Jupiter est petite et ne s'élève qu'à 3 degrés, et celle de l'équateur de Saturne est grande et arrive à 30 degrés. Comme les orbites des planètes sont voisines de l'écliptique, l'équateur de Saturne n'arrive donc à l'écliptique que par intervalles de quinze ans, précisément aux époques où il y a disparition des anses.

§ 338. **Détails de l'apparition des éclats du huitième satellite.** Les astronomes n'ont pu donner aucune explication hypothétique sur la diminution de la lumière réfléchie du huitième satellite pendant qu'il avançait de l'est vers sa conjonction. En disant que ce satellite possède une partie obscure qui est tournée vers nous entre sa digression orientale et sa conjonction, on ne fait que répéter en d'autres termes les détails de faits observés. Il suffit au lecteur de se rappeler : 1° que ce satellite, comme tous les autres, est de forme ovalaire et que son hémisphère postérieur est déprimé, et 2° que la position de l'orbite de ce huitième satellite se distingue des autres en ce qu'elle reste constante par rapport à l'orbite de la planète et varie par rapport au plan équatorial, ainsi que cela a lieu pour la Lune.

Cette position exceptionnelle de l'orbite du satellite Japhet est cause qu'il n'a que deux éclipses en quinze ans pendant une demi-révolution de Saturne, tandis que le premier satellite, Mimas, éprouve 2000 éclipses en dix ans. Le plan de l'orbite de Japhet reste toujours du même côté de l'orbite de la planète et forme avec cet orbite un angle de 8° 21′ 33″, tandis que les plans des orbites des autres satellites étant voisins du plan équatorial de la planète s'éloignent du plan de son orbite.

§ 339. **Mode de disparition du satellite entre sa digression orientale et la conjonction.** En s'avançant de la digression orientale vers la conjonction, le satellite parcourt dans son orbite la partie voisine de l'écliptique et il présente vers la Terre une grande partie de son hémisphère creux; c'est pourquoi il paraît obscur. Après être passé au côté occidental, l'hémisphère postérieur n'est plus exposé vers la Terre, et nous recevons alors les rayons réfléchis de l'hémisphère soulevé.

L'hémisphère creux postérieur des satellites dont les orbites sont voisins du plan équatorial de la planète ne se trouve exposé vers la Terre que lorsque ces satellites ne sont pas loin du centre de la planète. Le plan orbiculaire du satellite Japhet étant éloigné de 27° 33′ 26″ de l'écliptique fait qu'une quantité $\varphi$ de lumière est réfléchie de son hémisphère soulevé pendant qu'il parcourt la partie de son orbite le plus éloigné de l'écliptique; cette partie est du côté occidental. Comme il vient dans la partie orientale de son orbite, le satellite présente à la Terre une grande partie de son hémisphère déprimé qui réfléchit la lumière incidente vers le grand diamètre, de sorte qu'une minime partie $\varphi - \varphi'$ de lumière est réfléchie vers la Terre, et que cette lumière n'est pas suffisante pour rendre ce corps visible.

## IV. MODE DE PRODUCTION DES COULEURS DES SATELLITES.

§ 340. Les satellites comme la Lune sont des corps de glace entourés d'une couche mince de vapeur dans laquelle les rayons réfléchis en émergeant éprouvent une réfraction et par suite, en se subdivisant, engendrent des spectres solaires coordonnés de manière que les rayons colorés se croisent dans le prolongement du grand diamètre de l'ovalaire. Les rayons de couleurs sombres sont moins éloignés du satellite et les rayons de couleurs claires sont les plus éloignés. Après leur croisement, les rayons colorés se propagent indéfiniment en s'affaiblissant; ils restent toujours séparés les uns des autres.

Dans son mouvement autour du Soleil, la Terre passe par les régions parcourues par des rayons venant des satellites. Tous ces rayons colorés sont à des distances qui se succèdent dans le même ordre que les couleurs du spectre solaire. Ainsi, en recevant d'un satellite à la distance D les rayons jaunes, nous savons qu'à une distance inférieure $D - D' - D''$ ou $D - D'$ se trouvent les régions parcourues par les rayons de couleurs sombres, et à une distance supérieure $D + D'$ se trouvent les régions parcourues par les rayons orangés et par les rayons rouges.

**Couleurs des satellites de Jupiter.** Toutes les couleurs observées aux différentes parties de la Lune se produisent comme je viens de le démontrer; ces détails ne sont pas perceptibles aux satellites.

Les trois premiers satellites sont de couleur jaune, sans cependant qu'on y trouve exactement la même teinte. La couleur du premier satellite est jaune clair, pareille à celle des parties plus claires de la planète.

Le quatrième satellite est d'une couleur bleuâtre grise. Les quatre satellites étant à une égale distance de nous, il ne peut y avoir de différence entre les couleurs qu'à cause des angles $\gamma'$, $\gamma''$, $\gamma'''$, $\Gamma$ des sommets des corps ovalaires. Le petit angle $\gamma$ produit des rayons colorés : 1° le croisement des rayons de couleurs sombres s'effectue à une petite distance $D - D' - D''$, et 2° le croisement des rayons de couleurs claires s'opère aux distances supérieures $D - D'$. Cela a lieu pour les trois premiers satellites séparés de la Terre par la distance $D - D'$.

Dans le cas où l'angle $\Gamma$ du sommet du corps ovalaire est grand comme celui du quatrième satellite, le croisement des rayons colorés s'opère à une grande distance; ceux de couleurs sombres se croisent à la distance D, et ceux de couleurs claires se croisent à la distance supérieure $D + D'$.

R étant le rayon de l'orbite de Jupiter et $r$ celui de l'écliptique, la Terre se trouve séparée de Jupiter par la distance $R - r$ dans son opposition, et par la distance $R + r$ dans sa conjonction. Pour que les trois premiers satellites paraissent jaunes à des distances si différentes, il faut que les rayons de couleurs claires parcourent de grandes étendues.

Les rayons de couleurs sombres parcourent également des distances d'une très-grande étendue, comme le prouve la persistance de la couleur bleuâtre grise du quatrième satellite. Toutefois, ce n'est qu'avec le temps qu'on parviendra à établir les teintes des trois premiers satellites pour en déduire la différence provenant de l'angle $\gamma'$, $\gamma''$, $\gamma'''$ du sommet de chacun.

La couleur bleuâtre du quatrième satellite ne persiste pas aux époques des deux maxima d'éclat qui se manifestent peu avant et peu après l'opposition du satellite; de sorte qu'il devient encore démontré une fois de plus que les couleurs résultent de la réfraction des rayons, de même que celles du spectre solaire, et non pas des corps colorés rouges comme le sang, jaunes comme le safran, etc.

### V. SATELLITES D'URANUS.

§ 341. Après la découverte d'Uranus, le 13 mars 1781, Herschel apporta à son télescope tous les perfectionnements possibles pour arriver à distinguer quelque détail. Le 11 janvier 1787, cet astronome vit Uranus entouré d'étoiles très-petites. Le lendemain, deux de ces étoiles avaient disparu. Le 7 février, deux satellites furent découverts (1). En 1792, Herschel connaissait les six satellites suivants :

| NOMS DES SATELLITES. | DATES des découvertes. | DURÉES DES RÉVOLUTIONS. | | | |
|---|---|---|---|---|---|
| Téthys. . . . . . . . . . | 18 janvier 1790 | 5j | 21h | 25m | calculée. |
| Dioné. . . . . . . . . . . | 11 janvier 1787 | 8 | 18 | » | déterminée. |
| Rhéa. . . . . . . . . . . | 20 mars 1794 | 10 | 23 | 4 | calculée. |
| Titan. . . . . . . . . . . | 11 janvier 1789 | 13 | 12 | » | déterminée. |
| Hypérion. . . . . . . . . | 9 février 1790 | 38 | 1 | 41 | calculée. |
| Japhet. . . . . . . . . . | 28 février 1794 | 107 | 16 | 40 | calculée. |

Les durées de révolution des deux satellites Dioné et

(1) Pour faciliter les explications, John Herschel donna des noms particuliers à chacun des huit satellites de Saturne. Usant de ce moyen pour les satellites d'Uranus, j'ai employé les mêmes noms. Les deux satellites découverts étaient : le quatrième, Dioné, et le sixième, Titan.

Titan ont été mieux déterminées, et l'inclinaison des plans des orbites au plan de l'écliptique a été trouvée de 78° 58'. Cette inclinaison, comptée de l'autre côté de l'écliptique, est de 180° — 78° 58' = 101 2'. Le mouvement orbiculaire des satellites est donc direct sous cette inclinaison, tandis que ce mouvement se présente rétrograde sous l'inclinaison de 78° 58' (1).

Le satellite Dioné, d'une période de 8j 16h 56m 5s, serait en général plus lumineux que Titan; toutefois leurs intensités comparatives varient beaucoup, et Titan même qui a une période de 13j 11h 8m 59s, dépasse quelquefois Dioné. Herschel a remarqué que des deux satellites, Dioné devenait invisible à la distance de 14" et Titan à la distance de 17" d'Uranus. L'élongation de Dioné a été évaluée à 36", et celle de Titan à 48".

Les 24, 28, 30 octobre et 2 novembre 1854, Lassel a observé distinctement les deux nouveaux satellites Mimas et Encelade entre Uranus et Dioné. Ainsi Uranus s'est trouvé entouré des huit satellites, de même que Saturne; ces satellites ont été aussi observés par Struve et Bond.

En attribuant à Uranus un diamètre 4,3, celui de la Terre étant 1, il en résulte une densité 0,167 supérieure à celle 0,131 de Saturne, tandis qu'elle n'en diffère pas; c'est pourquoi le diamètre d'Uranus, ou mieux la moyenne $\frac{1}{2}$ $(\mathbf{d} + d)$ entre les deux diamètres de son corps ovalaire est environ 4,4.

Les distances linéaires entre les satellites et le centre de la planète sont exposées dans le tableau suivant, le demi-diamètre d'Uranus étant 1 (il correspond à 2,2 diamètres terrestres).

---

(1) Dans la section suivante, je mentionnerai la convention faite entre les astronomes relativement à la distinction des sens des mouvements en directs et rétrogrades.

| Nos d'ordre des satellites. | NOMS d'après ceux de Saturne. | DISTANCES moyennes. | DURÉES DES RÉVOLUTIONS. |
|---|---|---|---|
| 1er | Mimas. . . . . . . | 7,44 | $2^j,52 = 2^j\ 12^h\ 28^m\ 48^s$ |
| 2e | Encelade. . . . . . | 10,37 | 4, 14 = 4 3 27 22 |
| 3e | Téthys. . . . . . . | 13,12 | 5, 89 = 5 21 25 55 |
| 4e | Dioné. . . . . . . . | 17,01 | 8, 74 = 8 10 55 12 |
| 5e | Rhéa. . . . . . . . | 15,85 | 10, 98 = 10 23 3 50 |
| 6e | Titan. . . . . . . . | 22,75 | 13, 46 = 13 11 6 43 |
| 7e | Hypérion. . . . . . | 45,61 | 38, 08 = 38 1 48 » |
| 8e | Japhet. . . . . . . | 91,01 | 107, 09 = 107 16 30 22 |

§ 340. **Remarque.** Les durées de révolution des quatre premiers satellites sont entre elles dans le même rapport que celles des satellites homonymes de Saturne, car les petites différences qu'on y trouve doivent être attribuées aux résultats des calculs.

La très-grande distance 91 du huitième satellite et la durée de sa révolution s'accordent avec celles du huitième satellite de Saturne, qui se distingue des sept autres par la position du plan de son orbite qui est constant par rapport à l'orbite de la planète et variable par rapport au plan de son équateur. Jusqu'à présent la position du plan orbiculaire de Japhet est inconnue; il y a même des astronomes qui nient l'existence de ce satellite. Ce n'est que dans l'avenir que son existence se réalisera, et qu'en même temps on verra que son orbite se trouve dans le voisinage de l'orbite de la planète.

### VI. SATELLITES DE NEPTUNE.

§ 341. Au mois d'août 1847, Lassel découvrit un satellite de Neptune qui fut également observé en septembre par Struve et par Bond. D'après les observations de Struve, la révolution de ce satellite s'accomplit en $5^j\ 21^h$; l'inclinaison de son orbite sur l'écliptique est de 34° 7′, sa distance au centre de la planète est de 100,000 lieues ou 6 rayons terrestres.

La longue durée de révolution du satellite indique l'existence d'autres satellites inférieurs; s'il y a aussi des satellites supérieurs, il n'y a aucun indice direct; car il faut avoir égard à la masse de Neptune qui est supérieure à celle d'Uranus. Rien ne s'oppose cependant à ce qu'il existe un satellite extrême circulant sur un orbite peu éloigné de celui de Neptune.

### VII. DIFFÉRENCE ENTRE LES PLANÈTES PAR RAPPORT AU SOLEIL ET LES SATELLITES PAR RAPPORT AUX PLANÈTES.

§ 342. Les huit jets de masse empyrée expulsés du Soleil ont été arrêtés à des distances symétriques ($2^9\Delta - \Delta'$), $2^8\Delta$, $2^7\Delta$... par la résistance exercée de la part du barogène amené par les ondes venant de deux électrosphères. Ces mêmes ondes soutiennent la circulation des planètes et elles n'ont pas manqué de pousser vers le Soleil les jets expulsés des planètes, sans cesser pour cela d'exercer une poussée locale supérieure sur chaque jet vers la planète mère.

Cette double poussée exercée sur les jets expulsés des planètes mit les durées de révolution en rapport avec la somme $p' + p$ des deux poussées ou en rapport avec la différence $p' - p$ de ces poussées. La Lune et le huitième satellite de Saturne et d'Uranus ne sont pas restés sur le plan équatorial de leur planète comme le font toutes les planètes par rapport au plan équatorial du Soleil, mais leur plan orbiculaire est dans une position constante par rapport au plan orbiculaire de leur planète mère.

Le nombre des satellites ne correspond pas à la masse de la planète mère; Saturne et Uranus dont la masse est

102 et 25, ont chacun huit satellites, tandis que Jupiter, dont la masse est 340, n'en a que quatre. La Terre, dont la masse est 1, ne peut en avoir plus de quatre. Pour se convaincre de tous ces faits, il faut considérer les différentes poussées centripètes $P, p$ nécessaires pour mettre en rotation Jupiter ou la Terre. La poussée P a dû être exercée par des jets de masse 340 fois plus grande que celle $\mu$ de la Lune avant que la rotation commence. Cette masse $340\ \mu$ ne circule pas autour de Jupiter parce que n'ayant pu acquérir un choc tangentiel, elle a dû rebrousser chemin. La masse des jets expulsés dont la Lune est composée paraît être composée de deux portions $\alpha + \mu$, comme l'est celle de Neptune. 1° La première portion $\alpha$ s'est écoulée avant le commencement de la rotation, et 2° la portion $\mu$ la moins grande s'est écoulée dès le commencement de la rotation. Ainsi la distance de 60 rayons terrestres $r$ entre la Terre et la Lune est résultée de celle de la portion postérieure $\mu$ du jet composé de la masse $\alpha + \mu$.

De même, la masse de Japhet de Saturne et celle de Japhet d'Uranus sont composées : 1° d'une portion $\alpha'$ expulsée avant le commencement de la rotation ; 2° d'une portion $\mu'$ expulsée après le commencement de la rotation.

*Tableau des éléments astronomiques des Satellites.*

| NOMS DES CORPS. | DURÉE DES RÉVOLUTIONS réelles. | DURÉE DES RÉVOLUTIONS synodiques. | EXCENTRICITÉS | INCLINAISON sur l'orbite de la planète. | DISTANCES EN LIEUES petite. | DISTANCES EN LIEUES moyenne. | DISTANCES EN LIEUES grande. | Rapport entre la masse de la planète et des satellites. |
|---|---|---|---|---|---|---|---|---|
| Lune | 27j 7h 43m 11s,5 | 29j 12h 44m 2s,9 | 0,0548442 | 5° 4' 49" | 73441 | 77704 | 81986 | 81:1 |
| *Satellite de Jupiter.* | | | | | | | | |
| I. | 1 18 27 33,5 | 1 18 28 36 | » | 3 5 24 (a) | » | 87443 | » | 57710:1 |
| II. | 3 13 13 42 | 3 13 17 54 | » | 3 4 25 (a) | » | 139240 | » | 43038:1 |
| III. | 7 3 42 33,4 | 7 3 59 36 | 0,001348 | 3 0 28 (a) | 221857 | 222114 | 222376 | 11300:1 |
| IV | 16 18 32 11,3 | 16 18 5 7 | 0,007275 | 2 40 58 (a) | 387832 | 390225 | 393517 | 23142:1 |
| *Satellite de Saturne.* | | | | | | | | |
| Mimas | » 22 36 17 | » 22 36 24 | 0,00889 | » » » | 357540 | 38400 | 41046 | » |
| Encelade | 1 8 52 57,8 | 1 8 53 13 | » | » » » | » | 49299 | » | » |
| Téthys | 1 21 13 ,83 | 1 21 13 49 | 0,0051 | 1 33 16 (a) | 60732 | 61050 | 61302 | » |
| Dioné | 2 17 44 51 | 2 17 45 51 | » | » » » | » | 78246 | | » |
| Rhéa | 4 12 25 11 | 4 12 27 55 | » | » » » | » | 107115 | » | » |
| Titan | 15 22 41 25 | 15 23 15 32 | 0,02922326 | 27 33 48,4 | 245799 | 253200 | » | » |
| Hypérion | 21 4 » » | 21 6 » » | 0,115 | » » » | 272187 | 307500 | 200601 | » |
| Japhet | 79 7 54 » | 79 32 4 » | » | » » » (b) | » | 787029 | 342872 | » |
| *Satellite d'Uranus (d).* | | | | | | | | |
| Ariel | 2 22 25 21 | 2 12 29 39 | » | » » » | » | » | » | » |
| Umbriel | 4 3 28 8 | 4 3 28 47 | » | » » » | » | » | » | » |
| Titania | 8 17 1 19 | 8 17 4 53 | » | » » » | » | » | » | » |
| Oberon | 13 11 4 1,5 | 13 11 13 32 | » | 99 43 53,3 (c) | » | » | » | » |
| Satellite de Neptune | 5 21 4 9 | 5 21 4 58 | 0,02106 | 34 7 1 (b) | 793785 | 810855 | 827925 | » |

(a) Par rapport à l'équateur de la planète. — (b) Par rapport à l'écliptique. — (c) Par rapport à l'orbite d'Uranus. — (d) Tels sont les noms correspondant à Mimas, Encelade, Dioné, Titan.

§ 343. **Remarque.** Le tableau ne donne pas les densités et les diamètres des satellites contenus dans les ouvrages des astronomes, car les longueurs des diamètres ne sont pas les longueurs réelles obtenues par les observations, mais les longueurs moyennes. Les longueurs réelles obtenues par les observations ne sont pas coordonnées de manière à faire connaître le rapport **d** . *d* entre le grand et le petit diamètre, mais on admet la forme sphérique.

Toutefois cela n'empêche pas de faire connaître ce qu'il y a de vrai même dans les résultats des erreurs dont la nature est bien connue. La durée des autres satellites est courte pendant qu'ils parcourent dans leur orbite la partie de leurs quadratures pour nous faire voir leur grand diamètre. A d'autres époques, ils nous présentent des diamètres inférieurs **d** — *α*, dont la limite est le petit diamètre *d*.

La longueur moyenne n'est pas comptée entre celle **d** des deux quadratures de courte durée et celle *d* du passage par le disque de la planète ; mais on prend ce diamètre comme minimum, et la longueur **d** — *α* est introduite comme maximum ; de sorte que la valeur $\frac{1}{2}$ (**d** — *α* + *d*) n'est jamais la véritable $\frac{1}{2}$ (**d** + *d*). Toutefois l'erreur de — $\frac{1}{2}\alpha$ introduite dans la longueur du diamètre des satellites est toujours inférieure à celle qu'on commet pour la Lune en lui attribuant une forme sphérique dont le diamètre est égal à celui *d* de son disque.

A mesure donc que l'on se trompait un peu moins en prenant pour diamètre une longueur plus grande que celle du disque, observée dans les passages des satellites devant leur planète, l'erreur de la densité diminua, car celle-ci est en raison inverse avec le cube du diamètre **d** — *α* des satellites et avec le cube du petit diamètre *d* de la Lune.

J'ai montré la cause qui a produit la dilatation de la masse empyrée expulsée du Soleil pour passer de la densité 0,250 à celle 0,131 des planètes ; j'ai montré aussi la cause qui a produit la dilatation de la masse empyrée expulsée des planètes pour passer de la densité 0,131 à celle de la moitié environ de l'eau 0,1. Nous ne connaissons approximativement que la densité des quatre satellites de Jupiter, densité trouvée plus que double de la densité réelle.

En admettant pour les quatre satellites des diamètres $d'$, $d''$, $d'''$, $d^{\text{IV}}$ plus grands que le petit diamètre, les astronomes ont trouvé des volumes sphériques moins éloignés des volumes réels, tandis que pour la Lune ils admettent un volume beaucoup trop petit. Le poids spécifique réel de la masse de tous les satellites étant 0,1 et la forme étant ovalaire, on peut trouver le volume si l'on connaît les poids $p$ de la Lune et $p'$, $p''$, $p'''$, $p^{\text{IV}}$ des quatre satellites de Jupiter. Ces poids sont indiqués dans le tableau.

La densité 0,1 étant la même pour la Lune et pour tous les satellites, la connaissance de leur poids sert à déterminer leur volume, lequel peut être de chaque forme; mais pour ne pas s'éloigner de la forme réelle, il faut chercher à déterminer par l'observation l'un des deux diamètres et trouver l'autre par le calcul pour obtenir un volume connu V. Je donne, à titre d'exemple, la méthode pour trouver le grand diamètre $\mathbf{d}$ de la Lune dont la masse ou le poids est 1/81 de celle $m$ de la Terre, de même que la longueur du petit diamètre qui est celui du disque de la Lune.

Le volume $v$ d'une sphère dont le diamètre est $d=2020$ lieues donne pour la Lune le poids spécifique 0,6000. Pour que cette densité soit réduite à 0,1, il faut que le volume trouvé en forme de sphère soit 60, en multipliant le diamètre $d$ par la racine cubique de 6. On arrive par le calcul à un hémisphère ovalaire soulevé ayant, 1° pour base un cercle dont le diamètre est $d$, 2° pour hauteur le grand diamètre $\mathbf{d}$, et 3° pour volume $6v$.

Les densités des quatre satellites de Jupiter trouvées de la manière indiquée sont :

| | | | |
|---|---|---|---|
| 1er satellite. . . . . . . | 0,2005 | 3e satellite . . . . . . . | 0,3244 |
| 2e satellite . . . . . . . | 0,3711 | 4e satellite . . . . . . . | 0,2469 |

On voit ainsi qu'on a commis la plus petite erreur en mesurant les deux diamètres **d** et *d* du premier satellite, et la plus grande erreur se trouve dans la longueur des diamètres du deuxième satellite. J'ai trouvé dans ces résultats d'observation la preuve du véritable poids spécifique des satellites, poids conforme à celui 0,1 obtenu d'après la loi physique.

---

# CHAPITRE III.

## DISPARITION DES ANOMALIES ET PRÉDICTION DES ÉPOQUES DES ÉCLIPSES ET DE LEURS DÉTAILS PHYSIQUES.

§ 344. **Faits expliqués.** On trouvera dans ce chapitre : 1° la solution de tous les problèmes qui entrent dans tous les détails relatifs aux époques où les éclipses ont été annoncées, et 2° l'explication de tous les faits physiques observés dans les éclipses de la Lune et du Soleil.

I. Au moyen des masses des planètes et de leurs distances, on a calculé les perturbations. Cette loi générale conduit à voir que la Terre et toutes les planètes sont divisées par leur équateur en deux hémisphères de poids inégal; $m-\alpha$ étant la masse d'un hémisphère, $m+\alpha$ est celle de l'autre hémisphère. Les anomalies disparurent donc, et il n'y eut plus que des perturbations.

II. Au moyen de la longueur des arcs crépusculaires des pays qui se trouvent dans la périphérie de la base du cône de l'ombre, on a déterminé d'avance si, à la prochaine éclipse, la Lune sera visible ou non. (T. I, p. 795.)

III. Au moyen des arcs crépusculaires produits par l'atmoaérosphère, on peut se convaincre de l'accroissement inégal de l'ombre observé dans les éclipses de la Lune.

IV. Au moyen de la position du plan de polarisation de la lumière blanche de la couronne de la Lune dans les éclipses solaires, il est démontré que cette lumière est réfléchie de l'hémisphère éclairé de la Lune. Ce sont les montagnes de cet hémisphère qui réfléchissent la lumière en directions et en longueurs différentes.

V. La couleur rouge des protubérances et leur hauteur prouvent que la lumière arrive des corps après y avoir éprouvé des réfractions. Comme le disque de la Lune couvre le disque du Soleil, la lumière rouge arrive des corps placés derrière le limbe où la lumière blanche a éprouvé les réfractions. Une atmosphère produirait le même effet, mais au lieu de protubérances, il se produirait une couronne rouge d'égale hauteur.

VI. La Lune avec sa couronne blanche s'avance de l'ouest à l'est et le Soleil avec ses protubérances rouges reste en arrière.

§ 345. J'ai dit dans l'introduction de cet ouvrage que la triple anomalie *nutation*, *précession*, *avancement des apsides* de la Terre et de la Lune a sa cause dans l'inégalité des deux hémisphères de la Terre. Je démontre ici que la nutation annuelle 0″,54 de l'axe terrestre et la libration en latitude de la Lune 3′ 35″ étant le résultat de cette inégalité des deux hémisphères, les amplitudes ou les longueurs de leurs arcs doivent être en raison inverse des distances *d* et D dont *d* sépare la Terre de la Lune et D=400*d* sépare la Terre du Soleil ; c'est pourquoi l'on a :

(a) $$D : d = 3'35'' : 0'',54 = 400 : 1.$$

En 18 ans 2/3, la précession de la Lune termine une révolution autour de la Terre. En multipliant par cette durée, nommée *cycle lunaire*, le petit axe 0″,50 de la nutation terrestre, on obtient sa nutation cyclique $0'',5 \times 18\ 2/3 = 9'',3$. Le cycle de la Lune a été découvert par Meton l'an 433 avant notre ère ; cet observateur annonça à ses compatriotes rassemblés aux jeux olympiques que 235 lunaisons composent 19 ans au lieu de 18 ans 218^j 21^h, ce qu'ont maintenant confirmé les observations les plus exactes des astronomes, qui ont ainsi découvert les amplitudes indiquées des nutations et des librations.

Newton a découvert la loi de la gravitation en coordonnant les résultats empiriques obtenus par Képler avec beaucoup de peine dans les observations de Mars. En suivant cette méthode j'ai coordonné les faits connus sous le nom de *triple anomalie* de la Terre et de *triple anomalie* de la Lune, et j'ai trouvé que toutes les deux sont l'effet de l'inégalité des deux hémisphères de la Terre; puis ensuite j'ai trouvé que toutes les planètes sont divisées par leur équateur en deux hémisphères inégaux d'où résultent leurs anomalies. Si les astronomes n'ont pas fait cette découverte, ce n'est pas faute de connaître les faits coordonnés ici, mais à cause d'une erreur qui s'est glissée dans les hypothèses de la Cosmogonie d'Herschel et de Laplace, et qui a fait considérer les corps célestes comme étant de forme sphérique ou de forme aplatie, forme qui n'existe nulle part, et non de forme ovalaire commune à tous les corps célestes.

§ 346. **Différence entre l'ombre de la Terre et l'ombre de la Lune.** L'absence d'atmosphère dans la Lune se manifeste par son ombre dépourvue d'une pénombre colorée, telle qu'on la voit dans les éclipses solaires partielles, totales ou annulaires. Dans quelques éclipses lunaires, au contraire, nous voyons la Lune de couleur rouge. Se trouvant éclairée par une lumière rouge contenue dans l'ombre, cette ombre acquiert cette couleur en passant par l'atmosphère de la Terre; cette lumière est située autour de la base du cône de l'ombre de la Terre. La périphérie de cette base passe toujours par les deux zones glaciales, par les deux zones tempérées et par la zone torride; il n'y a que la longitude qui change. Souvent la Lune éclipsée, périgée ou apogée, reste tout à fait invisible. Quand on ignorait la cause physique de ce phénomène, quelques astronomes attribuaient l'absence de lumière dans la Lune aux nuages de l'atmosphère terrestre, tandis que d'autres traitaient cette hypothèse d'absurde, parce que la hauteur de l'atmosphère est vingt à trente fois plus grande que celle des nuages. Néanmoins ces derniers, tout en réfutant l'hypothèse de leurs adversaires, étaient incapables de donner une explication plausible.

**Ce qui était inconnu dans la prédiction d'une éclipse.** Il s'agit ici de prédire : 1° à quelle époque apparaîtra une éclipse future; 2° si la Lune sera visible ou non, et 3° de quel côté la couronne lumineuse de la Lune sera plus large ou plus étroite dans les ellipses solaires.

I. La prédiction de l'époque d'une éclipse ne pouvait dépasser les bornes de quelques dizaines d'années, parce que ne connaissant pas l'origine des anomalies, les astronomes font dans leurs calculs un très-grand nombre de corrections, lesquelles n'ont plus lieu dès qu'on admet dans le calcul l'inégalité du poids des deux hémisphères terrestres; après cette découverte, les astronomes n'auront affaire qu'à des perturbations. A l'aide du calcul, il sera facile de préciser dans des formules et des tables les époques de toutes les éclipses passées et de celles qui auront lieu à l'avenir.

II. La prédiction des détails physiques des éclipses de Lune et de Soleil servira à démontrer : 1° le mode de production de la couronne lumineuse de la Lune pendant les éclipses solaires, et 2° le mode de production des arcs différent du crépuscule correspondant à la hauteur de l'*atmoaérosphère*. Parmi plusieurs autres aéronautes, Gay-Lussac a constaté qu'au delà de 2,000 à 3,000 mètres de hauteur il n'y a pas de vapeur dans l'atmosphère; ainsi l'épaisseur de la couche de l'atmoaérosphère est minime (t. I, p. 785).

### 1. DU MODE DE PRODUCTION DE LA TRIPLE ANOMALIE DES PLANETES ET DES SATELLITES.

§ 347. Au moyen du mouvement des corps périphériques autour de leur corps central et de la distance qui les sépare, on détermine les rapports entre leurs masses. Des perturbations à peine perceptibles d'Uranus, trente ans après sa découverte, on a pressenti l'existence de Neptune. Ce qu'on nomme *anomalie* ou *précession*, *nutation*, *avancement des apsides*, n'est autre chose que des mouvements comparables à ceux observés dans la planète Uranus et qui indiquent l'existence d'une masse qui les produit. Ne pouvant trouver cette masse, les astronomes ont distingué ces mouvements de celui observé dans les perturbations; ne pouvant les expliquer, ils les ont appelés des *anomalies*. Ainsi le lecteur doit comprendre l'état de ce mouvement sous les mots *perturbations de cause inconnue;* cette cause une fois découverte, les anomalies s'évanouiront donc, et il ne resta plus que des perturbations. Telle est la transformation fondamentale introduite dans les calculs astronomiques dans la prédiction des éclipses. On connaissait bien la masse $m$ de la Terre et celle $\mu$ de la Lune, de même que la distance $d$ qui les sépare; mais les astronomes erraient en ce qu'ils admettaient : 1° que les corps planétaires ont une forme aplatie ou sphérique, tandis que leur forme réelle est ovalaire; 2° que l'équateur de chaque planète la divise en deux hémisphères égaux de forme et de masse. Ils ignoraient que toutes les huit planètes sont divisées par leur équateur en deux hémisphères inégaux de forme et de masse.

Lors donc qu'il s'agissait des faits produits par les planètes entre elles ou par les comètes, on obtenait par le calcul des résultats tout à fait identiques à ceux des observations; lors, au contraire, qu'il s'agissait de faits produits entre une planète et ses satellites, les astronomes n'avaient aucun moyen d'arriver par le calcul à des résultats correspondant à ceux des observations.

Par la voie que j'ai suivie, j'ai vu que l'équateur ne passant pas par le sommet de leur corps ovalaire, il divise la planète en deux hémisphères de forme inégale; c'est par le mouvement anormal des planètes autour du Soleil et par celui des satellites autour de leur planète mère que l'on s'aperçoit que la masse contenue dans les deux hémisphères n'est pas égale. Cette inégalité de masse dans les deux hémisphères de la Terre et des planètes a été découverte dans le rapport ($\alpha$) entre les distances D, $d$ et les amplitudes des nutations en latitude de la Lune 3′ 35″ et de la Terre 0″,54.

### A. DE LA NUTATION SOLAIRE DE LA TERRE ET DU MODE DE PRODUCTION DE LA PRÉCESSION ET DE LA MARCHE DU PÉRIHÉLIE.

§ 348. En observant le point $p$ au ciel auquel aboutit le prolongement de l'axe terrestre, Bradley a trouvé que l'axe de la Terre en circulant autour du Soleil ne reste pas exactement perpendiculaire sur le plan de l'écliptique, mais qu'en partant de l'équinoxe de printemps ♈, son axe s'approche du Soleil par le pôle boréal pour atteindre 0″,54 à 0″, 55 à l'époque du solstice du Cancer; cette déviation diminue ensuite pour devenir nulle quand la Terre passe par l'équinoxe d'automne ♎, puis elle continue dans le même sens jusqu'à l'époque où la Terre atteint le solstice du Capricorne. Elle est alors égale à la précédente 0″,54 à 0″,55.

Cette oscillation de la Terre, nommée *nutation solaire*, correspondant exactement 1° à un poids P + $\alpha$ de l'hémisphère $h$ boréal, 2° au poids P — $\alpha$ de l'hémisphère austral $h'$, m'a démontré clairement l'inégalité des masses des deux hémisphères terrestres.

§ 349. **Mode de production de la précession et de la marche du périhélie par la nutation.** L'inégalité du poids $2\alpha$ des deux hémisphères terrestres ne peut amener directement que la nutation solaire de la Terre, et c'est de cette nutation que résultent, d'après les lois de la pesanteur, la *précession* et la *marche du périhélie*.

I. **Comment se produit la précession.** Pour calculer d'une manière exacte les longitudes, on admet que le nœud qui est la rencontre de l'écliptique avec le plan de l'équateur terrestre est prolongé dans l'espace. Si la Terre ne tournait pas, elle n'aurait pas d'équateur; si en tournant la Terre n'oscillait pas, son plan équatorial resterait sur le plan de l'écliptique. A cause de son oscillation, la périphérie L de l'équateur est parcourue sur une longueur L — $l$ de l'écliptique, où s'opère sa rencontre avec le point $p$ de la périphérie de l'équateur, l'espace $l$ est parcouru par l'équateur en s'éloignant du plan de l'écliptique. Ainsi le point $p$ de l'équateur arrive à l'écliptique en un autre point $n'$ qui est de la distance $l$ du point de départ $n$; cette longueur $l$=50",233 s'appelle *précession*.

La durée T est nécessaire pour que la longueur L soit parcourue par la Terre et pour que celle-ci arrive dans la même direction des étoiles fixes; on nomme cette durée *année sidérale*. Pour parcourir une partie L — $l$ de cette même longueur L en s'éloignant de l'écliptique, la Terre met le temps T — $\tau$ lorsqu'elle termine la périphérie de son équateur; puis du point $n'$ qui est à 50",233 du point de départ $n$ la Terre parcourt cette longueur $l$=50",234.

L'année sidérale = T = 365j 6h 9m 10s,751.

L'année tropique T — $\tau$ = 365j 3h 48m 47",57.

II. **Marche du périhélie.** La vitesse de la chute de la Terre se ralentit pendant son oscillation; ainsi, après avoir parcouru la longueur L plus grande que celle L — $l$ provenant de la périphérie de l'équateur, la Terre parcourt encore la longueur $l'$=11" pour arriver dans sa chute au maximum de vitesse et se trouver au point le moins éloigné du Soleil, point que pour cette raison on nomme *périhélie*.

### B. Des trois librations de la Lune correspondant a la nutation solaire de la Terre.

§ 350. La nutation de la Lune est due à trois espèces de mouvements observés au point central $p$ du disque de la Lune. En admettant que le rayon qui passe par ce point $p$ soit fixé dans l'axe de la Lune qui passe par ses pôles, on détermine la courbe que les extrémités de l'axe prolongées décrivent au ciel.

En unissant le centre K (fig. 26) de la Lune avec le centre T de la Terre, la ligne passera par le point central *p* du disque qui est le sommet A du corps ovalaire. Ce point décrit trois cercles :

I. Le cercle *diurne*, nommé *libration diurne* ou *parallactique*, a une amplitude d'environ 32″.

II. Le cercle *mensuel*, dont, 1° l'amplitude 4′ 20″ à l'est et à l'ouest est appelée *libration en longitude*, et 2° l'amplitude 3′ 35″ vers le nord et vers le sud est nommée *libration en latitude*.

III. La révolution *cyclique* que décrit le nœud par sa précession en 18 ans 2/3. L'amplitude de ce cercle cyclique est de 1° 29′

**Rapport entre le cycle de la Lune et les nutations de la Terre et de la Lune.** Pendant une révolution du nœud, 1° l'axe de la Terre décrit au ciel une ellipse dont le demi grand axe est $9'',3 = 0'',50 \times 18\ 2/3$, et 2° l'axe prolongé de la Lune décrit une ellipse dont le demi grand axe est $1°\ 29' = 18\ 2/3\ (4'\ 20'' + 32'') = 18\ 2/3 \times 292''$.

La longueur 4′ 20″ est la libration mensuelle en longitude et la longueur 32″ est la libration diurne, parce que le nœud, en se déplaçant dans l'orbite de la Lune, affecte ces deux librations. Il en est de même de la nutation de la Terre ; 0″,55 étant le demi grand axe de l'ellipse décrite au ciel par l'extrémité de son axe prolongé son demi petit axe est 0″,50, nombre qui correspond à la somme de ces deux librations de la Lune 32″ et 4′ 20″.

§ 351. **Rotation apparente de la Lune.** C'est par les périphéries décrites par le point central *p* à chaque lunaison et à chaque cycle de la Lune qu'on reconnaît l'existence des deux mouvements qui diffèrent du mouvement orbiculaire. On considère comme prouvant l'existence d'une rotation le mouvement du point central du disque.

En supposant une inclinaison de 1° 29′ au diamètre qui passe par le point central *p* sur l'orbite de la Lune, les astronomes en ont déduit que la rotation avait une durée de 18 ans 2/3. D'autre part, ils ont dit que la Lune termine une révolution autour de la Terre et une rotation autour de son axe dans le même laps de temps; dans ce cas, le plan de l'orbite lunaire dévie de la ligne KT en passant par le point central $p$ en produisant l'amplitude 4′ 20″.

L'existence de ces deux mouvements de l'axe terrestre est connue sous les noms de *nutation solaire*, *nutation lunaire*; si l'on veut y voir deux rotations, la Terre en aura trois et la Lune deux; si l'on donne aux librations mensuelle et cyclique de la Lune le nom de *nutation*, il n'y aura pas dans la Lune de mouvement correspondant à la rotation de la Terre.

§ 352. **Comment se produisent la précession et la marche du périgée par la libration mensuelle.** Tout ce que j'ai dit sur la manière dont se produisent la précession de l'équinoxe du printemps et la marche du périhélie trouve son application mathématique dans le mode de production de la précession du nœud de l'orbite de la Lune et de la marche du périgée, production opérée par la nutation mensuelle.

L'amplitude 3′ 35″ de la libration en latitude correspond à l'amplitude 0″,54 de la nutation solaire de la Terre; ces deux amplitudes sont entre elles en rapport inverse des distances $d$, D, dont $d$ sépare la Terre de la Lune, et $D = 400d$ sépare la Terre du Soleil ($\alpha$).

I. **Production de la précession.** La longueur L de la route parcourue par la Lune dans un espace de temps T pour arriver au point $n$ de départ est plus grande que celle $L - l$ qui paraîtrait parcourue si l'on projetait la longueur L de la voie parcourue sur le plan de l'orbite de la Lune. La Lune parcourrait la longueur $L - l$ sur son orbite sans osciller dans un espace de temps $T - \tau$; elle met maintenant le temps $\tau$ pour parcourir la longueur $l$, arriver au point $n$ de départ et se trouver dans la direction de la même étoile, parce qu'elle oscille sur son orbite; il est $l = n'n$.

La *révolution sidérale* est la durée $T = 27^j\ 7^h\ 43^m\ 11^s,5$.

La *révolution tropique* est la durée $T - \tau = 27^j\ 7^h 43^m\ 4^s,7$.

La différence de temps $\tau = 6^s,8$ est consommée pour que la longueur $l$ soit parcourue; cette longueur est l'excédant dû au déplacement de la route dans l'oscillation de la Lune en dehors du plan de son orbite. Cette longueur $l$ est ce qu'on entend par les mots *précession du nœud de l'orbite de la Lune* pendant chaque lunaison.

**II. Production de la marche du périgée.** La chute s'amortit pendant l'oscillation de la Lune en dehors du plan de son orbite. Arrivée au point de départ en une durée T, la chute n'est pas encore à son maximum de vitesse; pour y parvenir, il lui faut parcourir encore une longueur $l'$ et consommer pour cela le temps $\tau'$. Le point auquel la Lune atteint son maximum de vitesse est le moins éloigné de la Terre et s'appelle *périgée;* ce point termine une révolution autour de la Terre en un peu plus de huit ans.

La *révolution anomalistique* est la durée $T + \tau' = 27^j\ 13^h\ 8^m\ 37^s,4$.

La *révolution synodique* est la durée $29^j\ 12^h\ 44^m\ 2^s,9$.

Cette durée s'écoule entre deux conjonctions de la Lune avec le Soleil.

§ 353. **Époque du départ.** Pour fixer la place de chaque corps dans le système planétaire, il est nécessaire de connaître leur position à une époque quelconque; de même pour les positions de la Lune. J'en indique ici la place et celle de son nœud et de son périgée pour le 1er janvier 1801, temps moyen de Paris.

| | |
|---|---|
| Longitude de la Lune. . . . . . . . . . . . . . . . | 113° 17′ 8″,3. |
| Longitude du périgée. . . . . . . . . . . . . . . . | 266° 10′ 7″,5. |
| Longitude du nœud ascendant. . . . . . . . . . | 13° 53′ 12″12. |
| Inclinaison de l'orbite lunaire sur l'elliptique. . | 5° 8′ 42″,9. |

### C. Nouvelle méthode de prédiction des éclipses.

§ 354. Il arrive une éclipse de Lune lorsque, étant dans

son plein, elle se trouve à un de ses nœuds ; il arrive une éclipse de Soleil quand la nouvelle Lune est dans un de ses nœuds. C'est au moyen des observations qu'on a trouvé la révolution tropique de la Lune, révolution qui, avec les autres révolutions trouvées aussi par l'observation, a servi de base au calcul de la prédiction des éclipses.

Je démontre ici : 1° que la nutation solaire de la Terre est la cause de la précession et de la marche du périhélie, et 2° que la nutation de la Lune, connue sous le nom de *libration en latitude*, est la cause de la précession de son nœud et de la marche du périgée. Je fais voir de plus le rapport qui existe entre la *nutation lunaire* de la Terre 9″,3 et la nutation cyclique de la Lune 1° 29′ qui dépendent toutes les deux de la précession du nœud de la Lune qui termine sa révolution en 18 ans 218 jours 21 heures.

Pour trouver l'amplitude 9″,3 de la nutation cyclique, il faut prendre 18 fois 2/3 les amplitudes en longitudes des nutations simples, celle de la Terre étant 0″,50 et celle de la Lune 32″ + 4′ 20″. Connaissant par ce calcul les nutations cycliques de la Terre et de la Lune pour chaque époque, on en détermine la position du nœud de la Lune ou sa précession.

En introduisant dans l'équation la condition que la nutation mensuelle de la Lune soit nulle, et en y laissant la nutation cyclique, on cherche les époques indiquant les positions de la Lune qui correspondent à cette condition. Les résultats numériques suivants servent à prouver la parfaite exactitude des résultats des observations. J'indiquerai :

1° Par $d$ la distance de la Lune ;

2° Par D la distance du Soleil égale à $400\,d$ ;

3° Par $a$ le demi-grand axe 0″,54 de l'ellipse de la nutation solaire de la Terre et par $b$ son demi-petit axe 0″,50 ;

4° Par **a** le demi-grand axe de l'ellipse de la nutation terrestre de la Lune, dont la longueur est composée de la somme 32″ + 4′ 20″ de l'amplitude 32″ de la libration diurne et de celle 1′ 20″ de la libration en longitude, et par **b** le demi-petit qui est la libration en latitude 3′ 35″ ;

5° Par $a'$ le demi-grand axe de la nutation cyclique ou lunaire 9″,3 de la Terre ;

6° Par **a**′ le demi-grand axe de la nutation cyclique 1° 29′ la Lune.

On obtient les résultats concordants du calcul et des observations :

(α) $\quad D:d = \mathbf{b}:a;\ 400d:d = 3'35'':0'',54 = 400:1.$

(β) $\quad 18\frac{1}{3} \times b = 18\frac{1}{3} \times 0'',50 = 9'',33.$

(γ) $\quad 18\frac{2}{3} \times \mathbf{a} = 18\frac{2}{3}(4'\,20'' + 32'') = 1°\,30'45''.$

En se servant de ces trois rapports, on parviendra à mieux déterminer les distances D, $d$ et les amplitudes $a$, $b$, $a'$ et **a**, **b**, **a**′ des nutations.

## II. DES FAITS PHYSIQUES OBSERVÉS DANS LES ÉCLIPSES DE LUNE.

§ 355. Pour que la lumière du Soleil n'arrive pas à la Lune, il faut que la Terre se trouve entre ces deux corps. D'après ce que je viens de démontrer, on peut trouver par le calcul les époques auxquelles la Terre sera exactement entre le Soleil et la Lune ou n'en sera qu'à une très-petite distance. On ne pourrait, à l'aide des observations et des calculs basés sur ces observations, prédire les éclipses pour des époques très-éloignées. Mettant donc de côté la prédiction des éclipses basée sur le calcul nouveau, je ne m'occuperai que d'une nouvelle prédiction. Je montrerai d'abord pourquoi la Lune est visible dans certaines éclipses et invisible dans d'autres; ensuite j'indiquerai le moyen de prédire si, dans une prochaine éclipse, la Lune sera visible ou non.

### A. DE LA LUNE ÉCLIPSÉE VISIBLE OU NON VISIBLE.

§ 356. Les astronomes se sont beaucoup occupés de cet

objet; habituellement on attribue les faits à l'atmosphère terrestre. Herschel ne trouvant aucun rapport physique entre les faits observés et l'atmosphère, a attribué à la Lune une lumière propre. Arago a démontré facilement l'absence d'une telle lumière dans les éclipses quand la Lune devient tout à fait invisible. Herschel n'ignorait pas ce fait, mais il savait bien qu'il n'est pas un effet des nuages de l'atmosphère comme on l'admettait.

En prêtant la couleur rouge à la réfraction de la lumière qui traverse l'atmosphère, on trouve que dans les éclipses apogées cette couleur est d'une plus grande intensité que dans les éclipses périgées; Arago considère ce fait comme constaté par les observations. L'atmosphère de la Terre restant la même, on ne pouvait s'expliquer, 1° comment, dans certains cas, la Lune éclipsée acquiert cette couleur rouge d'intensité supérieure ou d'intensité inférieure d'après les distances plus ou moins grandes, et 2° comment, aux mêmes distances, la Lune éclipsée reste invisible.

§ 357. **Rapport entre l'étendue de l'ombre de la Terre observée et celle de l'ombre calculée.** Les dimensions du cône de l'ombre qui traverse la Lune éclipsée sont plus considérables que le calcul ne les donne, de sorte que le commencement de l'éclipse anticipe sur la prédiction, et que la fin, au contraire, est en retard. Ce désaccord, cependant, n'est pas d'une quantité constante; car Mayer a trouvé l'excédant de 1/60e, Beer et Maedler ont trouvé l'excédant 1/28e dans l'éclipse de 1835, et l'excédant 1/54e dans l'éclipse de 1837.

**Description de l'éclipse du 26 décembre 1833.** Au commencement de l'éclipse, la partie ombragée de la Lune paraît de couleur gris sombre, on n'y distingue rien; toutes les taches y sont invisibles, à peine reconnaît-on dans ce gris une faible teinte de rouge. Ainsi il a été établi que l'éclipse s'opère dans une ombre composée d'un cône central de lumière rouge entouré d'une enveloppe obscure *c* de forme conique d'une épaisseur *e* qui varie dans les différentes éclipses entre 1/60ᵉ et 1/28ᵉ du rayon réel de l'épaisseur du cône de l'ombre théorique.

Après cette enveloppe gris obscur arrive le cône de lumière rouge qui éclaircit le disque et fait apparaître toutes les taches grandes et petites. A l'instant où commence l'éclipse totale, l'épaisseur *e* de l'enveloppe grise et sombre *c* ne se voit qu'au bord précédemment ombragé de la Lune; quelques instants après la disparition de cette enveloppe, tout le disque se trouve dans le cône de lumière rouge, laquelle rend visibles toutes les taches de la Lune petites et grandes.

Il y a des cas où ces cônes lumineux se prolongent jusqu'à son axe et à toute l'étendue du disque; il y en a aussi où ce cône de lumière rouge entoure un autre cône central dans lequel il n'y a aucune lumière. Ainsi la partie du disque par laquelle passe ce cône central est entièrement obscure; dans ces cas, la lumière rouge a la forme d'une enveloppe conique qui sépare le cône obscur central *c'* de l'enveloppe gris sombre *c*.

Quelques instants avant la fin de l'éclipse, le bord oriental de la Lune arrive à l'enveloppe sombre *c* pour traverser son épaisseur *e*, laquelle rend de nouveau les taches invisibles. On aperçoit une petite quantité de lumière bleue produite par la réfraction dans le passage de la lumière solaire à travers des fragments de glace de la montagne Albert. C'est 2 à 3 minutes après cette apparition que se montre la lumière solaire sur le bord oriental de la Lune d'où s'éloigne le cône de l'ombre dont la partie centrale et l'enveloppe extérieure sont obscures, et il n'y a que le milieu qui soit composé de lumière rouge; dans quelques cas cependant la partie centrale du cône n'est pas parfaitement obscure. En 1783, Messier a vu la Lune éclipsée éclairée diversement; la lumière n'étant pas distribuée également dans le photocône, paraissait se distribuer lentement autour du centre de la Lune.

**Détails de la Lune éclipsée.** Il n'existe jamais une identité parfaite entre deux éclipses quelconques. Quand la Lune est visible, la couleur rouge se montre sous une teinte propre à chacune de ses éclipses : elle est rose, comme la flamme, comme le charbon, comme le cuivre ; d'autres fois on voit de faibles traces qui disparaissent. Dans les éclipses de Lune de 1783, Messier a vu des parties du disque diversement éclairées.

§ 358. **Mode de production du cône triple de l'ombre par l'atmoaérosphère de la Terre.** J'ai démontré (t. I, p. 793) que la hauteur H de l'atmosphère indiquée par celle *h* du baromètre sur la surface de la mer est sa hauteur réelle, tandis que la hauteur H' trouvée au moyen de l'arc crépusculaire par les astronomes n'a aucun rapport avec la hauteur H indiquée par la hauteur barométrique *h* provenant de la pression de l'atmosphère VZQP' (fig. 26).

Fig. 26.

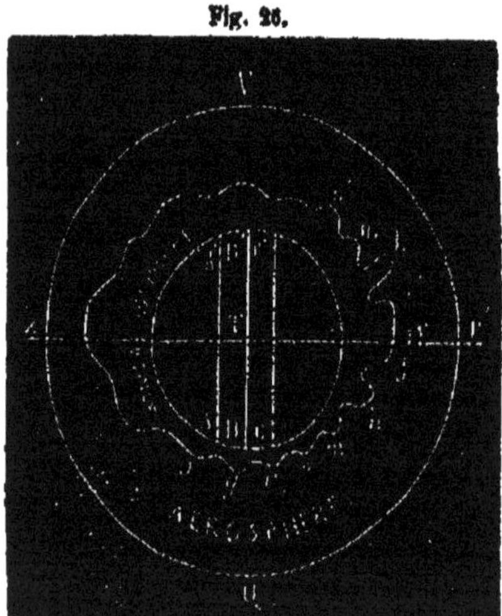

Autour de la Terre, la vapeur ne manque jamais d'air. Gay-Lussac a trouvé qu'à une distance de 3000 mètres de la surface de la Terre l'air est parfaitement sec. Pour distinguer la couche inférieure contenant un mélange de vapeur et d'air de la couche totale, j'ai nommé la première *atmoaérosphère*, et j'ai conservé à l'ensemble de cette couche avec la couche d'air son nom d'*atmosphère*. Tous ces faits sont connus, mais on ignorait les suivants.

J'ai montré qu'un espace occupé par l'air seul ou par la

vapeur seule est parfaitement transparent, tandis que l'espace occupé par un mélange d'air et de vapeur réfléchit une partie de la lumière qui le traverse. C'est donc l'atmosphère qui produit une réfraction de la lumière, laquelle a éprouvé des réflexions dans la couche supérieure de l'atmoaérosphère. Les rayons qui passent au delà des limites de l'atmoaérosphère n'éprouvent aucune réflexion, mais ils en sortent après avoir éprouvé une seconde réfraction convergente, la réfraction des rayons étant égale dans l'air et dans la vapeur.

Fig. 27.

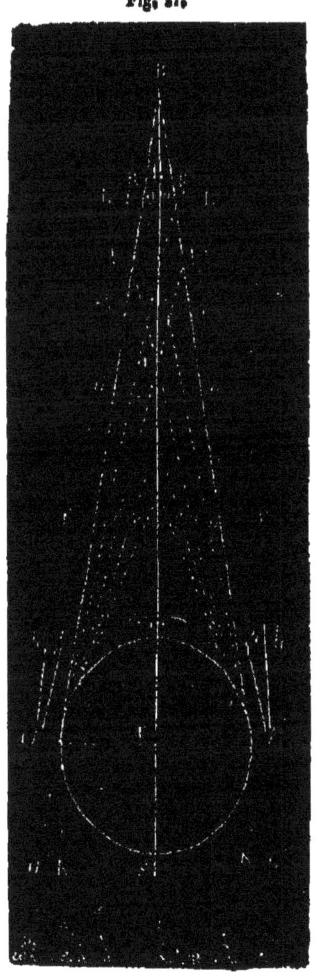

Entre les limites de l'ombre, dans une coupe EF (fig. 27), on trouvera le cône triple dont les détails sont observés dans les éclipses de Lune. 1° Autour de l'axe *e* se trouve la partie obscure; 2° *ce'e''c'* est l'enveloppe conique contenant les rayons rouges; 3° en dehors de ce photocône est l'enveloppe gris sombre *cpc'p'*; 4° en dehors de cette enveloppe sont les rayons qui ont éprouvé une réfraction dans l'air sans atteindre la limite des rayons qui, en traversant l'atmoaérosphère, en ont éprouvé des réflexions correspondant aux arcs crépusculaires des pays qui se trouvent à la périphérie de la base du cône de l'ombre (fig. 26).

§ 359. **Mode de production de l'enveloppe gris sombre du cône triple.** Les rayons qui traversent l'atmoaérosphère s'éloignent de ceux qui en restent en dehors avec lesquels ils forment un petit angle $\gamma$, parce qu'ils éprouvent dans l'atmoaérosphère des réflexions vers l'axe CB. C'est ainsi qu'il se forme en *cp*, *cp'* un espace d'enveloppe conique de faible lumière grise à peine perceptible. C'est cette enveloppe en dehors de Ap, A'p' qui fait commencer l'éclipse 2 à 3 minutes avant le moment déterminé par le calcul dans lequel n'entre que le diamètre ZP' de la Terre BB' (fig. 26), qui est inférieur au diamètre de l'atmoaérosphère. La réfraction de l'atmosphère produirait une diminution de diamètre de l'ombre.

L'accroissement du diamètre de l'enveloppe sombre ou son épaisseur *e* varie de 1/60ᵉ à 1/28ᵉ de l'hémidiamètre de l'ombre; ce qui démontre l'inégalité des hauteurs de l'atmoaérosphère *rsh' n'*...

Dans les régions où la hauteur de cette atmoaérosphère est grande, les rayons éprouvent une réflexion dans une étendue proportionnelle, et c'est ainsi que l'épaisseur de l'enveloppe sombre croît en raison directe avec l'arc crépusculaire du pays, car ces deux faits différents sont produits par les réflexions de la lumière dans l'atmoaérosphère, après avoir éprouvé *une seule* réfraction dans l'aérosphère.

§ 360. **Mode de production du photocôme rouge.** C'est au moyen de l'arc de crépuscule de chaque pays qu'on connaît la hauteur de son atmoaérosphère. Cet arc est de 15° à 20° dans les pays dont les latitudes sont élevées; dans les pays de latitudes inférieures, l'arc crépusculaire varie de 3° à 12°; il est petit dans l'Afrique occidentale et dans l'Amérique occidentale. Il en résulte : 1° que la grande hauteur de l'atmoaérosphère produit une réflexion pour faire persister beaucoup le crépuscule jusqu'à un éloignement du Soleil de 20° au-dessous de l'horizon; 2° que les petites hauteurs de l'atmoaérosphère produisent de faibles réflexions des rayons déjà réfractés à leur entrée dans l'atmosphère AA' (fig. 27).

En sortant de l'atmosphère, 1° les rayons qui ont éprouvé une grande réflexion vont se croiser à une petite distance $v'r'$ sur l'axe CB du cône de l'ombre; 2° les rayons qui ont éprouvé une faible réflexion vont se croiser à une grande distance; ceux de couleur sombre se croisent en $v$, et ceux de couleur rouge se croisent en $r$ et se propagent pour sortir en R, R' du cône de l'ombre (1).

B. PRÉDICTION DE LA VISIBILITÉ ET DE LA NON-VISIBILITÉ DE LA LUNE ÉCLIPSÉE.

§ 361. En observant les périodicités des mouvements de la Lune et de la Terre, les astronomes sont arrivés à connaître : 1° les époques des éclipses de la Lune et du Soleil; 2° les époques de l'apparition de quelques comètes, et 3° l'existence des planètes invisibles.

L'existence d'une inégalité des deux hémisphères de la Terre et de toutes les autres planètes, est analogue à cette dernière découverte. Il n'a manqué jusqu'à présent que la

---

(1) 1° Dans la section précédente, j'ai montré que les comètes ne sont que des atmosphères séparées des planètes.

2° Ici je fais voir que dans l'air pur composant la couche extérieure de l'atmosphère les rayons éprouvent une réfraction et que dans le mélange d'air et de vapeur ces rayons éprouvent une série de flexions convergentes d'où résulte un photocône qui éclaircit l'espace et rend visible la Lune qui s'y trouve.

3° Dans la section suivante, on verra que les comètes sont des cylindres ayant l'espace axial vide placé dans la direction du rayon vecteur; cette forme devient ovalaire dans le périhélie. Autour de l'espace vide axial est la couche composée du mélange d'air et de vapeur; autour de cette couche est celle d'air pur.

1° Le mélange d'air et de vapeur est visible comme *nébulosité* par les rayons réfléchis; cette apparition de nébulosité correspond à ceux du crépuscule; c'est ce mélange d'air et de vapeur qui compose toutes les comètes.

2° Pour qu'il y ait un *noyau* dans la nébulosité, il faut que des rayons qui passent par l'espace vide axial arrivent à la Terre.

3° Pour qu'il y ait une queue derrière la nébulosité, il faut qu'il se trouve des météores dans l'espace éclairci par le photocône, lequel est produit par les réflexions convergentes des rayons passant par le mélange d'air et de vapeur ou par la nébulosité. Ce mélange de forme ovalaire fait apparaître des météores de même que l'atmoaérosphère fait apparaître la Lune éclipsée.

Tous les faits nombreux et de nature différente observés dans les comètes se coordonnent spontanément comme causes et effets d'après la loi physique, et cette coordination est tellement précise qu'elle ne permet aucune objection.

prédiction d'un état physique qui vint à l'appui, 1° de la découverte du mode de production ou de l'agrandissement du diamètre du cône de l'ombre terrestre, et 2° de la visibilité ou de la non-visibilité de la Lune éclipsée.

Au moyen du calcul, j'ai obtenu des résultats qui sont d'accord avec ceux obtenus par les observations des nutations, des précessions et de la marche des apsides de la Terre et de la Lune; c'est par la prédiction de l'état où se trouve la Lune éclipsée qu'on parviendra à se convaincre du mode de production de l'arc crépusculaire, arc qui n'a aucun rapport avec la hauteur réelle de l'atmosphère, comme je l'ai prouvé t. I, p. 705.

Soit T (fig. 26) le centre, 1° de la Terre ACA'C', 2° de l'atmoaérosphère *mn m'n'*, et 3° de l'atmosphère VZQP'. Dans les éclipses de la Lune, cette coupe indique la base du cône qui est composé : 1° d'un cône central ayant pour base la Terre AC A'C' dont le rayon est *r*; 2° d'une enveloppe de forme conique ayant pour base l'espace annulaire de l'atmoaérosphère *sg m'n'* dont le rayon est **r**, et 3° une seconde enveloppe ayant pour base l'espace annulaire entre la limite VQ de l'atmosphère et celle *sg m'n'* de l'atmoaérosphère; cette enveloppe a pour rayon R.

Ainsi le cône central a deux enveloppes, l'une *atmoaérosphérique*, dont le rayon est **r**, et l'autre aérosphérique, dont le rayon est R. ZP' étant les deux prolongements de l'axe terrestre AC A'C', BB' est son équateur, AC, A'C' sont parties de la zone torride. L'axe CB (fig. 27) du cône de l'ombre passe donc par le centre C de la Terre et par le centre L de la Lune éclipsée.

La périphérie de la base du cône de l'ombre passe toujours : 1° par les deux zones glaciales, 2° par les deux zones tempérées; 3° par deux régions intertropicales diamétralement opposées *mn*, *m'n'*.

Les observations nous apprennent que dans les latitudes inférieures la partie occidentale de l'Amérique du Sud et la partie occidentale de l'Afrique ont un arc crépusculaire court. J'ai démontré ci-dessus que ce sont les rayons passant par des pays dont l'arc crépusculaire est court qui dévient très-peu, et qu'ainsi ils se propagent jusqu'au delà de l'apogée de la Lune pour l'éclairer quand elle est éclipsée.

Comme nous savons, pour chaque prochaine éclipse, si quelque partie de la périphérie de la base de l'ombre passe par des pays dont l'axe crépusculaire est court, nous pouvons, dans ce cas, prédire la visibilité de la Lune pour l'éclipse prochaine.

On ne connaît pas encore exactement la longueur de l'arc crépusculaire de tous les pays; cet arc varie entre 3 et 20 degrés. Dans le même pays cette longueur varie avec les saisons et n'est pas la même le soir que le matin; toutefois ces variations elles-mêmes serviront à rendre plus évident le mode des variations des éclats et des teintes du rouge observées sur la Lune éclipsée.

Jusqu'à présent on n'avait pas pu donner l'explication physique des détails observés dans les éclipses de la Lune, on n'avait même jamais pensé à en chercher la cause dans les longueurs des arcs crépusculaires de certains pays des latitudes inférieures. En les attribuant aux nuages qui se rencontrent presque toujours dans quelques régions de la périphérie de la base de l'ombre conique, on allait jusqu'à dire qu'il est impossible de prédire la visibilité ou la nonvisibilité de la Lune éclipsée.

En appliquant la règle mentionnée aux éclipses passées, j'ai trouvé une coïncidence suffisante entre les pays de latitude inférieure où l'arc crépusculaire est long et l'invisibilité de la Lune eclipsée et entre les pays où l'arc crépusculaire est court et la visibilité de la Lune. Le fait remarqué par Maedler dans l'éclipse du 26 décembre 1833 trouve son explication dans la grande déviation $hAp$ et $h'A'p'$ qu'éprouvent les rayons passant de l'air pur de l'atmosphère dans l'air mêlé avec la vapeur de l'atmoaérosphère. Cette déviation correspond, pour chaque pays, à la hauteur de son atmoaérosphère, et par suite à la longueur de son arc crépusculaire.

Il résulte de cet excédant de déviation un espace gris obscur entre les rayons A*h*, A'*h* qui se propagent en dehors de l'atmoaérosphère et ceux A*p*, A'*p'* qui y pénètrent. Ce fait, que n'ont pu expliquer les astronomes, trouve ici spontanément l'unique explication qu'on en puisse donner. Maedler ne connaissant pas le mode de production de la couronne lumineuse autour de la Lune, crut y trouver l'explication de l'enveloppe obscure que l'on voit entre la lumière rouge répandue sur la Lune éclipsée et la lumière solaire. Si je rapporte l'opinion de cet observateur, c'est parce qu'elle n'est pas tout à fait en désaccord avec l'explication réelle que j'ai donnée ici. D'un autre côté, en exposant cette hypothèse, je trouve l'occasion de mieux faire ressortir l'erreur et de rendre plus sensible le mode de production physique des faits observés.

Maedler croit que les sélénites, s'il en existait, verraient autour de la Terre, pendant leurs éclipses solaires, une couronne semblable à celle que nous voyons autour de la Lune. Cet astronome montre ainsi qu'il admet pour la Lune un état physique analogue à celui de la Terre, tandis que les remparts et les rainures prouvent, avec l'absence d'une atmosphère, que la Lune est une masse de glace.

On attribue le cône de lumière rouge à la réfraction qu'a éprouvée la lumière en traversant l'atmosphère VZQP' (fig. 26); la lumière qui a d'autres couleurs n'est pas visible, car elle éprouve des réfractions supérieures A*v*, A'*v* (fig. 27). Ainsi la Lune passe par L dans la région au delà du croisement des rayons rouges.

La Lune venant de L'' rencontre en *o'* les rayons rouges croisés en *r*, ce qui y fait apparaître une partie peu claire. Maedler n'explique pas la cause physique, mais il admet une couronne lumineuse autour de la Terre, et il attribue à cette couronne le mélange des rayons colorés qui produit une teinte gris obscur qui empêche les taches de la Lune de paraître.

En opérant ainsi, cet astronome ne fait aucune mention de l'accroissement du rayon R de l'ombre qui est autour de l'enveloppe des rayons rouges dont le rayon est **r**. On considère cette enveloppe comme étant le résultat du mélange des rayons réfractés qui se trouvent dans le cône de l'ombre de la Terre. Il devint donc évident que cette ombre n'éprouve aucun accroissement à cause de l'enveloppe grise.

§ 362. **Mode d'accroissement de l'ombre dans les éclipses de Lune par l'enveloppe grise.** On trouve par le calcul, le diamètre OO′ (fig. 27) pour la partie du cône de l'ombre que doit traverser la Lune venant de L″; l'observation fait voir que l'éclipse commence à la distance R de l'axe CB du cône de l'ombre où se trouve la Lune quelques minutes avant d'arriver à O′, qui est la distance **r** de l'axe CB. Si l'éclipse totale dure deux heures, son commencement à la distance R avance de 2 à 4 minutes et à la même distance R de l'axe sa fin retarde d'autant.

Si l'on compare le rayon R de l'ombre observée et celui **r** de l'ombre calculé, on trouve que c'est l'excédant angulaire λ qui se produit aux rayons A*p*, A′*p*′ passant par l'atmoaérosphère dont l'épaisseur est *q*A, *q*′A′, et que ces rayons s'éloignent de ceux extérieurs A*h*, A′*h*. Ainsi il reste en A un espace *h*A*p* sans lumière, de même que l'espace *p*′A′*h*′ est aussi obscur en A′. Le diamètre *hh*′ = 2R de l'enveloppe conique est supérieur au diamètre 2**r** = *pp*′ du cône de lumière rouge, et il est aussi supérieur au diamètre OO′ trouvé par le calcul de l'ombre de la Terre à la distance de la Lune.

C'est donc l'atmoaérosphère limité en A et A′ qui cause une déviation A*p*, A′*p*′ pour produire : 1° un espace annulaire vide de lumière rouge et presque vide de lumière incolore dont le rayon est R ; 2° une largeur de cet espace vide de lumière qui varie de 1/28ᵉ à 1/60ᵉ du rayon R; 3° un accroissement de la durée de l'éclipse de 1/28ᵉ à 1/60 de la durée $\tau$ trouvée par le calcul.

Si l'on veut se convaincre de la réalité de tous les détails de ce que je viens d'exposer ici, on n'a qu'à prendre pour exemples les résultats suivants, trouvés par les observations. Le 10 juin 1816, la Lune disparut entièrement à Londres et à Dresde, parce que dans la Terre la base de l'ombre passait par l'Asie et l'Amérique et par des parties de la mer ayant un arc crépusculaire long. Ainsi l'accroissement des rayons s'opère en $r'r'$ et la Lune passe par L. Le 26 décembre 1833, la Lune passa par un cône $RrR'$ composé : 1° d'une partie centrale obscure L dont le rayon était $r$; 2° d'une enveloppe conique de lumière rouge dont le diamètre était $2\mathbf{r} = oo'$ ; 3° d'une enveloppe extérieure ayant une faible lumière grise et dont le diamètre était $R = ll'$.

L'obscurité centrale indique que la périphérie de la base du cône d'ombre passait par des pays dont l'arc crépusculaire n'est pas aussi petit que celui du Chili, de Cumana, du Sennaar, où cet arc varie entre 5 et 3 degrés. Les pays où l'arc crépusculaire est entre 6 et 10 degrés sont à des distances proportionnelles des pays susnommés, par lesquels est passée la périphérie de la base du cône de l'ombre.

Si j'insiste pour montrer l'évidence des faits différents provenant de l'atmoaérosphère, c'est parce que les comètes ne sont que des atmoaérosphères plus volumineuses que celle de la Terre; les météores et les planétoïdes sont des amas de vésicules de vapeur ayant leur enveloppe gelée : les taches solaires sont des amas de vésicules de vapeur ayant leur enveloppe liquide; les nébuleuses ne sont que des amas de météores.

### III. MODE DE PRODUCTION DES FAITS OBSERVÉS DANS LES ÉCLIPSES DU SOLEIL.

§ 363. D'ordinaire, les éclipses du Soleil sont partielles;

elles sont rarement totales et plus rarement encore annulaires. L'absence d'atmosphère et d'atmoaérosphère dans la Lune est prouvée par l'absence de lumière colorée dans son ombre. Le Soleil devient invisible au fur et à mesure que la Lune avance, sans qu'il apparaisse de couleurs; c'est parce qu'il avait oublié ce fait que Schroeter a cru avoir découvert l'existence d'une atmosphère dans la Lune.

Dans les éclipses de Lune, tous les détails ont leur cause, 1° dans l'atmosphère produisant la réfraction des rayons, et 2° dans les épaisseurs ou hauteurs inégales de l'atmoaérosphère produisant des déviations analogues par la réflexion des rayons colorés. Dans les éclipses de Soleil, 1° quelques faits observés ont leur cause dans la structure glaciale de la Lune, et 2° d'autres proviennent de la structure de l'enveloppe du Soleil, laquelle est aussi de glace et parsemée de remparts comme l'est la Lune.

Pour connaître le mode de production de ces faits, il est nécessaire de connaître la structure indiquée de la Lune et celle du Soleil, qui sont telles que je les ai exposées. Ainsi la production de faits observée se manifeste spontanément, et il est bien facile de distinguer de quelle manière se produisent les faits de la structure de la Lune et de quelle autre se produisent les faits de la structure du Soleil.

### A. Faits des éclipses de Soleil produit par la forme et la structure de la Lune.

§ 364. J'ai démontré que la forme de la Lune n'est pas sphérique, mais ovalaire; ST (fig. 25) étant le prolongement du diamètre de la Lune qui passe par le centre T de son disque et par le centre de la Terre ombragée, le diamètre apparent du disque est inférieur au diamètre réel PP'' de la Lune supposée de forme sphérique.

J'ai aussi fait voir que les remparts de l'hémisphère visible de la Lune ne manquent pas de son hémisphère invisible; ils sont composés de fragments de plaques de glace superposées comme le sont celles des débâcles observées dans le commencement de la formation des taches solaires.

Si donc la forme de la Lune est ovalaire, cet état produira des faits, et s'il y a des remparts de plaques de glace dans l'hémisphère postérieur de la Lune, les faits qui en résultent doivent leur correspondre. Ces faits se présentent sous forme d'une couronne lumineuse. Je ne ferai qu'indiquer que les faits observés se coordonnent pour correspondre à leur cause physique pour la station Vitoria do Maedler.

§ 365. **Mode de production de la couronne lumineuse autour de la Lune.** Pour apercevoir la succession des détails des changements opérés dans la couronne depuis le commencement jusqu'à la fin de l'éclipse, et pour obtenir les mêmes détails pendant chaque éclipse totale de Soleil, l'observateur devra se placer dans la trajectoire qui unit le centre de la Lune et le centre du Soleil. Les mêmes remparts invisibles de l'hémisphère postérieur de la Lune éclairés de la même manière ne peuvent jamais produire des rayons réfléchis différents. Pour apercevoir ces rayons dans le même ordre, il faut que l'observateur se trouve dans la même position pendant chaque éclipse. Cette condition n'a jamais été observée; toutefois, il est bien constaté que l'apparition d'une couronne lumineuse n'a jamais manqué; les seules différences consistent dans les prolongements des rayons réfléchis, et par conséquent incolores.

Dans l'éclipse de 1860, les observateurs ont vu la couronne avoir des prolongements vers l'est et vers l'ouest; ces prolongements étaient inférieurs vers le sud, et ceux vers le nord étaient plus inférieurs, puisqu'ils n'avaient que 10′. La couronne était blanche avec une légère teinte jaune; ses rayons allaient dans chaque direction. Deux rayons du sud formaient une espèce de parenthèse; un autre s'étendait au delà des limites des autres, et il était brusquement intercepté dans la station dite.

Autour du bord dentelé, dans l'intérieur de la couronne, on voyait plusieurs pointes de couleur rose mêlée d'un peu de violet. Ce bord avait un point lumineux isolé tel que ceux que l'on voit dans le croissant au delà de la limite éclairée. Vers le nord, on voyait une partie lumineuse d'une hauteur de 3′. La couleur rouge fait voir que la lumière incolore a éprouvé une ou plusieurs réfractions avant de sortir des corps qui lui ont livré passage.

Pendant la marche vers l'est de la Lune, la largeur ou la hauteur des corps rouges diminuait de ce côté, et celle du côté occidental augmentait. Dans l'éclipse de 1715, Louvil vit autour du limbe de la Lune, pendant qu'il se projetait encore sur le Soleil, une partie circulaire d'un rouge très-vif. Sans être astronomes, beaucoup de gens ont vu fréquemment la même chose sans le secours du télescope.

En joignant les détails de la couronne de l'éclipse de 1842, Arago y a trouvé des différences pour chaque pays, de même qu'il y a des différences pour chaque éclipse; toutefois, ces différences se manifestent seulement, 1° dans les rayons incolores allongés qui n'ont pas manqué dans l'éclipse de 1850 observée par Kutczycki aux îles Sandwich, et 2° dans les protubérances rouges. Dans aucune éclipse totale la couronne ne manque autour du disque entier de la Lune.

Je dis que la Lune est un globe de glace parsemé de remparts; ce globe réfléchit la lumière incidente et produit une zone circulaire contiguë au bord de la Lune et une seconde moins vive contiguë à la première. Cette couronne constante est la lumière réfléchie dans les parties unies de l'hémisphère éclairé; les inégalités de longueur des rayons sont occasionnées par les aspérités de la surface réfléchissante éclairée du Soleil.

Tous les autres détails diffèrent d'après les distances où les observateurs se trouvent de la trajectoire centrale. Pour qu'il ne s'effectuât aucun changement dans la succession des détails pendant la durée d'une éclipse, il fallait qu'il ne s'opérât aucun déplacement de la Lune. Pour que les résultats des observateurs placés dans différents pays ne fussent pas en désaccord, il fallait que l'hémisphère postérieur de la Lune fût uni comme le représentent les expérimentateurs en opérant avec un miroir convexe, ces expérimentateurs oublièrent que les aspérités observées dans l'hémisphère visible de la Lune se trouvent aussi dans son autre hémisphère.

Pour produire une couronne artificielle semblable à quelqu'une de celles qui ont été vues dans la même éclipse par des observateurs placés dans différents pays, il faut construire un très-grand miroir et le parsemer de remparts construits avec des fragments de carreaux, en leur donnant des positions propres à réfléchir les rayons solaires à la distance de 10′, d'autres à des distances de 2 ou 3 degrés au delà de la couronne pour leur donner quelque ressemblance avec les *gloires* dont les peintres entourent la *tête des saints*.

§ 366. **Faits optiques de la forme ovalaire de la Lune.** Lorsque le Soleil passe derrière la Lune pendant les éclipses totales ou annulaires, il paraît y persister moins longtemps que lorsque ce sont les étoiles qui y passent.

Ainsi, en 1748, à l'aide des images des deux étoiles projetées sur un carton, Euler observa à Berlin une éclipse annulaire; il remarqua qu'au moment où le bord obscur s'approchait du bord du Soleil, celui-ci parut en quelque sorte repoussé, car ses rayons ne disparurent pas au moment déterminé par le calcul basé sur la forme sphérique. Airy arriva à un résultat semblable dans l'observation de l'éclipse totale de 1860; il s'abstint cependant d'attribuer ce résultat à une réfraction des rayons opérée dans une atmosphère de la Lune, comme l'avait fait Euler, qui expliqua le même résultat par l'existence d'une atmosphère produisant une réfraction de 20 à 25 secondes.

Si Airy ne donna pas une telle explication, c'est qu'il savait que lorsqu'une étoile est derrière la Lune, 1° elle est invisible après son coucher réel, et 2° elle apparaît dès qu'elle est en dehors du disque; faits inconnus au temps d'Euler. Ces dernières observations peuvent être fréquemment répétées et conduisent à une absence d'atmosphère. Arago supposa que le résultat d'Euler était le fruit de l'inexactitude de son observation; cependant, s'il vivait encore, il eût changé assurément d'avis en voyant, en 1860, le même résultat obtenu au moyen de la photographie et devenu ainsi incontestable.

J'ai trouvé que la production des faits inconciliables s'opère directement par la forme ovalaire de la Lune. C'est à cause de la faible distance *d* du Soleil qu'il peut rester visible quelques secondes pour décrire l'arc de 25″ avant d'être couvert par l'hémisphère rétréci et soulevé de forme ovalaire. Il ne se produit pas un pareil effet aux étoiles, à cause de leur très-grande distance. Si la forme de la Lune était sphérique comme AVHN (fig. 28), le fait mentionné ne se produirait pas.

Fig. 28.

B. FAITS PRODUITS DANS LES ÉCLIPSES DU SOLEIL PAR LA STRUCTURE DE SON ENVELOPPE.

§ 367. La structure de l'enveloppe solide du Soleil est, comme celle de la Lune, composée de remparts dont les dimensions sont des centaines de fois plus grandes. De semblables remparts se montrent fréquemment au Soleil avec apparition de taches et de facules: ils sont à peine perceptibles quand nous recevons les rayons denses provenant directement des parties ambiantes.

Dans les éclipses totales de Soleil, la Lune fait écran aux rayons directs, et dans le cas où il y a quelques remparts dans l'hémisphère postérieur, la lumière pénètre les plaques de glace, et étant réfractée elle apparaît en dehors du bord de la Lune. On y aperçoit cette lumière réfractée, et par conséquent rouge différente de la lumière réfléchie et incolore comme l'est celle de la couronne.

La couleur rouge de la lumière prouve qu'elle arrive des parties solides qui se trouvent derrière la Lune et de sa couronne; car la Lune, en avançant, amène sa couronne et fait disparaître les remparts du bord oriental du Soleil en mettant à découvert les pieds des remparts du bord occidental. Secchi trouva le rouge dans le spectre du bord du Soleil.

Les facules de la zone royale se présentent comme des rides dans les deux calottes. Ainsi les aspérités qui sont des remparts sont dans toutes les régions de l'enveloppe glaciale du Soleil; la seule différence consiste en ce que les taches ne se produisent que dans la zone royale, et que la hauteur des nouveaux remparts surpasse celle des précédents. Tel est le rapport entre les protubérances et les taches : on observe habituellement celles-ci après l'éclipse, à l'endroit occupé par des protubérances exceptionnelles.

A chaque éclipse solaire, si l'observateur choisit la position parcourue par la ligne qui unit les centres de la Lune et de la Terre, il peut être certain que les détails de la couronne ne différeront pas, tandis que des millions de remparts de la surface de l'enveloppe se trouveront tout autres au bord du disque solaire, quoique conservant toujours la couleur rouge et que leur *forme* constante indique que ces protubérances sont des corps solides. Si le Soleil ne tournait pas autour de son axe, à chacune de ses éclipses il paraîtrait des protubérances rouges dans le même ordre et à la même hauteur. Leur couleur rouge provenant des rayons réfractés passant par les plaques de glace prouve que les protubérances ne sont pas des remparts de l'hémisphère tourné vers la Terre, mais qu'ils sont de l'autre hémisphère; c'est pourquoi ils apparaissent à une hauteur comparable à 1/10ᵉ du diamètre solaire, tandis que les facules n'ont qu'une faible hauteur. Les faits suivants, tirés d'observations, me serviront d'exemples et viendront corroborer ce que j'ai avancé.

**Éclipse de** 1860. Les observateurs ont vu à l'œil nu, une demi-minute avant l'éclipse totale, les rayons réfléchis de l'hémisphère éclairé de la Lune se propager vers l'est et l'ouest, tandis qu'au nord et au sud les rayons se multipliaient; ces rayons formèrent ensuite la couronne.

Immédiatement après, dans quelques parties du bord de la Lune, du côté intérieur de la largeur de la couronne, apparurent plusieurs graines rouges mêlées d'un peu de violet; ces rayons arrivèrent après avoir éprouvé des réfractions en pénétrant les plaques glaciales des remparts de l'hémisphère postérieur du Soleil. Cette lumière rouge est produite de la même manière que celle qui éclaircit la Lune éclipsée après avoir éprouvé une réfraction double dans l'atmosphère On a comparé ces corps aux montagnes de toute forme; il y avait aussi un point *a* (fig. 29) isolé et séparé de l'extrémité de la protubérance de la forme *bcd*; ces points sont comparables à ceux que l'on voit dans la partie non éclairée de la Lune. Arago et tous les partisans de l'hypothèse de Vilson ont cru avoir trouvé dans ce point isolé une preuve directe de l'existence de nuages et d'atmosphère dans le Soleil. La hauteur d'une protubérance au nord était de 3′ ou 1/10ᵉ du diamètre du Soleil.

Fig. 29.

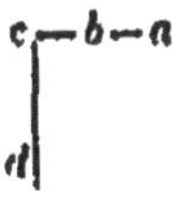

c—b—a

d

J'ai prouvé : 1° que la lumière incolore de l'hémisphère éclairé compose la couronne de la Lune, et 2° que les protubérances sont des parties solides du Soleil; car en avançant, la Lune amenait sa couronne, et du côté oriental elle couvrait les protubérances du Soleil en découvrant celles du côté occidental. Ces protubérances solaires ont été aperçues à l'œil nu plusieurs minutes avant et après l'éclipse totale, quand la couronne n'y était pas.

D'une part la discontinuité des graines rouges autour du Soleil, de l'autre l'inégalité de largeur de la couronne, prouvent d'une manière indubitable que les inégalités de la largeur de la couronne résultent, 1° les premières des remparts de l'hémisphère postérieur du Soleil, et 2° les autres des remparts de l'hémisphère de la Lune, sans qu'il y existe aucune trace d'atmosphère produisant les couleurs du spectre solaire.

### III. POSITION DU PLAN DE POLARISATION DE LA LUMIÈRE DE LA COURONNE ET DÉPLACEMENT DES POINTS NEUTRES.

§ 368. Dans l'éclipse de 1858, Liais a trouvé la lumière de la couronne polarisée, comme cela était déjà connu; mais ce même observateur, 1° a déterminé la position normale du plan de polarisation sur le limbe de la Lune, et 2° il a remarqué un *point neutre* dans la région du Soleil. Quant à la position du plan de polarisation, elle a été vérifiée dans les observations des éclipses postérieures, sans qu'on y ait trouvé le moindre indice d'un point neutre.

**Signification de la position du plan de polarisation.** La lumière du Soleil est à l'état naturel, contenant une petite quantité de lumière polarisée dans l'atmosphère; le plan de cette polarisation est situé dans le plan qui passe par le Soleil, l'observateur et son zénith. La lumière de la couronne de la Lune a son plan de polarisation normale au limbe de la Lune, ce qui fait voir que cette lumière ne vient pas d'une photosphère, mais qu'elle a éprouvé une réflexion à la surface éclairée de la Lune qui est normale au plan de polarisation. Cette surface étant parsemée de remparts, réfléchit la lumière en directions qui ne sont pas toutes verticales au limbe; cela n'empêche pas que le plan de polarisation se présente dans la direction prédominante des rayons.

La lumière rouge des protubérances n'a pas été examinée séparément; cette lumière a acquis la couleur observée par une ou plusieurs réfractions dans les plaques de glace composant les remparts de l'hémisphère postérieur. Le plan de polarisation de cette lumière est tangent au limbe invisible du Soleil ; ainsi il apparaît tangent au limbe de la Lune. Pour connaître la nature de la lumière polarisée, il faut en lire l'explication dans la *Physique* (t. II, p. 197).

§ 369. **Points neutres et leurs déplacements à observer dans les éclipses postérieures.** Dans la *Physique* (t. II, p. 232), j'ai fait voir qu'en tirant un plan par le Soleil, par l'observateur et par son zénith, si l'on considère comme points neutres les deux extrémités du diamètre solaire dont la longueur angulaire est 32′, les autres points neutres se trouvent aux distances exposées dans la progression

÷÷ 32′ : 1° 4′ : 2° 8′ : 4° 16′ : 8° 32′ : 17° 4′ : 34° 8′.

C'est ainsi que je suis parvenu à découvrir la réflexion de la lumière dans l'atmoaérosphère, aux distances 1° 4′, 2° 8′, 4° 16′ des deux prolongements du diamètre du Soleil où se rencontrent les rayons réfléchis dont nous recevons la lumière non polarisée.

Lorsque, au commencement d'une éclipse, le diamètre solaire diminue pour descendre à 16′, 8′, 4′, 2′, les intervalles entre les points neutres diminuent dans la même proportion et leur nombre se multipliant, leur découverte devient plus facile. Ainsi, Liais a rencontré un point neutre tout près du Soleil, se trouvant à l'état d'éclipse partielle. J'invite ceux qui voudront observer la prochaine éclipse partielle à avoir égard au déplacement des points neutres.

---

# CHAPITRE IV.

## DOUBLE INFLUENCE DE LA LUNE SUR LA TERRE PAR SA LUMIÈRE ET PAR SA PESANTEUR.

§ 370. La lumière du Soleil arrive mêlée avec la chaleur ; ce mélange est ce qu'on entend par les mots *électricité neutre*, laquelle électricité résulte d'une égale quantité d'atomes $q\overset{+}{E}{}^2\overset{-}{E}$ de lumière et l'atomes $q\overset{+}{E}\overset{-}{E}$ de chaleur ; ainsi l'on a :

$$q\overset{+}{E}{}^2\overset{-}{E}+q\overset{+}{E}\overset{-}{E}=3q\overset{+}{E}\overset{-}{E}.$$

Dans la masse empyrée du Soleil, c'est à l'état d'électricité neutre que se trouvent les éléments électriques avec les éléments matériels ; les atomes de la lumière $\overset{+}{E}{}'\overset{-}{E}$ et les atomes de la chaleur $\overset{+}{E}\overset{-}{E}{}^2$ se forment dans les ondes de l'électricité neutre $3q\overset{+}{E}\overset{-}{E}$ provenant de la masse empyrée.

§ 371. **Différence de la lumière solaire et de la lumière lunaire.** Il arrive à la Lune la même lumière solaire que celle qui arrive à la Terre ; la surface glaciale de la Lune exerce une minime résistance sur les atomes de chaleur $\overset{+}{E}\overset{-}{E}{}^2$ qui pénètrent en se séparant des atomes de lumière $\overset{+}{E}{}'\overset{-}{E}$ ; ceux-ci restant accumulés sur la surface glaciale exercent une poussée répulsive entre eux, et par leur expansion ils se propagent dans toutes les directions divergentes comme s'ils provenaient de la Lune elle-même.

La Terre reçoit du Soleil des rayons de chaleur lumineuse ou de lumière chaude dont le mélange forme l'électricité neutre $3q\overset{+}{E}\overset{-}{E}$. La Terre reçoit de la Lune une lumière sans chaleur; il résulte des atomes de cette lumière $q\overset{+}{E}{}^{2}\overline{E}$ la quantité $q\overset{+}{E}\overline{E}$ d'électricité neutre et il reste l'excédant $q\overset{+}{E}$ d'électricité positive, excédant qui n'existe pas dans la lumière solaire. La différence de la lumière de la Lune consiste donc dans cet excédant $q\overset{+}{E}$ d'électricité positive; le minimum d'électricité positive est amené à la Terre par la nouvelle Lune et le maximum lui est amené par la pleine Lune.

Les effets produits par un tel excédant d'électricité positive doivent se correspondre, 1° par rapport aux phases, et 2° par rapport à l'état atmosphérique de chaque saison. La lumière de la Lune n'arrive à la Terre que par une atmosphère claire; les nuages la font notablement diminuer. C'est ainsi que quand le ciel est couvert, l'electricité positive $q\overset{+}{E}$ de la pleine Lune diminue.

§ 372. **Différence du niveau de la mer et du niveau de l'atmosphère produite par la Lune.** On pouvait, au moyen de l'attraction, expliquer les marées de la nouvelle Lune de l'hémisphère de la Terre exposé à la Lune, mais les marées de l'hémisphère opposé restaient inexplicables. J'ai donné tous les détails des marées, et des établissements des ports dans la *Physique* (t. IV, p. 12).

Avant que l'on connût le mode de production de la gravitation par la poussée exercée par le barogène B amené par les ondes $o$, O de la part des deux électrosphères, les astronomes se bornaient aux résultats du calcul basé sur le mouvement de la Lune, résultats conformes à ceux des observations.

Je montre ici la cause de la gravitation, et cela conduit spontanément au mode de production des marées de la mer et de l'atmosphère. Du côté de l'espace, la masse $\mu$ de la Lune éprouve la poussée P de la part barogène B : de même la Terre ou la masse $m$ éprouve la même poussée P exercée du côté de l'espace par le barogène B.

Du côté opposé de chaque diamètre de la Lune, émerge la quantité B—β de barogène dont une partie, en se propageant, arrive à la Terre pour exercer une poussée P—*p* inférieure à celle P exercée à un haut degré par le barogène B sur la masse solide 6 fois plus dense que l'eau, et 4800 fois plus dense que l'air.

1° Du côté de la Lune, le niveau de l'atmosphère et celui de la mer s'élèvent à cause de la poussée P-*p* inférieure exercée par le barogène B—β.

2° Du côté diamétralement opposé, le niveau de l'atmosphère et celui de la mer s'élève également à cause de l'avancement du fond de la mer et des continents vers la Lune, car de sa part la résistance a diminué, et c'est la masse solide qui s'avance vers la Lune, tandis que l'air et l'eau, en restant en arrière, arrivent à un niveau aussi élevé que celui qui est du côté de la Lune.

## I. DES FAITS PRODUITS PAR L'ÉLECTRICITÉ POSITIVE DE LA LUMIÈRE LUNAIRE.

§ 373. Quand on ignorait que *i* est une électricité positive que la lumière de la Lune amène à la Terre, il était impossible de déterminer la série de faits qu'une telle électricité peut produire.

### A. DE L'INFLUENCE DE LA LUNE SUR LES GENS LUNATIQUES.

Une opinion qui remonte à une très-haute antiquité, c'est que les phases de la Lune exercent une grande influence sur l'état physiologique de certains individus que, pour cette raison, on appelle *lunatiques* (σεληνιακὸς σεληνόβλητος). L'action exercée par l'électricité positive sur ces individus est nommée σεληνιασμός; l'état d'être soumis aux accès produits par cette électricité est exprimé par le verbe σεληνιάζεσθαι.

Les grands astronomes sont ordinairement de bons calculateurs, mais jamais ils n'ont suivi la pratique d'un médecin; ils nient l'existence des faits très-bien connus du public, par l'unique raison que ces faits leur paraissent inexplicables. Arago a fait tous ses efforts pour démontrer que la Lune n'exerçait aucune influence sur les individus, mais c'est parce que, de son temps, on ignorait que la lumière lunaire amène l'électricité positive à la Terre. Le même astronome contesta aussi l'existence de l'état des individus sensitifs, moyen très-facile d'éluder une explication qui n'eût pu conduire à aucun résultat plausible.

Dans le sixième livre de la *Physique* (t. IV, p. 627), j'ai exposé les détails du mode de production de toutes les fonctions animales au moyen des courants électriques; j'ai aussi fait voir que la végétation des plantes est soutenue par des courants thermo-électriques (t. I, p. 642, et t. III, p. 217). Sachant donc qu'il existe des gens lunatiques, je n'ai qu'à donner comme exemple le mode de la liaison entre les courants électriques soutenant la vie et l'introduction d'un excès d'électricité positive dans ces courants.

Au moyen du froid, on provoque dans les corps un courant instantané dirigé de la partie refroidie vers la partie qui est restée dans son état primitif : tel est le fait que produit une douche d'eau froide au moment où elle commence. On ressent également un spasme involontaire en entrant dans un bain froid : le sang des veines est refoulé vers les poumons, tandis que le sang des artères s'en éloigne difficilement; l'individu éprouve une oppression dans la poitrine, sa respiration devient accélérée. Il se produit un état analogue quand on respire de la vapeur d'éther, de chloroforme et d'autres substances électro-négatives, dont les éléments négatifs $\bar{E}$ se combinent avec les éléments positifs $\hat{E}$ de l'oxygène de l'air et font diminuer le courant électrique centrifuge qui chasse le sang des artères vers leur extrémité.

Chez deux individus sensitifs, les battements du cœur se mettent à l'unisson du son, et dès que les courants électriques de l'un se mettent à l'unisson avec ceux de l'autre, il passe à l'état d'extase; cet état s'affaiblit ensuite, et l'individu revient à son état normal.

La fascination (βασκανία), bien connue dans tous les temps parmi le public, n'est qu'une dérivation des courants électriques soutenant la circulation de l'individu fasciné. Pour faire tomber en extase un individu lunatique (nommé Zonco), j'employai un autre sensitif, mais non lunatique. En cet état, Zonco devenait capable de se mettre à l'unisson avec les courants émanés des individus dont je voulais connaître les détails. Il ne me fallait pour cela que conduire Zonco. Je lui disais : Sortons de l'hôtel, prenons la rue à gauche ou à droite, entrons dans telle maison, montons un ou deux étages, ouvrons la porte du salon. Alors Zonco qui indiquait les individus qu'il voyait bien ; il n'a jamais manqué de prédire aux femmes enceintes si elles auront une fille ou un garçon.

Revenons maintenant aux lunatiques; leurs accès ne sont qu'un état d'extase accompagné de spasmes, le sang s'accumule dans les poumons, leur respiration est accélérée, l'écume sort de leur bouche; ils frappent avec les bras et les jambes, sont en pleine anesthésie; il n'y a aucune trace d'unisson avec d'autres individus. La durée des accès diffère à chaque individu, leurs intervalles diffèrent aussi, et ne correspondent pas toujours aux phases. J'ai déjà montré que la quantité d'électricité positive ne suit pas exactement les phases de la Lune à cause des jours nuageux qui n'ont aucune régularité.

### B. Influence de la Lune sur la végétation.

§ 374. Arago raconte l'anecdote suivante : « Je suis « charmé de vous voir, » dit un jour Louis XVIII aux membres du Bureau des longitudes qui lui présentaient la *Connaissance des temps* et l'*Annuaire*, « car vous m'expliquerez « ce que c'est que la *Lune rousse* et son mode d'action sur « les récoltes. »

Laplace, à qui le roi s'adressait, avait beaucoup écrit sur les mouvements de la Lune; comme la question ne portait que sur l'état physique de celle-ci, il répondit : « Sire, la « *Lune rousse* n'occupe aucune place dans les théories astronomiques; nous ne sommes donc pas en mesure de satisfaire la curiosité de Votre Majesté. »

§ 375. **Lune rousse.** Les jardiniers des environs de Paris donnent ce nom à la Lune qui commence en avril et qui arrive à être dans son plein soit à la fin de ce mois, soit le plus ordinairement dans le courant de mai. Suivant ces jardiniers, la lumière de la Lune, dans les mois d'avril et de mai, exerce une action fâcheuse sur les jeunes pousses des plantes.

Pour satisfaire la curiosité du roi, Laplace aurait pu lui dire que quand il ne pleuvait pas au printemps, la récolte était médiocre. L'absence de pluie amenant des jours sereins pendant lesquels la Lune brille, les jardiniers, au lieu d'attribuer la faiblesse de la végétation à cette absence de pluie, l'attribuent à l'abondance de la lumière lunaire.

L'opinion des jardiniers diffère donc entièrement à cet égard de celle des astronomes; s'ils n'attribuent pas la faiblesse de la végétation au manque d'eau, ils ne connaissent pas moins le fait quoiqu'ils n'en puissent donner l'explication. Quant à moi, j'ai prouvé que ce sont les courants ascendants verticaux qui soutiennent la végétation, car l'électricité positive du sol froid amène l'eau du sol aux racines et la fait remonter aux extrémités des feuilles entourées d'air chaud, d'où partent les courants qui amènent l'électricité négative aux racines.

Dans le cas où une électricité positive se trouverait répandue sur les feuilles des plantes précisément à l'époque où les courants ascendants sont à leur maximum d'intensité, ces courants s'affaiblissent donc de la résistance exercée par l'électricité extérieure, et c'est ainsi que la végétation souffre.

### II. INFLUENCE QUE LA LUNE EXERCE PAR SA MASSE SUR LA MER ET SUR L'ATMOSPHÈRE.

§ 376. La pesanteur est un état d'équilibre rompu. On trouve en cet état : 1° les corps terrestres qui ne reposent pas sur le sol, et 2° les corps célestes qui ne peuvent se précipiter sur leur corps central, et restent ainsi continuellement à circuler autour de ces corps. Par sa masse $\mu$, la Lune fait écran à la Terre, car elle en fait arriver une poussée de barogène $B - \beta$, inférieure à celle qui est exercée par le barogène B, affluant de tous les autres côtés.

#### A. ORIGINE DES MARÉES AQUATIQUES ET DES MARÉES AÉRIENNES.

§ 377. Si la Terre était une masse solide, elle avancerait vers la Lune pour s'en trouver à la distance $\Delta - d$, et décrirait pendant chaque lunaison une périphérie de rayons $d$. Il existe un tel déplacement de la masse solide de la Terre vers la Lune. Dans la ligne TL (fig. 30), qui unit le centre de la terre T avec le centre de la Lune L, 1° le centre T se déplace pour aller à $t$ de la distance $Tt = d$; 2° le niveau $m$ de la mer se déplace pour aller à $m'$ de la distance $mm' = 2d$; 3° le niveau $m''$ reste en place et se trouve, non plus à la distance $m''T$ du centre, mais à la distance supérieure $m''t$.

Fig. 30.

$m''$ T. $t$ $m m'$ ——————————— .L

Il n'y aurait de marées directes que dans la direction de TL, s'il n'y avait pas de continents ; dans ce cas, la forme de la Terre serait une ellipse de révolution ayant pour grand diamètre la ligne $m''m'$ dirigée vers la Lune. C'est donc des contours des continents que résultent les différents établissements des ports. Dans ces déplacements des masses d'eau, il ne s'opère ni production ni perte de mouvement, ainsi que Laplace l'a prouvé; il y a cependant un retard dans la rotation de la Terre, mais il est produit par une autre cause et n'est pas dû aux marais.

**Maréesaériennes ouatmosphériques.** Pour observer ces marées, nous employons le baromètre. D'après la théorie, la plus grande hauteur de l'atmosphère serait aux époques de la pleine Lune et de la nouvelle Lune; cette hauteur n'est pas indiquée par le baromètre, mais c'est le contraire que l'on trouve; car le baromètre indique une pression supérieure aux époques des quadratures. Cependant les amplitudes de ces variations ne s'élèvent qu'à 1 millimètre, tandis que dans les établissements des ports les amplitudes des marées de la mer s'élèvent à plusieurs mètres.

§ 378. **Deux causes de l'abaissement du baromètre.** On trouve sur la mer, pendant les jours sereins, une hauteur barométrique moyenne de 770 millimètres; sur les sommets des montagnes, on en trouve une hauteur qui est en raison inverse de la hauteur de la montagne et en raison directe de la hauteur de la couche d'air. La hauteur 730 millimètres indique : 1° sur les montagnes une épaisseur H de la couche d'air, et 2° sur les mers ou sur les plaines l'approche d'un orage : et en effet, il ne manque jamais d'en éclater un dans le pays où se trouve l'observateur ou dans les environs.

Les orages commencent dès qu'apparaissent des nuages épais, les vents sont déchaînés, et après des éclairs, des coups de tonnerre et une averse, le ciel s'éclaircit, le baromètre remonte, il s'établit un équilibre dans l'atmosphère. L'abaissement du baromètre à 730 millimètres n'indique dans ces deux cas qu'une diminution de pression, sans en indiquer en même temps la cause. Sur les montagnes, nous connaissons bien la cause de la hauteur normale 730 millimètres ; sur les plaines, nous la trouvons par l'observation.

C'est un courant ascendant d'air qui précède toujours l'éclat des orages. D'après la loi aérostatique, il ne peut en résulter qu'une diminution de pression, et c'est cette diminution qui produit un abaissement du baromètre d'autant plus grand que le courant ascendant est plus violent. C'est même ce courant qui empêche l'eau de se précipiter, et cette eau s'accroît avec la masse des nuages qui se multiplient avec une grande rapidité.

Lorsque enfin ce courant d'air ascendant n'est plus suffisant pour tenir en suspension les masses d'eau et de vapeur, l'averse commence ; il tombe d'abord les grosses gouttes déjà formées, et puis celles qui se forment des enveloppes déchirées des vésicules de vapeur. Ces vésicules disparaissent en se détruisant pendant l'averse ; le courant ascendant disparaît aussi, le baromètre s'élève, l'équilibre s'établit et le calme reparaît dans l'atmosphère.

§ 379. **Origine du courant d'air ascendant.** Il n'y a que deux moyens de produire une rupture d'équilibre dans l'atmosphère : la pression ou l'aspiration. L'air du courant ascendant n'éprouve aucune pression de la part de la Terre ; c'est donc par une aspiration qu'il est sollicité à s'écouler vers les espaces où il y a manque de résistance dû à l'*exhydatose* de l'air dont un atome d'oxygène $\overline{O}\overset{+}{E}$ se combine avec un atome double d'azote $Az^2\overline{E}^2 = H^2O^3H\overline{E}^2$ pour se transformer exactement en 4 atomes d'eau. Ces atomes passent d'abord à l'état vésiculaire, parce que l'électricité positive $\overset{+}{E}$ de l'oxygène reste enveloppée dans la couche d'eau, et l'électricité négative $\overline{E}^2$ reste contenue à l'état latent sur la surface de l'enveloppe.

L'espace *e* de l'atmosphère étant occupé par l'air, il y a un équilibre ; cet équilibre se détruit par l'exhydatose de l'air, parce que les vésicules de vapeur qui en résultent n'exercent qu'une faible résistance contre l'air ambiant. L'espace *e*, devenu ainsi raréfié, sollicite par aspiration l'affluence de l'air de tous les côtés; nous ne sentons que l'air qui remonte; nous savons bien que le courant ascendant est la cause de l'abaissement du baromètre. Je fais voir ici que c'est l'exhydatose de l'air qui produit ce courant par aspiration.

§ 380. **Origine de l'exhydatose de l'air.** Tous les changements opérés dans l'atmosphère ont pour cause le contact des masses d'air chaud et des masses d'air froid. Cela posé, il doit s'établir un courant thermométrique; l'électricité positive allant de l'air froid entraîne les atomes d'oxygène $\bar{O}\ddot{E}$; l'électricité négative allant de l'air chaud entraîne les atomes doubles d'azote $Az^2\bar{E}^2 = H^3O^3H\bar{E}^3$. Les éléments de l'eau se combinent et les éléments électriques restent à l'état latent; une moitié de l'espace *e* disparaît de l'air et cette moitié reste occupée par la vapeur, laquelle n'exerce qu'une très-faible résistance sur l'air ambiant.

### B. INFLUENCE PHYSIQUE DE LA LUNE SUR LE CHANGEMENT DE L'ÉTAT ATMOSPHÉRIQUE.

§ 381. Tout changement d'état dans l'atmosphère n'est que l'effet du contact d'une masse d'air chaud et d'une masse d'air froid. Les météorologistes n'ont pu donner les détails du mode de production de pareils contacts d'air lorsque le calme domine dans l'atmosphère. Quant aux astronomes, cela ne présente aucune difficulté, car la colonne d'air qui a pour base le continent reste immobile aux côtes, et il y a oscillation de la colonne qui a pour base l'Océan.

En admettant à la marée basse un équilibre thermostatique entre les deux colonnes d'air dans les côtes, il y aura rupture de cet équilibre à la marée haute quand la colonne chaude sera en contact avec des couches d'air moins chaudes. Ces inégalités de température sont d'autant plus grandes que les amplitudes des marées sont supérieures, comme cela a lieu pendant la néoménie et la pleine Lune, à chaque lunaison et tous les ans pendant les équinoxes.

Il reste à indiquer :

I. La série des faits qui sont produits par l'exhydatose de l'air;

II. Le mode de production des contacts d'air chaud et d'air froid, 1° dans l'intérieur des continents, et 2° dans les océans éloignés des côtes.

Il y a des pays où il pleut fréquemment et d'autres où il ne pleut jamais; il y a aussi des régions maritimes où les calmes et les tempêtes se succèdent sans cesse et d'autres où il n'y a ni calmes ni tempêtes.

§ 382. **Absence de pluies dans les alizées des continents et des océans.** Je donne ici le nom d'*alizées* à tous les vents invariables; l'observation nous fait voir qu'il n'y a pas de pluies dans les régions pareilles des continents et des mers. Les météorologistes expliquent ces faits par l'absence de contact d'air chaud et d'air froid dans les cas où l'air s'écoule comme l'eau des fleuves, sans changer de direction.

§ 383. **Régions des calmes ou des pluies fréquentes et des tempêtes.** Dans la zone torride, c'est la présence du Soleil qui favorise la formation des pluies; dans les zones tempérées, ce sont les montagnes qui favorisent également les pluies. Dans les océans, ce sont les régions des calmes qui favorisent les pluies d'orage et les tempêtes de courte durée.

I. La présence du Soleil ne produit qu'une élévation de température du sol, température qui est supérieure sur des versants exposés au Soleil; les versants ombragés restent couverts d'une couche d'air à la température de la nuit. Dans les limites entre les deux couches, l'air chaud et l'air froid se trouvent en contact et s'exhydatosent pour produire de la vapeur, des courants d'air et des pluies; le

Soleil produit les mêmes exhydatoses d'air sur les couches d'air autour des versants des montagnes des zones tempérées.

II. Il pleut fréquemment : 1° dans les plaines qui entourent les montagnes, et 2° dans les régions des calmes de mer. Le contact de l'air chaud et de l'air froid qui produit les pluies dans les régions des calmes est dû aux déplacements de l'air froid des couches supérieures qui s'abaisse vers les espaces raréfiés en même temps que l'air du courant ascendant s'y élève. Il y a donc une rencontre entre les masses d'air chaud et d'air froid, qui s'exhydatose aussi bien dans les régions voisines des montagnes à des distances différentes que dans les régions des calmes.

§ 384. **Distribution des régions des calmes et des tempêtes des mers.** Les calmes règnent dans les régions où l'air est réduit en équilibre étant sollicité également vers chaque direction; le baromètre s'y trouve à une plus grande élévation. Avant l'invention des bateaux à vapeur, les navires à voiles restaient plusieurs semaines captifs dans les régions des calmes sans que personne sût ce qui se passait en dehors de ces régions. Maintenant tous les capitaines de bateaux à vapeur qui ont quelque instruction savent que c'est dans les régions des calmes que les vents divergeants ont leur source. De tous les temps, les capitaines grecs qui voyageaient dans la Méditerranée ont connu ce fait; ce sont eux qui m'ont donné tous les renseignements à cet égard. Pour que le calme disparaisse, il suffit que l'air qui l'a produit change, et ce changement est amené par une rupture d'équilibre due à une résistance inférieure où l'écoulement de l'air est sollicité par aspiration. Cette diminution de résistance est toujours produite par des exhydatoses de masses d'air et des pluies sur les continents vers lesquels l'écoulement de l'air est sollicité.

Mais pendant que l'air chaud se sépare de la couche inférieure, l'abaissement de l'air froid y est sollicité par les couches supérieures; cet air froid venant en contact avec les couches latérales d'air chaud s'exhydatose et produit des espaces raréfiés vers lesquels affluent les masses d'air chaud comme courants ascendants, et les masses d'air froid comme courants descendants.

Ces exhydatoses d'air et ces affluences de masse d'air ambiant se produisent également sur les continents sans cependant que le sol éprouve aucun déplacement, tandis que la surface de la mer se soulève avec les courants ascendants et s'abaisse au moment où ces courants se ralentissent. Les masses d'air ne se déplacent jamais par un mouvement continu comparable à l'écoulement des masses d'eau des fleuves, mais il y a toujours des bouffées, lesquelles commencent avec un maximum de force et vont en diminuant jusqu'à arriver à un minimum; alors apparaissent d'autres fortes bouffées qui s'affaiblissent aussi.

§ 385. **Origine des bouffées de vent.** L'air chaud des courants ascendants et l'air froid des courants descendants s'arrêtent un moment dans leur rencontre dans les espaces raréfiés, alors la rupture de l'équilibre de l'air s'affaiblit et la force des bouffées diminue. Les courants thermo-électriques ne cessent pas d'amener l'oxygène de l'air froid et l'azote de l'air chaud pour les faire s'exhydatoser. C'est ainsi que se raréfient les espaces *e*; en ce moment les masses d'air ambiant s'y précipitent avec un maximum de vitesse. C'est le commencement des bouffées qui diminuent jusqu'à un certain point pour recommencer de nouveau. Tous les vents sont composés de bouffées parce qu'ils ont pour cause commune l'exhydatose des masses d'air chaud et d'air froid venues en contact dans l'atmosphère : 1° au-dessus des continents; 2° au-dessus des mers ou 3° au-dessus des côtes où le contact est occasionné par les marées.

§ 386. **Tempêtes.** Les ruptures d'équilibre dans l'atmosphère se communiquent aux mers d'après la loi aérostatique et la loi hydrostatique, de même que pendant les marées la rupture d'équilibre se communique à l'atmosphère et à la surface de la mer. Les soulèvements de la surface des mers ne sont pas un simple effet de la poussée de l'air qui va occuper l'espace abandonné par les précédentes molécules; ces soulèvements sont occasionnés en même temps directement par les courants ascendants qui font diminuer la pression de l'atmosphère.

L'eau de la mer réduite en équilibre rompu doit éprouver un grand nombre d'oscillations avant que son équilibre s'établisse. Les tempêtes croissent quand il se fait dans l'atmosphère des rencontres d'air chaud avec l'air froid qui s'exhydatose; lors donc que cela a lieu dans les régions des calmes, les tempêtes sont violentes, mais de courte durée. Au contraire, les tempêtes sont des ouragans et des typhons violents et de longue durée sur les côtes où s'opère la rencontre des deux courants dont l'un amène en grande masse l'air chaud et l'autre l'air froid.

§ 387. **Foyers des ouragans.** Chaque océan et chaque mer a ses foyers orageux bien connus des capitaines; dans tous ces foyers il s'opère des rencontres de vents. Par exemple : 1° aux Antilles, l'alizé amène l'air chaud de l'Atlantique, l'*antalizé* amène l'air froid du Pacifique qui passe par Panama, sans que jamais l'alizé y passe; 2° au cap de Bonne-Espérance, un alizé amène l'air chaud de l'océan Pacifique le long de l'océan Indien, un antalizé amène l'air froid le long de l'Atlantique de l'autre extrémité de l'océan Pacifique; 3° dans la mer de la Chine, l'alizé amène l'air froid et l'antalizé amène l'air chaud de l'océan Indien.

§ 388. **Mauvais temps.** La clarté du ciel est l'indice du *beau temps*. Pour que le ciel se couvre, il suffit qu'il s'y forme des nuages composés de vapeur engendrée par l'exhydatose d'une quantité d'air chaud et d'air froid. Dans le cas où la différence entre la température de l'air est grande, la vapeur se produit rapidement, la force des courants d'air est grande, les enveloppes des vésicules de la vapeur se déchirent amplement, les gouttes d'eau qui en résultent se précipitent sous forme de pluie orageuse si le courant ascendant est très-violent.

§ 389. **Grêle.** Au cas où l'air ascendant est très-chaud en été, cela occasionne une grande inégalité de température avec l'air qui descend de la même hauteur en hiver qu'en été; c'est pourquoi l'exhydatose est plus rapide en été qu'en hiver. Le courant ascendent, deveuu très-fort, fait reculer les gouttelettes, qui remontent aux espaces raréfiés où elles gèlent dans l'air froid; elles descendent ensuite pendant l'affaiblissement du courant ascendant; mais dès qu'il se produit de nouveaux espaces raréfiés, le courant ascendant fait reculer les flocons de neige, qui se couvrent d'eau et gèlent pour se transformer en grêlons. (Voir le texte de l'Atlas météorologique).

C. Exaérose de l'eau.

§ 390. Pour compléter la longue série des faits produits par l'exhydatose de l'air, il est indispensable de donner celle des faits qui résultent de l'exaérose de l'eau des mers produite par la chaleur lumineuse amenée du Soleil par ses rayons. La chaleur obscure se propage difficilement dans l'eau; si l'on fait couler un courant d'eau bouillante à la surface d'un vase profond rempli d'eau froide, la chaleur reste insensible jusqu'à la profondeur d'un mètre. Si, au contraire, on expose le vase au soleil, la chaleur se propage jusqu'au fond, ainsi que cela a lieu pour la mer à une profondeur considérable.

La séparation des atomes de lumière $\ddot{E}^2E$ et des atomes de chaleur $\ddot{E}E^2$ s'opère : 1° dans les continents à la surface du sol; 2° dans les mers sur la couche d'eau traversée par la lumière. Une partie des atomes de chaleur reste dans l'eau et une petite quantité, en se séparant de la lumière, se décompose en ses éléments $\ddot{E}$ et $\bar{\bar{E}}^2$ qui se combinent avec les éléments de quatre atomes d'eau pour donner naissance aux deux *gaz qui composent l'air*.

1° L'élément positif électrique $\ddot{E}$ se combine avec l'élément négatif $\bar{O}$ de l'eau pour se transformer en gaz oxygène $\bar{O}\ddot{E}$.

2° Les deux *éléments* négatifs électriques $\bar{\bar{E}}^2$ se combinent avec le reste $H^4O^4$—O et produisent le double atome d'azote $Az^2E^2$=$H^3O^3H\bar{\bar{E}}^2$. Le mélange O+2Az de deux gaz *ainsi* produits est *l'air*.

§ 391. **Circulation de l'eau.** L'eau s'exaérose dans les mers pendant les heures les plus chaudes du jour : 1° quand l'hygromètre à la surface de la mer atteint son minimum ; 2° quand le baromètre atteint son minimum ; 3° enfin quand sur toutes les côtes l'air de la mer se répand vers les continents en directions divergentes. Vers le soir, les rayons solaires ont une intensité moindre : 1° l'exaérose de l'eau s'affaiblit ; 2° le baromètre monte ; 3° l'hygromètre monte aussi ; 4° les courants de la mer amènent vers les côtes une moindre quantité d'air.

Au moment du coucher du Soleil, après un calme de courte durée indiquant un équilibre aérostatique, 1° l'hygromètre arrive à un faible maximum ; 2° le baromètre atteint le premier et le grand maximum ; 3° un vent venant du continent conduit l'air humide vers la mer ; le vent s'affaiblit vers minuit, et c'est vers le lever du Soleil qu'il devient plus fort et plus humide. Il s'établit ensuite un équilibre aérostatique et un calme de courte durée ; car après quelques oscillations, 1° le courant maritime commence, et son intensité croît avec l'élévation du thermomètre ; 2° après avoir atteint un second maximum médiocre, le baromètre commence à baisser ; 3° après avoir atteint un maximum absolu au lever du Soleil, l'hygromètre commence aussi à baisser.

1° C'est par une *pression*, que les masses d'air produisent dans les mers, qu'ils se répandent dans les continents.

2° C'est par *aspiration* que les masses d'air affluent vers les espaces devenus raréfiés par l'exhydatose de leur air.

I. C'est la pression barométrique des calmes qui en fait sortir les vents pour amener l'excédant d'air par des directions divergentes après avoir fait mille tours déterminés par l'aspiration aux espaces raréfiés dans lesquels cet air s'exhydatose.

II. Ce sont les fleuves qui partent des versants des montagnes en directions divergentes vers les côtes des mers. Quelques-uns d'entre eux amènent les eaux aux récipients où s'opère leur exaérose; d'autres fleuves amènent l'eau dans des récipients où, faute d'une intensité suffisante des rayons solaires, l'exaérose ne peut pas s'effectuer.

Ainsi, dans les mers polaires, le niveau s'élève à cause de l'affluence des fleuves, et cette rupture d'équilibre hydrostatique produit les courants sous-marins qui conduisent l'eau froide au fond des mers chaudes dont le niveau baisse à cause de l'exaérose de l'eau de leur couche superficielle.

L'eau exaérosée de cette couche superficielle est amenée par les vents pour s'exhydatoser aux espaces raréfiés. Dans ces espaces occupés par la vapeur, les enveloppes des vésicules se déchirent pour se réunir et former des gouttes d'eau qui se précipitent sur les continents et s'unissent pour former des ruisseaux, des rivières et des fleuves qui se jettent dans les mers (1).

---

(1) Dans cette section, j'ai montré le mode de production des faits de chaque période cométogonique par la séparation des deux aérocylindres; dans la section suivante, j'expose le mode de concentration de la lumière solaire par les aérocylindres pour rendre visibles les météores qui circulent dans l'espace, de sorte que les aérocylindres produisent un effet comparable à celui des *lanternes sourdes*. Au lieu de leur attribuer la lumière qui rend visibles les météores, les astronomes, comme le public, ont cru que ces météores étaient amenés des comètes pour en former la queue.

# QUATRIÈME SECTION.

## ORIGINE DES COMÈTES ET LEUR ÉTAT PHYSIQUE.

§ 392. Parmi les corps du système planétaire, les comètes(1) se distinguent des planètes et des satellites, 1° par leur volume qui dépasse celui des planètes, et 2° par la faible densité de leurs molécules matérielles, densité qui empêche de trouver leur pesanteur, laquelle ne peut être connue qu'au moyen, 1° de la loi de Képler, qui régit le mouvement orbiculaire des comètes, et 2° des perturbations que les planètes font éprouver aux comètes.

La disposition des orbites des planètes et des satellites ne permet aucune rencontre entre ces corps; il n'en est pas de même pour les comètes : leurs orbites ayant le Soleil dans leur foyer comme les orbites planétaires, les plans de ces orbites ont toutes les inclinaisons sur l'écliptique, et leurs périhélies se trouvent dans l'intervalle entre l'orbite de Jupiter et le Soleil; de sorte qu'aucune planète n'est à l'abri d'un choc contre une comète; deux comètes même peuvent se heurter et se séparer après que l'équilibre ainsi détruit entre leurs molécules a été établi.

1° Pour classer les comètes, je me suis basé sur les distances entre leurs périhélies et le Soleil par rapport aux distances de cinq orbites planétaires dans lesquels se trouvent les périhélies des comètes.

(1) Le mot κομήτης signifie *porteur de* κόμη, *natte de cheveux*. Quelques lexicographes traduisent le mot κόμη par le mot *chevelure*, qui correspond 1° au mot τρίχωμα. Le mot *queue* correspond au mot *balai*, nom que donnent les Chinois à l'appendice lumineux, et 2° non pas au mot κόμη.

2° Pour exposer la liaison entre les éléments orbiculaires des comètes, j'ai dû remonter à l'origine des comètes.

3° Pour montrer le mode de production des queues des comètes, je n'ai fait que rappeler tout ce que j'ai dit sur les nébuleuses planétaires en forme de meules, composées de millions de météores circulant autour de leur soleil avec les bandes de masse empyrée, bandes dont on peut distinguer quelques-unes, et qui font paraître annulaires les nébuleuses planétaires (t. I, p. 499).

4° Pour faire voir la différence entre le noyau et la nébulosité des comètes, j'ai exposé les éléments matériels composant ces corps aériens ainsi que l'arrangement de ces éléments matériels.

5° Je rapporte une partie des faits nombreux dus aux observations, non à titre de preuves, mais comme exemples, laissant aux astronomes le soin de composer une cométologie, laquelle ne peut différer de la cométologie actuelle que par le plus grand nombre d'exemples.

Pour arriver à la découverte de nombreux faits, il ne faut que des instruments perfectionnés et une vue pénétrante, ὀξυδέρκεια; pour connaître le mode de production des faits observés, il faut étudier la physique générale simplifiée et la physique céleste.

## I. CLASSIFICATION DES COMÈTES.

§ 393. La distance entre l'orbite de Jupiter et le Soleil contient les périhélies de toutes les comètes; ces périhélies se trouvent dans les cinq intervalles : 1° entre l'orbite de Jupiter et l'orbite de Mars; 2° entre cet orbite et l'écliptique; 3° entre celle-ci et l'orbite de Vénus; 4° entre cet orbite et l'orbite de Mercure; 5° enfin entre cet orbite et le Soleil.

Les comètes qui ont leur périhélie dans l'intervalle entre les mêmes orbites planétaires sont de la même *famille;* les comètes de la même famille sont dites *synadelphes* entre elles. Le nombre des familles est donc borné à cinq ; on ne connaît pas le nombre réel des membres de chaque famille, car ils sont sujets à des variations. 1° Ce nombre croît lorsqu'à leur périhélie se rapprochent des nouvelles comètes qui n'ont été ni observées ni calculées ; 2° le nombre des membres des familles diminue par la découverte des comètes qui ont apparu plusieurs fois et qu'on a considérées comme deux ou plusieurs corps différents.

Avant la découverte des télescopes, les catalogues ne contenaient que des comètes visibles à l'œil nu ; le nombre des comètes observées a donc augmenté sans que le nombre réel des comètes passant au périhélie ait augmenté. Ce changement subit du nombre séculaire des comètes observées est consigné dans le catalogue général des comètes qui ont apparu en Europe et en Chine depuis notre ère, comme on le voit dans le tableau suivant.

| SIÈCLES. | COMÈTES. | SIÈCLES. | COMÈTES. |
|---|---|---|---|
| | | *Report.* . . . . . | 263 |
| Ier. . . . . . . . . . | 22 | XIe . . . . . . . . . | 30 |
| IIe. . . . . . . . . . | 23 | XIIe. . . . . . . . . . | 26 |
| IIIe . . . . . . . . . | 44 | XIIIe . . . . . . . . | 26 |
| IVe . . . . . . . . . | 27 | XIVe. . . . . . . . . | 29 |
| Ve. . . . . . . . . . | 16 | XVe . . . . . . . . . | 27 |
| VIe . . . . . . . . . | 26 | XVIe. . . . . . . . . | 34 |
| VIIe. . . . . . . . . | 22 | XVIIe . . . . . . . . | 25 |
| VIIIe. . . . . . . . . | 16 | XVIIIe. . . . . . . . | 64 |
| IXe . . . . . . . . . | 42 | XIXe (1re moitié). . | 80 |
| Xe. . . . . . . . . . | 20 | | |
| *A reporter.* . . . | 263 | Total. . . . . . | 613 |

§ 394. Pour distinguer les membres des cinq familles des comètes, on leur a donné des noms qui indiquent la position et la distance entre le Soleil et leur périhélie.

I. **Hermocomètes**. Ces comètes synadelphes ont leur périhélie entre l'orbite de Mercure et le Soleil.

II. **Aphroditocomètes.** Les périhélies de ces comètes sont entre l'orbite de Mercure et celui de Vénus.

III. **Géocomètes.** Ces comètes ont leur périhélie entre l'écliptique et l'orbite de Vénus.

IV. **Aréocomètes.** Les périhélies de ces comètes sont entre l'orbite de Mars et l'écliptique.

V. **Diocomètes.** Le petit nombre de ces comètes ont leur périhélie entre l'orbite de Mars et l'orbite de Jupiter.

Le nombre des comètes calculées croît rapidement; il était de 137 en 1831, de 201 en 1852 et de 232 en 1863; il n'y a donc que le nombre des membres de chaque famille qui augmente, tandis que le nombre des familles reste invariable. Chaque comète calculée entre dans une de ces familles, si elle n'y est déjà contenue.

| FAMILLES DES COMÈTES. | NOMBRES DES COMÈTES SYNADELPHES | | |
|---|---|---|---|
| | en 1831. | en 1853. | en 1863. |
| Hermocomètes | 30 | 37 | 40 |
| Aphroditocomètes | 44 | 63 | 69 |
| Géocomètes | 31 | 52 | 64 |
| Aréocomètes | 23 | 38 | 48 |
| Diocomètes | 6 | 11 | 11 |
| Chronocomètes | 0 | 0 | 0 |
| Totaux | 137 | 201 | 232 |

**Rapport entre le nombre des comètes synadelphes et la masse de leur planète mère.** Les nombres 69 et 65 des aphroditocomètes et des géocomètes diffèrent peu, de même que les masses des planètes Vénus et la Terre ne diffèrent pas beaucoup. Le nombre 48 des aréocomètes dépasse le nombre 40 des hermocomètes, parce que la masse de Mars dépasse celle de Mercure. Les diocomètes qui atteignent le nombre 11 sont encore en petit nombre, parce que Jupiter ne se trouve qu'au commencement de sa vie géologique. Il n'y a pas de chronocomètes, parce que Saturne n'en a encore produit aucune.

**Rapport inverse entre le nombre des comètes et la vitesse de la rotation des planètes.** Les quatre planètes intérieures ont une faible vitesse de rotation, les quatre planètes extérieures ont une grande vitesse de rotation. Dans le principe, il n'y avait que de minimes différences dans la vitesse de rotation des planètes; en produisant des comètes, les planètes intérieures ont perdu une partie de leur vitesse de rotation, et il leur est resté la vitesse actuelle.

**Rapport direct entre le nombre des comètes et la densité de masse des planètes.** Les planètes intérieures ayant des comètes ont un grand poids spécifique, tandis que le poids spécifique des planètes extérieures est faible, ou la densité de leur masse est minime, parce qu'il y a absence de périhélies des comètes. La densité de la masse de Jupiter, 0,227, dépasse celle 0,131 des trois autres planètes extérieures, parce que Jupiter a déjà produit un petit nombre de comètes tandis que les trois autres planètes n'ont pas encore commencé à en produire.

## II. NATURE ET ÉLÉMENTS GÉOMÉTRIQUES DES ORBITES COMÉTAIRES.

§ 395. De même que les planètes, les comètes circulent sur des orbites de forme elliptique dont le Soleil occupe l'un des deux foyers; ce foyer est placé du côté des périhélies. Les planètes sont visibles pendant tout le temps qu'elles circulent autour du Soleil, ce qui n'a pas lieu pour les comètes, car celles qui ne s'éloignent pas plus que les planètes ont une clarté trop faible pour les rendre visibles, et celles qui se présentent avec une clarté supérieure à celle des planètes la perdent rapidement et deviennent également invisibles.

Les comètes circulent sur des orbites dont les plans passant par le Soleil coupent la périphérie de l'écliptique en deux points diamétralement opposés nommés *nœuds*.

§ 396. **Inclinaison.** Les plans des orbites des comètes coupent le plan de l'écliptique, et il en résulte un arrêt ou un angle Γ d'un côté et un autre 180°—Γ de l'autre côté; cet angle Γ est l'*inclinaison* de l'orbite de la comète sur l'ecliptique.

§ 397. **Position du plan de l'orbite des comètes.** 1° Il peut passer une infinité de plans par la ligne qui unit le Soleil avec les nœuds; 2° de même une infinité de plans passant par différents points de la périphérie de l'écliptique peuvent former avec son plan l'angle Γ. Il n'y a qu'un seul orbite qui, passant par un nœud du point déterminé, forme un angle donné Γ avec le plan de l'écliptique.

Pour fixer le nœud ou le point de rencontre du plan de l'orbite de la comète avec la périphérie de l'écliptique, les anciens astronomes ont pris pour point de départ le nœud qui résulterait de la rencontre de la périphérie de l'écliptique et de celle de l'équateur, en supposant le plan de cet équateur prolongé jusqu'à l'écliptique et tous ces deux plans prolongés jusqu'aux étoiles fixes. Le point de départ, indiqué par le signe ♈, est appelé *équinoxe du printemps;* on le voit dans la planche I (t. I), à droite, point où commencent la périphérie de l'écliptique et la mesure des longitudes.

Au printemps, quand la Terre est éloignée de 180° de ce point ♈, le Soleil y est projeté; le Soleil paraît avancer sur l'écliptique dans le sens de la flèche, quand la Terre avance de l'équinoxe d'automne ♎ vers l'équinoxe du printemps, en restant sur l'écliptique indiqué dans la planche II (t. I).

Pour indiquer le point de rencontre ☊ de la périphérie de l'écliptique avec le plan de l'orbite d'une comète, on emploie l'arc ☊♈ entre ce point ☊ nommé *nœud* et le point ♈ de l'équinoxe du printemps; cet arc ☊♈ est nommé *longitude du nœud ascendant;* l'arc ☋♈ = ☊♈ + 180° est la *longitude du nœud descendant* ☋.

Pour indiquer l'angle Γ de l'inclinaison du plan de l'orbite d'une comète sur le plan de l'écliptique, on emploie le maximum de distance entre la périphérie de l'écliptique et celle de l'orbite cométaire; ce maximum angulaire se trouve à une égale distance 90° des deux nœuds. Ainsi, connaissant la longitude ☊♈ du nœud et l'inclinaison Γ, on détermine la position du plan de l'orbite des comètes : on dit que la longitude du nœud est un *élément*, et que l'angle Γ de l'inclinaison est aussi un *élément* de l'orbite cométaire.

§ 398. **Situation du grand axe de l'orbite de la comète.** Sur le plan ainsi déterminé, il peut passer une infinité d'orbites dont le grand axe passe par le centre S du Soleil et par le *périhélie* π. La distance linéaire Sπ, nommée *distance périhélique*, est déterminée par l'observation; il en est de même de la distance angulaire périhélique π♈, qui est nommée *longitude de périhélie*. Ces deux distances πS et π♈ sont deux autres éléments des orbites cométaires.

§ 399. **Sens du mouvement.** Les quatre éléments exposés déterminent la voie qu'a suivie chaque comète en circulant autour du Soleil, sans cependant indiquer le sens de leur mouvement. C'est par convention que les astronomes considèrent l'espace céleste comme divisé par l'équateur en deux hémisphères, le *boréal* et l'*austral*, et ils nomment *directs* les mouvements des comètes qui, venant de l'hémisphère austral, coupent l'écliptique en un point ☊ dont la longitude ☊♈ est inférieure à 180° pour passer dans l'hémisphère boréal. On appelle *rétrograde* le mouvement des comètes qui, venant de l'hémisphère austral, coupent l'écliptique en un point ☋ dont la longitude ☋ ♈ est supérieure à 180°. Le sens de mouvement déterminé par l'observation de chaque comète est le cinquième élément des orbites planétaires.

§ 400. **Époque du passage des comètes au périhélie.** Dans chacun de leurs retours, les comètes passent au périhélie à une date différente; cela résulte de ce que les durées de leur révolution ne sont pas des multiples d'un an, temps pendant lequel la Terre achève sa révolution. Si la forme des comètes était sphérique dans chacun de leurs retours, elles arriveraient à une grandeur subordonnée à leur distance linéaire de la Terre. Si donc la grandeur apparente ne correspond pas aux distances linéaires, on en peut conclure que la forme n'est pas sphérique.

La différence entre les dimensions en longitude et en latitude de la nébulosité des comètes est très-souvent observée; de même on sait que la même comète, dans chacun de ses retours, ne présente pas une même grandeur. Les astronomes, connaissant la régularité du mouvement orbiculaire des comètes, n'admirent pas de si grands changements de forme et de volume; ils en ignoraient la cause.

Les corps de forme allongée, ovalaire ou cylindrique, paraissent avoir des dimensions qui dépendent de la position de la Terre. Toutes les comètes ont cette forme allongée; c'est pourquoi l'époque de leur passage au périhélie sert à déterminer leur position par la longitude de la Terre T♈ + 180°.

Le grand diamètre de l'ovalaire ou l'axe du cylindre de la masse de la nébulosité des comètes se trouve dans le prolongement de son rayon vecteur. 1° Si donc la Terre se trouve dans ce prolongement, la forme de la nébulosité paraît circulaire de diamètre *d*. 2° Si la Terre s'éloigne de cette direction, son rayon vecteur TS et le rayon visuel TC dirigé vers la comète forment un angle $\gamma$ qui est sous-tendu par la somme de diamètre **d** de la nébulosité et par son rayon vecteur $\rho$. L'accroissement de l'angle $\gamma$ atteint 90° lorsqu'on voit de face la longueur de l'axe du cylindre ou le grand diamètre **d** de l'ovalaire et le rayon vecteur $\rho$.

Sachant que les comètes sont composées de nébulosités de forme allongée dans la direction du rayon vecteur, on prédit les époques pendant lesquelles cette nébulosité aura une grande ou une petite dimension; on a cependant trouvé par les observations que la clarté est en raison inverse de l'étendue de la nébulosité. Les noyaux les plus lumineux sont entourés d'une nébulosité annulaire d'une très-minime largeur.

### III. ORIGINE DES COMÈTES DÉTERMINÉE PAR LES ÉLÉMENTS GÉOMÉTRIQUES DE LEURS ORBITES ET PAR LES ÉLÉMENTS DYNAMIQUES DE LEUR MOUVEMENT ORBICULAIRE ET DE LEURS ÉLÉMENTS MATÉRIELS.

§ 401. Les éléments exposés sont des faits qui sont résultés des actions de courte durée; ces actions ont été occasionnées par des ruptures d'équilibre de fluides dont l'écoulement s'est présenté *comme action*. Ces deux faits : 1° la *force* ou la rupture d'équilibre du fluide, et 2° l'*action* ou l'écoulement de ce fluide, ont eu lieu il y a des millions d'années, et il n'en est resté dans un état invariable, 1° que les cinq éléments géométriques observés, et 2° les deux éléments dynamiques du mouvement orbiculaire.

§ 402. **Éléments matériels des comètes.** Les gros volumes des nébulosités et l'absence d'aucune trace de perturbation dans les planètes font voir que ces nébulosités sont composées, comme l'atmosphère, d'air et de vapeur mêlés, car c'est dans cet état qu'ils peuvent réfléchir une partie de la lumière incidente pour devenir visibles. Les changements de formes provenant des positions de la Terre ont servi à faire connaître l'existence d'un allongement dans la masse gazeuse dirigée vers le Soleil; cette masse est la seule qui compose toutes les comètes. Le noyau et la queue n'ont aucune existence réelle; l'enveloppe d'air pur est invisible.

La masse gazeuse ayant la forme ovalaire dont l'axe est un espace vide, réfléchit les rayons pénétrants du Soleil et les fait se concentrer dans un foyer *f*, et de là se propager ensuite indéfiniment en directions divergentes.

§ 403. **Noyau des comètes.** Les rayons solaires qui émergent de l'espace axial vide y font apparaître une clarté d'autant plus grande que le rayon vecteur de la comète est moins éloigné du rayon visuel dirigé vers elle. Il n'y a que deux cas dans lesquels le noyau manque : 1° quand le rayon visuel TC est perpendiculaire sur le rayon vecteur CS ; 2° quand il n'existe pas d'espace vide axial dans la masse gazeuse parce que le mouvement rotatoire s'est amorti.

§ 404. **Queue des comètes.** Les rayons concentrés dans la masse de la nébulosité après leur croisement au foyer *f* vont éclaircir la partie ambiante de l'espace. Si ces rayons y rencontrent des météores en circulation, ils en deviennent réfléchis ; de sorte que ces météores, invisibles à la lumière directe du Soleil, deviennent visibles à la lumière concentrée par la forme ovalaire de la masse gazeuse, qui est la nébulosité observée.

### A. De l'origine des cinq éléments géométriques des comètes.

§ 405. I. Les cinq familles de comètes synadelphes ne sont que des couples d'atmosphères en forme de cylindres creux repoussés et séparés des quatre planètes inférieures et de Jupiter. Ces séparations s'étant opérées dans chacun des points des orbites des planètes, le sens des mouvements a dû être, 1° direct pour quelques-unes des masses gazeuses, et 2° rétrograde pour les autres.

II. Les aérocylindres du côté des pôles des planètes ont été repoussés vers le rayon vecteur, pour continuer de circuler autour du Soleil sur des orbites différemment inclinés vers le plan de l'écliptique.

III. Le point de rencontre du rayon vecteur de la planète avec l'orbite de la masse gazeuse repoussée de chaque pôle est le sommet de l'ellipse prochaine du Soleil ; ce sommet est le *périhélie* de l'orbite de la masse repoussée. La longitude des périhélies peut avoir quelque valeur entre 0° et 360°. 1° Les longitudes des périhélies d'une hémipériphérie de l'écliptique correspondent aux nébulosités du mouvement direct, et 2° les longitudes des périhélies de l'autre hémipériphérie de l'écliptique correspondent aux nébulosités du mouvement rétrograde.

IV. Une moitié des nœuds ascendants est dans une hémipériphérie de l'écliptique, et l'autre moitié est dans l'autre hémipériphérie de l'écliptique.

V. Une moitié des longitudes des périhélies des orbites des nébulosités est également dans une hémipériphérie de l'écliptique, et l'autre moitié des longitudes des périhélies est dans l'autre hémipériphérie de l'écliptique.

| INCLINAISON DES PLANS des orbites des comètes. | NOMBRE DES COMÈTES | | |
|---|---|---|---|
| | en 1831. | en 1853. | en 1863. |
| De 0° à 10°. | 9 | 19 | 20 |
| 10 à 20. | 13 | 18 | 20 |
| 20 à 30. | 10 | 13 | 15 |
| 30 à 40. | 17 | 22 | 24 |
| 40 à 50. | 14 | 35 | 39 |
| 50 à 60. | 23 | 27 | 30 |
| 60 à 70. | 17 | 23 | 28 |
| 70 à 80. | 19 | 26 | 31 |
| 80 à 90. | 15 | 18 | 25 |
| Totaux. | 137 | 201 | 232 |

| LONGITUDES. | NOMBRE DES PÉRIHÉLIES | | | NOMBRES DES NOEUDS | | |
|---|---|---|---|---|---|---|
| | en 1831. | en 1853. | en 1863. | en 1831. | en 1853. | en 1863. |
| De 0° à 30° | 11 | 14 | 14 | 12 | 17 | 22 |
| 30 à 60. | 13 | 16 | 20 | 12 | 18 | 19 |
| 60 à 90. | 12 | 23 | 26 | 20 | 22 | 23 |
| 90 à 120. | 20 | 21 | 24 | 8 | 17 | 21 |
| 120 à 150. | 10 | 18 | 19 | 12 | 19 | 22 |
| 150 à 180. | 8 | 6 | 10 | 13 | 15 | 18 |
| 180 à 210. | 6 | 12 | 15 | 14 | 20 | 21 |
| 210 à 240. | 13 | 16 | 20 | 11 | 16 | 19 |
| 240 à 270. | 18 | 20 | 25 | 10 | 16 | 19 |
| 270 à 300. | 10 | 28 | 30 | 8 | 9 | 5 |
| 300 à 330. | 10 | 20 | 21 | 11 | 15 | 21 |
| 330 à 360. | 6 | 7 | 8 | 6 | 17 | 21 |
| Totaux. | 137 | 201 | 232 | 137 | 201 | 232 |

| | NOMBRES DES COMÈTES CALCULÉES | | | |
|---|---|---|---|---|
| | en 1686. | en 1831. | en 1853. | en 1863. |
| Comètes de mouvements { direct. . . . | 21 | 69 | 102 | 116 |
| Comètes de mouvements { rétrograde. | 25 | 68 | 99 | 116 |
| Totaux. . . . . . | 46 | 137 | 201 | 232 |

| FAMILLES DES COMÈTES. | NOMBRES DES COMÈTES SYNADELPHES | | | MASSE des planètes. |
|---|---|---|---|---|
| | en 1831. | en 1853. | en 1863. | |
| Hermocomètes. . . . . . . . | 30 | 37 | 37 | 0,066 |
| Aphroditocomètes.. . . . . . | 44 | 63 | 76 | 0,831 |
| Géocomètes. . . . . . . . . . | 34 | 52 | 61 | 1 |
| Aréocomètes.. . . . . . . . | 23 | 38 | 47 | 0,111 |
| Diocomètes. . . . . . . . . . | 6 | 11 | 11 | 310,543 |
| Totaux. . . . . . | 137 | 201 | 232 | |

§ 406. **Remarques sur la liaison entre les planètes et les éléments des orbites cométaires.** I. La distribution des longitudes des nœuds et des périhélies et celle des sens de mouvements prouve que la séparation des masses nébuleuses ou des atmosphères des cinq planètes s'est opérée à des époques entièrement indépendantes de la longitude dans laquelle chacune des planètes s'est trouvée au moment de la séparation de leur atmosphère.

II. La distribution des inclinaisons indique un rapport inverse avec les inclinaisons vers l'équateur des orbites des planètes qui sont entre 20° et 30°; car c'est précisément le plus petit nombre des comètes qui ont de telles inclinaisons vers l'écliptique; ce nombre n'est que de 46. C'est entre 40° et 50° qu'est le plus grand nombre des inclinaisons des comètes; il est de 39. Entre 50° et 90° se trouvent les inclinaisons de 116 comètes, et entre 0° et 40° il n'y en a que 80.

Cette distribution des plans des orbites des comètes nous fait voir que les poussées exercées sur les masses d'air des deux côtés de l'écliptique en recevaient une inclinaison qui les faisait se croiser sur un point II du rayon vecteur. Ce point est devenu le périhélie, et les deux masses aériennes, sans cesser de circuler autour du Soleil, se sont trouvées sur des orbites de plans différemment inclinés sur l'écliptique.

III. Les poussées qui ont produit la séparation des masses atmosphériques ont été cause que leur périhélie s'est trouvé entre la planète et le Soleil. Il résulte du nombre des comètes dont les distances du Soleil sont trouvées par l'observation :

1° Que les atmosphères séparées de Mercure sont devenues des comètes qui ont leur périhélie entre l'orbite de cette planète et le Soleil;

2° Que les atmosphères séparées de Vénus sont devenues des comètes qui ont leur périhélie entre l'orbite de cette planète et l'orbite de Mercure;

3° Que les atmosphères séparées de la Terre sont devenues des comètes qui ont leur périhélie entre l'écliptique et l'orbite de Vénus;

4° Que les atmosphères séparées de Mars sont devenues des comètes dont les orbites ont leur périhélie entre l'orbite de cette planète et l'écliptique;

5° Que le petit nombre d'atmosphères séparées jusqu'à présent de Jupiter sont devenues des comètes dont les orbites ont leur périhélie entre l'orbite de Jupiter et l'orbite de Mars.

I. Le nombre des atmosphères séparées de chacune des quatre planètes intérieures est en rapport direct avec les masses des planètes mères.

II. Le mouvement qui est passé aux atmosphères au moment de leur séparation a été enlevé du mouvement rotatoire de la planète mère.

Lorsqu'on essayait de relier un certain nombre de faits en introduisant des hypothèses et en réfutant celles qui existaient déjà, il se trouva des auteurs qui réfutèrent ces nouvelles hypothèses. Jamais, au contraire, on n'a pu réfuter ni les faits observés ni leur arrangement. Si ces arrangements conduisent à connaître l'origine de la série de faits produits d'après la loi physique connue, ces faits ne sont plus considérés comme des preuves, mais comme de simples exemples dont le nombre peut augmenter par de nouvelles découvertes sans que leur arrangement soit changé.

### B. ÉLÉMENTS DU MOUVEMENT ORBICULAIRE DES COMÈTES.

§ 407. C'est Tycho qui a découvert que les comètes circulent autour du Soleil comme les planètes, avec cette différence : 1° que leurs orbites sont des ellipses très-allongées; 2° que leur mouvement est direct ou rétrograde; 3° que les plans de leurs orbites sont de toutes inclinaisons vers l'écliptique. Newton a prouvé que les courbes pacourues par les comètes sont des sections coniques. Comme à l'époque où ont été formées les planètes les comètes n'existaient pas, les astronomes ont admis qu'elles sont des parvenues de l'espace arrivées au système planétaire par un mouvement sur des orbites des branches d'hyperbole ou sur des orbites paraboliques. Pour qu'elles deviennent des comètes périodiques, les astronomes ont admis que le Soleil exerçant une attraction sur la masse des comètes, fait provenir un mouvement elliptique qui a pour éléments : 1° le mouvement primitif, et 2° la pesanteur vers le Soleil.

Cette origine cosmique des comètes a été admise à une époque où le nombre des comètes calculées était très-peu nombreux. Lorsque ensuite ce nombre se multiplia avec le nombre des observateurs et des calculateurs, on s'aperçut que les comètes circulent sur des orbites elliptiques dont le Soleil occupe l'un des deux foyers.

La grande excentricité des orbites a servi à démontrer que la pesanteur des deux éléments du mouvement orbiculaire ne peut jamais être due à l'élément supérieur ; ce mouvement, au contraire, est d'autant plus faible que l'élément des poussées tangentielles que l'ellipse est plus allongée. Les comètes ne peuvent donc avoir une origine cosmique, car les éléments de leur mouvement orbiculaire ont leur origine dans les planètes dont elles se séparent.

Après avoir ainsi découvert la grande supériorité de la poussée tangentielle sur celle de la pesanteur dans les grandes excentricités des orbites des comètes, j'ai trouvé que la quantité de mouvement $n\mu \times D$ de $n$ comètes synadelphes correspond à la quantité de mouvement $M \times \delta$, qui manque dans le mouvement rotatoire de quatre planètes intérieures. Dans la quantité de mouvement $n\mu \times D = M \times \delta$, $n\mu$ indique la masse contenue dans les $n$ comètes synadelphes, dont chacune parcourt une distance moyenne D. La masse M de chaque planète intérieure a éprouvé un retard dans son mouvement rotatoire. Dans le principe, les molécules superficielles décrivaient une périphérie en neuf heures, ainsi que cela a lieu pour les planètes extérieures ; maintenant, en neuf heures les molécules des planètes intérieures ne parcourent que $9 \times 15°$, ou 135 degrés. Il y a donc perte de mouvement, ce qui indique la différence $360° - 135° = 245°$. C'est ainsi qu'on trouve l'égalité des quantités de mouvement

$$(\alpha) \quad 245°M = n\mu \times D; \quad \frac{M}{n\mu} = \frac{D}{4r}; \quad r = 60°; \quad n\mu = \frac{D}{4rM}.$$

Les observations et le calcul conduisent à trouver la distance D, qui est presque le grand axe de l'orbite elliptique ; la longueur de 245° est égale à quatre rayons $r$, ou à deux diamètres $d$ de la planète, et l'on en trouve le rapport entre la masse M de la planète mère et la masse $n\mu$ de l'ensemble des comètes synadelphes. Enfin on trouve l'ensemble $n\mu$

de masse contenue dans toutes les comètes synadelphes; quand, à l'aide des observations, on sera parvenu à déterminer approximativement le nombre $n$ des comètes synadelphes de chacune des quatre familles de planètes inférieures, on connaîtra la masse $\mu$ contenue dans chaque comète ou de cette masse $\mu$ on trouvera le nombre $n$.

§ 408. **Poids de la masse des comètes.** Dans l'équation ($\alpha$) des quantités de mouvement entre le poids ou la masse $\mu$ de chaque comète, la masse des planètes ne se trouve que dans leur atmosphère dans un état comparable à celui de la masse des comètes. La condensation de toute la couche d'atmosphère engendrerait une couche d'eau de 10 mètres d'épaisseur; la condensation de cette couche d'eau produirait une couche solide de 2 mètres d'épaisseur, dont la densité serait égale à celle de la masse de Terre.

Si la masse d'air séparée pour produire les *géocomètes* n'arrivait à former qu'une couche de terre de 50 lieues d'épaisseur, cette masse d'air pèserait 100000 plus que l'air de l'atmosphère actuelle. En admettant que le nombre des géocomètes soit de 100, chacune d'elles contiendrait une masse d'air égale à 1000 fois l'air contenu dans l'atmosphère actuelle.

Il reste à faire connaître : 1° le mode de production de la masse d'air dans les planètes et dans la Terre, et 2° la rupture d'équilibre dans cette masse, ou la *force* qui a produit la séparation ou l'*action*, et d'où sont résultés : 1° le mouvement orbiculaire des comètes, et 2° le retard du mouvement rotatoire des planètes mères. Il faut donc, pour montrer l'origine des éléments de mouvement orbiculaire des comètes, commencer par faire connaître l'origine de leurs éléments matériels.

## IV. ORIGINE COMMUNE DE L'ATMOSPHÈRE ET DES ÉLÉMENTS MATÉRIELS DES COMÈTES.

§ 409. Les éléments matériels primitifs ne sont que les deux éléments de l'eau qui, dans le principe, composent tous les corps célestes ; il n'arrive de leur soleil à ces corps qu'une quantité de chaleur lumineuse ; la chaleur ne trouvant pas de résistance dans la faible chaleur des corps, y pénètre en se séparant de la lumière, laquelle s'accumule sur la surface des corps pour s'en séparer comme si elle provenait de ce corps.

Ce sont donc : 1° les éléments électriques $\ddot{E}$, $2\bar{E}$ des atomes $\ddot{E}\bar{E}^2$ de chaleur, et 2° les éléments matériels $\ddot{H}\bar{O}$ des atomes $\ddot{H}\bar{O}$ de l'eau, dont les uns remplacent les autres de différentes manières, et c'est ainsi qu'on obtient :

I. L'*électrolyse de l'eau*, d'où résultent : 1° le gaz hydrogène $\ddot{H}\bar{E}$, et 2° le gaz oxygène ozoné $\bar{O}\ddot{E}\bar{E}$ ;

II. L'*exaérose de l'eau*, d'où résultent le gaz oxygène naturel $\bar{O}\ddot{E}$ et le gaz d'azote, dont l'atome double $Az^2$ n'est que le combiné $H^2O^3H\bar{E}^2$ du reste $H^4O^3$ de 4 atomes d'eau, après la séparation de l'atome O d'oxygène, avec le reste $\bar{E}^2$ d'un atome de chaleur $\ddot{E}\bar{E}^2$, après la séparation de l'élément $\ddot{E}$ ;

III. La *vaporisation de l'eau*, d'où résultent des vésicules ayant pour enveloppe une couche mince d'eau soutenant : 1° l'élément positif $\ddot{E}$ de chaleur à l'état latent dans sa surface intérieure, et 2° l'élément double négatif $\bar{E}^2$ dans sa surface extérieure.

L'électrolyse de l'eau ne s'opère qu'au moyen des séries d'éléments électriques positifs $q\ddot{E}$ et négatifs $q\bar{E}$ ; ces éléments exercent des poussées contre leurs homonymes et contre leurs homoélectriques qui les font se déplacer, et il en résulte les deux gaz, 1° $\bar{O}\ddot{E}\bar{E}$ oxygène ozoné, et 2° $\ddot{H}\bar{E}$ hydrogène (voir *Physique*, t. III, p. 76, 159, 431).

L'exaérose de l'eau ne s'opère qu'au moyen de la chaleur

lumineuse amenée dans l'eau par les rayons solaires; en se déplaçant, les atomes de chaleur se décomposent en leurs éléments Ě, Ě², qui se combinent avec les éléments de 4 atomes d'eau pour produire les deux gaz composant l'air.

La vaporisation s'opère même autour de la glace à chaque basse température; dans ce cas il n'y a que les atomes de chaleur qui se décomposent en deux électricités qui sont soutenues par les enveloppes des vésicules à l'état latent. Il suffit de déchirer ces vésicules pour réobtenir l'eau et la chaleur (voir *Physique*, t. III, p. 339).

**Exhydatose de l'air.** J'ai exposé le mode d'exhydatose de l'air et la reproduction de l'eau qui est conduite par les fleuves dans la mer, de sorte qu'il y a une circulation; l'eau des mers chaudes exaérosées est amenée en forme d'air par des vents pour restituer l'équilibre rompu par l'exhydatose de l'air; l'eau produite par l'exhydatose de l'air est conduite par les fleuves dans les mers (*Physique*, t. III, p. 725).

Aux époques où il n'y avait pas de montagnes sur la Terre et dans les planètes, l'exhydatose de l'air ne pouvait s'opérer sans que, par cette raison, l'exaérose de l'eau se trouvât interceptée. Les éléments de l'atmosphère ne diffèrent donc pas de ceux qui composent les comètes; les seules différences consistent : 1° dans les masses de ces éléments qui sont mille fois plus grandes dans les comètes que dans l'atmosphère terrestre, et 2° dans la forme, qui est sphérique dans l'atmosphère, tandis qu'elle est ovalaire dans les comètes.

§ 410. **Composition de l'atmosphère.** La Terre est entourée d'une couche gazeuse composée d'un mélange d'air et de vapeur dont l'épaisseur varie pour chaque pays. Cette couche, dont l'épaisseur ne dépasse pas 3000 mètres, est nommée *atmonérosphère;* elle réfléchit les rayons solaires et produit le crépuscule (t. I, p. 795).

Autour de cette couche, il y en a une autre composée d'air pur sans vapeur; son épaisseur est de 12 lieues. On l'appelle *aérosphère ;* elle ne réfléchit pas les rayons, mais en produit la réfraction.

De même il y a dans les comètes une couche de forme ovalaire creuse, composée d'air et de vapeur et entourée d'une autre couche vingt fois plus épaisse et composée d'air pur et transparent. Cette couche d'air produit une réfraction des rayons; elle est transparente et invisible. La masse intérieure, composée d'un mélange d'air et de vapeur, réfléchit la lumière déjà réfractée, et c'est ainsi que l'espace qu'elle occupe devient visible et se présente comme une nébulosité comparable aux dernières limites du crépuscule.

### A. Atmosphères des périodes comètogoniques des planètes.

§ 411. Les masses d'air produit dans la zone torride en tournant autour de l'axe sont repoussées en directions divergentes vers les deux prolongements de l'axe planétaire. L'accumulation de ces masses d'air, mille fois plus grandes que celle de notre atmosphère, produit deux aérocylindres creux, ou, à cause de la pesanteur, deux corps gazeux de forme ovalaire creuse. Les molécules gazeuses, air et vapeur, en circulant autour de l'axe à des distances égales aux rayons des périphéries parcourues par ces mêmes molécules à l'état d'eau, ces molécules, dis-je, sont ainsi cause que l'espace axial se maintient vide.

Les molécules des deux aérocylindres éprouvent par la pesanteur une poussée vers le centre de la planète et non pas vers les prolongements des deux extrémités de son axe; cette poussée ne fait que changer la forme cylindrique en forme ovalaire. Les molécules résistent à la poussée de la pesanteur en éprouvant une autre poussée répulsive provenant des molécules nouvellement produites par l'exaérose d'autres atomes d'eau. La poussée répulsive ne résulte que des éléments électriques $\ddot{E}\bar{E}^2$ des atomes de chaleur décomposés dans l'exaérose des atomes de l'eau. Les éléments de ces atomes $H^4O^4$, conservant le mouvement rotatoire, acquièrent la poussée répulsive; les mêmes éléments électriques et matériels composent les vésicules d'eau.

Le mélange d'air et de vapeur se trouve autour de l'espace vide axial, et il est entouré d'une couche d'air 20 fois plus épaisse, ainsi que cela a lieu dans l'atmosphère. Ces masses gazeuses, de la forme indiquée, deviennent des comètes après la séparation de leur planète.

Avant de décrire la rupture d'équilibre ou la *force* et la séparation des masses gazeuses ou l'*action*, je ferai voir en quoi consistent : 1° le noyau, 2° la nébulosité et la queue des comètes.

Le **noyau** est l'espace vide axial vu du côté de la base de l'ovalaire.

La **nébulosité** est le mélange d'air et de vapeur autour de l'espace vide axial.

La **queue** est la lumière concentrée dans la forme ovalaire de la nébulosité; cette lumière, répandue dans l'espace, rend visible une partie des météores qui y circulent.

### B. SÉPARATION DES ATMOSPHÈRES DES PLANÈTES.

§ 412. La séparation est une *action*, un écoulement de fluide qui doit être précédé d'une *force*, laquelle n'est que la rupture d'équilibre de ce fluide; l'action fait naître le *résultat*, qui reste conservé.

Ici le fluide est la masse gazeuse composant d'abord l'atmosphère, puis la comète; cette masse a été produite et se produit actuellement dans toutes les cinq planètes supérieures par les éléments de l'eau et par les éléments de la chaleur amenée du Soleil par ses rayons en densités qui sont en raison inverse des carrés des distances.

Les éléments de l'eau et les éléments de la chaleur produisent l'air et la vapeur; dans la couche inférieure de l'air se trouve une quantité de vapeur qui y est tenue en suspension par la densité de l'air. La vapeur manque complètement dans les couches d'air raréfié dont l'épaisseur est vingt à trente fois plus grande que celle de la couche composée d'un mélange d'air et de vapeur; car la vapeur ayant une poussée expansive inférieure à celle de l'air, n'acquiert qu'une dilatation bornée.

§ 413. I. **Rupture d'équilibre ou force dans l'atmosphère des planètes.** Dans les éléments électriques ÉÉ² de la chaleur composés d'*électre* indéfiniment comprimé se trouve emmagasiné le mouvement indéfini; c'est ce mouvement qui se manifeste comme une tendance à augmenter de volume, comme une expansion de gaz comprimé.

Les molécules de l'eau ne possèdent que le mouvement rotatoire de la planète, mouvement qu'elles conservent quand ces molécules se mêlent avec les éléments de la chaleur. Ce sont ces éléments qui produisent dans l'air la tendance à augmenter de volume ou l'expansion, tendance dont l'intensité croît en raison directe avec la masse d'air; c'est donc cette intensité croissante d'expansion que l'on caractérise dans ce cas par les mots *force* ou *rupture d'équilibre croissante.*

C'est la pesanteur ou le barogène qui exerce une poussée centripète sur les molécules d'air et de vapeur qui, continuant à circuler, transmettent cette poussée à la surface de la zone torride de la planète. Ce sont donc: 1° d'une part, la résistance de la zone torride, et 2° d'une autre part, le barogène B affluent qui exerce une résistance sur les molécules gazeuses pour les contraindre à se renfermer dans un certain volume.

§ 414. **Séparation de l'atmosphère ou action.** Cette séparation est prédestinée et inévitable, parce que la résistance de la part du barogène B affluent reste invariable, tandis que l'intensité de la poussée expansive centrifuge croît continuellement. Cet accroissement ne peut pas dépasser celui de la poussée centripète de la part du barogène;

s'il se prolongeait un instant de plus, il y aurait explosion.

Cette explosion n'est que la manifestation du mouvement soutenu supprimé par la pesanteur dans la masse gazeuse de l'atmosphère. La quantité 2Q d'éléments électriques se divise et, 1° une moitié Q passe par la zone torride dans la planète contre son mouvement rotatoire, dont une partie se détruit; 2° l'autre moitié Q des éléments électriques se subdivise en deux autres moitiés, et chacune d'elles entraîne un des deux aérocylindres, lesquels obéissant en même temps à la poussée du barogène dirigée vers le Soleil, acquièrent des directions convergentes vers le rayon vecteur de la planète. Après avoir coupé ce rayon, chacun des aérocylindres s'en éloigne, obéissant, 1° à la poussée du barogène **b** dirigé vers le Soleil, et 2° à l'expansion de la quantité $\frac{1}{2}$Q d'éléments électriques dirigée perpendiculairement à la pesanteur au moment de la rencontre de chaque aérocylindre avec le rayon vecteur de la planète.

C'est cette expansion de la quantité $\frac{1}{2}$Q d'équivalents électriques qui produit l'action de la séparation des deux masses gazeuses de leur planète. Pendant leur éloignement du Soleil, ces masses décrivent les branches des deux hyperboles jusqu'à la distance D, où l'hyperbole devient parabole, puis ellipse (t. I, p. 206), par l'affaiblissement de l'expansion des éléments électriques, affaiblissement opéré d'après les carrés des longueurs des courbes d'hyperbole et de parabole, tandis que l'affaiblissement de la pesanteur s'opère d'après des longueurs du rayon vecteur.

### C. Résultats de l'action ou de l'expansion des éléments électriques opérée dans les masses gazeuses.

§ 415. Tant que dure l'éloignement des masses exercé par l'expansion des éléments électriques, ces masses obéissent à deux poussées de nature différente. Cette différence s'évanouit à la distance D du Soleil, car la masse *q* commence à obéir à deux poussées homogènes produisant l'écoulement diagonal du barogène, écoulement auquel obéit la masse gazeuse soutenue continuellement en équilibre rompu.

§ 416. **Causes du mouvement orbiculaire des corps célestes.** Un mouvement ne peut provenir que d'un autre mouvement. Les physiciens connaissent l'application de cet *axiome* aux communications des mouvements de la masse d'un corps à celle d'un ou de plusieurs autres, et réciproquement; mais ils ignoraient l'existence du mouvement indéfini emmagasiné dans les molécules de l'électre, mouvement qui se manifeste par une expansion spontanée de ces molécules. Celles-ci sont donc toujours en équilibre rompu; ainsi leur expansion se manifeste dans tous les cas où il n'y a pas de résistance. La chute des corps (t. I, § 49) n'est que l'écoulement du fluide barogène qui se trouve en équilibre rompu, et cet écoulement entraîne les corps composés de ce même barogène et des éléments des deux électricités.

La chute des corps terrestres ne dure qu'autant que la résistance de l'air est faible; les corps s'arrêtent à la surface de la Terre en y rencontrant dans le barogène B — **b** une résistance supérieure à la poussée qu'éprouve le barogène *b* de la part du barogène B de l'espace.

Les corps périphériques sont soutenus dans un mouvement orbiculaire autour de leur corps central par l'écoulement analogue du barogène. Il est donc impossible que cet écoulement s'arrête, parce que la rupture d'équilibre, après avoir atteint un maximum dans le barogène, diminue jusqu'à un minimum pour recommencer à croître. Nous ne connaissons ces variations de rupture d'équilibre que dans le mouvement orbiculaire des corps célestes.

### V. L'ORIGINE DES LOIS DE KÉPLER EXPOSÉE DANS LA SÉPARATION DES ATMOSPHÈRES DES PLANÈTES.

§ 417. J'ai décrit (t. I, § 169) le mode de production du mouvement orbiculaire des planètes par le mouvement rotatoire du Soleil ainsi que l'origine des lois de Képler (t. I, § 163). Ici les atmosphères se séparent de leur planète; elles continuent de circuler autour du Soleil comme elles le faisaient avant leur séparation : l'orbite seul change.

Une autre différence entre les planètes et les comètes consiste en ce que les orbites des planètes restent invariables, tandis que dans les orbites cométaires la longueur du grand axe diminue, et cette diminution amène un raccourcissement de la durée des révolutions. Ce ne sont pas les perturbations produites par les planètes qui causent cette diminution, pas plus que l'existence d'une matière éthérée ayant une densité supérieure vers le Soleil, car une telle matière produirait des effets analogues à ceux produits par les perturbations. En s'approchant du Soleil, les comètes retarderaient à cause de la résistance de la matière, mais elles devaient en éprouver une accélération en s'éloignant du Soleil.

Je montre ici que des essaims de météores circulent dans l'espace planétaire; ces météores sont les mêmes qui, éclairés par la masse empyrée des jets, font apparaître les nébuleuses solaires et les nébuleuses planétaires (t. I, p. 499). Les météores circulent avec les planètes autour du Soleil et viennent en rencontre avec les comètes; c'est ainsi que celles-ci perdent dans ces rencontres une partie de leur mouvement. Les météores perdent une égale quantité de mouvement.

Les atmosphères séparées des planètes, en parcourant l'espace, y rencontrent les météores, de même que les vents rencontrent des corps à la surface de la Terre et les nuages dans l'atmosphère; ainsi les comètes sont les vents de l'espace, vents qui y rencontrent différents essaims de météores dans chacune de leurs révolutions.

Le mouvement ne peut être engendré spontanément; il est en quelque sorte la transmission d'un corps dans un autre, et l'on ignorait l'existence d'un mouvement indéfini emmagasiné dans les molécules primitives du fluide électre dont sont composés : 1° le barogène qui forme les corps et le barogène amené dans l'espace énastre par les ondes O, *o* des deux électrosphères, et 2° les éléments ÊĒ des deux électricités de la chaleur et de la lumière. Les corps célestes sont en mouvement parce que, dans le principe, chacun d'eux est arrivé à l'espace en éprouvant deux poussées d'intensités différentes. Ces poussées ne sont que l'écoulement des barogènes qui s'unissent dans le corps et acquièrent un écoulement diagonal qui détermine le mouvement orbiculaire.

Je démontre ici : 1° que ce sont deux poussées primitives qui ont produit une affluence des deux courants de barogène d'où est résulté un écoulement diagonal dans lequel l'équilibre ne pourra jamais s'établir; 2° que les trois lois de Képler ne sont que les résultats de l'écoulement du fluide barogène.

### A. PERMANENCE DU MOUVEMENT ORBICULAIRE ET SON ORIGINE.

§ 418. Pour les planètes, j'ai dit (t. I, p. 296) que chaque jet de masse empyrée, en s'éloignant du Soleil, décrit la branche d'une hyperbole, puis une partie de parabole, et qu'ensuite le mouvement s'établit sur un orbite elliptique qui reste à perpétuité. Les comètes étant séparées des planètes circulent avec elles autour du Soleil sur des orbites elliptiques beaucoup plus allongés que ceux des planètes. Cet allongement des orbites cométaires est le résultat d'une poussée centrifuge supérieure à celle qui a produit l'éloignement des jets expulsés du Soleil.

§ 419. **Poussées centrifuges et poussées centripètes.** La masse **b** de barogène d'un diamètre du Soleil fait écran à une masse égale de barogène de celui B qui afflue de l'espace; c'est ainsi qu'émerge le barogène B — **b** de chaque point de la surface solaire. Les corps périphériques éprouvent : 1° de la part de l'espace une poussée P du barogène B, et 2° de la part du Soleil une poussée P — **p** du barogène B — **b**.

La quantité $\frac{1}{2}$Q d'éléments électriques ĖĒ² d'un jet expulsé ou d'une atmosphère séparée s'affaiblit par l'expansion de ces éléments; la résistance exercée par la pesanteur s'affaiblit aussi. Pour que le jet ou l'atmosphère ne s'éloigne pas indéfiniment du Soleil, il faut que l'affaiblissement de la poussée expansive soit supérieur à celui de la pesanteur.

§ 420. **Poussée centrifuge composée et poussée centripète simple, ou pesanteur.** C'est la somme, 1° de la quantité $\frac{1}{2}$Q d'éléments électriques, et 2° de la quantité *o* du choc tangentiel, d'une part, et la pesanteur, de l'autre, qui font que chaque jet expulsé et chaque atmosphère séparée décrivent : 1° une branche d'hyperbole pendant leur éloignement; 2° une partie de parabole dans leur éloignement extrême; 3° enfin, qu'ils se réduisent en un mouvement elliptique perpétuel, lequel n'est que le résultat d'une rupture d'équilibre analogue dans le barogène amené continuellement dans l'espace énastre par les ondes O et *o* des deux électrosphères (t. I, p. 18).

L'éloignement des jets ou des atmosphères s'affaiblit par l'expansion des éléments électriques ĖĒ² des atomes de chaleur; les intensités sont en raison inverse des longueurs des courbes parcourues. La poussée *centripète* de la *pesanteur* est en raison inverse des carrés des distances du Soleil, distances qui sont plus courtes que les courbes. Ainsi, d'abord, dans les jets expulsés et dans les atmosphères séparées, la poussée centrifuge des éléments électriques est supérieure à la poussée centripète; mais dans la voie courbe et longue parcourue par ces corps, il s'opère pour les mêmes distances du Soleil un affaiblissement dans l'expansion des éléments électriques $\frac{1}{3}$Q plus grand que dans la pesanteur; de sorte que l'interception de l'éloignement des jets de masse empyrée ou des atmosphères séparées de leur planète est inévitable.

§ 121. **Mouvement orbiculaire soutenu par le barogène en équilibre rompu.** Soit le point $a'$ (fig. 19) dans lequel la poussée centrifuge $\frac{1}{3}$Q de l'expansion des éléments électriques est devenue égale à la poussée centripète de la pesanteur; il n'y reste que la poussée $a'b$ du choc tangentiel et la poussée $a'a$ de la pesanteur (t. I, p. 190). Ces deux poussées ne sont que des molécules de barogène en équilibre rompu dont l'écoulement est l'action, et le mouvement des corps célestes est l'effet de cet écoulement; aussi tant qu'un équilibre rompu persiste dans le barogène, son écoulement ne peut s'arrêter. Il en est de même du mouvement orbiculaire.

Pour exposer les quantités $q$, $q'$ de molécules de barogène sollicitées à s'écouler, les unes $q$ de $a'$ vers $a$, et les autres de $a'$ vers $b$, il faut considérer ces deux voies, non pas comme des lignes géométriques, mais comme des cylindres ou un prisme contenant un espace par lequel les molécules de barogène s'écoulent comme des grains de sable. Pour faciliter le calcul, je considère les lignes de la figure comme des bases rectangles de parallélipipèdes ayant pour côtés les carrés des longueurs de ces lignes.

Le corps se trouvant en $a'$ éprouve : 1° une poussée des molécules $q'$ pour aller en $a$; 2° une poussée des molécules $q''$ pour aller en $b$. C'est à cause du barogène du corps que les molécules homonymes ne peuvent poursuivre leur voie, et c'est à cause de cette double poussée que le corps, en obéissant, arrive au point B auquel il arriverait en parcourant :

1° d'abord l'espace $a'a$ pour que les molécules $q'$ s'écoulent en un espace de temps T', et 2° puis l'espace $a\mathrm{B} = a'b$ pour que les molécules $q''$ s'écoulent en un espace de temps T''.

Au lieu que le corps arrive en B par la voie $a'a + a\mathrm{B}$ dans un espace de temps T'' + T' par l'écoulement successif des molécules $q' + q''$, il est sollicité d'y arriver par la voie directe $a'\mathrm{B}$ où s'opère simultanément l'écoulement des molécules $q' + q''$ en un espace de temps T plus court que celui T' + T''.

La voie directe $a'\mathrm{B}$ est nécessairement un espace égal à la somme des espaces $a'a + a\mathrm{B}$. Ces espàces ont pour mesure les carrés $\overline{a'a}^2$ et $\overline{a\mathrm{B}}^2$; la mesure de l'espace $a'\mathrm{B}$ est son carré $\overline{a'\mathrm{B}}^2$; cet espace doit être égal à la somme des deux espaces précédents, tandis que l'espace de temps T est plus court que la somme T' + T'' des espaces de temps qui s'écoulent lorsque les molécules $q' + q''$ n'arrivent à B que les unes après les autres.

§ 422. **Deux significations de l'arc parcouru par un corps céleste.** I. Dans le cas où l'on veut indiquer la translation du corps de $a'$ à B, il est nécessaire d'indiquer l'espace par lequel se sont écoulées les quantités $q' + q''$ des molécules. Cet espace est le carré $\overline{a\mathrm{B}}^2$ multiplié par l'unité, espace égal à celui indiqué par la somme des carrés $\overline{a'a}^2 + \overline{a\mathrm{B}}^2$. Si donc dans la géométrie le carré de l'hypoténuse des triangles rectangles est égal à la somme des carrés des deux autres côtés, c'est parce que les volumes obtenus de ces étendues de bases et d'égale hauteur sont aussi égaux; on a $v' + v'' = \mathrm{u}$. Dans la *Physique* (t. IV, p. 38), j'ai montré que la vitesse étant indiquée par T$g$ ou par $\frac{1}{2}\mathrm{T}^2g$ conduit à des résultats qui sont d'accord avec ceux obtenus par les observations, et cependant T$g$ diffère de $\frac{1}{2}\mathrm{T}^2g$. Les physiciens et les astronomes n'ont pu se rendre compte de ce fait paradoxe de la Mécanique.

II. Dans le cas où l'on veut indiquer l'espace de temps

écoulé pour que l'espace $a'B$ soit parcouru par le corps céleste, on peut employer : 1° la longueur simple $a'B$ ou $Tg$, qui est la racine carrée de la somme des carrés $\overline{a'a}^2 + \overline{aB}^2$, ou 2° l'espace $\overline{a'B}^2 \times 1 = \frac{1}{2} T^2 g$. Je donne cette double signification de l'arc $aB$ pour faire connaître aux physiciens leur erreur ou leur ignorance.

### B. Mode de dérivation des trois lois de Képler des deux éléments du mouvement orbiculaire.

§ 423. Le carré $\overline{a'B}^2$ de la longueur parcourue par le corps sur son orbite est égal au produit $Ba \times Sa'$, à cause des deux triangles semblables $a'aB$ et $a'SB$. Ce produit indique la surface qui contient deux triangles rectangles $aBS$. En admettant une hauteur égale 1 sur ces surfaces, on y trouve égaux les espaces indiquant la quantité de molécules de barogène écoulées pour que le corps soit transféré de $a'$ à B. Ainsi cette même longueur $a'B$ démontre les trois faits suivants :

I. La longueur $a'B$ indique l'espace de temps T écoulé pour que le corps soit transféré de $a'$ à B.

II. Le carré $\overline{a'B}^2$ de cette longueur multiplié par 1 indique un espace ou un volume v qui contient la somme $q + q'$ de molécules de barogène écoulé dans l'espace de temps indiqué T par la longueur $a'B$. La superficie carrée $\overline{a'B}^2$ est égale à celle du rectangle $a'S \times aB$, dont la moitié est parcourue par le rayon vecteur pendant le déplacement du corps de $a'$ vers B.

III. Dans les triangles semblables, $a'aB$, $aBS$, on a :

$$(\alpha) \qquad a'a : aB = aB : aS; \qquad aB : a'B = a'B : a'S.$$

En éliminant $aB$ et en remplaçant $aS$ par le rayon vecteur $\rho$, on obtient :

$$(\beta) \qquad \overline{aB}^2 = a'a \times \rho = \frac{\overline{a'B}^4}{\rho^2} = \frac{T^4}{\rho^2}; \quad a'a = \frac{T^4}{\rho^3}.$$

§ 424. **Lois de Képler**. Les lois de Képler ne sont que des résultats directs de l'écoulement de la somme des molécules $q' + q''$, dont la quantité $q''$ est toujours supérieure à la quantité $q'$, car autrement la courbe ne peut être une ellipse; cependant la quantité $q''$ est inférieure à $q'\sqrt{2}$, parce qu'alors, 1° la courbe est une parabole s'il est $q'' = q'\sqrt{2}$, ou 2° une hyperbole si la quantité est $q'' > q'\sqrt{2}$.

**Première loi.** Tous les orbites sont des courbes d'ellipse parcourues par les corps soutenus en mouvement perpétuel par les ruptures d'équilibre entre les quantités $q'$, $q''$ de barogène.

**Deuxième loi.** Les aires parcourues par le rayon vecteur dans le même temps sont égales. Ce rapport a son origine dans la double signification de l'arc $a'$B. 1° Cet arc mesure le temps qui s'écoule pendant les déplacements du corps; 2° le carré de cet arc indique une surface qui est toujours double de celle du triangle $a'$SB parcouru par le rayon vecteur.

**Troisième loi**. Le carré du temps de révolution d'une planète $p$ est au carré du temps de révolution d'une autre planète $p'$ comme le cube de la distance de la planète $p$ au Soleil est au cube de la distance de la planète $p'$ au même astre.

Dans l'équation ($\beta$), on voit le rapport constant $T^2 : \rho^3$ entre les carrés de temps de révolution et les cubes des rayons vecteurs. Ce rapport, indiqué par $a'a$, a été déterminé par les observations en longueur de l'arc $a'B = 3,41$ lieues (§ 280, p. 386).

### C. Mode d'amortissement du mouvement orbiculaire des comètes.

§ 425. Après avoir exposé, 1° la permanence du mouvement orbiculaire des planètes et des satellites, et 2° l'identité des éléments du mouvement orbiculaire des planètes et des comètes, il me reste à dire pourquoi les planètes et les satellites conservent une durée de révolution invariable, tandis que les durées de révolution des comètes diminuent.

Sachant que les deux éléments du mouvement orbiculaire sont la somme $q' + q''$ des molécules de barogène à l'état d'équilibre rompu, on voit qu'ils ne peuvent être amortis qu'au moyen d'une diminution de la quantité $q$ de ces molécules. Pour que les deux corps soient réduits en repos au point de la rencontre, il faut qu'ils soient d'égale quantité de mouvement :

$$v \times M = V \times m.$$

Si la masse M est $n$ fois la masse $m$, la vitesse V doit être $n$ fois la vitesse $v$; l'espace par lequel passent les atmosphères séparées des planètes se trouve parcouru par des essaims de météores dont, 1° les uns accompagnent les satellites pour circuler autour des planètes; 2° les autres circulent avec les planètes autour du Soleil; 3° d'autres circulent avec le Soleil autour du Soleil central, l'*Archégète*. Ainsi, dans chacune de leurs révolutions, les comètes arrivent en rencontre avec différents essaims de météores. 1° Quelques comètes ont leur orbite dans des parties de l'espace où les passages des météores sont plus ou moins fréquents; elles en éprouvent une faible perte de mouvement; les comètes de pareils orbites ne terminent leur révolution qu'en des milliers d'années. 2° D'autres comètes ont leur orbite dans des régions de l'espace très-fréquentées par les essaims de météores; les rencontres continuelles produisent de grandes pertes de mouvement orbiculaire. Il y a, 1° raccourcissement du grand axe de l'orbite; 2° diminution de la durée de la révolution; 3° décroissement de l'excentricité opéré 1° par la permanence du périhélie, et 2° par l'approche de l'aphélie vers le Soleil.

**Régions de l'espace planétaire fréquentées par les essaims de météores.** Dans le principe, toutes les comètes sont pareilles à celles qui terminent leur période en plus que 2000 ans. Parmi les comètes actuelles, celles qui terminent leur révolution en des milliers d'années ont leur orbite aux régions peu fréquentées de météores; celles au contraire, qui terminent leur révolution en un petit nombre d'années ont leur orbite aux régions parcourues par les planètes avec lesquelles elles ont été heurtées.

### VI. DE LA DURÉE DES COMÈTES DANS L'ESPACE.

§ 426. Guidés pas la diminution de la durée de la révolution des comètes à courtes périodes, les astronomes n'ont pas manqué de voir que leur précipitation vers le Soleil est préétablie; ils sont même allés jusqu'à déterminer l'époque, encore très-reculée, de la chute de la comète la moins *éloignée* du Soleil. Les astronomes n'ignoraient pas l'existence de météores dans l'espace; cependant pour expliquer l'accélération des révolutions des comètes, Encke, le premier, avait admis dans l'espace une matière éthérée d'une densité croissante vers le Soleil. Maintenant les astronomes ne reconnaissent plus cette hypothèse, parce que si une telle matière exerçait une résistance sur les comètes qui avancent vers leur périhélie, il en résulterait une égale poussée centrifuge pendant leur éloignement du périhélie; de sorte qu'il n'en pourrait résulter aucune diminution de la durée de la révolution.

On a remarqué qu'en tenant compte de toutes les perturbations, l'accélération de la comète d'Encke n'est pas égale pour chacune des révolutions. Ainsi l'on a vu que la résistance exercée dans chacune des révolutions n'est pas la même, comme cela arriverait si elle était produite par une matière distribuée dans l'espace. Cardan considérait les comètes comme des espèces de lentilles qui concentrent les rayons solaires, et ce sont ces rayons qui rendent visibles les molécules de la matière éthérée.

Je démontre ici qu'il n'existe pas une telle matière dans l'espace. Képler a prétendu que l'apparition des queues courbes dans l'hypothèse de Cardan était inexplicable; toutefois, ni l'une ni l'autre de ces deux objections n'empêche les rayons solaires d'éprouver une concentration dans la nébulosité comme dans une lentille. Ce qu'il y aurait d'inexplicable, c'est qu'à chaque retour la même comète présente des aspects différents. A l'époque de Cardan, le nombre de faits connus sur les corps célestes était très-minime. Képler ignorait les propriétés de la lumière qui servent ici à démontrer géométriquement le mode de production de l'apparition de la courbure de la queue.

Dans les comètes, il faut distinguer les faits produits par les éléments de leur mouvement orbiculaire dont il s'agit ici. Le mouvement des corps célestes, comètes et météores, n'est que le résultat du mouvement du fluide barogène en équilibre rompu. Pour que le mouvement cesse dans une comète, il faut que le mouvement, dans des millions de météores, cesse; car une quantité $q$ de barogène en équilibre rompu ne peut être réduite en repos qu'au moyen d'une égale quantité de barogène se trouvant également en équilibre rompu, mais en sens opposé. Cet axiome de la mécanique a été suivi par Laplace et les autres calculateurs; ils l'ont appliqué cependant aux corps parce qu'ils ne connaissaient pas l'existence du barogène.

En se séparant des planètes, les comètes acquièrent pour éléments de leur mouvement orbiculaire une quantité $q$ de barogène en équilibre rompu. En se séparant de la masse empyrée, les météores acquièrent pour éléments de leur mouvement orbiculaire une quantité de barogène en équilibre rompu. La quantité Q de barogène en équilibre rompu de chaque orbite des météores resta invariable pendant des millions de siècles; ce n'est que depuis l'introduction des comètes dans l'espace parcouru par les météores que ceux-ci commencèrent à s'y rencontrer, de sorte qu'en y réduisant en *équilibre une quantité* $q$ de barogène, chaque météore perd toute la quantité $q$ de barogène des éléments de son mouvement orbiculaire. Réduit ainsi en repos, chaque météore n'obéit qu'à la poussée de la pesanteur, poussée exercée par le barogène B de l'espace, qui fait avancer le météore dans la direction dont il éprouve la poussée la plus faible.

C'est le corps central de chaque météore qui intercepte, au moyen du barogène **b** de chacun de ces diamètres, une égale quantité du barogène B affluant, et n'en laisse émerger que la différence B — **b**. C'est donc cette diminution de poussée de la part du corps central qu'on doit entendre par le mot *attraction* qu'on avait admis provisoirement en attendant la découverte de la cause réelle de la gravitation qui est exposée ici dans tous ses détails.

Parmi les météores que cette cause fait précipiter sur leur corps central, nous ne connaissons que ceux qui circulent autour de la Terre; la précipitation des météores s'opère dès que chacun d'eux vient de perdre la quantité $q$ de barogène en équilibre rompu composant les éléments de son mouvement orbiculaire.

§ 427. **Bolides et aérolithes.** — Les météores sont des amas volumineux des vésicules gelées de vapeur vides au milieu et d'un poids imperceptible; de sorte que leur chute est assez amortie par la résistance de l'air. Les détails des bolides sont exposés dans la section suivante. Je ne les ai rapportés ici que comme exemples et pour mieux faire comprendre l'amortissement du mouvement des comètes qui est en liaison directe avec eux. La chute des aérolithes est aussi produite par un semblable amortissement de leur mouvement orbiculaire. J'ai montré que les différentes durées de révolution des comètes ont pour cause les météores qui circulent dans les régions par lesquelles passent les orbites des comètes. Je rapporte les chutes des bolides et des aérolithes comme exemples de ces rencontres. Les diminutions des durées des révolutions des comètes indiquant le raccourcissement de leur grand axe de l'orbite conduisent à connaître la chute inévitable des comètes sur le Soleil. Il ne s'agit que de s'assurer si déjà quelques comètes y ont été précipitées ou si la chute ne commencera que par la comète la moins éloignée.

A. Preuve qu'aucune comète ne s'est précipitée sur le Soleil.

§ 428. Les comètes, n'étant que des atmosphères des planètes arrivées au Soleil, produiraient dans ses éclipses totales des effets correspondant à ceux produits par l'atmosphère terrestre dans les éclipses de la Lune. Les protubérances de couleur rouge indiquent une réfraction des rayons; mais si elle était le résultat d'une atmosphère, la hauteur de la couleur rouge serait égale, comme cela a lieu pour le crépuscule.

D'autre part, la comète de plus courte période ne peut faire une chute qu'à une époque où la durée de révolution deviendrait inférieure à celle de Mercure. De sorte qu'il faudrait d'abord que les durées de révolution des comètes périodiques devinssent de beaucoup inférieures à celles des durées de révolution des planètes leurs mères, et c'est à cette époque encore reculée que commencera la chute des comètes sur le Soleil.

**Multiplication future des comètes.** Avant que le mouvement orbiculaire des comètes de courte période soit parfaitement amorti, Mars, Jupiter et Saturne produiront des couples de comètes. Ainsi le nombre N actuel des comètes croîtra pour arriver à un maximum $N + N'$ à l'époque reculée $e$ où commencera sur le Soleil la chute des comètes ayant l'aphélie moins éloignée.

**Diminution du nombre des comètes.** A compter de l'époque $e$, il y aura dans un même laps de temps un plus grand nombre $N + a$ de comètes précipitées sur le Soleil que le nombre N des comètes produites par les planètes extérieures, dont les durées des périodes cométogoniques sont en raison inverse avec les densités des rayons solaires ou en raison directe avec les carrées des distances du Soleil.

B. Disparition des comètes dans l'espace.

§ 429. A une époque plus reculée $e'$, les quatre planètes extérieures termineront leurs périodes cométogoniques; à cette époque, toutes les comètes actuelles se trouveront précipitées sur le Soleil pour y former une atmosphère d'une densité proportionnelle à la pesanteur 28 fois plus grande sur la surface du Soleil que sur celle de la Terre.

Quand de nouvelles comètes auront ainsi cessé de se produire, le nombre de celles qui existeront à cette époque ira toujours en diminuant parce qu'elles se précipiteront sur le Soleil. Il faudra un très-grand laps de temps pour que l'on voie s'amortir le mouvement orbiculaire des comètes extérieures qui auront leur périhélie dans les intervalles entre les orbites des planètes extérieures.

L'amortissement du mouvement orbiculaire de la masse $\mu$ composant une comète, s'opère par l'amortissement du mouvement égal orbiculaire de millions de météores contenant une masse $\mu' + \mu$. Les membres de chaque famille de ces météores se précipitent sur leur corps central : 1° ceux qui circulent avec les satellites autour des planètes se précipitent sur les planètes; 2° ceux qui circulent autour du Soleil se précipitent sur cet astre; et les météores qui circulent avec le Soleil iront se précipiter sur le grand Soleil.

Pendant toute la longue durée de l'existence des comètes dans l'espace planétaire, les météores ne manqueront pas de se précipiter sur les planètes et sur le Soleil. Ainsi une grande partie de ces essaims de corps disparaîtra de l'espace simultanément avec le grand nombre des comètes. 1° Les planètes perdent une partie de l'eau qui s'en sépare en forme d'air; cette quantité d'eau perdue est ensuite en partie restituée par la quantité d'eau composant les bolides, car cette eau reste dans la Terre. 2° Le Soleil, au contraire, en recevant la quantité d'eau amenée avec les météores, reçoit en même temps les masses d'air séparé des planètes à la fin de chacune de leurs périodes cométogoniques.

**Fin des changements des éléments orbiculaires des corps du système planétaire.** Avant l'introduction des comètes dans l'espace planétaire, les essaims des météores étaient invariablement perpétuels; cette uniformité a été détruite dès que le premier couple d'atmosphères a été séparé de Mercure. La cessation de cette uniformité ayant pour cause l'existence des comètes, les choses ne pourraient revenir à leur ancien état d'uniformité si les comètes ne disparaissaient entièrement de l'espace planétaire.

A cette époque reculée la masse du Soleil se trouvera augmentée par une atmosphère composée de masse d'air des millions de fois plus grande que celle de notre atmosphère. L'accroissement du poids du Soleil par les masses d'air de même que par les météores serait cependant trop faible pour produire un dérangement dans les mouvements orbiculaires des planètes.

## VII. DES CHANGEMENTS PRODUITS DANS LES COMÈTES PAR LES MÉTÉORES.

§ 430. C'est dans les nébuleuses planétaires composées de jets de masse empyrée que les amas de météores étant éclairés par cette masse deviennent visibles. Notre système planétaire, il y des millions de siècles, était une nébuleuse pareille; la masse empyrée de chaque jet a éprouvé des séries de changements, tandis que les météores n'en ont éprouvé aucun jusqu'à l'époque où a commencé la séparation des atmosphères ou des atmoaérocylindres des planètes, pour passer dans l'espace continuant de circuler autour du Soleil, sur des orbites non isolés mais passant par ceux des météores, des planètes et des autres comètes.

Les météores ayant été produits par des molécules matérielles de masse empyrée, 1° du Soleil, 2° des planètes, ou 3° des satellites, circulent sur des orbites peu éloignés de celui du corps qui les a produits. C'est depuis que les atmoaérocylindres se sont séparés des planètes que les météores ont commencé à se rencontrer avec eux. Il en est résulté un amortissement de mouvement dans les météores et dans les comètes.

L'effet d'un tel amortissement n'est que le raccourcissement, 1° de l'orbite, et 2° de la durée de la révolution. Mais les météores n'ont que le mouvement orbiculaire, tandis que les molécules d'air et de vapeur des comètes, en circulant autour du Soleil, tournent autour d'un espace vide axial de même que les molécules de l'atmosphère tournent, et qui ne cesseraient pas de tourner quand même elles seraient séparées de la Terre.

Lors donc que les comètes se heurtent contre des essaims de météores, ceux-ci doivent perdre une quantité $q$ de mouvement pour détruire une égale quantité de mouvements de la comète; mais celle-ci, en perdant une quantité $q'$ de mouvements orbiculaires, ne doit pas en même temps perdre une quantité $q''$ de mouvement rotatoire, parce que les météores n'ont pas ce mouvemeent.

Les nébuleuses planétaires ont la forme d'une meule d'une épaisseur considérable. C'est dans ce même espace que circulent actuellement les météores; mais les plans des orbites des comètes ne sont pas distribués de façon qu'il résulte de leur ensemble un espace en forme de meule; mais l'ensemble des plans orbiculaires des comètes produirait une forme sphérique.

Depuis que les atmoaérocylindres se sont séparés de leurs planètes pour se transformer en comètes circulant sur des orbites passant par ceux des essaims de météores, chacune de ces comètes, dans chacune de ses révolutions, se heurte avec des essaims différents de météores. Il en résulte une perte de mouvements, ainsi que des heurts avec les planètes ou avec les comètes.

En perdant le mouvement orbiculaire en quantités supérieures, quelques-unes des comètes ont été réduites, 1° à terminer leur révolution dans un petit nombre d'années, et 2° à perdre leur espace vide axial, ce qui a occasionné la disparition du noyau des comètes ainsi déformées. Par leurs rencontres avec les planètes, les molécules d'air pur sont entraînées dans l'espace occupé par le mélange d'air et de vapeur qui se présente comme nébulosité.

Sans avoir rien perdu de leurs molecules primitives, les comètes à courtes périodes ont changé. Une grande partie du mouvement rotatoire des molécules étant venue à se supprimer, 1° l'espace vide axial dont l'extrémité postérieure se présentait comme noyau a disparu; 2° il s'est mêle une quantité d'air pur avec celui soutenant la vapeur; cet air a fait augmenter le volume de la nébulosité et diminuer la densité de la vapeur; la quantité de lumière réfléchie sans diminuer s'est raréfiée; les comètes sont devenues invisibles à l'œil nu; 3° par la concentration de ces rayons raréfiés, les météores de l'espace ne sont plus suffisamment éclairés pour apparaître en forme de queue.

Les positions des plans des orbites des comètes à courtes périodes ont fait voir que de fréquents chocs avec les planètes ont lieu dans ces régions; au contraire, les comètes à longues périodes circulent sur des orbites qui passent par des régions moins fréquentées par les planètes. Il n'y a aucun orbite cométaire qui ne coupe des millions d'orbites de météores; chacune des comètes a donc éprouvé un raccourcissement 1° de la longueur du grand axe de son orbite, et 2° de la durée de sa révolution, raccourcissement analogue, 1° à la quantité des orbites des météores rencontrés, et 2° à l'âge de chaque comète, dont les plus anciennes ont déjà accompli un plus grand nombre de révolutions que celles postérieures.

### VIII. OPINION DES ASTRONOMES SUR LA PRODUCTION DE LA QUEUE DES COMÈTES.

§ 431. Ne possédant d'autres données que les faits obtenus par les observations, les astronomes se sont bornés à coordonner ces faits pour en déduire la loi de leur production. Ne connaissant ni l'origine des comètes ni les éléments matériels dont elles sont composées, les astronomes des siècles passés ignoraient aussi la vitesse de la lumière et sa polarisation, ils n'ignoraient pas le mode de production des couleurs par la réfraction des rayons, mais en supposant aux corps célestes une forme sphérique, ils ne pouvaient saisir le mode de ces réfractions des rayons, surtout dans les comètes dont plusieurs ont présenté des couleurs différentes.

De nos jours, les astronomes ne pouvant trouver aucune explication plausible du mode de production de la queue, croient que le nombre de faits nécessaires à cette démonstration n'est pas encore suffisant, et que ces faits, coordonnés, feraient apparaître la loi physique d'après laquelle la queue des comètes se produit, et surtout la forme fréquemment convexe du côté de l'avancement de la comète.

J'ai prouvé qu'avant la découverte de la vitesse de la lumière l'explication de la courbure de la queue aurait été impossible; maintenant cette courbure se présente comme un effet direct de la vitesse de la lumière; elle y trouve son explication géométrique, sans cependant qu'on y découvre en même temps l'origine des corps réfléchissant la lumière pour que la queue apparaisse.

#### A. DIFFÉRENTES HYPOTHÈSES PROPOSÉES POUR L'EXPLICATION DE LA QUEUE DES COMÈTES.

§ 432. On peut ranger les hypothèses en deux classes. 1° Dans l'une, on suppose que les comètes ne sont que des espèces de lentilles qui concentrent les rayons solaires pour éclairer une partie de l'espace et rendre visibles les corps qui s'y trouvent. 2° Dans l'autre, on admet que c'est la matière extrêmement raréfiée de la comète qui en est repoussée par les rayons solaires. Dans la seconde hypothèse, pour expliquer la convexité de queue, on admet une matière éthérée dans l'espace.

Les rayons solaires passant par une lentille de verre ou par une boule d'eau en éprouvent des réfractions convergentes pour aller se croiser au *foyer*, et ils s'en éloignent ensuite sous *forme de photocône* pour aller éclairer les corps invisibles, comme le fait une lanterne sourde pendant la nuit en éclairant les corps ambiants.

I. Cardan a proposé de considérer la nébulosité des comètes comme de grosses lentilles dans lesquelles les rayons solaires éprouvent en passant des réfractions convergentes pour aller se croiser au foyer et de là se propager ensuite en directions divergentes pour éclairer cette région de l'espace. Les corps invisibles le jour deviendraient visibles la nuit à la lumière ainsi concentrée.

Ne connaissant pas l'existence des essaims de météores, Cardan a cru que c'étaient les molécules du fluide nommé *éther*, lesquelles deviennent visibles par la réflexion de la lumière. On ne doit pas s'étonner qu'il y a trois siècles Cardan ait attribué à un tel fluide la propriété de réfléchir la lumière, lorsqu'on voit que de nos jours, pour expliquer le crépuscule, les astronomes disent que l'air pur réfléchit les rayons quoiqu'il soit parfaitement transparent.

Tycho a trouvé dans cette hypothèse de Cardan une explication plausible du mode de production de la queue des comètes. Képler l'a aussi approuvée, *mais n'y trouvant pas* le mode de production de la courbure de la queue, il y a renoncé.

II. Ainsi, on a abandonné l'hypothèse de Cardan, qui cependant était la moins éloignée de la vérité, et depuis cette époque personne ne s'en est plus occupé; la queue a été considérée jusqu'à présent comme un appendice de la tête. Képler dit : 1° que les queues sont formées d'une matière faisant partie intrinsèque du corps de la comète, et 2° que les rayons solaires transportent cette matière par leurs impulsions dans la région opposée au Soleil.

Pour expliquer comment, dans certains cas, la queue se présente courbée et éloignée du prolongement du rayon vecteur de la comète, Riccioli supposait celle-ci entourée d'orbes transparents, concentriques, de différentes densités, et dont elle n'occupait pas le centre. Newton et Euler ont approuvé cette explication.

En se fondant sur la remarque que les queues des comètes atteignent leur maximum de longueur après leur passage par le périhélie, Newton a attribué la production de ce phénomène à la chaleur solaire. Il a supposé que les queues n'étaient autre chose qu'une vapeur extrêmement rare qu sortait de leur tête ou du noyau de la comète. Dans cette hypothèse de Newton et dans la précédente de Cardan, on ne trouve pas l'explication, 1° des queues multiples, et 2° de la susdite courbure qu'elles offrent.

Gregory imagina une théorie pour compléter les hypothèses exposées; cette théorie a été adoptée par Pingré. Laplace, Delambre et aujourd'hui par Faye et autres. On y fait agir les rayons solaires par impulsion sur la vapeur légère détachée du corps de la comète par la chaleur du Soleil. Cette théorie, de même que les précédentes, ne donne aucune explication des queues multiples et de leur courbure.

On peut ranger dans la même catégorie l'hypothèse d'Oliver, qui attribue la formation de la queue à une action répulsive que l'atmosphère solaire exercerait sur les atmosphères des comètes qui viennent se mêler entre elles ou seulement s'en approcher.

Bénédic Prévôt suppose : 1° que les comètes sont entourées d'une atmosphère dont le diamètre est double de la longueur de la queue; 2° que cette atmosphère contient un liquide et même de l'eau en dissolution, et que là où la température diminue, il y a précipitation d'eau et formation de nuages réfléchissant la lumière comme dans l'atmosphère terrestre. La queue de la comète ne serait, dans ce système, que la région dans laquelle, par l'effet d'une diminution de température, les nuages auraient été formés dans l'atmosphère primitive de la comète. Les faits en question, 1° *multiplicité des queues*, et 2° leur courbure, ne trouvent dans ce système aucune explication; ainsi il doit passer dans la catégorie des précédentes théories.

En résumé, il ne me reste plus qu'à mentionner ici l'hypothèse émise dernièrement par Liais. De même que les faits atmosphériques et les faits physiologiques sont reconnus d'origine électrique, de même ce dernier astronome a attribué à l'électricité de la surface du Soleil la poussée répulsive exercée sur l'électricité homonyme de la matière du noyau et de la nébulosité. Il s'y opère donc une décomposition de l'électricité neutre $q\bar{E}\bar{E}$; l'électricité hétéronyme reste du côté du Soleil, et l'électricité homonyme en est repoussée dans la direction du prolongement du rayon vecteur. C'est donc cette électricité qui doit entraîner la matière qui la supporte pour aller former la queue.

Je discute en détail cette théorie à cause du grand nombre de détails qu'elle comporte et en même temps parce que ces détails y sont bien exposés. Quant à l'action répulsive électrique exercée de la part du Soleil par la décomposition de l'électricité neutre de la matière cométaire, Liais l'explique au moyen de l'expérience d'un conducteur isolé et fortement électrisé qui décompose l'électricité neutre d'un autre conducteur, lequel acquiert l'électricité hétéronyme du côté du conducteur électrisé, et l'électricité homonyme à celle de ce conducteur passe à l'extrémité éloignée du conducteur approché également isolé.

Liais a fait beaucoup d'observations très-exactes sur la lumière polarisée ; ce serait être injuste envers lui que d'attribuer à son ignorance ce qui n'est que le résultat d'un oubli. L'expérience mentionnée n'est pas applicable aux comètes, car elle ne réussit que dans le cas où l'on opère dans l'air. Si le Soleil et les comètes se trouvaient dans un espace occupé par l'air, la comparaison serait applicable.

En opérant dans le vide, il est impossible d'obtenir un conducteur isolé chargé d'électricité ; le Soleil se trouvant donc dans le vide peut par sa chaleur produire un développement de thermoélectricité, mais dans le vide il ne peut pas rester chargé d'électricité. En admettant même une atmosphère autour du Soleil qui empêcherait l'éloignement de son électricité, il est impossible qu'il en résulte une poussée exercée sur la comète à travers l'espace vide. Les auteurs commettent fréquemment de pareils oublis, ce qui est dû à l'habitude qu'on prend dans sa jeunesse de raisonner sur des mots abstraits sans les mettre toujours en rapport avec les sentiments des objets indiqués par les mots. Telle est la cause des difficultés que de pareils lecteurs rencontrent dans mes ouvrages.

### B. MODE DE PRODUCTION DES QUEUES DES COMÈTES.

§ 433. Les nombreuses opinions que j'ai exposées ne sont pas de nature à rendre compte du mode de production des détails observés sur les queues des comètes ; l'opinion de Cardan a été rejetée parce qu'elle ne rend pas compte du mode de production de la courbure des queues. A cette époque, on n'avait pas les connaissances nécessaires pour arriver à ce but ; on ignorait que les ondes de lumière parcourent 77000 lieues par seconde. Quand, deux siècles plus tard, Roemer découvrit cette vitesse, personne ne se rappela l'opinion de Cardan pour expliquer la courbure des queues des comètes.

Il en a été de même pour l'opinion de Gallet, d'Avignon, sur le mode de production optique des anneaux de Saturne, opinion très-juste réfutée cependant par Huyghens pour y substituer une série d'hypothèses, lesquelles étant fausses ne sont plus suffisantes pour rendre compte des faits observés.

Le plus grand obstacle qui s'est opposé au progrès des sciences physiques et naturelles a été apporté par les chimistes, qui ont révoqué en doute l'existence de l'*exaérose* de l'eau et de l'*exhydatose* de l'air, sous le seul prétexte qu'ils sont hors d'état de décomposer le double atome d'azote en trois atomes d'eau et un atome d'hydrogène.

Au temps de Cardan, on ne pouvait expliquer la courbure des queues des comètes, mais depuis la découverte de Roemer cette forme est devenue un fait d'optique servant à prouver géométriquement le mode de production des queues des comètes qui continuent leur mouvement orbiculaire; car si elles étaient immobiles ou si leur plan orbiculaire passait par le plan zénithal de l'observateur, l'apparition d'une courbure serait impossible.

Pour que la queue paraisse courbe, il faut que le plan de l'orbite de la comète s'éloigne du plan zénithal de l'observateur et que l'intensité de la lumière du photocône soit assez grande pour éclaircir les essaims de météores éloignés et pour les rendre visibles pendant la nuit.

I. Le mode de production de la courbure des queues correspond à la vitesse de la lumière et sert à montrer la distance des météores devenus visibles.

II. La subdivision de la queue correspond aux déplacements des molécules opérés dans la forme ovalaire à cause de la pesanteur et de la température.

III. La forme de la queue dépend des essaims de météores répandus dans l'espace éclairé.

# CHAPITRE PREMIER.

## CATALOGUE DES COMÈTES ET LEUR CLASSIFICATION D'APRÈS LES ÉLÉMENTS ORBICULAIRES.

§ 434. Les planètes et les comètes circulent sur des orbites elliptiques autour du Soleil, par lequel passent les plans de tous les orbites et le plan de l'écliptique ; ce dernier plan est considéré comme un plan fixe servant à établir tous ceux des orbites planétaires et des orbites cométaires. Tous les orbites coupent par leur plan le plan de l'écliptique, et par leur périphérie prolongée la périphérie de l'écliptique, en deux points diamétralement opposés nommés *nœuds*, et indiqués par les signes ☊, ☋.

Pour déterminer ces nœuds, la périphérie de l'écliptique est divisée en degrés, minutes et secondes ; on choisit pour point de départ celui de la rencontre de cette périphérie de l'écliptique avec la périphérie de l'équateur terrestre du plan prolonge de la Terre dans l'espace. Les deux points de rencontre des périphéries sont nommés *points d'équinoxes ;* ils sont indiqués par les signes ♈, ♎, parce que quand le Soleil y est projeté nous avons le jour d'équinoxe. Quoique le point ♈ se déplace les anciens astronomes Timocharis, Hipparque, etc., sont convenus de prendre ce point ♈ pour point de départ des subdivisions dans la périphérie de l'écliptique. Les astronomes modernes ont adopté la même voie en indiquant l'époque à cause de la précession.

Des deux points de rencontre du plan de l'orbite d'une comète avec la périphérie de l'écliptique, 1° le moins éloigné du point ♈ de l'équinoxe du printemps est le *nœud ascen-*

*dant*, indiqué par le signe ☊ ; 2° le point le plus éloigné de cet équinoxe ♈ est le *nœud descendant* indiqué par le signe ☋. La distance angulaire ☊☉♈ ou l'arc ☊♈, est la *longitude des comètes*, et ☉♈ est la longitude du Soleil, tandis que la longitude de la Terre est ☉♈ + 180, parce que la Terre est considérée comme immobile.

Pour déterminer la position du plan d'un orbite cométaire, on doit trouver par l'observation, 1° la longitude du nœud ☊; 2° l'inclinaison du plan de l'orbite de la comète sur celui de l'écliptique; 3° la longitude du périhélie; 4° la distance *linéaire* entre le périhélie et le Soleil; 5° enfin le mouvement de la comète, qui peut être direct ou rétrograde.

Depuis notre ère jusqu'au seizième siècle, on avait observé 407 comètes à l'œil nu; depuis la découverte du télescope, il y a eu augmentation du nombre des comètes, dont plusieurs sont télescopiques. Des 407 comètes apparues jusqu'au seizième siècle, on n'a pu faire le calcul que des 38 qui entrent dans le catalogue. Jusqu'en 1863, le nombre des comètes des orbites calculés s'est élevé à 232; dix ans avant, en 1853, ce nombre n'était que de 197 : ainsi, dans ce court espace de temps de dix ans, on a découvert 35 nouvelles comètes.

**Usage du catalogue.** Une comète s'étant montrée en 1682, Halley en détermina les éléments paraboliques et trouva :

| Inclinaison. | Longitude du nœud. | Longitude du périhélie. | Distance du périhélie. | Sens du mouvement. |
|---|---|---|---|---|
| 17° 42′ | 50° 48′ | 301° 36′ | 0,58 | rétrograde. |

Pour la comète de 1607, Képler avait trouvé les éléments

| | | | | |
|---|---|---|---|---|
| 17 2 | 50 21 | 302 16 | 0,58 | rétrograde. |

D'après les observations d'Apian d'une comète de 1531, Halley trouva les éléments

| | | | | |
|---|---|---|---|---|
| 27 56 | 49 25 | 301 39 | 0,58 | rétrograde. |

De l'identité des éléments des trois comètes et de l'égalité des intervalles de 76 ans qui séparaient leur apparition, Halley n'hésita pas à reconnaître que c'est une seule et même comète qui termine sa révolution autour du Soleil en 76 ans; il prédit son retour pour 1759 ou 1758 : la comète revint en effet à cette époque; elle a même apparu de nouveau en 1835. La durée de 76 ans de la révolution et le rapport entre cette durée et la distance moyenne $a$ entre la comète et le Soleil a fait déterminer pour cette distance

$$a = \sqrt[3]{76^2} \quad \text{et l'ellipse} \quad a^2y^2 + b^2x^2 = a^2b^2.$$

§ 435. Il s'était écoulé plus de deux siècles depuis Halley jusqu'en 1819 lorsque Encke démontra que la comète télescopique découverte par Pons le 26 novembre 1818 était déjà apparue, et qu'elle réapparaîtrait au bout de 3 ans 3 mois, en 1821, bien qu'il n'y eût pas d'élément correspondant dans le catalogue des comètes de 1815, 1812, 1808. Dans ce cas, l'existence du catalogue serait plutôt une source d'embarras que d'avantages.

Cette nouvelle méthode pour découvrir la périodicité des comètes directement par la longueur de l'arc décrit de la comète contribua beaucoup à la multiplication des comètes périodiques, dont plusieurs étaient apparues déjà plus de deux fois; celles qui terminent leur révolution en un espace de temps plus long reviendront dans les siècles futurs. La durée de leur révolution ainsi déterminée n'offre cependant pas une certitude aussi grande que celle que donnent les comètes de courtes périodes; car pendant leur visibilité, les comètes ne décrivent que l'arc du sommet de l'ellipse qui diffère peu de celui de la parabole dans le cas où il ne s'étend pas au delà du paramètre.

La comète de Donati, observée pendant 175 jours, a décrit un arc qui ne présente pas une courbe de section conique. Au lieu de rechercher l'origine de ce manque d'exactitude dans leur fausse hypothèse sur la forme des comètes, supposée sphérique tandis qu'elle est ovalaire, les astronomes ont admis inconsidérément que leurs observations étaient entachées d'erreurs, et c'est ainsi qu'ils sont parvenus à obtenir, au moyen des modifications arbitraires introduites dans le calcul, des résultats indiquant 20 à 25 siècles pour la durée de la révolution.

Quelques astronomes français, tels que Faye, Liais et autres, ont cru qu'il fallait prendre en considération la matière contenue dans la queue, et que par conséquent au lieu de considérer le centre du noyau comme centre de gravité de la comète, il fallait admettre que ce centre était entre le centre du noyau et le milieu de la queue. Cependant par cette hypothèse on parvint à augmenter l'erreur au lieu de l'atténuer. Je démontre ici : 1° que la queue n'est que le résultat du photocône produit par la masse atmosphérique de forme ovalaire; 2° que le noyau n'est que l'extrémité postérieure de l'espace vide axial ; 3° enfin que le centre de gravité se trouve entre le centre du noyau et le sommet de l'ovalaire. Il y a donc des erreurs qu'il ne faut pas attribuer aux observations, mais à l'hypothèse de la place qu'occupe le centre de gravité.

La forme ovalaire de la comète de Halley et sa rotation ont présenté les dimensions trouvées au Cap par John Herschel, le 25 janvier 1836 ; il a trouvé pour les diamètres de la tête :

| | |
|---|---|
| Dans le sens de l'ascension droite. . . . . . | 229",4 |
| Dans le sens de la déclinaison. . . . . . . . . | 237 ,3 |

et deux heures plus tard :

| | |
|---|---|
| Dans le sens de l'ascension droite. . . . . . | 196",7 |
| Dans le sens de la déclinaison. . . . . . . . . | 252 ,7 |

Les observations très-exactes de l'astronome d'Athènes faites sur plusieurs comètes ont fait connaître l'existence d'une périodicité, 1° des formes des secteurs, 2° des positions de la direction de l'axe de la queue, 3° des changements de position des branches de la queue. L'énorme accroissement du corps de la comète dans un espace de deux heures ne fut pas dû seulement à sa forme ovalaire, mais aussi à la rotation de l'axe de ce corps autour du rayon vecteur, sur lequel reste toujours fixée l'extrémité inférieure $e$ de cet axe formant l'angle $\gamma$. Le corps ovalaire avec l'extrémité supérieure $e'$ de l'axe décrit des hélices autour du rayon vecteur ; cette extrémité $e'$ est le point de l'espace axial vide qui livre passage aux rayons solaires et qui, par cette raison, se présente comme un point limité possédant une lumière solaire, tandis que la chevelure, d'une superficie des millions de fois plus grande que celle du noyau, a une lumière réfléchie comparable à celle de la Lune et des planètes. Cet état des comètes, découvert par Julius Schmidt, sera exposé plus bas dans tous ses détails.

*Catalogue des comètes calculées.*

| N° d'ordre. | ANNÉES. | PASSAGE au périhélie. | INCLINAISON. | LONGITUDE du nœud. | LONGITUDE du périhélie. | DISTANCE du périhélie. | SENS du mouvement. |
|---|---|---|---|---|---|---|---|
| | Avant J.-C. | | | | | | |
| 1 | 136 | 20 avril. | 20° 0' | 220° 0' | 230° 0' | 1,01 | R. |
| | Après J.-C. | | | | | | |
| 2 | 66 | 14 janv. | 40 30 | 32 40 | 325 0 | 0,44 | R. |
| 3 | 141 | 29 mars. | 17 0 | 12 50 | 251 55 | 0,72 | R. |
| 4 | 240 | 9 nov. | 44 0 | 189 0 | 271 0 | 0,37 | D. |
| 5 | 539 | 20 octob. | 10 0 | 58 0 | 313 30 | 0,34 | D. |
| 6 | 565 | 11 juill. | 62 0 | 158 45 | 84 0 | 0,89 | R. |
| 7 | 568 | 29 août. | 4 8 | 294 15 | 318 35 | 0,91 | D. |
| 8 | 574 | 7 avril. | 46 31 | 128 17 | 143 30 | 0,96 | D. |
| 9 | 770 | 6 juin. | 61 49 | 90 50 | 357 7 | 0,64 | R. |
| 10 | 837 | 28 févr. | 11 0 | 206 33 | 289 3 | 0,58 | R. |
| 11 | 961 | 30 déc. | 79 33 | 350 35 | 268 3 | 0,55 | R. |
| 12 | 989 | 11 sept. | 17 0 | 84 0 | 264 0 | 0,57 | R. |
| 13 | 1006 | 1er avril. | 17 0 | 25 50 | 264 55 | 0,72 | R. |
| 14 | 1092 | 15 févr. | 28 55 | 125 40 | 156 20 | 0,93 | D. |
| 15 | 1097 | 21 sept. | 73 30 | 207 30 | 332 30 | 0,74 | D. |
| 16 | 1231 | 30 janv. | 6 5 | 13 30 | 134 48 | 0,95 | D. |
| 17 | 1264 | 15 juill. | 30 25 | 175 30 | 272 30 | 0,43 | D. |
| 18 | 1299 | 31 mars. | 68 57 | 107 8 | 3 20 | 0,32 | R. |
| 19 | 1301 | 23 oct. | 13 0 | 138 0 | 312 0 | 0,64 | R. |
| 20 | 1337 | 15 juin. | 40 28 | 93 1 | 2 20 | 0,83 | R. |
| 21 | 1362 | 11 mars. | 21 0 | 249 0 | 219 0 | 0,46 | R. |
| 22 | 1385 | 16 oct. | 52 15 | 268 31 | 101 47 | 0,774 | R. |
| 23 | 1433 | 4 nov. | 79 1 | 133 40 | 281 2 | 0,35 | R. |
| 24 | 1457 | 3 sept. | 20 20 | 256 0 | 92 48 | 2,10 | D. |
| 25 | 1468 | 7 oct. | 44 10 | 61 15 | 358 3 | 0,85 | R. |
| 26 | 1472 | 18 févr. | 1 55 | 207 32 | 48 3 | 0,54 | R. |

| Nos d'ordre. | ANNÉES. | PASSAGE au périhélie. | INCLI-NAISON. | | LONGITUDE du nœud. | | LONGITUDE du périhélie. | | DISTANCE du périhélie. | SENS du mouvement. |
|---|---|---|---|---|---|---|---|---|---|---|
| 27 | 1490 | 24 déc. | 51° | 37′ | 288° | 45′ | 58° | 41′ | 0,738 | D. |
| 28 | 1506 | 3 sept. | 45 | 1 | 132 | 50 | 250 | 37 | 0,381 | R. |
| 29 | 1532 | 19 oct. | 42 | 27 | 119 | 8 | 135 | 44 | 0,51 | D. |
| 30 | 1556 | 22 avril. | 30 | 12 | 175 | 26 | 274 | 14 | 0,50 | D. |
| 31 | 1558 | 10 août. | 73 | 29 | 332 | 36 | 329 | 49 | 0,58 | R. |
| 32 | 1577 | 26 oct. | 75 | 10 | 25 | 20 | 129 | 42 | 0,18 | R. |
| 33 | 1580 | 28 nov. | 64 | 52 | 19 | 8 | 109 | 12 | 0,59 | D. |
| 34 | 1582 | 6 mai. | 61 | 28 | 231 | 7 | 245 | 23 | 0,23 | R. |
| 35 | 1585 | 8 oct. | 6 | 5 | 37 | 44 | 9 | 16 | 1,09 | D. |
| 36 | 1590 | 8 fév. | 29 | 41 | 165 | 31 | 216 | 54 | 0,57 | R. |
| 37 | 1593 | 18 juill. | 87 | 58 | 164 | 15 | 176 | 19 | 0,089 | D. |
| 38 | 1596 | 23 juill. | 52 | 48 | 335 | 39 | 274 | 14 | 0,566 | R. |
| 39 | 1618 | 17 août. | 21 | 28 | 293 | 25 | 318 | 20 | 0,513 | D. |
| 40 | 1618 | 8 nov. | 37 | 11 | 75 | 44 | 3 | 6 | 0,39 | D. |
| 41 | 1652 | 12 nov. | 79 | 28 | 88 | 10 | 28 | 19 | 0,85 | D. |
| 42 | 1661 | 26 janv. | 33 | 1 | 81 | 54 | 115 | 16 | 0,44 | D. |
| 43 | 1664 | 4 déc. | 21 | 18 | 81 | 14 | 130 | 41 | 1,03 | R. |
| 44 | 1665 | 24 avril. | 76 | 5 | 228 | 2 | 71 | 54 | 0,11 | R. |
| 45 | 1668 | 28 fév. | 35 | 58 | 357 | 17 | 277 | 2 | 0,005 | R. |
| 46 | 1672 | 1er mars. | 83 | 22 | 297 | 30 | 46 | 59 | 0,70 | D. |
| 47 | 1677 | 6 mai. | 79 | 3 | 236 | 49 | 137 | 37 | 0,28 | R. |
| 48 | 1678 | 18 août. | 2 | 52 | 161 | 20 | 322 | 48 | 1,14 | D. |
| 49 | 1680 | 17 déc. | 60 | 39 | 272 | 10 | 262 | 49 | 0,006 | D. |
| 50 | 1683 | 12 juill. | 83 | 48 | 173 | 18 | 86 | 31 | 0,56 | R. |
| 51 | 1684 | 8 juin. | 65 | 49 | 268 | 15 | 238 | 52 | 0,96 | D. |
| 52 | 1686 | 16 sept. | 31 | 22 | 350 | 35 | 77 | 1 | 0,33 | D. |
| 53 | 1689 | 1er déc. | 69 | 17 | 323 | 45 | 263 | 45 | 0,017 | R. |
| 54 | 1695 | 9 nov. | 22 | 0 | 216 | 0 | 60 | 0 | 0,843 | D. |
| 55 | 1698 | 18 oct. | 11 | 46 | 267 | 44 | 270 | 51 | 0,691 | R. |
| 56 | 1699 | 13 janv. | 69 | 20 | 321 | 46 | 212 | 31 | 0,744 | R. |
| 57 | 1701 | 17 oct. | 41 | 39 | 298 | 41 | 133 | 41 | 0,59 | R. |
| 58 | 1702 | 13 mars. | 4 | 25 | 188 | 59 | 138 | 47 | 0,65 | D. |
| 59 | 1706 | 30 janv. | 55 | 14 | 13 | 12 | 72 | 29 | 0,43 | D. |
| 60 | 1707 | 11 déc. | 88 | 36 | 52 | 47 | 79 | 55 | 0,86 | D. |
| 61 | 1718 | 14 janv. | 31 | 8 | 127 | 55 | 121 | 49 | 1,025 | R. |
| 62 | 1723 | 27 sept. | 50 | 0 | 14 | 14 | 42 | 53 | 0,999 | R. |
| 63 | 1729 | 12 juin. | 77 | 5 | 310 | 38 | 320 | 27 | 4,043 | D. |
| 64 | 1737 | 30 janv. | 18 | 21 | 226 | 22 | 325 | 55 | 0,22 | D. |
| 65 | 1737 | 8 juin. | 39 | 14 | 124 | 54 | 262 | 37 | 0,867 | D. |
| 66 | 1739 | 17 juin. | 55 | 43 | 207 | 25 | 102 | 39 | 0,673 | R. |
| 67 | 1742 | 8 fév. | 66 | 59 | 186 | 38 | 217 | 35 | 0,766 | R. |
| 68 | 1743 | 8 janv. | 1 | 54 | 86 | 54 | 93 | 20 | 0,862 | D. |
| 69 | 1743 | 20 sept. | 45 | 48 | 5 | 16 | 246 | 34 | 0,522 | R. |
| 70 | 1744 | 1er mars. | 47 | 9 | 45 | 46 | 197 | 13 | 0,222 | D. |
| 71 | 1746 | 15 fév. | 6 | 0 | 335 | 0 | 140 | 0 | 0,95 | D. |
| 72 | 1747 | 3 mars. | 79 | 6 | 147 | 19 | 277 | 2 | 2,199 | R. |
| 73 | 1748 | 28 avril. | 85 | 28 | 232 | 52 | 215 | 23 | 0,840 | R. |
| 74 | 1748 | 18 juin. | 67 | 3 | 33 | 8 | 278 | 47 | 0,625 | D. |
| 75 | 1757 | 21 oct. | 12 | 50 | 214 | 13 | 122 | 58 | 0,337 | D. |
| 76 | 1758 | 11 juin. | 68 | 19 | 230 | 50 | 267 | 38 | 0,215 | D. |
| 77 | 1759 | 27 nov. | 78 | 59 | 139 | 39 | 53 | 24 | 0,798 | D. |
| 78 | 1759 | 16 déc. | 4 | 51 | 79 | 51 | 138 | 24 | 0,966 | R. |
| 79 | 1762 | 28 mai. | 85 | 38 | 348 | 33 | 104 | 2 | 1,009 | D. |
| 80 | 1763 | 1 nov. | 72 | 34 | 356 | 18 | 84 | 57 | 0,498 | D. |
| 81 | 1764 | 12 fév. | 52 | 54 | 120 | 5 | 15 | 15 | 0,555 | R. |
| 82 | 1766 | 17 fév. | 40 | 50 | 244 | 11 | 143 | 15 | 0,505 | R. |
| 83 | 1766 | 26 avril. | 8 | 2 | 74 | 11 | 251 | 13 | 0,399 | D. |
| 84 | 1769 | 7 oct. | 40 | 46 | 175 | 4 | 144 | 11 | 0,123 | D. |

| N° d'ordre. | ANNÉES. | PASSAGE au périhélie. | INCLINAISON. | LONGITUDE du nœud. | LONGITUDE du périhélie. | DISTANCE du périhélie. | SENS du mouvement. |
|---|---|---|---|---|---|---|---|
| 85 | 1770 | 14 août. | 1° 35' | 131° 59' | 356° 10' | 0,676 | D. |
| 86 | 1770 | 22 nov. | 31 26 | 108 42 | 208 23 | 0,528 | R. |
| 87 | 1771 | 19 avril. | 11 16 | 27 52 | 104 3 | 0,903 | D. |
| 88 | 1773 | 5 sept. | 61 14 | 121 5 | 75 11 | 1,127 | D. |
| 89 | 1774 | 15 août. | 83 20 | 180 45 | 317 28 | 1,433 | D. |
| 90 | 1779 | 4 janv. | 32 31 | 25 40 | 87 14 | 0,713 | D. |
| 91 | 1780 | 30 sept. | 54 23 | 123 41 | 246 36 | 0,096 | R. |
| 92 | 1780 | 28 nov. | 72 3 | 141 1 | 246 52 | 0,515 | R. |
| 93 | 1781 | 7 juil. | 81 43 | 83 1 | 239 14 | 0,776 | D. |
| 94 | 1781 | 29 nov. | 27 13 | 77 23 | 16 3 | 0,961 | R. |
| 95 | 1783 | 19 nov. | 47 43 | 55 12 | 42 32 | 1,495 | D. |
| 96 | 1784 | 21 janv. | 51 9 | 56 49 | 80 44 | 0,708 | R. |
| 97 | 1785 | 27 janv. | 70 14 | 264 12 | 109 52 | 1,143 | D. |
| 98 | 1785 | 8 avril. | 87 32 | 64 34 | 297 29 | 0,427 | R. |
| 99 | 1786 | 7 juill. | 50 54 | 194 23 | 159 26 | 0,410 | D. |
| 100 | 1787 | 10 mai. | 48 16 | 106 52 | 7 44 | 0,349 | R. |
| 101 | 1788 | 10 nov. | 12 28 | 156 57 | 99 8 | 1,063 | R. |
| 102 | 1788 | 20 nov. | 64 30 | 352 24 | 22 50 | 0,757 | D. |
| 103 | 1790 | 15 janv. | 31 0 | 176 0 | 60 15 | 0,75 | R. |
| 104 | 1790 | 28 janv. | 56 58 | 267 9 | 111 45 | 1,063 | D. |
| 105 | 1790 | 21 mai. | 63 52 | 33 11 | 273 43 | 0,798 | R. |
| 106 | 1792 | 13 janv. | 39 47 | 190 46 | 36 30 | 1,293 | R. |
| 107 | 1792 | 27 déc. | 49 2 | 283 15 | 135 59 | 0,966 | R. |
| 108 | 1793 | 4 nov. | 60 21 | 108 29 | 228 42 | 0,403 | R. |
| 109 | 1793 | 28 nov. | 51 31 | 2 0 | 71 54 | 1,495 | D. |
| 110 | 1796 | 2 avril. | 64 54 | 17 2 | 192 44 | 1,578 | R. |
| 111 | 1797 | 9 juill. | 50 41 | 329 16 | 49 27 | 0,527 | R. |
| 112 | 1798 | 4 avril. | 43 52 | 122 9 | 104 19 | 0,485 | D. |
| 113 | 1798 | 31 déc. | 42 26 | 249 30 | 34 27 | 0,779 | R. |
| 114 | 1799 | 7 sept. | 50 56 | 99 33 | 3 40 | 0,840 | R. |
| 115 | 1799 | 25 déc. | 77 2 | 326 40 | 190 20 | 0,626 | R. |
| 116 | 1801 | 8 août. | 21 20 | 44 28 | 183 40 | 0,262 | R. |
| 117 | 1802 | 9 sept. | 57 1 | 310 16 | 332 9 | 1,094 | D. |
| 118 | 1804 | 13 fév. | 56 44 | 176 50 | 148 54 | 1,072 | D. |
| 119 | 1806 | 28 déc. | 35 3 | 322 10 | 97 2 | 1,082 | R. |
| 120 | 1807 | 18 sept. | 63 10 | 266 47 | 270 55 | 0,646 | D. |
| 121 | 1808 | 12 mai. | 45 43 | 322 59 | 69 13 | 0,390 | R. |
| 122 | 1808 | 12 juill. | 39 19 | 24 11 | 252 39 | 0,608 | R. |
| 123 | 1809 | 5 oct. | 63 46 | 308 53 | 63 9 | 1,960 | D. |
| 124 | 1811 | 12 sept. | 73 2 | 140 25 | 75 1 | 1,035 | R. |
| 125 | 1811 | 10 nov. | 31 17 | 93 2 | 47 27 | 1,582 | D. |
| 126 | 1812 | 15 sept. | 73 57 | 253 1 | 92 19 | 0,777 | D. |
| 127 | 1813 | 4 mars. | 21 14 | 60 48 | 69 56 | 0,699 | R. |
| 128 | 1813 | 19 mai. | 81 2 | 42 41 | 197 44 | 1,216 | R. |
| 129 | 1815 | 25 avril. | 44 30 | 83 29 | 149 2 | 1,213 | D. |
| 130 | 1816 | 1er mars. | 43 5 | 323 15 | 267 36 | 0,048 | D. |
| 131 | 1818 | 25 fév. | 89 44 | 70 26 | 182 45 | 1,198 | D. |
| 132 | 1818 | 4 déc. | 63 3 | 89 55 | 101 55 | 0,858 | R. |
| 133 | 1819 | 27 juin. | 80 45 | 273 43 | 287 6 | 0,341 | D. |
| 134 | 1819 | 18 juill. | 10 43 | 113 11 | 274 41 | 0,774 | D. |
| 135 | 1819 | 20 nov. | 9 1 | 77 14 | 67 19 | 0,893 | D. |
| 136 | 1821 | 21 mars. | 73 33 | 48 41 | 239 29 | 0,092 | R. |
| 137 | 1822 | 5 mai. | 53 37 | 177 27 | 192 44 | 0,504 | R. |
| 138 | 1822 | 16 juill. | 38 13 | 97 40 | 218 33 | 0,837 | R. |
| 139 | 1822 | 23 oct. | 53 39 | 92 45 | 271 40 | 1,145 | R. |
| 140 | 1823 | 9 déc. | 76 12 | 303 8 | 274 34 | 0,226 | R. |
| 141 | 1824 | 11 juill. | 54 34 | 234 19 | 260 17 | 0,591 | R. |
| 142 | 1824 | 29 sept. | 54 37 | 279 16 | 4 31 | 1,050 | D. |

| Nos d'ordre. | ANNÉES. | PASSAGE au périhélie. | INCLI-NAISON. | LONGITUDE du nœud. | LONGITUDE du périhélie | DISTANCE du périhélie. | SENS du mouvement. |
|---|---|---|---|---|---|---|---|
| 143 | 1825 | 30 mai. | 56° 41′ | 20° 6′ | 273° 55′ | 0,889 | R. |
| 144 | 1825 | 18 août. | 89 42 | 192 56 | 10 14 | 0,883 | D. |
| 145 | 1825 | 10 déc. | 33 33 | 215 43 | 318 47 | 1,241 | R. |
| 146 | 1826 | 21 avril. | 40 8 | 197 38 | 116 55 | 2,011 | D. |
| 147 | 1826 | 29 avril. | 5 17 | 40 29 | 35 48 | 0,188 | R. |
| 148 | 1826 | 8 oct. | 25 57 | 44 0 | 57 48 | 0,853 | D. |
| 149 | 1826 | 18 nov. | 89 22 | 235 8 | 315 32 | 0,027 | R. |
| 150 | 1827 | 4 févr. | 77 36 | 184 28 | 33 30 | 0,506 | R. |
| 151 | 1827 | 7 juin. | 43 39 | 318 10 | 297 32 | 0,808 | R. |
| 152 | 1827 | 11 sept. | 54 5 | 149 39 | 250 57 | 0,138 | R. |
| 153 | 1830 | 9 avril. | 21 16 | 206 22 | 212 12 | 0,921 | D. |
| 154 | 1830 | 27 déc. | 44 45 | 337 53 | 310 59 | 0,126 | R. |
| 155 | 1832 | 25 sept. | 43 18 | 72 27 | 227 56 | 1,184 | R. |
| 156 | 1833 | 10 sept. | 7 21 | 323 1 | 222 51 | 0,458 | D. |
| 157 | 1834 | 2 avril. | 5 57 | 226 49 | 276 34 | 0,515 | D. |
| 158 | 1835 | 27 mars. | 9 8 | 58 20 | 207 43 | 2,041 | R. |
| 159 | 1840 | 4 janv. | 53 5 | 119 58 | 192 12 | 0,618 | D. |
| 160 | 1840 | 12 mars. | 59 13 | 237 49 | 80 18 | 1,221 | R. |
| 161 | 1840 | 2 avril. | 79 51 | 186 4 | 324 20 | 0,742 | D. |
| 162 | 1840 | 13 nov. | 57 57 | 248 56 | 22 32 | 1,481 | D. |
| 163 | 1842 | 11 déc. | 73 34 | 207 50 | 327 17 | 0,504 | R. |
| 164 | 1843 | 27 févr. | 35 41 | 1 12 | 278 40 | 0,008 | R. |
| 165 | 1843 | 6 mai. | 52 44 | 157 15 | 281 28 | 1,616 | D. |
| 166 | 1844 | 2 sept. | 2 55 | 63 49 | 342 31 | 1,186 | D. |
| 167 | 1844 | 17 oct. | 48 36 | 31 39 | 180 24 | 0,855 | R. |
| 168 | 1844 | 13 déc. | 45 37 | 118 23 | 296 1 | 1,251 | D. |
| 169 | 1844 | 8 janv. | 46 50 | 334 44 | 91 20 | 0,905 | D. |
| 170 | 1845 | 21 avril. | 56 24 | 347 7 | 192 33 | 1,255 | D. |
| 171 | 1845 | 5 juin. | 48 42 | 337 48 | 262 0 | 0,401 | R. |
| 172 | 1846 | 22 janv. | 47 26 | 111 8 | 89 6 | 1,481 | D. |
| 173 | 1846 | 25 févr. | 30 58 | 102 38 | 116 28 | 0,650 | D. |
| 174 | 1846 | 5 mars. | 85 6 | 77 33 | 9 27 | 0,664 | D. |
| 175 | 1846 | 27 mai. | 57 36 | 161 19 | 82 33 | 1,376 | R. |
| 176 | 1846 | 1er juin. | 31 2 | 260 12 | 239 50 | 1,538 | D. |
| 177 | 1846 | 5 juin. | 29 19 | 261 51 | 162 1 | 0,633 | R. |
| 178 | 1846 | 29 oct. | 49 41 | 4 41 | 98 36 | 0,831 | D. |
| 179 | 1847 | 30 mars. | 48 40 | 21 49 | 276 12 | 0,042 | D. |
| 180 | 1847 | 4 juin. | 79 34 | 173 58 | 141 37 | 2,115 | R. |
| 181 | 1847 | 9 août. | 32 39 | 76 43 | 21 17 | 1,485 | R. |
| 182 | 1847 | 9 août. | 83 27 | 338 17 | 246 42 | 1,767 | R. |
| 183 | 1847 | 9 sept. | 19 8 | 309 49 | 79 12 | 0,488 | D. |
| 184 | 1847 | 14 nov. | 72 11 | 190 50 | 274 26 | 0,330 | R. |
| 185 | 1848 | 8 sept. | 84 25 | 211 32 | 310 35 | 0,320 | R. |
| 186 | 1849 | 19 janv. | 85 3 | 215 13 | 63 14 | 0,960 | D. |
| 187 | 1849 | 26 mai. | 67 10 | 202 33 | 235 43 | 1,159 | D. |
| 188 | 1849 | 8 juin. | 66 59 | 30 32 | 267 3 | 0,895 | D. |
| 189 | 1850 | 23 juill. | 68 12 | 92 53 | 273 24 | 1,082 | D. |
| 190 | 1850 | 19 oct. | 40 6 | 205 59 | 89 14 | 0,565 | D. |
| 191 | 1851 | 8 juill. | 13 56 | 148 27 | 322 55 | 1,174 | D. |
| 192 | 1851 | 26 août. | 37 44 | 223 9 | 311 13 | 0,981 | D. |
| 193 | 1851 | 30 sept. | 73 6 | 44 26 | 338 45 | 0,141 | D. |
| 194 | 1852 | 19 avril. | 48 53 | 317 8 | 280 1 | 0,905 | R. |
| 195 | 1852 | 12 oct. | 40 59 | 346 13 | 43 12 | 1,251 | D. |
| 196 | 1853 | 24 févr. | 18 32 | 61 33 | 154 49 | 1,078 | R. |
| 197 | 1853 | 1er sept. | 61 30 | 140 28 | 311 1 | 0,306 | D. |
| 198 | 1853 | 16 oct. | 61 0 | 220 0 | 302 0 | 0,158 | R. |
| 199 | 1854 | 4 janv. | 66 0 | 227 0 | 56 0 | 1,204 | R. |
| 200 | 1854 | 24 mars. | 82 30 | 315 25 | 313 40 | 0,276 | R. |

| Nos d'ordre. | ANNÉES. | PASSAGE au périhélie. | INCLI-NAISON. | LONGITUDE du nœud. | LONGITUDE du périhélie. | DISTANCE du périhélie. | SENS du mouvement. |
|---|---|---|---|---|---|---|---|
| 201 | 1854 | 22 juin. | 71° 20′ | 347° 40′ | 273° 10′ | 0,048 | R. |
| 202 | 1854 | 27 oct. | 40 58 | 324 30 | 94 20 | 0,797 | D. |
| 203 | 1854 | 16 déc. | 14 10 | 238 18 | 100 30 | 1,137 | D. |
| 204 | 1855 | 8 févr. | 51 15 | 189 40 | 220 20 | 1,222 | R. |
| 205 | 1855 | 30 mai. | 23 5 | 260 10 | 337 20 | 0,567 | R. |
| 206 | 1855 | 25 nov. | 10 10 | 51 20 | 80 0 | 1,122 | R. |
| 207 | 1857 | 21 mars. | 88 0 | 313 10 | 75 40 | 0,771 | D. |
| 208 | 1857 | 18 juill. | 59 10 | 23 18 | 249 30 | 0,367 | R. |
| 209 | 1857 | 23 août. | 33 0 | 201 20 | 22 20 | 0,746 | D. |
| 210 | 1857 | 30 sept. | 56 10 | 15 0 | 250 10 | 0,565 | R. |
| 211 | 1857 | 19 nov. | 37 45 | 139 20 | 44 10 | 1,101 | R. |
| 212 | 1858 | 2 mai. | 23 10 | 170 0 | 195 50 | 1,121 | D. |
| 213 | 1858 | 5 juin. | 80 20 | 324 30 | 226 6 | 0,545 | D. |
| 214 | 1858 | 29 sept. | 63 3 | 165 20 | 36 20 | 0,576 | D. |
| 215 | 1858 | 12 oct. | 21 15 | 159 45 | 4 15 | 1,129 | R. |
| 216 | 1859 | 29 mai. | 84 30 | 357 25 | 75 20 | 0,202 | R. |
| 217 | 1860 | 16 fév. | 79 25 | 324 2 | 173 30 | 1,199 | R. |
| 218 | 1860 | 5 mars. | 48 15 | 8 55 | 50 0 | 1,131 | D. |
| 219 | 1860 | 15 juin. | 79 10 | 84 40 | 161 20 | 0,291 | D. |
| 220 | 1860 | 28 sept. | 28 14 | 104 0 | 111 0 | 0,844 | R. |
| 221 | 1861 | 3 juin. | 79 50 | 29 50 | 242 50 | 0,922 | D. |
| 222 | 1861 | 11 juin. | 85 40 | 278 58 | 249 10 | 0,820 | D. |
| 223 | 1861 | 7 déc. | 42 0 | 145 5 | 173 30 | 0,809 | R. |
| 224 | 1862 | 23 juin. | 8 0 | 325 0 | 299 0 | 0,979 | R. |
| 225 | 1862 | 21 août. | 65 50 | 137 0 | 344 0 | 0,967 | R. |
| 226 | 1862 | 28 déc. | 43 40 | 256 0 | 125 15 | 0,813 | R. |
| 227 | 1863 | 3 févr. | 85 21 | 116 55 | 191 22 | 0,795 | D. |
| 228 | 1863 | 5 avril. | 67 15 | 251 16 | 247 15 | 1,107 | R. |
| 229 | 1863 | 20 avril. | 85 20 | 250 0 | 305 0 | 0,628 | D. |
| 230 | 1863 | 9 nov. | 78 10 | 97 50 | 94 40 | 0,638 | D. |
| 231 | 1863 | 27 déc. | 64 30 | 304 50 | 60 20 | 0,772 | D. |
| 232 | 1863 | 29 déc. | 83 20 | 105 0 | 183 0 | 1,132 | D. |

**Remarque.** Ces éléments des orbites des comètes sont obtenus par les calculs basés sur les résultats des observations en admettant *la chevelure restant sur l'orbite*, tandis qu'elle décrit une hélice autour du rayon vecteur. Les observations sont exactes, les calculs sont sans erreurs, cependant les résultats des calculs ne sont pas en accord parfait avec les observations; ce désaccord ne disparaît que lorsque dans les calculs on introduit la rotation de la chevelure.

*Numéros du catalogue des cinq familles synadelphes.*

| HERMOCOMÈTES. | | APHRODITOCOMÈTES. | | | GÉOCOMÈTES. | | | ARÉOCOMÈTES. | | DIOCOMÈTES. |
|---|---|---|---|---|---|---|---|---|---|---|
| 5 | 130 | 2 | 42 | 112 | 1 | 87 | 167 | 35 | 155 | 24 |
| 18 | 133 | 3 | 46 | 115 | 6 | 93 | 169 | 43 | 160 | 63 |
| 32 | 136 | 4 | 49 | 120 | 7 | 94 | 178 | 48 | 162 | 72 |
| 34 | 140 | 9 | 50 | 121 | 8 | 102 | 186 | 61 | 166 | 110 |
| 37 | 147 | 10 | 55 | 123 | 13 | 103 | 188 | 79 | 170 | 125 |
| 44 | 149 | 11 | 56 | 127 | 20 | 105 | 192 | 88 | 172 | 146 |
| 45 | 152 | 12 | 57 | 137 | 22 | 107 | 194 | 89 | 176 | 158 |
| 47 | 154 | 14 | 58 | 141 | 25 | 113 | 202 | 90 | 181 | 165 |
| 49 | 164 | 15 | 66 | 150 | 41 | 114 | 207 | 97 | 187 | 174 |
| 52 | 168 | 16 | 69 | 156 | 51 | 123 | 209 | 101 | 189 | 180 |
| 53 | 179 | 17 | 74 | 157 | 54 | 126 | 210 | 104 | 191 | 182 |
| 64 | 184 | 19 | 80 | 159 | 60 | 132 | 214 | 106 | 195 | |
| 70 | 185 | 21 | 81 | 161 | 63 | 134 | 220 | 109 | 196 | |
| 75 | 193 | 23 | 82 | 163 | 65 | 135 | 221 | 117 | 199 | |
| 76 | 197 | 26 | 83 | 167 | 67 | 138 | 222 | 118 | 203 | |
| 84 | 198 | 27 | 85 | 171 | 68 | 143 | 223 | 119 | 204 | |
| 91 | 200 | 28 | 86 | 173 | 71 | 144 | 224 | 124 | 206 | |
| 116 | 216 | 29 | 90 | 174 | 73 | 148 | 225 | 128 | 211 | |
| | 219 | 30 | 92 | 183 | 77 | 151 | 226 | 129 | 212 | |
| | | 31 | 96 | 190 | 78 | 153 | 227 | 131 | 215 | |
| | | 33 | 98 | 201 | | | 231 | 132 | 217 | |
| | | 36 | 99 | 205 | | | | 142 | 218 | |
| | | 38 | 100 | 208 | | | | 145 | 228 | |
| | | 39 | 108 | 213 | | | | | 232 | |
| | | 40 | 111 | 229 | | | | | | |
| | | | | 230 | | | | | | |
| Totaux. | 37 | | | 76 | | | 61 | | 47 | 11 |

§ 436. **Remarque**. Les comètes des cinq familles se distinguent : 1° en *inférieures*, dont le périhélie est à une distance inférieure à celle 1 entre le Soleil et la Terre, et 2° en *supérieures*, dont le périhélie est à une distance supérieure à 1. Les comètes inférieures ne se trouvent que pendant très-peu de temps à une distance du Soleil inférieure à 1 ; tout le reste du temps, elles sont, comme les comètes extérieures, à une distance du Soleil supérieure à celle 1 entre la Terre et le Soleil.

Quand on admettait que les comètes étaient de forme sphérique comme les planètes, il était indifférent qu'une comète fût à une distance du Soleil inférieure ou supérieure à celle 1 de la Terre ; mais il n'en est plus ainsi depuis que l'on sait que les comètes ne sont qu'une masse atmosphérique de forme ovalaire creuse livrant passage aux rayons solaires et tournant autour du rayon vecteur.

Les éléments orbiculaires sont donc en rapport direct avec les faits physiques observés dans les comètes, 1° lorsqu'elles présentent à la Terre leur base concave avec l'extrémité postérieure de l'espace vide axial, ou 2° lorsqu'elles présentent leur hémisphère soulevé. Ces notions préliminaires sont nécessaires pour bien connaître comment se sont produits les faits observés dans les comètes.

## I. DES COMÈTES VISIBLES A L'ŒIL NU, INTÉRIEURES OU EXTÉRIEURES.

§ 437. Parmi les éléments contenus dans le catalogue, on distingue les comètes *synadelphes* de chacune des cinq familles. Pour qu'on puisse établir une comparaison entre le nombre séculaire des comètes visibles à l'œil nu, je donne ici le total, 1° des comètes observées tant en Europe qu'en Chine pendant les quatorze premiers siècles de notre ère; 2° des comètes observées depuis 1500 jusqu'à 1853; 3° enfin des comètes observées à l'œil nu de 1853 à 1863.

Cette classification des comètes est basée sur la quantité de lumière qui arrive de chaque comète à la Terre. Si l'on compare les planètes et les comètes, on trouve qu'elles diffèrent en ce que l'éclat des planètes est toujours le même à chacune de leurs périodes, tandis que l'éclat des comètes périodiques est dissemblable à chacune de leurs périodes. Cette différence résulte : 1° de l'espace vide axial de la tête des comètes, espace que n'ont pas les planètes; 2° du très-grand allongement du grand diamètre de la forme ovalaire; 3° des inclinaisons très-différentes des orbites des comètes sur l'écliptique.

I. Les 407 comètes apparues pendant les quatorze premiers siècles font 29 comètes par siècle.

II. Les 55 comètes visibles à l'œil nu et observées de 1500

à 1853, divisées par demi-siècle, donnent les nombres suivants :

1° De 1500 à 1550, il y eut 13 comètes visibles à l'œil nu dont les deux calculées sont indiquées dans le catalogue sous les nos 28, 42.

2° De 1550 à 1600, il y eut 10 comètes visibles à l'œil nu, dont celles calculées portent les nos 30, 31, 32, 33, 34, 35, 36, 37, 38.

3° De 1600 à 1650, 2 comètes seulement furent visibles à l'œil nu : la comète de Halley et celle du n° 40.

4° De 1650 à 1700, il apparut 10 comètes visibles à l'œil nu, dont celles calculées portent les nos 41, 43, 44, 45, 46, 49, 52.

5° De 1700 à 1750, il apparut 4 comètes visibles à l'œil nu ; celles que l'on a calculées portent les nos 58, 70, 73, 74.

6° De 1750 à 1800, il n'y a plus eu de visibles à l'œil nu que 4 comètes, dont une est celle de Halley, et les trois autres celles des nos 83, 84, 94.

7° De 1800 à 1853, 12 comètes ont été visibles à l'œil nu, dont une est celle de Halley et les autres portent, dans le catalogue, les nos 120, 124, 126, 133, 140, 153, 164, 171, 182, 189, 197.

8° De 1853 à 1863, il y a eu 14 comètes visibles à l'œil nu : ce sont celles portant les nos 203, 204, 213, 216, 217, 218, 222, 224, 225, 227, 228, 231, 232, 233.

La division des comètes en inférieures et en supérieures présente un manque sensible d'aréocomètes visibles à l'œil nu, sans qu'il y ait en même temps un manque pareil des hermocomètes qui puisse faire attribuer le petit nombre d'*aréocomètes* à une infériorité de leur masse. Le manque total de *diocomètes* visibles à l'œil nu prouve que la quantité de lumière qui arrive des comètes ne correspond pas à la quantité de masse atmosphérique dont chacune d'elles est composée, car ces masses aériennes ne manquent pas d'être en rapport direct avec les masses des planètes dont chaque famille des comètes a été séparée.

*Comètes des différentes familles visibles à l'œil nu.*

| HERMOCOMÈTES. | | APHRODITOCOMÈTES. | | GÉOCOMÈTES. | | ARÉOCOMÈTES. | |
|---|---|---|---|---|---|---|---|
| Nos du catalogue. | DISTANCE du périhélie. | Nos du catalogue. | DISTANCE du périhélie. | Nos du catalogue. | DISTANCE du périhélie. | Nos du catalogue. | DISTANCE du périhélie. |
| 28 | 0,38 | 42 | 0,44 | 41 | 0,85 | 35 | 1,09 |
| 32 | 0,18 | 30 | 0,60 | 73 | 0,84 | 43 | 1,03 |
| 34 | 0,23 | 31 | 0,66 | 14 | 0,90 | 189 | 1,20 |
| 37 | 0,09 | 33 | 0,59 | 124 | 0,99 | 204 | 1,14 |
| 44 | 0,11 | 36 | 0,57 | 126 | 0,78 | 218 | 1,13 |
| 45 | 0,005 | 38 | 0,56 | 133 | 0,77 | 231 | 1,11 |
| 49 | 0,006 | 40 | 0,39 | 153 | 0,92 | 235 | 1,13 |
| 52 | 0,33 | 42 | 0,44 | 203 | 0,18 | | |
| 70 | 0,23 | 46 | 0,70 | 217 | 0,98 | | |
| 83 | 0,31 | 58 | 0,05 | 224 | 0,92 | | |
| 84 | 0,12 | 74 | 0,02 | 225 | 0,82 | | |
| 140 | 0,23 | 120 | 0,05 | 227 | 0,98 | | |
| 164 | 0,000 | 171 | 0,40 | 228 | 0,97 | | |
| 184 | 0,33 | 197 | 0,65 | | | | |
| 222 | 0,29 | 213 | 0,56 | | | | |
| | | 216 | 0,55 | | | | |
| | | 232 | 0,03 | | | | |
| 15 | | 17 | | 13 | | 7 | |

§ 438. **Observations sur les clartés des comètes synadelphes des quatre familles.** Les aréocomètes, sans être à des distances très-différentes des géocomètes, se distinguent de toutes les endoplanètes par l'absence d'un noyau; elles se présentent à l'œil nu comme des étoiles de 5e ou 6e grandeur; elles ont souvent une queue, mais dans le corps même on n'aperçoit jamais un noyau de lumière dense comparable à celle du Soleil telle que celle du noyau des comètes inférieures.

### II. COMÈTES VISIBLES EN PLEIN JOUR.

Pour qu'une comète devienne visible quand elle est à une distance de quelques minutes ou de quelques degrés du Soleil, il faut qu'il nous en arrive une quantité de lumière supérieure à celle qui nous arrive de la part de l'atmosphère.

S'il n'y avait pas une atmoaérosphère dans laquelle s'opère la réflexion des rayons du Soleil, les étoiles seraient visibles autour du Soleil sans que l'aérosphère disparaisse. La visibilité des comètes en plein jour indique que nous recevons de l'extrémité postérieure de leur espace vide axial une quantité de lumière supérieure à celle que nous recevons de l'atmosphère terrestre, dont l'atmoaérosphère qui réfléchit les rayons est sa couche inférieure.

Pour qu'il nous arrive une quantité considérable de lumière réfléchie dans l'espace vide axial, il ne faut pas que le prolongement de cet axe passe loin de la Terre; cet axe ne se trouve pas exactement dans la direction du rayon vecteur, car la tête des comètes tourne autour de ce rayon. Lorsque dans leur conjonction inférieure les planètes deviennent invisibles, c'est précisément dans ces positions que les comètes sont visibles en plein jour. Elles n'acquièrent pas cet éclat par un accroissement de leur noyau; c'est le contraire qui a lieu : dans son maximum d'éclat, le diamètre du noyau est très-minime, comme l'est le diamètre de la tête.

Le nombre des comètes visibles en plein jour depuis vingt siècles s'élève à huit, dont trois ne sont pas calculées; nous ne connaissons que les éléments des cinq qui portent dans le catalogue les nos 29, 32, 40, 70, 164.

Toutes ces comètes sont inférieures; les deux qui portent les nos 29 et 40 sont des aphroditocomètes, et les trois qui portent les nos 32, 70 et 164 sont des hermocomètes.

Avant que l'on connût l'existence d'un espace vide axial qui se présente comme noyau de lumière d'étoiles fixes, la grande quantité de cette lumière empêchait de trouver pourquoi un tel noyau ne se présente jamais aux comètes supérieures. On voit aisément ici qu'aucune des trois autres comètes non calculées visibles en plein jour ne pouvait être une des comètes supérieures.

# CHAPITRE II.

## DE LA FORME OVALAIRE DES COMÈTES ET DU MODE DE PRODUCTION DE LA COURBURE DES QUEUES.

§ 439. L'apparition des comètes périodiques à chacun de leurs retours diffère des précédentes aussi bien par la série des aspects que par les dimensions. La Lune se présente sous tels différents aspects à chacune de ses éclipses, sans que personne croie que ce soient son état physique ou ses dimensions qui éprouvent quelque changement entre deux éclipses. D'après la loi de Képler, il est facile de trouver et de prédire les éclipses de la Lune, du Soleil et le retour de quelques comètes.

Jusqu'à présent il a été impossible de prédire quel aspect présenteraient la Lune éclipsée et une comète périodique; c'est donc une série ou une espèce de faits dont la cause physique était tout à fait inconnue. En cherchant à expliquer le crépuscule, les astronomes se sont éloignés davantage de la vérité en attribuant une réflexion à l'air pur (t. I, p. 795). Dans le journal astronomique de Schumacher (nos 1587-1590 et 1478-1480), Bauernfeind, à l'aide du calcul basé sur les faits observés, a prouvé l'existence des réfractions des rayons dans l'atmosphère. Il a été conduit aux résultats réels pour les pays où les observations ont été faites. Je n'abuserai pas de la patience du lecteur en lui disant pourquoi le susdit astronome ne put jamais expliquer l'inégalité des arcs du crépuscule des différents pays; il lui suffira de savoir que jusqu'à présent on ne connaissait pas la différence qui existe entre l'aérosphère et l'atmoaérosphère, deux couches composant l'*atmosphère*.

Je me bornerai à rappeler au lecteur que la couche qui entoure la surface de la Terre est composée d'un mélange d'air et de vapeur. Cette couche, nommée *atmoaérosphère*, variant pour chaque pays entre une épaisseur de 500 et 3000 mètres, se trouve enveloppée dans une *aérosphère* d'air pur de 12 lieues d'épaisseur et parfaitement transparente. Les rayons solaires éprouvent deux *réfractions* dans l'aérosphère et une infinité de *réflexions* dans l'atmoaérosphère.

Les comètes étant des atmosphères séparées des planètes sont composées : 1° d'un espace vide axial occupé d'abord par la planète; 2° d'un mélange d'air et de vapeur qui était l'*atmoaérosphère;* 3° d'une enveloppe épaisse d'air pur qui était l'*aérosphère*. Les molécules d'air et de vapeur tournent autour de l'espace vide axial comme elles tournaient autour de l'axe de la planète; ainsi cette rotation des molécules soutient un volume invariable de forme ovalaire dans les comètes.

La diminution de la durée des révolutions des comètes périodiques fait connaître l'existence d'une matière ou des corps dans l'espace planétaire dont les rencontres avec les comètes font amortir le mouvement qui a été produit par la poussée répulsive R, poussée qui a fait que les comètes se sont éloignées du Soleil pour atteindre l'aphélie de leur orbite.

Je fais voir plus bas que le très-faible amortissement du mouvement orbiculaire à toutes les comètes est produit par leurs fréquentes rencontres avec les météores, qui sont des corps volumineux d'un poids imperceptible. Le mouvement des comètes périodiques s'est amorti davantage : 1° par leur rencontre entre elles, 2° par le choc d'une comète contre une planète, 3° par la rencontre entre une comète et un satellite.

**État physique des comètes.** La forme de la masse

atmosphérique est cylindrique dans les planètes ; elle devient ovalaire après la séparation. Cette séparation s'opère au moyen d'une poussée répulsive exercée inégalement sur les molécules aériennes, et il en résulte que le sommet de l'ovalaire reste dans le rayon vecteur, tandis que son corps a commencé à tourner autour de ce rayon.

**Rayons solaires modifiés dans la masse atmosphérique des comètes.** Les comètes répandent des rayons de trois densités différentes : 1° Les rayons $\varphi$ réfléchis par la surface de l'hémisphère soulevé éclairé directement par le Soleil ont la densité $d$, qui est la plus faible. 2° Les rayons $\varphi + \varphi'$, qui émergent de la base de l'ovalaire après avoir éprouvé deux *réfractions* dans la couche d'air pur et un grand nombre de *réflexions* convergentes dans le mélange d'air et de vapeur, ont la densité supérieure $\mathbf{d}$. 3° Les rayons solaires $\Phi$, ayant une grande densité D, émergent de l'extrémité postérieure de l'espace vide axial. C'est cette lumière de trois densités différentes qui, arrivant à la Terre, fait apparaître la même comète sous des aspects correspondant aux densités $d$, $\mathbf{d}$, D, des rayons qui diffèrent dans chacun des retours à cause des positions différentes de la comète.

### I. DES CHANGEMENTS DE DIMENSION DE LA COMÈTE D'ENCKE PROVENANT DE SA FORME TRÈS-ALLONGÉE.

§ 440. La dimension apparente des corps sphériques ne change que par les distances ; celle des corps ovalaires, au contraire, change à la fois par les distances et par les positions. Si les dimensions de la comète changent avec ses positions, c'est une preuve qu'elle n'est pas de forme sphérique, mais bien de forme allongée, forme à laquelle correspondent les faits de la série suivante trouvés par les observations de la comète d'Encke dans ses deux retours de 1828 et de 1838.

La comète a terminé trois révolutions dans cet espace de temps; le passage au périhélio dans son premier retour s'est opéré le 9 janvier 1829, et le passage du dernier retour s'est opéré le 19 décembre 1838, trois semaines avant le 9 janvier 1839. La comète est restée la même pendant ces dix années; de la Terre on l'a observée se trouvant en deux positions éloignées de 20 degrés l'une de l'autre.

Connaissant donc la forme très-allongée de la comète dans le sens du rayon vecteur et les positions de la Terre dans les deux retours de la même comète, j'ai déterminé *à priori*, d'après les lois de la Perspective, les dimensions que devait présenter la comète. Les astronomes s'étaient bornés à indiquer la voie dans laquelle la comète devait paraître à chacun de ses retours; cette voie est *b*, *d*, *n*, *g*, *p*, N (fig. 31). En 1828, la Terre s'est trouvée en T, T', T''...; en 1838, elle s'est trouvée en *t*, *t'*, *t''*..., pendant que la comète était en *b*, *d*, *g*.

Fig. 31.

En 1828, on a observé la longueur *ab* de la position T, et on l'a trouvée de 130000 lieues; en 1838, observée de la position *t*, on l'a trouvée de 112000 lieues. Cette longueur apparente a changé d'après la loi de la Perspective; elle a diminué en deux mois pour s'abaisser à 1200 lieues, c'est-à-dire qu'elle est devenue 100 fois plus petite. Les astronomes ont trouvé là la preuve d'une diminution de volume qui est devenu un million de fois plus petit ; quant à moi, j'y ai vu la preuve de l'existence d'un corps de forme allongée *a'b'*, ayant comme longueur 100 et comme épaisseur 1.

*Diminution apparente du diamètre vrai de la nébulosité en milliers de lieues.*

| DANS LE RETOUR DE 1828. | | | DANS LE RETOUR DE 1839. | | |
|---|---|---|---|---|---|
| DATES. | DISTANCE de la comète au Soleil. | DIAMÈTRE vrai. | DATES. | DISTANCE de la comète au Soleil | DIAMÈTRE vrai. |
| 28 octobre. | 1,4 | 130 | 9 octobre. | 1,42 | 112 |
| 7 novembre. | 1,32 | 106 | 25 octobre. | 1,19 | 48 |
| 30 novembre. | 0,97 | 40 | 6 novembre. | 1,00 | 32 |
| 2 décembre. | 0,85 | 33 | 13 novembre. | 0,88 | 30 |
| 14 décembre. | 0,73 | 18 | 16 novembre. | 0,83 | 25 |
| 24 décembre. | 0,54 | 5 | 20 novembre. | 0,76 | 22 |
| | | | 23 novembre. | 0,71 | 16 |
| | | | 24 novembre. | 0,69 | 12 |
| | | | 12 décembre. | 0,39 | 2,6 |
| | | | 14 décembre. | 0,36 | 2,2 |
| | | | 16 décembre. | 0,35 | 1,7 |
| | | | 17 décembre. | 0,34 | 1,2 |

Voulant maintenir à tout prix l'hypothèse de la sphéricité, les astronomes ont été forcés d'introduire l'hypothèse du changement de la densité de la masse de chacun des retours de la comète. Ne connaissant pas l'état physique des corps célestes, on ne pouvait agir autrement pour coordonner les faits observés ; en même temps on se trouvait à l'abri de toute objection.

I. Les dimensions indiquées dans le tableau montrent qu'à la distance 1,4 du Soleil, le diamètre *ab* de la planète observé de T est de 130000 lieues ; on trouve que le même diamètre observé de *t* 20° loin de T' est de 112000 lieues. En supposant la longueur *ab* égale dans les deux triangles T*ab* et *tab*, on trouve par le calcul la distance *t*T=20°.

II. On n'a pas indiqué dans la figure l'obliquité supérieure de la forme ovalaire qui fait apparaître le diamètre de 49000 et de 32000 lieues.

III. Dans sa marche vers le périhélie $p$, la comète se trouvant entre le Soleil et la Terre, la longueur $mn$, $eg$ s'est présentée sous une obliquité supérieure; elle est devenue de 5000 lieues à la distance 0,54 du Soleil pour la position T″ de la Terre, car il n'y a pas une mesure de 1838 correspondant à cette distance.

Pour le retour de 1828, il n'y a pas de dimensions apparentes des distances inférieures 0,54; pour trouver la longueur du diamètre correspondant à cette distance en 1838, on prend la moyenne $\frac{1}{2}(0,69+0,39)=0,54$, et la moyenne de longueur correspondante $\frac{1}{2}(12000+1200)=7500$ lieues. C'est ainsi qu'on trouve le diamètre 7500 lieues pour le retour de 1838 et le diamètre inférieur 5000 pour le retour de 1828. Cette longueur est en rapport inverse de celui dans lequel se présentait le diamètre aux distances supérieures 1,4 de la comète. Par oubli, sans doute, les astronomes n'ont pas remarqué ce renversement du rapport entre les diamètres.

§ 441. **Forme de la comète de** 1838. Depuis le 19 octobre, époque où la comète était à la distance 1,2 du Soleil, jusqu'au 15 novembre où la comète était à la distance 0,85 du Soleil, Schwabe a fait cinq dessins de la comète. Pendant cet intervalle, les formes observées correspondent exactement à celles que produirait un corps ovalaire allongé.

I. Le 19 octobre, la comète étant à la distance 1,2 du Soleil, la Terre en recevait les rayons solaires réfléchis de la surface de son hémisphère soulevé *acb* (fig. 32), et la forme obtenue était demi-circulaire du côté de la Terre; elle était indéterminée du côté de l'autre demi-cercle *fof′*.

II. Le 5 novembre, la comète étant à la distance 1, présenta à la Terre la forme d'une hémiellipse *cba* indéterminée de son extrémité postérieure *a′*.

III. Le 10 novembre, la comète étant à la distance 0,9

du Soleil, présenta de nouveau la forme arrondie indéterminée du côté de son extrémité postérieure.

IV. Le 12 novembre, à la distance 0,88, entre le Soleil et la comète, la comète présenta à la Terre, près de la moitié de sa base *b'* et une partie de son hémisphère soulevé. La partie *b'* de la base se distinguait de l'autre *af*, 1° par sa clarté supérieure, et 2° par l'apparition d'un point lumineux correspondant à l'extrémité postérieure *o* de l'espace axial.

V. Le lendemain, le 13 novembre, quoique la position de la comète ne fût pas sensiblement changée, la partie lumineuse *o* arrondie se trouva avancée vers la partie de l'hémisphère soulevé, et le point lumineux n'était plus visible.

En combinant ces changements de formes avec les changements des dimensions aux mêmes dates, il devient impossible de méconnaître la forme allongée du corps ayant une longueur au moins 100 fois plus grande que le diamètre de sa base.

§ 142. **Trois densités de lumière venant des parties différentes de la comète.** I. La couche d'air pur livre passage à toute la lumière solaire incidente $\Phi$, laquelle y éprouve une réfraction. Une partie $\varphi$ de cette lumière, arrivée à la couche composée d'un mélange d'air et de vapeur, en est réfléchie, et ce sont ces rayons $\varphi$ qui rendent visible l'espace occupé par le susdit mélange, de même qu'un brouillard très-délié rend visible dans l'atmosphère l'espace qu'il occupe. Notre atmosphère est composée d'une aérosphère et d'une atmoaérosphère; c'est celle-ci qui réfléchit vers l'espace une petite quantité de rayons correspondant à ceux $\varphi$ que nous recevons des comètes quand leur hémisphère soulevé est exposé vers la Terre.

II. Le reste $\Phi-\varphi'$ de la lumière incidente, en pénétrant le mélange d'air et de vapeur, éprouve une série de réflexions convergentes, et il en émerge de la base du corps ovalaire qui a son sommet sur le rayon vecteur. Cette quantité $\Phi-\varphi'$ de rayons correspond à celle qui arrive des comètes à la Terre, après qu'il a été perdu une partie $\varphi$ de la lumière qui est restée $\Phi-2\varphi'$ en émergeant de la base : elle est restée $\Phi-2\varphi'-\varphi$ en pénétrant l'atmoaérosphère de la Terre.

III. Si l'épaisseur ou la hauteur $h$ de l'atmoaérosphère était égale dans chaque pays, l'arc crépusculaire serait aussi égal. La lumière $\Phi-\varphi$ du même corps céleste n'est pas la même dans les pays où l'arc crépusculaire diffère. La lumière qui émerge de la base des comètes est $\Phi-2\varphi'$, parce que la lumière $\Phi$ se transforme en $\Phi-\varphi$ quand elle arrive à la Terre après avoir traversé la hauteur $h$ de l'atmoaérosphère. De cette lumière $\Phi-2\varphi'$ des comètes, la partie $\varphi$ devient donc réfléchie dans notre atmoaérosphère, et c'est la différence $\Phi-2\varphi'-\varphi$ qui rend visible l'espace $e$ occupé par la comète. Des environs de cet espace arrive la quantité $\Phi-\varphi$ de lumière, par rapport à laquelle la quantité $2\varphi'$ est presque insensible.

Ce fait trouve son explication dans la visibilité des étoiles faibles à travers les comètes ; de la lumière $\Phi$ des étoiles arrive la différence $\Phi-\varphi$ traversant l'atmoaérosphère de la Terre, et il en arrive la différence $\Phi-2\varphi'-\varphi$ quand cette lumière $\Phi$ traverse d'abord une comète et reste $\Phi-2\varphi'$ ; ensuite c'est cette différence qui traverse l'atmoaérosphère de la Terre pour que la différence $\Phi-2\varphi'-\varphi$ arrive à l'œil. On connaît la petite quantité $2\varphi'$ de lumière en comparant la clarté des étoiles vue directement à la lumière $\Phi-\varphi$, ou à travers une comète par la lumière $\Phi-2\varphi'-\varphi$.

IV. A travers l'espace vide axial *co* (fig. 32), passe la totalité de la lumière incidente $\Phi$, au sommet du corps ovalaire : si cette lumière venant du Soleil pénètre par le sommet $c$ et émerge par le centre $o$ de la base $ab$, elle est d'une densité supérieure à celle qui émerge de la base $ab$ ; de même lorsque c'est la lumière des étoiles qui pénètre dans l'espace vide axial d'une extrémité de l'axe et émerge de l'autre, cette lumière Φ rend visibles les étoiles à travers le point le plus lumineux de la comète.

**V. Photocône.** Les rayons solaires concentrés dans le corps ovalaire *ahch'b* par les réflexions convergentes émergent de sa base *ab* en directions convergentes et forment un photocône LoP qui éclaire les météores circulant dans l'espace. Ces météores, devenus ainsi visibles, sont ce qu'on appelait la *queue de la comète.*

### II. MODE DE PRODUCTION DES ASPECTS DANS CHACUN DES SEPT RETOURS DE LA COMÈTE DE HALLEY.

§ 443. J'ai indiqué la manière de consulter le catalogue des comètes calculées à l'apparition de chaque comète non périodique pour voir si quelqu'une des précédentes comètes n'avait pas eu des éléments orbiculaires semblables à ceux trouvés dans la nouvelle comète. Dans ces cas, c'est l'intervalle de temps T qui devait indiquer la durée d'une ou deux révolutions de la comète, car celle-ci pouvait rester inaperçue à plusieurs de ses retours.

Une comète s'étant montrée en 1682, Halley, à l'aide de la méthode donnée par Newton, en détermina les éléments paraboliques d'après les positions de la comète déterminées par les observations de plusieurs astronomes. Halley appliqua ce calcul aux résultats des observations des positions de la comète de 1607 faites par Képler et Longomontanus; il en trouva les éléments paraboliques pareils aux précédents.

De 1607 à 1682, il y a 75 ans; en remontant donc de 75 ou 76 ans, il trouva qu'en 1531 Apian aperçut à Ingolstadt une comète dont il suivit la marche; les résultats de ces observations calculées donnèrent presque les mêmes éléments paraboliques que les deux précédents. Après avoir ainsi trouvé l'identité de la même comète à trois retours,

Halley n'hésita pas à prédire le retour de la comète en 1758 ou 1759 et en 1835.

En recueillant le peu de renseignements précis sur la comète de 1456, Pingré trouva que les éléments paraboliques de son orbite ne diffèrent pas de ceux trouvés dans ses retours postérieurs.

Enfin, à la date de 1378, il est fait mention dans les ouvrage des Chinois d'une comète dont la route est très-bien indiquée ; Laugier a pu calculer les éléments de son orbite qui ne diffèrent pas de ceux trouvés pour les six retours postérieurs de la même comète. Les éléments paraboliques de l'orbite ainsi trouvés pour chaque retour sont les suivants :

| ANNÉES. | PASSAGE au périhélie. | INCLINAISON. | LONGITUDE du nœud. | LONGITUDE du périhélie. | DISTANCE du périhélie. | SENS du mouvement. |
|---|---|---|---|---|---|---|
| 1378 | 8 nov. | 17° 56′ | 47° 11′ | 299° 31′ | 0,58 | Rétrograde. |
| 1456 | 8 juin. | 17 56 | 48 30 | 301 0 | 0,58 | Id. |
| 1531 | 25 août. | 17 56 | 49 25 | 301 39 | 0,57 | Id. |
| 1607 | 26 oct. | 17 2 | 50 21 | 302 16 | 0,58 | Id. |
| 1682 | 14 sept. | 17 42 | 50 48 | 301 36 | 0,58 | Id. |
| 1759 | 12 mars. | 17 37 | 53 50 | 303 10 | 0,58 | Id. |
| 1835 | 16 nov. | 17 44 | 55 30 | 304 32 | 0,58 | Id. |

**Le demi grand axe de l'orbite déterminé par la durée de la révolution.** D'après la troisième loi de Képler, les carrés des durées $t$, T de révolution de la Terre et de la comète autour du Soleil sont dans le même rapport que les cubes des distances moyennes 1 et D entre le Soleil et la Terre ou la comète. Ainsi l'on a

$$(a) \quad t^2 : T^2 = 1^3 : D^3 \quad \text{ou} \quad 1^2 : 76^2 = 1^3 : D^3 = 76^2 ; \quad D = a = 35{,}9.$$

En indiquant par $a$ la distance moyenne D qui est le demi-grand axe de l'ellipse de l'orbite, l'excentricité de cette ellipse est la différence $35{,}9 - 0{,}58 = 35{,}3 = e$ ; son demi-petit axe est

$$b^2 = a^2 - e^2 \quad \text{et} \quad \frac{a}{e} = 0{,}9674.$$

**§ 444. Cause des aspects différents de la comète à chacun des sept retours.** L'état physique de la comète n'éprouve pas des changements sensibles dans l'intervalle des deux retours, de même que la pleine Lune est la même à chaque lunaison. Si celle-ci ne présente pas des aspects différents, c'est parce que son hémisphère soulevé reste toujours exposé vers la Terre, de même que l'hémisphère soulevé des comètes est exposé au Soleil. Ainsi un observateur placé dans le Soleil verrait chaque comète comme un disque circulaire réfléchissant une petite quantité de lumière à peine suffisante pour rendre visible l'espace occupé par un corps presque entièrement transparent. Les différents aspects de chaque retour de la même comète ont leur cause perspective dans la forme ovalaire *abc* (fig. 32) de la comète qui reste la même ; la position seule de la Terre se trouve changée à chacun de ses retours.

Fig. 32.

Les comètes sont des atmosphères séparées des planètes ; l'espace axial *co* qui a été occupé par la planète et les prolongements de son axe est donc vide. Le mélange d'air et de vapeur compose un corps *acb* de forme ovalaire produite par la forme cylindrique précédente, à cause de la pression P du barogène B contre le manque de résistance suffisante de la part du Soleil, dont la pression P—**p** est exercée par le barogène émergeant B—**b**; cette même différence des pressions fait prendre à la base la forme d'un entonnoir *mon*.

Autour de ce mélange d'air et de vapeur est l'enveloppe

d'air pur dont l'épaisseur est des dizaines de fois plus grande que l'épaisseur de la masse composée d'air et de vapeur. Cette masse n'est pas bien limitée, car les molécules de vapeur pénètrent dans l'air pur ambiant. Ainsi des deux extrémités *c* et *ab* la comète se montre limitée; elle ne l'est pas des côtés *fh* et *h'g*. L'extrémité postérieure, qui est la base de l'ovalaire, est concave, ayant pour versants les courbes *amo*, *bno*.

Lorsqu'une comète a sa base tournée sous une petite obliquité vers la Terre, elle se présente comme deux ou plusieurs halos *m'en'*, *a'e'b'*... ouverts du côté de la Terre. Si la base se présente sous une obliquité supérieure, on voit une extrémité des halos du côté central *o* de la base, et l'autre extrémité de ces halos se voit du côté extérieur *m''a''b''n''* de la base. Dans ce cas, on observe à la base de l'ovalaire des secteurs *m''o''s'*, *a''o''b''*, *r'o''n''*... ou *m'''o'''s''*, *s''o'''b'''*...

La répétition de la forme des secteurs a fait découvrir à Bessel, puis à Julius Schmidt, une périodicité indiquant l'existence d'une rotation du corps ovalaire *abc* autour du rayon vecteur SS'. Le sommet *c* de l'ovalaire reste toujours sur ce rayon SS'. C'est donc cette rotation qui fait que les halos *m'en'*, *a'e''b'*... ouverts apparaissent comme secteurs *m''o''s'*, *a''o''s'*...

§ 445. **Mode d'apparition des halos.** L'ouverture des halos *m'n'*, *a'b'*... est toujours du côté de la Terre, ce qui fait voir que les rayons qui émergent de la partie du versant de la base du côté *e'* du Soleil arrivent à la Terre; au contraire, les rayons émergeant du versant du côté de la Terre s'en vont du côté du Soleil et n'arrivent pas à la Terre. Si le versant *amo*, *ano* de la base n'était pas convexe, la clarté serait égale; mais celle-ci est supérieure en *om*, *on*, où la rapidité est grande, et inférieure en *am*, *bn*, où cette rapidité est médiocre.

§ 446. **Mode de production de la queue par le photocône.** Les rayons solaires incidents Φ à la surface soulevée *acb* de la comète composée d'air et de vapeur pénètrent après qu'une petite partie $\varphi$ en a été réfléchie. Le reste $\Phi - \varphi$, après avoir éprouvé une série de réflexions convergentes, émerge des versants convexes *oma*, *onf* de la base en directions convergentes et se croise au foyer $c'$, d'où ce reste se propage en formant deux ou plusieurs photocônes $Lc'P$, $L'c'P'$... concentriques. De la lumière concentrée $\Phi - \varphi'$ de ces photocônes arrive à la Terre la nuit une quantité $\varphi$ réfléchie des météores.

Les météores circulant dans l'espace réfléchissent la quantité $\varphi + \varphi' + \varphi''$ de la lumière incidente $\Phi - \varphi'$. Les météores qui sont du côté de la Terre ne deviennent pas visibles parce que leur partie tournée vers la Terre n'est pas éclairée; ce sont donc les météores du côté opposé à la Terre et ceux de la gauche et de la droite qui réfléchissent la lumière vers la Terre et deviennent visibles. Ces rayons réfléchis n'occasionnent aucune diminution des rayons des étoiles, lesquels traversent l'espace occupé par les météores.

**Scintillation.** Ces rayons des étoiles se rencontrent fréquemment avec les météores; une partie $\lambda$ de leur lumière L se réfracte en pénétrant les météores; une autre $\lambda'$ se réfléchit, et la différence $L - \lambda - \lambda'$ arrive à la Terre dans la direction de l'étoile. Ce sont donc ces météores qui produisent la *scintillation* des étoiles. Sans aucune recherche, cette scintillation que les astronomes ne peuvent expliquer a trouvé ici spontanément son explication.

L étant la lumière d'une étoile, elle diminue pour devenir $L - \lambda'$, à cause de la lumière réfléchie $\lambda'$; cette lumière $L - \lambda'$ se mêle avec une partie $\lambda''$ de la lumière $\lambda$ réfractée et colorée, de sorte qu'il n'arrive à tout moment de l'étoile que la lumière $L - \lambda - \lambda' + \lambda''$, en admettant que les trois quantités $\lambda$, $\lambda'$, $\lambda''$ soient variables à cause des météores.

**Aspects différents de la même comète dans ses retours.** Après avoir exposé l'état physique des comètes, je rapporterai à titre d'exemple le mode de production des aspects observés à chacun des sept retours de la comète de Halley; je *commencerai* par les faits nombreux observés au dernier retour de la comète en 1835, puis je passerai aux autres, moins nombreux, observés aux précédents retours de la comète.

### A. MODE DE PRODUCTION DES ASPECTS OBSERVÉS AU RETOUR DE LA COMÈTE EN 1835.

§ 447. A chacun de ses retours, la comète de Halley arrive par la même voie, dont elle s'écarte un peu à cause de la proximité des différentes planètes; on peut calculer les perturbations qui en sont le résultat. Pour cela, on commence par déterminer la date du passage de la comète au périhélie $p$ (fig. 33); cette date sert à faire connaître la longitude du point P où se trouve la Terre quand la comète est en $p$ au périhélie.

On trace l'orbite $b''po$ d'après le plan de l'écliptique ♎ A ♈ P; on obtient ces éléments par les observations.

Fig. 33.

1° La longitude du périhélie $p$ est 304° 32′; 2° la distance $p$S est 0,58; 3° la longitude ♈ ☊ du nœud ☊ est 55° 30′; 4° le mouvement rétrograde est indiqué par la flèche; 5° l'inclinaison 17° 44′ doit être sous-entendue par l'éloignement du plan de l'orbite $b''po$ du plan de l'écliptique ♈ P ♎. La comète étant en $o'c'$ en conjonction inférieure, quand la Terre était en N, elle se projetterait sur le Soleil et présenterait le maximum d'éclat; cet éclat se trouve à son minimum dans l'opposition qui s'opère au périhélie $p$ lorsque la Terre est en P.

Depuis l'apparition de la comète indiquée par sa date,

on en a déterminé la longitude de la Terre. La différence $d=l-l'$ des longitudes $l$ et $l'$ de la Terre et de la comète, ainsi que de la longitude $l''$ du nœud ☊ et l'inclinaison $i=17° 44'$, ont servi à déterminer la position de la comète par rapport à la Terre.

Ainsi que je l'ai fait pour la comète d'Encke, je distingue ici : 1° la position de la comète à une distance $1+\alpha$ du Soleil ; 2° celle à la distance 1 ; 3° enfin celle à la distance $1-\alpha$ et placée entre le Soleil et la Terre et non pas du côté opposé.

I. Les longueurs de *oe*, *o'e'*, *o''e''*... indiquent la position du corps ovalaire *abc* (fig. 32). La comète *oc* se trouvant à la distance $1+\alpha$ présente toujours sa surface soulevée *acb* à la Terre, il n'arrive que les rayons réfléchis de cette surface ; l'espace occupé par la comète devient visible par ces rayons, de même que dans l'atmosphère tout espace occupé par un très-faible brouillard devient aussi visible.

II. La comète se trouvant à la distance 1 du Soleil présente à la Terre la surface de son hémisphère *acb* soulevé. De sa base *aob* on ne voit que le bord convexe *ab*, d'où émerge une partie de lumière concentrée qui fait apparaître cette partie postérieure plus lumineuse que le reste *acb*.

III. La comète étant à la distance $1-\alpha$ du Soleil peut se trouver en conjonction, en opposition ou en toute autre position entre ces deux. Lorsque la conjonction est au nœud, la comète est en ligne droite entre la Terre et le Soleil, comme cela a eu lieu pour la comète de 1819. 1° Les rayons $\Phi$ du Soleil pénètrent par l'espace vide axial *co* ; 2° une partie $\varphi$ des rayons $\Phi$ incidents sur la surface *acb* en est réfléchie et pénètre le reste $\Phi-\varphi$ qui émerge de la base *ab*. Cette lumière $\Phi-\varphi$ fait apparaître une nébulosité ronde autour du point lumineux, nébulosité entourée par la lumière du disque du Soleil. Telle apparut à Pastorff la comète de 1819 dans son passage sur le disque solaire ; son diamètre $ab=84''$ dépassait de beaucoup le diamètre de Vénus. C'est une hermocomète, car la distance de son périhélie est 0,34.

*1° Détails des aspects observés à la tête avant et après le passage au périhélie.*

§ 448. La branche $b''p$ de l'orbite ne diffère pas de l'autre branche $po$ ; il n'y a que la Terre qui ne se trouve jamais dans une position égale par rapport à la forme ovalaire $acb$ de la comète. Avertis par les éphémérides, les astronomes examinaient dans la direction N$o$ (fig. 33) de la branche de l'orbite, ignorant quel aspect la comète allait présenter, parce que les aspects avaient été différents à chacun des six retours précédents.

C'est le 5 août 1835 que Vico, à Rome, aperçut avec son télescope en $o$ une nébulosité ; à cette date la Terre était en T. Il se passa quarante-cinq jours pendant lesquels, 1° la Terre parcourut l'arc TT′ et se trouva en T′ le 30 septembre, et 2° la comète parcourut l'arc $oo'$ et se trouva en $o'$. Ainsi quand, le 30 septembre, les rayons émergents de la base $o'$ de la tête commencèrent à arriver à la Terre, la comète devint visible à l'œil nu.

**Maximum d'éclat et son mode de production.** La quantité de lumière arrivant de la base de la comète augmentait rapidement par le rapprochement de la conjonction, qui a eu lieu vers le 5 octobre ; lorsque la comète, se trouvant en $o''e''$, avait sa base $o''$ exposée à la Terre qui était en T″, la comète et la Terre n'étant pas très-loin du nœud ☊, la déclinaison de la comète était petite.

Les photocônes concentriques L$c'$P, L′$c'$P (fig. 32) composés des rayons émergeant de la base $ab$ tournent autour du rayon vecteur SS′. Cette rotation des photocônes est l'effet de la rotation de la tête ovalaire $abc$, suivie par les photocônes dont l'axe $oc$ ne se trouve pas à une distance de la Terre correspondant à la distance de son sommet $c$, qui est toujours sur le rayon vecteur. Il est bien démontré : 1° que dans quelques-unes des comètes la rotation est *dexiostrophe*, car la base venant de la gauche se dirige vers le Soleil et arrive à la droite; 2° que dans d'autres comètes la rotation de la tête est *aristérostrophe*, car la base venant de la droite se dirige vers le Soleil et arrive à la gauche.

§ 449. **Diaphanéité et aspect du noyau au maximum de l'éclat.** L'axe *oc'* du photocône, en tournant avec la base *ab* de l'ovalaire, s'approchait et s'éloignait de la Terre au milieu du mois d'octobre. La lumière dense Φ émergeant de l'extrémité postérieure *o* de l'espace vide axial *co* devait traverser l'enveloppe d'air pur et en éprouver une deuxième réfraction pendant son émergence, après en avoir éprouvé une en y pénétrant.

Cette double réfraction produit les couleurs du spectre; les couleurs sombres se mêlent entre elles et avec le jaune et l'orangé, et les rayons rouges restent isolés. Ces rayons donnaient au noyau l'apparence d'une étoile rouge de 1re grandeur, comparable à α du Scorpion, α d'Orion ou α du Taureau.

Les astronomes ayant aperçu les étoiles télescopiques à travers le noyau brillant, purent voir que ce noyau n'est qu'un espace vide qui livre passage aux rayons du Soleil et aux rayons des étoiles télescopiques. Ainsi tous les détails observés ont trouvé ici leur explication dans l'état physique des comètes, état complétement inconnu jusqu'à présent. Cette connaissance est due à l'origine des comètes, et non à des hypothèses logiques.

C'est au moyen des grossissements télescopiques des noyaux que l'on trouve la preuve évidente que la densité de leur lumière n'est pas raréfiée comme celle réfléchie par la chevelure, mais qu'elle a une densité semblable à celle de la lumière du Soleil et des étoiles. La *diaphanéité* des noyaux et la densité de leur lumière sont donc deux faits constatés qui aident le lecteur à se convaincre de tout ce qui a été exposé jusqu'ici, et à n'être pas surpris si les astronomes étaient incapables de donner à ce sujet une explication plausible.

§ 450. **Halos et aigrettes ou secteurs de la comète.** Les rayons émergeant de la surface convexe *ano*, *bno* du versant de la base arrivent en grande densité $\mathrm{d}$ de la partie rapide *mo* et en densité inférieure *d* de la partie *am*, *an* la moins rapide. C'est ainsi qu'on aperçoit un ou plusieurs *hémihalos* autour du noyau si l'obliquité de la base n'est pas très-grande; cette forme, perspectivement détruite à cause de la rotation de la base, arrive à une grande obliquité et celle-ci fait apparaître des *secteurs*.

Les hémihalos *m'en' a'e'b'*... tournant autour du rayon vecteur *si* se trouvent à une faible distance angulaire $\Gamma$ de la Terre et se voient du côté du Soleil autour du noyau qui est aussi de ce côté. Si l'obliquité ou la distance $\Gamma$ est supérieure, au lieu d'hémihalos il s'en présente des moitiés en forme de rayons courbes $o''m''$, $o''a''$, $o''b''$, $o''n''$... ou $o'''m'''$, $o'''s''$... et $o''$ est le piveau de la rotation.

La rotation de la base autour du rayon vecteur est imperceptible dans le cas où la base présente un ou plusieurs hémihalos dont la partie ouverte est toujours du côté de la Terre. Cette rotation devient évidente quand apparaissent les secteurs dont les déplacements s'opèrent dans le même sens, et les réapparitions se répètent à intervalles égaux T. Ainsi Bessel a trouvé que les secteurs revenaient dans la même position dans l'intervalle T = 4$^{\text{jours}}$,6.

En discutant les résultats des observations faites en même temps à Paris et dans plusieurs autres pays, Arago, malgré son respect pour un éminent observateur, a hésité à reconnaître quelque réalité dans le résultat indiqué. Voici par quels faits il prétend justifier son jugement.

Le 13 octobre 1835, jour où Bessel ne voyait aucun indice de secteur, Amici en apercevait cinq à Florence. Le 15, quand le secteur paraissait faible à Kœnigsberg, on l'observait à Paris avec une grande facilité; le 22, pendant que Schwabe, à Desseau, voyait deux secteurs, Bessel n'en observait qu'un; le 25, on voyait deux secteurs à Desseau, tandis qu'il n'y en avait pas la moindre trace à Kœnigsberg.

Bessel a été conduit au résultat mentionné au moyen de l'extrémité postérieure $o''$ de l'espace vide axial qui formait le pivot des secteurs lumineux $m''o''a''$, $a''o''b''$... C'était ce pivot $o'''$ qui s'écartait de part et d'autre de la direction du Soleil ou du rayon vecteur ; mais il revenait toujours à cette position pour passer à l'autre côté. Cette rotation, découverte par Bessel dans la tête de la comète de Halley, s'est trouvée vérifiée par l'astronome d'Athènes dans la comète II de 1862. Cet astronome découvrit également la rotation des photocônes qui occasionnent l'oscillation des météores éclairés ou celle de la queue.

§ 451. **Durées de la disparition de la comète avant et après son passage au périhélie.** Vers la fin d'octobre, la comète s'est trouvée en $a'''c'''$ et la Terre en Ω, de sorte que les rayons émergeant de la base n'arrivaient à la Terre qu'en petite quantité; l'éclat diminua, et l'on a pu apercevoir les secteurs en Irlande jusqu'au 10 novembre, six jours avant le passage au périhélie. Malgré les objections faites contre la périodicité des formes et des nombres des secteurs, Arago a reconnu une identité de formes les 22 octobre et 10 novembre, d'où il résulte que pendant ce temps il y a eu quatre révolutions à $4^j,6$, comme l'a trouvé Bessel. C'est donc par erreur qu'Arago ne s'aperçut pas qu'il approuvait la découverte qu'il voulait combattre.

La comète devint invisible six jours avant le passage au périhélie ; après ce passage, elle resta invisible pendant 70 jours, car c'est le 25 janvier que J. Herschel l'aperçut au Cap à l'aide du télescope ; à cette date, la comète était en $b$ (fig. 33) et la Terre en $t$. La base, vue obliquement, présenta un hémihalo qui persista jusqu'au 11 février, quand la comète était en $b'$ et la Terre en $t'$, de sorte qu'il arrivait à la Terre une quantité considérable des rayons émergeant de la base.

Le 28 octobre, l'astronome précité vit le noyau à l'œil nu

comme étoile de 2ᵉ grandeur; elle se présenta de pareille grandeur le 11 février 1836, puis elle s'éloigna pour se trouver à la distance $1 + \alpha$ du Soleil; elle devint télescopique, et l'on put l'observer jusqu'au 3 mai, époque où la Terre était en $t''$ et la comète en $b''$. C'est ainsi que l'on parvint à connaître le nombre égal de jours de la visibilité de la comète, 1° depuis le 5 août jusqu'au 10 novembre 1835, et 2° depuis le 25 janvier jusqu'au 3 mai 1836. De cette manière on put s'assurer que le noyau n'est pas une matière dense, mais au contraire un espace axial vide.

### 2° *Détails des aspects et des dimensions de la queue.*

§ 152. Après avoir prouvé que les rayons incidents sur l'hémisphère soulevé émergent de sa base en directions convergentes pour former plusieurs photocônes concentriques, lesquels éclairent les météores dans l'espace mieux que les rayons solaires, pendant la nuit ne peuvent pas éclairer, Cardan admettant le même état physique des comètes que celui exposé ici, ignorait : 1° que les corps qui deviennent visibles sont des météores moins éloignés que la Lune, et 2° que c'est la vitesse de la lumière qui donne aux queues l'apparence de courbes démontrée plus bas.

Le 15 octobre, à l'œil nu, la queue de la comète paraissait de 20° à Paris; le lendemain elle n'était que de 10 à 12°. En l'observant avec le chercheur, on ne lui aurait donné que la moitié de cette longueur. Ce résultat sert à prouver que la lumière $\varphi$ réfléchie des météores ajoutée à celle $\varphi'$ qui arrive des étoiles, produit à l'œil nu une impression supérieure à celle que produit la lumière $\varphi$ seule réfléchie isolée au moyen de la lunette. Dans d'autres cas, on ne voit aucune queue à l'œil nu, et le chercheur en fait découvrir une petite.

Le 26, à Dessau, Schwabe ne trouvait plus que 7°; le 28, au Cap, Herschel voyait une queue de 3°. Trois mois après son passage au périhélie, le 11 février 1836, la comète avait une petite queue.

Tels ont été les aspects de la tête et de la queue observés dans le retour de la comète de 1835. Il n'en est aucun qui ne trouve ici son explication; toutefois, pour épargner 1° aux plus opiniâtres sceptiques la peine de chercher des objections, 2° de même qu'aux jeunes gens qui se bornent à faire des objections contre toute explication hypothétique sans être capables d'en donner de meilleures, j'expose, d'après la même règle le mode de production des aspects observés dans chacun des six retours précédents de la comète.

### B. Mode de production des éclats observés au retour de la comète en 1759.

§ 453. Les astronomes attendaient avec impatience le grand événement, si important en son genre, de voir se réaliser le retour prédit d'une comète. C'est le 25 décembre 1758 que Mesnier aperçut dans la voie déjà connue une nébulosité télescopique. Cette apparition a eu lieu : 1° quand la comète était en $o$ (fig. 34), à la distance $1 + a$ du Soleil, et 2° quand la Terre était en T. Pour arriver au périhélie $p$ le 12 mars, la comète devait parcourir l'arc $oo'p$, et en même temps la Terre devait parcourir l'arc TT'P. Lorsque la comète se trouva en $o'$ dans la région où elle se trouvant en octobre 1835, elle présentait l'éclat d'une étoile de 1re grandeur; en 1758, elle y était télescopique pour les habitants de la

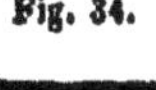

Fig. 34.

Terre, car, 1° se trouvant en 1835 en A, ils recevaient les rayons denses Φ — φ émergeant de la base *a'*; 2° les observateurs de 1758 se trouvant en T', recevaient les rayons φ réfléchis de la surface de l'hémisphère soulevé *acb* (fig. 32).

§ 454. **Aspects de la tête.** Le 1er avril 1759, dix-huit jours après le passage au périhélie, la Terre étant en *t* (fig. 34), *la comète se trouva en ba*. Une petite quantité de rayons venant de la base *b* à *t* rendit la comète visible à l'œil nu; elle était de 6e grandeur, parce que c'est à peine si Messier put l'apercevoir.

Le 1er mai, la comète *b'a'* et la Terre *t'* étaient à une longitude égale à *celle du 15 octobre 1835 ; l'éloignement en* déclinaison seul différait, car en 1835 il était inférieur à celui de 1759, ainsi que cela résulte de la faible distance A☊ du nœud. La comète acquit le volume des étoiles de 1re grandeur, cependant sa lumière était moins éclatante. Lacaille compare la comète de cette date à une grande étoile vue à travers un léger brouillard. Maraldi a comparé la lumière de la comète à celle des planètes vues près de l'horizon. A l'œil nu, la comète paraissait plus large que les étoiles de 1re grandeur.

455. **Aspects de la queue.** La queue avait dans chaque pays une longueur différente; cette longueur changeait pour devenir aussi chaque jour différente dans le même pays. Elle fut assez faible à Paris pour que plusieurs célèbres astronomes (Lalande entre autres) aient affirmé qu'il n'y en avait aucune trace. Messier dit que le 1er avril la portion de la queue visible dans le télescope avait 53 minutes. Il évalue, en outre, son prolongement très-affaibli, et dont l'œil soupçonnait à peine l'existence, à 25°.

Le 15 mai, on ne trouvait point la queue à la simple vue. A l'aide d'un puissant télescope, on la voyait de 3° à 4°. Le 16 et le 17, Maraldi voyait une queue de 2°.

A Lisbonne, le 30 avril, la queue était de 5°; seize jours après le 15 mai, on trouvait à l'œil nu une étendue semblable.

Le 30 avril, à Pondichéry, la queue avait une étendue de 10°.

A l'île Bourbon, la Nux trouvait pour la longueur de la queue :

Le 29 mars, 3° ;

Le 20 avril, 6° à 7° ;

Le 21 avril, 8° ;

Le 28 avril, 19° (elle s'amincissait beaucoup);

Le 29 avril, 25° (l'amincissement continuait) ;

Le 5 mai, 47° (l'amincissement était devenu extrême).

Maintenant que j'ai exposé la série des faits observés pour indiquer leur mode de production, le lecteur n'a qu'à dresser l'orbite *opb* (fig. 34) de la comète dont le passage au périhélie *p* a eu lieu le 12 mars quand la Terre se trouvait en P. Lorsque la comète avançait de *co* vers le périhélie *p*, la Terre parcourait l'arc TP de l'écliptique. Après le passage au périhélie, la comète s'est trouvée successivement en *b*, *b'*, *b''*, et la Terre en *t*, *t'*, *t''*.

§ 456. **Mode de production des aspects de la tête.** A l'œil nu, la comète *o* est invisible de la Terre, quand le prolongement antérieur de son axe passe dans le voisinage de la Terre T, parce que dans ce cas les rayons incidents du Soleil sont réfléchis de la surface soulevée en directions divergentes et arrivent raréfiés à la Terre. La comète se présentant obliquement à la Terre pour que le grand diamètre en soit exposé, elle devient perceptible à l'aide du télescope par la petite quantité de rayons φ réfléchis dé l'atmosphère soulevé. Pour qu'elle apparaisse à l'œil nu, il faut que les rayons Φ — φ émergents de la base de l'ovalaire arrivent à la Terre. Cette règle générale sert à expliquer tous les faits observés.

1° La comète *co*, à son retour de 1759, avançait vers le périhélie *p* ayant son sommet *c* vers le Soleil S et vers la Terre T qui avançait vers P. C'est à cause de sa position en *co* et de celle de la Terre en T qu'il devint possible de l'apercevoir à l'aide du télescope le 25 décembre 1758, quatre-vingt-sept jours avant le périhélie; elle resta télescopique, car comme elle était en $t'o'$, la Terre était en T'.

2° En 1759, le 1er avril, dix-neuf jours après le passage au périhélie, la comète étant en *b* devint visible à l'œil nu par la Terre arrivée à *t*.

3° Le 1er mai, la comète se trouva en *b'* entre le Soleil et la Terre *t'*; celle-ci recevait les rayons concentrés du photocône émergeant de la base *aob* (fig. 32). Ces rayons firent apparaître la base de l'ovalaire comme étoile de 1re grandeur et d'une largeur supérieure à cause de la proximité de la Terre; cet état ne dura que très-peu de temps.

4° Le 16 et le 17 mai, la comète et la Terre avançant en sens divergent, elles se trouvèrent éloignées l'une de l'autre; la Terre arriva en *t''* et la comète en *b''* lorsque sa base se voyait très-obliquement, puis elle devint en *b'''a'''* imperceptible par la Terre en *t'''* qui ne recevait que les rayons très-faibles réfléchis de l'hémisphère soulevé *acb* (fig. 32).

§ 457. **Mode de production de la queue.** Les détails exposés nous font connaître que la longueur de la queue n'est pas exactement en rapport direct avec la clarté de la tête. Il y avait une queue perceptible avant et après le 1er mai, tandis qu'à compter de ce jour l'état de la queue ne présenta plus aucune augmentation. Ce désaccord entre l'éclat de la tête et l'étendue de la queue n'implique pas comme conséquence un manque de liaison, laquelle se manifeste dans la périodicité des faits observés dans la tête de la comète et dans sa queue.

1° Les météores de la gauche de l'axe du photocône sont éclairés par les rayons émergeant de la partie droite de la base de l'ovalaire. 2° Les météores de la droite de l'axe du photocône sont éclairés par les rayons émergeant de la partie gauche de la base. L'apparition des météores résulte donc, non pas directement de la densité des rayons incidents, mais aussi de leur direction.

La partie $a'b'$ de la base du côté de la Terre reste invisible parce que les rayons qui en émergent n'arrivent pas vers la Terre. Ainsi, la base vue sous une faible obliquité paraît composée d'un nombre de halos $m'en'$, $a'e'b$... ouverts du côté de la Terre; cette base vue plus obliquement se présente composée de secteurs $m''o''a''$, $a''o''b''$... qui ont pour rayons courbes les arcs $m'e$, $se$, $a'e''$ composant les halos et se présentent tournés en sens divergent à cause de la rotation de la base et de l'ovalaire $aob$ autour du rayon vecteur SS'. Pastorff a vu la base $a'e'b'$ parfaitement ronde et le noyau $o'$ dans son centre dans la comète de 1819 tant qu'elle se trouvait en ligne droite entre la Terre et le Soleil.

### C. Mode de production des faits observés au retour de la comète en 1682.

§ 458. On aperçut la comète à l'œil nu à Orléans le 23 août; le 26, on la vit à Paris et à Dantzig. Le 29, elle présentait une queue de 30° environ. Picard et la Hire l'ont trouvée comme étoile de 2° grandeur.

**Mode de production des faits observés.** La comète devint visible 22 jours avant son passage au périhélie, quand elle se trouvait en $oc$ (fig. 35) et la Terre en T, car elle mit 22 jours à parcourir l'arc $op$ quand la Terre parcourut l'arc T♈. A l'époque où la comète $co$ se trouva en conjonction, elle devint invisible à cause de la proximité du Soleil.

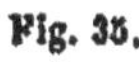
Fig. 35.

Ensuite les rayons de la base arrivaient à la Terre et rendaient la comète visible à l'œil nu; elle s'agrandit rapidement, et en une semaine elle devint comparable à une étoile de 2ᵉ grandeur ; puis elle devint invisible.

Après le passage au périhélie $p$, le 14 septembre, quand la comète fut arrivée successivement à $b$, $b'$, $b''$...., la Terre partant du point ♈ où elle se trouvait le 14 septembre, arrivait à $t$ et recevait les faibles rayons de l'hémisphère soulevé de la comète qui était en $ba$. De même quand la Terre était en $t'$, la comète étant en $b'a'$ ne réfléchissait que des rayons faibles par son hémisphère soulevé. Ainsi la comète ne fut plus visible après son passage au périhélie.

Dans son retour de 1759, le passage au périhélie eut lieu le 12 mars, époque où la Terre était en un point A diamétralement opposé à celui ♈ du retour de la comète de 1682.

1° En 1759, la comète resta invisible à l'œil nu avant son passage au périhélie, et après ce passage elle apparut comme étoile de 1ʳᵉ grandeur à travers un léger brouillard.

2° En 1682, la comète apparut avant le passage au périhélie ; elle augmenta rapidement : elle acquit en une semaine la clarté d'une étoile de 2ᵉ grandeur.

3° En 1835, la comète passa au périhélie le 16 novembre, quand la Terre était en P (fig. 33), entre les deux équinoxes ♈ ♎, mais moins éloignée de celui de printemps ♈ que de l'équinoxe d'automne ♎. A ce retour, la comète apparut à l'œil nu avant et après le passage au périhélie, mais plus longtemps avant le passage qu'après.

**Mode de production de la queue.** La position de la comète, le 29 août, entre $o'$ et $p$ (fig. 35) fit passer dans le voisinage de la Terre T' le prolongement de l'axe de l'ovalaire, qui est aussi l'axe du photocône, lequel éclaira la région de l'espace et rendit visibles les météores qui y circulent. Cette région éclairée en 1682 est diamétralement opposée à celle éclairée l'an 1759 ; par suite les essaims de météores éclairés en 1682 ont été tout différents de ceux qui ont été éclairés en 1759.

On peut considérer la comète comme une lanterne sourde

qui, à chacun de ses retours, éclaire différentes régions de l'espace du système planétaire. Si donc la comète présente une queue à chaque retour, c'est qu'il y a des météores dans chaque direction. Il en serait de même d'un voyageur qui, traversant de nuit une forêt avec une lanterne sourde, ne verrait que des arbres dans les parties éclairées par la lanterne, sans pour cela s'imaginer que c'est la lanterne qui amène ces arbres avec elle.

Le lecteur comprend aisément combien les astronomes étaient loin de la vérité quand ils admettaient que la queue de la comète était composée d'une matière repoussée d'elle-même par le Soleil pour se trouver en dehors de la tête, tandis que Cardan avait déjà proposé de remplacer cette matière par un photocône formé dans la tête comme dans une lentille par les rayons solaires. En réfutant cette proposition à cause de la courbure des queues, Képler introduisit l'expansion précitée, en admettant dans l'espace une résistance quelconque qui produit la courbure de la queue.

D. MODE DE PRODUCTION DES FAITS OBSERVÉS AU RETOUR DE LA COMÈTE EN 1607.

§ 459. Képler dit que la lumière de la comète était pâle et faible. Longomontanus prétend qu'à l'œil nu elle avait la grandeur de Jupiter, mais avec une teinte obscure. D'autres la comparent seulement à une étoile de 1re grandeur peu éclatante. La première observation de la comète a précédé de 33 jours le passage au périhélie. La queue n'offrit rien de remarquable.

**Mode de production des faits indiqués.** La date du 26 octobre du passage de la comète au périhélie *p* (fig. 80) nous fait voir que la Terre était en P ; 33 jours avant ce passage, la Terre était en T et la comète en *oc*, et sa base était exposée obliquement à la Terre. Lorsque, quelques jours après, la Terre arriva en T′ et la comète en *o′c′*, celle-ci acquit l'éclat d'une étoile de 1re grandeur, mais pâle et peu éclatante, comparable à l'éclat observé à son retour de 1759. C'est le 15 octobre 1835 que l'éclat de la comète était comparable à celui des étoiles rouges de 1^re grandeur; et cela par rapport à la distance inférieure entre la Terre et le nœud ☊, le 15 octobre 1835.

Fig. 36.

Il ne faut pas attribuer cette différence de clarté de la comète, dans ses positions entre la Terre et le Soleil, à l'inexactitude des observations, car elle est due aux distances angulaires $\gamma'$ entre la Terre et l'axe du photocône; plus cette distance est grande, plus l'éclat de la comète est faible. Cette distance est à son minimum quand les trois corps, le Soleil, la comète et la Terre, sont sur la même ligne droite, comme cela a eu lieu pour la comète de 1819, le 26 juin, à 8^h 26^m du matin. Ce cas n'arrive que pour l'un des nœuds de l'orbite de la comète, quand la Terre se trouve dans la même longitude; le grand éclat du 15 octobre 1835 correspond à la petite distance du nœud. Tous les ans, au 15 octobre, la Terre se trouve au même point P (fig. 36) ou T'' (fig. 33), tout près du nœud ascendant ☊ de l'orbite de la comète; mais à cette date, à chacun des retours, la comète se trouve à une distance différente de son périhélie et du nœud ☊.

En 1835, le 15 octobre, la comète $o''c''$ et la Terre T'' se sont trouvées à une petite distance du nœud ☊, et par suite l'axe du photocône est passé plus près de la Terre qu'à ses retours précédents de 1759, 1682 et 1607. Au retour de 1607, la comète n'est pas devenue visible après le passage au périhélie, car elle était en $ba$, $b'a$, $b''a''$ (fig. 36), et la Terre était en $t$, $t'$, $t''$.

E. MODE DE PRODUCTION DES FAITS OBSERVÉS AU RETOUR DE LA COMÈTE EN 1531.

§ 460. A ce retour, la comète n'offrit rien d'extraordinaire quant à l'intensité. La queue était de 15°. Apian, qui l'a observée, remarqua qu'en général les queues cométaires sont à l'opposé du Soleil. En Chine et au Japon, la comète a été vue le 13, et en Europe le 25 juillet. C'était 43 jours avant le passage de la comète au périhélie.

**Mode de production de faits exposés.** Le 25 août, jour du passage de la comète au périhélie *p* (fig. 37), la Terre était en P; 43 jours avant cette date, la Terre était en T et la comète en *oc*. A cette époque, celle-ci commença à faire parvenir à la Terre une partie des rayons émergeant de sa base *o*, comme on le voit par sa position; 12 jours après, elle devint visible en Europe quand la Terre était en T′ et la comète en *c′o′*.

Fig. 37.

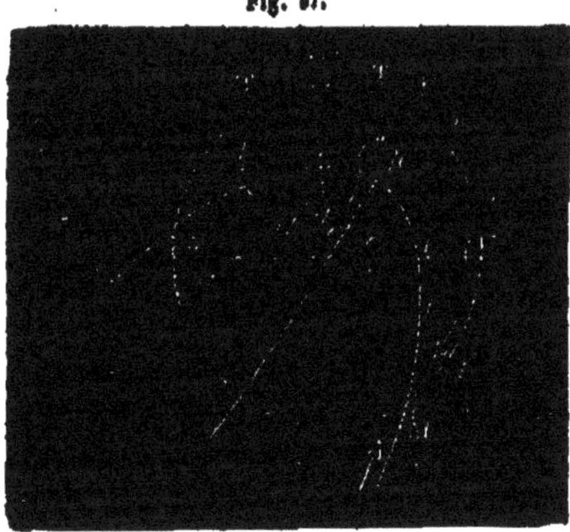

Au moment de son passage au périhélie, la comète et la Terre étaient à une égale longitude, la Terre en T″ et la comète en *o″c″*. Cette dernière était à une grande distance du nœud ☊, et par suite à une grande distance angulaire de la Terre. C'est pourquoi l'éclat de la comète a été plus faible que celui des quatre retours précités.

Après le passage au périhélie, la comète s'est trouvée

successivement en $ab$, $a'b'$, $a''b''$... quand la Terre était en $t$, $t'$, $t''$..., positions qui la mettaient en état de ne recevoir de la comète que des rayons réfléchis en faible quantité de l'hémisphère soulevé par cette même comète, laquelle n'apparut plus après le passage au périhélie.

F. MODE DE PRODUCTION DES FAITS OBSERVÉS AU RETOUR DE LA COMÈTE EN 1456.

§ 461. Suivant quelques auteurs, la comète paraissait d'une dimension extraordinaire; d'autres l'ont appelée *terrible*. Deux historiens polonais disent que la comète était d'une grosseur médiocre. Trois ou quatre jours avant son passage au périhélie, le noyau de la comète était aussi éclatant qu'une étoile fixe. A cette même époque, dans quelques pays, la queue était de 10°; dans d'autres, elle couvrait deux signes entiers du Zodiaque; elle était donc de 60°.

La comète apparut deux ans après l'occupation de Constantinople par les Ottomans; en Occident, on l'a considérée comme le présage des succès des armées ottomanes. On a aussi connu la dimension de la comète par les *Angelus* prescrits par le pape Calixte, prières dans lesquelles on conjurait en même temps la comète et les Ottomans.

Fig. 38.

La première apparition de la comète date du 29 mai. C'était 11 jours avant son passage au périhélie $p$ (fig. 38).

**Mode de production des faits exposés.** D'après la date de l'apparition de la comète le 29 mai, on voit qu'elle était en $oc$ quand la Terre était en T pour pouvoir recevoir une grande quantité de rayons émergeant de la base $o$ de la comète *co*. Ces deux corps, en poursuivant leurs mouvements opposés, se trouvèrent à une égale longitude, la Terre en *t* et la comète en *bu*; la distance entre la comète et le Soleil était égale à l'inclinaison 17°42′ du plan orbiculaire de la comète et supérieure à l'arc crépusculaire, de sorte que la comète allant toujours croissant depuis son apparition, atteignit un maximum d'éclat vers la fin de juin. Elle était alors à l'état d'étoile de 1^re^ grandeur, sans être aussi brillante qu'elle l'était le 15 octobre 1835.

Pendant le mois de juillet l'éclat de la comète s'affaiblit, et elle devint invisible vers la fin de ce mois quand elle fut en *b″a″* et que la Terre fut en *t″*. En 1456, la comète resta visible à l'œil nu pendant deux mois, ainsi que cela est arrivé en 1835; cependant dans cette même année la comète disparut à cause de la proximité du Soleil, et devint visible dans l'hémisphère austral 70 jours après le passage au périhélie. La même chose n'a pas eu lieu en 1456, car vers la fin de juillet la Terre était en *t″* pendant que la comète était en *b″a″*, sans qu'il fût possible que les rayons émergeant de la base arrivassent à la Terre.

**Mode de production de la queue.** A tous ses retours, dans le même pays, la comète présenta une queue de longueur différente à des dates diverses; aux mêmes dates également la longueur de sa queue fut inégale dans des pays différents. Il n'est donc pas étonnant qu'il y ait désaccord sur la dimension de la queue de la comète parmi les historiens polonais, italiens et byzantins. Au contraire, c'est précisément ce désaccord, qui correspond à celui des observateurs de la comète à ses deux derniers retours, dont l'exactitude est incontestable.

### G. Mode de production des faits observés au retour de la comète en 1378.

§ 462. On n'a conservé de ce retour de la comète, dans les annales de la Chine, que la voie qui servit à Laugier pour déterminer les éléments orbiculaires de la comète. Par l'identité de ces éléments avec ceux observés dans la comète de Halley, on put donc se convaincre qu'en 1378, 78 ans avant 1456, le retour de la même comète a eu lieu.

Si les historiens européens n'en font aucune mention, c'est qu'à ce retour l'éclat de la comète n'était pas extraordinaire. Si le passage au périhélie eût eu lieu le 16 novembre, comme à son retour de 1835, les éclats eussent été les mêmes que ceux observés à ce dernier retour. La différence de huit jours et peut-être même d'un plus grand nombre, a occasionné une diminution des éclats, de sorte que l'attention publique n'a pas été beaucoup attirée sur ce point.

Les historiens mentionnent de précédents retours de la comète; ils citent, entre autres : la comète de 1305, celle de 1230 et d'autres correspondant à la durée de la révolution plus ou moins altérée par les perturbations que leur ont causées les planètes.

## III. MODE DE PRODUCTION DE LA COURBURE DES QUEUES PAR LA VITESSE DE LA LUMIÈRE.

§ 463. Soient S (fig. 39) le Soleil, T la Terre, *m*, *m'* les météores circulant dans l'espace et restant pendant le jour invisibles comme cela a lieu pour les étoiles. La masse gazeuse de comètes composée d'air et de vapeur fait, comme le disait Cardan, l'office d'une lentille qui concentre les rayons et les fait se croiser au foyer *f*, d'où ils se propagent dans l'espace et vont éclairer les météores *n*, *m* qui se trouvent dans l'espace et restent invisibles pendant le jour aux rayons de l'atmosphère. Les météores deviennent visibles à la lumière condensée qui se propage de la masse gazeuse de forme ovalaire *abee* vers l'espace; ainsi cette masse gazeuse, par la concentration de la lumière, produit pendant la nuit des faits analogues à ceux d'une *lanterne sourde*, laquelle paraît inactive pendant le jour.

Soit *abee* la forme ovalaire du mélange d'air et de vapeur qui avance vers $b'$ pour éclaircir par son photocône les météores $n'$, $m'$, alors deviennent invisibles les autres $n$, $m$; des météores $n$, $n'$, $n''$ les moins éloignés partent les atomes de lumière, lesquels, après avoir parcouru la distance $fn$, $f'n'$ dans un espace de temps T, mettent un égal espace de temps pour arriver à la Terre.

Fig. 39.

Les météores $m$, $m'$ sont éclairés par les atomes de lumière qui parcourent la distance $fn + nm$ en temps T ou $f'n' + n'm'$ dans un espace de temps $T + T'$; ces atomes mettent encore autant de temps pour arriver à la Terre.

Au moment où les atomes de lumière des météores $n'$ arrivent à la Terre en parcourant la distance $n$T dans un espace de temps T, il y arrive en même temps les atomes de lumière qui sont partis, non des météores $m'$, mais de ceux qui se trouvent dans l'espace $m''$ déjà parcouru par le photocône.

Au lieu donc que les atomes de lumière arrivent simultanément à la Terre sous la direction des météores $l'$, $n'$, $m'$ éclairés par le photocône, il nous arrive en même temps les atomes qui sont partis des météores $l$, $n$, $m''$ qui forment une courbe ayant sa partie concave du côté d'où vient la comète et sa convexité du côté vers lequel elle avance. En considérant que les queues sont composées de matière, les astronomes ont attribué cette convexité à la résistance exercée par une matière éthérée répandue dans l'espace; dans cette hypothèse, les queues directes et les queues multiples restaient inexplicables.

Au lieu de matière éthérée, je démontre ici l'existence des essaims de météores qui circulent dans l'espace et n'y deviennent visibles qu'au moyen des photocônes produits par la masse atmosphérique de forme ovalaire. Il n'existe nulle part de matière éthérée, mais l'explication qu'on en donne sert à faire mieux comprendre la position de la courbure et de la convexité par rapport 1° à la marche de la comète, et 2° à la position du plan de l'orbite de la comète.

Cette hypothèse de l'existence d'une matière éthérée sert aussi à expliquer la direction rectiligne des queues des comètes dont le plan orbiculaire passe par la ligne zénithale de l'observateur. Dans ce cas le plan de la courbure passe aussi par la ligne zénithale, et si la courbure existait, elle deviendrait imperceptible. D'après cette hypothèse il fallait que la courbure de la queue fût en raison directe avec la vitesse de la comète. Tout le monde, au contraire, a vu en 1858, le 30 septembre, la queue de la comète droite; sa courbure augmentait à mesure que la vitesse de la comète diminuait.

**Longueur occupée par les météores éclairés.** La manière dont j'ai indiqué la production de la courbure par les distances inégales parcourues par les atomes de lumière aidera à mesurer la différence $n'm'' = Tm'' - Tn'$, 1° au moyen de l'angle $\gamma = n'Tm''$ que cette distance sous-tend, et 2° au moyen de la vitesse connue de la lumière.

### A. Subdivision du photocone et de l'espace éclairé indiquant une rotation.

§ 164. La forme de la masse atmoaérienne *abee* est celle d'un cylindre creux ou d'un ovalaire ayant l'espace axial vide peu incliné sur le rayon vecteur S*b*, S*b'*. Si les molécules d'air et de vapeur n'avaient pas de mouvement rotatoire, elles n'obéiraient qu'à la pesanteur; c'est donc ce mouvement qui les empêche d'acquérir dans l'espace une expansion indéfinie analogue à celle observée dans les récipients dont on éloigne l'air.

En examinant attentivement les bords de la queue de la comète de 1811 (n° 124), Herschel y aperçut des filets lumineux qui semblaient éprouver des variations de longueur considérables, fréquentes, rapides, indiquant un mouvement de rotation dans la queue; de ce mouvement de la queue, Herschel conclut que la tête de la comète tournait sur elle-même.

La queue de la comète de 1825 (n° 145), observée par Dunlop en Australie, se composait de cinq branches distinctes, de longueurs inégales et embrassant un espace de 2 degrés dans le point le plus éloigné de la tête. Les diverses branches de cette queue multiple n'étaient pas toujours dans la même position relativement aux bords de la queue entière. En examinant le temps qui s'écoulait entre deux retours des branches à une position identique, Dunlop trouva en moyenne 19$^h$ 37$^m$. Tel serait donc le temps de la révolution, non d'une queue matérielle, mais d'un ensemble de photocônes indiquant le temps de révolution des molécules composant la tête de la comète autour du rayon vecteur.

La comète (n° 145) a son périhélie à une distance 1,241 du Soleil, d'où il résulte qu'elle est une *aréocomète*, laquelle nécessairement ne peut avoir un noyau visible, et qui cependant devint visible à l'œil nu en octobre avant son passage au périhélie le 10 décembre. Sa queue était de 10°; la comète resta visible du 15 juillet 1825 au 8 juillet 1826. Cette longue durée, 360 jours, correspond à la grande distance 1,241 entre le périhélie et le Soleil (1).

---

(1) Mars termine sa rotation diurne en 24$^h$ 37$^m$. Au commencement de sa vie géologique, la durée de sa rotation différait peu de celle de la rotation actuelle des planètes extérieures. Elle perdit sa vitesse de rotation pendant la séparation de chaque couple d'atmoaérocylindres. La vitesse de la rotation actuelle de cet atmoaérocylindre correspond à celle qu'avait la planète Mars à l'époque de sa séparation. Trouvant donc dans la comète (n° 145) une vitesse de rotation de 19$^h$ 37$^m$, nous pouvons

B. IRRÉGULARITÉ DANS L'ÉTENDUE ET DANS LA FORME DES QUEUES.

§ 465. La clarté des photocônes s'affaiblit graduellement dans l'espace, dont certaines régions sont occupées par des essaims de météores, tandis que d'autres en manquent entièrement. Dans le premier cas, la longueur de la queue n'est bornée qu'en raison de ce qu'elle est plus faiblement éclairée, ce qui fait paraître cette longueur différente : 1° pour chaque état atmosphérique des différents pays, et 2° pour l'œil de chacun des observateurs. Tandis qu'en Europe les astronomes voyaient à la comète de 1861 (n° 225) une queue de 40 degrés, le 30 juin, à Athènes, Schmidt voyait cette queue de 120 degrés, c'est-à-dire trois fois plus grande.

Il y a des cas où la queue finit brusquement : alors tous les observateurs la voient de la même longueur. Si la queue se termine ainsi, c'est à cause de l'absence de météores dans l'espace éclairé par le photocône; on peut dire que le porteur d'une lanterne sourde ne voit dans l'obscurité que les objets éclaircis, s'il y en a. En hiver, cet individu verrait sur-le-champ une étendue de couleur blanche en forme d'éventail, et cela jusqu'à perte de vue. Dans d'autres cas, cette étendue se terminerait brusquement, par exemple, à la vue d'une rivière peu éloignée où il n'y a pas de neige.

Si le porteur d'une lanterne sourde est accompagné de plusieurs individus et si la main du porteur de la lanterne tourne, chacun verrait éclairés différemment les corps qui deviendraient successivement visibles. De même la forme et l'étendue de la queue de la même comète se présentent sous différents aspects aux observateurs de divers pays qui

---

en induire que de cette comète et de $n$ autres la planète Mars perdit 5 heures de sa vitesse, tandis que des $n+n'$ autres atmoaérocylindres séparés d'abord, la même planète a perdu plus de 10 heures de sa vitesse; la perte de vitesse rotatoire de Mars pendant la production de $2n+n'$ de comètes s'élève donc à 15 heures. La vitesse de rotation trouvée dans les autres comètes est beaucoup inférieure.

souvent ne sont pas très-éloignés entre eux. La queue de la comète de 1843 avait une teinte rouge à Montpellier du 11 au 14 mars, tandis qu'à Nice on ne lui a pas trouvé cette teinte. D'autres fois quelques observateurs voient une seule queue *fm* (fig. 39) et d'autres en voient deux *f'm'* et *f'm''* ou plusieurs.

### IV. RÉSUMÉ SUR L'ÉTAT PHYSIQUE DES COMÈTES A LONGUES OU A COURTES PÉRIODES.

§ 466. Toutes les comètes sont les filles jumelles des planètes, car elles ne sont que des atmosphères sans planète; c'est à cause du mouvement rotatoire de leurs molécules que leur volume reste limité. Le mouvement rotatoire des molécules s'opère autour d'un espace vide axial, et c'est le sommet ou l'extrémité du côté du Soleil qui reste sur le rayon vecteur; l'autre extrémité ou la base de l'ovalaire avec tout le corps tourne autour de ce rayon. Cette rotation conique fut amenée par les deux poussées *p*, *p'* exercées par les atmoaérocylindres au sommet de leur séparation de la planète mère. 1° La poussée *p* fut exercée par les molécules de la zone torride de la planète tournante, et 2° la poussée *p'* par le barogène dirigé vers le Soleil.

**Amortissement du mouvement des comètes et des météores.** Tous les astronomes savent qu'il existe des météores dans l'espace; ils n'ignorent pas que les durées des révolutions des comètes périodiques se raccourcissent très-lentement. Au lieu de suivre leur exemple en attribuant le raccourcissement des révolutions à une *matière éthérée* répandue dans l'espace en densité croissante vers le Soleil, c'est dans la rencontre des comètes avec les météores que je trouvai l'amortissement actuel de mouvement.

Les météores circulant avec les satellites autour des planètes se précipitent sur celui-ci après avoir perdu leur mouvement orbiculaire; les météores circulant avec les planètes autour du Soleil se précipitent sur celui-ci après avoir perdu par l'amortissement leur mouvement orbiculaire. De même les comètes circulant autour du Soleil iront se précipiter sur lui quand elles auront perdu leur mouvement orbiculaire, c'est-à-dire quand ce mouvement se sera amorti dans ses rencontres avec les météores ou avec les planètes mêmes et avec leurs satellites.

Chacune des comètes actuelles a déjà perdu une quantité de mouvement rotatoire et de mouvement orbiculaire dans des rencontres avec des essaims de météores dont les orbites sont coupés par les orbites des comètes. Comme aucune comète ne termine sa révolution sans avoir rencontré plus ou moins souvent des météores, il y a toujours perte de mouvement et rapprochement de l'aphélie au Soleil.

Le raccourcissement de la durée de la révolution fait raccourcir le grand axe de l'orbite sans que la position de son plan change; il en résulte qu'une grande partie des météores dont les orbites passent par la surface de l'orbite cométaire perdent leur mouvement. Ainsi l'espace orbiculaire de chaque comète s'appauvrit en météores pendant que l'étendue des orbites des comètes diminue.

Dans chacune des cinq familles de comètes, ce sont les comètes de courtes périodes qui se heurtèrent 1° entre elles, 2° avec des planètes ou 3° avec des satellites qui ont terminé le plus grand nombre N de révolutions et qui ont réduit l'amortissement de la plus grande quantité Q de météores. Les comètes à courte période ont été heurtées, 1° entre elles, comme celle de Biela; 2° avec une planète, ou 3° avec un satellite, comme cela a eu lieu pour la comète de Halley.

Si les astronomes savaient que ce sont des météores qui deviennent visibles dans l'espace éclairé par le photocône cette connaissance les aurait certainement conduits à déduire la série de faits résultant de la rencontre de ces corps avec les comètes. Ils auraient pu alors se mettre en état d'aborder la question sur l'origine de cette immense quantité d'essaims de météores qui contiennent une quantité de poids imperceptible dans un très-grand volume.

La question ainsi exposée, combinée avec les nébuleuses planétaires en forme de meule et dont le diamètre est comparable à celui de l'orbite de Neptune, ferait connaître qu'à une époque très-reculée notre système planétaire s'est trouvé dans l'état où se trouvent actuellement ces nébuleuses, composées d'essaims de météores occupant un espace comparable à celui de notre système planétaire, sans produire en même temps des effets de pesanteur correspondant aux masses analogues des corps massifs. (Voir t. I, p. 281.)

---

# CHAPITRE III.

## QUATRE CLASSES DE COMÈTES DUES A QUATRE ORIGINES D'AMORTISSEMENT DE LEUR MOUVEMENT.

§ 467. La quantité de la matière formant l'ensemble des corps célestes n'éprouve ni accroissement ni diminution ; cela serait incompatible avec le mouvement. Bien qu'on ignore l'origine du mouvement des corps organisés, des corps terrestres et des corps célestes, les observations nous font voir que dans la rencontre des deux corps en mouvement l'effet immédiat est la perte d'une quantité de mouvement. Deux corps égaux étant en mouvement opposé avec une vitesse égale, s'arrêtent au point de rencontre.

Quoiqu'on ignorât la cause physique de ce résultat, le fait n'est pas moins réel aussi bien pour la perte de mouvement des corps terrestres qui se rencontrent que pour les corps célestes. Les météores, les satellites, les planètes et le Soleil circulent sur des orbites isolés, de sorte qu'il est impossible qu'ils se rencontrent. Les orbites seuls des comètes ne sont isolés que par rapport au Soleil, avec lequel ils ne peuvent jamais se rencontrer.

§ 468. I. **Comètes intactes.** Toutes les comètes sans exception se rencontrent avec les météores depuis leur séparation de la planète mère jusqu'à présent. La quantité $q$ de mouvement perdu dans ces rencontres est insignifiante par rapport à la grande quantité $Q + Q'$ de la somme de mouvement orbiculaire $Q$ et du mouvement rotatoire $Q'$ ; c'est pourquoi les comètes qui ne se sont rencontrées qu'avec les météores forment la classe des *comètes intactes*, ainsi nommées parce qu'elles conservent : 1° leur espace vide axial, 2° la forme ovalaire du corps composé d'un mélange d'air et de vapeur, et 3° l'enveloppe d'air pur transparent invisible produisant une réfraction des rayons incidents et une autre des rayons émergents. Ces réfractions produisent les couleurs observées des comètes.

II. **Comètes planétocroustes.** Sans avoir besoin d'observer la rencontre d'une planète avec une comète pour voir quel résultat amènerait cette rencontre, chacun sait, d'après la loi de la Mécanique, qu'il ne peut en résulter qu'une perte de mouvement d'égale quantité pour la comète et pour la planète. 1° La perte du mouvement planétaire se borne à un retard du mouvement rotatoire et à une diminution de la longueur du grand axe de l'orbite. 2° De même la perte du mouvement cométaire se borne à un retard du mouvement rotatoire et à une diminution du grand axe de l'orbite. Cette diminution de l'axe amène une diminution dans la durée de révolution provenant de l'accroissement de la poussée de la pesanteur, accroissement qui est en raison inverse du carré de la longueur du demi-grand axe de l'orbite.

Les comètes planétocroustes (κροῦσις, choc ou heurt) se reconnaissent facilement en ce que, 1° elles terminent leur révolution en un espace de temps inférieur à huit ans; 2° elles n'ont pas l'espace vide axial; 3° les vésicules de vapeur ne sont pas mêlées seulement avec les molécules centrales de l'air, mais aussi avec les molécules de l'air de l'enveloppe ou de l'aérosphère ; de sorte que les comètes à courte période planétocrouste n'ont ni le noyau ni la queue; telles sont les comètes d'Encke, de Browen, de d'Arrest, de Faye, de 1819, découverte par Pons.

III. **Comètes doryphorocroustes.** Au lieu de se rencontrer avec une planète, quelques comètes se sont rencontrés avec un satellite, et il en est résulté la perte d'une quantité inférieure 1° de mouvement orbiculaire du satellite et 2° du mouvement orbiculaire de la comète. Le mouvement rotatoire des molécules s'étant conservé, l'espace vide axial est resté dans ces comètes, et les vésicules de vapeur ne se sont pas mêlées avec l'air de l'aérosphère. Telle est la comète de Halley, qui ne diffère des comètes intactes que par l'infériorité de longueur du grand axe de son orbite.

IV. **Comètes cométocroustes.** Le croisement des périphéries des orbites des comètes nous fait voir qu'il est possible que les comètes se rencontrent entre elles. Le résultat de pareilles rencontres serait la perte du mouvement orbiculaire et celle du mouvement rotatoire, comme cela a lieu pour les comètes planétocroustes, avec cette différence que les masses gazeuses des deux comètes A, B réduites par le choc en équilibre rompu, ne peuvent établir leur équilibre qu'en plusieurs siècles, quand chacune des deux comètes après la séparation commence à parcourir un orbite propre.

Les deux comètes A, B, séparées en 1846, se trouvaient séparées quelques siècles avant 1772, car à cette époque elles présentaient une seule comète à courte période comme les comètes planétocroustes, avec la différence des changements des éléments orbiculaires, changements trop grands pour être attribués aux perturbations résultant des planètes observées dans les comètes planétocroustes.

La comète de Tuttle est une comète double cométocrouste comme l'était la comète de Biela avant 1846; de même que celle-ci a éprouvé depuis 1772 de grands changements dans ses éléments orbiculaires avant son dédoublement, de même la comète de Tuttle éprouve actuellement de grands changements dans ses éléments orbiculaires et même dans la durée de ses révolutions.

§ 469. **Quatre classes de comètes découvertes par les observations faites à leurs retours.** Pendant tout le temps qu'on les observe, les comètes parcourent un arc *a* de l'ellipse de leur orbite. Il est facile de déterminer des éléments paraboliques, comme le fit Halley, en consultant le catalogue pour voir si, parmi les comètes déjà observées, il ne s'en trouve pas quelques-unes ayant des éléments pareils de sorte que l'intervalle indiquerait la durée de la révolution. C'est ainsi qu'on a trouvé les périodes des deux comètes de Biela et de Tuttle qui sont cométocroustes.

Dans les cas où la comète reste longtemps visible, la longueur de l'arc $a$ est considérable ; cependant cet arc ferait une minime partie de l'orbite si la durée T de la révolution de la comète était très-longue. Au contraire, l'arc $a$ parcouru peut être une partie considérable de l'orbite, si la durée T de la révolution de la comète est courte. Dans ce dernier cas, l'arc $a$ peut servir à déterminer l'ellipse de l'orbite. On consulte alors le catalogue pour voir si la même comète a été observée à quelques-uns de ses précédents retours à des époques déjà déterminées par la longueur du grand axe de l'ellipse trouvée par son arc $a$. C'est ainsi que Encke a opéré.

Les dix comètes à courte période qui ont eu plus d'un retour sont toutes télescopiques sans cependant que leur volume diffère de celui des autres comètes, lesquelles dans la distance $1+a$ sont télescopiques, mais deviennent aussi visibles à l'œil nu pendant un certain espace de temps. Ainsi, on savait que les comètes à courte période sont télescopiques, mais comme on ignorait pourquoi les comètes à longue période se changent en comètes à courte période, on ne pouvait pas s'assurer si, parmi les comètes lumineuses, il ne s'en trouverait pas quelques-unes à courte période.

Je démontre ici : 1° que toutes les comètes intérieures *intactes* peuvent devenir visibles à l'œil nu dans leur retour autour du Soleil ; 2° que la durée de leur révolution est de vingt siècles environ ; 3° enfin que la longueur de l'arc $a$ est trop courte pour qu'on y trouve la longueur du grand axe de l'ellipse.

D'après les comètes du catalogue, on voit que les durées des révolutions des comètes visibles à l'œil nu s'élèvent à plus de vingt siècles. Les résultats obtenus par le calcul basé sur les arcs a ne sont pas en désaccord avec de pareilles durées déduites du catalogue.

Je me bornerai à exposer les détails des quatre classes de comètes; les comètes de chacune des cinq familles peuvent entrer dans chacune de ces classes.

V. On peut considérer l'atmosphère de la Terre comme une comète de cinquième classe; son atmoaérosphère réfléchit les rayons solaires en directions convergentes, d'où résulte un photocône qui, en éclairant la Lune éclipsée, la rend visible. Ce même photocône terrestre rend visibles 1° les météores, sporades que l'on voit sous forme d'étoiles filantes; 2° les essaims de météores que l'on voit sous forme de pluie d'étoiles; 3° les météores circulant avec la Lune autour de la Terre, qui apparaissent comme *lumière zodiacale*.

### 1. COMÈTES INTACTES.

§ 470. Le mouvement de toutes les comètes s'amortit quand elles se rencontrent avec les météores; de là résulte un raccourcissement du grand axe orbiculaire en même temps qu'une diminution de la durée de la révolution autour du Soleil. Ainsi, ni la longueur des orbites ni la durée de révolution ne sont constantes; leur degré de diminution n'est pas constant non plus, parce que les météores circulent comme des essaims dans l'espace et qu'à chacune de leurs révolutions les comètes se rencontrent avec différentes quantités de ces essaims. Ne connaissant ni les limites des longueurs des grands axes des orbites ni les limites des durées de révolution des comètes, on est réduit à coordonner les comètes intactes en cinq familles d'après les distances entre leur périhélie et le Soleil (§ 404).

Pour connaître approximativement le nombre des comètes,

on a employé le chiffre 453 équivalant au nombre des comètes visibles à l'œil nu qui ont apparu depuis notre ère jusqu'au XVII<sup>e</sup> siècle (§ 392). De ces 453 comètes, il ne s'en trouve que 56 parmi les comètes calculées. De 1700 à 1863, on a observé et calculé 172 comètes, y compris les comètes télescopiques; de sorte qu'il arrive une comète chaque année, tandis qu'avant l'usage des télescopes il n'en venait une que tous les trois ans.

Toutefois, parmi les comètes observées depuis le commencement du siècle passé, il n'y en a pas les deux tiers de télescopiques. Abstraction faite des comètes périodiques, le nombre des comètes telescopiques est minime. On a vu ainsi qu'un grand nombre de comètes est resté inaperçu, comme le prouve l'absence de mention de la comète de Halley aux époques distantes de 76 ans de celle de 1456 où apparut cette comète.

Malgré le grand nombre d'observateurs, il est bien prouvé que chaque siècle quelques comètes peuvent passer inaperçues. Sans crainte d'être accusé d'erreur, on peut avancer que chaque siècle 50 comètes, au moins, visibles à l'œil nu passent au périhélie, et que ces comètes ne sont pas revenues deux fois depuis notre ère. Le nombre total des comètes intactes n'est donc pas inférieur à 1000.

Après avoir séparé le nombre minime *d* des diocomètes, les autres composent les quatre familles produites par les quatre planètes intérieures. On a trouvé que les nombres des comètes calculées de chaque famille sont proportionnels aux masses des planètes mères. Ces rapports conduisent à faire voir que les durées de révolution ne correspondent pas également aux masses, car si elles leur correspondaient on ne trouverait pas le rapport précité.

### A. BIOLOGIE (1) DES COMÈTES INTACTES.

§ 471. I. Pendant la vie astronomique des planètes et des satellites, la rupture d'équilibre qui correspond à ce qu'on nomme *force vitale* consiste en une rupture d'équilibre qui est l'inégalité de température entre la densité D des atomes de chaleur de la masse empyrée et celle *d* des atomes de chaleur dans l'espace ambiant.

II. Pendant la vie géologique des planètes, la rupture d'équilibre ou la force vitale consiste en une production d'air par les éléments matériels de l'eau et les éléments électriques de la chaleur. Ces éléments possèdent le mouvement indéfini emmagasiné, lequel croît avec la quantité d'air jusqu'au degré suffisant pour forcer l'air à se séparer de la planète, et cet atmosphère devient une comète.

III. Les comètes sont composées des mêmes éléments que l'atmosphère, mais ces éléments, air et vapeur, n'y *sont pas* en équilibre rompu; ainsi il n'y a pas de force vitale ou rupture d'équilibre interne comme dans les deux cas précédents où les planètes et les satellites circulent sur des orbites isolés de même que les météores. Il n'y a que les comètes qui ne circulent pas sur des orbites isolés; c'est pourquoi elles sont sans cesse exposées à rencontrer des météores; il n'arrive que rarement qu'elles se rencontrent 1° avec les planètes, 2° avec d'autres comètes ou 3° avec les satellites.

La séparation des comètes s'opère au moyen d'une poussée répulsive R de la part de la comète qui met une quantité **b** de barogène en équilibre rompu; c'est donc cette quantité **b** de barogène qui diminue par l'amortissement du

---

(1) Le mot *biologie* (de βίος, vie, et λέγειν, traiter) signifie traité de la vie. Le mot *vie* signifie manifestation de faits provenant des *actions* qui ont leur origine dans le corps même; cette origine des actions s'appelait *force*. Ici le mot *action* signifie écoulement d'un fluide, et le mot *force* indique une rupture d'équilibre de ce fluide.

mouvement occasionné par les rencontres des comètes avec d'autres corps. La diminution de la quantité **b** de barogène correspond : 1° à la diminution de la densité D des atomes de chaleur de la masse empyrée sollicitée par le froid de l'espace, et 2° à la diminution de l'eau dans les planètes.

A chaque rencontre des comètes avec les météores une petite partie de mouvement s'amortit, et il en résulte une diminution de la quantité **b** de barogène en équilibre rompu. C'est à cause des positions différentes des plans orbiculaires des comètes que chacune d'elles se rencontre avec des météores de densités différentes; ainsi le mouvement de chacune des comètes s'amortit en quantité différente. C'est donc dans la position de son plan orbiculaire que consiste l'origine de la rupture d'équilibre des comètes ou l'origine du barogène **b** soutenant le mouvement de la comète pour correspondre à la *force vitale.*

Les rencontres avec les météores et d'autres corps sont des actions qui empêchent l'écoulement d'une partie *b* du barogène **b** pour le faire passer à l'état équilibré. Ces actions se répètent irrégulièrement selon les quantités de météores.

Les effets qui en résultent sont l'amortissement d'une partie de mouvement orbiculaire des comètes pour que le grand axe devienne moins long et la durée de révolution plus courte. L'absence de mouvement rotatoire dans les météores est cause que leurs rencontres ne produisent aucun dérangement dans le mouvement rotatoire des molécules des comètes, et qu'ainsi leur espace vide axial et leur forme ovalaire restent conservés. Ces comètes sont donc *intactes* sous ce rapport, et l'on ignore jusqu'à présent quelle est la plus longue durée de leurs périodes.

Les comètes doryphorocroustes, telles que celle de Halley, sont intactes comme les précédentes; elles n'en diffèrent que par la durée de leur révolution, qui est inférieure à celle des comètes précédentes non doryphorocroustes.

§ 472. **État final de la vie des comètes.** L'amortissement du mouvement des comètes par les météores est lent, mais continu; les autres espèces d'amortissement sont d'une rareté excessive. Il en résulte que la perte du mouvement orbiculaire des comètes actuelles est prédestinée; de là résulte qu'elles se précipiteront sur le Soleil. La production de nouvelles comètes par les planètes supérieures est également prédestinée.

Avant que commence la chute des comètes actuelles N, il s'en produira d'autres N' qui amèneront un maximum N + N'. Ce maximum se soutiendra un laps de temps T pendant lequel le nombre *n* des comètes précipitées vers le Soleil tous les mille siècles sera remplacé par le nombre *n'* des comètes produites par les planètes extérieures.

Cette production des comètes une fois terminée, le nombre N + N' commencera à diminuer, et il faudra un autre laps de temps T' pour que leurs mouvements s'amortissent et les comètes N + N' se précipitent sur le Soleil.

Sont donc préétablies : 1° la disparition de l'eau des planètes; 2° la multiplication des comètes jusqu'à un maximum; 3° la persistance de ce maximum pendant un certain espace de temps; 4° la diminution du nombre des comètes jusqu'à leur disparition complète.

A cette époque reculée, la force de la couche glaciale de la zone royale du Soleil suffira pour exercer une résistance égale à celle qu'exercent les deux calottes; ainsi le Soleil deviendra en état d'expulser neuf autres jets de masse empyrée. Il terminera sa première période planétogonique et commencera la deuxième.

Dans le chapitre suivant, j'exposerai l'aspect des comètes intactes intérieures et extérieures ayant chacune des éléments orbiculaires différents. Je me suis borné ici à indiquer la différence qu'il y a entre elles et les comètes qui ont éprouvé un choc.

### B. Durées de révolution des comètes intactes trouvées par les observations et le calcul.

§ 473. Au moyen du calcul appliqué aux points parcourus par une comète, on obtient l'équation de l'ellipse dont l'arc observé forme une partie; par le demi-grand axe de cette ellipse on trouve la durée de la révolution de la comète. Pour obtenir par le calcul un résultat approximatif de l'état réel il faut observer longtemps la comète, comme cela a eu lieu pour la comète de Donati que tous les astronomes ont observée pendant 275 jours.

Les points dans lesquels s'est trouvée la comète étant unis ne donnent pas une courbe continue. En prenant les moyennes des points observés qui restent en dehors, quelques astronomes ont trouvé que la durée de la révolution était de 2040 ans, et d'autres ont trouvé qu'elle était de 2495 ans. D'après ces résultats, qui ne diffèrent pas beaucoup entre eux, on serait tenté d'admettre comme durée véritable la moyenne de ces deux limites en attribuant la différence des résultats au manque d'exactitude des observations. Mais si l'on considère comme exacts les résultats de toutes les observations, il reste à démontrer comment il se fait que les points observés ne se trouvent pas sur une courbe qu'a dû parcourir la comète?

**Réponse.** Le sommet du corps ovalaire des comètes est dans le rayon vecteur et sur l'orbite; autour de ce rayon tourne le corps dont le centre de la base se présente comme noyau quand la comète est entre la Terre et le Soleil. Lorsque nous recevons les rayons réfléchis de la surface de l'hémisphère soulevé par l'ovalaire, la partie de la surface dont nous arrivent les rayons réfléchis les plus denses se présente comme un faible noyau. Il y a donc : 1° un noyau brillant au centre de la base de l'ovalaire, et 2° un noyau faible à la surface de l'hémisphère soulevé.

Ces deux noyaux, en tournant autour du rayon vecteur,

décrivent des périphéries de rayons différents. Dans les observations, on fixe toujours la position du noyau en le supposant au centre des comètes, auxquelles les astronomes prêtent une forme sphérique comme aux planètes.

Les points occupés, 1° par le noyau brillant du centre de la base, ou 2° par le noyau faible superficiel, étant unis, ne doivent pas donner une courbe continue, mais une hélice ayant pour axe le rayon vecteur. Si donc les astronomes ne trouvent pas les points occupés par le noyau dans une courbe unie, c'est parce que les observations sont exactes, et l'erreur gît dans l'hypothèse que les comètes sont de forme sphérique et que le noyau se trouve à leur centre.

En prenant les moyennes entre les positions observées du noyau brillant et celles du noyau faible, on s'approche de la position du rayon vecteur, de sorte que le calcul, sans donner des résultats exacts, ne donne pas des résultats tout à fait différents des véritables, surtout quand la durée des observations a été longue, comme cela a eu lieu pour la comète de Donati, et comme cela arrive généralement pour les comètes dont les orbites forment de grands angles avec l'écliptique.

**Limites des durées de révolution des comètes intactes.** Aucune durée de révolution obtenue au moyen du calcul n'est inférieure à 188 ans; il y en a même qui vont jusqu'à 100000 ans. Il en résulte une différence réelle très-grande entre les durées des révolutions ou les distances qui séparent le Soleil des aphélies des comètes.

Jusqu'à présent chacun ayant considéré les observations comme exactes, il ne s'est élevé aucune objection contre les résultats du calcul. Je démontre ici qu'en regardant même les observations comme exactes, on ne doit pas considérer les résultats du calcul comme réels ; on en trouve néanmoins quelques-uns qui ne sont pas entièrement en désaccord avec les durées réelles des révolutions des comètes.

Je donne ici séparément 1° les durées de révolution des

comètes intactes déduites de la ressemblance de leurs éléments paraboliques orbiculaires, et 2° les durées obtenues par les calculs basés sur les arcs a passant par les positions des points trouvés par les observations des comètes.

| NUMÉROS du catalogue. | INCLINAISON. | DISTANCE du périhélie. | NOMBRES d'années. |
|---|---|---|---|
| *Durées des révolutions déduites du Catalogue.* | | | |
| 20 | 42° | 0,61 | 129 |
| 42 | 33° | 0,44 | |
| 38 | 53° | 0,57 | 249 |
| 172 | 47° | 1,48 | |
| 17 | 30° | 0,43 | 292 |
| 30 | 30° | 0,50 | |
| 45 | 30° | 0,006 | 175 |
| 164 | 36° | 0,006 | |
| 10 | 0° | 0,95 | 515 |
| 71 | 0° | 0,95 | |
| 15 | 73° | 0,74 | 743 |
| 161 | 80° | 0,74 | |
| *Durées des révolutions trouvées par le calcul.* | | | |
| 50 | 84° | 0,55 | 188 |
| 182 | 58° | 1,48 | 344 |
| 177 | 29° | 0,63 | 401 |
| 100 | 51° | 1,40 | 422 |
| 125 | 31° | 1,58 | 875 |
| 120 | 63° | 0,85 | 1404 |
| 84 | 41° | 0,123 | 2090 |
| 152 | 54° | 0,138 | 2611 |
| 175 | 58° | 1,38 | 2319 |
| 124 | 73° | 1,035 | 3065 |
| 80 | 73° | 0,5 | 3100 |
| 145 | 43° | 1,18 | 4386 |
| 139 | 54° | 1,145 | 5049 |
| 188 | 67° | 1,10 | 8375 |
| 40 | 81° | 0,000 | 8813 |
| 160 | 59° | 1,22 | 13806 |
| 91 | 54° | 0,098 | 75838 |
| 167 | 49° | 0,85 | 100000 |

§ 474. **Remarque.** De ces 18 comètes, il y en a la moitié qui sont des *aréocomètes*, 2 sont des *géocomètes*, 4 des *aphroditocomètes*, et 3 des *hermocomètes*. Toutes ont une grande inclinaison; pour être longtemps visibles, il faut que les comètes soient géocomètes ou aréocomètes.

Depuis le commencement du siècle, on peut compter une nouvelle comète chaque année. Si, terme moyen, la durée de la révolution était de mille ans, le nombre total des comètes serait de mille. La moyenne des durées de révolution trouvées par le calcul conduit au nombre de 4000 comètes; cependant, 1° des grandes inclinaisons des comètes calculées, 2° de leurs familles, il résulte que les comètes non calculées n'arrivent pas à ce chiffre, 1° à cause de leur très-longue durée de révolution, mais surtout à cause de l'inclinaison de leur orbite, et 2° à cause de la distance $1-\alpha$ entre le Soleil et le périhélie.

Le minimum du nombre total des comètes des quatre familles étant 800 ou 400 couples, ce minimum conduit à voir : 1° que chacune des quatre planètes intérieures a parcouru 100 périodes cométogoniques, et 2° que chacun de leurs hémisphères a produit 100 couches de phytostromes de plusieurs lieues d'épaisseur chacune.

Le maximum du nombre des comètes intérieures étant 2000 couples, on en peut déduire : 1° que chacune des quatre planètes intérieures a parcouru 500 périodes cométogoniques et 2° que chacun de leur hémisphère a été successivement couvert de 500 couches de phytostromes.

### II. COMÈTES DORYPHOROCHOUSTES.

§ 475. Les comètes de cette classe sont intactes comme celles de la classe précédente, et elles terminent leur révolution en une durée moindre qu'un siècle. Par sa rencontre avec un satellite, la comète ne peut perdre que le mouvement que perd le satellite; si la comète perd son mouvement orbiculaire, son mouvement rotatoire reste intact. C'est ce qui est arrivé à la comète de Halley et à un petit nombre d'autres trouvées par le calcul, sans cependant qu'un second retour ait encore justifié cette assertion.

*Durées de révolution trouvées par le calcul.*

| NUMÉROS du catalogue. | INCLINAISON. | DISTANCE du périhélie. | NOMBRE d'années. |
|---|---|---|---|
| 120 | 74° | 0,777 | 70,7 |
| 105 | 11° | 1,251 | 69 |
| 129 | 44° | 1,218 | 74 |
| 174 | 85° | 0,064 | 73 |
| 183 | 10° | 0,488 | 75 |
| 231 | 05° | 0,772 | 63 |

Aucune de ces comètes ne se trouve dans le catalogue, ce qui prouve que le nombre des comètes observées est loin de représenter leur nombre réel. Les distances $1 \pm \alpha$ des périhélies ont servi à rendre les comètes visibles pendant plus longtemps pour qu'on puisse calculer leur orbite.

Lorsqu'en 1835 la comète de Halley reparut, les astronomes, pour contrôler l'exactitude de leurs observations, ont répété l'application du calcul sur les résultats les plus exacts, et cependant les résultats du calcul ne se sont pas aussi bien accordés qu'on l'espérait. Bessel découvrit un mouvement oscillatoire dans le corps de la comète, sans que personne introduisît ce mouvement dans les résultats des observations pour le faire entrer dans le calcul.

Parmi les comètes exposées ici, celle du n° 183 ressemble à la comète de Halley par son inclinaison et la distance de son périhélie. A chacun de ses sept retours, la comète de Halley a présenté différents aspects ; on ne peut donc reconnaître la comète n° 183 du catalogue comme semblable par ses aspects à la susdite comète, et les aspects des autres comètes doryphorocroustes sont encore moins semblables entre eux. Pour indiquer l'identité des deux comètes, les astronomes rapportent souvent la ressemblance des aspects dans chacun de leurs retours. Si l'on ne connaissait pas les éléments orbiculaires de la comète de Halley, personne n'aurait reconnu l'identité de cette comète en comparant les aspects de chacun de ses sept retours.

Les durées de révolution n'ont de rapport ni avec les éléments orbiculaires paraboliques ni avec les aspects des comètes; elles servent à prouver : 1° une perte de mouvement orbiculaire, et 2° la conservation du mouvement rotatoire soutenant : 1° la forme ovalaire qui produit le photocône pour éclairer l'espace, et 2° l'espace vide axial pour qu'il apparaisse un noyau comme étoile de 1<sup>re</sup> grandeur au centre de la base quand la comète est entre le Soleil et la Terre.

Un grand nombre des satellites ne pouvait pas manquer de se rencontrer avec un nombre considérable de comètes; ces rencontres ont été sollicitées par les rapprochements des comètes vers les planètes pendant les perturbations.

La grande différence entre les masses des satellites a fait amortir à un degré semblable le mouvement orbiculaire des comètes, lesquelles sont restées intactes comme elles l'étaient précédemment. Ainsi les comètes doryphorocroustes se subdivisent, d'après les durées de leur révolution, en plusieurs groupes : 1° les unes terminent leur révolution entre 55 et 76 ans; 2° les autres la terminent en une durée double; 3° enfin d'autres en une durée plus longue.

### III. COMÈTES PLANÉTOCROUSTES.

§ 476. Dans leur rencontre avec les planètes, les molécules des comètes perdent à la fois une grande partie de leur mouvement orbiculaire et de leur mouvement rotatoire. La longueur du grand axe de l'orbite diminue seulement du côté de l'aphélie, parce que de pareilles rencontres sont impossibles du côté du périhélie, lequel reste toujours à la même distance du Soleil. A mesure que la longueur du grand axe ou de la distance de l'aphélie diminue, la durée de la révolution diminue aussi, parce que cette diminution de la distance de l'aphélie fait croître la pesanteur.

C'est à cause de la grande masse des planètes rencontrées

que la quantité du mouvement amorti est grande, et que par suite la durée de la circulation diminue beaucoup et est réduite à moins de huit ans, période dix à vingt fois moindre que celle des comètes doryphorocroustes.

Par leur mouvement rotatoire, les planètes causent l'amortissement du mouvement rotatoire des comètes; c'est pourquoi l'espace vide axial s'évanouit et la précédente séparation entre l'air pur et l'air mêlé de vapeur cesse d'avoir lieu. Ces comètes, 1° n'ont plus de noyau à cause de l'absence d'un espace vide axial; 2° ne produisent plus une queue ou un photocône, à cause du mélange d'une partie de vapeur avec l'air pur.

On a observé cinq comètes planétocroustes à plus d'un retour; une autre, trouvée au moyen du calcul par Lexell, n'est apparue depuis un siècle à aucun de ses seize retours. Après l'apparition de quelques-unes des comètes calculées, les astronomes attendent encore l'apparition de la comète de Lexell, admettant qu'il est possible qu'une comète reste invisible dans un grand nombre des retours successifs, tandis qu'on a observé la comète d'Encke à chacun de ses retours depuis 1819.

§ 477. **Faits que produirait le choc d'une comète contre la Terre.** Plusieurs fois les astronomes ont trouvé par le calcul le passage réel de la queue d'une comète par la Terre; d'autres fois on a attribué les états particuliers de l'atmosphère à la matière d'une comète. C'est de cette matière que devaient être composés les brouillards secs de 1783 et de 1831. Liais prédit le passage de la queue de la comète II (n° 222) de 1861, et selon lui le passage s'est opéré du 29 au 30 juin sans que personne s'en aperçût. Le même jour quelques observateurs anglais ont attribué à cette queue le changement de l'état de l'atmosphère; mais à Paris je ne me suis aperçu d'aucun changement pareil. A Rio de Janeiro, Liais n'aperçut non plus aucun changement physique quelconque. Ce résultat d'observation très-réel s'accorde parfaitement avec l'absence d'aucune réalité matérielle dans les queues des comètes.

Il s'agit de trouver le résultat d'un choc de la Terre contre la tête d'une comète, fait qui n'est pas impossible, mais qui est très-peu probable. Les comètes étant composées des mêmes éléments que notre atmosphère, ces éléments aériens en mouvement ne différaient en rien de ceux de notre atmosphère composant les vents. Ainsi, dans leur révolution autour du Soleil, les masses aériennes des comètes ne produisent dans l'espace planétaire qu'un effet analogue à celui des vents. Le choc de la Terre contre la nébulosité d'une comète ne produirait donc contre l'hémisphère atteint que l'effet d'un très-violent coup de vent d'une durée à peine perceptible.

Le résultat d'un pareil choc étant l'effet des deux mouvements ne peut consister qu'en amortissement d'une partie du mouvement préexistant de la Terre et de la comète. Celle-ci, en perdant une partie de son mouvement orbiculaire, ferait perdre à la Terre une égale quantité de son mouvement orbiculaire ; c'est ainsi que diminuerait la distance entre le Soleil et l'aphélie qui amènerait une diminution de la durée de la révolution de la Terre autour du Soleil.

Le mouvement rotatoire de la comète diminuerait en amortissant d'une égale quantité de mouvement rotatoire de la Terre. L'effet de cet amortissement de mouvement serait un accroissement de la durée précédente T de la rotation de la Terre qui deviendrait $T + \alpha$. La valeur de $\alpha$ est insignifiante à cause de la très-grande masse M de la Terre par rapport à la masse $\mu$ des comètes.

En admettant que les orbites des planètes, dans leur état primitif, soient d'une forme elliptique égale ayant le même rapport $a : e$ entre le demi-grand axe $a$ et l'excentricité $e$, il en résulterait que les chocs les plus fréquents se sont opérés entre Vénus et les comètes, puis entre la Terre et les comètes ; car la petite excentricité de l'orbite de Neptune correspond également à la diminution de la distance de son aphélie. Cependant cette diminution n'est pas due à des chocs contre les comètes, mais elle a une cause tout à fait différente (t. I, p. 192 et 290).

La très-grande excentricité de l'orbite de Mercure indique qu'il n'y a pas eu des chocs entre cette planète et une comète.

Les cinq comètes planétocroustes à courtes périodes font partie des quatre familles suivantes :

I. **Aréocomètes.** 1° La comète de Faye dont le périhélie est à la distance 1,170, et 2° la comète de d'Arrest, dont le périhélie est à la distance 1,173 du Soleil.

II. **Géocomète.** Telle est la comète de 1819, dont le périhélie est à la distance 0,769 du Soleil.

III. **Aphroditocomète.** Telle est la comète de Brorsen, dont le perihelie est à la distance 0,619 du Soleil.

IV. **Hermocomète.** Telle est la comète d'Encke, dont le périhélie est a la distance 0,34 du Soleil.

### A. Aspect de la comète d'Encke.

§ 478. Le 26 novembre 1818, à Marseille, Pons découvrit une comète télescopique; Bouvard en trouva les éléments paraboliques qui ressemblaient aux éléments d'une comète observée en 1805. C'est ainsi que l'on parvint à connaître la périodicité de la comète sans que la durée de la révolution fût déterminée, car dans l'espace de treize ans la comète pouvait faire une ou plusieurs révolutions.

En discutant les points parcourus par la comète, Encke a trouvé que la courbe qui les unit est l'arc d'une ellipse dont le demi-grand axe est $a = 2,2148$, axe dont la durée de révolution a été trouvée $T = 3,3$ ans. Depuis deux siècles les astronomes n'avaient pu parvenir à trouver la durée de la révolution d'une comète à l'aide du catalogue. Il a donc fallu attendre trois ans jusqu'à ce que le retour de la comète ouvrit aux astronomes un nouvel horizon pour le système cométaire.

Après avoir consulté les notices de l'Observatoire de Paris, on a vu que la même comète avait été observée en 1786, 1795 et 1803. Sur dix retours de la comète, six ont passé inaperçus, tandis que depuis le retour de 1818 la comète n'est restée inaperçue à aucun; cela prouve que si les comètes calculées passent inaperçues, c'est à cause de la très-petite quantité de rayons réfléchis qui en arrivent à la Terre.

J'ai démontré que la comète devient visible à chacun de ses retours dans l'un ou dans l'autre hémisphère : 1° à cause de la courte durée de la révolution, et 2° à cause de la distance assez grande 0,34 du périhélie. Pour parcourir l'arc $MpN$ (fig. 32) de son orbite, il lui faut plus de six mois; les rayons qui arrivent émergent de la base, 1° quand la comète est entre le Soleil et la Terre, 2° dans tous les autres cas, sont les rayons réfléchis de la surface de la comète qui arrivent à la Terre.

1° L'absence de noyau résulte de l'absence d'un espace vide axial, et 2° l'absence d'une queue résulte de l'absence d'une forme ovalaire régulière pour concentrer les rayons incidents et les faire se croiser en un foyer comme cela se produit dans les nébuleuses intactes des comètes à longue période. Dans le précédent chapitre j'ai montré que la forme de cette comète est allongée; ici je fais voir qu'elle reste télescopique à cause de l'amortissement de la plus grande partie du mouvement rotatoire des molécules aériennes.

Depuis 1821, le moyen de chercher le demi-grand axe $a$ de l'orbite par l'arc décrit de la comète accompagne le calcul des éléments paraboliques des comètes. Il y a eu un progrès dans la cométologie; cependant ce résultat du calcul n'a pas contribué à étendre les connaissances sur l'état physique de ces corps, car les astronomes n'ont pas pu se rendre compte de l'état télescopique de toutes les comètes à courte période. Il n'en est pas de même pour la comète de Halley, également périodique, et qui ne diffère que par la durée de sa révolution qui est vingt fois plus longue que celle 3,3 ans de cette comète.

### B. Détail de l'aphroditocomète de Brorsen.

§ 479. Le 26 février 1846, Brorsen découvrit à Keil une comète télescopique (n° 173). Cette comète fut à sa plus petite distance de la Terre le 27 mars; elle fut visible jusqu'au 22 avril. Elle apparut constamment comme une nébulosité dans laquelle on ne put apercevoir ni noyau ni queue.

Les calculs basés sur la courbe unissant les points occupés successivement par la comète ont eu pour résultat de faire connaître que cette courbe fait partie d'une ellipse dont le demi-grand axe est $a = 3,198$ et la durée de révolution $T = 5,58$ ans. D'après ce résultat très-positif, les astronomes attendirent le retour de la comète en 1850; mais on ne l'aperçut pas, et l'on dut l'attendre jusqu'en 1857.

Le 18 mars 1857, à Berlin, Bruhns aperçut la comète attendue; elle resta visible pendant environ un mois, comme en 1846.

A son retour en 1862, la comète resta invisible comme elle l'avait été en 1851.

**Pourquoi la comète est visible ou invisible?** En 1846, la comète passa au périhélie $p$ (fig. 40) le 25 février, pendant que la Terre était en P; en 1857, elle passa au périhélie le 29 mars, pendant que la Terre était en P'.

En 1846, la comète resta visible depuis le 26 février, époque où la Terre était en T et la comète en $p$ jusqu'au 22 avril, où la Terre passa de T à T' et la comète de $oc$ à $o'c'$.

En 1857, la comète resta visible le 18 mars où la Terre était en $t$ et la comète en $ab$ jusqu'au 15 avril, où la Terre passa de $t$ à $t'$ et la comète de $ab$ à $a'b'$.

En 1851 et en 1862, la Terre se trouvait en B et en A quand la comète passa au périhélie P; elle a été en opposition avec la comète. La quantité $\varphi'$ de rayons réfléchis de l'hémisphère soulevé par la comète est trop faible pour rendre visible la chevelure.

Fig. 40.

L'absence de noyau indique qu'il n'y a pas d'espace vide axial; l'absence de queue prouve que les molécules de vapeur n'ont pas une forme ovalaire assez régulière pour concentrer les rayons solaires et produire la lumière $\varphi + \varphi'$ comme le font les comètes intactes.

### C. Aspects de la géocomète périodique de 1819.

§ 480. Le 12 juin 1819, à Marseille, Pons découvrit une comète télescopique (n° 134) qu'il observa jusqu'au 12 juillet. Encke trouva par le calcul que l'arc décrit des positions observées fait partie d'une ellipse que la comète parcourt en 5ans,62.

Depuis 1819, il s'était écoulé 7 fois la durée de 5ans,62, quand le 8 mars 1858, à Rome, Winnecke découvrit une comète qu'on a reconnue être identique avec celle de 1819 (n° 134); on l'a aperçue le 2 mai à Cambridge, et observée à Santiago (Chili) du 26 mai au 22 juin. Les positions observées ont fait reconnaître que la comète termine sa révolution en 5ans,5489. En comptant sept périodes de 1819 à 1858, on trouve la durée T=5ans,54, durée qui ne diffère que de 36 jours de celle de 5ans,62 trouvée par Encke en 1819.

**Cause de l'invisibilité de la comète à ses six retours.** En 1819, la comète passa au périhélie $p$ (fig. 41) le 20 juillet, époque où la Terre était en P. Le 12 juin, la Terre était en T et la comète en $oc$; celle-ci devint invisible le 19 juillet, pendant que la Terre était en T′ et la comète en $p$.

Fig. 41.

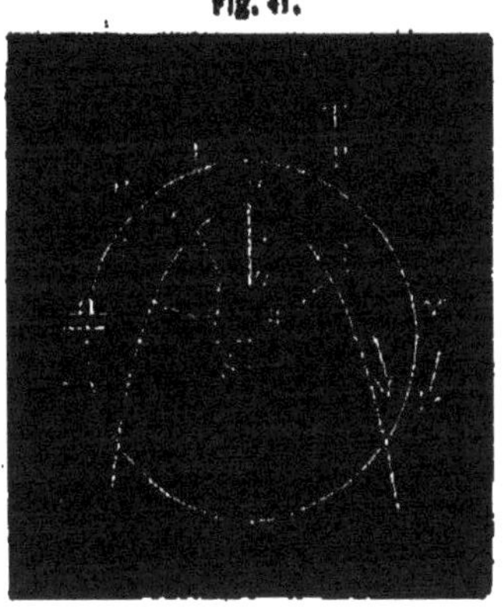

En 1858, la comète passa au périhélie $p$ le 2 mai, quand la Terre était en P′; on a vu la comète le 8 mars, où elle était en $ab$ et la Terre en $t$; le 2 mai la Terre était en $t'$ et la comète en $a'b'$. Le 22 juin la comète disparut quand elle était en $a''b''$ et la Terre en $t''$.

A ces deux retours, la comète ne devint visible que par les rayons concentrés $\varphi$ émergeant de sa base; les rayons réfléchis $\varphi-\alpha$ de sa surface ne suffisent pas pour rendre la comète visible. Lors donc qu'à ses six retours la comète renvoyait les rayons $\varphi-\alpha$ à la Terre, elle resta inaperçue. On peut ainsi prédire, pour les retours postérieurs, ceux où la comète ne sera pas visible et ceux où elle deviendra visible. Ces résultats ne permettent pas de douter que les rayons $\varphi$ n'émergent de la base en densité supérieure à ceux $\varphi-\alpha$ qui sont réfléchis de la surface de l'hémisphère soulevé. De plus, l'absence de noyau fait voir qu'il n'y a pas d'espace vide axial.

### D. Aspects des deux aréocomètes planétocroustes.

Ces comètes extérieures, comme toutes les autres, deviennent visibles par rapport à la minime quantité $\varphi'$ de rayons réfléchis de la surface de leur hémisphère soulevé. Cette quantité $\varphi'$ de lumière suffit rarement pour rendre les comètes visibles à l'œil nu. Pour s'en convaincre, on n'a qu'à consulter le catalogue, qui ne contient aucune aréocomète ou diocomète jusqu'à l'époque de la découverte des télescopes.

Les deux aréocomètes à courte période, celle de Pons de 1819 et celle de Faye, servent à évaluer les quantités de lumière $\varphi' \pm \alpha$ réfléchies de la surface de l'hémisphère soulevé qui se trouvent dans différentes positions par rapport à la Terre et au Soleil.

*1° Aspects de l'aréocomète planétocrouste de Faye.*

§ 481. Le 22 novembre 1843, Faye découvrit une comète télescopique qu'il observa jusqu'au 10 avril. Au moyen du calcul, il trouva que l'arc qui unit les points occupés par la comète fait partie d'une ellipse dont le demi grand axe est $a = 3,8118$, la distance périhélique $\pi = 1,170$, l'excentricité $e = 3,8118 - 1,170 = 2,6418$, la durée de révolution $T = 7^{\text{ans}},44$. On a observé cette comète à ses trois retours postérieurs.

En 1851, la comète passa au périhélie $p$ (fig. 42) le 1er avril, quand la Terre était en P'; elle devint visible le 28 novembre 1850 en $oc$, quand la Terre était en T. On l'a observée jusqu'au 4 mars 1851, date où elle arriva à $o'c'$ et la Terre à T'.

Fig. 42.

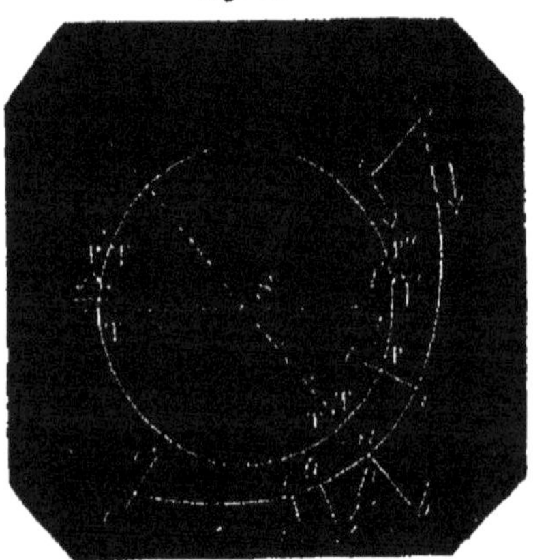

En 1843, la comète passa au périhélie $p$ le 18 octobre, quand la Terre était en P. On a observé la comète le 22 novembre, quand elle était en $co$ et la Terre en T, et elle resta visible jusqu'au 10 avril 1844, époque où elle arriva à $c'o'$ et la Terre à T''.

En 1858, la comète passa au périhélie le 12 septembre

quand la Terre était en P″; elle devint visible le 7 septembre où la Terre était en $t$ et la comète en $ab$: celle-ci resta à peine visible jusqu'au 11 octobre, où elle arriva à $a'b'$ et où la Terre se trouva à $t'$.

A son retour de 1865, on a observé la comète comme aux trois précédents, sans que jamais elle devienne visible à l'œil nu.

### 2° *Aspects de la comète aréocrouste d'Arrest.*

§ 482. Le 27 juin 1851, à Leipzig, d'Arrest découvrit une comète télescopique (n° 191) et il l'observa jusqu'au mois d'octobre. Au moyen du calcul, on a trouvé que la courbe qui est passée par les points occupés de la comète est un arc faisant partie d'une ellipse dont le demi grand axe est $a = 3,4618$, la distance périhélique $\pi = 1,174$, l'excentricité $e = a - \pi = 1,32878$, la durée de révolution $T = 6^{ans},44 = 2353$ jours.

A son retour en 1857, on a observé la comète au Cap depuis le 15 décembre jusqu'au 18 janvier 1858; son passage au périhélie a eu lieu le 28 novembre. En 1851, le passage au périhélie eut lieu le 8 juillet.

**Mode de production des aspects observés.** Lorsqu'en 1851, le 18 juillet, la comète passa au périhélie $p$ (fig. 43), la Terre était en P; elle devint visible le 21 juin, quand elle était en $oc$ et la Terre en T. Au commencement d'octobre, la Terre était en T′ et la comète disparut en $o'c'$.

Fig. 43.

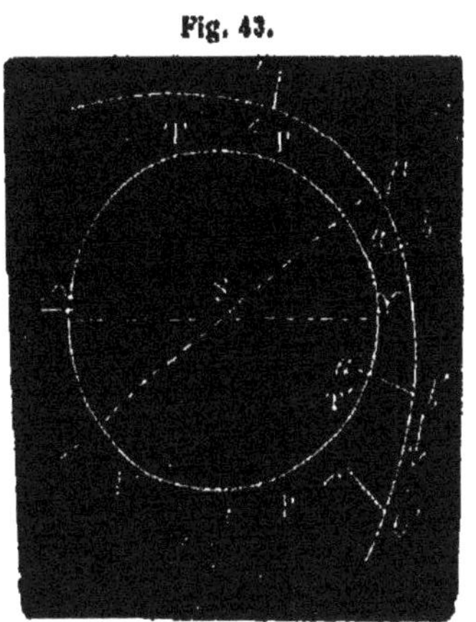

En 1857, la comète passa au périhélie le 28 novembre quand la Terre était en P′. La comète devint visible le 15 décembre quand, après son passage au périhélie, elle arriva à $ab$ et que la Terre était en $t$. La comète disparut le 18 janvier quand elle arriva à $a'b'$ et la Terre à $t'$.

Si l'on compare les apparitions des deux aréocomètes à chacun de leurs retours, on voit que, pour rester invisibles, il faut qu'elles passent au périhélie quand la Terre est en opposition. C'est ce qui est arrivé pour la comète de d'Arrest en 1863, quand elle est restée invisible, tandis qu'on a pu observer la comète de Faye à son retour en 1865.

## IV. ASPECTS DES COMÈTES COMÉTOCROUSTES.

§ 483. Avant 1846, la comète de Biela était simple et avait une courte période comme les cinq comètes planétocroustes; maintenant la même comète est un couple composé des deux éléments distincts qui vont en s'éloignant l'un de l'autre. Après le dédoublement d'une comète simple et de courte période observée depuis 1772 au vu et su de tous les astronomes, chacun supposa qu'un semblable dédoublement peut arriver à chacune des cinq comètes dont l'état actuel ne diffère pas de celui de la comète de Biela avant 1846 et peut-être longtemps avant 1772.

Guidé par la longue durée d'un état d'équilibre rompu entre les molécules aériennes des deux corps heurtés, j'ai examiné s'il n'y avait pas quelque différence entre les stabilités des éléments orbiculaires des comètes périodiques connues et j'ai trouvé le résultat suivant :

| ANNÉES. | INCLINAISONS. | LONGITUDE du nœud. | LONGITUDE du périhélie. | DISTANCE du périhélie. | SENS du mouvement. |
|---|---|---|---|---|---|
| | | *Comète de Halley.* | | | |
| 1531 | 17° | 50° | 302° | 0,57 | rétrograde. |
| 1607 | 17 | 50 | 302 | 0,58 | *id.* |
| 1682 | 17 | 50 | 303 | 0,58 | *id.* |
| 1759 | 17 | 54 | 303 | 0,58 | *id.* |
| 1835 | 17 | 55 | 304 | 0,58 | *id.* |

| ANNÉES. | INCLINAISONS. | LONGITUDE du nœud. | LONGITUDE du périhélie. | DISTANCE du périhélie. | SENS du mouvement. |
|---|---|---|---|---|---|
| | | *Comète d'Encke.* | | | |
| 1786 | 13° | 334° | 157° | 0,32 | direct. |
| 1795 | 13 | 334 | 157 | 0,33 | *id.* |
| 1805 | 13 | 334 | 157 | 0,33 | *id.* |
| 1819 | 13 | 334 | 157 | 0,33 | *id.* |
| 1822 | 13 | 334 | 157 | 0,35 | *id.* |
| 1825 | 13 | 334 | 157 | 0,34 | *id.* |
| | | *Comète de Tuttle.* | | | |
| 1790 | 50 | 267 | 112 | 1,063 | *id.* |
| 1858 | 54 | 269 | 116 | 1,107 | *id.* |
| | | *Comète de Biela.* | | | |
| 1772 | 18 17′ | 254 | 110 14′ | 0,991 | *id.* |
| 1803 | 16 31 | 250 33′ | 109 23 | 0,89 | *id.* |
| 1826 | 14 39 | 247 54 | 104 20 | 0,95 | *id.* |
| 1832 | 13 13 | 248 13 | 110 0 | 0,88 | *id.* |
| 1846 | 12 35 | 245 50 | 109 2 | 0,856 | *id.* |
| 1852 | 12 33 | 245 50 | 109 2 | 0,860 | *id.* |
| | | *Comète de Liais.* | | | |
| 1860 | 79 35 | 324 | 173 40 | 1,19 | *id.* |

**Différence des comètes déduite des changements de leurs éléments orbiculaires.** Si l'on compare les éléments des comètes périodiques, on ne peut attribuer à des erreurs d'observation les changements des éléments de la comète de Biela, changements qui n'ont persisté que jusqu'au moment où l'équilibre des molécules de chacun des deux corps A, B s'est établi. Dès que ces corps se sont trouvés séparés, les éléments orbiculaires ont acquis une stabilité pareille à celle des éléments des comètes planétocroustes et des comètes doryphorocroustes.

Il n'y a que la comète de 1790 (n° 102), dont le retour a été observé en 1858, qui présente des anomalies dans ses éléments orbiculaires ; c'est à ses retours postérieurs qu'on saura si cette comète n'est pas actuellement dans le même état que celle de Biela avant son dédoublement.

A. COMÈTE COMÉTOCROUSTE DÉDOUBLÉE.

§ 484. A côté des singularités relatives aux comètes, il faut placer leur dédoublement, qui a dépassé tous les phénomènes qu'on a vus s'opérer dans le ciel jusqu'à présent. Les astronomes se sont abstenus d'en donner l'explication, cependant ils considèrent la comète B la moins volumineuse comme produite par l'autre A la plus volumineuse. Pour Buffon, ce fait serait une preuve incontestable du mode de production des corps célestes par subdivision; il pouvait réfuter les hypothèses d'Herschel et de Laplace qui cherchaient la production des corps célestes dans l'accumulation des molécules primitives répandues dans l'espace céleste. Depuis le dédoublement de la comète de Biela, tous les systèmes sur la cosmogonie se sont écroulés de fond en comble.

Sans qu'il soit besoin de chercher des hypothèses dans l'explication du dédoublement de la comète, il suffit de se rappeler que parmi le grand nombre d'orbites cométaires qui se rencontrent, des comètes qui circulent sur ces orbites, il arrivera infailliblement que quelques-unes se heurteront en passant simultanément par le nœud de leurs orbites. Le dédoublement des deux corps aériens A, B est le résultat d'un choc semblable.

Lorsque deux corps solides, ou dont l'un est solide et l'autre gazeux, viennent à se rencontrer, l'équilibre détruit se rétablit en un court espace de temps après qu'une égale quantité de mouvement a été amortie. Les physiciens n'ignorent pas que la loi de la Mécanique doit trouver son application, même dans le cas où les corps heurtés sont gazeux et composés des molécules tournant autour de l'axe du corps.

L'équilibre des molécules une fois détruit par la rencontre des corps gazeux dont le mouvement est double, ne peut se rétablir qu'après qu'il s'est amorti une égale quantité de mouvement orbiculaire et de mouvement rotatoire. La rencontre des deux comètes A et B s'était opérée avant 1772. Sans connaître la durée totale T depuis la rencontre jusqu'à 1772, nous savons que la durée (T + 74) ans est nécessaire pour que l'équilibre s'établisse entre les molécules aériennes afin qu'elles deviennent en état de se séparer tout en conservant le reste de leur mouvement.

Pour qu'on puisse se rendre compte de l'état des molécules des deux comètes A et B pendant la durée (T + 74) ans, je rapporterai l'anecdote suivante, qui montrera surabondamment en quoi les connaissances des physiciens modernes diffèrent de celles des physiciens anciens.

Dans une assemblée de philosophes à Athènes, Zénon demanda quelle était l'origine du mouvement. Comme tout le monde gardait le silence, Diogène se leva et se mit à marcher devant Zénon. Au lieu de remonter à la *force* (rupture d'équilibre d'un fluide) produisant l'*action* (écoulement du fluide), Diogène ne montra que le résultat de l'action. Les astronomes modernes ne voient dans les corps célestes que leur déplacement; ils connaissent un nombre N de corps en mouvement supérieur à celui *n* que connaissaient les anciens, mais aucun d'eux ne serait en état de répondre à la question de Zénon.

La connaissance des faits s'acquiert par les observations, le mode de production du fait consiste dans l'écoulement d'un fluide, et cet écoulement n'est possible que lorsque ce fluide est déjà en équilibre rompu.

§ 485. **Découverte de la périodicité à l'aide du catalogue.** Biela découvrit la comète le 27 février 1826 à Joannisberg; Gambart l'aperçut à Marseille dix jours après. Quand on eut calculé les éléments paraboliques de l'orbite d'après la méthode de Halley, on chercha dans le catalogue si, parmi les comètes déjà apparues, il ne s'en trouvait pas ayant des éléments orbiculaires semblables; il ne parut pas qu'il y eût une différence notable entre les éléments trouvés et ceux de la comète de 1805 et de 1772. En admettant trois retours tous les sept ans, on a trouvé que la comète devait revenir en 1832. En effet, on l'a aperçue au mois d'octobre et l'on a pu l'observer jusqu'au 3 janvier 1833.

La comète est revenue en 1845, et on l'a observée depuis la fin de novembre jusqu'à la fin d'avril 1846 ; la séparation des deux comètes A et B a été aperçue en Amérique le 21 décembre et en Europe vers le milieu de janvier 1846.

En 1852, on a aperçu la comète à la fin d'août. Secchi a pu voir, le 16 septembre, une plus faible comète B qui précédait celle A à une distance de 30′ en ascension et à 30′ plus au sud. Depuis cette époque, la comète n'a plus été visible à ses retours postérieurs.

Les éléments orbiculaires font connaître la quantité de lumière $\varphi' \pm \alpha$ qui arrive de la comète à la Terre à chacun de ses retours.

Fig. 44.

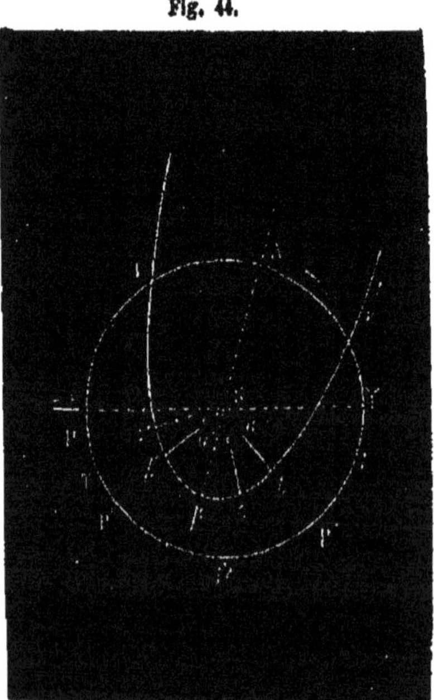

**Visibilité et non-visibilité de la comète à ses retours.** En 1826, la comète passa au périhélie *p* (fig. 44) le 18 mars quand la Terre était en P ; on l'a découverte le 27 février, pendant qu'elle était en *oc* et la Terre en T, et l'on put l'observer jusqu'au 9 mai, époque où elle arriva à *o′c′* et la Terre à T′.

En 1832, on a vu la comète en *ab* au mois d'octobre ; elle passa au périhélie le 26 novembre et disparut en *a′b′* le 3 janvier 1833. Pendant que la comète avait décrit l'arc *bb′*, la Terre avait parcouru l'arc *tt′*.

En 1838, la comète se trouva au périhélie en opposition avec la Terre en A, et par conséquent elle resta invisible.

En 1846, la comète passa au périhélie $p$ le 11 février, la Terre étant en P″, ayant une longitude peu différente de celle du retour de la comète en 1826. A ce retour, la comète resta visible à compter de la fin de novembre 1845 jusqu'à la fin d'avril 1846, un nombre de jours égal avant et après le passage au périhélie. On ne doit considérer ce maximum de durée de la visibilité de la comète ni comme un moyen de rectifier les éléments orbiculaires ni comme la cause de la séparation ou du dédoublement de la comète en deux autres A et B.

### B. Comète cométocrouste non dédoublée.

§ 486. De même que Biela et Gambart ont trouvé la périodicité de la comète, non à l'aide du calcul, comme Encke et Faye, mais avec le secours du catalogue, comme Halley, de même Tuttle, par le même moyen, a trouvé que la comète aperçue le 11 janvier 1858 devait être, d'après ses éléments orbiculaires, identique avec la comète II de 1790. Par les positions de la comète à ses deux retours, Tuttle a trouvé qu'elle avait accompli cinq révolutions en 68 ans, chacune étant de $13^{ans},7$. En examinant avec tout le soin possible la courbure de l'arc déterminé par les positions observées de la comète du 4 janvier au 8 février, Pape a trouvé une durée de révolution de $14^{ans},3377$ et Bruhns de $14^{ans},81$.

Selon Pape, les passages au périhélie ont eu lieu :

1° En août 1803 ;

2° En avril 1817 ;

3° En décembre 1830 ;

4° En juin 1844.

Pour obtenir une périodicité de $13^{ans},17$, il a fallu introduire des hypothèses en désaccord avec les résultats des observations et du calcul; personne n'a remarqué la ressemblance des anomalies des éléments de cette comète avec celles observées dans les éléments de la comète de Biela avant son dédoublement. On remarque la même anomalie entre les éléments orbiculaires de la comète II de 1790 et les éléments du retour de la même comète en 1858.

**Visibilité et non-visibilité de la comète à ses retours.** En 1858, la comète passa au périhélie $p$ (fig. 45) le 23 février; on l'avait observée du 8 janvier au 8 février.

Fig. 45.

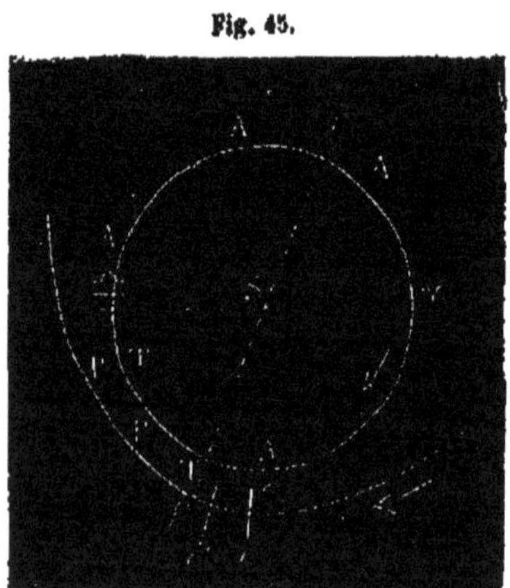

Pendant que la comète parcourait l'arc $oo'$ en s'approchant au périhélie $p$, la Terre parcourut avec une vitesse supérieure l'arc TT' en s'approchant du point T' et en s'éloignant de la comète, laquelle devint invisible à cause de l'accroissement de distance entre elle et la Terre.

En 1790, la comète passa au périhélie $p$ le 28 janvier, époque où la Terre se trouvait en P' à une distance P'$p$ du périhélie $p$ inférieure à la distance T'$c'$ à laquelle disparut la comète en 1858.

Au retour de la comète en 1803, Pape trouva qu'elle avait passé au périhélie au mois d'août, quand la Terre était en A; en 1817, le passage étant en avril, la Terre était en A'; en 1830, le passage étant en décembre, la Terre était en A'', à une distance à laquelle on pouvait à peine distinguer la comète; en 1844, le passage était en juin quand la Terre était en A'''.

Cette énumération sert à mettre en relief l'exactitude du calcul de Pape; cependant cet astronome ne put se rendre compte du désaccord entre la durée de 13$^{\text{ans}}$,7 et celle de 14$^{\text{ans}}$,3377 et même de 14$^{\text{ans}}$,81, désaccord qui s'est manifesté pour la comète de Biela à ses retours avant son dédoublement qui s'effectua en 1846.

Comme il n'est pas possible de déterminer l'époque du dédoublement de la comète de Tuttle à l'aide du degré des anomalies des éléments, les siècles futurs auront la tâche de mieux déterminer l'ordre des anomalies pour extraire de ce travail une série de faits qui serviront à expliquer le dédoublement de la comète qui est actuellement double comme l'était celle de Biela avant 1846. Ces anomalies sont trop grandes pour qu'on puisse les attribuer aux perturbations; elles sont même d'un autre genre.

### C. Comète de Liais.

§ 487. Cette comète est un couple comme celui qui est résulté du dédoublement de la comète de Biela. Pendant un espace de temps T qui est écoulé, ces deux couples cométaires se sont trouvés dans un état pareil à celui où se trouve maintenant la comète de Tuttle. Cet état a commencé depuis le choc ou la rencontre des deux comètes A′, B′; depuis cette rencontre il s'est écoulé le temps T′, et il s'écoulera encore le temps T—T′ jusqu'à l'époque de son dédoublement.

Liais a découvert la comète à Olinda (Brésil) le 26 février, mais on n'a pu l'observer que pendant sept nuits jusqu'au 13 mars. Ses éléments paraboliques, trouvés au moyen du calcul basé sur les sept observations, ont fait voir que la comète a passé au périhélie *p* (fig. 46) le 17 février, pendant que la Terre était en P.

Le 16 février, jour de son passage au périhélie, la comète devint visible de la Terre en P et put être observée jusqu'au 13 mars, où la Terre passa de P à *t* et la comète de *p* à *ab*. C'est l'état de l'atmosphère qui a été cause de l'interruption des observations.

Cette très-courte durée de la visibilité du couple des comètes à sa plus petite distance de la Terre nous fait voir que la quantité $q$ des rayons réfléchis est inférieure à celle $q'$ des rayons réfléchis de l'hémisphère soulevé de la comète double de Tuttle. Il en résulte que le couple cométaire de Liais doit terminer sa révolution autour du Soleil en un court espace de temps; mais à cause de la très-faible lumière réfléchie de sa surface, elle devient rarement visible pendant ses retours.

Fig. 46.

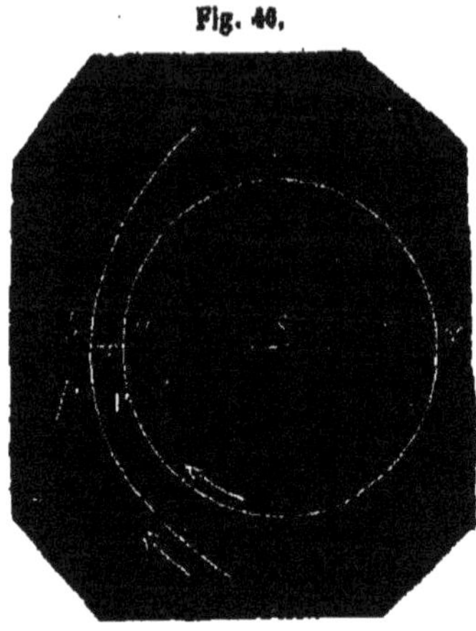

L'arc parcouru en treize jours et observé seulement sept fois est trop court pour qu'on ait pu voir s'il ne faisait pas partie d'une ellipse dont le grand axe aurait été déterminé par cet arc.

### V. ASPECT DES ATMOSPHÈRES PLANÉTAIRES COMPARABLES A CEUX DES COMÈTES.

§ 488. C'est la couche inférieure composée d'un mélange d'air et de vapeur qui réfléchit une partie $\varphi$ des rayons incidents $\Phi$ et concentre le reste $\Phi - \varphi$ par une série de réflexion pendant que ces rayons traversent ce mélange nommé *atmoaérosphère.* Dans la section précédente, j'ai montré comment la Lune éclipsée devient visible dans le photocône produit par l'atmoaérosphère; dans la section suivante, je ferai voir que c'est ce même photocône qui rend visibles les météores apparents 1° comme étoiles filantes; 2° comme bolides, et 3° comme pluies d'étoiles.

Je prouve ainsi une fois de plus que les comètes et les atmosphères des planètes sont composés des mêmes éléments; les comètes ne sont que des atmosphères sans planètes.

L'espace vide axial livre passage aux rayons venant du Soleil, tandis que le mélange d'air et de vapeur produit, par une série de réflexions convergentes, la concentration des rayons émergents.

### VI. OBSERVATION SUR LES ÉLÉMENTS ORBICULAIRES DES COMÈTES A PÉRIODE CONNUE.

§ 489. J'ai démontré géométriquement (§ 404) l'origine de cinq éléments orbiculaires des comètes ; ici j'ai fait voir que les chocs des comètes avec les satellites, les planètes ou d'autres comètes sont causes que le mouvement s'amortit et que la durée de la révolution se raccourcit.

Toutes les comètes planétocroustes et comètocroustes ont un mouvement direct. Au lieu d'attribuer cet état à un cas fortuit, on peut l'expliquer par le rapprochement des comètes vers les planètes, rapprochement plus favorisé pour les comètes à mouvement direct et à inclinaison médiocre, sans exclure pour cela la rencontre d'une comète à mouvement rétrograde parcourant un orbite dont l'inclinaison n'est pas très-petite.

Sur les quatre comètes comètocroustes, il y en a trois qui circulent sur des orbites de très-grande inclinaison.

Sur les cinq comètes planétocroustes, il n'y a que la comète de Brorsen dont l'inclinaison de l'orbite ait 30° ; les quatre autres ont une inclinaison inférieure à 14°.

Dans toutes les planètes, le mouvement orbiculaire est direct, tandis qu'une moitié des comètes a un mouvement rétrograde et que l'autre en a un direct; ce sont donc les comètes à mouvement direct qui ont le plus de chance de se rencontrer avec les planètes, surtout si l'inclinaison de leur orbite est petite.

Pour que deux comètes se rencontrent, il n'est pas absolument nécessaire que leur orbite s'incline sur l'écliptique il suffit que deux points des périphéries de leur orbite soient en contact immédiat. Après des milliers de révolutions, il arriverait une fois que les deux comètes entreraient simultanément dans un des deux nœuds; cela serait plus facile si les plans de leur orbite n'étaient pas très-éloignés l'un de l'autre.

Avant 1846, quand on ne connaissait pas le dédoublement de la comète de Biela, il était impossible de classer les comètes exposées ici. On n'a pas manqué de découvrir plusieurs faits qui trouvent leur explication dans les chocs des comètes; ces faits sont : 1° les anomalies des éléments de la comète de Tuttle, et 2° le couple cométaire de Liais. Ce couple étant une aréocomète, les rayons en sont réfléchis de la surface anormale de son hémisphère soulevé. Les régions dont nous en obtenons une quantité supérieure se présentent comme noyaux. Le 13 mars, en recevant des quantités supérieures de lumière des deux régions, Liais crut avoir découvert deux noyaux des deux comètes qui allaient se dédoubler pour devenir triples. De telles hypothèses ne sont plus admissibles depuis qu'on a pu s'assurer que le noyau n'est que l'espace vide axial qui livre passage aux rayons solaires et aux rayons des étoiles télescopiques. La comète de Liais doit avoir une courte période, quoiqu'il n'y ait aucun indice d'observation; au contraire, la comète de Lexell a une révolution de très-longue durée, malgré le résultat du calcul qui donne une durée de révolution de cinq ans et demi.

---

# CHAPITRE IV.

## DÉTAIL DE L'ASPECT ET DE LA LONGUE DURÉE DES RÉVOLUTIONS DES COMÈTES INTACTES.

§ 490. Ces comètes sont composées des mêmes éléments matériels que les comètes à courtes périodes; il n'y a de différence entre elles que dans la quantité $Q\,Q'$ et $q\,q'$ de mouvement orbiculaire et de mouvement rotatoire. La diminution du mouvement rotatoire $q'$ amène : 1° la disparition du noyau et de la queue, et 2° la diminution simultanée du mouvement orbiculaire, observé dans les comètes à courte période.

Il y a deux moyens de connaître la durée de la révolution des comètes : 1° celui de Halley, à l'aide du catalogue contenant les éléments paraboliques, et 2° celui d'Encke, 1° également à l'aide du catalogue, et 2° des éléments de l'ellipse obtenue par l'arc qui unit les points dans lesquels la comète a été observée.

Herschel, Dunlop, Bessel, Julius Schmidt ont prouvé l'existence d'un mouvement rotatoire de la tête de quelques comètes; on a aussi découvert la rotation dans la comète de Halley, mais on ne la trouve pas dans les comètes à courte période, dans lesquelles manque aussi le noyau. Je démontre ici : 1° que les comètes intactes ont un noyau, et 2° que la rotation ne se rencontre que dans ces comètes intactes qui sont toujours à longue période. Il manquait une preuve directe due à l'arrangement des faits observés; on l'a trouvée dans la comète de Lexell, laquelle sert à coordonner un grand nombre des faits observés dans les autres comètes, faits parfaitement exacts, qui conduisent cependant à des résultats de calcul différents de ceux des observations.

Nous ne possédons que des séries de faits obtenus par des observations très-exactes et des résultats de calculs basés sur ces observations, résultats qui dans plusieurs cas se sont trouvés parfaitement d'accord avec les résultats des observations et en désaccord dans d'autres cas. Ici, les faits sont coordonnés de telle sorte qu'on voit facilement que la rotation de la tête des comètes intactes fait apparaître le noyau à gauche et à droite du rayon vecteur ; de sorte que l'arc qui unirait les positions du rayon vecteur passe par un petit nombre des positions observées de la comète. Quelques-unes d'entre elles se trouvent à la gauche, d'autres à la droite de cet arc, et sont irrégulièrement distribuées.

En réalité, l'ensemble des positions observées du noyau n'est pas un arc, mais une hélice; c'est donc l'axe de cette hélice qui correspond à l'arc décrit par le rayon vecteur sur l'orbite de la comète. Le véritable noyau tournant ne s'observe que dans le cas où les comètes intactes se trouvent entre la Terre et le Soleil pour que leur base soit visible, et c'est alors qu'il dévie du rayon vecteur.

Les déviations du noyau à gauche et à droite du plan orbiculaire de la comète paraissent d'autant plus grandes que l'inclinaison est plus petite. Pour fixer les idées, je donne à titre d'exemple un nombre de comètes bien observées, comme je l'ai fait pour les aspects et les dimensions des retours des comètes d'Encke et de Halley.

§ 491. **Usage de la loi physique dans les recherches astronomiques.** Pour trouver l'explication des faits observés, il n'y a qu'un seul moyen, c'est d'exposer leur mode de production. Toute production de faits est précédée d'une *action* et toute action est précédée d'une *force*. Pour les physiciens, *action* et *force* étaient deux mots abstraits, les faits seuls avaient une existence réelle; ici, 1° la réalité des faits amène l'action qui est l'écoulement d'un fluide déterminé par le fait; 2° l'espèce du fluide détermine sa rupture d'équilibre qui est également un état réel et le seul qui, après son écoulement, fait naître le fait observé. Le travail d'une machine est le fait, l'écoulement de l'eau ou de la vapeur est l'*action*, la rupture d'équilibre de l'eau ou de la vapeur est la *force*.

Celui qui indique, 1° l'espèce de fluide écoulé dans la production des faits, et 2° la rupture d'équilibre qui a précédé l'écoulement, peut se comparer à un *historien*. Celui-là est *auteur* qui combine logiquement les mots abstraits de *force* et d'*action* pour composer des ouvrages logiques indépendants de l'état physique du fluide déjà écoulé. L'ouvrage actuel ne contient que des faits réels tirés des observations des astronomes; je ne fais qu'indiquer le mode de production de ces faits en y appliquant la loi physique sur l'écoulement du fluide barogène dont l'existence était inconnue.

§ 492. **Comète de Lexell.** Messier a découvert une comète le 14 juin 1770 (n° 85); d'après Encke, elle apparut en 1773, le 12 octobre, et fut observée par Messier jusqu'au 14 avril 1774. La comète brillait d'une vive lumière; elle était visible à l'œil nu.

Lexell a uni les points auxquels Messier observa la comète, et a trouvé qu'ils formaient l'arc d'une ellipse.

Le Verrier a trouvé que le demi grand axe de cet arc avait une longueur de 3,1534, et l'excentricité une longueur de 0,7818.

Lexell a trouvé $5^{ans},5$ comme durée de révolution. On n'a pas observé la comète depuis 90 ans; d'après ses éléments orbiculaires, on voit qu'on ne l'avait jamais observée avant 1770. Arago attribue cette disparition de la comète à un changement de son orbite produit par l'attraction, sans cependant pouvoir prouver cette singulière exception.

Burckhardt mêla aux observations de Messier celles de Saint-Jacques de Sylvabella; après les avoir coordonnées d'une manière différente, il en tira par le calcul un arc de parabole, résultat entièrement d'accord avec la non-apparition de la comète.

Avant 1858, on regardait la comète III de 1819 comme identique avec celle de 1790 qui terminait sa révolution en $5^{ans},5489$, et qui resta invisible à ses retours; maintenant il n'y a que la comète de Lexell qui soit encore attendue par quelques astronomes. Je démontre ici que l'orbite de la comète est trouvé elliptique par les points occupés par le noyau tournant autour du rayon vecteur qui était presque sur le plan de l'écliptique.

La grande clarté de la comète de Lexell a prouvé qu'elle est *intacte*, qu'elle n'a éprouvé aucun choc, et, par suite, qu'elle parcourt un orbite très-allongé se présentant sous forme de parabole. Lorsque cette comète était entre la Terre et le Soleil, elle présenta à la Terre le centre de sa base considéré comme noyau d'où émergeaient les rayons solaires qui rendaient la comète très-brillante. Ce noyau étant considéré comme le centre d'un corps sphérique, a déterminé les points dont les positions ont donné à Lexell l'arc d'une ellipse dont le demi grand axe est $a = 3,1534$.

### 1. DÉTAIL DE L'ÉTAT PHYSIQUE DES COMÈTES.

§ 493. Tous les faits observés sont réels; si les résultats des calculs basés sur les faits ne correspondent pas toujours aux observations, ce n'est pas parce qu'il s'est glissé quelque inexactitude dans l'observation ou le calcul, mais le désaccord provient de ce qu'on supposait le noyau au centre d'un corps sphérique restant sur l'orbite. En coordonnant les faits observés, je les ai résumés comme il suit :

1. Le corps des comètes est de forme ovalaire, ce que prouvent les comètes d'Encke et de Halley.

II. L'espace axial du corps est vide et livre passage aux rayons du Soleil et des étoiles.

III. Les éléments matériels des comètes ne diffèrent pas de ceux de l'atmosphère : 1° autour de l'espace vide circule un mélange d'air et de vapeur, et 2° autour de ce mélange circulent des molécules d'air pur, comme cela a lieu dans notre atmosphère pour les molécules d'air et de vapeur.

IV. Dans l'air pur les rayons n'éprouvent que des *réfractions* et jamais de *réflexions;* dans le mélange d'air et de vapeur, les rayons déjà réfractés n'éprouvent qu'une série de *réflexions* et jamais de réfractions. L'air qui ne réfléchit pas la lumière est invisible, le mélange d'air et de vapeur réfléchit les rayons, lesquels rendent visible l'espace que ce mélange y occupe.

Bessel n'a trouvé aucune réfraction des rayons des étoiles qui pénètrent le corps des comètes; cet astronome considérait le mélange d'air et de vapeur comme entouré d'un espace vide et non d'une couche d'air pur vingt fois plus grande que le rayon de la nébulosité. C'est plus tard qu'on trouvera l'existence d'une réfraction à une certaine distance de la nébulosité, réfraction déjà reconnue dans les couleurs jaune et rouge des comètes. L'observation de Bessel est très-exacte, mais il ne s'ensuit pas pour cela que les couleurs ne résultent pas de la réfraction, ainsi que cela a été prouvé pour la Lune éclipsée que l'on voit toujours colorée.

V. La lumière venant des comètes a trois degrés de densité : 1° la lumière $\Phi$ du Soleil qui passe par l'espace vide axial et fait paraître très-lumineuse son extrémité postérieure : cette lumière supporte tous les grossissements télescopiques de même que la lumière des étoiles fixes ; 2° la lumière $\varphi+\varphi'$ émergeant de la base de l'ovalaire après avoir éprouvé une série de réflexions concentriques; 3° la lumière $\varphi$ réfléchie de la surface de l'hémisphère soulevé.

VI. Dans leurs apparitions et dans leurs disparitions, les

comètes étant à une distance $1 + \partial$ du Soleil envoient vers la Terre des rayons $\varphi$ raréfiés imperceptibles à l'œil nu réfléchis de la surface éclairée du Soleil. Les diocomètes et les aréocomètes ne sont vus que par de tels rayons $\varphi$ raréfiés rarement perceptibles à l'œil nu. Avant l'usage des télescopes, ces deux familles de comètes étaient entièrement inconnues, comme le prouve leur absence dans le catalogue. On n'ignore pas moins qu'il faut que les comètes intactes se trouvent entre la Terre et le Soleil pour que l'on voie apparaître : 1° le noyau d'où arrive la lumière $\Phi$, et 2° la nébulosité d'où arrive la lumière $\varphi + \varphi'$ *émergente* et non *réfléchie*..

La comète de 1819 (n° 133) a été observée le 26 juin par Pastorff à son passage entre la Terre et le Soleil, et par Cacciatore à Palerme après ce passage pendant le mois de juillet.

### II. ASPECT DE L'HERMOCOMÈTE DE 1819.

§ 494. Soit $co'o''$ (fig. 47) l'orbite de la comète qui le 26 juin a été en $oc$ quand la Terre était en P. Pastorff vit la nébulosité $ab$ arrondie ayant le diamètre $ab = 84'',5$. Il y avait au centre $o$ un point lumineux ; ce point était l'extrémité postérieure $o$ de l'espace vide axial $co$ livrant passage à la lumière solaire $\Phi$, tandis qu'il n'arrivait de la nébulosité que la lumière $\varphi + \varphi'$ en émergeant après avoir éprouvé une série de réflexions convergentes.

Fig.47.

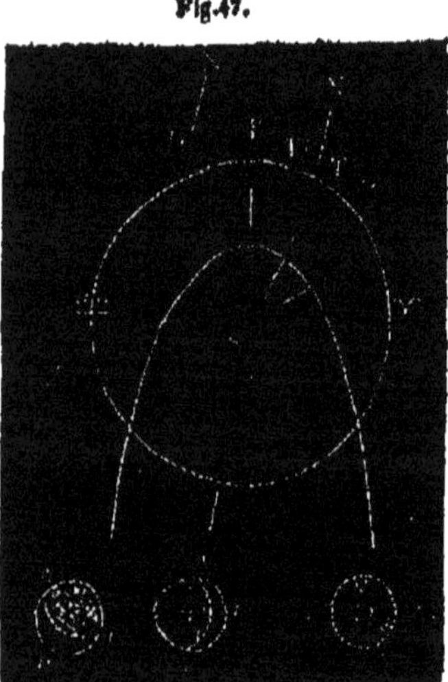

Le 5 juillet, neuf jours après l'observation de Pastorff, la comète avançant avec une vitesse supérieure à celle de la

Terre, se trouva en $o'c'$ et la Terre en T ; le 15, la comète se trouva en $o''c''$ et la Terre en T'. A Palerme, le 5 juillet, Cacciatore vit de T le noyau $o'$ de la comète $c'o'$ ou de sa base *ab* en forme d'un croissant *men* ayant les cornes *m*, *n* dans la direction $n'm'$, laquelle prolongée passait par l'axe de la queue $n'N'$. Telle était la position du croissant du 5 au 14 juillet.

Le 15 juillet, beau ciel, la comète bien distincte; le croissant $m'e'n'$ est, vers le sud, en opposition avec l'axe MN de la queue.

§ 495. **Concordance des faits observés par Pastorff et par Cacciatore.** La base *o* vue par Pastorff se montra ronde *ab* ayant 84",5 de diamètre. Le milieu *ab* de l'espace central était très-brillant. On n'a pas indiqué le diamètre de cet espace vide axial livrant passage aux rayons solaires qui le faisaient paraître très-lumineux.

Neuf jours après, Cacciatore observa la comète en $o'c'$ pendant que la Terre était restée en arrière en T pour que la base *ab* ne fût plus visible de face comme elle l'était le 26 juin, mais obliquement. Le bord *men* de l'extrémité inférieure de la nébulosité se projeta donc sur l'espace vide circulaire et laissa le reste *nemd* paraître lumineux et en forme de croissant.

Neuf autres jours encore après le 15 juillet, c'est le bord $m'e'n'$ de la périphérie inférieure de la nébulosité que l'on voit projeté sur l'espace vide $m'e'n'$ pour laisser découverte la partie $m'd'n'e'$ qui se présentait en forme de croissant à cause de la quantité supérieure des rayons qui en arrivaient à la Terre T'.

Le 23 juillet, huit ou neuf jours après la disparition du croissant *mdne* et l'apparition du croissant du sud $m'd'n'e'$, ce croissant devint imperceptible parce que le bord de la périphérie intérieure de la nébulosité en se projetant assez obliquement pouvait cacher entièrement la surface de l'extrémité de l'espace vide axial.

**Dimensions de la nébulosité et de l'espace central vide.** La Terre, vue du Soleil, sous-tend un arc de 17″,2; le jour du passage de la comète au périhélie, sa distance du Soleil était 0,34, et le diamètre de la nébulosité était 3,4 fois le diamètre de la Terre.

Cacciatore trouva le diamètre du croissant dix fois moindre que celui de la nébulosité ou aussi grand que le tiers du diamètre de la Terre. La nébulosité est une hermocomète, le diamètre de son espace axial correspond au diamètre de sa planète Mercure. Ce diamètre ne diffère pas de celui trouvé par Cacciatore dans le croissant.

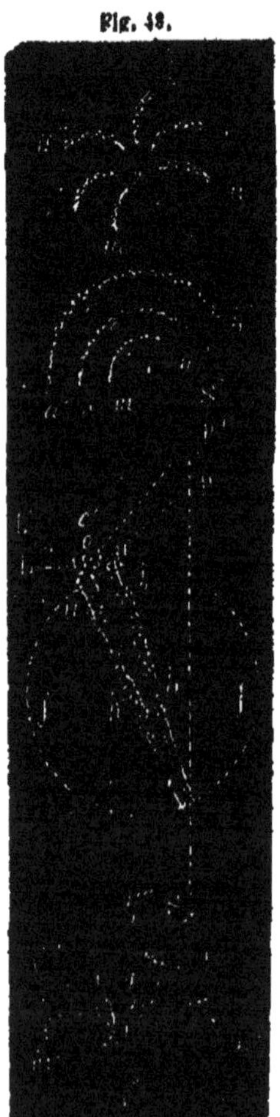

§ 496. **Rotation de la nébulosité autour du rayon vecteur.** La comète a présenté quatre fois des changements d'aspect arrivant à neuf jours d'intervalle. L'inclinaison 80° du plan de l'orbite nous fait voir que la comète suivait un mouvement qui déviait peu des méridiens.

1° Le 26 juin, il passa par la Terre, non le prolongement du rayon vecteur S'S (fig. 48), mais le prolongement de l'arc *co* de l'espace vide.

2° Le 5 juillet, cet axe *co* se trouva à l'est du rayon vecteur, comme nous le fait voir la position du croissant du côté du Soleil.

3° Le 15, l'axe *co* se trouva au nord du rayon vecteur et le croissant du côté du Soleil.

4° Le 23, l'axe *co* passa à l'ouest du rayon vecteur, et le croissant disparut à cause de l'obliquité ou à cause de l'éloignement angulaire de cet axe *o″c″*.

§ 497. **Résumé.** Les comètes intactes dont la révolution a une longue durée sont extérieures ou intérieures; nous en recevons la faible lumière $\varphi$ réfléchie de la surface de leur hémisphère soulevé tant que les comètes intérieures sont à la distance $1 + \delta$ du Soleil et tant qu'elles ne sont pas entre la Terre et le Soleil; car ce n'est que dans cette position que nous en recevons les rayons concentrés $\varphi + \varphi'$ émergeant de la nébulosité et les rayons $\Phi$ auxquels l'espace axial livre passage. Cacciatore observa le 5 août, à travers la nébulosité, très-près du noyau, une étoile de 10ᵉ grandeur, ce qui prouve : 1° que la nébulosité n'est qu'une atmosphère comme la nôtre, et 2° que le noyau est un espace vide livrant passage aux rayons et non une masse compacte.

La lumière $\varphi + \varphi'$ émergente de la base concentrée éclaire les météores circulant dans l'espace; elle en est réfléchie de même que la lumière $\varphi + \varphi'$ concentrée dans l'atmoaérosphère terrestre est réfléchie de la Lune éclipsée.

Après la Lune, ce sont les comètes qui viennent à de très-petites distances de la Terre : 1° Les astronomes ont déterminé la position de l'orbite des comètes d'après les lois de Képler. 2° C'est d'après la loi physique inconnue jusqu'à présent que j'expose ici le mode de production des aspects des comètes.

### III. ASPECTS DE L'HERMOCOMÈTE DE 1843.

§ 498. Le 27 février, jour du passage de la comète au périhélie $p$ (fig. 49), la Terre étant en P à onze heures, le capitaine Ray vit à l'île de la Conception la comète à une distance de 5′ du Soleil S. Le lendemain, 28 février, à $4^h 12^m$, la comète se présenta comme étoile de 1ʳᵉ grandeur à une distance de 3° 51′ 20″ du Soleil. Le même jour, à midi, cette distance était de 1° 23′; on voyait une queue de 4 à 5°.

Le 1ᵉʳ mars, au Chili, la comète se montra tout à coup avec une queue de 30°. Les jours suivants, la queue était visible pendant le crépuscule, quelques minutes après le coucher du Soleil; ce qui prouve que la lumière $\varphi + \varphi'$ réfléchie des météores éclairés était plus dense que la lumière $\varphi$ réfléchie par l'atmoaérosphère terrestre. La lumière $\varphi + \varphi'$ s'affaiblit en rapport direct des carrés des distances; elle devenait $\varphi$ à la distance $d$ pendant la durée du crépuscule; après la disparition du crépuscule, les météores éclairés par la lumière $\varphi$ devenaient perceptibles. Vers le moment de la disparition du crépuscule, on voyait en Valachie l'extrémité de la queue jusqu'au zénith. La queue ne commençait pas immédiatement de la tête; il y avait un intervalle vide.

Fig. 49.

Le 28 mars, la Terre était en T et la comète en $oc$; on voyait une partie de l'hémisphère soulevé dans cette position oblique; c'est pourquoi le diamètre de la nébulosité était douze fois aussi grand que celui de la Terre, tandis que l'hermocomète de 1819 projetée sur le disque solaire avait un diamètre quatre fois environ aussi grand que celui de la Terre.

La comète disparut le 20 avril pendant qu'elle était en $o'c'$ et la Terre en T', où cessèrent d'arriver les rayons concentrés $\varphi + \varphi'$ émergeant de la base $o$ du corps de forme ovalaire.

**Apparition subite de la comète.** Avant d'arriver au périhélie $p$, la comète se trouvant en $ab$ et la Terre en $t$, celle-ci n'en recevait que les faibles rayons $\varphi$ réfléchis de la surface de l'hémisphère soulevé. C'est par sa rotation autour du rayon vecteur que le 27 février la comète présenta sa base à la Terre, qui alors se trouvait en P.

La très-petite distance du Soleil était la cause de la

grande densité des rayons concentrés $\varphi + \varphi'$ émergeant de la base; pour que celle-ci fût visible en plein jour, il fallait qu'il arrivât à l'œil une quantité $\varphi + \varphi' - \varphi''$ de rayons de l'atmoaérosphère inférieure à celle $\varphi + \varphi'$ émergeant de la base de la comète. Nous ne voyons pas les étoiles pendant le jour parce que nous n'en recevons que les rayons $\varphi' - \varphi''$ qui restent imperceptibles dans les rayons $\varphi + \varphi' - \varphi''$ réfléchis de l'atmoaérosphère.

Cette même densité $\varphi + \varphi'$ de rayons émergeant de la base de la comète était cause qu'il se réfléchissait des météores une quantité de rayons $\varphi$ supérieure à celle $\varphi - \varphi''$ qui est réfléchie de l'atmoaérosphère pendant la durée du crépuscule.

§ 499. **Queue de la comète.** C'est la petite distance du Soleil qui a produit deux faits qui n'ont pas lieu pour les queues des comètes ayant le périhélie à une distance supérieure. 1° La queue de la comète est restée incolore; elle n'est apparue rouge qu'à Montpellier du 11 au 13 mars, tandis que les queues des autres comètes sont jaunes ou jaune rougeâtre. 2° La queue n'était pas en forme d'éventail ayant un bord plus lumineux que l'autre, mais elle avait la forme d'une bande à bords parallèles également éclairée.

I. *Absence de couleur.* Les rayons solaires éprouvent une réfraction dans les parties de l'aérosphère éloignées du rayon vecteur; ceux qui pénètrent cette aérosphère à une petite distance du rayon vecteur y tombent perpendiculairement et en émergent incolores. L'existence des rayons réfractés a été prouvée par la couleur rouge apparue à Montpellier.

II. *Forme de la queue.* Les rayons solaires denses non réfractés concentrés dans la tête par séries de réflexions convergentes en émergeant formaient un photocylindre ou un photocône allongé projeté sur les météores, lesquels, en réfléchissant une partie $\varphi$ de lumière, devenaient visibles.

**Durée de révolution.** D'après la ressemblance des éléments des orbites des deux hermocomètes de 1843 (n° 164) et de 1689 (n° 53), Claus admit qu'il y avait identité entre ces comètes dont les éléments sont les suivants :

| Nos | Années. | Passage au périhélie. | Inclinaison. | Longitude du nœud. | Longitude du périhélie. | Distance du périhélie. | Sens du mouvement. |
|---|---|---|---|---|---|---|---|
| 53 | 1689 | 1er déc. | 69° 17′ | 323° 45′ | 263° 45′ | 0,017 | rétrograde |
| 164 | 1843 | 27 fév. | 35 41 | 1 12 | 278 44 | 0,006 | *id.* |

Ainsi, à l'aide du catalogue, on a trouvé une durée de révolution de 154 ans.

Au moyen du calcul basé sur les points auxquels la comète a été observée, on a trouvé plusieurs résultats en désaccord entre eux et avec celui obtenu à l'aide du catalogue.

Hubbard a trouvé 376 ans de durée de révolution; ensuite on a trouvé 533 ans.

Nicolaï partant de la durée 155 ans, trouvée à l'aide du catalogue, coordonna les points parcourus par la comète de manière à en obtenir la même durée. Ce désaccord n'est dû ni au manque d'exactitude des observations ni à des erreurs du calcul, mais à l'hypothèse inexacte que le noyau se trouve sur l'orbite, tandis qu'en réalité il tourne autour du rayon vecteur.

## IV. ASPECTS DE LA GÉOCOMÈTE DE 1811.

§ 500. Cette comète lumineuse a été découverte par Flangergues le 26 mars 1811; on l'a observée hors de la proximité du Soleil jusqu'au 11 juin. Quand elle a été dégagée du crépuscule, on l'a observée depuis le 20 août jusqu'au 11 janvier 1812; elle a ensuite été retrouvée le 31 juillet par Wisniewski à New-Ischerkask, dans la Russie méridionale, et l'on a pu la voir jusqu'au 17 août. En tout cette comète a été observée pendant 511 jours, cas tout à fait exceptionnel qui trouve ici son explication. Il est vrai que Bessel n'a admis qu'avec une grande réserve la possibilité que la comète apparaîtra de nouveau après être disparue le 11 janvier. Cependant il basait sa prédiction sur l'éclat de la comète; c'est pourquoi les autres astronomes ne partagèrent l'opinion de Bessel qu'après la troisième réapparition de la comète. Cette comète présente une autre particularité qui resta inaperçue jusqu'aujourd'hui.

On a trouvé que la distance entre le Soleil et le périhélie de la comète était supérieure à 1; Gaus seul a trouvé cette distance inférieure à 1, mais seulement dans sa première observation, car ensuite il l'a trouvée supérieure à 1. Jusqu'à présent ce léger désaccord paraissait indifférent, et, selon leur habitude, les astronomes l'attribuaient à l'état de l'atmosphère, aux causes physiologiques de l'œil et même aux positions des corps, sans cependant dire en quoi consiste le changement provenant de ces positions.

Je fais voir ici : 1° que le noyau n'occupe pas le centre de la comète; 2° qu'il ne reste pas sur l'orbite et sur le rayon vecteur. Ainsi, malgré l'exactitude des observations et malgré l'absence d'erreurs dans les calculs basés sur les résultats des observations, ces résultats ne sont pas d'accord avec ceux du calcul. La cause en est dans l'hypothèse que le noyau est toujours sur l'orbite. En effet, Faye s'aperçut bien que cette hypothèse pouvait être la source des désaccords; mais au lieu de placer le centre de gravité, non au noyau, mais de son côté vers le Soleil, Faye et d'après lui Liais ont cru que ce centre de gravité devait être du côté de la queue. Au lieu donc d'en tirer par le calcul des résultats concordant avec ceux des observations, les résultats ainsi obtenus par le calcul ont, au contraire, été plus éloignés de ceux des observations.

J'ai dit que dans le catalogue on trouvait jusqu'au XVIe siècle seulement les *hermocomètes*, les *aphroditocomètes* et les *géocomètes*, ce qui prouve surabondamment que jamais les aréocomètes et les diocomètes ne sont brillantes. La comète très-brillante de 1811 n'était donc qu'une géocomète et la distance réelle de son périhélie était inférieure à 1; ses autres éléments sont :

| Passage au périhélie. | Inclinaison. | Longitude du nœud. | Longitude du périhélie. | Sens du mouvement. | Distance du périhélie. |
|---|---|---|---|---|---|
| 15 sept. | 74° | 140° | 75° | rétrograde | 0,99 |

C'est d'après ces éléments que j'ai dressé la figure 50 qui indique les positions respectives de la comète et de la Terre d'où résulte le mode de production des éclats observés. La longitude 75° du périhélie sert à déterminer la position du grand axe *p*S, et la date du 15 septembre du passage de la comète au périhélie sert à déterminer la position P de la Terre en ce jour. Les dates des observations déterminent les places de la Terre et les positions de la comète.

Fig. 50.

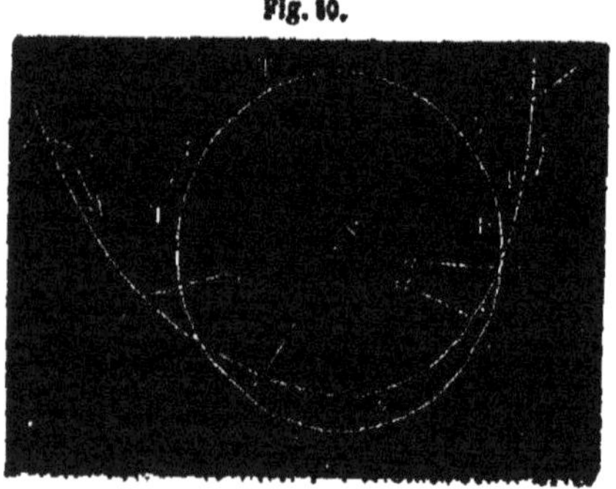

Le 26 mars, la Terre était en T, et la comète a été découverte en *oc* devenue visible à l'aide du télescope par la faible lumière φ réfléchie de la surface de son hémisphère soulevé.

Le 11 juin, la Terre était en T′ et la comète en *o′c′*.

Le 20 août, la Terre était en T″ et la comète en *o″c″*.

Le 15 septembre, la comète passa au périhélie *p* et la Terre était en P.

La comète présenta le maximum d'éclat pendant les mois d'automne, lorsque étant en *ab* elle a été en conjonction avec la Terre en *t′*.

Le 11 janvier 1812, la Terre était en *t* lorsque la comète devint invisible en *a′b′*.

Le 8 août 1812, la Terre était en $t''$ lorsque la comète en s'éloignant était en $a''b''$; elle y était télescopique comme elle l'était en $oc$ le 26 mars 1811.

En exposant ainsi la correspondance de la faible lumière $\varphi$ à la surface S de l'hémisphère soulevé et de la lumière dense $\varphi + \varphi'$ à la surface $s$ de la base de l'ovalaire, je suis sûr que personne ne restera dans le doute. Si l'état physique des comètes eût été connu du temps de Bessel, il aurait exposé en janvier 1812 les détails de la position $a''b''$ de la comète pendant le mois d'août, position qui ne diffère pas de celle $oc$ du mois de mars 1811 par rapport à sa faible lumière $\varphi$ arrivant à la Terre qui était en T.

Argelander supposait le noyau au centre de la tête, comme cela a eu lieu très-approximativement pendant les observations faites aux époques où la comète parcourait les arcs $oo'$ et $bb'$ et se trouvait éloignée du Soleil de plus de 1; les deux arcs qu'il en obtint se trouvèrent faire partie d'une seule et même ellipse. Au lieu de s'arrêter à ce résultat de son calcul, le susdit astronome calcula l'arc unissant les points dans lesquels a été observé le noyau de la base visible à l'œil nu comme une grande étoile. L'arc qui a été trouvé par les positions $o'b$ différait beaucoup de l'arc déduit des positions observées de Wisniewsky en $b''$.

Au lieu de reconnaître comme presque véritable l'ellipse qui passe par les points $oo'$, $bb'$... et de considérer comme une hélice la courbe qui passe par les points $o''pb$..., Argelander se permit d'agir contre le serment qu'il avait prêté en entrant dans sa carrière; au lieu de s'arrêter aux trois résultats, tous véritables, Argelander osa les falsifier tous les trois : il les mêla et en déduisit un faux résultat correspondant à l'hypothèse que les observations n'avaient pas été d'une exactitude suffisante; au lieu donc de la durée véritable de révolution, il a fallu admettre un résultat erroné, c'est-à-dire une durée de 3065 ans.

Après avoir lu ces lignes, Argerlander ou quelqu'un de

ses collaborateurs n'ont qu'à suivre avec une hélice les points de positions $o''pb$ et à prendre l'axe de cette hélice pour l'unir avec les arcs $oo'o''$ et $bb'b''$, et ils verront avec satisfaction la rectification de leur hypothèse.

Lexell a basé son calcul sur les points dans lesquels s'est trouvé le noyau *b* de la base de la comète (nº 85) circulant sur un orbite d'une très-petite inclinaison ; il a trouvé ainsi un résultat indiquant une durée de 5$^{ans}$,5 de sa révolution. C'est la grande inclinaison 74° de la comète de 1811 qui a fait que les points de l'hélice ont paru former une courbure conduisant à une durée de révolution très-longue.

### V. ASPECTS DE L'APHRODITOCOMÈTE DE DONATI ET LEUR MODE DE PRODUCTION.

§ 501. Cette comète a été découverte par Donati à Florence, le 2 juin 1858; elle resta visible au Cap jusqu'au 4 mars 1859. Ainsi on l'a observée pendant 275 jours. La comète resta visible à l'œil nu depuis la fin d'août jusqu'au commencement de décembre, c'est-à-dire pendant plus de trois mois. Elle arriva à son maximum d'éclat pendant la première moitié d'octobre. On a tracé l'orbite $opb''$ (fig. 51) de la comète d'après ses éléments paraboliques, qui sont les suivants :

| Passage au périhélie. | Inclinaison. | Longitude du nœud. | Longitude du périhélie. | Distance du périhélie. | Sens du mouvement. |
|---|---|---|---|---|---|
| 30 sept. | 63° 4' | 165° 16' | 36° 24' | 0,576 | rétrograde |

1° Le 30 septembre, la comète était au périhélie *p*, la Terre était en P.

2° Le 2 juin, la comète en *oc* devint visible de la Terre en T à l'aide du télescope.

3° A la fin d'août, la Terre était en T' quand la comète devint visible à l'œil nu en *o'c'*.

4° Du 30 septembre au 16 octobre, la comète passa du

périhélie $p$ au delà de $ab$ et la Terre avança de ♈ au delà de $t$.

5° Les deux corps se trouvèrent dans la même longitude le jour où la comète était en $ab$ et la Terre en $t$.

Fig. 51.

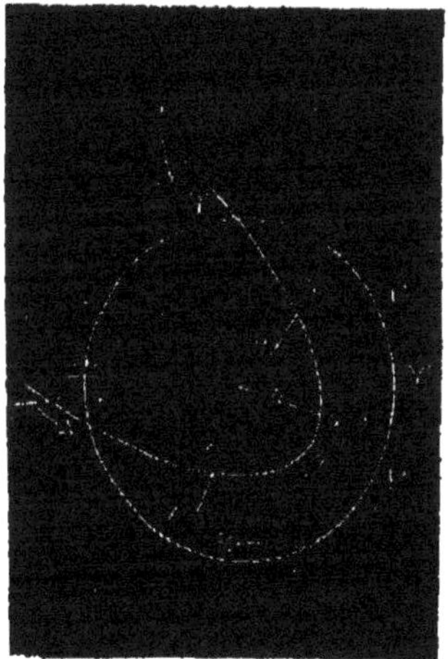

6° Au commencement de décembre, la Terre était en $t'$ et la comète en $a'b'$.

7° Le 4 mars, la Terre était en $t''$ et la comète en $a''b''$.

Cette exposition graphique des positions de la Terre et de la comète pendant toute la durée de son observation suffirait pour montrer l'accord qui existe entre la forme ovalaire perforée de la comète et ses aspects, accord qui a été vérifié dans l'exposition des aspects de tous les retours des comètes périodiques. Il ne s'agit que de faire connaître l'origine des désaccords entre les résultats des observations des astronomes et ceux de leurs calculs, bien qu'il n'y ait pas d'erreurs dans ces calculs.

Bond exposa les détails observés dans la comète de Donati; plusieurs autres astronomes l'ont fait aussi. Pour moi, je discute ici les détails exposés par Julius Schmidt, qui a également observé d'autres comètes, et notamment celle de 1861, dans laquelle il découvrit la rotation sans cependant connaître la forme ovalaire.

Des effets de la rotation du corps ovalaire de la comète autour du rayon vecteur se déduisent les déplacements des rayons $\varphi + \varphi'$ émergeant de la base de l'ovalaire. De ces rayons, 1° ceux qui arrivent directement en quantité $\varphi + \varphi' \pm \varphi''$ font paraître la comète plus ou moins lumineuse à intervalles égaux; 2° ceux qui éclairent l'espace et sont réfléchis des météores en quantités $\varphi \pm \varphi''$ font paraître la queue plus ou moins étendue à intervalles égaux.

Si la surface de la base de l'ovalaire était plane, il en émergerait une égale quantité de rayons de chacun de ces points; c'est à cause de la poussée du barogène que la base est en forme d'entonnoir ayant son versant convexe comme il est indiqué dans la figure 48. Il y a donc deux origines, dont l'une produit un changement d'éclat et l'autre l'inégalité de l'éclat de la base qui tourne.

### A. INÉGALITÉ DES ÉCLATS DES PARTIES DIFFÉRENTES DE LA COMÈTE.

§ 502. Pour pouvoir comparer les quantités de rayons qui arrivent de chaque partie de la base ou de l'hémisphère soulevé, on emploie le décroissement de la densité des rayons du crépuscule, 1° le soir depuis le coucher du Soleil jusqu'au coucher de la comète, et 2° le matin l'accroissement de la densité des rayons du crépuscule depuis le lever de la comète jusqu'au lever du Soleil. Ce décroissement ou cet accroissement de la densité des rayons du crépuscule est proportionné à l'arc du crépuscule au-dessus de l'horizon au temps T écoulé. Pour plus de simplicité, je rapporte les mesures de la lumière opérées le soir, car celles du matin n'en diffèrent que par le renversement de l'ordre.

Pour qu'une étoile devienne visible en plein jour ou pendant le crépuscule, il faut qu'il en arrive à l'œil une quantité $\varphi$ de lumière supérieure à celle $\varphi'$ qui arrive de l'atmoaérosphère de l'espace ambiant. Cette quantité $\varphi'$ diminue avec la quantité $q$ de vésicules de vapeur dans l'atmoaérosphère; alors le ciel devient plus sombre pendant le jour, comme cela a lieu 1° dans les pays où l'arc crépusculaire est court et 2° sur le sommet des montagnes.

Après le coucher du Soleil, la quantité $\varphi'$ de rayons réfléchis de l'atmoaérosphère commence à diminuer, et les étoiles de toute grandeur deviennent visibles dès que leur lumière $\varphi$ devient supérieure à celle $\varphi'$ qui est réfléchie de l'atmoaérosphère ambiante.

§ 503. **Mesure des quantités des rayons venant des différentes parties d'une comète.** Lorsque la lumière $\varphi$ arrive réfléchie de l'hémisphère soulevé de la comète, elle apparaît le soir à l'aide du télescope dès que la lumière $\Phi'$ de l'atmoaérosphère devient inférieure à la lumière $\varphi$ de la comète.

Mais lorsque la comète se trouve entre le Soleil et la Terre pour qu'il en arrive, 1° les rayons $\Phi$ de l'extrémité postérieure de son espace vide axial, 2° les rayons $\phi - \varphi''$ qui émergent concentrés de la partie rapide du versant convexe *mo*, *no* (fig. 48) de la base, et 3° les rayons $\varphi$ de la partie la plus convexe *mn*, alors, 1° apparaît d'abord le noyau dès que la lumière $\Phi'$ de l'atmosphère devient inférieure à celle $\Phi$ après qu'il s'est écoulé le temps $t$ depuis le coucher du Soleil; 2° après la durée T depuis le coucher du Soleil, il apparaît la partie rapide *mo*, *no* de la base d'où arrive la lumière $\phi$ devenue supérieure à $\phi'$ qui a éprouvé une diminution et est devenue $\varphi'$; 3° le crépuscule disparaît après que s'est écoulé le temps T depuis le coucher du Soleil quand la lumière $\varphi''$ réfléchie de l'atmosphère atteint son minimum. Dans le cas où ce minimum est inférieur à la quantité $\varphi$ du rayon venant de la partie convexe *mn* de la base, cette partie devient visible.

**Trois degrés de clarté de la comète après la disparition du crépuscule.** Après que la lumière de l'atmoaérosphère a été réduite à son minimum $\varphi''$, il apparaît :

1° Le noyau avec un éclat indiqué par la différence $\Phi - \varphi''$ de lumière;

2° Le bord du noyau avec un éclat produit par la différence $\phi - \varphi''$;

3° L'extrémité de la base avec un éclat produit par la différence $\varphi - \varphi''$.

Les trois degrés de densité des rayons sont en raison inverse du temps écoulé depuis le coucher du Soleil et l'on a $\tau\Phi=1$, $T\phi=1$, $T\varphi=1$. En mesurant donc les temps $\tau$, $T$, $T$, on détermine les quantités $\Phi$, $\phi$, $\varphi$ des rayons.

**Faits optiques produits par la lumière de la Lune.** La quantité des rayons $\varphi'$ réfléchis de l'atmoaérosphère après la disparition du crépuscule augmente par la présence de la lumière de la Lune pour devenir $\varphi'+\varphi''=\Phi''$. Alors les différences $\Phi-\Phi''$, $\phi-\Phi''$, $\varphi-\Phi''$ diminuent. Dans le cas où la différence est $\varphi=\Phi''$, le bord de la comète devient invisible; de même le bord du noyau devient aussi invisible si la différence est $\phi=\varphi''$. Alors le noyau seul reste visible.

La quantité $\Phi''$ des rayons de la Lune réfléchis dans l'atmoaérosphère change tous les soirs avec les phases; mais ces changements étant bien connus (t. I, p. 834), ils aident à évaluer les différences $\Phi-\varphi'$, $\phi-\varphi'$, $\varphi-\varphi'$ par les différences observées $\Phi-\Phi''$, $\phi-\Phi'$, $\varphi-\Phi''$. Les résultats des observations suivantes trouvés par J. Schmidt serviront d'exemples de la loi exposée.

**Résultats des observations depuis le coucher du Soleil jusqu'au coucher de la comète.** On admet que la comète se trouve entre la Terre et le Soleil pour que les rayons émergeant de la base seule ou de la base et d'une petite partie de la surface de l'hémisphère soulevé arrivent à l'œil.

Les comètes calculées devenues visibles en plein jour ont toutes été des hermocomètes, de sorte que la quantité $\Phi$ de rayons solaires provenant de l'espace vide axial était supérieure à la lumière $\Phi'$ réfléchie de l'atmoaérosphère.

L'aphroditocomète de Donati n'était pas visible en plein jour; elle apparaissait après le coucher du Soleil quand l'arc $a=16°$ du crépuscule avait éprouvé une diminution $\alpha$ en un espace de temps $t$. Ce temps étant en rapport inverse avec la lumière $\Phi'$ réfléchie de l'atmoaérosphère, on a $t\Phi'=1$. La clarté des étoiles est produite par la différence $\Phi-\Phi' = \varphi$

qui est également en rapport inverse avec la durée $t$, et l'on a aussi $t\varphi = 1$.

Au cas où d'un jour à l'autre la lumière $\Phi$ ou la différence $\varphi$ change, la durée T depuis le coucher du Soleil jusqu'à l'apparition de la comète change aussi. Ainsi l'on a trouvé :

| | | | |
|---|---|---|---|
| Le 12 sept. . . . T = | 39 minutes | Le 2 oct. . . . . T = | 25 minutes |
| 13. . . . . . . . . = | 37 | 3. . . . . . . . . = | 23 |
| 14. . . . . . . . . = | 31 | 4. . . . . . . . . = | 23 |
| 15. . . . . . . . . = | 29 | 5. . . . . . . . . = | 20 |
| 17. . . . . . . . . = | 32 | 7. . . . . . . . . = | 20 |
| 21. . . . . . . . . = | 29 | 8. . . . . . . . . = | 20 |
| 22. . . . . . . . . = | 26 | 14. . . . . . . . . = | 32 |
| 23. . . . . . . . . = | 26 | 15. . . . . . . . . = | 34 |
| 24. . . . . . . . . = | 24 | 16. . . . . . . . . = | 34 |
| 26. . . . . . . . . = | 23 | 17. . . . . . . . . = | 42 |
| 27. . . . . . . . . = | 20 | 18. . . . . . . . . = | 44 |
| 28. . . . . . . . . = | 21 | | |
| 29. . . . . . . . . = | 24 | | |
| 30. . . . . . . . . = | 22 | | |

La clarté de la comète était à son maximum le 27 et le 28 septembre et les 5, 7 et 8 octobre, quand on avait T = 20 minutes; cette clarté était à son minimum le 12 septembre et le 18 octobre. L'accroissement et le décroissement de la clarté se sont opérés périodiquement pour atteindre deux maxima séparés l'un de l'autre par un intervalle de huit jours, qui indiquent la durée de la rotation des corps de l'ovalaire autour du rayon vecteur.

§ 504. **Comparaison entre la lumière concentrée émergeant de la base de l'ovalaire et celle des étoiles.** Du 12 septembre au 12 octobre, la comète était à une distance de 32° à 48° du Soleil, de sorte qu'il n'en arrivait à la Terre que la lumière $\varphi + \varphi'$ concentrée émergeant de la base; cette base se présenta à l'œil nu comme étoile de 1re grandeur comparable à Arcturus qui était tout près de la comète. Vue au télescope, la comète se présenta comme une faible nuée, tandis qu'Arcturus brillait de tout son éclat.

L'angle $\gamma$ que sous-tend Arcturus est à peine de 0",1, tandis que l'angle $\Gamma$ que sous-tendait la comète s'élevait à 100". Ainsi à l'œil nu, la comète paraît grande par l'étendue de sa base dont émerge une quantité 10000$\lambda$ de rayons 10000 fois moins denses que ceux qui nous arrivent sous l'angle $\gamma$ d'Arcturus avec une densité 10000 fois plus grande.

Avec le télescope il se présente un espace $e$ de la comète qui sous-tend un petit-angle $\gamma'$; de cet espace $e$ de la surface de la comète il nous arrive à l'œil une quantité $\lambda$ de lumière 10000 fois moindre que celle qui nous arrive de sa surface entière quand elle se montre comparable à Arcturus. Cette étoile renvoie dans l'œil la même quantité $\Phi$ des rayons quand on l'observe à l'œil nu ou avec le télescope, tandis que nous recevons de la comète une quantité de lumière qui est en raison inverse du grossissement.

**Lumière émergeant de l'espace vide axial.** Dans le cas où les rayons solaires émergeant de l'extrémité postérieure de l'espace vide axial arrivent à l'œil, la densité de ces rayons $\Phi$ ne présente pas d'affaiblissement avec le télescope, dont le grossissement peut augmenter, ainsi que cela a lieu quand on observe des étoiles fixes.

### B. Inégalité de densités des rayons arrivant des différentes parties des comètes placées entre la Terre et le Soleil.

§ 505. Depuis la fin d'août, la comète devint visible à l'œil nu après la disparition du crépuscule arrivant 80 minutes après le coucher du Soleil; cet intervalle de temps diminuait tous les jours, de sorte que le 3 octobre on voyait le noyau au coucher du Soleil. Pour que le bord de la base qui entoure le noyau apparût, il fallait qu'il s'écoulât un laps de temps d'au moins 20 minutes. La partie de ce bord qui était du côté de la Terre resta invisible, parce que les rayons émergeant de cette partie du versant se dirigent vers le côté *ee'* du Soleil (fig. 48); il n'arrive vers la Terre que les rayons émergeant de la partie *a'e'b'* opposée du versant convexe de la base concave *mon* en forme d'entonnoir.

Au lieu de mesurer le temps T entre le coucher du Soleil et l'apparition du noyau à l'œil nu, on mesure : 1° le temps **T** écoulé entre le coucher du Soleil et l'apparition du bord intérieur *men* du versant de la base, et 2° le temps écoulé entre le coucher du Soleil et l'apparition du bord extérieur *a'e'b'* du même versant. On voit ainsi que les quantités de rayons Φ, ϕ, φ arrivant du noyau et des deux bords du versant sont en raison inverse des temps τ, **T**, T ; de sorte qu'on a toujours $\tau\Phi = 1$, $\mathbf{T}\phi = 1$, $T\varphi = 1$.

§ 506. **Mesure de la largeur du halo intérieur.** La longueur *mo*, *no* de la partie rapide du versant devient la largeur de l'anneau ou du *halo smenr* ouvert du côté de la Terre, et apparent comme *hémihalo*. Pour que cette largeur $mo = l$ passe par le fil, on a mesuré le temps T sur les battements β d'une montre dont il s'opère cinq dans une seconde. Le temps T' a été d'une seconde depuis le 3 jusqu'au 18 octobre, comme on le voit dans les résultats suivants :

| | | | |
|---|---|---|---|
| Le 3 octobre. . . . . . | T' = 4β,86 | Le 11 octobre. . . . . . | T' = 5β,01 |
| 4. . . . . . . . . . . . | = 4 ,95 | 14. . . . . . . . . . . | = 4 ,98 |
| 5. . . . . . . . . . . . | = 4 ,99 | 15. . . . . . . . . . . | = 4 ,98 |
| 6. . . . . . . . . . . . | = 5 ,01 | 16. . . . . . . . . . . | = 4 ,98 |
| 7. . . . . . . . . . . . | = 5 ,02 | 17. . . . . . . . . . . | = 5 ,03 |
| 8. . . . . . . . . . . . | = 5 ,01 | 18. . . . . . . . . . . | = 5 ,00 |
| 9. . . . . . . . . . . . | = 5 ,01 | | |

Les minima 4β,98 des 14, 15 et 16 correspondent aux maxima 34β du tableau précédent, et les maxima 5β,01 correspondent aux minima 20 des 4, 5 et 7 du même mois. Ce rapport inverse entre la largeur apparente du halo et la durée T prouve que la largeur *l* croît lorsque dans la rotation du corps ovalaire le versant de la base se trouve entre la Terre et le rayon vecteur.

## C. Accroissement du rayon des deux hémihalos intérieur et extérieur

§ 507. Au moment de l'apparition du halo son rayon est à son minimum, ensuite il croît avec une vitesse décroissante jusqu'au moment de la disparition du crépuscule et l'accroissement continue avec une vitesse constante jusqu'au coucher de la comète. J. Schmidt a mesuré de la manière indiquée les diamètres du halo intérieur *m'en'* du 3 au 18 octobre depuis son apparition le soir jusqu'au coucher de la comète à Vienne. Je signalerai ici quelques-uns des résultats en faisant remarquer qu'ils sont tels qu'ils se sont présentés pendant les déplacements de la comète qui s'éloignait du périhélie *p* (fig. 51) vers *bb'*, et de la Terre qui avançait de *t* vers *t'*. Le rayon du halo *h* intérieur *m'en'* (fig. 48) est **r**, le rayon du halo **h** extérieur est R, et le rayon du noyau est *r*.

Tous les jours le noyau devenait d'abord visible, puis le halo intérieur *h* et plus tard le halo extérieur **h**. Cet ordre d'apparition des différentes parties de la comète concorde parfaitement avec l'apparition des étoiles dans leur ordre de clarté.

D'un jour à l'autre, pendant que la comète s'éloignait du Soleil et de la Terre, l'obliquité de la base *ab* de la comète augmentait pour qu'une partie de la surface S de l'hémisphère soulevé *acb* devînt visible et qu'ainsi les rayons R et **r** des deux halos augmentassent.

| | | | | | | |
|---|---|---|---|---|---|---|
| 3 octobre. | $6^h$ | $10^m$ | **r** = 5″,99 | $6^h$ | $10^m$ | R = 30″,76 |
| | 7 | 56 | = 11 ,71 | 7 | 56 | = 37 ,96 |
| 4 octobre. | 5 | $36^m$ | **r** = 5 ,88 | 5 | 59 | R = 32 ,16 |
| | 6 | 2 | = 9 ,36 | 6 | 19 | = 35 ,79 |
| | 6 | 31 | = 11 ,73 | 6 | 58 | = 37 ,06 |
| | 7 | 18 | = 13 ,81 | 7 | 20 | = 37 ,90 |
| | 7 | 36 | = 16 ,59 | 7 | 41 | = 39 ,73 |
| | 8 | 19 | = 19 ,80 | | | |

I. L'accroissement des halos avec l'obscurité sert à faire connaître l'inégale quantité des rayons qui nous arrivent de chaque partie du versant convexe de la base; le minimum de lumière nous arrive de la zone de la plus grande convexité, c'est pourquoi cette zone apparaît après l'entière disparition du crépuscule.

II. L'accroissement des halos à mesure que la comète s'éloigne résulte de l'apparition d'une partie de la surface S de l'hémisphère soulevé dont nous arrive une faible quantité de rayons.

III. Le rayon $r$ du noyau reste invariable, 1° par rapport à la présence du crépuscule, et 2° par rapport à l'éloignement de la comète; ses changements ne dépendent que de la rotation du corps ovalaire autour du rayon vecteur.

Les longueurs apparentes des rayons R et $r$ sont les suivantes :

| | | | | |
|---|---|---|---|---|
| Le 10 sept. . . . R = 9000 lieues | | Le 2 oct. . . . . $r$ = 333 lieues |
| 12. . . . . . . . | = 7900 | 6. . . . . . . . . | = 478 |
| 14. . . . . . . . | = 8000 | 7. . . . . . . . . | = 438 |
| 15. . . . . . . . | = 6122 | 8. . . . . . . . . | = 439 |
| 6 oct. . . . . | = 5080 | 15. . . . . . . . . | = 400 |
| 16. . . . . . . . | = 4790 | | |

Le décroissement du rayon R pendant l'approche de la conjonction de la comète résulte de la disparition de la partie du côté de la surface S de l'hémisphère soulevé pour atteindre un minimum dans la première moitié d'octobre. Du 10 au 15 septembre, la longueur a diminué d'un tiers, tandis que du 6 au 16 octobre il a éprouvé un changement pour atteindre un minimum vers le 12 ou le 13, puis la longueur recommença à croître. On a trouvé ces dimensions par le calcul, en supposant la même distance entre la Terre et la comète.

D. DIMENSIONS ET POSITIONS DE LA QUEUE.

508. La grande inclinaison de l'orbite a fait que la comète s'est présentée en mouvement du nord vers le sud pour être à l'est par rapport au Soleil et rester longtemps entre

la Terre et le Soleil. Les rayons incidents sur la surface *acb* de l'hémisphère soulevé émergeaient de la base *aob* après avoir éprouvé une série de réflexions convergentes pour aller se croiser au foyer *f* et de là se répandre dans l'espace sous la forme de plusieurs photocônes concentriques.

Les météores de l'espace éclairé réfléchissent une quantité de lumière décroissante en raison inverse des carrés des distances de la tête. Dans le cas où tout l'espace éclairé est occupé par des météores, ceux qui sont tout près de la tête présentent un éclat comparable à celui des étoiles de 4e à 3e grandeur, car ils deviennent visibles avant la disparition du crépuscule. Après la disparition du crépuscule, on aperçoit à perte de vue les météores éloignés.

Pendant l'absence de la Lune, du 28 septembre au 11 octobre, la queue a augmenté de 15° à 65°; en même temps la clarté de la nébulosité et du noyau augmentait; la comète avançait vers la conjonction qui a eu lieu du 11 au 12 lorsque après le passage au périhélie *p* (fig. 51), le 30 septembre, elle arriva de *p* à *ab* et la Terre de P à *t*.

La largeur de la queue était de 17°; ainsi le 11 octobre, la superficie perceptible de la queue était de 470 à 480° carrés; la superficie de la queue de l'hermocomète de 1843 s'éleva le 21 mars à 80° carrés. L'aphroditocomète de Donati présenta des dimensions supérieures à celles de l'hermocomète de 1843.

Le diamètre de Mercure est $d = 1292$ lieues, celui de Vénus $\mathbf{d} = 3071$; les diamètres $\Delta$, D des hermocomètes et des aphroditocomètes sont en rapport direct avec les diamètres $d$, $\mathbf{d}$ des planètes mères. Les surfaces $s$, S des photocônes des comètes de ces deux familles ont un rapport direct avec les carrés des périphéries $2\pi\Delta$, $2\pi D$; ainsi l'on trouve :

$$S : s = D^2 : \Delta^2 = 3071^2 : 1292^2 = 470 : 80.$$

Cet accord entre les étendues des queues des aphroditocomètes et des hermocomètes sert à prouver l'exactitude des observations de J. Schmidt ; cet accord se rencontre rarement quand les observations des étendues des queues sont faites par différents individus, et cela à cause de l'inégalité 1° de leur organe de vision, et 2° de l'état de leur atmosphère.

E. POSITION DE LA QUEUE, SA COURBURE ET SA COULEUR.

§ 509. J'ai démontré que les comètes faisant l'office des lentilles concentrent les rayons incidents sur la surface S de leur hémisphère soulevé et les laissent émerger en forme de photocônes pour aller éclairer les météores de l'espace qui réfléchissent vers la Terre une partie de la lumière des photocônes.

Pendant le jour, nous recevons la lumière $\Phi$ réfléchie de l'atmoaérosphère et la lumière inférieure $\varphi$ des météores, lesquels, par cette raison, restent invisibles. Pendant la nuit, nous recevrons des météores la même quantité $\varphi$ de lumière et une quantité $\varphi - \varphi'$ de la part de l'atmoaérosphère ; c'est donc par la différence $\varphi'$ de lumière que les queues deviennent visibles pendant la nuit.

**Courbure de la queue.** Les astronomes ont trouvé l'hypothèse de Képler en défaut dans son explication de la courbure de la queue ; car si elle provenait de la résistance d'une matière, elle serait à son maximum pendant le passage de la comète au périhélie avec son maximum de vitesse. Le 30 septembre, pendant son passage au périhélie, la comète de Donati n'avait pas la queue courbe, cette forme apparut ensuite, et la courbure augmentait quand la vitesse diminuait.

Connaissant déjà la position de l'orbite, je pressentis que la queue devait acquérir une courbure produite de la manière indiquée. Ce qui, d'après l'hypothèse de Képler, devait provenir de la résistance de la matière éthérée contre la vitesse de la matière composant la queue, je le trouvai dans la vitesse constante de la lumière et dans la différence des distances qui séparent la Terre des deux extrémités de la queue. (Voir § 463, p. 569.)

**Couleur de la queue.** J'ai montré comment la Lune éclipsée est éclairée par une lumière rouge qui a son origine dans la lumière incolore du Soleil. La Lune est rendue jaune par la couleur produite par la réfraction de la lumière solaire dans la mince couche de vapeur qui l'entoure. La Lune éclipsée est rouge parce qu'elle est éclairée par la lumière solaire devenue rouge par la réfraction qu'elle a éprouvée en pénétrant l'atmosphère terrestre.

Les météores sont éclairés par les rayons solaires qui ont éprouvé des réfractions dans l'enveloppe aérienne de la nébulosité. Il n'y a donc de différence ni dans la production des couleurs par la réfraction des rayons solaires dans notre atmosphère ou dans les comètes, ni dans l'apparition colorée de la Lune éclipsée ou des météores éclairés la nuit.

Fig. 52.

§ 510. **Rotation de la queue.** Les hémihalos $d'e'b$, $m'en'$ (fig. 48) allongent leurs extrémités $d'm'$, $b'n'$ comme deux bras pour embrasser le noyau en se croisant du côté opposé au Soleil pour aller former la queue. Dans leur croisement, les deux bras ne restent pas dans la même position, mais on voit le bras droit une fois au-dessus et une autre fois au-dessous du bras gauche. La comète $o$ (fig. 52) a son bras $eb$ au-dessus de l'autre $cd$; la veille, elle avait ce bras $e'b'$ au-dessous du bras $c'd'$.

Le 29 septembre, il se présentait entre le croisement des bras et le noyau $o$ un espace vide de 2° à 3°; son étendue augmenta ensuite en longueur et en largeur; sa plus grande obscurité était du côté du noyau. Le 7 octobre, cet espace était de 6° à 7°; il augmenta avec la largeur de la queue jusqu'au 11 octobre, jour de la conjonction de la comète, où le rayon de la nébulosité atteint son minimum, à cause de la disparition totale de la surface de l'hémisphère soulevé.

En observant les directions des deux bords de la queue, J. Schmidt découvrit un déplacement de l'axe de la queue par rapport à l'horizon.

1° Du 20 septembre au 5 octobre, l'axe de la queue déviait vers la droite.

2° Du 6 au 11 octobre, l'axe allait dans la direction du rayon vecteur.

3° Du 14 au 17 octobre, l'axe de la queue allait à la gauche du rayon vecteur.

De pareils déplacements des bras ont été observés par Messier dans la comète de 1769 (n° 84) depuis le 30 août jusqu'au 4 septembre sans croisement des bras *ab*, *ac* (fig. 53).

Fig. 53.

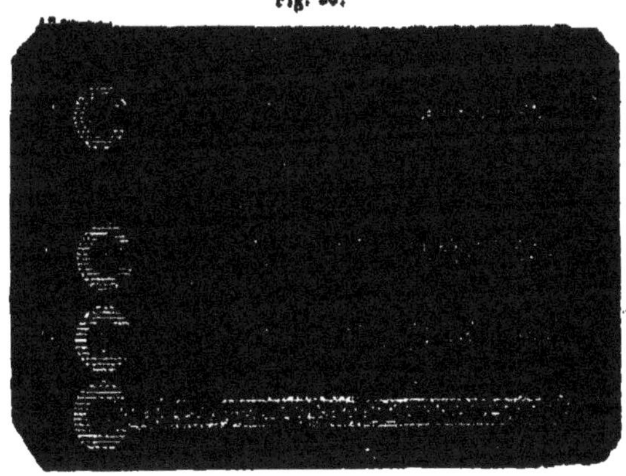

1° Du 30 août au 2 septembre, pendant les trois jours les deux bras *ab*, *ac* ont décrit un arc 3*a*.

2° Du 2 au 4 septembre, ils décrivent un arc 2*a*.

3° Du 2 au 3 et du 3 au 4 septembre, les bras décrivent chaque jour l'arc *a*.

Le 3 septembre, les bras se projetaient sur la queue et restaient invisibles; il a donc fallu que les deux bras décrivissent dans le même sens les arcs $b'aq'$, $qa'c'$ pour qu'un bras vînt au-dessus et l'autre au-dessous de la queue $q''$.

Du 3 au 4 septembre, les bras décrivent l'arc $a = 180° - \alpha$; sans pouvoir arriver à se projeter sur la queue $q'''$, ils en restèrent un peu en dehors.

En trois jours, du 30 août au 2 septembre, les bras décrivent l'arc $3a = 360° + 180° - 3\alpha$; ainsi l'on trouve $180° - 3\alpha = b'a'q' - baq$. Par suite, la durée de la rotation des bras était inférieure à trois jours; cette durée était comparable à celle de la rotation de la queue de la comète II de 1862 exposée plus bas.

Cette rotation de la queue autour du rayon vecteur prolongé n'est que la rotation du photocône opérée par celle de la nébulosité. Schmidt fit un pas de plus que Messier, car celui-ci s'arrêta à l'exposition des déplacements des bras, tandis que Schmidt démontra l'existence d'une rotation, laquelle avait déjà été indiquée par Herschel, Dunlop, Bessel, et combattue par Arago à l'aide de raisonnements logiques, et non au moyen de faits basés sur les observations.

### VI. ROTATION DE LA COMÈTE II DE 1861.

§ 511. Après avoir exposé les preuves de la rotation des comètes de 1769, de la comète de Halley et de Donati, pour compléter la conviction du lecteur à ce sujet, je rapporterai les détails tirés par l'astronome d'Athènes des observations de la géocomète de 1861 dont l'orbite est exposé dans la figure 54 d'après ses éléments.

| Passage au périhélie. | Inclinaison. | Longitude du nœud. | Longitude du périhélie. | Distance du périhélie. | Sens du mouvement. |
|---|---|---|---|---|---|
| 11 juin | 85° | 279° | 248° | 0,820 | direct |

De l'inclinaison 85°, il résulte que le mouvement de la comète était presque suivant les méridiens d'un nœud vers l'autre; la date du passage au périhélie coïncida avec la conjonction. Ce même jour, à Olinda (Brésil), Liais vit la comète. A Athènes, elle apparut subitement le 30 juin au soir, avant la disparition du crépuscule. La longueur de la queue était de 120°. Le matin, à $14^h\ 27^m$, la comète s'éleva à un tel degré d'éclat qu'il produisait une ombre bien prononcée. L'éclat du noyau surpassait de beaucoup celui d'Arcturus sans atteindre la clarté de Jupiter. Le beau ciel d'Athènes permettait aux observations de s'effectuer sans interruption. Le 30 juin, la comète était en *oc* et la Terre en T à une faible distance, de sorte que la lumière émergeant de la base de la comète arrivait en grande densité à la Terre.

Les observations à l'œil nu ne font pas apparaître séparément la densité de lumière de la petite étendue du noyau et la quantité de lumière moins dense émergeant de la base totale de la comète dont l'étendue est grande. Pour distinguer les densités de lumière, on emploie les télescopes de tous les grossissements. Ainsi il est démontré que la lumière de la chevelure est comparable à celle réfléchie de la Lune et des planètes, tandis que la lumière du noyau a une densité comparable à celle de la lumière des étoiles. Cette différence de lumière est restée une *énigme* pour les astronomes, car ils pouvaient apercevoir les étoiles télescopiques à travers le noyau.

### A. DÉTAILS DE L'ÉCLAT DU NOYAU ET DE LA CHEVELURE.

§ 512. Observée à l'œil nu, la comète avait une clarté qui dépassait celle des étoiles de 1re grandeur; le noyau isolé se présentait comme étoile de 6e grandeur. Le 1er juillet au matin, le noyau de la comète était visible avec la lunette au lever du Soleil et même quelques minutes après. Les jours suivants, ce noyau n'était visible que lorsque le Soleil était au-dessous de l'horizon depuis 13 jusqu'à 17 minutes. A l'œil nu, la comète paraissait plus tard (1).

(1) Ces détails de l'apparition des comètes avant ou après le coucher du Soleil

Le noyau pouvait supporter le grossissement de 300 et même de 500 diamètres. Observé au moment du crépuscule, son diamètre ne dépassait pas 20 lieues; c'est ainsi qu'on a trouvé les diamètres des noyaux de toutes les grandes comètes apparues depuis 1842. On trouvera ici exposée pour la première fois la cause de la différence entre la lumière dense du noyau et la lumière moins dense de la chevelure. L'astronome d'Athènes a découvert : 1° une périodicité d'éclat du noyau; 2° une périodicité des dimensions de la chevelure; 3° enfin un accroissement de celle-ci pour atteindre un maximum, puis un décroissement jusqu'à sa disparition.

Je donne un résumé des résultats de l'observation pour indiquer ensuite leur mode de production.

I. Les éclats du noyau et de la chevelure, évalués ensemble à l'œil nu, sont les grandeurs $\Phi$, et les éclats du noyau évalués avec la lunette comme ceux des étoiles sont indiqués par $\varphi$.

II. En indiquant par $r$ le rayon terrestre, je donne en rayons de ce genre la distance réelle observée entre le noyau et le point de la périphérie de la chevelure du côté du Soleil; cette distance est le rayon R de l'hémihalo **h** (fig. 48).

| Dates. | $\Phi$ | $\varphi$ | R | Dates. | $\Phi$ | $\varphi$ | R |
|---|---|---|---|---|---|---|---|
| 1er juillet | 1 et plus | » | 20 | 12 | 3 | » | 36 |
| 2 | 1 | » | » | 13 | 3 | » | » |
| 3 | 1,2 | 6e | 24 | 14 | 3,4 | » | 35 |
| 4 | 2,1 | » | 28 | 15 | 3,4 | » | 35 |
| 5 | 2,1 | » | 37 | 16 | 3,4 | 7,8 | » |
| 6 | 2 | » | » | 17 | 4,3 | » | » |
| 7 | 2 | » | » | 18 | » | » | » |
| 8 | 2 | » | » | 19 | 4,3 | 8 | » |
| 9 | 2 | » | 37 | 20 | 4 | 8 | » |
| 10 | 2,3 | » | 35 | 21 | 4,3 | » | » |
| 11 | 3,2; 2,3 | » | 35 | 22 | 4 | 8 | » |

et les dimensions apparentes du noyau avec la lunette servent à évaluer les rayons réfléchis de l'atmoaérosphère arrivant à l'œil en même temps que les rayons des étoiles.

| Dates. | Φ | φ | R |
|---|---|---|---|
| 23 | » | » | » |
| 24 | 4 | » | 25 |
| 25 | 4 | » | » |
| 26 | 4 | » | 30 |
| 27 | 4,5 | 9 | 38 |
| 28 | » | » | 29 |
| 29 | 4,5 | 9,8 | 39 |
| 30 | 4 | 9,1 | 37 |
| 31 | 4 | » | 34 |
| 1er août | 4,5 | 9,1 | 58 |
| 2 | 5 | 10 | 58 |
| 3 | 4 | 10 | 55 |
| 4 | 4,5 | » | 49 |
| 5 | 4,5 | 9,1 | 58 |
| 6 | 5 | » | 48 |
| 7 | » | » | 49 |
| 8 | 4,5 | » | 46 |
| 9 | 5 | » | » |
| 10 | 5 | 10,11 | 40 |
| 11 | 5 | 10,11 | » |
| 12 | 5 | 10,11 | » |
| 13 | 5 | 10 | » |
| 14 | 5,6 | » | » |
| 15 | » | » | » |
| 16 | 5,6 | » | » |
| 17 | » | » | » |
| 18 | » | » | » |
| 19 | » | » | » |
| 20 | » | » | » |
| 21 | » | » | » |
| 22 | » | » | 22 |
| 23 | 6 | » | » |
| 24 | 6 | » | 47 |
| 25 | 6 | » | 34 |
| 26 | » | » | 48 |
| 27 | » | » | » |
| 28 | » | » | » |
| 29 | 6,7 | » | 55 |
| 30 | » | » | 45 |
| 31 | » | » | 40 |
| 1er sept. | | | 37 |
| 2 | | | 37 |
| 3 | | | » |
| 4 | | | 48 |
| 5 | | | 39 |
| 6 | | | » |
| 7 | | | 37 |
| 8 | | | » |
| 9 | | | » |
| 10 | | | » |
| 11 | | | » |
| 12 | | | » |
| 13 | | | » |
| 14 | | | » |
| 15 | | | » |
| 16 | | | » |
| 17 | | | » |
| 18 | | | » |
| 19 | | | » |
| 20 | | | » |
| 21 | | | » |
| 22 | | | 53 |
| 23 | | | » |
| 24 | | | 47 |
| 25 | | | 46 |
| 26 | | | 47 |
| 27 | | | 46 |
| 28 | | | » |
| 29 | | | » |
| 30 | | | » |

Les changements observés dans la comète s'effectuent par périodes. Je ne parlerai pas des périodes des éclats Φ et φ, je me bornerai à mentionner celles des rayons R de l'hémihalo h.

| Dates. | | Dates. | |
|---|---|---|---|
| 1er juillet. . . . . . . . . | R = 20 | 4 octobre. . . . . . . . | R = 38 |
| 6. . . . . . . . . . . . . | = 30 | 9. . . . . . . . . . . . . | = 42 |
| 11. . . . . . . . . . . . . | = 35 | 14. . . . . . . . . . . . . | = 40 |
| 16. . . . . . . . . . . . . | = 35 | 19. . . . . . . . . . . . . | = 42 |
| 21. . . . . . . . . . . . . | = 26 | 24. . . . . . . . . . . . . | = 44 |
| 26. . . . . . . . . . . . . | = 30 | 29. . . . . . . . . . . . . | = 39 |
| 31. . . . . . . . . . . . . | = 44 | 3 novembre. . . . . . . | = 35 |
| 5 août. . . . . . . . . . . | = 58 | 8. . . . . . . . . . . . . | = 33 |
| 10. . . . . . . . . . . . . | = 40 | 13. . . . . . . . . . . . . | = 34 |
| 15. . . . . . . . . . . . . | = 42 | 18. . . . . . . . . . . . . | = 20 |
| 20. . . . . . . . . . . . . | = 46 | 23. . . . . . . . . . . . . | = 20 |
| 25. . . . . . . . . . . . . | = 48 | 28. . . . . . . . . . . . . | = 23 |
| 30. . . . . . . . . . . . . | = 48 | 3 décembre. . . . . . . | = 31 |
| 4 septembre. . . . . . | = 48 | 8. . . . . . . . . . . . . | = 25 |
| 9. . . . . . . . . . . . . | = 48 | 13. . . . . . . . . . . . . | = 24 |
| 14. . . . . . . . . . . . . | = 48 | 18. . . . . . . . . . . . . | = 22 |
| 19. . . . . . . . . . . . . | = 48 | 21. . . . . . . . . . . . . | = 20 |
| 24. . . . . . . . . . . . . | = 46 | | |
| 29. . . . . . . . . . . . . | = 44 | | |

**Correspondance entre ces changements et les déplacements de la comète.** Le 1er juillet, quand la comète *oc* était en conjonction avec la Terre en T, la lumière φ arrivait en émergeant de la base de la comète ou de sa chevelure et la lumière Φ arrivait du noyau *o*. Ce jour-là le rayon R de la chevelure ou de l'hémihalo **h** était à son minimum. La clarté du noyau était à son maximum de densité parce qu'il était visible avec la lunette *e* même après le lever du Soleil.

L'éclat correspond à la lumière qui, le 1er juillet, était à son maximum de densité parce que c'était celle qui émergeait concentrée de sa base. Celle-ci présenta dans cette position sa superficie à la Terre sans que rien apparût de la surface S de l'hémisphère soulevé. Laissons de côté l'éclat qui a diminué périodiquement jusqu'à la disparition de la comète, et occupons-nous seulement des dimensions de la nébulosité qui arrivèrent au maximum 53*r* le 1er et le 5 août, puis commencèrent à diminuer avec une vitesse moins rapide.

Le 1er juillet, le rayon 20*r* indiquait la distance entre le centre et la périphérie de la base. Le 1er août, la comète passa au delà du nœud en *o'c'* (fig. 54) et présenta à la Terre en T' son axe ou la hauteur de son hémisphère soulevé qui est 58*r*. Le 21 septembre, la Terre était en ♈ et la comète en *c''o''*; trois mois après, la Terre arriva à T'' et la comète à *o'''c'''*. A cette date, il n'arrivait à la Terre que les rayons φ—φ' réfléchis dont la surface soulevée avait une médiocre étendue. Cette étendue n'était que de 11*r*.

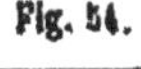
Fig. 54.

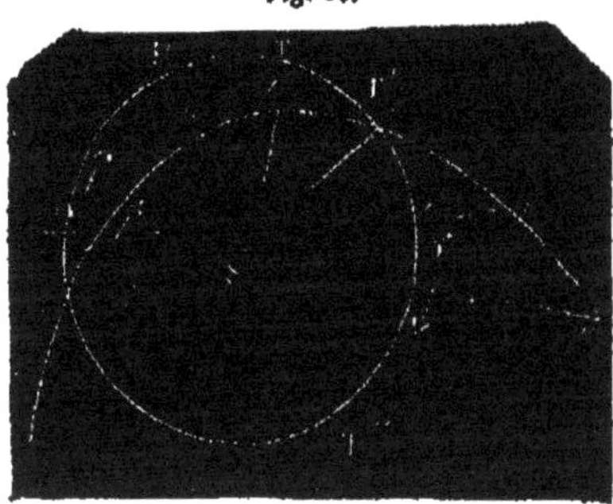

Le rayon 20*r* augmenta pendant le mois de juillet pour atteindre le maximum de 58*r*, tandis qu'il lui a fallu quatre mois et demi pour atteindre le minimum. Cette série de changements correspond exactement aux positions du corps ovalaire *oc* comme je l'ai démontré géométriquement pour la comète d'Enke (§ 440); il ne me reste qu'à exposer la concordance entre les périodes des éclats, des dimensions et la rotation du corps ovalaire autour du rayon vecteur sur lequel le sommet reste fixé et le corps tourne pour se trouver dans des positions perspectives différentes.

Il faut environ cinq jours et demi pour qu'il se présente un maximum du rayon R et un minimum de l'éclat Φ. Ces changements périodiques sont dus à la rotation de la comète, dont la base et l'hémisphère soulevé prennent des positions alternatives vers la Terre en suivant en même temps son mouvement orbiculaire.

**Mode de production des secteurs par la rotation des hémihalos.** L'écartement des extrémités *m''*, *a''*, *n''*, *b''* (fig. 48) est issu de la rotation de la base pour qu'il apparaisse des espèces de secteurs compris dans les continuels changements opérés sous l'œil de l'observateur. Les moitiés de chaque hémihalo se présentent comme deux bras ou comme rayons lumineux d'un secteur. Si l'on ne connaît pas ce mode des changements périodiques des aspect de la comète, on ne pourra coordonner les nombreux dessins de Schmidt représentant ces aspects.

### B. Changements de la queue.

§ 513. La longueur de la queue se montra à son maximum de 128° le 30 juin en même temps que l'éclat de la comète était arrivé à son maximum, ensuite la diminution de l'étendue de la queue correspondait à la diminution de l'éclat. L'axe de la queue ne restait pas dans le prolongement du rayon vecteur, mais il se trouvait, 1° à sa gauche, 2° dans sa direction, 3° à sa droite, 4° dans sa direction, 5° à sa gauche.

Cette périodicité des positions de la queue correspondait à celle observée dans les accroissements et dans les décroissements du rayon R de l'hémihalo **h**, de sorte qu'on avait une preuve de plus, 1° de la rotation de la comète autour du rayon vecteur, et 2° de la rotation du photocône éclairant l'espace et rendant visibles les météores qui y circulent. La base de la comète étant à droite du rayon vecteur éclairait les météores de l'espace qui se trouvaient du même côté que le prolongement de ce rayon. Quand la base de la comète venait à gauche du rayon vecteur, on voyait la queue de ce même côté.

Des moitiés des hémihalos que l'on voit former en quelque sorte des secteurs à la base de la comète, émergent les rayons concentrés formant des photocônes ayant l'apparence de deux branches circulant avec la base autour du rayon vecteur. La branche ou le photocône *c'd'* (fig. 52) a son côté droit *o'd'* plus lumineux que son côté gauche; de même la branche *ob* a son côté droit *eb* plus lumineux que son côté gauche. On voit par là que la rotation de la base et avec elle celle des photocylindres s'opèrent de la gauche vers le Soleil pour passer à la droite.

Les changements de position de la queue ne dépendent pas de sa courbure, dont la convexité peut être très-grande ou à peine perceptible. J'ai exposé sa cause physique (§ 463), de sorte qu'il ne reste aucune espèce de faits observés dans les comètes qui n'ait trouvé ici son explication. Les comètes ont servi à faire connaître l'existence 1° des myriades d'essaims de météores circulant dans l'espace et produisant la scintillation des étoiles, et 2° des myriades d'aérolithes.

## VII. GÉOCOMÈTE II DE 1862 ET SA ROTATION.

§ 514. La petite inclinaison 7° de cette comète est cause qu'on a pu comparer ses détails à ceux de la comète de Lexell, avec cette différence cependant que le beau ciel d'Athènes et l'astronome *oxyderque* ont concouru à faire trouver :

I. Les changements de clarté de la tête observée à l'œil nu ;

II. Les changements de clarté du noyau observé avec de faibles lunettes présentent une périodicité de 2j,6 ;

III. Les dimensions réelles et apparentes de la tête observée avec de faibles lunettes ;

IV. Les détails de la queue.

Tuttle a découvert la comète à Cambridge, le 18 juillet, quand la Terre T (fig. 55) était en opposition avec la comète en *oc* ; on a pu la voir jusqu'au 21 septembre, époque où elle arriva à *ab* et la Terre à ♈. Le 25 août, la comète en *p* présentait à la Terre en P sa plus grande dimension.

**Détails de la comète déduits de sa forme ovalaire et de ses positions.** Avant d'exposer les détails dus à l'observation, je veux les faire connaître *à priori* au lecteur, 1° par la forme ovalaire de la tête; 2° par ses positions dans son orbite, et 3° par sa rotation autour du rayon vecteur.

I. **Changements de la clarté de la tête.** En observant à l'œil nu depuis le 9 août où la Terre avançait de T vers T′ et la comète de *oc* vers *o′c′*, on voyait augmenter la superficie visible de l'hémisphère soulevé, et cette superficie atteignit un maximum le 23 août. Il y eut ensuite diminution de la superficie de l'ovalaire visible de la Terre pour devenir égale à celle de la base de l'ovalaire.

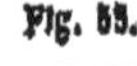

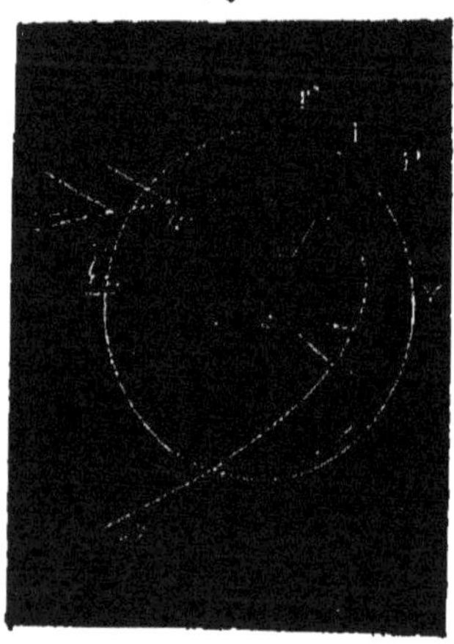

II. **Changements de la clarté du noyau.** Le maximum de clarté du noyau de 7ᵉ grandeur s'effectua le 26 août et fut suivi du minimum de 11ᵉ,10 grandeur le 28 août, et le maximum de 7ᵉ grandeur reparut de nouveau le 29 août. Ces grands changements des éclats du noyau, répétés périodiquement, correspondent à la rotation du corps ovalaire, rotation qui amène celle du photocône. La rotation du photocône rend éclairées différentes régions dans l'espace et fait devenir visibles les météores qui y circulent.

Les quatre séries de faits se réduisent à deux : 1° la clarté de la tête et sa dimension résultent de la position de l'ovalaire ; 2° les changements périodiques de la clarté du noyau et des positions de la queue sont un effet de la rotation du corps ovalaire autour du rayon vecteur.

### A. Concordance entre les clartés et les dimensions de la tête.

§ 515. C'est par oubli sans doute que l'astronome d'Athènes n'a pas coordonné les résultats exacts d'observation pour en trouver l'origine, que leur concordance indiquée ici fait connaître. Les clartés de la tête sont indiquées en grandeur d'étoiles, et la longueur de son rayon mesuré du côté du Soleil est indiquée en rayons $r$ de la Terre.

| Dates. | Grandeur. | Rayon. | Dates. | Grandeur. | Rayon. |
|---|---|---|---|---|---|
| 9 août. . . . . . . | 4e | » | 31. . . . . . . . . . . | 3e,2 | 17,9 |
| 10. . . . . . . . . . . | 4e | » | 1 sept. 8h,0. . . . | 3e,2 | » |
| 11. . . . . . . . . . . | 4e | » | 1. . . 9h,5. . . . | 2e,8 | » |
| 12. . . . . . . . . . . | 4e,3 | » | 2. . . . . . . . . . . | 3e,2 | » |
| 13. . . . . . . . . . . | 4e,3 | » | 3. . . 8h,6. . . . | 3e | » |
| 14. . . . . . . . . . . | 4e,3 | 18,7 | 3. . . 9h,5. . . . | 3e | » |
| 15. . . . . . . . . . | 3e,4 | 13,4 | 4. . . . . . . . . . . | 3e | » |
| 16. . . . . . . . . . . | 3e,4 | » | 5. . . . . . . . . . . | 3e,4 | » |
| 17. . . . . . . . . . . | 3e | 14,3 | 6. . . . . . . . . . . | 3e,4 | » |
| 18. . . . . . . . . . . | 3e,2 | 15,5 | 7. . . . . . . . . . . | 4e,8 | » |
| 19. . . . . . . . . . . | 2e,3 | 17,6 | 8. . . . . . . . . . . | 4e | » |
| 20. . . . . . . . . . . | 2e,3 | 18,5 | 9. . . . . . . . . . . | 4e,8 | » |
| 21. . . . . . . . . . . | 2e,3 | 18,4 | 10. . . . . . . . . . . | 4e,8 | » |
| 22. . . . . . . . . . . | 2e,3 | 19,1 | 11. . . . . . . . . . . | 4e | 11,8 |
| 23. . . . . . . . . . . | 2e,3 | 20,5 | 12. . . . . . . . . . . | 4e | 14,5 |
| 24. . . . . . . . . . . | 2e | 21,5 | 13. . . . . . . . . . . | 4e | 15,1 |
| 24. . . 9h,5. . . . | 2e | » | 14. . . . . . . . . . . | 4e | 13,6 |
| 24. . . 11h,5. . . . | 2e | » | 15. . . . . . . . . . . | 4e,5 | 17,8 |
| 25. . . . . . . . . . . | 2e,3 | 22,8 | 16. . . . . . . . . . . | 4e | 17,3 |
| 26. . . . . . . . . . . | 2e | 20,7 | 17. . . . . . . . . . . | 4e,5 | 16,7 |
| 27. . . . . . . . . . . | 2e | 22 | 19. . . . . . . . . . . | 5e,4 | » |
| 28. . . . . . . . . . . | 2e,3 | 21,4 | 21. . . . . . . . . . . | 4e,5 | » |
| 29. . . . . . . . . . . | 2e,3 | 18,5 | 21. . . . . . . . . . . | 5e,4 | » |
| 30. . . 8h,7. . . . | 2e | 18,4 | 24. . . . . . . . . . . | à peine visible | » |
| 30. . . 11h,0. . . . | 3e,2 | » | | | |

La présence de la Lune produisait l'affaiblissement de la clarté, mais en admettant un affaiblissement égal de la clarté des étoiles, on pouvait par la comparaison en trouver la grandeur réelle. Cette méthode n'étant pas applicable dans les mesures de la longueur du rayon R de la tête, il a fallu qu'il se présentât quelque irrégularité entre les grandeurs déterminées d'après la clarté des étoiles et les dimensions moins bien déterminées; cependant cela n'a pas empêché d'observer leurs variations périodiques.

### B. CONCORDANCE ENTRE LES PÉRIODES DES ÉCLATS DU NOYAU ET DES DÉPLACEMENTS DE LA QUEUE.

§ 516. A cause de la petite inclinaison 7° de l'orbite, la base de l'ovalaire tournant autour du rayon vecteur se présentait très-obliquement à la Terre T pendant la conjonction quand la distance angulaire héliocentrique entre la Terre et la comète était à son minimum. Le noyau acquit son maximum d'éclat de 7° grandeur quand la direction de l'espace vide axial commença à passer par la Terre en T' en tournant autour du rayon vecteur. L'arc TT' ou $a'a''$ sert donc à déterminer l'angle $\gamma = sa'b' = s'a''b''$ formé au sommet $a'$, $a''$ de l'ovalaire par le rayon vecteur $a'$S, $a''$S' et par l'axe $b'a'$, $b''a''$ de l'ovalaire, cet axe est un espace vide livrant passage aux rayons denses Φ du Soleil.

**Différence entre la lumière du noyau et celle des parties ambiantes.** De la lumière incidente Φ du Soleil sur la surface de l'hémisphère soulevé, 1° une partie φ en est réfléchie pour rendre visible cette surface; 2° une partie φ — Φ' pénètre le corps de l'ovalaire et, après y avoir éprouvé des séries de réflexions convergentes, émerge de la base de l'ovalaire pour rendre visible cette partie de l'ovalaire; 3° la lumière dense Φ' émerge de l'extrémité postérieure *o* de l'espace vide axial; c'est elle qui rend visible cette extrémité *o* formant le centre de la base de l'ovalaire.

C'est au moyen des grossissements télescopiques que nous connaissons que la densité de la lumière du noyau est grande et que la lumière des autres parties ambiantes est raréfiée. Tant qu'on ignorait l'existence d'un espace vide axial, il était impossible de se rendre compte de l'origine de la lumière dense Φ' du noyau, et l'on pouvait encore moins comprendre sa diaphanéité, car on aperçoit à travers le noyau les étoiles télescopiques dans leur grandeur naturelle.

**Lumière dense de petite étendue et lumière raréfiée de grande étendue.** Les sensations optiques ont pour facteurs : 1° le filet mince $f$ de lumière venant de l'objet, et 2° l'électricité circulant dans la rétine en densité invariable. La quantité $q$ d'électricité qui entre dans le combiné de lumière $\varepsilon\varphi$ est déterminée par l'épaisseur du filet $f$ de lumière. Pour qu'il en résulte un sentiment, il ne faut pas que la quantité $\varepsilon$ d'électricité ni la quantité $\varphi$ de lumière soit trop petite.

1° Pour qu'une comète devienne visible à l'œil nu, il faut qu'il en arrive une quantité de lumière $\varphi$ suffisante ; on obtient une telle quantité par une grande étendue de sa surface.

2° Pour que le noyau devienne visible à l'œil nu, il faut que le filet de lumière soit assez épais pour embrasser un volume $v$ d'électricité suffisante pour la production des combinés $\varepsilon\varphi$.

La comète devient invisible à l'œil nu, 1° à cause de la faible densité de la lumière réfléchie de la surface de son hémisphère soulevé ; 2° à cause de la diminution de la quantité de lumière provenant de l'éloignement, ou 3° de l'amincissement trop grand du filet $f$ lumière du noyau, lequel vient en contact avec la quantité $\varepsilon - \varepsilon'$ d'électricité insuffisante pour produire un combiné $\varepsilon\varphi$.

§ 517. **Objets visibles avec le télescope.** Le noyau de la comète II de 1862 n'était pas visible à l'œil nu ; la densité de sa lumière permettait de faire augmenter l'épaisseur du filet par la raréfaction de la lumière. Ainsi, sans trop affaiblir la densité de la lumière $\varphi$, on parvient à obtenir une quantité supérieure d'électricité pour en obtenir un combiné $\varepsilon\varphi$ de sensation.

L'usage des télescopes est borné à certains grossissements dans les observations des planètes et de tous les corps qui réfléchissent la lumière terrestre ou la lumière céleste. Dans l'observation des étoiles, le grossissement est également borné, mais cela résulte de ce que les télescopes n'ont pas un achromatisme parfait.

Ce sujet est traité avec détails dans le volume suivant; je n'en fais ici mention qu'à cause de la différence entre la densité $d$ de la lumière $\varphi'$ émergeant de la surface **s** de la base de l'ovalaire et de la densité D de la lumière $\Phi'$ émergeant de la surface $s$ de l'extrémité de l'espace vide axial. On a trouvé que le diamètre du noyau avait de 20 à 25 lieues, de même que les diamètres des noyaux des autres comètes.

§ 518. **Hélice décrite de la base de l'ovalaire.** La vitesse de la rotation de l'ovalaire et l'angle $\gamma$ que forme son axe avec le rayon vecteur sont constants; il n'y a que la vitesse orbiculaire de la comète qui est soumise à des changements continuels. Il en résulte que la base de l'ovalaire ou son centre, l'extrémité de l'espace vide axial, décrit une hélice de rayon constant et dont le pas est variable, puisqu'il décroît pendant que la comète s'éloigne du Soleil et qu'il croît pendant qu'elle s'en approche.

Dans les comètes dont l'inclinaison est grande, les positions de la base et du noyau à gauche et à droite du plan orbiculaire disparaissent, et il ne reste de perceptibles que les positions en avant et en arrière sur la voie de l'orbite. Dans les comètes de petite inclinaison orbiculaire, les périphéries décrites par la base de l'ovalaire deviennent visibles; c'est ce qui a eu lieu pour la comète II de 1862.

**Apparition des secteurs et des bras par la rotation de la base.** La base a la forme d'un entonnoir rond à versant convexe dispersant au plus haut degré la lumière émergeant de son milieu où est le maximum de convexité. C'est pourquoi ce milieu se présente sous l'apparence d'une zone sombre entre le halo $h$ clair intérieur et le halo **h** moins clair extérieur qui tous deux sont ouverts du côté de la Terre. 1° La lumière émergeant en directions convergentes va de la partie gauche des halos $h$, **h** à droite, et 2° la lumière émergeant de la partie droite des halos *h*, **h** va à gauche par rapport au plan de l'orbite et par rapport au rayon vecteur.

Il se produit ainsi deux photocônes ressemblant à deux bras qui vont former la queue; l'origine de ces photocônes est due aux moitiés et aux extrémités des deux halos, lesquelles tournant avec la base, apparaissent comme des rayons courbes qui ne vont pas jusqu'au noyau et paraissent former des secteurs.

**Liaison périodique des bras ou des photocônes, des secteurs et des éclats du noyau.** Le maximum de lumière arrive à la Terre quand le prolongement de l'espace vide axial passe dans son voisinage en tournant autour du rayon vecteur. Ces maxima se répètent à chaque tour; les minima se répètent aussi dans les mêmes intervalles de temps, et ils divisent la durée T des périodes en deux moitiés.

Pendant la durée T, chacun des bras *ob*, *od* (fig. 52) revient à sa place; c'est après la moitié $\frac{1}{2}$T de la durée que le bras *eb*, qui était avant *d'* du bras *cd*, se trouve en *e'b'* derrière ce bras *o'd'*.

En même temps on voit les extrémités *a'e*, *b'e*, *m'e*, *n'e'* (fig. 48) en forme de rayon des secteurs qui se déplacent périodiquement.

La durée T d'une période ou d'un tour de la base autour du rayon vecteur n'est pas un nombre d'heures composant 1, 2, 3... jours; mais cette durée est 2 jours et une fraction de 24 heures. Il n'arrive donc jamais le soir, après le coucher du Soleil, que la position de l'espace axial de l'ovalaire soit exactement la même qu'elle a été dans quelqu'une des soirées précédentes.

| Dates. | Grandeur du noyau. | Longueur de la queue. |
|---|---|---|
| 9 août | $8^e$ | » |
| 10 | $8^e$ | » |
| 11 | $8^e$ | » |
| 12 | $8^e$ | » |
| 13 | $7^e,8$ | $1^e,8$ |
| 14 | $8^e$ | $2^e,7$ |
| 15 | $8^e,9$ | $4^e,4$ |
| 16 | » | $1^e$ |
| 17 | $8^e,9$ | $1^e,5$ / $4^e,7$ |
| 18 | $8^e$ | $6^e,5$ |
| 19. . . $7^h,9$ | $8^e$ | $7^e$ |
| 19. . . $13^h,8$ | $9^e$ | » |
| 20 | $7^e,8$ | $8^e,5$ |
| 21 | $7^e,0$ | $8^e,5$ / $10^e$ |
| 22 | $9^e$ | $9^e$ |
| 23 | $7^e,8$ | $10^e$ / $15^e$ |
| 24 | $8^e$ | $10^e$ / $19^e$ |
| 25 | $11^e$ | $15^e$ / $19^e$ |
| 26. . . $7^h,0$ | $7^e,8$ | $23^e$ |
| 26. . . $16^h,6$ | $10^e.6$ | $24^e$ |
| 27 | $7^e,8$ | $25^e$ |
| 28. . . $7^h,7$ | $11^e,10$ | $20^e$ |
| 28. . . $8^h,5$ | $11^e$ | » |
| 28. . . $9^h,8$ | $10^e,11$ | » |

| Dates. | Grandeur du noyau. | Longueur de la queue. |
|---|---|---|
| 28. . . $10^h,2$ | $9^e,10$ | » |
| 29. . . $7^h,4$ | $7^e$ | $21^e,5$ |
| 29. . . $8^h,6$ | $7^e,6$ | $21^e,5$ |
| 30. . . $7^h,0$ | $8^e$ | $17^e$ |
| 31. . . $7^h,5$ | $11^e,10$ | $9^e$ |
| 31. . . $10^h,4$ | $9^e,10$ | » |
| 1 sept. | $7^e$ | $4^e$ |
| 2 | $10^e,9$ | $4^e$ |
| 3 | $10^e,11$ | $4^e,5$ |
| 4 | $7^e$ | » |
| 5 | $10^e,11$ | » |
| 6 | 10 | » |
| 7. . . $6^h,0$ | $8^e,9$ | » |
| 7. . . $8^h,5$ | $8^e$ | » |
| 8 | $9^e,10$ | » |
| 9 | $9^e,8$ | » |
| 10 | $9^e$ | » |
| 11 | $11^e$ | $4^e$ |
| 12 | $9^e$ | $5^e,5$ / $2^e,5$ |
| 13 | $11^e$ | $4^e,5$ |
| 14 | $10^e,11$ | $3^e,5$ |
| 15 | $10^e$ | $3^e$ |
| 16 | $10^e$ | $3^e,5$ |
| 17 | $11^e$ | $4^e$ |
| 18 | » | » |
| 19 | $10^e$ | $8^e$ |
| 20 | imperceptible | $2^e$ |
| 21 | » | $1^e$ |

§ 519. **Concordance entre les clartés du noyau et les longueurs de la queue.** La lumière émergeant de l'extrémité de l'espace vide axial arrive directement à l'œil, tandis que la lumière réfléchie des météores y est amenée par le photocône. Pour qu'une plus grande étendue occupée par les météores devienne visible, il faut que la lumière y incide de manière qu'il en arrive à la Terre une grande quantité de lumière réfléchie.

Pour qu'il arrive une grande quantité de lumière $\Phi'$ du noyau à la Terre, il faut que le prolongement de l'espace vide axial de l'ovalaire passe dans son voisinage. Ce rapprochement se répète à chaque intervalle de durée T.

Pour que la lumière d'une plus grande étendue de météores soit réfléchie vers la Terre, il faut que le photocône y marche sous un angle $\gamma$ égal à l'angle $\gamma'$ de réflexion; de sorte que la normale élevée sur la surface des météores éclairés par le photocône doit faire un petit angle $\gamma$ avec l'axe du photocône. Cet axe est le prolongement de l'espace vide axial de l'ovalaire; ainsi ce prolongement étant à une faible distance de la Terre, l'axe du photocône l'est aussi.

La lumière $\Phi'$ arrive directement en parcourant la distance $d$ entre la Terre et la comète; la lumière $\varphi'$ qui arrive des météores parcourt la distance **d** entre eux et la Terre; cette même lumière y a été amenée par le photocône après avoir parcouru la distance D entre le noyau et les météores. T étant la durée nécessaire pour que la lumière arrive en parcourant la distance $d$, T + T' est le temps que met la lumière pour parcourir la distance D + **d**. Il faut donc que la lumière $\Phi'$ arrive d'abord du noyau, et quand il s'est écoulé le temps T', la lumière réfléchie $\varphi'$ arrive des météores après y avoir été amenée par le photocône. Ce retard se trouve indiqué par la différence des intervalles T qui séparent les maxima de la clarté du noyau et des intervalles T + T' qui séparent les maxima de la longueur de la queue. T correspond à la distance $d$ et T + T' à la somme des distances D + **d**.

Les rayons venant de l'extrémité éloignée des météores éclairés arrivent plus tard de T' que ceux qui viennent des météores les moins éloignés ou de la tête, et c'est ainsi qu'apparaît la courbure de la queue (§ 463).

# CINQUIÈME SECTION.

## DES MÉTÉORES APPARENTS COMME LUMIÈRE ZODIACALE OU COMME ÉTOILES FILANTES ET COMME BOLIDES SEULS OU AVEC AÉROLITHES.

520. Dans les chutes des bolides seuls ou avec des aérolithes, nous parvenons à puiser des connaissances positives de l'état physique de ces corps qui diffèrent notablement les uns des autres.

Les météores (1) éclairés par l'atmoaérosphère de la Terre correspondent à ceux éclairés par l'atmoaérosphère des comètes; ils apparaissent sous forme de *lumière zodiacale*, d'*étoiles filantes sporadiques* et de pluies d'étoiles composées de bolides et d'étoiles filantes.

Ces noms n'indiquaient que l'ensemble des faits dus à l'apparition des météores, apparition qui est incontestable; mais on ne connaissait pas : 1° le mode d'éclairage des météores pour devenir visibles pendant la nuit; 2° le mode d'éclairage des bolides qui deviennent visibles même le jour, et 3° l'absence de toute trace de pesanteur des corps dont le volume est assez fort et qui sont en très-grande quantité.

Dans les aérolithes, on ne trouve aucun corps minéral qui ne se trouve aussi parmi les corps terrestres; les bolides se vaporisent en traversant l'atmosphère, leur volume dimi-

(1) Le mot μετέωρον (μετὰ, au delà; ἑωρον, visible) signifie les corps qui se trouvent au delà des corps visibles. Pour que ces corps deviennent visibles, il faut que l'espace dans lequel ils circulent soit éclairé. C'est l'atmoaérosphère terrestre qui concentre les rayons solaires autour du cône de l'ombre de la Terre appelé *sciocône* (σκιά, ombre). Les comètes n'ont pas de sciocône, et l'espace éclairé est un photocône, tandis qu'autour du sciocône terrestre l'espace éclairé est une couche de forme conique nommée *photostrome* (στρῶμα, couche).

nue, la vapeur produite se voit en forme de nuée qui se disperse dans l'atmosphère pour apparaître comme les nuages, car ces nuées sont composées de vapeur d'eau dont sont composés tous les nuages produisant les pluies.

D'après les éléments matériels, 1° les aérolithes ont leur origine dans la Terre, et 2° les éléments primitifs de la Terre ne différaient pas de ceux de l'eau et de ceux des bolides. Ce qui le prouve, c'est que d'après la loi de la Mécanique, il n'y a que les corps circulant autour de la Terre qui peuvent se précipiter sur elle après que leur mouvement orbiculaire s'est amorti. C'est d'après cette loi que Laplace a composé son grand ouvrage *la Mécanique céleste*, et cependant il s'en est départi pour expliquer l'origine des aérolithes. Ainsi une première contravention à la loi l'a conduit inévitablement à une deuxième. Cet astronome et quelques autres avec lui ont attribué les aérolithes aux violentes éruptions volcaniques de la Lune.

Les montagnes périphériques de la Lune prouvent en effet qu'il s'est opéré des éruptions violentes; cependant la matière qui en a été expulsée n'était pas celle des aérolithes, mais bien une masse empyrée semblable à celle expulsée actuellement du Soleil. En voyant la chute des bolides seuls ou attachés aux aérolithes, Laplace et tous les astronomes qui ont partagé son opinion, sans commettre d'erreur et sans méconnaître la loi de la Mécanique, n'en pouvaient déduire que l'amortissement de leur mouvement orbiculaire, résultant des rencontres entre les aérolithes et les météores.

Les astronomes n'ont pas manqué d'attribuer à de telles rencontres l'amortissement du mouvement orbiculaire de la comète d'Encke; ils ont même prédit sa chute préétablie sur le Soleil. S'il y avait des observateurs dans le Soleil quand la chute de la comète aura lieu, ils seraient conduits, d'après la loi de la Mécanique, à reconnaître qu'il y a eu des rencontres entre la comète et les géométéores pendant qu'ils circulaient autour du Soleil sur des orbites croisés.

§ 521. Sans qu'il soit nécessaire d'observer les rencontres des météores avec les aérolithes pour prédire leur chute préétablie, il nous suffira d'observer ces chutes pour connaître, d'après la loi de la Mécanique, la série des faits suivants :

I. Pour qu'il s'opère des rencontres entre les météores et les aérolithes, il faut que leurs orbites se croisent, et pour que ce croisement ait lieu, il ne faut pas que les météores et les aérolithes arrivent en même temps à l'espace. De même que les croisements des orbites des comètes avec ceux des météores, des planètes et des comètes sont un effet de l'arrivée successive de nouvelles comètes dans l'espace planétaire, arrivée opérée, non de l'espace en dehors de celui du système planétaire, mais des planètes, de même les météores qui circulent avec les planètes autour du Soleil ont été produits par elles quand elles sont encore à l'état de masse empyrée.

II. Pour que la chute des corps sur la Terre s'opère après que leur mouvement orbiculaire s'est amorti, il faut que ces corps se soient trouvés des météores et des aérolithes circulant autour de la Terre sur des orbites qui se croisent.

III. Pour que les aérolithes restent attachés aux météores qu'ils ont rencontrés, il faut que ceux-ci aient une densité des milliers de fois moindre que celle des aérolithes. De même que plusieurs aérolithes peuvent rester attachés à un météore volumineux, de même plusieurs météores peuvent s'attacher entre eux ; mais les aérolithes qui se sont rencontrés ne peuvent jamais s'attacher. Dans le cas où il en résulterait un amortissement total de leur mouvement orbiculaire, chacun des aérolithes tomberait séparément des autres sans être accompagné de météore ; leur chute alors passe inaperçue.

§ 522. Nous sommes donc autorisés, d'après la loi de la Mécanique, à reconnaître l'existence des météores et des aérolithes circulant autour de la Terre sur des orbites qui se croisent. Ces croisements des orbites nous font voir que l'arrivée de ces corps hétérogènes autour de la Terre a eu lieu à des époques différentes. D'après cette même loi, je démontre ici que ces corps circulant autour de la Terre ont été séparés de sa masse ; mais soutenus en mouvement orbiculaire, ils y restent jusqu'à ce que les rencontres des corps aient amorti ce mouvement.

I. Il nous reste à faire connaître : 1° l'époque où la masse empyrée a été expulsée de la Terre, masse qui a produit la Lune et les météores, et 2° l'époque où les minerais se sont séparés de la couche superficielle de la Terre, minerais qui ne sont pas expulsés de l'intérieur des volcans, car ils n'offrent aucune trace volcanique; ils se séparèrent de la Terre à la fin de chaque période cométogonique.

II. Nous avons encore à faire connaître le mode d'éclairage pour qu'on voie apparaître : 1° la lumière zodiacale, 2° celle des étoiles filantes, et 3° celle des bolides.

Je ne perdrai pas mon temps, comme le font beaucoup d'astronomes, en commençant d'abord par en démontrer les défauts et les erreurs qu'on rencontre dans les explications des auteurs qui pourtant se sont distingués par des observations parfaitement exactes. Pour empêcher la jeunesse de méconnaître le mérite réel des grands observateurs, j'ai dû éviter de nommer les auteurs, dont les hypothèses employées pour expliquer les météores n'ont servi, de nos jours, qu'à prouver leur profonde ignorance par rapport à l'état physique des corps célestes.

En me basant sur la loi physique, j'expose le mode de production de tous les faits célestes, mais il n'y a que la chute des bolides et des aérolithes qui fournisse des preuves palpables qu'on ne peut rétorquer au moyen d'hypothèses logiques propres à leur donner une sorte d'explication servant à se tromper soi-même et à tromper les autres. Les explications de ce genre ont toujours été très-précaires;

elles ne survivent pas à leur auteur, et il ne reste que les faits nécessaires à la découverte de la loi physique.

Dès que l'on connaît l'action suprême dans l'emmagasinage du mouvement indéfini dans deux parties du fluide primitif d'inégale densité, les faits ne peuvent plus servir que comme exemples des actions préétablies. C'est pourquoi, quand les faits étaient inexplicables et douteux, les observateurs prenaient souvent à témoin leurs assistants ou leurs voisins. Toute vérification de ce genre est devenue complétement superflue depuis que l'on connaît le mode de production des faits d'après la loi physique.

La seule difficulté qui se présente est de faire comprendre au lecteur : 1° l'éclairage des météores en dehors de l'atmosphère, et 2° le mode de production de la lumière des météores en dedans de l'atmosphère, quand il ne connaît pas : 1° la concentration des rayons solaires au moyen de l'atmoaérosphère, et 2° l'existence des éléments $\bar{E}$, $\bar{\bar{E}}$ des deux électricités à l'état latent sur les deux surfaces des enveloppes gelées des ballons composant les météores.

### 1. ÉCLAIRAGE DES MÉTÉORES PAR LES RAYONS SOLAIRES CONCENTRÉS DANS L'ATMOAÉROSPHÈRE.

§ 523. Dans l'explication que j'aie donnée des queues des comètes, j'ai montré que ce sont les mélanges d'air et de vapeur qui concentrent les rayons solaires pour les mettre en état d'éclairer les météores et les rendre ainsi visibles.

L'atmoaérosphère terrestre n'étant qu'un pareil mélange d'air et de vapeur, réfléchit les rayons solaires en directions convergentes pour leur faire acquérir une densité supérieure en directions convergentes.

Soit P'QVZ (fig. 55) la coupe de la Terre T dont la surface ABC, A'B'C' est entourée de l'atmoaérosphère *s*, *q*, *r*, *m*, *n*..... de niveau inégal, et celle-ci est entourée de l'aérosphère V, P', Q, Z de niveau égal, lequel est indiqué : 1° par la hauteur égale de 770 millimètres = H du baromètre à la surface de la mer, et 2° par les hauteurs inégales H′ — h′ du baromètre des sommets des montagnes.

Fig. 56.

A minuit, la ligne qui unit les centres de la Terre et du Soleil étant prolongée passe par le méridien de l'observateur, où arrivent les rayons qui n'ont éprouvé qu'une réfraction en entrant dans l'aérosphère V, P′, Q, Z et une autre en en sortant. Une partie φ′ des rayons réfractés φ + φ′ arrive à l'atmoaérosphère *s*, *q*, *r*..... et ces rayons n'y éprouvent plus de réfractions, mais une série de réflexions correspondant aux hauteurs pour décrire des arcs A, **a**, *a* analogues à ces hauteurs H, **h**, *h*.

I. Les rayons qui entrent dans les grandes hauteurs *h′*, *f′*, *n′*..... de l'atmoaérosphère éprouvent de très-nombreuses réflexions. Ces rayons, réfléchis au coucher du Soleil, arrivent à la Terre et font apparaître le crépuscule; mais à minuit, ils vont couper l'axe du cône de l'ombre terrestre aux distances *d*, **d**, D qui sont en raison inverse avec les longueurs des arcs A, **a**, *a*.

II. Les rayons qui pénètrent par des hauteurs inférieures *s*, *r*, *n*... dans l'atmoaérosphère éprouvent de faibles réflexions. Ces rayons suivent des directions qui les font aller se rencontrer à une distance D avec l'axe du cône de l'ombre nommé *sciocône* (σκιά, ombre).

L'enveloppe conique du sciocône, nommés *photostrome* (στρῶμα, couche), est composée des rayons concentrés, dont la densité est inégale, sa surface étant composée de raies est inégale. Les plus inclinées de ces raies sont les plus denses et coupent l'axe du sciocône à une moindre distance *d* de la Terre.

Soit ABA' (fig. 56) le sciocône produit par l'ombre de la Terre éclairée par le Soleil S; les rayons *th*, *t'h'* pénètrent en lignes droites par l'aérosphère, car ils n'ont éprouvé qu'une réfraction à leur entrée, tandis que les rayons les moins éloignés de la Terre *Ap*, *A'p'*, en traversant l'atmoaérosphère, y éprouvent des réflexions proportionnelles à son épaisseur. C'est de cette manière que s'opère la concentration des rayons solaires et qu'il se forme un *photostrome* ou enveloppe conique de rayons condensés autour du cône de l'ombre. J'ai donné plus haut (§§ 359 et 360) les détails produits par cette enveloppe lumineuse dans les éclairages de la Lune éclipsée.

Fig. 57.

Parfois le milieu de la Lune éclipsée reste noir et l'espace annulaire ambiant est éclairé. Si la distance de la Lune était inférieure, pour que son orbite fût en VV' ou en FF' pendant ses éclipses, 1° la Lune éclipsée serait visible pendant son passage à travers le photostrome pour entrer dans le sciocône; 2° elle resterait invisible pendant tout le temps nécessaire pour parcourir le diamètre du cercle de l'ombre; 3° elle paraîtrait rouge de l'autre côté de l'axe de l'ombre; 4° elle deviendrait grise à la fin de l'éclipse comme elle le serait au commencement.

Tous ces détails touchant l'éclairage de la Lune éclipsée mettront le lecteur à même de comprendre le mode d'éclairage des météores éclipsés à des distances FF′ ou LL′ inférieures à celle B de la Lune. Un météore ou un espace occupé par un météore devient visible un instant la nuit, quand la couche lumineuse le traverse pour faire apparaître sa dimension.

Pendant la nuit, le Soleil passe de l'ouest par le méridien et arrive le matin à l'est; l'axe du sciocône étant le soir couché sur l'horizon à l'est, passe à minuit par le méridien et se trouve le matin couché sur l'horizon de l'est à l'ouest.

Le photostrome conique a toujours pour base l'hémisphère ombragé dont la périphérie est l'atmoaérosphère; les rayons concentrés convergent de cette périphérie pour aller se croiser en différents points de l'axe du sciocône. Pendant que ce photostrome, semblable au photocône d'une lanterne sourde, avance de l'est à l'ouest, les météores deviennent lumineux pendant un espace de temps suffisant pour traverser l'épaisseur *e* du photostrome.

La visibilité de la Lune éclipsée est de longue durée parce qu'à la distance Δ elle traverse un large espace éclairé par les rayons déjà croisés. Les météores qui se trouvent à la distance Δ de la Terre sont invisibles; ceux qui sont beaucoup moins éloignés que la Lune ne sont éclairés que pendant le temps nécessaire pour que l'épaisseur *e* du photostrome les traverse.

Le photostrome, avançant de l'est vers l'ouest en sens contraire du Soleil, éclaire d'abord la partie supérieure des météores, puis avance vers leur partie inférieure. Ainsi nous apercevons des bandes de lumière dirigées de haut en bas vers l'horizon de l'observateur.

A minuit, quand le sommet de l'axe du sciocône passe par le méridien, le photostrome est incliné de tous les côtés vers le zénith de l'observateur, de sorte qu'il est impossible que les météores qui se trouvent au zénith de l'observateur deviennent éclairés. Avant et après minuit, les météores sont éclairés obliquement; aussi apparaissent-ils toujours éloignés du zénith de l'observateur.

A. ÉTOILES FILANTES OU MÉTÉORES ÉCLAIRÉS EN DEHORS DE L'ATMOSPHÈRE.

§ 524. On nomme *étoiles filantes* les bandes lumineuses, 1° qui apparaissent pendant peu de temps, et dont la courte durée est inestimable; 2° qui ont une longueur égale; 3° qui, dans leur apparition, suivent une direction pour s'approcher de l'horizon de l'observateur; 4° qui n'apparaissent jamais dans le zénith de l'observateur; 5° qui ne sont qu'un trait lumineux.

I. Si la durée T de la visibilité était 1", l'épaisseur *e* du photostrome ou de la couche des rayons concentrés serait 15"; la durée T est une fraction de 1", il en résulte que l'épaisseur *e* du photostrome est inférieure à 15", d'où il suit que la densité des rayons qui rendent visibles les météores doit être plus grande que celle des rayons de l'espace.

II. L'épaisseur *e* du photostrome est déterminée par la hauteur *h* de l'atmoaérosphère du pays où se trouve l'observateur. La vitesse de la marche du Soleil est invariable et celle de la marche du photostrome l'est aussi; ce qui fait que la longueur des bandes lumineuses reste égale pour tous les météores du pays de l'observateur.

Pour se rendre compte de cette sorte d'éclairage et de l'apparition des bandes lumineuses, il faut projeter l'image de la flamme d'une bougie sur le mur d'une maison dans une obscurité complète. Un observateur placé à un étage inférieur de cette même maison verrait sur le mur un corps lumineux. Si le miroir tourne, le corps paraîtra dans un mouvement correspondant à la distance *d* du miroir.

III. Dans l'exemple précédent, si l'observateur aperçoit sur le mur des corps lumineux qui vont toujours de haut en bas, et s'il parvient à découvrir l'origine de l'illusion d'optique, il découvrira la marche du miroir. De même, 1° la marche des étoiles filantes fait connaître l'inclinaison du photostrome sur l'horizon, et 2° l'inclinaison de ce photostrome sur l'horizon de l'observateur sert à déterminer par la marche apparente la position réelle des étoiles filantes.

IV. L'inclinaison du photostrome sur l'horizon fait voir que, malgré l'existence des météores dans chaque direction de l'observateur, celui-ci n'en voit que très-peu, parce qu'il faudrait qu'ils fussent convenablement éclairés pour devenir visibles un instant. Par exemple, à partir du soir jusqu'à minuit, les météores visibles sont éclairés en grande partie par la moitié du photostrome inclinée de l'ouest vers le zénith dont les rayons ne sont pas bien réfléchis vers la Terre. Après minuit, la moitié orientale du photostrome avance vers le zénith et vers l'ouest. Les météores éclairés dans cette direction réfléchissent mieux la lumière vers la Terre.

V. Chaque météore est de forme irrégulière; son éclairage s'effectue de l'extrémité supérieure et se propage vers son extrémité inférieure. La bande lumineuse du point d'apparition jusqu'au point de disparition correspond à l'épaisseur $e$ du photostrome, dont la face occidentale occupe le point $p'$ de la disparition du trait et la face orientale occupe le point supérieur $p$ où a commencé son apparition.

### B. Lumière zodiacale ou sélénométéores éclairés.

§ 525. Les météores sporadiques éclairés par le photostrome conique se présentent comme étoiles filantes sporadiques ou comme une pluie d'étoiles lorsque les météores sont à de très-petites distances entre eux.

Il n'en est pas de même des météores que l'on voit en forme de surface lumineuse avant minuit à l'ouest et après minuit à l'est. Ils diffèrent des précédents en ce que chez eux la lumière est réfléchie par un ensemble de météores occupant un espace annulaire autour de la Terre. C'est donc cet espace qui devient visible comme *lumière zodiacale*, particulièrement pendant les équinoxes, rarement vers les solstices dans les latitudes supérieures.

I. Dans les régions intertropicales, quand la dernière trace du crépuscule a disparu, on voit à l'ouest la lumière zodiacale qui fait connaître l'espace occupé par les météores. Avant minuit, le maximum de clarté est à l'ouest; cette clarté décroît graduellement jusqu'au méridien et devient imperceptible entre le méridien et l'est. Vers minuit, la lumière s'affaiblit à l'ouest et apparaît à l'est; ainsi l'on voit la moitié de l'espace annulaire formant deux bandes au-dessus de l'horizon, l'une à l'ouest et l'autre à l'est de l'observateur; on voit l'hémipériphérie de l'anneau.

II. Dans les latitudes supérieures, c'est pendant le printemps que le soir on voit la lumière zodiacale à l'ouest quand le crépuscule a disparu; sa hauteur s'élève ordinairement jusqu'à 8°; une seule fois Brorsen, à Berlin, vit vers minuit cette bande de lumière s'étendre dans toute la voûte céleste de l'ouest à l'est.

Pendant les solstices la lumière zodiacale devient imperceptible, et c'est pendant l'automne après l'équinoxe qu'on la voit le matin à l'est avant qu'ait paru le crépuscule. Cette lumière matinale est moins étendue et plus faible que la lumière du soir, et cela a lieu pour toutes les latitudes.

En combinant les positions de la lumière zodiacale et ses hauteurs observées à Paris le soir et le matin, Cassini a admis qu'il y a autour du Soleil une nébulosité qui s'étend jusqu'à l'orbite de Vénus. Depuis le commencement de notre siècle, on sait que l'on peut voir la lumière zodiacale former un demi-anneau de l'ouest par le méridien de l'observateur jusqu'à l'est.

Humboldt avait cru d'abord que c'était la lumière réfléchie de l'ouest qui nous arrivait de l'est; Liais a prouvé que la lumière de l'est n'est pas réfléchie et que, comme celle de l'ouest, elle arrive directement des corps. Comme Cassini, il a admis une nébulosité dans laquelle serait plongée la Terre. On attribue l'aspect annulaire à la forme de la nébulosité qui doit être celle d'un ellipsoïde très-aplati et peu incliné sur l'écliptique. On a supposé que la lumière était due aux rayons solaires réfléchis dans la nébulosité.

D'après les résultats des observations, on ne doute plus que, du côté de l'est, la lumière n'arrive des météores comme celle de l'ouest; cependant on n'a pas pu expliquer la différence qui existe entre la clarté de l'ouest et celle de l'est. L'inclinaison du plan de la nébuleuse sur l'écliptique ne suffit même pas, d'après la loi de la Perspective, pour expliquer tous les détails des faits observés dans les latitudes supérieures. C'est ce qui a conduit à croire que l'espace annulaire contenant des orbites des météores avait pour centre, non le Soleil, mais la Terre, de sorte que les météores correspondent aux satellites.

Les deux hypothèses peuvent se soutenir, parce que ni l'une ni l'autre n'est suffisante pour exclure l'autre et expliquer les faits observés en admettant l'éclairage direct par les rayons solaires; car jusqu'à présent on ne connaissait pas la concentration des rayons solaires par leurs réflexions dans l'atmoaérosphère.

Du moment que l'on connut le mode d'éclairage des météores sporadiques et de ceux qui circulent autour de la Terre dans un espace annulaire, tous les détails observés concordèrent comme causes et effets d'après la loi de la Perspective. Tout ce qui a été dit sur l'éclairage des météores sporadiques par les deux moitiés du photostrome trouve son application dans l'éclairage des météores très-nombreux qui circulent autour de la Terre dans un espace annulaire. Pour distinguer les météores qui accompagnent la Lune des météores sporadiques qui accompagnent la Terre, on les nomme *sélénométéores*, et les autres *géométéores*.

§ 526. **Mode d'éclairage des sélénométéores.** L'espace annulaire des sélénométéores est séparé en deux moitiés par le plan orbiculaire de la Lune, dont l'inclinaison de 5° sur l'écliptique est constante; c'est à cause de l'épaisseur $2\gamma$ de l'espace annulaire que son inclinaison apparente devient $5° \pm \gamma$. Le périgée de la Lune avance pour terminer une révolution en 18ans,7; quant à l'anneau des sélénométéores, son périgée n'avance pas ainsi. Ce n'est donc que l'inclinaison qui fait qu'une moitié du plan annulaire est d'un côté de l'écliptique et que l'autre moitié est de son autre côté.

L'anneau est visible dans toute son étendue dans les régions intertropicales; avant minuit, c'est la moitié occidentale du photostrome conique qui éclaire les sélénométéores; c'est pourquoi, après minuit, la clarté s'affaiblit du côté de l'ouest et croît du côté de l'est.

La moitié orientale du photostrome commence à éclairer l'extrémité orientale de l'anneau dès la disparition du crépuscule; cependant cette lumière est à peine perceptible le soir, parce que le Soleil est encore loin de cette partie de l'horizon.

**Modification de l'éclairage au moyen de l'inclinaison de l'anneau.** C'est, 1° par les rayons incidents déterminés par le photostrome, et 2° par les quantités $\varphi + \varphi'$ et $\varphi$ des rayons réfléchis que la position différente de la surface réfléchissante est déterminée, et cela a lieu pour chaque latitude; mais dans les régions tropicales le fait est plus manifeste, parce qu'on y voit toute l'étendue du demi-anneau ayant son apogée du côté où se trouve la Terre au mois d'août, comme le démontre l'apparition de la lumière zodiacale pendant le printemps d'une manière plus sensible avant l'équinoxe qu'après.

Il faut distinguer ainsi les deux effets différents de l'éclairage : 1° le périgée P (fig. 57) fait paraître au printemps la lumière plus forte qu'en automne; 2° en Europe l'inclinaison du plan des orbites fait paraître la lumière zodiacale à l'ouest au printemps et à l'est en automne.

**Différence entre les étoiles filantes et la lumière zodiacale.** L'ensemble des sélénométéores occupe un espace annulaire d'une faible largeur; parmi les rayons qui en sont réfléchis, ceux qui arrivent à la Terre rendent manifeste l'existence d'une multitude de météores dans cet espace. Les rayons réfléchis par des météores sporadiques moins éloignés que ceux de l'espace annulaire sont plus denses; ils font apparaître ces météores comme des traits dont la clarté est en raison inverse des carrés des distances.

Parmi les météores qui apparaissent sporadiques comme les étoiles filantes, il y en a qui sont des géométéores, d'autres des sélénométéores, d'autres enfin qui sont des héliométéores; ils ne diffèrent pas par leur structure, mais seulement par leurs dimensions et leurs orbites.

1° Les sélénométéores sont dans le voisinage de la partie de la voûte céleste où l'on voit la lumière zodiacale. 2° Les géométéores sont dans le voisinage de l'écliptique et se voient dans toutes les directions. 3° Les héliométéores circulent dans le voisinage de l'orbite du Soleil.

## II. ÉCLAIRAGE ÉLECTRIQUE DES MÉTÉORES TOUCHANT L'ATMOSPHÈRE.

§ 527. Après avoir attribué la lumière zodiacale à une nébulosité, on a d'abord attribué les étoiles filantes et les bolides à la combustion des *anathymiases* (hydrogène et hydrocarbone). Cependant les astronomes modernes ont trouvé : 1° que le plus grand nombre de météores ne touchent pas l'atmosphère; 2° qu'il en est qui traversent une partie de l'atmosphère; 3° que d'autres la traversent en descendant obliquement pour disparaître à de faibles distances de la Terre.

Les astronomes ayant commis deux erreurs dans l'explication de la lumière zodiacale, en ont à coup sûr commis plusieurs autres dans l'explication, 1° de la faible lueur des étoiles filantes au delà de la limite de l'atmosphère, et 2° de l'éclat éblouissant des bolides.

Comme les astronomes ignoraient : 1° la nature de la lumière électrique, et 2° l'origine de la rotation des molécules de l'air, Poisson a supposé que la surface limitée de l'atmosphère était chargée d'une très-épaisse couche d'électricité, les autres ont admis une raréfaction d'air analogue à celle d'un grand récipient dont on a éloigné l'air jusqu'aux dernières limites possibles.

Par ces deux hypothèses, les astronomes ont cru avoir suffisamment démontré l'éclairage quand les uns eurent admis l'existence de l'électricité et que les autres eurent supposé qu'elle se produisait par le frottement. Si jusqu'à présent les physiciens n'ont pas réfuté ces deux hypothèses, c'est qu'ils n'étaient capables ni de trouver l'origine de la lumière observée, ni de substituer de meilleures hypothèses à celles adoptées jusqu'alors.

I. Liais a admis l'hypothèse de Faye pour expliquer comment la matière cométique s'est séparée de la chevelure pour aller former la queue d'un volume des millions de fois plus grand que la chevelure. Pour être juste, on ne doit attribuer cette erreur de Liais qu'à un oubli, car il savait très-bien que dans le vide ou dans l'air raréfié les corps ne peuvent rester électrisés. On ne peut pas en dire autant de Poisson, car de son temps on ne connaissait qu'un petit nombre des propriétés de l'électricité.

II. Les astronomes supposent à l'atmosphère une hauteur $h$ déterminée au moyen de l'arc crépusculaire de 18° qui donne environ 18 lieues. Dans les comètes composées des mêmes éléments que l'atmosphère, le volume reste limité à cause du mouvement rotatoire des molécules autour d'un axe, mouvement qui ne manque pas aux molécules de notre atmosphère également limitée ainsi que les comètes.

III. Un corps soumis dans l'air au mouvement de la

plus grande vitesse qu'il soit possible d'obtenir ne s'enflamme pas, quand même il se soutiendrait longtemps dans ce mouvement. L'appareil de Fizeau employé pour mesurer la vitesse de la lumière produit un maximum de vitesse des roues et de leur frottement contre l'air; il y a production d'électricité comme dans l'appareil d'Arago (*Physique*, t. I, p. 59) et dans celui de Faucolt, où il y a aussi production de chaleur (*Physique*, t. III, p. 526). Cependant il n'y apparaît aucune trace de lumière.

On voit ainsi : 1° que les météores éloignés, toujours peu lumineux, qui se trouvent en dehors de l'atmosphère, sont éclairés par le photostrome, comme l'est la Lune éclipsée et comme le sont les sélénométéores qui apparaissent comme lumière zodiacale; 2° que les météores qui traversent quelque partie de l'atmosphère en éprouvent une résistance correspondante à la densité de l'air *d* à la hauteur H.

La poussée *p* exercée par l'air contre la surface des météores augmente avec la densité *d* de l'air et avec la diminution de la hauteur H. Pour que les enveloppes volumineuses gelées des ballons composant les météores soient brisées, il suffit d'une poussée *p* très-minime, parce que ces enveloppes sont d'une faible épaisseur, car le poids des millions de ballons composant un météore volumineux est imperceptible.

Il y a en effet production de chaleur et de lumière dans l'arc voltaïque par les éléments $\overset{+}{E}$ et $\overset{-}{E}$ des deux électricités, de même que dans les météores. Cependant ces électricités ne résultent pas d'un violent frottement contre l'air; mais c'est la destruction des météores et la rupture des ballons qui sont la source des éléments des deux électricités, lesquelles ont été soutenues à l'état latent sur les deux faces des enveloppes des gros ballons. Les éléments positifs $\overset{+}{E}$ sont à la surface intérieure des enveloppes, et les éléments négatifs $\overset{-}{E}$ sont soutenus à la surface extérieure.

Dans la *Physique* (t. III, p. 397), j'ai décrit la décomposition des atomes de chaleur $\bar{E}\bar{E}^2$ pendant la vaporisation de l'eau et la production des enveloppes des vésicules. Il y a à l'intérieur d'une enveloppe un élément positif $\bar{E}$ et à la surface deux éléments négatifs $\bar{E}^2$ soutenus à l'état latent.

Si l'on déchire les enveloppes des vésicules, les éléments $\bar{E}, \bar{E}^2$ des atomes de chaleur se combinent, et l'on retrouve la même quantité de chaleur qui a été consommée pour transformer le poids *p* d'eau en un poids égal de vapeur.

Pendant le froid, un élément négatif $\bar{E}$ de la surface extérieure de l'enveloppe s'éloigne et il n'en reste qu'un. Ainsi, en brisant les enveloppes gelées qui composent les flocons de neige, on n'obtient pas une chaleur analogue à la précédente, mais plutôt une lumière perceptible dans l'obscurité. Pendant que le ciel est couvert s'il tombe beaucoup de neige, la nuit devient si claire qu'on croirait que la Lune est dans son plein quoique cependant elle soit absente.

§ 528. **Lumière de l'arc voltaïque.** J'ai traité ce sujet important avec tous les détails nécessaires dans le second volume de la *Physique;* si j'en fais de nouveau mention ici, c'est, 1° pour mettre le lecteur à même de mieux connaître l'éclairage des météores par la destruction des ballons dont ils sont composés, et 2° pour éviter tout ce qui pourrait porter à faire croire que j'ai l'intention d'introduire des hypothèses logiques pour expliquer les faits exposés. Quand, plus tard, les faits mentionnés dans la *Physique* seront plus répandus, la répétition que j'en fais ici deviendra superflue.

I. En introduisant les deux pôles dans un récipient, on en obtient un arc voltaïque correspondant aux couples qui produisent les deux électricités. Si l'on commence à éloigner l'air, on voit l'arc augmenter et il se produit une lumière mille fois plus grande.

II. En multipliant les couples, on peut obtenir une lumière dont la densité est cent fois plus grande que celle d'une lampe. Si l'on place la lampe à 110 mètres de distance de l'arc voltaïque et qu'on examine la lumière à un point distant de 100 mètres de l'arc et de 10 mètres de la lampe, on n'obtient pas une clarté égale; la lumière électrique est deux ou trois fois moindre.

III. Cette différence n'existe pas quand on remplace la flamme de l'arc par la flamme d'un grand nombre de bougies.

IV. Dans les magasins où l'on vend le gaz, on vend aussi des appareils propres à faire sortir de la même quantité de gaz : 1° peu de chaleur et beaucoup de lumière, ou 2° peu de lumière et beaucoup de chaleur.

**Explication.** Les deux pôles conduisent une égale quantité d'éléments positifs $3q\dot{E}$ et d'éléments négatifs $3q\ddot{E}$. C'est dans l'arc voltaïque que s'opère la rencontre de ces éléments qui se combinent de façon à produire un nombre égal d'atomes de lumière et d'atomes de chaleur :

$$3q\dot{E} + 3q\ddot{E} = q\dot{E}^2\ddot{E} + q\dot{E}\ddot{E}^2 = q♀ + q♂.$$

I. Dans l'air, les éléments électriques éprouvent une résistance qui empêche leur expansion; cette résistance n'a pas lieu dans le vide, et les éléments électriques y acquièrent une expansion indéfinie qui se manifeste comme lumière d'un aussi grand volume que celui du récipient.

II. Dans l'air, les éléments électriques éprouvent une résistance supérieure à celle que présente le pôle opposé; au lieu que les atomes denses de lumière se répandent loin de l'arc, leurs éléments pénètrent dans le pôle opposé, et c'est ainsi que la lumière éprouve dans l'air un plus grand affaiblissement que celui qu'éprouve la lumière des lampes.

III. Les éléments $\ddot{E}$ négatifs sont contenus dans les molécules du gaz d'éclairage, et les éléments $\dot{E}$ positifs dans l'oxygène de l'air. Les appareils qui servent à l'éclairage font arriver plusieurs volumes d'air contre un volume de gaz; ainsi $2q\dot{E}$ éléments positifs séparés d'un très-grand volume d'air et $q\ddot{E}$ éléments négatifs séparés d'un très-petit volume de gaz produisent la grande quantité $q\dot{E}^2\ddot{E}$ de lumière et une partie insignifiante de chaleur.

Pour obtenir beaucoup de chaleur de la même quantité de gaz, on y introduit autant d'air qu'il est nécessaire pour que la quantité $q\bar{E}^2$ d'éléments négatifs se combine avec $q\dot{E}$ éléments positifs pour produire la quantité $q\dot{E}\bar{E}^2$ de chaleur et une quantité insignifiante de lumière.

**Lumière électrique des météores dans l'atmosphère.** C'est l'électricité latente des enveloppes des ballons qui devient libre quand ces enveloppes, excessivement minces, se déchirent à cause de la résistance de l'air. Les nombreux éléments des deux électricités se combinent comme dans l'arc voltaïque pour produire la chaleur et la lumière. La lumière arrivée à la Terre rend visible la place occupée par le météore; la chaleur produit la fusion des fragments des enveloppes et les transforme en vapeur pareille à celle qui compose les nuages.

### A. Deux espèces de bolides.

§ 529. Les corps qui peuvent tomber sur la Terre doivent avoir précédemment circulé autour d'elle; leur chute n'est occasionnée que par l'amortissement de leur mouvement orbiculaire. Cet amortissement ne peut être produit que par la rencontre avec d'autres corps.

Cet axiome astronomique sert, 1° à prédire la chute des comètes sur le Soleil, et 2° à expliquer la chute des météores et des aérolithes sur la Terre. Si ces corps étaient assez volumineux pour être visibles pendant qu'ils circulent autour de la Terre, il nous serait possible de prédire leur chute comme nous prédisons celle de la comète d'Encke.

Parmi les corps que l'on voit comme bolides, il n'y en a qu'un très-petit nombre qui s'abaissent vers la surface de la Terre; tous les autres disparaissent après s'être montrés pendant quelques heures et quand ils ont parcouru dans l'atmosphère une distance dont la direction est toujours inclinée vers l'horizon de l'observateur.

I. Les sélénométéores, quand leur mouvement s'est amorti, se précipitent vers la Terre, sans pouvoir atteindre sa surface, à cause de la rupture des enveloppes des ballons qui composent le météore. Le plus souvent les enveloppes se déchirent au-dessous des nuages, distance trop grande de l'observateur pour qu'il puisse en entendre le bruit.

II. Les géométéores et *même* les héliométéores peuvent passer dans le voisinage de la Terre pour attendre son atmosphère sans qu'en même temps leur mouvement orbiculaire se soit amorti. Ces météores deviennent lumineux par l'effet de la rupture des enveloppes des ballons et de la rencontre des deux électricités qui étaient soutenues à l'état latent par ces enveloppes des ballons.

La lumière commence dans la région de l'atmosphère, où la rupture des enveloppes devient possible. La poussée $p$ de la part de l'air est le produit de la vitesse V des météores par la densité $d$ de l'air ; ainsi l'on a $p = d \times V$.

V étant la vitesse des héliométéores et $v$ celle des géométéores, la densité de l'air est $d$ à la hauteur H de l'atmosphère et D à la hauteur $h$. Ainsi la rupture des ballons des héliométéores commence à la hauteur H de l'atmosphère et celle des ballons des géométéores commence à la hauteur $h$, parce qu'on a $d \times V = D \times v$.

III. En dehors de l'atmosphère on voit : 1° les sélénométéores comme lumière zodiacale; 2° les géométéores et les héliométéores comme étoiles *filantes sporadiques* lorsque, éclairés par le photostrome, ils ne sont pas à une très-grande distance de l'atmosphère.

### III. ORIGINE DES MÉTÉORES ET LEUR NOMBRE.

§ 530. Les astronomes ont évalué à plusieurs millions les étoiles filantes et les bolides qui se montrent chaque année aux habitants de la Terre. J'ai démontré que les queues des comètes ne sont que des météores éclairés par les rayons solaires concentrés dans la tête des comètes. L'absence de pesanteur sensible indique la structure des météores de ballons, tandis que leur mouvement orbiculaire fait voir qu'ils sont composés d'éléments matériels.

Il est évident qu'un corps volumineux est, 1° massif s'il est pesant, et 2° creux s'il n'est que d'un faible poids. Le poids des comètes est imperceptible, parce qu'elles sont creuses et qu'elles sont composées d'air et de vapeur. Les météores ont aussi un poids imperceptible parce qu'ils sont composés de ballons volumineux ayant une enveloppe extrêmement mince. C'est la lumière et la chaleur produites dans l'air par les météores qui nous apprennent que ces ballons ne diffèrent des vésicules gelées de la vapeur que par leurs dimensions des millions de fois plus grandes.

§ 531. **Composition des nébuleuses des météores et de la masse empyrée.** Les éléments de la masse empyrée sont ceux de l'eau soutenant l'électricité neutre à une très-grande densité. Les éléments de l'eau forment les enveloppes des ballons volumineux; les éléments des deux électricités produisent 1° la lumière qui rend visibles les nébuleuses, et 2° la chaleur dont les élément passent à l'état latent aux deux surfaces des enveloppes des vésicules.

Depuis que les neuf jets de masse empyrée ont été expulsés d'un soleil, il commence à se produire de grosses vésicules à la surface de la masse empyrée de chaque jet. Les premières vésicules sont repoussées par les vésicules suivantes dans chaque direction; elles conservent le mouvement orbiculaire de la masse empyrée.

Arrivées à une grande distance de cette masse empyrée, les enveloppes des vésicules gèlent et forment de gros amas; mais repoussés toujours par de nouvelles masses de vésicules, ces amas se subdivisent, et c'est ce qui a donné lieu aux dimensions inférieures des météores, dimensions qui, sans être égales, ne diffèrent pas trop entre elles.

Malgré les distances différentes des nébuleuses planétaires et des nébuleuses solifères, il est prouvé que celles-ci ont une forme irrégulière et des dimensions bien supérieures à celles des nébuleuses planétaires dont les dimensions sont comparables à celles de l'orbite de Neptune. Les nébuleuses planétaires ont la forme d'une meule; il y en a quelques-unes où l'on voit le bras poséidonien (t. I, p. 296).

Les distances angulaires très-minimes entre les nébuleuses n'ont fait découvrir aucune trace de pesanteur des unes sur les autres, encore moins d'une nébuleuse sur une étoile voisine de dimension imperceptible. Les anneaux qu'on aperçoit sur les nébuleuses planétaires ne sont que des amas de météores circulant avec les bandes de masse empyrée autour de leur soleil.

Chaque bande de masse empyrée sert à former une planète, et les amas de météores restent à circuler autour de leur soleil avec leur planète. Il y a des millions de siècles, notre système planétaire était composé de neuf jets de masse empyrée; les molécules superficielles de ces jets ont produit les amas de météores qui accompagnent leur planète quand elle circule autour du Soleil.

Tant que la masse des planètes fut à l'état empyrée, elles éclairaient les météores, et leur ensemble semblait une nébuleuse planétaire aux observateurs éloignés, comme nous apparaissent les nébuleuses planétaires, lesquelles, dans des millions de siècles, se trouveront dans un état analogue à celui des météores de notre système.

Le volume V de l'espace planétaire a la forme d'une meule dont les deux bases sont égales à l'orbite de Neptune et dont on peut comparer la hauteur à l'axe de l'orbite de Mercure. La moitié ou le quart de ce volume V est occupée par des météores de volume $v$. Si l'on admettait pour les météores la forme sphérique, comme celle des ballons de diamètre = 1 mètre, ces ballons, au nombre de 1 million, composeraient un météore de 100 mètres de rayon.

Le nombre $n$ des bolides détruits chaque année dans l'atmosphère est composé d'un poids $p$ d'eau imperceptible par rapport au poids P de la Terre; de même ce poids $p$ est imperceptible un million de fois. Toutefois si une telle quantité de météores s'était précipitée chaque année sur la Terre depuis l'époque reculée de la formation de la nébuleuse de notre système planétaire, ces météores auraient infailliblement disparu pendant le cours des millions de siècles. D'un autre côté, d'après la loi de la Mécanique, les météores circulaient sur des orbites isolés, lesquels s'opposaient à toute rencontre et à tout amortissement de mouvement, amortissement qui doit précéder la chute de tout météore.

Le mouvement des météores n'a donc pu commencer à s'amortir que lorsque de nouveaux corps circulant sur des orbites qui coupent ceux des trois familles de météores sont parvenus dans l'espace planétaire. Ces corps postérieurs sont les comètes, car elles circulent sur des orbites qui coupent ceux des corps précédents, tels que les météores, les planètes et les satellites. Sont aussi des corps postérieurs les aérolithes, dont la chute nous fait connaître qu'ils circulent autour de la Terre sur des orbites qui se croisent avec ceux des météores, parce que ce sont les rencontres avec ces météores qui produisent l'amortissement du mouvement des corps d'origine différente; en effet, les *météores* sont d'une origine et les *aérolithes* d'une autre.

Depuis leur formation les météores sont restés intacts jusqu'à l'époque $e$, 1° où les atmosphères planétaires se sont séparées pour devenir des *comètes*, et 2° où les masses minérales se sont séparées de la couche superficielle de la Terre pour devenir des *aérolithes*. C'est de l'époque $e$ la moins éloignée que date, non la chute, mais l'amortissement du mouvement des météores et des aérolithes. Depuis cette époque $e$ il s'est écoulé un laps de temps T jusqu'à l'époque $e'$, où le mouvement orbiculaire des météores et des aérolithes s'est complétement amorti; c'est donc à partir de cette époque postérieure $e'$ qu'il faut compter la chute annuelle de $n$ aérolithes et de $a+n$ météores ou bolides.

C'est également à partir de l'époque $e$ que le mouvement orbiculaire des comètes a commencé à s'amortir, et cet amortissement a été produit par les rencontres des comètes avec les météores ou les autres corps dont le mouvement s'amortit en égale quantité. Nous ne sommes pas encore arrivés à l'époque $e''$ où la chute des comètes sur le Soleil commencera.

Nous sommes encore plus loin de l'époque $e'''$ où, 1° tous les aérolithes seront précipités sur leur planète dont ils ont été expulsés; 2° toutes les comètes existantes et celles qui auront pris naissance seront précipitées sur le Soleil; 3° une grande partie de météores aura perdu une quantité de mouvement orbiculaire égale à celle que perdraient ensemble toutes les comètes et tous les aérolithes.

C'est donc après l'époque $e'''$ que cessera la chute des météores; ceux qui resteront se trouveront dans un état permanent comparable à celui dans lequel ils se trouvaient avant l'époque $e$.

Cette énumération mettra, je l'espère, le lecteur à même de comprendre la succession préétablie des faits répétée à des époques différentes dans le même ordre pour chaque système planétaire; de telles répétitions ne sont pas des périodes.

### IV. AÉROLITHES, LEUR ORIGINE ET LEUR NOMBRE.

§ 532. Les éléments minéralogiques des aérolithes existent tous dans les corps terrestres; on a reconnu que ces corps circulent autour de la Terre et que leur chute n'est que l'effet mécanique de l'amortissement de leur mouvement orbiculaire, amortissement produit par celui du mouvement orbiculaire des météores.

A chaque rencontre d'un météore avec un aérolithe, cet aérolithe ne peut manquer : 1° de pénétrer au delà du météore en creusant un canal dans le météore, ou 2° de s'y arrêter après que son mouvement a été amorti. Dans ce dernier cas, il se présente un nouveau corps nommé *météorolithe*; son mouvement orbiculaire a éprouvé un amortissement considérable.

La perte de tout ce mouvement s'opère rarement par la rencontre d'un seul aérolithe; une telle rencontre produit le déplacement de l'orbite du météore et de l'aérolithe et occasionne des rencontres avec d'autres aérolithes et même avec des météores, cas qui ne s'était pas encore présenté.

Le météorolithe simple devient composé d'un nombre $n$ de météores et d'un nombre $n'$ d'aérolithes; cette composition se répète toujours avec un amortissement correspondant du mouvement orbiculaire, de sorte que la perte de tout le mouvement orbiculaire du corps devient inévitable, et c'est ainsi que sa chute a lieu.

§ 533. **Détails de la chute des météorolithes.** Avant d'arriver à l'atmosphère, il est possible que ce corps devienne visible pour un instant comme étoile filante, parce qu'il est éclairé par le photostrome. Ce même corps prend l'apparence d'un bolide quand, par la rupture des enveloppes des ballons, les éléments des deux électricités soutenus jusqu'alors à l'état latent deviennent libres. La combinaison de ces éléments, opérée au fur et à mesure que la destruction des ballons s'avance, produit : 1° la lumière qui rend visible le météore; 2° la chaleur qui transforme en vapeur les fragments glaciaux des enveloppes brisées.

Dans les météorolithes, on trouve des météores de toute dimension; on y trouve aussi des aérolithes, 1° à l'état de poussière; 2° en grains médiocres, ou 3° en morceaux considérables.

I. Les hauteurs H, **h**, $h$, auxquelles les météores deviennent visibles, correspondent à leurs dimensions $d$, **d**, D, apparentes, qui sont en rapport inverse avec les hauteurs de leur apparition.

II. La grosseur ou le poids des aérolithes sont souvent en rapport direct avec les dimensions des météores; les gros aérolithes sont fréquemment amenés par de gros météores; mais le contraire n'a pas lieu, parce que les météores percés des aérolithes se déplacent de leur orbite et viennent en rencontre avec d'autres météores auxquels ils s'attachent, et c'est ainsi que sont formés de nouveaux corps nommés *polymétéores*, qui sont très-volumineux quand leur mouvement orbiculaire s'amortit complétement.

**Chute des aérolithes.** 1° Dans les cas où les météores des météorolithes se détruisent à la hauteur **H**, si l'aérolithe isolé est petit, il tombe et n'est aperçu que très-rarement et par un hasard tout particulier. 2° Si les météores ont la dimension supérieure **d**, ils persistent jusqu'à la hauteur **h**, où ils se détruisent en produisant l'éclat d'un gros bolide, quand l'aérolithe devient habituellement inaperçu. 3° Les météorolithes ayant la grande dimension D et dont le grand poids est P sont très-rares.

En pareil cas, on aperçoit un globe de lumière de la grandeur de la Lune dans son plein; la vapeur produite par la chaleur des fragments du météore se voit autour de ce météore et après lui en forme de traînée. Après avoir atteint une certaine grandeur, le météore disparaît quand il est arrivé à un maximum d'éclat.

En ce moment l'aérolithe brûlant se précipite sur le sol, où on le trouve encore trop chaud pour le prendre avec la main. Si de tels aérolithes tombent sur des matières inflammables, ils produisent des incendies.

**Abaissement des polymétéores.** Les polymétéores peuvent avoir des aérolithes ou n'en pas avoir; dans ce dernier cas, ils avancent lentement vers la Terre, et la lumière croît à mesure que les ballons sont détruits et en proportion des masses d'électricité qui en proviennent. La vapeur produite par une haute température exerce une poussée répulsive contre les météores attachés les uns aux autres. Dans le cas où il leur devient possible de se détacher, le météore se divise en deux parties qui s'éloignent en formant par leur direction un grand angle de 90° environ.

Liais a observé un cas dans lequel le météore a éprouvé une seconde subdivision, de sorte qu'il y en avait trois dans le polymétéore. Dans leurs explosions, les polymétéores se décomposent souvent en un grand nombre d'autres de diverses grandeurs. Les fragments des enveloppes des ballons persistent à être visibles et ressemblent à des espèces d'étincelles sortant d'un corps en ignition.

**Mode de production du bruit par les crevasses des enveloppes des vésicules.** J'ai décrit dans la *Physique* (t. IV, p. 289) la production électrique des ondes sonores et (p. 482) le mode de production des sons de l'*orgue philosophique*, qui consiste dans la destruction des vésicules de vapeur produites par la combustion de l'hydrogène dans l'air. Je démontre ici que les météores sont composés de vésicules dont l'enveloppe, d'abord solide, devient ensuite liquide. Leur déchirure est donc la cause immédiate du bruit qui s'entend 4 à 10 minutes après la disparition de la lumière.

Dans le cinquième livre de la *Physique*, je démontre qu'il n'y avait pas d'ondes sonores dans la Terre à l'époque de la formation des animaux invertébrés; l'absence de l'organe de l'ouïe chez eux en est la preuve. Les ondes sonores qui sont l'effet du fluide *échogène*, ont apparu avec les insectes, chez lesquels se trouvent tous les autres organes des sens correspondant aux fluides existants, mais qui manquent de l'organe de l'ouïe. Cet organe n'a pas manqué aux vertébrés formés après les insectes, lesquels produisent le fluide échogène, composé de sept sons correspondant aux sept couleurs, comme Newton l'a prouvé en expliquant les longueurs des cordes des sept sons et celles des ondes des sept couleurs.

On ne s'attendait certes pas à trouver dans l'existence et dans l'absence de l'organe de l'ouïe, une preuve chronologique de l'ordre de la formation des animaux. Pour ma part, quand j'ai exposé le mode de production des sons de l'orgue philosophique, je ne me doutais nullement que cette production des sons pût servir à prouver le mode de production des bruits entendus pendant la chute des aérolithes.

## V. ORDRE CHRONOLOGIQUE DE LA PRODUCTION DES CORPS CÉLESTES DÉDUIT DE LEUR ORBITE.

§ 534. La coexistence perpétuelle dans l'espace des corps célestes circulant sur des orbites qui se croisent est incompatible. Les rencontres entre ces corps sont inévitables, leur mouvement orbiculaire s'amortit, et enfin ils doivent se précipiter sur leur corps central.

Cet axiome, connu des astronomes, est basé sur la loi de la Mécanique, et il sert : 1° à prédire les chutes quand on connaît les croisements des orbites, ou 2° à connaître l'existence de ces croisements des orbites lorsque des corps célestes tombent sur leur corps central.

Les astronomes se sont efforcés de faire remonter l'origine des météores et des aérolithes à des époques différentes. De même qu'il est reconnu qu'il y avait absence de comètes dans l'espace planétaire à l'époque où cet espace était occupé par les orbites des planètes, des microplanètes, des satellites et des météores; de même on sait qu'il n'y avait pas d'aérolithes dans l'espace à l'époque où il était occupé par la Lune et par les météores qui circulent autour de la Terre.

Buffon a reconnu dans le mouvement orbiculaire des corps périphériques qu'ils avaient leur origine dans eur corps central; j'ai prouvé d'après la loi de la Mécanique la réalité de l'hypothèse de Buffon. Si Laplace eût connu cette preuve, il n'aurait pas manqué d'en déduire la postériorité des aérolithes séparés à différentes époques de la couche superficielle et non de l'intérieur de la Terre à chaque séparation de ses aérocylindres pour devenir des géocomètes, car les aérolithes ne sont pas d'origine volcanique.

Le plus grand obstacle qu'ont rencontré les géologues, c'est de se rencontrer en dissentiment manifeste avec les chimistes qui, d'une part, prétendent découvrir dans la couleur du spectre les dernières traces des minerais, tandis que, d'autre part, Lamy a pu extraire plusieurs kilogrammes de thallium de la pyrite et du plomb sans qu'il lui ait été possible de trouver la moindre trace de ce nouveau corps dans la pyrite ni dans le plomb.

Les anciens chimistes avaient considéré comme corps simples les corps indécomposables. Quant à moi, j'ai prouvé 1° que l'hydrogène et l'oxygène sont les seuls corps primitifs et simples, et 2° qu'il n'y a de corps indécomposables que ceux qui n'ont pas été produits par une combinaison des éléments, mais qui sont le résidu d'un corps composé dont un ou plusieurs éléments se sont séparés. Par exemple, du combiné $PbS^7\overline{HO}^4$, on obtient le corps indécomposable le *thallium* $= PbS^6H^4$ comme résidu après la séparation d'un atome $SO^4$ d'acide sulfurique anhydre. De même qu'après qu'un atome d'oxygène s'est séparé de 4 atomes d'eau le reste indécomposable est l'atome double d'azote, de même si 3 atomes d'oxygène se séparent des 4 atomes d'eau, le reste indécomposable est l'atome double de carbone.

Thallium $PbS^6H^4 = PbS^7\overline{HO}^4 - SO^4$.
Azote...... $Az^2 = H^4O^4 - O = H^4O^3$; $Az^2 + O = \text{air}$.
Carbone..... $C^2 = H^4O^4 - O^3 = H^4O$; $C^{2n}H^{2m}O^{2l} = \text{substance végétale}$.

## VI. ORDRE CHRONOLOGIQUE DE PRODUCTION DES CORPS TERRESTRES.

§ 535. La *masse empyrée primitive* contenue dans l'enveloppe glaciale du Soleil est composée d'oxygène et d'hydrogène mêlés avec l'électricité neutre ĒĒ d'une très-grande densité. Dans le principe, la Terre a été composée de cette masse empyrée, et c'est par le refroidissement ou par l'éloignement de l'électricité neutre que cette masse s'est transformée en un globe de glace composé d'oxygène et d'hydrogène sous forme d'eau gelée de petit poids spécifique.

Les éléments de cette glace et ceux des rayons solaires ont produit l'air, qui a fait élever la température, fondre la glace superficielle et apparaître une mer à fond de glace. A la surface de cette mer se sont produits le carbone des plantes et de la substance végétale, qui ont formé une couche épaisse à la surface de la mer.

Par la fermentation, la substance végétale a produit une couche minérale correspondant à la couche de l'alluvion actuelle dont on évalue l'accroissement en hauteur à 1 mètre tous les mille ans pour l'Europe, à 2 mètres pour l'Égypte, à 3 mètres pour la Mésopotamie et à 4 mètres pour les régions intertropicales. Le fer est le seul métal qui prédomine dans la couche superficielle de la Terre.

Connaissant, d'une part, cet ordre chronologique de la production des corps terrestres et l'endroit où chaque espèce de corps se produit, connaissant, d'autre part, les aérolithes qui n'en diffèrent pas, on est pleinement convaincu que ces corps se séparent, 1° en forme de poussière de la surface de la couche alluvienne, 2° en forme de fer, de pyrite et de minerais qui se trouvent dans les terrains de la couche superficielle de la Terre en dehors des terrains ignés.

On ne doit donc pas supposer que ces corps sont sortis de l'intérieur des fournaises voltaïques, car ils ont été soulevés ensemble avec l'éloignement des masses d'air.

Ils ont continué à circuler autour de l'axe terrestre à une distance D de cet axe et sur un orbite dont la position a été déterminée : 1° par le mouvement rotatoire qui est devenu orbiculaire, et 2° par la poussée qui a séparé les masses d'air de la Terre. Ces masses ne se trouvaient pas à la surface de la Terre comme les minerais. Quand elles se furent éloignées, elles se trouvèrent à une si grande distance D que leur pesanteur vers le Soleil était bien supérieure à leur pesanteur vers la Terre. Les minerais repoussés de la surface de la Terre s'arrêtèrent à de petites distances *d*, où la pesanteur vers la Terre est supérieure à celle vers le Soleil.

Ainsi, après une poussée d'expansion due au mouvement rotatoire de terrains ignés de la Terre contre les minerais de sa couche superficielle et contre les masses très-élevées d'air, ces masses d'air éprouvèrent de la part de la pesanteur une faible résistance et parcoururent la grande distance D; les minerais, au contraire, éprouvèrent une grande résistance de la pesanteur, et parcoururent la distance *d*, qui les fit rester et circuler autour de la Terre, tandis que les masses d'air allèrent circuler autour du Soleil.

Je trouve que l'équation séculaire de la Lune a pour cause l'amortissement de son mouvement orbiculaire, amortissement qui est l'effet direct de la rencontre de la Lune avec les aérolithes. Par cette voie, je suis parvenu à connaître qu'il y a des aérolithes qui circulent autour de la Terre à des distances supérieures à celle de la Lune; les détails de l'équation séculaire de la Lune sont exposés dans le chapitre IV.

# CHAPITRE PREMIER.

## DE LA LUMIÈRE ZODIACALE.

§ 536. Des trois classes de météores, ce sont ceux qui circulent autour de la Terre et qu'on nomme *sélénométéores*, qui sont éclairés par les rayons solaires concentrés dans l'atmoaérosphère terrestre. 1° De ces rayons Φ, une partie φ est réfléchie des sélénométéores comme de la Lune éclipsée; l'ensemble des rayons φ se présente donc comme lumière occupant l'étendue; cette étendue indique l'espace annulaire qui contient la plus grande partie des orbites des sélénométéores. 2° Ceux des sélénométéores qui, circulent sur des orbites moins éloignés de la Terre arrivent à être mieux éclairés à leur périgée, et ils apparaissent alors comme bolides ou comme étoiles filantes. 3° Quand le mouvement orbiculaire de quelques-uns des sélénométéores est amorti, la pesanteur les fait avancer vers le sol sans cependant qu'ils l'atteignent jamais, parce que les enveloppes minces des ballons sont brisées par la pression de l'air, et les fragments produits se transforment en vapeur sans qu'il en arrive rien au sol.

Dans le chapitre II, je parlerai des météores dont le mouvement orbiculaire est amorti, ainsi que des aérolithes qui, par la même cause, se précipitent seuls ou avec les sélénométéores. Dans le chapitre III, je m'occuperai des météores de trois classes qui se présentent comme bolides ou comme étoiles filantes. Dans le présent chapitre, je fais voir comment se produisent tous les détails de la lumière zodiacale observés : 1° dans les régions intertropicales ou en dehors de ces régions; 2° pendant le printemps ou l'automne; 3° avant ou après minuit; 4° dans le même pays à des dates différentes de la même année ou à la même date, mais dans une autre année; 5° enfin à la même date dans des pays différents.

La quantité de rayons φ réfléchis des sélénométéores est, 1° en raison directe avec la quantité Φ des rayons incidents, et 2° en raison inverse des carrés des distances. Ces rayons Φ viennent du Soleil et se concentrent dans l'atmoaérosphère dont la hauteur varie dans chaque pays et à chaque saison. Cette hauteur est plus grande le matin que le soir.

### 1. FORME ELLIPTIQUE DE L'ANNEAU COMPOSÉ DES ORBITES DES SÉLÉNOMÉTÉORES.

§ 537. Dans les régions intertropicales, on voit la lumière zodiacale le soir après la disparition du crépuscule avançant de l'ouest vers le méridien de l'observateur; le méridien est dépassé par cette lumière, qui va s'affaiblissant jusqu'à disparaître avant d'avoir atteint l'horizon de l'est. Cette bande de lumière n'occupe pas exactement le zodiaque, mais bien le prolongement du plan de l'orbite de la Lune. Vers minuit apparaît à l'est la lumière correspondant au prolongement de la bande occidentale; deux bandes forment en même temps l'hémipériphérie de l'orbite de la Lune. Guidé par les degrés d'intensité de la lumière de cette demi-circonférence des différentes saisons, Liais a constaté un allongement dans la direction où se trouve la Terre pendant le mois d'août, allongement qui correspond à l'apogée de l'anneau elliptique dont la Terre occupe le foyer T (fig. 57) et dont P est le périgée. C'est dans cette direction P que se trouve la Terre au mois de février.

Pour montrer plus clairement comment les faits se sont

produits, je construis la figure 57 d'après le système de Tycho. T est la Terre au centre de l'espace; autour d'elle circule le Soleil SS′ sur l'écliptique, et la Lune sur l'orbite PA. C'est la Terre qui tourne en vingt-quatre heures autour de son axe.

Fig. 57.

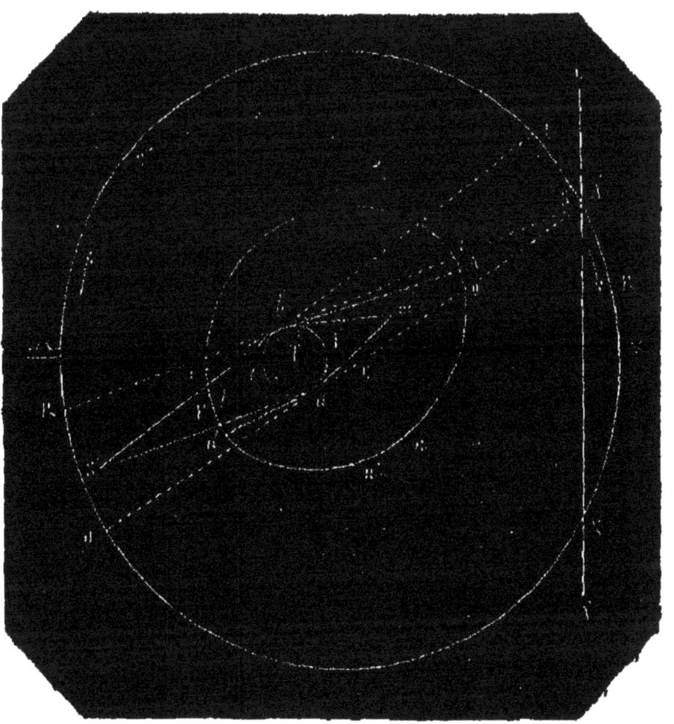

**Lumière zodiacale du printemps.** En février on voit le Soleil en S où est la Terre projetée pendant le mois d'août, époque où l'on voit le Soleil en S′. Les rayons solaires SR, SQ, en traversant une partie de l'atmoaérosphère dont le diamètre est *ab*, en éprouvent des séries de réflexions convergentes, et ainsi concentrés vont éclairer l'étendue *cd* de l'anneau des sélénométéores. Ce sont donc ces nombreux météores qui réfléchissent la partie φ de rayons vers la Terre pour donner naissance à une lumière en forme de bande qui, projetée, occupe une partie du zodiaque dans la voûte céleste.

**Lumière zodiacale de l'automne.** Quand le Soleil est en S', la Terre est projetée dans la direction TS; il fait nuit pour l'observateur en *b*. En Europe, on n'aperçoit pas le soir une lumière zodiacale, tandis qu'on en voit une dans les régions intertropicales. Liais l'a trouvée faible, et il en a déduit l'allongement indiqué par TA dans la forme elliptique de l'anneau *α* composé des orbites des sélénométéores.

§ 538. **Apparition de la lumière zodiacale en Europe.** Après que la position PA de l'axe de l'anneau *α* par rapport à la ligne ♈♎ des équinoxes eut été déterminée, on put facilement connaître les époques *e*, *e'* pendant lesquelles arrivent des sélénométéores les rayons *φ* ou *φ* — *φ'*. En février, avant l'équinoxe, le Soleil est en S, et nous recevons les rayons *φ* de la partie la moins éloignée de la Terre; c'est pourquoi, à cette époque *e*, en Europe, on voit mieux la lumière qu'à toute autre époque de l'année.

Pendant l'automne, on voit la lumière le matin, non pas cependant en août, six mois après février, mais en octobre et en novembre, trois mois avant février, quand le Soleil est en S''. C'est donc à cette époque *e'* qu'en Europe l'observateur en *f* reçoit les rayons *φ* — *β* de la partie éclairée *nn'* de l'anneau *α*. On voit ainsi qu'en Europe au printemps la lumière zodiacale se voit en P mieux avant qu'après l'équinoxe; en automne, au contraire, c'est après l'équinoxe que cette lumière devient visible le matin en *nn'* et non en A.

Dans leurs explications hypothétiques, les astronomes, sans même en excepter Liais, n'ont tenu aucun compte de l'inégale intensité de la lumière zodiacale par rapport aux équinoxes; c'est cette inégalité qui ne permet pas de l'attribuer à une nébulosité très-aplatie d'un rayon bien supérieur à celui de l'écliptique. Ceux qui tentèrent d'attribuer cette lumière à un anneau *α* autour de la Terre, ne purent se rendre compte du mode d'éclairage, de même qu'il leur fut impossible de comprendre le mode d'éclairage de la

Lune éclipsée. Cassini le premier et tous les astronomes après lui, ont trouvé une ressemblance très-frappante entre la lumière zodiacale et celle des queues des comètes. Ici je démontre l'identité de la cause qui a produit la ressemblance observée; car les clartés sont dues à l'atmoaérosphère qui existe aussi bien dans l'atmosphère que dans les comètes. J'ai trouvé l'occasion d'exposer l'effet de l'atmoaérosphère : 1° dans le crépuscule, 2° dans l'apparition de la Lune éclipsée, 3° dans les queues des comètes, 4° enfin ici dans la lumière zodiacale.

Cassini a trouvé que la lumière zodiacale est le matin, en automne, moins vive et moins étendue que celle du soir au printemps. Cette observation, vérifiée par des observateurs postérieurs, était jusqu'alors restée inexplicable; ici je fais voir que la cause de ce phénomène est due à la forme elliptique de l'anneau $\alpha$ composé des orbites de millions de sélénométéores dont l'ensemble se présente sous la forme de corps unis. J'ai démontré aussi que de cette même forme elliptique il résulte : 1° que la lumière zodiacale apparaît le matin après l'équinoxe d'automne, et 2° qu'au printemps elle apparaît plutôt avant qu'après l'équinoxe.

§ 539. **Comment se compose la lumière zodiacale.** L'hypothèse d'une nébulosité admise par Cassius, et après lui par tous les astronomes, conduit à une clarté uniforme, qu'en effet on observe habituellement. Toutefois Humboldt a vu souvent, dans les régions tropicales de l'Amérique du Sud, de brusques et rapides intermittences d'intensité, des ondulations qui traversaient la colonne lumineuse. En admettant qu'il y ait des variations dans la constitution de notre atmosphère, on ne saurait y voir la cause des changements que subissent la configuration et l'intensité de la lumière zodiacale.

Ces faits très-réels ne permettent pas de douter de l'existence des nuées de météores qui réfléchissent une partie de la lumière incidente. La densité de ces nuées de météores est partout différente ; c'est la faiblesse de la lumière qui empêche de distinguer les petites différences, tandis que dans le cas où ces densités des météores diffèrent beaucoup dans le périgée, on peut facilement les apercevoir. Au lieu de se borner, comme Arago, à la description des faits, Liais, en voulant les expliquer, a nié l'existence des faits observés par Humboldt.

§ 540. **Pourquoi la lumière zodiacale apparaît le soir ou le matin.** L'anneau $\alpha$ des sélénométéores étant dans le plan de l'orbite de la Lune, est incliné de 5° sur le plan de l'écliptique. Pour les observateurs des régions intertropicales, la quantité $\Phi$ des rayons incidents le soir et le matin ne diffère pas trop de celle $\Phi'$ des rayons incidents sur cet anneau dans les latitudes supérieures. Il n'en est pas de même des quantités $\varphi$ et $\varphi-\varphi'$ des rayons réfléchis de l'anneau $\alpha$ vers la Terre dans les régions intertropicales et les latitudes supérieures pendant le printemps et l'automne.

Dans les latitudes inférieures, si la distance apparente $\delta$ entre l'écliptique et l'équateur est petite, la distance $\delta'$ entre l'anneau $\alpha$ et l'écliptique ne l'est pas moins. Ainsi, les rayons $\varphi$ réfléchis le soir ne diffèrent pas de ceux réfléchis le matin de l'anneau $\alpha$.

Dans les latitudes supérieures, la distance apparente $\Delta$ entre l'anneau $\alpha$ et l'écliptique est grande. Si l'éclairage était fourni par le Soleil, il n'y aurait aucune différence entre le soir et le matin ; mais l'anneau étant éclairé de la Terre, les rayons $\varphi$ ou $\varphi-\varphi'$ en étant réfléchis vers la Terre dépendent, non de la quantité $\Phi$ de rayons incidents, mais de la grandeur de l'angle d'incidence $\gamma$. Cet angle est toujours petit dans les latitudes inférieures, tandis que dans les latitudes supérieures il est, au printemps, petit le soir et grand le matin. Pendant l'automne, au contraire, il est grand le soir et petit le matin.

Ces détails déduits de l'optique se trouvent d'accord avec la position du plan de l'anneau $\alpha$ à une distance de l'écliptique égale à celle de l'orbite de la Lune. Ainsi donc je crois avoir démontré une fois de plus que les météores de l'anneau α sont éclairés par les rayons solaires, non directement, mais après avoir éprouvé une concentration par la série de réflexions opérées dans l'atmoaérosphère.

§ 541. **Apparition de la demi-circonférence de l'anneau des sélénométéores.** L'anneau elliptique α composé de torrents de météores circulant autour de la Terre persiste comme on supposait que cela avait lieu pour la nébulosité, et cependant ni le soir ni le matin on ne voit toute la demi-circonférence dans les régions intertropicales; ce n'est que vers minuit que la lumière apparaît à l'est avant son coucher à l'ouest. Les deux arcs se rencontrent dans le méridien de l'observateur d'après le plan de l'orbite de la Lune et non exactement d'après le plan de l'écliptique. En Europe, il n'est arrivé qu'une seule fois que Brorsen, à Berlin, a *observé à minuit la lumière zodiacale formant une* demi-circonférence, ou, comme il dit, il y avait deux colonnes unies par une bande.

L'anneau α des sélénométéores vu obliquement se montre en Europe, non en forme de colonne ou de pyramide, mais semblable à la surface d'un grand triangle sphérique isocèle dont la base serait sur l'horizon et le sommet dans la direction du zénith de l'observateur. La ligne qui unit le sommet avec le Soleil passe par le milieu de la base dont l'étendue, en Europe, est presque double de la hauteur qui est de 7° à 8° au moment où disparaît le crépuscule.

§ 542. **Absence de polarisation de la lumière zodiacale.** Il n'existe aucune trace de polarisation ni dans la lumière zodiacale ni dans celle des queues des comètes; c'est encore un fait qui indique le même mode de production de ces lumières. Liais, en voyant vers minuit toute la demi-circonférence de la lumière, n'a trouvé aucune trace de polarisation, tandis qu'il s'en trouvait dans la lumière de son image réfléchie sur la surface de la mer. C'est ainsi que l'on peut s'assurer que la lumière de l'est n'est pas un reflet de la lumière de l'ouest, comme le supposait Humboldt. Un tel reflet se présente à l'est du crépuscule de l'ouest au coucher du Soleil, et c'est ce fait qui a conduit Humboldt à le supposer aussi dans la lumière zodiacale (1).

La lumière naturelle devient polarisée quand elle est réfléchie obliquement et qu'elle émerge obliquement des corps; elle reste dans son état naturel quand elle est réfléchie verticalement et qu'elle émerge ainsi des corps. La non-polarisation de la lumière zodiacale et de celle des queues des comètes ne permet donc pas de douter de la sphéricité des ballons dont les enveloppes réfléchissent en plus grande densité les rayons incidents verticalement, et ce sont ces rayons qui arrivent après avoir éprouvé une réflexion qui ne produit aucune polarisation.

Les nuées sont aussi composées de vésicules dont les enveloppes sphériques réfléchissent les rayons de la même manière que les enveloppes des ballons des météores; c'est pourquoi la lumière des nuées n'a pas non plus de polarisation. La lumière de l'atmosphère se polarise; les *points neutres* (§ 369) ne se polarisent pas. C'est ainsi que l'on a pu voir que les amas de vésicules composant les nuées ne diffèrent pas des amas de ballons qui composent les météores.

§ 543. **Couleurs de la lumière zodiacale.** En Europe, on distingue la couleur jaune ou la couleur rouge dans la lumière zodiacale. Dans les régions intertropicales, Liais n'y a trouvé aucune couleur; il compare cette lumière à celle de la Voie lactée qui est blanche. L'astronome d'Athènes trouva également cette lumière incolore. Le 19 mars 1843, Arago ainsi que tous ses collaborateur sont trouvé une teinte évidemment rougeâtre comparée à la lumière de la

(1) Dans la *Physique* (t. II), où il est parlé de la photostatique, j'ai montré en quoi consiste la polarisation de la lumière et de toutes les espèces des fluides; on y trouve la réfutation de l'hypothèse admise par Fresnel; j'y rectifie les erreurs de ses calculs.

queue de la grande comète que l'on apercevait alors. En 1707, Derham avait fait la même remarque.

C'est ainsi que l'on put voir que dans les latitude supérieures les observateurs voient la lumière zodiacale rougeâtre tandis qu'ils la voient incolore dans les latitudes inférieures. Ce fait bien établi ne permet plus d'attribuer l'éclairage des météores aux rayons directs solaires, de même qu'on ne peut considérer la Lune éclipsée comme directement éclairée par le Soleil. Dans les deux cas ce sont les rayons solaires concentrés dans l'atmoaérosphère qui éclairent la Lune et les sélénométéores également éclipsés.

On doit donc chercher l'existence ou la non-existence d'une couleur dans la lumière zodiacale, non dans les rayons $\varphi$ concentrés dans l'atmoaérosphère par leurs réflexions convergentes, mais dans les rayons $\varphi'$ réfractés dans l'aérosphère. Julius Schmidt a pu séparer directement la teinte rougeâtre pour reconnaître l'absence de couleur dans la lumière zodiacale correspondant aux rayons $\varphi$ concentrés dans l'atmoaérosphère par des réflexions répétées sans qu'il s'y produise aucune réfraction.

## II. HISTORIQUE DE LA LUMIÈRE ZODIACALE.

§ 544. En 1659, en Angleterre, Childrey a annoncé l'existence de la lumière zodiacale et dit qu'il avait vu en février (1), et cela pendant plusieurs années consécutives, un chemin fort aisé à remarquer qui se dirige du crépuscule droit vers les pléiades et qui semble les toucher.

En 1683, en mars, Cassini a observé la lumière zodiacale tellement claire qu'il a déclaré que cette lueur n'existait pas avant 1659, ou que si elle existait elle était excessive-

(1) C'est pendant ce mois que le périhélie P (fig. 57) est éclairé le soir par les rayons solaires concentrés dans l'atmoaérosphère terrestre.

ment faible, car il avait observé en février et mars une comète très-faible précisément dans la région où devait se trouver la lumière zodiacale; cependant on ne trouva rien dans ses journaux sur ce sujet. Ce même astronome découvrit dans la lumière zodiacale des vicissitudes qu'il compara à celles des apparitions des taches solaires, taches qui se montrent sans suivre aucun ordre; c'est pourquoi il est aussi impossible de prédire l'état du soleil sans taches que celui de la lumière zodiacale sans obscurcissements.

Si Cassini fût allé à Athènes pour observer la lumière zodiacale plus brillante qu'à Paris, il aurait pu rendre plus manifeste la justesse de son opinion. L'astronome actuel de cette ville classique paraît n'avoir pas la moindre connaissance de cette opinion; car autrement il n'oserait pas supposer les Timocharis, les Meton, les Hipparque, etc., etc., assez peu perspicaces pour être hors d'état d'apercevoir une lumière dont l'intensité est comparable à celle de la Voie lactée. Les savants modernes ont acquis une foule de connaissances à l'aide d'expériences faites avec le secours des instruments optiques, ressource que n'avaient pas les anciens; c'est sous ce rapport seulement que ces derniers sont inférieurs aux astronomes modernes. Pour se convaincre de cette vérité, il suffit de comparer le catalogue composé par Hipparque avec l'*Uranométrie* d'Argelander. J'ai trop d'estime pour l'astronome d'Athènes pour attribuer à autre chose qu'à un manque de mémoire le jugement qu'il a porté sur la persévérance des anciens. Je n'aurais pas tant insisté à justifier l'opinion de Cassini et à réfuter celle de Julius Schmidt si la chose n'avait l'importance dont j'ai indiqué ici la portée. Je commencerai par rapporter différentes séries de faits qui ont rapport avec celle dont il est question.

I. Il y a un siècle, le satellite de Vénus était visible; depuis cette époque ce satellite est invisible. Cassini et d'autres astronomes l'ont bien observé (§ 198); Lambert

(§ 199) a déterminé la position de son orbite. Depuis un siècle le satellite est devenu invisible. Au lieu de se borner, comme Arago, à la simple exposition des faits, Hell, astronome de Vienne au siècle passé, et maintenant Maedler, après la mort de Cassini et de tous les autres astronomes qui ont vu le satellite, ont osé dire que c'était faute d'attention que Cassini et les autres ne s'étaient pas aperçus que le prétendu satellite n'était qu'une image de Vénus.

II. En 1825, à Munich, Gruithuisen a observé le dernier le disque ombragé de Vénus, qui précédemment avait été visible à tous les astronomes; il n'y a pas longtemps que cet astronome est mort, et jusqu'à présent personne n'a attribué à une illusion d'optique l'éclairage du disque ombragé qui ne pouvait provenir que de son satellite.

III. Il y a vingt siècles, alors qu'Hipparque composait le catalogue des étoiles, et il y a trois siècles, époque où Copernic, Tycho, Képler faisaient de grandes découvertes en Europe et où de nombreux navires sillonnaient toutes les mers, peut-on supposer que personne n'aurait aperçu la lumière zodiacale, aujourd'hui aussi brillante que la Voie lactée, si elle eût existé avec un pareil éclat?

IV. Depuis le commencement de notre siècle, en sept ans on a découvert quatre microplanètes; les mêmes astronomes, à l'aide des mêmes instruments, et peut-être de meilleurs encore, ont persisté pendant trente-huit ans sans découvrir une seule microplanète. C'est depuis 1845 jusqu'au mois d'août 1866 qu'on a découvert quatre-vingt-cinq nouvelles microplanètes. Goldschmidt, Luther, Pogson, etc., qui ont découvert un grand nombre de planétoïdes, vivaient avant 1845. Faut-il supposer qu'ils n'ont fait aucune observation avant cette époque, ou que leurs yeux ne se sont ouverts qu'à compter de ce moment?

V. Enfin, personne ne peut contester qu'aujourd'hui tout comme du temps de Cassini la lumière zodiacale est sujette à mille vicissitudes; elle est différente d'une année à l'autre;

observée simultanément à Paris et à Genève, on ne l'a pas trouvée égale; elle n'est pas non plus égale tous les soirs dans le même pays. En comparant cet état de la lumière zodiacale avec celui de la surface solaire obscurcie par les taches, Cassini a suffisamment fait voir qu'il y a des corps entre la Terre et l'anneau $\alpha$ des météores. Ce sont donc les masses de ces corps *non éclairés* qui *font parfois écran* aux étendues plus ou moins grandes de l'anneau $\alpha$.

§ 545. **Corps obscurs faisant écran à l'anneau $\alpha$ des sélénométéores.** Les aérolithes et les nuées de poussière qui dans leur chute couvrent de grandes étendues de la surface du sol sont des corps qui circulent autour de la Terre, et ils ne peuvent tomber sur la Terre qu'après que leur mouvement orbiculaire s'est amorti, et cet amortissement est produit par la rencontre des autres corps dont le mouvement s'amortit également. De même on voit que la chute de la comète d'Encke sur le Soleil est préétablie, car elle est indiquée par la perte consécutive de son mouvement orbiculaire, perte opérée en égale quantité dans les météores rencontrés.

1° L'amortissement du mouvement orbiculaire d'un corps périphérique, et 2° la chute d'un corps périphérique sur son corps central sont deux faits inséparables. Dans l'amortissement du mouvement orbiculaire, la grande distance $d+2e$ de l'aphélie ou de l'apogée diminue jusqu'à la disparition de la double excentricité $2e$, et la distance $d$ du périhélie ou du périgée persiste; en même temps la pesanteur croît pendant la disparition de la distance $2e$. C'est dans cet accroissement de la pesanteur que consiste l'accroissement de la rupture d'équilibre du fluide barogène.

C'est cette accumulation de barogène provenant de l'approche de l'aphélie ou de l'apogée qui cause l'accroissement de la *force* qui augmente jusqu'à amener une rupture d'équilibre, et alors commence l'écoulement amenant la chute.

Dès que la double excentricité $2e$ s'amortit, le barogène

*b* arrive jusqu'au point de pouvoir s'écouler vers le corps central en y entraînant le corps qui, dans des amortissements répétés, a perdu son barogène *b'* du mouvement orbiculaire. L'écoulement du barogène *b* vers le corps central est l'*action* qui amène le *corps périphérique* sur son corps central.

Nous avons des preuves irrécusables qu'il existe des nuées de poussière et d'aérolithes qui circulent autour de la Terre avant leur chute; il s'ensuit que chaque fois qu'une ou plusieurs nuées de ce genre font écran à une partie de l'anneau *α* des météores éclairés, cette partie perd son éclat. En comparant ce mode d'obscurcissement de l'anneau aux taches solaires, Cassini trouvait de la ressemblance, sans cependant savoir ce qui produisait les taches ni ce qui faisait diminuer l'éclat de la lumière zodiacale.

§ 546. Une fois établi le mode d'obscurcissement de l'anneau *α* des sélénométéores par les nuées minéralogiques, on voit que de telles nuées ne peuvent manquer de circuler autour de chacune des quatre planètes intérieures qui toutes ont parcouru un grand nombre de périodes cométogoniques. A la fin de chaque période de ce genre, deux masses d'air se sont séparées des deux hémisphères en enlevant deux calottes de la couche superficielle de substances minérales peu différentes de celles qui se trouveraient à la surface de la Terre si elle n'était pas habitée.

I. **Cause de l'apparition de la lumière zodiacale.** Les sélénométéores qui circulent dans l'anneau *α* ont existé de tout temps; c'étaient des nuées de poussière très-étendues qui faisaient écran et empêchaient de voir les météores comme l'a justement reconnu Cassini.

II. **Cause de la disparition du satellite de Vénus.** C'est depuis un siècle que les nuées de poussière font écran au satellite de Vénus et empêchent les rayons d'arriver à la Terre ou les rayons solaires d'arriver sur le satellite. On ne connaît pas l'époque où cet écran s'éloignera et où les rayons du satellite recommenceront à arriver à la Terre ou les rayons solaires au satellite et de celui-ci à la Terre.

**III. Cause de la disparition du disque ombragé de Vénus.** Après la disparition du satellite, le disque de Vénus est resté visible plus d'un demi-siècle ; d'où l'on peut conclure que l'écran n'était pas entre le satellite et le Soleil, mais entre lui-même et la Terre. Cet écran est donc maintenant plus étendu pour se trouver entre Vénus et la Terre. Plusieurs faits observés alors sur la planète Vénus sont devenus plus tard invisibles (§ 191).

**IV. Cause de l'interruption des découvertes des microplanètes.** 1° Les nuées de poussière qui circulent autour de la Terre sont aussi nombreuses que les géocomètes ; elles circulent sur des orbites dont les plans correspondent à ceux des orbites cométaires. Ainsi ces nuées parcourent l'espace de tous les côtés en circulant autour de la Terre. 2° Les essaims de météores circulent avec les microplanètes.

1° Avant 1800, il y avait autour de la Terre des nuées qui interceptaient une quantité $q$ de rayons venant de toutes les autres parties de la voûte céleste autour de l'écliptique de même que de celles des microplanètes.

2° De 1801 à 1807, la quantité des rayons $q-q'$ interceptés a diminué et une faible apparition des microplanètes a commencé : on en a découvert quatre.

3° De 1808 à 1845, une autre nuée a produit l'interception de la quantité $q$ de rayons et les microplanètes ont dû disparaître de nouveau. Cette disparition a persisté jusqu'en 1845, sans cependant que l'obscurcissement fût assez grand pour rendre invisibles les quatre microplanètes dont la place était déjà connue.

4° Après 1845, les nuées de météores se sont raréfiées et des quantités inférieures de rayons $q-q''$ ont commencé à être interceptées pour qu'il arrive des quantités suffisantes pour rendre visibles les microplanètes dont les dimensions ne diffèrent pas perspectivement de celles des météores ou des graines d'alluvion composant les nuées.

§ 547. **Observations des aérolithes et des nuées de poussière.** Les chutes fréquentes d'aérolithes et de poussière prouvent qu'ils existent dans l'espace où ils circulent autour de la Terre sur des orbites différents. Si quelques astronomes ont observé ces corps, cela prouve incontestablement leur existence; je ne cite ici ces faits qu'à titre d'exemple. Je vais mentionner quelques-unes de ces observations.

1° Messier vit le 17 juin 1777, vers midi, un nombre prodigieux de globules noirs passer sur le Soleil pendant 5 minutes.

2° En 1547, il y a eu un tel obscurcissement du Soleil que les étoiles sont devenues visibles en plein midi. Képler voulut trouver la cause de ce phénomène d'abord dans l'interposition d'une *materia cometica*, puis dans un nuage noir que des émanations fuligineuses, sorties du corps même du Soleil, auraient contribué à former. Chledni et Schnurer attribuèrent le phénomène au passage de masses météoriques devant le disque du Soleil.

3° En 1706, le 12 mai, vers dix heures du matin, il fit tellement nuit que les chauves-souris se mirent à voler et qu'on fut obligé d'allumer les chandelles. Ermant et Petit attribuèrent ce phénomène à l'interposition d'une grande quantité d'astéroïdes entre la Terre et le Soleil.

4° En 1106, il y eut un obscurcissement pareil.

5° En 1208, le Soleil s'obscurcit pendant six heures.

6° En 1090, le Soleil s'obscurcit pendant trois heures.

7° On a très-fréquemment observé le passage de points noirs sur le disque du Soleil.

8° Enfin chacun a pu se rendre compte des bizarreries que quelques astronomes ont signalées dans les observations de faits qui sont imperceptibles pour les autres; mais souvent ces faits deviennent aussi imperceptibles pour ceux mêmes qui les ont observés. J'aborderai ces faits dans la section suivante.

# CHAPITRE II.

## CHUTE DES AÉROLITHES ET NUÉES DE POUSSIÈRE AVEC OU SANS MÉTÉORES.

§ 548. I. Les éléments chimiques des corps terrestres ne diffèrent pas de ceux des corps qui tombent sur la Terre après que leur mouvement orbiculaire a été amorti.

II. La composition minéralogique des corps de la couche superficielle de la Terre dans son état primitif ne diffère pas de celle des corps qui tombent sous forme d'aérolithes ou de poussière.

III. D'après la loi de la Mécanique, peuvent seuls tomber sur la Terre les corps circulant autour d'elle après que leur mouvement orbiculaire a été amorti.

IV. D'après la loi physique, le mouvement orbiculaire d'un corps ne peut être amorti que dans les rencontres avec d'autres corps dont une égale quantité de mouvement orbiculaire est en même temps amorti.

V. D'après les éléments des mouvements orbiculaires, les corps d'une origine commune circulent sur des orbites isolés les uns des autres, de sorte qu'il est impossible qu'ils viennent à se rencontrer. Les éléments des mouvements orbiculaires des météores, des aérolithes, des nuées de poussière sont donc différents. Les chutes, 1° des météores avec aérolithes, 2° des météores seuls ou 3° des aérolithes seuls avec des nuées de poussière, ne peuvent servir qu'à titre d'exemple, et non comme preuve des faits déduits des lois ci-dessus exposées. Ainsi, on a trouvé :

1° Que sur le nombre total de 800 bolides observés, il n'y en a eu que 35 qui ont été accompagnés d'aérolithes, d'où il résulte qu'il y a un grand nombre de bolides sans aérolithes;

2° Qu'il est tombé un grand nombre d'aérolithes et beaucoup de poussière non accompagnés de bolides qui sont des météores. Le 16 septembre 1843, à Kleinwenden, en Thuringe, il est tombé un aérolithe qui n'était accompagné d'aucun météore.

Telles sont les données d'après lesquelles on peut coordonner les faits liés entre eux comme causes et effets par la loi physique sans qu'il soit besoin d'hypothèses et sans que ces faits puissent être contestés par personne.

Pour se faire une idée complète et exacte des aérolithes et des nuées de poussière, il faut savoir : 1° comment se séparent les corps composant la couche superficielle de la Terre pour se trouver éloignés jusqu'à une certaine distance, et puis 2° pourquoi ils s'arrêtent pour circuler autour de l'axe terrestre et autour de son centre comme ils circulaient avant leur séparation.

Au commencement du siècle, Olbers, Laplace, Poisson, Biot, etc., ont calculé la force exercée par le volcan Terzago en 1660, pendant son éruption sur les pierres expulsées, et ils ont trouvé pour résultat que les aérolithes furent des portions de la Lune expulsées à des époques éloignées où ses volcans n'étaient pas encore éteints. Pour soutenir cette hypothèse, les susdits astronomes et physiciens rapportèrent l'absence de fer oxydé dans les aérolithes, état correspondant à l'absence d'une atmosphère de la Lune. Après avoir commis une première erreur en attribuant les aérolithes aux volcans de la Lune, ils devaient inévitablement en commettre encore une ou plusieurs autres.

1° Dans les fournaises volcaniques, le fer serait à l'état métallique et non oxydé.

2° La structure minéralogique des aérolithes et des nuées

de poussière ne permet pas d'y méconnaître celle des minerais de la couche superficielle de la Terre à une époque antérieure.

3° Il n'y a aucun aérolithe d'origine volcanique.

C'est Mohs qui, en prouvant l'absence de traces volcaniques, a attiré l'attention sur la composition minéralogique des aérolithes qui ne diffère pas de celle des minerais de la couche superficielle de la Terre. Toute la difficulté se réduisait à faire connaître comment ces corps s'étaient séparés de la Terre, et Mohs n'était pas en état de résoudre ce grand problème.

Enfin, pour prévenir toute objection, quelques astronomes disent que les météorites sont d'origine cosmique; d'autres les font provenir des éléments des bolides qui, en diminuant de volume, se rapprochent du sol, et c'est à leur disparition que seraient dus les aérolithes. Quant aux nuées de poussière, on n'a émis aucune hypothèse à leur égard.

J'expose ici dans un ordre chronologique : 1° les sélénométéores dont il a été question dans le chapitre précédent et la séparation simultanée de la Terre de deux masses d'air et d'une couche superficielle de terreaux ; 2° les rencontres des météores avec les terreaux jusqu'à l'amortissement complet de leur mouvement orbiculaire pour en déterminer la chute; 3° le mode de destruction des météores et leur transformation en vapeur ; 4° le mode de production de lumière, de chaleur et de bruit; 5° enfin un certain nombre d'accidents produits par les aérolithes et rapportés à titre d'exemples.

Lorsqu'on ignorait comment des masses d'air se séparent de la Terre pour se transformer en comètes, des masses de terreaux pour devenir des aérolithes et des nuées de poussière pour retomber à des époques différentes, on se bornait à exposer les détails observés dans la chute des aérolithes et des nuées de poussière seuls ou avec des bolides dont la nature était entièrement inconnue.

L'*Astronomie populaire* d'Arago contient un catalogue des 206 chutes d'aérolithes et de poussière dont la date a été constatée. Ces chutes sont rapportées dans le tableau suivant :

| Mois. | Nombre des chutes. | Mois. | Nombre des chutes. |
|---|---|---|---|
| Janvier............. | 14 | Juillet............. | 23 |
| Février............. | 10 | Août............... | 16 |
| Mars............... | 22 | Septembre.......... | 17 |
| Avril............... | 15 | Octobre............ | 18 |
| Mai................ | 20 | Novembre........... | 20 |
| Juin................ | 18 | Décembre........... | 13 |

La différence entre les nombres 99 et 107 a diminué depuis que 6 aérolithes sont tombés dans le département de l'Aube en mai 1866, de sorte qu'il manque une périodicité annuelle des chutes des aérolithes. La périodicité des étoiles et des météores que l'on voit sous forme de bolides sans qu'ils approchent assez de la Terre pour être détruits, est, au contraire, très-prononcée.

### I. MODE DE SÉPARATION DE LA COUCHE SUPERFICIELLE DE LA TERRE A LA FIN DE CHAQUE PÉRIODE COMÉTOGONIQUE.

§ 549. Dans la section précédente, j'ai montré comment les deux aérocônes se sont séparés de la Terre à la fin de chaque période cométogonique; dans le volume suivant, je ferai voir comment se produisent les terrains ignés composant le squelette de la Terre et comment se forment les métaux et les minerais contenus dans la couche superficielle de la Terre à la fin de chaque période cométogonique.

Il ne reste qu'à déduire du mouvement orbiculaire de ces minerais les éléments de ce mouvement, car ces éléments conduisent infailliblement à leur origine.

La chute des aérolithes seuls ou avec des météores ne permet pas de douter qu'ils circulent sur des orbites qui se croisent entre eux et avec ceux des météores, car autrement il est impossible que le mouvement orbiculaire s'amortisse.

Si les minerais ne se séparaient qu'une fois de la couche superficielle de la Terre, la chute des aérolithes serait toujours produite par des rencontres avec des météores. Les chutes fréquentes des aérolithes isolés font voir : 1° qu'ils circulent sur des orbites qui se croisent, et par suite, 2° que les couches de minerais se sont plusieurs fois séparées de la surface terrestre.

D'après la loi physique, il a dû exister primitivement une action et une force pour que cette séparation s'effectuât. L'*action* est l'écoulement du fluide, la *force* est la rupture d'équilibre qui précède l'action. C'est quand des masses d'air se sont séparées de la Terre que se sont accumulés les éléments négatifs électriques $\bar{E}$ qui se trouvent repoussés avec la masse d'air par la masse du squelette de la Terre, afin que la couche superficielle reste entre cette masse du squelette et les deux aérocônes.

§ 550. **Origine de la force ou de la rupture d'équilibre.** Dans le principe, au commencement de la vie géologique, la Terre était un globe de glace exposé aux rayons solaires composés d'atomes de lumière $\overset{+}{E}^2\bar{E}$ et de chaleur $\overset{+}{E}\bar{E}^2$. La lumière se dispersait comme elle le fait actuellement; les atomes de chaleur se décomposèrent pour que l'élément positif $\overset{+}{E}$ se combine avec l'élément négatif $\bar{O}$ de l'eau; en même temps les deux éléments négatifs $\bar{E}^2$ restèrent ensemble avec les éléments des quatre atomes d'eau dont s'est séparé l'oxygène. C'est ainsi qu'a été formé l'atome double d'azote, lequel mêlé avec l'atome d'oxygène est l'air

$$H^4O^4 + \overset{+}{E}\bar{E}^2 = H^3O^3H\bar{E}^2 + O\overset{+}{E} = Az^2 + \dot{O} = \text{air}.$$

L'arrivée continuelle de rayons solaires aux éléments de l'eau faisait croître la masse d'air des deux aérocônes et en même temps que la masse des éléments négatifs $\bar{E}$ qui se trouvaient en excédant dans l'azote.

Les éléments matériels de l'air éprouvaient dans leur rotation une poussée de la part du squelette terrestre comme ils l'éprouvent encore aujourd'hui; les éléments électriques négatifs $\bar{E}$, par la tendance de leur expansion, exercent une poussée divergente, 1° contre le squelette de la Terre en direction centripète, et 2° contre la couche superficielle de la Terre en même temps que contre l'air des deux aérocônes en direction centrifuge.

Cette poussée centrifuge ne croît plus dans l'atmosphère depuis l'époque où il devint possible aux éléments de se combiner de manière que l'eau fût reproduite. Avant cette époque, il ne tombait pas de pluie, la masse d'air augmentait toujours; il y avait aussi augmentation de la poussée répulsive R exercée par les éléments $\bar{E}$, dont la quantité Q augmentait, et avec elle augmentaient : 1° la poussée centrifuge $R'$ exercée contre les aérocônes avec la couche superficielle de la Terre, et 2° la poussée centripète $P'$ exercée contre le squelette de la Terre. Telle est la force ou la cause de la rupture d'équilibre qui, pendant la durée de chaque période cométogonique, se trouva augmentée jusqu'au point de vaincre la pesanteur par la suppression d'une partie de la vitesse de rotation.

Ce point une fois atteint, l'action apparut, action qui n'est que l'expansion de la quantité $2Q\bar{E}$ d'éléments négatifs dont, 1° une moitié se propagea en direction centripète contre le mouvement rotatoire du squelette pour y amortir une partie de son mouvement rotatoire; 2° l'autre moitié $Q\bar{E}$ de ces éléments se subdivisa en deux autres moitiés, lesquelles exercèrent des poussées centrifuges contre les deux aérocônes et contre les deux calottes de la couche superficielle de la Terre.

§ 551. **Résultat de l'action.** La rotation de la Terre et des trois autres planètes intérieures avait, dans le principe, une vitesse comparable à celle des quatre planètes extérieures; cette vitesse s'amortit, non comme le mouvement orbiculaire opéré dans les rencontres des deux corps, mais son amortissement fut dû à la translation d'une partie de ce mouvement au moyen des éléments QĒ, 1° dans les masses minérales situées dans la couche superficielle de la Terre, et 2° *dans les masses d'air des deux aérocônes qui se trouvaient* déjà à une distance considérable du centre de la Terre dans le prolongement des extrémités de son axe.

Les deux aérocônes ont éprouvé la même répulsion centrifuge R que les masses minérales M de la couche superficielle de la Terre; mais ces masses avaient éprouvé précédemment une grande poussée centripète P de la pesanteur ou du barogène **b**, tandis que les deux aérocônes éprouvaient une faible poussée *p* de la part du barogène *b*.

Les deux aérocônes furent forcés par les éléments $\frac{1}{2}$QĒ qui par leur expansion exercèrent la répulsion R et firent parcourir aux aérocônes la grande distance D à cause de la faible pesanteur *p*. A cette distance, la pesanteur $p+p'$, se trouva vers le Soleil supérieure à celle *p* vers la Terre, et il en résulta un mouvement orbiculaire autour du Soleil.

Les deux calottes de masse minérale enlevées des deux hémisphères éprouvèrent la même répulsion R de l'expansion des éléments électriques $\frac{1}{2}$QĒ. Cette masse minérale étant d'un poids spécifique 2000 fois plus grand que celui des aérocônes, la distance *d* parcourue par cette masse minérale a été 2000 fois moindre que la distance D. Les minerais repoussés par la pesanteur $p+p'$ vers la Terre et par la pesanteur *p* vers le Soleil se trouvèrent à la distance *d*. Ces minerais continuèrent ainsi à circuler autour de la Terre.

Le nombre *n* des couples des géocomètes est celui des périodes cométogoniques; le nombre 2*n* des géocomètes correspond à celui des calottes des masses minérales enlevées de chaque hémisphère à la fin de chaque période cométogonique. Chacune de ces calottes produit des nuées de terreaux nommées *géonéphélées* (γῆ, terre; νεφέλη, nuée); ainsi, de même qu'il y a des centaines de géocomètes, il y a aussi des centaines de géonéphèles. De même que les comètes des cinq familles circulent sur des orbites qui peuvent se croiser avec ceux des planètes et des autres comètes, de même les géonéphèles circulent autour de la Terre sur des orbites qui se croisent entre eux et avec les orbites des sélénométéores qui circulent aussi autour de la Terre, mais sur des orbites isolés les uns des autres.

§ 552. **Diminution du poids de la Terre.** Le poids de la Terre et la production des corps qui s'en sont séparés ont diminué à trois différentes périodes.

I. Pendant la vie astronomique de la Terre et quand elle n'était encore qu'une bande de masse empyrée, les géométéores des molécules superficielles de cette masse furent produits. Cette production persista tout le temps que les molécules de masse empyrée se trouvèrent entre elles en équilibre rompu par rapport à leur pesanteur locale.

II. Après que l'équilibre entre les molécules de la masse empyrée se fut établi, la Terre se trouva dans un état comparable à l'état actuel du Soleil. Sa masse empyrée était contenue dans une enveloppe solide de glace. Ainsi, la Terre devint capable d'expulser des jets de sa masse empyrée qui produisit les sélénométéores pendant le laps de temps qui s'écoula jusqu'à ce que l'équilibre s'établit entre les molécules des jets de la masse empyrée. Chaque jet acquit alors une enveloppe de glace, ce qui occasionna la dimension et la forme actuelle de la Lune et des autres satellites.

III. Pendant la vie géologique de la Terre, époque où elle n'était pas arrosée par les pluies, les masses d'air produites par l'eau et les atomes de chaleur s'accumulaient dans les deux prolongements de l'axe terrestre. Les minerais se formaient par la fermentation séculaire des substances végétales, comme cela arrive encore aujourd'hui. A la fin de chaque période cométogonique, la Terre perdait le poids

$2p$ des deux aérocônes et le poids $2p'$ des deux calottes de masse minérale.

§ 553. **Accroissement du poids de la Terre.** Depuis l'époque $e$ de la fin de la première période cométogonique, il s'est écoulé un certain laps de temps jusqu'à l'époque $e'$ où le mouvement orbiculaire des minerais et des météores vint à s'amortir; c'est ainsi que commença le retour des minerais sur la Terre, retour opéré avec les sélénométéores. 1° Les minerais reviennent sur la Terre dans le même état où ils se trouvaient à leur départ. 2° Les météores se détruisent, se transforment en vapeur qui apparaît en forme de nuages; c'est cette vapeur, condensée en gouttelettes d'eau, qui arrive à la Terre et s'y fixe pour toujours.

Depuis l'époque $e'$, il s'écoulera un certain laps de temps jusqu'à l'époque $e''$ où toute la masse M de minerais séparés de la Terre y retournera en amenant un poids égal $p$ des molécules de sélénométéores. A cette époque reculée $e''$, la Terre acquerra un maximum de poids presque équivalent à celui P qu'elle avait dans le commencement de sa vie géologique; car le poids qu'elle avait perdu dans les géocomètes lui sera à peu près rendu par celui des sélénométéores conduits à la Terre par la masse M des minerais.

## II. MODE DE PRODUCTION DES FAITS PENDANT LA CHUTE DES MÉTÉOROLITHES (1) ET DES MÉTÉORES.

§ 554. Il y a des corps composés de météores et de minerais, mais c'est postérieurement qu'ils sont devenus tels, et ce n'est pas leur état primitif; en effet, un minerai et un météore sont trop différents pour avoir été produits en-

(1) Le mot *météorolithe* signifie un corps composé d'un météore et d'une pierre. Dans l'espace ou dans l'air et seulement avant d'arriver au sol de pareils corps peuvent exister, car les météores n'atteignent jamais le sol; ils se détruisent dans l'atmosphère et les pierres se précipitent sur le sol.

semble l'un à côté de l'autre. Un tel corps météore ou aérolithe isolé sur un orbite ne perdrait jamais son mouvement orbiculaire pour commencer à obéir à la pesanteur seule qui l'amène vers le sol.

Les sélénométéores circulaient autour de la Terre sur des orbites isolés quand les minerais arrivèrent pour y circuler aussi, avec cette différence que c'était sur des orbites qui ne sont pas isolés, mais qui se croisent avec ceux des sélénométéores. Il s'ensuit que les minerais devaient inévitablement se rencontrer avec les météores très-volumineux et très-fragiles à cause de leur poids imperceptible. Ordinairement les minerais traversent d'abord et laissent les météores transpercés en éprouvant un égal amortissement de mouvement.

Les météores transpercés ayant perdu une partie de leur mouvement se déplacent de leur orbite primitif et arrivent ainsi à se rencontrer avec d'autres météores auxquels ils s'attachent en éprouvant un nouvel amortissement de mouvement. C'est ainsi qu'ont été produits les *polyméléores* qui sont des corps composés de plusieurs météores; c'est quand tout leur mouvement orbiculaire a été amorti que leur chute devient inévitable, et alors, obéissant à la poussée du barogène, ils s'abaissent vers la Terre.

Au delà de l'atmosphère dans le vide, la vitesse de la chute des météores et des minerais est égale; dans l'atmosphère, la chute des minerais continue, tandis que celle des météores ne dépasse pas les couches inférieures les moins raréfiées de l'air.

La vitesse de leur abaissement se ralentit, leur destruction s'avance, leur volume diminue, leur clarté augmente. Il y a souvent une traînée de vapeur et d'étincelles ou de vapeur seule; il arrive rarement qu'on entende un bruit.

Dans les météorolithes, on retrouve toute la série des faits observés dans les polyméléores, il n'y a que la masse minérale qui est amenée sur le sol après la disparition du polyméléore. 4 à 10 minutes après que cette disparition s'est effectuée à une faible distance, on entend quelquefois un grand bruit dont l'intensité correspond à la faible distance du point où a disparu le météore; mais la durée de 4 à 10 minutes est toujours trop longue si on la prend pour base de la distance du point où s'est produit le bruit, en supposant que ce bruit se soit produit au moment où le météore a disparu en parcourant 320 mètres par seconde.

Les nuées de poussière flottent dans l'atmosphère, et elles sont amenées sur le sol par les pluies ou par la neige qui se forment par la combinaison des deux éléments de l'air. La chute des nuées de minerais est quelquefois accompagnée de météores d'une très-grande étendue, et d'autres fois il n'y a pas de météores, comme cela a lieu dans la chute des aérolithes.

Les accidents produits par les aérolithes isolés correspondent à leur poids; ceux produits par les météorolithes correspondent également à leur poids, ainsi qu'à leur température élevée, température due à l'électricité des enveloppes des ballons dont les météores sont composés. On voit ainsi que ce n'est pas le frottement contre l'air qui engendre l'énorme quantité d'électricité qui se présente comme lumière et comme chaleur, lumière et chaleur que n'ont pas les aérolithes isolés, car ils tombent sans être vus et, au cas où on les aperçoit, on les trouve froids.

Les expériences de physique elles-mêmes ne permettent plus une semblable hypothèse, parce que jamais il ne s'est produit de lumière au moyen du mouvement des corps dans l'air. La plus grande vitesse a été trouvée au moyen de l'appareil que Fizeau a employé pour mesurer la vitesse de la lumière, et cependant il ne s'est produit aucune lumière par ce moyen.

### A. Origine de l'électricité des météores.

§ 555. 1° L'absence de poids sensible ne permet pas de douter que les météores volumineux ne soient composés de gros ballons vides ayant une enveloppe extrêmement mince.

2° Le mouvement orbiculaire des sélénométéores fait voir qu'ils ont été formés par des molécules séparées de la surface de la masse empyrée dont a été formée la Lune. Les ballons qui composent les sélénométéores ne diffèrent donc des vésicules de vapeur que par leur dimension.

3° Les éléments matériels qui composent les enveloppes des ballons des météores ne diffèrent pas des éléments matériels composant les enveloppes des vésicules de vapeur qui flottent dans l'atmosphère, et apparaissent sous forme de nuées quand telles nuées sont abondantes. C'est l'identité des nuées produites par les météores ou par la vapeur d'eau qui prouve incontestablement que les météores sont composés par les éléments de l'eau.

Le mouvement orbiculaire des sélénométéores dans un espace annulaire autour de l'orbite de la Lune nous fait voir que celle-ci est restée composée des éléments de l'eau à cause de l'absence d'une atmosphère. Or une atmosphère est d'une nécessité absolue pour qu'il se produise des plantes dans lesquelles se forme le carbone, qui est l'élément commun de tous les minerais ; car c'est à l'aide d'une fermentation très-lente des substances végétales que les minerais se forment même encore aujourd'hui à la surface de la Terre dont le niveau s'élève de 1 mètre par 1000 ans, ou de 1 millimètre par an.

Dans la production des vésicules par l'ébullition de l'eau la chaleur devient latente, parce que chaque vésicule est composée d'une enveloppe soutenant à l'état latent les éléments $\bar{E}\bar{E}^2$ d'un atome de chaleur; l'élément positif $\bar{E}$ est dans la face intérieure de l'enveloppe, et le double atome $\bar{E}$ négatif est dans la face extérieure de cette enveloppe. Ainsi, au lieu d'eau et de chaleur, on obtient des vésicules vides de vapeur; il suffit de déchirer leur enveloppe pour retrouver l'eau et la chaleur.

A une température au-dessous de zéro, un élément négatif se sépare de la surface de l'enveloppe des vésicules, et il y reste les éléments $3q\ddot{E}$ et $3q\bar{E}$ de l'électricité neutre. 1° Les flocons de neige sont composés de milliers d'enveloppes gelées ayant la dimension $0^{mm},01$ soutenant les deux éléments de l'électricité neutre. 2° Les météores ne sont autre chose que de gros flocons composés de ballons de 1 mètre de diamètre soutenant les deux électricités à l'état latent dans les deux faces des enveloppes (*Physique*, t. III, p. 339).

Quand la neige tombe en abondance, la nuit la plus obscure devient claire comme lorsque la Lune est dans son plein; en même temps le froid diminue, parce que les deux électricités latentes sont mises en liberté par la rupture des enveloppes des vésicules. La lumière et la chaleur que produit une chute abondante de neige pendant la nuit sont dues à l'électricité soutenue à l'état latent dans les deux faces des enveloppes des ballons.

Pendant que les météores s'avancent vers le sol, leur poids spécifique devient, dans la couche inférieure de l'air, inférieur à celui de cette couche. La pression de l'air y arrive à un degré suffisant pour briser les enveloppes, ainsi qu'elle le fait sur la vessie qui renferme un récipient dont on isole l'air. Les deux électricités $3q\ddot{E}$, $3q\bar{E}$, devenues libres en se rencontrant, se combinent, comme dans l'arc voltaïque, pour produire des atomes nombreux de chaleur et de lumière

$$3q\ddot{E} + 3q\bar{E} = q\ddot{E}^2\bar{E} + q\ddot{E}\bar{E}^2 = q\varphi + q\theta.$$

La lumière $q\ddot{E}^2\bar{E}$ se disperse; une partie de la chaleur $q\ddot{E}\bar{E}^2$ se disperse avec la lumière, et le reste se combine avec les fragments de glace des enveloppes brisées et les transforme en vapeur, et cette vapeur apparaît en forme de nuée. A l'appui de ce que j'avance, je vais donner les détails d'un des météores les mieux observés.

Le 12 février 1836, à 6 heures 27 minutes du matin, un météore a été aperçu de Cherbourg, dans la direction de l'est. Sa forme était celle d'une grosse boule enflammée; à l'œil nu, elle paraissait avoir le diamètre de la Lune dans son plein; elle était de couleur pourpre; la boule jetait une lumière plus vive que celle de la Lune, car on pouvait lire dans la rue. Dans le météore, on voyait une cavité très-ombrée d'où s'échappait une vapeur pâle mêlée d'étincelles. Ce météore était entouré d'un cercle vaporeux formant une bande assez large, et dont la couleur blanchâtre n'était obscurcie sur un seul point que par la forte vapeur qu'exhalait le météore. Il paraissait n'être qu'à 200 à 300 mètres au-dessus du sommet des collines sur lesquelles il planait.

Au moment de son apparition à Cherbourg, il ne parcourait qu'une demi-lieue par minute et avait un mouvement bien marqué de rotation sur son axe; il parut même s'arrêter un instant, puis il s'éloigna avec la vitesse d'un trait, produisant un léger craquement dans l'air, et alla disparaître à environ 12 lieues de là, près d'un marais, dans la commune d'Orval, où il s'avança en faisant entendre un bruit semblable à l'explosion de plusieurs pièces d'artillerie, en en répandant une odeur sulfureuse.

Dans ce trajet, marqué dans l'atmosphère par un long sillon grisâtre de vapeur, le météore laissait après lui une bande de nuée blanche qui avait d'abord la largeur du diamètre du cercle vaporeux entourant le météore et qui, se rétrécissant en ligne droite pour se terminer en pointe, affectait parfaitement la figure d'un triangle isocèle.

§ 556. **Explication des faits observés.** Parmi les nombreux détails exposés ici dans leur ordre chronologique, il y en a quelques-uns que l'on peut observer à chaque chute des météores, mais avec des nuances diverses.

La lenteur avec laquelle ces faits se sont produits a permis d'en bien fixer l'ordre, l'état physique et les degrés, et l'on a trouvé ainsi une grande facilité pour coordonner ces faits et mettre dans toute leur évidence le mode de production.

**Production de vapeur par la disparition du météore.** Les enveloppes des ballons brisées se trouvaient à une température élevée produite par la combinaison des éléments électriques $3q\overset{+}{E}$, $3q\overset{-}{E}$, d'abord soutenus à l'état latent, puis combinés sous forme d'atomes de chaleur $q\overset{+}{E}\overset{-}{E}^2$ et de lumière $q\overset{+}{E}^2\overset{-}{E}$, comme dans l'arc voltaïque. Les fragments glaciaux des enveloppes transformés en vapeur s'échappaient de la cavité sous forme d'étincelles, à cause de la lumière qui continuait de s'y produire.

La vapeur produite par les éléments du météore formait autour de la cavité un large anneau comparable à une vaste chaudière des bords de laquelle s'échapperait la vapeur. En admettant l'existence d'une telle chaudière sur le chemin de fer, on aurait la reproduction du fait observé dans le météore. Après que la chaudière aurait été retirée, la vapeur produite resterait en place et se dissiperait lentement, puis apparaîtrait un cône de vapeur ayant sa base au fond de la chaudière et son sommet à une distance considérable. L'amincissement du cône vers le sommet prouve manifestement que la vapeur s'est dispersée, et cette vapeur ne diffère en rien de celle qui s'échappe des chaudières de chemins de fer.

L'excavation du gros météore et la production de la vapeur sont deux faits connexes entre eux qui ne diffèrent que par la manière dont l'eau diminue dans la chaudière pendant que la vapeur s'éloigne. D'abord la chaudière est pleine d'eau et le magasin de charbon est plein, puis peu après l'eau et le charbon disparaissent. De même à l'extrémité de l'atmosphère arrive le météore composé de millions de ballons dont les enveloppes minces consistent en de l'eau gelée; les deux électricités sont dans les deux surfaces des enveloppes.

1° L'eau de la chaudière correspond à l'eau gelée des enveloppes des ballons.

2° Le charbon $qC\bar{E}^2$ correspond à l'électricité négative $3q\bar{E}$.

3° L'oxygène de l'air $3q\bar{O}\overset{+}{E}$ correspond à l'électricité positive $3q\overset{+}{E}$.

4° La combustion n'est, dans les deux cas, que la combinaison des éléments $3q\overset{+}{E} + 3q\bar{E}$ et que la production des atomes de lumière et des atomes de chaleur $3q\overset{+}{E} + 3q\bar{E} = q\overset{+}{E}^2E + q\overset{+}{E}\bar{E}^2$.

5° Les atomes de lumière se dispersent; les atomes de chaleur $q\overset{+}{E}\bar{E}^2$ se décomposent en éléments électriques pour passer à l'état latent; les éléments positifs $q'\overset{+}{E}$ sont soutenus dans la face intérieure des enveloppes de vésicules de vapeur, et les doubles éléments négatifs $q'\bar{E}^2$ sont soutenus dans la surface extérieure des enveloppes. Leur congélation résulte de l'éloignement d'une moitié $q\bar{E}$ d'éléments négatifs et les éléments $3q'\overset{+}{E}$, $3q'\bar{E}$ des deux surfaces de vésicules restent à l'état latent comme dans les météores.

6° La rotation du météore et son mouvement d'une vitesse très-faible résultaient de l'air qui portait le météore; le faible poids spécifique de celui-ci ne lui permettait pas de fendre la couche inférieure de l'air pour atteindre le sol. Si le météore eût porté un aérolithe, il se serait abaissé directement vers le sol en se détruisant. C'est l'absence d'aérolithe qui permettait au météore de flotter à une petite distance du sol, car au point où il s'anéantit et où le bruit a été perçu et l'odeur sentie, il ne s'est trouvé aucun aérolithe.

7° L'odeur sulfureuse est produite par l'électricité négative, ainsi que je l'ai démontré dans la *Physique* (t. II, p. 692).

8° Le mode de production du bruit est exposé séparément ci-dessous.

### B. MODE DE PRODUCTION DES BRUITS ET DES ODEURS PAR LES ÉLÉMENTS ÉLECTRIQUES DES MÉTÉORES.

§ 557. La disparition des sons dans le vide fit reconnaître l'identité des ondes aériennes avec les ondes sonores. Quant aux odeurs qui persistent dans le vide, on admet que les particules matérielles des corps odorants se dispersent. Les physiciens ont supposé que les organes des sens étaient faits pour recevoir les fluides. J'ai prouvé : 1° dans le cinquième livre de la *Physique*, que les ondes sonores sont composées des sept éléments qui forment l'électricité positive ; 2° dans le t. II, p. 695, que les ondes odorantes sont composées des sept éléments qui forment l'électricité négative.

J'ai démontré que les organes de sens ont été produits par les fluides déjà existants, de sorte que dans le nombre des sens on trouve la preuve du nombre des fluides impondérables qui ont produit les organes.

**Chaleur et lumière.** Ces deux fluides, composés des atomes $\overset{+}{E}\bar{E}^2$ et $\overset{+}{E}^3\bar{E}$, ont produit les organes des sens qui sont l'épiderme et l'œil. Dans l'œil se trouve l'appareil propre à distinguer les sept espèces d'ondes indiquant par leur longueur l'espèce des sept couleurs ; cet appareil manque dans l'épiderme.

**Bruit et odeur.** Chaque élément électrique positif $\overset{+}{E}$ ou négatif $\bar{E}$ est composé de sept autres éléments nommés primitifs, composés de pycnoélectre ou d'aréoélectre, et indiqués par $a + b + c + d + e + f + g = \overset{+}{E}$ et $\alpha + \beta + \gamma + \delta + \varepsilon + \zeta + \eta = \bar{E}$ (t. I, p. 13).

1° Les ondes de sept espèces d'éléments $a$, $b$, $c$... ont produit l'organe de l'ouïe avec l'appareil propre à distinguer la longueur des ondes de chaque espèce.

2° Les ondes de sept espèces d'éléments $\alpha$, $\beta$, $\gamma$... ont produit le sens de l'odorat avec l'appareil à sentir la longueur des ondes de chaque espèce.

**Saveur.** C'est l'inégalité de l'état électrique entre le nerf de la langue et les aliments qui produit des ondes dont l'appareil du sens de la saveur peut distinguer la longueur.

**Poids ou barogène.** Le fluide barogène est simple; ses ondes ne diffèrent pas par leur longueur, mais par leur densité. Les filets des muscles composés de globules sont l'appareil qui sert à déterminer cette densité. Ces filets, chargés d'électricité conduite par le nerf, prennent une forme aplatie, et il en résulte une contraction du muscle. Le poids est senti par la quantité d'électricité amenée par le nerf pour produire sur le muscle une contraction suffisante pour vaincre la poussée exercée de la part du barogène B de l'espace contre le barogène β contenu dans le corps. (Voir *Physique*, livres IV et V.)

**Mode de production des éléments du bruit et de l'odeur dans les météores.** Les éléments électriques amenés avec les météores à l'état latent produisent, en se combinant, les atomes dont sont composés les fluides lumière et chaleur observés pendant tout le temps que le météore et la vapeur sont visibles.

Les éléments électriques $\overset{+}{E}$, $\overset{-}{E}$ décomposés en leurs éléments primitifs $a, b, c... \alpha, \beta, \gamma...$ engendrent les fluides dont les ondes produisent, 1° les unes des bruits et 2° les autres des odeurs. C'est donc depuis que la production des atomes de chaleur et de lumière a été interceptée qu'ont commencé à se produire des fluides composés des éléments primitifs obtenus par la décomposition des éléments électriques existants $q\overset{+}{E}$, $q'\overset{-}{E}$ qui ne sont plus en égale quantité, et c'est pour cela que la production de lumière et de chaleur est devenue impossible.

La destruction des enveloppes des ballons persiste; les éléments électriques $q\overset{+}{E}$, $q'\overset{-}{E}$, au lieu de se combiner, se décomposent, et il en résulte des éléments primitifs des deux fluides pycnoélectre et aréoélectre. Ces derniers, par leur expansion, produisent des ondes odorantes, et les autres, composés de pionoélectre par leur expansion également, produisent des ondes sonores.

Pour se convaincre que cette explication n'est pas en quelque sorte une description des faits, le lecteur n'a qu'à consulter la *Physique*, où il trouvera tous les détails relatifs à la production des sept sons et des sept espèces d'odeurs.

### C. Du rapport inconstant entre les bruits et l'existence d'aérolithes.

§ 558. Dans la relation que j'ai faite d'un météore observé à Cherbourg, j'ai dit qu'on avait entendu des craquements dans cette ville, et que 12 lieues plus loin on avait entendu un bruit comparable à celui de plusieurs pièces d'artillerie.

Le 30 mai 1866, il est tombé deux météores lithophores; de chacun d'eux se sont échappés de trois aérolithes qu'on a trouvés. L'un est tombé dans l'Aube, à trois heures du matin, les deux autres sur le territoire de Saint-Mesmin, dans le département de l'Aube, à 4 heures 45 minutes du matin.

Dans l'Aube, on a trouvé trois aérolithes. Il y avait entre le premier et le deuxième une distance de 1800 mètres et une de 1500 mètres entre le troisième et le premier.

A Saint-Mesmin, la première pierre trouvée pesait 4 kilogrammes 200 grammes; la deuxième, trouvée à une distance de 660 mètres, pesait 2 kilogrammes 910 grammes. La troisième pierre a été trouvée à des distances de 1432 et 1850 mètres des deux précédentes.

Dans l'Aube, on vit du feu se précipiter sur le sol avec accompagnement d'une traînée de vapeur.

Entre Mesgrigny et Payns, une masse lumineuse parcourut l'espace avec une grande vitesse en répandant au loin une vive clarté.

Dans l'Aube, on entendit une détonation décroissante; un sifflement se fit entendre, et un homme qui passait à

66 mètres de distance de l'endroit où la pierre a été trouvée, en éprouva un étourdissement qui se prolongea pendant une heure.

Dans l'autre station, peu d'instants après l'apparition du météore et avant qu'il fût éteint, on entendit trois fortes détonations à une ou deux secondes d'intervalle. Ces détonations furent suivies de plusieurs autres plus faibles, puis on distingua un fort grondement analogue à celui du tonnerre. La lumière a été aperçue et les bruits ont été entendus par diverses personnes entre Montereau et Payns, sur une étendue de 70 kilomètres. A la suite de la détonation, la langue de feu susmentionnée s'étend vers la Terre.

§ 559. **Explication**. Quand le grand polymétéore, composé de plusieurs autres qui portaient des aérolithes, eut été détruit par suite de la rupture des enveloppes de ses ballons, il se divisa en deux parties, dont la plus petite devint visible vers trois heures, et l'autre une heure trois quarts plus tard. Cette division des polymétéores s'observe fréquemment ; Liais a vu même la moitié produite par la division d'un polymétéore se subdiviser. En pareil cas, les deux météores divergent pour former un grand angle ; cette divergence sert à faire voir qu'il se produit de la vapeur, et c'est cette vapeur qui fait 1° que les deux météores séparés s'éloignent l'un de l'autre ou 2° que le météore tourne.

Le polymétéore postérieur le plus gros était composé de trois météores lithophores, qui se séparèrent au moment où les trois bruits se firent entendre.

La présence des bruits et l'absence de l'odeur nous fait voir que les observateurs se trouvaient à des distances qui les mettaient à la portée des ondes sonores et hors de la portée des ondes des odeurs. Ces ondes se propagent dans le milieu occupé par les atomes de chaleur ; elles s'affaiblissent dans les récipients dont on éloigne la chaleur, de même que les ondes sonores s'affaiblissent dans les récipients dont on éloigne l'air (Voir *Physique*, livre V).

Dans le météore de Cherbourg, un craquement et un bruit très-fort se sont fait entendre et une odeur s'est fait sentir sans qu'on ait trouvé d'aérolithe. Lors de la chute des aérolithes aux environs de l'Aigle, le 26 avril 1803, on sentit l'odeur et l'on n'entendit aucun bruit.

Dans la chute des aérolithes du 30 mai 1866, on entendit le bruit et l'on ne sentit aucune odeur.

**Résumé.** I. Il y a chute d'aérolithes sans qu'ils soient accompagnés de météores.

II. Il y a chute de météores seuls.

III. Il y a chute de météores lithophores.

Les météores produisent : 1° la lumière et la chaleur avec la vapeur; 2° le bruit et l'odeur au moment où le météore s'anéantit.

### III. ÉLÉMENTS MINÉRALOGIQUES DES AÉROLITHES.

§ 560. Dans l'ouvrage intitulé *Physico-chimie*, qui va paraître, j'ai décrit le mode de production des minerais par la fermentation séculaire des substances végétales. Les restes des plantes forment des couches d'épaisseurs différentes, et cette épaisseur est une des causes qui influent sur la fermentation des différents mélanges de minerais.

Dans le volume suivant, j'expose le mode de production des terrains ignés ; il en est fait mention à la page 241. Connaissant donc, d'une part les lieux de production de chaque espèce de mélange de minerais, d'autre part les mélanges des mêmes minerais dans les aérolithes, j'ai démontré que non-seulement les éléments chimiques des aérolithes existent dans les corps terrestres, mais encore que les mélanges de ces éléments correspondent à ceux des minerais qui se trouvent actuellement à la surface de la Terre et dans sa couche supérieure. Les différences n'indiquent que l'état de la surface de la Terre non habitée à la fin de chaque période cométogonique.

Si le fer est aujourd'hui le métal le plus répandu dans la couche supérieure de la Terre, il ne l'était pas moins à l'époque où les masses d'air et les masses minérales se sont séparées. Celles de ces masses qui reparaissent maintenant nous font voir que des restes des plantes, qui ont subi la fermentation, ont été produits en tous temps des minerais composés de la même manière que les minerais actuels, dus à la fermentation des substances végétales postérieures.

**Éléments minéralogiques des aérolithes.** Je m'appesantirai plutôt sur l'état minéralogique des aérolithes que sur leurs éléments chimiques, afin que le lecteur puisse se convaincre une fois de plus qu'il n'y a pas de différence entre les minerais. Il n'est donc plus permis de douter de l'identité de l'origine des minerais actuels de la couche superficielle de la Terre et de celle des minerais de cette même couche à la fin de chacune de ses périodes cométogoniques.

1° *Fer métallique.* Il contient peu de nickel et de cobalt, de magnésium, de manganèse, d'étain, de cuivre, de soufre et de carbone.

2° *Sulfure de fer.* Il contient une égale proportion de soufre et de fer.

3° *Fer magnétique.*

4° *Olivine météorique.* Elle constitue la moitié du résidu qu'on obtient quand on enlève les métaux attirables à l'aimant ; sa composition est la même que celle de l'olivine actuelle.

5° Les silicates, les combinaisons de *chaux*, de *magnésie*, d'*oxyde de fer*, de *manganèse*, d'*argile*, de *soude*, de *potasse* sont insolubles dans les acides, dans lesquels l'acide silicique est en proportion double de tous les autres corps.

6° Le *chromate de fer* est en petites portions, mais constant.

7° L'oxyde d'étain.

Berzelius a trouvé que la majeure partie des aérolithes

sont composés de fer et que les autres sont composés de pierres d'espèces différentes qui se trouvent à la surface de la Terre comme le fer.

I. Le fer est tantôt en parcelles, tantôt en masses considérables, sans présenter aucune trace de fusion ni sans paraître être l'effet d'une température élevée.

II. Le fer en quantité inférieure, à l'état de fer magnétique, se trouve mêlé avec de l'olivine et un peu de substances feldspathiques et augitiques. Les autres aérolithes sont formés uniquement de feldspath, d'augite et d'anortite.

### IV. QUANTITÉ DE MASSE MINÉRALE ARRIVÉE A LA TERRE.

§ 561. Dans un catalogue composé par Barral, et reproduit par Arago dans son *Astronomie*, on trouve la relation des aérolithes et des nuées de poussière, 1° qui sont arrivés à la surface de la Terre depuis les époques historiques de chaque nation, et 2° qui ont été aperçus. L'effet immédiat de la chute d'une grande masse minérale serait une élévation du niveau du sol.

Il est incontestable que cette élévation a eu lieu ; car les parquets et les seuils des portes de tous les temples et des anciens palais en Italie et en Grèce se trouvent à 2 mètres au-dessous du niveau du sol actuel. En Égypte, l'élévation du niveau du sol est double et elle est encore supérieure en Mésopotamie. Il en est de même au Mexique et au Pérou.

Dans le catalogue, on a noté 300 chutes de masses minérales sur tous les pays connus dans un espace de temps de 2000 ans environ ; depuis le commencement de notre siècle jusqu'en 1850 on a observé environ 100 chutes de masses minérales, la plupart en France et en Allemagne. Les chutes non observées de minerais dépassent de plusieurs milliers celles que le hasard a fait apercevoir ou qu'on a recherchées.

Malgré la quantité considérable des masses minérales arrivées de l'espace à la Terre et quoique en apparence il n'y ait pas d'autre voie pour que les corps y arrivent, on ne saurait attribuer aux aérolithes l'élévation observée du niveau du sol. Toutefois si en mille ans la masse des aérolithes ne produit pas une telle élévation du sol, il ne faut pas en induire qu'elle n'y contribue point.

Le nombre des aérolithes observés en Europe pendant un siècle étant de 100, on ne peut évaluer à moins de 1000 le nombre de ceux qui n'ont pas été observés. Il se forme donc ainsi chaque siècle une couche de 1 millimètre environ ; admettons néanmoins, dans la crainte d'exagérer, qu'il ne se forme une pareille couche que tous les mille ans. Si depuis que les aérolithes ont commencé à tomber il s'est écoulé un million d'années, il doit y avoir une couche de 1 mètre d'épaisseur autour de la Terre, couche composée de minerais amenés par les aérolithes.

La chute des météorolithes n'est pas terminée, elle continue encore, et si l'on ne peut pas dire qu'elle se multipliera, au moins est-on certain que la couche déjà existante s'accroîtra. En tous cas, la masse minérale arrivée à la Terre après avoir circulé autour d'elle pendant longtemps est considérable.

J'ai exposé une série de faits qui résultent : 1° des météores qui circulent autour de la Terre et que l'on voit comme lumière zodiacale ; 2° de l'obscurcissement du satellite de Vénus ; 3° de l'obcurcissement de l'anneau contenant les orbites des microplanètes et des obscurcissements du Soleil.

Je fais voir ici que les masses minérales qui se sont précipitées sur la Terre avaient d'abord circulé très-longtemps autour d'elle. Par suite, les obscurcissements observés sont produits par des masses minérales qui circulent actuellement autour de la Terre et qui, dans un avenir lointain, seront précipitées sur elle quand leur mouvement orbiculaire sera complétement amorti de la manière indiquée.

De la somme M + M′ des masses minérales, la masse M est déjà tombée sur la Terre, et c'est la masse M′ qui circule encore autour de la Terre. Cette somme conduit à évaluer les masses m de ces minerais enlevées de la surface de la Terre à la fin de chaque période cométogonique dont le nombre n'est pas inférieur à 100. Ainsi, à la fin de la vie géologique, les minerais de 100 couches de terreau enlevées de la Terre à la fin d'autant de périodes cométogoniques circulaient autour d'elle. La masse minérale M + M′ et la masse atmosphérique M″ séparées de la Terre feraient une somme presque égale au poids de la masse qui est restée pour composer la Terre.

### A. Accidents causés par les aérolithes.

§ 562. La chute d'un corps froid ne produirait que des effets analogues à son poids et à sa vitesse. Si le corps est à une température élevée et qu'il tombe sur des corps combustibles, il les enflammera. S'il ne tombait qu'un seul corps, on n'en trouverait pas davantage; s'il tombait un grand nombre d'aérolithes, en les cherchant à la surface de la Terre, on trouverait entre eux la même distance qui existait avant leur arrivée à la Terre, et en même temps la surface *s* du sol occupée par les pierres serait la coupe du météore qui aurait accompagné la chute de ces pierres.

Je commence par montrer la liaison qu'il y a entre les pierres et les météores, afin de pouvoir évaluer les faits non observés à l'aide des faits observés, quoique en apparence ils soient de nature différente.

**Accidents de nature mécanique.** En 616, le 14 janvier, en Chine, une pierre tomba sur des chariots, les fracassa et tua dix hommes.

En 1674, une boule de 4 kilogrammes tomba sur le pont du navire du capitaine Willann et tua deux hommes.

Vers le même temps, une petite pierre, tombée à Milan, tua un franciscain.

Un aérolithe tombé avec explosion près de Roquefort, en Amérique, tua un métayer et son bétail, et fit dans la terre un trou de près de 2 mètres de profondeur.

**Accidents causés par la température élevée des météorolithes.** Le 14 juillet 1847, à Braunau, il tomba des aérolithes qu'on ramassa six heures après; ils étaient encore tellement chauds qu'ils brûlaient les mains de ceux qui les touchaient.

En 944, des globes de feu parcoururent les airs et incendièrent des maisons.

Le 7 mars 1615, l'incendie qui consuma la grande salle de justice de Paris fut causé, dit-on, par un météore enflammé, large d'un pied et haut d'une coudée, qui tomba après minuit.

En 1759, le 13 juin, un aérolithe tombé à Captieu, près de Bazas, incendia une écurie.

En 1761, le 11 novembre, la chute d'un aérolithe incendia une maison de Chamblan, en Bourgogne.

Le 13 novembre 1835, un brillant météore apparut le soir. L'aérolithe tomba près du château de Lauzières (Ain) et incendia une grange couverte en chaume; la remise, les écuries, les bestiaux, les récoltes, tout fut brûlé. Un aérolithe y fut retrouvé.

Le 13 août 1840, la ferme de Tamerville, près de Valogne, fut incendiée; plusieurs personnes placées sur différents points virent un météore traverser les airs du nord au sud, dans la direction de la ferme.

Le 25 février 1841, un météore venant du nord-est tomba sur le toit d'un pressoir de la commune de Chanteloup et occasionna un incendie.

Du 9 au 18 novembre 1843, il y a eu, aux environs de

Montierender, des incendies qu'on a attribués aux météores.

Le 16 janvier 1846, un météore qui se dirigeait du nord au sud, en laissant derrière lui une trace lumineuse, incendia un bâtiment à la Chaux.

Le 22 mars 1846, à trois heures du soir, un météore parcourut l'air avec une grande vitesse et tomba sur une grange de la commune Saint-Paul; en un instant tout devint la proie de la flamme; les bestiaux furent entièrement consumés.

Si tous ces accidents, notamment les derniers, très-rapprochés les uns des autres, ne sont pas dus à des chutes d'aérolithes qu'on n'a pas toujours trouvés, ils n'en prouvent pas moins que la chute réelle des aérolithes et des météores élève beaucoup la température. On voit également qu'un grand nombre d'aérolithes et de météores arrivent sur des corps non combustibles sans devenir perceptibles.

**Étendue des météores évaluée par la superficie du sol occupé par les aérolithes.** Lorsqu'on ne retrouve qu'un petit nombre d'aérolithes, il est impossible d'évaluer l'étendue des météores qui les ont soutenus; quand, au contraire, les aérolithes sont très-nombreux, et nous les retrouvons dans une superficie $s$ que nous mesurons, nous parvenons à évaluer l'étendue du météore qui est toujours $s + s'$ plus grande que celle $s$ du sol atteint par les pierres. L'exemple suivant fera connaître approximativement la dimension d'un polymétéore.

Le 26 avril 1803, aux environs de l'Aigle, un globe enflammé d'un éclat très-brillant, fut aperçu, vers, une heure après midi, de Caen, de Pont-Audemer et des environs d'Alençon, de Falaise et de Verneuil. Quelques instants après, on entendit à l'Aigle et trente lieues à la ronde un grand bruit, et des pierres furent lancées sur une surface elliptique d'environ deux lieues et demie de long et d'à peu près une lieue de large. Le grand axe de cette ellipse était dirigé du sud-est au nord-ouest. La plus grosse de toutes les pierres qu'on a trouvées pesait 8 kilogrammes et demi; toutes les pierres étaient froides quand on les ramassait; elles répandaient une vive odeur de soufre.

### B. DÉTAILS DE QUELQUES AÉROLITHES REMARQUABLES.

§ 563. Les éléments minéralogiques et leur mélange font savoir que ces minerais étaient jadis à la surface de la Terre. On évalue au poids d'un gros aérolithe le degré de la poussée exercée par le squelette de la Terre, qui tourne autour de son axe, contre les deux masses d'air et en même temps contre les corps composant la couche superficielle de la Terre, car les terrains ignés ne sont pas solidement attachés aux corps composant cette couche.

I. On a trouvé de gros aérolithes sur toutes les parties de la surface de la Terre; cependant leur poids ne dépasse jamais 750 kilogrammes, poids de l'aérolithe de Santa-Rosa qui tomba dans la nuit du 20 au 21 avril 1810, et il a été observé par Boussingault et Mariano, qui trouvèrent aux environs du lieu de sa chute plusieurs pièces ayant une composition analogue à celle de ce gros corps, savoir 92 parties de fer et 8 de nickel. La grande masse a une forme irrégulière; sa surface est caverneuse, sans aucun enduit vitreux et sans nulle trace d'action volcanique.

Les pièces trouvées dans les environs de la grosse masse n'en ont pas été détachées; mais elles ont été enlevées de la terre en même temps qu'elle. Après avoir circulé longtemps ensemble autour de la Terre, elles se trouvèrent toutes rassemblées en un gros polymétéore, et restèrent ensemble jusqu'au moment où le mouvement orbiculaire s'amortit; lorsqu'elles se précipitèrent, elles durent être placées entre elles dans le même ordre où elles l'étaient depuis des millions d'ans.

II. En 1771, Pallas découvrit en Sibérie une masse semblable à la précédente et posant 700 kilogrammes. L'aérolithe tombé en 1492 à Ensisheim pesait 138 kilogrammes; celui de 1824, tombé à Juvenas, pesait 92 kilogrammes. Les autres pesaient 34 kilogrammes, 20 kilogrammes, et allaient en diminuant jusqu'au poids d'un grain de poussière.

III. Il y a des aérolithes qui présentent une forme irrégulière; cependant on peut y reconnaître la forme des pyramides obliques ou des prismes irréguliers pareils à ceux des cristaux que présentent actuellement les mêmes espèces de minerais. Encore une preuve qu'il n'y a pas de traces des actions volcaniques.

IV. Il y a des aérolithes dont l'écorce a 0mm,55 d'épaisseur, et dont la dureté est suffisante pour qu'elles puissent servir de pierre à briquet. Pour obtenir une écorce d'une pareille dureté, il faut faire fondre cette masse dans le vide et *la laisser s'y refroidir. Ce résultat* physique n'indique que l'effet de l'écoulement rapide de la chaleur de la pierre dans le froid de l'espace vide. Cette expérience conduit à montrer l'état dans lequel se sont trouvés les minerais chauds après qu'ils ont été séparés de la Terre pour passer dans le froid de l'espace vide.

### C. Chute de poussière.

§ 564. Les gros aérolithes ont fait connaître le maximum *de poussée qui les a éloignés de la couche superficielle* de la Terre; il en résulte que toute la masse minérale de cette couche a été soulevée et est restée à circuler à quelque distance autour de la Terre, en formant des nuées qui obscurcissent souvent l'anneau des sélénométéores et le rendent invisible. Les poussières contiennent les mêmes minerais que les aérolites et ne sont jamais d'origine volcanique; leur poids dépasse mille fois le poids total des aérolithes; car leurs chutes sont fréquentes, et elles s'étendent à de grandes superficies. Quelquefois les poussières sont accompagnées d'aérolithes; les météores ne manquent jamais.

La poussière rouge contient du cobalt et de l'oxyde de fer; ces minerais sont aussi contenus dans la poussière noire, où se trouve aussi du carbone. Les pierres friables tombées à Alais en 1806 forment le passage de la poussière noire aux aérolithes ordinaires. On trouve quelquefois cette poussière dans la pluie ou la neige colorées; ce sont ces éléments minéralogiques qui font voir qu'elle n'est pas soulevée par quelque orage des environs, comme, par exemple, après une violente averse de grêle, il arrive de trouver des grêlons dont le noyau n'est pas un flocon de neige, mais une graine de semence ou un morceau de feuille enlevés des plantes ambiantes. Ce sont précisément ces cas qui conduisent à mieux connaître le mode d'éloignement des corps terrestres par des courants d'air très-violents.

En 1781, il tomba en Sicile une poussière blanche qui n'était pas d'origine volcanique.

En 1792, les 27, 28 et 29 août, sans interruption, il tomba dans la ville de le Paz, en Bolivie, une substance semblable à de la cendre. On ne pouvait pas attribuer cette poussière à un volcan. On avait entendu des explosions et l'on avait vu le ciel tout en feu. La poussière occasionna de grands maux de tête et donna la fièvre à plusieurs personnes.

En 1798, le 8 mars, on trouva en Lusace, après la chute d'un globe de feu, une matière visqueuse ayant la consistance, la couleur et l'odeur d'un vernis brunâtre desséché. On a trouvé des traces de substances végétales formées aussi de cette matière; ce qui ne permet pas de méconnaître l'origine tellurique de tous ces corps.

En 1803, les 5 et 6 mars, en Italie, il tomba une poussière rouge, sèche dans quelques lieux et humide dans d'autres.

En juillet 1811, près de Heidelberg, il tomba une substance gélatineuse à la suite de l'explosion d'un météore lumineux. Cette substance indique aussi que son origine est des substances végétales.

En 1813, les 13 et 14 mars, en Calabre, en Toscane, dans le Frioul et dans tous les pays environnants, il tomba une grande quantité de poussière rouge et de neige rouge, avec beaucoup de bruit. Il tomba en même temps des aérolithes à Cutro, en Calabre. Sementini a trouvé dans la poussière, pour 100 parties :

| | | | |
|---|---|---|---|
| Silice | 33 | Chrome | 1 |
| Alumine | 15.5 | Carbone | 9 |
| Chaux | 11,25 | Perte | 15 |
| Fer | 14,5 | | |

En 1814, les 3 et 4 juillet, grande chute de poussière noire au Canada, avec une apparition de feu.

En 1814, le 27 octobre, chute de poussière dans la vallée d'Oneglia, près de Gênes.

En 1814, le 5 novembre, on a trouvé dans le Doab, aux Indes, que chaque pierre tombée était formée d'un petit amas de poussière.

En 1816, le 15 avril, neige rouge en différents lieux de l'Italie septentrionale.

En 1819, le 13 août, à Amherst, en Massachusetts, chute d'une masse gélatineuse et infecte à la suite d'un météore lumineux. Cette masse devait également contenir des traces de substance minérale.

En 1819, le 5 septembre, à Studein, en Moravie, entre onze heures et midi, le ciel étant serein et tranquille, chute de petits morceaux de terre provenant d'un petit nuage isolé et très-clair.

En 1819, le 5 novembre, pluie rouge en Flandre et en Hollande; on y a trouvé du cobalt et de l'acide chlorhydrique.

En novembre 1819, à Montréal, aux États-Unis, pluie et neige noire, accompagnées d'un obscurcissement extraordinaire du ciel, de secousses analogues à celles ressenties pendant le tremblement de terre, de détonations semblables à des explosions d'artillerie et d'apparitions ignées qu'on a pris pour de très-forts éclairs.

En 1821, le 3 mai, à six heures du matin, pluie rouge dans les environs de Giessen; on y a trouvé du chrome, de l'oxyde de fer, de la silice, de la chaux, du carbone, une trace de magnésie et des parties volatiles, mais point de nickel.

En 1824, le 13 août, à Mendoza, de Buenos-Ayres, chute de poussière d'un nuage noir. A une distance de 40 lieues, pareille chute de poussière.

En 1824, le 17 décembre, chute d'une matière brûlante à Neuhausen, en Bohême.

**Remarque.** De 1811 à 1824, en quatorze années, on a observé quatorze chutes de masses de qualités différentes composées toutes des minerais existant dans la couche superficielle de la Terre, sans la moindre trace d'origine volcanique. En admettant que la couche de la masse ait au minimum une épaisseur de 1 millimètre sur une étendue d'une seule lieue carrée, on trouverait 16000 mètres cubes de masse précipitée tous les ans sur la Terre. Le poids de la masse dans chaque chute ne serait pas inférieur à 16000 tonneaux, parce que le poids spécifique des minerais n'est pas inférieur à celui de l'eau. Il est impossible d'obtenir des données sur les poids inférieurs. Si, au contraire, on admettait qu'on pût observer toutes les chutes de poussière sur les continents, on ne pourrait manquer de reconnaître des chutes analogues à la superficie des mers, chutes qui ont été même quelquefois observées. Les aérolithes tombent également sur toute la surface de la Terre, dont la millionième partie n'est pas habitée; ainsi ceux qui sont tombés sur la Terre depuis le commencement de notre siècle sont au moins un million de fois aussi nombreux que ceux qu'on a retrouvés.

## V. OPINION DES ASTRONOMES SUR L'ORIGINE DES AÉROLITHES.

§ 565. Si l'on cherche à coordonner ensemble les faits observés d'après la loi physique, on rencontre spontanément une série où chaque fait est 1° la cause des faits suivants et 2° l'effet des faits précédents. C'est dans la coordination de ces faits que consiste leur unique explication; aussi ne suffit-il pas de connaître les faits; il faut, pour les coordonner, connaître les lois d'après lesquelles se sont produits ces faits. Il n'y a d'autre moyen de passer de la cause à son effet que le suivant :

I. La rupture d'équilibre d'un fluide, nommée *force*, est la cause principale.

II. L'écoulement du fluide pendant la durée de la rupture d'équilibre est l'*action*.

III. L'état équilibré du fluide est l'effet.

Les fluides sont de plusieurs espèces; mais la loi d'après laquelle se produisent les faits des forces et des actions est invariable. On savait dès le commencement, 1° que chaque production de faits est précédée d'une *action*, et 2° que chaque action est précédée d'une *force*. Il n'y avait que l'espèce du fluide et sa rupture d'équilibre qui fussent inconnues; par suite, il était tout à fait impossible de coordonner les faits d'après la loi de leur production dans l'ordre chronologique.

Je vais relater ici les différentes opinions sur ce sujet. Chaque opinion renferme au moins deux erreurs bien démontrées. Cette démonstration pourra servir aux auteurs à rectifier ces erreurs, et aux lecteurs à s'en préserver.

Je démontre, d'après la loi incontestable de la mécanique, que la chute des corps sur la Terre est tout à fait impossible avant que leur mouvement orbiculaire se soit amorti; 2° que cet amortissement n'est possible que parmi des corps circulant sur des orbites qui se croisent; 3° que les corps qui ont de pareils orbites ont leur origine dans la masse de la Terre, mais qu'ils se sont séparés d'elle à des époques différentes et de différentes manières.

Toute cette série de faits serait évidente si l'on pouvait se rendre compte des changements opérés sur la Terre à différentes époques pendant sa vie géologique.

**Première erreur.** Ne connaissant pas les changements géologiques précédents, les astronomes ont commis l'erreur d'admettre que des corps tombent sur la Terre sans y avoir leur origine.

**Deuxième erreur.** Une ou plusieurs erreurs devaient nécessairement découler de la première. Ainsi chaque auteur fut capable de combattre et de réfuter les erreurs évidentes des autres; c'est à quoi se bornèrent les plus circonspects. D'autres, étant convaincus que les nombreux corps qui tombent n'ont leur origine ni dans la Terre ni dans l'atmosphère, la cherchèrent dans des raisonnements logiques et commirent de nouvelles erreurs; telles sont les suivantes :

1° **Origine des aérolithes dans les volcans de la Lune.** D'après leur forme, on a comparé les montagnes annulaires de grandes dimensions de la Lune au Vésuve, à l'Etna et aux autres accumulations des laves à la surface de la Terre. La Lune est inférieure à la Terre; ses montagnes annulaires ont des dimensions des centaines de fois plus grandes, et cependant on a cru y avoir trouvé une époque pendant laquelle les volcans de la Lune vomissaient d'énormes masses minérales avec une violence qui leur faisait dépasser la limite de la pesanteur vers la Lune et commencer celle de la pesanteur vers la Terre.

Cette explication est d'accord avec la loi de la mécanique; d'après le résultat du calcul basé sur cette loi, on trouve qu'il suffirait d'une poussée centrifuge $p$, qui ferait parcourir 2500 mètres par seconde aux corps expulsés, pour faire passer ces corps au delà de la limite où cesse la pesanteur vers la Lune et où commence celle vers la Terre. Cette poussée $p$ n'est pas supérieure à celle exercée dans les volcans terrestres contre les pierres qui en sont expulsées. Le Cotopaxi, par exemple, en Amérique, a lancé quelquefois des roches ardentes avec une force supérieure à la poussée $p$. Au commencement de ce siècle, Olbers, Laplace, Poisson et Biot ont trouvé, d'après la loi de la mécanique, qu'il ne serait pas absurde de chercher dans la Lune l'origine des masses solides qui, dans tous les siècles, sont tombées de temps à autre sur la Terre.

Tous ces détails concordants entre le calcul basé sur la loi de la mécanique et l'éloignement des corps repoussés, pourront mettre le lecteur à même de comprendre la translation des aérocônes très-allongés des planètes qui les ont produits dans l'espace à une distance de la planète à laquelle la pesanteur vers le Soleil dépasse de beaucoup celle vers la planète. Les grosses masses d'air circulent tout autour du Soleil étant encore en contact avec leur planète, ce n'est que la poussée répulsive R qui les a éloignés de leur planète et les a fait circuler autour du Soleil sur un orbite qui n'est plus celui de la planète.

D'après le calcul, les astronomes précités ont trouvé que les masses qui ont reçu du côté des volcans de la Lune une poussée $P-p$ insuffisante pour leur faire parcourir 2500 mètres par seconde, ne s'en sont pas suffisamment éloignés pour venir autour de la Terre; ils n'ont pas non plus rebroussé chemin, mais ils ont dû rester à circuler autour de la Lune sur des orbites propres.

Par la raison que ces corps, d'après le calcul, devaient rester à circuler autour de la Lune et ne plus rebrousser chemin, ce sont les corps séparés de la couche superficielle de la Terre qui en ont éprouvé une poussée $P-p$ insuffisante pour les faire s'éloigner au delà de la limite de sa pesanteur; ils restèrent à circuler autour d'elle sur des orbites qui se croisent avec ceux des météores déjà existants.

Comme je suis d'accord avec les astronomes par rapport à la poussée P et à la poussée P — $p$, sur lesquelles est basé le calcul, il ne me reste qu'à déterminer le mode de production de cette poussée, et pour cela il ne faut que consulter les traces conservées dans les aérolithes et les nuées de poussière. Ne trouvant nulle part le moindre indice d'action volcanique, les géologues réclamèrent contre l'hypothèse admise par les astronomes. Ceux-ci répondirent que l'absence d'oxyde de fer dans les aérolithes, alors connus, était l'effet de l'absence d'une atmosphère de la Lune. Cette réponse étant de nature tout à fait différente de l'objection soulevée par ces géologues, ceux-ci protestèrent contre l'hypothèse des actions volcaniques.

**2° Minerais des aérolithes indiquant des régions différentes de la Terre.** Parmi les corps nommés *aérolithes*, 1° les uns sont une masse, en apparence homogène, de grains et de paillettes de fer attirable à l'aimant; 2° les autres sont une masse pure de tout alliage métallique, et se présentent plutôt sous l'aspect d'un mélange cristallin des diverses substances minérales. C'est Berzelius qui, en 1834, distingua les aérolithes en deux classes, sans avoir aucun égard aux résultats des calculs des astronomes qui prouvaient la possibilité de l'origine des aérolithes dans les volcans de la Lune.

Dans la première classe, on compte les aérolithes contenant des parties de fer métallique en parcelles semées çà et là ou en masses plus considérables offrant l'aspect d'un squelette de fer pour avoir un poids spécifique bien inférieur au fer massif de la fonte.

Dans la seconde classe, le fer entre en minime quantité; les aérolithes ne diffèrent pas des pierres telluriques.

Dans cette subdivision des aérolithes, les poussières entrent dans la seconde classe; leur masse est des centaines de fois plus forte que celle des aérolithes.

**3° Origine cosmique des aérolithes.** Les minéralogistes forcèrent les astronomes modernes à renoncer à l'hypothèse de leurs prédécesseurs, hypothèse qui consistait à dire que ni les aérolithes ni la poussière ne sont d'origine volcanique. Pour se mettre d'accord avec les minéralogistes, les astronomes auraient dû reconnaître dans la Terre l'origine des aérolithes; mais pour cela il eût fallu avouer leur ignorance relativement à l'éloignement de ces corps. Ceux qui, par amour-propre, n'ont pas voulu faire cet aveu, pour arriver à une explication, ont dû commettre une nouvelle erreur.

1° Quelques astronomes ont admis l'origine des aérolithes dans les corps qui circulent autour du Soleil sur des orbites qui se croisent avec l'écliptique. Dans leurs rencontres avec la Terre, il ne résulterait qu'un amortissement du mouvement orbiculaire en quantité égale, comme on l'observe dans la comète d'Encke. En dépit de cette loi de la mécanique, et même sans pouvoir être taxé d'ignorance, on a cru que la Terre soumettrait ces corps à son attraction et les ferait tomber à sa surface après les avoir fait pénétrer dans son atmosphère, où ils subiraient souvent une incandescence momentanée. Cette opinion est professée dans l'*Astronomie* d'Arago. Pour expliquer l'inégalité des chutes des aérolithes indiquées dans le catalogue, on n'a pas invoqué les vicissitudes des observations et leur cause physique; mais on a attribué cette irrégularité à la distribution irrégulière des corps qui viennent périodiquement en contact avec l'atmosphère, quoiqu'il n'existe pas de semblables périodes de chutes d'aérolithes.

2° D'autres astronomes, se basant sur l'absence de traces volcaniques dans les aérolithes, considèrent simplement leur formation dans l'atmosphère. Ils attribuent la production de la lumière à la combustion des éléments primitifs chimiques, malgré le volume des météores, qui est des millions de fois plus grand que celui de l'aérolithe qui en résulte.

# CHAPITRE III.

## DE TROIS CLASSES DE MÉTÉORES APPARENTS COMME BOLIDES ET COMME ÉTOILES FILANTES.

§ 566. Pendant les nuits sereines, les météores paraissent un instant sous forme de globes de feu. 1° S'ils présentent un diamètre de grandeur sensible, on les nomme *bolides;* 2° s'ils apparaissent comme un trait de lumière dont on ne peut percevoir l'épaisseur, on les appelle *étoiles filantes.*

On voit les bolides et les étoiles filantes dans toutes les parties de la voûte céleste, sauf une superficie en forme de calotte, dans laquelle n'apparaissent ni bolides ni étoiles filantes. Le centre de cette calotte *c* est le zénith de l'observateur; son rayon est de 20°. Cette absence de météores en *c* n'est pas réelle, mais apparente, car elle ne résulte que des deux modes d'éclairage de ces météores, dont l'un n'atteint pas le zénith de l'observateur, et dont l'autre ne se présente qu'incliné à l'horizon, à cause de l'approche des météores, qui n'est jamais dans la direction zénithale de l'observateur.

Les bolides et les étoiles filantes se présentent toujours en direction inclinée sur l'horizon, et ils semblent descendre. Cependant, sauf les aérolithes et les nuées de poussière, aucun des météores n'atteint le sol, car le plus grand nombre s'éloignent, et ceux dont le mouvement est déjà mort n'arrivent que jusqu'aux couches inférieures de l'atmosphère, sans jamais atteindre le sol.

Dans le principe, les aérolithes et les nuées de poussière formaient la couche superficielle de la Terre. Les météores ont leur origine dans la masse empyrée; ils se sont produits à trois époques et dans trois espaces différents.

I. **Héliométéores.** Une portion de masse empyrée expulsée de l'Archégète a produit des essaims de météores apparents aux observateurs éloignés sous forme d'une grande nébuleuse solifère dont la dimension est des centaines de fois plus grande que celle de l'orbite de Neptune. La masse empyrée, équilibrée par rapport à ses molécules matérielles, se revêtit d'une enveloppe de glace. C'est ainsi qu'a été formé le Soleil, et les météores produits sont restés à circuler avec lui autour de l'Archégète dans un espace annulaire A, dont le plan coïncide avec celui de l'orbite solaire.

II. **Géométéores.** Depuis l'époque *e* où se sont produits les héliométéores, il s'est écoulé un laps de temps T jusqu'à *e'*, où le Soleil a expulsé neuf jets de masse empyrée sous forme de bandes très-longues. De la surface de chacun de ces jets il s'est formé des essaims de météores. Les observateurs éloignés voyaient l'ensemble des météores sous la forme d'une meule dont le diamètre était comparable à celui de l'orbite de Neptune. Les molécules de la masse empyrée $m'''$ du 7ᵉ jet ont été réduites en équilibre; cette masse se revêtit d'une enveloppe de glace. C'est dans cet état que s'est trouvée la Terre dans le principe. Les météores produits par les molécules de sa masse empyrée sont restés à circuler avec la Terre autour du Soleil dans un espace annulaire a, dont le plan coïncide avec celui de l'écliptique.

III. **Sélénométéores.** Depuis l'époque *e'* où se sont produits les géométéores, il s'est écoulé un laps de temps T' jusqu'à l'époque *e''* où la Terre a expulsé quatre jets de masse empyrée sous forme de bandes très-allongées. De la surface de chacun de ces jets il s'est formé des essaims de météores. Les observateurs éloignés n'ont pu apercevoir l'espace en forme de meule occupé par les sélénométéores, à cause de son faible diamètre égal à celui de l'orbite de la Lune. La masse empyrée de chaque jet a été équilibrée par rapport à ses molécules matérielles; alors chaque jet a acquis une enveloppe de glace; c'est ainsi que la Terre fut pourvue de quatre satellites dont la Lune est le plus gros et le plus éloigné. Les météores produits par quatre satellites sont restés à circuler autour de la Terre; le mouvement de trois de ces satellites a déjà été complétement amorti. Les météores qui ont été produits par eux circulent dans un espace annulaire *a*.

IV. **Aérolithes.** Depuis l'époque $e''$ il s'est écoulé un laps de temps T″ jusqu'à l'époque $e'''$ où il a commencé la vie géologique de la Terre pendant laquelle elle a parcouru environ cent périodes cométagoniques et produit autant de couples de comètes. Chacune de ces comètes a enlevé de la surface de chaque hémisphère de la Terre la couche superficielle composée de masses qui retournent sur la Terre sous forme d'aérolithes et de nuées de poussière après que leur mouvement orbiculaire a été amorti par les rencontres, 1° avec les quatre satellites; 2° avec les météores, et 2° avec les masses minérales de périodes cométogoniques antérieures ou postérieures; car les masses de chaque période circulent sur des orbites qui se croisent aussi bien avec ceux des météores qu'avec ceux des masses minérales des autres périodes cométogoniques.

### I. DISTRIBUTION DES TROIS CLASSES DE MÉTÉORES DANS TROIS ESPACES ANNULAIRES.

§ 567. Dès que l'on connaît l'origine des trois classes de météores, on connaît aussi la région de la voûte céleste occupée par chacune de ces classes de météores.

1. **Géométéores.** Dans le voisinage de l'écliptique D♈E♎ (fig. 58), circulent les géométéores avec la Terre autour du Soleil S″. Les orbites de ces géométéores sont contenus dans un espace annulaire a dont l'écliptique occupe le milieu. La distance moyenne de ces orbites au Soleil est 1 ou $1 \pm \delta$.

Fig. 58.

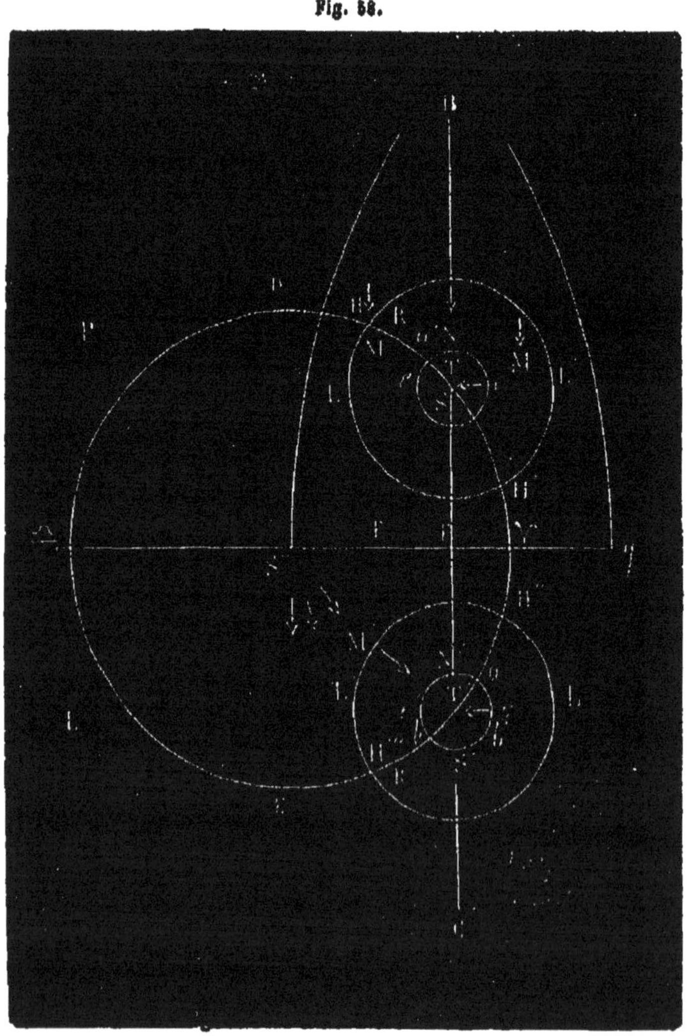

1° Les météores dont la distance est 1 ne sont visibles que le soir et le matin.

2° Ceux dont la distance est $1 + \delta$ sont visibles la nuit lorsqu'ils sont éclairés par les rayons solaires concentrés dans l'atmoaérosphère de la Terre. On voit les géométéores dans toutes les directions de la voûte céleste si la couche conique de rayons concentrés peut les atteindre. Il n'y a que la calotte zénithale de l'observateur qui ne soit pas éclairée ; c'est pourquoi les météores qui y circulent ne deviennent pas visibles pour lui.

3° Les météores dont la distance au Soleil est $1 - \delta$ en sont éclairés directement par des rayons incidents $\Phi$. Les météores en réfléchissent vers la terre la quantité $\varphi$ pendant le jour ; de ces rayons incidents $\Phi$ l'atmoaérosphère réfléchit vers le sol la quantité $\varphi + \varphi'$. En recevant de la même direction du ciel les quantités de rayons $\varphi$ et $\varphi + \varphi'$, nous n'apercevons pas les météores, mais seulement l'espace occupé par l'atmoaérosphère.

II. **Sélénométéores.** Dans le voisinage de l'orbite de la Lune et des orbites L, L', L'', L''' des trois satellites qui se sont précipités sur la Terre circulent les sélénométéores. Les orbites de ces météores sont contenus dans un espace annulaire *a* en forme de moule. Le plan de cet anneau *a* ne coïncide pas avec celui *e* de l'écliptique, comme cela paraît dans la figure ; mais les deux plans se coupent ; de sorte que HLH' étant au-dessus du plan de l'écliptique, H''L'''H''' est au-dessous de ce plan. L'espace annulaire *a* est en forme d'ellipse PA (fig. 87), et la Terre T occupe l'un des foyers de cette ellipse. En supposant constante la Terre T en *même temps* que l'annulaire PA autour duquel doit circuler le Soleil, les sélénométéores éclairés n'apparaîtraient que dans l'hémisphère ombragé, ainsi qu'on le voit quand la Lune est éclipsée. Les bolides que l'on voit loin de l'orbite de la Lune ne sont pas des sélénométéores ; aux régions polaires il n'apparaît que des géométéores.

Des rayons solaires incidents $\Phi$ pendant le jour sur les sélénométéores $\varphi$ en sont réfléchis vers le sol ; de ces rayons solaires $\Phi$ sont réfléchis $\varphi + \varphi'$ de l'atmoaérosphère vers le sol. Ainsi les météores restent invisibles par la quantité $\varphi$ de lumière à côté de la quantité supérieure $\varphi + \varphi'$ de rayons venant de l'atmoaérosphère.

Pendant la nuit, après la disparition du crépuscule, une petite quantité $\varphi''$ de rayons de l'atmoaérosphère est réfléchie vers le sol. *Les sélénométéores sont éclairés par les* rayons $\Phi$ concentrés dans l'atmoaérosphère, et ils en réfléchissent vers la Terre la quantité $\varphi' + \varphi''$. Les météores deviennent visibles la nuit par la quantité $\varphi'$ de lumière, parce que la partie $\varphi''$ est effacée par les rayons $\varphi''$ de l'atmoaérosphère.

Les sélénométéores circulent dans quatre espaces annulaires concentriques des quatre satellites de la Terre. Les rayons réfléchis de l'ensemble de ces épais météores sont la lumière zodiacale. Au delà des limites de latitude de cette lumière, on voit à une faible distance les sélénométéores sporadiques qui apparaissent comme bolides ou comme étoiles filantes dans des régions où ne manquent pas les géométéores. Dans les latitudes supérieures il n'y a pas de sélénométéores, et l'on n'y voit que des géométéores.

III. **Héliométéores.** Le plan de l'écliptique D♈E♎ (fig. 58) forme un angle de 79° avec le plan *g*BS″ de l'orbite solaire. Dans le voisinage de cet orbite circulent des essaims d'héliométéores, dont l'ensemble occupe un espace annulaire A, qui a la forme d'une meule, dont la hauteur ou l'épaisseur *e* est faible.

En circulant autour du Soleil S″, la Terre traverse en T le plan de l'anneau A, dont la partie S″B étant au-dessus de la figure, son autre partie B*g* est au-dessous. Ainsi la Terre, en parcourant l'arc T♈T′, se trouve d'un côté du plan de l'orbite du Soleil, et en parcourant l'arc T′♎T de l'écliptique, elle se trouve de l'autre côté de ce même plan. Il y a donc tous les ans deux époques *e*, *e′* où la Terre en T et T′

se trouve à la fois sur l'écliptique et sur un point du plan de l'anneau A dans lequel sont contenus les orbites des héliométéores.

§ 508. I. A l'époque *e*, le 10 août, la Terre est en T ayant du même côté le Soleil S″ et l'Archégète C ; à l'époque *e'*, le 12 novembre, la Terre est en T′ entre le Soleil S″ et l'Archégète C visible dans la constellation de la Licorne. Les héliométéores M, M suivent la direction du mouvement du Soleil indiquée par les flèches ; arrivés à l'hémisphère boréal N de l'atmosphère, les héliométéores en sont repoussés au loin par son mouvement rotatoire, à cause de leur poids spécifique insignifiant.

Une fois dispersés, les héliométéores éclairés et devenus visibles aux habitants de l'hémisphère nord *eNo* ne s'approchent plus de l'hémisphère sud *eSo* ; ainsi, ils n'y deviennent pas visibles aux habitants de cet hémisphère à cause de l'éloignement que leur a fait opérer la répulsion exercée sur eux par l'hémisphère boréal de l'atmosphère.

II. A l'époque *e'*, le 12 novembre, la Terre est en T′ entre le Soleil S″ et l'Archégète ; les météores M′ venant du côté du Soleil S″ sous la direction des flèches n'atteignent la latitude *a* de la zone glaciale boréale, ils atteignent la latitude sud *b* de 30° à 35°.

1° La rotation de la Terre T′ d'après la flèche de *o'* vers *e'* s'opère le soir avant minuit dans un sens qui ne dévie pas trop du mouvement orbiculaire des héliométéores.

2° A minuit, ces météores se trouvent éloignés à cause de la poussée divergente exercée par l'hémisphère de l'atmosphère du côté du Soleil.

3° Après minuit, les héliométéores commencent à arriver contre le mouvement rotatoire de l'atmosphère, quand la réflexion des rayons vers la Terre est favorisée, 1° à cause de l'incidence presque perpendiculaire des rayons concentrés dans l'atmoaérosphère, et 2° à cause de la pénétration d'un grand nombre de météores dans l'atmosphère.

§ 569. **Comment on distingue les héliométéores de ceux des deux autres classe.** I. La densité des géométéores est égale dans toutes les régions de l'espace annulaire a autour de l'écliptique; ainsi, il n'y a pas de différence entre le nombre *n* des bolides qui en apparaissent chaque mois.

II. La densité des sélénométéores est aussi égale dans toutes les régions de l'espace annulaire *a* autour de l'orbite de la Lune. La Terre T (fig. 47) occupe un foyer de cet anneau elliptique *a*, de sorte que c'est au mois de février qu'on voit les sélénométéores comme bolides en quantité supérieure aux autres. Arago, en résumant les apparitions des 813 bolides de dates certaines, a trouvé pour les douze mois de l'année la répartition suivante :

| | | | |
|---|---|---|---|
| Janvier | 55 | Juillet | 74 |
| Février | 57 | Août | 123 |
| Mars | 48 | Septembre | 64 |
| Avril | 52 | Octobre | 77 |
| Mai | 50 | Novembre | 90 |
| Juin | 43 | Décembre | 80 |
| | 305 | | 508 |

III. La densité des héliométéores, sans différer beaucoup dans les diverses régions de l'anneau A, n'est pas mathématiquement égale partout; de même, dans les deux anneaux a, *a* susdits, les densités des météores, sans être partout égales, ne diffèrent pas beaucoup d'une région à l'autre.

Aux deux époques *e*, *e'* les habitants de l'hémisphère nord voient des quantités de bolides et d'étoiles filantes de trois classes $Q + \mathbf{q} + q$; dans l'hémisphère sud, le 10 août, les habitants voient la somme habituelle $\mathbf{q} + q$. A l'époque *e'*, le 12 novembre, les habitants de la Plata dont la latitude est de 40° sud voient également la quantité habituelle $\mathbf{q} + q$ de bolides et d'étoiles filantes. Il n'y a que les habitants des latitudes inférieures sud qui voient à l'époque *e'* la somme $Q' + \mathbf{q} + q$ de bolides et d'étoiles filantes; il y est $Q' < Q$.

**Rapport inverse entre les distances F♈, FS″ et les quantités des bolides.** Il n'y a pas grande différence entre les distances angulaires DT et T♈ ou ♈T′ et T′E qui sont parcourues par la Terre en un égal espace de temps. Ce sont les distances linéaires FS″, F♈ qui indiquent l'éloignement réel de la Terre du plan BC de l'anneau A. En partant de ce plan à gauche et à droite, la densité D des orbites des héliométéores diminue; elle devient d en 41 jours pendant lesquels la Terre parcourt l'arc T♈. Cette densité d d'héliométéores n'était pas de 41 jours avant que la Terre arrivât de D à T, mais elle était de 15 jours avant l'époque *e* où la Terre était en R, car c'est en ce point qu'elle se trouve du plan BC à égale distance FF′ et F♈ des deux côtés du plan A.

La somme *m* + **m** de sélénométéores et de géométéores que l'on observe pendant que la Terre parcourt l'hémipériphérie E♎D ne diffère pas de celle *m* + **m** observée pendant que la Terre parcourt l'hémipériphérie D♈E. L'excédant M de météores observés de juillet à décembre est la quantité Q des héliométéores observés par les habitants de l'hémisphère nord, héliométéores invisibles aux habitants de l'hémisphère sud.

**Les époques** *e*, *e′* **calculées d'après l'année sidérale et non d'après l'année tropique.** Les deux points T, T′ communs au plan de l'anneau A et de la périphérie de l'écliptique restent en place, mais à cause de sa précession la Terre arrive à ces points en une année tropique et non en une année sidérale. Autrefois elle y arrivait au commencement d'août et de novembre; dans la suite des temps, au bout de quinze siècles, la Terre y arrivera vers la fin de ces mêmes mois.

§ 570. **Resumé.** Avant de relater, à titre d'exemples, les différentes séries de faits observés, je dois rappeler au lecteur la série des faits précédents exposés jusqu'ici.

I. Les *nébuleuses solifères*, les *nébuleuses planétaires*, les *nébuleuses composant* la *Voie lactée* et l'*Archégète*, sont toutes des amas de météores produits par la masse centrale empyrée dont ils sont éclairés. 1° Par rapport à la densité, celle de la masse empyrée est des millions de fois plus grande que celle des météores; 2° par rapport aux volumes, celui des météores est des milliards de fois plus grand que celui de la masse empyrée. Celle-ci occupe dans l'espace énastre une partie *e* des milliards de fois moindre que l'espace E occupé par les météores.

II. Les satellites, les planètes et le Soleil étaient, à une époque reculée, une nébuleuse planétaire composée d'autant de portions de masse empyrée qu'il y a de corps dans le système planétaire; cette masse occupait un espace *e'* et les météores un espace E' des millions de fois plus grand.

III. La masse empyrée des satellites s'est refroidie; ces satellites sont devenus des globes ovalaires de glace : les uns se sont précipités sur leur planète, les autres sont restés conservés jusqu'à présent sans que rien ait changé dans leur état. La masse empyrée des planètes s'est aussi refroidie, mais, 1° ses éléments qui sont l'oxygène et l'hydrogène, et 2° les éléments des rayons solaires qui sont l'électricité positive et l'électricité négative ont produit l'air, puis les plantes; c'est des substances végétales qu'ont été produites par les éléments négatifs $\bar{E}$ des atomes de chaleur les substances minérales. La masse empyrée du Soleil se refroidira aussi, mais à une époque encore très-éloignée.

IV. La Terre et les trois autres planètes intérieures ont repoussé de leur surface des centaines de couples de masses atmosphériques et autant de couples de couches minérales de la surface de leurs deux hémisphères.

V. Dès l'époque où les comètes et les masses minérales sont arrivées dans l'espace planétaire, on en a vu disparaître l'uniformité mécanique précédente basée sur la persistance invariable du mouvement des corps massifs et des météores qui circulaient sur des orbites isolés sans qu'il se fût opéré aucune rencontre ni qu'il y eût le moindre amortissement de mouvement.

VI. Il n'y a pas absence de rencontres entre les corps célestes; les corps précédents ont commencé à se rencontrer avec les comètes et avec les masses minérales qui sont arrivées plus tard à l'espace. L'effet de ces chocs n'est que l'amortissement du mouvement orbiculaire des corps rencontrés. Il en résulte : 1° une diminution de la distance $d + 2e$ entre l'apsis éloignée de l'orbite et le corps central, et 2° un accroissement de la vitesse amenant une diminution de la durée T de la révolution qui devient $T - t$.

VII. Après l'amortissement total du mouvement orbiculaire, la différence $2e$ disparaît, l'orbite devient circulaire; immédiatement après, c'est la pesanteur qui conduit les corps périphériques sur leur corps central.

VIII. Dans la rencontre des comètes avec les planètes ou avec les satellites, ce sont elles qui éprouvent un grand amortissement de mouvement; de même dans la rencontre des aérolithes avec les météores, ce sont ceux-ci qui éprouvent le grand amortissement. L'amortissement des mouvements provenant des rencontres entre les aérolithes et les satellites est supérieur; la quantité de mouvement amorti est le produit $\mu\delta$, $\mu$ étant la masse et $\delta$ la distance parcourue en une seconde.

Ainsi, dans le système planétaire, il n'y a que le Soleil qui ne se rencontre avec aucun corps; tous les autres corps, planètes, microplanètes, satellites, comètes, aérolithes et météores sont sujets aux rencontres et à l'amortissement de leur mouvement, amortissement bien prouvé dans la comète d'Encke et dans la Lune. La diminution de la durée de révolution de ces deux corps ne permet pas de douter qu'ils ne soient soumis aux rencontres avec d'autres corps, tels que : 1° la comète avec les météores, et 2° la Lune avec les aérolithes. La chute des météores sur le Soleil, provoquée par les comètes, s'opère depuis l'époque $e$ de la fin de la première période cométogonique. Le poids de ces météores est insignifiant par rapport à celui du Soleil; la chute des comètes sur le Soleil n'a pas encore commencé; leur poids est également insignifiant par rapport à celui du Soleil.

II. DÉTAILS DES OBSERVATIONS DES BOLIDES EN CHINE.

§ 571. On a conservé dans les annales de la Chine, avec quelques lacunes, les observations des bolides de 960 à 1275. Édouard Biot a exposé dans la figure 59, qui pré-

Fig. 59.

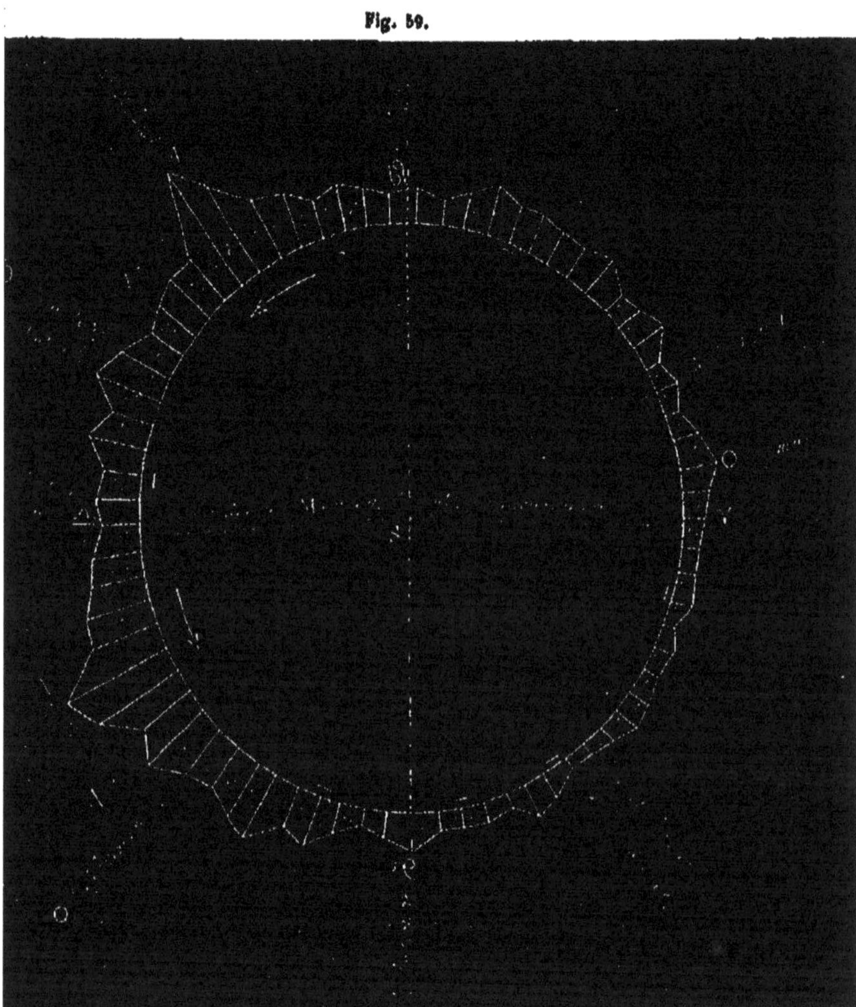

sente l'écliptique, la distribution du nombre des bolides apparus aux mêmes dates pendant 315 ans (1).

**Comparaison des faits indiqués dans les figures 58 et 59.** Dans la figure 58, la Terre T, T' est sur le plan BC de l'anneau A des héliométéores. Il y a huit siècles, la Terre était en T au commencement d'août (ou 25-27 juillet de l'année julienne); elle était en T' au commencement de novembre (ou 11-15 octobre de l'année julienne). Ces points T, T' sont pour l'époque de 1000 indiquée par AN (fig. 59), où la Terre est considérée comme si elle était immobile et que le Soleil se mût autour d'elle.

Le nombre des bolides observés pendant plusieurs années ne permet pas de douter de leur rapport avec la position CB (fig. 58) du plan de l'anneau A des héliométéores, ainsi qu'on le voit dans la série des faits suivants.

I. **Bolides des deux semestres.** 1° Depuis le solstice ♋ jusqu'au solstice ♑ ou depuis juillet jusqu'à décembre, on a observé les bolides 1017 = M + m + m produits par les héliométéores M, les géométéores m et les sélénométéores *m*.

2° Depuis le solstice ♑ jusqu'au solstice ♋ ou depuis janvier jusqu'à juin, on a observé les bolides 462 = m + *m* produits par les géométéores et les sélénométéores, car pendant ce semestre la Terre se trouve loin des héliométéores.

3° La somme m + *m* de bolides produits par les géomé-

(1) Les signes des équinoxes et des solstices se rapportent aux positions de la Terre. Le signe O désigne une apparition en masse ou une averse de bolides et d'étoiles filantes; les nombres placés dans l'intérieur de la circonférence indiquent les météores vus pendant le jour.

Les dates indiquées dans la figure se rapportent à l'année julienne et non à l'année grégorienne; elles diffèrent actuellement de douze jours. Les Grecs et les Russes ont conservé l'année julienne.

Les années écoulées depuis l'époque des observations indiquées sont sidérales et non tropiques.

Dans la figure, la Terre est considérée comme immobile et non telle qu'elle a été considérée par moi dans les apparitions des comètes.

téores et les sélénométéores pendant un semestre ne diffère pas de celle produite par les mêmes classes de météores pendant les six autres mois. En déduisant du nombre total $1017 = M + m + m$ la somme $2(m + m)$, on trouve la différence $1017 - 924 = 93$, différence qui équivaut au nombre des bolides produits par des héliométéores.

Pendant les douze mois les géométéores et les sélénométéores produisent $2 \times 462$ bolides, et dans un espace de temps inférieur de quelques jours les héliométéores produisent 93 bolides. Ces nombres ont été tirés des observations faites à divers intervalles dans l'espace de trois siècles.

II. **Bolides des deux époques du passage de la Terre par le plan de l'orbite du Soleil.** En tous temps on a observé un excédant des bolides pendant les deux jours du passage de la Terre par le plan de l'orbite solaire. Dans la figure 59, d'après l'année julienne, de 1000 à 1275, la Terre se trouvait en A du 25 au 27 juillet et en N du 11 au 15 octobre. Actuellement on observe également un excédant pendant les deux jours du passage de la Terre par le plan de l'orbite solaire; cependant ces jours sont le 10 août (ou 29 juillet de l'année julienne) et le 12 novembre (ou 30 octobre de l'année julienne).

III. **Rapport inverse entre le nombre des bolides et la distance du plan A.** Pour arriver du maximum du 25 juillet à celui du 15 octobre, la Terre mettait 83 jours; elle fait la même chose maintenant du 10 août au 12 novembre. Pour voir clairement le rapport inverse entre le nombre $n$ des bolides et la distance $d$ entre la Terre et le plan de l'orbite solaire, il suffit de comparer le nombre des météores apparus, 1° de ♋ à A; 2° de A à ♎; 3° de ♎ à N; 4° de N à ♑, quoique alors les arcs n'étaient pas égaux comme ils le sont maintenant. Voici le nombre de ces apparitions :

1° De ♋ à A : 13, 16, 21, 19, 27, 31, 40, 64 météores.
2° De ♎ à A : 19, 25, 19, 30, 18, 36, 27, 18, 23, 26, 25 météores.

3° De ♑ à N : 11, 0, 16, 26, 20, 36, 27, 22, 26, 41, 29, 52, 56 météores.
4° De ♎ à N : 25, 27, 34, 35 météores.

§ 572. **Remarque.** Le très-petit nombre des trois bolides apparus du 19 au 25 janvier et du 24 au 28 du même mois n'est dû qu'à l'état brumeux du ciel à cette époque à Pékin.

Dans le même mémoire d'E. Biot sur les observations des essaims d'étoiles filantes et des bolides, on trouve les apparitions des essaims d'étoiles filantes et de bolides observés à toutes les époques en Chine et en Europe, et dont voici le nombre :

| | | | |
|---|---|---|---|
| Janvier | 10 | Juillet | 14 |
| Février | 10 | Août | 56 |
| Mars | 12 | Septembre | 13 |
| Avril | 17 | Octobre | 29 |
| Mai | 4 | Novembre | 37 |
| Juin | 2 | Décembre | 17 |
| | 55 | | 166 |

La différence $166 - 2 \times 55 = 56$ indique également l'excédant des héliométéores pendant que la Terre se trouve dans le voisinage du plan orbiculaire du Soleil ; cet excédant se manifeste surtout dans les mois d'août et de novembre lorsque la Terre passe par ce plan. Le rapport entre les nombres 166 et 55 diffère peu de celui entre les nombres 358 et 305 indiqués dans la figure 59.

Coulvier-Gravier et Saigey ont observé en un an 68 bolides, dont 20 apparurent de janvier à juin et les 48 autres de juillet à décembre. Ainsi il y a la différence $68 - 2 \times 20 = 28$ de bolides qui sont produits par des héliométéores pour la station de Paris.

**Non-périodicité des aérolithes.** Dans le chapitre précédent, j'ai montré que les dates des chutes des aérolithes ne sont pas dans un rapport prononcé avec les héliométéores ; ceux-ci causent l'amortissement du mouvement orbiculaire des aérolithes et des nuées de poussière, mais leur chute ne suit pas immédiatement les dates de ces rencontres.

**Averses d'étoiles ou de météores.** De six averses observées, il y en a cinq qui sont produites par les héliométéores ; il en est une seule, celle du 26 mars 1008, dans laquelle n'ont pas figuré les héliométéores.

## III. DEUX MODES D'ÉCLAIRAGE DES MÉTÉORES APPARENTS COMME ÉTOILES FILANTES OU BOLIDES.

**§ 573.** En dehors de l'atmosphère et dans ses couches supérieures d'air raréfié, il y a la nuit d'autre éclairage que celui des rayons solaires concentrés dans l'atmoaérosphère par une série de réflexions convergentes ; ces rayons rendent visible la Lune éclipsée aussi bien que les météores qui se trouvent à une distance qui n'excède pas beaucoup 200 lieues et qui est près de quinze fois plus grande que la hauteur de l'atmosphère.

**Monométéores éclairés ou étoiles filantes.** En dehors de l'atmosphère, les météores simples ou les *monométéores* sont éclairés pendant un instant de haut en bas par rapport à l'observateur ; ils paraissent sous la forme de traits lumineux sans largeur perceptible. En dedans de l'atmosphère, dans ses couches supérieures, ces monométéores se présentent aussi sous la forme de traits lumineux.

**Polymétéores éclairés ou bolides.** Dans leurs rencontres, les monométéores seuls ou ceux qui portent des aérolithes s'attachent les uns aux autres, et c'est ainsi que les polymétéores passent par toutes les dimensions en commençant par celle des monométéores jusqu'à des dimensions capables de leur donner l'apparence de la Lune dans son plein à une distance de 100 à 200 lieues. En dehors de l'atmosphère et même dans ses couches supérieures, l'éclairage est égal et il n'y a que les dimensions qui font apparaître les monométéores comme étoiles filantes et les polymétéores comme bolides.

**Destruction des polymétéores ou apparition des bolides électrophores.** Quand le mouvement orbiculaire des sélénométéores s'amortit, ils sont forcés par la pesanteur ou ils sont poussés vers la Terre par le barogène. Dans l'espace vide, leur chute s'opère avec une vitesse croissante jusqu'à la limite de l'atmosphère. A cause de leur faible poids spécifique, les météores éprouvent dans l'air une résistance qui croît dans les couches inférieures et fait ainsi diminuer la vitesse de ces polymétéores électrophores.

A. FAITS OPTIQUES DES MÉTÉORES ÉCLAIRÉS EN DEHORS DE L'ATMOSPHÈRE.

§ 574. Après avoir attribué l'éclairage des météores à une lumière électrique dont l'électricité existe en dehors de l'atmosphère et à une semblable lumière qui doit être produite par le frottement, les astronomes n'ont jamais soupçonné qu'il y eût une illusion d'optique. L'abaissement des étoiles filantes vers l'horizon de l'observateur les induisait à croire que tous les météores arrivent et disparaissent dans l'atmosphère sans atteindre le sol. Cependant ils ne pouvaient expliquer l'absence complète de météores au zénith de chaque observateur.

I. **Abaissement apparent des étoiles filantes et des bolides.** J'ai montré que c'est l'enveloppe lumineuse conique ABA' (fig. 56). qui rend visibles : 1° la Lune éclipsée à la distance D de l'atmosphère, et 2° les météores éclipsés à la distance *d*. Chaque nuit cette enveloppe parcourt dans chacune de ses deux moitiés tout l'hémisphère ombragé de l'observateur. Chaque météore de l'hémisphère ombragé contenu dans l'ombre conique et à l'ouest de ce cône est éclairé pendant un instant par l'enveloppe lumineuse, toujours de haut en bas. C'est ainsi que nous voyons des objets lumineux toujours en abaissement vers la Terre.

II. **Non-apparition d'étoiles filantes au zénith de l'observateur.** Pour que les météores qui passent la nuit par le zénith de l'observateur apparaissent, il faut qu'ils soient éclairés d'après sa ligne zénithale. Les météores ne manquent pas dans cette direction, mais c'est l'éclairage qui y fait défaut, et c'est pourquoi il n'apparaît pas d'étoiles filantes à 20 degrés autour du zénith de l'observateur. C'est au milieu, entre le zénith et l'horizon, que l'éclairage s'opère à un degré supérieur, ce qui fait qu'il y apparaît une plus grande quantité d'étoiles filantes à la hauteur de 45 degrés au-dessus de l'horizon.

III. **Étoiles filantes plus fréquentes le matin que le soir.** Les rayons réfléchis vers la Terre proviennent des rayons incidents sur les météores: 1° par la moitié occidentale de l'enveloppe conique arrivant sur les météores jusqu'à minuit, et 2° par la moitié orientale de cette enveloppe faisant arriver les rayons sur les météores de minuit jusqu'au matin. Le plus faible éclairage a lieu le soir à six heures, à cause de la réflexion divergente des rayons qui n'arrivent pas à la terre. L'éclairage par la moitié orientale de l'enveloppe favorise la réflexion des rayons vers la Terre. La plus favorable incidence des rayons s'opère entre minuit et le matin, lorsque l'apparition nocturne des météores atteint son maximum, et l'on observe alors trois fois autant de météores qu'on en a observés le soir. Avant minuit, c'est la moitié ABC (fig. 56) de l'enveloppe lumineuse qui éclaire les météores sous l'obliquité A'B qui diminue dans un sens jusqu'à minuit; après minuit, c'est l'autre moitié A'BC de l'enveloppe qui éclaire les météores en commençant avec la petite obliquité pour se terminer le matin avec un maximum d'obliquité en sens opposé à celui du soir. Le nombre de météores observés chaque heure de nuit nous apprend la densité des rayons réfléchis dans chaque pays par les météores ambiants de la Terre.

Des météores 2M restant en place, M — $m$ deviennent visibles du soir à minuit et M + $m$ de minuit au matin. La différence 2$m$ du nombre d'étoiles filantes observées sert à déterminer la différence $\varphi$ des rayons $\Phi - \Phi'$ réfléchis des météores vers la Terre avant et après minuit.

IV. **Mode de production de la vitesse apparente des étoiles filantes.** Dans les mouvements orbiculaires des planètes, des satellites, des comètes, les vitesses étant bien déterminées ne dépassent pas 40 kilomètres par seconde; plusieurs de ces vitesses sont inférieures à 20 kilomètres. Dans les observations faites les 10 et 11 août 1856, simultanément à Paris et à Orléans, on vit à Paris 60 étoiles filantes et 53 à Orléans dans le même espace de temps; mais au même moment on a observé 13 étoiles filantes, et de celles-ci 6 seulement se trouvèrent, 1° aux points $p$ des croisements des directions où elles étaient apparues, et 2° aux points $p'$ des croisements des directions où elles devinrent invisibles.

Tous les six points $p$ se trouvèrent à une hauteur supérieure H et tous les six points $p'$ se trouvèrent à une hauteur inférieure $h$. Au moyen de la distance D entre les deux stations, on a déterminé la différence H — $h$ indiquant la distance parcourue qu'on avait trouvée pour quatre météores entre 22 et 30 kilomètres, pour l'une 84 et pour l'autre 115 kilomètres par seconde. D'autres observations analogues à celles de 1856 ont donné des vitesses pareilles et même plus grandes pour les étoiles filantes.

Ces résultats servent ici d'exemples de l'illusion d'optique produite par l'éclairage opéré au moyen de l'enveloppe lumineuse qui parcourt, non une distance linéaire, mais une distance angulaire de 15″ par seconde. Le rayon qui décrit l'arc 15″ est celui de la Terre augmenté de la hauteur AB (fig. 56) de l'enveloppe lumineuse. Cependant celle-ci n'est pas dans le prolongement du rayon terrestre, qui passe par le zénith de l'observateur, mais elle en dévie.

La distance H — $h$ parcourue de haut en bas par les rayons de l'enveloppe qui ont été réfléchis par les météores est angulaire ; ces météores restent en place, ou éprouvent un faible déplacement orbiculaire. En recevant les rayons des points $p$ jusqu'au point $p'$ de la distance H — $h$, nous croyons que c'est le corps lumineux apparu en $p$ qui a parcouru cette distance entre eux pour arriver à $p'$.

S'il était même possible d'attribuer une aussi grande vitesse aux corps inconnus, on l'abandonnerait bientôt en prenant en considération les abaissements de météores apparents en direction constante vers l'horizon de l'observateur et avec une vitesse analogue à la hauteur H des points $p$ de l'apparition des météores, vitesse décroissant pendant que les météores s'avancent vers les points inférieurs $p'$.

Pour se rendre compte du mode de production de la vitesse apparente, il suffit de projeter pendant la nuit l'image de la flamme d'une lampe sur un mur au moyen d'un miroir. En agitant le miroir, on ferait parcourir à l'image de la flamme des distances énormes avec une vitesse qui croîtrait avec la distance du mur. Celui qui observerait l'image croirait voir un corps lumineux se promenant avec une vitesse qui n'est jamais celle de la main qui agite le miroir, mais qui correspond à la distance $d$ entre ce miroir et le mur.

§ 575. **Résumé.** Toutes les séries de faits observés sur les étoiles filantes se coordonnent spontanément de manière à faire ressortir l'éclairage des météores par les rayons solaires concentrés dans l'atmoaérosphère terrestre.

I. Les rayons concentrés dans l'atmoaérosphère en tournant avec la Terre éclairent les météores trouvés dans l'espace à une faible distance en les parcourant de haut en bas.

II. Les rayons ne peuvent jamais avoir la direction de la ligne zénithale de l'observateur ; cette direction commence à la distance de 20° du zénith de l'observateur.

III. Les rayons de la moitié occidentale de l'enveloppe A'BC (fig. 56) tombent sur les météores sous une obliquité qui favorise peu leur réflexion vers la Terre depuis le soir jusqu'à minuit. Les rayons de l'autre moitié ABC de l'enveloppe sont mieux réfléchis par les météores de minuit au matin.

IV. Les rayons éclairent un météore à la distance $d$ et plusieurs autres à la distance $d + d'$; ces météores, différemment éclairés, paraissent être les seuls dont l'éclat, les dimensions et même la direction changent.

V. Les rayons atteignent les météores qui vont aux distances $d$, $d + d'$; comme ils ont une égale vitesse angulaire 15″ par seconde, ils acquièrent des vitesses $v$, $\mathbf{v}$, V apparentes correspondant aux distances $d - d'$, $d$, $d + d'$. Dans les observations de 1856 faites à Paris et à Orléans, les étoiles filantes observées simultanément des deux stations étaient au nombre de six; elles apparurent aux hauteurs $h$ et H, et parcoururent les distances apparentes $H - h$ indiquées dans le tableau suivant :

| NUMÉROS. | HEURE de l'observation. | HAUTEUR H en kilomètres. | HAUTEUR $h$ en kilomètres. | VITESSE par seconde $H - h$ en kilomètres. |
|---|---|---|---|---|
| 1. . . . . . . . . | Minuit 28$^m$ 29$^s$ | 35 | 11 | 30,4 |
| 2. . . . . . . . . | 35 53 | 36 | 25 | 21,7 |
| 3. . . . . . . . . | 39 22 | 85 | 13 | 84,0 |
| 4. . . . . . . . . | 55 11 | 119 | 06 | 113,0 |
| 5. . . . . . . . . | 1$^h$ 53 58 | 31 | 21 | 24,8 |
| 6. . . . . . . . . | 2 54 37 | 37 | 5 | 22,0 |

D'autres observateurs ont obtenu des résultats conformes à ceux-ci, et ont trouvé que certaines étoiles filantes étaient à une distance au-dessus du sol qui allait jusqu'à 800 kilomètres et avaient des vitesses différentes correspondant à celles indiquées dans le tableau, vitesses dont on ne peut pas attribuer la différence aux erreurs des observateurs.

Cependant il est aussi impossible d'admettre que ces inégalités de vitesses correspondent toujours aux distances, la vitesse du même corps allant sans cesse en décroissant à mesure qu'il s'approche de l'atmosphère.

La série des vitesses qui correspondent aux distances $d - d'$, $d$, $d + d'$ est d'accord avec les quatre séries précédentes de faits; ces distances correspondent aux arcs parcourus par les rayons de la lumière qui éclaire les météores trouvés à de faibles distances de la surface du sol ou à des distances différentes de l'atmosphère.

VI. Les *polymétéores* très-volumineux que l'on voit comme bolides ou comme étoiles filantes présentent une certaine dimension qui est toujours inégale; on y distingue même des couleurs.

Les monométéores des étoiles filantes ne se distinguent des polymétéores que par leur dimension. Dans le tableau ci-dessus il y a cinq météores qui sont arrivés à l'atmosphère; le n° 4 seul n'y est pas arrivé, c'est pourquoi on lui a attribué une vitesse dix fois plus grande que celle des autres météores.

### B. Éclairage double des météores dans l'atmosphère apparaissant comme bolides et comme étoiles filantes.

§ 576. En dehors de l'atmosphère les météores ne deviennent visibles que comme le devient la Lune éclipsée. Dans l'atmosphère les météores deviennent visibles de la même manière lorsqu'ils se trouvent dans les couches supérieures de l'atmophère.

I. Les sélénométéores dont le mouvement orbiculaire est amorti jouissent toujours de l'éclairage électrique; ces sélénométéores se précipitent et se transforment en vapeur lorsqu'ils sont arrivés à une petite distance du sol, pour apparaître même au-dessous des nuages pendant que le ciel est couvert.

II. Les géométéores pénètrent dans l'atmosphère pour un instant; quand ils sont éclairés ils peuvent, selon leurs dimensions, se montrer comme étoiles filantes ou comme bolides. Dans le cas où ils avancent dans les couches inférieures de l'atmosphère, la résistance exercée par l'air suffit pour briser les minces enveloppes des ballons, lesquelles enveloppes soutiennent les deux électricités à l'état latent. Ces électricités sont : 1° les éléments de la lumière qui rend visible la partie antérieure où se détruisent des ballons, et 2° les éléments de chaleur qui transforme en vapeur les fragments des enveloppes brisées; on n'aperçoit que rarement en ce cas une nuée produite par les éléments matériels des météores dont le volume diminue proportionnellement avec la destruction des ballons.

**Comment les météores sortent de l'atmosphère.** Le poids spécifique des météores correspond à celui de l'air dilaté par la couche superficielle de l'atmosphère. En avançant dans les couches inférieures de l'atmosphère, les météores perdent de leur vitesse jusqu'au point de s'arrêter : en ce moment ils tournent en prenant un mouvement de direction oblique à cause de la poussée exercée par l'atmosphère contre leur grand volume. C'est ainsi que s'interrompt la rupture des enveloppes sur la face visible de la Terre, et il n'y a plus écoulement des deux électricités; les météores deviennent invisibles dès que la production de lumière est interceptée. C'est dans cet état que s'éloignent presque tous les météores, car il n'y a qu'un très-petit nombre de sélénométéores qui, lorsque leur mouvement orbiculaire est amorti, obéissent à la pesanteur qui les fait s'abaisser jusqu'à ce que leur masse se soit entièrement transformée en vapeur par leur chaleur électrique.

**Apparition des étincelles.** Chaque météore est composé de gros ballons; plusieurs météores attachés ensemble forment des polymétéores. Dans le cas où ces polymétéores se détruisent, les monométéores se séparent, leurs ballons se détruisent, et les électricités qui deviennent libres produisent la lumière ; cette lumière rend visible les monométéores dont la vitesse est très-faible, ce qui prouve qu'elle est réelle, et l'on ne doit pas la confondre avec la vitesse apparente provenant de l'éclairage et non de la translation réelle des corps, qui est celle des étincelles.

§ 577. **État physique des météores observés.** Les observations des météores étaient limitées aux mouvements, aux directions et aux distances. Mason, en Amérique, a eu occasion, le 10 août 1839, d'observer, avec son télescope d'un grossissement de 80, des diamètres d'un assez grand nombre d'étoiles filantes; il trouva leur contour incertain comme celui d'un point lumineux qui ne serait pas au foyer. Ce résultat suffit à faire connaître : 1° la forme irrégulière des météores ; 2° leur état solide et non gazeux comme celui des comètes ; 3° leur mode d'éclairage dans la partie qui précède et qui éprouve la résistance supérieure de la part de l'air.

Les météores qui accompagnent des aérolithes du poids de quelques kilogrammes sont vus à une grande distance et ont un très-grand diamètre qui est des milliers de fois plus grand que celui de l'aérolithe. Le volume du météore décroît avec l'apparition d'une nuée.

Dans ces faits, Liais a cru avoir trouvé la production des aérolithes, des éléments qui composaient d'abord les météores. Cependant cette hypothèse ne correspond à la structure d'aucun aérolithe; leurs éléments ne sont pas un amalgame, leur tissu minéralogique correspond à celui des minerais composant la couche superficielle de la Terre; cette couche est composée de minerais *aérolithiques*.

§ 578. **Vitesse des bolides.** Les polyméréores volumineux éclairés en dehors de l'atmosphère ou dans ses couches supérieures, apparaissent comme les étoiles filantes et ont une vitesse qui correspond à leur distance du sol. Un bolide observé le 12 décembre 1851 à Paris et à Cherbourg apparut à Paris à la hauteur $H = 128$ kilomètres et disparut à la hauteur $h = 78$ kilomètres. Il apparut à Cherbourg à la hauteur $H' = 71$ kilomètres et il y disparut à la hauteur 64 kilomètres; on a trouvé que sa distance de cette dernière ville était de 224 kilomètres. En soumettant les résultats de l'observation au calcul, Liais a trouvé que le météore était entré dans l'atmosphère avec une vitesse de 70 à 80 kilomètres au moins par seconde. Cette vitesse a diminué à la distance de la limite de l'atmosphère et est descendue à 26 kilomètres.

Ces résultats, conformes à ceux trouvés en 1856 par les observations faites à Paris et Orléans, ne permettent pas de douter de l'illusion d'optique produite par le mode d'éclairage. Dans l'exemple rapporté ci-dessus, si l'on projette l'image de la flamme au moyen d'un miroir sur deux murs distants entre eux de $d$, $2d$... $nd$, on y verra l'image ayant les vitesses $v$, $2v$... $nv$.

Petit a observé un bolide dont le diamètre devait être de 215 mètres; il parcourait 62 kilomètres par seconde et apparut à une élévation de plus de 120 kilomètres. D'après sa trajectoire réelle, il a dû tomber dans les Pyrénées, où on ne l'a pas trouvé, car son volume était trop grand pour rester inaperçu s'il était arrivé jusqu'au sol. Petit ne savait pas qu'il voyait plusieurs polymétéores éclipsés dont était réfléchie une quantité de rayons amenés de la périphérie de l'atmoaérosphère de la Terre. Cette périphérie reçoit les rayons du Soleil : c'est par la rotation de la Terre que ces rayons concentrés dans son atmoaérosphère parcourent les distances angulaires qui se montrent comme des distances linéaires dans les polymétéores. C'est la concordance entre la distance de 120 kilomètres et la vitesse de 62 par seconde qui prouve que l'observation de Petit est très-exacte. Il n'en est pas de même de la dimension du polymétéore, car comme il est en dehors de l'atmosphère, l'éclairage était produit par les rayons concentrés dans l'atmoaérosphère; c'était donc la dimension de la largeur de la couche des rayons concentrés qui était de 215 mètres à la surface d'un grand nombre de monométéores et de polymétéores occupant une étendue de centaines de kilomètres et qui ne sont pas unis pour former un écran noir devant les étoiles.

## IV. APPARITION DES HÉLIOMÉTÉORES EN NOVEMBRE SOUS FORME DE PLUIE, DE BOLIDES ET D'ÉTOILES FILANTES.

§ 579. A chacune de ses révolutions autour du Soleil, la Terre traverse deux fois le plan A de l'anneau dans lequel circulent les héliométéores. Le 10 août, la Terre est en un point T (fig. 58) du plan CB, et le 12 novembre elle est en un autre point T'. Dans ces deux positions T, T', par rapport au Soleil, la Terre diffère en ce que, 1° étant en T' elle est entre le Soleil S" et l'Archégète C, et 2° étant en T, c'est le Soleil S" qui est entre la Terre et l'Archégète C.

D'après les nombres des météores 64, 56 (fig. 59) observés en T et T' tous les ans, on voit qu'il n'y a pas une grande différence de densité entre les héliométéores dans les deux régions T et T'; ces météores s'en éloignent et sont remplacés par d'autres que la Terre rencontre à chacun de ses passages par le plan A.

C'est par les observations que nous avons appris que lorsque le 12 novembre la Terre s'est trouvée en T' (fig. 58) entre le Soleil et l'Archégète sur le plan de l'orbite solaire, il est arrivé que les héliométéores se sont montrés en si grande quantité qu'ils ressemblaient à une pluie d'étoiles filantes et de bolides. N'ayant pas jusqu'à présent, comme les Chinois, observé une si grande quantité d'héliométéores le 10 août, nous nous bornerons à répéter ce que nous avons observé en disant que lorsque la Terre passe par le plan A de l'anneau des orbites des héliométéores pour se trouver entre le Soleil et l'Archégète, l'éclairage est dans une position qui facilite l'apparition d'une grande quantité de ces héliométéores qui apparaissent en forme de pluie. Si, au contraire, le Soleil est entre la Terre et l'Archégète, l'éclairage n'a plus la même position; les rayons n'étant pas réfléchis vers la Terre en grande densité, ne laissent apparaître qu'une quantité inférieure d'héliométéores.

Tout se réduit à savoir qu'il y a une si grande quantité d'héliométéores que, dans un espace de temps d'une ou de deux heures, on en peut voir plusieurs millions sur une étendue dont la longueur est de $15 \times 60 \times 60$ lieues et la largeur de 200 lieues. Ce n'est pas là cependant le nombre total des héliométéores, car chacun des observateurs placés à 100 kilomètres de distance en voit d'autres encore.

Pour évaluer le total des héliométéores, il faut prendre toute l'étendue de l'anneau dans lequel circulent les héliométéores. 1° Le rayon de cet anneau est la distance qui sépare le Soleil de l'Archégète, distance parcourue par la lumière en 700 ans. 2° La largeur de l'anneau est le diamètre de l'orbite de Neptune parcourue par la lumière en huit heures. 3° La hauteur de l'anneau correspond à la plus grande inclinaison des microplanètes. Je citerai comme exemples les innombrables héliométéores observés le 12 novembre à différentes époques.

### A. Apparition d'une grande quantité d'héliométéores le 12 novembre 1799.

§ 580. L'observation de cette apparition a été faite par Humboldt et Bonplan à Cumana. A compter de minuit, le nombre des bolides et des étoiles filantes alla toujours croissant; à deux heures, il atteignit un maximum qui dura jusqu'à quatre heures du matin; puis il diminua.

On voyait des milliards de météores comme étoiles filantes et comme bolides depuis l'équateur jusque vers le pôle nord; sur cette grande étendue, les habitants purent voir, pendant quatre heures, des myriades d'essaims de météores, sans se douter qu'à la distance de 100 kilomètres chaque observateur voyait des météores différents.

Les observateurs précités virent à l'orient, sur une bande large de 60° et montant jusque vers 50° sur l'horizon, comme un brillant feu d'artifice tiré à une hauteur immense. De gros bolides ayant parfois un diamètre apparent d'une fois et d'une fois un quart celui de la Lune, puis des étoiles filantes innombrables dont la direction était du nord au sud, traversaient incessamment un ciel d'une grande pureté où étaient tracées de nombreuses et longues bandes lumineuses.

Le même phénomène fut aperçu au Brésil, au Labrador, en Allemagne et au Groënland jusque par 64° de latitude nord; il fut aussi aperçu à la Guyane française par de Marbois et au canal de Bahame par Ellicot.

**Comment se sont produits les faits observés.** La date du 12 novembre indique la position de la Terre T' (fig. 58) sur le plan A de l'anneau dans lequel circulent les héliométéores qui, étant éclairés par les rayons solaires concentrés dans l'atmoaérosphère, ont présenté toute la série de faits observés. D'une part, nous connaissons l'existence des myriades d'héliométéores très-volumineux dont le poids est imperceptible; le mouvement orbiculaire des héliométéores a une vitesse égale à celle du Soleil et de la Terre qui l'accompagne; d'autre part, le mode d'éclairage est déjà établi; il ne reste qu'à contrôler les faits observés avec des facteurs qui les ont produits d'après la loi physique.

La couche des rayons concentrés produit à l'est, avant minuit, une lueur à peine visible quand apparaît la lumière zodiacale provenant des sélénométéores éclipsés; cette lueur sert à faire connaître à l'est le commencement de l'éclairage des héliométéores éclipsés. Si le jour du passage de la Terre par le plan de l'orbite solaire il arrive de grandes quantités d'héliométéores à une faible distance de la Terre, ils deviennent aussi lumineux que les sélénométéores; ces derniers étant plus denses et plus éloignés, se voient comme une faible lumière zodiacale. Les héliométéores étant moins denses, moins éloignés et plus volumineux, se voient séparés les uns des autres à l'orient, où ils sont éclairés sur une étendue de 60° de l'horizon et de 50° au-dessus de l'horizon. Cette étendue correspond en même temps à la couche des rayons concentrés ABC (fig. 56) et à la position des météores M (fig. 58) dans le plan de l'orbite solaire A que l'on voit de l'hémisphère nord N se projeter vers la constellation L‴ de Persée; puis on les voit se projeter vers L″ où est la constellation du Lion.

Dans chaque pays, les habitants voyaient dans le plan A certaines parties éclairées et d'autres héliométéores dont la densité différait comme celle des rayons de l'éclairage, lequel est supérieur dans les régions intertropicales. Dans ces régions, l'éclat de la lumière zodiacale est aussi plus grand que celui des latitudes supérieures; car l'éclairage y étant presque perpendiculaire, les rayons réfléchis sont denses.

Le plan BC de l'anneau A des orbites des héliométéores étant presque vertical au plan *ll′* de l'anneau des sélénométéores, les fait apparaître aux habitants de l'hémisphère boréal N en quantités correspondant à l'éclairage qui s'affaiblit aux latitudes supérieures, de même que la lumière zodiacale s'affaiblit dans ces latitudes. Le 12 novembre 1799, on a observé en Allemagne, près de Weimar, une immense quantité de météores; nulle part en Europe on n'a observé une pluie de bolides et d'étoiles filantes comparable à celles que virent les habitants de plusieurs régions tropicales de l'hémisphère nord.

Au sud de l'équateur, dans les régions intertropicales, il n'y a pas de différence dans l'éclat de la lumière zodiacale, et cependant il n'y est pas tombé beaucoup d'héliométéores. Au Brésil, comme en Allemagne, il y en a eu une quantité plus grande que la dose habituelle. Ainsi il est prouvé qu'au Brésil l'éclairage ne diffère pas de celui de Cumana; mais de l'hémisphère sud S de la Terre on ne voit pas les *héliométéores, surtout le 10 août*, où la Terre est en T. Lorsque le 12 novembre elle est en T', les habitants des latitudes inférieures des deux hémisphères peuvent voir une partie des héliométéores éclairés.

1° Ce qui donnait aux météores la dimension apparente de la Lune dans son plein et même plus grande encore, dépendait de la distance qui n'était pas inférieure à la hauteur H de l'atmosphère. Ainsi, s'il y avait des météores dont les dimensions fussent supérieures à celles des microplanètes, ils ne pouvaient pas trop avancer dans l'atmosphère; c'est à cause de leur *très-faible poids spécifique* que, s'ils sont touchés par l'air, ils en sont aussitôt repoussés.

2° Les météores des dimensions inférieures et ceux des distances supérieures se présentaient dans l'averse comme étoiles filantes.

La courte durée de la persistance correspond au déplacement de l'éclairage, déplacement qui suit la rotation de la Terre. C'est de deux heures à quatre heures du matin que l'intensité de l'éclairage se trouve à son maximum, et il rend la plus grande quantité des héliométéores visible aux habitants des régions intertropicales de l'hémisphère nord.

### B. Grand nombre d'héliométéores apparus le 12 novembre des années 1831, 1832 et 1833.

§ 581. Une fois que l'on eut acquis la certitude que l'éclairage rend les météores visibles dans certains pays pendant qu'ils restent invisibles dans d'autres, on cessa de douter de la réalité des météores observés dans certains pays et restés invisibles dans des pays voisins.

I. En 1831, le 13 novembre, il apparut un grand nombre d'étoiles filantes à Bruneck, dans le Tyrol, ainsi qu'en Amérique; près de Carthagène, Bérard vit un nombre considérable d'étoiles filantes et des bolides de grandes dimensions. Pendant plus de trois heures, il s'en est montré, terme moyen, deux par minute.

II. En 1832, les 11, 12 et 13 novembre, il y eut une apparition très-remarquable d'étoiles filantes et de bolides qui furent observés dans toute l'Europe, en Arabie et aux États-Unis. Ce phénomène fut observé, notamment à Dusseldorf, par Custadis, qui, de quatre à sept heures du matin, compta 267 étoiles filantes. A l'île Maurice, il y eut un si grand nombre de météores que Robert ne put les compter; à Limoges, les météores se succédèrent avec une telle rapidité, que des ouvriers furent saisis d'épouvante et prirent la fuite. Leverrier, se trouvant sur la route de Bayeux à Caen, vit dans la partie orientale les étoiles se succéder sans interruption et en si grand nombre que, pour compter celles qu'on apercevait en même temps, en supposant qu'elles eussent été fixes, il eût fallu plusieurs heures. Les météores avaient une teinte bleuâtre et se mouvaient généralement du nord-est au sud-ouest. La direction de leur mouvement en s'inclinant vers l'horizon, formait avec celui-ci un angle d'environ 30°.

III. En 1833, du 12 au 13 novembre, on aperçut, dans l'Amérique du Nord, une succession de météores lumineux semblables à des fusées, et qui rayonnaient d'un point unique pour se porter dans toutes les directions. Ces météores brillaient ordinairement d'un très-vif éclat avant de disparaître; ils laissaient sur leur passage des traînées rectilignes qui parfois devenaient sinueuses comme un serpent. Plusieurs de ces météores parurent aussi brillants que Jupiter et que Vénus. Un peu avant six heures du matin, le point de radiation ou de divergence était non loin de Régulus. Pendant l'heure suivante, ce même point resta stationnaire dans la même partie du Lion, quoiqu'en une heure la constellation se fût déplacée de 15° vers l'ouest. En réalité, elle resta en place, ainsi que la partie de l'anneau des héliométéores, et ce fut l'observateur qui avança vers l'est en tournant autour de l'axe de la Terre.

Dans d'autres pays, depuis le golfe du Mexique le long de la côte orientale de l'Amérique jusqu'à Halifax, les météores se montrèrent même avant minuit, et dans quelques endroits, on en vit quelques-uns en plein jour, à huit heures du matin.

Les météores étaient si nombreux que si l'on eût essayé de les compter, on n'aurait pu guère espérer que d'arriver à une approximation très-problématique. L'observateur de Boston les assimilait, au moment de leur maximum, à la moitié du nombre des flocons qu'on aperçoit dans l'air quand la neige tombe d'une manière ordinaire.

Lorsque le phénomène se fut considérablement affaibli, ce même observateur compta 650 météores en quinze minutes, bien qu'il eût circonscrit ses remarques à une zone qui ne formait pas le dixième de l'horizon visible. Ce nombre suivant lui, n'était que les deux tiers du nombre total; ainsi il aurait dû en trouver 866 ; et 8660 pour tout l'hémisphère visible. Ce dernier chiffre donnerait 36640 météores par heure. Or le phénomène dura plus de sept heures, donc le nombre des météores vus à Boston dépassa 240000; car ce calcul est basé sur le nombre observé à une époque où le phénomène était à son déclin.

Il faut se rappeler que sur 60 météores observés à Paris le 10 août 1856 et sur 53 observés à Orléans au même instant, c'est-à-dire de minuit à trois heures, il n'y en eut que six qui furent vus simultanément des deux stations. Par suite, à une distance de 100 kilomètres aux environs de Boston, on a dû observer partout d'autres météores en même nombre que ceux précités; $n$ représentant les pays séparés par 100 kilomètres, le nombre des héliométéores serait $240000 \times n = \mathrm{n}$.

§ 582. **Mode de production des faits observés.** Aux trois retours consécutifs de la Terre T' (fig. 58) au plan BC de l'anneau A des orbites des héliométéores, elle se trouva dans un torrent croissant d'héliométéores. En supposant que ce torrent ait commencé le 12 novembre 1831 et ait fini le 12 novembre 1833, la durée de deux ans indiquerait la quantité des météores du torrent qui sont passés par la région T', lorsqu'on connaît : 1° le nombre 240000*n* des météores observés en sept heures à Boston et le nombre de *n* pays où les observateurs ont vu des météores différents de ceux observés à Boston, sans cependant pour cela que les quantités réelles soient inférieures.

C'est ainsi qu'on est parvenu à acquérir une preuve directe de l'existence d'un très-grand nombre de météores ($240000n \times \frac{1}{7} \times 730 \times 24$) qui sont passés par T' en circulant dans un espace annulaire dont le plan coïncide avec le plan orbiculaire du Soleil et dont le rayon est parcouru par la lumière en 700 ans. Il y a des météores pareils qui circulent avec la Terre autour du Soleil et d'autres qui circulent avec la Lune autour de la Terre, mais ils restent toujours dans le même rapport avec la Terre. Il n'y a que deux époques dans l'année où celle-ci se trouve dans l'espace annulaire A parcouru par les torrents d'héliométéores.

1° Leur mouvement orbiculaire fait connaître la nature de leur état matériel.

2° L'absence de toute trace de perturbation du mouvement de la Terre prouve leur très-faible poids spécifique.

3° La concentration des rayons solaires par l'atmoaérosphère terrestre démontre l'éclairage des météores, éclairage qui ne diffère pas de celui de la Lune éclipsée.

Un très-grand nombre de météores pénètrent dans l'atmosphère; il y en a qui sont dirigés vers son centre, cependant c'est leur faible poids spécifique qui ne leur permet pas d'avancer beaucoup dans les couches inférieures où la densité est bien supérieure à leur poids spécifique. Ce sont de tels héliométéores qui en pénétrant dans l'atmosphère avec une grande vitesse causent la rupture des enveloppes de leurs ballons, et en font provenir la lumière électrique. On voit les fragments des enveloppes qui continuent à flotter dans l'air sous la forme d'une longue traînée moins lumineuse que le météore.

Cette traînée se prolonge dans la voie parcourue par le météore; elle est habituellement rectiligne. Par fois la résistance exercée de la part de l'air contre les fragments très-légers, leur fait prendre différentes directions sinueuses. Les grandeurs apparentes des météores comme Jupiter et comme Vénus correspondent : 1° aux dimensions de la couche éclairante, et 2° aux distances réelles des météores.

Les météores circulent sur des orbites contenus dans un espace annulaire dont le plan BC est presque perpendiculaire sur l'écliptique D♈E. Les observateurs de chaque latitude *a* de la Terre en T′ de l'hémisphère nord N′ et ceux de l'hémisphère sud S′ de latitude inférieure *b* voient les héliométéores E rester dans la direction qui conduit à la constellation L″ du Lion, d'où paraissent provenir les météores qui deviennent visibles en arrivant dans la couche des rayons concentrés par l'atmoaérosphère. C'est cette couche éclairante qui, en se déplaçant vers l'est, n'éclaire après minuit que les héliométéores qui sont dans la direction du Lion.

C'est après minuit que des rayons incidents $\varphi$ sur les météores est réfléchie la plus grande partie $\varphi'$ vers la Terre; ce sont donc les rayons $\varphi'$ qui rendent visible une plus grande quantité de météores. De deux à quatre heures du matin, l'intensité de l'éclairage atteint son maximum; c'est cet éclairage qui fait apparaître partout, à cette époque de la nuit, les météores les plus fréquents.

Cette coïncidence entre l'heure du pays de l'observateur et le nombre des héliométéores observés ne permet pas de douter de l'origine terrestre de l'éclairage indiqué, tandis que la direction permanente des météores M vers le Lion L″

prouve que leur position dans l'espace est indépendante de la rotation de la Terre. 1° Aux deux époques *e*, *e'* de chaque année, il y a une multiplication réelle d'héliométéores. 2° A une certaine époque, entre minuit et le matin, il y a dans chaque pays une direction des rayons de l'éclairage qui sont réfléchis des météores en quantités supérieures. Ces deux faits observés ensemble sont d'origine et de nature différentes.

## V. APPARITION DES ÉTOILES FILANTES ET DES BOLIDES LE 10 AOUT DANS L'HÉMISPHÈRE BORÉAL.

§ 583. La quantité des étoiles filantes apparues au mois d'août dépasse de beaucoup celle des autres mois; on peut la comparer à celle des étoiles filantes observées en novembre, sauf les chutes abondantes dont j'ai parlé plus haut, qui ne s'effectuèrent au mois d'août ni en Europe ni en Amérique, mais qu'on a observées en Chine.

Les observations déjà mentionnées qui ont été faites à Paris et à Orléans, ainsi que plusieurs autres faites à diverses époques, nous font voir qu'il y a un maximum d'étoiles filantes le 10 août, maximum dû à un torrent de météores qui persiste dans l'espace dans la région par laquelle la Terre passe le 10 août et le 12 novembre.

Il résulte de ces dates des années sidérales que le torrent des météores parcourt un espace qui reste en rapport constant avec le Soleil. Celui-ci ne reste pas au même point dans l'espace, car il circule autour de l'Archégète comme tous les autres soleils ; pour que les deux maxima de météores apparaissent à des époques invariables, il est absolument nécessaire que leur torrent accompagne le Soleil dans son mouvement autour de l'Archégète.

Cet accompagnement du Soleil par les héliométéores est une preuve que les météores sont composés de molécules séparées de celles de la surface de la masse empyrée dont le Soleil a été formé. 1° Par rapport aux volumes, l'ensemble des héliométéores donnerait un volume des milliards de fois supérieur à celui du Soleil ; 2° par rapport aux poids, celui du Soleil dépasserait des millions de fois le poids de l'ensemble des héliométéores.

Telle est la preuve physique de l'origine des héliométéores qui accompagnent le Soleil, et qui occupent un espace annulaire *g*BS″, dont le plan est presque perpendiculaire sur le plan D♈E de l'écliptique. La Terre, en circulant autour du Soleil, passe le 10 août en T par le plan BC de l'anneau contenant les orbites des héliométéores M, lesquels se meuvent avec le Soleil d'après les flèches autour de l'Archégète C que l'on voit dans la constellation de la Licorne.

Les étoiles filantes et les bolides qui apparaissent en excédant sont des héliométéores qui ne se trouvent pas dans l'espace E♎D′ parcouru par la Terre de janvier à juin. Pour que les météores voisins deviennent visibles, il faut qu'ils soient éclairés par la couche des rayons solaires concentrés dans l'atmoaérosphère de la Terre T qui tourne de l'ouest *o* vers l'est *e*.

### A. NON-ACCROISSEMENT D'ÉTOILES FILANTES LE 10 AOÛT DANS L'HÉMISPHÈRE AUSTRAL.

§ 584. Les deux hémisphères recevant une égale quantité de rayons du Soleil, en concentrent une partie de la manière indiquée et éclairent les météores ambiants **m** + *m* éclipsés qui deviennent visibles la nuit pendant toute l'année et dans les deux hémisphères, 1° s'ils sont des sélénométéores *m* dans l'espace LL, L′L′ ou 2° des géométéores **m** dans l'espace D ♈ E ♎ ; mais s'ils sont des héliométéores M, M qui se meuvent d'après les flèches vers le Soleil S″ et la Terre T, ils ne deviennent visibles que dans l'hémisphère boréal *e*N*o*, vers lequel ils avancent.

Ne pouvant avancer jusqu'au sol, les héliométéores sont repoussés de l'atmosphère de l'hémisphère boréal pour avancer en directions divergentes en laissant l'hémisphère austral *oSe* au milieu d'eux, et ils ne sont pas suffisamment éclairés pour y devenir visibles. On connaissait jusqu'à présent le mouvement du Soleil et sa direction; mais c'est le non-accroissement des étoiles filantes le 10 août dans l'hémisphère austral qui me fournit ici la preuve du mouvement et de la direction des héliométéores. On trouvera comme exemples, dans le tableau suivant, les nombres horaires de météores observés le 10 août depuis le commencement du siècle pour plusieurs années.

| Années. | Nombres observés par heure. | Années. | Nombres observés par heure. |
|---|---|---|---|
| 1800 | 20 | 1845 | 95 |
| 1823 | 35 | 1846 | 65 |
| 1837 | 50 | 1847 | 100 |
| 1838 | 60 | 1848 | 110 |
| 1839 | 75 | 1849 | 106 |
| 1840 | 120 | 1850 | 84 |
| 1841 | 30 | 1851 | 67 |
| 1842 | 90 | 1852 | 63 |
| 1843 | 15 | 1853 | 56 |
| 1844 | 135 | | |

Sur toute la surface de l'hémisphère austral, il n'y a aucune trace d'accroissement du nombre des étoiles filantes pendant le mois d'août ou le 10 de ce mois. Les observations ont été faites au Brésil, au Chili, au Cap, à la Plata, en Australie. Sur tout l'hémisphère boréal, au contraire, en Europe, en Chine, à Canton, aux États-Unis, il y a accroissement d'étoiles filantes au mois d'août, surtout le 10 de ce mois.

### B. Accroissement du nombre des étoiles filantes le 12 novembre dans les deux hémisphères.

§ 585. L'axe de la Terre en T' est le même que lorsqu'elle est en T; il ne s'opère de changement que dans sa position par rapport au Soleil S″. 1° En T′, la Terre est entre le Soleil S″ et l'Archégète C; 2° en T, c'est le Soleil S″ qui est entre la Terre et l'Archégète. C'est ce déplacement qui fait que la Terre est atteinte par les météores M′ en direction S″M′ perpendiculaire sur le diamètre *ab* et non parallèle à l'axe N′S′ de la Terre T′, comme cela s'opère en T le 10 août.

Ainsi il ne reste que la calotte *b*S′*b*′ de l'hémisphère austral, laquelle est en dehors de l'étendue atteinte par les héliométéores. La latitude sud 30° à 35° est la limite des héliométéores du 12 novembre. Martin de Moussy et Poey n'ont pas trouvé à la Plata un accroissement sensible des étoiles filantes le 12 novembre; au Chili, l'accroissement est sensible : Liais a trouvé à Rio-Janeiro presque le même excédant qu'en Europe.

Aux deux époques des 10 août et 12 novembre, la Terre T, T′ est sur le plan A de l'orbite solaire. 1° En T, les héliométéores M arrivent presque dans la direction du prolongement de l'axe terrestre et ne peuvent s'approcher que de l'hémisphère boréal; c'est pourquoi ils restent invisibles dans l'hémisphère austral. 2° En T′, la Terre est entre le Soleil S″ et l'Archégète qui est dans la Licorne; les héliométéores M n'arrivent pas à la Terre T′ en directions parallèles à celle des héliométéores M qui arrivent à T. Les deux directions M et M′ forment un angle de 30° à 35°, déterminé par les latitudes égales auxquelles les héliométéores M′ de novembre deviennent visibles. La direction des météores M aboutit à la constellation de Persée et celle de M′ à la constellation du Lion L″, sans cependant que la direction principale des héliométéores M invisibles dans l'hémisphère austral soit interceptée. Ainsi, il y a même le 12 novembre un excédant des météores dans l'hémisphère nord dans la direction L‴ de Persée.

## VI. RÉSUMÉ DES DÉTAILS DES TROIS CLASSES DE MÉTÉORES.

§ 586. I. J'ai démontré que les *sélénométéores* circulent autour de la Terre dans un espace annulaire *a*, lequel étant éclairé a pendant la nuit l'aspect de la *lumière zodiacale*. Les sélénométéores isolés autour de cet anneau *a* paraissent sporadiques comme des étoiles filantes ou comme des bolides dans des latitudes peu éloignées de l'orbite de la Lune. Les sélénométéores ont été produits par les molécules superficielles de la masse empyrée expulsée de la Terre dont ont été formés la Lune et trois autres satellites; il y a donc quatre espaces annulaires concentriques contenant les orbites des météores de chacun de ces satellites.

II. Les *géométéores* circulent autour du Soleil dans un espace annulaire a; ces météores ne sont pas assez denses pour apparaître comme lumière zodiacale. Tous les géométéores qui sont à la distance $1-\alpha$ du Soleil sont invisibles la nuit; ceux qui sont aux distances 1 ou $1+\alpha$ se voient à l'état sporadique dans toutes les directions de l'hémisphère ombragé. Autour de l'orbite de la Lune, les géométéores se trouvent mêlés avec des sélénométéores.

III. Les *héliométéores* circulent avec le Soleil autour de l'Archégète dans un espace annulaire formant avec le plan de l'écliptique un angle de 79°. La périphérie de l'écliptique ayant le Soleil à son centre, a deux points T, T' (fig. 58) sur le plan de l'orbite solaire. Ce plan coïncide avec le plan A de l'espace annulaire dans lequel sont contenus les orbites des héliométéores.

L'axe de la Terre forme avec le plan A un angle très-petit $\gamma = 23° \frac{1}{2} - 11°$; l'Archégète C est dans la constellation de la Licorne vers laquelle reste toujours dirigé le prolongement de l'extrémité sud de l'axe de la Terre. Le mouvement orbiculaire du Soleil et de ses héliométéores est dirigé vers la même constellation. Lors donc que le 10 août la Terre se trouve en T, les héliométéores n'y arrivent que du côté de son hémisphère boréal. Lorsque le 12 novembre la Terre est en T′ entre le Soleil S″ et la constellation de la Licorne, 1° les héliométéores M suivent la même direction que ceux qui passent par T; 2° ceux M′ arrivent de la direction oblique M″S″ du côté du Soleil, qui forme avec le diamètre *ab* un angle de 35° environ, angle déterminé par la latitude sud dans laquelle on observe, le 12 novembre, un excédant de bolides et d'étoiles filantes provenant des héliométéores visibles dans ces latitudes.

Dans cette distribution des météores en trois classes, d'après la position des trois plans *a*, a, A, on trouve encore une preuve de leur origine; car les mouvements orbiculaires 1° de la Lune et des sélénométéores, 2° de la Terre et des géométéores, 3° du Soleil et des héliométéores, sont des monuments éternels indiquant que les météores ont été produits par les molécules de la masse empyrée dont ont été formés la Lune, la Terre et le Soleil.

**Chute des bolides et des aérolithes ou des nuées de poussière.** 1° Dans les aérolithes, les éléments chimiques et les combinaisons minéralogiques se trouvent parmi ceux des corps terrestres; 2° dans les bolides, les éléments chimiques ne diffèrent pas de ceux de l'eau; 3° dans la chute des aérolithes avec les bolides, on trouve la série de faits liés entre eux d'après la loi de la Mécanique.

1° La chute des corps périphériques sur leur corps central ne peut s'effectuer que quand leur mouvement orbiculaire est amorti.

2° Cet amortissement n'est dû qu'aux rencontres entre les corps circulant sur des orbites qui se croisent.

3° Les orbites des sélénométéores ne se croisent ni avec ceux des géométéores ni avec ceux des héliométéores; les chutes des aérolithes avec des bolides prouvent que les sélénométéores et les aérolithes sont des corps périphériques de la Terre circulant sur des orbites qui se croisent pour pouvoir se rencontrer et produire l'amortissement mutuel de leur mouvement orbiculaire.

4° Les météores de chacune des trois classes circulent sur des orbites isolés; les comètes, les aérolithes et les nuées de poussière circulent sur des orbites qui se croisent avec ceux des météores et des planètes : ils sont donc d'époques postérieures, car ils n'existaient pas à l'époque éloignée où se sont produits les météores dont les éléments composent la masse empyrée.

5° La masse minérale précipitée sur la Terre n'a produit aucun changement dans l'état minéralogique des corps terrestres, parce que cette masse faisait autrefois partie de la Terre. De même la vapeur produite par les fragments des enveloppes des ballons des météores n'a amené aucun changement physique ou chimique dans la composition de l'atmosphère.

§ 587. **Éclairage des météores en dehors de l'atmosphère.** Il y a trois séries de faits produits par l'éclairage en dehors de l'atmosphère qui rend visibles les météores éclipsés de même que la Lune éclipsée.

1° Les météores ne sont jamais éclairés autour du zénith de chaque observateur.

2° L'éclairage s'opère de haut en bas; il en résulte une apparition de mouvement comme si les météores descendaient tous vers l'horizon de l'observateur.

3° Les rayons concentrés dans la périphérie de l'hémisphère de l'atmoaérosphère se déplacent avec une vitesse correspondant à celle de la rotation de la Terre qui parcourt des distances angulaires, 15″ par seconde. Ces rayons, arrivés aux météores, parcourent des distances linéaires à leur surface; ces distances sont en rapport direct avec les distances *d*, **d**, D entre les météores et l'observateur.

Ces trois séries de faits optiques sont parfaitement d'accord avec le déplacement angulaire des rayons concentrés, déplacement constant qui dépend de la rotation de la Terre.

§ 588. **Eclairage des météores dans l'atmosphère.** L'éclairage dit du *dehors de l'atmosphère* y persiste ; il s'y produit de plus un éclairage électrique. Cet éclairage est accompagné de séries de faits physiques qui y correspondent.

1° Les météores se montrent toujours en directions obliques inclinées vers l'horizon de l'observateur; leur marche vers les couches *inférieures* de l'atmosphère est *interceptée* par la résistance de l'air contre leur grand volume dont le poids est insignifiant.

2° Les deux éléments des deux électricités $3q\bar{E}$, $3q\bar{E}$ soutenus à l'état latent dans les deux faces des enveloppes des ballons *deviennent libres* dès *que ces enveloppes* commencent à se briser dans la face tournée vers la Terre, laquelle alors est éclairée par une lumière électrique. Un moment après, le météore est repoussé par la résistance de l'air; il tourne et il devient invisible, de sorte que chaque météore ne reste visible qu'autant qu'il avance vers la Terre. Dès que les météores commencent à s'éloigner, leurs ballons ne se brisent plus, il ne se produit plus de lumière; ainsi nous ne les voyons jamais pendant leur éloignement.

**Destruction complète des sélénométéores dont le mouvement est amorti.** Ces météores ne diffèrent des précédents qu'en ce qu'ils ont amorti leur mouvement orbiculaire. Ils sont alors forcés par leur pesanteur de s'abaisser avec une vitesse décroissante; pendant cet abaissement, les enveloppes se brisent, et les éléments des deux électricités se multiplient et se combinent pour devenir des atomes de lumière et de chaleur. Dans le bolide de Cherbourg, on a observé tous les faits produits pendant la disparition du bolide flottant dans l'air comme un aérostat à cause de son faible poids spécifique; car à l'endroit où il a disparu on n'a trouvé aucun aérolithe.

J'ai dit avec détails comment le bruit violent et l'odeur sulfureuse étaient produits par les sept éléments primitifs du pycnoélectre et de l'aréoélectre.

# CHAPITRE IV.

## DIMINUTION DE DURÉE DE LA RÉVOLUTION DE LA LUNE DUE A L'AMORTISSEMENT DE SON MOUVEMENT ORBICULAIRE.

§ 589. D'après la loi de la Mécanique, il est démontré que la chute des aérolithes, des nuées de poussière et des météores ne s'opère qu'après l'amortissement de leur mouvement orbiculaire.

Cet amortissement de mouvement orbiculaire est cause que la différence $2e$ diminue entre $d$ et $d+2e$ qui sont les distances entre la Terre et les périgées ou les apogées des orbites de ses corps périphériques. Ces corps sont : 1° les satellites de la Terre, 2° leurs météores, et 3° les masses minérales qui se sont séparées d'elle à différentes époques. A mesure que la distance de l'apogée diminue, la pesanteur croît ; il se produit ainsi un accroissement de vitesse et une diminution de durée de la révolution de la Lune, de la comète d'Encke et de toutes les autres comètes ou satellites.

Les corps circulant sur des orbites isolés qui ne se croisent pas avec les orbites des autres corps, ne peuvent jamais éprouver un amortissement de leur mouvement, et ils restent éternellement dans un *état* invariable par rapport à leur mouvement orbiculaire. John Herschel, Lamont et d'autres croient que les corps du système planétaire, se trouvent maintenant dans cet état et semblent ne pas se souvenir : 1° des chutes dites des corps, 2° de la diminution de durée de la révolution de la Lune autour de la Terre, et 3° de la diminution de la durée de la révolution des comètes périodiques autour du Soleil.

I. Encke le premier, et d'autres astronomes après lui, ont reconnu que l'amortissement du mouvement orbiculaire est la cause physique de la diminution de durée de la révolution. On connaissait bien le croisement de l'orbite de la comète d'Encke avec ceux des microplanètes, et cependant, comme s'ils eussent oublié ce fait, ni Encke ni aucun autre astronome ne cherchèrent l'amortissement du mouvement dans des rencontres de la comète avec les planètes et avec leurs satellites ou avec les petites planètes et les météores ou les aérolithes. Sans doute l'existence de ces corps n'était pas inconnue, mais on ignorait leur origine et la disposition de leurs orbites. Encke attribua l'amortissement du mouvement orbiculaire à une matière éthérée répandue dans l'espace et ayant une densité croissante vers le Soleil. J'ai fait voir que cette hypothèse n'explique pas l'accélération du mouvement de la comète; car si la matière éthérée exerçait une résistance pendant l'approche de la comète, elle exercerait une répulsion pendant son éloignement.

II. Encke et les autres astronomes n'ignoraient pas que la durée de la révolution de la Lune diminue. Déjà Halley, en comparant les observations modernes avec les dates des éclipses anciennes, a signalé une accélération séculaire dans le mouvement moyen de la Lune. Au lieu de chercher pour cette accélération de la Lune une cause correspondant à celle de l'accélération de la comète d'Encke, cet astronome adopta l'hypothèse de Laplace qui a reconnu que l'accélération séculaire de la Lune était due à la variation séculaire de l'excentricité de la Terre. Ainsi la valeur de l'*équation séculaire* de la Lune produite par la cause qu'avait admise Laplace, a été considérée pendant longtemps comme étant suffisamment d'accord avec les résultats des observations.

Tout récemment, Adams, en rectifiant le calcul de l'équation séculaire due à la cause admise par Laplace, a montré que la valeur réelle de cette équation est plus petite que celle qu'on lui avait attribuée avant lui. Pour acquérir une plus grande certitude à cet égard, on a soumis le calcul au contrôle des anciennes éclipses, et il en résulte pour l'équation séculaire de la Lune une valeur plus grande que celle qui proviendrait de l'excentricité de l'orbite de la Terre. On vit ainsi qu'il fallait chercher la cause physique d'un fait bien constaté, savoir la diminution réelle de la durée de la révolution de la Lune. En un siècle, la Lune termine autour de la Terre $n$ révolution, plus un arc de 6 secondes; en vingt siècles, cet excédant est devenu $120'' = 2'$.

### I. EXPLICATION DE L'ACCÉLÉRATION DU MOUVEMENT ORBICULAIRE DE LA LUNE PROPOSÉE PAR DELAUNAY.

§ 590. On croirait que les astronomes, en suivant la loi de la Mécanique, devaient, comme Encke, chercher l'amortissement du mouvement orbiculaire de la Lune dans une résistance. Si l'on partait de la chute des météores, des aérolithes et des nuées de poussière considérées comme corps d'origine cosmique, on ne manquerait pas d'y découvrir un amortissement séculaire du mouvement orbiculaire de la Lune suffisant pour produire l'accélération d'un arc de six secondes environ.

Les corps d'origine cosmique n'étaient pas considérés comme étant envoyés en quelque sorte pour arriver en ligne droite sur le sol ou pour se détruire dans l'atmosphère avant d'atteindre le sol. On considère ces corps comme circulant autour de la Terre, et leur chute ne s'effectue qu'après l'amortissement de leur mouvement, amortissement produit par les rencontres pendant qu'ils circulent autour de la Terre, ainsi que cela a lieu pour la Lune circulant autour de la Terre; de sorte que les rencontres avec elle ne seraient en rien inférieures aux rencontres avec les météores ou avec les aérolithes.

Il n'y a pas longtemps qu'on a rectifié le calcul de Laplace; aussi ne doit-on pas s'étonner si quelques jeunes astronomes n'ont pas coordonné les accélérations de mouvement orbiculaire de la Lune et de la comète d'Encke avec l'amortissement de ce mouvement toujours produit par des rencontres avec d'autres corps.

C'est à un oubli de cette loi de la Mécanique et de cette série des faits qu'il faut attribuer l'explication proposée par Delaunay. Au lieu d'une accélération du mouvement orbiculaire de la Lune, cet astronome prétend trouver un retard de la rotation diurne de la Terre. Il attribue ce retard aux actions de la Lune et du Soleil qui se manifestent dans le déplacement continuel des eaux de la mer, quoique Laplace dise que *cet état des fluides de la mer n'altère pas* l'uniformité du mouvement de la rotation de la Terre (*Mécanique céleste*, livre V).

Delaunay reconnaît l'impossibilité de trouver par le calcul la valeur du ralentissement de la rotation de la Terre, ralentissement produit par la pesanteur du Soleil et de la Lune. Il oublie qu'une telle cause ne se bornerait pas à ralentir la rotation, mais qu'elle amènerait en même temps un amortissement du mouvement orbiculaire de la Terre, d'où résulterait une diminution de durée de l'année sidérale et par suite *une diminution de durée de la rotation de la* Terre. C'est là précisément un effet diamétralement opposé à celui que cherchait Delaunay, et cet effet propre pourrait être invoqué par les partisans de Laplace pour combattre l'hypothèse de Delaunay; cependant on est forcé de se ranger à l'opinion de Laplace sur l'uniformité du mouvement de la Terre, laquelle n'éprouve aucune altération, et l'on doit reconnaître l'erreur du calcul de Laplace rectifié par Adams.

Si, malgré l'absence de preuve directe, Delaunay tient encore à son hypothèse, il sera bien forcé de l'abandonner plus tard, car on lui prouvera que le seul mode d'amortissement du mouvement orbiculaire qui s'opère actuellement sur la Lune s'est opéré sur les trois autres satellites qui ont perdu depuis longtemps leur mouvement orbiculaire et se sont précipités sur la Terre.

### II. ÉTAT PRÉÉTABLI DE LA LUNE ET DES COMÈTES.

§ 591. Pour la comète d'Encke observée depuis 1786, il a été établi qu'il y avait une diminution à chaque révolution, mais cette diminution n'est pas toujours la même. Les diminutions s'opèrent d'une manière qui correspond aux quantités de microplanètes, de météores et d'aérolithes avec lesquels la comète se rencontre pendant sa révolution. Encke a trouvé les durées suivantes de révolution de différentes époques :

| | | |
|---|---|---|
| De 1786 à 1795. . . . . . . . | 1208j,11 | |
| De 1795 à 1805. . . . . . . . | 1207 ,88 | Diminution 0j,23 |
| De 1805 à 1819. . . . . . . . | 1207 ,42. . . . . . . . | 0 ,44 |
| En 1835. . . . . . . . . . . . | 1204 ,00. . . . . . . . | 3 ,42 |

Ces diminutions successives de durées de la révolution nous font connaître : 1° que la comète se rencontre toujours avec des météores, et 2° qu'à chacune de ces révolutions elle se rencontre avec différents nombres de météores. Lorsque le nombre N des météores rencontrés est grand, il se produit une grande quantité de mouvement amorti, il y a approche considérable de l'aphélie et par suite grande diminution de la durée de la révolution, comme cela a eu lieu de 1819 à 1838.

Les légères diminutions de la durée de la révolution de 1786 à 1819 prouvent que la comète n'a eu alors que peu de rencontres avec des météores, des microplanètes, des aérolithes et des nuées de poussière. Aux durées $t$ ou $t+t'$ de la diminution de chaque raccourcissement de révolution on reconnaît les nombre $n$ ou $n$ des rencontres et les quantités $q$, $q$ du mouvement orbiculaire amorti, sans qu'il soit possible de prévoir la durée $t'$ de diminution de la révolution dans aucune des périodes suivantes :

Actuellement, la comète termine sa période en 3 ans,3 ; dans quelques siècles, la période sera terminée en 3 ans. Plus tard, les périodes seront successivement terminées en 2 ans, en 1 an, en 6 mois, en 3 mois ; mais avant que ces périodes deviennent de 2 mois, la comète sera précipitée sur le Soleil. Cette durée est déterminée par celle de 88 jours de la révolution de Mercure.

L'arc $b''$, qui est l'excédant parcouru par la Lune en un siècle, fait voir la quantité de mouvement amorti par ses rencontres avec des aérolithes. Ces rencontres n'ont commencé que depuis l'époque $e$ de la fin de la 1re période comélogonique. A cette époque reculée, la durée de la révolution pouvait être double de la durée actuelle.

Les trois satellites inférieurs entre la Lune et la Terre ont été des masses différentes de celle de la Lune ; comme ils étaient soumis à de fréquentes rencontres avec les aérolithes, leur mouvement orbiculaire a été amorti et ils ont été précipités sur différentes parties de la zone torride de la Terre. Les masses de glace fondues ont fait élever le niveau de la mer de l'époque postérieure $e'$.

**État préétabli de la Lune.** L'arc $b''$ indique l'accélération de la Lune ; la diminution de l'excentricité de son orbite peut servir à déterminer le nombre de siècles qui doivent s'écouler jusqu'à l'époque $e''$ où l'apogée se trouvera aussi éloigné de la Terre que l'est maintenant le périgée. Il faut cependant prendre en considération la diminution continuelle des aérolithes, dont l'absence amène une diminution des rencontres avec la Lune et par suite un retard de l'amortissement de son mouvement. Ainsi on n'obtiendrait, par le calcul indiqué pour l'époque $e''$, qu'un laps de temps T inférieur au véritable T + T'.

En admettant que les aérolithes à la distance $d$ de la Lune perdent leur mouvement orbiculaire avant de produire l'amortissement total du mouvement orbiculaire de la Lune, celle-ci ne serait alors exposée qu'aux rencontres rares des quelques géocomètes, des aphroditocomètes et des hermocomètes, lesquelles se précipiteront sur le Soleil; il ne restera donc qu'une partie des essaims de météores pour circuler sur des orbites déplacés se croisant les uns avec les autres et rendant possibles les rencontres de ces météores entre eux et avec la Lune, dont la chute sur la Terre reste toujours préétablie et inévitable.

## III. CHUTE DES SATELLITES SUR LES QUATRE PLANÈTES INTÉRIEURES.

§ 592. J'ai montré : 1° le mode de production des planètes par l'expulsion de neuf jets de masse empyrée du Soleil, et 2° le mode de production des satellites par l'expulsion d'un nombre égal de jets de masse empyrée. Saturne et Uranus ont huit satellites ; Jupiter n'en a que quatre par la raison indiquée § 288, quoique les jets y aient été au nombre de neuf comme pour les quatre planètes inférieures.

Chacune de ces quatre planètes a expulsé neuf jets de masse empyrée; la Lune correspond au huitième satellite de Saturne ou au quatrième de Jupiter. Mercure, Vénus et Mars avaient dans le principe, comme Jupiter un nombre égal de satellites. Tous les quatre sont restés à circuler autour de leur planète sans éprouver le moindre changement; on n'avait pas fait alors l'équation séculaire de la Lune et des autres satellites.

Mercure a terminé sa première période cométogonique avant les autres planètes; cette planète a terminé aussi sa vie géologique avant Vénus et avant la Terre, celle-ci a déjà terminé ses périodes cométogoniques, et parcourt maintenant sa dernière période oryctologique.

I. **Chute des satellites de Mercure.** Dans le principe, cette planète était entourée de quatre satellites de même que Jupiter ; depuis l'expulsion d'un grand nombre de couples de comètes et l'éloignement d'autant de couches de masses minérales de ses deux hémisphères, ces masses ont commencé à se rencontrer avec les quatre satellites. L'effet produit était le même que celui que nous observons sur la Lune, c'est-à-dire qu'il y avait amortissement de mouvement en quantité égale pour les masses minérales et pour les masses des satellites.

Il y avait chute de myriades d'aérolithes, de nuées de poussière et des météores avant que le mouvement d'un satellite fût amorti, lorsque sa chute s'opéra. Il était le premier exposé aux rencontres plus fréquentes avec les masses minérales et avec les météores. Ainsi la chute des trois autres satellites s'opéra à des intervalles beaucoup plus grands. Après que des satellites se furent précipités, il continua encore à se précipiter des aérolithes, des nuées de poussière et de météores, lesquels ont, par ce fait, éprouvé une diminution considérable.

II. **Chute des satellites de Vénus.** Le seul satellite de Vénus est devenu invisible depuis un siècle; c'est le quatrième, il correspond à la Lune. Les trois autres ont perdu depuis longtemps leur mouvement orbiculaire dans leurs rencontres avec un grand nombre d'aérolithes, de nuées de poussière et de météores. Le satellite actuel est devenu invisible à cause des nuées de poussière qui lui font écran ou se sont déposées à sa surface et ont produit une diminution de la réflexion des rayons aussi bien vers la Terre que vers Vénus; car la partie ombragée de son disque était visible quand on voyait le satellite et même après qu'il était devenu invisible. Gruithuisen est le dernier qui, en 1824, a vu le disque de Vénus éclairé par son satellite.

Lorsque dans la suite des temps le satellite redeviendra visible, les astronomes ne manqueront pas de déterminer son équation séculaire pour le comparer avec celle de la Lune. Il ne faut pas croire que le satellite s'est précipité sur sa planète depuis un siècle qu'il est devenu invisible : ce qui prouve le contraire, c'est que postérieurement on a vu la partie ombragée du disque de Vénus éclairée par le satellite.

L'existence du satellite de Vénus est d'accord avec l'équation séculaire de la Lune, ce qui fait voir qu'il devra s'écouler un très-long temps jusqu'à l'époque $e''$ où la Lune perdra tout son mouvement orbiculaire; car elle se trouvera d'abord dans le même état où se trouve actuellement le satellite de Vénus : il lui faut pour cela des millions de siècles.

**III. Chute des trois satellites sur la Terre.** Le mode de production des satellites par la masse empyrée expulsée de la Terre conduit à connaître l'existence primitive de quatre satellites de la Terre dont la Lune est le plus éloigné, car le plan de son orbite est tout près de celui de l'écliptique, comme le sont les deux huitièmes satellites de Saturne et d'Uranus. Les satellites précipités circulaient sur des orbites peu éloignés du prolongement du plan équatorial, ainsi que l'est le satellite de Vénus et que le sont ceux de Jupiter et ceux des sept satellites de Saturne et d'Uranus.

**IV. Chute des satellites de Mars.** Jamais on n'a vu de satellite autour de Mars; ainsi l'on ne sait pas s'il y en a un ou si, comme cela a lieu pour la Lune, le mouvement orbiculaire de tous les quatre a été amorti depuis longtemps et s'ils se sont précipités sur la planète.

Les deux aréocomètes à courte période ont occasionné l'amortissement d'une grande quantité de mouvement orbiculaire de la planète et de ses satellites. Ainsi ils ont dû tous se précipiter, comme cela résulte également de ce qu'on n'a pas vu jusqu'à présent de satellite autour de Mars.

## IV. CONSERVATION DES SATELLITES DES QUATRE PLANÈTES EXTÉRIEURES.

§ 593. Les onze diocomètes nous font voir que Jupiter a terminé au moins six périodes cométogoniques; les masses minérales ont été séparées six fois de ses deux hémisphères, et ces masses circulent autour de la planète sur des orbites qui se croisent avec ceux des satellites avec lesquels elles se rencontrent. De même qu'il y a amortissement de mouvement orbiculaire de la Lune, de même cet amortissement ne peut pas manquer aux satellites de Jupiter, en voici la preuve :

Des satellites de Jupiter, le premier, le deuxième et le troisième ont éprouvé le plus grand degré d'amortissement; le quatrième satellite seul, qui est le plus éloigné, n'a pas éprouvé d'amortissement sensible. L'effet de ces amortissements de mouvement orbiculaire n'est que celui observé dans l'équation séculaire de la Lune; c'est une diminution de durée de la révolution. Halley a trouvé cette diminution de durée de la révolution de la Lune à l'aide des dates anciennes des éclipses de la Lune; il n'existe pas de telles preuves pour les satellites de Jupiter, mais ce sont les rapports des durées de révolution des satellites qui ont changé :

| | | | | | | |
|---|---|---|---|---|---|---|
| 1er satellite....... | 247 | Révolution en | 437j | 3h | 41m | 59s |
| 2e............ | 123 | .......... | 437 | 3 | 41 | 9 |
| 3e............ | 61 | .......... | 437 | 3 | 35 | 25 |
| 4e............ | 26 | .......... | 437 | 14 | 13 | 3 |

En admettant dans le principe que ces durées ont été en progression géométrique, elles seraient :

| | | |
|---|---|---|
| 1er satellite............ | 8 × 26 = 208 | Différence 39 |
| 2e............... | 4 × 26 = 104 | ....... 19 |
| 3e............... | 2 × 26 = 52 | ....... 9 |
| 4e............... | 26 = 26 | ....... 0 |

Une fois établi que Jupiter a terminé six périodes cométogoniques et que six couches de masses minérales ont été enlevées de sa surface pour circuler autour de la planète sur des orbites qui se croisent avec ceux des satellites, on voit que l'amortissement de leur mouvement orbiculaire est devenu inévitable. Un tel amortissement étant donné, pour en déterminer le degré pour chaque satellite, il faut comparer les diminutions des durées de révolution qui sont exprimées dans les nombres croissants indiquant les révolutions terminées de chaque satellite dans le même espace de temps T, pendant lequel le quatrième satellite termine *n* révolutions.

Ce sont les trois satellites inférieurs dont une partie du mouvement orbiculaire a été amorti; il en est résulté une diminution correspondante des durées de révolution, diminution exprimée dans l'accroissement du nombre des révolutions dans un même espace de temps. Plus tard, les astronomes trouveront les équations séculaires des trois satellites inférieurs de Jupiter. De nos jours même, on découvrirait certainement cette équation si l'on comparait la durée actuelle des révolutions des satellites avec celles du siècle passé, en admettant les observations comme parfaitement exactes.

**Etat normal des révolutions des satellites de Saturne, d'Uranus et de Neptune.** Ces trois planètes n'ont encore terminé aucune période cométogonique; c'est pourquoi il n'y a d'autres corps qui circulent autour d'elles que leurs satellites avec leurs météores sur des orbites isolés sans se croiser les uns avec les autres. Je suis conduit *à priori* à faire ressortir l'absence d'amortissement du mouvement orbiculaire : 1° par l'absence de *chronocomètes*, et 2° par les rapports inaltérés entre les durées de révolution des quatre satellites inférieurs de Saturne, rapports remarqués d'abord pas John Herschel.

| | | | | |
|---|---|---|---|---|
| Le temps de la révolution du 3ᵉ satellite. . . . . . . . | 1ʲ | 21ʰ | 13ᵐ | 33ˢ |
| est double du temps de la révolution du 1ᵉʳ. . . . . . | | 22 | 36 | 47 |
| La durée de la révolution du 4ᵉ satellite. . . . . . . | 2 | 17 | 44 | 51 |
| est double de la durée de la révolution du 2ᵉ. . . . . | 1 | 8 | 52 | 58 |

Ces rapports entre les durées de révolution de quatre satellites de Saturne prouvent que le mouvement orbiculaire primitif s'est conservé, d'où il résulte que jusqu'à présent le mouvement orbiculaire des satellites de Saturne ne s'est pas amorti, tandis que le dérangement des rapports primitifs entre les durées de révolution a démontré qu'un tel amortissement s'était opéré dans les satellites de Jupiter.

## V. RÉSUMÉ.

§ 594. I. La chute des aérolithes, des nuées de poussière et des météores est le résultat direct de l'amortissement de leur mouvement orbiculaire autour de la Terre.

L'équation séculaire de la Lune donne une avance de 6 secondes par siècle, qui résulte de l'amortissement d'une partie proportionnelle de son mouvement orbiculaire.

Les rapports entre les durées de révolution des satellites de Jupiter nous ont fait voir que leur désaccord est résulté de l'amortissement des mouvements orbiculaires, amortissement qui a pour cause les rencontres des satellites avec les masses minérales séparées de Jupiter à la fin de chacune de ses six périodes cométogoniques.

Dans le principe, les satellites de chaque planète étaient au nombre de quatre, comme celui des satellites de Jupiter, ou de huit, comme celui des satellites de Saturne et d'Uranus; ces derniers seuls ont un mouvement orbiculaire normal.

Les amortissements du mouvement orbiculaire des satellites des quatre planètes intérieures ont commencé à la fin de la première période cométogonique de chaque planète. Les satellites qui ne se voient plus autour de leur planète ne se sont pas anéantis, ils s'y sont précipités quand chacun d'eux s'est trouvé sans mouvement orbiculaire. Encke, le premier, a découvert l'amortissement de mouvement dans la comète à courte période. C'est à cet amortissement de mouvement que les astronomes attribuent la chute des aérolithes.

Ni Laplace, ni aucun autre astronome n'a admis que chaque aérolithe, dès qu'il est expulsé de la Lune, arrive à la Terre; ce qui le prouve, c'est qu'il n'y a plus de volcans en activité. Pour qu'une chute d'aérolithes ait lieu, il faut d'abord que leur mouvement orbiculaire s'amortisse. Dans l'équation séculaire de la Lune, il n'y a de prouvé que l'amortissement de mouvement, amortissement incontestable dans les comètes à courte période.

Les astronomes connaissaient bien l'existence des météores volumineux d'un poids imperceptible sans qu'on puisse trouver dans la Terre de pareils corps. C'est cette ignorance de la nature des météores, de leur origine, de leurs orbites et des myriades de leurs essaims qui a fait naître les difficultés qui se sont opposées jusqu'à présent, je ne dirai pas à tout progrès de la Physique céleste, mais à l'idée même de cette science, la seule qui montre la véritable voie qui conduit vers l'Être suprême et qui enseigne à l'homme qu'une existence éternelle est réservée à l'âme. La vie n'est donnée à chacun de nous que pour se créer une âme. Ce sujet très-important sera traité avec développements dans la *Métaphysique*.

II. Les aérolithes ont un tissu cristallin et une croûte dure de $0^{mm},55$ d'épaisseur, que l'on obtient quand on chauffe leur masse et qu'on la laisse se refroidir dans le vide. Ce fait est une preuve du passage subit de ces masses de la surface de la Terre dans le vide.

Dans les aérolithes il n'y a ni terrains volcaniques, ni grès, ni cailloux arrondis, ni fossiles, ce qui prouve qu'à l'époque où ces minerais se sont séparés il n'y avait ni volcans, ni pluies, ni animaux, lesquels ne sont venus que postérieurement, de même que l'homme.

# SIXIÈME SECTION.

## MICROPLANÈTES.

§ 595. Dans un espace annulaire entre Mars et Jupiter circulent de petits corps télescopiques dont en octobre 1866 90 sont connus. Ces corps ne ressemblent aux planètes qu'en ce qu'ils circulent autour du Soleil sur des orbites semblables à ceux des planètes, orbites fort peu allongés et différents en cela de ceux des comètes qui sont très-allongés. Cette ressemblance des orbites a suffi pour faire considérer ces corps comme autant de planètes, lesquelles cependant ne sont pas séparées entre elles par des distances indiquées par la loi de Bode; il n'y a que la distance 2,8 de l'espace annulaire *a* dans lequel sont contenus les orbites de ces corps, qui corresponde à cette loi.

Les astronomes ont cru d'abord que la matière $m^v$ qui devait composer une grosse planète servait à la composition d'un nombre *n* des petites planètes, de *microplanètes* (μικρὸς, petit); ils ont ensuite abandonné cette hypothèse de l'existence d'une masse $m^v$, car il n'y a aucune trace de perturbation de Mars ou de Jupiter.

Olbers avait supposé que la grosse planète avait subi une explosion comparable à celle qu'éprouverait une chaudière dont la soupape serait fermée, et qu'il en était résulté les *n* fragments dont chacun était devenu une microplanète. Quand on ne connaissait encore que Cérès et Pallas, Gauss trouva par le calcul que Cérès, au moment de son passage ascendant à travers le plan de l'orbite de Pallas, arrive à une très-grande proximité de cette planète.

Olbers en conclut qu'on devait s'attendre à trouver dans la même région de nouveaux débris analogues. L'un des deux points où les orbites se croisent semblait devoir être celui où se serait *jadis* accomplie la rupture de la grosse planète. Or les plans des orbites de Cérès et de Pallas se coupent suivant une ligne qui aboutit d'un côté vers l'aile septentrionale de la Vierge et de l'autre côté vers la Baleine. C'est dans la Baleine que le 1er septembre Harding a découvert Junon à Lilienthal et dans l'aile septentrionale de la Vierge qu'Olbers, à Bremen, a découvert Vesta le 29 mars 1807.

Maintenant, comme la position des orbites de Pallas et de Cérès est la même, il y a un rapport semblable entre les orbites de plusieurs couples de microplanètes; il y a aussi des couples doubles. Je me suis servi ici de cette symétrie entre les orbites pour faire connaître d'une manière plus évidente les deux classes de microplanètes, bien distinguées par leurs distances moyennes : 1° en *épiplanètes*, dont la distance est entre 3,450 et 2,85, et 2° en *hypoplanètes*, dont la distance est entre 2,77 et 2,20.

Cette classification n'est pas un résultat fortuit d'observations, mais elle est basée sur la série des faits exposés aux §§ 50 et 54. De la bande $m^v$ de masse empyrée, il n'y avait que la partie du milieu qui fût privée des deux éléments de mouvement orbiculaire, car, 1° à son extrémité supérieure $e$, la répulsion centrifuge **r** était supérieure à la poussée tangentielle $p$; 2° à son extrémité inférieure $e'$, au contraire, la poussée tangentielle **p** était supérieure à la répulsion centrifuge $r$; 3° l'égalité de ces deux poussées exercées sur la masse $m^v$ du milieu ayant causé l'absence des deux éléments du mouvement orbiculaire, cette masse $m^v$ a été forcée de rebrousser chemin. Elle s'est déposée sous forme de ceinture autour de la partie équatoriale de l'enveloppe glaciale du Soleil pendant sa rotation. Cette partie équatoriale de l'enveloppe solide du Soleil s'est fondue, puis elle a gelé en acquérant une solidité inférieure à celle des deux calottes qui ont conservé leur solidité primitive.

1° L'apparition des taches solaires sur la zone royale qui est la partie la moins solide de l'enveloppe; 2° la subdivision des microplanètes en deux classes sont des faits très-différents et qui ont la même origine que, 3° la séparation de la masse empyrée $m'$ de ses deux extrémités $e$, $e'$. Pour qu'un nombre $n$ de microplanètes résultât de chacune de ces extrémités, il a dû s'opérer des divisions et des subdivisions dont chacune a engendré le nombre $n$ de portions de masse empyrée; la masse empyrée a dû aussi se refroidir pour que chacune de ces portions gèle, et elles sont restées dans un état invariable dans tous les siècles postérieurs comme nous le voyons actuellement.

### 1. SUBDIVISION TRANSVERSALE ET PRODUCTION DES COUPLES DE MICROPLANÈTES.

§ 596. Les couples simples et les couples doubles de microplanètes ne sont pas dus au hasard, mais leurs éléments orbiculaires nous font voir qu'ils ont été formés de portions égales, lesquelles portions sont les deux moitiés d'une masse circulant sur un orbite dont le plan $\Pi$ divise en deux parties égales l'angle $2\gamma$ formé par les plans des orbites des deux éléments de chacun des deux couples composant les couples doubles. Cette symétrie entre les inclinaisons des éléments des couples doubles prouve clairement qu'il y a eu deux subdivisions transversales. La masse $\sigma$ de l'orbite du plan $\Pi$ s'est divisée transversalement en deux parties $\sigma'$, $\sigma''$ dont les plans formaient un angle $2\gamma$ divisé en deux moitiés par le plan $\Pi$.

Ensuite chacune de ces deux parties s'est subdivisée en deux autres ; $\sigma'$ a produit $\delta'$, $\delta$ et $\sigma''$, $\delta''$, $\delta'''$. Les portions $\delta$, $\delta'$ circulaient sur des orbites formant entre eux l'angle $2\gamma$, lequel diffère de celui $2\gamma'$ formé par les orbites sur lesquels circulent les deux autres portions $\delta''$, $\delta'''$. Ainsi, dans les couples doubles se trouvent les plans des orbites des quatre éléments symétriquement inclinés sur le plan primitif $\Pi$; d'un côté les deux éléments $\delta$, $\delta''$ sont inclinés de $\gamma \pm \gamma'$, et d'un autre côté les deux autres éléments sont inclinés de $-\gamma \mp \gamma'$.

Dans les cas où l'on ne connaît que deux éléments, le rapport indiqué entre leurs inclinaisons fait voir si ces éléments composent un seul couple ou si chacun d'eux appartient à un couple dont l'autre élément est encore inconnu.

### II. SUBDIVISION VERTICALE DE LA MASSE EMPYRÉE ET PRODUCTION DE DEUX CLASSES DE MICROPLANÈTES.

§ 597. La masse empyrée $\mu$, $\mu'$ séparée des deux extrémités $e$, $e'$ de la grosse masse $m^v$ a été subdivisée en direction verticale par rapport au Soleil en s'allongeant vers lui, pour qu'il se produisît une volumineuse goutte $v'$ ou $\lambda'$ à une distance $\Delta$ de l'autre partie $v$ qui est restée à sa distance primitive $2,80 + 0,60$ ou de celle $\lambda$ qui est restée à la distance $2,80 - 0,03$.

1° La subdivision transversale des gouttes $v'$, $\lambda'$ produisit des groupes de microplanètes composées de couples doubles. 2° La subdivision verticale engendra des portions de masses empyrées qui servirent à former les microplanètes les moins éloignées du Soleil. En s'abaissant, ces portions $v''$, $\lambda''$ se sont trouvées séparées après avoir parcouru la distance $\Delta \pm \alpha$, car les gouttes $v'$, $\lambda'$ étant moins grosses que la masse $v$, $\lambda$ restée en place, ont éprouvé un abaissement supérieur à celui des gouttes $v'''$, $\lambda'''$ qui avaient été formées par ces portions $v'$, $\lambda'$ de la petite masse empyrée.

## III. SUBDIVISIONS LONGITUDINALES ET PRODUCTION DES MICROPLANÈTES DE LONGITUDES DIFFÉRENTES.

§ 598. Les groupes composés de couples simples ou doubles sont de longitudes différentes, car il y a eu des subdivisions de la masse empyrée dans le sens du mouvement orbiculaire de la masse empyrée. Toutefois les différentes longitudes des microplanètes ont aussi une autre origine qui est la vitesse linéaire constante, d'où résultent des vitesses angulaires en raison inverse des distances entre le Soleil et les microplanètes. L'existence des subdivisions longitudinales de la masse empyrée est déduite : 1° du mode de subdivision de cette masse dans les deux autres directions, et 2° des longitudes différentes des microplanètes qui sont à une égale distance du Soleil.

Connaissant le mode de subdivision de la masse empyrée $\mu$, $\mu'$ toujours par un éloignement des deux portions, on en peut déduire que les éléments de chaque couple se rapprochent et qu'ils peuvent même se rencontrer dans l'un des deux nœuds, comme Gauss l'a démontré pour Cérès et Pallas, quoiqu'elles ne soient pas les éléments d'un seul et même couple, comme cela est prouvé plus bas.

Il faut se rappeler les couples des comètes séparées simultanément d'une planète pour arriver au *périhélie* se trouvant dans un point $p$ de la ligne qui unissait en ce moment la planète avec le Soleil. Au moyen du calcul, on trouve pour les microplanètes que, à une certaine époque, la masse $e$ s'est trouvée sur un orbite dans le plan $\Pi$; cette masse divisée en deux portions éloignées du plan $\Pi$; chacune de ces portions a été subdivisée : de l'une a été formé Pallas et de l'autre Cérès. Ainsi le résultat du calcul conserve sa réalité, même quand l'hypothèse d'Olbers s'évanouit.

### IV. RESSEMBLANCE ENTRE LES COUPLES DES MICROPLANÈTES ET LES ÉTOILES DOUBLES TÉLESCOPIQUES.

§ 599. Après avoir montré la liaison entre les deux classes de microplanètes et la zone royale, je dois aussi faire voir que les soleils que l'on voit comme étoiles télescopiques ont été formés par des portions de masse empyrée qui elles-mêmes ont été produites par la subdivision d'une grosse masse M. De même que les épiplanètes circulent dans l'espace annulaire $a$ et les hypoplanètes dans l'espace $a'$, de même les 16 millions de soleils circulent dans l'espace annulaire $A^{IV}$; on a nommé ces soleils *étoiles indigènes* pour les distinguer des étoiles exotiques dont les orbites sont contenus dans les espaces annulaires $A'''$, $A'$, $A''$.

La hauteur $h$ de l'espace $a$ est 0,60, distance parcourue par la lumière et 5 minutes; la hauteur H de l'espace annulaire $A^{IV}$ est si grande que la lumière met 32 ans pour la parcourir. 120 microplanètes circulent dans l'espace annulaire $a$ et 16 millions de soleils dans l'espace $A^{IV}$. C'est ainsi qu'entre les hauteurs et les nombres on trouve les rapports :

$$H:h=12\times24\times365\times32:1=3360000 \quad \text{et} \quad 16000000:120=400000:3.$$

Ces rapports n'ont d'autre utilité que de fixer les idées sur la ressemblance qui existe entre les distances des orbites des soleils et des microplanètes, distances tout à fait différentes de celles que l'on trouve, conformément à la loi de Bode, entre les planètes et le Soleil, et de celles existant entre les satellites et leur planète. Ainsi l'on trouve :

1° Que chacun des neuf gros jets expulsés de la masse empyrée de l'Archégète s'est subdivisé en portions dont chacune a formé un soleil, de même que chacune des deux portions $\mu$, $\mu'$ de masse empyrée s'est subdivisée en diverses portions dont chacune a formé une microplanète;

2° Que des neuf jets expulsés du Soleil l'un $m^v$ a rebroussé chemin et que chacun des huit autres a engendré une planète de même que des neuf jets expulsés des planètes il en est resté huit qui ont formé autant de satellites. Dans le cas où il n'en est resté que quatre, à leur tour, ils ont donné naissance à un même nombre de satellites qui ont été conservés autour de Jupiter.

Des satellites des quatre endoplanètes, au contraire, on ne connaît bien que la Lune; parmi les autres, 1° les uns sont peu visibles, et 2° la majeure partie a été précipitée sur leur planète par l'amortissement de leur mouvement orbiculaire correspondant à l'équation séculaire de la Lune.

## V. FORME OVALAIRE DES MICROPLANÈTES ET SES EFFETS OPTIQUES.

§ 600. L'état demi-liquide de la masse empyrée n'ayant qu'un mouvement orbiculaire, ne peut en aucune façon produire une forme différente de l'ovalaire dont l'axe ou le grand diamètre d soit dirigé vers le corps central. Les mesures directes ont fait voir l'absence d'une forme ronde dans les microplanètes; mais au lieu d'en déduire l'existence d'une forme ovalaire régulière, Olbers a considéré Pallas comme un fragment amorphe de la grosse planète brisée.

Les astronomes actuels admettent la forme sphérique, et ils croient avoir trouvé la preuve de la sphéricité dans la diminution proportionnelle de l'éclat lors de l'accroissement de la distance pendant que les microplanètes s'éloignent de leur opposition. Toutefois il y a des cas où cette règle est en défaut sans qu'on en connaisse la cause qui ne réside que dans la forme ovalaire.

Un grand nombre de microplanètes circulent sur des orbites dont le plan est peu incliné sur l'écliptique; ainsi, à chacune de leurs oppositions, nous recevons une quantité de rayons $\varphi$ correspondant à la distance, parce que l'angle $\gamma$ formé par les rayons incidents $\Phi$ et les rayons réfléchis $\varphi$ est très-petit.

Cette régularité de formation du petit angle $\gamma$ n'a pas lieu pour les microplanètes de grande inclinaison telle que celle de 34° 42′ de Pallas. Dans le cas où cette microplanète en opposition n'est pas loin de l'un des nœuds, l'angle $\gamma$ est petit et la quantité $\varphi$ de rayons réfléchis correspond à sa distance. Si, au contraire, étant en opposition, Pallas se trouve à une grande distance angulaire $d'$ de l'écliptique, l'angle $\Gamma$ formé par les rayons incidents $\Phi$ et par les rayons réfléchis $\varphi$ est grand ; c'est pourquoi la quantité $\varphi - \varphi'$ des rayons réfléchis vers la Terre diminue quand même la distance $d$ est minime.

Cette diminution de l'éclat observé dans les oppositions de Pallas en opposition nous fait voir qu'on ne doit pas l'attribuer seulement à la distance des microplanètes dans leurs quadratures, mais en même temps à leur forme ovalaire, indiquée aussi par la plus grande dimension qu'on y trouve au moyen des mesures.

Les couleurs des corps célestes sont toutes, sans exception, produites par les réfractions. Les rayons qui émergent verticalement de l'enveloppe glaciale sphérique du Soleil n'éprouvent ni réfraction ni polarisation ; ils arrivent incolores à la Terre et aux autres corps du système planétaire. Ces corps n'acquièrent de couleur qu'au moyen d'une réfraction qu'éprouvent les rayons émergeant de l'atmosphère des planètes, réfraction qui est impossible dans les microplanètes privées d'atmosphère. Chacune d'elles n'est entourée que d'une mince enveloppe de vapeur, et c'est dans cette enveloppe ovalaire que les rayons émergents éprouvent une réfraction et qu'ils deviennent les rayons colorés que nous en recevons.

### VI. DES EFFETS OPTIQUES PRODUITS PAR LES MÉTÉORES.

§ 601. Le mode de production des météores étant connu, leur effet par rapport aux microplanètes est d'autant plus prononcé que les dimensions de ces météores étant égales à celles des météores des autres corps, diffèrent peu des dimensions des microplanètes qui sont inférieures à celles des planètes et ne sont comparables qu'à celles des satellites. A l'époque où Uranus et Neptune étaient inconnus, ils n'en étaient pas moins enregistrés dans les catalogues et notés dans les cartes célestes.

Au contraire, sur 90 microplanètes connues jusqu'à présent, on n'en trouve aucune ni dans les catalogues ni dans les cartes les plus complètes qui existent. On est ainsi conduit à reconnaître que les découvertes des microplanètes s'opèrent au fur et à mesure qu'elles se dégagent de leurs météores. Schrœter attribuait ces météores à une atmosphère de hauteur excessive; maintenant on ne voit plus cette atmosphère, parce que les météores se sont éloignés de Cérès, de Pallas et de Junon. Vesta ne les avait pas à l'époque de sa découverte.

L'interposition des météores ne produit qu'une diminution de la quantité $\varphi$ de rayons venant des microplanètes des satellites ou des autres étoiles de grandes dimensions. La différence $\varphi - \varphi'$ de rayons qui arrive des microplanètes et des satellites est plus sensible que celle $\Phi - \Phi'$ des rayons qui arrivent des étoiles de grande dimension; c'est pourquoi ces étoiles ne deviennent jamais invisibles, tandis que les satellites et les microplanètes présentent des vicissitudes correspondant aux météores qui s'interposent entre eux et la Terre pendant le mouvement orbiculaire de tous ces corps.

## VII. FAITS DANS LE SYSTÈME DE L'ARCHÉGÈTE CORRESPONDANT AUX FAITS TERMINÉS DU SYSTÈME PLANÉTAIRE.

§ 602. L'Archégète placé dans la constellation de la Licorne est composé : 1° des molécules de sa masses empyrée M, et 2° de celle de la masse $M^{v}$ du 5° jet, qui a rebroussé chemin. Ces molécules se trouvent encore en équilibre rompu, et c'est leur déplacement qui a produit des météores qui occupent 30° environ de la Galaxie. C'est dans cet état qu'était le Soleil quand l'équilibre n'était pas établi entre les molécules de sa masse m et celle de la masse $m^{v}$ qui a rebroussé chemin.

Dans le 5° espace annulaire $A^{v}$, on voit six volumineuses nébuleuses exotiques composées de molécules de masse empyrée en équilibre rompu, comme l'étaient les molécules de la masse $\mu$, $\mu'$ pendant sa subdivision. A une époque *e*, 1° la masse supérieure $\mu$ se trouva divisée verticalement en deux portions $p$, $p'$, et 2° la masse inférieure $\mu'$ se trouva divisée verticalement en deux portions $v$, $v'$. De ces quatre portions, les deux supérieures $v$ et $p$ ont été subdivisées longitudinalement pour en produite quatre $p$, $p''$ et $\sigma$, $\sigma''$, tandis que les portions $p'$, $v'$ se trouvaient en subdivision verticale.

Ainsi, 1° dans l'état actuel de l'Archégète, l'état du Soleil est représenté à une époque antérieure, et 2° dans l'état actuel des six nébuleuses exotiques, l'état des microplanètes est représenté à l'époque où il ne s'était produit que six portions, trois portions de chacune des masses $\mu$, $\mu'$. Ce sujet très-important se trouve traité plus bas dans tous ses détails.

# CHAPITRE PREMIER.

## ORIGINE DES MICROPLANÈTES.

§ 603. Les microplanètes circulent dans un espace annulaire entre Mars et Jupiter, espace dans lequel devait circuler une grosse planète composée de la masse $m^v$. Cette masse n'existe pas dans l'ensemble des microplanètes, car celles-ci ne produisent aucune perturbation.

1° Le mouvement orbiculaire autour du Soleil nous fait voir que les microplanètes sont composées de masse expulsée de cet astre. 2° La très-petite densité de la masse des microplanètes par rapport à celle des planètes nous montre que cette masse a éprouvé une très-grande dilatation. 3° Le grand nombre de ces corps prouve qu'ils n'ont pas été formés par des particules expulsées du Soleil, mais bien par la subdivision et la dilatation d'une très-petite portion de masse empyrée.

J'ai montré (t. I, p. 204) que les deux éléments de mouvement orbiculaire des corps périphériques ont leur origine : 1° dans la répulsion centrifuge $r$, et 2° dans la poussée tangentielle $p$. Ces deux poussées diffèrent, et c'est par cette différence que l'on distingue les deux éléments orbiculaires dans l'expulsion des jets.

D'abord la poussée répulsive centrifuge $r$ est grande et la poussée tangentielle $p$ est faible; ensuite la poussée répulsive s'affaiblit et la poussée tangentielle s'accroît. Ces deux poussées ne sont égales que pendant l'expulsion du 5° jet de la masse empyrée $m^v$ sous la forme d'une très-longue bande. C'est donc cette égalité des deux poussées qui est cause de l'absence des deux éléments de mouvement orbiculaire de la bande de la masse $m^v$.

Il est résulté de cette forme que les deux poussées n'ont pu être égales pendant toute la durée de l'expulsion de la masse $m^v$. 1° Pendant l'expulsion de son extrémité antérieure $e$, la répulsion centrifuge $r$ était grande et la poussée tangentielle $p$ faible. 2° Pendant l'expulsion de l'extrémité postérieure $e'$ de la bande, la poussée tangentielle $p$ était grande et la répulsion centrifuge $r$ faible. Ainsi l'on a trouvé que le mouvement orbiculaire n'a fait défaut que dans le milieu de la bande; c'est donc cette partie $m^v$ qui a dû se séparer de la masse $\mu, \mu'$ de ses deux extrémités $e, e'$ pour aller se déposer sous la forme d'une longue ceinture autour de l'enveloppe glaciale du Soleil tournant autour de son axe pendant que la bande était déposée. La *zone royale* est un effet physique de cette bande.

Les deux portions $\mu, \mu'$ de masse empyrée continuèrent à circuler dans l'espace; chacune de ces portions subit un allongement pendant qu'elle se séparait de la masse empyrée pâteuse et visqueuse $m^v$. La densité de la masse $\mu, \mu$ ne différait pas de celle de la masse empyrée du Soleil; il n'y avait de différence que dans la quantité des molécules Q, très-grande dans les huit autres jets, et la quantité $2q$ des molécules, très-petite dans les deux portions $\mu, \mu'$.

C'est cette grande différence entre les quantités des molécules composant les corps $m$ et $\mu$ d'égale densité qui est l'origine d'une rupture d'équilibre provenant : 1° de la poussée compressive $p$, et 2° de la répulsion expansive $r$. 1° La poussée compressive $p$ correspond à la quantité $q$ de molécules contenues dans chacun des diamètres des corps, et 2° la répulsion expansive $r$ correspond à la densité ou à la quantité $q'$ de molécules contenues dans l'unité de la longueur des diamètres de la masse.

Si les molécules sont à l'état solide, elles restent en place quand elles éprouvent des poussées inégales compressives et répulsives; mais si, comme celles de la masse empyrée, elles sont à l'état demi-liquide, elles obéissent à la poussée la plus forte. 1° La densité et la poussée répulsive $r$ sont égales dans la masse $m$ des huit jets et dans la masse $\mu$, $\mu'$ séparée du jet $m^{v}$. 2° La poussée compressive **P** est forte dans les molécules superficielles du Soleil; elle est moins forte, **p**, dans les molécules superficielles des planètes, et très-faible $p$ dans les molécules superficielles des microplanètes et des masses $\mu$, $\mu'$.

## I. ÉLÉMENTS ORBICULAIRES DES MICROPLANÈTES.

§ 604. Au moyen des observations on détermine exactement la durée T de la révolution des microplanètes, et avec l'équation $T^2 = D^3$ on détermine la longueur $a$ de la distance D qui est le demi grand axe de l'orbite dont le Soleil occupe l'un des deux foyers. Le demi petit axe $b$ et l'excentricité $e$ sont deux longueurs en rapport inverse, comme on le voit dans l'équation

$$a^2 = b^2 + e^2.$$

Les perturbations font changer les valeurs de $b$ et de $e$, et la valeur de $a$ reste invariable; cette valeur ne change que par l'amortissement du mouvement orbiculaire, amortissement qui ne peut s'effectuer dans les planètes et les microplanètes qu'à la suite d'un choc contre une comète. Ces chocs contre les comètes ont eu lieu avec les planètes et ils n'ont pas manqué avec quelques-unes des microplanètes.

Le plan de l'orbite des planètes et des microplanètes est le seul élément orbiculaire qui n'est soumis à aucun changement. C'est donc dans ces deux éléments, qui forment en quelque sorte deux monuments cosmogoniques, que sont restées conservées les séries des faits; je n'ai fait que coordonner les microplanètes d'après leurs distances moyennes du Soleil pour montrer qu'on les distingue en deux classes.

### A. Longueur de la bande de masse empyrée $m^v$.

§ 605. I. **Épiplanètes.** Je savais que la masse empyrée $\mu$, l'extrémité supérieure $e$, la bande $m^v$ a produit les microplanètes supérieures que j'appelle ici *épiplanètes;* elles occupent depuis la distance 3,45 jusqu'à celle 2,85 (fig. 60).

II. **Hypoplanètes.** La masse empyrée $\mu'$ séparée de l'extrémité inférieure $e'$ de la bande $m^v$ a produit les microplanètes inférieures appelées *hypoplanètes;* elles occupent l'espace de 2,77 jusqu'à 2,20.

La masse $\mu$ devait se trouver en $e$ qui indique l'extrémité supérieure de la bande $m^v$, et la masse $\mu'$ s'est trouvée en $e'$ qui était l'extrémité inférieure de cette bande $m^v$. La distance $ee' = 3,45 - 2,77 = 0,68$ est la longueur de la bande $m^v$, longueur suffisante pour faire un grand nombre de tours en se déposant sur l'enveloppe du Soleil tournant autour de son axe.

### B. Position du plan $\Pi$ de la bande de masse empyrée $m^v$.

§ 606. Parmi les épiplanètes, 1° c'est le plan $\Pi''$ de l'orbite d'Euphrosine qui est à la plus grande distance, 26°25', d'un côté de l'écliptique, et 2° c'est le plan $\Pi'$ de l'hypoplanète Pallas qui est à la plus grande distance, 34°43', de l'autre côté de l'écliptique. En admettant que de ce même côté de l'écliptique le plan $\Pi$ de l'orbite de la masse $m^v$ forme l'angle $\gamma$ avec l'écliptique, ce plan $\Pi$ doit partager en deux moitiés la somme 35° 43' + 26° 25' pour s'en trouver à une distance de 30° 34.

Ainsi l'on trouve que le plan $\Pi$ était du côté de Pallas qui formait l'angle 4° 9' avec l'écliptique; cette microplanète étant distante de 30° 34′ du plan Π, s'est trouvée distante de 34° 43′ du plan de l'écliptique. Au contraire, Euphrosine se trouvant éloignée de 30° 34′ du plan Π du côté de l'écliptique, on la voit distante de celle-ci de 30° 34 — 4° 9′ = 26° 25′.

Fig. 60.

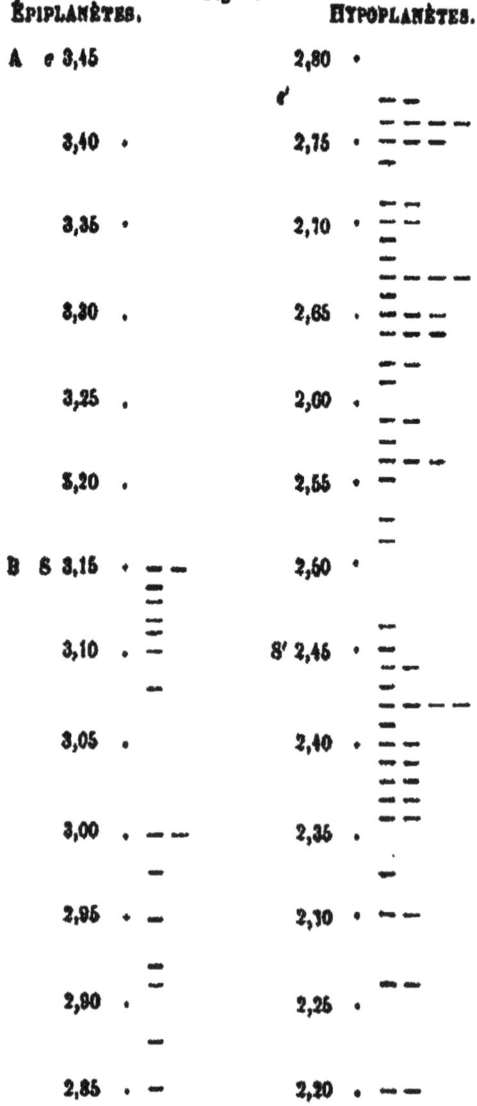

| ÉPIPLANÈTES. | HYPOPLANÈTES. |
|---|---|
| A ε 3,45 | 2,80 |
| | ε′ |
| 3,40 | 2,75 |
| 3,35 | 2,70 |
| 3,30 | 2,65 |
| 3,25 | 2,60 |
| 3,20 | 2,55 |
| B δ 3,15 | 2,50 |
| 3,10 | δ′ 2,45 |
| 3,05 | 2,40 |
| 3,00 | 2,35 |
| 2,95 | 2,30 |
| 2,90 | 2,25 |
| 2,85 | 2,20 |

Toutes les microplanètes n'étant pas encore connues, on peut considérer la valeur 4° 9′ de l'angle comme une valeur approximative inférieure à celle 7° du plan de l'orbite de Mercure et supérieure aux inclinaisons des orbites des autres planètes. Je donnerai ci-dessous une série de faits qui ne permettront pas de douter de l'approximation entre la valeur trouvée 4° 9′ et la valeur de l'angle $\gamma$.

Les inclinaisons indiquées dans le tableau sont dues à des *observations de microplanètes qui éprouvent des perturbations*; c'est pourquoi leur valeur ne peut atteindre la même exactitude que les distances obtenues par la durée T de la révolution de chaque microplanète.

D'ordinaire on suit l'ordre chronologique de la découverte des microplanètes; je me suis conformé à cet usage pour l'exposition de leurs éléments orbiculaires; puis j'ai exposé les deux éléments essentiels, 1° inclinaison sur l'écliptique, et 2° distance du Soleil. Ces distances ont été trouvées en rapport avec les inclinaisons, et, par suite, avec le mode de subdivision de la masse $\mu$, $\mu'$.

A. — *Tableau des éléments orbiculaires des microplanètes connues jusqu'au mois d'octobre* 1866.

| Numéros. | NOMS des microplanètes. | DISTANCE moyenne. | EXCENTRICITÉ. | INCLINAISON. | | LONGITUDE du périhélie. | | LONGITUDE du nœud. | |
|---|---|---|---|---|---|---|---|---|---|
| 1 | Cérès | 2,766 | 0,080 | 10° | 37′ | 149° | 27′ | 80° | 50′ |
| 2 | Pallas | 2,767 | 0,240 | 34 | 43 | 122 | 10 | 172 | 40 |
| 3 | Junon | 2,670 | 0,256 | 13 | 3 | 64 | 5 | 171 | 2 |
| 4 | Vesta | 2,361 | 0,091 | 7 | 8 | 250 | 21 | 103 | 26 |
| 5 | Astrée | 2,576 | 0,190 | 5 | 20 | 134 | 44 | 141 | 33 |
| 6 | Hébé | 2,425 | 0,201 | 14 | 47 | 15 | 13 | 138 | 36 |
| 7 | Iris | 2,386 | 0,231 | 5 | 28 | 41 | 30 | 259 | 47 |
| 8 | Flore | 2,201 | 0,157 | 5 | 53 | 33 | 5 | 110 | 28 |
| 9 | Métis | 2,386 | 0,123 | 5 | 36 | 71 | 10 | 68 | 33 |
| 10 | Hygie | 3,149 | 0,101 | 3 | 47 | 227 | 55 | 287 | 40 |
| 11 | Parthénope | 2,453 | 0,099 | 4 | 37 | 316 | 11 | 125 | 4 |
| 12 | Victoria | 2,334 | 0,219 | 8 | 23 | 301 | 46 | 235 | 42 |
| 13 | Égérie | 2,576 | 0,088 | 16 | 32 | 119 | 32 | 48 | 21 |
| 14 | Irène | 2,589 | 0,165 | 9 | 7 | 179 | 29 | 86 | 42 |
| 15 | Eunomia | 2,643 | 0,188 | 11 | 44 | 27 | 52 | 294 | 1 |
| 16 | Psyché | 2,926 | 0,136 | 3 | 4 | 12 | 36 | 150 | 37 |
| 17 | Thétis | 2,474 | 0,127 | 5 | 36 | 259 | 26 | 125 | 30 |
| 18 | Melpomène | 2,296 | 0,217 | 10 | 9 | 15 | 20 | 150 | 0 |
| 19 | Fortuna | 2,441 | 0,158 | 1 | 32 | 30 | 24 | 211 | 32 |

| Numéros. | NOMS des microplanètes. | DISTANCE moyenne. | EXCEN-TRICITÉ. | INCLI-NAISON. | LONGITUDE du périhélie. | LONGITUDE du nœud. |
|---|---|---|---|---|---|---|
| 20 | Messalia. . . . . . . | 2,409 | 0,144 | 0° 41′ | 98° 37′ | 206° 43′ |
| 21 | Lutétia. . . . . . . | 2,435 | 0,162 | 3 5 | 327 9 | 80 33 |
| 22 | Calliope. . . . . . . | 2,909 | 0,104 | 13 45 | 58 14 | 66 48 |
| 23 | Thalie. . . . . . . | 2,625 | 0,235 | 10 14 | 123 16 | 30 1 |
| 24 | Thémis. . . . . . . | 3,142 | 0,117 | 0 49 | 130 9 | 36 11 |
| 25 | Phocéa. . . . . . . | 2,402 | 0,253 | 21 35 | 302 56 | 214 5 |
| 26 | Proserpine. . . . . | 2,656 | 0,087 | 3 36 | 335 20 | 45 56 |
| 27 | Euterpe. . . . . . . | 2,347 | 0,173 | 1 36 | 87 59 | 93 45 |
| 28 | Bellone. . . . . . . | 2,778 | 0,150 | 9 21 | 122 27 | 144 40 |
| 29 | Amphitrite. . . . . | 2,555 | 0,072 | 6 8 | 56 40 | 356 27 |
| 30 | Uranie. . . . . . . | 2,364 | 0,127 | 2 6 | 31 24 | 308 15 |
| 31 | Euphrosine. . . . . | 3,156 | 0,216 | 26 25 | 93 55 | 31 30 |
| 32 | Pomone. . . . . . . | 2,587 | 0,082 | 5 29 | 194 27 | 220 52 |
| 33 | Polymnie. . . . . . | 2,865 | 0,338 | 1 57 | 340 40 | 9 19 |
| 34 | Circé. . . . . . . | 2,688 | 0,106 | 5 27 | 149 49 | 184 49 |
| 35 | Leucothée. . . . . | 2,985 | 0,222 | 8 12 | 198 38 | 356 11 |
| 36 | Atalante. . . . . . | 2,749 | 0,298 | 18 42 | 42 26 | 359 12 |
| 37 | Fidès. . . . . . . | 2,642 | 0,175 | 3 7 | 66 8 | 8 13 |
| 38 | Léda. . . . . . . . | 2,740 | 0,156 | 6 58 | 180 48 | 296 31 |
| 39 | Lætitia. . . . . . . | 2,771 | 0,111 | 10 21 | 2 11 | 157 23 |
| 40 | Harmonia. . . . . . | 2,268 | 0,046 | 4 16 | 0 58 | 93 36 |
| 41 | Daphné. . . . . . . | 2,400 | 0,202 | 15 48 | 230 24 | 180 9 |
| 42 | Isis. . . . . . . . | 2,440 | 0,226 | 8 35 | 318 0 | 84 30 |
| 43 | Ariane. . . . . . . | 2,204 | 0,168 | 3 28 | 277 10 | 264 32 |
| 44 | Nysa. . . . . . . . | 2,224 | 0,149 | 3 42 | 111 40 | 131 3 |
| 45 | Eugénie. . . . . . . | 2,710 | 0,082 | 6 35 | 228 53 | 148 7 |
| 46 | Hestia. . . . . . . | 2,518 | 0,165 | 2 18 | 354 20 | 184 31 |
| 47 | Aglaé. . . . . . . . | 2,883 | 0,128 | 5 0 | 314 33 | 4 33 |
| 48 | Doris. . . . . . . . | 3,110 | 0,077 | 6 30 | 76 54 | 185 16 |
| 49 | Palès. . . . . . . . | 3,080 | 0,238 | 3 8 | 32 7 | 290 31 |
| 50 | Virginie. . . . . . . | 2,649 | 0,287 | 2 48 | 10 52 | 173 34 |
| 51 | Némausa. . . . . . | 2,378 | 0,068 | 10 15 | 190 14 | 175 30 |
| 52 | Europa. . . . . . . | 3,100 | 0,101 | 7 25 | 102 4 | 129 50 |
| 53 | Calypso. . . . . . . | 2,619 | 0,213 | 5 8 | 91 34 | 144 16 |
| 54 | Alexandra. . . . . | 2,708 | 0,199 | 11 47 | 293 40 | 313 52 |
| 55 | Pandora. . . . . . . | 2,769 | 0,139 | 7 21 | 10 10 | 10 56 |
| 56 | Pseudo-Daphné. . . | 2,583 | 0,227 | 7 56 | 295 1 | 194 58 |
| 57 | Mnémosine. . . . . | 3,155 | 0,106 | 15 5 | 53 25 | 200 9 |
| 58 | Concordia. . . . . | 2,693 | 0,040 | 5 3 | 177 56 | 161 22 |
| 59 | Elpis. . . . . . . . | 2,713 | » | 8 37 | 18 19 | 170 20 |
| 60 | Danaé. . . . . . . . | 3,004 | » | 18 17 | 341 27 | 334 18 |
| 61 | Echo. . . . . . . . | 2,393 | » | 3 34 | 98 28 | 191 57 |
| 62 | Erato. . . . . . . . | 3,124 | » | 2 15 | 40 11 | 126 57 |
| 63 | Ausonie. . . . . . . | 2,402 | » | 5 56 | 272 55 | 338 9 |
| 64 | Angéline. . . . . . | 2,681 | » | 1 20 | 123 44 | 311 7 |
| 65 | Cybèle. . . . . . . | 3,450 | » | 3 28 | 258 21 | 158 54 |
| 66 | Maja. . . . . . . . | 2,651 | » | 3 4 | 45 25 | 8 15 |
| 67 | Asie. . . . . . . . | 2,421 | » | 6 0 | 306 20 | 202 42 |
| 68 | Léto. . . . . . . . | 2,780 | » | 7 58 | 345 5 | 44 53 |
| 69 | Hespérie. . . . . . | 2,995 | » | 8 28 | 109 6 | 187 1 |
| 70 | Panopée. . . . . . . | 2,610 | » | 11 32 | 299 48 | 48 10 |
| 71 | Niobé. . . . . . . . | 2,756 | » | 11 38 | 300 3 | 48 15 |
| 72 | Féronie. . . . . . . | 2,266 | » | | | |
| 73 | Clytie. . . . . . . . | 2,665 | » | 2 25 | 50 44 | 7 33 |
| 74 | Galatée. . . . . . . | 2,515 | » | 3 16 | 6 43 | 200 29 |
| 75 | Eurydice. . . . . . | 2,671 | » | 5 0 | 334 26 | 359 56 |

| Numéros. | NOMS des microplanètes. | DISTANCE moyenne. | EXCENTRICITÉ. | INCLINAISON. | LONGITUDE du périhélie. | LONGITUDE du nœud. |
|---|---|---|---|---|---|---|
| 76 | Fréia. . . . . . . . | » | » | » | » | » |
| 77 | Frigga. . . . . . . . | 2,679 | » | 2° 28' | 58° 22' | 2° 3' |
| 78 | Diana. . . . . . . . | 2,626 | » | 8 40 | 121 14 | 334 3 |
| 79 | Eurynome. . . . . | 2,443 | » | 4 37 | 44 18 | 206 43 |
| 80 | Sapho. . . . . . . . | 2,297 | » | 8 36 | 354 50 | 218 29 |
| 81 | Terpsichore. . . . | 2,854 | » | 7 56 | 48 29 | 2 31 |
| 82 | Alcmène. . . . . . | 2,755 | » | 2 51 | 131 12 | 27 0 |
| 83 | Béatrix. . . . . . . | 2,440 | » | 5 2 | 188 28 | 27 34 |
| 84 | Clio. . . . . . . . . | 2,362 | » | 9 22 | 339 10 | 327 22 |
| 85 | Io. . . . . . . . . . | 2,654 | » | 11 53 | 322 22 | 203 52 |
| 86 | Sémélé. . . . . . . | 2,950 | » | 4 48 | 28 39 | 87 56 |
| 87 | Sylvie. . . . . . . . | » | » | » | » | » |
| 88 | Thisbé. . . . . . . | 2,547 | » | 16 32 | 304 39 | 277 28 |
| 89 | . . . . . . . . . . . | 2,550 | » | 16 32 | 358 14 | 311 28 |
| 90 | Antiope. . . . . . . | 3,110 | » | 2 16 | » | » |

NOTA. Ce tableau sera complété à la fin du 3e volume, 1° par les découvertes de nouvelles microplanètes, et 2° par les éléments orbiculaires encore inconnus de plusieurs microplanètes, car ces éléments servent à mieux déterminer le mode de subdivision de la masse empyrée $\mu$, $\mu'$.

B. — *Tableau des microplanètes composant des couples doubles et des couples simples complets ou incomplets indiqués dans la figure 60.*

| NUMÉROS. | NOMS DES MICROPLANÈTES. | DISTANCE. | INCLINAISON. |
|---|---|---|---|
| | **I. — Épiplanètes.** | | |
| | A. — *Moitié supérieure.* | | |
| 65 | Cybèle. . . . . . . . . . . . . . . . | 3,450 | 3° 28' |
| | B. — *Moitié inférieure.* | | |
| 31 | Euphrosine. . . . . . . . . . . . . | { 3,150 | 26 25 |
| 57 | Mnémosine. . . . . . . . . . . . . | { 3,155 | 15 5 |
| 10 | Hygie. . . . . . . . . . . . . . . . . | 3,149 | 3 47 |
| 24 | Thémis. . . . . . . . . . . . . . . . | 3,142 | 0 49 |
| 62 | Erato. . . . . . . . . . . . . . . . . | 3,124 | 2 15 |
| 90 | Antiope. . . . . . . . . . . . . . . | { 3,119 | 2 16 |
| 48 | Doris. . . . . . . . . . . . . . . . . | { 3,109 | 6 30 |
| 52 | Europe. . . . . . . . . . . . . . . . | 3,100 | 7 25 |
| 49 | Palès. . . . . . . . . . . . . . . . . | 3,086 | 3 8 |
| 60 | Danaé. . . . . . . . . . . . . . . . | 3,004 | 18 17 |
| 69 | Hespérie. . . . . . . . . . . . . . . | 2,995 | 8 28 |
| 35 | Leucothée. . . . . . . . . . . . . . | 2,985 | 8 12 |
| 86 | Sémélé. . . . . . . . . . . . . . . . | 2,950 | 4 48 |
| 16 | Psyché. . . . . . . . . . . . . . . . | 2,924 | 3 4 |
| 22 | Calliope. . . . . . . . . . . . . . . | 2,909 | 13 45 |
| 47 | Aglaé. . . . . . . . . . . . . . . . . | 2,883 | 5 0 |
| 33 | Polymnie. . . . . . . . . . . . . . . | { 2,865 | 1 57 |
| 81 | Terpsichore. . . . . . . . . . . . . | { 2,854 | 7 56 |

| NUMÉROS. | NOMS DES MICROPLANÈTES. | DISTANCE. | INCLINAISON. |
|---|---|---|---|
| | **II. — Hypoplanètes.** | | |
| | *A. — Moitié supérieure.* | | |
| 68 | Léto | 2,780 | 7° 58' |
| 28 | Bellone | 2,778 | 9 21 |
| 39 | Lætitia | 2,770 | 10 21 |
| 2 | Pallas | 2,770 | 34 43 |
| 55 | Pandore | 3,769 | 7 21 |
| 1 | Cérès | 2,767 | 10 37 |
| 71 | Niobé | 2,756 | 11 38 |
| 82 | Alcmène | 2,755 | 2 51 |
| 36 | Atalante | 2,749 | 18 42 |
| 38 | *Léda* | 2,740 | 6 58 |
| 45 | Eugénie | 2,716 | 6 35 |
| 59 | Elpis | 2,713 | 8 37 |
| 54 | Alexandra | 2,708 | 11 47 |
| 58 | Concordia | 2,693 | 5 3 |
| 34 | Circé | 2,688 | 5 27 |
| 64 | Angéline | 2,681 | 1 20 |
| 77 | Frigga | 2,674 | 2 28 |
| 3 | Junon | 2,670 | 13 3 |
| 70 | Panopée | 2,670 | 11 32 |
| 75 | Eurydice | 2,671 | 5 0 |
| 73 | Glycie | 2,665 | 2 25 |
| 26 | Proserpine | 2,656 | 3 36 |
| 85 | Io | 2,654 | 11 53 |
| 66 | Maja | 2,651 | 3 4 |
| 50 | Virginie | 2,649 | 2 48 |
| 15 | Eunomie | 2,643 | 11 44 |
| 37 | Fidès | 2,642 | 3 7 |
| 23 | Thalia | 2,626 | 10 14 |
| 78 | Diana | 2,226 | 8 40 |
| 83 | Calypso | 2,610 | 5 8 |
| 14 | Irène | 2,589 | 9 7 |
| 32 | Pomone | 2,587 | 5 29 |
| 56 | Pseudo-Daphné | 2,583 | 7 56 |
| 5 | Astrée | 2,576 | 5 20 |
| 13 | Egérie | 2,576 | 16 32 |
| 74 | Galatée | 2,575 | 3 16 |
| 29 | Amphitrite | 2,547 | 6 8 |
| 89 | ........................ | 2,550 | 15 3 |
| 88 | Thisbé | 2,549 | |
| 46 | Hestia | 2,518 | 2 18 |
| | *B. — Moitié inférieure.* | | |
| 17 | Thétis | 2,474 | 5 36 |
| 11 | Parthénope | 2,453 | 4 37 |
| 79 | Eurynome | 2,444 | 4 37 |

| NUMÉROS. | NOMS DES MICROPLANÈTES. | DISTANCE. | INCLINAISON. |
|---|---|---|---|
| | *Suite de la moitié inférieure des Hypoplanètes.* | | |
| 19 | Fortuné. . . . . . . . . . . . . . . | 2,441 | 1° 32′ |
| 42 | Isis. . . . . . . . . . . . . . . . . | 2,440 | 8 35 |
| 21 | Lutétia. . . . . . . . . . . . . . . | 2,435 | 3 5 |
| 83 | Béatrix. . . . . . . . . . . . . . . | 2,428 | 5 2 |
| 6 | Hébé. . . . . . . . . . . . . . . . | 2,425 | 14 47 |
| 44 | Nysa. . . . . . . . . . . . . . . . | 2,424 | 3 42 |
| 67 | Asie. . . . . . . . . . . . . . . . | 2,221 | 6 0 |
| 20 | Messalia. . . . . . . . . . . . . . | 2,409 | 0 41 |
| 25 | Phocéa. . . . . . . . . . . . . . . | 2,402 | 21 35 |
| 63 | Ausonie. . . . . . . . . . . . . . | 2,402 | 5 56 |
| 41 | Daphné. . . . . . . . . . . . . . . | 2,400 | 15 48 |
| 61 | Echo. . . . . . . . . . . . . . . . | 2,395 | 3 34 |
| 7 | Iris. . . . . . . . . . . . . . . . | 2,386 | 5 28 |
| 9 | Métis. . . . . . . . . . . . . . . | 2,386 | 5 36 |
| 51 | Némausa. . . . . . . . . . . . . . | 2,378 | 10 15 |
| 30 | Uranie. . . . . . . . . . . . . . . | 2,464 | 2 5 |
| 4 | Vesta. . . . . . . . . . . . . . . | 2,360 | 7 8 |
| 84 | Clio. . . . . . . . . . . . . . . . | 2,362 | 9 22 |
| 27 | Euterpe. . . . . . . . . . . . . . | 2,347 | 1 36 |
| 12 | Victoria. . . . . . . . . . . . . . | 2,334 | 8 23 |
| 80 | Sapho. . . . . . . . . . . . . . . | 2,297 | 8 36 |
| 18 | Melpomène. . . . . . . . . . . . . | 2,296 | 10 9 |
| 40 | Harmonia. . . . . . . . . . . . . . | 2,268 | 4 16 |
| 72 | Féronie. . . . . . . . . . . . . . | 2,268 | |
| 43 | Ariane. . . . . . . . . . . . . . . | 2,204 | 3 28 |
| 8 | Flore. . . . . . . . . . . . . . . | 2,201 | 5 53 |

## II. RAPPORT ENTRE LES COUPLES DE MICROPLANÈTES ET LEUR INCLINAISON.

§ 607. Les distances et les inclinaisons indiquées dans le tableau sont incontestables ; jusqu'ici il avait paru impossible d'y trouver quelque liaison conduisant à l'origine des microplanètes. Si je ne connaissais pas, au moyen de la loi physique, le mode de subdivision de la masse $\mu$, $\mu'$, il me serait également impossible de découvrir la liaison, 1° entre les distances égales des deux ou des quatre microplanètes composant des couples simples ou des couples doubles, et

2° entre les inclinaisons des orbites de ces microplanètes vers le plan principal Π de la masse $m^v$ éloignés.

A. COUPLES SIMPLES COMPLETS OU INCOMPLETS.

§ 608. **Couples complets.** Dans le tableau B, il y a plusieurs couples simples composés de deux microplanètes d'égale distance; je n'en ai trouvé que deux de complets : 1° l'un composé des deux *épiplanètes* les plus inférieures, *Polymnie* et *Terpsichore*, et 2° l'autre composé des *hypoplanètes* également les plus inférieures, *Flore* et *Ariadne* (1).

*Terpsichore* inclinée vers le plan Π $i-\gamma$.

*Polymnie* inclinée vers le même plan de l'autre côté $\gamma-i'$.

$$i-\gamma=\gamma-i';\ 2\gamma=i+i';\ \gamma=\tfrac{1}{2}(i+i')=\tfrac{1}{2}(7°56'+1°56')=4°56'.$$

*Flore* inclinée vers le plan Π $5°52-\gamma$.

*Ariadne* inclinée vers le plan Π $\gamma-3°28'$.

$$5°52'-\gamma=\gamma-3°28',\quad \gamma=4°44'.$$

§ 609. **Couples incomplets.** Sauf ces deux couples simples inférieurs de chaque classe, tous les autres sont incomplets. Par exemple, les hypoplanètes *Léto* et *Bellone* ou *Eugénie* et *Elpis*, et les épiplanètes *Euphrosine* et *Mnémosine* ne sont pas les éléments d'un couple complet, parce que leurs orbites ne sont pas également inclinés sur le plan Π.

*Léto* inclinée vers le plan de l'écliptique 7°58',

*Bellone* inclinée 8°17' donnent :

$$9°22'-\gamma=\gamma-8°27,\quad \gamma=8°54'.$$

*Eugénie* inclinée vers le plan Π $\gamma-6°35'$,

*Elpis* inclinée vers le même plan $8°37-\gamma$ donnent :

$$\gamma-6°35'=8°37'-\gamma,\quad \gamma=7°36'.$$

(1) Antiope et Doris forment un couple, car leurs inclinaisons donnent :

$$\gamma=4°33'.$$

*Euphrosine* inclinée sur le plan Π 26°25′ — $\gamma$,
*Mnémosine* inclinée sur le même plan $\gamma$ + 15° 5′ donnent :

$$\gamma = 20° 45'.$$

B. Couples doubles complets ou incomplets.

§ 610. Il y a dans le tableau trois couples doubles composés d'hypoplanètes ; les deux couples inférieurs sont complets, et le couple de l'extrémité supérieure des hypoplanètes est incomplet.

**Couples complets.** Les plans des quatre hypoplanètes sont à deux égales distances du plan Π principal, ce qui prouve qu'il ne manque aucun des éléments. Par exemple :

I. *Béatrix, Hébé, Nyse, Asie.*

1° L'un des couples est :
*Béatrix* inclinée vers le plan Π 5° 2′ — $\gamma$ ;
*Nyse* inclinée vers le même plan $\gamma$ — 3° 42′, d'où l'on a :

$$2\gamma = 8° 44' ; \; \gamma = 4° 22'.$$

2° L'autre couple est :
*Hébé* inclinée vers le plan Π 14° 47′ — $\gamma$ ;
*Asie* inclinée vers ce plan + 6° + $\gamma$, d'où l'on a :

$$2\gamma = 14° 47' - 6, \quad \gamma = 4° 23'.$$

II. *Frigga, Junon, Panopée, Eurydice.*

1° L'un des couples est :
*Junon* inclinée vers le plan Π 13° 3′ — $\gamma$ ;
*Eurydice* inclinée vers ce plan + $\gamma$ — 5°, d'où l'on trouve :

$$2\gamma = 13° 3' - 5°, \quad \gamma = 4° 2'.$$

2° L'autre couple est :
*Panopée* inclinée vers le plan Π 11° 32′ — $\gamma$ ;
*Frigga* inclinée vers ce plan + $\gamma$ + 21° 28′, d'où l'on trouve :

$$2\gamma = 11° 32' - 2° 28', \quad \gamma = 4° 32'.$$

**Couple incomplet.** Aux extrémités inférieures des

épiplanètes et des hypoplanètes, les couples simples sont complets; c'est le contraire qui a lieu pour le couple double de l'extrémité supérieure des hypoplanètes, car ce couple est le seul qui soit incomplet, comme le prouvent les inégalités des inclinaisons des quatre éléments vers le plan principal $\Pi$.

*Lætitia*, *Pallas*, *Pandore*, *Cérès*. Les inclinaisons de ces quatre microplanètes ne donnent pas une inclinaison $\gamma = 4° + \alpha$ vers le plan $\Pi$.

On a trouvé que l'inclinaison 34°43′ de Pallas correspondait à celle d'Euphrosine 26°25′ d'une distance très-inégale. Les inclinaisons des trois autres éléments sont à d'inégales distances du plan principal $\Pi$.

### C. Couples demi-complets.

§ 611. Il y a quelques couples doubles dont on ignore encore un des quatre éléments qui correspondrait à l'élément qui n'est à une égale distance du plan $\Pi$ avec aucun des deux autres éléments dont l'un est d'un côté de ce plan et l'autre de l'autre côté formant un couple; par exemple :

I. *Niobé*, *Alcmène*, *Atalante*. Niobé et Alcmène sont les éléments d'un couple, car on a :

*Niobé* inclinée sur le plan $\Pi$ $11°35' - \gamma$;

*Alcmène* inclinée sur ce plan $2°51' + \gamma$, d'où l'on trouve :

$$11°35' - \gamma = 2°51' + \gamma, \quad \gamma = 4°22'.$$

L'hypoplanète que l'on trouvera à la même distance que ces trois éléments sera sur un orbite dont l'inclinaison est $\chi$;

$$18°42' - \chi = 4°22, \quad \chi = 14°20'.$$

Pour trouver cet élément, il faut chercher une microplanète à cette distance de l'écliptique de l'autre côté de son plan par rapport au plan d'*Atalante*.

II. *Virginie*, *Eunomie*, *Fidès*. Eunomie et Fidès sont les éléments d'un couple.

*Eunomie* est inclinée sur le plan Π 11°44′ — γ.

*Fidès* est inclinée sur le même plan 3° 7′ + γ.

Ces inclinaisons étant égales, on a :

$$11° 44' - \gamma = 3° 7' + \gamma, \quad \gamma = 4° 19'.$$

L'hypoplanète que l'on trouvera à la même distance sera sur un orbite dont l'inclinaison χ sur le plan Π principal est égale à celle de *Virginie*, plus le double de 4°19′ ou $\chi = 2°48' + 8°38' = 11°26'$.

III. *Proserpine*, *Io*, *Maja*.

1° L'un des couples est :

*Io* inclinée sur le plan Π 11°52′ — γ;

*Maja* inclinée sur ce plan γ + 3°4′, d'où l'on trouve :

$$2\gamma = 8°48', \quad \gamma = 4°24.$$

2° L'autre couple est :

*Proserpine* inclinée de γ + 3°36′;

L'hypoplanète que l'on trouvera à la même distance que ses trois éléments sera sur un orbite dont l'inclinaison est χ.

$$2\gamma = \chi - 3°36', \quad \chi = 2\gamma + 3°36' = 8°48' + 3°36'.$$

Cette série de faits dus aux observations n'est que l'effet physique du mode de subdivision de la masse empyrée μ, μ′ d'où résultent les nombres *n*, *n′* de portions composées des molécules très-dilatées dont chacune devient une microplanète de poids imperceptible.

### III. EXPOSITION DU MODE DE SUBDIVISION DE LA MASSE EMPYRÉE EN PORTIONS INFÉRIEURES.

§ 612. Ce n'est pas au hasard que j'ai exposé les distances des microplanètes dans la figure 60 et que j'ai cherché la position du plan principal Π ; les détails que l'on trouve pour les microplanètes correspondent à ceux donnés dans l'*Astrogonie*, t. I, p. 518. Je veux ici mettre le lecteur à même de se mieux convaincre de la cause physique d'après laquelle s'est opérée la subdivision de la masse empyrée, 1° de très-gros jets expulsés de l'Archégète, et 2° de très-petites portions $\mu, \mu'$ séparées des deux extrémités $e, e'$ de la masse empyrée de la *bande* $m^v$.

On est tellement habitué à penser que toute explication de faits est basée sur quelque hypothèse, qu'il est difficile de guérir les lecteurs de ce préjugé ; c'est pourquoi *je répète* que chaque production de fait est une *action* qui résulte d'une *force*. Il faut donc s'habituer à entendre : 1° par le mot *action*, l'expansion d'un fluide, et 2° par le mot *force*, une rupture d'équilibre qui soutient cette expansion. Par exemple, l'air comprimé dans un récipient est maintenu en équilibre par la résistance du robinet ; dès qu'on ouvre le robinet, l'expansion de l'air commence sans que jamais le récipient se vide, et cependant le récipient vide se remplit.

Les fluides impondérables éprouvent cette expansion, car les molécules d'électre qui composent ces fluides y entrent avec une telle densité qu'il ne pourrait en résulter un équilibre qu'au bout d'une éternité, quand les molécules parties les premières des deux électrosphères iront atteindre les dernières limites de l'espace céleste.

Les jets de masse empyrée expulsée du Soleil et ceux expulsés des planètes ne se subdivisent pas ; chacun de ces jets a formé une planète ou un satellite. Il n'y a que les très-grosses et les très-petites masses qui ont subi des subdivisions ; condition qui ne peut être basée que sur la loi physique.

Je mentionnerai d'abord les forces et les actions ou les ruptures d'équilibre et l'expansion des fluides qui doivent avoir précédé l'état actuel des microplanètes et des soleils. Je citerai ensuite comme exemples la liaison indiquée entre les distances des microplanètes et les inclinaisons de leurs plans. Les six grosses nébuleuses exotiques indiquent le mode de subdivision de la masse $\mu, \mu$ terminée depuis longtemps.

A. CAUSE PHYSIQUE DE LA SUBDIVISION ET DE LA NON-SUBDIVISION DE LA MASSE EMPYRÉE EXPULSÉE D'UN CORPS CENTRAL.

§ 613. Les molécules superficielles de chaque corps céleste se trouvent en équilibre rompu. En disant simplement qu'elles sont attirées mutuellement, on n'a fait qu'indiquer ainsi le fait observé sans entrer dans aucun détail sur la manière dont a lieu la rupture d'équilibre, et cela parce qu'on ne connaissait pas ce mode. Le mot abstrait *attraction* n'avait aucune signification réelle, car on ne trouve aucun objet qui corresponde à ce mot.

On emploie le mot *pesanteur* pour indiquer l'équilibre rompu des corps sollicités vers leur corps central. Je démontre ici que cet état des corps est l'effet direct d'une poussée $p$ de la part du corps central, poussée inférieure à celle $\mathbf{p}$ que les corps périphériques ou superficiels éprouvent de tous les autres côtés. Cet effet ou cette rupture d'équilibre a pour cause le *barogène*, fluide qui entre comme élément composant les corps.

Les corps sont composés de deux éléments : 1° du barogène $\beta$ qui est d'une seule espèce, et 2° d'électricité positive et négative dont les éléments sont de sept espèces ; ce sont donc ces éléments qui déterminent les qualités des corps. Le barogène est un fluide simple provenant des deux électrosphères tellement éloignées l'une de l'autre que l'espace énastre n'en est qu'un point. (*Physique*, t. I, p. 16.)

Le barogène B' contenu dans chaque diamètre de l'Archégète intercepte le passage d'une égale quantité du barogène affluent B et ne livre passage qu'à la quantité B — B' Ainsi le barogène $\beta$ des corps superficiels de l'Archégète se trouve en équilibre rompu, 1° parce qu'il éprouve la poussée compressive P de la part du barogène B affluent, et 2° parce qu'il éprouve la faible poussée répulsive P — P' de la part du barogène émergent B — B' ; de sorte que le degré de rupture d'équilibre est la différence P′ entre les deux poussées P et P — P′.

Cette poussée compressive P′ détermine la densité D des molécules de la masse empyrée des neuf jets expulsés de l'Archégète. Chacun des diamètres de la masse de ces jets contenait la quantité **b** de barogène; ainsi les molécules superficielles se sont trouvées en équilibre rompu de degré **p** qui est la différence entre 1° la poussée compressive P exercée par le barogène affluent B, et 2° la poussée répulsive P — **p** exercée de la part du barogène émergent B — **b**.

§ 614. I. **Cause de la dilatation et de la subdivision de la masse empyrée des neuf jets expulsés de l'Archégète.** Sur la surface de l'Archégète, les molécules de la masse empyrée éprouvent la poussée compressive P′ qui les soutient en densité D. Sur la surface des jets expulsés, les molécules étant de densité D, éprouvent la poussée compressive **p** qui est *des millions de fois inférieure* à celle P′. La répulsion expansive R exercée par les éléments électriques soutenant la masse à l'état empyré était en équilibre avec la poussée compressive P′ à la surface de l'Archégète.

Dans les jets expulsés, cette répulsion est restée la même R, tandis que la poussée compressive qui était P′ sur l'Archégète est **p** à la surface de la masse des jets. La poussée P′ est en équilibre avec la répulsion expansive R, tandis que la poussée compressive **p** lui est des millions de fois inférieure. Ainsi, les molécules de densité D étaient en équilibre à la surface de l'Archégète; ces molécules ont été réduites en équilibre rompu quand elles se sont trouvées dans l'espace éloignées de l'Archégète.

L'effet immédiat de cette rupture d'équilibre a été la subdivision de chaque jet en des millions de portions. Après que l'équilibre s'est établi entre les molécules de chaque portion, un soleil a été formé de chacune d'elles; c'est pourquoi la différence entre la dimension des microplanètes est minime, de même qu'elle est insignifiante entre la grosseur des soleils, car la différence entre l'éclat des étoiles télescopiques résulte de leurs distances différentes.

§ 645. II. **Cause de la non-subdivision des jets expulsés du Soleil ou des planètes.** Les molécules de la masse empyrée à la surface du Soleil éprouvent une poussée compressive **p** vingt-huit fois plus grande que celle *p* qu'éprouvent les corps à la surface de la Terre, parce que chaque diamètre du Soleil contient des molécules cinq fois moins denses que celles de la Terre, mais $5^2 \times 28$ fois plus copieuses.

Les jets de masse empyrée expulsés du Soleil se sont rouvés en équilibre rompu, parce qu'à la surface du Soleil les molécules éprouvent la poussée compressive **p** et la répulsion **r** provenant de leur densité **d**, tandis qu'à la surface des jets les molécules éprouvent la même répulsion expansive **r** quand la poussée compressive **p** est réduite à une autre plus faible *p*.

Le degré de rupture d'équilibre est indiqué par le rapport **r** : *p* entre les deux poussées opposées auxquelles sont soumises les molécules superficielles des jets. La répulsion **r** correspond à la densité 0,250 du Soleil. Par la dilatation de la masse empyrée, sa densité a été réduite à celle 0,131 de Saturne, car jusqu'à présent elle n'y a éprouvé aucun changement, comme cela a eu lieu pour les cinq planètes les moins éloignées. Après une dilatation de la masse empyrée des huit jets, leur volume est devenu huit fois plus grand ; ainsi les molécules se sont trouvées équilibrées par la diminution de la répulsion expansive réduite au dégre *r*.

Les jets de masse empyrée expulsés des planètes ne se sont pas subdivisés, parce que l'équilibre a été établi par la dilatation de la masse dont la densité a été réduite à un degré inférieur à celle de Saturne. Les astronomes, en admettant que la Lune et les satellites ont la forme sphérique, les trouvent d'un trop petit volume, et par suite d'une trop grande densité.

§ 646. **III. Cause de la subdivision de la masse empyrée $\mu$, $\mu'$ séparée du jet $m^v$.** Il n'y avait aucune différence de densité 0,250 entre les molécules composant la masse empyrée des neuf jets et celles composant la masse $\mu$, $\mu'$ séparée des deux extrémités $e$, $e'$ de la bande $m^v$ ; ainsi il y avait égalité entre la poussée répulsive **r** exercée sur les molécules superficielles de chaque jet et sur ceux de la masse $\mu$, $\mu$ des millions de fois moins grande.

L'effet immédiat de cette différence des masses est une différence analogue entre les poussées compressives de la part du barogène; celle exercée sur les molécules superficielles de la Terre et des autres planètes est des milliers de fois plus grande que la poussée compressive exercée sur les molécules de la surface d'une microplanète. Maedler a trouvé une poussée compressive cent fois moindre que celle de la surface de la Terre, mais il s'est basé sur deux hypothèses fausses; il a admis: 1° le volume trop petit, et 2° la densité trop grande. C'est sans doute par inattention que Maedler a commis cette erreur, car il n'ignorait pas que Mars et Jupiter n'éprouvent pas de perturbation.

La seule cause de la subdivision de la masse empyrée est donc la rupture d'équilibre dans laquelle se trouvèrent les molécules superficielles en éprouvant à la fois: 1° une poussée compressive $p$ correspondant au barogène $b$ contenu dans chaque diamètre, et 2° une répulsion expansive **r** correspondant à la densité **d** des molécules de la masse empyrée.

I. La subdivision de la masse M des jets expulsés de l'Archégète a pour cause la très-grande densité D des molécules composant cette masse; cette densité produit la très-forte répulsion expansive R.

II. La subdivision de la masse $\mu$, $\mu'$ séparée des extrémités $e$, $e'$ de la bande $m^v$ a eu pour cause la faible poussée compressive $p$. Dans les deux cas, la grande rupture d'équilibre a été occasionnée par la supériorité de la répulsion expansive R ou r correspondant à la densité D ou d des molécules, par rapport à la poussée compressive p ou p correspondant à la quantité q ou q de molécules matérielles de chaque diamètre.

B. MODE DE SUBDIVISION DE LA MASSE μ, μ' ET DE LA FORMATION DES DEUX CLASSES DE MICROPLANÈTES.

§ 617. Après avoir indiqué la cause qui produit la rupture d'équilibre dans les molécules de la masse μ, μ', il ne me reste plus qu'à donner les détails des actions qui ont dû avoir lieu pour que ces deux portions engendrent deux classes de microplanètes qui se sont trouvées : 1° celles produites par la masse μ dans l'espace entre 3,450 et 285, et 2° celles produites par la masse μ' dans l'espace entre 2,77 et 2,20, comme on le voit dans le tableau B et dans la figure 60.

Les microplanètes circulant sur des orbites d'axe égal et d'inclinaison égale vers le plan principal Π, nous font connaître qu'il y a eu une série d'actions produisant la subdivision des portions ψ, ψ' qui se trouvaient d'abord sur le plan Π et qui se sont subdivisées en direction transversale dont une moitié s'est éloignée d'un côté et l'autre de l'autre côté du plan Π. Pour que les éléments des deux couples de microplanètes se trouvent, 1° sur des orbites d'axe égal, 2° sur des plans d'égale distance angulaire du plan principal Π, il a fallu que les deux portions inégales σ, σ' de masse empyrée se trouvassent d'abord dans ce plan Π. Dans ce même plan se sont trouvées : 1° la bande m' éloignée, et 2° les extrémités e, e' dont les parties μ, μ' de masse empyrée se sont séparées.

Il y a donc eu : 1° des allongements verticaux qui ont produit les portions inférieures, et 2° des allongements transversaux qui ont produit les éléments des couples d'égale distance et d'égale inclinaison ; 3° des allongements longitudinaux dans le sens de la direction du mouvement orbiculaire, qui ont produit des portions d'égale distance et de différentes longitudes. C'est pour mieux familiariser le lecteur avec les investigations basées sur la loi physique que j'expose les détails de la subdivision de la masse $\mu$, $\mu'$, 1° en direction verticale, 2° en direction longitudinale, 3° enfin en direction transversale. Cette triple subdivision s'est opérée dans un ordre bien déterminé par la succession des ruptures d'équilibre dans chacune de ces directions.

### IV. SUCCESSION DE LA RUPTURE D'ÉQUILIBRE EN TROIS DIRECTIONS VERTICALES.

§ 618. La masse empyrée des planètes et des satellites, comme celle de chaque corps périphérique, éprouve toujours la plus faible poussée compressive $p-\alpha$ de la part de son corps central. Les molécules de la couche superficielle éprouvent une égale répulsion expansive $r$; elles se trouvent en équilibre avec la poussée $p$ de chaque autre couche et ne sont en équilibre rompu que du côté de la faible poussée $p-\alpha$; c'est donc du côté du corps central que les molécules superficielles à l'état visqueux s'allongent.

Pendant cet allongement, il y a accroissement de la quantité $q$ de molécules et de barogène $b$ dans l'axe; ce barogène devenu supérieur, **b**, intercepte une égale quantité du barogène $\mathbf{B}-\mathbf{b}$ affluant de l'espace du corps central. Ainsi il en résulte un accroissement de poussée compressive $p+\delta$ en ce sens jusqu'au point de devenir $\alpha=\delta$, pour que l'allongement en soit intercepté. En pareil cas, le déplacement des molécules s'arrête, leur couche superficielle gèle, et c'est ainsi que les jets expulsés du Soleil ou des planètes ont conservé pour toujours la forme ovalaire.

La subdivision de la masse $\mu$, $\mu'$ ou celle M des jets expulsés de l'Archégète n'a pas été interceptée de la manière indiquée, et cela à cause de la trop faible poussée compressive $p$ ou **p** par rapport à la densité **d** ou D de la masse $\mu$, $\mu'$ ou M, densité qui a produit la répulsion R ou **r** supérieure à la poussée **p** ou $p$.

A. SUBDIVISION VERTICALE DE LA MASSE EMPYRÉE $\mu$, $\mu'$.

§ 619. L'allongement vertical de la masse $\mu$, $\mu'$ a commencé simultanément; $\mu$ était à la distance 3,450 de Cybèle et $\mu'$ était à la distance 2,77 de Pallas. Dans un espace de temps T, le sommet $s$ de la masse $\mu$ en s'éloignant de la base de l'ovalaire parcourut la distance 3,450 — 3,15 = 0,300, et le sommet $s'$ de la masse $\mu$, en s'éloignant de la base de l'ovalaire, a parcouru la distance 2,770 — 2,450 = 0,320. (Voir tableau B et figure 60.)

Au-dessus du sommet $s$, on ne connaît jusqu'à présent que l'épiplanète Cybèle, et au-dessus du sommet $s'$, il reste un espace vide. Il se présente ensuite trois groupes de couples d'hypoplanètes; les épiplanètes correspondantes à ces groupes sont encore inconnues. 1° Les microplanètes de la moitié supérieure de chaque classe ont eté produites par la partie de la base qui est restée en $e$ et $e'$. 2° Les microplanètes de la moitié inférieure de chaque classe ont été produites par la subdivision de la masse empyrée $s$, $s'$ des sommets séparés.

**Première période**. Les intervalles 0,300 et 0,320, que l'on peut comparer à la distance qui se trouve entre le Soleil et Mercure, servent à montrer le très-haut degré de viscosité de la masse empyrée; car, pour que la coupe s'opérât, le filet a dû éprouver un très-grand amincissement. A la fin de la première période, les deux portions $\mu$, $\mu'$ se sont trouvées divisées verticalement, et chacune en a produit deux.

Vu que le nombre connu des épiplanètes est minime, je me bornerai à la subdivision de la masse $\mu'$ qui a donné naissance aux hypoplanètes. On considère comme une *période* la durée T depuis qu'un allongement a commencé jusqu'au moment où le filet aminci a été coupé, ce qui a occasionné une séparation parfaite, séparation qui peut être verticale, longitudinale ou transversale.

Fig. 61.

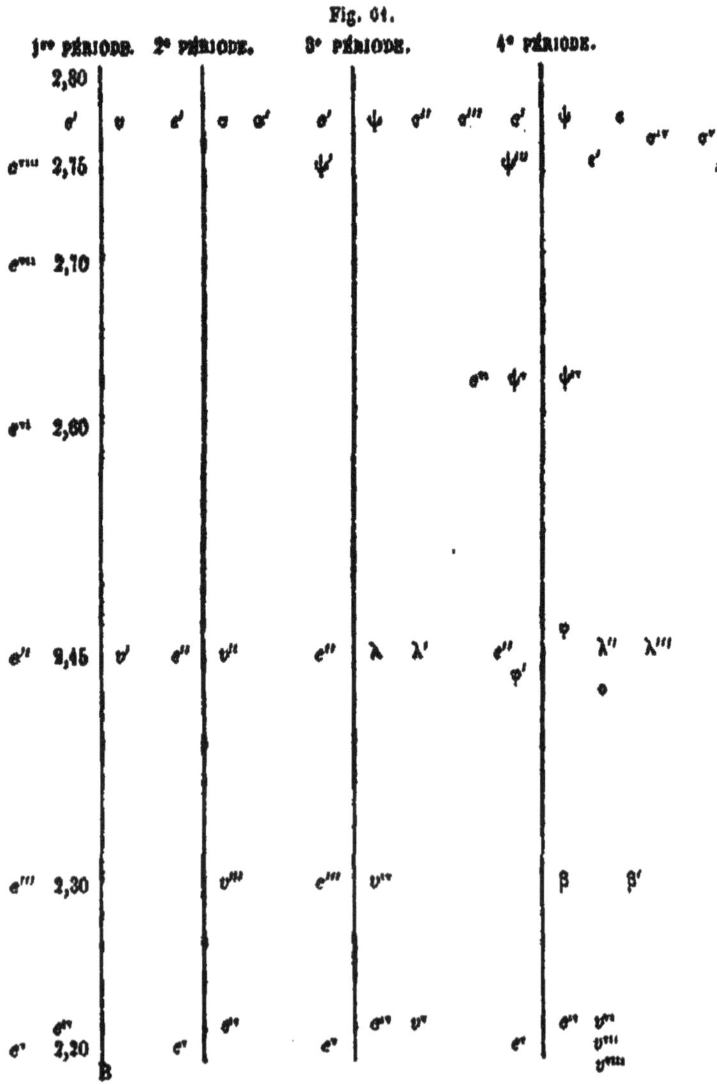

**Deuxième, troisième et quatrième période de subdivisions verticales.** Soit $v$ (fig. 61) la portion $e'$ de la base et $v'$ la portion $s'$ du sommet de l'ovalaire. Après que le long filet d'union 0,320 a été coupé, il est resté : 1° un appendice de 0,160 de longueur au-dessous de la portion $v$ qui a empêché un autre allongement dans ce sens ; 2° un appendice de 0,160 au-dessus de la portion $v'$. Cet appendice, loin d'empêcher l'allongement vertical, l'a sollicité.

Pendant la deuxième période, la portion $v'$ s'est allongée jusqu'à $e''$ à la distance 2,300 ; l'espace 0,150 de la portion $v'''$ a été parcouru quand le filet a été coupé, et il en est résulté : 1° une portion $v''$ qui est restée en place et dont un appendice situé au-dessous empêchait l'allongement, et 2° une autre portion $v'''$ abaissée ayant l'appendice au-dessus qui a favorisé l'allongement ultérieur.

Pendant la troisième période, la portion $v'''$ de $e'''$ jusqu'à $e^{\text{IV}}$ s'est allongée ; le filet qui en est résulté a été aminci et coupé au milieu et la portion $v^{\text{IV}}$ est restée en place avec un appendice au-dessous. La portion $v^{\text{V}}$ avait un appendice au-dessus.

Il y a eu aussi une quatrième période pendant laquelle la portion $v^{\text{V}}$ s'est allongée et il en est résulté deux autres $v^{\text{VI}}$ et $v^{\text{VII}}$. Cette dernière s'est trouvée à la distance 2,200 composée de molécules trop dilatées pour pouvoir exercer une subdivision verticale ultérieure, ou s'il y a eu une autre cinquième subdivision de la dernière portion $v^{\text{VII}}$, il s'est produit une hypoplanète très-petite, laquelle a pu rester inconnue.

### B. SUBDIVISION LONGITUDINALE DE LA MASSE EMPYRÉE.

§ 620. En conservant leur vitesse linéaire orbiculaire, les portions $v'$, $v''$, $v'''$... $v^{\text{VII}}$ ont pris un accroissement de vitesse angulaire pour que les carrés de temps T de révolution soient en rapport constant avec les cubes des distances $T^2 = D^3$. Les portions verticales $v'$, $v''$, $v'''$..., en restant dans le plan principal $\Pi$, se sont trouvées à des longitudes et à des distances différentes.

Pour que les portions verticales fussent à une égale distance et eussent des longitudes différentes, il a fallu qu'il s'opérât des subdivisions longitudinales produites par une rupture d'équilibre dans les portions $v$, $v''$, $v^{\text{IV}}$... qui étaient restées avec un appendice au-dessous empêchant l'allongement vertical.

**Première période de la subdivision longitudinale.** C'est à la fin de la première période de la subdivision verticale que la portion $v$ s'est trouvée avoir un appendice empêchant son allongement vertical; la répulsion expansive **r** a forcé les molécules superficielles à s'allonger dans la direction où elles éprouvaient la moindre résistance. Telle est la direction du sens du mouvement orbiculaire.

Cet allongement a produit une subdivision de la masse et il en est résulté d'abord un filet entre les deux parties de la masse $v$. La séparation s'est opérée au moment où a été coupé ce filet aminci à cause de sa très-grande longueur. Ainsi, la masse empyrée $v$ a produit deux portions $\sigma$, $\sigma'$ circulant dans le plan $\Pi$ à une égale distance du Soleil; L étant la longitude de la portion $\sigma$, $L + L'$ est celle de la portion antérieure $\sigma'$. Après leur séparation il est resté : 1° la portion postérieure $\sigma$ avec un appendice au devant empêchant son allongement dans ce sens, et 2° la portion antérieure $\sigma'$ ayant son appendice en arrière qui a sollicité davantage son allongement longitudinal.

**Périodes postérieures de subdivisions longitudinales.** La portion $\sigma'$ s'est subdivisée et il en est résulté : 1° la portion postérieure $\sigma''$ ayant la longitude $L + L'$ avec un appendice en avant empêchant son allongement, et 2° la portion antérieure $\sigma'''$ ayant la longitude $L + L' + L''$ avec un appendice de derrière sollicitant son allongement. Ainsi la subdivision longitudinale s'est répétée presque autant de fois que la subdivision verticale; elle s'est terminée quand les molécules ont éprouvé une assez forte dilatation pour être dans l'impossibilité de vaincre la poussée compressive $p$.

C. SUBDIVISION TRANSVERSALE DE LA MASSE EMPYRÉE.

§ 621. Toutes les portions de masse empyrée produites par les subdivisions verticales et longitudinales sont restées dans le plan principal Π; l'éloignement des portions de ce plan a dû s'opérer également par une rupture d'équilibre correspondante. Cette rupture d'équilibre a eu lieu en effet dans la masse de la portion $\sigma''$ qui, ayant un appendice en avant et un autre au-dessous, ne pouvait acquérir qu'un allongement transversal, parce que la poussée compressive y était inférieure à celles dirigées dans la direction verticale ou longitudinale.

La division transversale se distingue de la division verticale et de la division transversale : 1° par le déplacement des deux portions à la fois, 2° par l'égalité de ces portions, 3° enfin par leur éloignement égal du plan principal Π dans lequel la masse empyrée $\sigma''$ se trouva en subdivision.

**Troisième période.** Il s'était opéré deux subdivisions verticales $v$, $v'$ et $v''$, $v'''$ et une division longitudinale $\sigma$, $\sigma'$ quand au commencement de la troisième période apparut la subdivision transversale. Pendant la durée T‴ de cette période, les quatre portions se subdivisèrent et il en résulta $2^3$.

1° A la distance $e'$; $\sigma$ se divisa transversalement pour produire les portions égales $\psi$, $\psi'$ à égale distance 2,77 du Soleil et d'égale inclinaison $\gamma'$ vers le plan Π. Ce plan forme l'angle $\gamma$ avec l'écliptique; ainsi les portions $\psi$, $\psi'$ par rapport à l'écliptique ont l'inclinaison $\gamma \pm \gamma'$. Telles sont en effet les inclinaisons des couples simples, 1° de l'extrémité inférieure des épiplanètes *Polymnie* et *Terpsichore*, et 2° de l'extrémité inférieure des hypoplanètes *Ariadne* et *Flore*.

2° A la même distance $e'$, la portion $\sigma'$ s'est subdivisée longitudinalement et il en résulta deux $\sigma''$, $\sigma'''$.

3° A la distance $e''$, la portion $v''$ se subdivisa longitudinalement, et il en résulta les portions $\lambda$, $\lambda'$.

4° A la distance $e''$, la portion $v'''$ se subdivisa verticalement, et il en résulta les portions $v^{\text{IV}}$, $v^{\text{V}}$.

**Quatrième, cinquième et sixième périodes.** Toutes les subdivisions de la masse $\mu'$ qui ont eu lieu pendant les trois périodes précédentes se sont répétées pendant les trois périodes suivantes dans chacune des huit portions, de sorte qu'à la fin de la sixième période le nombre des portions était devenu $8^2$.

La continuité des subdivisions ne dépend que de la supériorité de la répulsion expansive **r** de la densité sur la poussée compressive $p$ de la pesanteur. Les poussées sont exercées à la fois en directions opposées sur les molécules superficielles de la masse empyrée de chaque portion; ces portions vont tout à la fois en diminuant et en augmentant de volume selon la dilatation de leurs molécules, ce qui amène une diminution de densité.

### D. Des portions égales transversales et des portions inégales par rapport à leur distance du Soleil.

§ 622. Il n'y a d'égales que les portions provenant de la subdivision transversale. 1° Dans la subdivision verticale, la plus grosse partie de base $b$ reste en place et la partie $s$ du sommet est moins grosse. 2° Dans la subdivision longitudinale, la partie $\sigma$ qui reste dans la longitude L de la masse primitive $\mu'$, $\mu$ est plus grosse, et la partie éloignée $\sigma'$ occupant la longitude L + L' est moins grosse. Ainsi l'on a trouvé qu'il est resté à la distance $e'$ (fig. 60) et dans la longitude L une masse supérieure, laquelle a produit un nombre double de couples.

Les quatre hypoplanètes *Lætitia*, *Pallas*, *Pandore*, *Cérès*, qui sont à la distance $e'$ et qui ont été produites par la grosse masse empyrée, sont les éléments de quatre couples dont on ne connaît pas encore les quatre autres éléments. Ces hypoplanètes doivent être à la distance $\sigma'$; elles circulent assurément sur des orbites dont les plans doivent être inclinés sur le plan principal $\Pi$ pour former l'angle $\chi = i'$ que l'on trouve par l'équation

$$i - \gamma = \gamma - i' \text{ ou } i' - \gamma = \gamma - i; \quad i' = 2\gamma - i; \quad \gamma = 4°30' \pm 10'.$$

1° L'inclinaison de Lætitia 10°21' donne :

$$i' = 9° - 10°21' = -1°21.$$

2° L'inclinaison de Pallas 34°43' donne :

$$i' = 9° - 34°43' = -25°43'.$$

3° L'inclinaison de Pandore 7°21' donne :

$$i' = 9° - 7°21' = 1°39'.$$

4° L'inclinaison de Cérès 10°37' donne :

$$i' = 9° - 10°37' = -1°37.$$

**Concordance entre les couples des microplanètes et des soleils.** Dans l'*Astrogonie* (t. I, p. 518), j'ai donné les détails de la subdivision de la masse empyrée. Les *étoiles cométaires* (t. I, p. 656) et les *astéronéphèles jumelles* (t. I, p. 560) ne sont que des soleils produits par des portions égales provenant des subdivisions transversales; c'est pourquoi ce sont ces couples qui ne diffèrent pas de ceux composés de microplanètes.

Notre Soleil, très-éloigné des autres, est actuellement peu éloigné du plan de la Voie lactée; il n'en peut résulter que cette distance 3° soit l'inclinaison de son orbite; car dès que le Soleil arrive au nœud, elle disparaît. Je démontre ici que l'élément correspondant à Pallas, la plus éloignée du plan $\Pi$, en est également éloigné; de même l'élément qui correspond à notre Soleil doit être éloigné des autres. Telle est l'étoile 1831 du catalogue de Groombridge.

### E. Limites de l'espace occupé par les hypoplanètes.

§ 623. I. Les subdivisions successives verticales de la masse $\mu'$ engendrèrent des portions décroissantes $v'$, $v''$, $v'''$... (fig. 61) jusqu'au point de rendre impossible une subdivision ultérieure. Le couple *Flore* et *Ariadne* forme l'extrémité inférieure des hypoplanètes à la distance 2,200 du Soleil; c'est donc $2,77 - 2,20 = 0,57$ qui est la hauteur $h$ de l'espace annulaire $a$ contenant les orbites des hypoplanètes.

II. Les subdivisions longitudinales ne firent éprouver aucun changement à l'espace $a$; les seuls intervalles entre les longitudes diminuèrent.

III. Les subdivisions transversales firent augmenter la largeur $l$ de l'espace $a$; de même qu'on a obtenu la hauteur $h$ par des subdivisions successives opérées en $e''$, $e'''$, $e^{\text{IV}}$, $e^{\text{V}}$, de même il y a eu des subdivisions successives transversales d'où il est résulté la série des inclinaisons :

$$1^\circ\ \gamma \pm \Gamma;\quad 2^\circ\ \gamma + \Gamma \pm \Gamma' \text{ et } \gamma - \Gamma \pm \Gamma';\quad 3^\circ\ \gamma + \Gamma + \Gamma' \pm \Gamma'';$$
$$4^\circ\ \gamma + \Gamma - \Gamma' \pm \Gamma'';\quad \gamma - \Gamma + \Gamma' \pm \Gamma'';\quad 5^\circ\ \gamma - \Gamma - \Gamma' \pm \Gamma''.$$

Pour arriver à la plus grande inclinaison 30° 45′ de Pallas, il a fallu qu'il s'opérât une série de subdivisions transversales analogues à la série de la subdivision longitudinale. Après avoir trouvé quatre subdivisions verticales $e''$, $e'''$, $e^{\text{IV}}$, $e^{\text{V}}$, le nombre des subdivisions transversales ne devait pas en différer; ainsi, de chaque côté du plan $\Pi$, à la distance $e$, il y a quatre hypoplanètes dont on ne connaît que les quatre suivantes : *Lætitia*, *Pallas*, *Pandore*, *Cérès*.

Parmi les épiplanètes, c'est le plan de l'orbite d'Euphrosine qui est à une grande distance du plan principal $\Pi$. La somme $34° 45' + 26° 25' = 61° 10'$ est donc la largeur angulaire de l'espace annulaire contenant tous les orbites des microplanètes.

## V. COMPARAISON DE NOTRE SYSTÈME PLANÉTAIRE AVEC LE SYSTÈME COMPOSÉ DE SOLEILS.

§ 624. Depuis longtemps on considérait le système planétaire comme un modèle en miniature du système composé de soleils comme le nôtre qui circulent autour du soleil central nommé ici *Archégète*. Cette idée vague a trouvé ici sa sanction, car j'ai complété la comparaison des détails qui manquaient. Je donne de nouveau cette série de détails, bien que le lecteur les connaisse déjà.

I. On voit le grand soleil ou l'Archégète dans la constellation de la Licorne; il occupe une grande partie de la Voie lactée, sur laquelle il se projette comme je l'ai montré dans la carte céleste (t. I).

II. Dans neuf espaces annulaires circulent, non pas neuf corps, mais des millions dans chacun de ces espaces, parce que la masse empyrée de chaque jet a dû être d'abord subdivisée en des millions de portions; or dans le quatrième espace annulaire de chacune de ces portions il s'est formé un soleil. On voit tous ces soleils sous forme d'étoiles télescopiques dans l'espace annulaire A, de même que dans notre système planétaire les orbites des microplanètes sont contenus dans le cinquième espace annulaire a.

III. La masse empyrée de quatre jets inférieurs $M'$, $M''$, $M'''$, $M^{IV}$ a été déjà subdivisée; celle des cinq autres jets supérieurs est en subdivision. Les météores qui entourent cette masse empyrée en reçoivent la lumière, et on les voit sous forme de nébuleuses volumineuses composant ensemble l'anneau de la Voie lactée.

IV. Le cinquième gros jet de masse empyrée $M^{V}$ n'a pas eu les deux éléments de mouvement orbiculaire; on n'a trouvé ces éléments que dans la masse des deux extrémités e, e' de la bande $B^{V}$, dont la masse s'est éloignée de l'Archégète en parcourant une ligne droite et non une branche d'hyperbole. En s'éloignant de l'Archégète, de telles branches n'ont décrit que les extrémités **e**, **e'** de la bande $B^v$.

V. La masse $M^v$ a rebroussé chemin et s'est déposée sous forme de ceinture autour de l'enveloppe de l'Archégète. Les molécules de la masse $M^v$ se sont trouvées en équilibre rompu avec les molécules de la masse totale de l'Archégète. Il s'est déjà écoulé un grand nombre de millions de siècles depuis la chute de la masse $M^v$, et cependant l'équilibre ne s'y est pas établi. Une couche très-épaisse de météores enveloppe la masse empyrée, dont elle reçoit la lumière, et dans la constellation de la Licorne elle se distingue bien des nébuleuses qui composent la Voie lactée.

La subdivision de la masse empyrée en portions inférieures a produit en même temps : 1° une multiplication de leur nombre, et 2° une diminution de la densité de la masse et de la répulsion expansive **r** jusqu'au point de devenir égale à la poussée compressive *p*. La faible densité de la masse des microplanètes nous fait voir que la subdivision de cette masse s'est arrêtée quand la répulsion *r* est devenue assez faible pour qu'il s'établisse un équilibre entre elle et la faible poussée compressive *p*.

Quant au mode de subdivision déjà terminée de la masse $\mu$, $\mu'$ d'où sont résultés les 240 microplanètes, ce mode de subdivision existe actuellement dans la subdivision de la masse **m**, **m'** des deux extrémités de la bande de masse empyrée $M^v$, laquelle masse a rebroussé chemin et s'est déposée sous forme de ceinture autour de l'enveloppe de l'Archégète. Les molécules de cette masse étant encore en équilibre rompu avec celles de la masse M de l'Archégète, il y a eu des déplacements et il s'est produit des météores. Ainsi, dans l'état actuel de l'Archégète, on représente l'état du Soleil entouré d'une couche épaisse de météores dispersant ses rayons et laissant se refroidir la masse empyrée des planètes, de leurs satellites et des microplanètes.

La masse **m, m′** n'a éprouvé jusqu'à présent qu'une subdivision verticale et une subdivision longitudinale, car il n'y a que six nébuleuses exotiques composant un anneau qui passe perspectivement du même côté de la Voie lactée. (Voir t. I, carte céleste). Cet anneau, nommé *Galaxoïde* (t. I, p. 618), en unissant toutes les six nébuleuses exotiques, reste parallèle à côté de la Voie lactée.

§ 625. **Subdivision de la masse m, m′.** Tout ce qui a eu lieu à des époques éloignées par rapport à la subdivision de la masse $\mu$, $\mu'$ s'opère maintenant dans la masse **m, m′**. Chacune de ces masses a subi d'abord une subdivision verticale, et il en est résulté : 1° deux portions de la base **b, b′** qui sont restées à la place où étaient les masses **m, m′**, et 2° deux autres portions **s, s′** produites par les sommets séparés. Ainsi, à la fin de la première période, il n'y avait que quatre nébuleuses exotiques circulant sur quatre orbites dans le même plan Π. Les rayons de ces orbites sont $2^5\Delta \pm \Delta$ et $2^5\Delta - \mathbf{d} \pm \Delta$.

Chacune des deux portions de la base a subi une subdivision longitudinale; la portion *l* s'est séparée de la portion **b** et la portion *l′* s'est séparée de l'autre portion **b′**. La longitude L de la masse **m** est restée la même dans la masse **b**, et la portion séparée *l* s'est trouvée dans la longitude L+L′. La subdivision de la masse **b′** s'est opérée de la même manière. Les six portions sont restées à circuler sur les quatre orbites dans le même plan Π et aux quatre distances indiquées.

Les portions **s, s′** ont déjà éprouvé un allongement vertical sans avoir encore perdu leur appendice supérieur. Ces masses, 1° vues du côté du prolongement de l'axe, paraissent arrondies; 2° vues perpendiculairement à leur axe, paraissent de forme elliptique ou de la forme d'un fuseau.

Il y a concordance entre ces résultats déduits de la loi physique et les six nébuleuses exotiques formant le galaxoïde. 1° La nébuleuse d'Orion est en conjonction par rapport à l'Archégète; 2° la nébuleuse du Sagittaire est en opposition; elle est de forme circulaire parce qu'elle est vue du prolongement de son axe. La nébuleuse d'Andromède étant de même forme que la précédente, paraît elliptique parce qu'elle est vue perpendiculairement à son axe.

Ces deux nébuleuses sont donc les portions **s**, **s'** produites par la subdivision verticale; il en résulte que les portions *l*, *l'* produites par la subdivision longitudinale doivent être égales entre elles. Les deux nuages de Magellan sont les nébuleuses exotiques de la plus grande étendue. Ces nuages sont égaux; c'est la distance supérieure du Petit Nuage qui est la cause de la différence apparente de leur grandeur.

**Subdivisions verticales de la masse m, m'.** Le Grand Nuage occupe la place de la masse **m'**, le Petit Nuage occupe celle de la masse **m** la plus éloignée.

I. Pendant la première période ces deux masses se sont subdivisées verticalement, et les portions **s**, **s'** s'en sont séparées parce qu'elles avaient un appendice du côté supérieur.

II. Ensuite, depuis l'époque *e* de cette séparation, ces portions **s**, **s'** se sont allongées verticalement sans que l'appendice du côté supérieur disparaisse encore, tandis que les portions *l*, *l'* se sont séparées des portions **b**, **b'** de la base en direction longitudinale.

Il y a donc parmi les six nébuleuses exotiques : 1° deux **s**, **s'** produites par la division verticale; 2° deux *l*, *l'* produites par la *division longitudinale*; 3° enfin il y a deux **b**, **b'** qui sont restés où se trouvait la masse **m**, **m'**.

**Concordance entre la forme observée et celle trouvée par le calcul.** Par rapport à l'Archégète, la nébuleuse du Sagittaire est en opposition et celle d'Orion en conjonction; les quatre autres sont presque en quadrature.

I. **Nébuleuses arrondies d'Andromède et du Sagittaire.** La nébuleuse elliptique MN (fig. 62) d'Andromède ou en forme de fuseau est vue en direction verticale sur son axe MN. Cette forme correspond à celle de la portion *s* qui a un appendice au-dessus et qui est déjà allongée vers l'Archégète. La nébuleuse du Sagittaire a la même forme; mais se trouvant en opposition, on la voit d'après l'axe MN, et c'est ainsi qu'elle paraît arrondie et de forme circulaire.

Fig. 63.

II. **Nébuleuses d'Orion et de η d'Argo.** La forme irrégulière *c*, *d*, *e*, *p*, *q* (fig. 63) de la nébuleuse d'Orion ne diffère de celle de la nébuleuse de η d'Argo que par la position et par la distance. Ces deux nébuleuses sont les portions longitudinales *l*, *l'* qui ont deux appendices, l'un postérieur et l'autre au-dessous; elles ont de plus un allongement transversal des deux côtés. La nébuleuse d'Orion, vue obliquement, prendrait donc la forme de la nébuleuse de η Argo.

III. **Nuages de Magellan.** Ces Nuages ne diffèrent entre eux que par leur distance et par leur position. Le Grand Nuage, dont la superficie est de 40 degrés carrés, est moins éloigné que le Petit Nuage, dont la superficie est de 10 degrés carrés. Cependant le rapport entre les distances n'est pas 2 : 1, comme cela résulte de ces superficies, car les masses sont vues obliquement.

I. A la distance $2^5\Delta + \Delta$ sont le Petit Nuage et la nébuleuse $\eta$ d'Argo, et à la distance $2^5\Delta - \Delta$ de l'Archégète sont le Grand Nuage et la nébuleuse d'Orion. La nébuleuse d'Andromède est produite par l'allongement de la masse $s$ du Grand Nuage et la nébuleuse du Sagittaire est produite par la masse $s'$ séparée de celle du Petit Nuage.

$2^5\Delta - \Delta$ étant la distance du Grand Nuage, la distance de la nébuleuse d'Andromède est $2^5\Delta - \Delta - \mathbf{d}$.

II. Dans la distance $2^5\Delta + \Delta$ sont le Petit Nuage et la nébuleuse $\eta$ d'Argo, tandis que la nébuleuse du Sagittaire est à la distance $2^5\Delta + \Delta - \mathbf{d}$.

Fig. 63.

**Distances entre le Soleil et les six nébuleuses exotiques.** Le Soleil avec les étoiles indigènes circule sur des orbites contenus dans un espace annulaire dont le rayon moyen est $2^4\Delta$.

1° La nébuleuse du Sagittaire étant en opposition à la distance $2^5\Delta + \Delta - \mathbf{d}$ de l'Archégète, elle est à la distance $2^5\Delta + \Delta - \mathbf{d} - 2^4\Delta = 17\Delta - \mathbf{d}$ du Soleil.

2° La nébuleuse d'Orion étant en conjonction est à la

distance $2^5\Delta - \Delta - d$ de l'Archégète et à la distance $2^5\Delta - \Delta - d + 2^4\Delta = 47\Delta - d$ du Soleil. Cette nébuleuse est égale à celle $\eta$ d'Argo; mais comme elle est à une distance supérieure, elle paraît lui être inférieure.

Les nombreuses séries de faits trouvés à l'aide de la loi physique se trouvant d'accord avec les séries de faits dus aux observations viennent corroborer encore une fois le mode de production des portions inférieures par la subdivision d'une grosse masse de grande densité, d'où résulterait une répulsion expansive $r$ supérieure à la poussée compressive $p$ de la pesanteur.

---

# CHAPITRE II.

## FAITS OPTIQUES DUS A LA FORME OVALAIRE DES MICROPLANÈTES ET INTERPOSITIONS DE LEURS MÉTÉORES.

§ 626. On reconnaît la forme ovalaire : 1° au petit diamètre *d* que présente chaque microplanète dans son opposition, et 2° au grand diamètre **d** que présente chaque microplanète dans sa quadrature. Au lieu de combiner ces résultats d'observation par rapport aux positions des microplanètes et d'en déduire la forme ovalaire, Schroeter s'est borné à dire que Junon n'est pas un corps rond. Cet astronome, avec des mesures très-exactes, a trouvé que Pallas avait un diamètre de 765 lieues quand elle était entre son opposition et sa quadrature. Lamont, en mesurant la même microplanète dans son opposition, a trouvé que son petit diamètre était $d = 246$ lieues.

Par leur interposition entre la Terre et les microplanètes, les météores ne produisent ni des éclipses ni des occultations, mais les microplanètes sont sujettes aux occultations de la Lune comme les planètes; elles éprouvent une espèce d'éclipse de la part de leurs météores, sans néanmoins être obscurcies, comme cela a lieu dans les éclipses do Soleil; ces éclipses partielles ne font arriver à la Terre que les rayons $\varphi - \varphi'$ au lieu des rayons $\varphi$ qui arrivent directement des microplanètes.

En mars 1850, Ferguson, observateur américain, compara l'éclat variable de Victoria avec l'éclat invariable d'une petite étoile télescopique placée dans son voisinage; il trouva de telles variations dans l'éclat de la microplanète qu'elles la rendaient tantôt moins, tantôt plus facile à observer que la petite étoile. On observe ces variations dans toutes les microplanètes et même à un degré supérieur, car leur éclat diminue souvent jusqu'à disparition complète; de sorte que jamais un astronome n'est parfaitement sûr de trouver une microplanète à la place qu'on lui connaissait.

J'ai déjà dit comment les couleurs se produisent dans les corps célestes par la réfraction des rayons. Les rayons émergeant de l'atmosphère des planètes éprouvent cette réfraction; les microplanètes n'ont pas cette atmosphère, mais ce sont les météores attachés aux microplanètes ou qui en sont voisins qui réfléchissent moins de rayons $\varphi-\varphi'$ que les rayons $\varphi$ réfléchis de la microplanète; ce sont eux aussi qui ont fait croire à Schroeter qu'il y a une atmosphère autour de Cérès. Ces météores, qui ont une étendue inférieure autour de Pallas, ont plutôt l'aspect d'une nébulosité que d'une atmosphère. Ainsi, je démontre une fois encore que ce sont des météores qui réfléchissent des rayons incidents $\Phi$ une quantité $\varphi-\varphi'$, tandis que les microplanètes d'égale étendue en réfléchissent $\varphi$.

Les couleurs des microplanètes ne sont donc pas produites par une atmosphère qui n'existe pas, mais par une réfraction qu'éprouvent les rayons réfléchis en émergeant d'une mince couche de vapeur qui ne manque jamais autour de la surface de glace dans le vide, sans néanmoins dépendre de la température. Cette couche de vapeur existe autour de la Lune et autour des satellites.

Si la forme des satellites et des microplanètes était sphérique comme l'est celle du Soleil, les rayons en émergeraient verticalement sans en éprouver aucune réfraction émergeant de la mince couche de vapeur. Dès qu'il y a absence de réfraction, il ne peut se produire de couleurs. Avant que l'on connût ce mode de production des couleurs, certains astronomes attribuaient aux corps célestes des couleurs analogues à celles des corps terrestres; ils croyaient en avoir trouvé la preuve dans les spectres composés de lignes semblables à celles qu'on trouve dans les spectres des couleurs dus à certains minerais.

J'ai démontré dans la *Physique* (t. II) que les sept atomes de lumière des couleurs du spectre ne sont pas produites par la décomposition d'un atome de lumière incolore, mais que chaque atome de lumière colorée résulte de la suppression des six autres atomes de couleur. Il faut donc 7 atomes de lumière incolore pour obtenir les sept couleurs du spectre en supprimant les 42 atomes de couleur.

Au lieu de chercher les dimensions des microplanètes au moyen des mesures trigonométriques, comme l'ont fait Schoeter et Lamont, Herschel, Steinheil et Seidel ont employé des mesures photométriques en supposant aux microplanètes une forme sphérique. Ces astronomes ont attribué à leur proximité le maximum des rayons $\varphi$ arrivant des microplanètes en opposition, tandis que ces rayons sont l'effet de l'angle d'incidence $\gamma$ des rayons $\Phi$ et de l'angle $\gamma$ de réflexion. La quantité $\varphi$ de rayons réfléchis est en raison inverse de la grandeur de l'angle $2\gamma$ formé par les rayons solaires incidents $\Phi$ et les rayons $\varphi$ réfléchis vers la Terre.

La diminution des rayons des microplanètes en quadrature n'est pas l'effet de la distance supérieure seulement, mais il résulte aussi de l'accroissement de l'angle $2\gamma$. Dans cette position, au contraire, les microplanètes présentent une dimension des dizaines de fois plus grande que celle de leur opposition; fait bien prouvé par les mesures trigonométriques.

J'ai exposé ici cette série de faits qui ont leur cause, 1° dans la forme ovalaire, 2° dans les météores, 3° enfin dans la surface réfléchissante; de sorte qu'aucun des faits observés n'est resté inexpliqué.

## I. DE LA SÉRIE DES FAITS PRODUITS PAR LA FORME OVALAIRE DES MICROPLANÈTES.

§ 627. On obtient cette forme au moyen des mesures directes. Lamont a trouvé la dimension de Pallas, pendant son opposition, quatre fois moindre que celle trouvée par Schroeter deux mois après son opposition. Cette forme ainsi établie, il ne reste plus qu'à montrer : 1° le mode de production des éclats de positions différentes ; 2° le mode de production des variations de ces éclats ; 3° le mode de production des couleurs et de leurs changements.

Les faits, qui ne résultent que de la forme ovalaire, sont les couleurs et leurs variations ; les météores produisent une série de faits tout particuliers : les faits provenant du pouvoir réfléchissant des microplanètes en diffèrent aussi, et ce pouvoir diffère de celui des planètes.

### A. MODE DE PRODUCTION DES COULEURS DES MICROPLANÈTES.

§ 628. La lumière du Soleil est incolore ; ceux des corps célestes qui réfléchissent cette lumière sont incolores, de même que ceux des corps terrestres qui la réfléchissent aussi sont également incolores. Il y a deux manières d'obtenir des couleurs de la lumière incolore :

1° Au moyen des corps colorés, du sang, nous obtenons le rouge ; des gazons, nous obtenons le vert ; la neige est blanche ou incolore.

2° Au moyen des réfractions des rayons incolores nous obtenons les sept couleurs.

En général, les astronomes reconnaissent que les couleurs des planètes sont le résultat de la réfraction des rayons solaires, réfraction qui s'opère dans leur atmosphère. Alors les couleurs de la Lune, des satellites et des comètes restaient inexplicables. Quant aux couleurs produites par l'atmosphère dans le crépuscule, on y reconnaît bien celles du spectre, car on y trouve même leur succession, laquelle ne permet pas de douter que les couleurs du spectre et celles du crépuscule ne soient produites d'une manière identique.

Les microplanètes, comme les satellites, n'ont pas d'atmosphère; ce sont des globes de glace en forme ovalaire entourés d'une couche mince de vapeur de même forme. Les rayons réfléchis, en émergeant de cette couche, éprouvent des réfractions à cause de sa forme qui n'est pas ronde; car si sa forme était sphérique, les rayons émergents n'éprouveraient aucune réfraction, et, par suite, il ne se produirait pas de couleurs.

### B. Comment s'opèrent les variations de couleurs.

§ 629. Au moment du crépuscule, l'horizon se montre successivement sous toutes les couleurs du spectre, et cela pendant une courte durée qui est juste l'espace de temps que met le Soleil à parcourir l'arc crépusculaire. Ceux qui habiteraient une planète à une certaine distance de la Lune verraient sur la Terre, à chaque éclipse de Soleil, les couleurs changer, ce qui leur ferait voir qu'il n'y a pas que les corps terrestres dont les couleurs changent, mais que ce phénomène a lieu à cause du déplacement de la Terre devant le Soleil.

Nous observons des changements de couleur dans les satellites, dans les microplanètes et dans les comètes qui sont de forme ovalaire; les seuls corps dans lesquels ces changements de couleurs n'aient pas lieu sont : 1° les planètes qui ont une atmosphère, et 2° la Lune qui n'a pas d'atmosphère, mais dont l'hémisphère soulevé est toujours tourné vers la Terre pour que le petit diamètre *d* de sa base soit le diamètre du disque mathématiquement circulaire sans qu'il en résulte l'existence d'une forme sphérique.

Parmi les couleurs produites par les planètes, il ne reste d'isolé que le rouge ou le rouge jaune qui sont les couleurs extérieures; les autres se confondent à cause de la rotation. Ainsi, c'est cette rotation-là qui s'oppose à ce que les couleurs des planètes varient; cette même rotation a lieu aussi dans les comètes dans lesquelles les couleurs ne varient pas non plus.

Ce sont les satellites et les microplanètes qui ne tournent pas autour d'un diamètre, mais ils sont de forme ovalaire et ont leur grand diamètre d dirigé vers le centre de leur corps central pendant leur révolution autour de lui.

Les rayons des couleurs produites par la réfraction des rayons solaires incolores se déplacent avec les satellites plus rapidement qu'avec les microplanètes. Ce sont donc des espèces de rayons colorés arrivés à la Terre qui font apparaître les corps sous telle ou telle couleur. Les satellites et les microplanètes sont des corps incolores de forme ovalaire entourée d'une mince couche de vapeur de même forme. Les rayons émergeant de cette couche éprouvent une réfraction et font apparaître les rayons des sept couleurs dont ils arrivent à la Terre, tantôt d'une espèce, tantôt de l'autre.

## II. DES FAITS OPTIQUES PRODUITS DANS LES MICROPLANÈTES PAR LES MÉTÉORES.

§ 630. Une fois connu le mode de subdivision de la masse empyrée $\mu$, $\mu'$, on voit aisément dans quel espace doivent se trouver les essaims de météores produits pendant que cette masse s'est subdivisée. Les planètes ni les satellites ne manquent dans ces essaims de météores; la seule différence consiste en ce qu'autour de chaque planète et autour de chaque satellite il y a un espace annulaire contenant les myriades d'orbites de météores. Dans l'espace annulaire *a* contenant les orbites des 240 microplanètes, sont contenus en même temps les myriades des orbites des météores entourant l'orbite de chacune de ces microplanètes.

Dans l'espace annulaire contenant les orbites des huit satellites de Saturne et dans celui contenant les huit satellites d'Uranus, sont aussi contenus les orbites des myriades de météores circulant autour de l'orbite de chacun des huit satellites de chaque système.

Il y a donc une ressemblance des rayons φ réfléchis des microplanètes ou des satellites par leur rapport avec les rayons φ—φ′ réfléchis des météores ambiants très-nombreux qui s'interposent fréquemment entre nous et les satellites ou les microplanètes en en faisant arriver la lumière φ—φ′ insuffisante pour rendre ces corps visibles.

Des interpositions de météores ne peuvent produire que des éclipses totales ou des éclipses partielles des satellites ou des microplanètes dont la durée est très-variable et de tous les degrés. Ces corps étant éclipsés par les météores restent invisibles aux observateurs, lesquels reçoivent les quantités φ—φ′ de rayons réfléchis des amas de météores amorphes, qui ne produisent pas la sensation correspondant à un corps isolé à un satellite ou à une microplanète. Beaucoup d'observateurs disent n'avoir rien aperçu. Ceux qui composent un catalogue d'étoiles ou qui dressent une carte céleste ne notent ni les satellites ni les microplanètes éclipsés par les météores.

A une autre époque, ces mêmes corps éprouvent des éclipses partielles de tous les degrés et de toute durée; il en arrive à l'œil des quantités φ—φ′+α de rayons, quantités qui peuvent suffire pour produire une sensation de courte durée; puis la quantité de rayon étant diminuée pour devenir φ—φ′—α, le corps devient imperceptible et l'observateur croit s'être trompé; il dit n'avoir rien aperçu.

Mais en pareil cas, si l'étoile satellite ou microplanète a déjà été reconnue, l'observateur ne croit plus s'être trompé, mais il dit avoir bien aperçu ce corps pendant très-peu de temps. Les remarques de Ferguson sur les changements rapides d'éclat de Victoria seront répétées par tous les astronomes quand il se trouvera un satellite ou une microplanète dans le voisinage d'une étoile fixe.

Pour qu'on puisse assurer avoir découvert un satellite ou une microplanète, il faut que ce satellite ou cette microplanète soit exempt d'éclipses partielles non pas seulement pendant la durée d'une seule observation, mais pendant plusieurs autres nuits.

Après avoir ainsi démontré la ressemblance, 1° entre les espaces annulaires contenant les huit orbites des satellites de Saturne et d'Uranus, et 2° entre les espaces annulaires contenant les orbites des épiplanètes et des hypoplanètes, j'ai reconnu que les orbites des myriades d'essaims de météores doivent être contenus dans les mêmes espaces. Ces météores sont donc la cause physique des vicissitudes toutes particulières qui se manifestent dans les observations des satellites et des microplanètes. Pour que l'on puisse mieux saisir la série de faits produits par les météores, je donnerai l'historique des découvertes des satellites et des microplanètes et la manière dont se sont produits les faits observés qui résultent du pouvoir réfléchissant.

### A. HISTORIQUE DE LA DÉCOUVERTE DE LA PREMIÈRE MICROPLANÈTE.

§ 631. Les détails de la découverte primitive de la microplanète Cérès élucident la série de faits où il est en même temps fait mention de ces corps et de leur rapport optique avec les météores qui circulent dans le même espace annulaire avec les microplanètes.

A Palerme, Piazzi s'occupait depuis une dizaine d'années de compléter le catalogue des étoiles télescopiques fait par Wollaston. Ayant trouvé dans ce catalogue une fausse notion, il voulut la corriger en observant avec plus d'exactitude l'endroit où devait se trouver l'étoile sujet de l'erreur; il examina alors toutes les étoiles perceptibles. Il s'en trouva parmi elles une qui le lendemain soir n'était plus à la même place, tandis qu'à une certaine distance on en voyait une autre qui n'avait pas été notée. On a observé aussi un pareil déplacement le 3 janvier 1801 ; Piazzi comprit alors que l'étoile n'était pas fixe, il crut qu'elle doit être une comète, et il l'observa jusqu'au 11 février. L'état de l'atmosphère, et surtout une maladie dont il fut atteint, interrompirent forcément ses observations.

Quand Bode, à Berlin, eut connaissance de ces faits, il en déduisit que l'étoile devait être la planète dont la place avait d'abord été déterminée d'après la loi de cet astronome. A cause de la proximité du Soleil, l'étoile devint invisible. Lorsque l'automne suivant on voulut la retrouver, on ne fut guidé dans ses recherches que par les éléments orbiculaires obtenus par les observations de 42 jours, du 1er janvier au 11 février 1801.

Une année s'était écoulée sans qu'on pût retrouver l'étoile déplacée, quand Olbers, guidé par les résultats des calculs de Gauss, parvint, le 1er janvier 1802, à retrouver la microplanète Cérès. C'est alors que la découverte de Piazzi devint un fait accompli. Les trois microplanètes Pallas, Junon et Vesta, découvertes le 28 mars 1802, le 1er septembre 1804 et le 28 mars 1807, n'ont pas été perdues de vue malgré les fréquents décroissements de leur éclat, décroissements provenant de leurs éclipses partielles produites par les interpositions des météores. Il est souvent arrivé qu'on ne retrouvait pas ces microplanètes à leur place habituelle, mais on a d'ordinaire attribué cela à l'état de l'atmosphère, car on ne connaissait pas l'effet optique provenant des interpositions des météores. Cette fausse hypothèse a empêché de découvrir la cause physique de la scintillation dans laquelle on observe directement la diminution momentanée de l'éclat provenant des interpositions des essaims de météores.

En 1832, à Genève, Wirtmann découvrit une microplanète qui fut éclipsée et qu'on n'a plus pu retrouver ; de même trois ans après, à Palerme, Cacciatore découvrit une microplanète qui fut aussi éclipsée et qu'on ne put observer de nouveau.

Parmi les astronomes qui poursuivirent cette recherche, 1° les uns cherchèrent deux nouvelles microplanètes sans avoir, comme Olbers, la chance de les retrouver ; 2° les autres, comme Maedler, attribuèrent ces découvertes à de grossières erreurs.

Pour être certain d'avoir découvert une nouvelle microplanète, il faut : 1° bien s'assurer qu'elle n'est pas au nombre de celles déjà connues ; 2° être assez heureux pour ne pas la perdre de vue pendant une éclipse de longue durée, afin d'être à même de trouver l'équation de l'ellipse de l'orbite entière par l'arc des points observés. C'est à l'aide de pareilles équations que l'on peut fixer les orbites des microplanètes connues.

### B. VISIBILITÉ ET NON-VISIBILITÉ DES SATELLITES ET DES MICROPLANÈTES.

§ 632. Ceux qui sont peu initiés aux observations astronomiques, et même les observateurs les plus habiles, ne pouvaient s'expliquer la divergence des résultats des observations faites en même temps en différents pays ou à des dates différentes dans les même pays. Cette divergence réelle des observations servira ici comme exemple pour mettre le lecteur en état de mieux connaître l'existence des essaims de météores et de voir en même temps comment leurs orbites sont placés pour se trouver entre la Terre et les microplanètes ou entre la Terre et les satellites.

Ces corps se ressemblent entre eux, 1° par leurs très-petites dimensions angulaires, et 2° parce qu'ils circulent en grand nombre dans le même espace annulaire. C'est cette circonstance toute particulière qui fait que les myriades d'orbites sur lesquels circulent les météores qui accompagnent les satellites et ceux qui accompagnent les microplanètes se trouvent à proximité.

**Éclipses des satellites causées par les météores.** Lorsque les satellites de Jupiter ne sont pas éclipsés par leur planète, ils ne deviennent invisibles que dans leur conjonction, à cause de la dépression de leur hémisphère postérieur (§ 885). Les quatre satellites de Jupiter ont été découverts par Simon-Marius, en décembre 1610.

Le tableau suivant résume l'histoire de la découverte des satellites de Saturne et d'Uranus.

| Nos d'ordre d'après les distances. | NOMS DES SATELLITES. | Ordre de leur découverte. | AUTEURS des *découvertes*. | DATES des *découvertes*. |
|---|---|---|---|---|
| | | *I. — Satellites de Saturne.* | | |
| 1 | Mimas. . . . . . . . | 7 | Herschel. . . . . . . | 17 septembre 1789. |
| 2 | Encelade. . . . . . . | 6 | Herschel. . . . . . . | 28 août 1789. |
| 3 | Téthys. . . . . . . . | 5 | Cassini. . . . . . . | mars 1684. |
| 4 | Dioné. . . . . . . . . | 4 | Cassini. . . . . . . | mars 1684. |
| 5 | Rhéa. . . . . . . . . | 3 | Cassini. . . . . . . | 23 décembre 1672. |
| 6 | Titan. . . . . . . . . | 1 | Huygens. . . . . . | 25 mars 1655. |
| 7 | Hypérion. . . . . . | 8 | Bond et Lassel. . . | septembre 1848. |
| 8 | Japhet. . . . . . . . | 2 | Cassini. . . . . . . | octobre 1671. |
| | | *II. — Satellites d'Uranus.* | | |
| 1 | . . . . . . . . . . . | 7 | . . . . . . . . . . . | octobre 1851. |
| 2 | . . . . . . . . . . . | 8 | . . . . . . . . . . . | octobre 1851. |
| 3 | . . . . . . . . . . . | 3 | . . . . . . . . . . . | 18 janvier 1790. |
| 4 | . . . . . . . . . . . | 1 | . . . . . . . . . . . | 11 janvier 1787. |
| 5 | . . . . . . . . . . . | 6 | . . . . . . . . . . . | 26 mars 1794. |
| 6 | . . . . . . . . . . . | 2 | . . . . . . . . . . . | 11 janvier 1787. |
| 7 | . . . . . . . . . . . | 4 | . . . . . . . . . . . | 9 février 1790. |
| 8 | . . . . . . . . . . . | 5 | . . . . . . . . . . . | 28 février 1794. |

§ 633. **Rapport entre les dates des découvertes des satellites et l'existence des météores.** Depuis 1655 jusqu'à 1684 on a découvert les cinq satellites de Saturne, dont deux ont été aperçus en même temps. Pendant un siècle on n'a aperçu aucun des trois autres dont Herschel découvrit deux presqu'à la fois. Ce qu'il y a de plus surprenant, c'est que le dernier satellite devint visible simultanément en Europe et en Amérique.

Autrefois les astronomes se bornaient à noter de pareils détails et s'abstenaient d'en donner aucune explication. Quant à moi, je donne ici ces détails comme exemples pour rendre plus évidente l'existence des météores qui produisent dans les microplanètes des effets optiques analogues à ceux des satellites. Ces deux classes de corps ne sont pas continuellement visibles comme le sont les étoiles télescopiques, mais ils le deviennent pendant une époque *e*, où il est possible de les découvrir; ils deviennent ensuite invisibles, sans que l'on connaisse l'époque *e'* où ils deviendront de nouveau visibles. Par exemple, Hypérion, le huitième satellite de Saturne, s'étant dégagé des météores en septembre 1848, a été aperçu en Europe et en Amérique.

En mars 1684, Téthys et Dioné se débarrassèrent des météores et devinrent visibles en même temps. De même, en 1789, aux mois d'août et de septembre, les satellites Mimas, et Encelade devinrent visibles pour Herschel. Cassini ne vit pas ces satellites, parce que de son temps ils étaient en éclipse totale ou en éclipse partielle. Quand ils sont dans ce dernier état, on parvient quelquefois à les apercevoir en cherchant avec soin quelque satellite dont la place est connue.

Les détails exposés dans la découverte des huit satellites de Saturne se sont répétés dans la découverte des huit satellites d'Uranus. C'est à trois époques différentes, dans les années 1787, 1790 et 1794, aux mois de janvier, février et mars, qu'Herschel découvrit les six satellites de ce système. Ces découvertes ont été faites avec de faibles grossissements de 150; ensuite il ne fut possible de les observer continuellement qu'avec des grossissements de 300, 600 et 800.

Le premier et le deuxième satellite, les moins éloignés de leurs planètes, se dégagèrent aussi simultanément des météores; Lassel les aperçut en octobre 1851. Au contraire, les deux satellites découverts les premiers en 1787 et 1790 ont été entièrement éclipsés avant qu'on ait pu les observer. On ne connaît pas l'époque où ils seront dégagés des météores et où l'on pourra les observer pendant un espace de temps dont on ignore la durée.

**Comparaison de l'éclat des comètes avec celui des satellites et des microplanètes.** On a établi la discussion sur ce sujet en la basant sur la densité différente des rayons du noyau et de la tête des comètes quand elles sont entre le Soleil et la Terre (§ 512). Cette différence de rayons n'a pas lieu quand les comètes sont d'un côté de la Terre et le Soleil de l'autre, comme cela arrive aux satellites et aux microplanètes qui sont en opposition. On nomme *chercheurs* des lunettes d'un grossissement de 150 employées dans la recherche des comètes, des microplanètes ou des satellites.

Quand on connaît l'orbite d'une comète périodique, on l'aperçoit à la plus grande distance possible; son éclat croît irrégulièrement, car il dépend de la position de l'axe de la comète et de sa distance. On remarque cette irrégularité d'éclat dans les satellites et dans les microplanètes, car ils ont une forme ovalaire comme les comètes.

Les dimensions angulaires des comètes et des microplanètes étant égales, les distances des comètes sont beaucoup plus grandes que celles des microplanètes ou des satellites. L'éclat varie dans les comètes par rapport à leur forme ovalaire; on trouve de telles variations d'éclat dans les satellites et les microplanètes, mais il y a encore l'effet de la scintillation qui manque complétement dans les comètes. Ferguson le premier et plusieurs autres après lui, en comparant l'éclat constant des étoiles télescopiques et celui des microplanètes, ont trouvé dans celles-ci une variation d'éclat comparable à celle de la scintillation, mais moins rapide.

Sachant que les dimensions des météores rapprochés de la Terre sont peu différentes de celles des satellites et des microplanètes obtenues par les observations, j'ai été conduit à déterminer les éclipses totales et les éclipses partielles des satellites et des microplanètes, éclipses qui ne se produiraient pas chez les comètes volumineuses. Ainsi, dans les comètes, l'absence d'une scintillation analogue à celle des microplanètes a été déterminée *à priori*.

### III. DE L'ÉCLAT DES MICROPLANÈTES ET DE LEUR POUVOIR RÉFLÉCHISSANT CORRESPONDANT A LEUR GRANDEUR.

§ 634, Dans leur opposition, les microplanètes acquièrent ordinairement leur maximum d'éclat attribué à leur minimum de distance. En admettant la forme sphérique, Steinhel et Seidel ont trouvé une diminution d'éclat dans les quadratures. Cette diminution ayant été attribuée à la distance supérieure a servi à déterminer le rapport presque constant $\phi : s$ entre la quantité $\phi$ des rayons et la surface angulaire $s$ dans l'opposition et le rapport $\varphi : s$ entre la quantité $\varphi$ de rayons et la surface angulaire $s$ dans les quadratures. Herschel découvrit ce rapport et l'employa pour déterminer la grandeur de Pallas; il en obtint une valeur de 45 lieues, tandis que les observateurs précités avaient 57 lieues, dimension bien différente de celle de 246 lieues trouvée par Lamont pendant l'opposition et de celle de 755 lieues trouvée par Schroeter deux mois après l'opposition. Je me sers ici de ces résultats divergents pour prouver que toutes les observations ont été exactes.

I. **Différence entre Pallas et les autres microplanètes.** Ce n'est que par sa grande inclinaison 34° 42′ que Pallas se distingue des autres microplanètes; ce sont donc cette inclinaison et la forme ovalaire qui sont la cause des différentes dimensions trouvées par deux voies très-différentes. Toutefois, au moyen des mesures trigonométriques, il y a pour toutes les autres microplanètes un accroissement proportionnel de dimension entre l'opposition et la quadradrature, accroissement qui résulte de la forme ovalaire.

Dans son opposition, Pallas peut être dans un des deux nœuds et être sur le plan de l'écliptique, ou bien dans une de ces tropes à une distance de 34 degrés de l'écliptique, position qu'elle n'acquiert, dans le cas précédent, que deux mois après son opposition. Lamont a mesuré Pallas pendant qu'elle était en opposition et à une petite distance de l'écliptique. Schroeter l'a mesurée deux mois après son opposition et a trouvé une dimension qui n'eût pas été différente s'il l'eût mesurée pendant son opposition quand elle se trouvait éloignée de 34 degrés de l'écliptique.

Pallas présente des vicissitudes analogues dans les dimensions qu'a obtenues son éclat, lequel est supérieur, $\varphi$, quand elle est sur l'écliptique pendant son opposition, tandis que lorsqu'elle est loin de l'écliptique pendant son opposition, son éclat $\varphi'$ est faible. Ainsi, on tire des deux éclats $\varphi$, $\varphi'$ deux valeurs exprimées dans les rapports $\varphi : s$, $\varphi' : s$. Au moyen du rapport $\varphi' : s$, Herschel trouva la dimension de 45 lieues; avec le rapport $\varphi : s$, Steinheil et Seidel trouvèrent la valeur de 57 lieues.

II. **Pouvoir réfléchissant des microplanètes.** Parmi les corps terrestres, c'est la neige fraiche qui a le maximum 0,648 de pouvoir réfléchissant. (Voir t. I, p. 874). Les microplanètes d'un poids imperceptible, telles que les flocons de neige, ont ce pouvoir réfléchissant. Le pouvoir réfléchissant de Jupiter est 0,624; celui de Saturne, 0,498; celui de Mars, 0,267.

Pour obtenir un éclat égal $\varphi$, il faut des étendues $s$, $s$, S de surfaces des corps qui soient en rapport inverse avec leur pouvoir réfléchissant. Ainsi l'on aurait :

$$(\alpha) \quad \varphi = s \times 0{,}648 = s \times 0{,}624 = S \times 0{,}498 = S' \times 0{,}267.$$

Les microplanètes circulent autour du Soleil comme les planètes et comme les comètes sans qu'il en résulte que le pouvoir réfléchissant de ces corps soit égal. Pour déterminer le rapport φ : s, on a cru qu'il fallait prendre la moyenne des rapports obtenus par les quatre planètes Saturne, Jupiter, Vénus et Mercure, en laissant Mars à cause de sa couleur rouge.

Le pouvoir réfléchissant 0,648 de la neige a donc été remplacé dans le rapport φ : s par un pouvoir réfléchissant inférieur analogue à celui 0,498 de Saturne. Ainsi, dans l'équation $\varphi = s \times 0,498$, la surface s devait augmenter et devenir s pour que ce produit fût égal à $s \times 0,648$. Ainsi il est prouvé que les résultats photométriques sont exacts, et le désaccord entre eux et les mesures trigonométriques indique que le pouvoir réfléchissant des planètes et des microplanètes n'est pas égal. Les trop petites dimensions trouvées pour celles-ci et qui sont indiquées ci-dessous font connaître leur plus grand pouvoir réfléchissant.

| Noms des microplanètes. | Diamètres en lieues. | Noms des microplanètes. | Diamètres en lieues. |
|---|---|---|---|
| Vesta | 97,5 | Hygie | 42,2 |
| Cérès | 81,7 | Fortuna | 22,2 |
| Pallas | 57,3 | Irène | 34,7 |
| Iris | 35,8 | Uranie | 18,8 |
| Hébé | 35,8 | Psyché | 33,3 |
| Eunomie | 42,5 | Astrée | 21,7 |
| Flore | 23,2 | Victoria | 19,5 |
| Junon | 38,0 | Euterpe | 14,5 |
| Métis | 28,0 | Bellone | 21,7 |
| Amphitrite | 30,0 | Thétis | 13,5 |
| Parthénope | 23,3 | Thalie | 15,0 |
| Melpomène | 19,2 | Polymnie | 13,4 |
| Égérie | 26,3 | Euphrosine | 17,7 |

**Observation.** Les mesures trigonométriques de Vesta ont donné à Maedler 110 lieues, mesure qui diffère beaucoup moins de la valeur 97,5 que les 245 lieues du diamètre de Pallas, que Lamont a trouvées, de 57,3 et qui sont indiquées dans la tableau. Maedler ignorait que c'est dans la grande inclinaison de Pallas que se trouve l'origine de cette grande différence; c'est pourquoi il attribua à Lamont un manque grossier d'exactitude dans ses observations.

Je crois être parvenu à mettre en relief le mérite réel des grands observateurs, mérite que ces observateurs eux-mêmes avaient fréquemment méconnu.

FIN DE LA DEUXIÈME PARTIE.

# TABLE DES MATIÈRES.

## ÉTAT DU MONDE PRÉÉTABLI PAR L'ÊTRE SUPRÊME.

FIN DE LA TABLE DES MATIÈRES.

Paris.— Imprimé par E. Thunot e Cᵉ, 26 ru. Racine.

www.ingramcontent.com/pod-product-compliance
Ingram Content Group UK Ltd.
Pitfield, Milton Keynes, MK11 3LW, UK
UKHW011957240726
13965UKWH00001B/10

9 782013 460897